電波法の歴史

―全改正逐条通史―

下巻

武智健二 著

電波法の歴史 ― 全改正逐条通史 ―

目次 【下巻】

目次 【上巻】

第二編　電波法の変遷

第二部　一次改正から百五次改正までの逐条改正経緯

第七章　審査請求及び訴訟

【制定時の章名】　**第七章　聴聞及び訴訟**

【三次改正による章名改正】**第七章　異議の申立及び訴訟**

【九次改正による章名改正】**第七章　異議申立て及び訴訟**

【百三次改正による章名改正】**第七章　審査請求及び訴訟**

第七章　聴聞及び訴訟

【三次改正】

郵政省設置法の一部改正に伴う関係法令の整理に関する法律（昭和二十七年七月三十一日法律第二百八十号）第二条

第七章の章名中「聴聞」を「異議の申立」に改める。

第七章　異議の申立及び訴訟

【九次改正】

行政不服審査法の施行に伴う関係法律の整理等に関する法律（昭和三十七年九月十五日法律第百六十一号）第二百二十条

「第七章　異議の申立及び訴訟」を「第七章　異議申立て及び訴訟」に改める。

第七章　異議申立て及び訴訟

【百二次改正】

行政不服審査法の施行に伴う関係法律の整備等に関する法律（平成二十六年六月十三日法律第六十九号）第三十八条

第七章の章名を次のように改める。
（改正後の章名は、後掲の通り。）

第七章　審査請求及び訴訟

第八十三条

【制定】

電波法（昭和二十五年五月二日法律第百三十一号）

（聴聞の事案）

第八十三条　電波監理委員会は、左に掲げる場合は、この章に定めるところに従い聴聞を行わなければならない。

一　第四条第一項但書（免許を要しない無線局）、第七条第一項第四号（無線局の開設の根本的基準）、第十三条第一項（無線局の免許の有効期間）、第十五条（再免許の手続）、第二十八条（第百条第三項において準用する場合を含む。）（電波の質）、第二十九条（受信設備の条件）、第三十条（第百条第三項において準用する場合を含む。）（安全施設）、第三十一条（周波数測定装置の備えつけ）、第三十二条（計器及び予備品の備えつけ）、第三十五条（補助装置の備えつけ）、第三十七条（無線設備の機器の検定）、第三十八条（第百条第三項において準用する場合を含む。）（技術基準）、第三十九条（無線設備の操作）、第四十条（特殊無線技士の従事範囲）、第四十九条（国家試験の細目等）、第五十条第二項（無線従事者の資格別員数の指定）、第五十二条第六号（目的外使用）、第五十五条（運用許容時間外運用）、第六十一条（通信方法等）、第六十四条第二項（第二沈黙時間）、第六十五条第二項（聴守義務）及び第百条第一項第二号（高周波利用設備）の規定による電波監理委員会規則を制定しようとするとき。

二　第七十六条第二項の規定による無線局の免許の取消又は第七十九条第一項の規定による無線従業者の免許の取消の処分をしようとするとき。

三　電波監理委員会の処分に対する異議の申立があつたとき。

2　電波監理委員会は、前項の場合の外、必要と認める事項について聴聞を行うことができる。

【　一次改正　】

電波法の一部を改正する法律（昭和二十七年七月三十一日法律第二百四十九号）

第八十三条第一項第一号中「第三十五条（補助装置の備えつけ）、」の下に「第三十六条の二（義務航空機局の条件）、」を加え、「第五十条第二項」を「第五十条第三項」に、「第六十五条第二項（聴守義務）」を「第六十五条第二項、第七十条の四（聴守義務）、第七十条の五（航空機局の通信連絡）」に改め、同項第二号中「第七十六条第二項」の下に「及び第三項」を加える。

（聴聞の事案）

第八十三条　電波監理委員会は、左に掲げる場合は、この章に定めるところに従い聴聞を行わなければならない。

一　第四条第一項但書（免許を要しない無線局）、第七条第一項第四号（無線局の開設の根本的基準）、第十三条第一項（無線局の免許の有効期間）、第十五条（再免許の手続）、第二十八条（第百条第三項において準用する場合を含む。）（電波の質）、第二十九条（受信設備の条件）、第三十条（第百条第三項において準用する場合を含む。）（安全施設）、第三十一条（周波数測定装置の備えつけ）、第三十二条（計器及び予備品の備えつけ）、第三十五条（補助装置の備えつけ）、第三十六条の二（義務航空機局の条件）、第三十七条（無線設備の機器の検定）、第三十八条（第百条第三項において準用する場合を含む。）（技術基準）、第三十九条（無線設備の操作）、第四十条（特殊無線技士の従事範囲）、第四十九条（国家試験の細目等）、第五十条第三項（無線従事者の資格別員数の指定）、第五十二条第六号（目的外使用）、第五十五条（運用許容時間外運用）、第六十一条（通信方法等）、第六十四条第二項（第二沈黙時間）、第六十五条第二項、第七十条の四（聴守義務）、第七十条の五（航空機局の通信連絡）及び第百条第一項第二号（高周波利用設備）の規定による電波監理委員会規則を制定しようとするとき。

二　第七十六条第二項及び第三項の規定による無線局の免許の取消又は第七十九条第一項の規定による無線従業者の免許の取消の処分をしようとするとき。

三　電波監理委員会の処分に対する異議の申立があつたとき。

2　電波監理委員会は、前項の場合の外、必要と認める事項について聴聞を行うことができる。

【　三次改正　】

郵政省設置法の一部改正に伴う関係法令の整理に関する法律（昭和二十七年七月三十一日法律第二百八十号）第二条

「電波監理委員会規則」を「郵政省令」に改める。

第八十三条を削り、第八十四条及び第八十五条中「電波監理委員会」を「郵政大臣」に改め、第八十四条を第八十三条とし、第八十五条を第八十四条とし、同条の次に次の一条を加える。

（異議の申立）

第八十三条　この法律又はこの法律に基く命令の規定に基く郵政大臣の処分に不

服のある者は、郵政大臣に対して異議の申立をすることができる。

2　異議の申立は、処分のあつたことを知つた日から三十日以内に、理由を記載した申立書を郵政大臣に提出して、行わなければならない。但し、処分の日から六十日を経過したときは、異議の申立をすることができない。

［注釈］改正前の第八十三条が削られ、改正前の第八十四条が改正された後に、一条繰り上げられて第八十三条になった。ついては、改正前の条文については、第八十四条の項を参照されたい。

【　九次改正　】

行政不服審査法の施行に伴う関係法律の整理等に関する法律（昭和三十七年九月十五日法律第百六十一号）第二百二十条

第八十三条及び第八十四条を次のように改める。
（改正後の第八十三条の規定は、後掲の条文の通り。）

（異議申立ての方式）

第八十三条　この法律又はこの法律に基づく命令の規定による郵政大臣の処分についての異議申立ては、異議申立書正副二通を提出してしなければならない。

【　六十二次改正　】

中央省庁等改革関係法施行法（平成十一年十二月二十二日法律第百六十号）第百九十三条

本則（第九十九条の十二第二項を除く。）中「郵政大臣」を「総務大臣」に、「郵政省令」を「総務省令」に、「通商産業大臣」を「経済産業大臣」に、「建設大臣」を「国土交通大臣」に、「地方電気通信監理局長」を「総合通信局長」に、「沖縄郵政管理事務所長」を「沖縄総合通信事務所長」に改める。

（異議申立ての方式）

第八十三条　この法律又はこの法律に基づく命令の規定による総務大臣の処分についての異議申立ては、異議申立書正副二通を提出してしなければならない。

【　七十一次改正　】

行政手続等における情報通信の技術の利用に関する法律の施行に伴う関係法律の整備等に関する法律（平成十四年十二月十三日法律第百五十二号）

第八十三条に次の一項を加える。
（追加された第二項の規定は、後掲の条文の通り。）

（異議申立ての方式）

第八十三条　この法律又はこの法律に基づく命令の規定による総務大臣の処分についての異議申立ては、異議申立書正副二通を提出してしなければならない。

2　前項の規定にかかわらず、行政手続等における情報通信の技術の利用に関する法律（平成十四年法律第百五十一号）第三条第一項の規定により同項に規定する電子情報処理組織を使用して異議申立てがされた場合には、異議申立書正副二通が提出されたものとみなす。

【　百二次改正　】

行政不服審査法の施行に伴う関係法律の整備等に関する法律（平成二十六年六月十三日法律第六十九号）第三十八条

第八十三条の見出しを「（審査請求の方式）」に改め、同条中「異議申立て」を「審査請求」に、「異議申立書」を「審査請求書」に改める。

（審査請求の方式）
第八十三条　この法律又はこの法律に基づく命令の規定による総務大臣の処分についての審査請求は、審査請求書正副二通を提出してしなければならない。
2　前項の規定にかかわらず、行政手続等における情報通信の技術の利用に関する法律（平成十四年法律第百五十一号）第三条第一項の規定により同項に規定する電子情報処理組織を使用して審査請求がされた場合には、審査請求書正副二通が提出されたものとみなす。

第八十四条

【制定】
電波法（昭和二十五年五月二日法律第百三十一号）

（異議の申立）
第八十四条　この法律又はこの法律に基く命令の規定に基く電波監理委員会の処分に不服のある者は、電波監埋委員会に対して異議の申立をすることができる。
2　異議の申立は、処分のあつたことを知つた日から三十日以内に、理由を記載した申立書を電波監理委員会に提出して、行わなければならない。但し、処分の日から六十日を経過したときは、異議の申立をすることができない。

【三次改正】
郵政省設置法の一部改正に伴う関係法令の整理に関する法律（昭和二十七年七月三十一日法律第二百八十号）第二条

第八十三条を削り、第八十四条及び第八十五条中「電波監理委員会」を「郵政大臣」に改め、第八十四条を第八十三条とし、第八十五条を第八十四条とし、同条の次に次の一条を加える。

（申立の却下）
第八十四条　郵政大臣は、異議の申立が不適法であると認めるときは、直ちに申立を却下する。
2　前項の規定による申立の却下は、理由を記載した文書で行い、その正本を申立人に送付しなければならない。

［注釈］改正前の第八十五条が改正された後に、一条繰り上げられて第八十四条になった。ついては、改正前の条文については、第八十五条の項を参照されたい。

【九次改正】
行政不服審査法の施行に伴う関係法律の整理等に関する法律（昭和三十七年九月十五日法律第百六十一号）第二百二十条

第八十三条及び第八十四条を次のように改める。
（改正後の第八十四条の規定は、後掲の条文の通り。）

第八十四条　削除

【四十七次改正】
行政手続法の施行に伴う関係法律の整備に関する法律（平成五年十一月十二日法律第八十九号）第二百九十九条

第八十四条を次のように改める。
（改正後の第八十四条の規定は、後掲の条文の通り。）

（異議申立ての制限の適用除外）
第八十四条　この法律又はこの法律に基づく命令の規定による郵政大臣の処分のうち行政手続法（平成五年法律第八十八号）による聴聞を経てされたものについては、同法第二十七条第二項の規定は、適用しない。

【百二次改正】
行政不服審査法の施行に伴う関係法律の整備等に関する法律（平成二十六年六月十三日法律第六十九号）第三十八条

第八十四条を次のように改める。
（改正後の第八十四条の規定は、後掲の条文の通り。）

第八十四条　削除

第八十五条

【制定】
電波法（昭和二十五年五月二日法律第百三十一号）

（申立の却下）
第八十五条　電波監理委員会は、異議の申立が不適法であると認めるときは、直ちに申立を却下する。
2　前項の規定による申立の却下は、理由を記載した文書で行い、その正本を申立人に送付しなければならない。

【三次改正】
郵政省設置法の一部改正に伴う関係法令の整理に関する法律（昭和二十七年七月三十一日法律第二百八十号）第二条

第八十三条を削り、第八十四条及び第八十五条中「電波監理委員会」を「郵政大臣」に改め、第八十四条を第八十三条とし、第八十五条を第八十四条とし、同条の次に次の一条を加える。
（追加された第八十五条の規定は、後掲の条文の通り。）

（電波監理審議会への付議）
第八十五条　第八十三条の規定による異議の申立があつたときは、郵政大臣は、前条の規定により申立を却下する場合を除き、遅滞なく、これを電波監理審議会の議に付さなければならない。

【九次改正】
行政不服審査法の施行に伴う関係法律の整理等に関する法律（昭和三十七年九月十五日法律第百六十一号）第二百二十条

第八十五条中「第八十三条の規定による異議の申立」を「第八十三条の異議申立て」に、「前条の規定により申立を却下する」を「その異議申立てを却下する」に改める。

（電波監理審議会への付議）

第八十五条　第八十三条の異議申立てがあつたときは、郵政大臣は、その異議申立てを却下する場合を除き、遅滞なく、これを電波監理審議会の議に付さなければならない。

【 六十二次改正 】

中央省庁等改革関係法施行法（平成十一年十二月二十二日法律第百六十号）第百九十三条

本則（第九十九条の十二第二項を除く。）中「郵政大臣」を「総務大臣」に、「郵政省令」を「総務省令」に、「通商産業大臣」を「経済産業大臣」に、「建設大臣」を「国土交通大臣」に、「地方電気通信監理局長」を「総合通信局長」に、「沖縄郵政管理事務所長」を「沖縄総合通信事務所長」に改める。

（電波監理審議会への付議）

第八十五条　第八十三条の異議申立てがあつたときは、総務大臣は、その異議申立てを却下する場合を除き、遅滞なく、これを電波監理審議会の議に付さなければならない。

【 百二次改正 】

行政不服審査法の施行に伴う関係法律の整備等に関する法律（平成二十六年六月十三日法律第六十九号）第三十八条

第八十五条及び第八十六条中「異議申立て」を「審査請求」に改める。

（電波監理審議会への付議）

第八十五条　第八十三条の審査請求があつたときは、総務大臣は、その審査請求を却下する場合を除き、遅滞なく、これを電波監理審議会の議に付さなければならない。

第八十六条

【 制定 】

電波法（昭和二十五年五月二日法律第百三十一号）

（聴聞の開始）

第八十六条　第八十四条の規定による異議の申立があつたときは、電波監埋委員会は、前条の規定により却下する場合を除き、申立を受理した日から三十日以内に聴聞を開始しなければならない。

【 三次改正 】

郵政省設置法の一部改正に伴う関係法令の整理に関する法律（昭和二十七年七月三十一日法律第二百八十号）第二条

第八十六条を次のように改める。

（改正後の第八十六条の規定は、後掲の条文の通り。）

（聴聞の開始）

第八十六条　電波監理審議会は、前条の規定により議に付された事案につき、異議の申立が受理された日から三十日以内に聴聞を開始しなければならない。

【 九次改正 】

行政不服審査法の施行に伴う関係法律の整理等に関する法律（昭和三十七年九月十五日法律第百六十一号）第二百二十条

> 第八十六条中「異議の申立」を「異議申立て」に改める。

（聴聞の開始）

第八十六条　電波監理審議会は、前条の規定により議に付された事案につき、異議申立てが受理された日から三十日以内に聴聞を開始しなければならない。

【四十七次改正】

行政手続法の施行に伴う関係法律の整備に関する法律（平成五年十一月十二日法律第八十九号）第二百九十九条

> 第八十六条の前の見出し及び同条中「聴聞」を「審理」に改める。

（審理の開始）

第八十六条　電波監理審議会は、前条の規定により議に付された事案につき、異議申立てが受理された日から三十日以内に審理を開始しなければならない。

【百二次改正】

行政不服審査法の施行に伴う関係法律の整備等に関する法律（平成二十六年六月十三日法律第六十九号）第三十八条

> 第八十五条及び第八十六条中「異議申立て」を「審査請求」に改める。

（審理の開始）

第八十六条　電波監理審議会は、前条の規定により議に付された事案につき、審査請求が受理された日から三十日以内に審理を開始しなければならない。

第八十七条

【制定】

電波法（昭和二十五年五月二日法律第百三十一号）

[聴聞の開始]・・第八十六条から第八十八条までの共通見出しである。

第八十七条　聴聞は、電波監理委員会が事案を指定して指名する審理官が主宰する。但し、事案が特に重要である場合において電波監理委員会が聴聞を主宰すべき委員を指名したときは、この限りでない。

【三次改正】

郵政省設置法の一部改正に伴う関係法令の整理に関する法律（昭和二十七年七月三十一日法律第二百八十号）第二条

> 第八十七条中「電波監理委員会」を「電波監理審議会」に改める。

[聴聞の開始]・・第八十六条から第八十八条までの共通見出しである。

第八十七条　聴聞は、電波監理審議会が事案を指定して指名する審理官が主宰する。但し、事案が特に重要である場合において電波監理審議会が聴聞を主宰すべき委員を指名したときは、この限りでない。

【四十七次改正】

行政手続法の施行に伴う関係法律の整備に関する法律（平成五年十一月十二日法律

第八十九号）第二百九十九条

> 第八十七条中「聴聞」を「審理」に、「但し」を「ただし」に改める。

［審理の開始］・・第八十六条から第八十八条までの共通見出しである。

第八十七条　審理は、電波監理審議会が事案を指定して指名する審理官が主宰する。ただし、事案が特に重要である場合において電波監理審議会が審理を主宰すべき委員を指名したときは、この限りでない。

第八十八条

【制定】

電波法（昭和二十五年五月二日法律第百三十一号）

［聴聞の開始］・・第八十六条から第八十八条までの共通見出しである。

第八十八条　聴聞の開始は、利害関係者（異議の申立に係る聴聞の場合は利害関係者及び異議の申立をした者。以下同じ。）に対し、審理官（前条但書の場合はその委員。以下同じ。）の名をもつて、事案の要旨、聴聞の期日及び場所並びに出頭を求める旨を記載した聴聞開始通知書を送付して行う。

2　前項の聴聞開始通知書を発送したときは、事案の要旨並びに聴聞の期日及び場所を公告しなければならない。

【三次改正】

郵政省設置法の一部改正に伴う関係法令の整理に関する法律（昭和二十七年七月三十一日法律第二百八十号）第二条

> 第八十八条第一項中「利害関係者（異議の申立に係る聴聞の場合は利害関係者及び異議の申立をした者。以下同じ。）」を「異議の申立をした者その他の利害関係者」に改める。

［聴聞の開始］・・第八十六条から第八十八条までの共通見出しである。

第八十八条　聴聞の開始は、異議の申立をした者その他の利害関係者に対し、審理官（前条但書の場合はその委員。以下同じ。）の名をもつて、事案の要旨、聴聞の期日及び場所並びに出頭を求める旨を記載した聴聞開始通知書を送付して行う。

2　前項の聴聞開始通知書を発送したときは、事案の要旨並びに聴聞の期日及び場所を公告しなければならない。

【九次改正】

行政不服審査法の施行に伴う関係法律の整理等に関する法律（昭和三十七年九月十五日法律第百六十一号）第二百二十条

> 第八十八条第一項中「異議の申立をした者その他の利害関係者」を「異議申立人」に改め、同条第二項中「公告し」を「公告するとともに、その旨を知れている利害関係者に通知し」に改める。

［聴聞の開始］・・第八十六条から第八十八条までの共通見出しである。

第八十八条　聴聞の開始は、異議申立人に対し、審理官（前条但書の場合はその委員。以下同じ。）の名をもつて、事案の要旨、聴聞の期日及び場所並びに出頭を求める旨を記載した聴聞開始通知書を送付して行う。

2　前項の聴聞開始通知書を発送したときは、事案の要旨並びに聴聞の期日及び場所を公告するとともに、その旨を知れている利害関係者に通知しなければならない。

【四十七次改正】

行政手続法の施行に伴う関係法律の整備に関する法律（平成五年十一月十二日法律第八十九号）第二百九十九条

> 第八十八条第一項中「聴聞の」を「審理の」に、「前条但書」を「前条ただし書」に、「聴聞開始通知書」を「審理開始通知書」に改め、同条第二項中「聴聞開始通知書」を「審理開始通知書」に、「聴聞の」を「審理の」に改める。

［審理の開始］・・第八十六条から第八十八条までの共通見出しである。

第八十八条　審理の開始は、異議申立人に対し、審理官（前条ただし書の場合はその委員。以下同じ。）の名をもつて、事案の要旨、審理の期日及び場所並びに出頭を求める旨を記載した審理開始通知書を送付して行う。

2　前項の審理開始通知書を発送したときは、事案の要旨並びに審理の期日及び場所を公告するとともに、その旨を知れている利害関係者に通知しなければならない。

【百二次改正】

行政不服審査法の施行に伴う関係法律の整備等に関する法律（平成二十六年六月十三日法律第六十九号）第三十八条

> 第八十八条第一項、第九十条第三項、第九十一条から第九十二条の四まで及び第九十二条の五（見出しを含む。）中「異議申立人」を「審査請求人」に改める。

［審理の開始］・・第八十六条から第八十八条までの共通見出しである。

第八十八条　審理の開始は、審査請求人に対し、審理官（前条ただし書の場合はその委員。以下同じ。）の名をもつて、事案の要旨、審理の期日及び場所並びに出頭を求める旨を記載した審理開始通知書を送付して行う。

2　前項の審理開始通知書を発送したときは、事案の要旨並びに審理の期日及び場所を公告するとともに、その旨を知れている利害関係者に通知しなければならない。

第八十九条

【制定】

電波法（昭和二十五年五月二日法律第百三十一号）

（参加）

第八十九条　前条に定める者の外、聴聞に参加して意見を述べようとする者は、利害関係のある理由及び主張の要旨を記載した文書をもつて、審理官に利害関係者として参加する旨を申し出なければならない。

【九次改正】

行政不服審査法の施行に伴う関係法律の整理等に関する法律（昭和三十七年九月十五日法律第百六十一号）第二百二十条

> 第八十九条を次のように改める。
> （改正後の第八十九条の規定は、後掲の条文の通り。）

（参加人）

第八十九条　利害関係者は、審理官の許可を得て、参加人として当該聴聞に関する手続に参加することができる。

２　審理官は、必要があると認めるときは、利害関係者に対し、参加人として当該聴聞に関する手続に参加することを求めることができる。

【四十七次改正】

行政手続法の施行に伴う関係法律の整備に関する法律（平成五年十一月十二日法律第八十九号）第二百九十九条

第八十九条、第九十条第二項及び第三項、第九十一条第一項及び第三項、第九十二条、第九十三条第一項、第九十三条の三並びに第九十四条第二項中「聴聞」を「審理」に改める。

（参加人）

第八十九条　利害関係者は、審理官の許可を得て、参加人として当該審理に関する手続に参加することができる。

２　審理官は、必要があると認めるときは、利害関係者に対し、参加人として当該審理に関する手続に参加することを求めることができる。

第九十条

【制定】

電波法（昭和二十五年五月二日法律第百三十一号）

（代理人）

第九十条　利害関係者は、弁護士その他適当と認める者を代理人に選任することができる。

【九次改正】

行政不服審査法の施行に伴う関係法律の整理等に関する法律（昭和三十七年九月十五日法律第百六十一号）第二百二十条

第九十条の見出しを「（代理人及び指定職員）」に改め、同条に次の二項を加える。

（追加された第二項及び第三項の規定は、後掲の条文の通り。）

（代理人及び指定職員）

第九十条　利害関係者は、弁護士その他適当と認める者を代理人に選任することができる。

２　郵政大臣は、所部の職員でその指定するもの（以下「指定職員」という。）をして聴聞に関する手続に参加させることができる。

３　第一項の代理人は、聴聞に関し、異議申立人、参加人又は指定職員に代わつて一切の行為をすることができる。

【四十七次改正】

行政手続法の施行に伴う関係法律の整備に関する法律（平成五年十一月十二日法律第八十九号）第二百九十九条

第八十九条、第九十条第二項及び第三項、第九十一条第一項及び第三項、第九十二条、第九十三条第一項、第九十三条の三並びに第九十四条第二項中「聴聞」

を「審理」に改める。

（代理人及び指定職員）

第九十条　利害関係者は、弁護士その他適当と認める者を代理人に選任することができる。

2　郵政大臣は、所部の職員でその指定するもの（以下「指定職員」という。）をして審理に関する手続に参加させることができる。

3　第一項の代理人は、審理に関し、異議申立人、参加人又は指定職員に代わって一切の行為をすることができる。

【六十二次改正】

中央省庁等改革関係法施行法（平成十一年十二月二十二日法律第百六十号）第百九十三条

本則（第九十九条の十二第二項を除く。）中「郵政大臣」を「総務大臣」に、「郵政省令」を「総務省令」に、「通商産業大臣」を「経済産業大臣」に、「建設大臣」を「国土交通大臣」に、「地方電気通信監理局長」を「総合通信局長」に、「沖縄郵政管理事務所長」を「沖縄総合通信事務所長」に改める。

（代理人及び指定職員）

第九十条　利害関係者は、弁護士その他適当と認める者を代理人に選任することができる。

2　総務大臣は、所部の職員でその指定するもの（以下「指定職員」という。）をして審理に関する手続に参加させることができる。

3　第一項の代理人は、審理に関し、異議申立人、参加人又は指定職員に代わって一切の行為をすることができる。

【百二次改正】

行政不服審査法の施行に伴う関係法律の整備等に関する法律（平成二十六年六月十三日法律第六十九号）第三十八条

第八十八条第一項、第九十条第三項、第九十一条から第九十二条の四まで及び第九十二条の五（見出しを含む。）中「異議申立人」を「審査請求人」に改める。

（代理人及び指定職員）

第九十条　利害関係者は、弁護士その他適当と認める者を代理人に選任することができる。

2　総務大臣は、所部の職員でその指定するもの（以下「指定職員」という。）をして審理に関する手続に参加させることができる。

3　第一項の代理人は、審理に関し、審査請求人、参加人又は指定職員に代わって一切の行為をすることができる。

第九十一条

【制定】

電波法（昭和二十五年五月二日法律第百三十一号）

（調査）

第九十一条　審理官は、聴聞に際し必要があると認めるときは、利害関係者を審問し、又は参考人に出頭を求めて審問し、且つ、これらの者に報告をさせることができる。

【九次改正】

行政不服審査法の施行に伴う関係法律の整理等に関する法律（昭和三十七年九月十五日法律第百六十一号）第二百二十条

> 第九十一条及び第九十二条を次のように改める。
> （改正後の第九十一条の規定は、後掲の条文の通り。）

（意見の陳述）
第九十一条　異議申立人、参加人又は指定職員は、聴聞の期日に出頭して、意見を述べることができる。
2　前項の場合において、異議申立人又は参加人は、審理官の許可を得て補佐人とともに出頭することができる。
3　審理官は、聴聞に際し必要があると認めるときは、異議申立人、参加人又は指定職員に対して、意見の陳述を求めることができる。

【四十七次改正】

行政手続法の施行に伴う関係法律の整備に関する法律（平成五年十一月十二日法律第八十九号）第二百九十九条

> 第八十九条、第九十条第二項及び第三項、第九十一条第一項及び第三項、第九十二条、第九十三条第一項、第九十三条の三並びに第九十四条第二項中「聴聞」を「審理」に改める。

（意見の陳述）
第九十一条　異議申立人、参加人又は指定職員は、審理の期日に出頭して、意見を述べることができる。
2　前項の場合において、異議申立人又は参加人は、審理官の許可を得て補佐人とともに出頭することができる。
3　審理官は、審理に際し必要があると認めるときは、異議申立人、参加人又は指定職員に対して、意見の陳述を求めることができる。

【百二次改正】

行政不服審査法の施行に伴う関係法律の整備等に関する法律（平成二十六年六月十三日法律第六十九号）第三十八条

> 第八十八条第一項、第九十条第三項、第九十一条から第九十二条の四まで及び第九十二条の五（見出しを含む。）中「異議申立人」を「審査請求人」に改める。

（意見の陳述）
第九十一条　審査請求人、参加人又は指定職員は、審理の期日に出頭して、意見を述べることができる。
2　前項の場合において、審査請求人又は参加人は、審理官の許可を得て補佐人とともに出頭することができる。
3　審理官は、審理に際し必要があると認めるときは、審査請求人、参加人又は指定職員に対して、意見の陳述を求めることができる。

第九十二条

【制定】

電波法（昭和二十五年五月二日法律第百三十一号）

（主張と立証）

第九十二条　利害関係者若しくはその代理人又は電波監理委員会は、聴聞に際し、自己の主張を述べ、証拠を申しいで、又は利害関係者若しくは参考人若しくは電波監理委員会を審問することができる。

【三次改正】

郵政省設置法の一部改正に伴う関係法令の整理に関する法律（昭和二十七年七月三十一日法律第二百八十号）第二条

> 第九十二条中「若しくはその代理人又は電波監理委員会」を「又はその代理人」に改め、「若しくは電波監理委員会」を削る。

（主張と立証）

第九十二条　利害関係者又はその代理人は、聴聞に際し、自己の主張を述べ、証拠を申しいで、又は利害関係者若しくは参考人を審問することができる。

【九次改正】

行政不服審査法の施行に伴う関係法律の整理等に関する法律（昭和三十七年九月十五日法律第百六十一号）第二百二十条

> 第九十一条及び第九十二条を次のように改める。
> （改正後の第九十二条の規定は、後掲の条文の通り。）

（証拠書類等の提出）

第九十二条　異議申立人、参加人又は指定職員は、聴聞に際し、証拠書類又は証拠物を提出することができる。ただし、審理官が証拠書類又は証拠物を提出すべき相当の期間を定めたときは、その期間内にこれを提出しなければならない。

【四十七次改正】

行政手続法の施行に伴う関係法律の整備に関する法律（平成五年十一月十二日法律第八十九号）第二百九十九条

> 第八十九条、第九十条第二項及び第三項、第九十一条第一項及び第三項、第九十二条、第九十三条第一項、第九十三条の三並びに第九十四条第二項中「聴聞」を「審理」に改める。

（証拠書類等の提出）

第九十二条　異議申立人、参加人又は指定職員は、審理に際し、証拠書類又は証拠物を提出することができる。ただし、審理官が証拠書類又は証拠物を提出すべき相当の期間を定めたときは、その期間内にこれを提出しなければならない。

【百二次改正】

行政不服審査法の施行に伴う関係法律の整備等に関する法律（平成二十六年六月十三日法律第六十九号）第三十八条

> 第八十八条第一項、第九十条第三項、第九十一条から第九十二条の四まで及び第九十二条の五（見出しを含む。）中「異議申立人」を「審査請求人」に改める。

（証拠書類等の提出）

第九十二条　審査請求人、参加人又は指定職員は、審理に際し、証拠書類又は証拠物を提出することができる。ただし、審理官が証拠書類又は証拠物を提出すべき相当の期間を定めたときは、その期間内にこれを提出しなければならない。

第九十二条の二

【 九次改正 】

行政不服審査法の施行に伴う関係法律の整理等に関する法律（昭和三十七年九月十五日法律第百六十一号）第二百二十条

> 第九十二条の次に次の四条を加える。
> （追加された第九十二条の二の規定は、後掲の条文の通り。）

（参考人の陳述及び鑑定の要求）

第九十二条の二　審理官は、異議申立人、参加人若しくは指定職員の申立てにより又は職権で、適当と認める者に、参考人として出頭を求めてその知つている事実を陳述させ、又は鑑定をさせることができる。この場合においては、異議申立人、参加人又は指定職員も、その参考人に陳述を求めることができる。

【 百二次改正 】

行政不服審査法の施行に伴う関係法律の整備等に関する法律（平成二十六年六月十三日法律第六十九号）第三十八条

> 第八十八条第一項、第九十条第三項、第九十一条から第九十二条の四まで及び第九十二条の五（見出しを含む。）中「異議申立人」を「審査請求人」に改める。

（参考人の陳述及び鑑定の要求）

第九十二条の二　審理官は、審査請求人、参加人若しくは指定職員の申立てにより又は職権で、適当と認める者に、参考人として出頭を求めてその知つている事実を陳述させ、又は鑑定をさせることができる。この場合においては、審査請求人、参加人又は指定職員も、その参考人に陳述を求めることができる。

第九十二条の三

【 九次改正 】

行政不服審査法の施行に伴う関係法律の整理等に関する法律（昭和三十七年九月十五日法律第百六十一号）第二百二十条

> 第九十二条の次に次の四条を加える。
> （追加された第九十二条の三の規定は、後掲の条文の通り。）

（物件の提出要求）

第九十二条の三　審理官は、異議申立人、参加人若しくは指定職員の申立てにより又は職権で、書類その他の物件の所持人に対し、その物件の提出を求め、かつ、その提出された物件を留め置くことができる。

【 百二次改正 】

行政不服審査法の施行に伴う関係法律の整備等に関する法律（平成二十六年六月十三日法律第六十九号）第三十八条

> 第八十八条第一項、第九十条第三項、第九十一条から第九十二条の四まで及び第九十二条の五（見出しを含む。）中「異議申立人」を「審査請求人」に改める。

（物件の提出要求）

第九十二条の三　審理官は、審査請求人、参加人若しくは指定職員の申立てにより又は職権で、書類その他の物件の所持人に対し、その物件の提出を求め、かつ、その提出された物件を留め置くことができる。

第九十二条の四

【九次改正】

行政不服審査法の施行に伴う関係法律の整理等に関する法律（昭和三十七年九月十五日法律第百六十一号）第二百二十条

第九十二条の次に次の四条を加える。
（追加された第九十二条の四の規定は、後掲の条文の通り。）

（検証）

第九十二条の四　審理官は、異議申立人、参加人若しくは指定職員の申立てにより又は職権で、必要な場所につき、検証をすることができる。

2　審理官は、異議申立人、参加人又は指定職員の申立てにより前項の検証をしようとするときは、あらかじめ、その日時及び場所を申立人に通知し、これに立ち会う機会を与えなければならない。

【百二次改正】

行政不服審査法の施行に伴う関係法律の整備等に関する法律（平成二十六年六月十三日法律第六十九号）第三十八条

第八十八条第一項、第九十条第三項、第九十一条から第九十二条の四まで及び第九十二条の五（見出しを含む。）中「異議申立人」を「審査請求人」に改める。

（検証）

第九十二条の四　審理官は、審査請求人、参加人若しくは指定職員の申立てにより又は職権で、必要な場所につき、検証をすることができる。

2　審理官は、審査請求人、参加人又は指定職員の申立てにより前項の検証をしようとするときは、あらかじめ、その日時及び場所を申立人に通知し、これに立ち会う機会を与えなければならない。

第九十二条の五

【九次改正】

行政不服審査法の施行に伴う関係法律の整理等に関する法律（昭和三十七年九月十五日法律第百六十一号）第二百二十条

第九十二条の次に次の四条を加える。
（追加された第九十二条の五の規定は、後掲の条文の通り。）

（異議申立人又は参加人の審問）

第九十二条の五　審理官は、異議申立人、参加人若しくは指定職員の申立てにより又は職権で、異議申立人又は参加人を審問することができる。この場合においては、第九十二条の二後段の規定を準用する。

【百二次改正】

行政不服審査法の施行に伴う関係法律の整備等に関する法律（平成二十六年六月十三日法律第六十九号）第三十八条

> 第八十八条第一項、第九十条第三項、第九十一条から第九十二条の四まで及び第九十二条の五（見出しを含む。）中「異議申立人」を「審査請求人」に改める。

（審査請求人又は参加人の審問）
第九十二条の五　審理官は、審査請求人、参加人若しくは指定職員の申立てにより又は職権で、審査請求人又は参加人を審問することができる。この場合においては、第九十二条の二後段の規定を準用する。

第九十三条

【制定】

電波法（昭和二十五年五月二日法律第百三十一号）

（調書及び意見書）
第九十三条　審理官は、聴聞に際しては、調書を作成しなければならない。
2　審理官は、前項の調書に基き意見書を作成し、同項の調書とともに、電波監理委員会に提出しなければならない。
3　電波監理委員会は、第一項の調書及び前項の意見書を公衆の閲覧に供しなければならない。

【三次改正】

郵政省設置法の一部改正に伴う関係法令の整理に関する法律（昭和二十七年七月三十一日法律第二百八十号）第二条

> 第九十三条中「電波監理委員会」を「電波監理審議会」に改め、同条第三項中「意見書」の下に「の謄本」を加え、同条の次に次の一条を加える。

（調書及び意見書）
第九十三条　審理官は、聴聞に際しては、調書を作成しなければならない。
2　審理官は、前項の調書に基き意見書を作成し、同項の調書とともに、電波監理審議会に提出しなければならない。
3　電波監理審議会は、第一項の調書及び前項の意見書の謄本を公衆の閲覧に供しなければならない。

【四十七次改正】

行政手続法の施行に伴う関係法律の整備に関する法律（平成五年十一月十二日法律第八十九号）第二百九十九条

> 第八十九条、第九十条第二項及び第三項、第九十一条第一項及び第三項、第九十二条、第九十三条第一項、第九十三条の三並びに第九十四条第二項中「聴聞」を「審理」に改める。

（調書及び意見書）
第九十三条　審理官は、審理に際しては、調書を作成しなければならない。
2　審理官は、前項の調書に基き意見書を作成し、同項の調書とともに、電波監理審議会に提出しなければならない。
3　電波監理審議会は、第一項の調書及び前項の意見書の謄本を公衆の閲覧に供しなければならない。

第九十三条の二

【三次改正】

郵政省設置法の一部改正に伴う関係法令の整理に関する法律（昭和二十七年七月三十一日法律第二百八十号）第二条

第九十三条中「電波監理委員会」を「電波監理審議会」に改め、同条第三項中「意見書」の下に「の謄本」を加え、同条の次に次の一条を加える。
（追加された第九十三条の二の規定は、後掲の条文の通り。）

（議決）
第九十三条の二　電波監理審議会は、前条の調書及び意見書に基き、事案についての決定案を議決しなければならない。

【九次改正】

行政不服審査法の施行に伴う関係法律の整理等に関する法律（昭和三十七年九月十五日法律第百六十一号）第二百二十条

第九十三条の二中「前条」を「第九十三条」に改め、同条を第九十三条の四とし、同条の次に次の一条を加える。

第九十三条の次に次の二条を加える。
（追加された第九十三条の二の規定は、後掲の条文の通り。）

（証拠書類等の返還）
第九十三条の二　審理官は、前条第二項の規定により意見書を提出したときは、すみやかに、第九十二条の規定により提出された証拠書類又は証拠物及び第九十二条の三の規定による提出要求に応じて提出された書類その他の物件をその提出人に返還しなければならない。

［注釈］改正前の第九十三条の二の規定は、字句の改正を行い、二条繰り下げられて、第九十三条の四となった。ついては、改正後の条文については、第九十三条の四の項を参照されたい。

第九十三条の三

【九次改正】

行政不服審査法の施行に伴う関係法律の整理等に関する法律（昭和三十七年九月十五日法律第百六十一号）第二百二十条

第九十三条の次に次の二条を加える。
（追加された第九十三条の三の規定は、後掲の条文の通り。）

（不服申立ての制限）
第九十三条の三　審理官が聴聞に関する手続においてした処分については、行政不服審査法（昭和三十七年法律第百六十号）による不服申立てをすることができない。

【四十七次改正】

行政手続法の施行に伴う関係法律の整備に関する法律（平成五年十一月十二日法律第八十九号）第二百九十九条

第八十九条、第九十条第二項及び第三項、第九十一条第一項及び第三項、第九十二条、第九十三条第一項、第九十三条の三並びに第九十四条第二項中「聴聞」を「審理」に改める。

（不服申立ての制限）

第九十三条の三　審理官が審理に関する手続においてした処分については、行政不服審査法（昭和三十七年法律第百六十号）による不服申立てをすることができない。

【百二次改正】

行政不服審査法の施行に伴う関係法律の整備等に関する法律（平成二十六年六月十三日法律第六十九号）第三十八条

第九十三条の三の見出しを「（審査請求の制限）」に改め、同条中「した処分」を「する処分又はその不作為」に、「行政不服審査法（昭和三十七年法律第百六十号）による不服申立て」を「審査請求」に改める。

（審査請求の制限）

第九十三条の三　審理官が審理に関する手続においてする処分又はその不作為については、審査請求をすることができない。

第九十三条の四

【九次改正】

行政不服審査法の施行に伴う関係法律の整理等に関する法律（昭和三十七年九月十五日法律第百六十一号）第二百二十条

第九十三条の二中「前条」を「第九十三条」に改め、同条を第九十三条の四とし、同条の次に次の一条を加える。

（議決）

第九十三条の四　電波監理審議会は、第九十三条の調書及び意見書に基き、事案についての決定案を議決しなければならない。

［注釈］改正前の規定は、第九十三条の二に係る三次改正の項を参照されたい。

【百二次改正】

行政不服審査法の施行に伴う関係法律の整備等に関する法律（平成二十六年六月十三日法律第六十九号）第三十八条

第九十三条の四中「基き」を「基づき」に、「決定案」を「裁決案」に改める。

（議決）

第九十三条の四　電波監理審議会は、第九十三条の調書及び意見書に基づき、事案についての裁決案を議決しなければならない。

第九十三条の五

【九次改正】

行政不服審査法の施行に伴う関係法律の整理等に関する法律（昭和三十七年九月十五日法律第百六十一号）第二百二十条

第九十三条の二中「前条」を「第九十三条」に改め、同条を第九十三条の四とし、同条の次に次の一条を加える。

（追加された第九十三条の五の規定は、後掲の条文の通り。）

（処分の執行停止）

第九十三条の五　郵政大臣は、第八十五条の規定により電波監理審議会の議に付した事案に係る処分につき、行政不服審査法第四十八条において準用する同法第三十四条第二項の規定による申立てがあつたときは、電波監理審議会の意見を聞かなければならない。

【六十二次改正】

中央省庁等改革関係法施行法（平成十一年十二月二十二日法律第百六十号）第百九十三条

本則（第九十九条の十二第二項を除く。）中「郵政大臣」を「総務大臣」に、「郵政省令」を「総務省令」に、「通商産業大臣」を「経済産業大臣」に、「建設大臣」を「国土交通大臣」に、「地方電気通信監理局長」を「総合通信局長」に、「沖縄郵政管理事務所長」を「沖縄総合通信事務所長」に改める。

（処分の執行停止）

第九十三条の五　総務大臣は、第八十五条の規定により電波監理審議会の議に付した事案に係る処分につき、行政不服審査法第四十八条において準用する同法第三十四条第二項の規定による申立てがあつたときは、電波監理審議会の意見を聞かなければならない。

【百二次改正】

行政不服審査法の施行に伴う関係法律の整備等に関する法律（平成二十六年六月十三日法律第六十九号）第三十八条

第九十三条の五中「行政不服審査法第四十八条において準用する同法第三十四条第二項」を「行政不服審査法（平成二十六年法律第六十八号）第二十五条第二項」に、「聞かなければ」を「聴かなければ」に改める。

（処分の執行停止）

第九十三条の五　総務大臣は、第八十五条の規定により電波監理審議会の議に付した事案に係る処分につき、行政不服審査法（平成二十六年法律第六十八号）第二十五条第二項の規定による申立てがあつたときは、電波監理審議会の意見を聴かなければならない。

第九十四条

【制定】

電波法（昭和二十五年五月二日法律第百三十一号）

（決定）

第九十四条　電波監理委員会は、前条の調書及び意見書に基き事案の決定を行う。

2　前項の決定は、文書により行い、その正本を第八十八条及び第八十九条の利害関係者に送付しなければならない。

3　前項の文書には、聴聞を経て電波監理委員会が認定した事実及び理由を示さなければならない。

【　三次改正　】

郵政省設置法の一部改正に伴う関係法令の整理に関する法律（昭和二十七年七月三十一日法律第二百八十号）第二条

> 第九十四条第一項を次のように改める。
> （改正後の第一項の規定は、後掲の条文の通り。）
> 第九十四条第三項中「電波監理委員会」を「電波監理審議会」に改める。

（決定）

第九十四条　郵政大臣は、前条の議決があつたときは、その議決の日から七日以内に、その議決により異議の申立についての決定を行う。

2　前項の決定は、文書により行い、その正本を第八十八条及び第八十九条の利害関係者に送付しなければならない。

3　前項の文書には、聴聞を経て電波監理審議会が認定した事実及び理由を示さなければならない。

【　九次改正　】

行政不服審査法の施行に伴う関係法律の整理等に関する法律（昭和三十七年九月十五日法律第百六十一号）第二百二十条

> 第九十四条第一項中「前条」を「第九十三条の四」に、「異議の申立」を「異議申立て」に改め、同条第二項を削り、同条第三項中「前項の文書」を「決定書」に改め、「及び理由」を削り、同項を同条第二項とし、同条に次の一項を加える。
> （追加された第三項の規定は、後掲の条文の通り。）

（決定）

第九十四条　郵政大臣は、第九十三条の四の議決があつたときは、その議決の日から七日以内に、その議決により異議申立てについての決定を行う。

2　決定書には、聴聞を経て電波監理審議会が認定した事実を示さなければならない。

3　郵政大臣は、決定をしたときは、行政不服審査法第四十八条において準用する同法第四十二条の規定によるほか、決定書の謄本を第八十九条の規定による参加人に送付しなければならない。

【　四十七次改正　】

行政手続法の施行に伴う関係法律の整備に関する法律（平成五年十一月十二日法律第八十九号）第二百九十九条

> 第八十九条、第九十条第二項及び第三項、第九十一条第一項及び第三項、第九十二条、第九十三条第一項、第九十三条の三並びに第九十四条第二項中「聴聞」を「審理」に改める。

（決定）

第九十四条　郵政大臣は、第九十三条の四の議決があつたときは、その議決の日から七日以内に、その議決により異議申立てについての決定を行う。

2　決定書には、審理を経て電波監理審議会が認定した事実を示さなければならない。

3　郵政大臣は、決定をしたときは、行政不服審査法第四十八条において準用する同法第四十二条の規定によるほか、決定書の謄本を第八十九条の規定による参加人に送付しなければならない。

【六十二次改正】

中央省庁等改革関係法施行法（平成十一年十二月二十二日法律第百六十号）第百九十三条

> 本則（第九十九条の十二第二項を除く。）中「郵政大臣」を「総務大臣」に、「郵政省令」を「総務省令」に、「通商産業大臣」を「経済産業大臣」に、「建設大臣」を「国土交通大臣」に、「地方電気通信監理局長」を「総合通信局長」に、「沖縄郵政管理事務所長」を「沖縄総合通信事務所長」に改める。

（決定）
第九十四条　総務大臣は、第九十三条の四の議決があつたときは、その議決の日から七日以内に、その議決により異議申立てについての決定を行う。

2　決定書には、審理を経て電波監理審議会が認定した事実を示さなければならない。

3　総務大臣は、決定をしたときは、行政不服審査法第四十八条において準用する同法第四十二条の規定によるほか、決定書の謄本を第八十九条の規定による参加人に送付しなければならない。

【百二次改正】

行政不服審査法の施行に伴う関係法律の整備等に関する法律（平成二十六年六月十三日法律第六十九号）第三十八条

> 第九十四条の見出しを「（裁決）」に改め、同条第一項中「異議申立てについての決定を行う」を「審査請求についての裁決をする」に改め、同条第二項中「決定書」を「裁決書」に改め、同条第三項中「決定を」を「裁決を」に、「第四十八条において準用する同法第四十二条」を「第五十一条」に、「決定書」を「裁決書」に改める。

（裁決）
第九十四条　総務大臣は、第九十三条の四の議決があつたときは、その議決の日から七日以内に、その議決により審査請求についての裁決をする。

2　裁決書には、審理を経て電波監理審議会が認定した事実を示さなければならない。

3　総務大臣は、裁決をしたときは、行政不服審査法第五十一条の規定によるほか、裁決書の謄本を第八十九条の規定による参加人に送付しなければならない。

第九十五条

【制定】

電波法（昭和二十五年五月二日法律第百三十一号）

（参考人の旅費等）
第九十五条　第九十一条の規定により出頭を求められた参考人は、政令で定める額の旅費、日当及び宿泊料を受ける。

【九次改正】

行政不服審査法の施行に伴う関係法律の整理等に関する法律（昭和三十七年九月十五日法律第百六十一号）第二百二十条

第九十五条中「第九十一条」を「第九十二条の二」に改める。

（参考人の旅費等）

第九十五条　第九十二条の二の規定により出頭を求められた参考人は、政令で定める額の旅費、日当及び宿泊料を受ける。

第九十六条

【制定】

電波法（昭和二十五年五月二日法律第百三十一号）

（規則委任事項）

第九十六条　この章に定めるものの外、聴聞に関する手続は、電波監理委員会規則で定める。

【三次改正】

郵政省設置法の一部改正に伴う関係法令の整理に関する法律（昭和二十七年七月三十一日法律第二百八十号）第二条

「電波監理委員会規則」を「郵政省令」に改める。

第九十六条の見出しを「（省令委任事項）」に改め、同条の次に次の一条を加える。

（省令委任事項）

第九十六条　この章に定めるものの外、聴聞に関する手続は、郵政省令で定める。

【四十七次改正】

行政手続法の施行に伴う関係法律の整備に関する法律（平成五年十一月十二日法律第八十九号）第二百九十九条

第九十六条中「の外、聴聞」を「のほか、審理」に改める。

（省令委任事項）

第九十六条　この章に定めるもののほか、審理に関する手続は、郵政省令で定める。

【六十二次改正】

中央省庁等改革関係法施行法（平成十一年十二月二十二日法律第百六十号）第百九十三条

本則（第九十九条の十二第二項を除く。）中「郵政大臣」を「総務大臣」に、「郵政省令」を「総務省令」に、「通商産業大臣」を「経済産業大臣」に、「建設大臣」を「国土交通大臣」に、「地方電気通信監理局長」を「総合通信局長」に、「沖縄郵政管理事務所長」を「沖縄総合通信事務所長」に改める。

第四十九条の見出し及び第九十六条の見出しを「（総務省令への委任）」に改める。

（総務省令への委任）

第九十六条　この章に定めるもののほか、審理に関する手続は、総務省令で定める。

第九十六条の二

【三次改正】

郵政省設置法の一部改正に伴う関係法令の整理に関する法律（昭和二十七年七月三十一日法律第二百八十号）第二条

第九十六条の見出しを「（省令委任事項）」に改め、同条の次に次の一条を加える。
（追加された第九十六条の二の規定は、後掲の条文の通り。）

（訴の提起）
第九十六条の二　第八十三条第一項の規定により異議の申立をすることができる事項に関する訴は、第八十四条第一項の規定による却下の処分又は第九十四条第一項の規定による決定に対してのみ提起することができる。

【八次改正】

行政事件訴訟法の施行に伴う関係法律の整理等に関する法律（昭和三十七年五月十六日法律第百四十号）第百二条

第九十六条の二を次のように改める。
（改正された第九十六条の二の規定は、後掲の条文の通り。）

（訴えの提起）
第九十六条の二　この法律又はこの法律に基づく命令の規定による郵政大臣の処分に不服がある者は、当該処分についての異議申立てに対する決定に対してのみ、取消しの訴えを提起することができる。

【六十二次改正】

中央省庁等改革関係法施行法（平成十一年十二月二十二日法律第百六十号）第百九十三条

本則（第九十九条の十二第二項を除く。）中「郵政大臣」を「総務大臣」に、「郵政省令」を「総務省令」に、「通商産業大臣」を「経済産業大臣」に、「建設大臣」を「国土交通大臣」に、「地方電気通信監理局長」を「総合通信局長」に、「沖縄郵政管理事務所長」を「沖縄総合通信事務所長」に改める。

（訴えの提起）
第九十六条の二　この法律又はこの法律に基づく命令の規定による総務大臣の処分に不服がある者は、当該処分についての異議申立てに対する決定に対してのみ、取消しの訴えを提起することができる。

【百二次改正】

行政不服審査法の施行に伴う関係法律の整備等に関する法律（平成二十六年六月十三日法律第六十九号）第三十八条

第九十六条の二中「異議申立てに対する決定」を「審査請求に対する裁決」に改める。

（訴えの提起）
第九十六条の二　この法律又はこの法律に基づく命令の規定による総務大臣の処分に不服がある者は、当該処分についての審査請求に対する裁決に対してのみ、取消しの訴えを提起することができる。

第九十七条

【 制定 】

電波法（昭和二十五年五月二日法律第百三十一号）

（専属管轄）

第九十七条　この法律又はこの法律に基く命令の規定に基く電波監理委員会の処分に対する訴は、東京高等裁判所の専属管轄とする。

【 三次改正 】

郵政省設置法の一部改正に伴う関係法令の整理に関する法律（昭和二十七年七月三十一日法律第二百八十号）第二条

> 第九十七条中「この法律又はこの法律に基く命令の規定に基く電波監理委員会の処分に対する訴」を「前条の訴」に改める。

（専属管轄）

第九十七条　前条の訴は、東京高等裁判所の専属管轄とする。

【 八次改正 】

行政事件訴訟法の施行に伴う関係法律の整理等に関する法律（昭和三十七年五月十六日法律第百四十号）第百二条

> 第九十七条中「訴」を「訴え（異議申立てを却下する決定に対する訴えを除く。）」に改める。

（専属管轄）

第九十七条　前条の訴え（異議申立てを却下する決定に対する訴えを除く。）は、東京高等裁判所の専属管轄とする。

【 百二次改正 】

行政不服審査法の施行に伴う関係法律の整備等に関する法律（平成二十六年六月十三日法律第六十九号）第三十八条

> 第九十七条中「異議申立てを却下する決定」を「審査請求を却下する裁決」に改める。

（専属管轄）

第九十七条　前条の訴え（審査請求を却下する裁決に対する訴えを除く。）は、東京高等裁判所の専属管轄とする。

第九十八条

【 制定 】

電波法（昭和二十五年五月二日法律第百三十一号）

（記録の送付）

第九十八条　前条の訴の提起があつたときは、裁判所は、遅滞なく電波監理委員会に対し当該事件の記録の送付を求めなければならない。

【三次改正】

郵政省設置法の一部改正に伴う関係法令の整理に関する法律（昭和二十七年七月三十一日法律第二百八十号）第二条

第九十八条中「前条の訴」を「第九十六条の二の訴」に、「電波監理委員会」を「郵政大臣」に改める。

（記録の送付）

第九十八条　第九十六条の二の訴の提起があつたときは、裁判所は、遅滞なく郵政大臣に対し当該事件の記録の送付を求めなければならない。

【八次改正】

行政事件訴訟法の施行に伴う関係法律の整理等に関する法律（昭和三十七年五月十六日法律第百四十号）第百二条

第九十八条中「第九十六条の二」を「前条」に改める。

（記録の送付）

第九十八条　前条の訴の提起があつたときは、裁判所は、遅滞なく郵政大臣に対し当該事件の記録の送付を求めなければならない。

【六十二次改正】

中央省庁等改革関係法施行法（平成十一年十二月二十二日法律第百六十号）第百九十三条

本則（第九十九条の十二第二項を除く。）中「郵政大臣」を「総務大臣」に、「郵政省令」を「総務省令」に、「通商産業大臣」を「経済産業大臣」に、「建設大臣」を「国土交通大臣」に、「地方電気通信監理局長」を「総合通信局長」に、「沖縄郵政管理事務所長」を「沖縄総合通信事務所長」に改める。

（記録の送付）

第九十八条　前条の訴の提起があつたときは、裁判所は、遅滞なく総務大臣に対し当該事件の記録の送付を求めなければならない。

第九十九条

【制定】

電波法（昭和二十五年五月二日法律第百三十一号）

（事実認定の拘束力）

第九十九条　第九十七条の訴については、電波監理委員会が適法に認定した事実は、これを立証する実質的な証拠があるときは、裁判所を拘束する。

2　前項に規定する実質的な証拠の有無は、裁判所が判断するものとする。

【三次改正】

郵政省設置法の一部改正に伴う関係法令の整理に関する法律（昭和二十七年七月三十一日法律第二百八十号）第二条

第九十九条中「電波監理委員会」を「電波監理審議会」に改め、同条の次に次の一章を加える。

（事実認定の拘束力）

第九十九条　第九十七条の訴については、電波監理審議会が適法に認定した事実は、これを立証する実質的な証拠があるときは、裁判所を拘束する。

2　前項に規定する実質的な証拠の有無は、裁判所が判断するものとする。

第二編　電波法の変遷

第二部　一次改正から百五次改正までの逐条改正経緯

第七章の二　電波監理審議会

第七章の二　電波監理審議会

【三次改正】

郵政省設置法の一部改正に伴う関係法令の整理に関する法律（昭和二十七年七月三十一日法律第二百八十号）第二条

第九十九条中「電波監理委員会」を「電波監理審議会」に改め、同条の次に次の一章を加える。
（追加された第七章の二の章名は、前掲の「電波監理審議会」である。）

第九十九条の二

【三次改正】

郵政省設置法の一部改正に伴う関係法令の整理に関する法律（昭和二十七年七月三十一日法律第二百八十号）第二条

第九十九条中「電波監理委員会」を「電波監理審議会」に改め、同条の次に次の一章を加える。
（追加された第七章の二中の第九十九条の二の規定は、後掲の条文の通り。）

（組織）
第九十九条の二　電波監理審議会は、委員五人をもつて組織する。
2　審議会に会長を置き、委員の互選により選任する。
3　会長は、会務を総理する。
4　電波監理審議会は、あらかじめ、委員のうちから、会長に事故がある場合に会長の職務を代行する者を定めて置かなければならない。

【三十次改正】

国家行政組織法の一部を改正する法律の施行に伴う関係法律の整理等に関する法律（昭和五十八年九月八日法律第七十八号）第百五十四条

第九十九条の二を第九十九条の二の二とし、第七章の二中同条の前に次の一条を加える。
（追加された第九十九条の二の規定は、後掲の条文の通り。）

（設置）
第九十九条の二　電波及び放送の規律に関する事務の公平かつ能率的な運営を図るため、その事務に関する事項を調査審議し、郵政大臣に必要な勧告をし、並びにこの法律に基づく郵政大臣又は地方電波監理局長若しくは沖縄郵政管理事務所長の処分並びに有線テレビジョン放送法（昭和四十七年法律第百十四号）及び有線ラジオ放送業務の運用の規正に関する法律（昭和二十六年法律第百三十五号）に基づく郵政大臣の処分に対する不服申立てについて審査及び議決をするため、郵政省に電波監理審議会を置く。

［注釈］改正前の第九十九条の二は第九十九条の二の二となったので、同条の項を参照されたい。

【三十二次改正】

日本電信電話株式会社法及び電気通信事業法の施行に伴う関係法律の整備等に関する法律（昭和五十九年十二月二十五日法律第八十七号）第四十七項

> 第九十九条の二中「地方電波監理局長」を「地方電気通信監理局長」に改める。

（設置）

第九十九条の二　電波及び放送の規律に関する事務の公平かつ能率的な運営を図るため、その事務に関する事項を調査審議し、郵政大臣に必要な勧告をし、並びにこの法律に基づく郵政大臣又は地方電気通信監理局長若しくは沖縄郵政管理事務所長の処分並びに有線テレビジョン放送法（昭和四十七年法律第百十四号）及び有線ラジオ放送業務の運用の規正に関する法律（昭和二十六年法律第百三十五号）に基づく郵政大臣の処分に対する不服申立てについて審査及び議決をするため、郵政省に電波監理審議会を置く。

【三十九次改正】

放送法及び電波法の一部を改正する法律（昭和六十三年五月六日法律第二十九号）第二条

> 第九十九条の二中「処分並びに」の下に「放送法、」を加える。

（設置）

第九十九条の二　電波及び放送の規律に関する事務の公平かつ能率的な運営を図るため、その事務に関する事項を調査審議し、郵政大臣に必要な勧告をし、並びにこの法律に基づく郵政大臣又は地方電気通信監理局長若しくは沖縄郵政管理事務所長の処分並びに放送法、有線テレビジョン放送法（昭和四十七年法律第百十四号）及び有線ラジオ放送業務の運用の規正に関する法律（昭和二十六年法律第百三十五号）に基づく郵政大臣の処分に対する不服申立てについて審査及び議決をするため、郵政省に電波監理審議会を置く。

【四十次改正】

電波法の一部を改正する法律（昭和六十一年五月二十二日法律第三十五号）

> 第九十九条の二中「及び放送」の下に「（委託して放送をさせることを含む。第九十九条の十二第二項、第百二条の二第一項第二号及び第百八条の二第一項において同じ。）」を加える。

（設置）

第九十九条の二　電波及び放送（委託して放送をさせることを含む。第九十九条の十二第二項、第百二条の二第一項第二号及び第百八条の二第一項において同じ。）の規律に関する事務の公平かつ能率的な運営を図るため、その事務に関する事項を調査審議し、郵政大臣に必要な勧告をし、並びにこの法律に基づく郵政大臣又は地方電気通信監理局長若しくは沖縄郵政管理事務所長の処分並びに放送法、有線テレビジョン放送法（昭和四十七年法律第百十四号）及び有線ラジオ放送業務の運用の規正に関する法律（昭和二十六年法律第百三十五号）に基づく郵政大臣の処分に対する不服申立てについて審査及び議決をするため、郵政省に電波監理審議会を置く。

【六十一次改正】

中央省庁等改革のための国の行政組織関係法律の整備等に関する法律（平成十一年七月十六日法律第百二号）第四十条

> 第九十九条の二中「その事務に関する事項を調査審議し、郵政大臣に必要な勧告をし、並びにこの法律に基づく郵政大臣又は地方電気通信監理局長若しくは沖縄郵政管理事務所長の処分並びに放送法、」を「この法律及び放送法の規定によりその権限に属させられた事項を処理し、並びに」に、「郵政大臣の」を「総務大臣の」に、「郵政省」を「総務省」に改める。

（設置）

第九十九条の二　電波及び放送（委託して放送をさせることを含む。第九十九条の十二第二項、第百二条の二第一項第二号及び第百八条の二第一項において同じ。）の規律に関する事務の公平かつ能率的な運営を図るため、この法律及び放送法の規定によりその権限に属させられた事項を処理し、並びに有線テレビジョン放送法（昭和四十七年法律第百十四号）及び有線ラジオ放送業務の運用の規正に関する法律（昭和二十六年法律第百三十五号）に基づく総務大臣の処分に対する不服申立てについて審査及び議決をするため、総務省に電波監理審議会を置く。

【　六十九次改正　】

電気通信役務利用放送法（平成十三年六月二十九日法律第八十五号）附則第五条

第九十九条の二中「電波及び放送」を「電波、放送」に改め、「第九十九条の十二第二項、」を削り、「同じ。）」の下に「及び電気通信役務利用放送法（平成十三年法律第八十五号）第二条第一項に規定する電気通信役務利用放送」を加え、「及び放送法」を「、放送法及び電気通信役務利用放送法」に改める。

（設置）

第九十九条の二　電波、放送（委託して放送をさせることを含む。第百二条の二第一項第二号及び第百八条の二第一項において同じ。）及び電気通信役務利用放送法（平成十三年法律第八十五号）第二条第一項に規定する電気通信役務利用放送の規律に関する事務の公平かつ能率的な運営を図るため、この法律、放送法及び電気通信役務利用放送法の規定によりその権限に属させられた事項を処理し、並びに有線テレビジョン放送法（昭和四十七年法律第百十四号）及び有線ラジオ放送業務の運用の規正に関する法律（昭和二十六年法律第百三十五号）に基づく総務大臣の処分に対する不服申立てについて審査及び議決をするため、総務省に電波監理審議会を置く。

【　九十一次改正　】

放送法等の一部を改正する法律（平成二十二年十二月三日法律第六十五号）第四条

第九十九条の二中「、放送（委託して放送をさせることを含む。第百二条の二第一項第二号及び第百八条の二第一項において同じ。）及び電気通信役務利用放送法（平成十三年法律第八十五号）第二条第一項に規定する電気通信役務利用放送」を「及び放送法第二条第一号に規定する放送」に、「図るため」を「図り」に、「処理し、並びに有線テレビジョン放送法（昭和四十七年法律第百十四号）及び有線ラジオ放送業務の運用の規正に関する法律（昭和二十六年法律第百三十五号）に基づく総務大臣の処分に対する不服申立てについて審査及び議決をするため」を「処理するため」に改める。

（設置）

第九十九条の二　電波及び放送法第二条第一号に規定する放送に関する事務の公平かつ能率的な運営を図り、この法律及び放送法の規定によりその権限に属させられた事項を処理するため、総務省に電波監理審議会を置く。

第九十九条の二の二

【　三十次改正　】

国家行政組織法の一部を改正する法律の施行に伴う関係法律の整理等に関する法律（昭和五十八年九月八日法律第七十八号）第百五十四条

第九十九条の二を第九十九条の二の二とし、第七章の二中同条の前に次の一条を加える。

（組織）

第九十九条の二の二　電波監理審議会は、委員五人をもつて組織する。

2　審議会に会長を置き、委員の互選により選任する。

3　会長は、会務を総理する。

4　電波監理審議会は、あらかじめ、委員のうちから、会長に事故がある場合に会長の職務を代行する者を定めて置かなければならない。

第九十九条の三

【三次改正】

郵政省設置法の一部改正に伴う関係法令の整理に関する法律（昭和二十七年七月三十一日法律第二百八十号）第二条

第九十九条中「電波監理委員会」を「電波監理審議会」に改め、同条の次に次の一章を加える。

（追加された第七章の二中の第九十九条の三の規定は、後掲の条文の通り。）

（委員の任命）

第九十九条の三　委員は、公共の福祉に関し公正な判断をすることができ、広い経験と知識を有する者のうちから、両議院の同意を得て、郵政大臣が任命する。

2　委員の任期が満了し、又は欠員を生じた場合において、国会の閉会又は衆議院の解散のため両議院の同意を得ることができないときは、郵政大臣は、前項の規定にかかわらず、両議院の同意を得ないで委員を任命することができる。この場合においては、任命後最初の国会において、両議院の同意を得なければならない。

3　左の各号の一に該当する者は、委員となることができない。

一　禁こ以上の刑に処せられた者

二　国家公務員として懲戒免職の処分を受け、当該処分の日から二年を経過しない者

三　放送事業者その他の電気通信事業者、無線設備の機器の製造業者若しくは販売業者又はこれらの者が法人であるときはその役員（いかなる名称によるかを問わずこれと同等以上の職権若しくは支配力を有する者を含む。以下この条中同じ。）若しくはその法人の議決権の十分の一以上を有する者（任命の日以前一年間においてこれらに該当した者を含む。）

四　前号に掲げる事業者の団体の役員（任命の日以前一年間においてこれに該当した者を含む。）

【三十二次改正】

日本電信電話株式会社法及び電気通信事業法の施行に伴う関係法律の整備等に関する法律（昭和五十九年十二月二十五日法律第八十七号）第四十七条

第九十九条の三第三項中「左の」を「次の」に改め、同項第三号中「その他の電気通信事業者」を「その他電気通信の事業を営む者」に、「職権若しくは」を「職権又は」に、「この条中」を「この条において」に改める。

（委員の任命）

第九十九条の三　委員は、公共の福祉に関し公正な判断をすることができ、広い経験と知識を有する者のうちから、両議院の同意を得て、郵政大臣が任命する。

2　委員の任期が満了し、又は欠員を生じた場合において、国会の閉会又は衆議院の解散のため両議院の同意を得ることができないときは、郵政大臣は、前項の規定にかかわらず、両議院の同意を得ないで委員を任命することができる。この場合においては、任命後最初の国会において、両議院の同意を得なければならない。

3　次の各号の一に該当する者は、委員となることができない。

一　禁こ以上の刑に処せられた者

二　国家公務員として懲戒免職の処分を受け、当該処分の日から二年を経過しない者

三　放送事業者その他電気通信の事業を営む者、無線設備の機器の製造業者若しくは販売業者又はこれらの者が法人であるときはその役員（いかなる名称によるかを問わずこれと同等以上の職権又は支配力を有する者を含む。以下この条において同じ。）若しくはその法人の議決権の十分の一以上を有する者（任命の日以前一年間においてこれらに該当した者を含む。）

四　前号に掲げる事業者の団体の役員（任命の日以前一年間においてこれに該当した者を含む。）

【五十五次改正】

電気通信分野における規制の合理化のための関係法律の整備等に関する法律（平成十年五月八日法律第五十八号）第三条

第九十九条の三第三項第一号中「禁こ」を「禁錮」に改め、同項第三号中「その他電気通信の事業を営む者」を「、電気通信事業法第十二条第一項に規定する第一種電気通信事業者」に改める。

（委員の任命）

第九十九条の三　委員は、公共の福祉に関し公正な判断をすることができ、広い経験と知識を有する者のうちから、両議院の同意を得て、郵政大臣が任命する。

2　委員の任期が満了し、又は欠員を生じた場合において、国会の閉会又は衆議院の解散のため両議院の同意を得ることができないときは、郵政大臣は、前項の規定にかかわらず、両議院の同意を得ないで委員を任命することができる。この場合においては、任命後最初の国会において、両議院の同意を得なければならない。

3　次の各号の一に該当する者は、委員となることができない。

一　禁錮以上の刑に処せられた者

二　国家公務員として懲戒免職の処分を受け、当該処分の日から二年を経過しない者

三　放送事業者、電気通信事業法第十二条第一項に規定する第一種電気通信事業者、無線設備の機器の製造業者若しくは販売業者又はこれらの者が法人であるときはその役員（いかなる名称によるかを問わずこれと同等以上の職権又は支配力を有する者を含む。以下この条において同じ。）若しくはその法人の議決権の十分の一以上を有する者（任命の日以前一年間においてこれらに該当した者を含む。）

四　前号に掲げる事業者の団体の役員（任命の日以前一年間においてこれに該当した者を含む。）

【六十一次改正】

中央省庁等改革のための国の行政組織関係法律の整備等に関する法律（平成十一年七月十六日法律第百二号）第四十条

第九十九条の三第一項及び第二項、第九十九条の七並びに第九十九条の八中「郵政大臣」を「総務大臣」に改める。

（委員の任命）

第九十九条の三　委員は、公共の福祉に関し公正な判断をすることができ、広い経験と知識を有する者のうちから、両議院の同意を得て、総務大臣が任命する。

２　委員の任期が満了し、又は欠員を生じた場合において、国会の閉会又は衆議院の解散のため両議院の同意を得ることができないときは、総務大臣は、前項の規定にかかわらず、両議院の同意を得ないで委員を任命することができる。この場合においては、任命後最初の国会において、両議院の同意を得なければならない。

３　次の各号の一に該当する者は、委員となることができない。

一　禁錮以上の刑に処せられた者

二　国家公務員として懲戒免職の処分を受け、当該処分の日から二年を経過しない者

三　放送事業者、電気通信事業法第十二条第一項に規定する第一種電気通信事業者、無線設備の機器の製造業者若しくは販売業者又はこれらの者が法人であるときはその役員（いかなる名称によるかを問わずこれと同等以上の職権又は支配力を有する者を含む。以下この条において同じ。）若しくはその法人の議決権の十分の一以上を有する者（任命の日以前一年間においてこれらに該当した者を含む。）

四　前号に掲げる事業者の団体の役員（任命の日以前一年間においてこれに該当した者を含む。）

【六十九次改正】

電気通信役務利用放送法（平成十三年六月二十九日法律第八十五号）附則第五条

第九十九条の三第三項中「一に」を「いずれかに」に改め、同項第三号中「放送事業者」の下に「、電気通信役務利用放送法第二条第三項に規定する電気通信役務利用放送事業者」を加える。

（委員の任命）

第九十九条の三　委員は、公共の福祉に関し公正な判断をすることができ、広い経験と知識を有する者のうちから、両議院の同意を得て、総務大臣が任命する。

２　委員の任期が満了し、又は欠員を生じた場合において、国会の閉会又は衆議院の解散のため両議院の同意を得ることができないときは、総務大臣は、前項の規定にかかわらず、両議院の同意を得ないで委員を任命することができる。この場合においては、任命後最初の国会において、両議院の同意を得なければならない。

３　次の各号のいずれかに該当する者は、委員となることができない。

一　禁錮以上の刑に処せられた者

二　国家公務員として懲戒免職の処分を受け、当該処分の日から二年を経過しない者

三　放送事業者、電気通信役務利用放送法第二条第三項に規定する電気通信役務利用放送事業者、電気通信事業法第十二条第一項に規定する第一種電気通信事業者、無線設備の機器の製造業者若しくは販売業者又はこれらの者が法人であるときはその役員（いかなる名称によるかを問わずこれと同等以上の職権又は支配力を有する者を含む。以下この条において同じ。）若しくはその法人の議決権の十分の一以上を有する者（任命の日以前一年間においてこれらに該当した者を含む。）

四　前号に掲げる事業者の団体の役員（任命の日以前一年間においてこれに該当した者を含む。）

【七十五次改正】

電気通信事業法及び日本電信電話株式会社等に関する法律の一部を改正する法律

（平成十五年七月二十四日法律第百二十五号）附則第二十二条

第九十九条の三第三項第三号中「第十二条第一項に規定する第一種電気通信事業者」を「第二条第五号に規定する電気通信事業者（電気通信回線設備（送信の場所と受信の場所との間を接続する伝送路設備及びこれと一体として設置される交換設備並びにこれらの附属設備をいう。）を設置する者に限る。）」に改める。

（委員の任命）

第九十九条の三　委員は、公共の福祉に関し公正な判断をすることができ、広い経験と知識を有する者のうちから、両議院の同意を得て、総務大臣が任命する。

２　委員の任期が満了し、又は欠員を生じた場合において、国会の閉会又は衆議院の解散のため両議院の同意を得ることができないときは、総務大臣は、前項の規定にかかわらず、両議院の同意を得ないで委員を任命することができる。この場合においては、任命後最初の国会において、両議院の同意を得なければならない。

３　次の各号のいずれかに該当する者は、委員となることができない。

一　禁錮以上の刑に処せられた者

二　国家公務員として懲戒免職の処分を受け、当該処分の日から二年を経過しない者

三　放送事業者、電気通信役務利用放送法第二条第三項に規定する電気通信役務利用放送事業者、電気通信事業法第二条第五号に規定する電気通信事業者（電気通信回線設備（送信の場所と受信の場所との間を接続する伝送路設備及びこれと一体として設置される交換設備並びにこれらの附属設備をいう。）を設置する者に限る。）、無線設備の機器の製造業者若しくは販売業者又はこれらの者が法人であるときはその役員（いかなる名称によるかを問わずこれと同等以上の職権又は支配力を有する者を含む。以下この条において同じ。）若しくはその法人の議決権の十分の一以上を有する者（任命の日以前一年間においてこれらに該当した者を含む。）

四　前号に掲げる事業者の団体の役員（任命の日以前一年間においてこれに該当した者を含む。）

【八十四次改正】

放送法等の一部を改正する法律（平成十九年十二月二十八日法律第百三十六号）第二条

第九十九条の三第三項第三号中「電気通信役務利用放送事業者」の下に「、放送法第五十二条の六の二第二項（電気通信役務利用放送法第十五条において準用する場合を含む。）に規定する有料放送管理事業者、放送法第五十二条の三十一に規定する認定放送持株会社」を加える。

（委員の任命）

第九十九条の三　委員は、公共の福祉に関し公正な判断をすることができ、広い経験と知識を有する者のうちから、両議院の同意を得て、総務大臣が任命する。

２　委員の任期が満了し、又は欠員を生じた場合において、国会の閉会又は衆議院の解散のため両議院の同意を得ることができないときは、総務大臣は、前項の規定にかかわらず、両議院の同意を得ないで委員を任命することができる。この場合においては、任命後最初の国会において、両議院の同意を得なければならない。

３　次の各号のいずれかに該当する者は、委員となることができない。

一　禁錮以上の刑に処せられた者

二　国家公務員として懲戒免職の処分を受け、当該処分の日から二年を経過しない者

三　放送事業者、電気通信役務利用放送法第二条第三項に規定する電気通信役務利用放送事業者、放送法第五十二条の六の二第二項（電気通信役務利用放送法

第十五条において準用する場合を含む。）に規定する有料放送管理事業者、放送法第五十二条の三十一に規定する認定放送持株会社、電気通信事業法第二条第五号に規定する電気通信事業者（電気通信回線設備（送信の場所と受信の場所との間を接続する伝送路設備及びこれと一体として設置される交換設備並びにこれらの附属設備をいう。）を設置する者に限る。）、無線設備の機器の製造業者若しくは販売業者又はこれらの者が法人であるときはその役員（いかなる名称によるかを問わずこれと同等以上の職権又は支配力を有する者を含む。以下この条において同じ。）若しくはその法人の議決権の十分の一以上を有する者（任命の日以前一年間においてこれらに該当した者を含む。）

四　前号に掲げる事業者の団体の役員（任命の日以前一年間においてこれに該当した者を含む。）

【　九十一次改正　】

放送法等の一部を改正する法律（平成二十二年十二月三日法律第六十五号）第四条

第九十九条の三第三項第三号中「放送事業者、電気通信役務利用放送法第二条第三項に規定する電気通信役務利用放送事業者」を「放送法第二条第二十六号に規定する放送事業者」に、「放送法第五十二条の六の二第二項（電気通信役務利用放送法第十五条において準用する場合を含む。）」を「同法第百五十二条第二項」に、「放送法第五十二条の三十一」を「同法第百六十条」に改める。

（委員の任命）

第九十九条の三　委員は、公共の福祉に関し公正な判断をすることができ、広い経験と知識を有する者のうちから、両議院の同意を得て、総務大臣が任命する。

2　委員の任期が満了し、又は欠員を生じた場合において、国会の閉会又は衆議院の解散のため両議院の同意を得ることができないときは、総務大臣は、前項の規定にかかわらず、両議院の同意を得ないで委員を任命することができる。この場合においては、任命後最初の国会において、両議院の同意を得なければならない。

3　次の各号のいずれかに該当する者は、委員となることができない。

一　禁錮以上の刑に処せられた者

二　国家公務員として懲戒免職の処分を受け、当該処分の日から二年を経過しない者

三　放送法第二条第二十六号に規定する放送事業者、同法第百五十二条第二項に規定する有料放送管理事業者、同法第百六十条に規定する認定放送持株会社、電気通信事業法第二条第五号に規定する電気通信事業者（電気通信回線設備（送信の場所と受信の場所との間を接続する伝送路設備及びこれと一体として設置される交換設備並びにこれらの附属設備をいう。）を設置する者に限る。）、無線設備の機器の製造業者若しくは販売業者又はこれらの者が法人であるときはその役員（いかなる名称によるかを問わずこれと同等以上の職権又は支配力を有する者を含む。以下この条において同じ。）若しくはその法人の議決権の十分の一以上を有する者（任命の日以前一年間においてこれらに該当した者を含む。）

四　前号に掲げる事業者の団体の役員（任命の日以前一年間においてこれに該当した者を含む。）

【　九十九次改正　】

放送法及び電波法の一部を改正する法律（平成二十六年六月二十七日法律第九十六号）第二条

第九十九条の三第三項第一号中「禁錮」を「禁錮」に改め、同項第三号中「放送事業者」の下に「、同条第二十七号に規定する認定放送持株会社」を加え、「、同法第百六十条に規定する認定放送持株会社」を削る。

（委員の任命）

第九十九条の三　委員は、公共の福祉に関し公正な判断をすることができ、広い経験と知識を有する者のうちから、両議院の同意を得て、総務大臣が任命する。

2　委員の任期が満了し、又は欠員を生じた場合において、国会の閉会又は衆議院の解散のため両議院の同意を得ることができないときは、総務大臣は、前項の規定にかかわらず、両議院の同意を得ないで委員を任命することができる。この場合においては、任命後最初の国会において、両議院の同意を得なければならない。

3　次の各号のいずれかに該当する者は、委員となることができない。

一　禁錮以上の刑に処せられた者

二　国家公務員として懲戒免職の処分を受け、当該処分の日から二年を経過しない者

三　放送法第二条第二十六号に規定する放送事業者、同条第二十七号に規定する認定放送持株会社、同法第百五十二条第二項に規定する有料放送管理事業者、電気通信事業法第二条第五号に規定する電気通信事業者（電気通信回線設備（送信の場所と受信の場所との間を接続する伝送路設備及びこれと一体として設置される交換設備並びにこれらの附属設備をいう。）を設置する者に限る。）、無線設備の機器の製造業者若しくは販売業者又はこれらの者が法人であるときはその役員（いかなる名称によるかを問わずこれと同等以上の職権又は支配力を有する者を含む。以下この条において同じ。）若しくはその法人の議決権の十分の一以上を有する者（任命の日以前一年間においてこれらに該当した者を含む。）

四　前号に掲げる事業者の団体の役員（任命の日以前一年間においてこれに該当した者を含む。）

第九十九条の四～第九十九条の六

【三次改正】

郵政省設置法の一部改正に伴う関係法令の整理に関する法律（昭和二十七年七月三十一日法律第二百八十号）第二条

第九十九条中「電波監理委員会」を「電波監理審議会」に改め、同条の次に次の一章を加える。

（追加された第七章の二中の第九十九条の四から第九十九条の六までの規定は、後掲の条文の通り。）

（服務）

第九十九条の四　国家公務員法（昭和二十二年法律第百二十号）第九十六条、第九十八条から第百二条まで及び第百五条の規定は、委員に準用する。

（任期）

第九十九条の五　委員の任期は、三年とする。但し、補欠の委員は、前任者の残任期間在任する。

2　委員は、再任されることができる。

（退職）

第九十九条の六　委員は、第九十九条の三第二項後段の規定による両議院の同意が得られなかつたときは、当然退職するものとする。

第九十九条の七

【　三次改正　】

郵政省設置法の一部改正に伴う関係法令の整理に関する法律（昭和二十七年七月三十一日法律第二百八十号）第二条

> 第九十九条中「電波監理委員会」を「電波監理審議会」に改め、同条の次に次の一章を加える。
> （追加された第七章の二中の第九十九条の七の規定は、後掲の条文の通り。）

（罷免）

第九十九条の七　郵政大臣は、委員が第九十九条の三第三項各号の一に該当するに至つたときは、これを罷免しなければならない。

【　六十一次改正　】

中央省庁等改革のための国の行政組織関係法律の整備等に関する法律（平成十一年七月十六日法律第百二号）第四十条

> 第九十九条の三第一項及び第二項、第九十九条の七並びに第九十九条の八中「郵政大臣」を「総務大臣」に改める。

（罷免）

第九十九条の七　総務大臣は、委員が第九十九条の三第三項各号の一に該当するに至つたときは、これを罷免しなければならない。

第九十九条の八

【　三次改正　】

郵政省設置法の一部改正に伴う関係法令の整理に関する法律（昭和二十七年七月三十一日法律第二百八十号）第二条

> 第九十九条中「電波監理委員会」を「電波監理審議会」に改め、同条の次に次の一章を加える。
> （追加された第七章の二中の第九十九条の八の規定は、後掲の条文の通り。）

［罷免］・・・第九十九条の七との共通見出しである。

第九十九条の八　郵政大臣は、委員が心身の故障のため職務の執行ができないと認めるとき、又は委員に職務上の義務違反その他委員たるに適しない非行があると認めるときは、両議院の同意を得て、これを罷免することができる。

【　六十一次改正　】

中央省庁等改革のための国の行政組織関係法律の整備等に関する法律（平成十一年七月十六日法律第百二号）第四十条

> 第九十九条の三第一項及び第二項、第九十九条の七並びに第九十九条の八中「郵政大臣」を「総務大臣」に改める。

［罷免］・・・第九十九条の七との共通見出しである。

第九十九条の八　総務大臣は、委員が心身の故障のため職務の執行ができないと認めるとき、又は委員に職務上の義務違反その他委員たるに適しない非行があると認めるときは、両議院の同意を得て、これを罷免することができる。

第九十九条の九

【三次改正】

郵政省設置法の一部改正に伴う関係法令の整理に関する法律（昭和二十七年七月三十一日法律第二百八十号）第二条

第九十九条中「電波監理委員会」を「電波監理審議会」に改め、同条の次に次の一章を加える。
（追加された第七章の二中の第九十九条の九の規定は、後掲の条文の通り。）

（退職後の就職の制限）

第九十九条の九　委員であつた者は、その退職後一年間は、第九十九条の三第三項第三号及び第四号に掲げる職についてはならない。

第九十九条の十

【三次改正】

郵政省設置法の一部改正に伴う関係法令の整理に関する法律（昭和二十七年七月三十一日法律第二百八十号）第二条

第九十九条中「電波監理委員会」を「電波監理審議会」に改め、同条の次に次の一章を加える。
（追加された第七章の二中の第九十九条の十の規定は、後掲の条文の通り。）

（会議及び手続）

第九十九条の十　電波監理審議会は、会長を含む三人以上の委員の出席がなければ、会議を開き、議決をすることができない。

2　電波監理審議会の議事は、出席者の過半数をもつて決する。可否同数のときは、会長の決するところによる。

3　前二項に定めるものの外、電波監理審議会の会議の議事に関する手続は、郵政省令で定める。

【六十一次改正】

中央省庁等改革のための国の行政組織関係法律の整備等に関する法律（平成十一年七月十六日法律第百二号）第四十条

第九十九条の十第三項中「外」を「ほか」に、「郵政省令」を「総務省令」に改める。

（会議及び手続）

第九十九条の十　電波監理審議会は、会長を含む三人以上の委員の出席がなければ、会議を開き、議決をすることができない。

2　電波監理審議会の議事は、出席者の過半数をもつて決する。可否同数のときは、会長の決するところによる。

3　前二項に定めるもののほか、電波監理審議会の会議の議事に関する手続は、総務省令で定める。

第九十九条の十一

【 三次改正 】

郵政省設置法の一部改正に伴う関係法令の整理に関する法律（昭和二十七年七月三十一日法律第二百八十号）第二条

第九十九条中「電波監理委員会」を「電波監理審議会」に改め、同条の次に次の一章を加える。

（追加された第七章の二中の第九十九条の十一の規定は、後掲の条文の通り。）

（必要的諮問事項）

第九十九条の十一　郵政大臣は、左に掲げる場合には、電波監理審議会に諮問し、その議決を尊重して措置をしなければならない。

一　第四条第一項但書（免許を要しない無線局）、第七条第一項第四号（無線局の開設の根本的基準）、第九条第一項但書（許可を要しない工事設計変更）、第十三条第一項（無線局の免許の有効期間）、第十五条（再免許の手続）、第二十八条（第百条第三項において準用する場合を含む。）（電波の質）、第二十九条（受信設備の条件）、第三十条（第百条第三項において準用する場合を含む。）（安全施設）、第三十一条（周波数測定装置の備えつけ）、第三十二条（計器及び予備品の備えつけ）、第三十五条（補助装置の備えつけ）、第三十六条の二（義務航空機局の条件）、第三十七条（無線設備の機器の検定）、第三十八条（第百条第三項において準用する場合を含む。）（技術基準）、第三十九条（無線設備の操作）、第四十条（特殊無線技士の従事範囲）、第四十九条（国家試験の細目等）、第五十条第三項（無線従事者の資格別員数の指定）、第五十二条第六号（目的外使用）、第五十五条（運用許容時間外運用）、第六十一条（通信方法等）、第六十四条第二項（第二沈黙時間）、第六十五条第二項、第七十条の四（聴守義務）、第七十条の五（航空機局の通信連絡）及び第百条第一項第二号（高周波利用設備）の規定による郵政省令を制定し、変更し、又は廃止しようとするとき。

二　第七十六条第二項及び第三項の規定による無線局の免許の取消又は第七十九条第一項の規定による無線従事者の免許の取消の処分をしようとするとき。

三　第八条の規定による無線局の予備免許、第九条第一項の規定による工事設計変更の許可又は第七十一条第一項の規定による無線局の周波数等の指定の変更の処分をしようとするとき。

2　前項第三号に掲げる事項のうち、電波監理審議会が軽微なものと認めるものについては、郵政大臣は、電波監理審議会に諮問しないで措置をすることができる。

【 五次改正 】

電波法の一部を改正する法律（昭和二十七年七月三十一日法律第二百四十九号）

第九十九条の十一第一号中「第三十五条（補助装置の備えつけ）」を「第三十四条から第三十五条の二まで（義務船舶局の条件）、第三十六条（救命艇の無線電信の条件）」に、「第六十五条第二項」を「第六十五条第五項及び第六項」に、「及び第百条第一項第二号」を「並びに第百条第一項第二号」に改める。

（必要的諮問事項）

第九十九条の十一　郵政大臣は、左に掲げる場合には、電波監理審議会に諮問し、その議決を尊重して措置をしなければならない。

一　第四条第一項但書（免許を要しない無線局）、第七条第一項第四号（無線局の開設の根本的基準）、第九条第一項但書（許可を要しない工事設計変更）、

第十三条第一項（無線局の免許の有効期間）、第十五条（再免許の手続）、第二十八条（第百条第三項において準用する場合を含む。）（電波の質）、第二十九条（受信設備の条件）、第三十条（第百条第三項において準用する場合を含む。）（安全施設）、第三十一条（周波数測定装置の備えつけ）、第三十二条（計器及び予備品の備えつけ）、第三十四条から第三十五条の二まで（義務船舶局の条件）、第三十六条（救命艇の無線電信の条件）、第三十六条の二（義務航空機局の条件）、第三十七条（無線設備の機器の検定）、第三十八条（第百条第三項において準用する場合を含む。）（技術基準）、第三十九条（無線設備の操作）、第四十条（特殊無線技士の従事範囲）、第四十九条（国家試験の細目等）、第五十条第三項（無線従事者の資格別員数の指定）、第五十二条第六号（目的外使用）、第五十五条（運用許容時間外運用）、第六十一条（通信方法等）、第六十四条第二項（第二沈黙時間）、第六十五条第五項及び第六項、第七十条の四（聴守義務）、第七十条の五（航空機局の通信連絡）並びに第百条第一項第二号（高周波利用設備）の規定による郵政省令を制定し、変更し、又は廃止しようとするとき。

二　第七十六条第二項及び第三項の規定による無線局の免許の取消又は第七十九条第一項の規定による無線従事者の免許の取消の処分をしようとするとき。

三　第八条の規定による無線局の予備免許、第九条第一項の規定による工事設計変更の許可又は第七十一条第一項の規定による無線局の周波数等の指定の変更の処分をしようとするとき。

2　前項第三号に掲げる事項のうち、電波監理審議会が軽微なものと認めるものについては、郵政大臣は、電波監理審議会に諮問しないで措置をすることができる。

【七次改正】

電波法の一部を改正する法律（昭和三十三年五月六日法律第百四十号）

> 第九十九条の十一第一項第一号中「再免許の手続」を「簡易な免許手続」に改め、「第四十条（特殊無線技士の従事範囲）、」を削り、同項第三号中「変更の許可」の下に「、第九条第四項若しくは第十七条第一項後段の規定による放送事項の変更の許可」を加える。

（必要的諮問事項）

第九十九条の十一　郵政大臣は、左に掲げる場合には、電波監理審議会に諮問し、その議決を尊重して措置をしなければならない。

一　第四条第一項但書（免許を要しない無線局）、第七条第一項第四号（無線局の開設の根本的基準）、第九条第一項但書（許可を要しない工事設計変更）、第十三条第一項（無線局の免許の有効期間）、第十五条（簡易な免許手続）、第二十八条（第百条第三項において準用する場合を含む。）（電波の質）、第二十九条（受信設備の条件）、第三十条（第百条第三項において準用する場合を含む。）（安全施設）、第三十一条（周波数測定装置の備えつけ）、第三十二条（計器及び予備品の備えつけ）、第三十四条から第三十五条の二まで（義務船舶局の条件）、第三十六条（救命艇の無線電信の条件）、第三十六条の二（義務航空機局の条件）、第三十七条（無線設備の機器の検定）、第三十八条（第百条第三項において準用する場合を含む。）（技術基準）、第三十九条（無線設備の操作）、第四十九条（国家試験の細目等）、第五十条第三項（無線従事者の資格別員数の指定）、第五十二条第六号（目的外使用）、第五十五条（運用許容時間外運用）、第六十一条（通信方法等）、第六十四条第二項（第二沈黙時間）、第六十五条第五項及び第六項、第七十条の四（聴守義務）、第七十条の五（航空機局の通信連絡）並びに第百条第一項第二号（高周波利用設備）の規定による郵政省令を制定し、変更し、又は廃止しようとするとき。

二　第七十六条第二項及び第三項の規定による無線局の免許の取消又は第七十

九条第一項の規定による無線従事者の免許の取消の処分をしようとするとき。

三　第八条の規定による無線局の予備免許、第九条第一項の規定による工事設計変更の許可、第九条第四項若しくは第十七条第一項後段の規定による放送事項の変更の許可又は第七十一条第一項の規定による無線局の周波数等の指定の変更の処分をしようとするとき。

2　前項第三号に掲げる事項のうち、電波監理審議会が軽微なものと認めるものについては、郵政大臣は、電波監理審議会に諮問しないで措置をすることができる。

【十一次改正】

電波法の一部を改正する法律（昭和三十九年七月四日法律第百四十九号）

> 第九十九条の十一第一項第一号中「義務船舶局の条件」を「義務船舶局の無線設備の条件」に、「第六十五条第五項及び第六項」を「第六十五条第一項」に改め、同項第三号中「又は第七十一条第一項の規定による無線局の周波数等の指定の変更の処分」を「、第七十一条第一項の規定による無線局の周波数等の指定の変更又は第百二条の二第一項の規定による伝搬障害防止区域の指定」に改める。

（必要的諮問事項）

第九十九条の十一　郵政大臣は、左に掲げる場合には、電波監理審議会に諮問し、その議決を尊重して措置をしなければならない。

一　第四条第一項但書（免許を要しない無線局）、第七条第一項第四号（無線局の開設の根本的基準）、第九条第一項但書（許可を要しない工事設計変更）、第十三条第一項（無線局の免許の有効期間）、第十五条（簡易な免許手続）、第二十八条（第百条第三項において準用する場合を含む。）（電波の質）、第二十九条（受信設備の条件）、第三十条（第百条第三項において準用する場合を含む。）（安全施設）、第三十一条（周波数測定装置の備えつけ）、第三十二条（計器及び予備品の備えつけ）、第三十四条から第三十五条の二まで（義務船舶局の無線設備の条件）、第三十六条（救命艇の無線電信の条件）、第三十六条の二（義務航空機局の条件）、第三十七条（無線設備の機器の検定）、第三十八条（第百条第三項において準用する場合を含む。）（技術基準）、第三十九条（無線設備の操作）、第四十九条（国家試験の細目等）、第五十条第三項（無線従事者の資格別員数の指定）、第五十二条第六号（目的外使用）、第五十五条（運用許容時間外運用）、第六十一条（通信方法等）、第六十四条第二項（第二沈黙時間）、第六十五条第一項、第七十条の四（聴守義務）、第七十条の五（航空機局の通信連絡）並びに第百条第一項第二号（高周波利用設備）の規定による郵政省令を制定し、変更し、又は廃止しようとするとき。

二　第七十六条第二項及び第三項の規定による無線局の免許の取消又は第七十九条第一項の規定による無線従事者の免許の取消の処分をしようとするとき。

三　第八条の規定による無線局の予備免許、第九条第一項の規定による工事設計変更の許可、第九条第四項若しくは第十七条第一項後段の規定による放送事項の変更の許可、第七十一条第一項の規定による無線局の周波数等の指定の変更又は第百二条の二第一項の規定による伝搬障害防止区域の指定をしようとするとき。

2　前項第三号に掲げる事項のうち、電波監理審議会が軽微なものと認めるものについては、郵政大臣は、電波監理審議会に諮問しないで措置をすることができる。

【十二次改正】

電波法の一部を改正する法律（昭和四十年六月二日法律第百十四号）

> 第九十九条の十一第一項第一号中「第四十九条」を「第四十一条第二項ただし書（無線従事者の養成課程に関する認定の基準）、第四十九条」に改める。

（必要的諮問事項）

第九十九条の十一　郵政大臣は、左に掲げる場合には、電波監理審議会に諮問し、その議決を尊重して措置をしなければならない。

一　第四条第一項但書（免許を要しない無線局）、第七条第一項第四号（無線局の開設の根本的基準）、第九条第一項但書（許可を要しない工事設計変更）、第十三条第一項（無線局の免許の有効期間）、第十五条（簡易な免許手続）、第二十八条（第百条第三項において準用する場合を含む。）（電波の質）、第二十九条（受信設備の条件）、第三十条（第百条第三項において準用する場合を含む。）（安全施設）、第三十一条（周波数測定装置の備えつけ）、第三十二条（計器及び予備品の備えつけ）、第三十四条から第三十五条の二まで（義務船舶局の無線設備の条件）、第三十六条（救命艇の無線電信の条件）、第三十六条の二（義務航空機局の条件）、第三十七条（無線設備の機器の検定）、第三十八条（第百条第三項において準用する場合を含む。）（技術基準）、第三十九条（無線設備の操作）、第四十一条第二項ただし書（無線従事者の養成課程に関する認定の基準）、第四十九条（国家試験の細目等）、第五十条第三項（無線従事者の資格別員数の指定）、第五十二条第六号（目的外使用）、第五十五条（運用許容時間外運用）、第六十一条（通信方法等）、第六十四条第二項（第二沈黙時間）、第六十五条第一項、第七十条の四（聴守義務）、第七十条の五（航空機局の通信連絡）並びに第百条第一項第二号（高周波利用設備）の規定による郵政省令を制定し、変更し、又は廃止しようとするとき。

二　第七十六条第二項及び第三項の規定による無線局の免許の取消又は第七十九条第一項の規定による無線従事者の免許の取消の処分をしようとするとき。

三　第八条の規定による無線局の予備免許、第九条第一項の規定による工事設計変更の許可、第九条第四項若しくは第十七条第一項後段の規定による放送事項の変更の許可、第七十一条第一項の規定による無線局の周波数等の指定の変更又は第百二条の二第一項の規定による伝搬障害防止区域の指定をしようとするとき。

2　前項第三号に掲げる事項のうち、電波監理審議会が軽微なものと認めるものについては、郵政大臣は、電波監理審議会に諮問しないで措置をすることができる。

【十七次改正】

許可、認可等の整理に関する法律（昭和四十七年七月一日法律第百十一号）第十三条

> 第九十九条の十一第一項第一号中「第百条第三項」を「第百条第五項」に改める。

（必要的諮問事項）

第九十九条の十一　郵政大臣は、左に掲げる場合には、電波監理審議会に諮問し、その議決を尊重して措置をしなければならない。

一　第四条第一項但書（免許を要しない無線局）、第七条第一項第四号（無線局の開設の根本的基準）、第九条第一項但書（許可を要しない工事設計変更）、第十三条第一項（無線局の免許の有効期間）、第十五条（簡易な免許手続）、第二十八条（第百条第五項において準用する場合を含む。）（電波の質）、第二十九条（受信設備の条件）、第三十条（第百条第五項において準用する場合を含む。）（安全施設）、第三十一条（周波数測定装置の備えつけ）、第三十二条（計器及び予備品の備えつけ）、第三十四条から第三十五条の二まで（義務船舶局の無線設備の条件）、第三十六条（救命艇の無線電信の条件）、第三十六条の二（義務航空機局の条件）、第三十七条（無線設備の機器の検定）、第三十八条（第百条第五項において準用する場合を含む。）（技術基準）、第三十九条（無線設備の操作）、第四十一条第二項ただし書（無線従事者の養成課程に関する認定の基準）、第四十九条（国家試験の細目等）、第五十条第三項（無線従事者の資格別員数の指定）、第五十二条第六号（目的外使用）、第五十五条（運用許容時間外運用）、第六十一条（通信方法等）、第六十四条第二項（第二沈黙時間）、第六十五条第一項、第七十条の四（聴守義務）、第七十条の五（航空機局の通信連絡）並びに第百条第一項第二号（高周波利用設備）の規定による郵政省令を制定し、変更し、又は廃止しようとするとき。

二　第七十六条第二項及び第三項の規定による無線従事者の免許の取消又は第七十九条第一項の規定による無線局の免許の取消の処分をしようとするとき。

三　第八条の規定による無線局の予備免許、第九条第一項の規定による工事設計変更の許可、第九条第四項若しくは第十七条第一項後段の規定による放送事項の変更の許可、第七十一条第一項の規定による無線局の周波数等の指定の変更又は第百二条の二第一項の規定による伝搬障害防止区域の指定をしようとするとき。

2　前項第三号に掲げる事項のうち、電波監理審議会が軽微なものと認めるものについては、郵政大臣は、電波監理審議会に諮問しないで措置をすることができる。

【二十三次改正】

電波法の一部を改正する法律（昭和五十四年十二月十八日法律第六十七号）

第九十九条の十一第一項中「左に」を「次に」に改め、同項第一号中「但書」を「ただし書」に、「備えつけ」を「備付け」に、「並びに」を「及び」に改め、同項第二号中「取消」を「取消し」に改め、同項第三号中「指定の変更」の下に「若しくは人工衛星局の無線設備の設置場所の変更の命令」を加える。

（必要的諮問事項）

第九十九条の十一　郵政大臣は、次に掲げる場合には、電波監理審議会に諮問し、その議決を尊重して措置をしなければならない。

一　第四条第一項ただし書（免許を要しない無線局）、第七条第一項第四号（無線局の開設の根本的基準）、第九条第一項ただし書（許可を要しない工事設計変更）、第十三条第一項（無線局の免許の有効期間）、第十五条（簡易な免許手続）、第二十八条（第百条第五項において準用する場合を含む。）（電波の質）、第二十九条（受信設備の条件）、第三十条（第百条第五項において準用する場合を含む。）（安全施設）、第三十一条（周波数測定装置の備付け）、第三十二条（計器及び予備品の備付け）、第三十四条から第三十五条の二まで（義務船舶局の無線設備の条件）、第三十六条（救命艇の無線電信の条件）、第三十六条の二（義務航空機局の条件）、第三十七条（無線設備の機器の検定）、第三十八条（第百条第五項において準用する場合を含む。）（技術基準）、第三十九条（無線設備の操作）、第四十一条第二項ただし書（無線従事者の養成課程に関する認定の基準）、第四十九条（国家試験の細目等）、第五十条第三項（無線従事者の資格別員数の指定）、第五十二条第六号（目的外使用）、第五十五条（運用許容時間外運用）、第六十一条（通信方法等）、第六十四条第二項（第二沈黙時間）、第六十五条第一項、第七十条の四（聴守義務）、第七十条の五（航空機局の通信連絡）及び第百条第一項第二号（高周波利用設備）の規定による郵政省令を制定し、変更し、又は廃止しようとするとき。

二　第七十六条第二項及び第三項の規定による無線従事者の免許の取消し又は第七十九条第一項の規定による無線局の免許の取消しの処分をしようとするとき。

三　第八条の規定による無線局の予備免許、第九条第一項の規定による工事設計変更の許可、第九条第四項若しくは第十七条第一項後段の規定による放送事項の変更の許可、第七十一条第一項の規定による無線局の周波数等の指定の変更若しくは人工衛星局の無線設備の設置場所の変更の命令又は第百二条の二第一項の規定による伝搬障害防止区域の指定をしようとするとき。

2　前項第三号に掲げる事項のうち、電波監理審議会が軽微なものと認めるものについては、郵政大臣は、電波監理審議会に諮問しないで措置をすることができる。

【二十五次改正】

電波法の一部を改正する法律（昭和五十六年五月二十三日法律第四十九号）

第九十九条の十一第一項第一号中「（技術基準）」の下に「、第三十八条の二第一項（特定無線設備）、第三十八条の五第二項（技術基準適合証明の義務等）」を、「（無線従事者の養成課程に関する認定の基準）」の下に「、第四十七条（試験員）」を加え、同項第二号中「第七十六条第二項」を「第三十八条の六第三項（第四十七条の二において準用する場合を含む。）の規定による指定証明機関若しくは指定試験機関の役員、証明員若しくは試験員の解任の命令又は第三十八条の十四第二項（第四十七条の二において準用する場合を含む。）の規定による指定証明機関若しくは指定試験機関の指定の取消し、第七十六条第二項」に、「又は」を「若しくは」に改め、同項第三号中「放送事項の変更の許可」の下に「、第三十八条の二第一項の規定による指定証明機関の指定、第四十六条第一項の規定による指定試験機関の指定」を加える。

（必要的諮問事項）

第九十九条の十一　郵政大臣は、次に掲げる場合には、電波監理審議会に諮問し、その議決を尊重して措置をしなければならない。

一　第四条第一項ただし書（免許を要しない無線局）、第七条第一項第四号（無線局の開設の根本的基準）、第九条第一項ただし書（許可を要しない工事設計変更）、第十三条第一項（無線局の免許の有効期間）、第十五条（簡易な免許手続）、第二十八条（第百条第五項において準用する場合を含む。）（電波の質）、第二十九条（受信設備の条件）、第三十条（第百条第五項において準用する場合を含む。）（安全施設）、第三十一条（周波数測定装置の備付け）、第三十二条（計器及び予備品の備付け）、第三十四条から第三十五条の二まで（義務船舶局の無線設備の条件）、第三十六条（救命艇の無線電信の条件）、第三十六条の二（義務航空機局の条件）、第三十七条（無線設備の機器の検定）、第三十八条（第百条第五項において準用する場合を含む。）（技術基準）、第三十八条の二第一項（特定無線設備）、第三十八条の五第二項（技術基準適合証明の義務等）、第三十九条（無線設備の操作）、第四十一条第二項ただし書（無線従事者の養成課程に関する認定の基準）、第四十七条（試験員）、第四十九条（国家試験の細目等）、第五十条第三項（無線従事者の資格別員数の指定）、第五十二条第六号（目的外使用）、第五十五条（運用許容時間外運用）、第六十一条（通信方法等）、第六十四条第二項（第二沈黙時間）、第六十五条第一項、第七十条の四（聴守義務）、第七十条の五（航空機局の通信連絡）及び第百条第一項第二号（高周波利用設備）の規定による郵政省令を制定し、変更し、又は廃止しようとするとき。

二　第三十八条の六第三項（第四十七条の二において準用する場合を含む。）の規定による指定証明機関若しくは指定試験機関の役員、証明員若しくは試験員の解任の命令又は第三十八条の十四第二項（第四十七条の二において準用する場合を含む。）の規定による指定証明機関若しくは指定試験機関の指定の取消し、第七十六条第二項及び第三項の規定による無線局の免許の取消し若しくは第七十九条第一項の規定による無線従事者の免許の取消しの処分をしようとするとき。

三　第八条の規定による無線局の予備免許、第九条第一項の規定による工事設計変更の許可、第九条第四項若しくは第十七条第一項後段の規定による放送事項の変更の許可、第三十八条の二第一項の規定による指定証明機関の指定、第四十六条第一項の規定による指定試験機関の指定、第七十一条第一項の規定による無線局の周波数等の指定の変更若しくは人工衛星局の無線設備の設置場所の変更の命令又は第百二条の二第一項の規定による伝搬障害防止区域の指定をしようとするとき。

2　前項第三号に掲げる事項のうち、電波監理審議会が軽微なものと認めるものについては、郵政大臣は、電波監理審議会に諮問しないで措置をすることができる。

【 二十八次改正 】

電波法の一部を改正する法律（昭和五十七年六月一日法律第五十九号）

第九十九条の十一第一項第一号中「第四条第一項ただし書」を「第四条第一項第一号及び第二号」に改め、「（試験員）」の下に「、第四十八条の三第一号（船舶局無線従事者証明の失効）」を加え、「及び第百条第一項第二号」を「並びに第百条第一項第二号」に改め、同項第二号中「第七十九条第一項」の下に「（同条第二項において準用する場合を含む。）」を、「無線従事者の免許」の下に「若しくは船舶局無線従事者証明」を加える。

（必要的諮問事項）

第九十九条の十一　郵政大臣は、次に掲げる場合には、電波監理審議会に諮問し、その議決を尊重して措置をしなければならない。

一　第四条第一項第一号及び第二号（免許を要しない無線局）、第七条第一項第四号（無線局の開設の根本的基準）、第九条第一項ただし書（許可を要しない工事設計変更）、第十三条第一項（無線局の免許の有効期間）、第十五条（簡易な免許手続）、第二十八条（第百条第五項において準用する場合を含む。）（電波の質）、第二十九条（受信設備の条件）、第三十条（第百条第五項において準用する場合を含む。）（安全施設）、第三十一条（周波数測定装置の備付け）、第三十二条（計器及び予備品の備付け）、第三十四条から第三十五条の二まで（義務船舶局の無線設備の条件）、第三十六条（救命艇の無線電信の条件）、第三十六条の二（義務航空機局の条件）、第三十七条（無線設備の機器の検定）、第三十八条（第百条第五項において準用する場合を含む。）（技術基準）、第三十八条の二第一項（特定無線設備）、第三十八条の五第二項（技術基準適合証明の義務等）、第三十九条（無線設備の操作）、第四十一条第二項ただし書（無線従事者の養成課程に関する認定の基準）、第四十七条（試験員）、第四十八条の三第一号（船舶局無線従事者証明の失効）、第四十九条（国家試験の細目等）、第五十条第三項（無線従事者の資格別員数の指定）、第五十二条第六号（目的外使用）、第五十五条（運用許容時間外運用）、第六十一条（通信方法等）、第六十四条第二項（第二沈黙時間）、第六十五条第一項、第七十条の四（聴守義務）、第七十条の五（航空機局の通信連絡）並びに第百条第一項第二号（高周波利用設備）の規定による郵政省令を制定し、変更し、又は廃止しようとするとき。

二　第三十八条の六第三項（第四十七条の二において準用する場合を含む。）の規定による指定証明機関若しくは指定試験機関の役員、証明員若しくは試験員の解任の命令又は第三十八条の十四第二項（第四十七条の二において準用する場合を含む。）の規定による指定証明機関若しくは指定試験機関の指定の取消し、第七十六条第二項及び第三項の規定による無線局の免許の取消し若しくは第七十九条第一項（同条第二項において準用する場合を含む。）の規定による無線従事者の免許若しくは船舶局無線従事者証明の取消しの処分をしようとするとき。

三　第八条の規定による無線局の予備免許、第九条第一項の規定による工事設計変更の許可、第九条第四項若しくは第十七条第一項後段の規定による放送事項の変更の許可、第三十八条の二第一項の規定による指定証明機関の指定、第四十六条第一項の規定による指定試験機関の指定、第七十一条第一項の規定による無線局の周波数等の指定の変更若しくは人工衛星局の無線設備の設置場所の変更の命令又は第百二条の二第一項の規定による伝搬障害防止区域の指定をしようとするとき。

２　前項第三号に掲げる事項のうち、電波監理審議会が軽微なものと認めるものについては、郵政大臣は、電波監理審議会に諮問しないで措置をすることができる。

[注釈]この改正の施行期日は、「第四条第一項ただし書」を「第四条第一項第一号及び第二号」に改める規定及び「及び第百条第一項第二号」を「並びに第百条第一項第二号」に改める規定については昭和五十八年一月一日で、それ以外の部分については昭和五十八年四月三十日である。

【三十一次改正】

電波法の一部を改正する法律（昭和五十九年五月二十九日法律第四十八号）

第九十九条の十一第一項第一号中「第三十四条から第三十五条の二まで（義務船舶局の無線設備の条件）、第三十六条（救命艇の無線電信の条件）、第三十六条の二（義務航空機局の条件）」を「第三十四条及び第三十五条（義務船舶局の無線設備の条件）、第三十六条（義務航空機局の条件）」に改める。

（必要的諮問事項）

第九十九条の十一　郵政大臣は、次に掲げる場合には、電波監理審議会に諮問し、その議決を尊重して措置をしなければならない。

一　第四条第一項第一号及び第二号（免許を要しない無線局）、第七条第一項第四号（無線局の開設の根本的基準）、第九条第一項ただし書（許可を要しない工事設計変更）、第十三条第一項（無線局の免許の有効期間）、第十五条（簡易な免許手続）、第二十八条（第百条第五項において準用する場合を含む。）（電波の質）、第二十九条（受信設備の条件）、第三十条（第百条第五項において準用する場合を含む。）（安全施設）、第三十一条（周波数測定装置の備付け）、第三十二条（計器及び予備品の備付け）、第三十四条及び第三十五条（義務船舶局の無線設備の条件）、第三十六条（義務航空機局の条件）、第三十七条（無線設備の機器の検定）、第三十八条（第百条第五項において準用する場合を含む。）（技術基準）、第三十八条の二第一項（特定無線設備）、第三十八条の五第二項（技術基準適合証明の義務等）、第三十九条（無線設備の操作）、第四十一条第二項ただし書（無線従事者の養成課程に関する認定の基準）、第四十七条（試験員）、第四十八条の三第一号（船舶局無線従事者証明の失効）、第四十九条（国家試験の細目等）、第五十条第三項（無線従事者の資格別員数の指定）、第五十二条第六号（目的外使用）、第五十五条（運用許容時間外運用）、第六十一条（通信方法等）、第六十四条第二項（第二沈黙時間）、第六十五条第一項、第七十条の四（聴守義務）、第七十条の五（航空機局の通信連絡）並びに第百条第一項第二号（高周波利用設備）の規定による郵政省令を制定し、変更し、又は廃止しようとするとき。

二　第三十八条の六第三項（第四十七条の二において準用する場合を含む。）の規定による指定証明機関若しくは指定試験機関の役員、証明員若しくは試験員の解任の命令又は第三十八条の十四第二項（第四十七条の二において準用する場合を含む。）の規定による指定証明機関若しくは指定試験機関の指定の取消し、第七十六条第二項及び第三項の規定による無線局の免許の取消し若しくは第七十九条第一項（同条第二項において準用する場合を含む。）の規定による無線従事者の免許若しくは船舶局無線従事者証明の取消しの処分をしようとするとき。

三　第八条の規定による無線局の予備免許、第九条第一項の規定による工事設計変更の許可、第九条第四項若しくは第十七条第一項後段の規定による放送事項の変更の許可、第三十八条の二第一項の規定による指定証明機関の指定、第四十六条第一項の規定による指定試験機関の指定、第七十一条第一項の規定による無線局の周波数等の指定の変更若しくは人工衛星局の無線設備の設置場所の変更の命令又は第百二条の二第一項の規定による伝搬障害防止区域の指定をしようとするとき。

2 前項第三号に掲げる事項のうち、電波監理審議会が軽微なものと認めるものについては、郵政大臣は、電波監理審議会に諮問しないで措置をすることができる。

【 三十二次改正 】

日本電信電話株式会社法及び電気通信事業法の施行に伴う関係法律の整備等に関する法律（昭和五十九年十二月二十五日法律第八十七号）第四十七項

第九十九条の十一第一項第一号中「第四条第一項第一号及び第二号」を「第四条第一号及び第二号」に改める。

（必要的諮問事項）

第九十九条の十一　郵政大臣は、次に掲げる場合には、電波監理審議会に諮問し、その議決を尊重して措置をしなければならない。

一　第四条第一号及び第二号（免許を要しない無線局）、第七条第一項第四号（無線局の開設の根本的基準）、第九条第一項ただし書（許可を要しない工事設計変更）、第十三条第一項（無線局の免許の有効期間）、第十五条（簡易な免許手続）、第二十八条（第百条第五項において準用する場合を含む。）（電波の質）、第二十九条（受信設備の条件）、第三十条（第百条第五項において準用する場合を含む。）（安全施設）、第三十一条（周波数測定装置の備付け）、第三十二条（計器及び予備品の備付け）、第三十四条及び第三十五条（義務船舶局の無線設備の条件）、第三十六条（義務航空機局の条件）、第三十七条（無線設備の機器の検定）、第三十八条（第百条第五項において準用する場合を含む。）（技術基準）、第三十八条の二第一項（特定無線設備）、第三十八条の五第二項（技術基準適合証明の義務等）、第三十九条（無線設備の操作）、第四十一条第二項ただし書（無線従事者の養成課程に関する認定の基準）、第四十七条（試験員）、第四十八条の三第一号（船舶局無線従事者証明の失効）、第四十九条（国家試験の細目等）、第五十条第三項（無線従事者の資格別員数の指定）、第五十二条第六号（目的外使用）、第五十五条（運用許容時間外運用）、第六十一条（通信方法等）、第六十四条第二項（第二沈黙時間）、第六十五条第一項、第七十条の四（聴守義務）、第七十条の五（航空機局の通信連絡）並びに第百条第一項第二号（高周波利用設備）の規定による郵政省令を制定し、変更し、又は廃止しようとするとき。

二　第三十八条の六第三項（第四十七条の二において準用する場合を含む。）の規定による指定証明機関若しくは指定試験機関の役員、証明員若しくは試験員の解任の命令又は第三十八条の十四第二項（第四十七条の二において準用する場合を含む。）の規定による指定証明機関若しくは指定試験機関の指定の取消し、第七十六条第二項及び第三項の規定による無線局の免許の取消し若しくは第七十九条第一項（同条第二項において準用する場合を含む。）の規定による無線従事者の免許若しくは船舶局無線従事者証明の取消しの処分をしようとするとき。

三　第八条の規定による無線局の予備免許、第九条第一項の規定による工事設計変更の許可、第九条第四項若しくは第十七条第一項後段の規定による放送事項の変更の許可、第三十八条の二第一項の規定による指定証明機関の指定、第四十六条第一項の規定による指定試験機関の指定、第七十一条第一項の規定による無線局の周波数等の指定の変更若しくは人工衛星局の無線設備の設置場所の変更の命令又は第百二条の二第一項の規定による伝搬障害防止区域の指定をしようとするとき。

２　前項第三号に掲げる事項のうち、電波監理審議会が軽微なものと認めるものについては、郵政大臣は、電波監理審議会に諮問しないで措置をすることができる。

【三十五次改正】

許可、認可等民間活動に係る規制の整理及び合理化に関する法律（昭和六十年十二月二十四日法律第百二号）第二十一条

第九十九条の十一第一項第一号中「第三十八条の五第二項」の下に「（第七十三条の二第五項において準用する場合を含む。）」を、「（航空機局の通信連絡）」の下に「、第七十三条第一項（検査）、第七十三条の二第一項（指定検査機関）」を加え、同項第二号中「第四十七条の二」の下に「及び第七十三条の二第五項」を加え、「若しくは指定試験機関」を「、指定試験機関若しくは指定検査機関」に、「若しくは試験員」を「、試験員若しくは検査員」に改め、同項第三号中「変更の命令」の下に「、第七十三条の二第一項の規定による指定検査機関の指定」を加える。

（必要的諮問事項）

第九十九条の十一　郵政大臣は、次に掲げる場合には、電波監理審議会に諮問し、その議決を尊重して措置をしなければならない。

一　第四条第一号及び第二号（免許を要しない無線局）、第七条第一項第四号（無線局の開設の根本的基準）、第九条第一項ただし書（許可を要しない工事設計変更）、第十三条第一項（無線局の免許の有効期間）、第十五条（簡易な免許手続）、第二十八条（第百条第五項において準用する場合を含む。）（電波の質）、第二十九条（受信設備の条件）、第三十条（第百条第五項において準用する場合を含む。）（安全施設）、第三十一条（周波数測定装置の備付け）、第三十二条（計器及び予備品の備付け）、第三十四条及び第三十五条（義務船舶局の無線設備の条件）、第三十六条（義務航空機局の条件）、第三十七条（無線設備の機器の検定）、第三十八条（第百条第五項において準用する場合を含む。）（技術基準）、第三十八条の二第一項（特定無線設備）、第三十八条の五第二項（第七十三条の二第五項において準用する場合を含む。）（技術基準適合証明の義務等）、第三十九条（無線設備の操作）、第四十一条第二項ただし書（無線従事者の養成課程に関する認定の基準）、第四十七条（試験員）、第四十八条の三第一号（船舶局無線従事者証明の失効）、第四十九条（国家試験の細目等）、第五十条第三項（無線従事者の資格別員数の指定）、第五十二条第六号（目的外使用）、第五十五条（運用許容時間外運用）、第六十一条（通信方法等）、第六十四条第二項（第二沈黙時間）、第六十五条第一項、第七十条の四（聴守義務）、第七十条の五（航空機局の通信連絡）、第七十三条第一項（検査）、第七十三条の二第一項（指定検査機関）並びに第百条第一項第二号（高周波利用設備）の規定による郵政省令を制定し、変更し、又は廃止しようとするとき。

二　第三十八条の六第三項（第四十七条の二及び第七十三条の二第五項において準用する場合を含む。）の規定による指定証明機関、指定試験機関若しくは指定検査機関の役員、証明員、試験員若しくは検査員の解任の命令又は第三十八条の十四第二項（第四十七条の二及び第七十三条の二第五項において準用する場合を含む。）の規定による指定証明機関、指定試験機関若しくは指定検査機関の指定の取消し、第七十六条第二項及び第三項の規定による無線局の免許の取消し若しくは第七十九条第一項（同条第二項において準用する場合を含む。）の規定による無線従事者の免許若しくは船舶局無線従事者証明の取消しの処分をしようとするとき。

三　第八条の規定による無線局の予備免許、第九条第一項の規定による工事設計変更の許可、第九条第四項若しくは第十七条第一項後段の規定による放送事項の変更の許可、第三十八条の二第一項の規定による指定証明機関の指定、第四十六条第一項の規定による指定試験機関の指定、第七十一条第一項の規定による無線局の周波数等の指定の変更若しくは人工衛星局の無線設備の設置場所の変更の命令、第七十三条の二第一項の規定による指定検査機関の指定又は第百二条の二第一項の規定による伝搬障害防止区域の指定をしようとするとき。

2　前項第三号に掲げる事項のうち、電波監理審議会が軽微なものと認めるものについては、郵政大臣は、電波監理審議会に諮問しないで措置をすることができる。

【三十七次改正】

電波法の一部を改正する法律（昭和六十二年六月二日法律第五十五号）

第九十九条の十一第一項第一号中「及び第二号」を「、第二号及び第三号」に改め、「無線局）」の下に「、第四条の二第一項（呼出符号又は呼出名称の指定）」を、「根本的基準）」の下に「、第八条第一項第三号（識別信号）」を加え、同項第二号中「第三十八条の十四第二項（第四十七条の二及び第七十三条の二第五項」を「第三十八条の十四第二項（第四十七条の二、第七十三条の二第五項及び第百二条の十三第六項」に、「若しくは指定検査機関の指定」を「、指定検査機関若しくはセンターの指定」に改め、同項第三号中「又は第百二条の二第一項の規定による伝搬障害防止区域の指定」を「、第百二条の二第一項の規定による伝搬障害防止区域の指定又は第百二条の十三第一項の規定によるセンターの指定」に改める。

（必要的諮問事項）

第九十九条の十一　郵政大臣は、次に掲げる場合には、電波監理審議会に諮問し、その議決を尊重して措置をしなければならない。

一　第四条第一号、第二号及び第三号（免許を要しない無線局）、第四条の二第一項（呼出符号又は呼出名称の指定）、第七条第一項第四号（無線局の開設の根本的基準）、第八条第一項第三号（識別信号）、第九条第一項ただし書（許可を要しない工事設計変更）、第十三条第一項（無線局の免許の有効期間）、第十五条（簡易な免許手続）、第二十八条（第百条第五項において準用する場合を含む。）（電波の質）、第二十九条（受信設備の条件）、第三十条（第百条第五項において準用する場合を含む。）（安全施設）、第三十一条（周波数測定装置の備付け）、第三十二条（計器及び予備品の備付け）、第三十四条及び第三十五条（義務船舶局の無線設備の条件）、第三十六条（義務航空機局の条件）、第三十七条（無線設備の機器の検定）、第三十八条（第百条第五項において準用する場合を含む。）（技術基準）、第三十八条の二第一項（特定無線設備）、第三十八条の五第二項（第七十三条の二第五項において準用する場合を含む。）（技術基準適合証明の義務等）、第三十九条（無線設備の操作）、第四十一条第二項ただし書（無線従事者の養成課程に関する認定の基準）、第四十七条（試験員）、第四十八条の三第一号（船舶局無線従事者証明の失効）、第四十九条（国家試験の細目等）、第五十条第三項（無線従事者の資格別員数の指定）、第五十二条第六号（目的外使用）、第五十五条（運用許容時間外運用）、第六十一条（通信方法等）、第六十四条第二項（第二沈黙時間）、第六十五条第一項、第七十条の四（聴守義務）、第七十条の五（航空機局の通信連絡）、第七十三条第一項（検査）、第七十三条の二第一項（指定検査機関）並びに第百条第一項第二号（高周波利用設備）の規定による郵政省令を制定し、変更し、又は廃止しようとするとき。

二　第三十八条の六第三項（第四十七条の二及び第七十三条の二第五項において準用する場合を含む。）の規定による指定証明機関、指定試験機関若しくは指定検査機関の役員、証明員、試験員若しくは検査員の解任の命令又は第三十八条の十四第二項（第四十七条の二、第七十三条の二第五項及び第百二条の十三第六項において準用する場合を含む。）の規定による指定証明機関、指定試験機関、指定検査機関若しくはセンターの指定の取消し、第七十六条第二項及び第三項の規定による無線局の免許の取消し若しくは第七十九条第一項（同条第二項において準用する場合を含む。）の規定による無線従事者の免許若しくは船舶局無線従事者証明の取消しの処分をしようとするとき。

三　第八条の規定による無線局の予備免許、第九条第一項の規定による工事設計変更の許可、第九条第四項若しくは第十七条第一項後段の規定による放送事項の変更の許可、第三十八条の二第一項の規定による指定証明機関の指定、第四十六条第一項の規定による指定試験機関の指定、第七十一条第一項の規定による無線局の周波数等の指定の変更若しくは人工衛星局の無線設備の設置場所の変更の命令、第七十三条の二第一項の規定による指定検査機関の指定、第百二条の二第一項の規定による伝搬障害防止区域の指定又は第百二条の十三第一項の規定によるセンターの指定をしようとするとき。

2　前項第三号に掲げる事項のうち、電波監理審議会が軽微なものと認めるものについては、郵政大臣は、電波監理審議会に諮問しないで措置をすることができる。

【三十九次改正】

放送法及び電波法の一部を改正する法律（昭和六十三年五月六日法律第二十九号）

第二条

第九十九条の十一第一項第一号中「第七条第一項第四号」の下に「及び第二項第四号」を加え、同項中第三号を第四号とし、第二号を第三号とし、第一号の次に次の一号を加える。

（追加された第一項第二号の規定は、後掲の条文の通り。）

第九十九条の十一第二項中「前項第三号」を「前項第四号」に改める。

（必要的諮問事項）

第九十九条の十一　郵政大臣は、次に掲げる場合には、電波監理審議会に諮問し、その議決を尊重して措置をしなければならない。

一　第四条第一号、第二号及び第三号（免許を要しない無線局）、第四条の二第一項（呼出符号又は呼出名称の指定）、第七条第一項第四号及び第二項第四号（無線局の開設の根本的基準）、第八条第一項第三号（識別信号）、第九条第一項ただし書（許可を要しない工事設計変更）、第十三条第一項（無線局の免許の有効期間）、第十五条（簡易な免許手続）、第二十八条（第百条第五項において準用する場合を含む。）（電波の質）、第二十九条（受信設備の条件）、第三十条（第百条第五項において準用する場合を含む。）（安全施設）、第三十一条（周波数測定装置の備付け）、第三十二条（計器及び予備品の備付け）、第三十四条及び第三十五条（義務船舶局の無線設備の条件）、第三十六条（義務航空機局の条件）、第三十七条（無線設備の機器の検定）、第三十八条（第百条第五項において準用する場合を含む。）（技術基準）、第三十八条の二第一項（特定無線設備）、第三十八条の五第二項（第七十三条の二第五項において準用する場合を含む。）（技術基準適合証明の義務等）、第三十九条（無線設備の操作）、第四十一条第二項ただし書（無線従事者の養成課程に関する認定の基準）、第四十七条（試験員）、第四十八条の三第一号（船舶局無線従事者証明の失効）、第四十九条（国家試験の細目等）、第五十条第三項（無線従事者の資格別員数の指定）、第五十二条第六号（目的外使用）、第五十五条（運用許容時間外運用）、第六十一条（通信方法等）、第六十四条第二項（第二沈黙時間）、第六十五条第一項、第七十条の四（聴守義務）、第七十条の五（航空機局の通信連絡）、第七十三条第一項（検査）、第七十三条の二第一項（指定検査機関）並びに第百条第一項第二号（高周波利用設備）の規定による郵政省令を制定し、変更し、又は廃止しようとするとき。

二　第七条第三項又は第四項の規定により放送用周波数使用計画を定め、又は変更しようとするとき。

三　第三十八条の六第三項（第四十七条の二及び第七十三条の二第五項において準用する場合を含む。）の規定による指定証明機関、指定試験機関若しくは指定検査機関の役員、証明員、試験員若しくは検査員の解任の命令又は第三十八条の十四第二項（第四十七条の二、第七十三条の二第五項及び第百二条の十三第六項において準用する場合を含む。）の規定による指定証明機関、指定試験機関、指定検査機関若しくはセンターの指定の取消し、第七十六条第二項及び第三項の規定による無線局の免許の取消し若しくは第七十九条第一項（同条第二項において準用する場合を含む。）の規定による無線従事者の免許若しくは船舶局無線従事者証明の取消しの処分をしようとするとき。

四　第八条の規定による無線局の予備免許、第九条第一項の規定による工事設計変更の許可、第九条第四項若しくは第十七条第一項後段の規定による放送事項の変更の許可、第三十八条の二第一項の規定による指定証明機関の指定、第四十六条第一項の規定による指定試験機関の指定、第七十一条第一項の規定による無線局の周波数等の指定の変更若しくは人工衛星局の無線設備の設置場所の変更の命令、第七十三条の二第一項の規定による指定検査機関の指定、第百二条の二第一項の規定による伝搬障害防止区域の指定又は第百二条の十三第一項の規定によるセンターの指定をしようとするとき。

2　前項第四号に掲げる事項のうち、電波監理審議会が軽微なものと認めるものについては、郵政大臣は、電波監理審議会に諮問しないで措置をすることができる。

【四十一次改正】

電波法の一部を改正する法律（平成元年十一月七日法律第六十七号）

第九十九条の十一第一項第一号中「第三十九条（無線設備の操作）、第四十一条第二項ただし書（無線従事者の養成課程に関する認定の基準）」を「第三十九条第一項、第二項、第三項、第五項及び第七項（無線設備の操作）、第三十九条の三ただし書（アマチュア無線局の無線設備の操作）、第四十一条第二項第二号及び第三号（無線従事者の養成課程に関する認定の基準等）」に、「第五十条第三項」を「第五十条第二項」に、「第五十二条第六号」を「第五十二条第一号、第二号、第三号及び第六号」に改め、「第六十五条第一項」の下に「及び第四項（聴守義務）、第六十六条第一項（遭難通信）、第六十七条第二項（緊急通信）」を加え、同項第三号中「第四十七条の二、」を「第三十九条の二第五項、第四十七条の二、」に改め、「第百二条の十三第六項において準用する場合を含む。）の規定による指定証明機関」の下に「、指定講習機関」を加え、同項第四号中「指定証明機関の指定」の下に「、第三十九条の二第一項の規定による指定講習機関の指定」を加える。

（必要的諮問事項）

第九十九条の十一　郵政大臣は、次に掲げる場合には、電波監理審議会に諮問し、その議決を尊重して措置をしなければならない。

一　第四条第一号、第二号及び第三号（免許を要しない無線局）、第四条の二第一項（呼出符号又は呼出名称の指定）、第七条第一項第四号及び第二項第四号（無線局の開設の根本的基準）、第八条第一項第三号（識別信号）、第九条第一項ただし書（許可を要しない工事設計変更）、第十三条第一項（無線局の免許の有効期間）、第十五条（簡易な免許手続）、第二十八条（第百条第五項において準用する場合を含む。）（電波の質）、第二十九条（受信設備の条件）、第三十条（第百条第五項において準用する場合を含む。）（安全施設）、第三十一条（周波数測定装置の備付け）、第三十二条（計器及び予備品の備付け）、第三十四条及び第三十五条（義務船舶局の無線設備の条件）、第三十六条（義務航空機局の条件）、第三十七条（無線設備の機器の検定）、第三十八条（第百条第五項において準用する場合を含む。）（技術基準）、第三十八条の二第一項（特定無線設備）、第三十八条の五第二項（第七十三条の二第五項において準用する場合を含む。）（技術基準適合証明の義務等）、第三十九条第一項、第二項、第三項、第五項及び第七項（無線設備の操作）、第三十九条の三ただし書（アマチュア無線局の無線設備の操作）、第四十一条第二項第二号及び第三号（無線従事者の養成課程に関する認定の基準等）、第四十七条（試験員）、第四十八条の三第一号（船舶局無線従事者証明の失効）、第四十九条（国家試験の細目等）、第五十条第二項（無線従事者の資格別員数の指定）、第五十二条第六号（目的外使用）、第五十五条（運用許容時間外運用）、第六十一条（通信方法等）、第六十四条第二項（第二沈黙時間）、第六十五条第一項、第七十条の四（聴守義務）、第七十条の五（航空機局の通信連絡）、第七十三条第一項（検査）、第七十三条の二第一項（指定検査機関）並びに第百条第一項第二号（高周波利用設備）の規定による郵政省令を制定し、変更し、又は廃止しようとするとき。

二　第七条第三項又は第四項の規定により放送用周波数使用計画を定め、又は変更しようとするとき。

三　第三十八条の六第三項（第四十七条の二及び第七十三条の二第五項において準用する場合を含む。）の規定による指定証明機関、指定試験機関若しくは指定検査機関の役員、証明員、試験員若しくは検査員の解任の命令又は第三十八条の十四第二項（第三十九条の二第五項、第四十七条の二、第七十三条の二第五項及び第百二条の十三第六項において準用する場合を含む。）の規定による指定証明機関、指定講習機関、指定試験機関、指定検査機関若しくはセンターの指定の取消し、第七十六条第二項及び第三項の規定による無線局の免許の取消し若しくは第七十九条第一項（同条第二項において準用する場合を含む。）の規定による無線従事者の免許若しくは船舶局無線従事者証明の取消しの処分をしようとするとき。

四　第八条の規定による無線局の予備免許、第九条第一項の規定による工事設計変更の許可、第九条第四項若しくは第十七条第一項後段の規定による放送事項の変更の許可、第三十八条の二第一項の規定による指定証明機関の指定、第三十九条の二第一項の規定による指定講習機関の指定、第四十六条第一項の規定による指定試験機関の指定、第七十一条第一項の規定による無線局の周波数等の指定の変更若しくは人工衛星局の無線設備の設置場所の変更の命令、第七十三条の二第一項の規定による指定検査機関の指定、第百二条の二第一項の規定による伝搬障害防止区域の指定又は第百二条の十三第一項の規定によるセンターの指定をしようとするとき。

2　前項第四号に掲げる事項のうち、電波監理審議会が軽微なものと認めるものについては、郵政大臣は、電波監理審議会に諮問しないで措置をすることができる。

[注釈一]前掲の改正規定中の傍線部分は、その施行期日が平成三年七月一日であり、四十三次改正としているので、同改正の項を参照されたい。したがって、平成二年五月一日の施行期日時点での四十一次改正による改正後の条文は、前掲のとおりとなる。

[注釈二]前掲の改正規定中「第五十条第三項」を「第五十条第二項」に改める部分のみが公布の日（平成元年十一月七日）から施行された。同日時点での改正後の規定は、次のとおりである。

（必要的諮問事項）

第九十九条の十一　郵政大臣は、次に掲げる場合には、電波監理審議会に諮問し、その議決を尊重して措置をしなければならない。

一　第四条第一号、第二号及び第三号（免許を要しない無線局）、第四条の二第一項（呼出符号又は呼出名称の指定）、第七条第一項第四号及び第二項第四号（無線局の開設の根本的基準）、第八条第一項第三号（識別信号）、第九条第一項ただし書（許可を要しない工事設計変更）、第十三条第一項（無線局の免許の有効期間）、第十五条（簡易な免許手続）、第二十八条（第百条第五項において準用する場合を含む。）（電波の質）、第二十九条（受信設備の条件）、第三十条（第百条第五項において準用する場合を含む。）（安全施設）、第三十一条（周波数測定装置の備付け）、第三十二条（計器及び予備品の備付け）、第三十四条及び第三十五条（義務船舶局の無線設備の条件）、第三十六条（義務航空機局の条件）、第三十七条（無線設備の機器の検定）、第三十八条（第百条第五項において準用する場合を含む。）（技術基準）、第三十八条の二第一項（特定無線設備）、第三十八条の五第二項（第七十三条の二第五項において準用する場合を含む。）（技術基準適合証明の義務等）、第三十九条（無線設備の操作）、第四十一条第二項ただし書（無線従事者の養成課程に関する認定の基準）、第四十七条（試験員）、第四十八条の三第一号（船舶局無線従事者証明の失効）、第四十九条（国家試験の細目等）、第五十条第二項（無線従事者の資格別員数の指定）、第五十二条第六号（目的外使用）、第五十五条（運用許容時間外運用）、第六十一条（通信方法等）、第六十四条第二項（第二沈黙時間）、第六十五条第一項、第七十条の四（聴守義務）、第七十条の五（航空機局の通信連絡）、第七十三条第一項（検査）、第七十三条の二第一項（指定検査機関）並びに第百条第一項第二号（高周波利用設備）の規定による郵政省令を制定し、変更し、又は廃止しようとするとき。

二　第七条第三項又は第四項の規定により放送用周波数使用計画を定め、又は変更しようとするとき。

三　第三十八条の六第三項（第四十七条の二及び第七十三条の二第五項において準用する場合を含む。）の規定による指定証明機関、指定試験機関若しくは指定検査機関の役員、証明員、試験員若しくは検査員の解任の命令又は第三十八条の十四第二項（第四十七条の二、第七十三条の二第五項及び第百二条の十三第六項において準用する場合を含む。）の規定による指定証明機関、指定試験機関、指定検査機関若しくはセンターの指定の取消し、第七十六条第二項及び第三項の規定による無線局の免許の取消し若しくは第七十九条第一項（同条第二項において準用する場合を含む。）の規定による無線従事者の免許若しくは船舶局無線従事者証明の取消しの処分をしようとするとき。

四　第八条の規定による無線局の予備免許、第九条第一項の規定による工事設計変更の許可、第九条第四項若しくは第十七条第一項後段の規定による放送事項の変更の許可、第三十八条の二第一項の規定による指定証明機関の指定、第四十六条第一項の規定による指定試験機関の指定、第七十一条第一項の規定による無線局の周波数等の指定の変更若しくは人工衛星局の無線設備の設置場所の変更の命令、第七十三条の二第一項の規定による指定検査機関の指定、第百二条の二第一項の規定による伝搬障害防止区域の指定又は第百二条の十三第一項の規定によるセンターの指定をしようとするとき。

2　前項第四号に掲げる事項のうち、電波監理審議会が軽微なものと認めるものについては、郵政大臣は、電波監理審議会に諮問しないで措置をすることができる。

【　四十三次改正　】

電波法の一部を改正する法律（平成元年十一月七日法律第六十七号）

第九十九条の十一第一項第一号中「第三十九条（無線設備の操作）、第四十一条第二項ただし書（無線従事者の養成課程に関する認定の基準）」を「第三十九条第一項、第二項、第三項、第五項及び第七項（無線設備の操作）、第三十九条の三ただし書（アマチュア無線局の無線設備の操作）、第四十一条第二項第二号及び第三号（無線従事者の養成課程に関する認定の基準等）」に、「第五十条第三項」を「第五十条第二項」に、「第五十二条第六号」を「第五十二条第一号、第二号、第三号及び第六号」に改め、「第六十五条第一項」の下に「及び第四項（聴守義務）、第六十六条第一項（遭難通信）、第六十七条第二項（緊急通信）」を加え、同項第三号中「第四十七条の二、」を「第三十九条の二第五項、第四十七条の二、」に改め、「第百二条の十三第六項において準用する場合を含む。）の規定による指定証明機関」の下に「、指定講習機関」を加え、同項第四号中「指定証明機関の指定」の下に「、第三十九条の二第一項の規定による指定講習機関の指定」を加える。

（必要的諮問事項）

第九十九条の十一　郵政大臣は、次に掲げる場合には、電波監理審議会に諮問し、その議決を尊重して措置をしなければならない。

一　第四条第一号、第二号及び第三号（免許を要しない無線局）、第四条の二第一項（呼出符号又は呼出名称の指定）、第七条第一項第四号及び第二項第四号（無線局の開設の根本的基準）、第八条第一項第三号（識別信号）、第九条第一項ただし書（許可を要しない工事設計変更）、第十三条第一項（無線局の免許の有効期間）、第十五条（簡易な免許手続）、第二十八条（第百条第五項において準用する場合を含む。）（電波の質）、第二十九条（受信設備の条件）、第三十条（第百条第五項において準用する場合を含む。）（安全施設）、第三十一条（周波数測定装置の備付け）、第三十二条（計器及び予備品の備付け）、第三十四条及び第三十五条（義務船舶局の無線設備の条件）、第三十六条（義務航空機局の条件）、第三十七条（無線設備の機器の検定）、第三十八条（第百条第五項において準用する場合を含む。）（技術基準）、第三十八条の二第一項（特定無線設備）、第三十八条の五第二項（第七十三条の二第五項において準用する場合を含む。）（技術基準適合証明の義務等）、第三十九条第一項、第二項、第三項、第五項及び第七項（無線設備の操作）、第三十九条の三ただし書（アマチュア無線局の無線設備の操作）、第四十一条第二項第二号及び第三号（無線従事者の養成課程に関する認定の基準等）、第四十七条（試験員）、第四十八条の三第一号（船舶局無線従事者証明の失効）、第四十九条（国家試験の細目等）、第五十条第二項（無線従事者の資格別員数の指定）、第五十二条第一号、第二号、第三号及び第六号（目的外使用）、第五十五条（運用許容時間外運用）、第六十一条（通信方法等）、第六十四条第二項（第二沈黙時間）、第六十五条第一項及び第四項（聴守義務）、第六十六条第一項（遭難通信）、第六十七条第二項（緊急通信）、第七十条の四（聴守義務）、第七十条の五（航空機局の通信連絡）、第七十三条第一項（検査）、第七十三条の二第一項（指定検査機関）並びに第百条第一項第二号（高周波利用設備）の規定による郵政省令を制定し、変更し、又は廃止しようとするとき。

二　第七条第三項又は第四項の規定により放送用周波数使用計画を定め、又は変更しようとするとき。

三　第三十八条の六第三項（第四十七条の二及び第七十三条の二第五項において準用する場合を含む。）の規定による指定証明機関、指定試験機関若しくは指定検査機関の役員、証明員、試験員若しくは検査員の解任の命令又は第三十八条の十四第二項（第三十九条の二第五項、第四十七条の二、第七十三条の二第五項及び第百二条の十三第六項において準用する場合を含む。）の規定による指定証明機関、指定講習機関、指定試験機関、指定検査機関若しくはセンターの指定の取消し、第七十六条第二項及び第三項の規定による無線局の免許の取消し若しくは第七十九条第一項（同条第二項において準用する場合を含む。）の規定による無線従事者の免許若しくは船舶局無線従事者証明の取消しの処分をしようとするとき。

四　第八条の規定による無線局の予備免許、第九条第一項の規定による工事設計変更の許可、第九条第四項若しくは第十七条第一項後段の規定による放送事項の変更の許可、第三十八条の二第一項の規定による指定証明機関の指定、第三十九条の二第一項の規定による指定講習機関の指定、第四十六条第一項の規定による指定試験機関の指定、第七十一条第一項の規定による無線局の周波数等の指定の変更若しくは人工衛星局の無線設備の設置場所の変更の命令、第七十三条の二第一項の規定による指定検査機関の指定、第百二条の二第一項の規定による伝搬障害防止区域の指定又は第百二条の十三第一項の規定によるセンターの指定をしようとするとき。

2　前項第四号に掲げる事項のうち、電波監理審議会が軽微なものと認めるものについては、郵政大臣は、電波監理審議会に諮問しないで措置をすることができる。

［注釈］前掲の改正規定中の傍線部分が平成三年七月一日から施行された四十三次改正である。それ以外は、四十一次改正であり、同改正の項を参照されたい。

【　四十四次改正　】

電波法の一部を改正する法律（平成三年五月二日法律第六十七号）

第九十九条の十一第一項第一号中「（計器及び予備品の備付け）」の下に「、第三十三条（義務船舶局の無線設備の機器）」を加え、「第三十四条及び」を削り、「義務船舶局」を「義務船舶局等」に、「第五十条第二項（無線従事者の資格別員数の指定）」を「第五十条（遭難通信責任者の配置等）」に、「第六十五条第一項及び第四項」を「第六十五条」に改める。

（必要的諮問事項）

第九十九条の十一　郵政大臣は、次に掲げる場合には、電波監理審議会に諮問し、その議決を尊重して措置をしなければならない。

一　第四条第一号、第二号及び第三号（免許を要しない無線局）、第四条の二第一項（呼出符号又は呼出名称の指定）、第七条第一項第四号及び第二項第四号（無線局の開設の根本的基準）、第八条第一項第三号（識別信号）、第九条第一項ただし書（許可を要しない工事設計変更）、第十三条第一項（無線局の免許の有効期間）、第十五条（簡易な免許手続）、第二十八条（第百条第五項において準用する場合を含む。）（電波の質）、第二十九条（受信設備の条件）、第三十条（第百条第五項において準用する場合を含む。）（安全施設）、第三十一条（周波数測定装置の備付け）、第三十二条（計器及び予備品の備付け）、第三十三条（義務船舶局の無線設備の機器）、第三十五条（義務船舶局等の無線設備の条件）、第三十六条（義務航空機局の条件）、第三十七条（無線設備の機器の検定）、第三十八条（第百条第五項において準用する場合を含む。）（技術基準）、第三十八条の二第一項（特定無線設備）、第三十八条の五第二項（第七十三条の二第五項において準用する場合を含む。）（技術基準適合証明の義務等）、第三十九条第一項、第二項、第三項、第五項及び第七項（無線設備の操作）、第三十九条の三ただし書（アマチュア無線局の無線設備の操作）、第四十一条第二項第二号及び第三号（無線従事者の養成課程に関する認定の基準等）、第四十七条（試験員）、第四十八条の三第一号（船舶局無線従事者証明の失効）、第四十九条（国家試験の細目等）、第五十条（遭難通信責任者の配置等）、第五十二条第一号、第二号、第三号及び第六号（目的外使用）、第五十五条（運用許容時間外運用）、第六十一条（通信方法等）、第六十四条第二項（第二沈黙時間）、第六十五条（聴守義務）、第六十六条第一項（遭難通信）、第六十七条第二項（緊急通信）、第七十条の四（聴守義務）、第七十条の五（航空機局の通信連絡）、第七十三条第一項（検査）、第七十三条の二第一項（指定検査機関）並びに第百条第一項第二号（高周波利用設備）の規定による郵政省令を制定し、変更し、又は廃止しようとするとき。

二　第七条第三項又は第四項の規定により放送用周波数使用計画を定め、又は変更しようとするとき。

三　第三十八条の六第三項（第四十七条の二及び第七十三条の二第五項において準用する場合を含む。）の規定による指定証明機関、指定試験機関若しくは指定検査機関の役員、証明員、試験員若しくは検査員の解任の命令又は第三十八条の十四第二項（第三十九条の二第五項、第四十七条の二、第七十三条の二第五項及び第百二条の十三第六項において準用する場合を含む。）の規定による指定証明機関、指定講習機関、指定試験機関、指定検査機関若しくはセンターの指定の取消し、第七十六条第二項及び第三項の規定による無線局の免許の取消し若しくは第七十九条第一項（同条第二項において準用する場合を含む。）の規定による無線従事者の免許若しくは船舶局無線従事者証明の取消しの処分をしようとするとき。

四　第八条の規定による無線局の予備免許、第九条第一項の規定による工事設計変更の許可、第九条第四項若しくは第十七条第一項後段の規定による放送事項の変更の許可、第三十八条の二第一項の規定による指定証明機関の指定、第三十九条の二第一項の規定による指定講習機関の指定、第四十六条第一項の規定による指定試験機関の指定、第七十一条第一項の規定による無線局の周波数等の指定の変更若しくは人工衛星局の無線設備の設置場所の変更の命令、第七十三条の二第一項の規定による指定検査機関の指定、第百二条の二第一項の規定による伝搬障害防止区域の指定又は第百二条の十三第一項の規定によるセンターの指定をしようとするとき。

2　前項第四号に掲げる事項のうち、電波監理審議会が軽微なものと認めるものについては、郵政大臣は、電波監理審議会に諮問しないで措置をすることができる。

【四十六次改正】

電波法の一部を改正する法律（平成五年六月十六日法律第七十一号）

第九十九条の十一第一項第一号中「第七条第一項第四号」を「第七条第一項第三号」に、「並びに第百条第一項第二号（高周波利用設備）」を「、第百条第一項第二号（高周波利用設備）、第百二条の十三第一項（特定の周波数を使用する無線設備の指定）並びに第百二条の十四第一項（指定無線設備の販売における告知等）」に改め、同項第三号中「第百二条の十三第六項」を「第百二条の十七第六項」に改め、同項第四号中「第百二条の十三第一項」を「第百二条の十七第一項」に改める。

（必要的諮問事項）

第九十九条の十一　郵政大臣は、次に掲げる場合には、電波監理審議会に諮問し、その議決を尊重して措置をしなければならない。

一　第四条第一号、第二号及び第三号（免許を要しない無線局）、第四条の二第一項（呼出符号又は呼出名称の指定）、第七条第一項第三号及び第二項第四号（無線局の開設の根本的基準）、第八条第一項第三号（識別信号）、第九条第一項ただし書（許可を要しない工事設計変更）、第十三条第一項（無線局の免許の有効期間）、第十五条（簡易な免許手続）、第二十八条（第百条第五項において準用する場合を含む。）（電波の質）、第二十九条（受信設備の条件）、第三十条（第百条第五項において準用する場合を含む。）（安全施設）、第三十一条（周波数測定装置の備付け）、第三十二条（計器及び予備品の備付け）、第三十三条（義務船舶局の無線設備の機器）、第三十五条（義務船舶局等の無線設備の条件）、第三十六条（義務航空機局の条件）、第三十七条（無線設備の機器の検定）、第三十八条（第百条第五項において準用する場合を含む。）

（技術基準）、第三十八条の二第一項（特定無線設備）、第三十八条の五第二項（第七十三条の二第五項において準用する場合を含む。）（技術基準適合証明の義務等）、第三十九条第一項、第二項、第三項、第五項及び第七項（無線設備の操作）、第三十九条の三ただし書（アマチュア無線局の無線設備の操作）、第四十一条第二項第二号及び第三号（無線従事者の養成課程に関する認定の基準等）、第四十七条（試験員）、第四十八条の三第一号（船舶局無線従事者証明の失効）、第四十九条（国家試験の細目等）、第五十条（遭難通信責任者の配置等）、第五十二条第一号、第二号、第三号及び第六号（目的外使用）、第五十五条（運用許容時間外運用）、第六十一条（通信方法等）、第六十四条第二項（第二沈黙時間）、第六十五条（聴守義務）、第六十六条第一項（遭難通信）、第六十七条第二項（緊急通信）、第七十条の四（聴守義務）、第七十条の五（航空機局の通信連絡）、第七十三条第一項（検査）、第七十三条の二第一項（指定検査機関）、第百条第一項第二号（高周波利用設備）、第百二条の十三第一項（特定の周波数を使用する無線設備の指定）並びに第百二条の十四第一項（指定無線設備の販売における告知等）の規定による郵政省令を制定し、変更し、又は廃止しようとするとき。

二　第七条第三項又は第四項の規定により放送用周波数使用計画を定め、又は変更しようとするとき。

三　第三十八条の六第三項（第四十七条の二及び第七十三条の二第五項において準用する場合を含む。）の規定による指定証明機関、指定試験機関若しくは指定検査機関の役員、証明員、試験員若しくは検査員の解任の命令又は第三十八条の十四第二項（第三十九条の二第五項、第四十七条の二、第七十三条の二第五項及び第百二条の十七第六項において準用する場合を含む。）の規定による指定証明機関、指定講習機関、指定試験機関、指定検査機関若しくはセンターの指定の取消し、第七十六条第二項及び第三項の規定による無線局の免許の取消し若しくは第七十九条第一項（同条第二項において準用する場合を含む。）の規定による無線従事者の免許若しくは船舶局無線従事者証明の取消しの処分をしようとするとき。

四　第八条の規定による無線局の予備免許、第九条第一項の規定による工事設計変更の許可、第九条第四項若しくは第十七条第一項後段の規定による放送事項の変更の許可、第三十八条の二第一項の規定による指定証明機関の指定、第三十九条の二第一項の規定による指定講習機関の指定、第四十六条第一項の規定による指定試験機関の指定、第七十一条第一項の規定による無線局の周波数等の指定の変更若しくは人工衛星局の無線設備の設置場所の変更の命令、第七十三条の二第一項の規定による指定検査機関の指定、第百二条の二第一項の規定による伝搬障害防止区域の指定又は第百二条の十七第一項の規定によるセンターの指定をしようとするとき。

2　前項第四号に掲げる事項のうち、電波監理審議会が軽微なものと認めるものについては、郵政大臣は、電波監理審議会に諮問しないで措置をすることができる。

【五十次改正】

電波法の一部を改正する法律（平成七年五月八日法律第八十三号）

第九十九条の十一第一項第一号中「第四十一条第二項第二号及び第三号」を「第四十一条第二項第二号、第三号及び第四号」に改める。

（必要的諮問事項）

第九十九条の十一　郵政大臣は、次に掲げる場合には、電波監理審議会に諮問し、その議決を尊重して措置をしなければならない。

一　第四条第一号、第二号及び第三号（免許を要しない無線局）、第四条の二第一項（呼出符号又は呼出名称の指定）、第七条第一項第三号及び第二項第四号

（無線局の開設の根本的基準）、第八条第一項第三号（識別信号）、第九条第一項ただし書（許可を要しない工事設計変更）、第十三条第一項（無線局の免許の有効期間）、第十五条（簡易な免許手続）、第二十八条（第百条第五項において準用する場合を含む。）（電波の質）、第二十九条（受信設備の条件）、第三十条（第百条第五項において準用する場合を含む。）（安全施設）、第三十一条（周波数測定装置の備付け）、第三十二条（計器及び予備品の備付け）、第三十三条（義務船舶局の無線設備の機器）、第三十五条（義務船舶局等の無線設備の条件）、第三十六条（義務航空機局の条件）、第三十七条（無線設備の機器の検定）、第三十八条（第百条第五項において準用する場合を含む。）（技術基準）、第三十八条の二第一項（特定無線設備）、第三十八条の五第二項（第七十三条の二第五項において準用する場合を含む。）（技術基準適合証明の義務等）、第三十九条第一項、第二項、第三項、第五項及び第七項（無線設備の操作）、第三十九条の三ただし書（アマチュア無線局の無線設備の操作）、第四十一条第二項第二号、第三号及び第四号（無線従事者の養成課程に関する認定の基準等）、第四十七条（試験員）、第四十八条の三第一号（船舶局無線従事者証明の失効）、第四十九条（国家試験の細目等）、第五十条（遭難通信責任者の配置等）、第五十二条第一号、第二号、第三号及び第六号（目的外使用）、第五十五条（運用許容時間外運用）、第六十一条（通信方法等）、第六十四条第二項（第二沈黙時間）、第六十五条（聴守義務）、第六十六条第一項（遭難通信）、第六十七条第二項（緊急通信）、第七十条の四（聴守義務）、第七十条の五（航空機局の通信連絡）、第七十三条第一項（検査）、第七十三条の二第一項（指定検査機関）、第百条第一項第二号（高周波利用設備）、第百二条の十三第一項（特定の周波数を使用する無線設備の指定）並びに第百二条の十四第一項（指定無線設備の販売における告知等）の規定による郵政省令を制定し、変更し、又は廃止しようとするとき。

二　第七条第三項又は第四項の規定により放送用周波数使用計画を定め、又は変更しようとするとき。

三　第三十八条の六第三項（第四十七条の二及び第七十三条の二第五項において準用する場合を含む。）の規定による指定証明機関、指定試験機関若しくは指定検査機関の役員、証明員、試験員若しくは検査員の解任の命令又は第三十八条の十四第二項（第三十九条の二第五項、第四十七条の二、第七十三条の二第五項及び第百二条の十七第六項において準用する場合を含む。）の規定による指定証明機関、指定講習機関、指定試験機関、指定検査機関若しくはセンターの指定の取消し、第七十六条第二項及び第三項の規定による無線局の免許の取消し若しくは第七十九条第一項（同条第二項において準用する場合を含む。）の規定による無線従事者の免許若しくは船舶局無線従事者証明の取消しの処分をしようとするとき。

四　第八条の規定による無線局の予備免許、第九条第一項の規定による工事設計変更の許可、第九条第四項若しくは第十七条第一項後段の規定による放送事項の変更の許可、第三十八条の二第一項の規定による指定証明機関の指定、第三十九条の二第一項の規定による指定講習機関の指定、第四十六条第一項の規定による指定試験機関の指定、第七十一条第一項の規定による無線局の周波数等の指定の変更若しくは人工衛星局の無線設備の設置場所の変更の命令、第七十三条の二第一項の規定による指定検査機関の指定、第百二条の二第一項の規定による伝搬障害防止区域の指定又は第百二条の十七第一項の規定によるセンターの指定をしようとするとき。

2　前項第四号に掲げる事項のうち、電波監理審議会が軽微なものと認めるものについては、郵政大臣は、電波監理審議会に諮問しないで措置をすることができる。

【五十二次改正】

電波法の一部を改正する法律（平成九年五月九日法律第四十七号）

第九十九条の十一第一項第一号中「免許手続）」の下に「、第二十四条の二第一項（事業者の点検能力の認定）」、第二十七条の二（特定無線局）、第二十七条の四第二号（特定無線局の開設の根本的基準）、第二十七条の五第三項（包括免許の有効期間）」を加え、「第七十三条の二第五項」を「第百二条の十八第五項」に改め、「、第七十三条の二第一項（指定検査機関）」を削り、「並びに第百二条の十四第一項」を「、第百二条の十四第一項」に改め、「告知等）」の下に「並びに第百二条の十八第一項（測定器等）」を加え、同項第三号中「及び第七十三条の二第五項」を「及び第百二条の十八第五項」に、「若しくは指定検査機関」を「若しくは指定較正機関」に、「検査員」を「較正員」に、「第七十三条の二第五項及び第百二条の十七第六項」を「第百二条の十七第六項及び第百二条の十八第五項」に、「指定検査機関若しくはセンター」を「センター若しくは指定較正機関」に、「第七十六条第二項及び第三項」を「第七十六条第二項から第四項まで」に改め、「免許の取消し」の下に「、第七十六条の二の規定による指定無線局数の削減及び周波数の指定の変更」を加え、同項第四号中「放送事項の変更の許可」の下に「、第二十七条の五第一項の規定による包括免許」を加え、「、第七十三条の二第一項の規定による指定検査機関の指定」を削り、「又は第百二条の十七第一項」を「、第百二条の十七第一項」に改め、「センターの指定」の下に「又は第百二条の十八第一項の規定による指定較正機関の指定」を加える。

（必要的諮問事項）

第九十九条の十一　郵政大臣は、次に掲げる場合には、電波監理審議会に諮問し、その議決を尊重して措置をしなければならない。

一　第四条第一号、第二号及び第三号（免許を要しない無線局）、第四条の二第一項（呼出符号又は呼出名称の指定）、第七条第一項第三号及び第二項第四号（無線局の開設の根本的基準）、第八条第一項第三号（識別信号）、第九条第一項ただし書（許可を要しない工事設計変更）、第十三条第一項（無線局の免許の有効期間）、第十五条（簡易な免許手続）、第二十七条の二（特定無線局）、第二十七条の四第二号（特定無線局の開設の根本的基準）、第二十七条の五第三項（包括免許の有効期間）、第二十八条（第百条第五項において準用する場合を含む。）（電波の質）、第二十九条（受信設備の条件）、第三十条（第百条第五項において準用する場合を含む。）（安全施設）、第三十一条（周波数測定装置の備付け）、第三十二条（計器及び予備品の備付け）、第三十三条（義務船舶局の無線設備の機器）、第三十五条（義務船舶局等の無線設備の条件）、第三十六条（義務航空機局の条件）、第三十七条（無線設備の機器の検定）、第三十八条（第百条第五項において準用する場合を含む。）（技術基準）、第三十八条の二第一項（特定無線設備）、第三十八条の五第二項（第百二条の十八第五項において準用する場合を含む。）（技術基準適合証明の義務等）、第三十九条第一項、第二項、第三項、第五項及び第七項（無線設備の操作）、第三十九条の三ただし書（アマチュア無線局の無線設備の操作）、第四十一条第二項第二号、第三号及び第四号（無線従事者の養成課程に関する認定の基準等）、第四十七条（試験員）、第四十八条の三第一号（船舶局無線従事者証明の失効）、第四十九条（国家試験の細目等）、第五十条（遭難通信責任者の配置等）、第五十二条第一号、第二号、第三号及び第六号（目的外使用）、第五十五条（運用許容時間外運用）、第六十一条（通信方法等）、第六十四条第二項（第二沈黙時間）、第六十五条（聴守義務）、第六十六条第一項（遭難通信）、第六十七条第二項（緊急通信）、第七十条の四（聴守義務）、第七十条の五（航空機局の通信連絡）、第七十三条第一項（検査）、第七十三条の二第一項（指定検査機関）、第百条第一項第二号（高周波利用設備）、第百二条の十三第一項（特定の周波数を使用する無線設備の指定）、第百二条の十四第一項（指定無線設備の販売における告知等）並びに第百二条の十八第一項（測定器等）の規定による郵政省令を制定し、変更し、又は廃止しようとするとき。

二　第七条第三項又は第四項の規定により放送用周波数使用計画を定め、又は変更しようとするとき。

三　第三十八条の六第三項（第四十七条の二及び第百二条の十八第五項において準用する場合を含む。）の規定による指定証明機関、指定試験機関若しくは指定較正機関の役員、証明員、試験員若しくは較正員の解任の命令又は第三十八条の十四第二項（第三十九条の二第五項、第四十七条の二、第百二条の十七第六項及び第百二条の十八第五項において準用する場合を含む。）の規定による指定証明機関、指定講習機関、指定試験機関、センター若しくは指定較正機関の指定の取消し、第七十六条第二項から第四項までの規定による無線局の免許の取消し、第七十六条の二の規定による指定無線局数の削減及び周波数の指定の変更若しくは第七十九条第一項（同条第二項において準用する場合を含む。）の規定による無線従事者の免許若しくは船舶局無線従事者証明の取消しの処分をしようとするとき。

四　第八条の規定による無線局の予備免許、第九条第一項の規定による工事設計変更の許可、第九条第四項若しくは第十七条第一項後段の規定による放送事項の変更の許可、第二十七条の五第一項の規定による包括免許、第三十八条の二第一項の規定による指定証明機関の指定、第三十九条の二第一項の規定による指定講習機関の指定、第四十六条第一項の規定による指定試験機関の指定、第七十一条第一項の規定による無線局の周波数等の指定の変更若しくは人工衛星局の無線設備の設置場所の変更の命令、第七十三条の二第一項の規定による指定検査機関の指定、第百二条の二第一項の規定による伝搬障害防止区域の指定、第百二条の十七第一項の規定によるセンターの指定又は第百二条の十八第一項の規定による指定較正機関の指定をしようとするとき。

2　前項第四号に掲げる事項のうち、電波監理審議会が軽微なものと認めるものについては、郵政大臣は、電波監理審議会に諮問しないで措置をすることができる。

[注釈一]改正規定における第一項第一号の改正規定中の「免許手続）」の下に「、第二十四条の二第一項（事業者の点検能力の認定）」を加える部分及び「、第七十三条の二第一項（指定検査機関）」を削る部分並びに同項第四号の改正規定中の「、第七十三条の二第一項の規定による指定検査機関の指定」を削る部分（改正規定中の傍線部分）は、五十二次改正でなく、五十四次改正として平成十年四月一日施行された。

[注釈二]本件一部改正法の施行の日（五十二次改正の施行の日）から平成十年三月三十一日（五十四次改正の施行期日の前日）までの間は、同法附則第三項に基づき、第九十九条の十一は、次のとおり読み替えられる（傍線部分）。

（必要的諮問事項）

第九十九条の十一　郵政大臣は、次に掲げる場合には、電波監理審議会に諮問し、その議決を尊重して措置をしなければならない。

一　第四条第一号、第二号及び第三号（免許を要しない無線局）、第四条の二第一項（呼出符号又は呼出名称の指定）、第七条第一項第三号及び第二項第四号（無線局の開設の根本的基準）、第八条第一項第三号（識別信号）、第九条第一項ただし書（許可を要しない工事設計変更）、第十三条第一項（無線局の免許の有効期間）、第十五条（簡易な免許手続）、第二十七条の二（特定無線局）、第二十七条の四第二号（特定無線局の開設の根本的基準）、第二十七条の五第三項（包括免許の有効期間）、第二十八条（第百条第五項において準用する場合を含む。）（電波の質）、第二十九条（受信設備の条件）、第三十条（第百条第五項において準用する場合を含む。）（安全施設）、第三十一条（周波数測定装置の備付け）、第三十二条（計器及び予備品の備付け）、第三十三条（義務船舶局の無線設備の機器）、第三十五条（義務船舶局等の無線設備の条件）、第三十六条（義務航空機局の条件）、第三十七条（無線設備の機器の検定）、第三十八条（第百条第五項において準用する場合を含む。）（技術基準）、第三十八条の二第一項（特定無線設備）、第三十八条の五第二項（第七十三条の二第五項及び第百二条の十八第五項において準用する場合を含む。）（技術基準適合証明の義務等）、第三十九条第一項、第二項、第三項、第五項及び第七項（無線設備の操作）、第三十九条の三ただし書（アマチュア無線局の無線設備の操作）、第四十一条第二項第二号、第三号及び第四号（無線従事者の養成課程に関する認定の基準等）、第四十七条（試験員）、第四十八条の三第一号（船舶局無線従事者証明の失効）、第四十九条（国家試験の細目等）、第五十条（遭難通信責任者の配置等）、第五十二条第一号、第二号、第三号及び第六号（目的外使用）、第五十五条（運用許容時間外運用）、第六十一条（通信方法等）、第六十四条第二項（第二沈黙時間）、第六十五条（聴守義務）、第六十六条第一項（遭難通信）、第六十七条第二項（緊急通信）、第七十条の四（聴守義務）、第七十条の五（航空機局の通信連絡）、第七十三条第一項（検査）、第七十三条の二第一項（指定検査機関）、第百条第一項第二号（高周波利用設備）、第百二条の十三第一項（特定の周波数を使用する無線設備の指定）、第百二条の十四第一項（指定無線設備の販売における告知等）並びに第百二条の十八第一項（測定器等）の規定による郵政省令を制定し、変更し、又は廃止しようとするとき。

二　第七条第三項又は第四項の規定により放送用周波数使用計画を定め、又は変更しようとするとき。

三　第三十八条の六第三項（第四十七条の二、第七十三条の二第五項及び第百二条の十八第五項において準用する場合を含む。）の規定による指定証明機関、指定試験機関、指定検査機関若しくは指定較正機関の役員、証明員、試験員、検査員若しくは較正員の解任の命令又は第三十八条の十四第二項（第三十九条の二第五項、第四十七条の二、第百二条の十七第六項及び第百二条の十八第五項において準用する場合を含む。）の規定による指定証明機関、指定講習機関、指定試験機関、指定検査機関、センター若しくは指定較正機関の指定の取消し、第七十六条第二項から第四項までの規定による無線局の免許の取消し、第七十六条の二の規定による指定無線局数の削減及び周波数の指定の変更若しくは第七十九条第一項（同条第二項において準用する場合を含む。）の規定による無線従事者の免許若しくは船舶局無線従事者証明の取消しの処分をしようとするとき。

四　第八条の規定による無線局の予備免許、第九条第一項の規定による工事設計変更の許可、第九条第四項若しくは第十七条第一項後段の規定による放送事項の変更の許可、第二十七条の五第一項の規定による包括免許、第三十八条の二第一項の規定による指定証明機関の指定、第三十九条の二第一項の規定による指定講習機関の指定、第四十六条第一項の規定による指定試験機関の指定、第七十一条第一項の規定による無線局の周波数等の指定の変更若しくは人工衛星局の無線設備の設置場所の変更の命令、第七十三条の二第一項の規定による指定検査機関の指定、第百二条の二第一項の規定による伝搬障害防止区域の指定、第百二条の十七第一項の規定によるセンターの指定又は第百二条の十八第一項の規定による指定較正機関の指定をしようとするとき。

2　前項第四号に掲げる事項のうち、電波監理審議会が軽微なものと認めるものについては、郵政大臣は、電波監理審議会に諮問しないで措置をすることができる。

【五十四次改正】

電波法の一部を改正する法律（平成九年五月九日法律第四十七号）

第九十九条の十一第一項第一号中「免許手続）」の下に「、第二十四条の二第一項（事業者の点検能力の認定）」、第二十七条の二（特定無線局）、第二十七条の四第二号（特定無線局の開設の根本的基準）、第二十七条の五第三項（包括免許の有効期間）」を加え、「第七十三条の二第五項」を「第百二条の十八第五項」に改め、「、第七十三条の二第一項（指定検査機関）」を削り、「並びに第百二条の十四第一項」を「、第百二条の十四第一項」に改め、「（告知等）」の下に「並びに第百二条の十八第一項（測定器等）」を加え、同項第三号中「及び第七十三条の二第五項」を「及び第百二条の十八第五項」に、「若しくは指定検査機関」を「若しくは指定較正機関」に、「検査員」を「較正員」に、「第七十三条の二第五項及び第百二条の十七第六項」を「第百二条の十七第六項及び第百二条の十八第五項」に、「指定検査機関若しくはセンター」を「センター若しくは指定較正機関」に、「第七十六条第二項及び第三項」を「第七十六条第二項から第四項まで」に改め、「免許の取消し」の下に「、第七十六条の二の規定による指定無線局数の削減及び周波数の指定の変更」を加え、同項第四号中「放送事項の変更の許可」の下に「、第二十七条の五第一項の規定による包括免許」を加え、「、第七十三条の二第一項の規定による指定検査機関の指定」を削り、「又は第百二条の十七第一項」を「、第百二条の十七第一項」に改め、「センターの指定」の下に「又は第百二条の十八第一項の規定による指定較正機関の指定」を加える。

（必要的諮問事項）

第九十九条の十一　郵政大臣は、次に掲げる場合には、電波監理審議会に諮問し、その議決を尊重して措置をしなければならない。

一　第四条第一号、第二号及び第三号（免許を要しない無線局）、第四条の二第一項（呼出符号又は呼出名称の指定）、第七条第一項第三号及び第二項第四号（無線局の開設の根本的基準）、第八条第一項第三号（識別信号）、第九条第一項ただし書（許可を要しない工事設計変更）、第十三条第一項（無線局の免許の有効期間）、第十五条（簡易な免許手続）、第二十四条の二第一項（事業者の点検能力の認定）、第二十七条の二（特定無線局）、第二十七条の四第二号（特定無線局の開設の根本的基準）、第二十七条の五第三項（包括免許の有効期間）、第二十八条（第百条第五項において準用する場合を含む。）（電波の質）、第二十九条（受信設備の条件）、第三十条（第百条第五項において準用する場合を含む。）（安全施設）、第三十一条（周波数測定装置の備付け）、第三十二条（計器及び予備品の備付け）、第三十三条（義務船舶局の無線設備の機器）、第三十五条（義務船舶局等の無線設備の条件）、第三十六条（義務航空機局の条件）、第三十七条（無線設備の機器の検定）、第三十八条（第百条第五項において準用する場合を含む。）（技術基準）、第三十八条の二第一項（特定無線設備）、第三十八条の五第二項（第百二条の十八第五項において準用する場合を含む。）（技術基準適合証明の義務等）、第三十九条第一項、第二項、第三項、第五項及び第七項（無線設備の操作）、第三十九条の三ただし書（アマチュア無線局の無線設備の操作）、第四十一条第二項第二号、第三号及び第四号（無線従事者の養成課程に関する認定の基準等）、第四十七条（試験員）、第四十八条の三第一号（船舶局無線従事者証明の失効）、第四十九条（国家試験の細目等）、第五十条（遭難通信責任者の配置等）、第五十二条第一号、第二号、第三号及び第六号（目的外使用）、第五十五条（運用許容時間外運用）、第六十一条（通信方法等）、第六十四条第二項（第二沈黙時間）、第六十五条（聴守義務）、第六十六条第一項（遭難通信）、第六十七条第二項（緊急通信）、第七十条の四（聴守義務）、第七十条の五（航空機局の通信連絡）、第七十三条第一項（検査）、第百条第一項第二号（高周波利用設備）、第百二条の十三第一項（特定の周波数を使用する無線設備の指定）、第百二条の十四第一項（指定無線設備の販売における告知等）並びに第百二条の十八第一項（測定器等）の規定による郵政省令を制定し、変更し、又は廃止しようとするとき。

二　第七条第三項又は第四項の規定により放送用周波数使用計画を定め、又は変更しようとするとき。

三　第三十八条の六第三項（第四十七条の二及び第百二条の十八第五項において準用する場合を含む。）の規定による指定証明機関、指定試験機関若しくは指定較正機関の役員、証明員、試験員若しくは較正員の解任の命令又は第三十八条の十四第二項（第三十九条の二第五項、第四十七条の二、第百二条の十七第六項及び第百二条の十八第五項において準用する場合を含む。）の規定による指定証明機関、指定講習機関、指定試験機関、センター若しくは指定較正機関の指定の取消し、第七十六条第二項から第四項までの規定による無線局の免許の取消し、第七十六条の二の規定による指定無線局数の削減及び周波数の指定の変更若しくは第七十九条第一項（同条第二項において準用する場合を含む。）の規定による無線従事者の免許若しくは船舶局無線従事者証明の取消しの処分をしようとするとき。

四　第八条の規定による無線局の予備免許、第九条第一項の規定による工事設計変更の許可、第九条第四項若しくは第十七条第一項後段の規定による放送事項の変更の許可、第二十七条の五第一項の規定による包括免許、第三十八条の二第一項の規定による指定証明機関の指定、第三十九条の二第一項の規定による指定講習機関の指定、第四十六条第一項の規定による指定試験機関の指定、第七十一条第一項の規定による無線局の周波数等の指定の変更若しくは人工衛星局の無線設備の設置場所の変更の命令、第百二条の二第一項の規定による伝搬障害防止区域の指定、第百二条の十七第一項の規定によるセンターの指定又は第百二条の十八第一項の規定による指定較正機関の指定をしようとするとき。

2　前項第四号に掲げる事項のうち、電波監理審議会が軽微なものと認めるものについては、郵政大臣は、電波監理審議会に諮問しないで措置をすることができる。

［注釈］五十四次改正においては、改正規定における第一項第一号の改正規定中の「免許手続）」の下に「、第二十四条の二第一項（事業者の点検能力の認定）」を加える部分及び「、第七十三条の二第一項（指定検査機関）」を削る部分並びに同項第四号の改正規定中の「、第七十三条の二第一項の規定による指定検査機関の指定」を削る部分（改正規定中の傍線部分）が施行された。その他の部分は、既に五十二次改正として施行済みである。

【五十五次改正】

電気通信分野における規制の合理化のための関係法律の整備等に関する法律（平成十年五月八日法律第五十八号）第三条

第九十九条の十一第一項第一号中「第四条の二第一項」を「第四条の二」に改め、「第三十八条の五第二項」の下に「第三十八条の十七第五項及び」を加える。

（必要的諮問事項）

第九十九条の十一　郵政大臣は、次に掲げる場合には、電波監理審議会に諮問し、その議決を尊重して措置をしなければならない。

一　第四条第一号、第二号及び第三号（免許を要しない無線局）、第四条の二（呼出符号又は呼出名称の指定）、第七条第一項第三号及び第二項第四号（無線局の開設の根本的基準）、第八条第一項第三号（識別信号）、第九条第一項ただし書（許可を要しない工事設計変更）、第十三条第一項（無線局の免許の有効期間）、第十五条（簡易な免許手続）、第二十四条の二第一項（事業者の点検能力の認定）、第二十七条の二（特定無線局）、第二十七条の四第二号（特定無線局の開設の根本的基準）、第二十七条の五第三項（包括免許の有効期間）、

第二十八条（第百条第五項において準用する場合を含む。）（電波の質）、第二十九条（受信設備の条件）、第三十条（第百条第五項において準用する場合を含む。）（安全施設）、第三十一条（周波数測定装置の備付け）、第三十二条（計器及び予備品の備付け）、第三十三条（義務船舶局の無線設備の機器）、第三十五条（義務船舶局等の無線設備の条件）、第三十六条（義務航空機局の条件）、第三十七条（無線設備の機器の検定）、第三十八条（第百条第五項において準用する場合を含む。）（技術基準）、第三十八条の二第一項（特定無線設備）、第三十八条の五第二項（第三十八条の十七第五項及び第百二条の十八第五項において準用する場合を含む。）（技術基準適合証明の義務等）、第三十九条第一項、第二項、第三項、第五項及び第七項（無線設備の操作）、第三十九条の三ただし書（アマチュア無線局の無線設備の操作）、第四十一条第二項第二号、第三号及び第四号（無線従事者の養成課程に関する認定の基準等）、第四十七条（試験員）、第四十八条の三第一号（船舶局無線従事者証明の失効）、第四十九条（国家試験の細目等）、第五十条（遭難通信責任者の配置等）、第五十二条第一号、第二号、第三号及び第六号（目的外使用）、第五十五条（運用許容時間外運用）、第六十一条（通信方法等）、第六十四条第二項（第二沈黙時間）、第六十五条（聴守義務）、第六十六条第一項（遭難通信）、第六十七条第二項（緊急通信）、第七十条の四（聴守義務）、第七十条の五（航空機局の通信連絡）、第七十三条第一項（検査）、第百条第一項第二号（高周波利用設備）、第百二条の十三第一項（特定の周波数を使用する無線設備の指定）、第百二条の十四第一項（指定無線設備の販売における告知等）並びに第百二条の十八第一項（測定器等）の規定による郵政省令を制定し、変更し、又は廃止しようとするとき。

二　第七条第三項又は第四項の規定により放送用周波数使用計画を定め、又は変更しようとするとき。

三　第三十八条の六第三項（第四十七条の二及び第百二条の十八第五項において準用する場合を含む。）の規定による指定証明機関、指定試験機関若しくは指定較正機関の役員、証明員、試験員若しくは較正員の解任の命令又は第三十八条の十四第二項（第三十九条の二第五項、第四十七条の二、第百二条の十七第六項及び第百二条の十八第五項において準用する場合を含む。）の規定による指定証明機関、指定講習機関、指定試験機関、センター若しくは指定較正機関の指定の取消し、第七十六条第二項から第四項までの規定による無線局の免許の取消し、第七十六条の二の規定による指定無線局数の削減及び周波数の指定の変更若しくは第七十九条第一項（同条第二項において準用する場合を含む。）の規定による無線従事者の免許若しくは船舶局無線従事者証明の取消しの処分をしようとするとき。

四　第八条の規定による無線局の予備免許、第九条第一項の規定による工事設計変更の許可、第九条第四項若しくは第十七条第一項後段の規定による放送事項の変更の許可、第二十七条の五第一項の規定による包括免許、第三十八条の二第一項の規定による指定証明機関の指定、第三十九条の二第一項の規定による指定講習機関の指定、第四十六条第一項の規定による指定試験機関の指定、第七十一条第一項の規定による無線局の周波数等の指定の変更若しくは人工衛星局の無線設備の設置場所の変更の命令、第百二条の二第一項の規定による伝搬障害防止区域の指定、第百二条の十七第一項の規定によるセンターの指定又は第百二条の十八第一項の規定による指定較正機関の指定をしようとするとき。

2　前項第四号に掲げる事項のうち、電波監理審議会が軽微なものと認めるものについては、郵政大臣は、電波監理審議会に諮問しないで措置をすることができる。

［注釈］この改正の施行期日は、「第四条の二第一項」を「第四条の二」に改める改

正規定は平成十年十一月一日で、「第三十八条の五第二項（」の下に「第三十八条の十七第五項及び」を加える改正規定は平成十一年三月六日である。

【　五十七次改正　】

電波法の一部を改正する法律（平成十一年五月二十一日法律第四十七号）

第九十九条の十一第一項第一号中「、第六十四条第二項（第二沈黙時間）」を削る。

（必要的諮問事項）

第九十九条の十一　郵政大臣は、次に掲げる場合には、電波監理審議会に諮問し、その議決を尊重して措置をしなければならない。

一　第四条第一号、第二号及び第三号（免許を要しない無線局）、第四条の二（呼出符号又は呼出名称の指定）、第七条第一項第三号及び第二項第四号（無線局の開設の根本的基準）、第八条第一項第三号（識別信号）、第九条第一項ただし書（許可を要しない工事設計変更）、第十三条第一項（無線局の免許の有効期間）、第十五条（簡易な免許手続）、第二十四条の二第一項（事業者の点検能力の認定）、第二十七条の二（特定無線局）、第二十七条の四第二号（特定無線局の開設の根本的基準）、第二十七条の五第三項（包括免許の有効期間）、第二十八条（第百条第五項において準用する場合を含む。）（電波の質）、第二十九条（受信設備の条件）、第三十条（第百条第五項において準用する場合を含む。）（安全施設）、第三十一条（周波数測定装置の備付け）、第三十二条（計器及び予備品の備付け）、第三十三条（義務船舶局の無線設備の機器）、第三十五条（義務船舶局等の無線設備の条件）、第三十六条（義務航空機局の条件）、第三十七条（無線設備の機器の検定）、第三十八条（第百条第五項において準用する場合を含む。）（技術基準）、第三十八条の二第一項（特定無線設備）、第三十八条の五第二項（第三十八条の十七第五項及び第百二条の十八第五項において準用する場合を含む。）（技術基準適合証明の義務等）、第三十九条第一項、第二項、第三項、第五項及び第七項（無線設備の操作）、第三十九条の三ただし書（アマチュア無線局の無線設備の操作）、第四十一条第二項第二号、第三号及び第四号（無線従事者の養成課程に関する認定の基準等）、第四十七条（試験員）、第四十八条の三第一号（船舶局無線従事者証明の失効）、第四十九条（国家試験の細目等）、第五十条（遭難通信責任者の配置等）、第五十二条第一号、第二号、第三号及び第六号（目的外使用）、第五十五条（運用許容時間外運用）、第六十一条（通信方法等）、第六十五条（聴守義務）、第六十六条第一項（遭難通信）、第六十七条第二項（緊急通信）、第七十条の四（聴守義務）、第七十条の五（航空機局の通信連絡）、第七十三条第一項（検査）、第百条第一項第二号（高周波利用設備）、第百二条の十三第一項（特定の周波数を使用する無線設備の指定）、第百二条の十四第一項（指定無線設備の販売における告知等）並びに第百二条の十八第一項（測定器等）の規定による郵政省令を制定し、変更し、又は廃止しようとするとき。

二　第七条第三項又は第四項の規定により放送用周波数使用計画を定め、又は変更しようとするとき。

三　第三十八条の六第三項（第四十七条の二及び第百二条の十八第五項において準用する場合を含む。）の規定による指定証明機関、指定試験機関若しくは指定較正機関の役員、証明員、試験員若しくは較正員の解任の命令又は第三十八条の十四第二項（第三十九条の二第五項、第四十七条の二、第百二条の十七第六項及び第百二条の十八第五項において準用する場合を含む。）の規定による指定証明機関、指定講習機関、指定試験機関、センター若しくは指定較正機関の指定の取消し、第七十六条第二項から第四項までの規定による無線局の免許の取消し、第七十六条の二の規定による指定無線局数の削減及び周波数の指定の変更若しくは第七十九条第一項（同条第二項において準用する場合を含む。）の規定による無線従事者の免許若しくは船舶局無線従事者証明の取消しの処分をしようとするとき。

四　第八条の規定による無線局の予備免許、第九条第一項の規定による工事設計変更の許可、第九条第四項若しくは第十七条第一項後段の規定による放送事項の変更の許可、第二十七条の五第一項の規定による包括免許、第三十八条の二第一項の規定による指定証明機関の指定、第三十九条の二第一項の規定による指定講習機関の指定、第四十六条第一項の規定による指定試験機関の指定、第七十一条第一項の規定による無線局の周波数等の指定の変更若しくは人工衛星局の無線設備の設置場所の変更の命令、第百二条の二第一項の規定による伝搬障害防止区域の指定、第百二条の十七第一項の規定によるセンターの指定又は第百二条の十八第一項の規定による指定較正機関の指定をしようとするとき。

2　前項第四号に掲げる事項のうち、電波監理審議会が軽微なものと認めるものについては、郵政大臣は、電波監理審議会に諮問しないで措置をすることができる。

【　六十次改正　】

電波法の一部を改正する法律（平成十二年六月二日法律第百九号）

第九十九条の十一第一項第一号中「呼出名称の指定）」の下に「、第六条第七項（無線局の免許申請期間）」を、「（包括免許の有効期間）」の下に「、第二十七条の十三第六項（開設計画の認定の有効期間）」を加え、同項第二号中「とき」の下に「、第二十六条第一項の周波数割当計画（同条第二項第四号に係る部分を除く。）を作成し、又は変更しようとするとき及び第二十七条の十二第一項の開設指針を定め、又は変更しようとするとき」を加え、同項第三号中「第三十八条の六第三項」を「第二十七条の十五第一項若しくは第二項の規定による開設計画の認定の取消し若しくは同項の規定による無線局の免許の取消しの処分、第三十八条の六第三項」に改め、「無線局の免許の取消し」の下に「、同項の規定による開設計画の認定の取消し」を加え、同項第四号中「包括免許」の下に「、第二十七条の十三第一項の規定による開設計画の認定」を加える。

（必要的諮問事項）

第九十九条の十一　郵政大臣は、次に掲げる場合には、電波監理審議会に諮問し、その議決を尊重して措置をしなければならない。

一　第四条第一号、第二号及び第三号（免許を要しない無線局）、第四条の二（呼出符号又は呼出名称の指定）、第六条第七項（無線局の免許申請期間）、第七条第一項第三号及び第二項第四号（無線局の開設の根本的基準）、第八条第一項第三号（識別信号）、第九条第一項ただし書（許可を要しない工事設計変更）、第十三条第一項（無線局の免許の有効期間）、第十五条（簡易な免許手続）、第二十四条の二第一項（事業者の点検能力の認定）、第二十七条の二（特定無線局）、第二十七条の四第二号（特定無線局の開設の根本的基準）、第二十七条の五第三項（包括免許の有効期間）、第二十七条の十三第六項（開設計画の認定の有効期間）、第二十八条（第百条第五項において準用する場合を含む。）（電波の質）、第二十九条（受信設備の条件）、第三十条（第百条第五項において準用する場合を含む。）（安全施設）、第三十一条（周波数測定装置の備付け）、第三十二条（計器及び予備品の備付け）、第三十三条（義務船舶局の無線設備の機器）、第三十五条（義務船舶局等の無線設備の条件）、第三十六条（義務航空機局の条件）、第三十七条（無線設備の機器の検定）、第三十八条（第百条第五項において準用する場合を含む。）（技術基準）、第三十八条の二第一項（特定無線設備）、第三十八条の五第二項（第三十八条の十七第五項及び第百二条の十八第五項において準用する場合を含む。）（技術基準適合証明の義務等）、第三十九条第一項、第二項、第三項、第五項及び第七項（無線設備の操作）、第三十九条の三ただし書（アマチュア無線局の無線設備の操作）、第四十一条第二項第二号、第三号及び第四号（無線従事者の養成課程に関する認定の基準等）、第四十七条（試験員）、第四十八条の三第一号（船舶局無線従事者証明の失効）、第四十九条（国家試験の細目等）、第五十条（遭難通信責任者の配置等）、第五十二条第一号、第二号、第三号及び第六号（目的外使用）、第五十五条（運用許容時間外運用）、第六十一条（通信方法等）、第六十五条（聴守義務）、第六十六条第一項（遭難通信）、第六十七条第二項（緊急通信）、第七十条の四（聴守義務）、第七十条の五（航空機局の通信連絡）、第七十三条第一項（検査）、第百条第一項第二号（高周波利用設備）、第百二条の十三第一項（特定の周波数を使用する無線設備の指定）、第百二条の十四第一項（指定無線設備の販売における告知等）並びに第百二条の十八第一項（測定器等）の規定による郵政省令を制定し、変更し、又は廃止しようとするとき。

二　第七条第三項又は第四項の規定により放送用周波数使用計画を定め、又は変更しようとするとき、第二十六条第一項の周波数割当計画（同条第二項第四号に係る部分を除く。）を作成し、又は変更しようとするとき及び第二十七条の十二第一項の開設指針を定め、又は変更しようとするとき。

三　第二十七条の十五第一項若しくは第二項の規定による開設計画の認定の取消し若しくは同項の規定による無線局の免許の取消しの処分、第三十八条の六第三項（第四十七条の二及び第百二条の十八第五項において準用する場合を含む。）の規定による指定証明機関、指定試験機関若しくは指定較正機関の役員、証明員、試験員若しくは較正員の解任の命令又は第三十八条の十四第二項（第三十九条の二第五項、第四十七条の二、第百二条の十七第六項及び第百二条の十八第五項において準用する場合を含む。）の規定による指定証明機関、指定講習機関、指定試験機関、センター若しくは指定較正機関の指定の取消し、第七十六条第二項から第四項までの規定による無線局の免許の取消し、同項の規定による開設計画の認定の取消し、第七十六条の二の規定による指定無線局数の削減及び周波数の指定の変更若しくは第七十九条第一項（同条第二項において準用する場合を含む。）の規定による無線従事者の免許若しくは船舶局無線従事者証明の取消しの処分をしようとするとき。

四　第八条の規定による無線局の予備免許、第九条第一項の規定による工事設計変更の許可、第九条第四項若しくは第十七条第一項後段の規定による放送事項の変更の許可、第二十七条の五第一項の規定による包括免許、第二十七条の十三第一項の規定による開設計画の認定、第三十八条の二第一項の規定による指定証明機関の指定、第三十九条の二第一項の規定による指定講習機関の指定、第四十六条第一項の規定による指定試験機関の指定、第七十一条第一項の規定による無線局の周波数等の指定の変更若しくは人工衛星局の無線設備の設置場所の変更の命令、第百二条の二第一項の規定による伝搬障害防止区域の指定、第百二条の十七第一項の規定によるセンターの指定又は第百二条の十八第一項の規定による指定較正機関の指定をしようとするとき。

2　前項第四号に掲げる事項のうち、電波監理審議会が軽微なものと認めるものについては、郵政大臣は、電波監理審議会に諮問しないで措置をすることができる。

【六十二次改正】

中央省庁等改革関係法施行法（平成十一年十二月二十二日法律第百六十号）第百九十三条

本則（第九十九条の十二第二項を除く。）中「郵政大臣」を「総務大臣」に、「郵政省令」を「総務省令」に、「通商産業大臣」を「経済産業大臣」に、「建設大臣」を「国土交通大臣」に、「地方電気通信監理局長」を「総合通信局長」に、「沖縄郵政管理事務所長」を「沖縄総合通信事務所長」に改める。

第九十九条の十一第一項中「、その議決を尊重して措置をし」を削る。

（必要的諮問事項）

第九十九条の十一　総務大臣は、次に掲げる場合には、電波監理審議会に諮問しなければならない。

一　第四条第一号、第二号及び第三号（免許を要しない無線局）、第四条の二（呼出符号又は呼出名称の指定）、第六条第七項（無線局の免許申請期間）、第七条第一項第三号及び第二項第四号（無線局の開設の根本的基準）、第八条第一項第三号（識別信号）、第九条第一項ただし書（許可を要しない工事設計変更）、第十三条第一項（無線局の免許の有効期間）、第十五条（簡易な免許手続）、第二十四条の二第一項（事業者の点検能力の認定）、第二十七条の二（特定無線局）、第二十七条の四第二号（特定無線局の開設の根本的基準）、第二十七条の五第三項（包括免許の有効期間）、第二十七条の十三第六項（開設計画の認定の有効期間）、第二十八条（第百条第五項において準用する場合を含む。）（電波の質）、第二十九条（受信設備の条件）、第三十条（第百条第五項において準用する場合を含む。）（安全施設）、第三十一条（周波数測定装置の備付け）、第三十二条（計器及び予備品の備付け）、第三十三条（義務船舶局の無線設備の機器）、第三十五条（義務船舶局等の無線設備の条件）、第三十六条（義務航空機局の条件）、第三十七条（無線設備の機器の検定）、第三十八条（第百条第五項において準用する場合を含む。）（技術基準）、第三十八条の二第一項（特定無線設備）、第三十八条の五第二項（第三十八条の十七第五項及び第百二条の十八第五項において準用する場合を含む。）（技術基準適合証明の義務等）、第三十九条第一項、第二項、第三項、第五項及び第七項（無線設備の操作）、第三十九条の三ただし書（アマチュア無線局の無線設備の操作）、第四十一条第二項第二号、第三号及び第四号（無線従事者の養成課程に関する認定の基準等）、第四十七条（試験員）、第四十八条の三第一号（船舶局無線従事者証明の失効）、第四十九条（国家試験の細目等）、第五十条（遭難通信責任者の配置等）、第五十二条第一号、第二号、第三号及び第六号（目的外使用）、第五十五条（運用許容時間外運用）、第六十一条（通信方法等）、第六十五条（聴守義務）、第六十六条第一項（遭難通信）、第六十七条第二項（緊急通信）、第七十条の四（聴守義務）、第七十条の五（航空機局の通信連絡）、第七十三条第一項（検査）、第百条第一項第二号（高周波利用設備）、第百二条の十三第一項（特定の周波数を使用する無線設備の指定）、第百二条の十四第一項（指定無線設備の販売における告知等）並びに第百二条の十八第一項（測定器等）の規定による総務省令を制定し、変更し、又は廃止しようとするとき。

二　第七条第三項又は第四項の規定により放送用周波数使用計画を定め、又は変更しようとするとき、第二十六条第一項の周波数割当計画（同条第二項第四号に係る部分を除く。）を作成し、又は変更しようとするとき及び第二十七条の十二第一項の開設指針を定め、又は変更しようとするとき。

三　第二十七条の十五第一項若しくは第二項の規定による開設計画の認定の取消し若しくは同項の規定による無線局の免許の取消しの処分、第三十八条の六第三項（第四十七条の二及び第百二条の十八第五項において準用する場合を含む。）の規定による指定証明機関、指定試験機関若しくは指定較正機関の役員、証明員、試験員若しくは較正員の解任の命令又は第三十八条の十四第二項（第三十九条の二第五項、第四十七条の二、第百二条の十七第六項及び第百二条の十八第五項において準用する場合を含む。）の規定による指定証明機関、指定講習機関、指定試験機関、センター若しくは指定較正機関の指定の取消し、第七十六条第二項から第四項までの規定による無線局の免許の取消し、同項の規定による開設計画の認定の取消し、第七十六条の二の規定による指定無線局数の削減及び周波数の指定の変更若しくは第七十九条第一項（同条第二項において準用する場合を含む。）の規定による無線従事者の免許若しくは船舶局無線従事者証明の取消しの処分をしようとするとき。

四　第八条の規定による無線局の予備免許、第九条第一項の規定による工事設計変更の許可、第九条第四項若しくは第十七条第一項後段の規定による放送事項の変更の許可、第二十七条の五第一項の規定による包括免許、第二十七条の十三第一項の規定による開設計画の認定、第三十八条の二第一項の規定による指定証明機関の指定、第三十九条の二第一項の規定による指定講習機関の指定、第四十六条第一項の規定による指定試験機関の指定、第七十一条第一項の規定による無線局の周波数等の指定の変更若しくは人工衛星局の無線設備の設置場所の変更の命令、第百二条の二第一項の規定による伝搬障害防止区域の指定、第百二条の十七第一項の規定によるセンターの指定又は第百二条の十八第一項の規定による指定較正機関の指定をしようとするとき。

2　前項第四号に掲げる事項のうち、電波監理審議会が軽微なものと認めるものについては、総務大臣は、電波監理審議会に諮問しないで措置をすることができる。

【六十四次改正】

書面の交付等に関する情報通信の技術の利用のための関係法律の整備に関する法律（平成十二年十一月二十七日法律第百二十六号）第十条

> 第九十九条の十一第一項第一号中「告知等）」の下に「、第百二条の十四の二（情報通信の技術を利用する方法）」を加える。

（必要的諮問事項）

第九十九条の十一　総務大臣は、次に掲げる場合には、電波監理審議会に諮問しなければならない。

一　第四条第一号、第二号及び第三号（免許を要しない無線局）、第四条の二（呼出符号又は呼出名称の指定）、第六条第七項（無線局の免許申請期間）、第七条第一項第三号及び第二項第四号（無線局の開設の根本的基準）、第八条第一項第三号（識別信号）、第九条第一項ただし書（許可を要しない工事設計変更）、第十三条第一項（無線局の免許の有効期間）、第十五条（簡易な免許手続）、第二十四条の二第一項（事業者の点検能力の認定）、第二十七条の二（特定無線局）、第二十七条の四第二号（特定無線局の開設の根本的基準）、第二十七条の五第三項（包括免許の有効期間）、第二十七条の十三第六項（開設計画の認定の有効期間）、第二十八条（第百条第五項において準用する場合を含む。）（電波の質）、第二十九条（受信設備の条件）、第三十条（第百条第五項において準用する場合を含む。）（安全施設）、第三十一条（周波数測定装置の備付け）、第三十二条（計器及び予備品の備付け）、第三十三条（義務船舶局の無線設備の機器）、第三十五条（義務船舶局等の無線設備の条件）、第三十六条（義務航空機局の条件）、第三十七条（無線設備の機器の検定）、第三十八条（第百条第五項において準用する場合を含む。）（技術基準）、第三十八条の二第一項（特定無線設備）、第三十八条の五第二項（第三十八条の十七第五項及び第百二条の十八第五項において準用する場合を含む。）（技術基準適合証明の義務等）、第三十九条第一項、第二項、第三項、第五項及び第七項（無線設備の操作）、第三十九条の三ただし書（アマチュア無線局の無線設備の操作）、第四十一条第二項第二号、第三号及び第四号（無線従事者の養成課程に関する認定の基準等）、第四十七条（試験員）、第四十八条の三第一号（船舶局無線従事者証明の失効）、第四十九条（国家試験の細目等）、第五十条（遭難通信責任者の配置等）、第五十二条第一号、第二号、第三号及び第六号（目的外使用）、第五十五条（運用許容時間外運用）、第六十一条（通信方法等）、

第六十五条（聴守義務）、第六十六条第一項（遭難通信）、第六十七条第二項（緊急通信）、第七十条の四（聴守義務）、第七十条の五（航空機局の通信連絡）、第七十三条第一項（検査）、第百条第一項第二号（高周波利用設備）、第百二条の十三第一項（特定の周波数を使用する無線設備の指定）、第百二条の十四第一項（指定無線設備の販売における告知等）、第百二条の十四の二（情報通信の技術を利用する方法）並びに第百二条の十八第一項（測定器等）の規定による総務省令を制定し、変更し、又は廃止しようとするとき。

二　第七条第三項又は第四項の規定により放送用周波数使用計画を定め、又は変更しようとするとき、第二十六条第一項の周波数割当計画（同条第二項第四号に係る部分を除く。）を作成し、又は変更しようとするとき及び第二十七条の十二第一項の開設指針を定め、又は変更しようとするとき。

三　第二十七条の十五第一項若しくは第二項の規定による開設計画の認定の取消し若しくは同項の規定による無線局の免許の取消しの処分、第三十八条の六第三項（第四十七条の二及び第百二条の十八第五項において準用する場合を含む。）の規定による指定証明機関、指定試験機関若しくは指定較正機関の役員、証明員、試験員若しくは較正員の解任の命令又は第三十八条の十四第二項（第三十九条の二第五項、第四十七条の二、第百二条の十七第六項及び第百二条の十八第五項において準用する場合を含む。）の規定による指定証明機関、指定講習機関、指定試験機関、センター若しくは指定較正機関の指定の取消し、第七十六条第二項から第四項までの規定による無線局の免許の取消し、同項の規定による開設計画の認定の取消し、第七十六条の二の規定による指定無線局数の削減及び周波数の指定の変更若しくは第七十九条第一項（同条第二項において準用する場合を含む。）の規定による無線従事者の免許若しくは船舶局無線従事者証明の取消しの処分をしようとするとき。

四　第八条の規定による無線局の予備免許、第九条第一項の規定による工事設計変更の許可、第九条第四項若しくは第十七条第一項後段の規定による放送事項の変更の許可、第二十七条の五第一項の規定による包括免許、第二十七条の十三第一項の規定による開設計画の認定、第三十八条の二第一項の規定による指定証明機関の指定、第三十九条の二第一項の規定による指定講習機関の指定、第四十六条第一項の規定による指定試験機関の指定、第七十一条第一項の規定による無線局の周波数等の指定の変更若しくは人工衛星局の無線設備の設置場所の変更の命令、第百二条の二第一項の規定による伝搬障害防止区域の指定、第百二条の十七第一項の規定によるセンターの指定又は第百二条の十八第一項の規定による指定較正機関の指定をしようとするとき。

2　前項第四号に掲げる事項のうち、電波監理審議会が軽微なものと認めるものについては、総務大臣は、電波監理審議会に諮問しないで措置をすることができる。

【六十八次改正】

電波法の一部を改正する法律（平成十三年六月十五日法律第四十八号）

第九十九条の十一第一項第一号中「第百二条の十八第五項」を「第百二条の十八第八項」に、「試験員」を「試験事務の実施」に改め、「通信連絡）」の下に「、第七十一条の三第四項（給付金の支給基準）」を加え、同項第三号中「第三十八条の六第三項（第四十七条の二及び第百二条の十八第五項」を「第三十八条の六第二項（第百二条の十八第八項」に、「、指定試験機関若しくは指定較正機関の役員、証明員、試験員若しくは較正員の解任の命令又は」を「の証明員若しくは指定較正機関の較正員の解任の命令、」に、「第三十九条の二第五項、第四十七条の二、第百二条の十七第六項及び第百二条の十八第五項」を「第三十九条の二第六項、第四十七条の四、第七十一条の三第十一項、第百二条の十七第五項及び第百二条の十八第八項」に改め、「指定講習機関、指定試験機関」の下に「、指定周波数変更対策機関」を加え、「指定の取消し、」を「指定の取消しの処分、第四十七条の二第三項（第七十一条の三第十一項において準用する場合を含む。）の規定による指定試験機関若しくは指定周波数変更対策機関の役員若しくは指定試験機関の試験員の解任の命令又は」に改め、同項第四号中「命令」の下に「、第七十一条の三第一項の規定による指定周波数変更対策機関の指定」を加える。

（必要的諮問事項）

第九十九条の十一　総務大臣は、次に掲げる場合には、電波監理審議会に諮問しなければならない。

一　第四条第一号、第二号及び第三号（免許を要しない無線局）、第四条の二（呼出符号又は呼出名称の指定）、第六条第七項（無線局の免許申請期間）、第七条第一項第三号及び第二項第四号（無線局の開設の根本的基準）、第八条第一項第三号（識別信号）、第九条第一項ただし書（許可を要しない工事設計変更）、第十三条第一項（無線局の免許の有効期間）、第十五条（簡易な免許手続）、第二十四条の二第一項（事業者の点検能力の認定）、第二十七条の二（特定無線局）、第二十七条の四第二号（特定無線局の開設の根本的基準）、第二十七条の五第三項（包括免許の有効期間）、第二十七条の十三第六項（開設計画の認定の有効期間）、第二十八条（第百条第五項において準用する場合を含む。）（電波の質）、第二十九条（受信設備の条件）、第三十条（第百条第五項において準用する場合を含む。）（安全施設）、第三十一条（周波数測定装置の備付け）、第三十二条（計器及び予備品の備付け）、第三十三条（義務船舶局の無線設備の機器）、第三十五条（義務船舶局等の無線設備の条件）、第三十六条（義務航空機局の条件）、第三十七条（無線設備の機器の検定）、第三十八条（第百条第五項において準用する場合を含む。）（技術基準）、第三十八条の二第一項（特定無線設備）、第三十八条の五第二項（第三十八条の十七第五項及び第百二条の十八第八項において準用する場合を含む。）（技術基準適合証明の義務等）、第三十九条第一項、第二項、第三項、第五項及び第七項（無線設備の操作）、第三十九条の三ただし書（アマチュア無線局の無線設備の操作）、第四十一条第二項第二号、第三号及び第四号（無線従事者の養成課程に関する認定の基準等）、第四十七条（試験事務の実施）、第四十八条の三第一号（船舶局無線従事者証明の失効）、第四十九条（国家試験の細目等）、第五十条（遭難通信責任者の配置等）、第五十二条第一号、第二号、第三号及び第六号（目的外使用）、第五十五条（運用許容時間外運用）、第六十一条（通信方法等）、第六十五条（聴守義務）、第六十六条第一項（遭難通信）、第六十七条第二項（緊急通信）、第七十条の四（聴守義務）、第七十条の五（航空機局の通信連絡）、第七十一条の三第四項（給付金の支給基準）、第七十三条第一項（検査）、第百条第一項第二号（高周波利用設備）、第百二条の十三第一項（特定の周波数を使用する無線設備の指定）、第百二条の十四第一項（指定無線設備の販売における告知等）、第百二条の十四の二（情報通信の技術を利用する方法）並びに第百二条の十八第一項（測定器等）の規定による総務省令を制定し、変更し、又は廃止しようとするとき。

二　第七条第三項又は第四項の規定により放送用周波数使用計画を定め、又は変更しようとするとき、第二十六条第一項の周波数割当計画（同条第二項第四号に係る部分を除く。）を作成し、又は変更しようとするとき及び第二十七条の十二第一項の開設指針を定め、又は変更しようとするとき。

三　第二十七条の十五第一項若しくは第二項の規定による開設計画の認定の取消し若しくは同項の規定による無線局の免許の取消しの処分、第三十八条の六第二項（第百二条の十八第八項において準用する場合を含む。）の規定による指定証明機関の証明員若しくは指定較正機関の較正員の解任の命令、第三十八条の十四第二項（第三十九条の二第六項、第四十七条の四、第七十一条の三第十一項、第百二条の十七第五項及び第百二条の十八第八項において準用する場合を含む。）の規定による指定証明機関、指定講習機関、指定試験機関、指定周波数変更対策機関、センター若しくは指定較正機関の指定の取消しの処分、第四十七条の二第三項（第七十一条の三第十一項において準用する場合を含む。）の規定による指定試験機関若しくは指定周波数変更対策機関の役員若しくは指定試験機関の試験員の解任の命令又は第七十六条第二項から第四項までの規定による無線局の免許の取消し、同項の規定による開設計画の認定の取消し、第七十六条の二の規定による指定無線局数の削減及び周波数の指定の変更若しくは第七十九条第一項（同条第二項において準用する場合を含む。）の規定による無線従事者の免許若しくは船舶局無線従事者証明の取消しの処分をしようとするとき。

四　第八条の規定による無線局の予備免許、第九条第一項の規定による工事設計変更の許可、第九条第四項若しくは第十七条第一項後段の規定による放送事項の変更の許可、第二十七条の五第一項の規定による包括免許、第二十七条の十三第一項の規定による開設計画の認定、第三十八条の二第一項の規定による指定証明機関の指定、第三十九条の二第一項の規定による指定講習機関の指定、第四十六条第一項の規定による指定試験機関の指定、第七十一条第一項の規定による無線局の周波数等の指定の変更若しくは人工衛星局の無線設備の設置場所の変更の命令、第七十一条の三第一項の規定による指定周波数変更対策機関の指定、第百二条の二第一項の規定による伝搬障害防止区域の指定、第百二条の十七第一項の規定によるセンターの指定又は第百二条の十八第一項の規定による指定較正機関の指定をしようとするとき。

2　前項第四号に掲げる事項のうち、電波監理審議会が軽微なものと認めるものについては、総務大臣は、電波監理審議会に諮問しないで措置をすることができる。

［注釈］改正規定中傍線部分の施行期日は一部改正法の公布の日（平成十三年六月十五日）であり、それ以外の部分の施行期日は同年七月二十五日である。

【　七十次改正　】

電波法の一部を改正する法律（平成十四年五月十日法律第三十八号）

第九十九条の十一第一項第一号中「の認定）」の下に「、第二十六条の二第一項（電波の利用状況の調査等）」を加え、同項第二号中「作成し、又は変更しようとするとき」の下に「、第二十六条の二第三項の規定により電波の有効利用の程度を評価しようとするとき」を加える。

（必要的諮問事項）

第九十九条の十一　総務大臣は、次に掲げる場合には、電波監理審議会に諮問しなければならない。

一　第四条第一号、第二号及び第三号（免許を要しない無線局）、第四条の二（呼出符号又は呼出名称の指定）、第六条第七項（無線局の免許申請期間）、第七条第一項第三号及び第二項第四号（無線局の開設の根本的基準）、第八条第一項第三号（識別信号）、第九条第一項ただし書（許可を要しない工事設計変更）、第十三条第一項（無線局の免許の有効期間）、第十五条（簡易な免許手続）、第二十四条の二第一項（事業者の点検能力の認定）、第二十六条の二第一項（電波の利用状況の調査等）、第二十七条の二（特定無線局）、第二十七条の四第二号（特定無線局の開設の根本的基準）、第二十七条の五第三項（包括免許の有効期間）、第二十七条の十三第六項（開設計画の認定の有効期間）、第二十八条（第百条第五項において準用する場合を含む。）（電波の質）、第二十九条（受信設備の条件）、第三十条（第百条第五項において準用する場合を含む。）（安全施設）、第三十一条（周波数測定装置の備付け）、第三十二条（計器及び予備品の備付け）、第三十三条（義務船舶局の無線設備の機器）、第三十五条（義務船舶局等の無線設備の条件）、第三十六条（義務航空機局の条件）、第三十七条（無線設備の機器の検定）、第三十八条（第百条第五項において準用する場合を含む。）（技術基準）、第三十八条の二第一項（特定無線設備）、第三十八条の五第二項（第三十八条の十七第五項及び第百二条の十八第八項において準用する場合を含む。）（技術基準適合証明の義務等）、第三十九条第一項、第二項、第三項、第五項及び第七項（無線設備の操作）、第三十九条の三ただし書（アマチュア無線局の無線設備の操作）、第四十一条第二項第二号、第三号及び第四号（無線従事者の養成課程に関する認定の基準等）、第四十七条（試験事務の実施）、第四十八条の三第一号（船舶局無線従事者証明の失効）、第四十九条（国家試験の細目等）、第五十条（遭難通信責任者の配置等）、第五十二条第一号、第二号、第三号及び第六号（目的外使用）、第五十五条（運用許容時間外運用）、第六十一条（通信方法等）、第六十五条（聴守義務）、第六十六条第一項（遭難通信）、第六十七条第二項（緊急通信）、第七十条の四（聴守義務）、第七十条の五（航空機局の通信連絡）、第七十一条の三第四項（給付金の支給基準）、第七十三条第一項（検査）、第百条第一項第二号（高周波利用設備）、第百二条の十三第一項（特定の周波数を使用する無線設備の指定）、第百二条の十四第一項（指定無線設備の販売における告知等）、第百二条の十四の二（情報通信の技術を利用する方法）並びに第百二条の十八第一項（測定器等）の規定による総務省令を制定し、変更し、又は廃止しようとするとき。

二　第七条第三項又は第四項の規定により放送用周波数使用計画を定め、又は変更しようとするとき、第二十六条第一項の周波数割当計画（同条第二項第四号に係る部分を除く。）を作成し、又は変更しようとするとき、第二十六条の二第三項の規定により電波の有効利用の程度を評価しようとするとき及び第二十七条の十二第一項の開設指針を定め、又は変更しようとするとき。

三　第二十七条の十五第一項若しくは第二項の規定による開設計画の認定の取消し若しくは同項の規定による無線局の免許の取消しの処分、第三十八条の六第二項（第百二条の十八第八項において準用する場合を含む。）の規定による指定証明機関の証明員若しくは指定較正機関の較正員の解任の命令、第三十八条の十四第二項（第三十九条の二第六項、第四十七条の四、第七十一条の三第十一項、第百二条の十七第五項及び第百二条の十八第八項において準用する場合を含む。）の規定による指定証明機関、指定講習機関、指定試験機関、指定周波数変更対策機関、センター若しくは指定較正機関の指定の取消しの処分、第四十七条の二第三項（第七十一条の三第十一項において準用する場合を含む。）の規定による指定試験機関若しくは指定周波数変更対策機関の役員若しくは指定試験機関の試験員の解任の命令又は第七十六条第二項から第四項までの規定による無線局の免許の取消し、同項の規定による開設計画の認定の取消し、第七十六条の二の規定による指定無線局数の削減及び周波数の指定の変更若しくは第七十九条第一項（同条第二項において準用する場合を含む。）の規定による無線従事者の免許若しくは船舶局無線従事者証明の取消しの処分をしようとするとき。

四　第八条の規定による無線局の予備免許、第九条第一項の規定による工事設計変更の許可、第九条第四項若しくは第十七条第一項後段の規定による放送事項の変更の許可、第二十七条の五第一項の規定による包括免許、第二十七条の十三第一項の規定による開設計画の認定、第三十八条の二第一項の規定による指定証明機関の指定、第三十九条の二第一項の規定による指定講習機関の指定、第四十六条第一項の規定による指定試験機関の指定、第七十一条第一項の規定による無線局の周波数等の指定の変更若しくは人工衛星局の無線設備の設置場所の変更の命令、第七十一条の三第一項の規定による指定周波数変更対策機関の指定、第百二条の二第一項の規定による伝搬障害防止区域の指定、第百二条の十七第一項の規定によるセンターの指定又は第百二条の十八第一項の規定による指定較正機関の指定をしようとするとき。

2　前項第四号に掲げる事項のうち、電波監理審議会が軽微なものと認めるものについては、総務大臣は、電波監理審議会に諮問しないで措置をすることができる。

【七十三次改正】

電波法の一部を改正する法律（平成十五年六月六日法律第六十八号）

第九十九条の十一第一項第一号中「、第二十四条の二第一項（事業者の点検能力の認定）」を削り、「第三十八条の五第二項（第三十八条の十七第五項及び第百二条の十八第八項」を「第三十八条の八第二項（第三十八条の二十四第三項及び第三十八条の三十一第四項」に改め、「義務等）」の下に「、第三十八条の三十三第一項（特別特定無線設備）」を加え、「第三十九条の三ただし書」を「第三十九条の十三ただし書」に、「方法）並びに」を「方法）、」に、「の規定」を「並びに同条第九項（較正の業務の実施）の規定」に改め、同条第一項第三号中「若しくは同項」を「、同項」に、「の処分、第三十八条の六第二項（第百二条の十八第八項において準用する場合を含む。）の規定による指定証明機関の証明員若しくは指定較正機関の較正員の解任の命令、第三十八条の十四第二項（第三十九条の二第六項、第四十七条の四」を「若しくは第三十九条の十一第二項（第四十七条の五」に、「及び第百二条の十八第八項」を「及び第百二条の十八第十三項」に改め、「指定証明機関、」を削り、「（第七十一条の三第十一項」の下に「及び第百二条の十八第十三項」を加え、「役員若しくは」を「役員、」に改め、「試験員」の下に「若しくは指定較正機関の較正員」を加え、同条第一項第四号中「、第三十八条の二第一項の規定による指定証明機関の指定」を削る。

（必要的諮問事項）

第九十九条の十一　総務大臣は、次に掲げる場合には、電波監理審議会に諮問しなければならない。

一　第四条第一号、第二号及び第三号（免許を要しない無線局）、第四条の二（呼出符号又は呼出名称の指定）、第六条第七項（無線局の免許申請期間）、第七条第一項第三号及び第二項第四号（無線局の開設の根本的基準）、第八条第一項第三号（識別信号）、第九条第一項ただし書（許可を要しない工事設計変更）、第十三条第一項（無線局の免許の有効期間）、第十五条（簡易な免許手続）、第二十六条の二第一項（電波の利用状況の調査等）、第二十七条の二（特定無線局）、第二十七条の四第二号（特定無線局の開設の根本的基準）、第二十七条の五第三項（包括免許の有効期間）、第二十七条の十三第六項（開設計画の認定の有効期間）、第二十八条（第百条第五項において準用する場合を含む。）（電波の質）、第二十九条（受信設備の条件）、第三十条（第百条第五項において準用する場合を含む。）（安全施設）、第三十一条（周波数測定装置の備付け）、第三十二条（計器及び予備品の備付け）、第三十三条（義務船舶局の無線設備の機器）、第三十五条（義務船舶局等の無線設備の条件）、第三十六条（義務航空機局の条件）、第三十七条（無線設備の機器の検定）、第三十八条（第百条第五項において準用する場合を含む。）（技術基準）、第三十八条の二第一項（特定無線設備）、第三十八条の八第二項（第三十八条の二十四第三項及び第三十八条の三十一第四項において準用する場合を含む。）（技術基準適合証明の義務等）、第三十八条の三十三第一項（特別特定無線設備）、第三十九条第一項、第二項、第三項、第五項及び第七項（無線設備の操作）、第三十九条の十三ただし書（アマチュア無線局の無線設備の操作）、第四十一条第二項第二号、第三号及び第四号（無線従事者の養成課程に関する認定の基準等）、第四十七条（試験事務の実施）、第四十八条の三第一号（船舶局無線従事者証明の失効）、第四十九条（国家試験の細目等）、第五十条（遭難通信責任者の配置等）、第五十二条第一号、第二号、第三号及び第六号（目的外使用）、第五十五条（運用許容時間外運用）、第六十一条（通信方法等）、第六十五条（聴守義務）、第六十六条第一項（遭難通信）、第六十七条第二項（緊急通信）、第七十条の四（聴守義務）、第七十条の五（航空機局の通信連絡）、第七十一条の三第四項（給付金の支給基準）、第七十三条第一項（検査）、第百条第一項第二号（高周波利用設備）、第百二条の十三第一項（特定の周波数を使用する無線設備の指定）、第百二条の十四第一項（指定無線設備の販売における告知等）、第百二条の十四の二（情報通信の技術を利用する方法）、第百二条の十八第一項（測定器等）並びに同条第九項（較正の業務の実施）の規定による総務省令を制定し、変更し、又は廃止しようとするとき。

二　第七条第三項又は第四項の規定により放送用周波数使用計画を定め、又は変更しようとするとき、第二十六条第一項の周波数割当計画（同条第二項第四号に係る部分を除く。）を作成し、又は変更しようとするとき、第二十六条の二第三項の規定により電波の有効利用の程度を評価しようとするとき及び第二十七条の十二第一項の開設指針を定め、又は変更しようとするとき。

三　第二十七条の十五第一項若しくは第二項の規定による開設計画の認定の取消し、同項の規定による無線局の免許の取消し若しくは第三十九条の十一第二項（第四十七条の五、第七十一条の三第十一項、第百二条の十七第五項及び第百二条の十八第十三項において準用する場合を含む。）の規定による指定講習機関、指定試験機関、指定周波数変更対策機関、センター若しくは指定較正機関の指定の取消しの処分、第四十七条の二第三項（第七十一条の三第十一項及び第百二条の十八第十三項において準用する場合を含む。）の規定による指定試験機関若しくは指定周波数変更対策機関の役員、指定試験機関の試験員若しくは指定較正機関の較正員の解任の命令又は第七十六条第二項から第四項までの規定による無線局の免許の取消し、同項の規定による開設計画の認定の取消し、第七十六条の二の規定による指定無線局数の削減及び周波数の指定の変更若しくは第七十九条第一項（同条第二項において準用する場合を含む。）の規定による無線従事者の免許若しくは船舶局無線従事者証明の取消しの処分をしようとするとき。

四　第八条の規定による無線局の予備免許、第九条第一項の規定による工事設計変更の許可、第九条第四項若しくは第十七条第一項後段の規定による放送事項の変更の許可、第二十七条の五第一項の規定による包括免許、第二十七条の十三第一項の規定による開設計画の認定、第三十九条の二第一項の規定による指定講習機関の指定、第四十六条第一項の規定による指定試験機関の指定、第七十一条第一項の規定による無線局の周波数等の指定の変更若しくは人工衛星局の無線設備の設置場所の変更の命令、第七十一条の三第一項の規定による指定周波数変更対策機関の指定、第百二条の二第一項の規定による伝搬障害防止区域の指定、第百二条の十七第一項の規定によるセンターの指定又は第百二条の十八第一項の規定による指定較正機関の指定をしようとするとき。

2　前項第四号に掲げる事項のうち、電波監理審議会が軽微なものと認めるものについては、総務大臣は、電波監理審議会に諮問しないで措置をすることができる。

[注釈]改正規定傍線部分の施行期日は一部改正法の公布の日（平成十五年六月六日）であり、それ以外の部分の施行期日は平成十六年一月二十六日である。

【　七十六次改正　】

電波法及び有線電気通信法の一部を改正する法律（平成十六年五月十九日法律第四十七号）第一条

第九十九条の十一第一項第一号中「、第三十八条の八第二項（第三十八条の二十四第三項及び第三十八条の三十一第四項において準用する場合を含む。）（技術基準適合証明の義務等）」を削り、「第七十一条の三第四項」の下に「（第七十一条の三の二第十一項において準用する場合を含む。）」を加え、「並びに同条第九項」を「、同条第九項」に改め、「業務の実施）」の下に「並びに第百三条の二第七項（電波利用料の徴収等）」を加え、同項第二号中「とき及び」を「とき、」に、「とき。」を「とき及び第七十一条の二第二項の特定公示局を定め、又は変更しようとするとき。」に改め、同項第三号中「指定の変更」の下に「、第七十六条の三第一項の規定による無線局の周波数の指定の変更若しくは免許の取消し」を加える。

（必要的諮問事項）

第九十九条の十一　総務大臣は、次に掲げる場合には、電波監理審議会に諮問しなければならない。

一　第四条第一号、第二号及び第三号（免許を要しない無線局）、第四条の二（呼出符号又は呼出名称の指定）、第六条第七項（無線局の免許申請期間）、第七条第一項第三号及び第二項第四号（無線局の開設の根本的基準）、第八条第一項第三号（識別信号）、第九条第一項ただし書（許可を要しない工事設計変更）、第十三条第一項（無線局の免許の有効期間）、第十五条（簡易な免許手続）、第二十六条の二第一項（電波の利用状況の調査等）、第二十七条の二（特定無線局）、第二十七条の四第二号（特定無線局の開設の根本的基準）、第二十七条の五第三項（包括免許の有効期間）、第二十七条の十三第六項（開設計画の認定の有効期間）、第二十八条（第百条第五項において準用する場合を含む。）（電波の質）、第二十九条（受信設備の条件）、第三十条（第百条第五項において準用する場合を含む。）（安全施設）、第三十一条（周波数測定装置の備付け）、第三十二条（計器及び予備品の備付け）、第三十三条（義務船舶局の無線設備の機器）、第三十五条（義務船舶局等の無線設備の条件）、第三十六条（義務航空機局の条件）、第三十七条（無線設備の機器の検定）、第三十八条（第百条第五項において準用する場合を含む。）（技術基準）、第三十八条の二第一項（特定無線設備）、第三十八条の三十三第一項（特別特定無線設備）、第三十九条第一項、第二項、第三項、第五項及び第七項（無線設備の操作）、第三十九条の十三ただし書（アマチュア無線局の無線設備の操作）、第四十一条第二項第二号、第三号及び第四号（無線従事者の養成課程に関する認定の基準等）、第四十七条（試験事務の実施）、第四十八条の三第一号（船舶局無線従事者証明の失効）、第四十九条（国家試験の細目等）、第五十条（遭難通信責任者の配置等）、第五十二条第一号、第二号、第三号及び第六号（目的外使用）、第五十五条（運用許容時間外運用）、第六十一条（通信方法等）、第六十五条（聴守義務）、第六十六条第一項（遭難通信）、第六十七条第二項（緊急通信）、第七十条の四（聴守義務）、第七十条の五（航空機局の通信連絡）、第七十一条の三第四項（第七十一条の三の二第十一項において準用する場合を含む。）（給付金の支給基準）、第七十三条第一項（検査）、第百条第一項第二号（高周波利用設備）、第百二条の十三第一項（特定の周波数を使用する無線設備の指定）、第百二条の十四第一項（指定無線設備の販売における告知等）、第百二条の十四の二（情報通信の技術を利用する方法）、第百二条の十八第一項（測定器等）、同条第九項（較正の業務の実施）並びに第百三条の二第七項（電波利用料の徴収等）の規定による総務省令を制定し、変更し、又は廃止しようとするとき。

二　第七条第三項又は第四項の規定により放送用周波数使用計画を定め、又は変更しようとするとき、第二十六条第一項の周波数割当計画（同条第二項第四号に係る部分を除く。）を作成し、又は変更しようとするとき、第二十六条の二第三項の規定により電波の有効利用の程度を評価しようとするとき、第二十七条の十二第一項の開設指針を定め、又は変更しようとするとき及び第七十一条の二第二項の特定公示局を定め、又は変更しようとするとき。

三　第二十七条の十五第一項若しくは第二項の規定による開設計画の認定の取消し、同項の規定による無線局の免許の取消し若しくは第三十九条の十一第二項（第四十七条の五、第七十一条の三第十一項、第百二条の十七第五項及び第百二条の十八第十三項において準用する場合を含む。）の規定による指定講習機関、指定試験機関、指定周波数変更対策機関、センター若しくは指定較正機関の指定の取消しの処分、第四十七条の二第三項（第七十一条の三第十一項及び第百二条の十八第十三項において準用する場合を含む。）の規定による指定試験機関若しくは指定周波数変更対策機関の役員、指定試験機関の試験員若しくは指定較正機関の較正員の解任の命令又は第七十六条第二項から第四項までの規定による無線局の免許の取消し、同項の規定による開設計画の認定の取消し、第七十六条の二の規定による指定無線局数の削減及び周波数の指定の変更、第七十六条の三第一項の規定による無線局の周波数の指定の変更若しくは免許の取消し若しくは第七十九条第一項（同条第二項において準用する場合を含む。）の規定による無線従事者の免許若しくは船舶局無線従事者証明の取消しの処分をしようとするとき。

四　第八条の規定による無線局の予備免許、第九条第一項の規定による工事設計変更の許可、第九条第四項若しくは第十七条第一項後段の規定による放送事項の変更の許可、第二十七条の五第一項の規定による包括免許、第二十七条の十三第一項の規定による開設計画の認定、第三十九条の二第一項の規定による指定講習機関の指定、第四十六条第一項の規定による指定試験機関の指定、第七十一条第一項の規定による無線局の周波数等の指定の変更若しくは人工衛星局の無線設備の設置場所の変更の命令、第七十一条の三第一項の規定による指定周波数変更対策機関の指定、第百二条の二第一項の規定による伝搬障害防止区域の指定、第百二条の十七第一項の規定によるセンターの指定又は第百二条の十八第一項の規定による指定較正機関の指定をしようとするとき。

2　前項第四号に掲げる事項のうち、電波監理審議会が軽微なものと認めるものについては、総務大臣は、電波監理審議会に諮問しないで措置をすることができる。

［注釈］この改正の施行期日は、第一項第一号及び第三号については平成十六年七月十二日、同項第二号については平成十六年五月十九日である。

【　七十七次改正　】

電波法及び有線電気通信法の一部を改正する法律（平成十六年五月十九日法律第四十七号）第二条

第九十九条の十一第一項第一号中「（免許」を「（免許等」に改め、「認定の有効期間）」の下に「、第二十七条の十八第一項（登録）、第二十七条の二十一（登録の有効期間）、第二十七条の二十三第一項（変更登録を要しない軽微な変更）、第二十七条の三十第一項（包括登録人に関する変更登録を要しない軽微な変更）、第二十七条の三十一（無線局の開設の届出）」を加え、同項第三号中「同項の規定による無線局の免許」を「同項の規定による無線局の免許等」に、「第七十六条第二項から第四項まで」を「第七十六条第三項、第四項若しくは第六項」に改め、「同項の規定による開設計画の認定の取消し」の下に「、同条第五項若しくは第六項の規定による第二十七条の十八第一項の登録の取消し」を、「及び周波数の指定の変更」の下に「、第七十六条の二の二の規定による登録に係る無線局の開設の禁止若しくは登録局の運用の制限」を加え、「若しくは免許」を「、登録局の周波数の変更の命令若しくは無線局の免許等」に改め、同項第四号中「変更若しくは」の下に「登録局の周波数等若しくは」を加える。

（必要的諮問事項）

第九十九条の十一　総務大臣は、次に掲げる場合には、電波監理審議会に諮問しなければならない。

一　第四条第一号、第二号及び第三号（免許等を要しない無線局）、第四条の二（呼出符号又は呼出名称の指定）、第六条第七項（無線局の免許申請期間）、第七条第一項第三号及び第二項第四号（無線局の開設の根本的基準）、第八条第一項第三号（識別信号）、第九条第一項ただし書（許可を要しない工事設計変更）、第十三条第一項（無線局の免許の有効期間）、第十五条（簡易な免許手続）、第二十六条の二第一項（電波の利用状況の調査等）、第二十七条の二（特定無線局）、第二十七条の四第二号（特定無線局の開設の根本的基準）、第二十七条の五第三項（包括免許の有効期間）、第二十七条の十三第六項（開設計画の認定の有効期間）、第二十七条の十八第一項（登録）、第二十七条の二十一（登録の有効期間）、第二十七条の二十三第一項（変更登録を要しない軽微な変更）、第二十七条の三十第一項（包括登録人に関する変更登録を要しない軽微な変更）、第二十七条の三十一（無線局の開設の届出）、第二十八条（第百条第五項において準用する場合を含む。）（電波の質）、第二十九条（受信設備の条件）、第三十条（第百条第五項において準用する場合を含む。）（安全施設）、第三十一条（周波数測定装置の備付け）、第三十二条（計器及び予備品の備付け）、第三十三条（義務船舶局の無線設備の機器）、第三十五条（義務船舶局等の無線設備の条件）、第三十六条（義務航空機局の条件）、第三十七条（無線設備の機器の検定）、第三十八条（第百条第五項において準用する場合を含む。）（技術基準）、第三十八条の二第一項（特定無線設備）、第三十八条の三十三第一項（特別特定無線設備）、第三十九条第一項、第二項、第三項、第五項及び第七項（無線設備の操作）、第三十九条の十三ただし書（アマチュア無線局の無線設備の操作）、第四十一条第二項第二号、第三号及び第四号（無線従事者の養成課程に関する認定の基準等）、第四十七条（試験事務の実施）、第四十八条の三第一号（船舶局無線従事者証明の失効）、第四十九条（国家試験の細目等）、第五十条（遭難通信責任者の配置等）、第五十二条第一号、第二号、第三号及び第六号（目的外使用）、第五十五条（運用許容時間外運用）、第六十一条（通信方法等）、第六十五条（聴守義務）、第六十六条第一項（遭難通信）、第六十七条第二項（緊急通信）、第七十条の四（聴守義務）、第七十条の五（航空機局の通信連絡）、第七十一条の三第四項（第七十一条の三の二第十一項において準用する場合を含む。）（給付金の支給基準）、第七十三条第一項（検査）、第百条第一項第二号（高周波利用設備）、第百二条の十三第一項（特定の周波数を使用する無線設備の指定）、第百二条の十四第一項（指定無線設備の販売における告知等）、第百二条の十四の二（情報通信の技術を利用する方法）、第百二条の十八第一項（測定器等）、同条第九項（較正の業務の実施）並びに第百三条の二第七項（電波利用料の徴収等）の規定による総務省令を制定し、変更し、又は廃止しようとするとき。

二　第七条第三項又は第四項の規定により放送用周波数使用計画を定め、又は変更しようとするとき、第二十六条第一項の周波数割当計画（同条第二項第四号に係る部分を除く。）を作成し、又は変更しようとするとき、第二十六条の二第三項の規定により電波の有効利用の程度を評価しようとするとき、第二十七条の十二第一項の開設指針を定め、又は変更しようとするとき及び第七十一条の二第二項の特定公示局を定め、又は変更しようとするとき。

三　第二十七条の十五第一項若しくは第二項の規定による開設計画の認定の取消し、同項の規定による無線局の免許の取消し若しくは第三十九条の十一第二項（第四十七条の五、第七十一条の三第十一項、第百二条の十七第五項及び第百二条の十八第十三項において準用する場合を含む。）の規定による指定講習機関、指定試験機関、指定周波数変更対策機関、センター若しくは指定較正機関の指定の取消しの処分、第四十七条の二第三項（第七十一条の三第十一項及び第百二条の十八第十三項において準用する場合を含む。）の規定による指定試験機関若しくは指定周波数変更対策機関の役員、指定試験機関の試験員若しくは指定較正機関の較正員の解任の命令又は第七十六条第二項から第四項までの規定による無線局の免許の取消し、同項の規定による開設計画の認定の取消し、第七十六条の二の規定による指定無線局数の削減及び周波数の指定の変更、第七十六条の三第一項の規定による無線局の周波数の指定の変更若しくは免許の取消し若しくは第七十九条第一項（同条第二項において準用する場合を含む。）の規定による無線従事者の免許若しくは船舶局無線従事者証明の取消しの処分をしようとするとき。

四　第八条の規定による無線局の予備免許、第九条第一項の規定による工事設計変更の許可、第九条第四項若しくは第十七条第一項後段の規定による放送事項の変更の許可、第二十七条の五第一項の規定による包括免許、第二十七条の十三第一項の規定による開設計画の認定、第三十九条の二第一項の規定による指定講習機関の指定、第四十六条第一項の規定による指定試験機関の指定、第七十一条第一項の規定による無線局の周波数等の指定の変更若しくは人工衛星局の無線設備の設置場所の変更の命令、第七十一条の三第一項の規定による指定周波数変更対策機関の指定、第百二条の二第一項の規定による伝搬障害防止区域の指定、第百二条の十七第一項の規定によるセンターの指定又は第百二条の十八第一項の規定による指定較正機関の指定をしようとするとき。

2　前項第四号に掲げる事項のうち、電波監理審議会が軽微なものと認めるものについては、総務大臣は、電波監理審議会に諮問しないで措置をすることができる。

［注釈］電波法及び有線電気通信法の一部を改正する法律（平成十六年五月十九日法律第四十七号）第二条による第九十九条の十一の改正規定のうち第一項第一号に係る部分（前掲の改正規定の傍線部分）のみが平成十六年七月十二日に施行され、これを七十七次改正として扱った。残余の改正は、八十次改正として扱った。

【八十次改正】

電波法及び有線電気通信法の一部を改正する法律（平成十六年五月十九日法律第四十七号）第二条

第九十九条の十一第一項第一号中「（免許」を「（免許等」に改め、「認定の有効期間）」の下に「、第二十七条の十八第一項（登録）、第二十七条の二十一（登録の有効期間）、第二十七条の二十三第一項（変更登録を要しない軽微な変更）、第二十七条の三十第一項（包括登録人に関する変更登録を要しない軽微な変更）、第二十七条の三十一（無線局の開設の届出）」を加え、同項第三号中「同項の規定による無線局の免許」を「同項の規定による無線局の免許等」に、「第七十六条第二項から第四項まで」を「第七十六条第三項、第四項若しくは第六項」に改め、「同項の規定による開設計画の認定の取消し」の下に「、同条第五項若しくは第六項の規定による第二十七条の十八第一項の登録の取消し」を、「及び周波数の指定の変更」の下に「、第七十六条の二の二の規定による登録に係る無線局の開設の禁止若しくは登録局の運用の制限」を加え、「若しくは免許」を「、登録局の周波数の変更の命令若しくは無線局の免許等」に改め、同項第四号中「変更若しくは」の下に「登録局の周波数等若しくは」を加える。

（必要的諮問事項）

第九十九条の十一　総務大臣は、次に掲げる場合には、電波監理審議会に諮問しなければならない。

一　第四条第一号、第二号及び第三号（免許等を要しない無線局）、第四条の二（呼出符号又は呼出名称の指定）、第六条第七項（無線局の免許申請期間）、第七条第一項第三号及び第二項第四号（無線局の開設の根本的基準）、第八条第一項第三号（識別信号）、第九条第一項ただし書（許可を要しない工事設計変更）、第十三条第一項（無線局の免許の有効期間）、第十五条（簡易な免許手続）、第二十六条の二第一項（電波の利用状況の調査等）、第二十七条の二（特定無線局）、第二十七条の四第二号（特定無線局の開設の根本的基準）、第二十七条の五第三項（包括免許の有効期間）、第二十七条の十三第六項（開設計画の認定の有効期間）、第二十七条の十八第一項（登録）、第二十七条の二十一（登録の有効期間）、第二十七条の二十三第一項（変更登録を要しない軽微な変更）、第二十七条の三十第一項（包括登録人に関する変更登録を要しない軽微な変更）、第二十七条の三十一（無線局の開設の届出）、第二十八条（第百条第五項において準用する場合を含む。）（電波の質）、第二十九条（受信設備の条件）、第三十条（第百条第五項において準用する場合を含む。）（安全施設）、第三十一条（周波数測定装置の備付け）、第三十二条（計器及び予備品の備付け）、第三十三条（義務船舶局の無線設備の機器）、第三十五条（義務船舶局等の無線設備の条件）、第三十六条（義務航空機局の条件）、第三十七条（無線設備の機器の検定）、第三十八条（第百条第五項において準用する場合を含む。）（技術基準）、第三十八条の二第一項（特定無線設備）、第三十八条の三十三第一項（特別特定無線設備）、第三十九条第一項、第二項、第三項、第五項及び第七項（無線設備の操作）、第三十九条の十三ただし書（アマチュア無線局の無線設備の操作）、第四十一条第二項第二号、第三号及び第四号（無線従事者の養成課程に関する認定の基準等）、第四十七条（試験事務の実施）、第四十八条の三第一号（船舶局無線従事者証明の失効）、第四十九条（国家試験の細目等）、第五十条（遭難通信責任者の配置等）、第五十二条第一号、第二号、第三号及び第六号（目的外使用）、第五十五条（運用許容時間外運用）、第六十一条（通信方法等）、第六十五条（聴守義務）、第六十六条第一項（遭難通信）、第六十七条第二項（緊急通信）、第七十条の四（聴守義務）、第七十条の五（航空機局の通信連絡）、第七十一条の三第四項（第七十一条の三の二第十一項において準用する場合を含む。）（給付金の支給基準）、第七十三条第一項（検査）、第百条第一項第二号（高周波利用設備）、第百二条の十三第一項（特定の周波数を使用する無線設備の指定）、第百二条の十四第一項（指定無線設備の販売における告知等）、第百二条の十四の二（情報通信の技術を利用する方法）、第百二条の十八第一項（測定器等）、同条第九項（較正の業務の実施）並びに第百三条の二第七項（電波利用料の徴収等）の規定による総務省令を制定し、変更し、又は廃止しようとするとき。

二　第七条第三項又は第四項の規定により放送用周波数使用計画を定め、又は変更しようとするとき、第二十六条第一項の周波数割当計画（同条第二項第四号に係る部分を除く。）を作成し、又は変更しようとするとき、第二十六条の二第三項の規定により電波の有効利用の程度を評価しようとするとき、第二十七条の十二第一項の開設指針を定め、又は変更しようとするとき及び第七十一条の二第二項の特定公示局を定め、又は変更しようとするとき。

三　第二十七条の十五第一項若しくは第二項の規定による開設計画の認定の取消し、同項の規定による無線局の免許等の取消し若しくは第三十九条の十一第二項（第四十七条の五、第七十一条の三第十一項、第百二条の十七第五項及び第百二条の十八第十三項において準用する場合を含む。）の規定による指定講習機関、指定試験機関、指定周波数変更対策機関、センター若しくは指定較正機関の指定の取消しの処分、第四十七条の二第三項（第七十一条の三第十一項及び第百二条の十八第十三項において準用する場合を含む。）の規定による指定試験機関若しくは指定周波数変更対策機関の役員、指定試験機関の試験員若しくは指定較正機関の較正員の解任の命令又は第七十六条第三項、第四項若しくは第六項の規定による無線局の免許の取消し、同項の規定による開設計画の認定の取消し、同条第五項若しくは第六項の規定による第二十七条の十八第一項の登録の取消し、第七十六条の二の規定による指定無線局数の削減及び周波数の指定の変更、第七十六条の二の二の規定による登録に係る無線局の開設の禁止若しくは登録局の運用の制限、第七十六条の三第一項の規定による無線局の周波数の指定の変更、登録局の周波数の変更の命令若しくは無線局の免許等の取消し若しくは第七十九条第一項（同条第二項において準用する場合を含む。）の規定による無線従事者の免許若しくは船舶局無線従事者証明の取消しの処分をしようとするとき。

四　第八条の規定による無線局の予備免許、第九条第一項の規定による工事設計変更の許可、第九条第四項若しくは第十七条第一項後段の規定による放送事項の変更の許可、第二十七条の五第一項の規定による包括免許、第二十七条の十三第一項の規定による開設計画の認定、第三十九条の二第一項の規定による指定講習機関の指定、第四十六条第一項の規定による指定試験機関の指定、第七十一条第一項の規定による無線局の周波数等の指定の変更若しくは登録局の周波数等若しくは人工衛星局の無線設備の設置場所の変更の命令、第七十一条の三第一項の規定による指定周波数変更対策機関の指定、第百二条の二第一項の規定による伝搬障害防止区域の指定、第百二条の十七第一項の規定によるセンターの指定又は第百二条の十八第一項の規定による指定較正機関の指定をしようとするとき。

2　前項第四号に掲げる事項のうち、電波監理審議会が軽微なものと認めるものについては、総務大臣は、電波監理審議会に諮問しないで措置をすることができる。

［注釈］電波法及び有線電気通信法の一部を改正する法律（平成十六年五月十九日法律第四十七号）第二条による第九十九条の十一の改正規定のうち第一項第三号及び第四号に係る部分（前掲の改正規定の傍線部分）は、平成十七年五月十六日に施行され、これを八十次改正として扱った。残余の第一号に係る改正部分は、七十七次改正として扱った。

【　八十一次改正　】

電波法及び放送法の一部を改正する法律（平成十七年十一月二日法律第百七号）第一条

第九十九条の十一第一項第一号中「第百三条の二第七項」を「第百三条の二第九項」に改める。

（必要的諮問事項）

第九十九条の十一　総務大臣は、次に掲げる場合には、電波監理審議会に諮問しなければならない。

一　第四条第一号、第二号及び第三号（免許等を要しない無線局）、第四条の二（呼出符号又は呼出名称の指定）、第六条第七項（無線局の免許申請期間）、第七条第一項第三号及び第二項第四号（無線局の開設の根本的基準）、第八条第一項第三号（識別信号）、第九条第一項ただし書（許可を要しない工事設計変更）、第十三条第一項（無線局の免許の有効期間）、第十五条（簡易な免許手続）、第二十六条の二第一項（電波の利用状況の調査等）、第二十七条の二（特定無線局）、第二十七条の四第二号（特定無線局の開設の根本的基準）、第二十七条の五第三項（包括免許の有効期間）、第二十七条の十三第六項（開設計画の認定の有効期間）、第二十七条の十八第一項（登録）、第二十七条の二十一（登録の有効期間）、第二十七条の二十三第一項（変更登録を要しない軽微な変更）、第二十七条の三十第一項（包括登録人に関する変更登録を要しない軽微な変更）、第二十七条の三十一（無線局の開設の届出）、第二十八条（第百条第五項において準用する場合を含む。）（電波の質）、第二十九条（受信設備の条件）、第三十条（第百条第五項において準用する場合を含む。）（安全施設）、第三十一条（周波数測定装置の備付け）、第三十二条（計器及び予備品の備付け）、第三十三条（義務船舶局の無線設備の機器）、第三十五条（義務船舶局等の無線設備の条件）、第三十六条（義務航空機局の条件）、第三十七条（無線設備の機器の検定）、第三十八条（第百条第五項において準用する場合を含む。）（技術基準）、第三十八条の二第一項（特定無線設備）、第三十八条の三十三第一項（特別特定無線設備）、第三十九条第一項、第二項、第三項、第五項及び第七項（無線設備の操作）、第三十九条の十三ただし書（アマチュア無線局の無線設備の操作）、第四十一条第二項第二号、第三号及び第四号（無線従事者の養成課程に関する認定の基準等）、第四十七条（試験事務の実施）、第四十八条の三第一号（船舶局無線従事者証明の失効）、第四十九条（国家試験の細目等）、第五十条（遭難通信責任者の配置等）、第五十二条第一号、第二号、第三号及び第六号（目的外使用）、第五十五条（運用許容時間外運用）、第六十一条（通信方法等）、第六十五条（聴守義務）、第六十六条第一項（遭難通信）、第六十七条第二項（緊急通信）、第七十条の四（聴守義務）、第七十条の五（航空機局の通信連絡）、第七十一条の三第四項（第七十一条の三の二第十一項において準用する場合を含む。）（給付金の支給基準）、第七十三条第一項（検査）、第百条第一項第二号（高周波利用設備）、第百二条の十三第一項（特定の周波数を使用する無線設備の指定）、第百二条の十四第一項（指定無線設備の販売における告知等）、第百二条の十四の二（情報通信の技術を利用する方法）、第百二条の十八第一項（測定器等）、同条第九項（較正の業務の実施）並びに第百三条の二第九項（電波利用料の徴収等）の規定による総務省令を制定し、変更し、又は廃止しようとするとき。

二　第七条第三項又は第四項の規定により放送用周波数使用計画を定め、又は変更しようとするとき、第二十六条第一項の周波数割当計画（同条第二項第四号に係る部分を除く。）を作成し、又は変更しようとするとき、第二十六条の二第三項の規定により電波の有効利用の程度を評価しようとするとき、第二十七条の十二第一項の開設指針を定め、又は変更しようとするとき及び第七十一条の二第二項の特定公示局を定め、又は変更しようとするとき。

三　第二十七条の十五第一項若しくは第二項の規定による開設計画の認定の取消し、同項の規定による無線局の免許等の取消し若しくは第三十九条の十一第二項（第四十七条の五、第七十一条の三第十一項、第百二条の十七第五項及び第百二条の十八第十三項において準用する場合を含む。）の規定による指定講習機関、指定試験機関、指定周波数変更対策機関、センター若しくは指定較正機関の指定の取消しの処分、第四十七条の二第三項（第七十一条の三第十一項及び第百二条の十八第十三項において準用する場合を含む。）の規定による指定試験機関若しくは指定周波数変更対策機関の役員、指定試験機関の試験員若しくは指定較正機関の較正員の解任の命令又は第七十六条第三項、第四項若しくは第六項の規定による無線局の免許の取消し、同項の規定による開設計画の認定の取消し、同条第五項若しくは第六項の規定による第二十七条の十八第一項の登録の取消し、第七十六条の二の規定による指定無線局数の削減及び周波数の指定の変更、第七十六条の二の二の規定による登録に係る無線局の開設の禁止若しくは登録局の運用の制限、第七十六条の三第一項の規定による無線局の周波数の指定の変更、登録局の周波数の変更の命令若しくは無線局の免許等の取消し若しくは第七十九条第一項（同条第二項において準用する場合を含む。）の規定による無線従事者の免許若しくは船舶局無線従事者証明の取消しの処分をしようとするとき。

四　第八条の規定による無線局の予備免許、第九条第一項の規定による工事設計変更の許可、第九条第四項若しくは第十七条第一項後段の規定による放送事項の変更の許可、第二十七条の五第一項の規定による包括免許、第二十七条の十三第一項の規定による開設計画の認定、第三十九条の二第一項の規定による指定講習機関の指定、第四十六条第一項の規定による指定試験機関の指定、第七十一条第一項の規定による無線局の周波数等の指定の変更若しくは登録局の周波数等若しくは人工衛星局の無線設備の設置場所の変更の命令、第七十一条の三第一項の規定による指定周波数変更対策機関の指定、第百二条の二第一項の規定による伝搬障害防止区域の指定、第百二条の十七第一項の規定によるセンターの指定又は第百二条の十八第一項の規定による指定較正機関の指定をしようとするとき。

2　前項第四号に掲げる事項のうち、電波監理審議会が軽微なものと認めるものについては、総務大臣は、電波監理審議会に諮問しないで措置をすることができる。

【八十四次改正】

放送法等の一部を改正する法律（平成十九年十二月二十八日法律第百三十六号）第二条

第九十九条の十一第一項第一号中「及び第二項第四号（無線局の開設の根本的基準）」を「（放送をする無線局以外の無線局の開設の根本的基準）、同条第二項第四号（放送による表現の自由享有基準）、同項第五号（放送をする無線局の開設の根本的基準）」に改め、「（無線局の開設の届出）」の下に「、第二十七条の三十五第一項（電気通信事業紛争処理委員会によるあつせん及び仲裁）」を加え、同項第四号中「第九条第四項」を「同条第四項」に改め、同条第二項中「前項第四号」を「前項第一号、第二号及び第四号」に改める。

（必要的諮問事項）

第九十九条の十一　総務大臣は、次に掲げる場合には、電波監理審議会に諮問しなければならない。

一　第四条第一号、第二号及び第三号（免許等を要しない無線局）、第四条の二（呼出符号又は呼出名称の指定）、第六条第七項（無線局の免許申請期間）、第七条第一項第三号（放送をする無線局以外の無線局の開設の根本的基準）、同条第二項第四号（放送による表現の自由享有基準）、同項第五号（放送をする無線局の開設の根本的基準）、第八条第一項第三号（識別信号）、第九条第一項ただし書（許可を要しない工事設計変更）、第十三条第一項（無線局の免許の有効期間）、第十五条（簡易な免許手続）、第二十六条の二第一項（電波の利用状況の調査等）、第二十七条の二（特定無線局）、第二十七条の四第二号（特定無線局の開設の根本的基準）、第二十七条の五第三項（包括免許の有効期間）、第二十七条の十三第六項（開設計画の認定の有効期間）、第二十七条の十八第一項（登録）、第二十七条の二十一（登録の有効期間）、第二十七条の二十三第一項（変更登録を要しない軽微な変更）、第二十七条の三十第一項（包括登録人に関する変更登録を要しない軽微な変更）、第二十七条の三十一（無線局の開設の届出）、第二十七条の三十五第一項（電気通信事業紛争処理委員会によるあつせん及び仲裁）、第二十八条（第百条第五項において準用する場合を含む。）（電波の質）、第二十九条（受信設備の条件）、第三十条（第百条第五項において準用する場合を含む。）（安全施設）、第三十一条（周波数測定装置の備付け）、第三十二条（計器及び予備品の備付け）、第三十三条（義務船舶局の無線設備の機器）、第三十五条（義務船舶局等の無線設備の条件）、第三十六条（義務航空機局の条件）、第三十七条（無線設備の機器の検定）、第三十八条（第百条第五項において準用する場合を含む。）（技術基準）、第三十八条の二第一項（特定無線設備）、第三十八条の三十三第一項（特別特定無線設備）、第三十九条第一項、第二項、第三項、第五項及び第七項（無線設備の操作）、第三十九条の十三ただし書（アマチュア無線局の無線設備の操作）、第四十一条第二項第二号、第三号及び第四号（無線従事者の養成課程に関する認定の基準等）、第四十七条（試験事務の実施）、第四十八条の三第一号（船舶局無線従事者証明の失効）、第四十九条（国家試験の細目等）、第五十条（遭難通信責任者の配置等）、第五十二条第一号、第二号、第三号及び第六号（目的外使用）、第五十五条（運用許容時間外運用）、第六十一条（通信方法等）、第六十五条（聴守義務）、第六十六条第一項（遭難通信）、第六十七条第二項（緊急通信）、第七十条の四（聴守義務）、第七十条の五（航空機局の通信連絡）、第七十一条の三第四項（第七十一条の三の二第十一項において準用する場合を含む。）（給付金の支給基準）、第七十三条第一項（検査）、第百条第一項第二号（高周波利用設備）、第百二条の十三第一項（特定の周波数を使用する無線設備の指定）、第百二条の十四第一項（指定無線設備の販売における告知等）、第百二条の十四の二（情報通信の技術を利用する方法）、第百二条の十八第一項（測定器等）、同条第九項（較正の業務の実施）並びに第百三条の二第九項（電波利用料の徴収等）の規定による総務省令を制定し、変更し、又は廃止しようとするとき。

二　第七条第三項又は第四項の規定により放送用周波数使用計画を定め、又は変更しようとするとき、第二十六条第一項の周波数割当計画（同条第二項第四号に係る部分を除く。）を作成し、又は変更しようとするとき、第二十六条の二第三項の規定により電波の有効利用の程度を評価しようとするとき、第二十七条の十二第一項の開設指針を定め、又は変更しようとするとき及び第七十一条の二第二項の特定公示局を定め、又は変更しようとするとき。

三　第二十七条の十五第一項若しくは第二項の規定による開設計画の認定の取消し、同項の規定による無線局の免許等の取消し若しくは第三十九条の十一第二項（第四十七条の五、第七十一条の三第十一項、第百二条の十七第五項及び第百二条の十八第十三項において準用する場合を含む。）の規定による指定講習機関、指定試験機関、指定周波数変更対策機関、センター若しくは指定較正機関の指定の取消しの処分、第四十七条の二第三項（第七十一条の三第十一項及び第百二条の十八第十三項において準用する場合を含む。）の規定による指定試験機関若しくは指定周波数変更対策機関の役員、指定試験機関の試験員若しくは指定較正機関の較正員の解任の命令又は第七十六条第三項、第四項若しくは第六項の規定による無線局の免許の取消し、同項の規定による開設計画の認定の取消し、同条第五項若しくは第六項の規定による第二十七条の十八第一項の登録の取消し、第七十六条の二の規定による指定無線局数の削減及び周波数の指定の変更、第七十六条の二の二の規定による登録に係る無線局の開設の禁止若しくは登録局の運用の制限、第七十六条の三第一項の規定による無線局の周波数の指定の変更、登録局の周波数の変更の命令若しくは無線局の免許等の取消し若しくは第七十九条第一項（同条第二項において準用する場合を含む。）の規定による無線従事者の免許若しくは船舶局無線従事者証明の取消しの処分をしようとするとき。

四　第八条の規定による無線局の予備免許、第九条第一項の規定による工事設計変更の許可、同条第四項若しくは第十七条第一項後段の規定による放送事項の変更の許可、第二十七条の五第一項の規定による包括免許、第二十七条の十三第一項の規定による開設計画の認定、第三十九条の二第一項の規定による指定講習機関の指定、第四十六条第一項の規定による指定試験機関の指定、第七十一条第一項の規定による無線局の周波数等の指定の変更若しくは登録局の周波数等若しくは人工衛星局の無線設備の設置場所の変更の命令、第七十一条の三第一項の規定による指定周波数変更対策機関の指定、第百二条の二第一項の規定による伝搬障害防止区域の指定、第百二条の十七第一項の規定によるセンターの指定又は第百二条の十八第一項の規定による指定較正機関の指定をしようとするとき。

2　前項第一号、第二号及び第四号に掲げる事項のうち、電波監理審議会が軽微なものと認めるものについては、総務大臣は、電波監理審議会に諮問しないで措置をすることができる。

【 八十五次改正 】

電波法の一部を改正する法律（平成二十年五月三十日法律第五十号）

第九十九条の十一第一項中「場合には」を「事項については」に改め、同項第一号中「通信連絡）」の下に「、第七十条の八第一項（免許人以外の者に簡易な操作による運用を行わせることができる無線局）」を加え、「を制定し、変更し、又は廃止しようとするとき。」を「の制定又は改廃」に改め、同項第二号中「により」を「による」に、「を定め、又は変更しようとするとき、」を「の制定又は変更、」に、「を作成し、又は変更しようとするとき」を「の作成又は変更」に、「を評価しようとするとき」を「の評価」に、「を定め、又は変更しようとするとき及び」を「の制定又は変更及び」に、「を定め、又は変更しようとするとき。」を「の決定又は変更」に改め、同項第三号中「指定の取消しの処分」を「指定の取消し」に改め、「の処分をしようとするとき。」を削り、同項第四号中「をしようとするとき。」を削る。

（必要的諮問事項）

第九十九条の十一　総務大臣は、次に掲げる事項については、電波監理審議会に諮問しなければならない。

一　第四条第一号、第二号及び第三号（免許等を要しない無線局）、第四条の二（呼出符号又は呼出名称の指定）、第六条第七項（無線局の免許申請期間）、第七条第一項第三号（放送をする無線局以外の無線局の開設の根本的基準）、同条第二項第四号（放送による表現の自由享有基準）、同項第五号（放送をする無線局の開設の根本的基準）、第八条第一項第三号（識別信号）、第九条第一項ただし書（許可を要しない工事設計変更）、第十三条第一項（無線局の免許の有効期間）、第十五条（簡易な免許手続）、第二十六条の二第一項（電波の利用状況の調査等）、第二十七条の二（特定無線局）、第二十七条の四第二号（特定無線局の開設の根本的基準）、第二十七条の五第三項（包括免許の有効期間）、第二十七条の十三第六項（開設計画の認定の有効期間）、第二十七条の十八第一項（登録）、第二十七条の二十一（登録の有効期間）、第二十七条の二十三第一項（変更登録を要しない軽微な変更）、第二十七条の三十第一項（包括登録人に関する変更登録を要しない軽微な変更）、第二十七条の三十一（無線局の開設の届出）、第二十七条の三十五第一項（電気通信事業紛争処理委員会によるあっせん及び仲裁）、第二十八条（第百条第五項において準用する場合を含む。）（電波の質）、第二十九条（受信設備の条件）、第三十条（第百条第五項において準用する場合を含む。）（安全施設）、第三十一条（周波数測定装置の備付け）、第三十二条（計器及び予備品の備付け）、第三十三条（義務船舶局の無線設備の機器）、第三十五条（義務船舶局等の無線設備の条件）、第三十六条（義務航空機局の条件）、第三十七条（無線設備の機器の検定）、第三十八条（第百条第五項において準用する場合を含む。）（技術基準）、第三十八条の二第一項（特定無線設備）、第三十八条の三十三第一項（特別特定無線設備）、第三十九条第一項、第二項、第三項、第五項及び第七項（無線設備の操作）、第三十九条の十三ただし書（アマチュア無線局の無線設備の操作）、第四十一条第二項第二号、第三号及び第四号（無線従事者の養成課程に関する認定の基準等）、第四十七条（試験事務の実施）、第四十八条の三第一号（船舶局無線従事者証明の失効）、第四十九条（国家試験の細目等）、第五十条（遭難通信責任者の配置等）、第五十二条第一号、第二号、第三号及び第六号（目的外使用）、第五十五条（運用許容時間外運用）、第六十一条（通信方法等）、第六十五条（聴守義務）、第六十六条第一項（遭難通信）、第六十七条第二項（緊急通信）、第七十条の四（聴守義務）、第七十条の五（航空機局の通信連絡）、第七十条の八第一項（免許人以外の者に簡易な操作による運用を行わせることができる無線局）、第七十一条の三第四項（第七十一条の三の二第十一項において準用する場合を含む。）（給付金の支給基準）、第七十三条第一項（検査）、第百条第一項第二号（高周波利用設備）、第百二条の十三第一項（特定の周波数を使用する無線設備の指定）、第百二条の十四第一項（指定無線設備の販売における告知等）、第百二条の十四の二（情報通信の技術を利用する方法）、第百二条の十八第一項（測定器等）、同条第九項（較正の業務の実施）並びに第百三条の二第九項（電波利用料の徴収等）の規定による総務省令の制定又は改廃

二　第七条第三項又は第四項の規定による放送用周波数使用計画の制定又は変更、第二十六条第一項の周波数割当計画（同条第二項第四号に係る部分を除く。）の作成又は変更、第二十六条の二第三項の規定による電波の有効利用の程度の評価、第二十七条の十二第一項の開設指針の制定又は変更及び第七十一条の二第二項の特定公示局の決定又は変更

三　第二十七条の十五第一項若しくは第二項の規定による開設計画の認定の取消し、同項の規定による無線局の免許等の取消し若しくは第三十九条の十一第二項（第四十七条の五、第七十一条の三第十一項、第百二条の十七第五項及び第百二条の十八第十三項において準用する場合を含む。）の規定による指定講習機関、指定試験機関、指定周波数変更対策機関、センター若しくは指定較正機関の指定の取消し、第四十七条の二第三項（第七十一条の三第十一項及び第百二条の十八第十三項において準用する場合を含む。）の規定による指定試験機関若しくは指定周波数変更対策機関の役員、指定試験機関の試験員若しくは指定較正機関の較正員の解任の命令又は第七十六条第三項、第四項若しくは第六項の規定による無線局の免許の取消し、同項の規定による開設計画の認定の取消し、同条第五項若しくは第六項の規定による第二十七条の十八第一項の登録の取消し、第七十六条の二の規定による指定無線局数の削減及び周波数の指定の変更、第七十六条の二の二の規定による登録に係る無線局の開設の禁止若しくは登録局の運用の制限、第七十六条の三第一項の規定による無線局の周波数の指定の変更、登録局の周波数の変更の命令若しくは無線局の免許等の取消し若しくは第七十九条第一項（同条第二項において準用する場合を含む。）の規定による無線従事者の免許若しくは船舶局無線従事者証明の取消し

四　第八条の規定による無線局の予備免許、第九条第一項の規定による工事設計変更の許可、同条第四項若しくは第十七条第一項後段の規定による放送事項の変更の許可、第二十七条の五第一項の規定による包括免許、第二十七条の十三第一項の規定による開設計画の認定、第三十九条の二第一項の規定による指定講習機関の指定、第四十六条第一項の規定による指定試験機関の指定、第七十一条第一項の規定による無線局の周波数等の指定の変更若しくは登録局の周波数等若しくは人工衛星局の無線設備の設置場所の変更の命令、第七十一条の三第一項の規定による指定周波数変更対策機関の指定、第百二条の二第一項の規定による伝搬障害防止区域の指定、第百二条の十七第一項の規定によるセンターの指定又は第百二条の十八第一項の規定による指定較正機関の指定

2　前項第一号、第二号及び第四号に掲げる事項のうち、電波監理審議会が軽微なものと認めるものについては、総務大臣は、電波監理審議会に諮問しないで措置をすることができる。

[注釈]この改正は、平成二十年十月一日から施行されたが、「通信連絡）」の下に「、第七十条の八第一項（免許人以外の者に簡易な操作による運用を行わせることができる無線局）」を加える部分（前掲の改正規定の傍線部分）は、公布の日（同年五月二十日）から施行された。

【八十八次改正】

電波法及び放送法の一部を改正する法律（平成二十一年四月二十四日法律第二十二号）第一条

第九十九条の十一第一項第三号中「第二十七条の十五第一項若しくは第二項」を「第二十七条の十五第二項若しくは第三項」に改める。

（必要的諮問事項）

第九十九条の十一　総務大臣は、次に掲げる事項については、電波監理審議会に諮問しなければならない。

一　第四条第一号、第二号及び第三号（免許等を要しない無線局）、第四条の二（呼出符号又は呼出名称の指定）、第六条第七項（無線局の免許申請期間）、第七条第一項第三号（放送をする無線局以外の無線局の開設の根本的基準）、同条第二項第四号（放送による表現の自由享有基準）、同項第五号（放送をする無線局の開設の根本的基準）、第八条第一項第三号（識別信号）、第九条第一項ただし書（許可を要しない工事設計変更）、第十三条第一項（無線局の免許の有効期間）、第十五条（簡易な免許手続）、第二十六条の二第一項（電波の利用状況の調査等）、第二十七条の二（特定無線局）、第二十七条の四第二号（特定無線局の開設の根本的基準）、第二十七条の五第三項（包括免許の有効期間）、第二十七条の十三第六項（開設計画の認定の有効期間）、第二十七条の十八第一項（登録）、第二十七条の二十一（登録の有効期間）、第二十七条の二十三第一項（変更登録を要しない軽微な変更）、第二十七条の三十第一項（包括登録人に関する変更登録を要しない軽微な変更）、第二十七条の三十一（無線局の開設の届出）、第二十七条の三十五第一項（電気通信事業紛争処理委員会によるあつせん及び仲裁）、第二十八条（第百条第五項において準用する場合を含む。）（電波の質）、第二十九条（受信設備の条件）、第三十条（第百条第五項において準用する場合を含む。）（安全施設）、第三十一条（周波数測定装置の備付け）、第三十二条（計器及び予備品の備付け）、第三十三条（義務船舶局の無線設備の機器）、第三十五条（義務船舶局等の無線設備の条件）、第三十六条（義務航空機局の条件）、第三十七条（無線設備の機器の検定）、第三十八条（第百条第五項において準用する場合を含む。）（技術基準）、第三十八条の二第一項（特定無線設備）、第三十八条の三十三第一項（特別特定無線設備）、第三十九条第一項、第二項、第三項、第五項及び第七項（無線設備の操作）、第三十九条の十三ただし書（アマチュア無線局の無線設備の操作）、第四十一条第二項第二号、第三号及び第四号（無線従事者の養成課程に関する認定の基準等）、第四十七条（試験事務の実施）、第四十八条の三第一号（船舶局無線従事者証明の失効）、第四十九条（国家試験の細目等）、第五十条（遭難通信責任者の配置等）、第五十二条第一号、第二号、第三号及び第六号（目的外使用）、第五十五条（運用許容時間外運用）、第六十一条（通信方法等）、第六十五条（聴守義務）、第六十六条第一項（遭難通信）、第六十七条第二項（緊急通信）、第七十条の四（聴守義務）、第七十条の五（航空機局の通信連絡）、第七十条の八第一項（免許人以外の者に簡易な操作による運用を行わせることができる無線局）、第七十一条の三第四項（第七十一条の三の二第十一項において準用する場合を含む。）（給付金の支給基準）、第七十三条第一項（検査）、第百条第一項第二号（高周波利用設備）、第百二条の十三第一項（特定の周波数を使用する無線設備の指定）、第百二条の十四第一項（指定無線設備の販売における告知等）、第百二条の十四の二（情報通信の技術を利用する方法）、第百二条の十八第一項（測定器等）、同条第九項（較正の業務の実施）並びに第百三条の二第九項（電波利用料の徴収等）の規定による総務省令の制定又は改廃

二　第七条第三項又は第四項の規定による放送用周波数使用計画の制定又は変

更、第二十六条第一項の周波数割当計画（同条第二項第四号に係る部分を除く。）の作成又は変更、第二十六条の二第三項の規定による電波の有効利用の程度の評価、第二十七条の十二第一項の開設指針の制定又は変更及び第七十一条の二第二項の特定公示局の決定又は変更

三　第二十七条の十五第二項若しくは第三項の規定による開設計画の認定の取消し、同項の規定による無線局の免許等の取消し若しくは第三十九条の十一第二項（第四十七条の五、第七十一条の三第十一項、第百二条の十七第五項及び第百二条の十八第十三項において準用する場合を含む。）の規定による指定講習機関、指定試験機関、指定周波数変更対策機関、センター若しくは指定較正機関の指定の取消し、第四十七条の二第三項（第七十一条の三第十一項及び第百二条の十八第十三項において準用する場合を含む。）の規定による指定試験機関若しくは指定周波数変更対策機関の役員、指定試験機関の試験員若しくは指定較正機関の較正員の解任の命令又は第七十六条第三項、第四項若しくは第六項の規定による無線局の免許の取消し、同項の規定による開設計画の認定の取消し、同条第五項若しくは第六項の規定による第二十七条の十八第一項の登録の取消し、第七十六条の二の規定による指定無線局数の削減及び周波数の指定の変更、第七十六条の二の二の規定による登録に係る無線局の開設の禁止若しくは登録局の運用の制限、第七十六条の三第一項の規定による無線局の周波数の指定の変更、登録局の周波数の変更の命令若しくは無線局の免許等の取消し若しくは第七十九条第一項（同条第二項において準用する場合を含む。）の規定による無線従事者の免許若しくは船舶局無線従事者証明の取消し

四　第八条の規定による無線局の予備免許、第九条第一項の規定による工事設計変更の許可、同条第四項若しくは第十七条第一項後段の規定による放送事項の変更の許可、第二十七条の五第一項の規定による包括免許、第二十七条の十三第一項の規定による開設計画の認定、第三十九条の二第一項の規定による指定講習機関の指定、第四十六条第一項の規定による指定試験機関の指定、第七十一条第一項の規定による無線局の周波数等の指定の変更若しくは登録局の周波数等若しくは人工衛星局の無線設備の設置場所の変更の命令、第七十一条の三第一項の規定による指定周波数変更対策機関の指定、第百二条の二第一項の規定による伝搬障害防止区域の指定、第百二条の十七第一項の規定によるセンターの指定又は第百二条の十八第一項の規定による指定較正機関の指定

2　前項第一号、第二号及び第四号に掲げる事項のうち、電波監理審議会が軽微なものと認めるものについては、総務大臣は、電波監理審議会に諮問しないで措置をすることができる。

【八十九次改正】

放送法等の一部を改正する法律（平成二十二年十二月三日法律第六十五号）第三条

第九十九条の十一第一項第一号中「（包括免許の有効期間）」の下に「、第二十七条の六第三項（特定無線局の開設等の届出）」を加え、「第三十八条の二第一項」を「第三十八条の二の二第一項」に改め、「（検査）」の下に「、第七十八条（電波の発射を防止するための措置）」を加え、同項第三号中「第七十六条第三項、第四項若しくは第六項」を「第七十六条第四項、第五項若しくは第七項」に、「同条第五項若しくは第六項」を「同条第六項若しくは第七項」に改め、同項に次の一号を加える。

（追加された第一項第五号の規定は、後掲の条文の通り。）

第九十九条の十一第二項中「前項第一号、第二号及び第四号」を「前項各号（第三号を除く。）」に改める。

（必要的諮問事項）

第九十九条の十一　総務大臣は、次に掲げる事項については、電波監理審議会に諮

問しなければならない。

一　第四条第一号、第二号及び第三号（免許等を要しない無線局）、第四条の二（呼出符号又は呼出名称の指定）、第六条第七項（無線局の免許申請期間）、第七条第一項第三号（放送をする無線局以外の無線局の開設の根本的基準）、同条第二項第四号（放送による表現の自由享有基準）、同項第五号（放送をする無線局の開設の根本的基準）、第八条第一項第三号（識別信号）、第九条第一項ただし書（許可を要しない工事設計変更）、第十三条第一項（無線局の免許の有効期間）、第十五条（簡易な免許手続）、第二十六条の二第一項（電波の利用状況の調査等）、第二十七条の二（特定無線局）、第二十七条の四第二号（特定無線局の開設の根本的基準）、第二十七条の五第三項（包括免許の有効期間）、第二十七条の六第三項（特定無線局の開設等の届出）、第二十七条の十三第六項（開設計画の認定の有効期間）、第二十七条の十八第一項（登録）、第二十七条の二十一（登録の有効期間）、第二十七条の二十三第一項（変更登録を要しない軽微な変更）、第二十七条の三十第一項（包括登録人に関する変更登録を要しない軽微な変更）、第二十七条の三十一（無線局の開設の届出）、第二十七条の三十五第一項（電気通信事業紛争処理委員会によるあっせん及び仲裁）、第二十八条（第百条第五項において準用する場合を含む。）（電波の質）、第二十九条（受信設備の条件）、第三十条（第百条第五項において準用する場合を含む。）（安全施設）、第三十一条（周波数測定装置の備付け）、第三十二条（計器及び予備品の備付け）、第三十三条（義務船舶局の無線設備の機器）、第三十五条（義務船舶局等の無線設備の条件）、第三十六条（義務航空機局の条件）、第三十七条（無線設備の機器の検定）、第三十八条（第百条第五項において準用する場合を含む。）（技術基準）、第三十八条の二の二第一項（特定無線設備）、第三十八条の三十三第一項（特別特定無線設備）、第三十九条第一項、第二項、第三項、第五項及び第七項（無線設備の操作）、第三十九条の十三ただし書（アマチュア無線局の無線設備の操作）、第四十一条第二項第二号、第三号及び第四号（無線従事者の養成課程に関する認定の基準等）、第四十七条（試験事務の実施）、第四十八条の三第一号（船舶局無線従事者証明の失効）、第四十九条（国家試験の細目等）、第五十条（遭難通信責任者の配置等）、第五十二条第一号、第二号、第三号及び第六号（目的外使用）、第五十五条（運用許容時間外運用）、第六十一条（通信方法等）、第六十五条（聴守義務）、第六十六条第一項（遭難通信）、第六十七条第二項（緊急通信）、第七十条の四（聴守義務）、第七十条の五（航空機局の通信連絡）、第七十条の八第一項（免許人以外の者に簡易な操作による運用を行わせることができる無線局）、第七十一条の三第四項（第七十一条の三の二第十一項において準用する場合を含む。）（給付金の支給基準）、第七十三条第一項（検査）、第七十八条（電波の発射を防止するための措置）、第百条第一項第二号（高周波利用設備）、第百二条の十三第一項（特定の周波数を使用する無線設備の指定）、第百二条の十四第一項（指定無線設備の販売における告知等）、第百二条の十四の二（情報通信の技術を利用する方法）、第百二条の十八第一項（測定器等）、同条第九項（較正の業務の実施）並びに第百三条の二第九項（電波利用料の徴収等）の規定による総務省令の制定又は改廃

二　第七条第三項又は第四項の規定による放送用周波数使用計画の制定又は変更、第二十六条第一項の周波数割当計画（同条第二項第四号に係る部分を除く。）の作成又は変更、第二十六条の二第三項の規定による電波の有効利用の程度の評価、第二十七条の十二第一項の開設指針の制定又は変更及び第七十一条の二第二項の特定公示局の決定又は変更

三　第二十七条の十五第二項若しくは第三項の規定による開設計画の認定の取消し、同項の規定による無線局の免許等の取消し若しくは第三十九条の十一第二項（第四十七条の五、第七十一条の三第十一項、第百二条の十七第五項及び

第百二条の十八第十三項において準用する場合を含む。）の規定による指定講習機関、指定試験機関、指定周波数変更対策機関、センター若しくは指定較正機関の指定の取消し、第四十七条の二第三項（第七十一条の三第十一項及び第百二条の十八第十三項において準用する場合を含む。）の規定による指定試験機関若しくは指定周波数変更対策機関の役員、指定試験機関の試験員若しくは指定較正機関の較正員の解任の命令又は第七十六条第四項、第五項若しくは第七項の規定による無線局の免許の取消し、同項の規定による開設計画の認定の取消し、同条第六項若しくは第七項の規定による第二十七条の十八第一項の登録の取消し、第七十六条の二の規定による指定無線局数の削減及び周波数の指定の変更、第七十六条の二の二の規定による登録に係る無線局の開設の禁止若しくは登録局の運用の制限、第七十六条の三第一項の規定による無線局の周波数の指定の変更、登録局の周波数の変更の命令若しくは無線局の免許等の取消し若しくは第七十九条第一項（同条第二項において準用する場合を含む。）の規定による無線従事者の免許若しくは船舶局無線従事者証明の取消し

四　第八条の規定による無線局の予備免許、第九条第一項の規定による工事設計変更の許可、同条第四項若しくは第十七条第一項後段の規定による放送事項の変更の許可、第二十七条の五第一項の規定による包括免許、第二十七条の十三第一項の規定による開設計画の認定、第三十九条の二第一項の規定による指定講習機関の指定、第四十六条第一項の規定による指定試験機関の指定、第七十一条第一項の規定による無線局の周波数等の指定の変更若しくは登録局の周波数等若しくは人工衛星局の無線設備の設置場所の変更の命令、第七十一条の三第一項の規定による指定周波数変更対策機関の指定、第百二条の二第一項の規定による伝搬障害防止区域の指定、第百二条の十七第一項の規定によるセンターの指定又は第百二条の十八第一項の規定による指定較正機関の指定

五　第三十八条の二第二項の規定による通知（第百条第五項において準用する場合を含む。）

2　前項各号（第三号を除く。）に掲げる事項のうち、電波監理審議会が軽微なものと認めるものについては、総務大臣は、電波監理審議会に諮問しないで措置をすることができる。

【九十一次改正】

放送法等の一部を改正する法律（平成二十二年十二月三日法律第六十五号）第四条

第九十九条の十一第一項第一号中「第七条第一項第三号（放送をする無線局以外）」を「第七条第一項第四号（基幹放送局以外）」に、「同条第二項第四号（放送による表現の自由享有基準）、同項第五号（放送をする無線局）」を「同条第二項第六号ハ（基幹放送に加えて基幹放送以外の無線通信の送信をする無線局の基準）、同項第七号（基幹放送局）」に改め、「工事設計変更）」の下に「、同条第五項及び第十七条第二項（基幹放送の業務に用いられる電気通信設備の変更）」を加え、「第二十七条の四第二号」を「第二十七条の四第三号」に、「電気通信事業紛争処理委員会」を「電気通信紛争処理委員会」に改め、「検査）」の下に「、同条第三項（人の生命又は身体の安全の確保のためその適正な運用の確保が必要な無線局の定めに係るものに限る。）（国の定期検査を必要とする無線局）」を加え、同項第二号中「第八条」を「第四条の規定による免許（地上基幹放送をする無線局の再免許であるものに限る。）、第八条」に、「第十七条第一項後段の規定による放送事項」を「第十七条第一項の規定による無線局の目的、放送事項若しくは基幹放送の業務に用いられる電気通信設備」に改め、「包括免許」の下に「、第二十七条の八第一項の規定による特定無線局の目的の変更の許可」を加える。

（必要的諮問事項）

第九十九条の十一　総務大臣は、次に掲げる事項については、電波監理審議会に諮問しなければならない。

一　第四条第一号、第二号及び第三号（免許等を要しない無線局）、第四条の二（呼出符号又は呼出名称の指定）、第六条第七項（無線局の免許申請期間）、第七条第一項第四号（基幹放送局以外の無線局の開設の根本的基準）、同条第二項第六号ハ（基幹放送に加えて基幹放送以外の無線通信の送信をする無線局の基準）、同項第七号（基幹放送局の開設の根本的基準）、第八条第一項第三号（識別信号）、第九条第一項ただし書（許可を要しない工事設計変更）、同条第五項及び第十七条第二項（基幹放送の業務に用いられる電気通信設備の変更）、第十三条第一項（無線局の免許の有効期間）、第十五条（簡易な免許手続）、第二十六条の二第一項（電波の利用状況の調査等）、第二十七条の二（特定無線局）、第二十七条の四第三号（特定無線局の開設の根本的基準）、第二十七条の五第三項（包括免許の有効期間）、第二十七条の六第三項（特定無線局の開設等の届出）、第二十七条の十三第六項（開設計画の認定の有効期間）、第二十七条の十八第一項（登録）、第二十七条の二十一（登録の有効期間）、第二十七条の二十三第一項（変更登録を要しない軽微な変更）、第二十七条の三十第一項（包括登録人に関する変更登録を要しない軽微な変更）、第二十七条の三十一（無線局の開設の届出）、第二十七条の三十五第一項（電気通信紛争処理委員会によるあっせん及び仲裁）、第二十八条（第百条第五項において準用する場合を含む。）（電波の質）、第二十九条（受信設備の条件）、第三十条（第百条第五項において準用する場合を含む。）（安全施設）、第三十一条（周波数測定装置の備付け）、第三十二条（計器及び予備品の備付け）、第三十三条（義務船舶局の無線設備の機器）、第三十五条（義務船舶局等の無線設備の条件）、第三十六条（義務航空機局の条件）、第三十七条（無線設備の機器の検定）、第三十八条（第百条第五項において準用する場合を含む。）（技術基準）、第三十八条の二の二第一項（特定無線設備）、第三十八条の三十三第一項（特別特定無線設備）、第三十九条第一項、第二項、第三項、第五項及び第七項（無線設備の操作）、第三十九条の十三ただし書（アマチュア無線局の無線設備の操作）、第四十一条第二項第二号、第三号及び第四号（無線従事者の養成課程に関する認定の基準等）、第四十七条（試験事務の実施）、第四十八条の三第一号（船舶局無線従事者証明の失効）、第四十九条（国家試験の細目等）、第五十条（遭難通信責任者の配置等）、第五十二条第一号、第二号、第三号及び第六号（目的外使用）、第五十五条（運用許容時間外運用）、第六十一条（通信方法等）、第六十五条（聴守義務）、第六十六条第一項（遭難通信）、第六十七条第二項（緊急通信）、第七十条の四（聴守義務）、第七十条の五（航空機局の通信連絡）、第七十条の八第一項（免許人以外の者に簡易な操作による運用を行わせることができる無線局）、第七十一条の三第四項（第七十一条の三の二第十一項において準用する場合を含む。）（給付金の支給基準）、第七十三条第一項（検査）、同条第三項（人の生命又は身体の安全の確保のためその適正な運用の確保が必要な無線局の定めに係るものに限る。）（国の定期検査を必要とする無線局）、第七十八条（電波の発射を防止するための措置）、第百条第一項第二号（高周波利用設備）、第百二条の十三第一項（特定の周波数を使用する無線設備の指定）、第百二条の十四第一項（指定無線設備の販売における告知等）、第百二条の十四の二（情報通信の技術を利用する方法）、第百二条の十八第一項（測定器等）、同条第九項（較正の業務の実施）並びに第百三条の二第九項（電波利用料の徴収等）の規定による総務省令の制定又は改廃

二　第七条第三項又は第四項の規定による基幹放送用周波数使用計画の制定又は変更、第二十六条第一項の周波数割当計画（同条第二項第四号に係る部分を除く。）の作成又は変更、第二十六条の二第三項の規定による電波の有効利用

の程度の評価、第二十七条の十二第一項の開設指針の制定又は変更及び第七十一条の二第二項の特定公示局の決定又は変更

三　第二十七条の十五第二項若しくは第三項の規定による開設計画の認定の取消し、同項の規定による無線局の免許等の取消し若しくは第三十九条の十一第二項（第四十七条の五、第七十一条の三第十一項、第百二条の十七第五項及び第百二条の十八第十三項において準用する場合を含む。）の規定による指定講習機関、指定試験機関、指定周波数変更対策機関、センター若しくは指定較正機関の指定の取消し、第四十七条の二第三項（第七十一条の三第十一項及び第百二条の十八第十三項において準用する場合を含む。）の規定による指定試験機関若しくは指定周波数変更対策機関の役員、指定試験機関の試験員若しくは指定較正機関の較正員の解任の命令又は第七十六条第四項、第五項若しくは第七項の規定による無線局の免許の取消し、同項の規定による開設計画の認定の取消し、同条第六項若しくは第七項の規定による第二十七条の十八第一項の登録の取消し、第七十六条の二の規定による指定無線局数の削減及び周波数の指定の変更、第七十六条の二の二の規定による登録に係る無線局の開設の禁止若しくは登録局の運用の制限、第七十六条の三第一項の規定による無線局の周波数の指定の変更、登録局の周波数の変更の命令若しくは無線局の免許等の取消し若しくは第七十九条第一項（同条第二項において準用する場合を含む。）の規定による無線従事者の免許若しくは船舶局無線従事者証明の取消し

四　第四条の規定による免許（地上基幹放送をする無線局の再免許であるものに限る。）、第八条の規定による無線局の予備免許、第九条第一項の規定による工事設計変更の許可、同条第四項若しくは第十七条第一項の規定による無線局の目的、放送事項若しくは基幹放送の業務に用いられる電気通信設備の変更の許可、第二十七条の五第一項の規定による包括免許、第二十七条の八第一項の規定による特定無線局の目的の変更の許可、第二十七条の十三第一項の規定による開設計画の認定、第三十九条の二第一項の規定による指定講習機関の指定、第四十六条第一項の規定による指定試験機関の指定、第七十一条第一項の規定による無線局の周波数等の指定の変更若しくは登録局の周波数等若しくは人工衛星局の無線設備の設置場所の変更の命令、第七十一条の三第一項の規定による指定周波数変更対策機関の指定、第百二条の二第一項の規定による伝搬障害防止区域の指定、第百二条の十七第一項の規定によるセンターの指定又は第百二条の十八第一項の規定による指定較正機関の指定

五　第三十八条の二第二項の規定による通知（第百条第五項において準用する場合を含む。）

2　前項各号（第三号を除く。）に掲げる事項のうち、電波監理審議会が軽微なものと認めるものについては、総務大臣は、電波監理審議会に諮問しないで措置をすることができる。

【九十七次改正】

電波法の一部を改正する法律（平成二十六年四月二十三日法律第二十六号）

> 第九十九条の十一第一項第一号中「第百三条の二第九項」を「第百三条の二第七項ただし書及び第十一項」に改める。

（必要的諮問事項）

第九十九条の十一　総務大臣は、次に掲げる事項については、電波監理審議会に諮問しなければならない。

一　第四条第一号、第二号及び第三号（免許等を要しない無線局）、第四条の二（呼出符号又は呼出名称の指定）、第六条第七項（無線局の免許申請期間）、第七条第一項第四号（基幹放送局以外の無線局の開設の根本的基準）、同条第二項第六号ハ（基幹放送に加えて基幹放送以外の無線通信の送信をする無線局

の基準）、同項第七号（基幹放送局の開設の根本的基準）、第八条第一項第三号（識別信号）、第九条第一項ただし書（許可を要しない工事設計変更）、同条第五項及び第十七条第二項（基幹放送の業務に用いられる電気通信設備の変更）、第十三条第一項（無線局の免許の有効期間）、第十五条（簡易な免許手続）、第二十六条の二第一項（電波の利用状況の調査等）、第二十七条の二（特定無線局）、第二十七条の四第三号（特定無線局の開設の根本的基準）、第二十七条の五第三項（包括免許の有効期間）、第二十七条の六第三項（特定無線局の開設等の届出）、第二十七条の十三第六項（開設計画の認定の有効期間）、第二十七条の十八第一項（登録）、第二十七条の二十一（登録の有効期間）、第二十七条の二十三第一項（変更登録を要しない軽微な変更）、第二十七条の三十第一項（包括登録人に関する変更登録を要しない軽微な変更）、第二十七条の三十一（無線局の開設の届出）、第二十七条の三十五第一項（電気通信紛争処理委員会によるあっせん及び仲裁）、第二十八条（第百条第五項において準用する場合を含む。）（電波の質）、第二十九条（受信設備の条件）、第三十条（第百条第五項において準用する場合を含む。）（安全施設）、第三十一条（周波数測定装置の備付け）、第三十二条（計器及び予備品の備付け）、第三十三条（義務船舶局の無線設備の機器）、第三十五条（義務船舶局等の無線設備の条件）、第三十六条（義務航空機局の条件）、第三十七条（無線設備の機器の検定）、第三十八条（第百条第五項において準用する場合を含む。）（技術基準）、第三十八条の二の二第一項（特定無線設備）、第三十八条の三十三第一項（特別特定無線設備）、第三十九条第一項、第二項、第三項、第五項及び第七項（無線設備の操作）、第三十九条の十三ただし書（アマチュア無線局の無線設備の操作）、第四十一条第二項第二号、第三号及び第四号（無線従事者の養成課程に関する認定の基準等）、第四十七条（試験事務の実施）、第四十八条の三第一号（船舶局無線従事者証明の失効）、第四十九条（国家試験の細目等）、第五十条（遭難通信責任者の配置等）、第五十二条第一号、第二号、第三号及び第六号（目的外使用）、第五十五条（運用許容時間外運用）、第六十一条（通信方法等）、第六十五条（聴守義務）、第六十六条第一項（遭難通信）、第六十七条第二項（緊急通信）、第七十条の四（聴守義務）、第七十条の五（航空機局の通信連絡）、第七十条の八第一項（免許人以外の者に簡易な操作による運用を行わせることができる無線局）、第七十一条の三第四項（第七十一条の三の二第十一項において準用する場合を含む。）（給付金の支給基準）、第七十三条第一項（検査）、同条第三項（人の生命又は身体の安全の確保のためその適正な運用の確保が必要な無線局の定めに係るものに限る。）（国の定期検査を必要とする無線局）、第七十八条（電波の発射を防止するための措置）、第百条第一項第二号（高周波利用設備）、第百二条の十三第一項（特定の周波数を使用する無線設備の指定）、第百二条の十四第一項（指定無線設備の販売における告知等）、第百二条の十四の二（情報通信の技術を利用する方法）、第百二条の十八第一項（測定器等）、同条第九項（較正の業務の実施）並びに第百三条の二第七項ただし書及び第十一項（電波利用料の徴収等）の規定による総務省令の制定又は改廃

二　第七条第三項又は第四項の規定による基幹放送用周波数使用計画の制定又は変更、第二十六条第一項の周波数割当計画（同条第二項第四号に係る部分を除く。）の作成又は変更、第二十六条の二第三項の規定による電波の有効利用の程度の評価、第二十七条の十二第一項の開設指針の制定又は変更及び第七十一条の二第二項の特定公示局の決定又は変更

三　第二十七条の十五第二項若しくは第三項の規定による開設計画の認定の取消し、同項の規定による無線局の免許等の取消し若しくは第三十九条の十一第二項（第四十七条の五、第七十一条の三第十一項、第百二条の十七第五項及び第百二条の十八第十三項において準用する場合を含む。）の規定による指定講

習機関、指定試験機関、指定周波数変更対策機関、センター若しくは指定較正機関の指定の取消し、第四十七条の二第三項（第七十一条の三第十一項及び第百二条の十八第十三項において準用する場合を含む。）の規定による指定試験機関若しくは指定周波数変更対策機関の役員、指定試験機関の試験員若しくは指定較正機関の較正員の解任の命令又は第七十六条第四項、第五項若しくは第七項の規定による無線局の免許の取消し、同項の規定による開設計画の認定の取消し、同条第六項若しくは第七項の規定による第二十七条の十八第一項の登録の取消し、第七十六条の二の規定による指定無線局数の削減及び周波数の指定の変更、第七十六条の二の二の規定による登録に係る無線局の開設の禁止若しくは登録局の運用の制限、第七十六条の三第一項の規定による無線局の周波数の指定の変更、登録局の周波数の変更の命令若しくは無線局の免許等の取消し若しくは第七十九条第一項（同条第二項において準用する場合を含む。）の規定による無線従事者の免許若しくは船舶局無線従事者証明の取消し

四　第四条の規定による免許（地上基幹放送をする無線局の再免許であるものに限る。）、第八条の規定による無線局の予備免許、第九条第一項の規定による工事設計変更の許可、同条第四項若しくは第十七条第一項の規定による無線局の目的、放送事項若しくは基幹放送の業務に用いられる電気通信設備の変更の許可、第二十七条の五第一項の規定による包括免許、第二十七条の八第一項の規定による特定無線局の目的の変更の許可、第二十七条の十三第一項の規定による開設計画の認定、第三十九条の二第一項の規定による指定講習機関の指定、第四十六条第一項の規定による指定試験機関の指定、第七十一条第一項の規定による無線局の周波数等の指定の変更若しくは登録局の周波数等若しくは人工衛星局の無線設備の設置場所の変更の命令、第七十一条の三第一項の規定による指定周波数変更対策機関の指定、第百二条の二第一項の規定による伝搬障害防止区域の指定、第百二条の十七第一項の規定によるセンターの指定又は第百二条の十八第一項の規定による指定較正機関の指定

五　第三十八条の二第二項の規定による通知（第百条第五項において準用する場合を含む。）

2　前項各号（第三号を除く。）に掲げる事項のうち、電波監理審議会が軽微なものと認めるものについては、総務大臣は、電波監理審議会に諮問しないで措置をすることができる。

【百三次改正】

電気通信事業法等の一部を改正する法律（平成二十七年五月二十二日法律第二十六号）第二条

第九十九条の十一第一項第一号中「第四条第一号」を「第四条第一項第一号」に改め、「要しない無線局）」の下に「、同条第二項（適合表示無線設備とみなす条件）」を加え、同項第三号中「若しくは第七項」を「、第七項若しくは第八項」に改め、同項第四号中「第四条」を「第四条第一項」に改める。

（必要的諮問事項）

第九十九条の十一　総務大臣は、次に掲げる事項については、電波監理審議会に諮問しなければならない。

一　第四条第一項第一号、第二号及び第三号（免許等を要しない無線局）、同条第二項（適合表示無線設備とみなす条件）、第四条の二（呼出符号又は呼出名称の指定）、第六条第七項（無線局の免許申請期間）、第七条第一項第四号（基幹放送局以外の無線局の開設の根本的基準）、同条第二項第六号ハ（基幹放送に加えて基幹放送以外の無線通信の送信をする無線局の基準）、同項第七号（基幹放送局の開設の根本的基準）、第八条第一項第三号（識別信号）、第九条第一項ただし書（許可を要しない工事設計変更）、同条第五項及び第十七条第二

項（基幹放送の業務に用いられる電気通信設備の変更）、第十三条第一項（無線局の免許の有効期間）、第十五条（簡易な免許手続）、第二十六条の二第一項（電波の利用状況の調査等）、第二十七条の二（特定無線局）、第二十七条の四第三号（特定無線局の開設の根本的基準）、第二十七条の五第三項（包括免許の有効期間）、第二十七条の六第三項（特定無線局の開設等の届出）、第二十七条の十三第六項（開設計画の認定の有効期間）、第二十七条の十八第一項（登録）、第二十七条の二十一（登録の有効期間）、第二十七条の二十三第一項（変更登録を要しない軽微な変更）、第二十七条の三十第一項（包括登録人に関する変更登録を要しない軽微な変更）、第二十七条の三十一（無線局の開設の届出）、第二十七条の三十五第一項（電気通信紛争処理委員会によるあっせん及び仲裁）、第二十八条（第百条第五項において準用する場合を含む。）（電波の質）、第二十九条（受信設備の条件）、第三十条（第百条第五項において準用する場合を含む。）（安全施設）、第三十一条（周波数測定装置の備付け）、第三十二条（計器及び予備品の備付け）、第三十三条（義務船舶局の無線設備の機器）、第三十五条（義務船舶局等の無線設備の条件）、第三十六条（義務航空機局の条件）、第三十七条（無線設備の機器の検定）、第三十八条（第百条第五項において準用する場合を含む。）（技術基準）、第三十八条の二の二第一項（特定無線設備）、第三十八条の三十三第一項（特別特定無線設備）、第三十九条第一項、第二項、第三項、第五項及び第七項（無線設備の操作）、第三十九条の十三ただし書（アマチュア無線局の無線設備の操作）、第四十一条第二項第二号、第三号及び第四号（無線従事者の養成課程に関する認定の基準等）、第四十七条（試験事務の実施）、第四十八条の三第一号（船舶局無線従事者証明の失効）、第四十九条（国家試験の細目等）、第五十条（遭難通信責任者の配置等）、第五十二条第一号、第二号、第三号及び第六号（目的外使用）、第五十五条（運用許容時間外運用）、第六十一条（通信方法等）、第六十五条（聴守義務）、第六十六条第一項（遭難通信）、第六十七条第二項（緊急通信）、第七十条の四（聴守義務）、第七十条の五（航空機局の通信連絡）、第七十条の八第一項（免許人以外の者に簡易な操作による運用を行わせることができる無線局）、第七十一条の三第四項（第七十一条の三の二第十一項において準用する場合を含む。）（給付金の支給基準）、第七十三条第一項（検査）、同条第三項（人の生命又は身体の安全の確保のためその適正な運用の確保が必要な無線局の定めに係るものに限る。）（国の定期検査を必要とする無線局）、第七十八条（電波の発射を防止するための措置）、第百条第一項第二号（高周波利用設備）、第百二条の十三第一項（特定の周波数を使用する無線設備の指定）、第百二条の十四第一項（指定無線設備の販売における告知等）、第百二条の十四の二（情報通信の技術を利用する方法）、第百二条の十八第一項（測定器等）、同条第九項（較正の業務の実施）並びに第百三条の二第七項ただし書及び第十一項（電波利用料の徴収等）の規定による総務省令の制定又は改廃

二　第七条第三項又は第四項の規定による基幹放送用周波数使用計画の制定又は変更、第二十六条第一項の周波数割当計画（同条第二項第四号に係る部分を除く。）の作成又は変更、第二十六条の二第三項の規定による電波の有効利用の程度の評価、第二十七条の十二第一項の開設指針の制定又は変更及び第七十一条の二第二項の特定公示局の決定又は変更

三　第二十七条の十五第二項若しくは第三項の規定による開設計画の認定の取消し、同項の規定による無線局の免許等の取消し若しくは第三十九条の十一第二項（第四十七条の五、第七十一条の三第十一項、第百二条の十七第五項及び第百二条の十八第十三項において準用する場合を含む。）の規定による指定講習機関、指定試験機関、指定周波数変更対策機関、センター若しくは指定較正機関の指定の取消し、第四十七条の二第三項（第七十一条の三第十一項及び第

百二条の十八第十三項において準用する場合を含む。）の規定による指定試験機関若しくは指定周波数変更対策機関の役員、指定試験機関の試験員若しくは指定較正機関の較正員の解任の命令又は第七十六条第四項、第五項、第七項若しくは第八項の規定による無線局の免許の取消し、同項の規定による開設計画の認定の取消し、同条第六項、第七項若しくは第八項の規定による第二十七条の十八第一項の登録の取消し、第七十六条の二の規定による指定無線局数の削減及び周波数の指定の変更、第七十六条の二の二の規定による登録に係る無線局の開設の禁止若しくは登録局の運用の制限、第七十六条の三第一項の規定による無線局の周波数の指定の変更、登録局の周波数の変更の命令若しくは無線局の免許等の取消し若しくは第七十九条第一項（同条第二項において準用する場合を含む。）の規定による無線従事者の免許若しくは船舶局無線従事者証明の取消し

四　第四条第一項の規定による免許（地上基幹放送をする無線局の再免許であるものに限る。）、第八条の規定による無線局の予備免許、第九条第一項の規定による工事設計変更の許可、同条第四項若しくは第十七条第一項の規定による無線局の目的、放送事項若しくは基幹放送の業務に用いられる電気通信設備の変更の許可、第二十七条の五第一項の規定による包括免許、第二十七条の八第一項の規定による特定無線局の目的の変更の許可、第二十七条の十三第一項の規定による開設計画の認定、第三十九条の二第一項の規定による指定講習機関の指定、第四十六条第一項の規定による指定試験機関の指定、第七十一条第一項の規定による無線局の周波数等の指定の変更若しくは登録局の周波数等若しくは人工衛星局の無線設備の設置場所の変更の命令、第七十一条の三第一項の規定による指定周波数変更対策機関の指定、第百二条の二第一項の規定による伝搬障害防止区域の指定、第百二条の十七第一項の規定によるセンターの指定又は第百二条の十八第一項の規定による指定較正機関の指定

五　第三十八条の二第二項の規定による通知（第百条第五項において準用する場合を含む。）

2　前項各号（第三号を除く。）に掲げる事項のうち、電波監理審議会が軽微なものと認めるものについては、総務大臣は、電波監理審議会に諮問しないで措置をすることができる。

【百四次改正】

電波法及び電気通信事業法等の一部を改正する法律（平成二十九年五月十二日法律第二十七号）第一条

第九十九条の十一第一項第一号中「第六条第七項」を「第六条第八項」に改め、「免許手続）」の下に「、第二十四条の二第四項第二号（検査等事業者の登録）」を、「（特定無線設備）」の下に「、第三十八条の三第一項第二号（登録の基準）」を、「通信連絡）」の下に「、第七十条の五の二第二項第一号及び第三項ただし書（無線設備等保守規程の認定等）」を加え、同項第二号中「第二十六条の二第三項」を「第二十六条の二第二項」に改め、同項第三号中「若しくは第三十九条の十一第二項」を「、第三十九条の十一第二項」に、「又は」を「、第七十条の五の二第七項若しくは第八項の規定による無線設備等保守規程の認定の取消し、」に改め、「同項の規定による開設計画」の下に「若しくは無線設備等保守規程」を加え、「若しくは第七十九条第一項」を「又は第七十九条第一項」に改め、同項第四号中「指定試験機関の指定」の下に「、第七十条の五の二第一項の規定による無線設備等保守規程の認定」を加える。

（必要的諮問事項）

第九十九条の十一　総務大臣は、次に掲げる事項については、電波監理審議会に諮問しなければならない。

一　第四条第一項第一号、第二号及び第三号（免許等を要しない無線局）、同条第二項（適合表示無線設備とみなす条件）、第四条の二（呼出符号又は呼出名称の指定）、第六条第八項（無線局の免許申請期間）、第七条第一項第四号（基幹放送局以外の無線局の開設の根本的基準）、同条第二項第六号ハ（基幹放送に加えて基幹放送以外の無線通信の送信をする無線局の基準）、同項第七号（基幹放送局の開設の根本的基準）、第八条第一項第三号（識別信号）、第九条第一項ただし書（許可を要しない工事設計変更）、同条第五項及び第十七条第二項（基幹放送の業務に用いられる電気通信設備の変更）、第十三条第一項（無線局の免許の有効期間）、第十五条（簡易な免許手続）、第二十四条の二第四項第二号（検査等事業者の登録）、第二十六条の二第一項（電波の利用状況の調査等）、第二十七条の二（特定無線局）、第二十七条の四第三号（特定無線局の開設の根本的基準）、第二十七条の五第三項（包括免許の有効期間）、第二十七条の六第三項（特定無線局の開設等の届出）、第二十七条の十三第六項（開設計画の認定の有効期間）、第二十七条の十八第一項（登録）、第二十七条の二十一（登録の有効期間）、第二十七条の二十三第一項（変更登録を要しない軽微な変更）、第二十七条の三十第一項（包括登録人に関する変更登録を要しない軽微な変更）、第二十七条の三十一（無線局の開設の届出）、第二十七条の三十五第一項（電気通信紛争処理委員会によるあっせん及び仲裁）、第二十八条（第百条第五項において準用する場合を含む。）（電波の質）、第二十九条（受信設備の条件）、第三十条（第百条第五項において準用する場合を含む。）（安全施設）、第三十一条（周波数測定装置の備付け）、第三十二条（計器及び予備品の備付け）、第三十三条（義務船舶局の無線設備の機器）、第三十五条（義務船舶局等の無線設備の条件）、第三十六条（義務航空機局の条件）、第三十七条（無線設備の機器の検定）、第三十八条（第百条第五項において準用する場合を含む。）（技術基準）、第三十八条の二の二第一項（特定無線設備）、第三十八条の三第一項第二号（登録の基準）、第三十八条の三十三第一項（特別特定無線設備）、第三十九条第一項、第二項、第三項、第五項及び第七項（無線設備の操作）、第三十九条の十三ただし書（アマチュア無線局の無線設備の操作）、第四十一条第二項第二号、第三号及び第四号（無線従事者の養成課程に関する認定の基準等）、第四十七条（試験事務の実施）、第四十八条の三第一号（船舶局無線従事者証明の失効）、第四十九条（国家試験の細目等）、第五十条（遭難通信責任者の配置等）、第五十二条第一号、第二号、第三号及び第六号（目的外使用）、第五十五条（運用許容時間外運用）、第六十一条（通信方法等）、第六十五条（聴守義務）、第六十六条第一項（遭難通信）、第六十七条第二項（緊急通信）、第七十条の四（聴守義務）、第七十条の五（航空機局の通信連絡）、第七十条の五の二第二項第一号及び第三項ただし書（無線設備等保守規程の認定等）、第七十条の八第一項（免許人以外の者に簡易な操作による運用を行わせることができる無線局）、第七十一条の三第四項（第七十一条の三の二第十一項において準用する場合を含む。）（給付金の支給基準）、第七十三条第一項（検査）、同条第三項（人の生命又は身体の安全の確保のためその適正な運用の確保が必要な無線局の定めに係るものに限る。）（国の定期検査を必要とする無線局）、第七十八条（電波の発射を防止するための措置）、第百条第一項第二号（高周波利用設備）、第百二条の十三第一項（特定の周波数を使用する無線設備の指定）、第百二条の十四第一項（指定無線設備の販売における告知等）、第百二条の十四の二（情報通信の技術を利用する方法）、第百二条の十八第一項（測定器等）、同条第九項（較正の業務の実施）並びに第百三条の二第七項ただし書及び第十一項（電波利用料の徴収等）の規定による総務省令の制定又は改廃

二　第七条第三項又は第四項の規定による基幹放送用周波数使用計画の制定又は変更、第二十六条第一項の周波数割当計画（同条第二項第四号に係る部分を

除く。）の作成又は変更、第二十六条の二第二項の規定による電波の有効利用の程度の評価、第二十七条の十二第一項の開設指針の制定又は変更及び第七十一条の二第二項の特定公示局の決定又は変更

三　第二十七条の十五第二項若しくは第三項の規定による開設計画の認定の取消し、同項の規定による無線局の免許等の取消し、第三十九条の十一第二項（第四十七条の五、第七十一条の三第十一項、第百二条の十七第五項及び第百二条の十八第十三項において準用する場合を含む。）の規定による指定講習機関、指定試験機関、指定周波数変更対策機関、センター若しくは指定較正機関の指定の取消し、第四十七条の二第三項（第七十一条の三第十一項及び第百二条の十八第十三項において準用する場合を含む。）の規定による指定試験機関若しくは指定周波数変更対策機関の役員、指定試験機関の試験員若しくは指定較正機関の較正員の解任の命令、第七十条の五の二第七項若しくは第八項の規定による無線設備等保守規程の認定の取消し、第七十六条第四項、第五項、第七項若しくは第八項の規定による無線局の免許の取消し、同項の規定による開設計画若しくは無線設備等保守規程の認定の取消し、同条第六項、第七項若しくは第八項の規定による第二十七条の十八第一項の登録の取消し、第七十六条の二の規定による指定無線局数の削減及び周波数の指定の変更、第七十六条の二の二の規定による登録に係る無線局の開設の禁止若しくは登録局の運用の制限、第七十六条の三第一項の規定による無線局の周波数の指定の変更、登録局の周波数の変更の命令若しくは無線局の免許等の取消し又は第七十九条第一項（同条第二項において準用する場合を含む。）の規定による無線従事者の免許若しくは船舶局無線従事者証明の取消し

四　第四条第一項の規定による免許（地上基幹放送をする無線局の再免許であるものに限る。）、第八条の規定による無線局の予備免許、第九条第一項の規定による工事設計変更の許可、同条第四項若しくは第十七条第一項の規定による無線局の目的、放送事項若しくは基幹放送の業務に用いられる電気通信設備の変更の許可、第二十七条の五第一項の規定による包括免許、第二十七条の八第一項の規定による特定無線局の目的の変更の許可、第二十七条の十三第一項の規定による開設計画の認定、第三十九条の二第一項の規定による指定講習機関の指定、第四十六条第一項の規定による指定試験機関の指定、第七十条の五の二第一項の規定による無線設備等保守規程の認定、第七十一条第一項の規定による無線局の周波数等の指定の変更若しくは登録局の周波数等若しくは人工衛星局の無線設備の設置場所の変更の命令、第七十一条の三第一項の規定による指定周波数変更対策機関の指定、第百二条の二第一項の規定による伝搬障害防止区域の指定、第百二条の十七第一項の規定によるセンターの指定又は第百二条の十八第一項の規定による指定較正機関の指定

五　第三十八条の二第二項の規定による通知（第百条第五項において準用する場合を含む。）

2　前項各号（第三号を除く。）に掲げる事項のうち、電波監理審議会が軽微なものと認めるものについては、総務大臣は、電波監理審議会に諮問しないで措置をすることができる。

[注釈一]この改正のうち、前掲の改正規定の傍線部分は、公布の日（平成二十九年五月十二日）から起算して九月を超えない範囲内において政令で定める日から施行され、その他の部分は、公布の日から起算して一年三月を超えない範囲内において政令で定める日から施行される。

[注釈二]この改正は、本書収録の基準日である平成二十九年六月十八日において未施行である。

第九十九条の十二

【　三次改正　】

郵政省設置法の一部改正に伴う関係法令の整理に関する法律（昭和二十七年七月三十一日法律第二百八十号）第二条

第九十九条中「電波監理委員会」を「電波監理審議会」に改め、同条の次に次の一章を加える。

（追加された第七章の二中の第九十九条の十二の規定は、後掲の条文の通り。）

（聴聞）

第九十九条の十二　電波監理審議会は、前条第一項第一号及び第二号の規定により諮問を受けた場合には、聴聞を行わなければならない。

2　電波監理審議会は、前項の場合の外、電波及び放送（有線放送を含む。）の規律に関し郵政大臣から諮問を受けた場合において必要があると認めるときは、聴聞を行うことができる。

3　第八十七条から第九十三条までの規定は、前二項の聴聞に準用する。

4　第一項又は第二項の規定により聴聞を行った事案については、電波監理審議会は、前項において準用する第九十三条の調書及び意見書に基き答申を議決しなければならない。

【　九次改正　】

行政不服審査法の施行に伴う関係法律の整理等に関する法律（昭和三十七年九月十五日法律第百六十一号）第二百二十条

第九十九条の十二中第三項を削り、第四項を第七項とし、第二項の次に次の四項を加える。

（追加された第三項から第六項まで三の規定は、後掲の条文の通り。）

（聴聞）

第九十九条の十二　電波監理審議会は、前条第一項第一号及び第二号の規定により諮問を受けた場合には、聴聞を行わなければならない。

2　電波監理審議会は、前項の場合の外、電波及び放送（有線放送を含む。）の規律に関し郵政大臣から諮問を受けた場合において必要があると認めるときは、聴聞を行うことができる。

3　前二項の聴聞の開始は、審理官（第六項において準用する第八十七条ただし書の場合はその委員。以下同じ。）の名をもつて、事案の要旨並びに聴聞の期日及び場所を公告して行なう。ただし、当該事案が特定の者に対して処分をしようとするものであるときは、当該特定の者に対し、事案の要旨、聴聞の期日及び場所並びに出頭を求める旨を記載した聴聞開始通知書を送付して行なうものとする。

4　前項ただし書の場合には、事案の要旨並びに聴聞の期日及び場所を公告しなければならない。

5　当該事案に利害関係を有する者は、審理官の許可を得て、聴聞の期日に出頭し、意見を述べることができる。

6　第八十七条及び第九十条から第九十三条の三までの規定は、第一項及び第二項の聴聞に準用する。

7　第一項又は第二項の規定により聴聞を行った事案については、電波監理審議会は、前項において準用する第九十三条の調書及び意見書に基き答申を議決しなければならない。

【　十八次改正　】

有線テレビジョン放送法（昭和四十七年七月一日法律第百十四号）附則第六項

第九十九条の十二第二項中「（有線放送を含む。）」を削る。

（聴聞）

第九十九条の十二　電波監理審議会は、前条第一項第一号及び第二号の規定により諮問を受けた場合には、聴聞を行わなければならない。

2　電波監理審議会は、前項の場合の外、電波及び放送の規律に関し郵政大臣から諮問を受けた場合において必要があると認めるときは、聴聞を行うことができる。

3　前二項の聴聞の開始は、審理官（第六項において準用する第八十七条ただし書の場合はその委員。以下同じ。）の名をもつて、事案の要旨並びに聴聞の期日及び場所を公告して行なう。ただし、当該事案が特定の者に対して処分をしようとするものであるときは、当該特定の者に対し、事案の要旨、聴聞の期日及び場所並びに出頭を求める旨を記載した聴聞開始通知書を送付して行なうものとする。

4　前項ただし書の場合には、事案の要旨並びに聴聞の期日及び場所を公告しなければならない。

5　当該事案に利害関係を有する者は、審理官の許可を得て、聴聞の期日に出頭し、意見を述べることができる。

6　第八十七条及び第九十条から第九十三条の三までの規定は、第一項及び第二項の聴聞に準用する。

7　第一項又は第二項の規定により聴聞を行つた事案については、電波監理審議会は、前項において準用する第九十三条の調書及び意見書に基き答申を議決しなければならない。

【　三十九次改正　】

放送法及び電波法の一部を改正する法律（昭和六十三年五月六日法律第二十九号）

第二条

第九十九条の十二中「第二号」を「第三号」に改める。

（聴聞）

第九十九条の十二　電波監理審議会は、前条第一項第一号及び第三号の規定により諮問を受けた場合には、聴聞を行わなければならない。

2　電波監理審議会は、前項の場合の外、電波及び放送の規律に関し郵政大臣から諮問を受けた場合において必要があると認めるときは、聴聞を行うことができる。

3　前二項の聴聞の開始は、審理官（第六項において準用する第八十七条ただし書の場合はその委員。以下同じ。）の名をもつて、事案の要旨並びに聴聞の期日及び場所を公告して行なう。ただし、当該事案が特定の者に対して処分をしようとするものであるときは、当該特定の者に対し、事案の要旨、聴聞の期日及び場所並びに出頭を求める旨を記載した聴聞開始通知書を送付して行なうものとする。

4　前項ただし書の場合には、事案の要旨並びに聴聞の期日及び場所を公告しなければならない。

5　当該事案に利害関係を有する者は、審理官の許可を得て、聴聞の期日に出頭し、意見を述べることができる。

6　第八十七条及び第九十条から第九十三条の三までの規定は、第一項及び第二項の聴聞に準用する。

7　第一項又は第二項の規定により聴聞を行つた事案については、電波監理審議会は、前項において準用する第九十三条の調書及び意見書に基き答申を議決しなければならない。

【　四十七次改正　】

行政手続法の施行に伴う関係法律の整備に関する法律（平成五年十一月十二日法律

第八十九号）第二百二十九条

第九十九条の十二の見出し及び同条第一項中「聴聞」を「意見の聴取」に改め、同条第二項中「の外」を「のほか」に、「聴聞」を「意見の聴取」に改め、同条第三項中「聴聞の」を「意見の聴取の」に、「行なう」を「行う」に、「聴聞開始通知書」を「意見聴取開始通知書」に改め、同条第四項中「聴聞」を「意見の聴取」に改め、同条第五項中「当該」を「第一項及び第二項の意見の聴取（行政手続法第二条第四号に規定する不利益処分（次項及び第八項において単に「不利益処分」という。）に係るものを除く。）においては、当該」に、「聴聞」を「意見の聴取」に改め、同条第六項中「第八十七条及び」を「第八十七条、」に改め、「第九十三条の三まで」の下に「及び第九十六条」を加え、「、第一項及び第二項の聴聞」を「第一項及び第二項の意見の聴取に、第八十九条及び行政手続法第十八条の規定は不利益処分に係る第一項及び第二項の意見の聴取」に改め、同項に後段として次のように加える。

（追加された第六項後段の規定は、後掲の条文の通り。）

第九十九条の十二第七項中「聴聞」を「意見の聴取」に、「基き」を「基づき」に改め、同条に次の一項を加える。

（追加された第八項の規定は、後掲の条文の通り。）

（意見の聴取）

第九十九条の十二　電波監理審議会は、前条第一項第一号及び第三号の規定により諮問を受けた場合には、意見の聴取を行わなければならない。

2　電波監理審議会は、前項の場合のほか、電波及び放送の規律に関し郵政大臣から諮問を受けた場合において必要があると認めるときは、意見の聴取を行うことができる。

3　前二項の意見の聴取の開始は、審理官（第六項において準用する第八十七条ただし書の場合はその委員。以下同じ。）の名をもつて、事案の要旨並びに意見の聴取の期日及び場所を公告して行う。ただし、当該事案が特定の者に対して処分をしようとするものであるときは、当該特定の者に対し、事案の要旨、意見の聴取の期日及び場所並びに出頭を求める旨を記載した意見聴取開始通知書を送付して行うものとする。

4　前項ただし書の場合には、事案の要旨並びに意見の聴取の期日及び場所を公告しなければならない。

5　第一項及び第二項の意見の聴取（行政手続法第二条第四号に規定する不利益処分（次項及び第八項において単に「不利益処分」という。）に係るものを除く。）においては、当該事案に利害関係を有する者は、審理官の許可を得て、意見の聴取の期日に出頭し、意見を述べることができる。

6　第八十七条、第九十条から第九十三条の三まで及び第九十六条の規定は、第一項及び第二項の意見の聴取に、第八十九条及び行政手続法第十八条の規定は不利益処分に係る第一項及び第二項の意見の聴取に準用する。この場合において、第九十条第三項中「異議申立人」とあるのは「第九十九条の十二第三項ただし書の意見聴取開始通知書の送付を受けた者（第三十八条の六第三項（第四十七条の二及び第七十三条の二第五項において準用する場合を含む。）の規定による指定証明機関、指定試験機関又は指定検査機関に対するその役員、証明員、試験員又は検査員（以下この項において「役員等」という。）の解任の命令の処分に係る意見の聴取においては、第九十九条の十二第三項ただし書の意見聴取開始通知書の送付を受けた者及び当該役員等。以下第九十二条の五までにおいて「当事者」という。）」と、第九十一条から第九十二条の五までの規定中「異議申立人」とあるのは「当事者」と、第九十六条中「この章」とあるのは「第九十九条の十二」と、行政手続法第十八条第一項中「当事者」とあるのは「電波法第九十九条の十二第六項において読み替えて準用する同法第九十条第三項の当事者」と、「参加人」

とあるのは「同法第九十九条の十二第六項において準用する同法第八十九条第一項又は第二項の参加人」と、「聴聞の通知」とあるのは「同法第九十九条の十二第三項ただし書に規定する意見聴取開始通知書の送付」と読み替えるものとする。

7　第一項又は第二項の規定により意見の聴取を行つた事案については、電波監理審議会は、前項において準用する第九十三条の調書及び意見書に基づき答申を議決しなければならない。

8　第一項又は第二項の規定による意見の聴取を経てされる処分であつて、不利益処分に該当するものについては、行政手続法第三章（第十二条及び第十四条を除く。）の規定は、適用しない。

【　五十二次改正　】

電波法の一部を改正する法律（平成九年五月九日法律第四十七号）

第九十九条の十二第六項中「第七十三条の二第五項」を「第百二条の十八第五項」に、「指定検査機関」を「指定較正機関」に、「検査員」を「較正員」に改める。

（意見の聴取）

第九十九条の十二　電波監理審議会は、前条第一項第一号及び第三号の規定により諮問を受けた場合には、意見の聴取を行わなければならない。

2　電波監理審議会は、前項の場合のほか、電波及び放送の規律に関し郵政大臣から諮問を受けた場合において必要があると認めるときは、意見の聴取を行うことができる。

3　前二項の意見の聴取の開始は、審理官（第六項において準用する第八十七条ただし書の場合はその委員。以下同じ。）の名をもつて、事案の要旨並びに意見の聴取の期日及び場所を公告して行う。ただし、当該事案が特定の者に対して処分をしようとするものであるときは、当該特定の者に対し、事案の要旨、意見の聴取の期日及び場所並びに出頭を求める旨を記載した意見聴取開始通知書を送付して行うものとする。

4　前項ただし書の場合には、事案の要旨並びに意見の聴取の期日及び場所を公告しなければならない。

5　第一項及び第二項の意見の聴取（行政手続法第二条第四号に規定する不利益処分（次項及び第八項において単に「不利益処分」という。）に係るものを除く。）においては、当該事案に利害関係を有する者は、審理官の許可を得て、意見の聴取の期日に出頭し、意見を述べることができる。

6　第八十七条、第九十条から第九十三条の三まで及び第九十六条の規定は、第一項及び第二項の意見の聴取に、第八十九条及び行政手続法第十八条の規定は不利益処分に係る第一項及び第二項の意見の聴取に準用する。この場合において、第九十条第三項中「異議申立人」とあるのは「第九十九条の十二第三項ただし書の意見聴取開始通知書の送付を受けた者（第三十八条の六第三項（第四十七条の二及び第百二条の十八第五項において準用する場合を含む。）の規定による指定証明機関、指定試験機関又は指定較正機関に対するその役員、証明員、試験員又は較正員（以下この項において「役員等」という。）の解任の命令の処分に係る意見の聴取においては、第九十九条の十二第三項ただし書の意見聴取開始通知書の送付を受けた者及び当該役員等。以下第九十二条の五までにおいて「当事者」という。）」と、第九十一条から第九十二条の五までの規定中「異議申立人」とあるのは「当事者」と、第九十六条中「この章」とあるのは「第九十九条の十二」と、行政手続法第十八条第一項中「当事者」とあるのは「電波法第九十九条の十二第六項において読み替えて準用する同法第九十条第三項の当事者」と、「参加人」とあるのは「同法第九十九条の十二第六項において準用する同法第八十九条第一項又は第二項の参加人」と、「聴聞の通知」とあるのは「同法第九十九条の十二第三項ただし書に規定する意見聴取開始通知書の送付」と読み替えるものとする。

7　第一項又は第二項の規定により意見の聴取を行つた事案については、電波監理審議会は、前項において準用する第九十三条の調書及び意見書に基づき答申を議決しなければならない。

8　第一項又は第二項の規定による意見の聴取を経てされる処分であつて、不利益処分に該当するものについては、行政手続法第三章（第十二条及び第十四条を除く。）の規定は、適用しない。

[注釈] 本件一部改正法の施行の日（五十二次改正の施行の日）から平成十年三月三十一日（五十四次改正の施行期日の前日）までの間は、同法附則第三項に基づき、第九十九条の十一は、次の通り読み替えられる（傍線部分）。

（意見の聴取）

第九十九条の十二　電波監理審議会は、前条第一項第一号及び第三号の規定により諮問を受けた場合には、意見の聴取を行わなければならない。

2　電波監理審議会は、前項の場合のほか、電波及び放送の規律に関し郵政大臣から諮問を受けた場合において必要があると認めるときは、意見の聴取を行うことができる。

3　前二項の意見の聴取の開始は、審理官（第六項において準用する第八十七条ただし書の場合はその委員。以下同じ。）の名をもつて、事案の要旨並びに意見の聴取の期日及び場所を公告して行う。ただし、当該事案が特定の者に対して処分をしようとするものであるときは、当該特定の者に対し、事案の要旨、意見の聴取の期日及び場所並びに出頭を求める旨を記載した意見聴取開始通知書を送付して行うものとする。

4　前項ただし書の場合には、事案の要旨並びに意見の聴取の期日及び場所を公告しなければならない。

5　第一項及び第二項の意見の聴取（行政手続法第二条第四号に規定する不利益処分（次項及び第八項において単に「不利益処分」という。）に係るものを除く。）においては、当該事案に利害関係を有する者は、審理官の許可を得て、意見の聴取の期日に出頭し、意見を述べることができる。

6　第八十七条、第九十条から第九十三条の三まで及び第九十六条の規定は、第一項及び第二項の意見の聴取に、第八十九条及び行政手続法第十八条の規定は不利益処分に係る第一項及び第二項の意見の聴取に準用する。この場合において、第九十条第三項中「異議申立人」とあるのは「第九十九条の十二第三項ただし書の意見聴取開始通知書の送付を受けた者（第三十八条の六第三項（第四十七条の二、第七十三条の二第五項及び第百二条の十八第五項において準用する場合を含む。）の規定による指定証明機関、指定試験機関、指定検査機関又は指定較正機関に対するその役員、証明員、試験員、検査員又は較正員（以下この項において「役員等」という。）の解任の命令の処分に係る意見の聴取においては、第九十九条の十二第三項ただし書の意見聴取開始通知書の送付を受けた者及び当該役員等。以下第九十二条の五までにおいて「当事者」という。）」と、第九十一条から第九十二条の五までの規定中「異議申立人」とあるのは「当事者」と、第九十六条中「この章」とあるのは「第九十九条の十二」と、行政手続法第十八条第一項中「当事者」とあるのは「電波法第九十九条の十二第六項において読み替えて準用する同法第九十条第三項の当事者」と、「参加人」とあるのは「同法第九十九条の十二第六項において準用する同法第八十九条第一項又は第二項の参加人」と、「聴聞の通知」とあるのは「同法第九十九条の十二第三項ただし書に規定する意見聴取開始通知書の送付」と読み替えるものとする。

7　第一項又は第二項の規定により意見の聴取を行つた事案については、電波監理審議会は、前項において準用する第九十三条の調書及び意見書に基づき答申を議決しなければならない。

8　第一項又は第二項の規定による意見の聴取を経てされる処分であつて、不利益処分に該当するものについては、行政手続法第三章（第十二条及び第十四条を除く。）の規定は、適用しない。

【六十二次改正】

中央省庁等改革関係法施行法（平成十一年十二月二十二日法律第百六十号）第百九十三条

第九十九条の十二第二項中「電波及び放送の規律に関し郵政大臣から」を「前条第一項第二号及び第四号の規定により」に改める。

（意見の聴取）

第九十九条の十二　電波監理審議会は、前条第一項第一号及び第三号の規定により諮問を受けた場合には、意見の聴取を行わなければならない。

2　電波監理審議会は、前項の場合のほか、前条第一項第二号及び第四号の規定により諮問を受けた場合において必要があると認めるときは、意見の聴取を行うことができる。

3　前二項の意見の聴取の開始は、審理官（第六項において準用する第八十七条ただし書の場合はその委員。以下同じ。）の名をもつて、事案の要旨並びに意見の聴取の期日及び場所を公告して行う。ただし、当該事案が特定の者に対して処分をしようとするものであるときは、当該特定の者に対し、事案の要旨、意見の聴取の期日及び場所並びに出頭を求める旨を記載した意見聴取開始通知書を送付して行うものとする。

4　前項ただし書の場合には、事案の要旨並びに意見の聴取の期日及び場所を公告しなければならない。

5　第一項及び第二項の意見の聴取（行政手続法第二条第四号に規定する不利益処分（次項及び第八項において単に「不利益処分」という。）に係るものを除く。）においては、当該事案に利害関係を有する者は、審理官の許可を得て、意見の聴取の期日に出頭し、意見を述べることができる。

6　第八十七条、第九十条から第九十三条の三まで及び第九十六条の規定は、第一項及び第二項の意見の聴取に、第八十九条及び行政手続法第十八条の規定は不利益処分に係る第一項及び第二項の意見の聴取に準用する。この場合において、第九十条第三項中「異議申立人」とあるのは「第九十九条の十二第三項ただし書の意見聴取開始通知書の送付を受けた者（第三十八条の六第三項（第四十七条の二及び第百二条の十八第五項において準用する場合を含む。）の規定による指定証明機関、指定試験機関又は指定較正機関に対するその役員、証明員、試験員又は較正員（以下この項において「役員等」という。）の解任の命令の処分に係る意見の聴取においては、第九十九条の十二第三項ただし書の意見聴取開始通知書の送付を受けた者及び当該役員等。以下第九十三条の五までにおいて「当事者」という。）」と、第九十一条から第九十三条の五までの規定中「異議申立人」とあるのは「当事者」と、第九十六条中「この章」とあるのは「第九十九条の十二」と、行政手続法第十八条第一項中「当事者」とあるのは「電波法第九十九条の十二第六項において読み替えて準用する同法第九十条第三項の当事者」と、「参加人」とあるのは「同法第九十九条の十二第六項において準用する同法第八十九条第一項又は第二項の参加人」と、「聴聞の通知」とあるのは「同法第九十九条の十二第三項ただし書に規定する意見聴取開始通知書の送付」と読み替えるものとする。

7　第一項又は第二項の規定により意見の聴取を行つた事案については、電波監理審議会は、前項において準用する第九十三条の調書及び意見書に基づき答申を議決しなければならない。

8　第一項又は第二項の規定による意見の聴取を経てされる処分であつて、不利益処分に該当するものについては、行政手続法第三章（第十二条及び第十四条を除く。）の規定は、適用しない。

【六十八次改正】

電波法の一部を改正する法律（平成十三年六月十五日法律第四十八号）

> 第九十九条の十二第六項中「第三十八条の六第三項（第四十七条の二及び第百二条の十八第五項」を「第三十八条の六第二項（第百二条の十八第八項」に改め、「、指定試験機関又は指定較正機関」を削り、「役員、証明員、試験員又は較正員（以下この項において「役員等」という。）」を「証明員の解任の命令若しくは指定較正機関に対するその較正員の解任の命令又は第四十七条の二第三項（第七十一条の三第十一項において準用する場合を含む。）の規定による指定試験機関に対するその役員若しくは試験員の解任の命令若しくは指定周波数変更対策機関に対するその役員」に、「当該役員等」を「当該証明員、当該較正員、当該役員又は当該試験員」に改める。

（意見の聴取）

第九十九条の十二　電波監理審議会は、前条第一項第一号及び第三号の規定により諮問を受けた場合には、意見の聴取を行わなければならない。

2　電波監理審議会は、前項の場合のほか、前条第一項第二号及び第四号の規定により諮問を受けた場合において必要があると認めるときは、意見の聴取を行うことができる。

3　前二項の意見の聴取の開始は、審理官（第六項において準用する第八十七条ただし書の場合はその委員。以下同じ。）の名をもつて、事案の要旨並びに意見の聴取の期日及び場所を公告して行う。ただし、当該事案が特定の者に対して処分をしようとするものであるときは、当該特定の者に対し、事案の要旨、意見の聴取の期日及び場所並びに出頭を求める旨を記載した意見聴取開始通知書を送付して行うものとする。

4　前項ただし書の場合には、事案の要旨並びに意見の聴取の期日及び場所を公告しなければならない。

5　第一項及び第二項の意見の聴取（行政手続法第二条第四号に規定する不利益処分（次項及び第八項において単に「不利益処分」という。）に係るものを除く。）においては、当該事案に利害関係を有する者は、審理官の許可を得て、意見の聴取の期日に出頭し、意見を述べることができる。

6　第八十七条、第九十条から第九十三条の三まで及び第九十六条の規定は、第一項及び第二項の意見の聴取に、第八十九条及び行政手続法第十八条の規定は不利益処分に係る第一項及び第二項の意見の聴取に準用する。この場合において、第九十条第三項中「異議申立人」とあるのは「第九十九条の十二第三項ただし書の意見聴取開始通知書の送付を受けた者（第三十八条の六第二項（第百二条の十八第八項において準用する場合を含む。）の規定による指定証明機関に対するその証明員の解任の命令若しくは指定較正機関に対するその較正員の解任の命令又は第四十七条の二第三項（第七十一条の三第十一項において準用する場合を含む。）の規定による指定試験機関に対するその役員若しくは試験員の解任の命令若しくは指定周波数変更対策機関に対するその役員の解任の命令の処分に係る意見の聴取においては、第九十九条の十二第三項ただし書の意見聴取開始通知書の送付を受けた者及び当該証明員、当該較正員、当該役員又は当該試験員。以下第九十二条の五までにおいて「当事者」という。）」と、第九十一条から第九十二条の五までの規定中「異議申立人」とあるのは「当事者」と、第九十六条中「この章」とあるのは「第九十九条の十二」と、行政手続法第十八条第一項中「当事者」とあるのは「電波法第九十九条の十二第六項において読み替えて準用する同法第九十条第三項の当事者」と、「参加人」とあるのは「同法第九十九条の十二第六項において準用する同法第八十九条第一項又は第二項の参加人」と、「聴聞の通知」とあるのは「同法第九十九条の十二第三項ただし書に規定する意見聴取開始通知書の送付」と読み替えるものとする。

7　第一項又は第二項の規定により意見の聴取を行った事案については、電波監理審議会は、前項において準用する第九十三条の調書及び意見書に基づき答申を議決しなければならない。

8　第一項又は第二項の規定による意見の聴取を経てされる処分であって、不利益処分に該当するものについては、行政手続法第三章（第十二条及び第十四条を除く。）の規定は、適用しない。

【　七十三次改正　】

電波法の一部を改正する法律（平成十五年六月六日法律第六十八号）

第九十九条の十二第六項中「に準用」を「について準用」に改め、「第三十八条の六第二項（第百二条の十八第八項において準用する場合を含む。）の規定による指定証明機関に対するその証明員の解任の命令若しくは指定較正機関に対するその較正員の解任の命令又は」を削り、「第七十一条の三第十一項」の下に「及び第百二条の十八第十三項」を加え、「試験員の解任の命令若しくは」を「試験員の解任の命令、」に改め、「役員の解任の命令」の下に「又は指定較正機関に対するその較正員の解任の命令」を加え、「当該証明員、当該較正員、当該役員又は当該試験員」を「当該役員、当該試験員又は当該較正員」に改める。

（意見の聴取）

第九十九条の十二　電波監理審議会は、前条第一項第一号及び第三号の規定により諮問を受けた場合には、意見の聴取を行わなければならない。

2　電波監理審議会は、前項の場合のほか、前条第一項第二号及び第四号の規定により諮問を受けた場合において必要があると認めるときは、意見の聴取を行うことができる。

3　前二項の意見の聴取の開始は、審理官（第六項において準用する第八十七条ただし書の場合はその委員。以下同じ。）の名をもつて、事案の要旨並びに意見の聴取の期日及び場所を公告して行う。ただし、当該事案が特定の者に対して処分をしようとするものであるときは、当該特定の者に対し、事案の要旨、意見の聴取の期日及び場所並びに出頭を求める旨を記載した意見聴取開始通知書を送付して行うものとする。

4　前項ただし書の場合には、事案の要旨並びに意見の聴取の期日及び場所を公告しなければならない。

5　第一項及び第二項の意見の聴取（行政手続法第二条第四号に規定する不利益処分（次項及び第八項において単に「不利益処分」という。）に係るものを除く。）においては、当該事案に利害関係を有する者は、審理官の許可を得て、意見の聴取の期日に出頭し、意見を述べることができる。

6　第八十七条、第九十条から第九十三条の三まで及び第九十六条の規定は、第一項及び第二項の意見の聴取に、第八十九条及び行政手続法第十八条の規定は不利益処分に係る第一項及び第二項の意見の聴取について準用する。この場合において、第九十条第三項中「異議申立人」とあるのは「第九十九条の十二第三項ただし書の意見聴取開始通知書の送付を受けた者（第四十七条の二第三項（第七十一条の三第十一項及び第百二条の十八第十三項において準用する場合を含む。）の規定による指定試験機関に対するその役員若しくは試験員の解任の命令、指定周波数変更対策機関に対するその役員の解任の命令又は指定較正機関に対するその較正員の解任の命令の処分に係る意見の聴取においては、第九十九条の十二第三項ただし書の意見聴取開始通知書の送付を受けた者及び当該役員、当該試験員又は当該較正員。以下第九十二条の五までにおいて「当事者」という。）」と、第九十一条から第九十二条の五までの規定中「異議申立人」とあるのは「当事者」

と、第九十六条中「この章」とあるのは「第九十九条の十二」と、行政手続法第十八条第一項中「当事者」とあるのは「電波法第九十九条の十二第六項において読み替えて準用する同法第九十条第三項の当事者」と、「参加人」とあるのは「同法第九十九条の十二第六項において準用する同法第八十九条第一項又は第二項の参加人」と、「聴聞の通知」とあるのは「同法第九十九条の十二第三項ただし書に規定する意見聴取開始通知書の送付」と読み替えるものとする。

7　第一項又は第二項の規定により意見の聴取を行つた事案については、電波監理審議会は、前項において準用する第九十三条の調書及び意見書に基づき答申を議決しなければならない。

8　第一項又は第二項の規定による意見の聴取を経てされる処分であつて、不利益処分に該当するものについては、行政手続法第三章（第十二条及び第十四条を除く。）の規定は、適用しない。

【八十九次改正】

放送法等の一部を改正する法律（平成二十二年十二月三日法律第六十五号）第三条

> 第九十九条の十二第一項中「前条第一項第一号及び第三号」を「前条第一項第三号」に改め、同条第二項中「前条第一項第二号及び第四号」を「前条第一項各号（第三号を除く。）」に改める。

（意見の聴取）

第九十九条の十二　電波監理審議会は、前条第一項第三号の規定により諮問を受けた場合には、意見の聴取を行わなければならない。

2　電波監理審議会は、前項の場合のほか、前条第一項各号（第三号を除く。）の規定により諮問を受けた場合において必要があると認めるときは、意見の聴取を行うことができる。

3　前二項の意見の聴取の開始は、審理官（第六項において準用する第八十七条ただし書の場合はその委員。以下同じ。）の名をもつて、事案の要旨並びに意見の聴取の期日及び場所を公告して行う。ただし、当該事案が特定の者に対して処分をしようとするものであるときは、当該特定の者に対し、事案の要旨、意見の聴取の期日及び場所並びに出頭を求める旨を記載した意見聴取開始通知書を送付して行うものとする。

4　前項ただし書の場合には、事案の要旨並びに意見の聴取の期日及び場所を公告しなければならない。

5　第一項及び第二項の意見の聴取（行政手続法第二条第四号に規定する不利益処分（次項及び第八項において単に「不利益処分」という。）に係るものを除く。）においては、当該事案に利害関係を有する者は、審理官の許可を得て、意見の聴取の期日に出頭し、意見を述べることができる。

6　第八十七条、第九十条から第九十三条の三まで及び第九十六条の規定は、第一項及び第二項の意見の聴取に、第八十九条及び行政手続法第十八条の規定は不利益処分に係る第一項及び第二項の意見の聴取について準用する。この場合において、第九十条第三項中「異議申立人」とあるのは「第九十九条の十二第三項ただし書の意見聴取開始通知書の送付を受けた者（第四十七条の二第三項（第七十一条の三第十一項及び第百二条の十八第十三項において準用する場合を含む。）の規定による指定試験機関に対するその役員若しくは試験員の解任の命令、指定周波数変更対策機関に対するその役員の解任の命令又は指定較正機関に対するその較正員の解任の命令の処分に係る意見の聴取においては、第九十九条の十二第三項ただし書の意見聴取開始通知書の送付を受けた者及び当該役員、当該試験員又は当該較正員。以下第九十二条の五までにおいて「当事者」という。）」と、第九十一条から第九十二条の五までの規定中「異議申立人」とあるのは「当事者」と、第九十六条中「この章」とあるのは「第九十九条の十二」と、行政手続法第十八条第一項中「当事者」とあるのは「電波法第九十九条の十二第六項において読み替えて準用する同法第九十条第三項の当事者」と、「参加人」とあるのは「同法第九十九条の十二第六項において準用する同法第八十九条第一項又は第二項の参加人」と、「聴聞の通知」とあるのは「同法第九十九条の十二第三項ただし書に規定する意見聴取開始通知書の送付」と読み替えるものとする。

7　第一項又は第二項の規定により意見の聴取を行つた事案については、電波監理審議会は、前項において準用する第九十三条の調書及び意見書に基づき答申を議決しなければならない。

8　第一項又は第二項の規定による意見の聴取を経てされる処分であつて、不利益処分に該当するものについては、行政手続法第三章（第十二条及び第十四条を除く。）の規定は、適用しない。

【百二次改正】

行政不服審査法の施行に伴う関係法律の整備等に関する法律（平成二十六年六月十三日法律第六十九号）第三十八条

第九十九条の十二第五項中「行政手続法」の下に「（平成五年法律第八十八号）」を加え、同条第六項中「異議申立人」を「審査請求人」に改める。

（意見の聴取）

第九十九条の十二　電波監理審議会は、前条第一項第三号の規定により諮問を受けた場合には、意見の聴取を行わなければならない。

2　電波監理審議会は、前項の場合のほか、前条第一項各号（第三号を除く。）の規定により諮問を受けた場合において必要があると認めるときは、意見の聴取を行うことができる。

3　前二項の意見の聴取の開始は、審理官（第六項において準用する第八十七条ただし書の場合はその委員。以下同じ。）の名をもつて、事案の要旨並びに意見の聴取の期日及び場所を公告して行う。ただし、当該事案が特定の者に対して処分をしようとするものであるときは、当該特定の者に対し、事案の要旨、意見の聴取の期日及び場所並びに出頭を求める旨を記載した意見聴取開始通知書を送付して行うものとする。

4　前項ただし書の場合には、事案の要旨並びに意見の聴取の期日及び場所を公告しなければならない。

5　第一項及び第二項の意見の聴取（行政手続法（平成五年法律第八十八号）第二条第四号に規定する不利益処分（次項及び第八項において単に「不利益処分」という。）に係るものを除く。）においては、当該事案に利害関係を有する者は、審理官の許可を得て、意見の聴取の期日に出頭し、意見を述べることができる。

6　第八十七条、第九十条から第九十三条の三まで及び第九十六条の規定は、第一項及び第二項の意見の聴取に、第八十九条及び行政手続法第十八条の規定は不利益処分に係る第一項及び第二項の意見の聴取について準用する。この場合において、第九十条第三項中「審査請求人」とあるのは「第九十九条の十二第三項ただし書の意見聴取開始通知書の送付を受けた者（第四十七条の二第三項（第七十一条の三第十一項及び第百二条の十八第十三項において準用する場合を含む。）の規定による指定試験機関に対するその役員若しくは試験員の解任の命令、指定周波数変更対策機関に対するその役員の解任の命令又は指定較正機関に対するその較正員の解任の命令の処分に係る意見の聴取においては、第九十九条の十二第三項ただし書の意見聴取開始通知書の送付を受けた者及び当該役員、当該試験員又は当該較正員。以下第九十二条の五までにおいて「当事者」という。）」と、第九十一条から第九十二条の五までの規定中「審査請求人」とあるのは「当事者」と、第九十六条中「この章」とあるのは「第九十九条の十二」と、行政手続法第十八条第一項中「当事者」とあるのは「電波法第九十九条の十二第六項において読み替えて準用する同法第九十条第三項の当事者」と、「参加人」とあるのは「同法第九十九条の十二第六項において準用する同法第八十九条第一項又は第二項の参加人」と、「聴聞の通知」とあるのは「同法第九十九条の十二第三項ただし書に規定する意見聴取開始通知書の送付」と読み替えるものとする。

7　第一項又は第二項の規定により意見の聴取を行つた事案については、電波監理審議会は、前項において準用する第九十三条の調書及び意見書に基づき答申を議決しなければならない。

8　第一項又は第二項の規定による意見の聴取を経てされる処分であつて、不利益処分に該当するものについては、行政手続法第三章（第十二条及び第十四条を除く。）の規定は、適用しない。

第九十九条の十三

【三次改正】

郵政省設置法の一部改正に伴う関係法令の整理に関する法律（昭和二十七年七月三十一日法律第二百八十号）第二条

第九十九条中「電波監理委員会」を「電波監理審議会」に改め、同条の次に次の一章を加える。

（追加された第七章の二中の第九十九条の十三の規定は、後掲の条文の通り。）

（勧告）

第九十九条の十三　電波監理審議会は、第九十九条の十一に掲げる事項その他電波の規律に関し、郵政大臣に対して必要な勧告をすることができる。

2　郵政大臣は、前項の勧告を受けたときは、その内容を公表するとともに、これを尊重して必要な措置をしなければならない。

【六十二次改正】

中央省庁等改革関係法施行法（平成十一年十二月二十二日法律第百六十号）第百九十三条

本則（第九十九条の十二第二項を除く。）中「郵政大臣」を「総務大臣」に、「郵政省令」を「総務省令」に、「通商産業大臣」を「経済産業大臣」に、「建設大臣」を「国土交通大臣」に、「地方電気通信監理局長」を「総合通信局長」に、「沖縄郵政管理事務所長」を「沖縄総合通信事務所長」に改める。

第九十九条の十三第一項中「その他電波の規律」を削り、同条第二項中「するとともに、これを尊重して必要な措置を」を削る。

（勧告）

第九十九条の十三　電波監理審議会は、第九十九条の十一に掲げる事項に関し、総務大臣に対して必要な勧告をすることができる。

2　総務大臣は、前項の勧告を受けたときは、その内容を公表しなければならない。

第九十九条の十四

【三十次改正】

国家行政組織法の一部を改正する法律の施行に伴う関係法律の整理等に関する法律（昭和五十八年九月八日法律第七十八号）第百五十四条

第七章の二中第九十九条の十三の次に次の一条を加える。
（追加された第九十九条の十四の規定は、後掲の条文の通り。）

（審理官）

第九十九条の十四　電波監理審議会に、審理官五人以内を置く。

２　審理官は、前章（有線テレビジョン放送法第二十八条及び有線ラジオ放送業務の運用の規正に関する法律第九条において準用する場合を含む。）又は第九十九条の十二に規定する聴聞を主宰する。

３　審理官は、電波監理審議会の議決を経て、郵政大臣が任命する。

【三十九次改正】

放送法及び電波法の一部を改正する法律（昭和六十三年五月六日法律第二十九号）第二条

第九十九条の十四中「前章（」の下に「放送法第五十三条の六、」を加える。

（審理官）

第九十九条の十四　電波監理審議会に、審理官五人以内を置く。

２　審理官は、前章（放送法第五十三条の六、有線テレビジョン放送法第二十八条及び有線ラジオ放送業務の運用の規正に関する法律第九条において準用する場合を含む。）又は第九十九条の十二に規定する聴聞を主宰する。

３　審理官は、電波監理審議会の議決を経て、郵政大臣が任命する。

【四十次改正】

電波法の一部を改正する法律（昭和六十一年五月二十二日法律第三十五号）

第九十九条の十四第二項中「第五十三条の六」を「第五十三条の十三」に、「又は第九十九条の十二」を「若しくは第九十九条の十二又は放送法第五十三条の十一」に改める。

（審理官）

第九十九条の十四　電波監理審議会に、審理官五人以内を置く。

２　審理官は、前章（放送法第五十三条の十三、有線テレビジョン放送法第二十八条及び有線ラジオ放送業務の運用の規正に関する法律第九条において準用する場合を含む。）若しくは第九十九条の十二又は放送法第五十三条の十一に規定する聴聞を主宰する。

３　審理官は、電波監理審議会の議決を経て、郵政大臣が任命する。

【四十七次改正】

行政手続法の施行に伴う関係法律の整備に関する法律（平成五年十一月十二日法律第八十九号）第二百二十九条

第九十九条の十四第二項中「若しくは」を「に規定する審理又は」に、「又は」を「若しくは」に、「聴聞」を「意見の聴取の手続」に改める。

（審理官）

第九十九条の十四　電波監理審議会に、審理官五人以内を置く。

２　審理官は、前章（放送法第五十三条の十三、有線テレビジョン放送法第二十八条及び有線ラジオ放送業務の運用の規正に関する法律第九条において準用する場合を含む。）に規定する審理又は第九十九条の十二若しくは放送法第五十三条の十一に規定する意見の聴取の手続を主宰する。

３　審理官は、電波監理審議会の議決を経て、郵政大臣が任命する。

【六十二次改正】

中央省庁等改革関係法施行法（平成十一年十二月二十二日法律第百六十号）第百九十三条

本則（第九十九条の十二第二項を除く。）中「郵政大臣」を「総務大臣」に、「郵政省令」を「総務省令」に、「通商産業大臣」を「経済産業大臣」に、「建設大臣」を「国土交通大臣」に、「地方電気通信監理局長」を「総合通信局長」に、「沖縄郵政管理事務所長」を「沖縄総合通信事務所長」に改める。

（審理官）

第九十九条の十四　電波監理審議会に、審理官五人以内を置く。

2　審理官は、前章（放送法第五十三条の十三、有線テレビジョン放送法第二十八条及び有線ラジオ放送業務の運用の規正に関する法律第九条において準用する場合を含む。）に規定する審理又は第九十九条の十二若しくは放送法第五十三条の十一に規定する意見の聴取の手続を主宰する。

3　審理官は、電波監理審議会の議決を経て、総務大臣が任命する。

【六十九次改正】

電気通信役務利用放送法（平成十三年六月二十九日法律第八十五号）附則第五条

第九十九条の十四第二項中「及び有線ラジオ放送業務の運用の規正に関する法律第九条」を「、有線ラジオ放送業務の運用の規正に関する法律第九条及び電気通信役務利用放送法第二十一条」に、「若しくは放送法第五十三条の十一」を「、放送法第五十三条の十一若しくは電気通信役務利用放送法第十九条」に改める。

（審理官）

第九十九条の十四　電波監理審議会に、審理官五人以内を置く。

2　審理官は、前章（放送法第五十三条の十三、有線テレビジョン放送法第二十八条、有線ラジオ放送業務の運用の規正に関する法律第九条及び電気通信役務利用放送法第二十一条において準用する場合を含む。）に規定する審理又は第九十九条の十二、放送法第五十三条の十一若しくは電気通信役務利用放送法第十九条に規定する意見の聴取の手続を主宰する。

3　審理官は、電波監理審議会の議決を経て、総務大臣が任命する。

【九十一次改正】

放送法等の一部を改正する法律（平成二十二年十二月三日法律第六十五号）第四条

第九十九条の十四第二項中「第五十三条の十三、有線テレビジョン放送法第二十八条、有線ラジオ放送業務の運用の規正に関する法律第九条及び電気通信役務利用放送法第二十一条」を「第百八十条」に、「、放送法第五十三条の十一若しくは電気通信役務利用放送法第十九条」を「若しくは同法第百七十八条」に改める。

（審理官）

第九十九条の十四　電波監理審議会に、審理官五人以内を置く。

2　審理官は、前章（放送法第百八十条において準用する場合を含む。）に規定する審理又は第九十九条の十二若しくは同法第百七十八条に規定する意見の聴取の手続を主宰する。

3　審理官は、電波監理審議会の議決を経て、総務大臣が任命する。

第二編　電波法の変遷

第二部　一次改正から百五次改正までの逐条改正経緯

第八章　雑則

第百条

【 制定 】

電波法（昭和二十五年五月二日法律第百三十一号）

（高周波利用設備）

第百条　左に掲げる設備を設置しようとする者は、当該設備につき、電波監理委員会の許可を受けなければならない。

一　電線路に十キロサイクル以上の高周波電流を通ずる電信、電話その他の通信設備（ケーブル搬送設備及び平衡二線式裸線搬送設備を除く。）

二　無線設備及び前号の設備以外の設備であつて十キロサイクル以上の高周波電流を利用するもののうち、電波監理委員会規則で定めるもの

2　前項の許可の申請があつたときは、電波監理委員会は、当該申請が次項において準用する第二十八条、第三十条又は第三十八条の技術基準に適合し、且つ、当該申請に係る周波数の使用が他の通信に妨害を与えないと認めるときは、これを許可しなければならない。

3　第十四条第一項及び第二項（免許状）、第十七条（変更等の許可）、第二十一条（免許状の訂正）、第二十二条、第二十三条（廃止及び休止）、第二十四条（免許状の返納）、第二十八条（電波の質）、第三十条（安全施設）、第三十八条（技術基準）、第七十二条（電波の発射の停止）、第七十三条第二項から第四項まで（検査）、第七十六条、第七十七条（無線局の免許の取消等）、第八十一条（報告）の規定は、第一項の規定により許可を受けた設備に準用する。

【 三次改正 】

郵政省設置法の一部改正に伴う関係法令の整理に関する法律（昭和二十七年七月三十一日法律第二百八十号）第二条

「電波監理委員会規則」を「郵政省令」に改める。
「電波監理委員会」を「郵政大臣」に改める。

（高周波利用設備）

第百条　左に掲げる設備を設置しようとする者は、当該設備につき、郵政大臣の許可を受けなければならない。

一　電線路に十キロサイクル以上の高周波電流を通ずる電信、電話その他の通信設備（ケーブル搬送設備及び平衡二線式裸線搬送設備を除く。）

二　無線設備及び前号の設備以外の設備であつて十キロサイクル以上の高周波電流を利用するもののうち、郵政省令で定めるもの

2　前項の許可の申請があつたときは、郵政大臣は、当該申請が次項において準用する第二十八条、第三十条又は第三十八条の技術基準に適合し、且つ、当該申請に係る周波数の使用が他の通信に妨害を与えないと認めるときは、これを許可しなければならない。

3　第十四条第一項及び第二項（免許状）、第十七条（変更等の許可）、第二十一条（免許状の訂正）、第二十二条、第二十三条（廃止及び休止）、第二十四条（免許状の返納）、第二十八条（電波の質）、第三十条（安全施設）、第三十八条（技術基準）、第七十二条（電波の発射の停止）、第七十三条第二項から第四項まで（検査）、第七十六条、第七十七条（無線局の免許の取消等）、第八十一条（報告）の規定は、第一項の規定により許可を受けた設備に準用する。

【 七次改正 】

電波法の一部を改正する法律（昭和三十三年五月六日法律第百四十号）

第百条第三項中「及び第二項（免許状）」の下に「、第十六条（運用開始及び休止の届出）」を加え、「廃止及び休止」を「無線局の廃止」に改める。

（高周波利用設備）

第百条　左に掲げる設備を設置しようとする者は、当該設備につき、郵政大臣の許可を受けなければならない。

一　電線路に十キロサイクル以上の高周波電流を通ずる電信、電話その他の通信設備（ケーブル搬送設備及び平衡二線式裸線搬送設備を除く。）

二　無線設備及び前号の設備以外の設備であつて十キロサイクル以上の高周波電流を利用するもののうち、郵政省令で定めるもの

2　前項の許可の申請があつたときは、郵政大臣は、当該申請が次項において準用する第二十八条、第三十条又は第三十八条の技術基準に適合し、且つ、当該申請に係る周波数の使用が他の通信に妨害を与えないと認めるときは、これを許可しなければならない。

3　第十四条第一項及び第二項（免許状）、第十六条（運用開始及び休止の届出）、第十七条（変更等の許可）、第二十一条（免許状の訂正）、第二十二条、第二十三条（無線局の廃止）、第二十四条（免許状の返納）、第二十八条（電波の質）、第三十条（安全施設）、第三十八条（技術基準）、第七十二条（電波の発射の停止）、第七十三条第二項から第四項まで（検査）、第七十六条、第七十七条（無線局の免許の取消等）、第八十一条（報告）の規定は、第一項の規定により許可を受けた設備に準用する。

【十二次改正】

電波法の一部を改正する法律（昭和四十年六月二日法律第百十四号）

第百条第二項中「通信」の下に「（郵政大臣がその公示する場所において行なう電波の監視を含む。）」を加える。

（高周波利用設備）

第百条　左に掲げる設備を設置しようとする者は、当該設備につき、郵政大臣の許可を受けなければならない。

一　電線路に十キロサイクル以上の高周波電流を通ずる電信、電話その他の通信設備（ケーブル搬送設備及び平衡二線式裸線搬送設備を除く。）

二　無線設備及び前号の設備以外の設備であつて十キロサイクル以上の高周波電流を利用するもののうち、郵政省令で定めるもの

2　前項の許可の申請があつたときは、郵政大臣は、当該申請が次項において準用する第二十八条、第三十条又は第三十八条の技術基準に適合し、且つ、当該申請に係る周波数の使用が他の通信（郵政大臣がその公示する場所において行なう電波の監視を含む。）に妨害を与えないと認めるときは、これを許可しなければならない。

3　第十四条第一項及び第二項（免許状）、第十六条（運用開始及び休止の届出）、第十七条（変更等の許可）、第二十一条（免許状の訂正）、第二十二条、第二十三条（無線局の廃止）、第二十四条（免許状の返納）、第二十八条（電波の質）、第三十条（安全施設）、第三十八条（技術基準）、第七十二条（電波の発射の停止）、第七十三条第二項から第四項まで（検査）、第七十六条、第七十七条（無線局の免許の取消等）、第八十一条（報告）の規定は、第一項の規定により許可を受けた設備に準用する。

【十七次改正】

許可、認可等の整理に関する法律（昭和四十七年七月一日法律第百十一号）**第十三条**

第百条第一項第一号中「十キロサイクル」を「十キロヘルツ」に、「及び平衡二線式裸線搬送設備」を「、平衡二線式裸線搬送設備その他郵政省令で定める通信設備」に改め、同項第二号中「十キロサイクル」を「十キロヘルツ」に改め、同条第二項中「次項」を「第五項」に改め、同条第三項中「第七十三条第二項から第四項まで」を「第七十三条第三項、第五項及び第六項」に、「、第八十一条」を「並びに第八十一条」に改め、同項を同条第五項とし、同条第二項の次に次の二項を加える。
（追加された第三項及び第四項の規定は、後掲の条文の通り。）

（高周波利用設備）
第百条　左に掲げる設備を設置しようとする者は、当該設備につき、郵政大臣の許可を受けなければならない。
一　電線路に十キロヘルツ以上の高周波電流を通ずる電信、電話その他の通信設備（ケーブル搬送設備、平衡二線式裸線搬送設備その他郵政省令で定める通信設備を除く。）
二　無線設備及び前号の設備以外の設備であつて十キロヘルツ以上の高周波電流を利用するもののうち、郵政省令で定めるもの
2　前項の許可の申請があつたときは、郵政大臣は、当該申請が第五項において準用する第二十八条、第三十条又は第三十八条の技術基準に適合し、且つ、当該申請に係る周波数の使用が他の通信（郵政大臣がその公示する場所において行なう電波の監視を含む。）に妨害を与えないと認めるときは、これを許可しなければならない。
3　第一項の許可を受けた者が当該設備を譲り渡したとき、又は同項の許可を受けた者について相続若しくは合併があつたときは、当該設備を譲り受けた者又は相続人若しくは合併後存続する法人若しくは合併により設立された法人は、同項の許可を受けた者の地位を承継する。
4　前項の規定により第一項の許可を受けた者の地位を承継した者は、遅滞なく、その事実を証する書面を添えてその旨を郵政大臣に届け出なければならない。
5　第十四条第一項及び第二項（免許状）、第十六条（運用開始及び休止の届出）、第十七条（変更等の許可）、第二十一条（免許状の訂正）、第二十二条、第二十三条（無線局の廃止）、第二十四条（免許状の返納）、第二十八条（電波の質）、第三十条（安全施設）、第三十八条（技術基準）、第七十二条（電波の発射の停止）、第七十三条第三項、第五項及び第六項（検査）、第七十六条、第七十七条（無線局の免許の取消等）並びに第八十一条（報告）の規定は、第一項の規定により許可を受けた設備に準用する。

【二十二次改正】

許可、認可等の整理に関する法律（昭和五十三年五月二十三日法律第五十四号）第二十七条

第百条第五項中「、第十六条（運用開始及び休止の届出）」を削る。

（高周波利用設備）
第百条　左に掲げる設備を設置しようとする者は、当該設備につき、郵政大臣の許可を受けなければならない。
一　電線路に十キロヘルツ以上の高周波電流を通ずる電信、電話その他の通信設備（ケーブル搬送設備、平衡二線式裸線搬送設備その他郵政省令で定める通信設備を除く。）
二　無線設備及び前号の設備以外の設備であつて十キロヘルツ以上の高周波電流を利用するもののうち、郵政省令で定めるもの
2　前項の許可の申請があつたときは、郵政大臣は、当該申請が第五項において準

用する第二十八条、第三十条又は第三十八条の技術基準に適合し、且つ、当該申請に係る周波数の使用が他の通信（郵政大臣がその公示する場所において行なう電波の監視を含む。）に妨害を与えないと認めるときは、これを許可しなければならない。

3　第一項の許可を受けた者が当該設備を譲り渡したとき、又は同項の許可を受けた者について相続若しくは合併があつたときは、当該設備を譲り受けた者又は相続人若しくは合併後存続する法人若しくは合併により設立された法人は、同項の許可を受けた者の地位を承継する。

4　前項の規定により第一項の許可を受けた者の地位を承継した者は、遅滞なく、その事実を証する書面を添えてその旨を郵政大臣に届け出なければならない。

5　第十四条第一項及び第二項（免許状）、第十七条（変更等の許可）、第二十一条（免許状の訂正）、第二十二条、第二十三条（無線局の廃止）、第二十四条（免許状の返納）、第二十八条（電波の質）、第三十条（安全施設）、第三十八条（技術基準）、第七十二条（電波の発射の停止）、第七十三条第三項、第五項及び第六項（検査）、第七十六条、第七十七条（無線局の免許の取消等）並びに第八十一条（報告）の規定は、第一項の規定により許可を受けた設備に準用する。

【　二十五次改正　】

電波法の一部を改正する法律（昭和五十六年五月二十三日法律第四十九号）

第百条第五項中「、第五項及び第六項」を「及び第五項」に、「取消等」を「取消し等」に改める。

（高周波利用設備）

第百条　左に掲げる設備を設置しようとする者は、当該設備につき、郵政大臣の許可を受けなければならない。

一　電線路に十キロヘルツ以上の高周波電流を通ずる電信、電話その他の通信設備（ケーブル搬送設備、平衡二線式裸線搬送設備その他郵政省令で定める通信設備を除く。）

二　無線設備及び前号の設備以外の設備であつて十キロヘルツ以上の高周波電流を利用するもののうち、郵政省令で定めるもの

2　前項の許可の申請があつたときは、郵政大臣は、当該申請が第五項において準用する第二十八条、第三十条又は第三十八条の技術基準に適合し、且つ、当該申請に係る周波数の使用が他の通信（郵政大臣がその公示する場所において行なう電波の監視を含む。）に妨害を与えないと認めるときは、これを許可しなければならない。

3　第一項の許可を受けた者が当該設備を譲り渡したとき、又は同項の許可を受けた者について相続若しくは合併があつたときは、当該設備を譲り受けた者又は相続人若しくは合併後存続する法人若しくは合併により設立された法人は、同項の許可を受けた者の地位を承継する。

4　前項の規定により第一項の許可を受けた者の地位を承継した者は、遅滞なく、その事実を証する書面を添えてその旨を郵政大臣に届け出なければならない。

5　第十四条第一項及び第二項（免許状）、第十七条（変更等の許可）、第二十一条（免許状の訂正）、第二十二条、第二十三条（無線局の廃止）、第二十四条（免許状の返納）、第二十八条（電波の質）、第三十条（安全施設）、第三十八条（技術基準）、第七十二条（電波の発射の停止）、第七十三条第三項及び第五項（検査）、第七十六条、第七十七条（無線局の免許の取消し等）並びに第八十一条（報告）の規定は、第一項の規定により許可を受けた設備に準用する。

【　五十四次改正　】

電波法の一部を改正する法律（平成九年五月九日法律第四十七号）

第百条第五項中「第七十三条第三項及び第五項」を「第七十三条第四項及び第六項」に改める。

（高周波利用設備）

第百条　左に掲げる設備を設置しようとする者は、当該設備につき、郵政大臣の許可を受けなければならない。

一　電線路に十キロヘルツ以上の高周波電流を通ずる電信、電話その他の通信設備（ケーブル搬送設備、平衡二線式裸線搬送設備その他郵政省令で定める通信設備を除く。）

二　無線設備及び前号の設備以外の設備であつて十キロヘルツ以上の高周波電流を利用するもののうち、郵政省令で定めるもの

2　前項の許可の申請があつたときは、郵政大臣は、当該申請が第五項において準用する第二十八条、第三十条又は第三十八条の技術基準に適合し、且つ、当該申請に係る周波数の使用が他の通信（郵政大臣がその公示する場所において行なう電波の監視を含む。）に妨害を与えないと認めるときは、これを許可しなければならない。

3　第一項の許可を受けた者が当該設備を譲り渡したとき、又は同項の許可を受けた者について相続若しくは合併があつたときは、当該設備を譲り受けた者又は相続人若しくは合併後存続する法人若しくは合併により設立された法人は、同項の許可を受けた者の地位を承継する。

4　前項の規定により第一項の許可を受けた者の地位を承継した者は、遅滞なく、その事実を証する書面を添えてその旨を郵政大臣に届け出なければならない。

5　第十四条第一項及び第二項（免許状）、第十七条（変更等の許可）、第二十一条（免許状の訂正）、第二十二条、第二十三条（無線局の廃止）、第二十四条（免許状の返納）、第二十八条（電波の質）、第三十条（安全施設）、第三十八条（技術基準）、第七十二条（電波の発射の停止）、第七十三条第四項及び第六項（検査）、第七十六条、第七十七条（無線局の免許の取消し等）並びに第八十一条（報告）の規定は、第一項の規定により許可を受けた設備に準用する。

【　六十二次改正　】

中央省庁等改革関係法施行法（平成十一年十二月二十二日法律第百六十号）第百九十三条

本則（第九十九条の十二第二項を除く。）中「郵政大臣」を「総務大臣」に、「郵政省令」を「総務省令」に、「通商産業大臣」を「経済産業大臣」に、「建設大臣」を「国土交通大臣」に、「地方電気通信監理局長」を「総合通信局長」に、「沖縄郵政管理事務所長」を「沖縄総合通信事務所長」に改める。

（高周波利用設備）

第百条　左に掲げる設備を設置しようとする者は、当該設備につき、総務大臣の許可を受けなければならない。

一　電線路に十キロヘルツ以上の高周波電流を通ずる電信、電話その他の通信設備（ケーブル搬送設備、平衡二線式裸線搬送設備その他総務省令で定める通信設備を除く。）

二　無線設備及び前号の設備以外の設備であつて十キロヘルツ以上の高周波電流を利用するもののうち、総務省令で定めるもの

2　前項の許可の申請があつたときは、総務大臣は、当該申請が第五項において準用する第二十八条、第三十条又は第三十八条の技術基準に適合し、且つ、当該申請に係る周波数の使用が他の通信（総務大臣がその公示する場所において行なう電波の監視を含む。）に妨害を与えないと認めるときは、これを許可しなければならない。

3　第一項の許可を受けた者が当該設備を譲り渡したとき、又は同項の許可を受けた者について相続若しくは合併があつたときは、当該設備を譲り受けた者又は相続人若しくは合併後存続する法人若しくは合併により設立された法人は、同項の許可を受けた者の地位を承継する。

4　前項の規定により第一項の許可を受けた者の地位を承継した者は、遅滞なく、その事実を証する書面を添えてその旨を総務大臣に届け出なければならない。

5　第十四条第一項及び第二項（免許状）、第十七条（変更等の許可）、第二十一条（免許状の訂正）、第二十二条、第二十三条（無線局の廃止）、第二十四条（免許状の返納）、第二十八条（電波の質）、第三十条（安全施設）、第三十八条（技術基準）、第七十二条（電波の発射の停止）、第七十三条第四項及び第六項（検査）、第七十六条、第七十七条（無線局の免許の取消し等）並びに第八十一条（報告）の規定は、第一項の規定により許可を受けた設備に準用する。

【六十六次改正】

商法等の一部を改正する法律の施行に伴う関係法律の整備に関する法律（平成十二年五月三十一日法律第九十一号）第二十八条

> 第百条第三項中「相続若しくは合併」を「相続、合併若しくは分割（当該設備を承継させるものに限る。）」に、「若しくは合併後」を「、合併後」に改め、「設立された法人」の下に「若しくは分割により当該設備を承継した法人」を加える。

（高周波利用設備）

第百条　左に掲げる設備を設置しようとする者は、当該設備につき、総務大臣の許可を受けなければならない。

一　電線路に十キロヘルツ以上の高周波電流を通ずる電信、電話その他の通信設備（ケーブル搬送設備、平衡二線式裸線搬送設備その他総務省令で定める通信設備を除く。）

二　無線設備及び前号の設備以外の設備であつて十キロヘルツ以上の高周波電流を利用するもののうち、総務省令で定めるもの

2　前項の許可の申請があつたときは、総務大臣は、当該申請が第五項において準用する第二十八条、第三十条又は第三十八条の技術基準に適合し、且つ、当該申請に係る周波数の使用が他の通信（総務大臣がその公示する場所において行なう電波の監視を含む。）に妨害を与えないと認めるときは、これを許可しなければならない。

3　第一項の許可を受けた者が当該設備を譲り渡したとき、又は同項の許可を受けた者について相続、合併若しくは分割（当該設備を承継させるものに限る。）があつたときは、当該設備を譲り受けた者又は相続人、合併後存続する法人若しくは合併により設立された法人若しくは分割により当該設備を承継した法人は、同項の許可を受けた者の地位を承継する。

4　前項の規定により第一項の許可を受けた者の地位を承継した者は、遅滞なく、その事実を証する書面を添えてその旨を総務大臣に届け出なければならない。

5　第十四条第一項及び第二項（免許状）、第十七条（変更等の許可）、第二十一条（免許状の訂正）、第二十二条、第二十三条（無線局の廃止）、第二十四条（免許状の返納）、第二十八条（電波の質）、第三十条（安全施設）、第三十八条（技術基準）、第七十二条（電波の発射の停止）、第七十三条第四項及び第六項（検査）、第七十六条、第七十七条（無線局の免許の取消し等）並びに第八十一条（報告）の規定は、第一項の規定により許可を受けた設備に準用する。

【八十九次改正】

放送法等の一部を改正する法律（平成二十二年十二月三日法律第六十五号）第三条

> 第百条第五項中「（技術基準）」の下に「、第三十八条の二（無線設備の技術基

準の策定等の申出）、第七十一条の五（技術基準適合命令）」を加える。

（高周波利用設備）

第百条　左に掲げる設備を設置しようとする者は、当該設備につき、総務大臣の許可を受けなければならない。

一　電線路に十キロヘルツ以上の高周波電流を通ずる電信、電話その他の通信設備（ケーブル搬送設備、平衡二線式裸線搬送設備その他総務省令で定める通信設備を除く。）

二　無線設備及び前号の設備以外の設備であつて十キロヘルツ以上の高周波電流を利用するもののうち、総務省令で定めるもの

2　前項の許可の申請があつたときは、総務大臣は、当該申請が第五項において準用する第二十八条、第三十条又は第三十八条の技術基準に適合し、且つ、当該申請に係る周波数の使用が他の通信（総務大臣がその公示する場所において行なう電波の監視を含む。）に妨害を与えないと認めるときは、これを許可しなければならない。

3　第一項の許可を受けた者が当該設備を譲り渡したとき、又は同項の許可を受けた者について相続、合併若しくは分割（当該設備を承継させるものに限る。）があつたときは、当該設備を譲り受けた者又は相続人、合併後存続する法人若しくは合併により設立された法人若しくは分割により当該設備を承継した法人は、同項の許可を受けた者の地位を承継する。

4　前項の規定により第一項の許可を受けた者の地位を承継した者は、遅滞なく、その事実を証する書面を添えてその旨を総務大臣に届け出なければならない。

5　第十四条第一項及び第二項（免許状）、第十七条（変更等の許可）、第二十一条（免許状の訂正）、第二十二条、第二十三条（無線局の廃止）、第二十四条（免許状の返納）、第二十八条（電波の質）、第三十条（安全施設）、第三十八条（技術基準）、第三十八条の二（無線設備の技術基準の策定等の申出）、第七十一条の五（技術基準適合命令）、第七十二条（電波の発射の停止）、第七十三条第四項及び第六項（検査）、第七十六条、第七十七条（無線局の免許の取消し等）並びに第八十一条（報告）の規定は、第一項の規定により許可を受けた設備に準用する。

【九十一次改正】

放送法等の一部を改正する法律（平成二十二年十二月三日法律第六十五号）第四条

第百条第五項中「第七十三条第四項及び第六項」を「第七十三条第五項及び第七項」に改める。

（高周波利用設備）

第百条　左に掲げる設備を設置しようとする者は、当該設備につき、総務大臣の許可を受けなければならない。

一　電線路に十キロヘルツ以上の高周波電流を通ずる電信、電話その他の通信設備（ケーブル搬送設備、平衡二線式裸線搬送設備その他総務省令で定める通信設備を除く。）

二　無線設備及び前号の設備以外の設備であつて十キロヘルツ以上の高周波電流を利用するもののうち、総務省令で定めるもの

2　前項の許可の申請があつたときは、総務大臣は、当該申請が第五項において準用する第二十八条、第三十条又は第三十八条の技術基準に適合し、且つ、当該申請に係る周波数の使用が他の通信（総務大臣がその公示する場所において行なう電波の監視を含む。）に妨害を与えないと認めるときは、これを許可しなければならない。

3　第一項の許可を受けた者が当該設備を譲り渡したとき、又は同項の許可を受け

た者について相続、合併若しくは分割（当該設備を承継させるものに限る。）があつたときは、当該設備を譲り受けた者又は相続人、合併後存続する法人若しくは合併により設立された法人若しくは分割により当該設備を承継した法人は、同項の許可を受けた者の地位を承継する。

4　前項の規定により第一項の許可を受けた者の地位を承継した者は、遅滞なく、その事実を証する書面を添えてその旨を総務大臣に届け出なければならない。

5　第十四条第一項及び第二項（免許状）、第十七条（変更等の許可）、第二十一条（免許状の訂正）、第二十二条、第二十三条（無線局の廃止）、第二十四条（免許状の返納）、第二十八条（電波の質）、第三十条（安全施設）、第三十八条（技術基準）、第三十八条の二（無線設備の技術基準の策定等の申出）、第七十一条の五（技術基準適合命令）、第七十二条（電波の発射の停止）、第七十三条第五項及び第七項（検査）、第七十六条、第七十七条（無線局の免許の取消し等）並びに第八十一条（報告）の規定は、第一項の規定により許可を受けた設備に準用する。

第百一条

【制定】

電波法（昭和二十五年五月二日法律第百三十一号）

（無線設備の機能の保護）

第百一条　第八十二条第一項の規定は、無線設備以外の設備（前条の設備を除く。）が副次的に発する電波又は高周波電流が無線設備の機能に継続的且つ重大な障害を与えるときに準用する。

第百二条

【制定】

電波法（昭和二十五年五月二日法律第百三十一号）

〔無線設備の機能の保護〕・・第百一条との共通見出しである。

第百二条　電波監理委員会の施設した無線方位測定装置の設置場所から一キロメートル以内の地域に、電波を乱すおそれのある建造物又は工作物であつて電波監理委員会規則で定めるものを建設しようとする者は、あらかじめ電波監理委員会にその旨を届け出なければならない。

2　前項の無線方位測定装置の設置場所は、電波監理委員会が公示する。

【三次改正】

郵政省設置法の一部改正に伴う関係法令の整理に関する法律（昭和二十七年七月三十一日法律第二百八十号）第二条

「電波監理委員会規則」を「郵政省令」に改める。
「電波監理委員会」を「郵政大臣」に改める。

〔無線設備の機能の保護〕・・第百一条との共通見出しである。

第百二条　郵政大臣の施設した無線方位測定装置の設置場所から一キロメートル以内の地域に、電波を乱すおそれのある建造物又は工作物であつて郵政省令で定めるものを建設しようとする者は、あらかじめ郵政大臣にその旨を届け出なければならない。

２　前項の無線方位測定装置の設置場所は、郵政大臣が公示する。

【六十二次改正】

中央省庁等改革関係法施行法（平成十一年十二月二十二日法律第百六十号）第百九十三条

本則（第九十九条の十二第二項を除く。）中「郵政大臣」を「総務大臣」に、「郵政省令」を「総務省令」に、「通商産業大臣」を「経済産業大臣」に、「建設大臣」を「国土交通大臣」に、「地方電気通信監理局長」を「総合通信局長」に、「沖縄郵政管理事務所長」を「沖縄総合通信事務所長」に改める。

［無線設備の機能の保護］・・第百一条との共通見出しである。

第百二条　総務大臣の施設した無線方位測定装置の設置場所から一キロメートル以内の地域に、電波を乱すおそれのある建造物又は工作物であつて総務省令で定めるものを建設しようとする者は、あらかじめ総務大臣にその旨を届け出なければならない。

２　前項の無線方位測定装置の設置場所は、総務大臣が公示する。

第百二条の二

【十一次改正】

電波法の一部を改正する法律（昭和三十九年七月四日法律第百四十九号）

第百二条の次に次の九条を加える。
（追加された第百二条の二の規定は、後掲の条文の通り。）

（伝搬障害防止区域の指定）

第百二条の二　郵政大臣は、八百九十メガサイクル以上の周波数の電波による特定の固定地点間の無線通信で次の各号の一に該当するもの（以下「重要無線通信」という。）の電波伝搬路における当該電波の伝搬障害を防止して、重要無線通信の確保を図るため必要があるときは、その必要の範囲内において、当該電波伝搬路の地上投影面に沿い、その中心線と認められる線の両側それぞれ百メートル以内の区域を伝搬障害防止区域として指定することができる。

一　公衆通信業務の用に供する無線局の無線設備による無線通信

二　放送の業務の用に供する無線局の無線設備による無線通信

三　人命若しくは財産の保護又は治安の維持の用に供する無線設備による無線通信

四　気象業務の用に供する無線設備による無線通信

五　電気事業に係る電気の供給の業務の用に供する無線設備による無線通信

六　日本国有鉄道の列車（連絡船を含む。第百八条の二第一項において同じ。）の運行の業務（政令で定めるものを除く。同項において同じ。）の用に供する無線設備による無線通信

２　前項の規定による伝搬障害防止区域の指定は、政令で定めるところにより告示をもつて行なわなければならない。この場合において、その指定が同項第一号に掲げる無線通信に該当する無線通信の電波伝搬路に係る伝搬障害防止区域（以下「公衆通信障害防止区域」という。）の指定であるときは、その告示において、当該指定が公衆通信障害防止区域に係るものである旨を明示しなければならない。

3　郵政大臣は、政令で定めるところにより、前項の告示に係る伝搬障害防止区域を表示した図面を郵政省及び関係地方公共団体の事務所に備えつけ、一般の縦覧に供しなければならない。この場合において、公衆通信障害防止区域については、その区域を表示した図面の見やすい箇所に、公衆通信障害防止区域である旨を明示しなければならない。

4　郵政大臣は、第二項の告示に係る伝搬障害防止区域について、第一項の規定による指定の理由が消滅したときは、遅滞なく、その指定を解除しなければならない。

【十七次改正】

許可、認可等の整理に関する法律（昭和四十七年七月一日法律第百十一号）第十三条

> 第百二条の二第一項中「八百九十メガサイクル」を「八百九十メガヘルツ」に改める。

（伝搬障害防止区域の指定）

第百二条の二　郵政大臣は、八百九十メガヘルツ以上の周波数の電波による特定の固定地点間の無線通信で次の各号の一に該当するもの（以下「重要無線通信」という。）の電波伝搬路における当該電波の伝搬障害を防止して、重要無線通信の確保を図るため必要があるときは、その必要の範囲内において、当該電波伝搬路の地上投影面に沿い、その中心線と認められる線の両側それぞれ百メートル以内の区域を伝搬障害防止区域として指定することができる。

一　公衆通信業務の用に供する無線局の無線設備による無線通信

二　放送の業務の用に供する無線局の無線設備による無線通信

三　人命若しくは財産の保護又は治安の維持の用に供する無線設備による無線通信

四　気象業務の用に供する無線設備による無線通信

五　電気事業に係る電気の供給の業務の用に供する無線設備による無線通信

六　日本国有鉄道の列車（連絡船を含む。第百八条の二第一項において同じ。）の運行の業務（政令で定めるものを除く。同項において同じ。）の用に供する無線設備による無線通信

2　前項の規定による伝搬障害防止区域の指定は、政令で定めるところにより告示をもつて行なわなければならない。この場合において、その指定が同項第一号に掲げる無線通信に該当する無線通信の電波伝搬路に係る伝搬障害防止区域（以下「公衆通信障害防止区域」という。）の指定であるときは、その告示において、当該指定が公衆通信障害防止区域に係るものである旨を明示しなければならない。

3　郵政大臣は、政令で定めるところにより、前項の告示に係る伝搬障害防止区域を表示した図面を郵政省及び関係地方公共団体の事務所に備えつけ、一般の縦覧に供しなければならない。この場合において、公衆通信障害防止区域については、その区域を表示した図面の見やすい箇所に、公衆通信障害防止区域である旨を明示しなければならない。

4　郵政大臣は、第二項の告示に係る伝搬障害防止区域について、第一項の規定による指定の理由が消滅したときは、遅滞なく、その指定を解除しなければならない。

【三十二次改正】

日本電信電話株式会社法及び電気通信事業法の施行に伴う関係法律の整備等に関する法律（昭和五十九年十二月二十五日法律第八十七号）第四十七項

> 第百二条の二第一項第一号中「公衆通信業務」を「電気通信業務」に改め、同

条第二項中「行なわなければ」を「行わなければ」に、「公衆通信障害防止区域」を「電気通信業務障害防止区域」に改め、同条第三項中「備えつけ」を「備え付け」に、「公衆通信障害防止区域」を「電気通信業務障害防止区域」に改める。

（伝搬障害防止区域の指定）

第百二条の二　郵政大臣は、八百九十メガヘルツ以上の周波数の電波による特定の固定地点間の無線通信で次の各号の一に該当するもの（以下「重要無線通信」という。）の電波伝搬路における当該電波の伝搬障害を防止して、重要無線通信の確保を図るため必要があるときは、その必要の範囲内において、当該電波伝搬路の地上投影面に沿い、その中心線と認められる線の両側それぞれ百メートル以内の区域を伝搬障害防止区域として指定することができる。

一　電気通信業務の用に供する無線局の無線設備による無線通信

二　放送の業務の用に供する無線局の無線設備による無線通信

三　人命若しくは財産の保護又は治安の維持の用に供する無線設備による無線通信

四　気象業務の用に供する無線設備による無線通信

五　電気事業に係る電気の供給の業務の用に供する無線設備による無線通信

六　日本国有鉄道の列車（連絡船を含む。第百八条の二第一項において同じ。）の運行の業務（政令で定めるものを除く。同項において同じ。）の用に供する無線設備による無線通信

2　前項の規定による伝搬障害防止区域の指定は、政令で定めるところにより告示をもつて行わなければならない。この場合において、その指定が同項第一号に掲げる無線通信に該当する無線通信の電波伝搬路に係る伝搬障害防止区域（以下「電気通信業務障害防止区域」という。）の指定であるときは、その告示において、当該指定が電気通信業務障害防止区域に係るものである旨を明示しなければならない。

3　郵政大臣は、政令で定めるところにより、前項の告示に係る伝搬障害防止区域を表示した図面を郵政省及び関係地方公共団体の事務所に備え付け、一般の縦覧に供しなければならない。この場合において、電気通信業務障害防止区域については、その区域を表示した図面の見やすい箇所に、電気通信業務障害防止区域である旨を明示しなければならない。

4　郵政大臣は、第二項の告示に係る伝搬障害防止区域について、第一項の規定による指定の理由が消滅したときは、遅滞なく、その指定を解除しなければならない。

【三十六次改正】

日本国有鉄道改革法等施行法（昭和六十一年十二月四日法律第九十三号）第百四十一項

第百二条の二第一項第六号中「日本国有鉄道の列車（連絡船を含む。第百八条の二第一項において同じ。）」を「鉄道事業に係る列車」に改め、「（政令で定めるものを除く。同項において同じ。）」を削る。

（伝搬障害防止区域の指定）

第百二条の二　郵政大臣は、八百九十メガヘルツ以上の周波数の電波による特定の固定地点間の無線通信で次の各号の一に該当するもの（以下「重要無線通信」という。）の電波伝搬路における当該電波の伝搬障害を防止して、重要無線通信の確保を図るため必要があるときは、その必要の範囲内において、当該電波伝搬路の地上投影面に沿い、その中心線と認められる線の両側それぞれ百メートル以内の区域を伝搬障害防止区域として指定することができる。

一　電気通信業務の用に供する無線局の無線設備による無線通信

二　放送の業務の用に供する無線局の無線設備による無線通信
三　人命若しくは財産の保護又は治安の維持の用に供する無線設備による無線通信
四　気象業務の用に供する無線設備による無線通信
五　電気事業に係る電気の供給の業務の用に供する無線設備による無線通信
六　鉄道事業に係る列車の運行の業務の用に供する無線設備による無線通信

2　前項の規定による伝搬障害防止区域の指定は、政令で定めるところにより告示をもつて行わなければならない。この場合において、その指定が同項第一号に掲げる無線通信に該当する無線通信の電波伝搬路に係る伝搬障害防止区域（以下「電気通信業務障害防止区域」という。）の指定であるときは、その告示において、当該指定が電気通信業務障害防止区域に係るものである旨を明示しなければならない。

3　郵政大臣は、政令で定めるところにより、前項の告示に係る伝搬障害防止区域を表示した図面を郵政省及び関係地方公共団体の事務所に備え付け、一般の縦覧に供しなければならない。この場合において、電気通信業務障害防止区域については、その区域を表示した図面の見やすい箇所に、電気通信業務障害防止区域である旨を明示しなければならない。

4　郵政大臣は、第二項の告示に係る伝搬障害防止区域について、第一項の規定による指定の理由が消滅したときは、遅滞なく、その指定を解除しなければならない。

【　六十二次改正　】

中央省庁等改革関係法施行法（平成十一年十二月二十二日法律第百六十号）第百九十三条

本則（第九十九条の十二第二項を除く。）中「郵政大臣」を「総務大臣」に、「郵政省令」を「総務省令」に、「通商産業大臣」を「経済産業大臣」に、「建設大臣」を「国土交通大臣」に、「地方電気通信監理局長」を「総合通信局長」に、「沖縄郵政管理事務所長」を「沖縄総合通信事務所長」に改める。

第百二条の二第三項中「郵政省」を「総務省」に改める。

（伝搬障害防止区域の指定）

第百二条の二　総務大臣は、八百九十メガヘルツ以上の周波数の電波による特定の固定地点間の無線通信で次の各号の一に該当するもの（以下「重要無線通信」という。）の電波伝搬路における当該電波の伝搬障害を防止して、重要無線通信の確保を図るため必要があるときは、その必要の範囲内において、当該電波伝搬路の地上投影面に沿い、その中心線と認められる線の両側それぞれ百メートル以内の区域を伝搬障害防止区域として指定することができる。
一　電気通信業務の用に供する無線局の無線設備による無線通信
二　放送の業務の用に供する無線局の無線設備による無線通信
三　人命若しくは財産の保護又は治安の維持の用に供する無線設備による無線通信
四　気象業務の用に供する無線設備による無線通信
五　電気事業に係る電気の供給の業務の用に供する無線設備による無線通信
六　鉄道事業に係る列車の運行の業務の用に供する無線設備による無線通信

2　前項の規定による伝搬障害防止区域の指定は、政令で定めるところにより告示をもつて行わなければならない。この場合において、その指定が同項第一号に掲げる無線通信に該当する無線通信の電波伝搬路に係る伝搬障害防止区域（以下「電気通信業務障害防止区域」という。）の指定であるときは、その告示において、当該指定が電気通信業務障害防止区域に係るものである旨を明示しなければならない。

３　総務大臣は、政令で定めるところにより、前項の告示に係る伝搬障害防止区域を表示した図面を総務省及び関係地方公共団体の事務所に備え付け、一般の縦覧に供しなければならない。この場合において、電気通信業務障害防止区域については、その区域を表示した図面の見やすい箇所に、電気通信業務障害防止区域である旨を明示しなければならない。

４　総務大臣は、第二項の告示に係る伝搬障害防止区域について、第一項の規定による指定の理由が消滅したときは、遅滞なく、その指定を解除しなければならない。

【七十六次改正】

電波法及び有線電気通信法の一部を改正する法律（平成十六年五月十九日法律第四十七号）第一条

第百二条の二第二項後段及び第三項後段を削る。

（伝搬障害防止区域の指定）

第百二条の二　総務大臣は、八百九十メガヘルツ以上の周波数の電波による特定の固定地点間の無線通信で次の各号の一に該当するもの（以下「重要無線通信」という。）の電波伝搬路における当該電波の伝搬障害を防止して、重要無線通信の確保を図るため必要があるときは、その必要の範囲内において、当該電波伝搬路の地上投影面に沿い、その中心線と認められる線の両側それぞれ百メートル以内の区域を伝搬障害防止区域として指定することができる。

一　電気通信業務の用に供する無線局の無線設備による無線通信

二　放送の業務の用に供する無線局の無線設備による無線通信

三　人命若しくは財産の保護又は治安の維持の用に供する無線設備による無線通信

四　気象業務の用に供する無線設備による無線通信

五　電気事業に係る電気の供給の業務の用に供する無線設備による無線通信

六　鉄道事業に係る列車の運行の業務の用に供する無線設備による無線通信

２　前項の規定による伝搬障害防止区域の指定は、政令で定めるところにより告示をもつて行わなければならない。

３　総務大臣は、政令で定めるところにより、前項の告示に係る伝搬障害防止区域を表示した図面を総務省及び関係地方公共団体の事務所に備え付け、一般の縦覧に供しなければならない。

４　総務大臣は、第二項の告示に係る伝搬障害防止区域について、第一項の規定による指定の理由が消滅したときは、遅滞なく、その指定を解除しなければならない。

［注釈］第二項後段及び第三項後段が削られた。

第百二条の三〜第百二条の五

【十一次改正】

電波法の一部を改正する法律（昭和三十九年七月四日法律第百四十九号）

第百二条の次に次の九条を加える。

（追加された第百二条の三から第百二条の五までの規定は、後掲の条文の通り。）

（伝搬障害防止区域における高層建築物等に係る届出）

第百二条の三　前条第二項の告示に係る伝搬障害防止区域内（その区域とその他の

区域とにわたる場合を含む。）においてする次の各号の一に該当する行為（以下「指定行為」という。）に係る工事の請負契約の注文者又はその工事を請負契約によらないで自ら行なう者（以下単に「建築主」という。）は、郵政省令で定めるところにより、当該指定行為に係る工事に自ら着手し又はその工事の請負人（請負工事の下請人を含む。以下同じ。）に着手させる前に、当該指定行為に係る工作物につき、敷地の位置、高さ、高層部分（工作物の全部又は一部で地表からの高さが三十一メートルをこえる部分をいう。以下同じ。）の形状、構造及び主要材料、その者が当該指定行為に係る工事の請負契約の注文者である場合にはその工事の請負人の氏名又は名称及び住所その他必要な事項を書面により郵政大臣に届け出なければならない。

一　その最高部の地表からの高さが三十一メートルをこえる建築物その他の工作物（土地に定着する工作物の上部に建築される一又は二以上の工作物の最上部にある工作物の最高部の地表からの高さが三十一メートルをこえる場合における当該各工作物のうち、それぞれその最高部の地表からの高さが三十一メートルをこえるものを含む。以下「高層建築物等」という。）の新築

二　高層建築物等以外の工作物の増築又は移築で、その増築又は移築後において当該工作物が高層建築物等となるもの

三　高層建築物等の増築、移築、改築、修繕又は模様替え（改築、修繕及び模様替えについては、郵政省令で定める程度のものに限る。）

2　前項の規定による届出をした建築主は、届出をした事項を変更しようとするときは、郵政省令で定めるところにより、その変更に係る事項を書面により郵政大臣に届け出なければならない。

3　前二項の規定による届出があつた場合において、その届出に係る文書の記載をもつてしては、当該高層部分が当該伝搬障害防止区域に係る重要無線通信の電波伝搬路における当該電波の伝搬障害を生ずる原因（以下「重要無線通信障害原因」という。）となるかどうかを判定することができないときは、郵政大臣は、その判定に必要な範囲内において、その届出をした建築主に対し、期限を定めて、さらに必要と認められる事項の報告を求めることができる。

4　前条第一項の規定による伝搬障害防止区域の指定があつた際現に当該伝搬障害防止区域内（その区域とその他の区域とにわたる場合を含む。）において施工中の指定行為（郵政省令で定める程度にその施工の準備が完了したものを含む。）については、第一項の規定は、適用しない。

5　前項に規定する指定行為に係る建築主は、当該伝搬障害防止区域の指定後遅滞なく、郵政省令で定めるところにより、当該指定行為に係る工事の計画を郵政大臣に届け出なければならない。

6　第四項に規定する指定行為に係る建築主が、当該伝搬障害防止区域の指定の際におけるその指定行為に係る工事の計画（従前この項の規定による届出に係る計画の変更があつた場合には、その変更後の計画）のうち郵政省令で定める事項に係るものを変更しようとする場合には、第二項及び第三項の規定を準用する。

第百二条の四　郵政大臣は、建築主が、前条第一項又は第二項（同条第六項及び次項において準用する場合を含む。）の規定による届出をしなければならない場合において、その届出をしないで、指定行為に係る工事又は当該変更に係る事項に係る部分の工事（郵政省令で定めるものを除く。）に自ら着手し又はその工事の請負人に着手させたことを知つたときは、直ちに、当該建築主に対し、期限を定めて、同条第一項又は第二項（同条第六項及び次項において準用する場合を含む。）の規定により届け出るべきものとされている事項を書面により郵政大臣に届け出るべき旨を命じなければならない。

2　前項の規定に基づき前条第一項の規定により届け出るべきものとされている事項の届出を命ぜられてその届出をした者については、同条第二項の規定を準用

する。

3　第一項の規定に基づく命令による届出又は前項において準用する前条第二項の規定による届出があつた場合には、同条第三項の規定を準用する。

（伝搬障害の有無等の通知）

第百二条の五　郵政大臣は、第百二条の三第一項若しくは第二項（同条第六項及び前条第二項において準用する場合を含む。）の規定による届出又は前条第一項の規定に基づく命令による届出があつた場合において、その届出に係る事項を検討し、その届出に係る高層部分（変更の届出に係る場合にあつては、その変更後の高層部分。以下同じ。）が当該伝搬障害防止区域に係る重要無線通信障害原因となると認められるときは、その高層部分のうち当該重要無線通信障害原因となる部分（以下「障害原因部分」という。）を明示し、理由を付した文書により、当該高層部分が当該伝搬障害防止区域に係る重要無線通信障害原因とならないと認められるときは、その検討の結果を記載した文書により、その旨を当該届出をした建築主に通知しなければならない。

2　前項の規定による通知は、当該届出があつた日（第百二条の三第三項（同条第六項及び前条第三項において準用する場合を含む。）の規定による報告を求めた場合には、その報告があつた日）から三週間以内にしなければならない。

3　第一項の場合において、前二項の規定により、届出に係る高層部分が当該伝搬障害防止区域に係る重要無線通信障害原因となると認められる旨の通知を発したときは、郵政大臣は、その後直ちに、当該高層建築物等につき、建築主の氏名又は名称及び住所、敷地の位置、高さ、高層部分の形状、構造及び主要材料、障害原因部分その他必要な事項を書面により当該伝搬障害防止区域に係る重要無線通信を行なう無線局の免許人に通知するとともに、建築主からの届出に係る当該工事の請負人に対しても、当該障害原因部分その他必要な事項を書面により通知しなければならない。

【六十二次改正】

中央省庁等改革関係法施行法（平成十一年十二月二十二日法律第百六十号）第百九十三条

本則（第九十九条の十二第二項を除く。）中「郵政大臣」を「総務大臣」に、「郵政省令」を「総務省令」に、「通商産業大臣」を「経済産業大臣」に、「建設大臣」を「国土交通大臣」に、「地方電気通信監理局長」を「総合通信局長」に、「沖縄郵政管理事務所長」を「沖縄総合通信事務所長」に改める。

（伝搬障害防止区域における高層建築物等に係る届出）

第百二条の三　前条第二項の告示に係る伝搬障害防止区域内（その区域とその他の区域とにわたる場合を含む。）においてする次の各号の一に該当する行為（以下「指定行為」という。）に係る工事の請負契約の注文者又はその工事を請負契約によらないで自ら行なう者（以下単に「建築主」という。）は、総務省令で定めるところにより、当該指定行為に係る工事に自ら着手し又はその工事の請負人（請負工事の下請人を含む。以下同じ。）に着手させる前に、当該指定行為に係る工作物につき、敷地の位置、高さ、高層部分（工作物の全部又は一部で地表からの高さが三十一メートルをこえる部分をいう。以下同じ。）の形状、構造及び主要材料、その者が当該指定行為に係る工事の請負契約の注文者である場合にはその工事の請負人の氏名又は名称及び住所その他必要な事項を書面により総務大臣に届け出なければならない。

一　その最高部の地表からの高さが三十一メートルをこえる建築物その他の工作物（土地に定着する工作物の上部に建築される一又は二以上の工作物の最上部にある工作物の最高部の地表からの高さが三十一メートルをこえる場合に

おける当該各工作物のうち、それぞれその最高部の地表からの高さが三十一メートルをこえるものを含む。以下「高層建築物等」という。）の新築

二　高層建築物等以外の工作物の増築又は移築で、その増築又は移築後において当該工作物が高層建築物等となるもの

三　高層建築物等の増築、移築、改築、修繕又は模様替え（改築、修繕及び模様替えについては、総務省令で定める程度のものに限る。）

2　前項の規定による届出をした建築主は、届出をした事項を変更しようとするときは、総務省令で定めるところにより、その変更に係る事項を書面により総務大臣に届け出なければならない。

3　前二項の規定による届出があつた場合において、その届出に係る文書の記載をもつてしては、当該高層部分が当該伝搬障害防止区域に係る重要無線通信の電波伝搬路における当該電波の伝搬障害を生ずる原因（以下「重要無線通信障害原因」という。）となるかどうかを判定することができないときは、総務大臣は、その判定に必要な範囲内において、その届出をした建築主に対し、期限を定めて、さらに必要と認められる事項の報告を求めることができる。

4　前条第一項の規定による伝搬障害防止区域の指定があつた際現に当該伝搬障害防止区域内（その区域とその他の区域とにわたる場合を含む。）において施工中の指定行為（総務省令で定める程度にその施工の準備が完了したものを含む。）については、第一項の規定は、適用しない。

5　前項に規定する指定行為に係る建築主は、当該伝搬障害防止区域の指定後遅滞なく、総務省令で定めるところにより、当該指定行為に係る工事の計画を総務大臣に届け出なければならない。

6　第四項に規定する指定行為に係る建築主が、当該伝搬障害防止区域の指定の際におけるその指定行為に係る工事の計画（従前この項の規定による届出に係る計画の変更があつた場合には、その変更後の計画）のうち総務省令で定める事項に係るものを変更しようとする場合には、第二項及び第三項の規定を準用する。

第百二条の四　総務大臣は、建築主が、前条第一項又は第二項（同条第六項及び次項において準用する場合を含む。）の規定による届出をしなければならない場合において、その届出をしないで、指定行為に係る工事又は当該変更に係る事項に係る部分の工事（総務省令で定めるものを除く。）に自ら着手し又はその工事の請負人に着手させたことを知つたときは、直ちに、当該建築主に対し、期限を定めて、同条第一項又は第二項（同条第六項及び次項において準用する場合を含む。）の規定により届け出るべきものとされている事項を書面により総務大臣に届け出るべき旨を命じなければならない。

2　前項の規定に基づき前条第一項の規定により届け出るべきものとされている事項の届出を命ぜられてその届出をした者については、同条第二項の規定を準用する。

3　第一項の規定に基づく命令による届出又は前項において準用する前条第二項の規定による届出があつた場合には、同条第三項の規定を準用する。

（伝搬障害の有無等の通知）

第百二条の五　総務大臣は、第百二条の三第一項若しくは第二項（同条第六項及び前条第二項において準用する場合を含む。）の規定による届出又は前条第一項の規定に基づく命令による届出があつた場合において、その届出に係る事項を検討し、その届出に係る高層部分（変更の届出に係る場合にあつては、その変更後の高層部分。以下同じ。）が当該伝搬障害防止区域に係る重要無線通信障害原因となると認められるときは、その高層部分のうち当該重要無線通信障害原因となる部分（以下「障害原因部分」という。）を明示し、理由を付した文書により、当該高層部分が当該伝搬障害防止区域に係る重要無線通信障害原因とならないと

認められるときは、その検討の結果を記載した文書により、その旨を当該届出をした建築主に通知しなければならない。

2　前項の規定による通知は、当該届出があつた日（第百二条の三第三項（同条第六項及び前条第三項において準用する場合を含む。）の規定による報告を求めた場合には、その報告があつた日）から三週間以内にしなければならない。

3　第一項の場合において、前二項の規定により、届出に係る高層部分が当該伝搬障害防止区域に係る重要無線通信障害原因となると認められる旨の通知を発したときは、総務大臣は、その後直ちに、当該高層建築物等につき、建築主の氏名又は名称及び住所、敷地の位置、高さ、高層部分の形状、構造及び主要材料、障害原因部分その他必要な事項を書面により当該伝搬障害防止区域に係る重要無線通信を行なう無線局の免許人に通知するとともに、建築主からの届出に係る当該工事の請負人に対しても、当該障害原因部分その他必要な事項を書面により通知しなければならない。

第百二条の六

【十一次改正】

電波法の一部を改正する法律（昭和三十九年七月四日法律第百四十九号）

第百二条の次に次の九条を加える。
（追加された第百二条の六の規定は、後掲の条文の通り。）

（重要無線通信障害原因となる高層部分の工事の制限）

第百二条の六　前条第一項及び第二項の規定により、届出に係る高層部分が当該伝搬障害防止区域に係る重要無線通信障害原因となると認められる旨の通知を受けた建築主は、次の各号の一に該当する場合を除くほか、その通知を受けた日から二年間（当該伝搬障害防止区域が公衆通信障害防止区域である場合には、三年間）は、当該指定行為に係る工事のうち当該通知に係る障害原因部分に係るものを自ら行ない又はその請負人に行なわせてはならない。

一　当該指定行為に係る工事の計画を変更してその変更につき第百二条の三第二項（同条第六項及び第百二条の四第二項において準用する場合を含む。）の規定による届出をし、これにつき、前条第一項及び第二項の規定により当該高層部分が当該伝搬障害防止区域に係る重要無線通信障害原因とならない旨の通知を受けたとき。

二　当該伝搬障害防止区域に係る重要無線通信を行なう無線局の免許人との間に次条第一項の規定による協議がととのつたとき。

三　その他郵政省令で定める場合

【三十二次改正】

日本電信電話株式会社法及び電気通信事業法の施行に伴う関係法律の整備等に関する法律（昭和五十九年十二月二十五日法律第八十七号）第四十七項

第百二条の六中「公衆通信障害防止区域」を「電気通信業務障害防止区域」に、「行ない」を「行い」に、「行なわせては」を「行わせては」に改め、同条第二号中「行なう」を「行う」に、「ととのつた」を「調つた」に改める。

（重要無線通信障害原因となる高層部分の工事の制限）

第百二条の六　前条第一項及び第二項の規定により、届出に係る高層部分が当該伝搬障害防止区域に係る重要無線通信障害原因となると認められる旨の通知を受けた建築主は、次の各号の一に該当する場合を除くほか、その通知を受けた日から二年間（当該伝搬障害防止区域が電気通信業務障害防止区域である場合には、三年間）は、当該指定行為に係る工事のうち当該通知に係る障害原因部分に係るものを自ら行い又はその請負人に行わせてはならない。

一　当該指定行為に係る工事の計画を変更してその変更につき第百二条の三第二項（同条第六項及び第百二条の四第二項において準用する場合を含む。）の規定による届出をし、これにつき、前条第一項及び第二項の規定により当該高層部分が当該伝搬障害防止区域に係る重要無線通信障害原因とならない旨の通知を受けたとき。

二　当該伝搬障害防止区域に係る重要無線通信を行う無線局の免許人との間に次条第一項の規定による協議が調つたとき。

三　その他郵政省令で定める場合

【六十二次改正】

中央省庁等改革関係法施行法（平成十一年十二月二十二日法律第百六十号）第百九十三条

本則（第九十九条の十二第二項を除く。）中「郵政大臣」を「総務大臣」に、「郵政省令」を「総務省令」に、「通商産業大臣」を「経済産業大臣」に、「建設大臣」を「国土交通大臣」に、「地方電気通信監理局長」を「総合通信局長」に、「沖縄郵政管理事務所長」を「沖縄総合通信事務所長」に改める。

（重要無線通信障害原因となる高層部分の工事の制限）

第百二条の六　前条第一項及び第二項の規定により、届出に係る高層部分が当該伝搬障害防止区域に係る重要無線通信障害原因となると認められる旨の通知を受けた建築主は、次の各号の一に該当する場合を除くほか、その通知を受けた日から二年間（当該伝搬障害防止区域が電気通信業務障害防止区域である場合には、三年間）は、当該指定行為に係る工事のうち当該通知に係る障害原因部分に係るものを自ら行い又はその請負人に行わせてはならない。

一　当該指定行為に係る工事の計画を変更してその変更につき第百二条の三第二項（同条第六項及び第百二条の四第二項において準用する場合を含む。）の規定による届出をし、これにつき、前条第一項及び第二項の規定により当該高層部分が当該伝搬障害防止区域に係る重要無線通信障害原因とならない旨の通知を受けたとき。

二　当該伝搬障害防止区域に係る重要無線通信を行う無線局の免許人との間に次条第一項の規定による協議が調つたとき。

三　その他総務省令で定める場合

【七十六次改正】

電波法及び有線電気通信法の一部を改正する法律（平成十六年五月十九日法律第四十七号）第一条

第百二条の六中「一に」を「いずれかに」に改め、「（当該伝搬障害防止区域が電気通信業務障害防止区域である場合には、三年間）」を削る。

（重要無線通信障害原因となる高層部分の工事の制限）

第百二条の六　前条第一項及び第二項の規定により、届出に係る高層部分が当該伝搬障害防止区域に係る重要無線通信障害原因となると認められる旨の通知を受けた建築主は、次の各号のいずれかに該当する場合を除くほか、その通知を受けた日から二年間は、当該指定行為に係る工事のうち当該通知に係る障害原因部分に係るものを自ら行い又はその請負人に行わせてはならない。

一　当該指定行為に係る工事の計画を変更してその変更につき第百二条の三第二項（同条第六項及び第百二条の四第二項において準用する場合を含む。）の規定による届出をし、これにつき、前条第一項及び第二項の規定により当該高層部分が当該伝搬障害防止区域に係る重要無線通信障害原因とならない旨の通知を受けたとき。

二　当該伝搬障害防止区域に係る重要無線通信を行う無線局の免許人との間に次条第一項の規定による協議が調つたとき。

三　その他総務省令で定める場合

第百二条の七〜第百二条の十

【十一次改正】

電波法の一部を改正する法律（昭和三十九年七月四日法律第百四十九号）

第百二条の次に次の九条を加える。
（追加された第百二条の七から第百二条の十までの規定は、後掲の条文の通り。）

（重要無線通信の障害防止のための協議）

第百二条の七　前条に規定する建築主及び当該伝搬障害防止区域に係る重要無線通信を行なう無線局の免許人は、相互に、相手方に対し、当該重要無線通信の電波伝搬路の変更、当該高層部分に係る工事の計画の変更その他当該重要無線通信の確保と当該高層建築物等に係る財産権の行使との調整を図るため必要な措置に関し協議すべき旨を求めることができる。

2　郵政大臣は、前項の規定による協議に関し、当事者の双方又は一方からの申出があつた場合には、必要なあつせんを行なうものとする。

（違反の場合の措置）

第百二条の八　次の各号の一に該当する場合において、必要があると認められるときは、郵政大臣は、その必要の範囲内において、当該各号の建築主に対し、当該建築主が現に自ら行ない若しくはその請負人に行なわせている当該各号の工事を停止し若しくはその請負人に停止させるべき旨又は相当の期間を定めて、その期間内は当該各号の工事を自ら行ない若しくはその請負人に行なわせてはならない旨を命ずることができる。

一　第百二条の三第一項又は第二項（同条第六項及び第百二条の四第二項において準用する場合を含む。）の規定に違反して建築主からこれらの規定による届出がなかつた場合（第百二条の四第一項の規定に基づく命令による届出があり、これにつき第百二条の五第一項及び第二項の規定による通知をした場合を除く。）において、当該建築主が、現に当該指定行為に係る工事のうち高層部分に係るものを自ら行ない若しくはその請負人に行なわせているとき、又は近く当該工事を自ら行ない若しくはその請負人に行なわせる見込みが確実であるとき。

二　郵政大臣が第百二条の三第三項（同条第六項及び第百二条の四第三項において準用する場合を含む。）の規定により報告を求めたが当該建築主から期限までにその報告がない場合において、当該建築主が、現に当該指定行為に係る工事のうち高層部分に係るものを自ら行ない若しくはその請負人に行なわせているとき、又は近く当該工事を自ら行ない若しくはその請負人に行なわせる見込みが確実であるとき。

2　前項の相当の期間は、第百二条の六に規定する期間を基準とし、当該高層部分が当該伝搬障害防止区域に係る重要無線通信障害原因となる程度、当該重要無線通信の電波伝搬路を変更するとすればその変更に通常要すべき期間その他の事情を勘案して定めるものとする。

3　郵政大臣は、第一項の規定により建築主に対し期間を定めて高層部分に係る工事を自ら行ない又はその請負人に行なわせてはならない旨を命じた場合において、その期間中に、当該建築主と当該伝搬障害防止区域に係る重要無線通信を行なう無線局の免許人との間に協議がととのつたとき、第百二条の六第一号又は第三号に該当するに至つたときその他その必要が消滅するに至つたときは、遅滞なく、当該命令を撤回しなければならない。

（報告の徴収）

第百二条の九　郵政大臣は、前七条の規定を施行するため特に必要があるときは、その必要の範囲内において、建築主から指定行為に係る工事の計画又は実施に関する事項で必要と認められるものの報告を徴することができる。

（郵政大臣及び建設大臣の協力）

第百二条の十　郵政大臣及び建設大臣は、第百二条の二から第百二条の八までの規定の施行に関し相互に協力するものとする。

【 六十二次改正 】

中央省庁等改革関係法施行法（平成十一年十二月二十二日法律第百六十号）第百九十三条

本則（第九十九条の十二第二項を除く。）中「郵政大臣」を「総務大臣」に、「郵政省令」を「総務省令」に、「通商産業大臣」を「経済産業大臣」に、「建設大臣」を「国土交通大臣」に、「地方電気通信監理局長」を「総合通信局長」に、「沖縄郵政管理事務所長」を「沖縄総合通信事務所長」に改める。

（重要無線通信の障害防止のための協議）

第百二条の七　前条に規定する建築主及び当該伝搬障害防止区域に係る重要無線通信を行なう無線局の免許人は、相互に、相手方に対し、当該重要無線通信の電波伝搬路の変更、当該高層部分に係る工事の計画の変更その他当該重要無線通信の確保と当該高層建築物等に係る財産権の行使との調整を図るため必要な措置に関し協議すべき旨を求めることができる。

2　総務大臣は、前項の規定による協議に関し、当事者の双方又は一方からの申出があつた場合には、必要なあつせんを行なうものとする。

（違反の場合の措置）

第百二条の八　次の各号の一に該当する場合において、必要があると認められるときは、総務大臣は、その必要の範囲内において、当該各号の建築主に対し、当該建築主が現に自ら行ない若しくはその請負人に行なわせている当該各号の工事を停止し若しくはその請負人に停止させるべき旨又は相当の期間を定めて、その期間内は当該各号の工事を自ら行ない若しくはその請負人に行なわせてはならない旨を命ずることができる。

一　第百二条の三第一項又は第二項（同条第六項及び第百二条の四第二項において準用する場合を含む。）の規定に違反して建築主からこれらの規定による届出がなかつた場合（第百二条の四第一項の規定に基づく命令による届出があり、これにつき第百二条の五第一項及び第二項の規定による通知をした場合を除く。）において、当該建築主が、現に当該指定行為に係る工事のうち高層部分に係るものを自ら行ない若しくはその請負人に行なわせているとき、又は近く当該工事を自ら行ない若しくはその請負人に行なわせる見込みが確実であるとき。

二　総務大臣が第百二条の三第三項（同条第六項及び第百二条の四第三項において準用する場合を含む。）の規定により報告を求めたが当該建築主から期限までにその報告がない場合において、当該建築主が、現に当該指定行為に係る工事のうち高層部分に係るものを自ら行ない若しくはその請負人に行なわせているとき、又は近く当該工事を自ら行ない若しくはその請負人に行なわせる見込みが確実であるとき。

2　前項の相当の期間は、第百二条の六に規定する期間を基準とし、当該高層部分が当該伝搬障害防止区域に係る重要無線通信障害原因となる程度、当該重要無線通信の電波伝搬路を変更するとすればその変更に通常要すべき期間その他の事情を勘案して定めるものとする。

3　総務大臣は、第一項の規定により建築主に対し期間を定めて高層部分に係る工事を自ら行ない又はその請負人に行なわせてはならない旨を命じた場合において、その期間中に、当該建築主と当該伝搬障害防止区域に係る重要無線通信を行なう無線局の免許人との間に協議がととのつたとき、第百二条の六第一号又は第三号に該当するに至つたときその他その必要が消滅するに至つたときは、遅滞なく、当該命令を撤回しなければならない。

（報告の徴収）

第百二条の九　総務大臣は、前七条の規定を施行するため特に必要があるときは、その必要の範囲内において、建築主から指定行為に係る工事の計画又は実施に関する事項で必要と認められるものの報告を徴することができる。

（総務大臣及び国土交通大臣の協力）

第百二条の十　総務大臣及び国土交通大臣は、第百二条の二から第百二条の八までの規定の施行に関し相互に協力するものとする。

第百二条の十一

【三十七次改正】

電波法の一部を改正する法律（昭和六十二年六月二日法律第五十五号）

第百二条の十の次に次の三条を加える。
（追加された第百二条の十一の規定は、後掲の条文の通り。）

（基準不適合設備に関する勧告等）

第百二条の十一　郵政大臣は、無線局が他の無線局の運用を著しく阻害するような混信その他の妨害を与えた場合において、その妨害が第三章に定める技術基準に適合しない設計に基づき製造され、又は改造された無線設備を使用したことにより生じたと認められ、かつ、当該設計と同一の設計に基づき製造され、又は改造された無線設備（以下この項及び次条において「基準不適合設備」という。）が広く販売されており、これを放置しては、当該基準不適合設備を使用する無線局が他の無線局の運用に重大な悪影響を与えるおそれがあると認めるときは、無線通信の秩序の維持を図るために必要な限度において、当該基準不適合設備の製造業者又は販売業者に対し、その事態を除去するために必要な措置を講ずべきことを勧告することができる。

2　郵政大臣は、前項の規定による勧告をした場合において、その勧告を受けた者がその勧告に従わないときは、その旨を公表することができる。

3　郵政大臣は、第一項の規定による勧告をしようとするときは、通商産業大臣の同意を得なければならない。

【六十二次改正】

中央省庁等改革関係法施行法（平成十一年十二月二十二日法律第百六十号）第百九十三条

本則（第九十九条の十二第二項を除く。）中「郵政大臣」を「総務大臣」に、「郵政省令」を「総務省令」に、「通商産業大臣」を「経済産業大臣」に、「建設大臣」を「国土交通大臣」に、「地方電気通信監理局長」を「総合通信局長」に、「沖縄郵政管理事務所長」を「沖縄総合通信事務所長」に改める。

（基準不適合設備に関する勧告等）

第百二条の十一　総務大臣は、無線局が他の無線局の運用を著しく阻害するような混信その他の妨害を与えた場合において、その妨害が第三章に定める技術基準に適合しない設計に基づき製造され、又は改造された無線設備を使用したことにより生じたと認められ、かつ、当該設計と同一の設計に基づき製造され、又は改造された無線設備（以下この項及び次条において「基準不適合設備」という。）が広く販売されており、これを放置しては、当該基準不適合設備を使用する無線局が他の無線局の運用に重大な悪影響を与えるおそれがあると認めるときは、無線通信の秩序の維持を図るために必要な限度において、当該基準不適合設備の製造業者又は販売業者に対し、その事態を除去するために必要な措置を講ずべきことを勧告することができる。

2　総務大臣は、前項の規定による勧告をした場合において、その勧告を受けた者がその勧告に従わないときは、その旨を公表することができる。

3　総務大臣は、第一項の規定による勧告をしようとするときは、経済産業大臣の同意を得なければならない。

【　百三次改正　】

電気通信事業法等の一部を改正する法律（平成二十七年五月二十二日法律第二十六号）第二条

第百二条の十一第三項中「第一項」を「第二項」に改め、「勧告」の下に「又は前項の規定による命令」を加え、同項を同条第五項とし、同条第二項を同条第三項とし、同項の次に次の一項を加える。

（追加された第四項の規定は、後掲の条文の通り。）

第百二条の十一第一項中「同一の設計」の下に「又は当該設計と類似の設計であつて当該技術基準に適合しないもの」を加え、「販売されており、これを放置しては」を「販売されることにより」に改め、「製造業者」の下に「、輸入業者」を加え、同項を同条第二項とし、同条に第一項として次の一項を加える。

（追加された第一項の規定は、後掲の条文の通り。）

（基準不適合設備に関する勧告等）

第百二条の十一　無線設備の製造業者、輸入業者又は販売業者は、無線通信の秩序の維持に資するため、第三章に定める技術基準に適合しない無線設備を製造し、輸入し、又は販売することのないように努めなければならない。

2　総務大臣は、無線局が他の無線局の運用を著しく阻害するような混信その他の妨害を与えた場合において、その妨害が第三章に定める技術基準に適合しない設計に基づき製造され、又は改造された無線設備を使用したことにより生じたと認められ、かつ、当該設計と同一の設計又は当該設計と類似の設計であつて当該技術基準に適合しないものに基づき製造され、又は改造された無線設備（以下この項及び次条において「基準不適合設備」という。）が広く販売されることにより、当該基準不適合設備を使用する無線局が他の無線局の運用に重大な悪影響を与えるおそれがあると認めるときは、無線通信の秩序の維持を図るために必要な限度において、当該基準不適合設備の製造業者、輸入業者又は販売業者に対し、その事態を除去するために必要な措置を講ずべきことを勧告することができる。

3　総務大臣は、前項の規定による勧告をした場合において、その勧告を受けた者がその勧告に従わないときは、その旨を公表することができる。

4　総務大臣は、第二項の規定による勧告を受けた製造業者、輸入業者又は販売業者が、前項の規定によりその勧告に従わなかつた旨を公表された後において、なお、正当な理由がなくてその勧告に係る措置を講じなかつた場合において、混信その他の妨害を与えられた無線局が重要無線通信を行う無線局であるときは、無線通信の秩序の維持を図るために必要な限度において、当該製造業者、輸入業者又は販売業者に対し、その勧告に係る措置を講ずべきことを命ずることができる。

5　総務大臣は、第二項の規定による勧告又は前項の規定による命令をしようとするときは、経済産業大臣の同意を得なければならない。

第百二条の十二

【三十七次改正】

電波法の一部を改正する法律（昭和六十二年六月二日法律第五十五号）

> 第百二条の十の次に次の三条を加える。
> （追加された第百二条の十二の規定は、後掲の条文の通り。）

（報告の徴収）

第百二条の十二　郵政大臣は、前条の規定の施行に必要な限度において、基準不適合設備の製造業者又は販売業者から、その業務に関し報告を徴することができる。

【六十二次改正】

中央省庁等改革関係法施行法（平成十一年十二月二十二日法律第百六十号）第百九十三条

> 本則（第九十九条の十二第二項を除く。）中「郵政大臣」を「総務大臣」に、「郵政省令」を「総務省令」に、「通商産業大臣」を「経済産業大臣」に、「建設大臣」を「国土交通大臣」に、「地方電気通信監理局長」を「総合通信局長」に、「沖縄郵政管理事務所長」を「沖縄総合通信事務所長」に改める。

（報告の徴収）

第百二条の十二　総務大臣は、前条の規定の施行に必要な限度において、基準不適合設備の製造業者又は販売業者から、その業務に関し報告を徴することができる。

【百三次改正】

電気通信事業法等の一部を改正する法律（平成二十七年五月二十二日法律第二十六号）第二条

> 第百二条の十二中「製造業者」の下に「、輸入業者」を加える。

（報告の徴収）

第百二条の十二　総務大臣は、前条の規定の施行に必要な限度において、基準不適合設備の製造業者、輸入業者又は販売業者から、その業務に関し報告を徴することができる。

第百二条の十三

【　三十七次改正　】

電波法の一部を改正する法律（昭和六十二年六月二日法律第五十五号）

第百二条の十の次に次の三条を加える。
（追加された第百二条の十三の規定は、後掲の条文の通り。）

（電波有効利用促進センター）

第百二条の十三　郵政大臣は、電波の有効かつ適正な利用に寄与することを目的として設立された民法第三十四条の法人であつて、次項に規定する業務を適正かつ確実に行うことができると認められるものを、その申請により、電波有効利用促進センター（以下「センター」という。）として指定することができる。

2　センターは、次に掲げる業務を行うものとする。

一　混信に関する調査その他の無線局の開設等に際して必要とされる事項について、照会及び相談に応ずること。

二　電波の利用に関する調査及び研究を行うこと。

三　電波の有効かつ適正な利用について啓発活動を行うこと。

四　前三号に掲げる業務に附帯する業務を行うこと。

3　郵政大臣は、センターの役員が、この法律、この法律に基づく命令若しくはこれらに基づく処分又は第六項において準用する第三十八条の八第一項の業務規程に違反したときは、そのセンターに対し、その役員の解任を勧告することができる。

4　センターは、毎事業年度、事業計画及び収支予算を作成し、当該事業年度の開始前に（第一項の規定による指定を受けた日の属する事業年度にあつては、その指定を受けた後遅滞なく）、郵政大臣に提出しなければならない。これを変更しようとするときも、同様とする。

5　郵政大臣は、センターに対し、第二項第一号に掲げる業務の実施に必要な無線局に関する情報の提供又は指導及び助言を行うことができる。

6　第三十八条の三第二項（第一号を除く。）、第三十八条の四、第三十八条の七、第三十八条の八、第三十八条の九第二項、第三十八条の十一、第三十八条の十二及び第三十八条の十四の規定は、センターについて準用する。この場合において、第三十八条の三第二項中「前条第二項」とあるのは「第百二条の十三第一項」と、同項第四号中「次のいずれか」とあるのは「次のイ」と、第三十八条の四第一項中「指定に係る区分、技術基準適合証明の業務を行う事務所の所在地並びに技術基準適合証明の」とあるのは「第百二条の十三第二項に規定する業務を行う事務所の所在地並びに同項に規定する」と、同条第二項、第三十八条の十一並びに第三十八条の十四第二項（第四号を除く。）及び第三項中「技術基準適合証明の」とあるのは「第百二条の十三第二項に規定する」と、第三十八条の七、第三十八条の八及び第三十八条の十四第二項第四号中「技術基準適合証明の」とあるのは「第百二条の十三第二項第一号に掲げる」と、第三十八条の七中「職員（証明員を含む。）」とあるのは「職員」と、第三十八条の十二第一項中「対し、技術基準適合証明の」とあるのは「対し、第百二条の十三第二項に規定する」と、「立ち入り、技術基準適合証明の」とあるのは「立ち入り、同項に規定する」と、第三十八条の十四第二項第一号中「この章」とあるのは「第百二条の十三第六項において準用するこの章」と、同項第二号中「第三十八条の三第一項各号（第四号を除く。）の一に適合しなくなつた」とあるのは「第百二条の十三第二項に規定する業務を適正かつ確実に実施することができない」と、同項第三号中「第三十八条の六第三項、第三十八条の八第二項」とあるのは「第三十八条の八第二項」と読み替えるものとする。

【　四十五次改正　】

電波法の一部を改正する法律（平成四年六月五日法律第七十四号）

第百二条の十三第二項第一号中「開設」の下に「、周波数の指定の変更」を加え、同項第四号中「前三号」を「前各号」に改め、同号を同項第五号とし、同項中第三号を第四号とし、第二号を第三号とし、第一号の次に次の一号を加える。
（追加された第二号の規定は、後掲の条文の通り。）

第百二条の十三第六項中「、第三十八条の八及び第三十八条の十四第二項第四号」及び「第三十八条の七中」を削り、「「職員」と」の下に「、第三十八条の八中「技術基準適合証明の」とあるのは「第百二条の十三第二項第一号及び第二号に掲げる」と」を加え、「読み替える」を「、同項第四号中「技術基準適合証明の」とあるのは「第百二条の十三第二項第一号又は第二号に掲げる」と読み替える」に改める。

（電波有効利用促進センター）

第百二条の十三　郵政大臣は、電波の有効かつ適正な利用に寄与することを目的として設立された民法第三十四条の法人であつて、次項に規定する業務を適正かつ確実に行うことができると認められるものを、その申請により、電波有効利用促進センター（以下「センター」という。）として指定することができる。

2　センターは、次に掲げる業務を行うものとする。

一　混信に関する調査その他の無線局の開設、周波数の指定の変更等に際して必要とされる事項について、照会及び相談に応ずること。

二　電波に関する条約を適切に実施するために行う無線局の周波数の指定の変更に関する事項、電波の能率的な利用に著しく資する設備に関する事項その他の電波の有効かつ適正な利用に寄与する事項について、情報の収集及び提供を行うこと。

三　電波の利用に関する調査及び研究を行うこと。

四　電波の有効かつ適正な利用について啓発活動を行うこと。

五　前各号に掲げる業務に附帯する業務を行うこと。

3　郵政大臣は、センターの役員が、この法律、この法律に基づく命令若しくはこれらに基づく処分又は第六項において準用する第三十八条の八第一項の業務規程に違反したときは、そのセンターに対し、その役員の解任を勧告することができる。

4　センターは、毎事業年度、事業計画及び収支予算を作成し、当該事業年度の開始前に（第一項の規定による指定を受けた日の属する事業年度にあつては、その指定を受けた後遅滞なく）、郵政大臣に提出しなければならない。これを変更しようとするときも、同様とする。

5　郵政大臣は、センターに対し、第二項第一号に掲げる業務の実施に必要な無線局に関する情報の提供又は指導及び助言を行うことができる。

6　第三十八条の三第二項（第一号を除く。）、第三十八条の四、第三十八条の七、第三十八条の八、第三十八条の九第二項、第三十八条の十一、第三十八条の十二及び第三十八条の十四の規定は、センターについて準用する。この場合において、第三十八条の三第二項中「前条第二項」とあるのは「第百二条の十三第一項」と、同項第四号中「次のいずれか」とあるのは「次のイ」と、第三十八条の四第一項中「指定に係る区分、技術基準適合証明の業務を行う事務所の所在地並びに技術基準適合証明の」とあるのは「第百二条の十三第二項に規定する業務を行う事務所の所在地並びに同項に規定する」と、同条第二項、第三十八条の十一並びに第三十八条の十四第二項（第四号を除く。）及び第三項中「技術基準適合証明の」とあるのは「第百二条の十三第二項に規定する」と、第三十八条の七中「技術基準適合証明の」とあるのは「第百二条の十三第二項第一号に掲げる」と「職員（証明員を含む。）」とあるのは「職員」と、第三十八条の八中「技術基準適合証明の」とあるのは「第百二条の十三第二項第一号及び第二号に掲げる」と、第三十八条の十二第一項中「対し、技術基準適合証明の」とあるのは「対し、第百二条の十三第二項に規定する」と、「立ち入り、技術基準適合証明の」とあるのは「立ち入り、同項に規定する」と、第三十八条の十四第二項第一号中「この章」とあるのは「第百二条の十三第六項において準用するこの章」と、同項第二号中「第三十八条の三第一項各号（第四号を除く。）の一に適合しなくなつた」とあるのは「第百二条の十三第二項に規定する業務を適正かつ確実に実施することができない」と、同項第三号中「第三十八条の六第三項、第三十八条の八第二項」とあるのは「第三十八条の八第二項」と、同項第四号中「技術基準適合証明の」とあるのは「第百二条の十三第二項第一号又は第二号に掲げる」と読み替えるものとする。

【四十六次改正】

電波法の一部を改正する法律（平成五年六月十六日法律第七十一号）

第百二条の十三第六項中「第百二条の十三第一項」を「第百二条の十七第一項」に、「第百二条の十三第二項に」を「第百二条の十七第二項に」に、「第百二条の十三第二項第一号」を「第百二条の十七第二項第一号」に、「第百二条の十三第六項」を「第百二条の十七第六項」に改め、同条を第百二条の十七とする。

第百二条の十二の次に次の四条を加える。

（追加された第百二条の十三の規定は、後掲の条文の通り。）

（特定の周波数を使用する無線設備の指定）

第百二条の十三　郵政大臣は、第四条の規定に違反して開設される無線局のうち特定の範囲の周波数の電波を使用するもの（以下「特定不法開設局」という。）が著しく多数であると認められる場合において、その特定の範囲の周波数の電波を使用する無線設備（同条各号に掲げる無線局に使用するためのもの及び当該特定不法開設局に使用されるおそれが少ないと認められるものを除く。以下「特定周波数無線設備」という。）が広く販売されているため特定不法開設局の数を減少させることが容易でないと認めるときは、郵政省令で、その特定周波数無線設備を特定不法開設局に使用されることを防止すべき無線設備として指定することができる。

2　郵政大臣は、前項の規定による指定の必要がなくなつたと認めるときは、当該指定を解除しなければならない。

3　郵政大臣は、第一項の郵政省令を制定し、又は改廃しようとするときは、通商産業大臣に協議しなければならない。

［注釈］改正前の第百二条の十三は、第百二条の十七となったので、同条の項を参照されたい。

【六十二次改正】

中央省庁等改革関係法施行法（平成十一年十二月二十二日法律第百六十号）第百九十三条

本則（第九十九条の十二第二項を除く。）中「郵政大臣」を「総務大臣」に、「郵政省令」を「総務省令」に、「通商産業大臣」を「経済産業大臣」に、「建設大臣」を「国土交通大臣」に、「地方電気通信監理局長」を「総合通信局長」に、「沖縄郵政管理事務所長」を「沖縄総合通信事務所長」に改める。

（特定の周波数を使用する無線設備の指定）

第百二条の十三　総務大臣は、第四条の規定に違反して開設される無線局のうち特定の範囲の周波数の電波を使用するもの（以下「特定不法開設局」という。）が著しく多数であると認められる場合において、その特定の範囲の周波数の電波を使用する無線設備（同条各号に掲げる無線局に使用するためのもの及び当該特定不法開設局に使用されるおそれが少ないと認められるものを除く。以下「特定周波数無線設備」という。）が広く販売されているため特定不法開設局の数を減少させることが容易でないと認めるときは、総務省令で、その特定周波数無線設備を特定不法開設局に使用されることを防止すべき無線設備として指定することができる。

２　総務大臣は、前項の規定による指定の必要がなくなつたと認めるときは、当該指定を解除しなければならない。

３　総務大臣は、第一項の総務省令を制定し、又は改廃しようとするときは、経済産業大臣に協議しなければならない。

【八十次改正】

電波法及び有線電気通信法の一部を改正する法律（平成十六年五月十九日法律第四十七号）第二条

第百二条の十三第一項中「同条各号に掲げる」を「免許等を要しない」に改める。

（特定の周波数を使用する無線設備の指定）

第百二条の十三　総務大臣は、第四条の規定に違反して開設される無線局のうち特定の範囲の周波数の電波を使用するもの（以下「特定不法開設局」という。）が著しく多数であると認められる場合において、その特定の範囲の周波数の電波を使用する無線設備（免許等を要しない無線局に使用するためのもの及び当該特定不法開設局に使用されるおそれが少ないと認められるものを除く。以下「特定周波数無線設備」という。）が広く販売されているため特定不法開設局の数を減少させることが容易でないと認めるときは、総務省令で、その特定周波数無線設備を特定不法開設局に使用されることを防止すべき無線設備として指定することができる。

２　総務大臣は、前項の規定による指定の必要がなくなつたと認めるときは、当該指定を解除しなければならない。

３　総務大臣は、第一項の総務省令を制定し、又は改廃しようとするときは、経済産業大臣に協議しなければならない。

【百三次改正】

電気通信事業法等の一部を改正する法律（平成二十七年五月二十二日法律第二十六号）第二条

第百二条の十三第一項中「第四条」を「第四条第一項」に改める。

（特定の周波数を使用する無線設備の指定）

第百二条の十三　総務大臣は、第四条第一項の規定に違反して開設される無線局のうち特定の範囲の周波数の電波を使用するもの（以下「特定不法開設局」という。）が著しく多数であると認められる場合において、その特定の範囲の周波数の電波を使用する無線設備（免許等を要しない無線局に使用するためのもの及び当該特定不法開設局に使用されるおそれが少ないと認められるものを除く。以下「特定周波数無線設備」という。）が広く販売されているため特定不法開設局の数を減少させることが容易でないと認めるときは、総務省令で、その特定周波数無線設備を特定不法開設局に使用されることを防止すべき無線設備として指定することができる。

２　総務大臣は、前項の規定による指定の必要がなくなつたと認めるときは、当該指定を解除しなければならない。

３　総務大臣は、第一項の総務省令を制定し、又は改廃しようとするときは、経済産業大臣に協議しなければならない。

第百二条の十四

【 四十六次改正 】

電波法の一部を改正する法律（平成五年六月十六日法律第七十一号）

第百二条の十二の次に次の四条を加える。
（追加された第百二条の十四の規定は、後掲の条文の通り。）

（指定無線設備の販売における告知等）

第百二条の十四　前条第一項の規定により指定された特定周波数無線設備（以下「指定無線設備」という。）の小売を業とする者（以下「指定無線設備小売業者」という。）は、指定無線設備を販売するときは、当該指定無線設備を販売する契約を締結するまでの間に、その相手方に対して、当該指定無線設備を使用して無線局を開設しようとするときは無線局の免許を受けなければならない旨を、告げ、又は郵政省令で定める方法により示さなければならない。

2　指定無線設備小売業者は、指定無線設備を販売する契約を締結したときは、遅滞なく、次に掲げる事項を郵政省令で定めるところにより記載した書面を購入者に交付しなければならない。

一　前項の規定により告げ、又は示さなければならない事項

二　無線局の免許がないのに、指定無線設備を使用して無線局を開設した者は、この法律に定める刑に処せられること。

三　指定無線設備を使用する無線局の免許の申請書を提出すべき官署の名称及び所在地

【 六十二次改正 】

中央省庁等改革関係法施行法（平成十一年十二月二十二日法律第百六十号）第百九十三条

本則（第九十九条の十二第二項を除く。）中「郵政大臣」を「総務大臣」に、「郵政省令」を「総務省令」に、「通商産業大臣」を「経済産業大臣」に、「建設大臣」を「国土交通大臣」に、「地方電気通信監理局長」を「総合通信局長」に、「沖縄郵政管理事務所長」を「沖縄総合通信事務所長」に改める。

（指定無線設備の販売における告知等）

第百二条の十四　前条第一項の規定により指定された特定周波数無線設備（以下「指定無線設備」という。）の小売を業とする者（以下「指定無線設備小売業者」という。）は、指定無線設備を販売するときは、当該指定無線設備を販売する契約を締結するまでの間に、その相手方に対して、当該指定無線設備を使用して無線局を開設しようとするときは無線局の免許を受けなければならない旨を、告げ、又は総務省令で定める方法により示さなければならない。

2　指定無線設備小売業者は、指定無線設備を販売する契約を締結したときは、遅滞なく、次に掲げる事項を総務省令で定めるところにより記載した書面を購入者に交付しなければならない。

一　前項の規定により告げ、又は示さなければならない事項

二　無線局の免許がないのに、指定無線設備を使用して無線局を開設した者は、この法律に定める刑に処せられること。

三　指定無線設備を使用する無線局の免許の申請書を提出すべき官署の名称及び所在地

【八十次改正】

電波法及び有線電気通信法の一部を改正する法律（平成十六年五月十九日法律第四十七号）第二条

第百二条の十四第一項並びに第二項第二号及び第三号中「免許」を「免許等」に改める。

（指定無線設備の販売における告知等）

第百二条の十四　前条第一項の規定により指定された特定周波数無線設備（以下「指定無線設備」という。）の小売を業とする者（以下「指定無線設備小売業者」という。）は、指定無線設備を販売するときは、当該指定無線設備を販売する契約を締結するまでの間に、その相手方に対して、当該指定無線設備を使用して無線局を開設しようとするときは無線局の免許等を受けなければならない旨を、告げ、又は総務省令で定める方法により示さなければならない。

2　指定無線設備小売業者は、指定無線設備を販売する契約を締結したときは、遅滞なく、次に掲げる事項を総務省令で定めるところにより記載した書面を購入者に交付しなければならない。

一　前項の規定により告げ、又は示さなければならない事項

二　無線局の免許等がないのに、指定無線設備を使用して無線局を開設した者は、この法律に定める刑に処せられること。

三　指定無線設備を使用する無線局の免許等の申請書を提出すべき官署の名称及び所在地

第百二条の十四の二

【六十七次改正】

書面の交付等に関する情報通信の技術の利用のための関係法律の整備に関する法律（平成十二年十一月二十七日法律第百二十六号）第十条

第百二条の十四の次に次の一条を加える。
（追加された第百二条の十四の二の規定は、後掲の条文の通り。）

（情報通信の技術を利用する方法）

第百二条の十四の二　指定無線設備小売業者は、前条第二項の規定による書面の交付に代えて、政令で定めるところにより、当該購入者の承諾を得て、当該書面に記載すべき事項を電子情報処理組織を使用する方法その他の情報通信の技術を利用する方法であつて総務省令で定めるものにより提供することができる。この場合において、当該指定無線設備小売業者は、当該書面を交付したものとみなす。

第百二条の十五

【四十六次改正】

電波法の一部を改正する法律（平成五年六月十六日法律第七十一号）

第百二条の十二の次に次の四条を加える。
（追加された第百二条の十五の規定は、後掲の条文の通り。）

（指示）

第百二条の十五　郵政大臣は、指定無線設備小売業者が前条の規定に違反した場合

において、特定不法開設局の開設を助長して無線通信の秩序の維持を妨げることとなると認めるときは、その指定無線設備小売業者に対し、必要な措置を講ずべきことを指示することができる。

2　郵政大臣は、前項の規定による指示をしようとするときは、通商産業大臣の同意を得なければならない。

【六十二次改正】

中央省庁等改革関係法施行法（平成十一年十二月二十二日法律第百六十号）第百九十三条

本則（第九十九条の十二第二項を除く。）中「郵政大臣」を「総務大臣」に、「郵政省令」を「総務省令」に、「通商産業大臣」を「経済産業大臣」に、「建設大臣」を「国土交通大臣」に、「地方電気通信監理局長」を「総合通信局長」に、「沖縄郵政管理事務所長」を「沖縄総合通信事務所長」に改める。

（指示）

第百二条の十五　総務大臣は、指定無線設備小売業者が前条の規定に違反した場合において、特定不法開設局の開設を助長して無線通信の秩序の維持を妨げることとなると認めるときは、その指定無線設備小売業者に対し、必要な措置を講ずべきことを指示することができる。

2　総務大臣は、前項の規定による指示をしようとするときは、経済産業大臣の同意を得なければならない。

【六十七次改正】

書面の交付等に関する情報通信の技術の利用のための関係法律の整備に関する法律（平成十二年十一月二十七日法律第百二十六号）第十条

第百二条の十五第一項中「前条」を「第百二条の十四」に改める。

（指示）

第百二条の十五　総務大臣は、指定無線設備小売業者が第百二条の十四の規定に違反した場合において、特定不法開設局の開設を助長して無線通信の秩序の維持を妨げることとなると認めるときは、その指定無線設備小売業者に対し、必要な措置を講ずべきことを指示することができる。

2　総務大臣は、前項の規定による指示をしようとするときは、経済産業大臣の同意を得なければならない。

第百二条の十六

【四十六次改正】

電波法の一部を改正する法律（平成五年六月十六日法律第七十一号）

第百二条の十二の次に次の四条を加える。

（追加された第百二条の十六の規定は、後掲の条文の通り。）

（報告及び立入検査）

第百二条の十六　郵政大臣は、前条の規定の施行に必要な限度において、指定無線設備小売業者から、その業務に関し報告を徴し、又はその職員に、指定無線設備小売業者の事業所に立ち入り、指定無線設備、帳簿、書類その他の物件を検査させることができる。

2　第三十八条の十二第二項及び第三項の規定は、前項の規定による立入検査に準用する。

【六十二次改正】

中央省庁等改革関係法施行法（平成十一年十二月二十二日法律第百六十号）第百九十三条

本則（第九十九条の十二第二項を除く。）中「郵政大臣」を「総務大臣」に、「郵政省令」を「総務省令」に、「通商産業大臣」を「経済産業大臣」に、「建設大臣」を「国土交通大臣」に、「地方電気通信監理局長」を「総合通信局長」に、「沖縄郵政管理事務所長」を「沖縄総合通信事務所長」に改める。

（報告及び立入検査）

第百二条の十六　総務大臣は、前条の規定の施行に必要な限度において、指定無線設備小売業者から、その業務に関し報告を徴し、又はその職員に、指定無線設備小売業者の事業所に立ち入り、指定無線設備、帳簿、書類その他の物件を検査させることができる。

２　第三十八条の十二第二項及び第三項の規定は、前項の規定による立入検査に準用する。

【七十三次改正】

電波法の一部を改正する法律（平成十五年六月六日法律第六十八号）

第百二条の十六第二項中「第三十八条の十二第二項」を「第三十九条の九第二項」に、「準用」を「ついて準用」に改める。

（報告及び立入検査）

第百二条の十六　総務大臣は、前条の規定の施行に必要な限度において、指定無線設備小売業者から、その業務に関し報告を徴し、又はその職員に、指定無線設備小売業者の事業所に立ち入り、指定無線設備、帳簿、書類その他の物件を検査させることができる。

２　第三十九条の九第二項及び第三項の規定は、前項の規定による立入検査について準用する。

第百二条の十七

【四十六次改正】

電波法の一部を改正する法律（平成五年六月十六日法律第七十一号）

第百二条の十三第六項中「第百二条の十三第一項」を「第百二条の十七第一項」に、「第百二条の十三第二項に」を「第百二条の十七第二項に」に、「第百二条の十三第二項第一号」を「第百二条の十七第二項第一号」に、「第百二条の十三第六項」を「第百二条の十七第六項」に改め、同条を第百二条の十七とする。

（電波有効利用促進センター）

第百二条の十七　郵政大臣は、電波の有効かつ適正な利用に寄与することを目的として設立された民法第三十四条の法人であつて、次項に規定する業務を適正かつ確実に行うことができると認められるものを、その申請により、電波有効利用促進センター（以下「センター」という。）として指定することができる。

２　センターは、次に掲げる業務を行うものとする。

一　混信に関する調査その他の無線局の開設、周波数の指定の変更等に際して必要とされる事項について、照会及び相談に応ずること。

二　電波に関する条約を適切に実施するために行う無線局の周波数の指定の変更に関する事項、電波の能率的な利用に著しく資する設備に関する事項その他の電波の有効かつ適正な利用に寄与する事項について、情報の収集及び提供を行うこと。
三　電波の利用に関する調査及び研究を行うこと。
四　電波の有効かつ適正な利用について啓発活動を行うこと。
五　前各号に掲げる業務に附帯する業務を行うこと。

3　郵政大臣は、センターの役員が、この法律、この法律に基づく命令若しくはこれらに基づく処分又は第六項において準用する第三十八条の八第一項の業務規程に違反したときは、そのセンターに対し、その役員の解任を勧告することができる。

4　センターは、毎事業年度、事業計画及び収支予算を作成し、当該事業年度の開始前に（第一項の規定による指定を受けた日の属する事業年度にあつては、その指定を受けた後遅滞なく）、郵政大臣に提出しなければならない。これを変更しようとするときも、同様とする。

5　郵政大臣は、センターに対し、第二項第一号に掲げる業務の実施に必要な無線局に関する情報の提供又は指導及び助言を行うことができる。

6　第三十八条の三第二項（第一号を除く。）、第三十八条の四、第三十八条の七、第三十八条の八、第三十八条の九第二項、第三十八条の十一、第三十八条の十二及び第三十八条の十四の規定は、センターについて準用する。この場合において、第三十八条の三第二項中「前条第二項」とあるのは「第百二条の十七第一項」と、同項第四号中「次のいずれか」とあるのは「次のイ」と、第三十八条の四第一項中「指定に係る区分、技術基準適合証明の業務を行う事務所の所在地並びに技術基準適合証明の」とあるのは「第百二条の十七第二項に規定する業務を行う事務所の所在地並びに同項に規定する」と、同条第二項、第三十八条の十一並びに第三十八条の十四第二項（第四号を除く。）及び第三項中「技術基準適合証明の」とあるのは「第百二条の十七第二項に規定する」と、第三十八条の七中「技術基準適合証明の」とあるのは「第百二条の十七第二項第一号に掲げる」と、「職員（証明員を含む。）」とあるのは「職員」と、第三十八条の八中「技術基準適合証明の」とあるのは「第百二条の十七第二項第一号及び第二号に掲げる」と、第三十八条の十二第一項中「対し、技術基準適合証明の」とあるのは「対し、第百二条の十七第二項に規定する」と、「立ち入り、技術基準適合証明の」とあるのは「立ち入り、同項に規定する」と、第三十八条の十四第二項第一号中「この章」とあるのは「第百二条の十七第六項において準用するこの章」と、同項第二号中「第三十八条の三第一項各号（第四号を除く。）の一に適合しなくなつた」とあるのは「第百二条の十七第二項に規定する業務を適正かつ確実に実施することができない」と、同項第三号中「第三十八条の六第三項、第三十八条の八第二項」とあるのは「第三十八条の八第二項」と、同項第四号中「技術基準適合証明の」とあるのは「第百二条の十三第二項第一号又は第二号に掲げる」と読み替えるものとする。

【　六十二次改正　】

中央省庁等改革関係法施行法（平成十一年十二月二十二日法律第百六十号）第百九十三条

本則（第九十九条の十二第二項を除く。）中「郵政大臣」を「総務大臣」に、「郵政省令」を「総務省令」に、「通商産業大臣」を「経済産業大臣」に、「建設大臣」を「国土交通大臣」に、「地方電気通信監理局長」を「総合通信局長」に、「沖縄郵政管理事務所長」を「沖縄総合通信事務所長」に改める。

（電波有効利用促進センター）

第百二条の十七　総務大臣は、電波の有効かつ適正な利用に寄与することを目的として設立された民法第三十四条の法人であつて、次項に規定する業務を適正かつ確実に行うことができると認められるものを、その申請により、電波有効利用促進センター（以下「センター」という。）として指定することができる。

2　センターは、次に掲げる業務を行うものとする。

一　混信に関する調査その他の無線局の開設、周波数の指定の変更等に際して必要とされる事項について、照会及び相談に応ずること。

二　電波に関する条約を適切に実施するために行う無線局の周波数の指定の変更に関する事項、電波の能率的な利用に著しく資する設備に関する事項その他の電波の有効かつ適正な利用に寄与する事項について、情報の収集及び提供を行うこと。

三　電波の利用に関する調査及び研究を行うこと。

四　電波の有効かつ適正な利用について啓発活動を行うこと。

五　前各号に掲げる業務に附帯する業務を行うこと。

3　総務大臣は、センターの役員が、この法律、この法律に基づく命令若しくはこれらに基づく処分又は第六項において準用する第三十八条の八第一項の業務規程に違反したときは、そのセンターに対し、その役員の解任を勧告することができる。

4　センターは、毎事業年度、事業計画及び収支予算を作成し、当該事業年度の開始前に（第一項の規定による指定を受けた日の属する事業年度にあつては、その指定を受けた後遅滞なく）、総務大臣に提出しなければならない。これを変更しようとするときも、同様とする。

5　総務大臣は、センターに対し、第二項第一号に掲げる業務の実施に必要な無線局に関する情報の提供又は指導及び助言を行うことができる。

6　第三十八条の三第二項（第一号を除く。）、第三十八条の四、第三十八条の七、第三十八条の八、第三十八条の九第二項、第三十八条の十一、第三十八条の十二及び第三十八条の十四の規定は、センターについて準用する。この場合において、第三十八条の三第二項中「前条第二項」とあるのは「第百二条の十七第一項」と、同項第四号中「次のいずれか」とあるのは「次のイ」と、第三十八条の四第一項中「指定に係る区分、技術基準適合証明の業務を行う事務所の所在地並びに技術基準適合証明の」とあるのは「第百二条の十七第二項に規定する業務を行う事務所の所在地並びに同項に規定する」と、同条第二項、第三十八条の十一並びに第三十八条の十四第二項（第四号を除く。）及び第三項中「技術基準適合証明の」とあるのは「第百二条の十七第二項に規定する」と、第三十八条の七中「技術基準適合証明の」とあるのは「第百二条の十七第二項第一号に掲げる」と、「職員（証明員を含む。）」とあるのは「職員」と、第三十八条の八中「技術基準適合証明の」とあるのは「第百二条の十七第二項第一号及び第二号に掲げる」と、第三十八条の十二第一項中「対し、技術基準適合証明の」とあるのは「対し、第百二条の十七第二項に規定する」と、「立ち入り、技術基準適合証明の」とあるのは「立ち入り、同項に規定する」と、第三十八条の十四第二項第一号中「この章」とあるのは「第百二条の十七第六項において準用するこの章」と、同項第二号中「第三十八条の三第一項各号（第四号を除く。）の一に適合しなくなつた」とあるのは「第百二条の十七第二項に規定する業務を適正かつ確実に実施することができない」と、同項第三号中「第三十八条の六第三項、第三十八条の八第二項」とあるのは「第三十八条の八第二項」と、同項第四号中「技術基準適合証明の」とあるのは「第百二条の十三第二項第一号又は第二号に掲げる」と読み替えるものとする。

【　六十八次改正　】

電波法の一部を改正する法律（平成十三年六月十五日法律第四十八号）

第百二条の十七第四項を削り、同条第五項を同条第四項とし、同条第六項中「第三十八条の三第二項（第一号を除く。）、」を削り、「、第三十八条の八、第三十八条の九第二項」を「から第三十八条の九まで」に、「及び第三十八条の十四」を「、第三十八条の十四及び第三十九条の二第五項（第一号を除く。）」に改め、「、第三十八条の三第二項中「前条第二項」とあるのは「第百二条の十七第一項」と、同項第四号中「次のいずれか」とあるのは「次のイ」と」及び「「技術基準適合証明の」とあるのは「第百二条の十七第二項第一号に掲げる」と、」を削り、「職員」と」の下に「、「技術基準適合証明の」とあるのは「第百二条の十七第二項第一号に掲げる」と、同条第一項中「役員（法人でない指定証明機関にあつては、指定証明機関の指定を受けた者。次項並びに第百十条の二及び第百十三条の二において同じ。）」とあるのは「役員」と」を加え、「第三十八条の十四第二項第一号」を「第三十八条の十四第一項中「第三十八条の三第二項各号（第二号）」とあるのは「第三十九条の二第五項各号（第三号）」と、同条第二項第一号」に、「第百二条の十七第六項」を「第百二条の十七第五項」に、「第三十八条の三第一項各号（第四号」を「第三十八条の三第一項各号（第五号」に、「二に」を「いずれかに」に、「第三十八条の六第三項」を「第三十八条の六第二項」に改め、「又は第二号に掲げる」と」の下に「、第三十九条の二第五項中「第二項の申請」とあるのは「第百二条の十七第一項の申請」と、同項第三号中「次項」とあるのは「第百二条の十七第五項」と」を加え、同項を同条第五項とする。

（電波有効利用促進センター）

第百二条の十七　総務大臣は、電波の有効かつ適正な利用に寄与することを目的として設立された民法第三十四条の法人であつて、次項に規定する業務を適正かつ確実に行うことができると認められるものを、その申請により、電波有効利用促進センター（以下「センター」という。）として指定することができる。

2　センターは、次に掲げる業務を行うものとする。

一　混信に関する調査その他の無線局の開設、周波数の指定の変更等に際して必要とされる事項について、照会及び相談に応ずること。

二　電波に関する条約を適切に実施するために行う無線局の周波数の指定の変更に関する事項、電波の能率的な利用に著しく資する設備に関する事項その他の電波の有効かつ適正な利用に寄与する事項について、情報の収集及び提供を行うこと。

三　電波の利用に関する調査及び研究を行うこと。

四　電波の有効かつ適正な利用について啓発活動を行うこと。

五　前各号に掲げる業務に附帯する業務を行うこと。

3　総務大臣は、センターの役員が、この法律、この法律に基づく命令若しくはこれらに基づく処分又は第六項において準用する第三十八条の八第一項の業務規程に違反したときは、そのセンターに対し、その役員の解任を勧告することができる。

4　総務大臣は、センターに対し、第二項第一号に掲げる業務の実施に必要な無線局に関する情報の提供又は指導及び助言を行うことができる。

5　第三十八条の四、第三十八条の七から第三十八条の九まで、第三十八条の十一、第三十八条の十二、第三十八条の十四及び第三十九条の二第五項（第一号を除く。）の規定は、センターについて準用する。この場合において、第三十八条の四第一項中「指定に係る区分、技術基準適合証明の業務を行う事務所の所在地並びに技術基準適合証明の」とあるのは「第百二条の十七第二項に規定する業務を行う事務所の所在地並びに同項に規定する」と、同条第二項、第三十八条の十一並びに第三十八条の十四第二項（第四号を除く。）及び第三項中「技術基準適合証明の」とあるのは「第百二条の十七第二項に規定する」と、第三十八条の七中「職員（証明員を含む。）」とあるのは「職員」と、「技術基準適合証明の」とあるのは「第百二条の十七第二項第一号に掲げる」と、同条第一項中「役員（法人でない指定証明機関にあつては、指定証明機関の指定を受けた者。次項並びに第百十条の二及び第百十三条の二において同じ。）」とあるのは「役員」と、第三十八条の八中「技術基準適合証明の」とあるのは「第百二条の十七第二項第一号及び第二号に掲げる」と、第三十八条の十二第一項中「対し、技術基準適合証明の」とあるのは「対し、第百二条の十七第二項に規定する」と、「立ち入り、技術基準適合証明の」とあるのは「立ち入り、同項に規定する」と、第三十八条の十四第一項中「第三十八条の三第二項各号（第二号」とあるのは「第三十九条の二第五項各号（第三号」と、同条第二項第一号中「この章」とあるのは「第百二条の十七第五項において準用するこの章」と、同項第二号中「第三十八条の三第一項各号（第五号を除く。）のいずれかに適合しなくなつた」とあるのは「第百二条の十七第二項に規定する業務を適正かつ確実に実施することができない」と、同項第三号中「第三十八条の六第二項、第三十八条の八第二項」とあるのは「第三十八条の八第二項」と、同項第四号中「技術基準適合証明の」とあるのは「第百二条の十三第二項第一号又は第二号に掲げる」、第三十九条の二第五項中「第二項の申請」とあるのは「第百二条の十七第一項の申請」と、同項第三号中「次項」とあるのは「第百二条の十七第五項」と」と読み替えるものとする。

【　七十三次改正　】

電波法の一部を改正する法律（平成十五年六月六日法律第六十八号）

第百二条の十七第三項中「第六項」を「第五項」に、「第三十八条の八第一項」を「第三十九条の五第一項」に改め、同条第五項を次のように改める。
（改正後の第五項の規定は、後掲の条文の通り。）

（電波有効利用促進センター）

第百二条の十七　総務大臣は、電波の有効かつ適正な利用に寄与することを目的として設立された民法第三十四条の法人であつて、次項に規定する業務を適正かつ確実に行うことができると認められるものを、その申請により、電波有効利用促進センター（以下「センター」という。）として指定することができる。

2　センターは、次に掲げる業務を行うものとする。

一　混信に関する調査その他の無線局の開設、周波数の指定の変更等に際して必要とされる事項について、照会及び相談に応ずること。

二　電波に関する条約を適切に実施するために行う無線局の周波数の指定の変更に関する事項、電波の能率的な利用に著しく資する設備に関する事項その他の電波の有効かつ適正な利用に寄与する事項について、情報の収集及び提供を行うこと。

三　電波の利用に関する調査及び研究を行うこと。

四　電波の有効かつ適正な利用について啓発活動を行うこと。

五　前各号に掲げる業務に附帯する業務を行うこと。

3　総務大臣は、センターの役員が、この法律、この法律に基づく命令若しくはこれらに基づく処分又は第五項において準用する第三十九条の五第一項の業務規程に違反したときは、そのセンターに対し、その役員の解任を勧告することができる。

4　総務大臣は、センターに対し、第二項第一号に掲げる業務の実施に必要な無線局に関する情報の提供又は指導及び助言を行うことができる。

5　第三十九条の二第五項（第一号を除く。）、第三十九条の三、第三十九条の五、第三十九条の六、第三十九条の八、第三十九条の九、第三十九条の十一及び第四十七条の三の規定は、センターについて準用する。この場合において、第三十九条の二第五項中「第二項の申請」とあるのは「第百二条の十七第一項の申請」と、第三十九条の三第一項中「指定に係る区分、講習の業務を行う事務所の所在地並びに講習の」とあるのは「第百二条の十七第二項に規定する業務を行う事務所の所在地並びに同項に規定する」と、同条第二項、第三十九条の八並びに第三十九条の十一第二項（第四号を除く。）及び第三項中「講習の」とあるのは「第百二条の十七第二項に規定する」と、第三十九条の五中「講習の」とあるのは「第百二条の十七第二項第一号及び第二号に掲げる」と、第三十九条の九第一項中「対し、講習の」とあるのは「対し、第百二条の十七第二項に規定する」と、「立ち入り、講習の」とあるのは「立ち入り、同項に規定する」と、第三十九条の十一第二項第一号中「、第三十九条の六、第三十九条の七又は前条第一項」とあるのは「又は第三十九条の六」と、同項第二号中「第三十九条の二第四項各号（第四号を除く。）のいずれかに適合しなくなつた」とあるのは「第百二条の十七第二項に規定する業務を適正かつ確実に実施することができない」と、同項第四号中「講習の」とあるのは「第百二条の十七第二項第一号又は第二号に掲げる」と、第四十七条の三中「試験事務」とあるのは「第百二条の十七第二項第一号に掲げる業務」と、同条第一項中「職員（試験員を含む。次項において同じ。）」とあるのは「職員」と読み替えるものとする。

【 八十六次改正 】

一般社団法人及び一般財団法人に関する法律及び公益社団法人及び公益財団法人の認定等に関する法律の施行に伴う関係法律の整備等に関する法律（平成十八年六月二日法律第五十号）第二百四条

第百二条の十七第一項中「目的として設立された民法第三十四条の法人」を「目的とする一般社団法人又は一般財団法人」に改める。

（電波有効利用促進センター）

第百二条の十七　総務大臣は、電波の有効かつ適正な利用に寄与することを目的とする一般社団法人又は一般財団法人であつて、次項に規定する業務を適正かつ確実に行うことができると認められるものを、その申請により、電波有効利用促進センター（以下「センター」という。）として指定することができる。

2　センターは、次に掲げる業務を行うものとする。

一　混信に関する調査その他の無線局の開設、周波数の指定の変更等に際して必要とされる事項について、照会及び相談に応ずること。

二　電波に関する条約を適切に実施するために行う無線局の周波数の指定の変更に関する事項、電波の能率的な利用に著しく資する設備に関する事項その他の電波の有効かつ適正な利用に寄与する事項について、情報の収集及び提供を行うこと。

三　電波の利用に関する調査及び研究を行うこと。

四　電波の有効かつ適正な利用について啓発活動を行うこと。

五　前各号に掲げる業務に附帯する業務を行うこと。

3　総務大臣は、センターの役員が、この法律、この法律に基づく命令若しくはこれらに基づく処分又は第五項において準用する第三十九条の五第一項の業務規程に違反したときは、そのセンターに対し、その役員の解任を勧告することができる。

4　総務大臣は、センターに対し、第二項第一号に掲げる業務の実施に必要な無線局に関する情報の提供又は指導及び助言を行うことができる。

5　第三十九条の二第五項（第一号を除く。）、第三十九条の三、第三十九条の五、第三十九条の六、第三十九条の八、第三十九条の九、第三十九条の十一及び第四十七条の三の規定は、センターについて準用する。この場合において、第三十九条の二第五項中「第二項の申請」とあるのは「第百二条の十七第一項の申請」と、第三十九条の三第一項中「指定に係る区分、講習の業務を行う事務所の所在地並びに講習の」とあるのは「第百二条の十七第二項に規定する業務を行う事務所の所在地並びに同項に規定する」と、同条第二項、第三十九条の八並びに第三十九条の十一第二項（第四号を除く。）及び第三項中「講習の」とあるのは「第百二条の十七第二項に規定する」と、第三十九条の五中「講習の」とあるのは「第百二条の十七第二項第一号及び第二号に掲げる」と、第三十九条の九第一項中「対し、講習の」とあるのは「対し、第百二条の十七第二項に規定する」と、「立ち入り、講習の」とあるのは「立ち入り、同項に規定する」と、第三十九条の十一第二項第一号中「、第三十九条の六、第三十九条の七又は前条第一項」とあるのは「又は第三十九条の六」と、同項第二号中「第三十九条の二第四項各号（第四号を除く。）のいずれかに適合しなくなつた」とあるのは「第百二条の十七第二項に規定する業務を適正かつ確実に実施することができない」と、同項第四号中「講習の」とあるのは「第百二条の十七第二項第一号又は第二号に掲げる」と、第四十七条の三中「試験事務」とあるのは「第百二条の十七第二項第一号に掲げる業務」と、同条第一項中「職員（試験員を含む。次項において同じ。）」とあるのは「職員」と読み替えるものとする。

第百二条の十八

【　五十二次改正　】

電波法の一部を改正する法律（平成九年五月九日法律第四十七号）

第百二条の十七の次に次の一条を加える。

（追加された第百二条の十八の規定は、後掲の条文の通り。）

（指定較正機関）

第百二条の十八　郵政大臣は、無線設備の点検に用いる測定器その他の設備であって郵政省令で定めるもの（以下この条において「測定器等」という。）の較正を行い、又はその指定する者（以下「指定較正機関」という。）にこれを行わせることができる。

2　指定較正機関の指定は、前項の較正を行おうとする者の申請により行う。

3　郵政大臣又は指定較正機関は、第一項の較正を行つたときは、郵政省令で定めるところにより、その測定器等に較正をした旨の表示を付するものとする。

4　郵政大臣又は指定較正機関による較正を受けた測定器等以外の測定器等には、前項の表示又はこれと紛らわしい表示を付してはならない。

5　第三十八条の三、第三十八条の四、第三十八条の五第二項、第三十八条の六、第三十八条の七第二項及び第三十八条の八から第三十八条の十四までの規定は、指定較正機関について準用する。この場合において、第三十八条の三中「前条第二項」とあるのは「第百二条の十八第二項」と、同条第一項（第四号を除く。）、第三十八条の四第二項、第三十八条の五第二項、第三十八条の七第二項、第三十八条の八、第三十八条の十、第三十八条の十一、第三十八条の十二第一項、第三十八条の十三第一項並びに第三十八条の十四第二項及び第三項中「技術基準適合証明」とあるのは「較正」と、第三十八条の三第一項第四号中「申請に係る区分の技術基準適合証明」とあるのは「較正」と、第三十八条の四第一項中「指定に係る区分、技術基準適合証明の業務を行う事務所の所在地並びに技術基準適合証明」とあるのは「較正の業務を行う事務所の所在地並びに較正」と、第三十八条の五第二項中「審査」とあるのは「較正」と、同項、第三十八条の六第二項及び第三項並びに第三十八条の七第二項中「証明員」とあるのは「較正員」と、第三十八条の十四第二項第一号中「この章」とあるのは「第百二条の十八第五項において準用するこの章」と読み替えるものとする。

［注釈］本件一部改正法の施行の日（五十二次改正の施行の日）から平成十年三月三十一日（五十四次改正の施行期日の前日）までの間は、同法附則第三項に基づき、第百二条の十八第一項は、左記のとおり読み替えられる（傍線部分）。

（指定較正機関）

第百二条の十八　郵政大臣は、無線設備（第三十条及び第三十二条の規定により備え付けなければならない設備を含む。）の点検に用いる測定器その他の設備であって郵政省令で定めるもの（以下この条において「測定器等」という。）の較正を行い、又はその指定する者（以下「指定較正機関」という。）にこれを行わせることができる。

【六十二次改正】

中央省庁等改革関係法施行法（平成十一年十二月二十二日法律第百六十号）第百九十三条

本則（第九十九条の十二第二項を除く。）中「郵政大臣」を「総務大臣」に、「郵政省令」を「総務省令」に、「通商産業大臣」を「経済産業大臣」に、「建設大臣」を「国土交通大臣」に、「地方電気通信監理局長」を「総合通信局長」に、「沖縄郵政管理事務所長」を「沖縄総合通信事務所長」に改める。

（指定較正機関）

第百二条の十八　総務大臣は、無線設備の点検に用いる測定器その他の設備であって総務省令で定めるもの（以下この条において「測定器等」という。）の較正を行い、又はその指定する者（以下「指定較正機関」という。）にこれを行わせることができる。

2　指定較正機関の指定は、前項の較正を行おうとする者の申請により行う。

3　総務大臣又は指定較正機関は、第一項の較正を行つたときは、総務省令で定めるところにより、その測定器等に較正をした旨の表示を付するものとする。

4　総務大臣又は指定較正機関による較正を受けた測定器等以外の測定器等には、前項の表示又はこれと紛らわしい表示を付してはならない。

5　第三十八条の三、第三十八条の四、第三十八条の五第二項、第三十八条の六、第三十八条の七第二項及び第三十八条の八から第三十八条の十四までの規定は、指定較正機関について準用する。この場合において、第三十八条の三中「前条第二項」とあるのは「第百二条の十八第二項」と、同条第一項（第四号を除く。）、第三十八条の四第二項、第三十八条の五第二項、第三十八条の七第二項、第三十八条の八、第三十八条の十、第三十八条の十一、第三十八条の十二第一項、第三十八条の十三第一項並びに第三十八条の十四第二項及び第三項中「技術基準適合証明」とあるのは「較正」と、第三十八条の三第一項第四号中「申請に係る区分の技術基準適合証明」とあるのは「較正」と、第三十八条の四第一項中「指定に係る区分、技術基準適合証明の業務を行う事務所の所在地並びに技術基準適合証明」とあるのは「較正の業務を行う事務所の所在地並びに較正」と、第三十八条の五第二項中「審査」とあるのは「較正」と、同項、第三十八条の六第二項及び第三項並びに第三十八条の七第二項中「証明員」とあるのは「較正員」と、第三十八条の十四第二項第一号中「この章」とあるのは「第百二条の十八第五項において準用するこの章」と読み替えるものとする。

【六十五次改正】

独立行政法人通信総合研究所法（平成十一年十二月二十二日法律第百六十二号）附則第九条

第百二条の十八の見出しを「（測定器等の較正）」に改め、同条第一項中「総務大臣は、」を削り、「を行い、又は」を「は、研究所がこれを行うほか、総務大臣は、」に改め、同条第三項及び第四項中「総務大臣」を「研究所」に改める。

（測定器等の較正）

第百二条の十八　無線設備の点検に用いる測定器その他の設備であつて総務省令で定めるもの（以下この条において「測定器等」という。）の較正は、研究所がこれを行うほか、総務大臣は、その指定する者（以下「指定較正機関」という。）にこれを行わせることができる。

2　指定較正機関の指定は、前項の較正を行おうとする者の申請により行う。

3　研究所又は指定較正機関は、第一項の較正を行つたときは、総務省令で定めるところにより、その測定器等に較正をした旨の表示を付するものとする。

4　研究所又は指定較正機関による較正を受けた測定器等以外の測定器等には、前項の表示又はこれと紛らわしい表示を付してはならない。

5　第三十八条の三、第三十八条の四、第三十八条の五第二項、第三十八条の六、第三十八条の七第二項及び第三十八条の八から第三十八条の十四までの規定は、指定較正機関について準用する。この場合において、第三十八条の三中「前条第二項」とあるのは「第百二条の十八第二項」と、同条第一項（第四号を除く。）、第三十八条の四第二項、第三十八条の五第二項、第三十八条の七第二項、第三十八条の八、第三十八条の十、第三十八条の十一、第三十八条の十二第一項、第三十八条の十三第一項並びに第三十八条の十四第二項及び第三項中「技術基準適合証明」とあるのは「較正」と、第三十八条の三第一項第四号中「申請に係る区分の技術基準適合証明」とあるのは「較正」と、第三十八条の四第一項中「指定に係る区分、技術基準適合証明の業務を行う事務所の所在地並びに技術基準適合証明」とあるのは「較正の業務を行う事務所の所在地並びに較正」と、第三十八条の五第二項中「審査」とあるのは「較正」と、同項、第三十八条の六第二項及び第三項並びに第三十八条の七第二項中「証明員」とあるのは「較正員」と、第三十八条の十四第二項第一号中「この章」とあるのは「第百二条の十八第五項において準用するこの章」と読み替えるものとする。

【　六十八次改正　】

電波法の一部を改正する法律（平成十三年六月十五日法律第四十八号）

第百二条の十八第五項中「第三十八条の三、第三十八条の四」を「第三十八条の三から第三十八条の四まで」に、「第三十八条の七第二項及び第三十八条の八から第三十八条の十四まで」を「第三十八条の七第二項、第三十八条の八から第三十八条の十二まで及び第三十八条の十四」に、「第四号を」を「第五号を」に、「第三十八条の七第二項、第三十八条の八」を「第三十八条の八」に改め、「、第三十八条の十三第一項」を削り、「第三十八条の三第一項第四号」を「第三十八条の三第一項第五号」に改め、「技術基準適合証明」とあるのは「較正」と」の下に「、第三十八条の三の二第二項中「第三十八条の二第二項」とあるのは「第百二条の十八第二項」と」を加え、「、第三十八条の六第二項及び第三項並びに第三十八条の七第二項」を「及び第三十八条の六」に、「第百二条の十八第五項」を「第百二条の十八第六項の規定又は同条第八項」に改め、同項を同条第八項とし、同条第四項の次に次の三項を加える。

（追加された第五項から第七項までの規定は、後掲の条文の通り。）

（測定器等の較正）

第百二条の十八　無線設備の点検に用いる測定器その他の設備であつて総務省令で定めるもの（以下この条において「測定器等」という。）の較正は、研究所がこれを行うほか、総務大臣は、その指定する者（以下「指定較正機関」という。）にこれを行わせることができる。

2　指定較正機関の指定は、前項の較正を行おうとする者の申請により行う。

3　研究所又は指定較正機関は、第一項の較正を行つたときは、総務省令で定めるところにより、その測定器等に較正をした旨の表示を付するものとする。

4　研究所又は指定較正機関による較正を受けた測定器等以外の測定器等には、前項の表示又はこれと紛らわしい表示を付してはならない。

5　較正の業務に従事する指定較正機関の役員（法人でない指定較正機関にあつては、指定較正機関の指定を受けた者。第百十条の二及び第百十三条の二において同じ。）及び職員（較正員を含む。）は、刑法その他の罰則の適用については、法令により公務に従事する職員とみなす。

6　指定較正機関は、較正の業務の全部又は一部を休止し、又は廃止しようとするときは、総務省令で定めるところにより、あらかじめ、その旨を総務大臣に届け出なければならない。

7　総務大臣は、前項の規定による届出があつたときは、その旨を公示しなければならない。

8　第三十八条の三から第三十八条の四まで、第三十八条の五第二項、第三十八条の六、第三十八条の八から第三十八条の十二まで及び第三十八条の十四の規定は、指定較正機関について準用する。この場合において、第三十八条の三中「前条第二項」とあるのは「第百二条の十八第二項」と、同条第一項（第五号を除く。）、第三十八条の四第二項、第三十八条の五第二項、第三十八条の八、第三十八条の十、第三十八条の十一、第三十八条の十二第一項並びに第三十八条の十四第二項及び第三項中「技術基準適合証明」とあるのは「較正」と、第三十八条の三第一項第五号中「申請に係る区分の技術基準適合証明」とあるのは「較正」と、第三十八条の三の二第二項中「第三十八条の二第二項」とあるのは「第百二条の十八第二項」と、第三十八条の四第一項中「指定に係る区分、技術基準適合証明の業務を行う事務所の所在地並びに技術基準適合証明」とあるのは「較正の業務を行う事務所の所在地並びに較正」と、第三十八条の五第二項中「審査」とあるのは「較正」と、同項、及び第三十八条の六中「証明員」とあるのは「較正員」と、第三十八条の十四第二項第一号中「この章」とあるのは「第百二条の十八第六項の規定又は同条第八項において準用するこの章」と読み替えるものとする。

［注釈］改正規定中「「技術基準適合証明」とあるのは「較正」と」の下に「、第三十八条の三の二第二項中「第三十八条の二第二項」とあるのは「第百二条の十八第二項」と」を加え」の部分（傍線部分）について、改正前の第五項（改正後の第八項）には「技術基準適合証明」とあるのは「較正」と」の文言が二か所にある（左記の改正前の第五項の傍線部分）から、改正規定どおりに改正すると、第三十八条の三の二第二項中の「第三十八条の二第二項」の「第百二条の十八第二項」への読替規定が二回現れることになり不適当である。ついては、この項における読み替える規定を並べる順及びこの改正当時の法律改正資料から、前掲の条文に改正されたものと解した。

5　第三十八条の三、第三十八条の四、第三十八条の五第二項、第三十八条の六、第三十八条の七第二項及び第三十八条の八から第三十八条の十四までの規定は、指定較正機関について準用する。この場合において、第三十八条の三中「前条第二項」とあるのは「第百二条の十八第二項」と、同条第一項（第四号を除く。）、第三十八条の四第二項、第三十八条の五第二項、第三十八条の七第二項、第三十八条の八、第三十八条の十、第三十八条の十一、第三十八条の十二第一項、第三十八条の十三第一項並びに第三十八条の十四第二項及び第三項中「技術基準適合証明」とあるのは「較正」と、第三十八条の三第一項第四号中「申請に係る区分の技術基準適合証明」とあるのは「較正」と、第三十八条の四第一項中「指定に係る区分、技術基準適合証明の業務を行う事務所の所在地並びに技術基準適合証明」とあるのは「較正の業務を行う事務所の所在地並びに較正」と、第三十八条の五第二項中「審査」とあるのは「較正」と、同項、第三十八条の六第二項及び第三項並びに第三十八条の七第二項中「証明員」とあるのは「較正員」と、第三十八条の十四第二項第一号中「この章」とあるのは「第百二条の十八第五項において準用するこの章」と読み替えるものとする。

【七十三次改正】

電波法の一部を改正する法律（平成十五年六月六日法律第六十八号）

第百二条の十八中第八項を削り、第七項を第十二項とし、第六項を第十一項とし、第五項を第十項とし、第四項の次に次の五項を加える。
（追加された第五項から第九項までの規定は、後掲の条文の通り。）

第百二条の十八に次の一項を加える。
（追加された第十三項の規定は、後掲の条文の通り。）

（測定器等の較正）

第百二条の十八　無線設備の点検に用いる測定器その他の設備であつて総務省令で定めるもの（以下この条において「測定器等」という。）の較正は、研究所がこれを行うほか、総務大臣は、その指定する者（以下「指定較正機関」という。）にこれを行わせることができる。

2　指定較正機関の指定は、前項の較正を行おうとする者の申請により行う。

3　研究所又は指定較正機関は、第一項の較正を行つたときは、総務省令で定めるところにより、その測定器等に較正をした旨の表示を付するものとする。

4　研究所又は指定較正機関による較正を受けた測定器等以外の測定器等には、前項の表示又はこれと紛らわしい表示を付してはならない。

5　総務大臣は、第二項の申請が次の各号のいずれにも適合していると認めるときでなければ、指定較正機関の指定をしてはならない。

一　職員、設備、較正の業務の実施の方法その他の事項についての較正の業務の実施に関する計画が較正の業務の適正かつ確実な実施に適合したものであること。

二　前号の較正の業務の実施に関する計画を適正かつ確実に実施するに足りる財政的基礎を有するものであること。

三　法人にあつては、その役員又は法人の種類に応じて総務省令で定める構成員の構成が較正の公正な実施に支障を及ぼすおそれがないものであること。

四　前号に定めるもののほか、較正が不公正になるおそれがないものとして、総務省令で定める基準に適合するものであること。

五　その指定をすることによつて較正の業務の適正かつ確実な実施を阻害することとならないこと。

6　総務大臣は、第二項の申請をした者が、次の各号のいずれかに該当するときは、指定較正機関の指定をしてはならない。

一　この法律に規定する罪を犯して刑に処せられ、その執行を終わり、又はその執行を受けることがなくなつた日から二年を経過しない者であること。

二　第十三項において準用する第三十九条の十一第一項又は第二項の規定により指定を取り消され、その取消しの日から二年を経過しない者であること。

三　法人であつて、その役員のうちに前二号のいずれかに該当する者があること。

7　指定較正機関の指定は、五年以上十年以内において政令で定める期間ごとにその更新を受けなければ、その期間の経過によつて、その効力を失う。

8　第二項、第五項及び第六項の規定は、前項の指定の更新について準用する。

9　指定較正機関は、較正を行うときは、総務省令で定める測定器その他の設備を使用し、かつ、総務省令で定める要件を備える者（以下「較正員」という。）にその較正を行わせなければならない。

10　較正の業務に従事する指定較正機関の役員（法人でない指定較正機関にあつては、指定較正機関の指定を受けた者。第百十条の二及び第百十三条の二において同じ。）及び職員（較正員を含む。）は、刑法その他の罰則の適用については、法令により公務に従事する職員とみなす。

11 指定較正機関は、較正の業務の全部又は一部を休止し、又は廃止しようとするときは、総務省令で定めるところにより、あらかじめ、その旨を総務大臣に届け出なければならない。

12 総務大臣は、前項の規定による届出があつたときは、その旨を公示しなければならない。

13 第三十九条の三、第三十九条の五から第三十九条の九まで、第三十九条の十一並びに第四十七条の二第二項及び第三項の規定は、指定較正機関について準用する。この場合において、第三十九条の三第一項中「指定に係る区分、講習の業務を行う事務所の所在地並びに講習」とあるのは「較正の業務を行う事務所の所在地並びに較正」と、同条第二項、第三十九条の五、第三十九条の七、第三十九条の八、第三十九条の九第一項並びに第三十九条の十一第二項及び第三項中「講習」とあるのは「較正」と、第三十九条の十一第一項中「第三十九条の二第五項各号（第三号」とあるのは「第百二条の十八第六項各号（第二号」と、同条第二項第一号中「又は前条第一項」とあるのは「、第四十七条の二第二項又は第百二条の十八第九項若しくは第十一項」と、同項第二号中「第三十九条の二第四項各号（第四号」とあるのは「第百二条の十八第五項各号（第五号」と、同項第三号中「又は第三十九条の八」とあるのは「、第三十九条の八又は第四十七条の二第三項」と、第四十七条の二第二項中「試験員」とあるのは「役員又は較正員」と、同条第三項中「役員又は試験員」とあるのは「較正員」と、「第四十七条の五」とあるのは「第百二条の十八第十三項」と読み替えるものとする。

【 七十四次改正 】

独立行政法人通信総合研究所法の一部を改正する法律（平成十四年十二月六日法律第百三十四号）附則第十三条

第百二条の十八及び第百三条中「研究所」を「機構」に改める。

（測定器等の較正）

第百二条の十八 無線設備の点検に用いる測定器その他の設備であつて総務省令で定めるもの（以下この条において「測定器等」という。）の較正は、機構がこれを行うほか、総務大臣は、その指定する者（以下「指定較正機関」という。）にこれを行わせることができる。

2 指定較正機関の指定は、前項の較正を行おうとする者の申請により行う。

3 機構又は指定較正機関は、第一項の較正を行つたときは、総務省令で定めるところにより、その測定器等に較正をした旨の表示を付するものとする。

4 機構又は指定較正機関による較正を受けた測定器等以外の測定器等には、前項の表示又はこれと紛らわしい表示を付してはならない。

5 総務大臣は、第二項の申請が次の各号のいずれにも適合していると認めるときでなければ、指定較正機関の指定をしてはならない。

一 職員、設備、較正の業務の実施の方法その他の事項についての較正の業務の実施に関する計画が較正の業務の適正かつ確実な実施に適合したものであること。

二 前号の較正の業務の実施に関する計画を適正かつ確実に実施するに足りる財政的基礎を有するものであること。

三 法人にあつては、その役員又は法人の種類に応じて総務省令で定める構成員の構成が較正の公正な実施に支障を及ぼすおそれがないものであること。

四 前号に定めるもののほか、較正が不公正になるおそれがないものとして、総務省令で定める基準に適合するものであること。

五 その指定をすることによつて較正の業務の適正かつ確実な実施を阻害することとならないこと。

6 総務大臣は、第二項の申請をした者が、次の各号のいずれかに該当するときは、指定較正機関の指定をしてはならない。
一 この法律に規定する罪を犯して刑に処せられ、その執行を終わり、又はその執行を受けることがなくなつた日から二年を経過しない者であること。
二 第十三項において準用する第三十九条の十一第一項又は第二項の規定により指定を取り消され、その取消しの日から二年を経過しない者であること。
三 法人であつて、その役員のうちに前二号のいずれかに該当する者があること。
7 指定較正機関の指定は、五年以上十年以内において政令で定める期間ごとにその更新を受けなければ、その期間の経過によつて、その効力を失う。
8 第二項、第五項及び第六項の規定は、前項の指定の更新について準用する。
9 指定較正機関は、較正を行うときは、総務省令で定める測定器その他の設備を使用し、かつ、総務省令で定める要件を備える者（以下「較正員」という。）にその較正を行わせなければならない。
10 較正の業務に従事する指定較正機関の役員（法人でない指定較正機関にあつては、指定較正機関の指定を受けた者。第百十条の二及び第百十三条の二において同じ。）及び職員（較正員を含む。）は、刑法その他の罰則の適用については、法令により公務に従事する職員とみなす。
11 指定較正機関は、較正の業務の全部又は一部を休止し、又は廃止しようとするときは、総務省令で定めるところにより、あらかじめ、その旨を総務大臣に届け出なければならない。
12 総務大臣は、前項の規定による届出があつたときは、その旨を公示しなければならない。
13 第三十九条の三、第三十九条の五から第三十九条の九まで、第三十九条の十一並びに第四十七条の二第二項及び第三項の規定は、指定較正機関について準用する。この場合において、第三十九条の三第一項中「指定に係る区分、講習の業務を行う事務所の所在地並びに講習」とあるのは「較正の業務を行う事務所の所在地並びに較正」と、同条第二項、第三十九条の五、第三十九条の七、第三十九条の八、第三十九条の九第一項並びに第三十九条の十一第二項及び第三項中「講習」とあるのは「較正」と、第三十九条の十一第一項中「第三十九条の二第五項各号（第三号」とあるのは「第百二条の十八第六項各号（第二号」と、同条第二項第一号中「又は前条第一項」とあるのは「、第四十七条の二第二項又は第百二条の十八第九項若しくは第十一項」と、同項第二号中「第三十九条の二第四項各号（第四号」とあるのは「第百二条の十八第五項各号（第五号」と、同項第三号中「又は第三十九条の八」とあるのは「、第三十九条の八又は第四十七条の二第三項」と、第四十七条の二第二項中「試験員」とあるのは「役員又は較正員」と、同条第三項中「役員又は試験員」とあるのは「較正員」と、「第四十七条の五」とあるのは「第百二条の十八第十三項」と読み替えるものとする。

第百三条

【 制定 】

電波法（昭和二十五年五月二日法律第百三十一号）

（手数料の徴収）
第百三条 左の表の上欄に掲げる者は、それぞれ同表の下欄に掲げる金額の範囲内で政令で定める手数料を政令で定める期日に納めなければならない。

納めなければならない者	金額
一 第六条の規定による免許の申請をする者	三千円

二　第十条の規定による落成後の検査を受ける者	
イ　船舶局	
空中線電力五十ワット以下のもの	三千六百円
空中線電力二百ワット以下のもの	六千円
空中線電力二キロワット以下のもの	八千円
空中線電力二キロワットをこえるもの	一万三千円
ロ　放送をする無線局	
空中線電力五十ワット以下のもの	六千円
空中線電力五百ワット以下のもの	一万円
空中線電力十キロワット以下のもの	一万九千円
空中線電力十キロワットをこえるもの	二万二千円
ハ　その他の無線局	
空中線電力五十ワット以下のもの	四千円
空中線電力二百ワット以下のもの	七千円
空中線電力二キロワット以下のもの	九千円
空中線電力二キロワットをこえるもの	一万五千円
三　第七十三条第一項の規定による検査を受ける者	
イ　船舶局	
空中線電力五十ワット以下のもの	千八百円
空中線電力二百ワット以下のもの	三千円
空中線電力二百ワット以下のもの	四千円
空中線電力二キロワットをこえるもの	六千五百円
ロ　放送をする無線局	
空中線電力五十ワット以下のもの	三千円
空中線電力五百ワット以下のもの	五千円
空中線電力十キロワット以下のもの	九千五百円
空中線電力十キロワットをこえるもの	一万一千円
ハ　その他の無線局	
空中線電力五十ワット以下のもの	二千円
空中線電力二百ワット以下のもの	三千五百円
空中線電力二キロワット以下のもの	四千五百円
空中線電力二キロワットをこえるもの	七千五百円
四　第十八条の規定による検査を受ける者（第七十一条第一項の規定に基く指定の変更を受けたため第十七条第一項の許可を受けた者を除く。）	五千円
五　第三十七条の規定による検定を受ける者	二万円
六　第四十一条の規定による無線従事者国家試験を受ける者	五百円
七　第四十五条第一項の規定による免許の更新を申請する者であつて同条第二項に該当するもの	百円
八　免許状又は免許証の再交付を申請する者	百円

【　七次改正　】

電波法の一部を改正する法律（昭和三十三年五月六日法律第百四十号）

第百三条を次のように改める。
（改正後の第百三条の規定は、後掲の条文の通り。）

（手数料の徴収）

第百三条　左の表の上欄に掲げる者は、政令の定めるところにより、それぞれ同表の下欄に掲げる金額の範囲内で政令で定める額の手数料を納めなければならない。

納めなければならない者	金額
一　第六条の規定による免許を申請する者	
イ　船舶局及び航空機局	三千円
ロ　放送をする無線局	一万三千五百円
ハ　その他の無線局	六千円
二　第十条の規定による検査を受ける者	
イ　船舶及び航空機局	一万六千円
ロ　放送をする無線局	九万九千円
ハ　その他の無線局	三万六千円
三　第十八条の規定による検査を受ける者（第七十一条第一項の規定に基く指定の変更を受けたため第十七条第一項の許可を受けた者を除く。）	二万二千五百円
四　第三十七条の規定による検査を受ける者	六万円
五　第四十一条の規定による無線従事者国家試験を受ける者	八百円
六　第四十一条の規定による免許を申請する者	二百円
七　免許状又は免許証の再交付を申請する者	二百円
八　第七十三条第一項の規定による検査を受ける者	
イ　船舶局及び航空機局	八千円
ロ　放送をする無線局	四万九千五百円
ハ　その他の無線局	一万八千円

2　二台以上の送信機を有する無線局について第十条又は第七十三条第一項の規定による検査を受ける者は、前項の規定による手数料の外、一台の送信機を除く各送信機について、左の表に掲げる金額の範囲内で政令で定める額の手数料を附加して納めなければならない。

区別	金額
一　第十条の規定による検査の場合	
イ　船舶局及び航空機局の送信機	四千円
ロ　放送をする無線局の送信機	二万四千八百円
ハ　その他の無線局の送信機	九千円
二　第七十三条第一項の規定による検査の場合	
イ　船舶局及び航空機局の送信機	二千円
ロ　放送をする無線局の送信機	一万二千四百円
ハ　その他の無線局の送信機	四千五百円

【十三次改正】

登録免許税法の施行に伴う関係法令の整備等に関する法律（昭和四十二年六月十二日法律第三十六号）第八条

第百三条第一項に後段として次のように加える。
（追加された後段の規定は、後掲の条文の通り。）

（手数料の徴収）
第百三条　左の表の上欄に掲げる者は、政令の定めるところにより、それぞれ同表の下欄に掲げる金額の範囲内で政令で定める額の手数料を納めなければならない。この場合において、第一号に掲げる者が受ける無線局の免許につき、登録免許税法（昭和四十二年法律第三十五号）の定めるところにより登録免許税が課されることとなつたときは、その者が同号に規定する申請につき納付した手数料は、還付する。

納めなければならない者	金額
一　第六条の規定による免許を申請する者	
イ　船舶局及び航空機局	三千円

ロ　放送をする無線局	一万三千五百円
ハ　その他の無線局	六千円
二　第十条の規定による検査を受ける者	
イ　船舶及び航空機局	一万六千円
ロ　放送をする無線局	九万九千円
ハ　その他の無線局	三万六千円
三　第十八条の規定による検査を受ける者（第七十一条第一項の規定に基く指定の変更を受けたため第十七条第一項の許可を受けた者を除く。）	二万二千五百円
四　第三十七条の規定による検査を受ける者	六万円
五　第四十一条の規定による無線従事者国家試験を受ける者	八百円
六　第四十一条の規定による免許を申請する者	二百円
七　免許状又は免許証の再交付を申請する者	二百円
八　第七十三条第一項の規定による検査を受ける者	
イ　船舶局及び航空機局	八千円
ロ　放送をする無線局	四万九千五百円
ハ　その他の無線局	一万八千円

2　二台以上の送信機を有する無線局について第十条又は第七十三条第一項の規定による検査を受ける者は、前項の規定による手数料の外、一台の送信機を除く各送信機について、左の表に掲げる金額の範囲内で政令で定める額の手数料を附加して納めなければならない。

区別	金額
一　第十条の規定による検査の場合	
イ　船舶局及び航空機局の送信機	四千円
ロ　放送をする無線局の送信機	二万四千八百円
ハ　その他の無線局の送信機	九千円
二　第七十三条第一項の規定による検査の場合	
イ　船舶局及び航空機局の送信機	二千円
ロ　放送をする無線局の送信機	一万二千四百円
ハ　その他の無線局の送信機	四千五百円

【二十一次改正】

各種手数料等の改定に関する法律（昭和五十三年四月二十四日法律第二十七号）第三十三条

第百三条第一項中「左の」を「次の」に改め、同項の表中「三千円」を「一万五千円」に、「一万三千五百円」を「六万八千円」に、「六千円」を「三万円」に、「一万六千円」を「九万九千円」を「五十万円」に、「三万六千円」を「十八万円」に、「基く」を「基づく」に、「二万二千五百円」を「十二万八千円」に、「六万円」を「六十万円」に、「八百円」を「四千円」に、「二百円」を「千円」に、「八千円」を「三万二千円」に、「四万九千五百円」を「二十五万円」に、「一万八千円」を「九万円」に改め、同条第二項中「の外」を「のほか」に、「左の」を「次の」に、「附加して」を「付加して」に改め、同項の表中「四千円」を「一万六千円」に、「二万四千八百円」を「十二万五千円」に、「九千円」を「四万五千円」に、「二千円」を「八千円」に、「一万二千四百円」を「六万千円」に、「四千五百円」を「二万三千円」に改める。

（手数料の徴収）

第百三条　次の表の上欄に掲げる者は、政令の定めるところにより、それぞれ同表の下欄に掲げる金額の範囲内で政令で定める額の手数料を納めなければならない。この場合において、第一号に掲げる者が受ける無線局の免許につき、登録免許税法（昭和四十二年法律第三十五号）の定めるところにより登録免許税が課されることとなつたときは、その者が同号に規定する申請につき納付した手数料は、還付する。

納めなければならない者	金額
一　第六条の規定による免許を申請する者	
イ　船舶局及び航空機局	一万五千円
ロ　放送をする無線局	六万八千円
ハ　その他の無線局	三万円
二　第十条の規定による検査を受ける者	
イ　船舶及び航空機局	六万四千円
ロ　放送をする無線局	五十万円
ハ　その他の無線局	十八万円
三　第十八条の規定による検査を受ける者（第七十一条第一項の規定に基づく指定の変更を受けたため第十七条第一項の許可を受けた者を除く。）	十二万八千円
四　第三十七条の規定による検査を受ける者	六十万円
五　第四十一条の規定による無線従事者国家試験を受ける者	四千円
六　第四十一条の規定による免許を申請する者	千円
七　免許状又は免許証の再交付を申請する者	千円
八　第七十三条第一項の規定による検査を受ける者	
イ　船舶局及び航空機局	三万二千円
ロ　放送をする無線局	二十五万円
ハ　その他の無線局	九万円

2　二台以上の送信機を有する無線局について第十条又は第七十三条第一項の規定による検査を受ける者は、前項の規定による手数料のほか、一台の送信機を除く各送信機について、次の表に掲げる金額の範囲内で政令で定める額の手数料を付加して納めなければならない。

区別	金額
一　第十条の規定による検査の場合	
イ　船舶局及び航空機局の送信機	一万六千円
ロ　放送をする無線局の送信機	十二万五千円
ハ　その他の無線局の送信機	四万五千円
二　第七十三条第一項の規定による検査の場合	
イ　船舶局及び航空機局の送信機	八千円
ロ　放送をする無線局の送信機	六万千円
ハ　その他の無線局の送信機	二万三千円

【二十四次改正】

各種手数料等の改定に関する法律（昭和五十三年四月二十四日法律第二十七号）第三十三条

第百三条第一項の表第一号中「一万五千円」を「三万円」に、「六万八千円」を「十三万六千円」に改め、同表第二号中「六万四千円」を「七万円」に、「五十万円」を「七十二万三千円」に改め、同表第三号中「十二万八千円」を「十四万八千円」に改め、同表第四号中「六十万円」を「七十一万円」に改め、同表第五号中「四千円」を「六千五百円」に改め、同表第七号中「千円」を「千二百円」に改め、同表第八号中「三万二千円」を「三万五千円」に、「二十五万円」を「三十六万円」に、「九万円」を「九万六千円」に改め、同条第二項の表中「一万六千円」を「一万七千円」に、「十二万五千円」を「十八万円」に、「八千円」を「八千五百円」に、「六万千円」を「九万円」に、「二万三千円」を「二万四千円」に改める。

（手数料の徴収）

第百三条　次の表の上欄に掲げる者は、政令の定めるところにより、それぞれ同表の下欄に掲げる金額の範囲内で政令で定める額の手数料を納めなければならない。この場合において、第一号に掲げる者が受ける無線局の免許につき、登録免許税法（昭和四十二年法律第三十五号）の定めるところにより登録免許税が課されることとなつたときは、その者が同号に規定する申請につき納付した手数料は、還付する。

納めなければならない者	金額
一　第六条の規定による免許を申請する者	
イ　船舶局及び航空機局	三万円
ロ　放送をする無線局	十三万六千円
ハ　その他の無線局	三万円
二　第十条の規定による検査を受ける者	
イ　船舶及び航空機局	七万円
ロ　放送をする無線局	七十二万三千円
ハ　その他の無線局	十八万円
三　第十八条の規定による検査を受ける者（第七十一条第一項の規定に基づく指定の変更を受けたため第十七条第一項の許可を受けた者を除く。）	十四万八千円
四　第三十七条の規定による検査を受ける者	七十一万円
五　第四十一条の規定による無線従事者国家試験を受ける者	六千五百円
六　第四十一条の規定による免許を申請する者	千円
七　免許状又は免許証の再交付を申請する者	千二百円
八　第七十三条第一項の規定による検査を受ける者	
イ　船舶局及び航空機局	三万五千円
ロ　放送をする無線局	三十六万千円
ハ　その他の無線局	九万六千円

２　二台以上の送信機を有する無線局について第十条又は第七十三条第一項の規定による検査を受ける者は、前項の規定による手数料のほか、一台の送信機を除く各送信機について、次の表に掲げる金額の範囲内で政令で定める額の手数料を付加して納めなければならない。

区別	金額
一　第十条の規定による検査の場合	
イ　船舶局及び航空機局の送信機	一万七千円
ロ　放送をする無線局の送信機	十八万円
ハ　その他の無線局の送信機	四万五千円
二　第七十三条第一項の規定による検査の場合	
イ　船舶局及び航空機局の送信機	八千五百円
ロ　放送をする無線局の送信機	九万円
ハ　その他の無線局の送信機	二万四千円

【二十五次改正】

電波法の一部を改正する法律（昭和五十六年五月二十三日法律第四十九号）

第百三条第一項中「手数料を」の下に「国（指定試験機関がその実施に関する事務を行う無線従事者国家試験を受ける者にあつては、当該指定試験機関）に」を加え、同項の表中第四号の次に次のように加える。

（追加された第一項の表第四号の二は、後掲の条文の通り。）

第百三条に次の一項を加える。

（追加された第三項の規定は、後掲の条文の通り。）

（手数料の徴収）

第百三条　次の表の上欄に掲げる者は、政令の定めるところにより、それぞれ同表の下欄に掲げる金額の範囲内で政令で定める額の手数料を国（指定試験機関がその実施に関する事務を行う無線従事者国家試験を受ける者にあつては、当該指定試験機関）に納めなければならない。この場合において、第一号に掲げる者が受ける無線局の免許につき、登録免許税法（昭和四十二年法律第三十五号）の定めるところにより登録免許税が課されることとなつたときは、その者が同号に規定する申請につき納付した手数料は、還付する。

納めなければならない者	金額
一　第六条の規定による免許を申請する者	
イ　船舶局及び航空機局	三万円
ロ　放送をする無線局	十三万六千円
ハ　その他の無線局	三万円
二　第十条の規定による検査を受ける者	
イ　船舶及び航空機局	七万円
ロ　放送をする無線局	七十二万三千円
ハ　その他の無線局	十八万円
三　第十八条の規定による検査を受ける者（第七十一条第一項の規定に基づく指定の変更を受けたため第十七条第一項の許可を受けた者を除く。）	十四万八千円
四　第三十七条の規定による検査を受ける者	七十一万円
四の二　技術基準適合証明（指定証明機関が行うものを除く。）を申請する者	一万六千円
五　第四十一条の規定による無線従事者国家試験を受ける者	六千五百円
六　第四十一条の規定による免許を申請する者	千円
七　免許状又は免許証の再交付を申請する者	千二百円
八　第七十三条第一項の規定による検査を受ける者	
イ　船舶局及び航空機局	三万五千円
ロ　放送をする無線局	三十六万千円
ハ　その他の無線局	九万六千円

2　二台以上の送信機を有する無線局について第十条又は第七十三条第一項の規定による検査を受ける者は、前項の規定による手数料のほか、一台の送信機を除く各送信機について、次の表に掲げる金額の範囲内で政令で定める額の手数料を付加して納めなければならない。

区別	金額
一　第十条の規定による検査の場合	
イ　船舶局及び航空機局の送信機	一万七千円
ロ　放送をする無線局の送信機	十八万円
ハ　その他の無線局の送信機	四万五千円
二　第七十三条第一項の規定による検査の場合	
イ　船舶局及び航空機局の送信機	八千五百円
ロ　放送をする無線局の送信機	九万円
ハ　その他の無線局の送信機	二万四千円

3　第一項の規定により指定試験機関に納められた手数料は、当該指定試験機関の収入とする。

【二十八次改正】

電波法の一部を改正する法律（昭和五十七年六月一日法律第五十九号）

第百三条第一項の表中第六号の次に次のように加える。

（追加された第六号の二から第六号の四までは、後掲の条文の通り。）

第百三条第一項の表第七号中「又は免許証」を「、免許証又は船舶局無線従事者証明書」に改める。

（手数料の徴収）

第百三条　次の表の上欄に掲げる者は、政令の定めるところにより、それぞれ同表の下欄に掲げる金額の範囲内で政令で定める額の手数料を国（指定試験機関がその実施に関する事務を行う無線従事者国家試験を受ける者にあつては、当該指定試験機関）に納めなければならない。この場合において、第一号に掲げる者が受ける無線局の免許につき、登録免許税法（昭和四十二年法律第三十五号）の定めるところにより登録免許税が課されることとなつたときは、その者が同号に規定する申請につき納付した手数料は、還付する。

納めなければならない者	金額
一　第六条の規定による免許を申請する者	
イ　船舶局及び航空機局	三万円
ロ　放送をする無線局	十三万六千円
ハ　その他の無線局	三万円
二　第十条の規定による検査を受ける者	
イ　船舶及び航空機局	七万円
ロ　放送をする無線局	七十二万三千円
ハ　その他の無線局	十八万円
三　第十八条の規定による検査を受ける者（第七十一条第一項の規定に基づく指定の変更を受けたため第十七条第一項の許可を受けた者を除く。）	十四万八千円
四　第三十七条の規定による検査を受ける者	七十一万円
四の二　技術基準適合証明（指定証明機関が行うものを除く。）を申請する者	一万六千円
五　第四十一条の規定による無線従事者国家試験を受ける者	六千五百円
六　第四十一条の規定による免許を申請する者	千円
六の二　第四十八条の二第一項の規定による船舶局無線従事者証明を申請する者	千四百円
六の三　第四十八条の二第二項第一号の郵政大臣が行う訓練を受ける者	一万千円
六の四　第四十八条の三第一号の郵政大臣が行う訓練を受ける者	二千円
七　免許状、免許証又は船舶局無線従事者証明書の再交付を申請する者	千二百円
八　第七十三条第一項の規定による検査を受ける者	
イ　船舶局及び航空機局	三万五千円
ロ　放送をする無線局	三十六万千円
ハ　その他の無線局	九万六千円

2　二台以上の送信機を有する無線局について第十条又は第七十三条第一項の規定による検査を受ける者は、前項の規定による手数料のほか、一台の送信機を除く各送信機について、次の表に掲げる金額の範囲内で政令で定める額の手数料を付加して納めなければならない。

区別	金額
一　第十条の規定による検査の場合	
イ　船舶局及び航空機局の送信機	一万七千円
ロ　放送をする無線局の送信機	十八万円
ハ　その他の無線局の送信機	四万五千円

二　第七十三条第一項の規定による検査の場合	
イ　船舶局及び航空機局の送信機	八千五百円
ロ　放送をする無線局の送信機	九万円
ハ　その他の無線局の送信機	二万四千円

3　第一項の規定により指定試験機関に納められた手数料は、当該指定試験機関の収入とする。

【二十九次改正】

電波法の一部を改正する法律（昭和五十九年五月二十九日法律第四十八号）

第百三条を次のように改める。
（改正後の規定は、後掲の条文の通り。）

（手数料の徴収）

第百三条　次の各号に掲げる者は、政令の定めるところにより、実費の範囲内で政令で定める額の手数料を国（指定試験機関がその実施に関する事務を行う無線従事者国家試験を受ける者にあつては、当該指定試験機関）に納めなければならない。この場合において、第一号に掲げる者が受ける無線局の免許につき、登録免許税法（昭和四十二年法律第三十五号）の定めるところにより登録免許税が課されることとなつたときは、その者が同号に規定する申請につき納付した手数料は、還付する。

一　第六条の規定による免許を申請する者
二　第十条の規定による検査を受ける者
三　第十八条の規定による検査を受ける者（第七十一条第一項の規定に基づく指定の変更を受けたため第十七条第一項の許可を受けた者を除く。）
四　第三十七条の規定による検定を受ける者
五　技術基準適合証明（指定証明機関が行うものを除く。）を申請する者
六　第四十一条の規定による無線従事者国家試験を受ける者
七　第四十一条の規定による免許を申請する者
八　第四十八条の二第一項の規定による船舶局無線従事者証明を申請する者
九　第四十八条の二第二項第一号の郵政大臣が行う訓練を受ける者
十　第四十八条の三第一号の郵政大臣が行う訓練を受ける者
十一　免許状、免許証又は船舶局無線従事者証明書の再交付を申請する者
十二　第七十三条第一項の規定による検査を受ける者

2　前項の規定により指定試験機関に納められた手数料は、当該指定試験機関の収入とする。

【三十五次改正】

許可、認可等民間活動に係る規制の整理及び合理化に関する法律（昭和六十年十二月二十四日法律第百二号）第二十一条

第百三条第一項中「、当該指定試験機関」を「当該指定試験機関、指定検査機関が行う検査を受ける者にあつては当該指定検査機関」に改め、同条第二項中「指定試験機関」の下に「又は指定検査機関」を、「当該指定試験機関」の下に「又は当該指定検査機関」を加える。

（手数料の徴収）

第百三条　次の各号に掲げる者は、政令の定めるところにより、実費の範囲内で政令で定める額の手数料を国（指定試験機関がその実施に関する事務を行う無線従事者国家試験を受ける者にあつては当該指定試験機関、指定検査機関が行う検査を受ける者にあつては当該指定検査機関）に納めなければならない。この場合において、第一号に掲げる者が受ける無線局の免許につき、登録免許税法（昭和四

十二年法律第三十五号）の定めるところにより登録免許税が課されることとなつたときは、その者が同号に規定する申請につき納付した手数料は、還付する。

一　第六条の規定による免許を申請する者
二　第十条の規定による検査を受ける者
三　第十八条の規定による検査を受ける者（第七十一条第一項の規定に基づく指定の変更を受けたため第十七条第一項の許可を受けた者を除く。）
四　第三十七条の規定による検定を受ける者
五　技術基準適合証明（指定証明機関が行うものを除く。）を申請する者
六　第四十一条の規定による無線従事者国家試験を受ける者
七　第四十一条の規定による免許を申請する者
八　第四十八条の二第一項の規定による船舶局無線従事者証明を申請する者
九　第四十八条の二第二項第一号の郵政大臣が行う訓練を受ける者
十　第四十八条の三第一号の郵政大臣が行う訓練を受ける者
十一　免許状、免許証又は船舶局無線従事者証明書の再交付を申請する者
十二　第七十三条第一項の規定による検査を受ける者

2　前項の規定により指定試験機関又は指定検査機関に納められた手数料は、当該指定試験機関又は当該指定検査機関の収入とする。

【四十一次改正】

電波法の一部を改正する法律（平成元年十一月七日法律第六十七号）

第百三条第一項中「指定試験機関が」を「指定講習機関が行う講習を受ける者にあつては当該指定講習機関、指定試験機関が」に改め、第十二号を第十三号とし、第六号から第十一号までを一号ずつ繰り下げ、第五号の次に次の一号を加える。

（追加された第六号の規定は、後掲の条文の通り。）

第百三条第二項中「規定により」の下に「指定講習機関、」を、「手数料は、」の下に「当該指定講習機関、」を加える。

（手数料の徴収）

第百三条　次の各号に掲げる者は、政令の定めるところにより、実費の範囲内で政令で定める額の手数料を国（指定講習機関が行う講習を受ける者にあつては当該指定講習機関、指定試験機関がその実施に関する事務を行う無線従事者国家試験を受ける者にあつては当該指定試験機関、指定検査機関が行う検査を受ける者にあつては当該指定検査機関）に納めなければならない。この場合において、第一号に掲げる者が受ける無線局の免許につき、登録免許税法（昭和四十二年法律第三十五号）の定めるところにより登録免許税が課されることとなつたときは、その者が同号に規定する申請につき納付した手数料は、還付する。

一　第六条の規定による免許を申請する者
二　第十条の規定による検査を受ける者
三　第十八条の規定による検査を受ける者（第七十一条第一項の規定に基づく指定の変更を受けたため第十七条第一項の許可を受けた者を除く。）
四　第三十七条の規定による検定を受ける者
五　技術基準適合証明（指定証明機関が行うものを除く。）を申請する者
六　第三十九条第七項の規定による講習を受ける者
七　第四十一条の規定による無線従事者国家試験を受ける者
八　第四十一条の規定による免許を申請する者
九　第四十八条の二第一項の規定による船舶局無線従事者証明を申請する者
十　第四十八条の二第二項第一号の郵政大臣が行う訓練を受ける者
十一　第四十八条の三第一号の郵政大臣が行う訓練を受ける者
十二　免許状、免許証又は船舶局無線従事者証明書の再交付を申請する者

十三　第七十三条第一項の規定による検査を受ける者
2　前項の規定により指定講習機関、指定試験機関又は指定検査機関に納められた手数料は、当該指定講習機関、当該指定試験機関又は当該指定検査機関の収入とする。

【五十二次改正】

電波法の一部を改正する法律（平成九年五月九日法律第四十七号）

第百三条第一項中「実費の範囲内で」を「実費を勘案して」に改め、「、指定検査機関が行う検査を受ける者にあつては当該指定検査機関」を削り、後段を削り、第十三号を第十五号とし、第四号から第十二号までを二号ずつ繰り下げ、第三号の次に次の二号を加える。
（追加された第一項第四号及び第五号の規定は、後掲の条文の通り。）
第百三条第一項に次の一号を加える。
（追加された第一項第十六号の規定は、後掲の条文の通り。）

（手数料の徴収）
第百三条　次の各号に掲げる者は、政令の定めるところにより、実費を勘案して政令で定める額の手数料を国（指定講習機関が行う講習を受ける者にあつては当該指定講習機関、指定試験機関がその実施に関する事務を行う無線従事者国家試験を受ける者にあつては当該指定試験機関、指定検査機関が行う検査を受ける者にあつては当該指定検査機関）に納めなければならない。
一　第六条の規定による免許を申請する者
二　第十条の規定による検査を受ける者
三　第十八条の規定による検査を受ける者（第七十一条第一項の規定に基づく指定の変更を受けたため第十七条第一項の許可を受けた者を除く。）
四　第二十四条の二第一項の規定による認定を申請する者
五　第二十七条の三の規定による検定を受ける者
六　第三十七条の規定による検定を受ける者
七　技術基準適合証明（指定証明機関が行うものを除く。）を申請する者
八　第三十九条第七項の規定による講習を受ける者
九　第四十一条の規定による無線従事者国家試験を受ける者
十　第四十一条の規定による免許を申請する者
十一　第四十八条の二第一項の規定による船舶局無線従事者証明を申請する者
十二　第四十八条の二第二項第一号の郵政大臣が行う訓練を受ける者
十三　第四十八条の三第一号の郵政大臣が行う訓練を受ける者
十四　免許状、免許証又は船舶局無線従事者証明書の再交付を申請する者
十五　第七十三条第一項の規定による検査を受ける者
十六　第百二条の十八第一項の規定による較正（指定較正機関が行うものを除く。）を受ける者
2　前項の規定により指定講習機関、指定試験機関又は指定検査機関に納められた手数料は、当該指定講習機関、当該指定試験機関又は当該指定検査機関の収入とする。

[注釈一]改正規定中、「、指定検査機関が行う検査を受ける者にあつては当該指定検査機関」を削る部分（傍線部分）は、五十二次改正でなく、五十四次改正において施行される。
[注釈二]第一項の後段は、削られた。

【五十四次改正】

電波法の一部を改正する法律（平成九年五月九日法律第四十七号）

第百三条第一項中「実費の範囲内で」を「実費を勘案して」に改め、「、指定検査機関が行う検査を受ける者にあつては当該指定検査機関」を削り、後段を削り、第十三号を第十五号とし、第四号から第十二号までを二号ずつ繰り下げ、第三号の次に次の二号を加える。

第百三条第二項中「、指定試験機関又は指定検査機関」を「又は指定試験機関」に、「、当該指定試験機関又は当該指定検査機関」を「又は当該指定試験機関」に改め

（手数料の徴収）

第百三条　次の各号に掲げる者は、政令の定めるところにより、実費を勘案して政令で定める額の手数料を国（指定講習機関が行う講習を受ける者にあつては当該指定講習機関、指定試験機関がその実施に関する事務を行う無線従事者国家試験を受ける者にあつては当該指定試験機関）に納めなければならない。

一　第六条の規定による免許を申請する者

二　第十条の規定による検査を受ける者

三　第十八条の規定による検査を受ける者（第七十一条第一項の規定に基づく指定の変更を受けたため第十七条第一項の許可を受けた者を除く。）

四　第二十四条の二第一項の規定による認定を申請する者

五　第二十七条の三の規定による免許を申請する者

六　第三十七条の規定による検定を受ける者

七　技術基準適合証明（指定証明機関が行うものを除く。）を申請する者

八　第三十九条第七項の規定による講習を受ける者

九　第四十一条の規定による無線従事者国家試験を受ける者

十　第四十一条の規定による免許を申請する者

十一　第四十八条の二第一項の規定による船舶局無線従事者証明を申請する者

十二　第四十八条の二第二項第一号の郵政大臣が行う訓練を受ける者

十三　第四十八条の三第一号の郵政大臣が行う訓練を受ける者

十四　免許状、免許証又は船舶局無線従事者証明書の再交付を申請する者

十五　第七十三条第一項の規定による検査を受ける者

十六　第百二条の十八第一項の規定による較正（指定較正機関が行うものを除く。）を受ける者

2　前項の規定により指定講習機関又は指定試験機関に納められた手数料は、当該指定講習機関又は当該指定試験機関の収入とする。

[注釈]五十四次改正においては、第百三条第一項の改正規定中「、指定検査機関が行う検査を受ける者にあつては当該指定検査機関」を削る部分（傍線部分）のみが施行された。その他の部分は、五十二次改正において施行済である。

【　五十五次改正　】

電気通信分野における規制の合理化のための関係法律の整備等に関する法律（平成十年五月八日法律第五十八号）第三条

第百三条第一項中第十六号を第十八号とし、第八号から第十五号までを二号ずつ繰り下げ、第七号を第八号とし、同号の次に次の一号を加える。

（追加された第九号の規定は、後掲の条文の通り。）

第百三条第一項中第六号を第七号とし、第五号を第六号とし、第四号の次に次の一号を加える。

（追加された第五号の規定は、後掲の条文の通り。）

（手数料の徴収）

第百三条　次の各号に掲げる者は、政令の定めるところにより、実費を勘案して政

令で定める額の手数料を国（指定講習機関が行う講習を受ける者にあつては当該指定講習機関、指定試験機関がその実施に関する事務を行う無線従事者国家試験を受ける者にあつては当該指定試験機関）に納めなければならない。

一　第六条の規定による免許を申請する者
二　第十条の規定による検査を受ける者
三　第十八条の規定による検査を受ける者（第七十一条第一項の規定に基づく指定の変更を受けたため第十七条第一項の許可を受けた者を除く。）
四　第二十四条の二第一項の規定による認定を申請する者
五　第二十四条の九第一項の規定による認定を申請する者
六　第二十七条の三の規定による免許を申請する者
七　第三十七条の規定による検定を受ける者
八　技術基準適合証明（指定証明機関が行うものを除く。）を申請する者
九　第三十八条の十六第一項の規定による認証（指定証明機関が行うものを除く。）を申請する者
十　第三十九条第七項の規定による講習を受ける者
十一　第四十一条の規定による無線従事者国家試験を受ける者
十二　第四十一条の規定による免許を申請する者
十三　第四十八条の二第一項の規定による船舶局無線従事者証明を申請する者
十四　第四十八条の二第二項第一号の郵政大臣が行う訓練を受ける者
十五　第四十八条の三第一号の郵政大臣が行う訓練を受ける者
十六　免許状、免許証又は船舶局無線従事者証明書の再交付を申請する者
十七　第七十三条第一項の規定による検査を受ける者
十八　第百二条の十八第一項の規定による較正（指定較正機関が行うものを除く。）を受ける者

2　前項の規定により指定講習機関又は指定試験機関に納められた手数料は、当該指定講習機関又は当該指定試験機関の収入とする。

【　六十次改正　】

電波法の一部を改正する法律（平成十二年六月二日法律第百九号）

第百三条第一項中第十八号を第十九号とし、第七号から第十七号までを一号ずつ繰り下げ、第六号の次に次の一号を加える。
（追加された第一項第七号の規定は、後掲の条文の通り。）

（手数料の徴収）

第百三条　次の各号に掲げる者は、政令の定めるところにより、実費を勘案して政令で定める額の手数料を国（指定講習機関が行う講習を受ける者にあつては当該指定講習機関、指定試験機関がその実施に関する事務を行う無線従事者国家試験を受ける者にあつては当該指定試験機関）に納めなければならない。

一　第六条の規定による免許を申請する者
二　第十条の規定による検査を受ける者
三　第十八条の規定による検査を受ける者（第七十一条第一項の規定に基づく指定の変更を受けたため第十七条第一項の許可を受けた者を除く。）
四　第二十四条の二第一項の規定による認定を申請する者
五　第二十四条の九第一項の規定による認定を申請する者
六　第二十七条の三の規定による免許を申請する者
七　第二十七条の十三第一項の規定による認定を申請する者
八　第三十七条の規定による検定を受ける者
九　技術基準適合証明（指定証明機関が行うものを除く。）を申請する者
十　第三十八条の十六第一項の規定による認証（指定証明機関が行うものを除く。）を申請する者

十一　第三十九条第七項の規定による講習を受ける者
十二　第四十一条の規定による無線従事者国家試験を受ける者
十三　第四十一条の規定による免許を申請する者
十四　第四十八条の二第一項の規定による船舶局無線従事者証明を申請する者
十五　第四十八条の二第二項第一号の郵政大臣が行う訓練を受ける者
十六　第四十八条の三第一号の郵政大臣が行う訓練を受ける者
十七　免許状、免許証又は船舶局無線従事者証明書の再交付を申請する者
十八　第七十三条第一項の規定による検査を受ける者
十九　第百二条の十八第一項の規定による較正（指定較正機関が行うものを除く。）を受ける者

2　前項の規定により指定講習機関又は指定試験機関に納められた手数料は、当該指定講習機関又は当該指定試験機関の収入とする。

【　六十二次改正　】

中央省庁等改革関係法施行法（平成十一年十二月二十二日法律第百六十号）第百九十三条

本則（第九十九条の十二第二項を除く。）中「郵政大臣」を「総務大臣」に、「郵政省令」を「総務省令」に、「通商産業大臣」を「経済産業大臣」に、「建設大臣」を「国土交通大臣」に、「地方電気通信監理局長」を「総合通信局長」に、「沖縄郵政管理事務所長」を「沖縄総合通信事務所長」に改める。

（手数料の徴収）

第百三条　次の各号に掲げる者は、政令の定めるところにより、実費を勘案して政令で定める額の手数料を国（指定講習機関が行う講習を受ける者にあつては当該指定講習機関、指定試験機関がその実施に関する事務を行う無線従事者国家試験を受ける者にあつては当該指定試験機関）に納めなければならない。
一　第六条の規定による免許を申請する者
二　第十条の規定による検査を受ける者
三　第十八条の規定による検査を受ける者（第七十一条第一項の規定に基づく指定の変更を受けたため第十七条第一項の許可を受けた者を除く。）
四　第二十四条の二第一項の規定による認定を申請する者
五　第二十四条の九第一項の規定による認定を申請する者
六　第二十七条の三の規定による免許を申請する者
七　第二十七条の十三第一項の規定による認定を申請する者
八　第三十七条の規定による検定を受ける者
九　技術基準適合証明（指定証明機関が行うものを除く。）を申請する者
十　第三十八条の十六第一項の規定による認証（指定証明機関が行うものを除く。）を申請する者
十一　第三十九条第七項の規定による講習を受ける者
十二　第四十一条の規定による無線従事者国家試験を受ける者
十三　第四十一条の規定による免許を申請する者
十四　第四十八条の二第一項の規定による船舶局無線従事者証明を申請する者
十五　第四十八条の二第二項第一号の総務大臣が行う訓練を受ける者
十六　第四十八条の三第一号の総務大臣が行う訓練を受ける者
十七　免許状、免許証又は船舶局無線従事者証明書の再交付を申請する者
十八　第七十三条第一項の規定による検査を受ける者
十九　第百二条の十八第一項の規定による較正（指定較正機関が行うものを除く。）を受ける者

2　前項の規定により指定講習機関又は指定試験機関に納められた手数料は、当該指定講習機関又は当該指定試験機関の収入とする。

【 六十五次改正 】

独立行政法人通信総合研究所法（平成十一年十二月二十二日法律第百六十二号）附則第九条

> 第百三条第一項中「当該指定試験機関」の下に「、研究所が行う較正を受ける者にあつては研究所」を加え、同条第二項中「又は指定試験機関」を「、指定試験機関又は研究所」に、「又は当該指定試験機関」を「、当該指定試験機関又は研究所」に改める。

（手数料の徴収）

第百三条　次の各号に掲げる者は、政令の定めるところにより、実費を勘案して政令で定める額の手数料を国（指定講習機関が行う講習を受ける者にあつては当該指定講習機関、指定試験機関がその実施に関する事務を行う無線従事者国家試験を受ける者にあつては当該指定試験機関、研究所が行う較正を受ける者にあつては研究所）に納めなければならない。

一　第六条の規定による免許を申請する者

二　第十条の規定による検査を受ける者

三　第十八条の規定による検査を受ける者（第七十一条第一項の規定に基づく指定の変更を受けたため第十七条第一項の許可を受けた者を除く。）

四　第二十四条の二第一項の規定による認定を申請する者

五　第二十四条の九第一項の規定による認定を申請する者

六　第二十七条の三の規定による免許を申請する者

七　第二十七条の十三第一項の規定による認定を申請する者

八　第三十七条の規定による検定を受ける者

九　技術基準適合証明（指定証明機関が行うものを除く。）を申請する者

十　第三十八条の十六第一項の規定による認証（指定証明機関が行うものを除く。）を申請する者

十一　第三十九条第七項の規定による講習を受ける者

十二　第四十一条の規定による無線従事者国家試験を受ける者

十三　第四十一条の規定による免許を申請する者

十四　第四十八条の二第一項の規定による船舶局無線従事者証明を申請する者

十五　第四十八条の二第二項第一号の総務大臣が行う訓練を受ける者

十六　第四十八条の三第一号の総務大臣が行う訓練を受ける者

十七　免許状、免許証又は船舶局無線従事者証明書の再交付を申請する者

十八　第七十三条第一項の規定による検査を受ける者

十九　第百二条の十八第一項の規定による較正（指定較正機関が行うものを除く。）を受ける者

2　前項の規定により指定講習機関、指定試験機関又は研究所に納められた手数料は、当該指定講習機関、当該指定試験機関又は研究所の収入とする。

【 七十二次改正 】

電波法の一部を改正する法律（平成十四年五月十日法律第三十八号）

> 第百三条第一項中第十九号を第二十号とし、第六号から第十八号までを一号ずつ繰り下げ、第五号の次に次の一号を加える。
> （追加された第一項第六号の規定は、後掲の条文の通り、）

（手数料の徴収）

第百三条　次の各号に掲げる者は、政令の定めるところにより、実費を勘案して政令で定める額の手数料を国（指定講習機関が行う講習を受ける者にあつては当該指定講習機関、指定試験機関がその実施に関する事務を行う無線従事者国家試験

を受ける者にあつては当該指定試験機関、研究所が行う較正を受ける者にあつては研究所）に納めなければならない。

一　第六条の規定による免許を申請する者
二　第十条の規定による検査を受ける者
三　第十八条の規定による検査を受ける者（第七十一条第一項の規定に基づく指定の変更を受けたため第十七条第一項の許可を受けた者を除く。）
四　第二十四条の二第一項の規定による認定を申請する者
五　第二十四条の九第一項の規定による認定を申請する者
六　第二十五条第二項の規定による情報の提供を受ける者
七　第二十七条の三の規定による免許を申請する者
八　第二十七条の十三第一項の規定による認定を申請する者
九　第三十七条の規定による検定を受ける者
十　技術基準適合証明（指定証明機関が行うものを除く。）を申請する者
十一　第三十八条の十六第一項の規定による認証（指定証明機関が行うものを除く。）を申請する者
十二　第三十九条第七項の規定による講習を受ける者
十三　第四十一条の規定による無線従事者国家試験を受ける者
十四　第四十一条の規定による免許を申請する者
十五　第四十八条の二第一項の規定による船舶局無線従事者証明を申請する者
十六　第四十八条の二第二項第一号の総務大臣が行う訓練を受ける者
十七　第四十八条の三第一号の総務大臣が行う訓練を受ける者
十八　免許状、免許証又は船舶局無線従事者証明書の再交付を申請する者
十九　第七十三条第一項の規定による検査を受ける者
二十　第百二条の十八第一項の規定による較正（指定較正機関が行うものを除く。）を受ける者

2　前項の規定により指定講習機関、指定試験機関又は研究所に納められた手数料は、当該指定講習機関、当該指定試験機関又は研究所の収入とする。

【七十三次改正】

電波法の一部を改正する法律（平成十五年六月六日法律第六十八号）

第百三条第一項第四号中「認定を申請する」を「登録を受けようとする」に改め、同項第五号中「第二十四条の九第一項」を「第二十四条の十三第一項」に、「認定を申請する」を「登録を受けようとする」に改め、同項中第二十号を第二十二号とし、第十九号を第二十一号とし、同項第十八号中「免許状」の下に「、登録証」を加え、同号を同項第二十号とし、同項第十二号から第十七号までを二号ずつ繰り下げ、同項第十一号中「第三十八条の十六第一項の規定による認証（指定証明機関が行うものを除く。）」を「第三十八条の二十四第三項において準用する第三十八条の十八第一項の規定による工事設計認証」に、「申請する」を「求める」に改め、同号を同項第十三号とし、同項第十号中「技術基準適合証明（指定証明機関が行うものを除く。）」を「第三十八条の十八第一項の規定による技術基準適合証明」に、「申請する」を「求める」に改め、同号を同項第十二号とし、同項第九号の次に次の二号を加える。
（追加された第十号及び第十一号の規定は、後掲の条文の通り。）

（手数料の徴収）
第百三条　次の各号に掲げる者は、政令の定めるところにより、実費を勘案して政令で定める額の手数料を国（指定講習機関が行う講習を受ける者にあつては当該指定講習機関、指定試験機関がその実施に関する事務を行う無線従事者国家試験を受ける者にあつては当該指定試験機関、研究所が行う較正を受ける者にあつては研究所）に納めなければならない。

一　第六条の規定による免許を申請する者
二　第十条の規定による検査を受ける者
三　第十八条の規定による検査を受ける者（第七十一条第一項の規定に基づく指定の変更を受けたため第十七条第一項の許可を受けた者を除く。）
四　第二十四条の二第一項の規定による登録を受けようとする者
五　第二十四条の十三第一項の規定による登録を受けようとする者
六　第二十五条第二項の規定による情報の提供を受ける者
七　第二十七条の三の規定による免許を申請する者
八　第二十七条の十三第一項の規定による認定を申請する者
九　第三十七条の規定による検定を受ける者
十　第三十八条の二第一項の規定による登録を受けようとする者
十一　第三十八条の四第一項の規定による登録の更新を受けようとする者
十二　第三十八条の十八第一項の規定による技術基準適合証明を求める者
十三　第三十八条の二十四第三項において準用する第三十八条の十八第一項の規定による工事設計認証を求める者
十四　第三十九条第七項の規定による講習を受ける者
十五　第四十一条の規定による無線従事者国家試験を受ける者
十六　第四十一条の規定による免許を申請する者
十七　第四十八条の二第一項の規定による船舶局無線従事者証明を申請する者
十八　第四十八条の二第二項第一号の総務大臣が行う訓練を受ける者
十九　第四十八条の三第一号の総務大臣が行う訓練を受ける者
二十　免許状、登録証、免許証又は船舶局無線従事者証明書の再交付を申請する者
二十一　第七十三条第一項の規定による検査を受ける者
二十二　第百二条の十八第一項の規定による較正（指定較正機関が行うものを除く。）を受ける者

2　前項の規定により指定講習機関、指定試験機関又は研究所に納められた手数料は、当該指定講習機関、当該指定試験機関又は研究所の収入とする。

【七十四次改正】

独立行政法人通信総合研究所法の一部を改正する法律（平成十四年十二月六日法律第百三十四号）附則第十三条

第百二条の十八及び第百三条中「研究所」を「機構」に改める。

（手数料の徴収）

第百三条　次の各号に掲げる者は、政令の定めるところにより、実費を勘案して政令で定める額の手数料を国（指定講習機関が行う講習を受ける者にあつては当該指定講習機関、指定試験機関がその実施に関する事務を行う無線従事者国家試験を受ける者にあつては当該指定試験機関、機構が行う較正を受ける者にあつては機構）に納めなければならない。

一　第六条の規定による免許を申請する者
二　第十条の規定による検査を受ける者
三　第十八条の規定による検査を受ける者（第七十一条第一項の規定に基づく指定の変更を受けたため第十七条第一項の許可を受けた者を除く。）
四　第二十四条の二第一項の規定による登録を受けようとする者
五　第二十四条の十三第一項の規定による登録を受けようとする者
六　第二十五条第二項の規定による情報の提供を受ける者
七　第二十七条の三の規定による免許を申請する者
八　第二十七条の十三第一項の規定による認定を申請する者
九　第三十七条の規定による検定を受ける者

十　第三十八条の二第一項の規定による登録を受けようとする者
十一　第三十八条の四第一項の規定による登録の更新を受けようとする者
十二　第三十八条の十八第一項の規定による技術基準適合証明を求める者
十三　第三十八条の二十四第三項において準用する第三十八条の十八第一項の規定による工事設計認証を求める者
十四　第三十九条第七項の規定による講習を受ける者
十五　第四十一条の規定による無線従事者国家試験を受ける者
十六　第四十一条の規定による免許を申請する者
十七　第四十八条の二第一項の規定による船舶局無線従事者証明を申請する者
十八　第四十八条の二第二項第一号の総務大臣が行う訓練を受ける者
十九　第四十八条の三第一号の総務大臣が行う訓練を受ける者
二十　免許状、登録証、免許証又は船舶局無線従事者証明書の再交付を申請する者
二十一　第七十三条第一項の規定による検査を受ける者
二十二　第百二条の十八第一項の規定による較正（指定較正機関が行うものを除く。）を受ける者

2　前項の規定により指定講習機関、指定試験機関又は機構に納められた手数料は、当該指定講習機関、当該指定試験機関又は機構の収入とする。

【七十六次改正】

電波法及び有線電気通信法の一部を改正する法律（平成十六年五月十九日法律第四十七号）第一条

第百三条第一項第三号中「第七十一条第一項」の下に「又は第七十六条の三第一項」を加える。

（手数料の徴収）

第百三条　次の各号に掲げる者は、政令の定めるところにより、実費を勘案して政令で定める額の手数料を国（指定講習機関が行う講習を受ける者にあつては当該指定講習機関、指定試験機関がその実施に関する事務を行う無線従事者国家試験を受ける者にあつては当該指定試験機関、機構が行う較正を受ける者にあつては機構）に納めなければならない。
一　第六条の規定による免許を申請する者
二　第十条の規定による検査を受ける者
三　第十八条の規定による検査を受ける者（第七十一条第一項又は第七十六条の三第一項の規定に基づく指定の変更を受けたため第十七条第一項の許可を受けた者を除く。）
四　第二十四条の二第一項の規定による登録を受けようとする者
五　第二十四条の十三第一項の規定による登録を受けようとする者
六　第二十五条第二項の規定による情報の提供を受ける者
七　第二十七条の三の規定による免許を申請する者
八　第二十七条の十三第一項の規定による認定を申請する者
九　第三十七条の規定による検定を受ける者
十　第三十八条の二第一項の規定による登録を受けようとする者
十一　第三十八条の四第一項の規定による登録の更新を受けようとする者
十二　第三十八条の十八第一項の規定による技術基準適合証明を求める者
十三　第三十八条の二十四第三項において準用する第三十八条の十八第一項の規定による工事設計認証を求める者
十四　第三十九条第七項の規定による講習を受ける者
十五　第四十一条の規定による無線従事者国家試験を受ける者
十六　第四十一条の規定による免許を申請する者

十七　第四十八条の二第一項の規定による船舶局無線従事者証明を申請する者

十八　第四十八条の二第二項第一号の総務大臣が行う訓練を受ける者

十九　第四十八条の三第一号の総務大臣が行う訓練を受ける者

二十　免許状、登録証、免許証又は船舶局無線従事者証明書の再交付を申請する者

二十一　第七十三条第一項の規定による検査を受ける者

二十二　第百二条の十八第一項の規定による較正（指定較正機関が行うものを除く。）を受ける者

2　前項の規定により指定講習機関、指定試験機関又は機構に納められた手数料は、当該指定講習機関、当該指定試験機関又は機構の収入とする。

【七十九次改正】

所得税法等の一部を改正する法律（平成十七年三月三十一日法律第二十一号）附則

第六十七条

第百三条第一項中第四号及び第五号を削り、第六号を第四号とし、第七号から第九号までを二号ずつ繰り上げ、第十号を削り、第十一号を第八号とし、第十二号から第二十二号までを三号ずつ繰り上げる。

（手数料の徴収）

第百三条　次の各号に掲げる者は、政令の定めるところにより、実費を勘案して政令で定める額の手数料を国（指定講習機関が行う講習を受ける者にあつては当該指定講習機関、指定試験機関がその実施に関する事務を行う無線従事者国家試験を受ける者にあつては当該指定試験機関、機構が行う較正を受ける者にあつては機構）に納めなければならない。

一　第六条の規定による免許を申請する者

二　第十条の規定による検査を受ける者

三　第十八条の規定による検査を受ける者（第七十一条第一項又は第七十六条の三第一項の規定に基づく指定の変更を受けたため第十七条第一項の許可を受けた者を除く。）

四　第二十五条第二項の規定による情報の提供を受ける者

五　第二十七条の三の規定による免許を申請する者

六　第二十七条の十三第一項の規定による認定を申請する者

七　第三十七条の規定による検定を受ける者

八　第三十八条の四第一項の規定による登録の更新を受けようとする者

九　第三十八条の十八第一項の規定による技術基準適合証明を求める者

十　第三十八条の二十四第三項において準用する第三十八条の十八第一項の規定による工事設計認証を求める者

十一　第三十九条第七項の規定による講習を受ける者

十二　第四十一条の規定による無線従事者国家試験を受ける者

十三　第四十一条の規定による免許を申請する者

十四　第四十八条の二第一項の規定による船舶局無線従事者証明を申請する者

十五　第四十八条の二第二項第一号の総務大臣が行う訓練を受ける者

十六　第四十八条の三第一号の総務大臣が行う訓練を受ける者

十七　免許状、登録証、免許証又は船舶局無線従事者証明書の再交付を申請する者

十八　第七十三条第一項の規定による検査を受ける者

十九　第百二条の十八第一項の規定による較正（指定較正機関が行うものを除く。）を受ける者

2　前項の規定により指定講習機関、指定試験機関又は機構に納められた手数料は、当該指定講習機関、当該指定試験機関又は機構の収入とする。

【八十次改正】

電波法及び有線電気通信法の一部を改正する法律（平成十六年五月十九日法律第四十七号）第二条

> 第百三条第一項第十九号を同項第二十一号とし、同項第十八号を同項第二十号とし、同項第十七号中「免許状」の下に「、登録状」を加え、同号を同項第十九号とし、同項第十六号を同項第十八号とし、同項第九号から第十五号までを二号ずつ繰り下げ、同項第八号中「受けようと」を「申請」に改め、同号を同項第十号とし、同項第七号を同項第九号とし、同項第六号の次に次の二号を加える。
> （追加された第一項第七号及び第八号の規定は、後掲の条文の通り。）

（手数料の徴収）

第百三条　次の各号に掲げる者は、政令の定めるところにより、実費を勘案して政令で定める額の手数料を国（指定講習機関が行う講習を受ける者にあつては当該指定講習機関、指定試験機関がその実施に関する事務を行う無線従事者国家試験を受ける者にあつては当該指定試験機関、機構が行う較正を受ける者にあつては機構）に納めなければならない。

一　第六条の規定による免許を申請する者

二　第十条の規定による検査を受ける者

三　第十八条の規定による検査を受ける者（第七十一条第一項又は第七十六条の三第一項の規定に基づく指定の変更を受けたため第十七条第一項の許可を受けた者を除く。）

四　第二十五条第二項の規定による情報の提供を受ける者

五　第二十七条の三の規定による免許を申請する者

六　第二十七条の十三第一項の規定による認定を申請する者

七　第二十七条の十八第一項の規定による登録を申請する者

八　第二十七条の二十九第一項の規定による登録を申請する者

九　第三十七条の規定による検定を受ける者

十　第三十八条の四第一項の規定による登録の更新を申請する者

十一　第三十八条の十八第一項の規定による技術基準適合証明を求める者

十二　第三十八条の二十四第三項において準用する第三十八条の十八第一項の規定による工事設計認証を求める者

十三　第三十九条第七項の規定による講習を受ける者

十四　第四十一条の規定による無線従事者国家試験を受ける者

十五　第四十一条の規定による免許を申請する者

十六　第四十八条の二第一項の規定による船舶局無線従事者証明を申請する者

十七　第四十八条の二第二項第一号の総務大臣が行う訓練を受ける者

十八　第四十八条の三第一号の総務大臣が行う訓練を受ける者

十九　免許状、登録状、登録証、免許証又は船舶局無線従事者証明書の再交付を申請する者

二十　第七十三条第一項の規定による検査を受ける者

二十一　第百二条の十八第一項の規定による較正（指定較正機関が行うものを除く。）を受ける者

2　前項の規定により指定講習機関、指定試験機関又は機構に納められた手数料は、当該指定講習機関、当該指定試験機関又は機構の収入とする。

［注釈二］前掲の改正規定は、電波法及び有線電気通信法の一部を改正する法律（平成十六年法律第四十七号）第二条中の第百三条の改正規定を所得税法等の一部を改正する法律（平成十七年法律第二十一号）附則第八十六条により改正した後のものである。改正前の規定は、次の通りである。

「第百三条第一項第四号及び第五号中「受けようと」を「申請」に改め、同項中第二十二号を第二十四号とし、第二十一号を第二十三号とし、同項第二十号中「免許状」の下に「、登録状」を加え、同号を同項第二十二号とし、同項第十九号を同項第二十一号とし、同項第十二号から第十八号までを二号ずつ繰り下げ、同項第十一号中「受けようと」を「申請」に改め、同号を同項第十三号とし、同項第十号中「受けようと」を「申請」に改め、同号を同項第十二号とし、同項第九号を同項第十一号とし、同項第八号の次に次の二号を加える。

九　第二十七条の十八第一項の規定による登録を申請する者

十　第二十七条の二十九第一項の規定による登録を申請する者

[注釈二]所得税法等の一部を改正する法律（平成十七年法律第二十一号）附則第八十六条によって、電波法及び有線電気通信法の一部を改正する法律附則第十条（登録免許税法別表第一第四十八号（無線局の免許又は登録に係る登録免許税）の改正）は、「第十条　削除」とされた。同附則第十条により措置される事項は、所得税法等の一部を改正する法律第四条（登録免許税法の一部改正）により措置された（七十九次改正関連）。

【　九十一次改正　】

放送法等の一部を改正する法律（平成二十二年十二月三日法律第六十五号）第四条

第百三条第一項中第二十一号を第二十二号とし、第四号から第二十号までを一号ずつ繰り下げ、第三号の次に次の一号を加える。

（追加された第一項第四号の規定は、後掲の条文の通り。）

（手数料の徴収）

第百三条　次の各号に掲げる者は、政令の定めるところにより、実費を勘案して政令で定める額の手数料を国（指定講習機関が行う講習を受ける者にあつては当該指定講習機関、指定試験機関がその実施に関する事務を行う無線従事者国家試験を受ける者にあつては当該指定試験機関、機構が行う較正を受ける者にあつては機構）に納めなければならない。

一　第六条の規定による免許を申請する者

二　第十条の規定による検査を受ける者

三　第十八条の規定による検査を受ける者（第七十一条第一項又は第七十六条の三第一項の規定に基づく指定の変更を受けたため第十七条第一項の許可を受けた者を除く。）

四　第二十四条の二の二第一項の規定による登録の更新を申請する者

五　第二十五条第二項の規定による情報の提供を受ける者

六　第二十七条の三の規定による免許を申請する者

七　第二十七条の十三第一項の規定による認定を申請する者

八　第二十七条の十八第一項の規定による登録を申請する者

九　第二十七条の二十九第一項の規定による登録を申請する者

十　第三十七条の規定による検定を受ける者

十一　第三十八条の四第一項の規定による登録の更新を申請する者

十二　第三十八条の十八第一項の規定による技術基準適合証明を求める者

十三　第三十八条の二十四第三項において準用する第三十八条の十八第一項の規定による工事設計認証を求める者

十四　第三十九条第七項の規定による講習を受ける者

十五　第四十一条の規定による無線従事者国家試験を受ける者

十六　第四十一条の規定による免許を申請する者

十七　第四十八条の二第一項の規定による船舶局無線従事者証明を申請する者

十八　第四十八条の二第二項第一号の総務大臣が行う訓練を受ける者

十八　第四十八条の三第一号の総務大臣が行う訓練を受ける者

二十　免許状、登録状、登録証、免許証又は船舶局無線従事者証明書の再交付を申請する者
二十一　第七十三条第一項の規定による検査を受ける者
二十二　第百二条の十八第一項の規定による較正（指定較正機関が行うものを除く。）を受ける者
2　前項の規定により指定講習機関、指定試験機関又は機構に納められた手数料は、当該指定講習機関、当該指定試験機関又は機構の収入とする。

【九十七次改正】

電波法の一部を改正する法律（平成二十六年四月二十三日法律第二十六号）

第百三条第一項中第二十二号を第二十四号とし、第十四号から第二十一号までを二号ずつ繰り下げ、第十三号の次に次の二号を加える。
（追加された第一項第十四号及び第十五号の規定は、後掲の条文の通り。）

第百三条第二項中「前項」を「第一項」に改め、同項を同条第三項とし、同条第一項の次に次の一項を加える。
（追加された第二項の規定は、後掲の条文の通り。）

（手数料の徴収）
第百三条　次の各号に掲げる者は、政令の定めるところにより、実費を勘案して政令で定める額の手数料を国（指定講習機関が行う講習を受ける者にあつては当該指定講習機関、指定試験機関がその実施に関する事務を行う無線従事者国家試験を受ける者にあつては当該指定試験機関、機構が行う較正を受ける者にあつては機構）に納めなければならない。
一　第六条の規定による免許を申請する者
二　第十条の規定による検査を受ける者
三　第十八条の規定による検査を受ける者（第七十一条第一項又は第七十六条の三第一項の規定に基づく指定の変更を受けたため第十七条第一項の許可を受けた者を除く。）
四　第二十四条の二の二第一項の規定による登録の更新を申請する者
五　第二十五条第二項の規定による情報の提供を受ける者
六　第二十七条の三の規定による免許を申請する者
七　第二十七条の十三第一項の規定による認定を申請する者
八　第二十七条の十八第一項の規定による登録を申請する者
九　第二十七条の二十九第一項の規定による登録を申請する者
十　第三十七条の規定による検定を受ける者
十一　第三十八条の四第一項の規定による登録の更新を申請する者
十二　第三十八条の十八第一項の規定による技術基準適合証明を求める者
十三　第三十八条の二十四第三項において準用する第三十八条の十八第一項の規定による工事設計認証を求める者
十四　第三十八条の三十九第一項の規定による登録を申請する者
十五　第三十八条の四十二第一項の規定による変更登録を申請する者
十六　第三十九条第七項の規定による講習を受ける者
十七　第四十一条の規定による無線従事者国家試験を受ける者
十八　第四十一条の規定による免許を申請する者
十九　第四十八条の二第一項の規定による船舶局無線従事者証明を申請する者
二十　第四十八条の二第二項第一号の総務大臣が行う訓練を受ける者
二十一　第四十八条の三第一号の総務大臣が行う訓練を受ける者
二十二　免許状、登録状、登録証、免許証又は船舶局無線従事者証明書の再交付を申請する者
二十三　第七十三条第一項の規定による検査を受ける者

二十四　第百二条の十八第一項の規定による較正（指定較正機関が行うものを除く。）を受ける者

2　地震、台風、洪水、津波、雪害、火災、暴動その他非常の事態（以下この項において「地震等」という。）が発生し、又は発生するおそれがある場合において専ら人命の救助、災害の救援、交通通信の確保若しくは秩序の維持のために必要な通信又は第百二条の二第一項各号に掲げる無線通信（当該必要な通信に該当するものを除く。）を行う無線局のうち、当該地震等による被害の発生を防止し、又は軽減するために必要な通信を行う無線局として総務大臣が認めるものであつて、臨時に開設するものについては、前項第一号、第二号、第六号、第八号又は第九号に掲げる者は、同項の規定にかかわらず、手数料を納めることを要しない。

3　第一項の規定により指定講習機関、指定試験機関又は機構に納められた手数料は、当該指定講習機関、当該指定試験機関又は機構の収入とする。

［注釈］第二項及び第三項に係る改正は平成二十六年九月一日から施行され、第一項に係る改正は平成二十七年四月一日から施行された。

【百四次改正】

電波法及び電気通信事業法等の一部を改正する法律（平成二十九年五月十二日法律第二十七号）第一条

> 第百三条第一項第二十四号中「第百二条の十八第一項」を「前条第一項」に改め、同号を同項第二十五号とし、同項中第二十三号を第二十四号とし、第二十二号の次に次の一号を加える。
> （追加された第一項第二十三号の規定は、後掲の条文の通り。）

（手数料の徴収）

第百三条　次の各号に掲げる者は、政令の定めるところにより、実費を勘案して政令で定める額の手数料を国（指定講習機関が行う講習を受ける者にあつては当該指定講習機関、指定試験機関がその実施に関する事務を行う無線従事者国家試験を受ける者にあつては当該指定試験機関、機構が行う較正を受ける者にあつては機構）に納めなければならない。

一　第六条の規定による免許を申請する者

二　第十条の規定による検査を受ける者

三　第十八条の規定による検査を受ける者（第七十一条第一項又は第七十六条の三第一項の規定に基づく指定の変更を受けたため第十七条第一項の許可を受けた者を除く。）

四　第二十四条の二の二第一項の規定による登録の更新を申請する者

五　第二十五条第二項の規定による情報の提供を受ける者

六　第二十七条の三の規定による免許を申請する者

七　第二十七条の十三第一項の規定による認定を申請する者

八　第二十七条の十八第一項の規定による登録を申請する者

九　第二十七条の二十九第一項の規定による登録を申請する者

十　第三十七条の規定による検定を受ける者

十一　第三十八条の四第一項の規定による登録の更新を申請する者

十二　第三十八条の十八第一項の規定による技術基準適合証明を求める者

十三　第三十八条の二十四第三項において準用する第三十八条の十八第一項の規定による工事設計認証を求める者

十四　第三十八条の三十九第一項の規定による登録を申請する者

十五　第三十八条の四十二第一項の規定による変更登録を申請する者

十六　第三十九条第七項の規定による講習を受ける者

十七　第四十一条の規定による無線従事者国家試験を受ける者
十八　第四十一条の規定による免許を申請する者
十九　第四十八条の二第一項の規定による船舶局無線従事者証明を申請する者
二十　第四十八条の二第二項第一号の総務大臣が行う訓練を受ける者
二十一　第四十八条の三第一号の総務大臣が行う訓練を受ける者
二十二　免許状、登録状、登録証、免許証又は船舶局無線従事者証明書の再交付を申請する者
二十三　第七十条の五の二第一項の規定による認定を申請する者
二十四　第七十三条第一項の規定による検査を受ける者
二十五　前条第一項の規定による較正（指定較正機関が行うものを除く。）を受ける者

2　地震、台風、洪水、津波、雪害、火災、暴動その他非常の事態（以下この項において「地震等」という。）が発生し、又は発生するおそれがある場合において専ら人命の救助、災害の救援、交通通信の確保若しくは秩序の維持のために必要な通信又は第百二条の二第一項各号に掲げる無線通信（当該必要な通信に該当するものを除く。）を行う無線局のうち、当該地震等による被害の発生を防止し、又は軽減するために必要な通信を行う無線局として総務大臣が認めるものであつて、臨時に開設するものについては、前項第一号、第二号、第六号、第八号又は第九号に掲げる者は、同項の規定にかかわらず、手数料を納めることを要しない。

3　第一項の規定により指定講習機関、指定試験機関又は機構に納められた手数料は、当該指定講習機関、当該指定試験機関又は機構の収入とする。

［注釈］この改正は、本書収録の基準日である平成二十九年六月十八日において未施行である。

第百三条の二

【一次改正】

電波法の一部を改正する法律（昭和二十七年七月三十一日法律第二百四十九号）

第百三条の次に次の一条を加える。

（追加された第百三条の二の規定は、後掲の条文の通り。）

（船舶又は航空機に開設した外国の無線局）

第百三条の二　第二章及び第四章の規定は、船舶又は航空機に開設した外国の無線局には、適用しない。

2　前項の無線局は、左に掲げる通信を行う場合に限り、運用することができる。

一　第五十二条各号の通信

二　公衆通信業務を行うことを目的とする無線局との間の通信

三　航空機の航行の安全に関する通信（公衆通信を除く。）

【二十五次改正】

電波法の一部を改正する法律（昭和五十六年五月二十三日法律第四十九号）

第百三条の二第二項中「左に」を「次に」に改め、同項第三号中「航空機の」を削る。

（船舶又は航空機に開設した外国の無線局）

第百三条の二　第二章及び第四章の規定は、船舶又は航空機に開設した外国の無線

局には、適用しない。

2　前項の無線局は、次に掲げる通信を行う場合に限り、運用することができる。

一　第五十二条各号の通信

二　公衆通信業務を行うことを目的とする無線局との間の通信

三　航行の安全に関する通信（公衆通信を除く。）

【三十二次改正】

日本電信電話株式会社法及び電気通信事業法の施行に伴う関係法律の整備等に関する法律（昭和五十九年十二月二十五日法律第八十七号）第四十七項

第百三条の二第二項第二号中「公衆通信業務」を「電気通信業務」に改め、同項第三号中「公衆通信」を「前号に掲げるもの」に改める。

（船舶又は航空機に開設した外国の無線局）

第百三条の二　第二章及び第四章の規定は、船舶又は航空機に開設した外国の無線局には、適用しない。

2　前項の無線局は、次に掲げる通信を行う場合に限り、運用することができる。

一　第五十二条各号の通信

二　電気通信業務を行うことを目的とする無線局との間の通信

三　航行の安全に関する通信（前号に掲げるものを除く。）

【四十五次改正】

電波法の一部を改正する法律（平成四年六月五日法律第七十四号）

第百三条の二を第百三条の四とし、第百三条の次に次の二条を加える。

（追加された第百三条の二の規定は、後掲の条文の通り。）

（電波利用料の徴収等）

第百三条の二　免許人は、電波の監視及び規正並びに不法に開設された無線局の探査、総合無線局管理ファイル（全無線局について第六条第一項及び第二項の書類並びに免許状に記載しなければならない事項その他の無線局の免許に関する事項を電子情報処理組織によつて記録するファイルをいう。）の作成及び管理その他の電波の適正な利用の確保に関し郵政大臣が無線局全体の受益を直接の目的として行う事務の処理に要する費用（次条において「電波利用共益費用」という。）の財源に充てるために免許人が負担すべき金銭（以下この条及び次条において「電波利用料」という。）として、無線局の免許の日から起算して三十日以内及びその後毎年その免許の日に応当する日（応当する日がない場合は、その翌日。以下この条において「応当日」という。）から起算して三十日以内に、当該無線局の免許の日又は応当日（以下この項において「起算日」という。）から始まる各一年の期間（無線局の免許の日が二月二十九日である場合においてその期間がうるう年の前年の三月一日から始まるときは翌年の二月二十八日までの期間とし、起算日から当該免許の有効期間の満了の日までの期間が一年に満たない場合はその期間とする。以下この項において同じ。）について、次の表の上欄に掲げる無線局の区分に従い同表の下欄に掲げる金額（起算日から当該免許の有効期間の満了の日までの期間が一年に満たない場合は、その額に当該期間の月数を十二で除して得た数を乗じて得た額に相当する金額）を国に納めなければならない。ただし、無線局の免許につき登録免許税法の定めるところにより登録免許税が課される場合には、当該無線局の免許の日から始まる一年の期間については、電波利用料を納めることを要しない。

無線局の区分	金額
一　移動する無線局（三の項から五の項まで及び八の項に掲げる無線局を除く。二の項において同じ。）	六百円

二　移動しない無線局であつて、移動する無線局又は携帯して使用するための受信設備と通信を行うために陸上に開設するもの（八の項に掲げる無線局を除く。）	一万二千百円
三　人工衛星局（八の項に掲げる無線局を除く。）	二万九千六百円
四　人工衛星局の中継により無線通信を行う無線局（五の項及び八の項に掲げる無線局を除く。）	三万円
五　自動車、船舶その他の移動するものに開設し、又は携帯して使用するために開設する無線局であつて、人工衛星局の中継により無線通信を行うもの（八の項に掲げる無線局を除く。）	三千六百円
六　放送をする無線局（三の項及び七の項に掲げる無線局を除く。）	二万九千七百円
七　多重放送をする無線局（三の項に掲げる無線局を除く。）	九百円
八　実験無線局及びアマチュア無線局	五百円
九　その他の無線局	二万二百円

2　前項の規定は、次に掲げる無線局の免許人には、適用しない。

一　第二十七条第一項の規定により免許を受けた無線局

二　地方公共団体が開設する無線局であつて、都道府県知事又は消防組織法（昭和二十二年法律第二百二十六号）第九条（同法第十八条において準用する場合を含む。）の規定により設けられる消防の機関が消防事務の用に供するもの

三　地方公共団体又は水防法（昭和二十四年法律第百九十三号）第二条第一項に規定する水防管理団体が開設する無線局であつて、都道府県知事、同条第二項に規定する水防管理者又は水防団が水防事務の用に供するもの

3　地方公共団体が開設する無線局であつて、災害対策基本法（昭和三十六年法律第二百二十三号）第二条第十号に掲げる地域防災計画の定めるところに従い防災上必要な通信を行うことを目的とするもの（前項第二号及び第三号に掲げる無線局を除く。）の免許人が納めなければならない電波利用料の金額は、第一項の規定にかかわらず、同項の規定による金額の二分の一に相当する金額とする。

4　第一項の月数は、暦に従つて計算し、一月に満たない端数を生じたときは、これを一月とする。

5　免許人は、第一項の規定により電波利用料を納めるときには、その翌年の応当日以後の期間に係る電波利用料を前納することができる。

6　前項の規定により前納した電波利用料は、前納した者の請求により、その請求をした日後に最初に到来する応当日以後の期間に係るものに限り、還付する。

7　郵政大臣は、電波利用料を納めない者があるときは、督促状によつて、期限を指定して督促しなければならない。

8　郵政大臣は、前項の規定による督促を受けた者がその指定の期限までにその督促に係る電波利用料及び次項の規定による延滞金を納めないときは、国税滞納処分の例により、これを処分する。この場合における電波利用料及び延滞金の先取特権の順位は、国税及び地方税に次ぐものとする。

9　郵政大臣は、第七項の規定により督促をしたときは、その督促に係る電波利用料の額につき年十四・五パーセントの割合で、納期限の翌日からその納付又は財産差押えの日の前日までの日数により計算した延滞金を徴収する。ただし、やむを得ない事情があると認められるときその他郵政省令で定めるときは、この限りでない。

［注釈］改正前の第百三条の二は、第百三条の四となった。

【　五十次改正　】

電波法の一部を改正する法律（平成七年五月八日法律第八十三号）

第百三条の二第九項中「第七項」を「第九項」に改め、同項を同条第十一項とし、同条中第八項を第十項とし、第七項を第九項とし、第六項の次に次の二項を加える。
（追加された第七項及び第八項の規定は、後掲の条文の通り。）

（電波利用料の徴収等）

第百三条の二　免許人は、電波の監視及び規正並びに不法に開設された無線局の探査、総合無線局管理ファイル（全無線局について第六条第一項及び第二項の書類並びに免許状に記載しなければならない事項その他の無線局の免許に関する事項を電子情報処理組織によつて記録するファイルをいう。）の作成及び管理その他の電波の適正な利用の確保に関し郵政大臣が無線局全体の受益を直接の目的として行う事務の処理に要する費用（次条において「電波利用共益費用」という。）の財源に充てるために免許人が負担すべき金銭（以下この条及び次条において「電波利用料」という。）として、無線局の免許の日から起算して三十日以内及びその後毎年その免許の日に応当する日（応当する日がない場合は、その翌日。以下この条において「応当日」という。）から起算して三十日以内に、当該無線局の免許の日又は応当日（以下この項において「起算日」という。）から始まる各一年の期間（無線局の免許の日が二月二十九日である場合においてその期間がうるう年の前年の三月一日から始まるときは翌年の二月二十八日までの期間とし、起算日から当該免許の有効期間の満了の日までの期間が一年に満たない場合はその期間とする。以下この項において同じ。）について、次の表の上欄に掲げる無線局の区分に従い同表の下欄に掲げる金額（起算日から当該免許の有効期間の満了の日までの期間が一年に満たない場合は、その額に当該期間の月数を十二で除して得た数を乗じて得た額に相当する金額）を国に納めなければならない。ただし、無線局の免許につき登録免許税法の定めるところにより登録免許税が課される場合には、当該無線局の免許の日から始まる一年の期間については、電波利用料を納めることを要しない。

無線局の区分	金額
一　移動する無線局（三の項から五の項まで及び八の項に掲げる無線局を除く。二の項において同じ。）	六百円
二　移動しない無線局であつて、移動する無線局又は携帯して使用するための受信設備と通信を行うために陸上に開設するもの（八の項に掲げる無線局を除く。）	一万二千百円
三　人工衛星局（八の項に掲げる無線局を除く。）	二万九千六百円
四　人工衛星局の中継により無線通信を行う無線局（五の項及び八の項に掲げる無線局を除く。）	三万円
五　自動車、船舶その他の移動するものに開設し、又は携帯して使用するために開設する無線局であつて、人工衛星局の中継により無線通信を行うもの（八の項に掲げる無線局を除く。）	三千六百円
六　放送をする無線局（三の項及び七の項に掲げる無線局を除く。）	二万九千七百円
七　多重放送をする無線局（三の項に掲げる無線局を除く。）	九百円
八　実験無線局及びアマチュア無線局	五百円
九　その他の無線局	二万二百円

2　前項の規定は、次に掲げる無線局の免許人には、適用しない。
一　第二十七条第一項の規定により免許を受けた無線局
二　地方公共団体が開設する無線局であつて、都道府県知事又は消防組織法（昭和二十二年法律第二百二十六号）第九条（同法第十八条において準用する場合を含む。）の規定により設けられる消防の機関が消防事務の用に供するもの

三　地方公共団体又は水防法（昭和二十四年法律第百九十三号）第二条第一項に規定する水防管理団体が開設する無線局であつて、都道府県知事、同条第二項に規定する水防管理者又は水防団が水防事務の用に供するもの

3　地方公共団体が開設する無線局であつて、災害対策基本法（昭和三十六年法律第二百二十三号）第二条第十号に掲げる地域防災計画の定めるところに従い防災上必要な通信を行うことを目的とするもの（前項第二号及び第三号に掲げる無線局を除く。）の免許人が納めなければならない電波利用料の金額は、第一項の規定にかかわらず、同項の規定による金額の二分の一に相当する金額とする。

4　第一項の月数は、暦に従つて計算し、一月に満たない端数を生じたときは、これを一月とする。

5　免許人は、第一項の規定により電波利用料を納めるときには、その翌年の応当日以後の期間に係る電波利用料を前納することができる。

6　前項の規定により前納した電波利用料は、前納した者の請求により、その請求をした日後に最初に到来する応当日以後の期間に係るものに限り、還付する。

7　郵政大臣は、免許人から、預金又は貯金の払出しとその払い出した金銭による電波利用料の納付をその預金口座又は貯金口座のある金融機関に委託して行うことを希望する旨の申出があつた場合には、その納付が確実と認められ、かつ、その申出を承認することが電波利用料の徴収上有利と認められるときに限り、その申出を承認することができる。

8　前項の承認に係る電波利用料が同項の金融機関による当該電波利用料の納付の期限として郵政省令で定める日までに納付された場合には、その納付の日が納期限後である場合においても、その納付は、納期限までにされたものとみなす。

9　郵政大臣は、電波利用料を納めない者があるときは、督促状によつて、期限を指定して督促しなければならない。

10　郵政大臣は、前項の規定による督促を受けた者がその指定の期限までにその督促に係る電波利用料及び次項の規定による延滞金を納めないときは、国税滞納処分の例により、これを処分する。この場合における電波利用料及び延滞金の先取特権の順位は、国税及び地方税に次ぐものとする。

11　郵政大臣は、第九項の規定により督促をしたときは、その督促に係る電波利用料の額につき年十四・五パーセントの割合で、納期限の翌日からその納付又は財産差押えの日の前日までの日数により計算した延滞金を徴収する。ただし、やむを得ない事情があると認められるときその他郵政省令で定めるときは、この限りでない。

【五十一次改正】

電波法の一部を改正する法律（平成八年六月十二日法律第七十号）

第百三条の二第一項中「及び管理」の下に「、電波のより能率的な利用に資する技術を用いた無線設備について無線設備の技術基準を定めるために行う試験及びその結果の分析」を加え、同項の表金額の欄中「一万二千百円」を「七千二百円」に、「二万九千六百円」を「二万五千八百円」に、「三万円」を「一万千六百円」に、「三千六百円」を「二千五百円」に、「二万九千七百円」を「二万五千三百円」に、「二万二百円」を「一万七千八百円」に改める。

（電波利用料の徴収等）

第百三条の二　免許人は、電波の監視及び規正並びに不法に開設された無線局の探査、総合無線局管理ファイル（全無線局について第六条第一項及び第二項の書類並びに免許状に記載しなければならない事項その他の無線局の免許に関する事項を電子情報処理組織によつて記録するファイルをいう。）の作成及び管理、電波のより能率的な利用に資する技術を用いた無線設備について無線設備の技術基準を定めるために行う試験及びその結果の分析その他の電波の適正な利用の

確保に関し郵政大臣が無線局全体の受益を直接の目的として行う事務の処理に要する費用（次条において「電波利用共益費用」という。）の財源に充てるために免許人が負担すべき金銭（以下この条及び次条において「電波利用料」という。）として、無線局の免許の日から起算して三十日以内及びその後毎年その免許の日に応当する日（応当する日がない場合は、その翌日。以下この条において「応当日」という。）から起算して三十日以内に、当該無線局の免許の日又は応当日（以下この項において「起算日」という。）から始まる各一年の期間（無線局の免許の日が二月二十九日である場合においてその期間がうるう年の前年の三月一日から始まるときは翌年の二月二十八日までの期間とし、起算日から当該免許の有効期間の満了の日までの期間が一年に満たない場合はその期間とする。以下この項において同じ。）について、次の表の上欄に掲げる無線局の区分に従い同表の下欄に掲げる金額（起算日から当該免許の有効期間の満了の日までの期間が一年に満たない場合は、その額に当該期間の月数を十二で除して得た数を乗じて得た額に相当する金額）を国に納めなければならない。ただし、無線局の免許につき登録免許税法の定めるところにより登録免許税が課される場合には、当該無線局の免許の日から始まる一年の期間については、電波利用料を納めることを要しない。

無線局の区分	金額
一　移動する無線局（三の項から五の項まで及び八の項に掲げる無線局を除く。二の項において同じ。）	六百円
二　移動しない無線局であつて、移動する無線局又は携帯して使用するための受信設備と通信を行うために陸上に開設するもの（八の項に掲げる無線局を除く。）	七千二百円
三　人工衛星局（八の項に掲げる無線局を除く。）	二万五千八百円
四　人工衛星局の中継により無線通信を行う無線局（五の項及び八の項に掲げる無線局を除く。）	一万千六百円
五　自動車、船舶その他の移動するものに開設し、又は携帯して使用するために開設する無線局であつて、人工衛星局の中継により無線通信を行うもの（八の項に掲げる無線局を除く。）	二千五百円
六　放送をする無線局（三の項及び七の項に掲げる無線局を除く。）	二万五千三百円
七　多重放送をする無線局（三の項に掲げる無線局を除く。）	九百円
八　実験無線局及びアマチュア無線局	五百円
九　その他の無線局	一万七千八百円

2　前項の規定は、次に掲げる無線局の免許人には、適用しない。

一　第二十七条第一項の規定により免許を受けた無線局

二　地方公共団体が開設する無線局であつて、都道府県知事又は消防組織法（昭和二十二年法律第二百二十六号）第九条（同法第十八条において準用する場合を含む。）の規定により設けられる消防の機関が消防事務の用に供するもの

三　地方公共団体又は水防法（昭和二十四年法律第百九十三号）第二条第一項に規定する水防管理団体が開設する無線局であつて、都道府県知事、同条第二項に規定する水防管理者又は水防団が水防事務の用に供するもの

3　地方公共団体が開設する無線局であつて、災害対策基本法（昭和三十六年法律第二百二十三号）第二条第十号に掲げる地域防災計画の定めるところに従い防災上必要な通信を行うことを目的とするもの（前項第二号及び第三号に掲げる無線局を除く。）の免許人が納めなければならない電波利用料の金額は、第一項の規定にかかわらず、同項の規定による金額の二分の一に相当する金額とする。

4　第一項の月数は、暦に従つて計算し、一月に満たない端数を生じたときは、これを一月とする。

5　免許人は、第一項の規定により電波利用料を納めるときには、その翌年の応当日以後の期間に係る電波利用料を前納することができる。

6　前項の規定により前納した電波利用料は、前納した者の請求により、その請求をした日後に最初に到来する応当日以後の期間に係るものに限り、還付する。

7　郵政大臣は、免許人から、預金又は貯金の払出しとその払い出した金銭による電波利用料の納付をその預金口座又は貯金口座のある金融機関に委託して行うことを希望する旨の申出があつた場合には、その納付が確実と認められ、かつ、その申出を承認することが電波利用料の徴収上有利と認められるときに限り、その申出を承認することができる。

8　前項の承認に係る電波利用料が同項の金融機関による当該電波利用料の納付の期限として郵政省令で定める日までに納付された場合には、その納付の日が納期限後である場合においても、その納付は、納期限までにされたものとみなす。

9　郵政大臣は、電波利用料を納めない者があるときは、督促状によつて、期限を指定して督促しなければならない。

10　郵政大臣は、前項の規定による督促を受けた者がその指定の期限までにその督促に係る電波利用料及び次項の規定による延滞金を納めないときは、国税滞納処分の例により、これを処分する。この場合における電波利用料及び延滞金の先取特権の順位は、国税及び地方税に次ぐものとする。

11　郵政大臣は、第九項の規定により督促をしたときは、その督促に係る電波利用料の額につき年十四・五パーセントの割合で、納期限の翌日からその納付又は財産差押えの日の前日までの日数により計算した延滞金を徴収する。ただし、やむを得ない事情があると認められるときその他郵政省令で定めるときは、この限りでない。

【五十二次改正】

電波法の一部を改正する法律（平成九年五月九日法律第四十七号）

第百三条の二第一項中「第二項」の下に「並びに第二十七条の三」を加え、「以下この項において同じ。」を削り、同項ただし書を削り、同条第十一項中「第九項」を「第十一項」に改め、同項を同条第十三項とし、同条第六項から第十項までを二項ずつ繰り下げ、同条第五項中「免許人」の下に「（包括免許人を除く。）」を加え、同項を同条第七項とし、同条第四項中「第一項」の下に「及び第二項」を加え、同項を同条第六項とし、同条第三項中「第一項」を「第一項から第三項まで」に、「同項」を「当該各項」に改め、同項を同条第五項とし、同条第二項中「前項」を「前三項」に改め、同項を同条第四項とし、同条第一項の次に次の二項を加える。

（追加された第二項及び第三項の規定は、後掲の条文の通り。）

（電波利用料の徴収等）

第百三条の二　免許人は、電波の監視及び規正並びに不法に開設された無線局の探査、総合無線局管理ファイル（全無線局について第六条第一項及び第二項並びに第二十七条の三の書類並びに免許状に記載しなければならない事項その他の無線局の免許に関する事項を電子情報処理組織によつて記録するファイルをいう。）の作成及び管理、電波のより能率的な利用に資する技術を用いた無線設備について無線設備の技術基準を定めるために行う試験及びその結果の分析その他の電波の適正な利用の確保に関し郵政大臣が無線局全体の受益を直接の目的として行う事務の処理に要する費用（次条において「電波利用共益費用」という。）の財源に充てるために免許人が負担すべき金銭（以下この条及び次条において「電波利用料」という。）として、無線局の免許の日から起算して三十日以内及びその後毎年その免許の日に応当する日（応当する日がない場合は、その翌日。以下この条において「応当日」という。）から起算して三十日以内に、当該無線局の免許の日又は応当日（以下この項において「起算日」という。）から始まる各一年の期間（無線局の免許の日が二月二十九日である場合においてその期間がうるう年の前年の三月一日から始まるときは翌年の二月二十八日までの期間とし、起算日から当該免許の有効期間の満了の日までの期間が一年に満たない場合はその期間とする。）について、次の表の上欄に掲げる無線局の区分に従い同表の下欄に掲げる金額（起算日から当該免許の有効期間の満了の日までの期間が一年に満たない場合は、その額に当該期間の月数を十二で除して得た数を乗じて得た額に相当する金額）を国に納めなければならない。

無線局の区分	金額
一　移動する無線局（三の項から五の項まで及び八の項に掲げる無線局を除く。二の項において同じ。）	六百円
二　移動しない無線局であつて、移動する無線局又は携帯して使用するための受信設備と通信を行うために陸上に開設するもの（八の項に掲げる無線局を除く。）	七千二百円
三　人工衛星局（八の項に掲げる無線局を除く。）	二万五千八百円
四　人工衛星局の中継により無線通信を行う無線局（五の項及び八の項に掲げる無線局を除く。）	一万千六百円
五　自動車、船舶その他の移動するものに開設し、又は携帯して使用するために開設する無線局であつて、人工衛星局の中継により無線通信を行うもの（八の項に掲げる無線局を除く。）	二千五百円
六　放送をする無線局（三の項及び七の項に掲げる無線局を除く。）	二万五千三百円
七　多重放送をする無線局（三の項に掲げる無線局を除く。）	九百円
八　実験無線局及びアマチュア無線局	五百円
九　その他の無線局	一万七千八百円

2　包括免許人は、前項の規定にかかわらず、包括免許の日の属する月の末日及びその後毎年その包括免許の日に応当する日（応当する日がない場合は、その前日）の属する月の末日現在において開設している特定無線局の数（以下この項及び次項において「開設無線局数」という。）をその翌月の十五日までに郵政大臣に届け出て、電波利用料として、当該届出が受理された日から起算して三十日以内に、当該包括免許の日又はその後毎年その包括免許の日に応当する日（応当する日がない場合は、その翌日）から始まる各一年の期間（包括免許の日が二月二十九日である場合においてその期間がうるう年の前年の三月一日から始まるときは翌年の二月二十八日までの期間とし、当該包括免許の日又はその包括免許の日に応当する日（応当する日がない場合は、その翌日）から当該包括免許の有効期間の満了の日までの期間が一年に満たない場合はその期間とする。以下この項及び次項において同じ。）について、五百四十円に当該一年の期間に係る開設無線局数を乗じて得た金額（当該包括免許の日又はその包括免許の日に応当する日（応当する日がない場合は、その翌日）から当該包括免許の有効期間の満了の日までの期間が一年に満たない場合は、その額に当該期間の月数を十二で除して得た数を乗じて得た額に相当する金額）を国に納めなければならない。

3　包括免許人は、前項の規定によるもののほか、包括免許の日又はその後毎年その包括免許の日に応当する日（応当する日がない場合は、その翌日）から始まる各一年の期間において、当該包括免許の日の属する月の翌月以後の月の末日又はその後毎年その包括免許の日に応当する日（応当する日がない場合は、その前日）の属する月の翌月以後の月の末日現在において開設している特定無線局の数が当該一年の期間に係る開設無線局数（既にこの項の規定による届出があつた場合には、その届出の日以後においては、その届出に係る特定無線局の数）を超えたときは、当該開設している特定無線局の数を当該超えた月の翌月の十五日までに郵政大臣に届け出て、電波利用料として、当該届出が受理された日から起算して三十日以内に、当該超えた月から次の包括免許の日に応当する日（応当する日がない場合は、その前日）の属する月の前月まで又は当該包括免許の有効期間の満了の日の翌日の属する月の前月までの期間について、五百四十円にその超える特定無線局の数を乗じて得た金額に当該期間の月数を十二で除して得た数を乗じて得た額に相当する金額を国に納めなければならない。

4　前三項の規定は、次に掲げる無線局の免許人には、適用しない。

一　第二十七条第一項の規定により免許を受けた無線局

二　地方公共団体が開設する無線局であつて、都道府県知事又は消防組織法（昭和二十二年法律第二百二十六号）第九条（同法第十八条において準用する場合を含む。）の規定により設けられる消防の機関が消防事務の用に供するもの

三　地方公共団体又は水防法（昭和二十四年法律第百九十三号）第二条第一項に規定する水防管理団体が開設する無線局であつて、都道府県知事、同条第二項に規定する水防管理者又は水防団が水防事務の用に供するもの

5　地方公共団体が開設する無線局であつて、災害対策基本法（昭和三十六年法律第二百二十三号）第二条第十号に掲げる地域防災計画の定めるところに従い防災上必要な通信を行うことを目的とするもの（前項第二号及び第三号に掲げる無線局を除く。）の免許人が納めなければならない電波利用料の金額は、第一項から第三項までの規定にかかわらず、当該各項の規定による金額の二分の一に相当する金額とする。

6　第一項及び第二項の月数は、暦に従つて計算し、一月に満たない端数を生じたときは、これを一月とする。

7　免許人（包括免許人を除く。）は、第一項の規定により電波利用料を納めるときには、その翌年の応当日以後の期間に係る電波利用料を前納することができる。

8　前項の規定により前納した電波利用料は、前納した者の請求により、その請求をした日後に最初に到来する応当日以後の期間に係るものに限り、還付する。

9　郵政大臣は、免許人から、預金又は貯金の払出しとその払い出した金銭による電波利用料の納付をその預金口座又は貯金口座のある金融機関に委託して行うことを希望する旨の申出があつた場合には、その納付が確実と認められ、かつ、その申出を承認することが電波利用料の徴収上有利と認められるときに限り、その申出を承認することができる。

10　前項の承認に係る電波利用料が同項の金融機関による当該電波利用料の納付の期限として郵政省令で定める日までに納付された場合には、その納付の日が納期限後である場合においても、その納付は、納期限までにされたものとみなす。

11　郵政大臣は、電波利用料を納めない者があるときは、督促状によつて、期限を指定して督促しなければならない。

12　郵政大臣は、前項の規定による督促を受けた者がその指定の期限までにその督促に係る電波利用料及び次項の規定による延滞金を納めないときは、国税滞納処分の例により、これを処分する。この場合における電波利用料及び延滞金の先取特権の順位は、国税及び地方税に次ぐものとする。

13　郵政大臣は、第十一項の規定により督促をしたときは、その督促に係る電波利用料の額につき年十四・五パーセントの割合で、納期限の翌日からその納付又は財産差押えの日の前日までの日数により計算した延滞金を徴収する。ただし、やむを得ない事情があると認められるときその他郵政省令で定めるときは、この限りでない。

[注釈]第一項ただし書は、削られた。

【　五十七次改正　】

電波法の一部を改正する法律（平成十一年五月二十一日法律第四十七号）

第百三条の二第一項の表金額の欄中「七千二百円」を「五千五百円」に、「二万五千八百円」を「二万四千百円」に、「一万千六百円」を「一万五百円」に、「二千五百円」を「二千二百円」に、「二万五千三百円」を「二万三千八百円」に、「一万七千八百円」を「一万六千三百円」に改める。

（電波利用料の徴収等）

第百三条の二　免許人は、電波の監視及び規正並びに不法に開設された無線局の探査、総合無線局管理ファイル（全無線局について第六条第一項及び第二項並びに第二十七条の三の書類並びに免許状に記載しなければならない事項その他の無線局の免許に関する事項を電子情報処理組織によつて記録するファイルをいう。）の作成及び管理、電波のより能率的な利用に資する技術を用いた無線設備について無線設備の技術基準を定めるために行う試験及びその結果の分析その他の電波の適正な利用の確保に関し郵政大臣が無線局全体の受益を直接の目的として行う事務の処理に要する費用（次条において「電波利用共益費用」という。）の財源に充てるために免許人が負担すべき金銭（以下この条及び次条において「電波利用料」という。）として、無線局の免許の日から起算して三十日以内及びその後毎年その免許の日に応当する日（応当する日がない場合は、その翌日。以下この条において「応当日」という。）から起算して三十日以内に、当該無線局の免許の日又は応当日（以下この項において「起算日」という。）から始まる各一年の期間（無線局の免許の日が二月二十九日である場合においてその期間がうるう年の前年の三月一日から始まるときは翌年の二月二十八日までの期間とし、起算日から当該免許の有効期間の満了の日までの期間が一年に満たない場合はその期間とする。）について、次の表の上欄に掲げる無線局の区分に従い同表の下欄に掲げる金額（起算日から当該免許の有効期間の満了の日までの期間が一年に満たない場合は、その額に当該期間の月数を十二で除して得た数を乗じて得た額に相当する金額）を国に納めなければならない。

無線局の区分	金額
一　移動する無線局（三の項から五の項まで及び八の項に掲げる無線局を除く。二の項において同じ。）	六百円
二　移動しない無線局であつて、移動する無線局又は携帯して使用するための受信設備と通信を行うために陸上に開設するもの（八の項に掲げる無線局を除く。）	五千五百円
三　人工衛星局（八の項に掲げる無線局を除く。）	二万四千百円
四　人工衛星局の中継により無線通信を行う無線局（五の項及び八の項に掲げる無線局を除く。）	一万五百円
五　自動車、船舶その他の移動するものに開設し、又は携帯して使用するために開設する無線局であつて、人工衛星局の中継により無線通信を行うもの（八の項に掲げる無線局を除く。）	二千五百円
六　放送をする無線局（三の項及び七の項に掲げる無線局を除く。）	二万三千八百円
七　多重放送をする無線局（三の項に掲げる無線局を除く。）	九百円
八　実験無線局及びアマチュア無線局	五百円
九　その他の無線局	一万六千三百円

2　包括免許人は、前項の規定にかかわらず、包括免許の日の属する月の末日及びその後毎年その包括免許の日に応当する日（応当する日がない場合は、その前日）の属する月の末日現在において開設している特定無線局の数（以下この項及び次項において「開設無線局数」という。）をその翌月の十五日までに郵政大臣に届け出て、電波利用料として、当該届出が受理された日から起算して三十日以内に、

当該包括免許の日又はその後毎年その包括免許の日に応当する日（応当する日がない場合は、その翌日）から始まる各一年の期間（包括免許の日が二月二十九日である場合においてその期間がうるう年の前年の三月一日から始まるときは翌年の二月二十八日までの期間とし、当該包括免許の日又はその包括免許の日に応当する日（応当する日がない場合は、その翌日）から当該包括免許の有効期間の満了の日までの期間が一年に満たない場合はその期間とする。以下この項及び次項において同じ。）について、五百四十円に当該一年の期間に係る開設無線局数を乗じて得た金額（当該包括免許の日又はその包括免許の日に応当する日（応当する日がない場合は、その翌日）から当該包括免許の有効期間の満了の日までの期間が一年に満たない場合は、その額に当該期間の月数を十二で除して得た数を乗じて得た額に相当する金額）を国に納めなければならない。

3　包括免許人は、前項の規定によるもののほか、包括免許の日又はその後毎年その包括免許の日に応当する日（応当する日がない場合は、その翌日）から始まる各一年の期間において、当該包括免許の日の属する月の翌月以後の月の末日又はその後毎年その包括免許の日に応当する日（応当する日がない場合は、その前日）の属する月の翌月以後の月の末日現在において開設している特定無線局の数が当該一年の期間に係る開設無線局数（既にこの項の規定による届出があった場合には、その届出の日以後においては、その届出に係る特定無線局の数）を超えたときは、当該開設している特定無線局の数を当該超えた月の翌月の十五日までに総務大臣に届け出て、電波利用料として、当該届出が受理された日から起算して三十日以内に、当該超えた月から次の包括免許の日に応当する日（応当する日がない場合は、その前日）の属する月の前月まで又は当該包括免許の有効期間の満了の日の翌日の属する月の前月までの期間について、五百四十円にその超える特定無線局の数を乗じて得た金額に当該期間の月数を十二で除して得た数を乗じて得た額に相当する金額を国に納めなければならない。

4　前三項の規定は、次に掲げる無線局の免許人には、適用しない。

一　第二十七条第一項の規定により免許を受けた無線局

二　地方公共団体が開設する無線局であつて、都道府県知事又は消防組織法（昭和二十二年法律第二百二十六号）第九条（同法第十八条において準用する場合を含む。）の規定により設けられる消防の機関が消防事務の用に供するもの

三　地方公共団体又は水防法（昭和二十四年法律第百九十三号）第二条第一項に規定する水防管理団体が開設する無線局であつて、都道府県知事、同条第二項に規定する水防管理者又は水防団が水防事務の用に供するもの

5　地方公共団体が開設する無線局であつて、災害対策基本法（昭和三十六年法律第二百二十三号）第二条第十号に掲げる地域防災計画の定めるところに従い防災上必要な通信を行うことを目的とするもの（前項第二号及び第三号に掲げる無線局を除く。）の免許人が納めなければならない電波利用料の金額は、第一項から第三項までの規定にかかわらず、当該各項の規定による金額の二分の一に相当する金額とする。

6　第一項及び第二項の月数は、暦に従つて計算し、一月に満たない端数を生じたときは、これを一月とする。

7　免許人（包括免許人を除く。）は、第一項の規定により電波利用料を納めるときには、その翌年の応当日以後の期間に係る電波利用料を前納することができる。

8　前項の規定により前納した電波利用料は、前納した者の請求により、その請求をした日後に最初に到来する応当日以後の期間に係るものに限り、還付する。

9　総務大臣は、免許人から、預金又は貯金の払出しとその払い出した金銭による電波利用料の納付をその預金口座又は貯金口座のある金融機関に委託して行うことを希望する旨の申出があつた場合には、その納付が確実と認められ、かつ、その申出を承認することが電波利用料の徴収上有利と認められるときに限り、その申出を承認することができる。

10 前項の承認に係る電波利用料が同項の金融機関による当該電波利用料の納付の期限として郵政省令で定める日までに納付された場合には、その納付の日が納期限後である場合においても、その納付は、納期限までにされたものとみなす。

11 郵政大臣は、電波利用料を納めない者があるときは、督促状によつて、期限を指定して督促しなければならない。

12 郵政大臣は、前項の規定による督促を受けた者がその指定の期限までにその督促に係る電波利用料及び次項の規定による延滞金を納めないときは、国税滞納処分の例により、これを処分する。この場合における電波利用料及び延滞金の先取特権の順位は、国税及び地方税に次ぐものとする。

13 郵政大臣は、第十一項の規定により督促をしたときは、その督促に係る電波利用料の額につき年十四・五パーセントの割合で、納期限の翌日からその納付又は財産差押えの日の前日までの日数により計算した延滞金を徴収する。ただし、やむを得ない事情があると認められるときその他郵政省令で定めるときは、この限りでない。

【 六十二次改正 】

中央省庁等改革関係法施行法（平成十一年十二月二十二日法律第百六十号）第百九十三条

本則（第九十九条の十二第二項を除く。）中「郵政大臣」を「総務大臣」に、「郵政省令」を「総務省令」に、「通商産業大臣」を「経済産業大臣」に、「建設大臣」を「国土交通大臣」に、「地方電気通信監理局長」を「総合通信局長」に、「沖縄郵政管理事務所長」を「沖縄総合通信事務所長」に改める。

（電波利用料の徴収等）

第百三条の二 免許人は、電波の監視及び規正並びに不法に開設された無線局の探査、総合無線局管理ファイル（全無線局について第六条第一項及び第二項並びに第二十七条の三の書類並びに免許状に記載しなければならない事項その他の無線局の免許に関する事項を電子情報処理組織によつて記録するファイルをいう。）の作成及び管理、電波のより能率的な利用に資する技術を用いた無線設備について無線設備の技術基準を定めるために行う試験及びその結果の分析その他の電波の適正な利用の確保に関し総務大臣が無線局全体の受益を直接の目的として行う事務の処理に要する費用（次条において「電波利用共益費用」という。）の財源に充てるために免許人が負担すべき金銭（以下この条及び次条において「電波利用料」という。）として、無線局の免許の日から起算して三十日以内及びその後毎年その免許の日に応当する日（応当する日がない場合は、その翌日。以下この条において「応当日」という。）から起算して三十日以内に、当該無線局の免許の日又は応当日（以下この項において「起算日」という。）から始まる各一年の期間（無線局の免許の日が二月二十九日である場合においてその期間がうるう年の前年の三月一日から始まるときは翌年の二月二十八日までの期間とし、起算日から当該免許の有効期間の満了の日までの期間が一年に満たない場合はその期間とする。）について、次の表の上欄に掲げる無線局の区分に従い同表の下欄に掲げる金額（起算日から当該免許の有効期間の満了の日までの期間が一年に満たない場合は、その額に当該期間の月数を十二で除して得た数を乗じて得た額に相当する金額）を国に納めなければならない。

無線局の区分	金額
一 移動する無線局（三の項から五の項まで及び八の項に掲げる無線局を除く。二の項において同じ。）	六百円
二 移動しない無線局であつて、移動する無線局又は携帯して使用するための受信設備と通信を行うために陸上に開設するもの（八の項に掲げる無線局を除く。）	五千五百円

三　人工衛星局（八の項に掲げる無線局を除く。）	二万四千百円
四　人工衛星局の中継により無線通信を行う無線局（五の項及び八の項に掲げる無線局を除く。）	一万五百円
五　自動車、船舶その他の移動するものに開設し、又は携帯して使用するために開設する無線局であつて、人工衛星局の中継により無線通信を行うもの（八の項に掲げる無線局を除く。）	二千五百円
六　放送をする無線局（三の項及び七の項に掲げる無線局を除く。）	二万三千八百円
七　多重放送をする無線局（三の項に掲げる無線局を除く。）	九百円
八　実験無線局及びアマチュア無線局	五百円
九　その他の無線局	一万六千三百円

2　包括免許人は、前項の規定にかかわらず、包括免許の日の属する月の末日及びその後毎年その包括免許の日に応当する日（応当する日がない場合は、その前日）の属する月の末日現在において開設している特定無線局の数（以下この項及び次項において「開設無線局数」という。）をその翌月の十五日までに総務大臣に届け出て、電波利用料として、当該届出が受理された日から起算して三十日以内に、当該包括免許の日又はその後毎年その包括免許の日に応当する日（応当する日がない場合は、その翌日）から始まる各一年の期間（包括免許の日が二月二十九日である場合においてその期間がうるう年の前年の三月一日から始まるときは翌年の二月二十八日までの期間とし、当該包括免許の日又はその包括免許の日に応当する日（応当する日がない場合は、その翌日）から当該包括免許の有効期間の満了の日までの期間が一年に満たない場合はその期間とする。以下この項及び次項において同じ。）について、五百四十円に当該一年の期間に係る開設無線局数を乗じて得た金額（当該包括免許の日又はその包括免許の日に応当する日（応当する日がない場合は、その翌日）から当該包括免許の有効期間の満了の日までの期間が一年に満たない場合は、その額に当該期間の月数を十二で除して得た数を乗じて得た額に相当する金額）を国に納めなければならない。

3　包括免許人は、前項の規定によるもののほか、包括免許の日又はその後毎年その包括免許の日に応当する日（応当する日がない場合は、その翌日）から始まる各一年の期間において、当該包括免許の日の属する月の翌月以後の月の末日又はその後毎年その包括免許の日に応当する日（応当する日がない場合は、その前日）の属する月の翌月以後の月の末日現在において開設している特定無線局の数が当該一年の期間に係る開設無線局数（既にこの項の規定による届出があつた場合には、その届出の日以後においては、その届出に係る特定無線局の数）を超えたときは、当該開設している特定無線局の数を当該超えた月の翌月の十五日までに総務大臣に届け出て、電波利用料として、当該届出が受理された日から起算して三十日以内に、当該超えた月から次の包括免許の日に応当する日（応当する日がない場合は、その前日）の属する月の前月まで又は当該包括免許の有効期間の満了の日の翌日の属する月の前月までの期間について、五百四十円にその超える特定無線局の数を乗じて得た金額に当該期間の月数を十二で除して得た数を乗じて得た額に相当する金額を国に納めなければならない。

4　前三項の規定は、次に掲げる無線局の免許人には、適用しない。

一　第二十七条第一項の規定により免許を受けた無線局

二　地方公共団体が開設する無線局であつて、都道府県知事又は消防組織法（昭和二十二年法律第二百二十六号）第九条（同法第十八条において準用する場合を含む。）の規定により設けられる消防の機関が消防事務の用に供するもの

三　地方公共団体又は水防法（昭和二十四年法律第百九十三号）第二条第一項に規定する水防管理団体が開設する無線局であつて、都道府県知事、同条第二項

に規定する水防管理者又は水防団が水防事務の用に供するもの

5　地方公共団体が開設する無線局であつて、災害対策基本法（昭和三十六年法律第二百二十三号）第二条第十号に掲げる地域防災計画の定めるところに従い防災上必要な通信を行うことを目的とするもの（前項第二号及び第三号に掲げる無線局を除く。）の免許人が納めなければならない電波利用料の金額は、第一項から第三項までの規定にかかわらず、当該各項の規定による金額の二分の一に相当する金額とする。

6　第一項及び第二項の月数は、暦に従つて計算し、一月に満たない端数を生じたときは、これを一月とする。

7　免許人（包括免許人を除く。）は、第一項の規定により電波利用料を納めるときには、その翌年の応当日以後の期間に係る電波利用料を前納することができる。

8　前項の規定により前納した電波利用料は、前納した者の請求により、その請求をした日後に最初に到来する応当日以後の期間に係るものに限り、還付する。

9　総務大臣は、免許人から、預金又は貯金の払出しとその払い出した金銭による電波利用料の納付をその預金口座又は貯金口座のある金融機関に委託して行うことを希望する旨の申出があつた場合には、その納付が確実と認められ、かつ、その申出を承認することが電波利用料の徴収上有利と認められるときに限り、その申出を承認することができる。

10　前項の承認に係る電波利用料が同項の金融機関による当該電波利用料の納付の期限として総務省令で定める日までに納付された場合には、その納付の日が納期限後である場合においても、その納付は、納期限までにされたものとみなす。

11　総務大臣は、電波利用料を納めない者があるときは、督促状によつて、期限を指定して督促しなければならない。

12　総務大臣は、前項の規定による督促を受けた者がその指定の期限までにその督促に係る電波利用料及び次項の規定による延滞金を納めないときは、国税滞納処分の例により、これを処分する。この場合における電波利用料及び延滞金の先取特権の順位は、国税及び地方税に次ぐものとする。

13　総務大臣は、第十一項の規定により督促をしたときは、その督促に係る電波利用料の額につき年十四・五パーセントの割合で、納期限の翌日からその納付又は財産差押えの日の前日までの日数により計算した延滞金を徴収する。ただし、やむを得ない事情があると認められるときその他総務省令で定めるときは、この限りでない。

【六十八次改正】

電波法の一部を改正する法律（平成十三年六月十五日法律第四十八号）

第百三条の二第一項中「電波の監視及び規正並びに不法に開設された無線局の探査、総合無線局管理ファイル（全無線局について第六条第一項及び第二項並びに第二十七条の三の書類並びに免許状に記載しなければならない事項その他の無線局の免許に関する事項を電子情報処理組織によつて記録するファイルをいう。）の作成及び管理、電波のより能率的な利用に資する技術を用いた無線設備について無線設備の技術基準を定めるために行う試験及びその結果の分析その他の電波の適正な利用の確保に関し総務大臣が無線局全体の受益を直接の目的として行う事務の処理に要する費用（次条において「電波利用共益費用」という。）の財源に充てるために免許人が負担すべき金銭（以下この条及び次条において「電波利用料」という。）」を「電波利用料」に改め、同条第十三項中「第十一項」を「第十二項」に改め、同項を同条第十四項とし、同条第七項から第十二項までを一項ずつ繰り下げ、同条第六項中「第二項」を「第三項」に改め、同項を同条第七項とし、同条第五項中「第一項から第三項まで」を「第一項、第三項及び第四項」に改め、同項を同条第六項とし、同条第四項中「前三項」を「第一項及び前二項」に改め、同項を同条第五項とし、同条第三項を同条第四項とし、同条第二項中「前項」を「第一項」に改め、同項を同条第三項とし、同条第一項の次に次の一項を加える。
（追加された第二項の規定は、後掲の条文の通り。）

（電波利用料の徴収等）

第百三条の二　免許人は、電波利用料として、無線局の免許の日から起算して三十日以内及びその後毎年その免許の日に応当する日（応当する日がない場合は、その翌日。以下この条において「応当日」という。）から起算して三十日以内に、当該無線局の免許の日又は応当日（以下この項において「起算日」という。）から始まる各一年の期間（無線局の免許の日が二月二十九日である場合においてその期間がうるう年の前年の三月一日から始まるときは翌年の二月二十八日までの期間とし、起算日から当該免許の有効期間の満了の日までの期間が一年に満たない場合はその期間とする。）について、次の表の上欄に掲げる無線局の区分に従い同表の下欄に掲げる金額（起算日から当該免許の有効期間の満了の日までの期間が一年に満たない場合は、その額に当該期間の月数を十二で除して得た数を乗じて得た額に相当する金額）を国に納めなければならない。

無線局の区分	金額
一　移動する無線局（三の項から五の項まで及び八の項に掲げる無線局を除く。二の項において同じ。）	六百円
二　移動しない無線局であつて、移動する無線局又は携帯して使用するための受信設備と通信を行うために陸上に開設するもの（八の項に掲げる無線局を除く。）	五千五百円
三　人工衛星局（八の項に掲げる無線局を除く。）	二万四千百円
四　人工衛星局の中継により無線通信を行う無線局（五の項及び八の項に掲げる無線局を除く。）	一万五百円
五　自動車、船舶その他の移動するものに開設し、又は携帯して使用するために開設する無線局であつて、人工衛星局の中継により無線通信を行うもの（八の項に掲げる無線局を除く。）	二千五百円
六　放送をする無線局（三の項及び七の項に掲げる無線局を除く。）	二万三千八百円
七　多重放送をする無線局（三の項に掲げる無線局を除く。）	九百円
八　実験無線局及びアマチュア無線局	五百円
九　その他の無線局	一万六千三百円

2　この条及び次条において「電波利用料」とは、次に掲げる事務その他の電波の適正な利用の確保に関し総務大臣が無線局全体の受益を直接の目的として行う事務の処理に要する費用（同条において「電波利用共益費用」という。）の財源に充てるために免許人が負担すべき金銭をいう。

一　電波の監視及び規正並びに不法に開設された無線局の探査

二　総合無線局管理ファイル（全無線局について第六条第一項及び第二項並びに第二十七条の三の書類並びに免許状に記載しなければならない事項その他の無線局の免許に関する事項を電子情報処理組織によつて記録するファイルをいう。）の作成及び管理

三　電波のより能率的な利用に資する技術を用いた無線設備について無線設備の技術基準を定めるために行う試験及びその結果の分析

四　特定周波数変更対策業務（第七十一条の三第九項の規定による指定周波数変更対策機関に対する交付金の交付を含む。）

3　包括免許人は、第一項の規定にかかわらず、包括免許の日の属する月の末日及びその後毎年その包括免許の日に応当する日（応当する日がない場合は、その前

日）の属する月の末日現在において開設している特定無線局の数（以下この項及び次項において「開設無線局数」という。）をその翌月の十五日までに総務大臣に届け出て、電波利用料として、当該届出が受理された日から起算して三十日以内に、当該包括免許の日又はその後毎年その包括免許の日に応当する日（応当する日がない場合は、その翌日）から始まる各一年の期間（包括免許の日が二月二十九日である場合においてその期間がうるう年の前年の三月一日から始まるときは翌年の二月二十八日までの期間とし、当該包括免許の日又はその包括免許の日に応当する日（応当する日がない場合は、その翌日）から当該包括免許の有効期間の満了の日までの期間が一年に満たない場合はその期間とする。以下この項及び次項において同じ。）について、五百四十円に当該一年の期間に係る開設無線局数を乗じて得た金額（当該包括免許の日又はその包括免許の日に応当する日（応当する日がない場合は、その翌日）から当該包括免許の有効期間の満了の日までの期間が一年に満たない場合は、その額に当該期間の月数を十二で除して得た数を乗じて得た額に相当する金額）を国に納めなければならない。

4　包括免許人は、前項の規定によるもののほか、包括免許の日又はその後毎年その包括免許の日に応当する日（応当する日がない場合は、その翌日）から始まる各一年の期間において、当該包括免許の日の属する月の翌月以後の月の末日又はその後毎年その包括免許の日に応当する日（応当する日がない場合は、その前日）の属する月の翌月以後の月の末日現在において開設している特定無線局の数が当該一年の期間に係る開設無線局数（既にこの項の規定による届出があった場合には、その届出の日以後においては、その届出に係る特定無線局の数）を超えたときは、当該開設している特定無線局の数を当該超えた月の翌月の十五日までに総務大臣に届け出て、電波利用料として、当該届出が受理された日から起算して三十日以内に、当該超えた月から次の包括免許の日に応当する日（応当する日がない場合は、その前日）の属する月の前月まで又は当該包括免許の有効期間の満了の日の翌日の属する月の前月までの期間について、五百四十円にその超える特定無線局の数を乗じて得た金額に当該期間の月数を十二で除して得た数を乗じて得た額に相当する金額を国に納めなければならない。

5　第一項及び前二項の規定は、次に掲げる無線局の免許人には、適用しない。

一　第二十七条第一項の規定により免許を受けた無線局

二　地方公共団体が開設する無線局であつて、都道府県知事又は消防組織法（昭和二十二年法律第二百二十六号）第九条（同法第十八条において準用する場合を含む。）の規定により設けられる消防の機関が消防事務の用に供するもの

三　地方公共団体又は水防法（昭和二十四年法律第百九十三号）第二条第一項に規定する水防管理団体が開設する無線局であつて、都道府県知事、同条第二項に規定する水防管理者又は水防団が水防事務の用に供するもの

6　地方公共団体が開設する無線局であつて、災害対策基本法（昭和三十六年法律第二百二十三号）第二条第十号に掲げる地域防災計画の定めるところに従い防災上必要な通信を行うことを目的とするもの（前項第二号及び第三号に掲げる無線局を除く。）の免許人が納めなければならない電波利用料の金額は、第一項、第三項及び第四項の規定にかかわらず、当該各項の規定による金額の二分の一に相当する金額とする。

7　第一項及び第三項の月数は、暦に従つて計算し、一月に満たない端数を生じたときは、これを一月とする。

8　免許人（包括免許人を除く。）は、第一項の規定により電波利用料を納めるときには、その翌年の応当日以後の期間に係る電波利用料を前納することができる。

9　前項の規定により前納した電波利用料は、前納した者の請求により、その請求をした日後に最初に到来する応当日以後の期間に係るものに限り、還付する。

10　総務大臣は、免許人から、預金又は貯金の払出しとその払い出した金銭による電波利用料の納付をその預金口座又は貯金口座のある金融機関に委託して行う

ことを希望する旨の申出があつた場合には、その納付が確実と認められ、かつ、その申出を承認することが電波利用料の徴収上有利と認められるときに限り、その申出を承認することができる。

11　前項の承認に係る電波利用料が同項の金融機関による当該電波利用料の納付の期限として総務省令で定める日までに納付された場合には、その納付の日が納期限後である場合においても、その納付は、納期限までにされたものとみなす。

12　総務大臣は、電波利用料を納めない者があるときは、督促状によつて、期限を指定して督促しなければならない。

13　総務大臣は、前項の規定による督促を受けた者がその指定の期限までにその督促に係る電波利用料及び次項の規定による延滞金を納めないときは、国税滞納処分の例により、これを処分する。この場合における電波利用料及び延滞金の先取特権の順位は、国税及び地方税に次ぐものとする。

14　総務大臣は、第十二項の規定により督促をしたときは、その督促に係る電波利用料の額につき年十四・五パーセントの割合で、納期限の翌日からその納付又は財産差押えの日の前日までの日数により計算した延滞金を徴収する。ただし、やむを得ない事情があると認められるときその他総務省令で定めるときは、この限りでない。

【六十九次改正】

電気通信役務利用放送法（平成十三年六月二十九日法律第八十五号）附則第五条

第百三条の二第一項の表六の項中「掲げる無線局」の下に「並びに電気通信業務を行うことを目的とする無線局」を加える。

（電波利用料の徴収等）

第百三条の二　免許人は、電波利用料として、無線局の免許の日から起算して三十日以内及びその後毎年その免許の日に応当する日（応当する日がない場合は、その翌日。以下この条において「応当日」という。）から起算して三十日以内に、当該無線局の免許の日又は応当日（以下この項において「起算日」という。）から始まる各一年の期間（無線局の免許の日が二月二十九日である場合においてその期間がうるう年の前年の三月一日から始まるときは翌年の二月二十八日までの期間とし、起算日から当該免許の有効期間の満了の日までの期間が一年に満たない場合はその期間とする。）について、次の表の上欄に掲げる無線局の区分に従い同表の下欄に掲げる金額（起算日から当該免許の有効期間の満了の日までの期間が一年に満たない場合は、その額に当該期間の月数を十二で除して得た数を乗じて得た額に相当する金額）を国に納めなければならない。

無線局の区分	金額
一　移動する無線局（三の項から五の項まで及び八の項に掲げる無線局を除く。二の項において同じ。）	六百円
二　移動しない無線局であつて、移動する無線局又は携帯して使用するための受信設備と通信を行うために陸上に開設するもの（八の項に掲げる無線局を除く。）	五千五百円
三　人工衛星局（八の項に掲げる無線局を除く。）	二万四千百円
四　人工衛星局の中継により無線通信を行う無線局（五の項及び八の項に掲げる無線局を除く。）	一万五百円
五　自動車、船舶その他の移動するものに開設し、又は携帯して使用するために開設する無線局であつて、人工衛星局の中継により無線通信を行うもの（八の項に掲げる無線局を除く。）	二千五百円
六　放送をする無線局（三の項及び七の項に掲げる無線局並びに電気通信業務を行うことを目的とする無線局を除く。）	二万三千八百円

七　多重放送をする無線局（三の項に掲げる無線局を除く。）	九百円
八　実験無線局及びアマチュア無線局	五百円
九　その他の無線局	一万六千三百円

2　この条及び次条において「電波利用料」とは、次に掲げる事務その他の電波の適正な利用の確保に関し総務大臣が無線局全体の受益を直接の目的として行う事務の処理に要する費用（同条において「電波利用共益費用」という。）の財源に充てるために免許人が負担すべき金銭をいう。

一　電波の監視及び規正並びに不法に開設された無線局の探査

二　総合無線局管理ファイル（全無線局について第六条第一項及び第二項並びに第二十七条の三の書類並びに免許状に記載しなければならない事項その他の無線局の免許に関する事項を電子情報処理組織によつて記録するファイルをいう。）の作成及び管理

三　電波のより能率的な利用に資する技術を用いた無線設備について無線設備の技術基準を定めるために行う試験及びその結果の分析

四　特定周波数変更対策業務（第七十一条の三第九項の規定による指定周波数変更対策機関に対する交付金の交付を含む。）

3　包括免許人は、第一項の規定にかかわらず、包括免許の日の属する月の末日及びその後毎年その包括免許の日に応当する日（応当する日がない場合は、その前日）の属する月の末日現在において開設している特定無線局の数（以下この項及び次項において「開設無線局数」という。）をその翌月の十五日までに総務大臣に届け出て、電波利用料として、当該届出が受理された日から起算して三十日以内に、当該包括免許の日又はその後毎年その包括免許の日に応当する日（応当する日がない場合は、その翌日）から始まる各一年の期間（包括免許の日が二月二十九日である場合においてその期間がうるう年の前年の三月一日から始まるときは翌年の二月二十八日までの期間とし、当該包括免許の日又はその包括免許の日に応当する日（応当する日がない場合は、その翌日）から当該包括免許の有効期間の満了の日までの期間が一年に満たない場合はその期間とする。以下この項及び次項において同じ。）について、五百四十円に当該一年の期間に係る開設無線局数を乗じて得た金額（当該包括免許の日又はその包括免許の日に応当する日（応当する日がない場合は、その翌日）から当該包括免許の有効期間の満了の日までの期間が一年に満たない場合は、その額に当該期間の月数を十二で除して得た数を乗じて得た額に相当する金額）を国に納めなければならない。

4　包括免許人は、前項の規定によるもののほか、包括免許の日又はその後毎年その包括免許の日に応当する日（応当する日がない場合は、その翌日）から始まる各一年の期間において、当該包括免許の日の属する月の翌月以後の月の末日又はその後毎年その包括免許の日に応当する日（応当する日がない場合は、その前日）の属する月の翌月以後の月の末日現在において開設している特定無線局の数が当該一年の期間に係る開設無線局数（既にこの項の規定による届出があった場合には、その届出の日以後においては、その届出に係る特定無線局の数）を超えたときは、当該開設している特定無線局の数を当該超えた月の翌月の十五日までに総務大臣に届け出て、電波利用料として、当該届出が受理された日から起算して三十日以内に、当該超えた月から次の包括免許の日に応当する日（応当する日がない場合は、その前日）の属する月の前月まで又は当該包括免許の有効期間の満了の日の翌日の属する月の前月までの期間について、五百四十円にその超える特定無線局の数を乗じて得た金額に当該期間の月数を十二で除して得た数を乗じて得た額に相当する金額を国に納めなければならない。

5　第一項及び前二項の規定は、次に掲げる無線局の免許人には、適用しない。

一　第二十七条第一項の規定により免許を受けた無線局

二　地方公共団体が開設する無線局であつて、都道府県知事又は消防組織法（昭和二十二年法律第二百二十六号）第九条（同法第十八条において準用する場合

を含む。）の規定により設けられる消防の機関が消防事務の用に供するもの

三　地方公共団体又は水防法（昭和二十四年法律第百九十三号）第二条第一項に規定する水防管理団体が開設する無線局であつて、都道府県知事、同条第二項に規定する水防管理者又は水防団が水防事務の用に供するもの

6　地方公共団体が開設する無線局であつて、災害対策基本法（昭和三十六年法律第二百二十三号）第二条第十号に掲げる地域防災計画の定めるところに従い防災上必要な通信を行うことを目的とするもの（前項第二号及び第三号に掲げる無線局を除く。）の免許人が納めなければならない電波利用料の金額は、第一項、第三項及び第四項の規定にかかわらず、当該各項の規定による金額の二分の一に相当する金額とする。

7　第一項及び第三項の月数は、暦に従つて計算し、一月に満たない端数を生じたときは、これを一月とする。

8　免許人（包括免許人を除く。）は、第一項の規定により電波利用料を納めるときには、その翌年の応当日以後の期間に係る電波利用料を前納することができる。

9　前項の規定により前納した電波利用料は、前納した者の請求により、その請求をした日後に最初に到来する応当日以後の期間に係るものに限り、還付する。

10　総務大臣は、免許人から、預金又は貯金の払出しとその払い出した金銭による電波利用料の納付をその預金口座又は貯金口座のある金融機関に委託して行うことを希望する旨の申出があつた場合には、その納付が確実と認められ、かつ、その申出を承認することが電波利用料の徴収上有利と認められるときに限り、その申出を承認することができる。

11　前項の承認に係る電波利用料が同項の金融機関による当該電波利用料の納付の期限として総務省令で定める日までに納付された場合には、その納付の日が納期限後である場合においても、その納付は、納期限までにされたものとみなす。

12　総務大臣は、電波利用料を納めない者があるときは、督促状によつて、期限を指定して督促しなければならない。

13　総務大臣は、前項の規定による督促を受けた者がその指定の期限までにその督促に係る電波利用料及び次項の規定による延滞金を納めないときは、国税滞納処分の例により、これを処分する。この場合における電波利用料及び延滞金の先取特権の順位は、国税及び地方税に次ぐものとする。

14　総務大臣は、第十二項の規定により督促をしたときは、その督促に係る電波利用料の額につき年十四・五パーセントの割合で、納期限の翌日からその納付又は財産差押えの日の前日までの日数により計算した延滞金を徴収する。ただし、やむを得ない事情があると認められるときその他総務省令で定めるときは、この限りでない。

【七十三次改正】

電波法の一部を改正する法律（平成十五年六月六日法律第六十八号）

第百三条の二第十四項中「第十二項」を「第十三項」に改め、同項を同条第十五項とし、同条第八項から第十三項までを一項ずつ繰り下げ、同条第七項中「第三項」を「第四項」に改め、同項を同条第八項とし、同条第六項中「第三項及び第四項」を「第二項、第四項及び第五項」に改め、同項を同条第七項とし、同条第五項中「第一項」を「第一項、第二項」に改め、同項を同条第六項とし、同条第四項を同条第五項とし、同条第三項中「第一項」を「第一項及び第二項」に改め、同項を同条第四項とし、同条第二項を同条第三項とし、同条第一項の次に次の一項を加える。

（追加された第二項の規定は、後掲の条文の通り。）

（電波利用料の徴収等）

第百三条の二　免許人は、電波利用料として、無線局の免許の日から起算して三十

日以内及びその後毎年その免許の日に応当する日（応当する日がない場合は、その翌日。以下この条において「応当日」という。）から起算して三十日以内に、当該無線局の免許の日又は応当日（以下この項において「起算日」という。）から始まる各一年の期間（無線局の免許の日が二月二十九日である場合においてその期間がうるう年の前年の三月一日から始まるときは翌年の二月二十八日までの期間とし、起算日から当該免許の有効期間の満了の日までの期間が一年に満たない場合はその期間とする。）について、次の表の上欄に掲げる無線局の区分に従い同表の下欄に掲げる金額（起算日から当該免許の有効期間の満了の日までの期間が一年に満たない場合は、その額に当該期間の月数を十二で除して得た数を乗じて得た額に相当する金額）を国に納めなければならない。

無線局の区分	金額
一　移動する無線局（三の項から五の項まで及び八の項に掲げる無線局を除く。二の項において同じ。）	六百円
二　移動しない無線局であつて、移動する無線局又は携帯して使用するための受信設備と通信を行うために陸上に開設するもの（八の項に掲げる無線局を除く。）	五千五百円
三　人工衛星局（八の項に掲げる無線局を除く。）	二万四千百円
四　人工衛星局の中継により無線通信を行う無線局（五の項及び八の項に掲げる無線局を除く。）	一万五百円
五　自動車、船舶その他の移動するものに開設し、又は携帯して使用するために開設する無線局であつて、人工衛星局の中継により無線通信を行うもの（八の項に掲げる無線局を除く。）	二千五百円
六　放送をする無線局（三の項及び七の項に掲げる無線局並びに電気通信業務を行うことを目的とする無線局を除く。）	二万三千八百円
七　多重放送をする無線局（三の項に掲げる無線局を除く。）	九百円
八　実験無線局及びアマチュア無線局	五百円
九　その他の無線局	一万六千三百円

2　免許人が既開設局の免許人である場合における当該既開設局に係る前項の規定の適用については、当該既開設局に係る周波数割当計画等の変更（当該既開設局に係る無線局区分の周波数の使用の期限に係るものに限る。）の公示の日から十年を超えない範囲内で政令で定める期間を経過する日までの間は、同項中「金額）」とあるのは、「金額）に、当該免許人に係る特定周波数変更対策業務（第七十一条の三第九項の規定による指定周波数変更対策機関に対する交付金の交付を含む。）に要すると見込まれる費用の二分の一に相当する額に当該特定周波数変更対策業務に係る既開設局の各免許人が当該既開設局と特定新規開設局とを併せて開設する期間を平均した期間の当該既開設局に係る周波数割当計画等の変更（当該既開設局に係る無線局区分の周波数の使用の期限に係るものに限る。）の公示の日から当該周波数の使用の期限までの期間に対する割合を乗じた額を勘案し、当該既開設局の周波数及び空中線電力に応じて政令で定める金額を加算した金額」とする。

3　この条及び次条において「電波利用料」とは、次に掲げる事務その他の電波の適正な利用の確保に関し総務大臣が無線局全体の受益を直接の目的として行う事務の処理に要する費用（同条において「電波利用共益費用」という。）の財源に充てるために免許人が負担すべき金銭をいう。

一　電波の監視及び規正並びに不法に開設された無線局の探査

二　総合無線局管理ファイル（全無線局について第六条第一項及び第二項並びに第二十七条の三の書類並びに免許状に記載しなければならない事項その他の無線局の免許に関する事項を電子情報処理組織によつて記録するファイルを

いう。）の作成及び管理

三　電波のより能率的な利用に資する技術を用いた無線設備について無線設備の技術基準を定めるために行う試験及びその結果の分析

四　特定周波数変更対策業務（第七十一条の三第九項の規定による指定周波数変更対策機関に対する交付金の交付を含む。）

4　包括免許人は、第一項及び第二項の規定にかかわらず、包括免許の日の属する月の末日及びその後毎年その包括免許の日に応当する日（応当する日がない場合は、その前日）の属する月の末日現在において開設している特定無線局の数（以下この項及び次項において「開設無線局数」という。）をその翌月の十五日までに総務大臣に届け出て、電波利用料として、当該届出が受理された日から起算して三十日以内に、当該包括免許の日又はその後毎年その包括免許の日に応当する日（応当する日がない場合は、その翌日）から始まる各一年の期間（包括免許の日が二月二十九日である場合においてその期間がうるう年の前年の三月一日から始まるときは翌年の二月二十八日までの期間とし、当該包括免許の日又はその包括免許の日に応当する日（応当する日がない場合は、その翌日）から当該包括免許の有効期間の満了の日までの期間が一年に満たない場合はその期間とする。以下この項及び次項において同じ。）について、五百四十円に当該一年の期間に係る開設無線局数を乗じて得た金額（当該包括免許の日又はその包括免許の日に応当する日（応当する日がない場合は、その翌日）から当該包括免許の有効期間の満了の日までの期間が一年に満たない場合は、その額に当該期間の月数を十二で除して得た数を乗じて得た額に相当する金額）を国に納めなければならない。

5　包括免許人は、前項の規定によるもののほか、包括免許の日又はその後毎年その包括免許の日に応当する日（応当する日がない場合は、その翌日）から始まる各一年の期間において、当該包括免許の日の属する月の翌月以後の月の末日又はその後毎年その包括免許の日に応当する日（応当する日がない場合は、その前日）の属する月の翌月以後の月の末日現在において開設している特定無線局の数が当該一年の期間に係る開設無線局数（既にこの項の規定による届出があった場合には、その届出の日以後においては、その届出に係る特定無線局の数）を超えたときは、当該開設している特定無線局の数を当該超えた月の翌月の十五日までに総務大臣に届け出て、電波利用料として、当該届出が受理された日から起算して三十日以内に、当該超えた月から次の包括免許の日に応当する日（応当する日がない場合は、その前日）の属する月の前月まで又は当該包括免許の有効期間の満了の日の翌日の属する月の前月までの期間について、五百四十円にその超える特定無線局の数を乗じて得た金額に当該期間の月数を十二で除して得た数を乗じて得た額に相当する金額を国に納めなければならない。

6　第一項、第二項及び前二項の規定は、次に掲げる無線局の免許人には、適用しない。

一　第二十七条第一項の規定により免許を受けた無線局

二　地方公共団体が開設する無線局であって、都道府県知事又は消防組織法（昭和二十二年法律第二百二十六号）第九条（同法第十八条において準用する場合を含む。）の規定により設けられる消防の機関が消防事務の用に供するもの

三　地方公共団体又は水防法（昭和二十四年法律第百九十三号）第二条第一項に規定する水防管理団体が開設する無線局であって、都道府県知事、同条第二項に規定する水防管理者又は水防団が水防事務の用に供するもの

7　地方公共団体が開設する無線局であって、災害対策基本法（昭和三十六年法律第二百二十三号）第二条第十号に掲げる地域防災計画の定めるところに従い防災上必要な通信を行うことを目的とするもの（前項第二号及び第三号に掲げる無線局を除く。）の免許人が納めなければならない電波利用料の金額は、第一項、第二項、第四項及び第五項の規定にかかわらず、当該各項の規定による金額の二分の一に相当する金額とする。

8　第一項及び第四項の月数は、暦に従つて計算し、一月に満たない端数を生じたときは、これを一月とする。

9　免許人（包括免許人を除く。）は、第一項の規定により電波利用料を納めるときには、その翌年の応当日以後の期間に係る電波利用料を前納することができる。

10　前項の規定により前納した電波利用料は、前納した者の請求により、その請求をした日後に最初に到来する応当日以後の期間に係るものに限り、還付する。

11　総務大臣は、免許人から、預金又は貯金の払出しとその払い出した金銭による電波利用料の納付をその預金口座又は貯金口座のある金融機関に委託して行うことを希望する旨の申出があつた場合には、その納付が確実と認められ、かつ、その申出を承認することが電波利用料の徴収上有利と認められるときに限り、その申出を承認することができる。

12　前項の承認に係る電波利用料が同項の金融機関による当該電波利用料の納付の期限として総務省令で定める日までに納付された場合には、その納付の日が納期限後である場合においても、その納付は、納期限までにされたものとみなす。

13　総務大臣は、電波利用料を納めない者があるときは、督促状によつて、期限を指定して督促しなければならない。

14　総務大臣は、前項の規定による督促を受けた者がその指定の期限までにその督促に係る電波利用料及び次項の規定による延滞金を納めないときは、国税滞納処分の例により、これを処分する。この場合における電波利用料及び延滞金の先取特権の順位は、国税及び地方税に次ぐものとする。

15　総務大臣は、第十三項の規定により督促をしたときは、その督促に係る電波利用料の額につき年十四・五パーセントの割合で、納期限の翌日からその納付又は財産差押えの日の前日までの日数により計算した延滞金を徴収する。ただし、やむを得ない事情があると認められるときその他総務省令で定めるときは、この限りでない。

【 七十六次改正 】

電波法及び有線電気通信法の一部を改正する法律（平成十六年五月十九日法律第四十七号）第一条

第百三条の二第二項を削り、同条第三項中「が負担すべき」を「、第八項の特定免許不要局を開設した者又は第九項の表示者が納付すべき」に改め、同項に次の一号を加え、同項を同条第二項とする。

（追加された第二項第五号の規定は、後掲の条文の通り。）

第百三条の二第四項中「及び第二項」を削り、同項を同条第三項とする。

第百三条の二第十五項中「第十三項」を「第二十項」に改め、同項を同条第二十二項とし、同条中第十四項を第二十一項とし、第十三項を第二十項とし、第十二項を第十九項とし、同条第十一項中「免許人」の下に「、特定免許不要局を開設した者又は表示者」を加え、同項を同条第十八項とし、同条第十項を同条第十四項とし、同項の次に次の三項を加える。

（追加された第十五項から第十七項までの規定は、後掲の条文の通り。）

第百三条の二第九項を同条第十三項とし、同条第八項中「第四項」を「第三項」に改め、同項を同条第十二項とし、同条第七項中「免許人」の下に「又は特定免許不要局を開設した者」を加え、「、第二項、第四項及び第五項」を「及び第三項から第八項まで」に改め、同項を同条第十一項とし、同条第六項中「、第二項及び前二項」を「及び第三項から第八項まで」に改め、「免許人」の下に「又は特定免許不要局を開設した者」を加え、同項を同条第十項とし、同条第五項を同条第四項とし、同項の次に次の五項を加える。

（追加された第五項から第九項までの規定は、後掲の条文の通り。）

第百三条の二に次の一項を加える。

（追加された第二十三項の規定は、後掲の条文の通り。）

（電波利用料の徴収等）

第百三条の二　免許人は、電波利用料として、無線局の免許の日から起算して三十日以内及びその後毎年その免許の日に応当する日（応当する日がない場合は、その翌日。以下この条において「応当日」という。）から起算して三十日以内に、当該無線局の免許の日又は応当日（以下この項において「起算日」という。）から始まる各一年の期間（無線局の免許の日が二月二十九日である場合においてその期間がうるう年の前年の三月一日から始まるときは翌年の二月二十八日までの期間とし、起算日から当該免許の有効期間の満了の日までの期間が一年に満たない場合はその期間とする。）について、次の表の上欄に掲げる無線局の区分に従い同表の下欄に掲げる金額（起算日から当該免許の有効期間の満了の日までの期間が一年に満たない場合は、その額に当該期間の月数を十二で除して得た数を乗じて得た額に相当する金額）を国に納めなければならない。

無線局の区分	金額
一　移動する無線局（三の項から五の項まで及び八の項に掲げる無線局を除く。二の項において同じ。）	六百円
二　移動しない無線局であつて、移動する無線局又は携帯して使用するための受信設備と通信を行うために陸上に開設するもの（八の項に掲げる無線局を除く。）	五千五百円
三　人工衛星局（八の項に掲げる無線局を除く。）	二万四千百円
四　人工衛星局の中継により無線通信を行う無線局（五の項及び八の項に掲げる無線局を除く。）	一万五百円
五　自動車、船舶その他の移動するものに開設し、又は携して使用するために開設する無線局であつて、人工衛星局の中継により無線通信を行うもの（八の項に掲げる無線局を除く。）	二千五百円
六　放送をする無線局（三の項及び七の項に掲げる無線局並びに電気通信業務を行うことを目的とする無線局を除く。）	二万三千八百円
七　多重放送をする無線局（三の項に掲げる無線局を除く。）	九百円
八　実験無線局及びアマチュア無線局	五百円
九　その他の無線局	一万六千三百円

2　この条及び次条において「電波利用料」とは、次に掲げる事務その他の電波の適正な利用の確保に関し総務大臣が無線局全体の受益を直接の目的として行う事務の処理に要する費用（同条において「電波利用共益費用」という。）の財源に充てるために免許人、第八項の特定免許不要局を開設した者又は第九項の表示者が納付すべき金銭をいう。

一　電波の監視及び規正並びに不法に開設された無線局の探査

二　総合無線局管理ファイル（全無線局について第六条第一項及び第二項並びに第二十七条の三の書類並びに免許状に記載しなければならない事項その他の無線局の免許に関する事項を電子情報処理組織によつて記録するファイルをいう。）の作成及び管理

三　電波のより能率的な利用に資する技術を用いた無線設備について無線設備の技術基準を定めるために行う試験及びその結果の分析

四　特定周波数変更対策業務（第七十一条の三第九項の規定による指定周波数変更対策機関に対する交付金の交付を含む。）

五　特定周波数終了対策業務（第七十一条の三の二第十一項において準用する第七十一条の三第九項の規定による登録周波数終了対策機関に対する交付金の交付を含む。第八項及び第九項において同じ。）

3　包括免許人は、第一項の規定にかかわらず、包括免許の日の属する月の末日及びその後毎年その包括免許の日に応当する日（応当する日がない場合は、その前

日）の属する月の末日現在において開設している特定無線局の数（以下この項及び次項において「開設無線局数」という。）をその翌月の十五日までに総務大臣に届け出て、電波利用料として、当該届出が受理された日から起算して三十日以内に、当該包括免許の日又はその後毎年その包括免許の日に応当する日（応当する日がない場合は、その翌日）から始まる各一年の期間（包括免許の日が二月二十九日である場合においてその期間がうるう年の前年の三月一日から始まるときは翌年の二月二十八日までの期間とし、当該包括免許の日又はその包括免許の日に応当する日（応当する日がない場合は、その翌日）から当該包括免許の有効期間の満了の日までの期間が一年に満たない場合はその期間とする。以下この項及び次項において同じ。）について、五百四十円に当該一年の期間に係る開設無線局数を乗じて得た金額（当該包括免許の日又はその包括免許の日に応当する日（応当する日がない場合は、その翌日）から当該包括免許の有効期間の満了の日までの期間が一年に満たない場合は、その額に当該期間の月数を十二で除して得た数を乗じて得た額に相当する金額）を国に納めなければならない。

4　包括免許人は、前項の規定によるもののほか、包括免許の日又はその後毎年その包括免許の日に応当する日（応当する日がない場合は、その翌日）から始まる各一年の期間において、当該包括免許の日の属する月の翌月以後の月の末日又はその後毎年その包括免許の日に応当する日（応当する日がない場合は、その前日）の属する月の翌月以後の月の末日現在において開設している特定無線局の数が当該一年の期間に係る開設無線局数（既にこの項の規定による届出があった場合には、その届出の日以後においては、その届出に係る特定無線局の数）を超えたときは、当該開設している特定無線局の数を当該超えた月の翌月の十五日までに総務大臣に届け出て、電波利用料として、当該届出が受理された日から起算して三十日以内に、当該超えた月から次の包括免許の日に応当する日（応当する日がない場合は、その前日）の属する月の前月まで又は当該包括免許の有効期間の満了の日の翌日の属する月の前月までの期間について、五百四十円にその超える特定無線局の数を乗じて得た金額に当該期間の月数を十二で除して得た数を乗じて得た額に相当する金額を国に納めなければならない。

5　免許人が既開設局の免許人である場合における当該既開設局に係る第一項の規定の適用については、当該既開設局に係る周波数割当計画等の変更（当該既開設局に係る無線局区分の周波数の使用の期限に係るものに限る。）の公示の日から十年を超えない範囲内で政令で定める期間を経過する日までの間は、同項中「金額）」とあるのは、「金額）に、当該免許人に係る特定周波数変更対策業務（第七十一条の三第九項の規定による指定周波数変更対策機関に対する交付金の交付を含む。）に要すると見込まれる費用の二分の一に相当する額に当該特定周波数変更対策業務に係る既開設局の各免許人が当該既開設局と特定新規開設局とを併せて開設する期間を平均した期間の当該既開設局に係る周波数割当計画等の変更（当該既開設局に係る無線局区分の周波数の使用の期限に係るものに限る。）の公示の日から当該周波数の使用の期限までの期間に対する割合を乗じた額を勘案し、当該既開設局の周波数及び空中線電力に応じて政令で定める金額を加算した金額」とする。

6　免許人が特定公示局の免許人である場合における当該特定公示局に係る第一項、第三項及び第四項の規定の適用については、当該特定公示局に係る旧割当期限の満了の日（以下「満了日」という。）の翌日から起算して十年を超えない範囲内で政令で定める期間を経過する日までの間は、第一項中「金額）」とあるのは「金額）に、当該免許人に係る特定周波数終了対策業務（第七十一条の三の二第十一項において準用する第七十一条の三第九項の規定による登録周波数終了対策機関に対する交付金の交付を含む。）に要すると見込まれる費用（第七十一条第二項又は第七十六条の三第二項の規定に基づき当該特定周波数終了対策業務に係る旧割当期限を定めた周波数の電波を使用する無線局の免許人に対して補償する場合における当該補償に要すると見込まれる費用を含む。）の二分の一に相当する額及び第六項の政令で定める期間に開設されると見込まれる当該特定周波数終了対策業務に係る特定公示局の数を勘案し、無線局の種別、周波数及び空中線電力に応じて政令で定める金額を加算した金額」と、第三項及び第四項中「五百四十円」とあるのは「五百四十円に、当該包括免許人に係る特定周波数終了対策業務（第七十一条の三の二第十一項において準用する第七十一条の三第九項の規定による登録周波数終了対策機関に対する交付金の交付を含む。）に要すると見込まれる費用（第七十一条第二項又は第七十六条の三第二項の規定に基づき当該特定周波数終了対策業務に係る旧割当期限を定めた周波数の電波を使用する無線局の免許人に対して補償する場合における当該補償に要すると見込まれる費用を含む。）の二分の一に相当する額及び第六項の政令で定める期間に開設されると見込まれる当該特定周波数終了対策業務に係る特定公示局の数を勘案し、無線局の種別、周波数及び空中線電力に応じて政令で定める金額を加算した金額」とする。

7　前項の規定にかかわらず、免許人が特定公示局の免許人であつて認定計画に従つて特定基地局を最初に開設する場合における当該最初に開設する特定基地局に係る第一項の規定の適用については、当該特定公示局に係る満了日の翌日から起算して五年を超えない範囲内で政令で定める期間を経過する日までの間は、同項中「金額）」とあるのは、「金額）に、当該免許人に係る特定周波数終了対策業務（第七十一条の三の二第十一項において準用する第七十一条の三第九項の規定による登録周波数終了対策機関に対する交付金の交付を含む。）に要すると見込まれる費用（第七十一条第二項又は第七十六条の三第二項の規定に基づき当該特定周波数終了対策業務に係る旧割当期限を定めた周波数の電波を使用する無線局の免許人に対して補償する場合における当該補償に要すると見込まれる費用を含む。）の二分の一に相当する額を勘案して当該特定基地局に使用させることとする周波数及びその使用区域に応じて政令で定める金額と、当該政令で定める金額未満で当該認定計画に係る認定の有効期間、特定基地局の総数その他の当該認定計画が特定基地局の円滑な開設に寄与する程度を勘案して総務省令で定めるところにより算定した金額とを合算した金額を加算した金額」とする。この場合において、当該認定計画に従つて開設される当該最初に開設する特定基地局以外の特定基地局及び当該認定計画に従つて開設される特定基地局の通信の相手方である移動する無線局については、前項の規定は適用しない。

8　特定周波数終了対策業務に係るすべての特定公示局が第四条第三号の無線局である場合における当該特定公示局（以下「特定免許不要局」という。）に係る満了日の翌日から起算して十年を超えない範囲内で政令で定める期間を経過する日までの間（以下この条において「対象期間」という。）に当該特定周波数終了対策業務に係る特定免許不要局（電気通信業務その他これに準ずる業務の用に供する無線局に専ら使用される無線設備であつて総務省令で定めるものを使用するものに限る。）を開設した者は、政令で定める無線局の有する機能ごとに、その者の氏名（法人にあつては、その名称及び代表者の氏名。次項において同じ。）及び住所並びに対象期間における毎年の当該特定免許不要局に係る満了日に応当する日（応当する日がない場合は、その前日）現在において開設している当該特定免許不要局の数（以下この項において「開設特定免許不要局数」という。）をその日の属する月の翌月の十五日までに総務大臣に届け出て、電波利用料として、当該届出が受理された日から起算して三十日以内に、当該応当する日までの一年の期間について、当該特定免許不要局に係る特定周波数終了対策業務に要すると見込まれる費用（第七十一条第二項又は第七十六条の三第二項の規定に基づき当該特定周波数終了対策業務に係る旧割当期限を定めた周波数の電波を使用する無線局の免許人に対して補償する場合における当該補償に要する費用を含む。次項において同じ。）の二分の一に相当する額及び対象期間において開設されると見込まれる当該特定周波数終了対策業務に係る特定免許不要局の数を勘案して当該政令で定める無線局の有する機能に応じて政令で定める金額に当該一年の期間に係る開設特定免許不要局数を乗じて得た金額を国に納めなければならない。

9 前項に規定する場合において、当該特定周波数終了対策業務に係る特定免許不要局に使用することができる無線設備（同項の総務省令で定めるものを除く。）に対象期間に表示（第三十八条の七第一項、第三十八条の二十六（外国取扱業者に適用される場合を除く。）又は第三十八条の三十五の規定による表示をいう。第十六項において同じ。）を付した者（以下この条において「表示者」という。）は、政令で定める無線局の有する機能ごとに、その者の氏名及び住所並びに対象期間において毎年の満了日に応当する日（応当する日がない場合は、その前日）前一年間に表示を付した当該無線設備の数その他総務省令で定める事項をその日の属する月の翌月の十五日までに総務大臣に届け出て、電波利用料として、当該届出が受理された日から起算して三十日以内に、当該無線設備を使用する特定免許不要局に係る特定周波数終了対策業務に要すると見込まれる費用の二分の一に相当する額、対象期間において開設されると見込まれる当該特定周波数終了対策業務に係る特定免許不要局の数及び当該無線設備が使用されると見込まれる平均的な期間を勘案して当該政令で定める無線局の有する機能に応じて政令で定める金額に、当該一年間に表示を付した無線設備の数（当該無線設備のうち、専ら本邦外において使用されると見込まれるもの及び輸送中又は保管中におけるその機能の障害その他これに類する理由により対象期間において使用されないと見込まれるものがある場合には、総務省令で定めるところにより、これらのものの数を控除した数。第十六項後段において同じ。）を乗じて得た金額を国に納めなければならない。

10 第一項及び第三項から第八項までの規定は、次に掲げる無線局の免許人又は特定免許不要局を開設した者には、適用しない。

一 第二十七条第一項の規定により免許を受けた無線局

二 地方公共団体が開設する無線局であつて、都道府県知事又は消防組織法（昭和二十二年法律第二百二十六号）第九条（同法第十八条において準用する場合を含む。）の規定により設けられる消防の機関が消防事務の用に供するもの

三 地方公共団体又は水防法（昭和二十四年法律第百九十三号）第二条第一項に規定する水防管理団体が開設する無線局であつて、都道府県知事、同条第二項に規定する水防管理者又は水防団が水防事務の用に供するもの

11 地方公共団体が開設する無線局であつて、災害対策基本法（昭和三十六年法律第二百二十三号）第二条第十号に掲げる地域防災計画の定めるところに従い防災上必要な通信を行うことを目的とするもの（前項第二号及び第三号に掲げる無線局を除く。）の免許人又は特定免許不要局を開設した者が納めなければならない電波利用料の金額は、第一項及び第三項から第八項までの規定にかかわらず、当該各項の規定による金額の二分の一に相当する金額とする。

12 第一項及び第三項の月数は、暦に従つて計算し、一月に満たない端数を生じたときは、これを一月とする。

13 免許人（包括免許人を除く。）は、第一項の規定により電波利用料を納めるときには、その翌年の応当日以後の期間に係る電波利用料を前納することができる。

14 前項の規定により前納した電波利用料は、前納した者の請求により、その請求をした日後に最初に到来する応当日以後の期間に係るものに限り、還付する。

15 表示者は、第九項の規定にかかわらず、総務大臣の承認を受けて、同項の規定により当該表示者が対象期間のうち総務省令で定める期間（以下この条において「予納期間」という。）を通じて納付すべき電波利用料の総額の見込額を予納することができる。この場合において、当該表示者は、予納期間において同項の規定による届出をすることを要しない。

16　前項の規定により予納した表示者は、予納期間において表示を付した第九項の無線設備の数を予納期間が終了した日（当該表示者が表示に係る業務を休止し、又は廃止したときその他総務省令で定める事由が生じた場合には、当該事由が生じた日）の属する月の翌月の十五日までに総務大臣に届け出なければならない。この場合において、当該表示者は、予納した電波利用料の金額が同項の政令で定める金額に予納期間において表示を付した無線設備の数を乗じて得た金額（次項において「要納付額」という。）に足りないときは、その不足金額を当該届出が受理された日から起算して三十日以内に国に納めなければならない。

17　第十五項の規定により表示者が予納した電波利用料の金額が要納付額を超える場合には、その超える金額について、当該表示者の請求により還付する。

18　総務大臣は、免許人、特定免許不要局を開設した者又は表示者から、預金又は貯金の払出しとその払い出した金銭による電波利用料の納付をその預金口座又は貯金口座のある金融機関に委託して行うことを希望する旨の申出があつた場合には、その納付が確実と認められ、かつ、その申出を承認することが電波利用料の徴収上有利と認められるときに限り、その申出を承認することができる。

19　前項の承認に係る電波利用料が同項の金融機関による当該電波利用料の納付の期限として総務省令で定める日までに納付された場合には、その納付の日が納期限後である場合においても、その納付は、納期限までにされたものとみなす。

20　総務大臣は、電波利用料を納めない者があるときは、督促状によつて、期限を指定して督促しなければならない。

21　総務大臣は、前項の規定による督促を受けた者がその指定の期限までにその督促に係る電波利用料及び次項の規定による延滞金を納めないときは、国税滞納処分の例により、これを処分する。この場合における電波利用料及び延滞金の先取特権の順位は、国税及び地方税に次ぐものとする。

22　総務大臣は、第二十項の規定により督促をしたときは、その督促に係る電波利用料の額につき年十四・五パーセントの割合で、納期限の翌日からその納付又は財産差押えの日の前日までの日数により計算した延滞金を徴収する。ただし、やむを得ない事情があると認められるときその他総務省令で定めるときは、この限りでない。

23　第十三項から前項までに規定するもののほか、電波利用料の納付の手続その他電波利用料の納付について必要な事項は、総務省令で定める。

【八十次改正】

電波法及び有線電気通信法の一部を改正する法律（平成十六年五月十九日法律第四十七号）第二条

第百三条の二第一項中「免許人」を「免許人等」に、「免許の」を「免許等の」に改め、同条第二項中「免許人」を「免許人等」に、「特定免許不要局」を「特定免許等不要局」に改め、同項第二号中「並びに第二十七条の三」を「、第二十七条の三、第二十七条の十八第二項及び第三項並びに第二十七条の二十九第二項及び第三項」に、「並びに免許状」を「及び申請書並びに免許状等」に、「免許に」を「免許等に」に改め、同条第三項中「包括免許人」の下に「又は包括登録人（以下この条において「包括免許人等」という。）」を、「かかわらず、」の下に「電波利用料として、包括免許人にあつては」を加え、「、電波利用料として」を削り、「当該包括免許の日又はその後毎年その包括免許」を「包括登録人にあつては第二十七条の二十九第一項の規定による登録の日の属する月の末日及びその後毎年その登録の日に応当する日（応当する日がない場合は、その前日）の月の末日から起算して四十五日以内にそれぞれ当該包括免許若しくは同項の規定による登録（以下「包括免許等」という。）の日又はその後毎年その包括免許等」に、「（包括免許等」に、「（包括免許」を「（包括免許等」に、「包括免許の日又はその包括免許」を「包括免許等の日又はその包括免許等」に、「包括免許の有効期間」を「包括免許等の有効期間」に、「五百四十円に」を「包括免許人にあつては五百四十円に、包括登録人にあつては五百八十円（移動しない無線局については、三千四十円）に、それぞれ」に改め、「係る開設無線局数」の下に「又は開設登録局数（登録の日の属する月の末日及びその後毎年その登録の日に応当する日（応当する日がない場合は、その前日）の属する月の末日現在において開設している登録局の数をいう。次項において同じ。）」を加え、同条第四項中「包括免許人」を「包括免許人等」に、「包括免許の日」を「包括免許等の日」に、「特定無線局の数が」を「特定無線局又は登録局の数がそれぞれ」に、「を超えたときは、」を「又は開設登録局数（既に登録局の数が開設登録局数を超えた月があつた場合は、その月の翌月以後においては、その月の末日現在において開設している登録局の数）を超えたときは、電波利用料として、包括免許人にあつては」に改め、「、電波利用料として」を削り、「以内に」の下に「、包括登録人にあつては当該超えた月の末日から起算して四十五日以内に」を加え、「包括免許の有効期間」を「包括免許等の有効期間」に、「五百四十円に」を「包括免許人にあつては五百四十円に、包括登録人にあつては五百八十円（移動しない無線局については、三千四十円）に、それぞれ」に改め、「超える特定無線局の数」の下に「又は登録局の数」を加え、同条第五項中「当該免許人」を「当該免許人等」に改め、同条第六項中「免許人が特定公示局の免許人」を「免許人等が特定公示局の免許人等」に、「当該免許人」を「当該免許人等」に、「無線局の免許人」を「無線局の免許人等」に、「五百四十円」とあるのは「五百四十円に、当該包括免許人」を「三千四十円）」とあるのは「三千四十円」に、それぞれ当該包括免許人等」に改め、同条第七項中「当該免許人」を「当該免許人等」に、「無線局の免許人」を「無線局の免許人等」に改め、同条第八項中「「特定免許不要局」を「「特定免許等不要局」に、「係る特定免許不要局」を「係る特定免許等不要局」に、「当該特定免許不要局」を「当該特定免許等不要局」に、「開設特定免許不要局数」を「開設特定免許等不要局数」に、「免許人」を「免許人等」に改め、同条第九項中「特定免許不要局」を「特定免許等不要局」に改め、同条第十項及び第十一項中「免許人」を「免許人等」に、「特定免許不要局」を「特定免許等不要局」に改め、同条第十三項中「免許人（包括免許人」を「免許人等（包括免許人等」に改め、同条第十八項中「免許人」を「免許人等」に、「特定免許不要局」を「特定免許等不要局」に改める。

（電波利用料の徴収等）

第百三条の二　免許人等は、電波利用料として、無線局の免許等の日から起算して三十日以内及びその後毎年その免許等の日に応当する日（応当する日がない場合は、その翌日。以下この条において「応当日」という。）から起算して三十日以内に、当該無線局の免許等の日又は応当日（以下この項において「起算日」という。）から始まる各一年の期間（無線局の免許等の日が二月二十九日である場合においてその期間がうるう年の前年の三月一日から始まるときは翌年の二月二十八日までの期間とし、起算日から当該免許等の有効期間の満了の日までの期間が一年に満たない場合はその期間とする。）について、次の表の上欄に掲げる無線局の区分に従い同表の下欄に掲げる金額（起算日から当該免許等の有効期間の満了の日までの期間が一年に満たない場合は、その額に当該期間の月数を十二で除して得た数を乗じて得た額に相当する金額）を国に納めなければならない。

無線局の区分	金額
一　移動する無線局（三の項から五の項まで及び八の項に掲げる無線局を除く。二の項において同じ。）	六百円
二　移動しない無線局であつて、移動する無線局又は携帯して使用するための受信設備と通信を行うために陸上に開設するもの（八の項に掲げる無線局を除く。）	五千五百円
三　人工衛星局（八の項に掲げる無線局を除く。）	二万四千百円

四　人工衛星局の中継により無線通信を行う無線局（五の項及び八の項に掲げる無線局を除く。）	一万五百円
五　自動車、船舶その他の移動するものに開設し、又は携帯して使用するために開設する無線局であつて、人工衛星局の中継により無線通信を行うもの（八の項に掲げる無線局を除く。）	二千五百円
六　放送をする無線局（三の項及び七の項に掲げる無線局並びに電気通信業務を行うことを目的とする無線局を除く。）	二万三千八百円
七　多重放送をする無線局（三の項に掲げる無線局を除く。）	九百円
八　実験無線局及びアマチュア無線局	五百円
九　その他の無線局	一万六千三百円

2　この条及び次条において「電波利用料」とは、次に掲げる事務その他の電波の適正な利用の確保に関し総務大臣が無線局全体の受益を直接の目的として行う事務の処理に要する費用（同条において「電波利用共益費用」という。）の財源に充てるために免許人等、第八項の特定免許等不要局を開設した者又は第九項の表示者が納付すべき金銭をいう。

一　電波の監視及び規正並びに不法に開設された無線局の探査

二　総合無線局管理ファイル（全無線局について第六条第一項及び第二項、第二十七条の三、第二十七条の十八第二項及び第三項並びに第二十七条の二十九第二項及び第三項の書類及び申請書並びに免許状等に記載しなければならない事項その他の無線局の免許等に関する事項を電子情報処理組織によつて記録するファイルをいう。）の作成及び管理

三　電波のより能率的な利用に資する技術を用いた無線設備について無線設備の技術基準を定めるために行う試験及びその結果の分析

四　特定周波数変更対策業務（第七十一条の三第九項の規定による指定周波数変更対策機関に対する交付金の交付を含む。）

五　特定周波数終了対策業務（第七十一条の三の二第十一項において準用する第七十一条の三第九項の規定による登録周波数終了対策機関に対する交付金の交付を含む。第八項及び第九項において同じ。）

3　包括免許人又は包括登録人（以下この条において「包括免許人等」という。）は、第一項の規定にかかわらず、電波利用料として、包括免許人にあつては包括免許の日の属する月の末日及びその後毎年その包括免許の日に応当する日（応当する日がない場合は、その前日）の属する月の末日現在において開設している特定無線局の数（以下この項及び次項において「開設無線局数」という。）をその翌月の十五日までに総務大臣に届け出て、当該届出が受理された日から起算して三十日以内に、包括登録人にあつては第二十七条の二十九第一項の規定による登録の日の属する月の末日及びその後毎年その登録の日に応当する日（応当する日がない場合は、その前日）の月の末日から起算して四十五日以内にそれぞれ当該包括免許若しくは同項の規定による登録（以下「包括免許等」という。）の日又はその後毎年その包括免許等の日に応当する日（応当する日がない場合は、その翌日）から始まる各一年の期間（包括免許等の日が二月二十九日である場合においてその期間がうるう年の前年の三月一日から始まるときは翌年の二月二十八日までの期間とし、当該包括免許等の日又はその包括免許等の日に応当する日（応当する日がない場合は、その翌日）から当該包括免許等の有効期間の満了の日までの期間が一年に満たない場合はその期間とする。以下この項及び次項において同じ。）について、包括免許人にあつては五百四十円に、包括登録人にあつては五百八十円（移動しない無線局については、三千四百円）に、それぞれ当該一年の期間に係る開設無線局数又は開設登録局数（登録の日の属する月の末日及びその後毎年その登録の日に応当する日（応当する日がない場合は、その前日）の属する月の末日現在において開設している登録局の数をいう。次項において同

じ。）を乗じて得た金額（当該包括免許等の日又はその包括免許等の日に応当する日（応当する日がない場合は、その翌日）から当該包括免許等の有効期間の満了の日までの期間が一年に満たない場合は、その額に当該期間の月数を十二で除して得た数を乗じて得た額に相当する金額）を国に納めなければならない。

4　包括免許人等は、前項の規定によるもののほか、包括免許等の日又はその後毎年その包括免許等の日に応当する日（応当する日がない場合は、その翌日）から始まる各一年の期間において、当該包括免許等の日の属する月の翌月以後の月の末日又はその後毎年その包括免許等の日に応当する日（応当する日がない場合は、その前日）の属する月の翌月以後の月の末日現在において開設している特定無線局又は登録局の数がそれぞれ当該一年の期間に係る開設無線局数（既にこの項の規定による届出があった場合には、その届出の日以後においては、その届出に係る特定無線局の数）又は開設登録局数（既に登録局の数が開設登録局数を超えた月があつた場合は、その月の翌月以後においては、その月の末日現在において開設している登録局の数）を超えたときは、電波利用料として、包括免許人にあつては当該開設している特定無線局の数を当該超えた月の翌月の十五日までに総務大臣に届け出て、当該届出が受理された日から起算して三十日以内に、包括登録人にあつては当該超えた月の末日から起算して四十五日以内に、当該超えた月から次の包括免許等の日に応当する日（応当する日がない場合は、その前日）の属する月の前月まで又は当該包括免許等の有効期間の満了の日の翌日の属する月の前月までの期間について、包括免許人にあつては五百四十円に、包括登録人にあつては五百八十円（移動しない無線局については、三千四十円）に、それぞれその超える特定無線局の数又は登録局の数を乗じて得た金額に当該期間の月数を十二で除して得た数を乗じて得た額に相当する金額を国に納めなければならない。

5　免許人が既開設局の免許人である場合における当該既開設局に係る第一項の規定の適用については、当該既開設局に係る周波数割当計画等の変更（当該既開設局に係る無線局区分の周波数の使用の期限に係るものに限る。）の公示の日から十年を超えない範囲内で政令で定める期間を経過する日までの間は、同項中「金額）」とあるのは、「金額）に、当該免許人等に係る特定周波数変更対策業務（第七十一条の三第九項の規定による指定周波数変更対策機関に対する交付金の交付を含む。）に要すると見込まれる費用の二分の一に相当する額に当該特定周波数変更対策業務に係る既開設局の各免許人が当該既開設局と特定新規開設局とを併せて開設する期間を平均した期間の当該既開設局に係る周波数割当計画等の変更（当該既開設局に係る無線局区分の周波数の使用の期限に係るものに限る。）の公示の日から当該周波数の使用の期限までの期間に対する割合を乗じた額を勘案し、当該既開設局の周波数及び空中線電力に応じて政令で定める金額を加算した金額」とする。

6　免許人等が特定公示局の免許人等である場合における当該特定公示局に係る第一項、第三項及び第四項の規定の適用については、当該特定公示局に係る旧割当期限の満了の日（以下「満了日」という。）の翌日から起算して十年を超えない範囲内で政令で定める期間を経過する日までの間は、第一項中「金額）」とあるのは「金額）に、当該免許人等に係る特定周波数終了対策業務（第七十一条の三の二第十一項において準用する第七十一条の三第九項の規定による登録周波数終了対策機関に対する交付金の交付を含む。）に要すると見込まれる費用（第七十一条第二項又は第七十六条の三第二項の規定に基づき当該特定周波数終了対策業務に係る旧割当期限を定めた周波数の電波を使用する無線局の免許人等に対して補償する場合における当該補償に要すると見込まれる費用を含む。）の二分の一に相当する額及び第六項の政令で定める期間に開設されると見込まれる当該特定周波数終了対策業務に係る特定公示局の数を勘案し、無線局の種別、周波数及び空中線電力に応じて政令で定める金額を加算した金額」と、第三項及び第四項中「三千四十円）」とあるのは「三千四十円）に、それぞれ当該包括免許人等に係る特定周波数終了対策業務（第七十一条の三の二第十一項において準用する第七十一条の三第九項の規定による登録周波数終了対策機関に対する交付金の交付を含む。）に要すると見込まれる費用（第七十一条第二項又は第七十六条の三第二項の規定に基づき当該特定周波数終了対策業務に係る旧割当期限を定めた周波数の電波を使用する無線局の免許人等に対して補償する場合における当該補償に要すると見込まれる費用を含む。）の二分の一に相当する額及び第六項の政令で定める期間に開設されると見込まれる当該特定周波数終了対策業務に係る特定公示局の数を勘案し、無線局の種別、周波数及び空中線電力に応じて政令で定める金額を加算した金額」とする。

7　前項の規定にかかわらず、免許人が特定公示局の免許人であつて認定計画に従つて特定基地局を最初に開設する場合における当該最初に開設する特定基地局に係る第一項の規定の適用については、当該特定公示局に係る満了日の翌日から起算して五年を超えない範囲内で政令で定める期間を経過する日までの間は、同項中「金額）」とあるのは、「金額）に、当該免許人等に係る特定周波数終了対策業務（第七十一条の三の二第十一項において準用する第七十一条の三第九項の規定による登録周波数終了対策機関に対する交付金の交付を含む。）に要すると見込まれる費用（第七十一条第二項又は第七十六条の三第二項の規定に基づき当該特定周波数終了対策業務に係る旧割当期限を定めた周波数の電波を使用する無線局の免許人等に対して補償する場合における当該補償に要すると見込まれる費用を含む。）の二分の一に相当する額を勘案して当該特定基地局に使用させることとする周波数及びその使用区域に応じて政令で定める金額と、当該政令で定める金額未満で当該認定計画に係る認定の有効期間、特定基地局の総数その他の当該認定計画が特定基地局の円滑な開設に寄与する程度を勘案して総務省令で定めるところにより算定した金額とを合算した金額を加算した金額」とする。この場合において、当該認定計画に従つて開設される当該最初に開設する特定基地局以外の特定基地局及び当該認定計画に従つて開設される特定基地局の通信の相手方である移動する無線局については、前項の規定は適用しない。

8　特定周波数終了対策業務に係るすべての特定公示局が第四条第三号の無線局である場合における当該特定公示局（以下「特定免許等不要局」という。）に係る満了日の翌日から起算して十年を超えない範囲内で政令で定める期間を経過する日までの間（以下この条において「対象期間」という。）に当該特定周波数終了対策業務に係る特定免許等不要局（電気通信業務その他これに準ずる業務の用に供する無線局に専ら使用される無線設備であつて総務省令で定めるものを使用するものに限る。）を開設した者は、政令で定める無線局の有する機能ごとに、その者の氏名（法人にあつては、その名称及び代表者の氏名。次項において同じ。）及び住所並びに対象期間における毎年の当該特定免許等不要局に係る満了日に応当する日（応当する日がない場合は、その前日）現在において開設している当該特定免許等不要局の数（以下この項において「開設特定免許等不要局数」という。）をその日の属する月の翌月の十五日までに総務大臣に届け出て、電波利用料として、当該届出が受理された日から起算して三十日以内に、当該応当する日までの一年の期間について、当該特定免許等不要局に係る特定周波数終了対策業務に要すると見込まれる費用（第七十一条第二項又は第七十六条の三第二項の規定に基づき当該特定周波数終了対策業務に係る旧割当期限を定めた周波数の電波を使用する無線局の免許人等に対して補償する場合における当該補償に要する費用を含む。次項において同じ。）の二分の一に相当する額及び対象期間において開設されると見込まれる当該特定周波数終了対策業務に係る特定免許等不要局の数を勘案して当該政令で定める無線局の有する機能に応じて政令で定める金額に当該一年の期間に係る開設特定免許等不要局数を乗じて得た金額を国に納めなければならない。

9　前項に規定する場合において、当該特定周波数終了対策業務に係る特定免許等不要局に使用することができる無線設備（同項の総務省令で定めるものを除く。）に対象期間に表示（第三十八条の七第一項、第三十八条の二十六（外国取扱業者に適用される場合を除く。）又は第三十八条の三十五の規定による表示をいう。第十六項において同じ。）を付した者（以下この条において「表示者」という。）は、政令で定める無線局の有する機能ごとに、その者の氏名及び住所並びに対象期間において毎年の満了日に応当する日（応当する日がない場合は、その前日）前一年間に表示を付した当該無線設備の数その他総務省令で定める事項をその日の属する月の翌月の十五日までに総務大臣に届け出て、電波利用料として、当該届出が受理された日から起算して三十日以内に、当該無線設備を使用する特定免許等不要局に係る特定周波数終了対策業務に要すると見込まれる費用の二分の一に相当する額、対象期間において開設されると見込まれる当該特定周波数終了対策業務に係る特定免許等不要局の数及び当該無線設備が使用されると見込まれる平均的な期間を勘案して当該政令で定める無線局の有する機能に応じて政令で定める金額に、当該一年間に表示を付した無線設備の数（当該無線設備のうち、専ら本邦外において使用されると見込まれるもの及び輸送中又は保管中におけるその機能の障害その他これに類する理由により対象期間において使用されないと見込まれるものがある場合には、総務省令で定めるところにより、これらのものの数を控除した数。第十六項後段において同じ。）を乗じて得た金額を国に納めなければならない。

10　第一項及び第三項から第八項までの規定は、次に掲げる無線局の免許人等又は特定免許等不要局を開設した者には、適用しない。

一　第二十七条第一項の規定により免許を受けた無線局

二　地方公共団体が開設する無線局であつて、都道府県知事又は消防組織法（昭和二十二年法律第二百二十六号）第九条（同法第十八条において準用する場合を含む。）の規定により設けられる消防の機関が消防事務の用に供するもの

三　地方公共団体又は水防法（昭和二十四年法律第百九十三号）第二条第一項に規定する水防管理団体が開設する無線局であつて、都道府県知事、同条第二項に規定する水防管理者又は水防団が水防事務の用に供するもの

11　地方公共団体が開設する無線局であつて、災害対策基本法（昭和三十六年法律第二百二十三号）第二条第十号に掲げる地域防災計画の定めるところに従い防災上必要な通信を行うことを目的とするもの（前項第二号及び第三号に掲げる無線局を除く。）の免許人等又は特定免許等不要局を開設した者が納めなければならない電波利用料の金額は、第一項及び第三項から第八項までの規定にかかわらず、当該各項の規定による金額の二分の一に相当する金額とする。

12　第一項及び第三項の月数は、暦に従つて計算し、一月に満たない端数を生じたときは、これを一月とする。

13　免許人等（包括免許人等を除く。）は、第一項の規定により電波利用料を納めるときには、その翌年の応当日以後の期間に係る電波利用料を前納することができる。

14　前項の規定により前納した電波利用料は、前納した者の請求により、その請求をした日後に最初に到来する応当日以後の期間に係るものに限り、還付する。

15　表示者は、第九項の規定にかかわらず、総務大臣の承認を受けて、同項の規定により当該表示者が対象期間のうち総務省令で定める期間（以下この条において「予納期間」という。）を通じて納付すべき電波利用料の総額の見込額を予納することができる。この場合において、当該表示者は、予納期間において同項の規定による届出をすることを要しない。

16　前項の規定により予納した表示者は、予納期間において表示を付した第九項の無線設備の数を予納期間が終了した日（当該表示者が表示に係る業務を休止し、又は廃止したときその他総務省令で定める事由が生じた場合には、当該事由が生

じた日）の属する月の翌月の十五日までに総務大臣に届け出なければならない。この場合において、当該表示者は、予納した電波利用料の金額が同項の政令で定める金額に予納期間において表示を付した無線設備の数を乗じて得た金額（次項において「要納付額」という。）に足りないときは、その不足金額を当該届出が受理された日から起算して三十日以内に国に納めなければならない。

17　第十五項の規定により表示者が予納した電波利用料の金額が要納付額を超える場合には、その超える金額について、当該表示者の請求により還付する。

18　総務大臣は、免許人等、特定免許等不要局を開設した者又は表示者から、預金又は貯金の払出しとその払い出した金銭による電波利用料の納付をその預金口座又は貯金口座のある金融機関に委託して行うことを希望する旨の申出があつた場合には、その納付が確実と認められ、かつ、その申出を承認することが電波利用料の徴収上有利と認められるときに限り、その申出を承認することができる。

19　前項の承認に係る電波利用料が同項の金融機関による当該電波利用料の納付の期限として総務省令で定める日までに納付された場合には、その納付の日が納期限後である場合においても、その納付は、納期限までにされたものとみなす。

20　総務大臣は、電波利用料を納めない者があるときは、督促状によつて、期限を指定して督促しなければならない。

21　総務大臣は、前項の規定による督促を受けた者がその指定の期限までにその督促に係る電波利用料及び次項の規定による延滞金を納めないときは、国税滞納処分の例により、これを処分する。この場合における電波利用料及び延滞金の先取特権の順位は、国税及び地方税に次ぐものとする。

22　総務大臣は、第二十項の規定により督促をしたときは、その督促に係る電波利用料の額につき年十四・五パーセントの割合で、納期限の翌日からその納付又は財産差押えの日の前日までの日数により計算した延滞金を徴収する。ただし、やむを得ない事情があると認められるときその他総務省令で定めるときは、この限りでない。

23　第十三項から前項までに規定するもののほか、電波利用料の納付の手続その他電波利用料の納付について必要な事項は、総務省令で定める。

【八十一次改正】

電波法及び放送法の一部を改正する法律（平成十七年十一月二日法律第百七号）第一条

第百三条の二第一項中「次の表」を「別表第六」に改め、同項の表を削り、同条第二十三項中「第十三項」を「第十五項」に改め、同項を同条第二十五項とし、同条第二十二項中「第二十項」を「第二十二項」に改め、同項を同条第二十四項とし、同条中第二十一項を第二十三項とし、第十八項から第二十項までを二項ずつ繰り下げ、同条第十七項中「第十五項」を「第十七項」に改め、同項を同条第十九項とし、同条第十六項中「第九項」を「第十一項」に改め、同項を同条第十八項とし、同条第十五項中「第九項」を「第十一項」に改め、同項を同条第十七項とし、同条中第十四項を第十六項とし、第十三項を第十五項とし、同条第十二項中「及び第三項」を「、第二項及び第五項」に改め、同項を同条第十四項とし、同条第十一項を削り、同条第十項中「及び第三項から第八項まで」を「、第二項及び第五項から第十項まで」に改め、同項を同条第十二項とし、同項の次に次の一項を加える。

（追加された第十三項の規定は、後掲の条文の通り。）

第百三条の二第九項中「第十六項に」を「第十八項に」に、「第十六項後段」を「第十八項後段」に改め、同項を同条第十一項とし、同条中第八項を第十項とし、第七項を第九項とし、同条第六項中「第三項及び第四項」を「第五項及び第六項」に、「第六項」を「第八項」に、「三千四十円」を「掲げる金額」に改め、同項を同条第八項とし、同条第五項を同条第七項とし、同条第四項中「五百四十円」の下に「（広域専用電波を使用する無線局及び当該無線局を通信の相手方とする無線局については、四百二十円）」を加え、「五百八十円」を「五百七十円」に、「三千四十円」を「別表第八の上欄に掲げる無線局の区分に従い同表の下欄に掲げる金額」に改め、「の数又は登録局の数」の下に「（当該包括免許人等が他の包括免許等（当該包括免許人等の包括免許等に係る無線局と同等の機能を有するものとして総務省令で定める無線局に係るものに限る。）を受けている場合であつて、当該超えた月の末日現在において当該他の包括免許等に基づき開設している特定無線局の数又は登録局の数が当該超えた月の前月の末日現在において当該他の包括免許等に基づき開設している特定無線局の数又は登録局の数を下回るときは、当該超える特定無線局の数又は登録局の数を限度としてこれらの数からそれぞれその下回る特定無線局の数又は登録局の数を控除した数）」を加え、同項を同条第六項とし、同条第三項中「五百四十円」の下に「（広域専用電波を使用する無線局及び当該無線局を通信の相手方とする無線局については、四百二十円）」を加え、「五百八十円」を「五百七十円」に、「三千四十円」を「別表第八の上欄に掲げる無線局の区分に従い同表の下欄に掲げる金額」に改め、同項を同条第五項とし、同条第二項中「第八項の」を「第十項の」に、「又は第九項」を「又は第十一項」に改め、同項第三号中「電波」を「電波のより能率的な利用に資する技術としておおむね五年以内に開発すべき技術に関する研究開発並びに既に開発されている電波」に改め、同項第五号中「第八項及び第九項」を「第十項及び第十一項」に改め、同項に次の一号を加え、同項を同条第四項とする。

（追加された第四項第六号の規定は、後掲の条文の通り。）

第百三条の二第一項の次に次の二項を加える。

（追加された第二項及び第三項の規定は、後掲の条文の通り。）

（電波利用料の徴収等）

第百三条の二　免許人等は、電波利用料として、無線局の免許等の日から起算して三十日以内及びその後毎年その免許等の日に応当する日（応当する日がない場合は、その翌日。以下この条において「応当日」という。）から起算して三十日以内に、当該無線局の免許等の日又は応当日（以下この項において「起算日」という。）から始まる各一年の期間（無線局の免許等の日が二月二十九日である場合においてその期間がうるう年の前年の三月一日から始まるときは翌年の二月二十八日までの期間とし、起算日から当該免許等の有効期間の満了の日までの期間が一年に満たない場合はその期間とする。）について、別表第六の上欄に掲げる無線局の区分に従い同表の下欄に掲げる金額（起算日から当該免許等の有効期間の満了の日までの期間が一年に満たない場合は、その額に当該期間の月数を十二で除して得た数を乗じて得た額に相当する金額）を国に納めなければならない。

2　前項の規定によるもののほか、広範囲の地域において同一の者により相当数開設される無線局に専ら使用させることを目的として別表第七の上欄に掲げる区域を単位として総務大臣が指定する周波数（三千メガヘルツ以下のものに限る。）の電波（以下この条において「広域専用電波」という。）を使用する免許人は、電波利用料として、毎年十一月一日までに、その年の十月一日から始まる一年の期間について、当該免許人に係る広域専用電波の周波数の幅のメガヘルツで表した数値に当該区域に応じ同表の下欄に掲げる係数を乗じて得た数値に四千五百八十六万九千八百円（別表第六の四の項又は五の項に掲げる無線局に係る広域専用電波にあつては、百九十二万八千九百円）を乗じて得た額に相当する金額を国に納めなければならない。この場合において、広域専用電波を最初に使用する無線局の免許の日が十月一日以外の日である場合における当該免許の日から同日以後の最初の九月末日までの期間についてのこの項前段の規定の適用については、「毎年十一月一日までに、その年の十月一日から始まる一年の期間について」とあるのは「当該広域専用電波を最初に使用する無線局の免許の日の属する月の末日から起算して三十日以内に、当該免許の日から同日以後の最初の九月末日までの期間について」と、「得た額」とあるのは「得た額に当該期間の月数を十二で除して得た数を乗じて得た額」とする。

3 認定計画に係る指定された周波数の電波が広域専用電波である場合において、当該認定計画に係る認定開設者がその認定を受けた日から起算して六月を経過する日までに当該認定計画に係るいずれの特定基地局の免許も受けなかつたときは、当該認定開設者を当該六月を経過する日に当該広域専用電波を最初に使用する特定基地局の免許を受けた免許人とみなして、前項の規定を適用する。

4 この条及び次条において「電波利用料」とは、次に掲げる事務その他の電波の適正な利用の確保に関し総務大臣が無線局全体の受益を直接の目的として行う事務の処理に要する費用（同条において「電波利用共益費用」という。）の財源に充てるために免許人等、第十項の特定免許等不要局を開設した者又は第十一項の表示者が納付すべき金銭をいう。

一 電波の監視及び規正並びに不法に開設された無線局の探査

二 総合無線局管理ファイル（全無線局について第六条第一項及び第二項、第二十七条の三、第二十七条の十八第二項及び第三項並びに第二十七条の二十九第二項及び第三項の書類及び申請書並びに免許状等に記載しなければならない事項その他の無線局の免許等に関する事項を電子情報処理組織によつて記録するファイルをいう。）の作成及び管理

三 電波のより能率的な利用に資する技術としておおむね五年以内に開発すべき技術に関する研究開発並びに既に開発されている電波のより能率的な利用に資する技術を用いた無線設備について無線設備の技術基準を定めるために行う試験及びその結果の分析

四 特定周波数変更対策業務（第七十一条の三第九項の規定による指定周波数変更対策機関に対する交付金の交付を含む。）

五 特定周波数終了対策業務（第七十一条の三の二第十一項において準用する第七十一条の三第九項の規定による登録周波数終了対策機関に対する交付金の交付を含む。第十項及び第十一項において同じ。）

六 電波の能率的な利用に資する技術を用いて行われる無線通信を利用することが困難な地域において必要最小の空中線電力による当該無線通信の利用を可能とするため、当該無線通信の業務の用に供する無線局の開設に必要な伝送路設備（有線通信を行うためのものに限り、これと一体として設置される総務省令で定める附属設備を含む。）の整備のための補助金の交付

5 包括免許人又は包括登録人（以下この条において「包括免許人等」という。）は、第一項の規定にかかわらず、電波利用料として、包括免許人にあつては包括免許の日の属する月の末日及びその後毎年その包括免許の日に応当する日（応当する日がない場合は、その前日）の属する月の末日現在において開設している特定無線局の数（以下この項及び次項において「開設無線局数」という。）をその翌月の十五日までに総務大臣に届け出て、当該届出が受理された日から起算して三十日以内に、包括登録人にあつては第二十七条の二十九第一項の規定による登録の日の属する月の末日及びその後毎年その登録の日に応当する日（応当する日がない場合は、その前日）の月の末日から起算して四十五日以内にそれぞれ当該包括免許若しくは同項の規定による登録（以下「包括免許等」という。）の日又はその後毎年その包括免許等の日に応当する日（応当する日がない場合は、その翌日）から始まる各一年の期間（包括免許等の日が二月二十九日である場合においてその期間がうるう年の前年の三月一日から始まるときは翌年の二月二十八日までの期間とし、当該包括免許等の日又はその包括免許等の日に応当する日（応当する日がない場合は、その翌日）から当該包括免許等の有効期間の満了の日までの期間が一年に満たない場合はその期間とする。以下この項及び次項において同じ。）について、包括免許人にあつては五百四十円（広域専用電波を使用

する無線局及び当該無線局を通信の相手方とする無線局については、四百二十円）に、包括登録人にあつては五百七十円（移動しない無線局については、別表第八の上欄に掲げる無線局の区分に従い同表の下欄に掲げる金額）に、それぞれ当該一年の期間に係る開設無線局数又は開設登録局数（登録の日の属する月の末日及びその後毎年その登録の日に応当する日（応当する日がない場合は、その前日）の属する月の末日現在において開設している登録局の数をいう。次項において同じ。）を乗じて得た金額（当該包括免許等の日又はその包括免許等の日に応当する日（応当する日がない場合は、その翌日）から当該包括免許等の有効期間の満了の日までの期間が一年に満たない場合は、その額に当該期間の月数を十二で除して得た数を乗じて得た額に相当する金額）を国に納めなければならない。

6　包括免許人等は、前項の規定によるもののほか、包括免許等の日又はその後毎年その包括免許等の日に応当する日（応当する日がない場合は、その翌日）から始まる各一年の期間において、当該包括免許等の日の属する月の翌月以後の月の末日又はその後毎年その包括免許等の日に応当する日（応当する日がない場合は、その前日）の属する月の翌月以後の月の末日現在において開設している特定無線局又は登録局の数がそれぞれ当該一年の期間に係る開設無線局数（既にこの項の規定による届出があつた場合には、その届出の日以後においては、その届出に係る特定無線局の数）又は開設登録局数（既に登録局の数が開設登録局数を超えた月があつた場合は、その月の翌月以後においては、その月の末日現在において開設している登録局の数）を超えたときは、電波利用料として、包括免許人にあつては当該開設している特定無線局の数を当該超えた月の翌月の十五日までに総務大臣に届け出て、当該届出が受理された日から起算して三十日以内に、包括登録人にあつては当該超えた月の末日から起算して四十五日以内に、当該超えた月から次の包括免許等の日に応当する日（応当する日がない場合は、その前日）の属する月の前月まで又は当該包括免許等の有効期間の満了の日の翌日の属する月の前月までの期間について、包括免許人にあつては五百四十円（広域専用電波を使用する無線局及び当該無線局を通信の相手方とする無線局については、四百二十円）に、包括登録人にあつては五百七十円（移動しない無線局については、別表第八の上欄に掲げる無線局の区分に従い同表の下欄に掲げる金額）に、それぞれその超える特定無線局の数又は登録局の数（当該包括免許人等が他の包括免許等（当該包括免許人等の包括免許等に係る無線局と同等の機能を有するものとして総務省令で定める無線局に係るものに限る。）を受けている場合であつて、当該超えた月の末日現在において当該他の包括免許等に基づき開設している特定無線局の数又は登録局の数が当該超えた月の前月の末日現在において当該他の包括免許等に基づき開設している特定無線局の数又は登録局の数を下回るときは、当該超える特定無線局の数又は登録局の数を限度としてこれらの数からそれぞれその下回る特定無線局の数又は登録局の数を控除した数）を乗じて得た金額に当該期間の月数を十二で除して得た数を乗じて得た額に相当する金額を国に納めなければならない。

7　免許人が既開設局の免許人である場合における当該既開設局に係る第一項の規定の適用については、当該既開設局に係る周波数割当計画等の変更（当該既開設局に係る無線局区分の周波数の使用の期限に係るものに限る。）の公示の日から十年を超えない範囲内で政令で定める期間を経過する日までの間は、同項中「金額）」とあるのは、「金額）に、当該免許人等に係る特定周波数変更対策業務（第七十一条の三第九項の規定による指定周波数変更対策機関に対する交付金の交付を含む。）に要すると見込まれる費用の二分の一に相当する額に当該特定周波数変更対策業務に係る既開設局の各免許人が当該既開設局と特定新規開設局とを併せて開設する期間を平均した期間の当該既開設局に係る周波数割当計画等の変更（当該既開設局に係る無線局区分の周波数の使用の期限に係るものに限る。）の公示の日から当該周波数の使用の期限までの期間に対する割合を乗じた額を勘案し、当該既開設局の周波数及び空中線電力に応じて政令で定める金額を加算した金額」とする。

8 免許人等が特定公示局の免許人等である場合における当該特定公示局に係る第一項、第五項及び第六項の規定の適用については、当該特定公示局に係る旧割当期限の満了の日（以下「満了日」という。）の翌日から起算して十年を超えない範囲内で政令で定める期間を経過する日までの間は、第一項中「金額）」とあるのは「金額）に、当該免許人等に係る特定周波数終了対策業務（第七十一条の三の二第十一項において準用する第七十一条の三第九項の規定による登録周波数終了対策機関に対する交付金の交付を含む。）に要すると見込まれる費用（第七十一条第二項又は第七十六条の三第二項の規定に基づき当該特定周波数終了対策業務に係る旧割当期限を定めた周波数の電波を使用する無線局の免許人等に対して補償する場合における当該補償に要すると見込まれる費用を含む。）の二分の一に相当する額及び第八項の政令で定める期間に開設されると見込まれる当該特定周波数終了対策業務に係る特定公示局の数を勘案し、無線局の種別、周波数及び空中線電力に応じて政令で定める金額を加算した金額」と、第五項及び第六項中「掲げる金額）」とあるのは「掲げる金額）に、それぞれ当該包括免許人等に係る特定周波数終了対策業務（第七十一条の三の二第十一項において準用する第七十一条の三第九項の規定による登録周波数終了対策機関に対する交付金の交付を含む。）に要すると見込まれる費用（第七十一条第二項又は第七十六条の三第二項の規定に基づき当該特定周波数終了対策業務に係る旧割当期限を定めた周波数の電波を使用する無線局の免許人等に対して補償する場合における当該補償に要すると見込まれる費用を含む。）の二分の一に相当する額及び第八項の政令で定める期間に開設されると見込まれる当該特定周波数終了対策業務に係る特定公示局の数を勘案し、無線局の種別、周波数及び空中線電力に応じて政令で定める金額を加算した金額」とする。

9 前項の規定にかかわらず、免許人が特定公示局の免許人であつて認定計画に従つて特定基地局を最初に開設する場合における当該最初に開設する特定基地局に係る第一項の規定の適用については、当該特定公示局に係る満了日の翌日から起算して五年を超えない範囲内で政令で定める期間を経過する日までの間は、同項中「金額）」とあるのは、「金額）に、当該免許人等に係る特定周波数終了対策業務（第七十一条の三の二第十一項において準用する第七十一条の三第九項の規定による登録周波数終了対策機関に対する交付金の交付を含む。）に要すると見込まれる費用（第七十一条第二項又は第七十六条の三第二項の規定に基づき当該特定周波数終了対策業務に係る旧割当期限を定めた周波数の電波を使用する無線局の免許人等に対して補償する場合における当該補償に要すると見込まれる費用を含む。）の二分の一に相当する額を勘案して当該特定基地局に使用させることとする周波数及びその使用区域に応じて政令で定める金額と、当該政令で定める金額未満で当該認定計画に係る認定の有効期間、特定基地局の総数その他の当該認定計画が特定基地局の円滑な開設に寄与する程度を勘案して総務省令で定めるところにより算定した金額とを合算した金額を加算した金額」とする。この場合において、当該認定計画に従つて開設される当該最初に開設する特定基地局以外の特定基地局及び当該認定計画に従つて開設される特定基地局の通信の相手方である移動する無線局については、前項の規定は適用しない。

10 特定周波数終了対策業務に係るすべての特定公示局が第四条第三号の無線局である場合における当該特定公示局（以下「特定免許等不要局」という。）に係る満了日の翌日から起算して十年を超えない範囲内で政令で定める期間を経過する日までの間（以下この条において「対象期間」という。）に当該特定周波数終了対策業務に係る特定免許等不要局（電気通信業務その他これに準ずる業務の用に供する無線局に専ら使用される無線設備であつて総務省令で定めるものを使用するものに限る。）を開設した者は、政令で定める無線局の有する機能ごとに、その者の氏名（法人にあつては、その名称及び代表者の氏名。次項において同じ。）及び住所並びに対象期間における毎年の当該特定免許等不要局に係る満了日に応当する日（応当する日がない場合は、その前日）現在において開設している当該特定免許等不要局の数（以下この項において「開設特定免許等不要局数」という。）をその日の属する月の翌月の十五日までに総務大臣に届け出て、電波利用料として、当該届出が受理された日から起算して三十日以内に、当該応当する日までの一年の期間について、当該特定免許等不要局に係る特定周波数終了対策業務に要すると見込まれる費用（第七十一条第二項又は第七十六条の三第二項の規定に基づき当該特定周波数終了対策業務に係る旧割当期限を定めた周波数の電波を使用する無線局の免許人等に対して補償する場合における当該補償に要する費用を含む。次項において同じ。）の二分の一に相当する額及び対象期間において開設されると見込まれる当該特定周波数終了対策業務に係る特定免許等不要局の数を勘案して当該政令で定める無線局の有する機能に応じて政令で定める金額に当該一年の期間に係る開設特定免許等不要局数を乗じて得た金額を国に納めなければならない。

11　前項に規定する場合において、当該特定周波数終了対策業務に係る特定免許等不要局に使用することができる無線設備（同項の総務省令で定めるものを除く。）に対象期間に表示（第三十八条の七第一項、第三十八条の二十六（外国取扱業者に適用される場合を除く。）又は第三十八条の三十五の規定による表示をいう。第十八項において同じ。）を付した者（以下この条において「表示者」という。）は、政令で定める無線局の有する機能ごとに、その者の氏名及び住所並びに対象期間において毎年の満了日に応当する日（応当する日がない場合は、その前日）前一年間に表示を付した当該無線設備の数その他総務省令で定める事項をその日の属する月の翌月の十五日までに総務大臣に届け出て、電波利用料として、当該届出が受理された日から起算して三十日以内に、当該無線設備を使用する特定免許等不要局に係る特定周波数終了対策業務に要すると見込まれる費用の二分の一に相当する額、対象期間において開設されると見込まれる当該特定周波数終了対策業務に係る特定免許等不要局の数及び当該無線設備が使用されると見込まれる平均的な期間を勘案して当該政令で定める無線局の有する機能に応じて政令で定める金額に、当該一年間に表示を付した無線設備の数（当該無線設備のうち、専ら本邦外において使用されると見込まれるもの及び輸送中又は保管中におけるその機能の障害その他これに類する理由により対象期間において使用されないと見込まれるものがある場合には、総務省令で定めるところにより、これらのものの数を控除した数。第十八項後段において同じ。）を乗じて得た金額を国に納めなければならない。

12　第一項、第二項及び第五項から第十項までの規定は、次に掲げる無線局の免許人等又は特定免許等不要局を開設した者には、適用しない。

一　第二十七条第一項の規定により免許を受けた無線局

二　地方公共団体が開設する無線局であつて、都道府県知事又は消防組織法（昭和二十二年法律第二百二十六号）第九条（同法第十八条において準用する場合を含む。）の規定により設けられる消防の機関が消防事務の用に供するもの

三　地方公共団体又は水防法（昭和二十四年法律第百九十三号）第二条第一項に規定する水防管理団体が開設する無線局であつて、都道府県知事、同条第二項に規定する水防管理者又は水防団が水防事務の用に供するもの

13　次の各号に掲げる免許人等又は特定免許等不要局を開設した者が納めなければならない電波利用料の金額は、当該各号に定める規定にかかわらず、これらの規定による金額の二分の一に相当する金額とする。

一　地方公共団体が開設する無線局であつて、災害対策基本法（昭和三十六年法律第二百二十三号）第二条第十号に掲げる地域防災計画の定めるところに従い防災上必要な通信を行うことを目的とするもの（前項第二号及び第三号に掲げ

る無線局を除く。）の免許人等又は特定免許等不要局を開設した者　第一項及び第五項から第十項まで

二　周波数割当計画において無線局の使用する電波の周波数の全部又は一部について使用の期限が定められている場合（第七十一条の二第一項の規定の適用がある場合を除く。）において当該無線局をその免許等の日又は応当日から起算して二年以内に廃止することについて総務大臣の確認を受けた無線局の免許人等　第一項

14　第一項、第二項及び第五項の月数は、暦に従つて計算し、一月に満たない端数を生じたときは、これを一月とする。

15　免許人等（包括免許人等を除く。）は、第一項の規定により電波利用料を納めるときには、その翌年の応当日以後の期間に係る電波利用料を前納することができる。

16　前項の規定により前納した電波利用料は、前納した者の請求により、その請求をした日後に最初に到来する応当日以後の期間に係るものに限り、還付する。

17　表示者は、第十一項の規定にかかわらず、総務大臣の承認を受けて、同項の規定により当該表示者が対象期間のうち総務省令で定める期間（以下この条において「予納期間」という。）を通じて納付すべき電波利用料の総額の見込額を予納することができる。この場合において、当該表示者は、予納期間において同項の規定による届出をすることを要しない。

18　前項の規定により予納した表示者は、予納期間において表示を付した第十一項の無線設備の数を予納期間が終了した日（当該表示者が表示に係る業務を休止し、又は廃止したときその他総務省令で定める事由が生じた場合には、当該事由が生じた日）の属する月の翌月の十五日までに総務大臣に届け出なければならない。この場合において、当該表示者は、予納した電波利用料の金額が同項の政令で定める金額に予納期間において表示を付した無線設備の数を乗じて得た金額（次項において「要納付額」という。）に足りないときは、その不足金額を当該届出が受理された日から起算して三十日以内に国に納めなければならない。

19　第十七項の規定により表示者が予納した電波利用料の金額が要納付額を超える場合には、その超える金額について、当該表示者の請求により還付する。

20　総務大臣は、免許人等、特定免許等不要局を開設した者又は表示者から、預金又は貯金の払出しとその払い出した金銭による電波利用料の納付をその預金口座又は貯金口座のある金融機関に委託して行うことを希望する旨の申出があつた場合には、その納付が確実と認められ、かつ、その申出を承認することが電波利用料の徴収上有利と認められるときに限り、その申出を承認することができる。

21　前項の承認に係る電波利用料が同項の金融機関による当該電波利用料の納付の期限として総務省令で定める日までに納付された場合には、その納付の日が納期限後である場合においても、その納付は、納期限までにされたものとみなす。

22　総務大臣は、電波利用料を納めない者があるときは、督促状によつて、期限を指定して督促しなければならない。

23　総務大臣は、前項の規定による督促を受けた者がその指定の期限までにその督促に係る電波利用料及び次項の規定による延滞金を納めないときは、国税滞納処分の例により、これを処分する。この場合における電波利用料及び延滞金の先取特権の順位は、国税及び地方税に次ぐものとする。

24　総務大臣は、第二十二項の規定により督促をしたときは、その督促に係る電波利用料の額につき年十四・五パーセントの割合で、納期限の翌日からその納付又は財産差押えの日の前日までの日数により計算した延滞金を徴収する。ただし、やむを得ない事情があると認められるときその他総務省令で定めるときは、この限りでない。

25　第十五項から前項までに規定するもののほか、電波利用料の納付の手続その他電波利用料の納付について必要な事項は、総務省令で定める。

［注釈］改正後の第四項第三号の改正及び同項第六号の追加は一部改正法の公布の日（平成十七年十一月二日）から、その他の部分は同年十二月一日から施行された。

【八十三次改正】

消防組織法の一部を改正する法律（平成十八年六月十四日法律第六十四号）附則第四条

第百三条の二第十二項第二号中「第十八条」を「第二十八条」に改める。

（電波利用料の徴収等）

第百三条の二　免許人等は、電波利用料として、無線局の免許等の日から起算して三十日以内及びその後毎年その免許等の日に応当する日（応当する日がない場合は、その翌日。以下この条において「応当日」という。）から起算して三十日以内に、当該無線局の免許等の日又は応当日（以下この項において「起算日」という。）から始まる各一年の期間（無線局の免許等の日が二月二十九日である場合においてその期間がうるう年の前年の三月一日から始まるときは翌年の二月二十八日までの期間とし、起算日から当該免許等の有効期間の満了の日までの期間が一年に満たない場合はその期間とする。）について、別表第六の上欄に掲げる無線局の区分に従い同表の下欄に掲げる金額（起算日から当該免許等の有効期間の満了の日までの期間が一年に満たない場合は、その額に当該期間の月数を十二で除して得た数を乗じて得た額に相当する金額）を国に納めなければならない。

2　前項の規定によるもののほか、広範囲の地域において同一の者により相当数開設される無線局に専ら使用させることを目的として別表第七の上欄に掲げる区域を単位として総務大臣が指定する周波数（三千メガヘルツ以下のものに限る。）の電波（以下この条において「広域専用電波」という。）を使用する免許人は、電波利用料として、毎年十一月一日までに、その年の十月一日から始まる一年の期間について、当該免許人に係る広域専用電波の周波数の幅のメガヘルツで表した数値に当該区域に応じ同表の下欄に掲げる係数を乗じて得た数値に四千五百八十六万九千八百円（別表第六の四の項又は五の項に掲げる無線局に係る広域専用電波にあつては、百九十二万八千九百円）を乗じて得た額に相当する金額を国に納めなければならない。この場合において、広域専用電波を最初に使用する無線局の免許の日が十月一日以外の日である場合における当該免許の日から同日以後の最初の九月末日までの期間についてのこの項前段の規定の適用については、「毎年十一月一日までに、その年の十月一日から始まる一年の期間について」とあるのは「当該広域専用電波を最初に使用する無線局の免許の日の属する月の末日から起算して三十日以内に、当該免許の日から同日以後の最初の九月末日までの期間について」と、「得た額」とあるのは「得た額に当該期間の月数を十二で除して得た数を乗じて得た額」とする。

3　認定計画に係る指定された周波数の電波が広域専用電波である場合において、当該認定計画に係る認定開設者がその認定を受けた日から起算して六月を経過する日までに当該認定計画に係るいずれの特定基地局の免許も受けなかつたときは、当該認定開設者を当該六月を経過する日に当該広域専用電波を最初に使用する特定基地局の免許を受けた免許人とみなして、前項の規定を適用する。

4　この条及び次条において「電波利用料」とは、次に掲げる事務その他の電波の適正な利用の確保に関し総務大臣が無線局全体の受益を直接の目的として行う事務の処理に要する費用（同条において「電波利用共益費用」という。）の財源に充てるために免許人等、第十項の特定免許等不要局を開設した者又は第十一項の表示者が納付すべき金銭をいう。

一　電波の監視及び規正並びに不法に開設された無線局の探査

二　総合無線局管理ファイル（全無線局について第六条第一項及び第二項、第二十七条の三、第二十七条の十八第二項及び第三項並びに第二十七条の二十九第二項及び第三項の書類及び申請書並びに免許状等に記載しなければならない事項その他の無線局の免許等に関する事項を電子情報処理組織によつて記録するファイルをいう。）の作成及び管理

三　電波のより能率的な利用に資する技術としておおむね五年以内に開発すべき技術に関する研究開発並びに既に開発されている電波のより能率的な利用に資する技術を用いた無線設備について無線設備の技術基準を定めるために行う試験及びその結果の分析

四　特定周波数変更対策業務（第七十一条の三第九項の規定による指定周波数変更対策機関に対する交付金の交付を含む。）

五　特定周波数終了対策業務（第七十一条の三の二第十一項において準用する第七十一条の三第九項の規定による登録周波数終了対策機関に対する交付金の交付を含む。第十項及び第十一項において同じ。）

六　電波の能率的な利用に資する技術を用いて行われる無線通信を利用することが困難な地域において必要最小の空中線電力による当該無線通信の利用を可能とするため、当該無線通信の業務の用に供する無線局の開設に必要な伝送路設備（有線通信を行うためのものに限り、これと一体として設置される総務省令で定める附属設備を含む。）の整備のための補助金の交付

5　包括免許人又は包括登録人（以下この条において「包括免許人等」という。）は、第一項の規定にかかわらず、電波利用料として、包括免許人にあつては包括免許の日の属する月の末日及びその後毎年その包括免許の日に応当する日（応当する日がない場合は、その前日）の属する月の末日現在において開設している特定無線局の数（以下この項及び次項において「開設無線局数」という。）をその翌月の十五日までに総務大臣に届け出て、当該届出が受理された日から起算して三十日以内に、包括登録人にあつては第二十七条の二十九第一項の規定による登録の日の属する月の末日及びその後毎年その登録の日に応当する日（応当する日がない場合は、その前日）の月の末日から起算して四十五日以内にそれぞれ当該包括免許若しくは同項の規定による登録（以下「包括免許等」という。）の日又はその後毎年その包括免許等の日に応当する日（応当する日がない場合は、その翌日）から始まる各一年の期間（包括免許等の日が二月二十九日である場合においてその期間がうるう年の前年の三月一日から始まるときは翌年の二月二十八日までの期間とし、当該包括免許等の日又はその包括免許等の日に応当する日（応当する日がない場合は、その翌日）から当該包括免許等の有効期間の満了の日までの期間が一年に満たない場合はその期間とする。以下この項及び次項において同じ。）について、包括免許人にあつては五百四十円（広域専用電波を使用する無線局及び当該無線局を通信の相手方とする無線局については、四百二十円）に、包括登録人にあつては五百七十円（移動しない無線局については、別表第八の上欄に掲げる無線局の区分に従い同表の下欄に掲げる金額）に、それぞれ当該一年の期間に係る開設無線局数又は開設登録局数（登録の日の属する月の末日及びその後毎年その登録の日に応当する日（応当する日がない場合は、その前日）の属する月の末日現在において開設している登録局の数をいう。次項において同じ。）を乗じて得た金額（当該包括免許等の日又はその包括免許等の日に応当する日（応当する日がない場合は、その翌日）から当該包括免許等の有効期間の満了の日までの期間が一年に満たない場合は、その額に当該期間の月数を十二で除して得た数を乗じて得た額に相当する金額）を国に納めなければならない。

6　包括免許人等は、前項の規定によるもののほか、包括免許等の日又はその後毎年その包括免許等の日に応当する日（応当する日がない場合は、その翌日）から始まる各一年の期間において、当該包括免許等の日の属する月の翌月以後の月の末日又はその後毎年その包括免許等の日に応当する日（応当する日がない場合は、その前日）の属する月の翌月以後の月の末日現在において開設している特定無線

局又は登録局の数がそれぞれ当該一年の期間に係る開設無線局数（既にこの項の規定による届出があった場合には、その届出の日以後においては、その届出に係る特定無線局の数）又は開設登録局数（既に登録局の数が開設登録局数を超えた月があつた場合は、その月の翌月以後においては、その月の末日現在において開設している登録局の数）を超えたときは、電波利用料として、包括免許人にあつては当該開設している特定無線局の数を当該超えた月の翌月の十五日までに総務大臣に届け出て、当該届出が受理された日から起算して三十日以内に、包括登録人にあつては当該超えた月の末日から起算して四十五日以内に、当該超えた月から次の包括免許等の日に応当する日（応当する日がない場合は、その前日）の属する月の前月まで又は当該包括免許等の有効期間の満了の日の翌日の属する月の前月までの期間について、包括免許人にあつては五百四十円（広域専用電波を使用する無線局及び当該無線局を通信の相手方とする無線局については、四百二十円）に、包括登録人にあつては五百七十円（移動しない無線局については、別表第八の上欄に掲げる無線局の区分に従い同表の下欄に掲げる金額）に、それぞれその超える特定無線局の数又は登録局の数（当該包括免許人等が他の包括免許等（当該包括免許人等の包括免許等に係る無線局と同等の機能を有するものとして総務省令で定める無線局に係るものに限る。）を受けている場合であつて、当該超えた月の末日現在において当該他の包括免許等に基づき開設している特定無線局の数又は登録局の数が当該超えた月の前月の末日現在において当該他の包括免許等に基づき開設している特定無線局の数又は登録局の数を下回るときは、当該超える特定無線局の数又は登録局の数を限度としてこれらの数からそれぞれその下回る特定無線局の数又は登録局の数を控除した数）を乗じて得た金額に当該期間の月数を十二で除して得た数を乗じて得た額に相当する金額を国に納めなければならない。

7　免許人が既開設局の免許人である場合における当該既開設局に係る第一項の規定の適用については、当該既開設局に係る周波数割当計画等の変更（当該既開設局に係る無線局区分の周波数の使用の期限に係るものに限る。）の公示の日から十年を超えない範囲内で政令で定める期間を経過する日までの間は、同項中「金額）」とあるのは、「金額）に、当該免許人等に係る特定周波数変更対策業務（第七十一条の三第九項の規定による指定周波数変更対策機関に対する交付金の交付を含む。）に要すると見込まれる費用の二分の一に相当する額に当該特定周波数変更対策業務に係る既開設局の各免許人が当該既開設局と特定新規開設局とを併せて開設する期間を平均した期間の当該既開設局に係る周波数割当計画等の変更（当該既開設局に係る無線局区分の周波数の使用の期限に係るものに限る。）の公示の日から当該周波数の使用の期限までの期間に対する割合を乗じた額を勘案し、当該既開設局の周波数及び空中線電力に応じて政令で定める金額を加算した金額」とする。

8　免許人等が特定公示局の免許人等である場合における当該特定公示局に係る第一項、第五項及び第六項の規定の適用については、当該特定公示局に係る旧割当期限の満了の日（以下「満了日」という。）の翌日から起算して十年を超えない範囲内で政令で定める期間を経過する日までの間は、第一項中「金額）」とあるのは「金額）に、当該免許人等に係る特定周波数終了対策業務（第七十一条の三の二第十一項において準用する第七十一条の三第九項の規定による登録周波数終了対策機関に対する交付金の交付を含む。）に要すると見込まれる費用（第七十一条第二項又は第七十六条の三第二項の規定に基づき当該特定周波数終了対策業務に係る旧割当期限を定めた周波数の電波を使用する無線局の免許人等に対して補償する場合における当該補償に要すると見込まれる費用を含む。）の二分の一に相当する額及び第八項の政令で定める期間に開設されると見込まれる当該特定周波数終了対策業務に係る特定公示局の数を勘案し、無線局の種別、周波数及び空中線電力に応じて政令で定める金額を加算した金額」と、第五項及び第六項中「掲げる金額）」とあるのは「掲げる金額）に、それぞれ当該包括免許人等に係る特定周波数終了対策業務（第七十一条の三の二第十一項において準用する第七十一条の三第九項の規定による登録周波数終了対策機関に対する交付金の交付を含む。）に要すると見込まれる費用（第七十一条第二項又は第七十六条の三第二項の規定に基づき当該特定周波数終了対策業務に係る旧割当期限を定めた周波数の電波を使用する無線局の免許人等に対して補償する場合における当該補償に要すると見込まれる費用を含む。）の二分の一に相当する額及び第八項の政令で定める期間に開設されると見込まれる当該特定周波数終了対策業務に係る特定公示局の数を勘案し、無線局の種別、周波数及び空中線電力に応じて政令で定める金額を加算した金額」とする。

9　前項の規定にかかわらず、免許人が特定公示局の免許人であつて認定計画に従つて特定基地局を最初に開設する場合における当該最初に開設する特定基地局に係る第一項の規定の適用については、当該特定公示局に係る満了日の翌日から起算して五年を超えない範囲内で政令で定める期間を経過する日までの間は、同項中「金額）」とあるのは、「金額）に、当該免許人等に係る特定周波数終了対策業務（第七十一条の三の二第十一項において準用する第七十一条の三第九項の規定による登録周波数終了対策機関に対する交付金の交付を含む。）に要すると見込まれる費用（第七十一条第二項又は第七十六条の三第二項の規定に基づき当該特定周波数終了対策業務に係る旧割当期限を定めた周波数の電波を使用する無線局の免許人等に対して補償する場合における当該補償に要すると見込まれる費用を含む。）の二分の一に相当する額を勘案して当該特定基地局に使用させることとする周波数及びその使用区域に応じて政令で定める金額と、当該政令で定める金額未満で当該認定計画に係る認定の有効期間、特定基地局の総数その他の当該認定計画が特定基地局の円滑な開設に寄与する程度を勘案して総務省令で定めるところにより算定した金額とを合算した金額を加算した金額」とする。この場合において、当該認定計画に従つて開設される当該最初に開設する特定基地局以外の特定基地局及び当該認定計画に従つて開設される特定基地局の通信の相手方である移動する無線局については、前項の規定は適用しない。

10　特定周波数終了対策業務に係るすべての特定公示局が第四条第三号の無線局である場合における当該特定公示局（以下「特定免許等不要局」という。）に係る満了日の翌日から起算して十年を超えない範囲内で政令で定める期間を経過する日までの間（以下この条において「対象期間」という。）に当該特定周波数終了対策業務に係る特定免許等不要局（電気通信業務その他これに準ずる業務の用に供する無線局に専ら使用される無線設備であつて総務省令で定めるものを使用するものに限る。）を開設した者は、政令で定める無線局の有する機能ごとに、その者の氏名（法人にあつては、その名称及び代表者の氏名。次項において同じ。）及び住所並びに対象期間における毎年の当該特定免許等不要局に係る満了日に応当する日（応当する日がない場合は、その前日）現在において開設している当該特定免許等不要局の数（以下この項において「開設特定免許等不要局数」という。）をその日の属する月の翌月の十五日までに総務大臣に届け出て、電波利用料として、当該届出が受理された日から起算して三十日以内に、当該応当する日までの一年の期間について、当該特定免許等不要局に係る特定周波数終了対策業務に要すると見込まれる費用（第七十一条第二項又は第七十六条の三第二項の規定に基づき当該特定周波数終了対策業務に係る旧割当期限を定めた周波数の電波を使用する無線局の免許人等に対して補償する場合における当該補償に要する費用を含む。次項において同じ。）の二分の一に相当する額及び対象期間において開設されると見込まれる当該特定周波数終了対策業務に係る特定免許等不要局の数を勘案して当該政令で定める無線局の有する機能に応じて政令で定める金額に当該一年の期間に係る開設特定免許等不要局数を乗じて得た金額を国に納めなければならない。

11　前項に規定する場合において、当該特定周波数終了対策業務に係る特定免許等不要局に使用することができる無線設備（同項の総務省令で定めるものを除く。）に対象期間に表示（第三十八条の七第一項、第三十八条の二十六（外国取扱業者に適用される場合を除く。）又は第三十八条の三十五の規定による表示をいう。第十八項において同じ。）を付した者（以下この条において「表示者」という。）は、政令で定める無線局の有する機能ごとに、その者の氏名及び住所並びに対象期間において毎年の満了日に応当する日（応当する日がない場合は、その前日）前一年間に表示を付した当該無線設備の数その他総務省令で定める事項をその日の属する月の翌月の十五日までに総務大臣に届け出て、電波利用料として、当該届出が受理された日から起算して三十日以内に、当該無線設備を使用する特定免許等不要局に係る特定周波数終了対策業務に要すると見込まれる費用の二分の一に相当する額、対象期間において開設されると見込まれる当該特定周波数終了対策業務に係る特定免許等不要局の数及び当該無線設備が使用されると見込まれる平均的な期間を勘案して当該政令で定める無線局の有する機能に応じて政令で定める金額に、当該一年間に表示を付した無線設備の数（当該無線設備のうち、専ら本邦外において使用されると見込まれるもの及び輸送中又は保管中におけるその機能の障害その他これに類する理由により対象期間において使用されないと見込まれるものがある場合には、総務省令で定めるところにより、これらのものの数を控除した数。第十八項後段において同じ。）を乗じて得た金額を国に納めなければならない。

12　第一項、第二項及び第五項から第十項までの規定は、次に掲げる無線局の免許人等又は特定免許等不要局を開設した者には、適用しない。

一　第二十七条第一項の規定により免許を受けた無線局

二　地方公共団体が開設する無線局であつて、都道府県知事又は消防組織法（昭和二十二年法律第二百二十六号）第九条（同法第二十八条において準用する場合を含む。）の規定により設けられる消防の機関が消防事務の用に供するもの

三　地方公共団体又は水防法（昭和二十四年法律第百九十三号）第二条第一項に規定する水防管理団体が開設する無線局であつて、都道府県知事、同条第二項に規定する水防管理者又は水防団が水防事務の用に供するもの

13　次の各号に掲げる免許人等又は特定免許等不要局を開設した者が納めなければならない電波利用料の金額は、当該各号に定める規定にかかわらず、これらの規定による金額の二分の一に相当する金額とする。

一　地方公共団体が開設する無線局であつて、災害対策基本法（昭和三十六年法律第二百二十三号）第二条第十号に掲げる地域防災計画の定めるところに従い防災上必要な通信を行うことを目的とするもの（前項第二号及び第三号に掲げる無線局を除く。）の免許人等又は特定免許等不要局を開設した者　第一項及び第五項から第十項まで

二　周波数割当計画において無線局の使用する電波の周波数の全部又は一部について使用の期限が定められている場合（第七十一条の二第一項の規定の適用がある場合を除く。）において当該無線局をその免許等の日又は応当日から起算して二年以内に廃止することについて総務大臣の確認を受けた無線局の免許人等　第一項

14　第一項、第二項及び第五項の月数は、暦に従つて計算し、一月に満たない端数を生じたときは、これを一月とする。

15　免許人等（包括免許人等を除く。）は、第一項の規定により電波利用料を納めるときには、その翌年の応当日以後の期間に係る電波利用料を前納することができる。

16　前項の規定により前納した電波利用料は、前納した者の請求により、その請求をした日後に最初に到来する応当日以後の期間に係るものに限り、還付する。

17　表示者は、第十一項の規定にかかわらず、総務大臣の承認を受けて、同項の規

定により当該表示者が対象期間のうち総務省令で定める期間（以下この条において「予納期間」という。）を通じて納付すべき電波利用料の総額の見込額を予納することができる。この場合において、当該表示者は、予納期間において同項の規定による届出をすることを要しない。

18　前項の規定により予納した表示者は、予納期間において表示を付した第十一項の無線設備の数を予納期間が終了した日（当該表示者が表示に係る業務を休止し、又は廃止したときその他総務省令で定める事由が生じた場合には、当該事由が生じた日）の属する月の翌月の十五日までに総務大臣に届け出なければならない。この場合において、当該表示者は、予納した電波利用料の金額が同項の政令で定める金額に予納期間において表示を付した無線設備の数を乗じて得た金額（次項において「要納付額」という。）に足りないときは、その不足金額を当該届出が受理された日から起算して三十日以内に国に納めなければならない。

19　第十七項の規定により表示者が予納した電波利用料の金額が要納付額を超える場合には、その超える金額について、当該表示者の請求により還付する。

20　総務大臣は、免許人等、特定免許等不要局を開設した者又は表示者から、預金又は貯金の払出しとその払い出した金銭による電波利用料の納付をその預金口座又は貯金口座のある金融機関に委託して行うことを希望する旨の申出があつた場合には、その納付が確実と認められ、かつ、その申出を承認することが電波利用料の徴収上有利と認められるときに限り、その申出を承認することができる。

21　前項の承認に係る電波利用料が同項の金融機関による当該電波利用料の納付の期限として総務省令で定める日までに納付された場合には、その納付の日が納期限後である場合においても、その納付は、納期限までにされたものとみなす。

22　総務大臣は、電波利用料を納めない者があるときは、督促状によつて、期限を指定して督促しなければならない。

23　総務大臣は、前項の規定による督促を受けた者がその指定の期限までにその督促に係る電波利用料及び次項の規定による延滞金を納めないときは、国税滞納処分の例により、これを処分する。この場合における電波利用料及び延滞金の先取特権の順位は、国税及び地方税に次ぐものとする。

24　総務大臣は、第二十二項の規定により督促をしたときは、その督促に係る電波利用料の額につき年十四・五パーセントの割合で、納期限の翌日からその納付又は財産差押えの日の前日までの日数により計算した延滞金を徴収する。ただし、やむを得ない事情があると認められるときその他総務省令で定めるときは、この限りでない。

25　第十五項から前項までに規定するもののほか、電波利用料の納付の手続その他電波利用料の納付について必要な事項は、総務省令で定める。

【八十五次改正】その一

電波法の一部を改正する法律（平成二十年五月三十日法律第五十号）

第百三条の二第二項中「四千五百八十六万九千八百円」を「八千七十八万六千六百円」に、「百九十二万八千九百円」を「百四十七万九千百円」に改め、同条第四項中「事務その他の」を削り、同項第三号中「電波のより能率的な利用に資する技術」を「周波数を効率的に利用する技術、周波数の共同利用を促進する技術又は高い周波数への移行を促進する技術」に改め、「技術に関する」の下に「無線設備の技術基準の策定に向けた」を加え、「定める」を「策定する」に改め、「行う」の下に「国際機関及び外国の行政機関その他の外国の関係機関との連絡調整並びに」を加え、同項第六号中「、当該無線通信の業務の用に供する無線局の開設に必要な伝送路設備（有線通信を行うためのものに限り、これ」を「に行われる次に掲げる設備（当該設備」に改め、「附属設備」の下に「並びに当該設備及び当該附属設備を設置するために必要な工作物」を、「交付」の下に「その他の必要な援助」を加え、同号に次のように加える。

（追加された第四項第八号イ及びロの規定は、後掲の条文の通り。）

第百三条の二第四項第六号を同項第八号とし、同項第五号を同項第七号とし、同項第四号を同項第六号とし、同項第三号の次に次の二号を加える。

（追加された第四項第四号及び第五号の規定は、後掲の条文の通り。）

第百三条の二第四項に次の三号を加える。

（追加された第四項第九号から第十一号までの規定は、後掲の条文の通り。）

（電波利用料の徴収等）

第百三条の二　免許人等は、電波利用料として、無線局の免許等の日から起算して三十日以内及びその後毎年その免許等の日に応当する日（応当する日がない場合は、その翌日。以下この条において「応当日」という。）から起算して三十日以内に、当該無線局の免許等の日又は応当日（以下この項において「起算日」という。）から始まる各一年の期間（無線局の免許等の日が二月二十九日である場合においてその期間がうるう年の前年の三月一日から始まるときは翌年の二月二十八日までの期間とし、起算日から当該免許等の有効期間の満了の日までの期間が一年に満たない場合はその期間とする。）について、別表第六の上欄に掲げる無線局の区分に従い同表の下欄に掲げる金額（起算日から当該免許等の有効期間の満了の日までの期間が一年に満たない場合は、その額に当該期間の月数を十二で除して得た数を乗じて得た額に相当する金額）を国に納めなければならない。

2　前項の規定によるもののほか、広範囲の地域において同一の者により相当数開設される無線局に専ら使用させることを目的として別表第七の上欄に掲げる区域を単位として総務大臣が指定する周波数（三千メガヘルツ以下のものに限る。）の電波（以下この条において「広域専用電波」という。）を使用する免許人は、電波利用料として、毎年十一月一日までに、その年の十月一日から始まる一年の期間について、当該免許人に係る広域専用電波の周波数の幅のメガヘルツで表した数値に当該区域に応じ同表の下欄に掲げる係数を乗じて得た数値に四千五百八十六万九千八百円（別表第六の四の項又は五の項に掲げる無線局に係る広域専用電波にあつては、百九十二万八千九百円）を乗じて得た額に相当する金額を国に納めなければならない。この場合において、広域専用電波を最初に使用する無線局の免許の日が十月一日以外の日である場合における当該免許の日から同日以後の最初の九月末日までの期間についてのこの項前段の規定の適用については、「毎年十一月一日までに、その年の十月一日から始まる一年の期間について」とあるのは「当該広域専用電波を最初に使用する無線局の免許の日の属する月の末日から起算して三十日以内に、当該免許の日から同日以後の最初の九月末日までの期間について」と、「得た額」とあるのは「得た額に当該期間の月数を十二で除して得た数を乗じて得た額」とする。

3　認定計画に係る指定された周波数の電波が広域専用電波である場合において、当該認定計画に係る認定開設者がその認定を受けた日から起算して六月を経過する日までに当該認定計画に係るいずれの特定基地局の免許も受けなかつたときは、当該認定開設者を当該六月を経過する日に当該広域専用電波を最初に使用する特定基地局の免許を受けた免許人とみなして、前項の規定を適用する。

4　この条及び次条において「電波利用料」とは、次に掲げる電波の適正な利用の確保に関し総務大臣が無線局全体の受益を直接の目的として行う事務の処理に要する費用（同条において「電波利用共益費用」という。）の財源に充てるために免許人等、第十項の特定免許等不要局を開設した者又は第十一項の表示者が納付すべき金銭をいう。

一　電波の監視及び規正並びに不法に開設された無線局の探査

二　総合無線局管理ファイル（全無線局について第六条第一項及び第二項、第二十七条の三、第二十七条の十八第二項及び第三項並びに第二十七条の二十九第二項及び第三項の書類及び申請書並びに免許状等に記載しなければならない

事項その他の無線局の免許等に関する事項を電子情報処理組織によつて記録するファイルをいう。）の作成及び管理

三　周波数を効率的に利用する技術、周波数の共同利用を促進する技術又は高い周波数への移行を促進する技術としておおむね五年以内に開発すべき技術に関する無線設備の技術基準の策定に向けた研究開発並びに既に開発されている周波数を効率的に利用する技術、周波数の共同利用を促進する技術又は高い周波数への移行を促進する技術を用いた無線設備について無線設備の技術基準を策定するために行う国際機関及び外国の行政機関その他の外国の関係機関との連絡調整並びに試験及びその結果の分析

四　電波の人体等への影響に関する調査

五　標準電波の発射

六　特定周波数変更対策業務（第七十一条の三第九項の規定による指定周波数変更対策機関に対する交付金の交付を含む。）

七　特定周波数終了対策業務（第七十一条の三の二第十一項において準用する第七十一条の三第九項の規定による登録周波数終了対策機関に対する交付金の交付を含む。第十項及び第十一項において同じ。）

八　電波の能率的な利用に資する技術を用いて行われる無線通信を利用することが困難な地域において必要最小の空中線電力による当該無線通信の利用を可能とするために行われる次に掲げる設備（当該設備と一体として設置される総務省令で定める附属設備並びに当該設備及び当該附属設備を設置するために必要な工作物を含む。）の整備のための補助金の交付その他の必要な援助

イ　当該無線通信の業務の用に供する無線局の無線設備及び当該無線局の開設に必要な伝送路設備

ロ　当該無線通信の受信を可能とする伝送路設備

九　前号に掲げるもののほか、電波の能率的な利用に資する技術を用いて行われる無線通信を利用することが困難なトンネルその他の環境において当該無線通信の利用を可能とするために行われる設備の整備のための補助金の交付

十　電波の能率的な利用を確保し、又は電波の人体等への悪影響を防止するために行う周波数の使用又は人体等の防護に関するリテラシーの向上のための活動に対する必要な援助

十一　電波利用料に係る制度の企画又は立案その他前各号に掲げる事務に附帯する事務

5　包括免許人又は包括登録人（以下この条において「包括免許人等」という。）は、第一項の規定にかかわらず、電波利用料として、包括免許人にあつては包括免許の日の属する月の末日及びその後毎年その包括免許の日に応当する日（応当する日がない場合は、その前日）の属する月の末日現在において開設している特定無線局の数（以下この項及び次項において「開設無線局数」という。）をその翌月の十五日までに総務大臣に届け出て、当該届出が受理された日から起算して三十日以内に、包括登録人にあつては第二十七条の二十九第一項の規定による登録の日の属する月の末日及びその後毎年その登録の日に応当する日（応当する日がない場合は、その前日）の月の末日から起算して四十五日以内にそれぞれ当該包括免許若しくは同項の規定による登録（以下「包括免許等」という。）の日又はその後毎年その包括免許等の日に応当する日（応当する日がない場合は、その翌日）から始まる各一年の期間（包括免許等の日が二月二十九日である場合においてその期間がうるう年の前年の三月一日から始まるときは翌年の二月二十八日までの期間とし、当該包括免許等の日又はその包括免許等の日に応当する日（応当する日がない場合は、その翌日）から当該包括免許等の有効期間の満了日までの期間が一年に満たない場合はその期間とする。以下この項及び次項において同じ。）について、包括免許人にあつては五百四十円（広域専用電波を使用する無線局及び当該無線局を通信の相手方とする無線局については、四百二十

円）に、包括登録人にあつては五百七十円（移動しない無線局については、別表第八の上欄に掲げる無線局の区分に従い同表の下欄に掲げる金額）に、それぞれ当該一年の期間に係る開設無線局数又は開設登録局数（登録の日の属する月の末日及びその後毎年その登録の日に応当する日（応当する日がない場合は、その前日）の属する月の末日現在において開設している登録局の数をいう。次項において同じ。）を乗じて得た金額（当該包括免許等の日又はその包括免許等の日に応当する日（応当する日がない場合は、その翌日）から当該包括免許等の有効期間の満了の日までの期間が一年に満たない場合は、その額に当該期間の月数を十二で除して得た数を乗じて得た額に相当する金額）を国に納めなければならない。

6　包括免許人等は、前項の規定によるもののほか、包括免許等の日又はその後毎年その包括免許等の日に応当する日（応当する日がない場合は、その翌日）から始まる各一年の期間において、当該包括免許等の日の属する月の翌月以後の月の末日又はその後毎年その包括免許等の日に応当する日（応当する日がない場合は、その前日）の属する月の翌月以後の月の末日現在において開設している特定無線局又は登録局の数がそれぞれ当該一年の期間に係る開設無線局数（既にこの項の規定による届出があった場合には、その届出の日以後においては、その届出に係る特定無線局の数）又は開設登録局数（既に登録局の数が開設登録局数を超えた月があつた場合は、その月の翌月以後においては、その月の末日現在において開設している登録局の数）を超えたときは、電波利用料として、包括免許人にあつては当該開設している特定無線局の数を当該超えた月の翌月の十五日までに総務大臣に届け出て、当該届出が受理された日から起算して三十日以内に、包括登録人にあつては当該超えた月の末日から起算して四十五日以内に、当該超えた月から次の包括免許等の日に応当する日（応当する日がない場合は、その前日）の属する月の前月まで又は当該包括免許等の有効期間の満了の日の翌日の属する月の前月までの期間について、包括免許人にあつては五百四十円（広域専用電波を使用する無線局及び当該無線局を通信の相手方とする無線局については、四百二十円）に、包括登録人にあつては五百七十円（移動しない無線局については、別表第八の上欄に掲げる無線局の区分に従い同表の下欄に掲げる金額）に、それぞれその超える特定無線局の数又は登録局の数（当該包括免許人等が他の包括免許等（当該包括免許人等の包括免許等に係る無線局と同等の機能を有するものとして総務省令で定める無線局に係るものに限る。）を受けている場合であつて、当該超えた月の末日現在において当該他の包括免許等に基づき開設している特定無線局の数又は登録局の数が当該超えた月の前月の末日現在において当該他の包括免許等に基づき開設している特定無線局の数又は登録局の数を下回るときは、当該超える特定無線局の数又は登録局の数を限度としてこれらの数からそれぞれその下回る特定無線局の数又は登録局の数を控除した数）を乗じて得た金額に当該期間の月数を十二で除して得た数を乗じて得た額に相当する金額を国に納めなければならない。

7　免許人が既開設局の免許人である場合における当該既開設局に係る第一項の規定の適用については、当該既開設局に係る周波数割当計画等の変更（当該既開設局に係る無線局区分の周波数の使用の期限に係るものに限る。）の公示の日から十年を超えない範囲内で政令で定める期間を経過する日までの間は、同項中「金額）」とあるのは、「金額）に、当該免許人等に係る特定周波数変更対策業務（第七十一条の三第九項の規定による指定周波数変更対策機関に対する交付金の交付を含む。）に要すると見込まれる費用の二分の一に相当する額に当該特定周波数変更対策業務に係る既開設局の各免許人が当該既開設局と特定新規開設局とを併せて開設する期間を平均した期間の当該既開設局に係る周波数割当計画等の変更（当該既開設局に係る無線局区分の周波数の使用の期限に係るものに限る。）の公示の日から当該周波数の使用の期限までの期間に対する割合を乗じた額を勘案し、当該既開設局の周波数及び空中線電力に応じて政令で定める金額を加算した金額」とする。

8　免許人等が特定公示局の免許人等である場合における当該特定公示局に係る第一項、第五項及び第六項の規定の適用については、当該特定公示局に係る旧割当期限の満了の日（以下「満了日」という。）の翌日から起算して十年を超えない範囲内で政令で定める期間を経過する日までの間は、第一項中「金額）」とあるのは「金額）に、当該免許人等に係る特定周波数終了対策業務（第七十一条の三の二第十一項において準用する第七十一条の三第九項の規定による登録周波数終了対策機関に対する交付金の交付を含む。）に要すると見込まれる費用（第七十一条第二項又は第七十六条の三第二項の規定に基づき当該特定周波数終了対策業務に係る旧割当期限を定めた周波数の電波を使用する無線局の免許人等に対して補償する場合における当該補償に要すると見込まれる費用を含む。）の二分の一に相当する額及び第八項の政令で定める期間に開設されると見込まれる当該特定周波数終了対策業務に係る特定公示局の数を勘案し、無線局の種別、周波数及び空中線電力に応じて政令で定める金額を加算した金額」と、第五項及び第六項中「掲げる金額）」とあるのは「掲げる金額）に、それぞれ当該包括免許人等に係る特定周波数終了対策業務（第七十一条の三の二第十一項において準用する第七十一条の三第九項の規定による登録周波数終了対策機関に対する交付金の交付を含む。）に要すると見込まれる費用（第七十一条第二項又は第七十六条の三第二項の規定に基づき当該特定周波数終了対策業務に係る旧割当期限を定めた周波数の電波を使用する無線局の免許人等に対して補償する場合における当該補償に要すると見込まれる費用を含む。）の二分の一に相当する額及び第八項の政令で定める期間に開設されると見込まれる当該特定周波数終了対策業務に係る特定公示局の数を勘案し、無線局の種別、周波数及び空中線電力に応じて政令で定める金額を加算した金額」とする。

9　前項の規定にかかわらず、免許人が特定公示局の免許人であつて認定計画に従つて特定基地局を最初に開設する場合における当該最初に開設する特定基地局に係る第一項の規定の適用については、当該特定公示局に係る満了日の翌日から起算して五年を超えない範囲内で政令で定める期間を経過する日までの間は、同項中「金額）」とあるのは、「金額）に、当該免許人等に係る特定周波数終了対策業務（第七十一条の三の二第十一項において準用する第七十一条の三第九項の規定による登録周波数終了対策機関に対する交付金の交付を含む。）に要すると見込まれる費用（第七十一条第二項又は第七十六条の三第二項の規定に基づき当該特定周波数終了対策業務に係る旧割当期限を定めた周波数の電波を使用する無線局の免許人等に対して補償する場合における当該補償に要すると見込まれる費用を含む。）の二分の一に相当する額を勘案して当該特定基地局に使用させることとする周波数及びその使用区域に応じて政令で定める金額と、当該政令で定める金額未満で当該認定計画に係る認定の有効期間、特定基地局の総数その他の当該認定計画が特定基地局の円滑な開設に寄与する程度を勘案して総務省令で定めるところにより算定した金額とを合算した金額を加算した金額」とする。この場合において、当該認定計画に従つて開設される当該最初に開設する特定基地局以外の特定基地局及び当該認定計画に従つて開設される特定基地局の通信の相手方である移動する無線局については、前項の規定は適用しない。

10　特定周波数終了対策業務に係るすべての特定公示局が第四条第三号の無線局である場合における当該特定公示局（以下「特定免許等不要局」という。）に係る満了日の翌日から起算して十年を超えない範囲内で政令で定める期間を経過する日までの間（以下この条において「対象期間」という。）に当該特定周波数終了対策業務に係る特定免許等不要局（電気通信業務その他これに準ずる業務の用に供する無線局に専ら使用される無線設備であつて総務省令で定めるものを使用するものに限る。）を開設した者は、政令で定める無線局の有する機能ごとに、その者の氏名（法人にあつては、その名称及び代表者の氏名。次項において同じ。）及び住所並びに対象期間における毎年の当該特定免許等不要局に係る満了日に応当する日（応当する日がない場合は、その前日）現在において開設している当該特定免許等不要局の数（以下この項において「開設特定免許等不要局数」という。）をその日の属する月の翌月の十五日までに総務大臣に届け出て、電波利用料として、当該届出が受理された日から起算して三十日以内に、当該応当する日までの一年の期間について、当該特定免許等不要局に係る特定周波数終了対策業務に要すると見込まれる費用（第七十一条第二項又は第七十六条の三第二項の規定に基づき当該特定周波数終了対策業務に係る旧割当期限を定めた周波数の電波を使用する無線局の免許人等に対して補償する場合における当該補償に要する費用を含む。次項において同じ。）の二分の一に相当する額及び対象期間において開設されると見込まれる当該特定周波数終了対策業務に係る特定免許等不要局の数を勘案して当該政令で定める無線局の有する機能に応じて政令で定める金額に当該一年の期間に係る開設特定免許等不要局数を乗じて得た金額を国に納めなければならない。

11　前項に規定する場合において、当該特定周波数終了対策業務に係る特定免許等不要局に使用することができる無線設備（同項の総務省令で定めるものを除く。）に対象期間に表示（第三十八条の七第一項、第三十八条の二十六（外国取扱業者に適用される場合を除く。）又は第三十八条の三十五の規定による表示をいう。第十八項において同じ。）を付した者（以下この条において「表示者」という。）は、政令で定める無線局の有する機能ごとに、その者の氏名及び住所並びに対象期間において毎年の満了日に応当する日（応当する日がない場合は、その前日）前一年間に表示を付した当該無線設備の数その他総務省令で定める事項をその日の属する月の翌月の十五日までに総務大臣に届け出て、電波利用料として、当該届出が受理された日から起算して三十日以内に、当該無線設備を使用する特定免許等不要局に係る特定周波数終了対策業務に要すると見込まれる費用の二分の一に相当する額、対象期間において開設されると見込まれる当該特定周波数終了対策業務に係る特定免許等不要局の数及び当該無線設備が使用されると見込まれる平均的な期間を勘案して当該政令で定める無線局の有する機能に応じて政令で定める金額に、当該一年間に表示を付した無線設備の数（当該無線設備のうち、専ら本邦外において使用されると見込まれるもの及び輸送中又は保管中におけるその機能の障害その他これに類する理由により対象期間において使用されないと見込まれるものがある場合には、総務省令で定めるところにより、これらのものの数を控除した数。第十八項後段において同じ。）を乗じて得た金額を国に納めなければならない。

12　第一項、第二項及び第五項から第十項までの規定は、次に掲げる無線局の免許人等又は特定免許等不要局を開設した者には、適用しない。

一　第二十七条第一項の規定により免許を受けた無線局

二　地方公共団体が開設する無線局であつて、都道府県知事又は消防組織法（昭和二十二年法律第二百二十六号）第九条（同法第二十八条において準用する場合を含む。）の規定により設けられる消防の機関が消防事務の用に供するもの

三　地方公共団体又は水防法（昭和二十四年法律第百九十三号）第二条第一項に規定する水防管理団体が開設する無線局であつて、都道府県知事、同条第二項に規定する水防管理者又は水防団が水防事務の用に供するもの

13　次の各号に掲げる免許人等又は特定免許等不要局を開設した者が納めなければならない電波利用料の金額は、当該各号に定める規定にかかわらず、これらの規定による金額の二分の一に相当する金額とする。

一　地方公共団体が開設する無線局であつて、災害対策基本法（昭和三十六年法律第二百二十三号）第二条第十号に掲げる地域防災計画の定めるところに従い防災上必要な通信を行うことを目的とするもの（前項第二号及び第三号に掲げる無線局を除く。）の免許人等又は特定免許等不要局を開設した者　第一項及

び第五項から第十項まで

二　周波数割当計画において無線局の使用する電波の周波数の全部又は一部について使用の期限が定められている場合（第七十一条の二第一項の規定の適用がある場合を除く。）において当該無線局をその免許等の日又は応当日から起算して二年以内に廃止することについて総務大臣の確認を受けた無線局の免許人等　第一項

14　第一項、第二項及び第五項の月数は、暦に従つて計算し、一月に満たない端数を生じたときは、これを一月とする。

15　免許人等（包括免許人等を除く。）は、第一項の規定により電波利用料を納めるときには、その翌年の応当日以後の期間に係る電波利用料を前納することができる。

16　前項の規定により前納した電波利用料は、前納した者の請求により、その請求をした日後に最初に到来する応当日以後の期間に係るものに限り、還付する。

17　表示者は、第十一項の規定にかかわらず、総務大臣の承認を受けて、同項の規定により当該表示者が対象期間のうち総務省令で定める期間（以下この条において「予納期間」という。）を通じて納付すべき電波利用料の総額の見込額を予納することができる。この場合において、当該表示者は、予納期間において同項の規定による届出をすることを要しない。

18　前項の規定により予納した表示者は、予納期間において表示を付した第十一項の無線設備の数を予納期間が終了した日（当該表示者が表示に係る業務を休止し、又は廃止したときその他総務省令で定める事由が生じた場合には、当該事由が生じた日）の属する月の翌月の十五日までに総務大臣に届け出なければならない。この場合において、当該表示者は、予納した電波利用料の金額が同項の政令で定める金額に予納期間において表示を付した無線設備の数を乗じて得た金額（次項において「要納付額」という。）に足りないときは、その不足金額を当該届出が受理された日から起算して三十日以内に国に納めなければならない。

19　第十七項の規定により表示者が予納した電波利用料の金額が要納付額を超える場合には、その超える金額について、当該表示者の請求により還付する。

20　総務大臣は、免許人等、特定免許等不要局を開設した者又は表示者から、預金又は貯金の払出しとその払い出した金銭による電波利用料の納付をその預金口座又は貯金口座のある金融機関に委託して行うことを希望する旨の申出があつた場合には、その納付が確実と認められ、かつ、その申出を承認することが電波利用料の徴収上有利と認められるときに限り、その申出を承認することができる。

21　前項の承認に係る電波利用料が同項の金融機関による当該電波利用料の納付の期限として総務省令で定める日までに納付された場合には、その納付の日が納期限後である場合においても、その納付は、納期限までにされたものとみなす。

22　総務大臣は、電波利用料を納めない者があるときは、督促状によつて、期限を指定して督促しなければならない。

23　総務大臣は、前項の規定による督促を受けた者がその指定の期限までにその督促に係る電波利用料及び次項の規定による延滞金を納めないときは、国税滞納処分の例により、これを処分する。この場合における電波利用料及び延滞金の先取特権の順位は、国税及び地方税に次ぐものとする。

24　総務大臣は、第二十二項の規定により督促をしたときは、その督促に係る電波利用料の額につき年十四・五パーセントの割合で、納期限の翌日からその納付又は財産差押えの日の前日までの日数により計算した延滞金を徴収する。ただし、やむを得ない事情があると認められるときその他総務省令で定めるときは、この限りでない。

25　第十五項から前項までに規定するもののほか、電波利用料の納付の手続その他電波利用料の納付について必要な事項は、総務省令で定める。

［注釈］第百三条の二の規定に係る八十五次改正の施行期日は、公布の日（平成二十年五月三十日）と同年十月一日とに分かれている。公布の日に施行される改正は、同条第四項に係る改正であり、これを八十五次改正の「その一」とした。ただし、前掲の改正規定中の傍線部分は、同条第二項に係る改正であるから、後記の「その二」に含めている。

【八十五次改正】その二

電波法の一部を改正する法律（平成二十年五月三十日法律第五十号）

第百三条の二第二項中「四千五百八十六万九千八百円」を「八千七十八万六千六百円」に、「百九十二万八千九百円」を「百四十七万九千百円」に改め、同条第四項中「事務その他の」を削り、同項第三号中「電波のより能率的な利用に資する技術」を「周波数を効率的に利用する技術、周波数の共同利用を促進する技術又は高い周波数への移行を促進する技術」に改め、「技術に関する」の下に「無線設備の技術基準の策定に向けた」を加え、「定める」を「策定する」に改め、「行う」の下に「国際機関及び外国の行政機関その他の外国の関係機関との連絡調整並びに」を加え、同項第六号中「、当該無線通信の業務の用に供する無線局の開設に必要な伝送路設備（有線通信を行うためのものに限り、これ」を「に行われる次に掲げる設備（当該設備」に改め、「附属設備」の下に「並びに当該設備及び当該附属設備を設置するために必要な工作物」を、「交付」の下に「その他の必要な援助」を加え、同号に次のように加える。

（追加された第四項第八号イ及びロの規定は、後掲の条文の通り。）

第百三条の二第五項及び第六項中「五百四十円」を「三百六十円」に、「四百二十円」を「二百五十円」に、「五百七十円」を「三百八十円」に改め、同条第十二項中「次に掲げる無線局の免許人等又は特定免許等不要局を開設した者」を「第二十七条第一項の規定により免許を受けた無線局の免許人又は次の各号に掲げる者が専ら当該各号に定める事務の用に供することを目的として開設する無線局その他これらに類するものとして政令で定める無線局の免許人等（当該無線局が特定免許等不要局であるときは、当該特定免許等不要局を開設した者）」に改め、各号を次のように改める。

（改正後の第十二項各号の規定は、後掲の条文の通り。）

（電波利用料の徴収等）

第百三条の二　免許人等は、電波利用料として、無線局の免許等の日から起算して三十日以内及びその後毎年その免許等の日に応当する日（応当する日がない場合は、その翌日。以下この条において「応当日」という。）から起算して三十日以内に、当該無線局の免許等の日又は応当日（以下この項において「起算日」という。）から始まる各一年の期間（無線局の免許等の日が二月二十九日である場合においてその期間がうるう年の前年の三月一日から始まるときは翌年の二月二十八日までの期間とし、起算日から当該免許等の有効期間の満了の日までの期間が一年に満たない場合はその期間とする。）について、別表第六の上欄に掲げる無線局の区分に従い同表の下欄に掲げる金額（起算日から当該免許等の有効期間の満了の日までの期間が一年に満たない場合は、その額に当該期間の月数を十二で除して得た数を乗じて得た額に相当する金額）を国に納めなければならない。

2　前項の規定によるもののほか、広範囲の地域において同一の者により相当数開設される無線局に専ら使用させることを目的として別表第七の上欄に掲げる区域を単位として総務大臣が指定する周波数（三千メガヘルツ以下のものに限る。）の電波（以下この条において「広域専用電波」という。）を使用する免許人は、期間について、当該免許人に係る広域専用電波の周波数の幅のメガヘルツで表した数値に当該区域に応じ同表の下欄に掲げる係数を乗じて得た数値に八千七十八万六千六百円（別表第六の四の項又は五の項に掲げる無線局に係る広域専用電波にあつては、百四十七万九千百円）を乗じて得た額に相当する金額を国に納めなければならない。この場合において、広域専用電波を最初に使用する無線局の免許の日が十月一日以外の日である場合における当該免許の日から同日以後の最初の九月末日までの期間についてのこの項前段の規定の適用については、「毎年十一月一日までに、その年の十月一日から始まる一年の期間について」とあるのは「当該広域専用電波を最初に使用する無線局の免許の日の属する月の末日から起算して三十日以内に、当該免許の日から同日以後の最初の九月末日までの期間について」と、「得た額」とあるのは「得た額に当該期間の月数を十二で除して得た数を乗じて得た額」とする。

3　認定計画に係る指定された周波数の電波が広域専用電波である場合において、当該認定計画に係る認定開設者がその認定を受けた日から起算して六月を経過する日までに当該認定計画に係るいずれの特定基地局の免許も受けなかつたときは、当該認定開設者を当該六月を経過する日に当該広域専用電波を最初に使用する特定基地局の免許を受けた免許人とみなして、前項の規定を適用する。

4　この条及び次条において「電波利用料」とは、次に掲げる電波の適正な利用の確保に関し総務大臣が無線局全体の受益を直接の目的として行う事務の処理に要する費用（同条において「電波利用共益費用」という。）の財源に充てるために免許人等、第十項の特定免許等不要局を開設した者又は第十一項の表示者が納付すべき金銭をいう。

一　電波の監視及び規正並びに不法に開設された無線局の探査

二　総合無線局管理ファイル（全無線局について第六条第一項及び第二項、第二十七条の三、第二十七条の十八第二項及び第三項並びに第二十七条の二十九第二項及び第三項の書類及び申請書並びに免許状等に記載しなければならない事項その他の無線局の免許等に関する事項を電子情報処理組織によつて記録するファイルをいう。）の作成及び管理

三　周波数を効率的に利用する技術、周波数の共同利用を促進する技術又は高い周波数への移行を促進する技術としておおむね五年以内に開発すべき技術に関する無線設備の技術基準の策定に向けた研究開発並びに既に開発されている周波数を効率的に利用する技術、周波数の共同利用を促進する技術又は高い周波数への移行を促進する技術を用いた無線設備について無線設備の技術基準を策定するために行う国際機関及び外国の行政機関その他の外国の関係機関との連絡調整並びに試験及びその結果の分析

四　電波の人体等への影響に関する調査

五　標準電波の発射

六　特定周波数変更対策業務（第七十一条の三第九項の規定による指定周波数変更対策機関に対する交付金の交付を含む。）

七　特定周波数終了対策業務（第七十一条の三の二第十一項において準用する第七十一条の三第九項の規定による登録周波数終了対策機関に対する交付金の交付を含む。第十項及び第十一項において同じ。）

八　電波の能率的な利用に資する技術を用いて行われる無線通信を利用することが困難な地域において必要最小の空中線電力による当該無線通信の利用を可能とするために行われる次に掲げる設備（当該設備と一体として設置される総務省令で定める附属設備並びに当該設備及び当該附属設備を設置するために必要な工作物を含む。）の整備のための補助金の交付その他の必要な援助

イ　当該無線通信の業務の用に供する無線局の無線設備及び当該無線局の開設に必要な伝送路設備

ロ　当該無線通信の受信を可能とする伝送路設備

九　前号に掲げるもののほか、電波の能率的な利用に資する技術を用いて行われる無線通信を利用することが困難なトンネルその他の環境において当該無線通信の利用を可能とするために行われる設備の整備のための補助金の交付

十　電波の能率的な利用を確保し、又は電波の人体等への悪影響を防止するために行う周波数の使用又は人体等の防護に関するリテラシーの向上のための活動に対する必要な援助

十一　電波利用料に係る制度の企画又は立案その他前各号に掲げる事務に附帯する事務

5　包括免許人又は包括登録人（以下この条において「包括免許人等」という。）は、第一項の規定にかかわらず、電波利用料として、包括免許人にあつては包括免許の日の属する月の末日及びその後毎年その包括免許の日に応当する日（応当する日がない場合は、その前日）の属する月の末日現在において開設している特定無線局の数（以下この項及び次項において「開設無線局数」という。）をその翌月の十五日までに総務大臣に届け出て、当該届出が受理された日から起算して三十日以内に、包括登録人にあつては第二十七条の二十九第一項の規定による登録の日の属する月の末日及びその後毎年その登録の日に応当する日（応当する日がない場合は、その前日）の月の末日から起算して四十五日以内にそれぞれ当該包括免許若しくは同項の規定による登録（以下「包括免許等」という。）の日又はその後毎年その包括免許等の日に応当する日（応当する日がない場合は、その翌日）から始まる各一年の期間（包括免許等の日が二月二十九日である場合においてその期間がうるう年の前年の三月一日から始まるときは翌年の二月二十八日までの期間とし、当該包括免許等の日又はその包括免許等の日に応当する日（応当する日がない場合は、その翌日）から当該包括免許等の有効期間の満了の日までの期間が一年に満たない場合はその期間とする。以下この項及び次項において同じ。）について、包括免許人にあつては三百六十円（広域専用電波を使用する無線局及び当該無線局を通信の相手方とする無線局については、二百五十円）に、包括登録人にあつては三百八十円（移動しない無線局については、別表第八の上欄に掲げる無線局の区分に従い同表の下欄に掲げる金額）に、それぞれ当該一年の期間に係る開設無線局数又は開設登録局数（登録の日の属する月の末日及びその後毎年その登録の日に応当する日（応当する日がない場合は、その前日）の属する月の末日現在において開設している登録局の数をいう。次項において同じ。）を乗じて得た金額（当該包括免許等の日又はその包括免許等の日に応当する日（応当する日がない場合は、その翌日）から当該包括免許等の有効期間の満了の日までの期間が一年に満たない場合は、その額に当該期間の月数を十二で除して得た数を乗じて得た額に相当する金額）を国に納めなければならない。

6　包括免許人等は、前項の規定によるもののほか、包括免許等の日又はその後毎年その包括免許等の日に応当する日（応当する日がない場合は、その翌日）から始まる各一年の期間において、当該包括免許等の日の属する月の翌月以後の月の末日又はその後毎年その包括免許等の日に応当する日（応当する日がない場合は、その前日）の属する月の翌月以後の月の末日現在において開設している特定無線局又は登録局の数がそれぞれ当該一年の期間に係る開設無線局数（既にこの項の規定による届出があつた場合には、その届出の日以後においては、その届出に係る特定無線局の数）又は開設登録局数（既に登録局の数が開設登録局数を超えた月があつた場合は、その月の翌月以後においては、その月の末日現在において開設している登録局の数）を超えたときは、電波利用料として、包括免許人にあつては当該開設している特定無線局の数を当該超えた月の翌月の十五日までに総務大臣に届け出て、当該届出が受理された日から起算して三十日以内に、包括登録人にあつては当該超えた月の末日から起算して四十五日以内に、当該超えた月から次の包括免許等の日に応当する日（応当する日がない場合は、その前日）の属する月の前月まで又は当該包括免許等の有効期間の満了の日の翌日の属する月の前月までの期間について、包括免許人にあつては三百六十円（広域専用電波を使用する無線局及び当該無線局を通信の相手方とする無線局については、二百五十円）に、包括登録人にあつては三百八十円（移動しない無線局については、

別表第八の上欄に掲げる無線局の区分に従い同表の下欄に掲げる金額）に、それぞれその超える特定無線局の数又は登録局の数（当該包括免許人等が他の包括免許等（当該包括免許人等の包括免許等に係る無線局と同等の機能を有するものとして総務省令で定める無線局に係るものに限る。）を受けている場合であつて、当該超えた月の末日現在において当該他の包括免許等に基づき開設している特定無線局の数又は登録局の数が当該超えた月の前月の末日現在において当該他の包括免許等に基づき開設している特定無線局の数又は登録局の数を下回るときは、当該超える特定無線局の数又は登録局の数を限度としてこれらの数からそれぞれその下回る特定無線局の数又は登録局の数を控除した数）を乗じて得た金額に当該期間の月数を十二で除して得た数を乗じて得た額に相当する金額を国に納めなければならない。

7　免許人が既開設局の免許人である場合における当該既開設局に係る第一項の規定の適用については、当該既開設局に係る周波数割当計画等の変更（当該既開設局に係る無線局区分の周波数の使用の期限に係るものに限る。）の公示の日から十年を超えない範囲内で政令で定める期間を経過する日までの間は、同項中「金額）」とあるのは、「金額）に、当該免許人等に係る特定周波数変更対策業務（第七十一条の三第九項の規定による指定周波数変更対策機関に対する交付金の交付を含む。）に要すると見込まれる費用の二分の一に相当する額に当該特定周波数変更対策業務に係る既開設局の各免許人が当該既開設局と特定新規開設局とを併せて開設する期間を平均した期間の当該既開設局に係る周波数割当計画等の変更（当該既開設局に係る無線局区分の周波数の使用の期限に係るものに限る。）の公示の日から当該周波数の使用の期限までの期間に対する割合を乗じた額を勘案し、当該既開設局の周波数及び空中線電力に応じて政令で定める金額を加算した金額」とする。

8　免許人等が特定公示局の免許人等である場合における当該特定公示局に係る第一項、第五項及び第六項の規定の適用については、当該特定公示局に係る旧割当期限の満了の日（以下「満了日」という。）の翌日から起算して十年を超えない範囲内で政令で定める期間を経過する日までの間は、第一項中「金額）」とあるのは「金額）に、当該免許人等に係る特定周波数終了対策業務（第七十一条の三の二第十一項において準用する第七十一条の三第九項の規定による登録周波数終了対策機関に対する交付金の交付を含む。）に要すると見込まれる費用（第七十一条第二項又は第七十六条の三第二項の規定に基づき当該特定周波数終了対策業務に係る旧割当期限を定めた周波数の電波を使用する無線局の免許人等に対して補償する場合における当該補償に要すると見込まれる費用を含む。）の二分の一に相当する額及び第八項の政令で定める期間に開設されると見込まれる当該特定周波数終了対策業務に係る特定公示局の数を勘案し、無線局の種別、周波数及び空中線電力に応じて政令で定める金額を加算した金額」と、第五項及び第六項中「掲げる金額）」とあるのは「掲げる金額）に、それぞれ当該包括免許人等に係る特定周波数終了対策業務（第七十一条の三の二第十一項において準用する第七十一条の三第九項の規定による登録周波数終了対策機関に対する交付金の交付を含む。）に要すると見込まれる費用（第七十一条第二項又は第七十六条の三第二項の規定に基づき当該特定周波数終了対策業務に係る旧割当期限を定めた周波数の電波を使用する無線局の免許人等に対して補償する場合における当該補償に要すると見込まれる費用を含む。）の二分の一に相当する額及び第八項の政令で定める期間に開設されると見込まれる当該特定周波数終了対策業務に係る特定公示局の数を勘案し、無線局の種別、周波数及び空中線電力に応じて政令で定める金額を加算した金額」とする。

9　前項の規定にかかわらず、免許人が特定公示局の免許人であつて認定計画に従つて特定基地局を最初に開設する場合における当該最初に開設する特定基地局に係る第一項の規定の適用については、当該特定公示局に係る満了日の翌日から起算して五年を超えない範囲内で政令で定める期間を経過する日までの間は、同項中「金額）」とあるのは、「金額）に、当該免許人等に係る特定周波数終了対策業務（第七十一条の三の二第十一項において準用する第七十一条の三第九項の規定による登録周波数終了対策機関に対する交付金の交付を含む。）に要すると見込まれる費用（第七十一条第二項又は第七十六条の三第二項の規定に基づき当該特定周波数終了対策業務に係る旧割当期限を定めた周波数の電波を使用する無線局の免許人等に対して補償する場合における当該補償に要すると見込まれる費用を含む。）の二分の一に相当する額を勘案して当該特定基地局に使用させることとする周波数及びその使用区域に応じて政令で定める金額と、当該政令で定める金額未満で当該認定計画に係る認定の有効期間、特定基地局の総数その他の当該認定計画が特定基地局の円滑な開設に寄与する程度を勘案して総務省令で定めるところにより算定した金額とを合算した金額を加算した金額」とする。この場合において、当該認定計画に従つて開設される当該最初に開設する特定基地局以外の特定基地局及び当該認定計画に従つて開設される特定基地局の通信の相手方である移動する無線局については、前項の規定は適用しない。

10　特定周波数終了対策業務に係るすべての特定公示局が第四条第三号の無線局である場合における当該特定公示局（以下「特定免許等不要局」という。）に係る満了日の翌日から起算して十年を超えない範囲内で政令で定める期間を経過する日までの間（以下この条において「対象期間」という。）に当該特定周波数終了対策業務に係る特定免許等不要局（電気通信業務その他これに準ずる業務の用に供する無線局に専ら使用される無線設備であつて総務省令で定めるものを使用するものに限る。）を開設した者は、政令で定める無線局の有する機能ごとに、その者の氏名（法人にあつては、その名称及び代表者の氏名。次項において同じ。）及び住所並びに対象期間における毎年の当該特定免許等不要局に係る満了日に応当する日（応当する日がない場合は、その前日）現在において開設している当該特定免許等不要局の数（以下この項において「開設特定免許等不要局数」という。）をその日の属する月の翌月の十五日までに総務大臣に届け出て、電波利用料として、当該届出が受理された日から起算して三十日以内に、当該応当する日までの一年の期間について、当該特定免許等不要局に係る特定周波数終了対策業務に要すると見込まれる費用（第七十一条第二項又は第七十六条の三第二項の規定に基づき当該特定周波数終了対策業務に係る旧割当期限を定めた周波数の電波を使用する無線局の免許人等に対して補償する場合における当該補償に要する費用を含む。）の二分の一に相当する額及び対象期間において開設されると見込まれる当該特定周波数終了対策業務に係る特定免許等不要局の数を勘案して当該政令で定める無線局の有する機能に応じて政令で定める金額に当該一年の期間に係る開設特定免許等不要局数を乗じて得た金額を国に納めなければならない。

11　前項に規定する場合において、当該特定周波数終了対策業務に係る特定免許等不要局に使用することができる無線設備（同項の総務省令で定めるものを除く。）に対象期間に表示（第三十八条の七第一項、第三十八条の二十六（外国取扱業者に適用される場合を除く。）又は第三十八条の三十五の規定による表示をいう。第十八項において同じ。）を付した者（以下この条において「表示者」という。）は、政令で定める無線局の有する機能ごとに、その者の氏名及び住所並びに対象期間において毎年の満了日に応当する日（応当する日がない場合は、その前日）前一年間に表示を付した当該無線設備の数その他総務省令で定める事項をその日の属する月の翌月の十五日までに総務大臣に届け出て、電波利用料として、当該届出が受理された日から起算して三十日以内に、当該無線設備を使用する特定免許等不要局に係る特定周波数終了対策業務に要すると見込まれる費用の二分の一に相当する額、対象期間において開設されると見込まれる当該特定周波数終了対策業務に係る特定免許等不要局の数及び当該無線設備が使用されると見込まれる平均的な期間を勘案して当該政令で定める無線局の有する機能に応じて政令で定める金額に、当該一年間に表示を付した無線設備の数（当該無線設備のうち、専ら本邦外において使用されると見込まれるもの及び輸送中又は保管中におけるその機能の障害その他これに類する理由により対象期間において使用されないと見込まれるものがある場合には、総務省令で定めるところにより、これらのものの数を控除した数。第十八項後段において同じ。）を乗じて得た金額を国に納めなければならない。

12　第一項、第二項及び第五項から第十項までの規定は、第二十七条第一項の規定により免許を受けた無線局の免許人又は次の各号に掲げる者が専ら当該各号に定める事務の用に供することを目的として開設する無線局その他これらに類するものとして政令で定める無線局の免許人等（当該無線局が特定免許等不要局であるときは、当該特定免許等不要局を開設した者）には、適用しない。

一　警察庁　警察法（昭和二十九年法律第百六十二号）第二条第一項に規定する責務を遂行するために行う事務

二　消防庁又は地方公共団体　消防組織法（昭和二十二年法律第二百二十六号）第一条に規定する任務を遂行するために行う事務

三　法務省　出入国管理及び難民認定法（昭和二十六年政令第三百十九号）第六十一条の三の二第二項に規定する事務

四　法務省　刑事収容施設及び被収容者等の処遇に関する法律（平成十七年法律第五十号）第三条に規定する刑事施設、少年院法（昭和二十三年法律第百六十九号）第一条に規定する少年院、同法第十六条に規定する少年鑑別所及び婦人補導院法（昭和三十三年法律第十七号）第一条第一項に規定する婦人補導院の管理運営に関する事務

五　公安調査庁　公安調査庁設置法（昭和二十七年法律第二百四十一号）第四条に規定する事務

六　厚生労働省　麻薬及び向精神薬取締法（昭和二十八年法律第十四号）第五十四条第五項に規定する職務を遂行するために行う事務

七　国土交通省　航空法第九十六条第一項の規定による指示に関する事務

八　気象庁　気象業務法（昭和二十七年法律第百六十五号）第二十三条に規定する警報に関する事務

九　海上保安庁　海上保安庁法（昭和二十三年法律第二十八号）第二条第一項に規定する任務を遂行するために行う事務

十　防衛省　自衛隊法（昭和二十九年法律第百六十五号）第三条に規定する任務を遂行するために行う事務

十一　国の機関、地方公共団体又は水防管理団体　水防法（昭和二十四年法律第百九十三号）第二条第一項に規定する水防事務（第二号に定めるものを除く。）

十二　国の機関　災害対策基本法（昭和三十六年法律第二百二十三号）第三条第一項に規定する責務を遂行するために行う事務（前各号に定めるものを除く。）

13　次の各号に掲げる免許人等又は特定免許等不要局を開設した者が納めなければならない電波利用料の金額は、当該各号に定める規定にかかわらず、これらの規定による金額の二分の一に相当する金額とする。

一　地方公共団体が開設する無線局であつて、災害対策基本法（昭和三十六年法律第二百二十三号）第二条第十号に掲げる地域防災計画の定めるところに従い防災上必要な通信を行うことを目的とするもの（前項第二号及び第三号に掲げる無線局を除く。）の免許人等又は特定免許等不要局を開設した者　第一項及び第五項から第十項まで

二　周波数割当計画において無線局の使用する電波の周波数の全部又は一部について使用の期限が定められている場合（第七十一条の二第一項の規定の適用がある場合を除く。）において当該無線局をその免許等の日又は応当日から起算して二年以内に廃止することについて総務大臣の確認を受けた無線局の免

許人等　第一項

14　第一項、第二項及び第五項の月数は、暦に従つて計算し、一月に満たない端数を生じたときは、これを一月とする。

15　免許人等（包括免許人等を除く。）は、第一項の規定により電波利用料を納めるときには、その翌年の応当日以後の期間に係る電波利用料を前納することができる。

16　前項の規定により前納した電波利用料は、前納した者の請求により、その請求をした日後に最初に到来する応当日以後の期間に係るものに限り、還付する。

17　表示者は、第十一項の規定にかかわらず、総務大臣の承認を受けて、同項の規定により当該表示者が対象期間のうち総務省令で定める期間（以下この条において「予納期間」という。）を通じて納付すべき電波利用料の総額の見込額を予納することができる。この場合において、当該表示者は、予納期間において同項の規定による届出をすることを要しない。

18　前項の規定により予納した表示者は、予納期間において表示を付した第十一項の無線設備の数を予納期間が終了した日（当該表示者が表示に係る業務を休止し、又は廃止したときその他総務省令で定める事由が生じた場合には、当該事由が生じた日）の属する月の翌月の十五日までに総務大臣に届け出なければならない。この場合において、当該表示者は、予納した電波利用料の金額が同項の政令で定める金額に予納期間において表示を付した無線設備の数を乗じて得た金額（次項において「要納付額」という。）に足りないときは、その不足金額を当該届出が受理された日から起算して三十日以内に国に納めなければならない。

19　第十七項の規定により表示者が予納した電波利用料の金額が要納付額を超える場合には、その超える金額について、当該表示者の請求により還付する。

20　総務大臣は、免許人等、特定免許等不要局を開設した者又は表示者から、預金又は貯金の払出しとその払い出した金銭による電波利用料の納付をその預金口座又は貯金口座のある金融機関に委託して行うことを希望する旨の申出があつた場合には、その納付が確実と認められ、かつ、その申出を承認することが電波利用料の徴収上有利と認められるときに限り、その申出を承認することができる。

21　前項の承認に係る電波利用料が同項の金融機関による当該電波利用料の納付の期限として総務省令で定める日までに納付された場合には、その納付の日が納期限後である場合においても、その納付は、納期限までにされたものとみなす。

22　総務大臣は、電波利用料を納めない者があるときは、督促状によつて、期限を指定して督促しなければならない。

23　総務大臣は、前項の規定による督促を受けた者がその指定の期限までにその督促に係る電波利用料及び次項の規定による延滞金を納めないときは、国税滞納処分の例により、これを処分する。この場合における電波利用料及び延滞金の先取特権の順位は、国税及び地方税に次ぐものとする。

24　総務大臣は、第二十二項の規定により督促をしたときは、その督促に係る電波利用料の額につき年十四・五パーセントの割合で、納期限の翌日からその納付又は財産差押えの日の前日までの日数により計算した延滞金を徴収する。ただし、やむを得ない事情があると認められるときその他総務省令で定めるときは、この限りでない。

25　第十五項から前項までに規定するもののほか、電波利用料の納付の手続その他電波利用料の納付について必要な事項は、総務省令で定める。

[注釈]第百三条の二の規定に係る八十五次改正の施行期日は、公布の日（平成二十年五月三十日）と同年十月一日とに分かれている。後者の施行期日に係る改正は、同条第二項、第五項、第六項及び第十二項に係る改正であり、これを八十五次改正の「その二」として掲げた。なお、前掲の改正規定の傍線部分は、同条第四項に係る改正であるから、前記「その一」に含めている。

【 八十七次改正 】

電波法の一部を改正する法律（平成二十年五月三十日法律第五十号）

第百三条の二第十三項中「免許人等又は特定免許等不要局を開設した者が」を「無線局（前項の政令で定めるものを除く。）の免許人等（当該無線局が特定免許等不要局であるときは、当該特定免許等不要局を開設した者）が」に改め、同項第二号中「の免許人等」を削り、同号を同項第三号とし、同項第一号中「（昭和三十六年法律第二百二十三号）」を削り、「前項第二号及び第三号に掲げる無線局」を「専ら前項第二号及び第十一号に定める事務の用に供することを目的として開設するもの並びに前号に掲げるもの」に改め、「の免許人等又は特定免許等不要局を開設した者」を削り、同号を同項第二号とし、同号の前に次の一号を加える。

（追加された第十三項第一号の規定は、後掲の条文の通り。）

第百三条の二第二十項中「免許人等、特定免許等不要局を開設した者又は表示者」を「電波利用料を納付しようとする者」に改め、同条第二十五項を同条第四十二項とし、同条第二十四項中「第二十二項」を「第三十九項」に改め、同項を同条第四十一項とし、同条第二十三項を同条第四十項とし、同条第二十二項を同条第三十九項とし、同条第二十一項の次に次の十七項を加える。

（追加された第二十二項から第三十八項までの規定は、後掲の条文の通り。）

（電波利用料の徴収等）

第百三条の二　免許人等は、電波利用料として、無線局の免許等の日から起算して三十日以内及びその後毎年その免許等の日に応当する日（応当する日がない場合は、その翌日。以下この条において「応当日」という。）から起算して三十日以内に、当該無線局の免許等の日又は応当日（以下この項において「起算日」という。）から始まる各一年の期間（無線局の免許等の日が二月二十九日である場合においてその期間がうるう年の前年の三月一日から始まるときは翌年の二月二十八日までの期間とし、起算日から当該免許等の有効期間の満了の日までの期間が一年に満たない場合はその期間とする。）について、別表第六の上欄に掲げる無線局の区分に従い同表の下欄に掲げる金額（起算日から当該免許等の有効期間の満了の日までの期間が一年に満たない場合は、その額に当該期間の月数を十二で除して得た数を乗じて得た額に相当する金額）を国に納めなければならない。

2　前項の規定によるもののほか、広範囲の地域において同一の者により相当数開設される無線局に専ら使用させることを目的として別表第七の上欄に掲げる区域を単位として総務大臣が指定する周波数（三千メガヘルツ以下のものに限る。）の電波（以下この条において「広域専用電波」という。）を使用する免許人は、電波利用料として、毎年十一月一日までに、その年の十月一日から始まる一年の期間について、当該免許人に係る広域専用電波の周波数の幅のメガヘルツで表した数値に当該区域に応じ同表の下欄に掲げる係数を乗じて得た数値に八千七十八万六千六百円（別表第六の四の項又は五の項に掲げる無線局に係る広域専用電波にあつては、百四十七万九千百円）を乗じて得た額に相当する金額を国に納めなければならない。この場合において、広域専用電波を最初に使用する無線局の免許の日が十月一日以外の日である場合における当該免許の日から同日以後の最初の九月末日までの期間についてのこの項前段の規定の適用については、「毎年十一月一日までに、その年の十月一日から始まる一年の期間について」とあるのは「当該広域専用電波を最初に使用する無線局の免許の日の属する月の末日から起算して三十日以内に、当該免許の日から同日以後の最初の九月末日までの期間について」と、「得た額」とあるのは「得た額に当該期間の月数を十二で除して得た数を乗じて得た額」とする。

3　認定計画に係る指定された周波数の電波が広域専用電波である場合において、

当該認定計画に係る認定開設者がその認定を受けた日から起算して六月を経過する日までに当該認定計画に係るいずれの特定基地局の免許も受けなかつたときは、当該認定開設者を当該六月を経過する日に当該広域専用電波を最初に使用する特定基地局の免許を受けた免許人とみなして、前項の規定を適用する。

4　この条及び次条において「電波利用料」とは、次に掲げる電波の適正な利用の確保に関し総務大臣が無線局全体の受益を直接の目的として行う事務の処理に要する費用（同条において「電波利用共益費用」という。）の財源に充てるために免許人等、第十項の特定免許等不要局を開設した者又は第十一項の表示者が納付すべき金銭をいう。

一　電波の監視及び規正並びに不法に開設された無線局の探査

二　総合無線局管理ファイル（全無線局について第六条第一項及び第二項、第二十七条の三、第二十七条の十八第二項及び第三項並びに第二十七条の二十九第二項及び第三項の書類及び申請書並びに免許状等に記載しなければならない事項その他の無線局の免許等に関する事項を電子情報処理組織によつて記録するファイルをいう。）の作成及び管理

三　周波数を効率的に利用する技術、周波数の共同利用を促進する技術又は高い周波数への移行を促進する技術としておおむね五年以内に開発すべき技術に関する無線設備の技術基準の策定に向けた研究開発並びに既に開発されている周波数を効率的に利用する技術、周波数の共同利用を促進する技術又は高い周波数への移行を促進する技術を用いた無線設備について無線設備の技術基準を策定するために行う国際機関及び外国の行政機関その他の外国の関係機関との連絡調整並びに試験及びその結果の分析

四　電波の人体等への影響に関する調査

五　標準電波の発射

六　特定周波数変更対策業務（第七十一条の三第九項の規定による指定周波数変更対策機関に対する交付金の交付を含む。）

七　特定周波数終了対策業務（第七十一条の三の二第十一項において準用する第七十一条の三第九項の規定による登録周波数終了対策機関に対する交付金の交付を含む。第十項及び第十一項において同じ。）

八　電波の能率的な利用に資する技術を用いて行われる無線通信を利用することが困難な地域において必要最小の空中線電力による当該無線通信の利用を可能とするために行われる次に掲げる設備（当該設備と一体として設置される総務省令で定める附属設備並びに当該設備及び当該附属設備を設置するために必要な工作物を含む。）の整備のための補助金の交付その他の必要な援助

イ　当該無線通信の業務の用に供する無線局の無線設備及び当該無線局の開設に必要な伝送路設備

ロ　当該無線通信の受信を可能とする伝送路設備

九　前号に掲げるもののほか、電波の能率的な利用に資する技術を用いて行われる無線通信を利用することが困難なトンネルその他の環境において当該無線通信の利用を可能とするために行われる設備の整備のための補助金の交付

十　電波の能率的な利用を確保し、又は電波の人体等への悪影響を防止するために行う周波数の使用又は人体等の防護に関するリテラシーの向上のための活動に対する必要な援助

十一　電波利用料に係る制度の企画又は立案その他前各号に掲げる事務に附帯する事務

5　包括免許人又は包括登録人（以下この条において「包括免許人等」という。）は、第一項の規定にかかわらず、電波利用料として、包括免許人にあつては包括免許の日の属する月の末日及びその後毎年その包括免許の日に応当する日（応当する日がない場合は、その前日）の属する月の末日現在において開設している特定無線局の数（以下この項及び次項において「開設無線局数」という。）をその

翌月の十五日までに総務大臣に届け出て、当該届出が受理された日から起算して三十日以内に、包括登録人にあつては第二十七条の二十九第一項の規定による登録の日の属する月の末日及びその後毎年その登録の日に応当する日（応当する日がない場合は、その前日）の月の末日から起算して四十五日以内にそれぞれ当該包括免許若しくは同項の規定による登録（以下「包括免許等」という。）の日又はその後毎年その包括免許等の日に応当する日（応当する日がない場合は、その翌日）から始まる各一年の期間（包括免許等の日が二月二十九日である場合においてその期間がうるう年の前年の三月一日から始まるときは翌年の二月二十八日までの期間とし、当該包括免許等の日又はその包括免許等の日に応当する日（応当する日がない場合は、その翌日）から当該包括免許等の有効期間の満了の日までの期間が一年に満たない場合はその期間とする。以下この項及び次項において同じ。）について、包括免許人にあつては三百六十円（広域専用電波を使用する無線局及び当該無線局を通信の相手方とする無線局については、二百五十円）に、包括登録人にあつては三百八十円（移動しない無線局については、別表第八の上欄に掲げる無線局の区分に従い同表の下欄に掲げる金額）に、それぞれ当該一年の期間に係る開設無線局数又は開設登録局数（登録の日の属する月の末日及びその後毎年その登録の日に応当する日（応当する日がない場合は、その前日）の属する月の末日現在において開設している登録局の数をいう。次項において同じ。）を乗じて得た金額（当該包括免許等の日又はその包括免許等の日に応当する日（応当する日がない場合は、その翌日）から当該包括免許等の有効期間の満了の日までの期間が一年に満たない場合は、その額に当該期間の月数を十二で除して得た数を乗じて得た額に相当する金額）を国に納めなければならない。

6　包括免許人等は、前項の規定によるもののほか、包括免許等の日又はその後毎年その包括免許等の日に応当する日（応当する日がない場合は、その翌日）から始まる各一年の期間において、当該包括免許等の日の属する月の翌月以後の月の末日又はその後毎年その包括免許等の日に応当する日（応当する日がない場合は、その前日）の属する月の翌月以後の月の末日現在において開設している特定無線局又は登録局の数がそれぞれ当該一年の期間に係る開設無線局数（既にこの項の規定による届出があつた場合には、その届出の日以後においては、その届出に係る特定無線局の数）又は開設登録局数（既に登録局の数が開設登録局数を超えた月があつた場合は、その月の翌月以後においては、その月の末日現在において開設している登録局の数）を超えたときは、電波利用料として、包括免許人にあつては当該開設している特定無線局の数を当該超えた月の翌月の十五日までに総務大臣に届け出て、当該届出が受理された日から起算して三十日以内に、包括登録人にあつては当該超えた月の末日から起算して四十五日以内に、当該超えた月から次の包括免許等の日に応当する日（応当する日がない場合は、その前日）の属する月の前月まで又は当該包括免許等の有効期間の満了の日の翌日の属する月の前月までの期間について、包括免許人にあつては三百六十円（広域専用電波を使用する無線局及び当該無線局を通信の相手方とする無線局については、二百五十円）に、包括登録人にあつては三百八十円（移動しない無線局については、別表第八の上欄に掲げる無線局の区分に従い同表の下欄に掲げる金額）に、それぞれその超える特定無線局の数又は登録局の数（当該包括免許人等が他の包括免許等（当該包括免許人等の包括免許等に係る無線局と同等の機能を有するものとして総務省令で定める無線局に係るものに限る。）を受けている場合であつて、当該超えた月の末日現在において当該他の包括免許等に基づき開設している特定無線局の数又は登録局の数が当該超えた月の前月の末日現在において当該他の包括免許等に基づき開設している特定無線局の数又は登録局の数を下回るときは、当該超える特定無線局の数又は登録局の数を限度としてこれらの数からそれぞれその下回る特定無線局の数又は登録局の数を控除した数）を乗じて得た金額に当該期間の月数を十二で除して得た数を乗じて得た額に相当する金額を国に納めなければならない。

7　免許人が既開設局の免許人である場合における当該既開設局に係る第一項の規定の適用については、当該既開設局に係る周波数割当計画等の変更（当該既開設局に係る無線局区分の周波数の使用の期限に係るものに限る。）の公示の日から十年を超えない範囲内で政令で定める期間を経過する日までの間は、同項中「金額）」とあるのは、「金額）に、当該免許人等に係る特定周波数変更対策業務（第七十一条の三第九項の規定による指定周波数変更対策機関に対する交付金の交付を含む。）に要すると見込まれる費用の二分の一に相当する額に当該特定周波数変更対策業務に係る既開設局の各免許人が当該既開設局と特定新規開設局とを併せて開設する期間を平均した期間の当該既開設局に係る周波数割当計画等の変更（当該既開設局に係る無線局区分の周波数の使用の期限に係るものに限る。）の公示の日から当該周波数の使用の期限までの期間に対する割合を乗じた額を勘案し、当該既開設局の周波数及び空中線電力に応じて政令で定める金額を加算した金額」とする。

8　免許人等が特定公示局の免許人等である場合における当該特定公示局に係る第一項、第五項及び第六項の規定の適用については、当該特定公示局に係る旧割当期限の満了の日（以下「満了日」という。）の翌日から起算して十年を超えない範囲内で政令で定める期間を経過する日までの間は、第一項中「金額）」とあるのは「金額）に、当該免許人等に係る特定周波数終了対策業務（第七十一条の三の二第十一項において準用する第七十一条の三第九項の規定による登録周波数終了対策機関に対する交付金の交付を含む。）に要すると見込まれる費用（第七十一条第二項又は第七十六条の三第二項の規定に基づき当該特定周波数終了対策業務に係る旧割当期限を定めた周波数の電波を使用する無線局の免許人等に対して補償する場合における当該補償に要すると見込まれる費用を含む。）の二分の一に相当する額及び第八項の政令で定める期間に開設されると見込まれる当該特定周波数終了対策業務に係る特定公示局の数を勘案し、無線局の種別、周波数及び空中線電力に応じて政令で定める金額を加算した金額」と、第五項及び第六項中「掲げる金額）」とあるのは「掲げる金額）に、それぞれ当該包括免許人等に係る特定周波数終了対策業務（第七十一条の三の二第十一項において準用する第七十一条の三第九項の規定による登録周波数終了対策機関に対する交付金の交付を含む。）に要すると見込まれる費用（第七十一条第二項又は第七十六条の三第二項の規定に基づき当該特定周波数終了対策業務に係る旧割当期限を定めた周波数の電波を使用する無線局の免許人等に対して補償する場合における当該補償に要すると見込まれる費用を含む。）の二分の一に相当する額及び第八項の政令で定める期間に開設されると見込まれる当該特定周波数終了対策業務に係る特定公示局の数を勘案し、無線局の種別、周波数及び空中線電力に応じて政令で定める金額を加算した金額」とする。

9　前項の規定にかかわらず、免許人が特定公示局の免許人であつて認定計画に従つて特定基地局を最初に開設する場合における当該最初に開設する特定基地局に係る第一項の規定の適用については、当該特定公示局に係る満了日の翌日から起算して五年を超えない範囲内で政令で定める期間を経過する日までの間は、同項中「金額）」とあるのは、「金額）に、当該免許人等に係る特定周波数終了対策業務（第七十一条の三の二第十一項において準用する第七十一条の三第九項の規定による登録周波数終了対策機関に対する交付金の交付を含む。）に要すると見込まれる費用（第七十一条第二項又は第七十六条の三第二項の規定に基づき当該特定周波数終了対策業務に係る旧割当期限を定めた周波数の電波を使用する無線局の免許人等に対して補償する場合における当該補償に要すると見込まれる費用を含む。）の二分の一に相当する額を勘案して当該特定基地局に使用させることとする周波数及びその使用区域に応じて政令で定める金額と、当該政令で定める金額未満で当該認定計画に係る認定の有効期間、特定基地局の総数その他の当該認定計画が特定基地局の円滑な開設に寄与する程度を勘案して総務省令で定めるところにより算定した金額とを合算した金額を加算した金額」とする。この場合において、当該認定計画に従つて開設される当該最初に開設する特定基地局以外の特定基地局及び当該認定計画に従つて開設される特定基地局の通信の相手方である移動する無線局については、前項の規定は適用しない。

10　特定周波数終了対策業務に係るすべての特定公示局が第四条第三号の無線局である場合における当該特定公示局（以下「特定免許等不要局」という。）に係る満了日の翌日から起算して十年を超えない範囲内で政令で定める期間を経過する日までの間（以下この条において「対象期間」という。）に当該特定周波数終了対策業務に係る特定免許等不要局（電気通信業務その他これに準ずる業務の用に供する無線局に専ら使用される無線設備であつて総務省令で定めるものを使用するものに限る。）を開設した者は、政令で定める無線局の有する機能ごとに、その者の氏名（法人にあつては、その名称及び代表者の氏名。次項において同じ。）及び住所並びに対象期間における毎年の当該特定免許等不要局に係る満了日に応当する日（応当する日がない場合は、その前日）現在において開設している当該特定免許等不要局の数（以下この項において「開設特定免許等不要局数」という。）をその日の属する月の翌月の十五日までに総務大臣に届け出て、電波利用料として、当該届出が受理された日から起算して三十日以内に、当該応当する日までの一年の期間について、当該特定免許等不要局に係る特定周波数終了対策業務に要すると見込まれる費用（第七十一条第二項又は第七十六条の三第二項の規定に基づき当該特定周波数終了対策業務に係る旧割当期限を定めた周波数の電波を使用する無線局の免許人等に対して補償する場合における当該補償に要する費用を含む。次項において同じ。）の二分の一に相当する額及び対象期間において開設されると見込まれる当該特定周波数終了対策業務に係る特定免許等不要局の数を勘案して当該政令で定める無線局の有する機能に応じて政令で定める金額に当該一年の期間に係る開設特定免許等不要局数を乗じて得た金額を国に納めなければならない。

11　前項に規定する場合において、当該特定周波数終了対策業務に係る特定免許等不要局に使用することができる無線設備（同項の総務省令で定めるものを除く。）に対象期間に表示（第三十八条の七第一項、第三十八条の二十六（外国取扱業者に適用される場合を除く。）又は第三十八条の三十五の規定による表示をいう。第十八項において同じ。）を付した者（以下この条において「表示者」という。）は、政令で定める無線局の有する機能ごとに、その者の氏名及び住所並びに対象期間において毎年の満了日に応当する日（応当する日がない場合は、その前日）前一年間に表示を付した当該無線設備の数その他総務省令で定める事項をその日の属する月の翌月の十五日までに総務大臣に届け出て、電波利用料として、当該届出が受理された日から起算して三十日以内に、当該無線設備を使用する特定免許等不要局に係る特定周波数終了対策業務に要すると見込まれる費用の二分の一に相当する額、対象期間において開設されると見込まれる当該特定周波数終了対策業務に係る特定免許等不要局の数及び当該無線設備が使用されると見込まれる平均的な期間を勘案して当該政令で定める無線局の有する機能に応じて政令で定める金額に、当該一年間に表示を付した無線設備の数（当該無線設備のうち、専ら本邦外において使用されると見込まれるもの及び輸送中又は保管中におけるその機能の障害その他これに類する理由により対象期間において使用されないと見込まれるものがある場合には、総務省令で定めるところにより、これらのものの数を控除した数。第十八項後段において同じ。）を乗じて得た金額を国に納めなければならない。

12　第一項、第二項及び第五項から第十項までの規定は、第二十七条第一項の規定により免許を受けた無線局の免許人又は次の各号に掲げる者が専ら当該各号に定める事務の用に供することを目的として開設する無線局その他これらに類するものとして政令で定める無線局の免許人等（当該無線局が特定免許等不要局であるときは、当該特定免許等不要局を開設した者）には、適用しない。

一　警察庁　警察法（昭和二十九年法律第百六十二号）第二条第一項に規定する責務を遂行するために行う事務

二　消防庁又は地方公共団体　消防組織法（昭和二十二年法律第二百二十六号）第一条に規定する任務を遂行するために行う事務

三　法務省　出入国管理及び難民認定法（昭和二十六年政令第三百十九号）第六十一条の三の二第二項に規定する事務

四　法務省　刑事収容施設及び被収容者等の処遇に関する法律（平成十七年法律第五十号）第三条に規定する刑事施設、少年院法（昭和二十三年法律第百六十九号）第一条に規定する少年院、同法第十六条に規定する少年鑑別所及び婦人補導院法（昭和三十三年法律第十七号）第一条第一項に規定する婦人補導院の管理運営に関する事務

五　公安調査庁　公安調査庁設置法（昭和二十七年法律第二百四十一号）第四条に規定する事務

六　厚生労働省　麻薬及び向精神薬取締法（昭和二十八年法律第十四号）第五十四条第五項に規定する職務を遂行するために行う事務

七　国土交通省　航空法第九十六条第一項の規定による指示に関する事務

八　気象庁　気象業務法（昭和二十七年法律第百六十五号）第二十三条に規定する警報に関する事務

九　海上保安庁　海上保安庁法（昭和二十三年法律第二十八号）第二条第一項に規定する任務を遂行するために行う事務

十　防衛省　自衛隊法（昭和二十九年法律第百六十五号）第三条に規定する任務を遂行するために行う事務

十一　国の機関、地方公共団体又は水防法（昭和二十四年法律第百九十三号）第二条第一項に規定する水防管理団体　水防事務（第二号に定めるものを除く。）

十二　国の機関　災害対策基本法（昭和三十六年法律第二百二十三号）第三条第一項に規定する責務を遂行するために行う事務（前各号に定めるものを除く。）

13　次の各号に掲げる無線局（前項の政令で定めるものを除く。）の免許人等（当該無線局が特定免許等不要局であるときは、当該特定免許等不要局を開設した者）が納めなければならない電波利用料の金額は、当該各号に定める規定にかかわらず、これらの規定による金額の二分の一に相当する金額とする。

一　前項各号に掲げる者が当該各号に定める事務の用に供することを目的として開設する無線局（専ら当該各号に定める事務の用に供することを目的として開設するものを除く。）　第一項、第二項及び第五項から第十項まで

二　地方公共団体が開設する無線局であつて、災害対策基本法第二条第十号に掲げる地域防災計画の定めるところに従い防災上必要な通信を行うことを目的とするもの（専ら前項第二号及び第十一号に定める事務の用に供することを目的として開設するもの並びに前号に掲げるものを除く。）　第一項及び第五項から第十項まで

三　周波数割当計画において無線局の使用する電波の周波数の全部又は一部について使用の期限が定められている場合（第七十一条の二第一項の規定の適用がある場合を除く。）において当該無線局をその免許等の日又は応当日から起算して二年以内に廃止することについて総務大臣の確認を受けた無線局　第一項

14　第一項、第二項及び第五項の月数は、暦に従つて計算し、一月に満たない端数を生じたときは、これを一月とする。

15　免許人等（包括免許人等を除く。）は、第一項の規定により電波利用料を納めるときには、その翌年の応当日以後の期間に係る電波利用料を前納することができる。

16　前項の規定により前納した電波利用料は、前納した者の請求により、その請求をした日後に最初に到来する応当日以後の期間に係るものに限り、還付する。

17　表示者は、第十一項の規定にかかわらず、総務大臣の承認を受けて、同項の規定により当該表示者が対象期間のうち総務省令で定める期間（以下この条において「予納期間」という。）を通じて納付すべき電波利用料の総額の見込額を予納することができる。この場合において、当該表示者は、予納期間において同項の規定による届出をすることを要しない。

18　前項の規定により予納した表示者は、予納期間において表示を付した第十一項の無線設備の数を予納期間が終了した日（当該表示者が表示に係る業務を休止し、又は廃止したときその他総務省令で定める事由が生じた場合には、当該事由が生じた日）の属する月の翌月の十五日までに総務大臣に届け出なければならない。この場合において、当該表示者は、予納した電波利用料の金額が同項の政令で定める金額に予納期間において表示を付した無線設備の数を乗じて得た金額（次項において「要納付額」という。）に足りないときは、その不足金額を当該届出が受理された日から起算して三十日以内に国に納めなければならない。

19　第十七項の規定により表示者が予納した電波利用料の金額が要納付額を超える場合には、その超える金額について、当該表示者の請求により還付する。

20　総務大臣は、電波利用料を納付しようとする者から、預金又は貯金の払出しとその払い出した金銭による電波利用料の納付をその預金口座又は貯金口座のある金融機関に委託して行うことを希望する旨の申出があつた場合には、その納付が確実と認められ、かつ、その申出を承認することが電波利用料の徴収上有利と認められるときに限り、その申出を承認することができる。

21　前項の承認に係る電波利用料が同項の金融機関による当該電波利用料の納付の期限として総務省令で定める日までに納付された場合には、その納付の日が納期限後である場合においても、その納付は、納期限までにされたものとみなす。

22　電波利用料を納付しようとする者は、その電波利用料の額が総務省令で定める金額以下である場合は、納付受託者（第二十四項に規定する納付受託者をいう。次項において同じ。）に納付を委託することができる。

23　電波利用料を納付しようとする者が、納付受託者に納付しようとする電波利用料の額に相当する金銭を交付したときは、当該交付した日に当該電波利用料の納付があつたものとみなして、延滞金に関する規定を適用する。

24　電波利用料の納付に関する事務（以下この項及び第三十二項において「納付事務」という。）を適正かつ確実に実施することができると認められる者であり、かつ、政令で定める要件に該当する者として総務大臣が指定するもの（次項から第三十四項までにおいて「納付受託者」という。）は、電波利用料を納付しようとする者の委託を受けて、納付事務を行うことができる。

25　総務大臣は、前項の規定による指定をしたときは、納付受託者の名称、住所又は事務所の所在地その他総務省令で定める事項を公示しなければならない。

26　納付受託者は、その名称、住所又は事務所の所在地を変更しようとするときは、あらかじめ、その旨を総務大臣に届け出なければならない。

27　総務大臣は、前項の規定による届出があつたときは、当該届出に係る事項を公示しなければならない。

28　納付受託者は、第二十二項の規定により電波利用料を納付しようとする者の委託に基づき当該電波利用料の額に相当する金銭の交付を受けたときは、総務省令で定める日までに当該委託を受けた電波利用料を納付しなければならない。

29　納付受託者は、第二十二項の規定により電波利用料を納付しようとする者の委託に基づき当該電波利用料の額に相当する金銭の交付を受けたときは、遅滞なく、総務省令で定めるところにより、その旨及び交付を受けた年月日を総務大臣に報告しなければならない。

30　納付受託者が第二十八項の電波利用料を同項に規定する総務省令で定める日

までに完納しないときは、総務大臣は、国税の保証人に関する徴収の例によりその電波利用料を納付受託者から徴収する。

31　総務大臣は、第二十八項の規定により納付受託者が納付すべき電波利用料については、当該納付受託者に対して国税滞納処分の例による処分をしてもなお徴収すべき残余がある場合でなければ、その残余の額について当該電波利用料に係る第二十二項の規定による委託をした者から徴収することができない。

32　納付受託者は、総務省令で定めるところにより、帳簿を備え付け、これに納付事務に関する事項を記載し、及びこれを保存しなければならない。

33　総務大臣は、第二十四項から前項までの規定を施行するため必要があると認めるときは、その必要な限度で、総務省令で定めるところにより、納付受託者に対し、報告をさせることができる。

34　総務大臣は、第二十四項から前項までの規定を施行するため必要があると認めるときは、その必要な限度で、その職員に、納付受託者の事務所に立ち入り、納付受託者の帳簿書類（その作成又は保存に代えて電磁的記録の作成又は保存がされている場合における当該電磁的記録を含む。）その他必要な物件を検査させ、又は関係者に質問させることができる。

35　前項の規定により立入検査を行う職員は、その身分を示す証明書を携帯し、かつ、関係者の請求があるときは、これを提示しなければならない。

36　第三十四項に規定する権限は、犯罪捜査のために認められたものと解してはならない。

37　総務大臣は、第二十四項の規定による指定を受けた者が次の各号のいずれかに該当するときは、その指定を取り消すことができる。

一　第二十四項に規定する指定の要件に該当しなくなつたとき。

二　第二十九項又は第三十三項の規定による報告をせず、又は虚偽の報告をしたとき。

三　第三十二項の規定に違反して、帳簿を備え付けず、帳簿に記載せず、若しくは帳簿に虚偽の記載をし、又は帳簿を保存しなかつたとき。

四　第三十四項の規定による立入り若しくは検査を拒み、妨げ、若しくは忌避し、又は同項の規定による質問に対して陳述をせず、若しくは虚偽の陳述をしたとき。

38　総務大臣は、前項の規定により指定を取り消したときは、その旨を公示しなければならない。

39　総務大臣は、電波利用料を納めない者があるときは、督促状によつて、期限を指定して督促しなければならない。

40　総務大臣は、前項の規定による督促を受けた者がその指定の期限までにその督促に係る電波利用料及び次項の規定による延滞金を納めないときは、国税滞納処分の例により、これを処分する。この場合における電波利用料及び延滞金の先取特権の順位は、国税及び地方税に次ぐものとする。

41　総務大臣は、第三十九項の規定により督促をしたときは、その督促に係る電波利用料の額につき年十四・五パーセントの割合で、納期限の翌日からその納付又は財産差押えの日の前日までの日数により計算した延滞金を徴収する。ただし、やむを得ない事情があると認められるときその他総務省令で定めるときは、この限りでない。

42　第十五項から前項までに規定するもののほか、電波利用料の納付の手続その他電波利用料の納付について必要な事項は、総務省令で定める。

【　八十九次改正　】

放送法等の一部を改正する法律（平成二十二年十二月三日法律第六十五号）第三条

第百三条の二第五項中「包括免許人に」を「第一号包括免許人に」に改め、「三十日以内に」の下に「、第二号包括免許人にあつては包括免許の日の属する月の末日及びその後毎年その包括免許の日に応当する日（応当する日がない場合は、その前日）の属する月の末日から起算して四十五日以内に」を加え、「月の末日から」を「属する月の末日から」に改め、「二百五十円）に」の下に「、第二号包括免許人にあつては別表第六の上欄に掲げる無線局の区分に従い同表の下欄に掲げる金額に」を加え、同条第六項中「開設無線局数（」の下に「特定無線局（第二十七条の二第一号に掲げる無線局に係るものに限る。）にあつては」を、「係る特定無線局の数」の下に「、特定無線局（同条第二号に掲げる無線局に係るものに限る。）にあつては既に特定無線局の数が開設無線局数を超えた月があつた場合には、その月の翌月以後においては、その月の末日現在において開設している特定無線局の数」を加え、「包括免許人に」を「第一号包括免許人に」に改め、「三十日以内に、」の下に「第二号包括免許人又は」を、「二百五十円）に」の下に「、第二号包括免許人にあつては別表第六の上欄に掲げる無線局の区分に従い同表の下欄に掲げる金額に」を加え、同条第九項中「特定基地局に係る第一項」を「特定基地局（当該特定基地局が包括免許に係るものである場合にあつては、当該包括免許に係る他の特定基地局を含む。以下この項において同じ。）に係る第一項又は第五項」に、「同項中「金額）」とあるのは、「金額）に、当該免許人等に係る」を「第一項中「金額）」とあるのは「金額）に、当該免許人等に係る」と、同項及び第五項中「を国に」とあるのは「」に、「金額」を「金額を国に」と、同項中「相当する金額）」とあるのは「相当する金額）に、当該包括免許人等に係る」」に改める。

（電波利用料の徴収等）

第百三条の二　免許人等は、電波利用料として、無線局の免許等の日から起算して三十日以内及びその後毎年その免許等の日に応当する日（応当する日がない場合は、その翌日。以下この条において「応当日」という。）から起算して三十日以内に、当該無線局の免許等の日又は応当日（以下この項において「起算日」という。）から始まる各一年の期間（無線局の免許等の日が二月二十九日である場合においてその期間がうるう年の前年の三月一日から始まるときは翌年の二月二十八日までの期間とし、起算日から当該免許等の有効期間の満了の日までの期間が一年に満たない場合はその期間とする。）について、別表第六の上欄に掲げる無線局の区分に従い同表の下欄に掲げる金額（起算日から当該免許等の有効期間の満了の日までの期間が一年に満たない場合は、その額に当該期間の月数を十二で除して得た数を乗じて得た額に相当する金額）を国に納めなければならない。

2　前項の規定によるもののほか、広範囲の地域において同一の者により相当数開設される無線局に専ら使用させることを目的として別表第七の上欄に掲げる区域を単位として総務大臣が指定する周波数（三千メガヘルツ以下のものに限る。）の電波（以下この条において「広域専用電波」という。）を使用する免許人は、電波利用料として、毎年十一月一日までに、その年の十月一日から始まる一年の期間について、当該免許人に係る広域専用電波の周波数の幅のメガヘルツで表した数値に当該区域に応じ同表の下欄に掲げる係数を乗じて得た数値に八千七十八万六千六百円（別表第六の四の項又は五の項に掲げる無線局に係る広域専用電波にあつては、百四十七万九千百円）を乗じて得た額に相当する金額を国に納めなければならない。この場合において、広域専用電波を最初に使用する無線局の免許の日が十月一日以外の日である場合における当該免許の日から同日以後の最初の九月末日までの期間についてのこの項前段の規定の適用については、「毎年十一月一日までに、その年の十月一日から始まる一年の期間について」とあるのは「当該広域専用電波を最初に使用する無線局の免許の日の属する月の末日から起算して三十日以内に、当該免許の日から同日以後の最初の九月末日までの期間について」と、「得た額」とあるのは「得た額に当該期間の月数を十二で除して得た数を乗じて得た額」とする。

3　認定計画に係る指定された周波数の電波が広域専用電波である場合において、当該認定計画に係る認定開設者がその認定を受けた日から起算して六月を経過する日までに当該認定計画に係るいずれの特定基地局の免許も受けなかつたときは、当該認定開設者を当該六月を経過する日に当該広域専用電波を最初に使用する特定基地局の免許を受けた免許人とみなして、前項の規定を適用する。

4　この条及び次条において「電波利用料」とは、次に掲げる電波の適正な利用の確保に関し総務大臣が無線局全体の受益を直接の目的として行う事務の処理に要する費用（同条において「電波利用共益費用」という。）の財源に充てるために免許人等、第十項の特定免許等不要局を開設した者又は第十一項の表示者が納付すべき金銭をいう。

一　電波の監視及び規正並びに不法に開設された無線局の探査

二　総合無線局管理ファイル（全無線局について第六条第一項及び第二項、第二十七条の三、第二十七条の十八第二項及び第三項並びに第二十七条の二十九第二項及び第三項の書類及び申請書並びに免許状等に記載しなければならない事項その他の無線局の免許等に関する事項を電子情報処理組織によつて記録するファイルをいう。）の作成及び管理

三　周波数を効率的に利用する技術、周波数の共同利用を促進する技術又は高い周波数への移行を促進する技術としておおむね五年以内に開発すべき技術に関する無線設備の技術基準の策定に向けた研究開発並びに既に開発されている周波数を効率的に利用する技術、周波数の共同利用を促進する技術又は高い周波数への移行を促進する技術を用いた無線設備について無線設備の技術基準を策定するために行う国際機関及び外国の行政機関その他の外国の関係機関との連絡調整並びに試験及びその結果の分析

四　電波の人体等への影響に関する調査

五　標準電波の発射

六　特定周波数変更対策業務（第七十一条の三第九項の規定による指定周波数変更対策機関に対する交付金の交付を含む。）

七　特定周波数終了対策業務（第七十一条の三の二第十一項において準用する第七十一条の三第九項の規定による登録周波数終了対策機関に対する交付金の交付を含む。第十項及び第十一項において同じ。）

八　電波の能率的な利用に資する技術を用いて行われる無線通信を利用することが困難な地域において必要最小の空中線電力による当該無線通信の利用を可能とするために行われる次に掲げる設備（当該設備と一体として設置される総務省令で定める附属設備並びに当該設備及び当該附属設備を設置するために必要な工作物を含む。）の整備のための補助金の交付その他の必要な援助

イ　当該無線通信の業務の用に供する無線局の無線設備及び当該無線局の開設に必要な伝送路設備

ロ　当該無線通信の受信を可能とする伝送路設備

九　前号に掲げるもののほか、電波の能率的な利用に資する技術を用いて行われる無線通信を利用することが困難なトンネルその他の環境において当該無線通信の利用を可能とするために行われる設備の整備のための補助金の交付

十　電波の能率的な利用を確保し、又は電波の人体等への悪影響を防止するために行う周波数の使用又は人体等の防護に関するリテラシーの向上のための活動に対する必要な援助

十一　電波利用料に係る制度の企画又は立案その他前各号に掲げる事務に附帯する事務

5　包括免許人又は包括登録人（以下この条において「包括免許人等」という。）は、第一項の規定にかかわらず、電波利用料として、第一号包括免許人にあつては包括免許の日の属する月の末日及びその後毎年その包括免許の日に応当する日（応当する日がない場合は、その前日）の属する月の末日現在において開設し

ている特定無線局の数（以下この項及び次項において「開設無線局数」という。）をその翌月の十五日までに総務大臣に届け出て、当該届出が受理された日から起算して三十日以内に、第二号包括免許人にあつては包括免許の日の属する月の末日及びその後毎年その包括免許の日に応当する日（応当する日がない場合は、その前日）の属する月の末日から起算して四十五日以内に、包括登録人にあつては第二十七条の二十九第一項の規定による登録の日の属する月の末日及びその後毎年その登録の日に応当する日（応当する日がない場合は、その前日）の属する月の末日から起算して四十五日以内にそれぞれ当該包括免許若しくは同項の規定による登録（以下「包括免許等」という。）の日又はその後毎年その包括免許等の日に応当する日（応当する日がない場合は、その翌日）から始まる各一年の期間（包括免許等の日が二月二十九日である場合においてその期間がうるう年の前年の三月一日から始まるときは翌年の二月二十八日までの期間とし、当該包括免許等の日又はその包括免許等の日に応当する日（応当する日がない場合は、その翌日）から当該包括免許等の有効期間の満了の日までの期間が一年に満たない場合はその期間とする。以下この項及び次項において同じ。）について、第一号包括免許人にあつては三百六十円（広域専用電波を使用する無線局及び当該無線局を通信の相手方とする無線局については、二百五十円）に、第二号包括免許人にあつては別表第六の上欄に掲げる無線局の区分に従い同表の下欄に掲げる金額に、包括登録人にあつては三百八十円（移動しない無線局については、別表第八の上欄に掲げる無線局の区分に従い同表の下欄に掲げる金額）に、それぞれ当該一年の期間に係る開設無線局数又は開設登録局数（登録の日の属する月の末日及びその後毎年その登録の日に応当する日（応当する日がない場合は、その前日）の属する月の末日現在において開設している登録局の数をいう。次項において同じ。）を乗じて得た金額（当該包括免許等の日又はその包括免許等の日に応当する日（応当する日がない場合は、その翌日）から当該包括免許等の有効期間の満了の日までの期間が一年に満たない場合は、その額に当該期間の月数を十二で除して得た数を乗じて得た額に相当する金額）を国に納めなければならない。

6　包括免許人等は、前項の規定によるもののほか、包括免許等の日又はその後毎年その包括免許等の日に応当する日（応当する日がない場合は、その翌日）から始まる各一年の期間において、当該包括免許等の日の属する月の翌月以後の月の末日又はその後毎年その包括免許等の日に応当する日（応当する日がない場合は、その前日）の属する月の翌月以後の月の末日現在において開設している特定無線局又は登録局の数がそれぞれ当該一年の期間に係る開設無線局数（特定無線局（第二十七条の二第一号に掲げる無線局に係るものに限る。）にあつては既にこの項の規定による届出があつた場合には、その届出の日以後においては、その届出に係る特定無線局の数、特定無線局（同条第二号に掲げる無線局に係るものに限る。）にあつては既に特定無線局の数が開設無線局数を超えた月があつた場合には、その月の翌月以後においては、その月の末日現在において開設している特定無線局の数）又は開設登録局数（既に登録局の数が開設登録局数を超えた月があつた場合は、その月の翌月以後においては、その月の末日現在において開設している登録局の数）を超えたときは、電波利用料として、第一号包括免許人にあつては当該開設している特定無線局の数を当該超えた月の翌月の十五日までに総務大臣に届け出て、当該届出が受理された日から起算して三十日以内に、第二号包括免許人又は包括登録人にあつては当該超えた月の末日から起算して四十五日以内に、当該超えた月から次の包括免許等の日に応当する日（応当する日がない場合は、その前日）の属する月の前月まで又は当該包括免許等の有効期間の満了の日の翌日の属する月の前月までの期間について、第一号包括免許人にあつては三百六十円（広域専用電波を使用する無線局及び当該無線局を通信の相手方とする無線局については、二百五十円）に、第二号包括免許人にあつては別表第六の上欄に掲げる無線局の区分に従い同表の下欄に掲げる金額に、包括登録人にあつては三百八十円（移動しない無線局については、別表第八の上欄に掲げる無線局の区分に従い同表の下欄に掲げる金額）に、それぞれその超える特定無線局の数又は登録局の数（当該包括免許人等が他の包括免許等（当該包括免許人等の包括免許等に係る無線局と同等の機能を有するものとして総務省令で定める無線局に係るものに限る。）を受けている場合であつて、当該超えた月の末日現在において当該他の包括免許等に基づき開設している特定無線局の数又は登録局の数が当該超えた月の前月の末日現在において当該他の包括免許等に基づき開設している特定無線局の数又は登録局の数を下回るときは、当該超える特定無線局の数又は登録局の数を限度としてこれらの数からそれぞれその下回る特定無線局の数又は登録局の数を控除した数）を乗じて得た金額に当該期間の月数を十二で除して得た数を乗じて得た額に相当する金額を国に納めなければならない。

7　免許人が既開設局の免許人である場合における当該既開設局に係る第一項の規定の適用については、当該既開設局に係る周波数割当計画等の変更（当該既開設局に係る無線局区分の周波数の使用の期限に係るものに限る。）の公示の日から十年を超えない範囲内で政令で定める期間を経過する日までの間は、同項中「金額）」とあるのは、「金額）に、当該免許人等に係る特定周波数変更対策業務（第七十一条の三第九項の規定による指定周波数変更対策機関に対する交付金の交付を含む。）に要すると見込まれる費用の二分の一に相当する額に当該特定周波数変更対策業務に係る既開設局の各免許人が当該既開設局と特定新規開設局とを併せて開設する期間を平均した期間の当該既開設局に係る周波数割当計画等の変更（当該既開設局に係る無線局区分の周波数の使用の期限に係るものに限る。）の公示の日から当該周波数の使用の期限までの期間に対する割合を乗じた額を勘案し、当該既開設局の周波数及び空中線電力に応じて政令で定める金額を加算した金額」とする。

8　免許人等が特定公示局の免許人等である場合における当該特定公示局に係る第一項、第五項及び第六項の規定の適用については、当該特定公示局に係る旧割当期限の満了の日（以下「満了日」という。）の翌日から起算して十年を超えない範囲内で政令で定める期間を経過する日までの間は、第一項中「金額）」とあるのは「金額）に、当該免許人等に係る特定周波数終了対策業務（第七十一条の三の二第十一項において準用する第七十一条の三第九項の規定による登録周波数終了対策機関に対する交付金の交付を含む。）に要すると見込まれる費用（第七十一条第二項又は第七十六条の三第二項の規定に基づき当該特定周波数終了対策業務に係る旧割当期限を定めた周波数の電波を使用する無線局の免許人等に対して補償する場合における当該補償に要すると見込まれる費用を含む。）の二分の一に相当する額及び第八項の政令で定める期間に開設されると見込まれる当該特定周波数終了対策業務に係る特定公示局の数を勘案し、無線局の種別、周波数及び空中線電力に応じて政令で定める金額を加算した金額」と、第五項及び第六項中「掲げる金額）」とあるのは「掲げる金額）に、それぞれ当該包括免許人等に係る特定周波数終了対策業務（第七十一条の三の二第十一項において準用する第七十一条の三第九項の規定による登録周波数終了対策機関に対する交付金の交付を含む。）に要すると見込まれる費用（第七十一条第二項又は第七十六条の三第二項の規定に基づき当該特定周波数終了対策業務に係る旧割当期限を定めた周波数の電波を使用する無線局の免許人等に対して補償する場合における当該補償に要すると見込まれる費用を含む。）の二分の一に相当する額及び第八項の政令で定める期間に開設されると見込まれる当該特定周波数終了対策業務に係る特定公示局の数を勘案し、無線局の種別、周波数及び空中線電力に応じて政令で定める金額を加算した金額」とする。

9　前項の規定にかかわらず、免許人が特定公示局の免許人であつて認定計画に従つて特定基地局を最初に開設する場合における当該最初に開設する特定基地局（当該特定基地局が包括免許に係るものである場合にあつては、当該包括免許に係る他の特定基地局を含む。以下この項において同じ。）に係る第一項又は第五項の規定の適用については、当該特定公示局に係る満了日の翌日から起算して五年を超えない範囲内で政令で定める期間を経過する日までの間は、第一項中「金額」とあるのは「金額）に、当該免許人等に係る」と、同項及び第五項中「を国に」とあるのは「特定周波数終了対策業務（第七十一条の三の二第十一項において準用する第七十一条の三第九項の規定による登録周波数終了対策機関に対する交付金の交付を含む。）に要すると見込まれる費用（第七十一条第二項又は第七十六条の三第二項の規定に基づき当該特定周波数終了対策業務に係る旧割当期限を定めた周波数の電波を使用する無線局の免許人等に対して補償する場合における当該補償に要すると見込まれる費用を含む。）の二分の一に相当する額を勘案して当該特定基地局に使用させることとする周波数及びその使用区域に応じて政令で定める金額と、当該政令で定める金額未満で当該認定計画に係る認定の有効期間、特定基地局の総数その他の当該認定計画が特定基地局の円滑な開設に寄与する程度を勘案して総務省令で定めるところにより算定した金額とを合算した金額を加算した金額を国に」と、同項中「相当する金額）」とあるのは「相当する金額）に、当該包括免許人等に係る」とする。この場合において、当該認定計画に従つて開設される当該最初に開設する特定基地局以外の特定基地局及び当該認定計画に従つて開設される特定基地局の通信の相手方である移動する無線局については、前項の規定は適用しない。

10 特定周波数終了対策業務に係るすべての特定公示局が第四条第三号の無線局である場合における当該特定公示局（以下「特定免許等不要局」という。）に係る満了日の翌日から起算して十年を超えない範囲内で政令で定める期間を経過する日までの間（以下この条において「対象期間」という。）に当該特定周波数終了対策業務に係る特定免許等不要局（電気通信業務その他これに準ずる業務の用に供する無線局に専ら使用される無線設備であつて総務省令で定めるものを使用するものに限る。）を開設した者は、政令で定める無線局の有する機能ごとに、その者の氏名（法人にあつては、その名称及び代表者の氏名。次項において同じ。）及び住所並びに対象期間における毎年の当該特定免許等不要局に係る満了日に応当する日（応当する日がない場合は、その前日）現在において開設している当該特定免許等不要局の数（以下この項において「開設特定免許等不要局数」という。）をその日の属する月の翌月の十五日までに総務大臣に届け出て、電波利用料として、当該届出が受理された日から起算して三十日以内に、当該応当する日までの一年の期間について、当該特定免許等不要局に係る特定周波数終了対策業務に要すると見込まれる費用（第七十一条第二項又は第七十六条の三第二項の規定に基づき当該特定周波数終了対策業務に係る旧割当期限を定めた周波数の電波を使用する無線局の免許人等に対して補償する場合における当該補償に要する費用を含む。次項において同じ。）の二分の一に相当する額及び対象期間において開設されると見込まれる当該特定周波数終了対策業務に係る特定免許等不要局の数を勘案して当該政令で定める無線局の有する機能に応じて政令で定める金額に当該一年の期間に係る開設特定免許等不要局数を乗じて得た金額を国に納めなければならない。

11 前項に規定する場合において、当該特定周波数終了対策業務に係る特定免許等不要局に使用することができる無線設備（同項の総務省令で定めるものを除く。）に対象期間に表示（第三十八条の七第一項、第三十八条の二十六（外国取扱業者に適用される場合を除く。）又は第三十八条の三十五の規定による表示をいう。第十八項において同じ。）を付した者（以下この条において「表示者」という。）は、政令で定める無線局の有する機能ごとに、その者の氏名及び住所並びに対象期間において毎年の満了日に応当する日（応当する日がない場合は、その前日）前一年間に表示を付した当該無線設備の数その他総務省令で定める事項をその日の属する月の翌月の十五日までに総務大臣に届け出て、電波利用料として、当該届出が受理された日から起算して三十日以内に、当該無線設備を使用する特定免許等不要局に係る特定周波数終了対策業務に要すると見込まれる費用の二分の一に相当する額、対象期間において開設されると見込まれる当該特定周波数終了対策業務に係る特定免許等不要局の数及び当該無線設備が使用されると見込まれる平均的な期間を勘案して当該政令で定める無線局の有する機能に応じて政令で定める金額に、当該一年間に表示を付した無線設備の数（当該無線設備のうち、専ら本邦外において使用されると見込まれるもの及び輸送中又は保管中におけるその機能の障害その他これに類する理由により対象期間において使用されないと見込まれるものがある場合には、総務省令で定めるところにより、これらのものの数を控除した数。第十八項後段において同じ。）を乗じて得た金額を国に納めなければならない。

12　第一項、第二項及び第五項から第十項までの規定は、第二十七条第一項の規定により免許を受けた無線局の免許人又は次の各号に掲げる者が専ら当該各号に定める事務の用に供することを目的として開設する無線局その他これらに類するものとして政令で定める無線局の免許人等（当該無線局が特定免許等不要局であるときは、当該特定免許等不要局を開設した者）には、適用しない。

一　警察庁　警察法（昭和二十九年法律第百六十二号）第二条第一項に規定する責務を遂行するために行う事務

二　消防庁又は地方公共団体　消防組織法（昭和二十二年法律第二百二十六号）第一条に規定する任務を遂行するために行う事務

三　法務省　出入国管理及び難民認定法（昭和二十六年政令第三百十九号）第六十一条の三の二第二項に規定する事務

四　法務省　刑事収容施設及び被収容者等の処遇に関する法律（平成十七年法律第五十号）第三条に規定する刑事施設、少年院法（昭和二十三年法律第百六十九号）第一条に規定する少年院、同法第十六条に規定する少年鑑別所及び婦人補導院法（昭和三十三年法律第十七号）第一条第一項に規定する婦人補導院の管理運営に関する事務

五　公安調査庁　公安調査庁設置法（昭和二十七年法律第二百四十一号）第四条に規定する事務

六　厚生労働省　麻薬及び向精神薬取締法（昭和二十八年法律第十四号）第五十四条第五項に規定する職務を遂行するために行う事務

七　国土交通省　航空法第九十六条第一項の規定による指示に関する事務

八　気象庁　気象業務法（昭和二十七年法律第百六十五号）第二十三条に規定する警報に関する事務

九　海上保安庁　海上保安庁法（昭和二十三年法律第二十八号）第二条第一項に規定する任務を遂行するために行う事務

十　防衛省　自衛隊法（昭和二十九年法律第百六十五号）第三条に規定する任務を遂行するために行う事務

十一　国の機関、地方公共団体又は水防法（昭和二十四年法律第百九十三号）第二条第一項に規定する水防管理団体　水防事務（第二号に定めるものを除く。）

十二　国の機関　災害対策基本法（昭和三十六年法律第二百二十三号）第三条第一項に規定する責務を遂行するために行う事務（前各号に定めるものを除く。）

13　次の各号に掲げる無線局（前項の政令で定めるものを除く。）の免許人等（当該無線局が特定免許等不要局であるときは、当該特定免許等不要局を開設した者）が納めなければならない電波利用料の金額は、当該各号に定める規定にかかわらず、これらの規定による金額の二分の一に相当する金額とする。

一　前項各号に掲げる者が当該各号に定める事務の用に供することを目的として開設する無線局（専ら当該各号に定める事務の用に供することを目的として開設するものを除く。）　第一項、第二項及び第五項から第十項まで

二　地方公共団体が開設する無線局であつて、災害対策基本法第二条第十号に掲

げる地域防災計画の定めるところに従い防災上必要な通信を行うことを目的とするもの（専ら前項第二号及び第十一号に定める事務の用に供することを目的として開設するもの並びに前号に掲げるものを除く。）　第一項及び第五項から第十項まで

三　周波数割当計画において無線局の使用する電波の周波数の全部又は一部について使用の期限が定められている場合（第七十一条の二第一項の規定の適用がある場合を除く。）において当該無線局をその免許等の日又は応当日から起算して二年以内に廃止することについて総務大臣の確認を受けた無線局　第一項

14　第一項、第二項及び第五項の月数は、暦に従つて計算し、一月に満たない端数を生じたときは、これを一月とする。

15　免許人等（包括免許人等を除く。）は、第一項の規定により電波利用料を納めるときには、その翌年の応当日以後の期間に係る電波利用料を前納することができる。

16　前項の規定により前納した電波利用料は、前納した者の請求により、その請求をした日後に最初に到来する応当日以後の期間に係るものに限り、還付する。

17　表示者は、第十一項の規定にかかわらず、総務大臣の承認を受けて、同項の規定により当該表示者が対象期間のうち総務省令で定める期間（以下この条において「予納期間」という。）を通じて納付すべき電波利用料の総額の見込額を予納することができる。この場合において、当該表示者は、予納期間において同項の規定による届出をすることを要しない。

18　前項の規定により予納した表示者は、予納期間において表示を付した第十一項の無線設備の数を予納期間が終了した日（当該表示者が表示に係る業務を休止し、又は廃止したときその他総務省令で定める事由が生じた場合には、当該事由が生じた日）の属する月の翌月の十五日までに総務大臣に届け出なければならない。この場合において、当該表示者は、予納した電波利用料の金額が同項の政令で定める金額に予納期間において表示を付した無線設備の数を乗じて得た金額（次項において「要納付額」という。）に足りないときは、その不足金額を当該届出が受理された日から起算して三十日以内に国に納めなければならない。

19　第十七項の規定により表示者が予納した電波利用料の金額が要納付額を超える場合には、その超える金額について、当該表示者の請求により還付する。

20　総務大臣は、電波利用料を納付しようとする者から、預金又は貯金の払出しとその払い出した金銭による電波利用料の納付をその預金口座又は貯金口座のある金融機関に委託して行うことを希望する旨の申出があつた場合には、その納付が確実と認められ、かつ、その申出を承認することが電波利用料の徴収上有利と認められるときに限り、その申出を承認することができる。

21　前項の承認に係る電波利用料が同項の金融機関による当該電波利用料の納付の期限として総務省令で定める日までに納付された場合には、その納付の日が納期限後である場合においても、その納付は、納期限までにされたものとみなす。

22　電波利用料を納付しようとする者は、その電波利用料の額が総務省令で定める金額以下である場合は、納付受託者（第二十四項に規定する納付受託者をいう。次項において同じ。）に納付を委託することができる。

23　電波利用料を納付しようとする者が、納付受託者に納付しようとする電波利用料の額に相当する金銭を交付したときは、当該交付した日に当該電波利用料の納付があつたものとみなして、延滞金に関する規定を適用する。

24　電波利用料の納付に関する事務（以下この項及び第三十二項において「納付事務」という。）を適正かつ確実に実施することができると認められる者であり、かつ、政令で定める要件に該当する者として総務大臣が指定するもの（次項から第三十四項までにおいて「納付受託者」という。）は、電波利用料を納付しようとする者の委託を受けて、納付事務を行うことができる。

25　総務大臣は、前項の規定による指定をしたときは、納付受託者の名称、住所又は事務所の所在地その他総務省令で定める事項を公示しなければならない。

26　納付受託者は、その名称、住所又は事務所の所在地を変更しようとするときは、あらかじめ、その旨を総務大臣に届け出なければならない。

27　総務大臣は、前項の規定による届出があつたときは、当該届出に係る事項を公示しなければならない。

28　納付受託者は、第二十二項の規定により電波利用料を納付しようとする者の委託に基づき当該電波利用料の額に相当する金銭の交付を受けたときは、総務省令で定める日までに当該委託を受けた電波利用料を納付しなければならない。

29　納付受託者は、第二十二項の規定により電波利用料を納付しようとする者の委託に基づき当該電波利用料の額に相当する金銭の交付を受けたときは、遅滞なく、総務省令で定めるところにより、その旨及び交付を受けた年月日を総務大臣に報告しなければならない。

30　納付受託者が第二十八項の電波利用料を同項に規定する総務省令で定める日までに完納しないときは、総務大臣は、国税の保証人に関する徴収の例によりその電波利用料を納付受託者から徴収する。

31　総務大臣は、第二十八項の規定により納付受託者が納付すべき電波利用料については、当該納付受託者に対して国税滞納処分の例による処分をしてもなお徴収すべき残余がある場合でなければ、その残余の額について当該電波利用料に係る第二十二項の規定による委託をした者から徴収することができない。

32　納付受託者は、総務省令で定めるところにより、帳簿を備え付け、これに納付事務に関する事項を記載し、及びこれを保存しなければならない。

33　総務大臣は、第二十四項から前項までの規定を施行するため必要があると認めるときは、その必要な限度で、総務省令で定めるところにより、納付受託者に対し、報告をさせることができる。

34　総務大臣は、第二十四項から前項までの規定を施行するため必要があると認めるときは、その必要な限度で、その職員に、納付受託者の事務所に立ち入り、納付受託者の帳簿書類（その作成又は保存に代えて電磁的記録の作成又は保存がされている場合における当該電磁的記録を含む。）その他必要な物件を検査させ、又は関係者に質問させることができる。

35　前項の規定により立入検査を行う職員は、その身分を示す証明書を携帯し、かつ、関係者の請求があるときは、これを提示しなければならない。

36　第三十四項に規定する権限は、犯罪捜査のために認められたものと解してはならない。

37　総務大臣は、第二十四項の規定による指定を受けた者が次の各号のいずれかに該当するときは、その指定を取り消すことができる。

一　第二十四項に規定する指定の要件に該当しなくなつたとき。

二　第二十九項又は第三十三項の規定による報告をせず、又は虚偽の報告をしたとき。

三　第三十二項の規定に違反して、帳簿を備え付けず、帳簿に記載せず、若しくは帳簿に虚偽の記載をし、又は帳簿を保存しなかつたとき。

四　第三十四項の規定による立入り若しくは検査を拒み、妨げ、若しくは忌避し、又は同項の規定による質問に対して陳述をせず、若しくは虚偽の陳述をしたとき。

38　総務大臣は、前項の規定により指定を取り消したときは、その旨を公示しなければならない。

39　総務大臣は、電波利用料を納めない者があるときは、督促状によつて、期限を指定して督促しなければならない。

40　総務大臣は、前項の規定による督促を受けた者がその指定の期限までにその督促に係る電波利用料及び次項の規定による延滞金を納めないときは、国税滞納処分の例により、これを処分する。この場合における電波利用料及び延滞金の先取特権の順位は、国税及び地方税に次ぐものとする。

41　総務大臣は、第三十九項の規定により督促をしたときは、その督促に係る電波利用料の額につき年十四・五パーセントの割合で、納期限の翌日からその納付又は財産差押えの日の前日までの日数により計算した延滞金を徴収する。ただし、やむを得ない事情があると認められるときその他総務省令で定めるときは、この限りでない。

42　第十五項から前項までに規定するもののほか、電波利用料の納付の手続その他電波利用料の納付について必要な事項は、総務省令で定める。

【九十次改正】

電波法の一部を改正する法律（平成二十三年六月一日法律第六十号）第一条

第百三条の二第二項中「無線局の免許の日」の下に「（無線局の周波数の指定の変更を受けることにより当該広域専用電波を使用できることとなる場合には、当該指定の変更の日。以下この項において同じ。）」を加え、同条第三項中「起算して六月を経過する日」の下に「（認定計画に係る指定された周波数の電波が当該認定計画に係る認定開設者がその認定を受けた日後に広域専用電波となつた場合にあつては、その認定を受けた日から起算して六月を経過する日又は当該指定された周波数の電波が広域専用電波となつた日のいずれか遅い日。以下この項において「六月経過日」という。）」を加え、「当該六月を経過する日」を「当該六月経過日」に改める。

（電波利用料の徴収等）

第百三条の二　免許人等は、電波利用料として、無線局の免許等の日から起算して三十日以内及びその後毎年その免許等の日に応当する日（応当する日がない場合は、その翌日。以下この条において「応当日」という。）から起算して三十日以内に、当該無線局の免許等の日又は応当日（以下この項において「起算日」という。）から始まる各一年の期間（無線局の免許等の日が二月二十九日である場合においてその期間がうるう年の前年の三月一日から始まるときは翌年の二月二十八日までの期間とし、起算日から当該免許等の有効期間の満了の日までの期間が一年に満たない場合はその期間とする。）について、別表第六の上欄に掲げる無線局の区分に従い同表の下欄に掲げる金額（起算日から当該免許等の有効期間の満了の日までの期間が一年に満たない場合は、その額に当該期間の月数を十二で除して得た数を乗じて得た額に相当する金額）を国に納めなければならない。

2　前項の規定によるもののほか、広範囲の地域において同一の者により相当数開設される無線局に専ら使用させることを目的として別表第七の上欄に掲げる区域を単位として総務大臣が指定する周波数（三千メガヘルツ以下のものに限る。）の電波（以下この条において「広域専用電波」という。）を使用する免許人は、電波利用料として、毎年十一月一日までに、その年の十月一日から始まる一年の期間について、当該免許人に係る広域専用電波の周波数の幅のメガヘルツで表した数値に当該区域に応じ同表の下欄に掲げる係数を乗じて得た数値に八千七十八万六千六百円（別表第六の四の項又は五の項に掲げる無線局に係る広域専用電波にあつては、百四十七万九千百円）を乗じて得た額に相当する金額を国に納めなければならない。この場合において、広域専用電波を最初に使用する無線局の免許の日（無線局の周波数の指定の変更を受けることにより当該広域専用電波を使用できることとなる場合には、当該指定の変更の日。以下この項において同じ。）が十月一日以外の日である場合における当該免許の日から同日以後の最初の九月末日までの期間についてのこの項前段の規定の適用については、「毎年十一月一日までに、その年の十月一日から始まる一年の期間について」とあるのは「当該広域専用電波を最初に使用する無線局の免許の日（無線局の周波数の指定の変更を受けることにより当該広域専用電波を使用できることとなる場合には、当該指定の変更の日。以下この項において同じ。）の属する月の末日から起算して三十日以内に、当該免許の日から同日以後の最初の九月末日までの期間について」と、「得た額」とあるのは「得た額に当該期間の月数を十二で除して得た数を乗じて得た額」とする。

3　認定計画に係る指定された周波数の電波が広域専用電波である場合において、当該認定計画に係る認定開設者がその認定を受けた日から起算して六月を経過する日（認定計画に係る指定された周波数の電波が当該認定計画に係る認定開設者がその認定を受けた日後に広域専用電波となつた場合にあつては、その認定を受けた日から起算して六月を経過する日又は当該指定された周波数の電波が広域専用電波となつた日のいずれか遅い日。以下この項において「六月経過日」という。）までに当該認定計画に係るいずれの特定基地局の免許も受けなかつたときは、当該認定開設者を当該六月経過日に当該広域専用電波を最初に使用する特定基地局の免許を受けた免許人とみなして、前項の規定を適用する。

4　この条及び次条において「電波利用料」とは、次に掲げる電波の適正な利用の確保に関し総務大臣が無線局全体の受益を直接の目的として行う事務の処理に要する費用（同条において「電波利用共益費用」という。）の財源に充てるために免許人等、第十項の特定免許等不要局を開設した者又は第十一項の表示者が納付すべき金銭をいう。

一　電波の監視及び規正並びに不法に開設された無線局の探査

二　総合無線局管理ファイル（全無線局について第六条第一項及び第二項、第二十七条の三、第二十七条の十八第二項及び第三項並びに第二十七条の二十九第二項及び第三項の書類及び申請書並びに免許状等に記載しなければならない事項その他の無線局の免許等に関する事項を電子情報処理組織によつて記録するファイルをいう。）の作成及び管理

三　周波数を効率的に利用する技術、周波数の共同利用を促進する技術又は高い周波数への移行を促進する技術としておおむね五年以内に開発すべき技術に関する無線設備の技術基準の策定に向けた研究開発並びに既に開発されている周波数を効率的に利用する技術、周波数の共同利用を促進する技術又は高い周波数への移行を促進する技術を用いた無線設備について無線設備の技術基準を策定するために行う国際機関及び外国の行政機関その他の外国の関係機関との連絡調整並びに試験及びその結果の分析

四　電波の人体等への影響に関する調査

五　標準電波の発射

六　特定周波数変更対策業務（第七十一条の三第九項の規定による指定周波数変更対策機関に対する交付金の交付を含む。）

七　特定周波数終了対策業務（第七十一条の三の二第十一項において準用する第七十一条の三第九項の規定による登録周波数終了対策機関に対する交付金の交付を含む。第十項及び第十一項において同じ。）

八　電波の能率的な利用に資する技術を用いて行われる無線通信を利用することが困難な地域において必要最小の空中線電力による当該無線通信の利用を可能とするために行われる次に掲げる設備（当該設備と一体として設置される総務省令で定める附属設備並びに当該設備及び当該附属設備を設置するために必要な工作物を含む。）の整備のための補助金の交付その他の必要な援助

イ　当該無線通信の業務の用に供する無線局の無線設備及び当該無線局の開設に必要な伝送路設備

ロ　当該無線通信の受信を可能とする伝送路設備

九　前号に掲げるもののほか、電波の能率的な利用に資する技術を用いて行われる無線通信を利用することが困難なトンネルその他の環境において当該無線通信の利用を可能とするために行われる設備の整備のための補助金の交付

十　電波の能率的な利用を確保し、又は電波の人体等への悪影響を防止するために行う周波数の使用又は人体等の防護に関するリテラシーの向上のための活動に対する必要な援助

十一　電波利用料に係る制度の企画又は立案その他前各号に掲げる事務に附帯する事務

5　包括免許人又は包括登録人（以下この条において「包括免許人等」という。）は、第一項の規定にかかわらず、電波利用料として、第一号包括免許人にあつては包括免許の日の属する月の末日及びその後毎年その包括免許の日に応当する日（応当する日がない場合は、その前日）の属する月の末日現在において開設している特定無線局の数（以下この項及び次項において「開設無線局数」という。）をその翌月の十五日までに総務大臣に届け出て、当該届出が受理された日から起算して三十日以内に、第二号包括免許人にあつては包括免許の日の属する月の末日及びその後毎年その包括免許の日に応当する日（応当する日がない場合は、その前日）の属する月の末日から起算して四十五日以内に、包括登録人にあつては第二十七条の二十九第一項の規定による登録の日の属する月の末日及びその後毎年その登録の日に応当する日（応当する日がない場合は、その前日）の属する月の末日から起算して四十五日以内にそれぞれ当該包括免許若しくは同項の規定による登録（以下「包括免許等」という。）の日又はその後毎年その包括免許等の日に応当する日（応当する日がない場合は、その翌日）から始まる各一年の期間（包括免許等の日が二月二十九日である場合においてその期間がうるう年の前年の三月一日から始まるときは翌年の二月二十八日までの期間とし、当該包括免許等の日又はその包括免許等の日に応当する日（応当する日がない場合は、その翌日）から当該包括免許等の有効期間の満了の日までの期間が一年に満たない場合はその期間とする。以下この項及び次項において同じ。）について、第一号包括免許人にあつては三百六十円（広域専用電波を使用する無線局及び当該無線局を通信の相手方とする無線局については、二百五十円）に、第二号包括免許人にあつては別表第六の上欄に掲げる無線局の区分に従い同表の下欄に掲げる金額に、包括登録人にあつては三百八十円（移動しない無線局については、別表第八の上欄に掲げる無線局の区分に従い同表の下欄に掲げる金額）に、それぞれ当該一年の期間に係る開設無線局数又は開設登録局数（登録の日の属する月の末日及びその後毎年その登録の日に応当する日（応当する日がない場合は、その前日）の属する月の末日現在において開設している登録局の数をいう。次項において同じ。）を乗じて得た金額（当該包括免許等の日又はその包括免許等の日に応当する日（応当する日がない場合は、その翌日）から当該包括免許等の有効期間の満了の日までの期間が一年に満たない場合は、その額に当該期間の月数を十二で除して得た数を乗じて得た額に相当する金額）を国に納めなければならない。

6　包括免許人等は、前項の規定によるもののほか、包括免許等の日又はその後毎年その包括免許等の日に応当する日（応当する日がない場合は、その翌日）から始まる各一年の期間において、当該包括免許等の日の属する月の翌月以後の月の末日又はその後毎年その包括免許等の日に応当する日（応当する日がない場合は、その前日）の属する月の翌月以後の月の末日現在において開設している特定無線局又は登録局の数がそれぞれ当該一年の期間に係る開設無線局数（特定無線局（第二十七条の二第一号に掲げる無線局に係るものに限る。）にあつては既にこの項の規定による届出があつた場合には、その届出の日以後においては、その届出に係る特定無線局の数、特定無線局（同条第二号に掲げる無線局に係るものに限る。）にあつては既に特定無線局の数が開設無線局数を超えた月があつた場合には、その月の翌月以後においては、その月の末日現在において開設している特定無線局の数）又は開設登録局数（既に登録局の数が開設登録局数を超えた月があつた場合は、その月の翌月以後においては、その月の末日現在において開設している登録局の数）を超えたときは、電波利用料として、第一号包括免許人にあ

つては当該開設している特定無線局の数を当該超えた月の翌月の十五日までに総務大臣に届け出て、当該届出が受理された日から起算して三十日以内に、第二号包括免許人又は包括登録人にあつては当該超えた月の末日から起算して四十五日以内に、当該超えた月から次の包括免許等の日に応当する日（応当する日がない場合は、その前日）の属する月の前月まで又は当該包括免許等の有効期間の満了の日の翌日の属する月の前月までの期間について、第一号包括免許人にあつては三百六十円（広域専用電波を使用する無線局及び当該無線局を通信の相手方とする無線局については、二百五十円）に、第二号包括免許人にあつては別表第六の上欄に掲げる無線局の区分に従い同表の下欄に掲げる金額に、包括登録人にあつては三百八十円（移動しない無線局については、別表第八の上欄に掲げる無線局の区分に従い同表の下欄に掲げる金額）に、それぞれその超える特定無線局の数又は登録局の数（当該包括免許人等が他の包括免許等（当該包括免許人等の包括免許等に係る無線局と同等の機能を有するものとして総務省令で定める無線局に係るものに限る。）を受けている場合であつて、当該超えた月の末日現在において当該他の包括免許等に基づき開設している特定無線局の数又は登録局の数が当該超えた月の前月の末日現在において当該他の包括免許等に基づき開設している特定無線局の数又は登録局の数を下回るときは、当該超える特定無線局の数又は登録局の数を限度としてこれらの数からそれぞれその下回る特定無線局の数又は登録局の数を控除した数）を乗じて得た金額に当該期間の月数を十二で除して得た数を乗じて得た額に相当する金額を国に納めなければならない。

7　免許人が既開設局の免許人である場合における当該既開設局に係る第一項の規定の適用については、当該既開設局に係る周波数割当計画等の変更（当該既開設局に係る無線局区分の周波数の使用の期限に係るものに限る。）の公示の日から十年を超えない範囲内で政令で定める期間を経過する日までの間は、同項中「金額）」とあるのは、「金額）に、当該免許人等に係る特定周波数変更対策業務（第七十一条の三第九項の規定による指定周波数変更対策機関に対する交付金の交付を含む。）に要すると見込まれる費用の二分の一に相当する額に当該特定周波数変更対策業務に係る既開設局の各免許人が当該既開設局と特定新規開設局とを併せて開設する期間を平均した期間の当該既開設局に係る周波数割当計画等の変更（当該既開設局に係る無線局区分の周波数の使用の期限に係るものに限る。）の公示の日から当該周波数の使用の期限までの期間に対する割合を乗じた額を勘案し、当該既開設局の周波数及び空中線電力に応じて政令で定める金額を加算した金額」とする。

8　免許人等が特定公示局の免許人等である場合における当該特定公示局に係る第一項、第五項及び第六項の規定の適用については、当該特定公示局に係る旧割当期限の満了の日（以下「満了日」という。）の翌日から起算して十年を超えない範囲内で政令で定める期間を経過する日までの間は、第一項中「金額）」とあるのは「金額）に、当該免許人等に係る特定周波数終了対策業務（第七十一条の三の二第十一項において準用する第七十一条の三第九項の規定による登録周波数終了対策機関に対する交付金の交付を含む。）に要すると見込まれる費用（第七十一条第二項又は第七十六条の三第二項の規定に基づき当該特定周波数終了対策業務に係る旧割当期限を定めた周波数の電波を使用する無線局の免許人等に対して補償する場合における当該補償に要すると見込まれる費用を含む。）の二分の一に相当する額及び第八項の政令で定める期間に開設されると見込まれる当該特定周波数終了対策業務に係る特定公示局の数を勘案し、無線局の種別、周波数及び空中線電力に応じて政令で定める金額を加算した金額」と、第五項及び第六項中「掲げる金額）」とあるのは「掲げる金額）に、それぞれ当該包括免許人等に係る特定周波数終了対策業務（第七十一条の三の二第十一項において準用する第七十一条の三第九項の規定による登録周波数終了対策機関に対する交付金の交付を含む。）に要すると見込まれる費用（第七十一条第二項又は第七十六条の三第二項の規定に基づき当該特定周波数終了対策業務に係る旧割当期限を定めた周波数の電波を使用する無線局の免許人等に対して補償する場合における当該補償に要すると見込まれる費用を含む。）の二分の一に相当する額及び第八項の政令で定める期間に開設されると見込まれる当該特定周波数終了対策業務に係る特定公示局の数を勘案し、無線局の種別、周波数及び空中線電力に応じて政令で定める金額を加算した金額」とする。

9　前項の規定にかかわらず、免許人が特定公示局の免許人であつて認定計画に従つて特定基地局を最初に開設する場合における当該最初に開設する特定基地局（当該特定基地局が包括免許に係るものである場合にあつては、当該包括免許に係る他の特定基地局を含む。以下この項において同じ。）に係る第一項又は第五項の規定の適用については、当該特定公示局に係る満了日の翌日から起算して五年を超えない範囲内で政令で定める期間を経過する日までの間は、第一項中「金額）」とあるのは「金額）に、当該免許人等に係る」と、同項及び第五項中「を国に」とあるのは「特定周波数終了対策業務（第七十一条の三の二第十一項において準用する第七十一条の三第九項の規定による登録周波数終了対策機関に対する交付金の交付を含む。）に要すると見込まれる費用（第七十一条第二項又は第七十六条の三第二項の規定に基づき当該特定周波数終了対策業務に係る旧割当期限を定めた周波数の電波を使用する無線局の免許人等に対して補償する場合における当該補償に要すると見込まれる費用を含む。）の二分の一に相当する額を勘案して当該特定基地局に使用させることとする周波数及びその使用区域に応じて政令で定める金額と、当該政令で定める金額未満で当該認定計画に係る認定の有効期間、特定基地局の総数その他の当該認定計画が特定基地局の円滑な開設に寄与する程度を勘案して総務省令で定めるところにより算定した金額とを合算した金額を加算した金額を国に」と、同項中「相当する金額）」とあるのは「相当する金額）に、当該包括免許人等に係る」とする。この場合において、当該認定計画に従つて開設される当該最初に開設する特定基地局以外の特定基地局及び当該認定計画に従つて開設される特定基地局の通信の相手方である移動する無線局については、前項の規定は適用しない。

10　特定周波数終了対策業務に係るすべての特定公示局が第四条第三号の無線局である場合における当該特定公示局（以下「特定免許等不要局」という。）に係る満了日の翌日から起算して十年を超えない範囲内で政令で定める期間を経過する日までの間（以下この条において「対象期間」という。）に当該特定周波数終了対策業務に係る特定免許等不要局（電気通信業務その他これに準ずる業務の用に供する無線局に専ら使用される無線設備であつて総務省令で定めるものを使用するものに限る。）を開設した者は、政令で定める無線局の有する機能ごとに、その者の氏名（法人にあつては、その名称及び代表者の氏名。次項において同じ。）及び住所並びに対象期間における毎年の当該特定免許等不要局に係る満了日に応当する日（応当する日がない場合は、その前日）現在において開設している当該特定免許等不要局の数（以下この項において「開設特定免許等不要局数」という。）をその日の属する月の翌月の十五日までに総務大臣に届け出て、電波利用料として、当該届出が受理された日から起算して三十日以内に、当該応当する日までの一年の期間について、当該特定免許等不要局に係る特定周波数終了対策業務に要すると見込まれる費用（第七十一条第二項又は第七十六条の三第二項の規定に基づき当該特定周波数終了対策業務に係る旧割当期限を定めた周波数の電波を使用する無線局の免許人等に対して補償する場合における当該補償に要する費用を含む。次項において同じ。）の二分の一に相当する額及び対象期間において開設されると見込まれる当該特定周波数終了対策業務に係る特定免許等不要局の数を勘案して当該政令で定める無線局の有する機能に応じて政令で定める金額に当該一年の期間に係る開設特定免許等不要局数を乗じて得た金額を国に納めなければならない。

11　前項に規定する場合において、当該特定周波数終了対策業務に係る特定免許等不要局に使用することができる無線設備（同項の総務省令で定めるものを除く。）に対象期間に表示（第三十八条の七第一項、第三十八条の二十六（外国取扱業者に適用される場合を除く。）又は第三十八条の三十五の規定による表示をいう。第十八項において同じ。）を付した者（以下この条において「表示者」という。）は、政令で定める無線局の有する機能ごとに、その者の氏名及び住所並びに対象期間において毎年の満了日に応当する日（応当する日がない場合は、その前日）前一年間に表示を付した当該無線設備の数その他総務省令で定める事項をその日の属する月の翌月の十五日までに総務大臣に届け出て、電波利用料として、当該届出が受理された日から起算して三十日以内に、当該無線設備を使用する特定免許等不要局に係る特定周波数終了対策業務に要すると見込まれる費用の二分の一に相当する額、対象期間において開設されると見込まれる当該特定周波数終了対策業務に係る特定免許等不要局の数及び当該無線設備が使用されると見込まれる平均的な期間を勘案して当該政令で定める無線局の有する機能に応じて政令で定める金額に、当該一年間に表示を付した無線設備の数（当該無線設備のうち、専ら本邦外において使用されると見込まれるもの及び輸送中又は保管中におけるその機能の障害その他これに類する理由により対象期間において使用されないと見込まれるものがある場合には、総務省令で定めるところにより、これらのものの数を控除した数。第十八項後段において同じ。）を乗じて得た金額を国に納めなければならない。

12　第一項、第二項及び第五項から第十項までの規定は、第二十七条第一項の規定により免許を受けた無線局の免許人又は次の各号に掲げる者が専ら当該各号に定める事務の用に供することを目的として開設する無線局その他これらに類するものとして政令で定める無線局の免許人等（当該無線局が特定免許等不要局であるときは、当該特定免許等不要局を開設した者）には、適用しない。

一　警察庁　警察法（昭和二十九年法律第百六十二号）第二条第一項に規定する責務を遂行するために行う事務

二　消防庁又は地方公共団体　消防組織法（昭和二十二年法律第二百二十六号）第一条に規定する任務を遂行するために行う事務

三　法務省　出入国管理及び難民認定法（昭和二十六年政令第三百十九号）第六十一条の三の二第二項に規定する事務

四　法務省　刑事収容施設及び被収容者等の処遇に関する法律（平成十七年法律第五十号）第三条に規定する刑事施設、少年院法（昭和二十三年法律第百六十九号）第一条に規定する少年院、同法第十六条に規定する少年鑑別所及び婦人補導院法（昭和三十三年法律第十七号）第一条第一項に規定する婦人補導院の管理運営に関する事務

五　公安調査庁　公安調査庁設置法（昭和二十七年法律第二百四十一号）第四条に規定する事務

六　厚生労働省　麻薬及び向精神薬取締法（昭和二十八年法律第十四号）第五十四条第五項に規定する職務を遂行するために行う事務

七　国土交通省　航空法第九十六条第一項の規定による指示に関する事務

八　気象庁　気象業務法（昭和二十七年法律第百六十五号）第二十三条に規定する警報に関する事務

九　海上保安庁　海上保安庁法（昭和二十三年法律第二十八号）第二条第一項に規定する任務を遂行するために行う事務

十　防衛省　自衛隊法（昭和二十九年法律第百六十五号）第三条に規定する任務を遂行するために行う事務

十一　国の機関、地方公共団体又は水防法（昭和二十四年法律第百九十三号）第二条第一項に規定する水防管理団体　水防事務（第二号に定めるものを除く。）

十二　国の機関　災害対策基本法（昭和三十六年法律第二百二十三号）第三条第

一項に規定する責務を遂行するために行う事務（前各号に定めるものを除く。）

13 次の各号に掲げる無線局（前項の政令で定めるものを除く。）の免許人等（当該無線局が特定免許等不要局であるときは、当該特定免許等不要局を開設した者）が納めなければならない電波利用料の金額は、当該各号に定める規定にかかわらず、これらの規定による金額の二分の一に相当する金額とする。

一　前項各号に掲げる者が当該各号に定める事務の用に供することを目的として開設する無線局（専ら当該各号に定める事務の用に供することを目的として開設するものを除く。）　第一項、第二項及び第五項から第十項まで

二　地方公共団体が開設する無線局であつて、災害対策基本法第二条第十号に掲げる地域防災計画の定めるところに従い防災上必要な通信を行うことを目的とするもの（専ら前項第二号及び第十一号に定める事務の用に供することを目的として開設するもの並びに前号に掲げるものを除く。）　第一項及び第五項から第十項まで

三　周波数割当計画において無線局の使用する電波の周波数の全部又は一部について使用の期限が定められている場合（第七十一条の二第一項の規定の適用がある場合を除く。）において当該無線局をその免許等の日又は応当日から起算して二年以内に廃止することについて総務大臣の確認を受けた無線局　第一項

14 第一項、第二項及び第五項の月数は、暦に従つて計算し、一月に満たない端数を生じたときは、これを一月とする。

15 免許人等（包括免許人等を除く。）は、第一項の規定により電波利用料を納めるときには、その翌年の応当日以後の期間に係る電波利用料を前納することができる。

16 前項の規定により前納した電波利用料は、前納した者の請求により、その請求をした日後に最初に到来する応当日以後の期間に係るものに限り、還付する。

17 表示者は、第十一項の規定にかかわらず、総務大臣の承認を受けて、同項の規定により当該表示者が対象期間のうち総務省令で定める期間（以下この条において「予納期間」という。）を通じて納付すべき電波利用料の総額の見込額を予納することができる。この場合において、当該表示者は、予納期間において同項の規定による届出をすることを要しない。

18 前項の規定により予納した表示者は、予納期間において表示を付した第十一項の無線設備の数を予納期間が終了した日（当該表示者が表示に係る業務を休止し、又は廃止したときその他総務省令で定める事由が生じた場合には、当該事由が生じた日）の属する月の翌月の十五日までに総務大臣に届け出なければならない。この場合において、当該表示者は、予納した電波利用料の金額が同項の政令で定める金額に予納期間において表示を付した無線設備の数を乗じて得た金額（次項において「要納付額」という。）に足りないときは、その不足金額を当該届出が受理された日から起算して三十日以内に国に納めなければならない。

19 第十七項の規定により表示者が予納した電波利用料の金額が要納付額を超える場合には、その超える金額について、当該表示者の請求により還付する。

20 総務大臣は、電波利用料を納付しようとする者から、預金又は貯金の払出しとその払い出した金銭による電波利用料の納付をその預金口座又は貯金口座のある金融機関に委託して行うことを希望する旨の申出があつた場合には、その納付が確実と認められ、かつ、その申出を承認することが電波利用料の徴収上有利と認められるときに限り、その申出を承認することができる。

21 前項の承認に係る電波利用料が同項の金融機関による当該電波利用料の納付の期限として総務省令で定める日までに納付された場合には、その納付の日が納期限後である場合においても、その納付は、納期限までにされたものとみなす。

22 電波利用料を納付しようとする者は、その電波利用料の額が総務省令で定める金額以下である場合は、納付受託者（第二十四項に規定する納付受託者をいう。）

次項において同じ。）に納付を委託することができる。

23　電波利用料を納付しようとする者が、納付受託者に納付しようとする電波利用料の額に相当する金銭を交付したときは、当該交付した日に当該電波利用料の納付があつたものとみなして、延滞金に関する規定を適用する。

24　電波利用料の納付に関する事務（以下この項及び第三十二項において「納付事務」という。）を適正かつ確実に実施することができると認められる者であり、かつ、政令で定める要件に該当する者として総務大臣が指定するもの（次項から第三十四項までにおいて「納付受託者」という。）は、電波利用料を納付しようとする者の委託を受けて、納付事務を行うことができる。

25　総務大臣は、前項の規定による指定をしたときは、納付受託者の名称、住所又は事務所の所在地その他総務省令で定める事項を公示しなければならない。

26　納付受託者は、その名称、住所又は事務所の所在地を変更しようとするときは、あらかじめ、その旨を総務大臣に届け出なければならない。

27　総務大臣は、前項の規定による届出があつたときは、当該届出に係る事項を公示しなければならない。

28　納付受託者は、第二十二項の規定により電波利用料を納付しようとする者の委託に基づき当該電波利用料の額に相当する金銭の交付を受けたときは、総務省令で定める日までに当該委託を受けた電波利用料を納付しなければならない。

29　納付受託者は、第二十二項の規定により電波利用料を納付しようとする者の委託に基づき当該電波利用料の額に相当する金銭の交付を受けたときは、遅滞なく、総務省令で定めるところにより、その旨及び交付を受けた年月日を総務大臣に報告しなければならない。

30　納付受託者が第二十八項の電波利用料を同項に規定する総務省令で定める日までに完納しないときは、総務大臣は、国税の保証人に関する徴収の例によりその電波利用料を納付受託者から徴収する。

31　総務大臣は、第二十八項の規定により納付受託者が納付すべき電波利用料については、当該納付受託者に対して国税滞納処分の例による処分をしてもなお徴収すべき残余がある場合でなければ、その残余の額について当該電波利用料に係る第二十二項の規定による委託をした者から徴収することができない。

32　納付受託者は、総務省令で定めるところにより、帳簿を備え付け、これに納付事務に関する事項を記載し、及びこれを保存しなければならない。

33　総務大臣は、第二十四項から前項までの規定を施行するため必要があると認めるときは、その必要な限度で、総務省令で定めるところにより、納付受託者に対し、報告をさせることができる。

34　総務大臣は、第二十四項から前項までの規定を施行するため必要があると認めるときは、その必要な限度で、その職員に、納付受託者の事務所に立ち入り、納付受託者の帳簿書類（その作成又は保存に代えて電磁的記録の作成又は保存がされている場合における当該電磁的記録を含む。）その他必要な物件を検査させ、又は関係者に質問させることができる。

35　前項の規定により立入検査を行う職員は、その身分を示す証明書を携帯し、かつ、関係者の請求があるときは、これを提示しなければならない。

36　第三十四項に規定する権限は、犯罪捜査のために認められたものと解してはならない。

37　総務大臣は、第二十四項の規定による指定を受けた者が次の各号のいずれかに該当するときは、その指定を取り消すことができる。

一　第二十四項に規定する指定の要件に該当しなくなつたとき。

二　第二十九項又は第三十三項の規定による報告をせず、又は虚偽の報告をしたとき。

三　第三十二項の規定に違反して、帳簿を備え付けず、帳簿に記載せず、若しくは帳簿に虚偽の記載をし、又は帳簿を保存しなかつたとき。

四　第三十四項の規定による立入り若しくは検査を拒み、妨げ、若しくは忌避し、又は同項の規定による質問に対して陳述をせず、若しくは虚偽の陳述をしたとき。

38　総務大臣は、前項の規定により指定を取り消したときは、その旨を公示しなければならない。

39　総務大臣は、電波利用料を納めない者があるときは、督促状によつて、期限を指定して督促しなければならない。

40　総務大臣は、前項の規定による督促を受けた者がその指定の期限までにその督促に係る電波利用料及び次項の規定による延滞金を納めないときは、国税滞納処分の例により、これを処分する。この場合における電波利用料及び延滞金の先取特権の順位は、国税及び地方税に次ぐものとする。

41　総務大臣は、第三十九項の規定により督促をしたときは、その督促に係る電波利用料の額につき年十四・五パーセントの割合で、納期限の翌日からその納付又は財産差押えの日の前日までの日数により計算した延滞金を徴収する。ただし、やむを得ない事情があると認められるときその他総務省令で定めるときは、この限りでない。

42　第十五項から前項までに規定するもののほか、電波利用料の納付の手続その他電波利用料の納付について必要な事項は、総務省令で定める。

【九十三次改正】

電波法の一部を改正する法律（平成二十三年六月一日法律第六十号）第二条

第百三条の二第二項中「八千七十八万六千六百円」を「九千五百十四万八千九百円」に、「百四十七万九千百円」を「百七十七万四千九百円」に改め、同条第五項及び第六項中「三百六十円」を「四百三十円」に、「二百五十円」を「二百円」に、「三百八十円」を「四百五十円」に改める。

（電波利用料の徴収等）

第百三条の二　免許人等は、電波利用料として、無線局の免許等の日から起算して三十日以内及びその後毎年その免許等の日に応当する日（応当する日がない場合は、その翌日。以下この条において「応当日」という。）から起算して三十日以内に、当該無線局の免許等の日又は応当日（以下この項において「起算日」という。）から始まる各一年の期間（無線局の免許等の日が二月二十九日である場合においてその期間がうるう年の前年の三月一日から始まるときは翌年の二月二十八日までの期間とし、起算日から当該免許等の有効期間の満了の日までの期間が一年に満たない場合はその期間とする。）について、別表第六の上欄に掲げる無線局の区分に従い同表の下欄に掲げる金額（起算日から当該免許等の有効期間の満了の日までの期間が一年に満たない場合は、その額に当該期間の月数を十二で除して得た数を乗じて得た額に相当する金額）を国に納めなければならない。

2　前項の規定によるもののほか、広範囲の地域において同一の者により相当数開設される無線局に専ら使用させることを目的として別表第七の上欄に掲げる区域を単位として総務大臣が指定する周波数（三千メガヘルツ以下のものに限る。）の電波（以下この条において「広域専用電波」という。）を使用する免許人は、電波利用料として、毎年十一月一日までに、その年の十月一日から始まる一年の期間について、当該免許人に係る広域専用電波の周波数の幅のメガヘルツで表した数値に当該区域に応じ同表の下欄に掲げる係数を乗じて得た数値に九千五百十四万八千九百円（別表第六の四の項又は五の項に掲げる無線局に係る広域専用電波にあつては、百七十七万四千九百円）を乗じて得た額に相当する金額を国に納めなければならない。この場合において、広域専用電波を最初に使用する無線局の免許の日（無線局の周波数の指定の変更を受けることにより当該広域専用電波を使用できることとなる場合には、当該指定の変更の日。以下この項において同じ。）が十月一日以外の日である場合における当該免許の日から同日以後の最初の九月末日までの期間についてのこの項前段の規定の適用については、「毎年十一月一日までに、その年の十月一日から始まる一年の期間について」とあるのは「当該広域専用電波を最初に使用する無線局の免許の日（無線局の周波数の指定の変更を受けることにより当該広域専用電波を使用できることとなる場合には、当該指定の変更の日。以下この項において同じ。）の属する月の末日から起算して三十日以内に、当該免許の日から同日以後の最初の九月末日までの期間について」と、「得た額」とあるのは「得た額に当該期間の月数を十二で除して得た数を乗じて得た額」とする。

３　認定計画に係る指定された周波数の電波が広域専用電波である場合において、当該認定計画に係る認定開設者がその認定を受けた日から起算して六月を経過する日（認定計画に係る指定された周波数の電波が当該認定計画に係る認定開設者がその認定を受けた日後に広域専用電波となつた場合にあつては、その認定を受けた日から起算して六月を経過する日又は当該指定された周波数の電波が広域専用電波となつた日のいずれか遅い日。以下この項において「六月経過日」という。）までに当該認定計画に係るいずれの特定基地局の免許も受けなかつたときは、当該認定開設者を当該六月経過日に当該広域専用電波を最初に使用する特定基地局の免許を受けた免許人とみなして、前項の規定を適用する。

４　この条及び次条において「電波利用料」とは、次に掲げる電波の適正な利用の確保に関し総務大臣が無線局全体の受益を直接の目的として行う事務の処理に要する費用（同条において「電波利用共益費用」という。）の財源に充てるために免許人等、第十項の特定免許等不要局を開設した者又は第十一項の表示者が納付すべき金銭をいう。

一　電波の監視及び規正並びに不法に開設された無線局の探査

二　総合無線局管理ファイル（全無線局について第六条第一項及び第二項、第二十七条の三、第二十七条の十八第二項及び第三項並びに第二十七条の二十九第二項及び第三項の書類及び申請書並びに免許状等に記載しなければならない事項その他の無線局の免許等に関する事項を電子情報処理組織によつて記録するファイルをいう。）の作成及び管理

三　周波数を効率的に利用する技術、周波数の共同利用を促進する技術又は高い周波数への移行を促進する技術としておおむね五年以内に開発すべき技術に関する無線設備の技術基準の策定に向けた研究開発並びに既に開発されている周波数を効率的に利用する技術、周波数の共同利用を促進する技術又は高い周波数への移行を促進する技術を用いた無線設備について無線設備の技術基準を策定するために行う国際機関及び外国の行政機関その他の外国の関係機関との連絡調整並びに試験及びその結果の分析

四　電波の人体等への影響に関する調査

五　標準電波の発射

六　特定周波数変更対策業務（第七十一条の三第九項の規定による指定周波数変更対策機関に対する交付金の交付を含む。）

七　特定周波数終了対策業務（第七十一条の三の二第十一項において準用する第七十一条の三第九項の規定による登録周波数終了対策機関に対する交付金の交付を含む。第十項及び第十一項において同じ。）

八　電波の能率的な利用に資する技術を用いて行われる無線通信を利用することが困難な地域において必要最小の空中線電力による当該無線通信の利用を可能とするために行われる次に掲げる設備（当該設備と一体として設置される総務省令で定める附属設備並びに当該設備及び当該附属設備を設置するために必要な工作物を含む。）の整備のための補助金の交付その他の必要な援助

イ　当該無線通信の業務の用に供する無線局の無線設備及び当該無線局の開設に必要な伝送路設備

ロ　当該無線通信の受信を可能とする伝送路設備

九　前号に掲げるもののほか、電波の能率的な利用に資する技術を用いて行われる無線通信を利用することが困難なトンネルその他の環境において当該無線通信の利用を可能とするために行われる設備の整備のための補助金の交付

十　電波の能率的な利用を確保し、又は電波の人体等への悪影響を防止するために行う周波数の使用又は人体等の防護に関するリテラシーの向上のための活動に対する必要な援助

十一　電波利用料に係る制度の企画又は立案その他前各号に掲げる事務に附帯する事務

5　包括免許人又は包括登録人（以下この条において「包括免許人等」という。）は、第一項の規定にかかわらず、電波利用料として、第一号包括免許人にあつては包括免許の日の属する月の末日及びその後毎年その包括免許の日に応当する日（応当する日がない場合は、その前日）の属する月の末日現在において開設している特定無線局の数（以下この項及び次項において「開設無線局数」という。）をその翌月の十五日までに総務大臣に届け出て、当該届出が受理された日から起算して三十日以内に、第二号包括免許人にあつては包括免許の日の属する月の末日及びその後毎年その包括免許の日に応当する日（応当する日がない場合は、その前日）の属する月の末日から起算して四十五日以内に、包括登録人にあつては第二十七条の二十九第一項の規定による登録の日の属する月の末日及びその後毎年その登録の日に応当する日（応当する日がない場合は、その前日）の属する月の末日から起算して四十五日以内にそれぞれ当該包括免許若しくは同項の規定による登録（以下「包括免許等」という。）の日又はその後毎年その包括免許等の日に応当する日（応当する日がない場合は、その翌日）から始まる各一年の期間（包括免許等の日が二月二十九日である場合においてその期間がうるう年の前年の三月一日から始まるときは翌年の二月二十八日までの期間とし、当該包括免許等の日又はその包括免許等の日に応当する日（応当する日がない場合は、その翌日）から当該包括免許等の有効期間の満了の日までの期間が一年に満たない場合はその期間とする。以下この項及び次項において同じ。）について、第一号包括免許人にあつては四百三十円（広域専用電波を使用する無線局及び当該無線局を通信の相手方とする無線局については、二百円）に、第二号包括免許人にあつては別表第六の上欄に掲げる無線局の区分に従い同表の下欄に掲げる金額に、包括登録人にあつては四百五十円（移動しない無線局については、別表第八の上欄に掲げる無線局の区分に従い同表の下欄に掲げる金額）に、それぞれ当該一年の期間に係る開設無線局数又は開設登録局数（登録の日の属する月の末日及びその後毎年その登録の日に応当する日（応当する日がない場合は、その前日）の属する月の末日現在において開設している登録局の数をいう。次項において同じ。）を乗じて得た金額（当該包括免許等の日又はその包括免許等の日に応当する日（応当する日がない場合は、その翌日）から当該包括免許等の有効期間の満了の日までの期間が一年に満たない場合は、その額に当該期間の月数を十二で除して得た数を乗じて得た額に相当する金額）を国に納めなければならない。

6　包括免許人等は、前項の規定によるもののほか、包括免許等の日又はその後毎年その包括免許等の日に応当する日（応当する日がない場合は、その翌日）から始まる各一年の期間において、当該包括免許等の日の属する月の翌月以後の月の末日又はその後毎年その包括免許等の日に応当する日（応当する日がない場合は、その前日）の属する月の翌月以後の月の末日現在において開設している特定無線局又は登録局の数がそれぞれ当該一年の期間に係る開設無線局数（特定無線局（第二十七条の二第一号に掲げる無線局に係るものに限る。）にあつては既にこの項の規定による届出があつた場合には、その届出の日以後においては、その届出に係る特定無線局の数、特定無線局（同条第二号に掲げる無線局に係るものに限る。）にあつては既に特定無線局の数が開設無線局数を超えた月があつた場合

には、その月の翌月以後においては、その月の末日現在において開設している特定無線局の数）又は開設登録局数（既に登録局の数が開設登録局数を超えた月があつた場合は、その月の翌月以後においては、その月の末日現在において開設している登録局の数）を超えたときは、電波利用料として、第一号包括免許人にあつては当該開設している特定無線局の数を当該超えた月の翌月の十五日までに総務大臣に届け出て、当該届出が受理された日から起算して三十日以内に、第二号包括免許人又は包括登録人にあつては当該超えた月の末日から起算して四十五日以内に、当該超えた月から次の包括免許等の日に応当する日（応当する日がない場合は、その前日）の属する月の前月まで又は当該包括免許等の有効期間の満了の日の翌日の属する月の前月までの期間について、第一号包括免許人にあつては四百三十円（広域専用電波を使用する無線局及び当該無線局を通信の相手方とする無線局については、二百円）に、第二号包括免許人にあつては別表第六の上欄に掲げる無線局の区分に従い同表の下欄に掲げる金額に、包括登録人にあつては四百五十円（移動しない無線局については、別表第八の上欄に掲げる無線局の区分に従い同表の下欄に掲げる金額）に、それぞれその超える特定無線局の数又は登録局の数（当該包括免許人等が他の包括免許等（当該包括免許人等の包括免許等に係る無線局と同等の機能を有するものとして総務省令で定める無線局に係るものに限る。）を受けている場合であつて、当該超えた月の末日現在において当該他の包括免許等に基づき開設している特定無線局の数又は登録局の数が当該超えた月の前月の末日現在において当該他の包括免許等に基づき開設している特定無線局の数又は登録局の数を下回るときは、当該超える特定無線局の数又は登録局の数を限度としてこれらの数からそれぞれその下回る特定無線局の数又は登録局の数を控除した数）を乗じて得た金額に当該期間の月数を十二で除して得た数を乗じて得た額に相当する金額を国に納めなければならない。

7　免許人が既開設局の免許人である場合における当該既開設局に係る第一項の規定の適用については、当該既開設局に係る周波数割当計画等の変更（当該既開設局に係る無線局区分の周波数の使用の期限に係るものに限る。）の公示の日から十年を超えない範囲内で政令で定める期間を経過する日までの間は、同項中「金額）」とあるのは、「金額）に、当該免許人等に係る特定周波数変更対策業務（第七十一条の三第九項の規定による指定周波数変更対策機関に対する交付金の交付を含む。）に要すると見込まれる費用の二分の一に相当する額に当該特定周波数変更対策業務に係る既開設局の各免許人が当該既開設局と特定新規開設局とを併せて開設する期間を平均した期間の当該既開設局に係る周波数割当計画等の変更（当該既開設局に係る無線局区分の周波数の使用の期限に係るものに限る。）の公示の日から当該周波数の使用の期限までの期間に対する割合を乗じた額を勘案し、当該既開設局の周波数及び空中線電力に応じて政令で定める金額を加算した金額」とする。

8　免許人等が特定公示局の免許人等である場合における当該特定公示局に係る第一項、第五項及び第六項の規定の適用については、当該特定公示局に係る旧割当期限の満了の日（以下「満了日」という。）の翌日から起算して十年を超えない範囲内で政令で定める期間を経過する日までの間は、第一項中「金額）」とあるのは「金額）に、当該免許人等に係る特定周波数終了対策業務（第七十一条の三の二第十一項において準用する第七十一条の三第九項の規定による登録周波数終了対策機関に対する交付金の交付を含む。）に要すると見込まれる費用（第七十一条第二項又は第七十六条の三第二項の規定に基づき当該特定周波数終了対策業務に係る旧割当期限を定めた周波数の電波を使用する無線局の免許人等に対して補償する場合における当該補償に要すると見込まれる費用を含む。）の二分の一に相当する額及び第八項の政令で定める期間に開設されると見込まれる当該特定周波数終了対策業務に係る特定公示局の数を勘案し、無線局の種別、周波数及び空中線電力に応じて政令で定める金額を加算した金額」と、第五項及び第六項中「掲げる金額）」とあるのは「掲げる金額）に、それぞれ当該包括免許人等に係る特定周波数終了対策業務（第七十一条の三の二第十一項において準用する第七十一条の三第九項の規定による登録周波数終了対策機関に対する交付金の交付を含む。）に要すると見込まれる費用（第七十一条第二項又は第七十六条の三第二項の規定に基づき当該特定周波数終了対策業務に係る旧割当期限を定めた周波数の電波を使用する無線局の免許人等に対して補償する場合における当該補償に要すると見込まれる費用を含む。）の二分の一に相当する額及び第八項の政令で定める期間に開設されると見込まれる当該特定周波数終了対策業務に係る特定公示局の数を勘案し、無線局の種別、周波数及び空中線電力に応じて政令で定める金額を加算した金額」とする。

9　前項の規定にかかわらず、免許人が特定公示局の免許人であつて認定計画に従つて特定基地局を最初に開設する場合における当該最初に開設する特定基地局（当該特定基地局が包括免許に係るものである場合にあつては、当該包括免許に係る他の特定基地局を含む。以下この項において同じ。）に係る第一項又は第五項の規定の適用については、当該特定公示局に係る満了日の翌日から起算して五年を超えない範囲内で政令で定める期間を経過する日までの間は、第一項中「金額）」とあるのは「金額）に、当該免許人等に係る」と、同項及び第五項中「を国に」とあるのは「特定周波数終了対策業務（第七十一条の三の二第十一項において準用する第七十一条の三第九項の規定による登録周波数終了対策機関に対する交付金の交付を含む。）に要すると見込まれる費用（第七十一条第二項又は第七十六条の三第二項の規定に基づき当該特定周波数終了対策業務に係る旧割当期限を定めた周波数の電波を使用する無線局の免許人等に対して補償する場合における当該補償に要すると見込まれる費用を含む。）の二分の一に相当する額を勘案して当該特定基地局に使用させることとする周波数及びその使用区域に応じて政令で定める金額と、当該政令で定める金額未満で当該認定計画に係る認定の有効期間、特定基地局の総数その他の当該認定計画が特定基地局の円滑な開設に寄与する程度を勘案して総務省令で定めるところにより算定した金額とを合算した金額を加算した金額を国に」と、同項中「相当する金額）」とあるのは「相当する金額）に、当該包括免許人等に係る」とする。この場合において、当該認定計画に従つて開設される当該最初に開設する特定基地局以外の特定基地局及び当該認定計画に従つて開設される特定基地局の通信の相手方である移動する無線局については、前項の規定は適用しない。

10　特定周波数終了対策業務に係るすべての特定公示局が第四条第三号の無線局である場合における当該特定公示局（以下「特定免許等不要局」という。）に係る満了日の翌日から起算して十年を超えない範囲内で政令で定める期間を経過する日までの間（以下この条において「対象期間」という。）に当該特定周波数終了対策業務に係る特定免許等不要局（電気通信業務その他これに準ずる業務の用に供する無線局に専ら使用される無線設備であつて総務省令で定めるものを使用するものに限る。）を開設した者は、政令で定める無線局の有する機能ごとに、その者の氏名（法人にあつては、その名称及び代表者の氏名。次項において同じ。）及び住所並びに対象期間における毎年の当該特定免許等不要局に係る満了日に応当する日（応当する日がない場合は、その前日）現在において開設している当該特定免許等不要局の数（以下この項において「開設特定免許等不要局数」という。）をその日の属する月の翌月の十五日までに総務大臣に届け出て、電波利用料として、当該届出が受理された日から起算して三十日以内に、当該応当する日までの一年の期間について、当該特定免許等不要局に係る特定周波数終了対策業務に要すると見込まれる費用（第七十一条第二項又は第七十六条の三第二項の規定に基づき当該特定周波数終了対策業務に係る旧割当期限を定めた周波数の電波を使用する無線局の免許人等に対して補償する場合における当該補償に要する費用を含む。次項において同じ。）の二分の一に相当する額及び対象期間において開設されると見込まれる当該特定周波数終了対策業務に係る特定免許等不要局の数を勘案して当該政令で定める無線局の有する機能に応じて政令で定める金額に当該一年の期間に係る開設特定免許等不要局数を乗じて得た金額を国に納めなければならない。

11　前項に規定する場合において、当該特定周波数終了対策業務に係る特定免許等不要局に使用することができる無線設備（同項の総務省令で定めるものを除く。）に対象期間に表示（第三十八条の七第一項、第三十八条の二十六（外国取扱業者に適用される場合を除く。）又は第三十八条の三十五の規定による表示をいう。第十八項において同じ。）を付した者（以下この条において「表示者」という。）は、政令で定める無線局の有する機能ごとに、その者の氏名及び住所並びに対象期間において毎年の満了日に応当する日（応当する日がない場合は、その前日）前一年間に表示を付した当該無線設備の数その他総務省令で定める事項をその日の属する月の翌月の十五日までに総務大臣に届け出て、電波利用料として、当該届出が受理された日から起算して三十日以内に、当該無線設備を使用する特定免許等不要局に係る特定周波数終了対策業務に要すると見込まれる費用の二分の一に相当する額、対象期間において開設されると見込まれる当該特定周波数終了対策業務に係る特定免許等不要局の数及び当該無線設備が使用されると見込まれる平均的な期間を勘案して当該政令で定める無線局の有する機能に応じて政令で定める金額に、当該一年間に表示を付した無線設備の数（当該無線設備のうち、専ら本邦外において使用されると見込まれるもの及び輸送中又は保管中におけるその機能の障害その他これに類する理由により対象期間において使用されないと見込まれるものがある場合には、総務省令で定めるところにより、これらのものの数を控除した数。第十八項後段において同じ。）を乗じて得た金額を国に納めなければならない。

12　第一項、第二項及び第五項から第十項までの規定は、第二十七条第一項の規定により免許を受けた無線局の免許人又は次の各号に掲げる者が専ら当該各号に定める事務の用に供することを目的として開設する無線局その他これらに類するものとして政令で定める無線局の免許人等（当該無線局が特定免許等不要局であるときは、当該特定免許等不要局を開設した者）には、適用しない。

一　警察庁　警察法（昭和二十九年法律第百六十二号）第二条第一項に規定する責務を遂行するために行う事務

二　消防庁又は地方公共団体　消防組織法（昭和二十二年法律第二百二十六号）第一条に規定する任務を遂行するために行う事務

三　法務省　出入国管理及び難民認定法（昭和二十六年政令第三百十九号）第六十一条の三の二第二項に規定する事務

四　法務省　刑事収容施設及び被収容者等の処遇に関する法律（平成十七年法律第五十号）第三条に規定する刑事施設、少年院法（昭和二十三年法律第百六十九号）第一条に規定する少年院、同法第十六条に規定する少年鑑別所及び婦人補導院法（昭和三十三年法律第十七号）第一条第一項に規定する婦人補導院の管理運営に関する事務

五　公安調査庁　公安調査庁設置法（昭和二十七年法律第二百四十一号）第四条に規定する事務

六　厚生労働省　麻薬及び向精神薬取締法（昭和二十八年法律第十四号）第五十四条第五項に規定する職務を遂行するために行う事務

七　国土交通省　航空法第九十六条第一項の規定による指示に関する事務

八　気象庁　気象業務法（昭和二十七年法律第百六十五号）第二十三条に規定する警報に関する事務

九　海上保安庁　海上保安庁法（昭和二十三年法律第二十八号）第二条第一項に規定する任務を遂行するために行う事務

十　防衛省　自衛隊法（昭和二十九年法律第百六十五号）第三条に規定する任務

を遂行するために行う事務

十一　国の機関、地方公共団体又は水防法（昭和二十四年法律第百九十三号）第二条第一項に規定する水防管理団体　水防事務（第二号に定めるものを除く。）

十二　国の機関　災害対策基本法（昭和三十六年法律第二百二十三号）第三条第一項に規定する責務を遂行するために行う事務（前各号に定めるものを除く。）

13　次の各号に掲げる無線局（前項の政令で定めるものを除く。）の免許人等（当該無線局が特定免許等不要局であるときは、当該特定免許等不要局を開設した者）が納めなければならない電波利用料の金額は、当該各号に定める規定にかかわらず、これらの規定による金額の二分の一に相当する金額とする。

一　前項各号に掲げる者が当該各号に定める事務の用に供することを目的として開設する無線局（専ら当該各号に定める事務の用に供することを目的として開設するものを除く。）　第一項、第二項及び第五項から第十項まで

二　地方公共団体が開設する無線局であつて、災害対策基本法第二条第十号に掲げる地域防災計画の定めるところに従い防災上必要な通信を行うことを目的とするもの（専ら前項第二号及び第十一号に定める事務の用に供することを目的として開設するもの並びに前号に掲げるものを除く。）　第一項及び第五項から第十項まで

三　周波数割当計画において無線局の使用する電波の周波数の全部又は一部について使用の期限が定められている場合（第七十一条の二第一項の規定の適用がある場合を除く。）において当該無線局をその免許等の日又は応当日から起算して二年以内に廃止することについて総務大臣の確認を受けた無線局　第一項

14　第一項、第二項及び第五項の月数は、暦に従つて計算し、一月に満たない端数を生じたときは、これを一月とする。

15　免許人等（包括免許人等を除く。）は、第一項の規定により電波利用料を納めるときには、その翌年の応当日以後の期間に係る電波利用料を前納することができる。

16　前項の規定により前納した電波利用料は、前納した者の請求により、その請求をした日後に最初に到来する応当日以後の期間に係るものに限り、還付する。

17　表示者は、第十一項の規定にかかわらず、総務大臣の承認を受けて、同項の規定により当該表示者が対象期間のうち総務省令で定める期間（以下この条において「予納期間」という。）を通じて納付すべき電波利用料の総額の見込額を予納することができる。この場合において、当該表示者は、予納期間において同項の規定による届出をすることを要しない。

18　前項の規定により予納した表示者は、予納期間において表示を付した第十一項の無線設備の数を予納期間が終了した日（当該表示者が表示に係る業務を休止し、又は廃止したときその他総務省令で定める事由が生じた場合には、当該事由が生じた日）の属する月の翌月の十五日までに総務大臣に届け出なければならない。この場合において、当該表示者は、予納した電波利用料の金額が同項の政令で定める金額に予納期間において表示を付した無線設備の数を乗じて得た金額（次項において「要納付額」という。）に足りないときは、その不足金額を当該届出が受理された日から起算して三十日以内に国に納めなければならない。

19　第十七項の規定により表示者が予納した電波利用料の金額が要納付額を超える場合には、その超える金額について、当該表示者の請求により還付する。

20　総務大臣は、電波利用料を納付しようとする者から、預金又は貯金の払出しとその払い出した金銭による電波利用料の納付をその預金口座又は貯金口座のある金融機関に委託して行うことを希望する旨の申出があつた場合には、その納付が確実と認められ、かつ、その申出を承認することが電波利用料の徴収上有利と認められるときに限り、その申出を承認することができる。

21　前項の承認に係る電波利用料が同項の金融機関による当該電波利用料の納付

の期限として総務省令で定める日までに納付された場合には、その納付の日が納期限後である場合においても、その納付は、納期限までにされたものとみなす。

22　電波利用料を納付しようとする者は、その電波利用料の額が総務省令で定める金額以下である場合は、納付受託者（第二十四項に規定する納付受託者をいう。次項において同じ。）に納付を委託することができる。

23　電波利用料を納付しようとする者が、納付受託者に納付しようとする電波利用料の額に相当する金銭を交付したときは、当該交付した日に当該電波利用料の納付があつたものとみなして、延滞金に関する規定を適用する。

24　電波利用料の納付に関する事務（以下この項及び第三十二項において「納付事務」という。）を適正かつ確実に実施することができると認められる者であり、かつ、政令で定める要件に該当する者として総務大臣が指定するもの（次項から第三十四項までにおいて「納付受託者」という。）は、電波利用料を納付しようとする者の委託を受けて、納付事務を行うことができる。

25　総務大臣は、前項の規定による指定をしたときは、納付受託者の名称、住所又は事務所の所在地その他総務省令で定める事項を公示しなければならない。

26　納付受託者は、その名称、住所又は事務所の所在地を変更しようとするときは、あらかじめ、その旨を総務大臣に届け出なければならない。

27　総務大臣は、前項の規定による届出があつたときは、当該届出に係る事項を公示しなければならない。

28　納付受託者は、第二十二項の規定により電波利用料を納付しようとする者の委託に基づき当該電波利用料の額に相当する金銭の交付を受けたときは、総務省令で定める日までに当該委託を受けた電波利用料を納付しなければならない。

29　納付受託者は、第二十二項の規定により電波利用料を納付しようとする者の委託に基づき当該電波利用料の額に相当する金銭の交付を受けたときは、遅滞なく、総務省令で定めるところにより、その旨及び交付を受けた年月日を総務大臣に報告しなければならない。

30　納付受託者が第二十八項の電波利用料を同項に規定する総務省令で定める日までに完納しないときは、総務大臣は、国税の保証人に関する徴収の例によりその電波利用料を納付受託者から徴収する。

31　総務大臣は、第二十八項の規定により納付受託者が納付すべき電波利用料については、当該納付受託者に対して国税滞納処分の例による処分をしてもなお徴収すべき残余がある場合でなければ、その残余の額について当該電波利用料に係る第二十二項の規定による委託をした者から徴収することができない。

32　納付受託者は、総務省令で定めるところにより、帳簿を備え付け、これに納付事務に関する事項を記載し、及びこれを保存しなければならない。

33　総務大臣は、第二十四項から前項までの規定を施行するため必要があると認めるときは、その必要な限度で、総務省令で定めるところにより、納付受託者に対し、報告をさせることができる。

34　総務大臣は、第二十四項から前項までの規定を施行するため必要があると認めるときは、その必要な限度で、その職員に、納付受託者の事務所に立ち入り、納付受託者の帳簿書類（その作成又は保存に代えて電磁的記録の作成又は保存がされている場合における当該電磁的記録を含む。）その他必要な物件を検査させ、又は関係者に質問させることができる。

35　前項の規定により立入検査を行う職員は、その身分を示す証明書を携帯し、かつ、関係者の請求があるときは、これを提示しなければならない。

36　第三十四項に規定する権限は、犯罪捜査のために認められたものと解してはならない。

37　総務大臣は、第二十四項の規定による指定を受けた者が次の各号のいずれかに該当するときは、その指定を取り消すことができる。

一　第二十四項に規定する指定の要件に該当しなくなつたとき。

二　第二十九項又は第三十三項の規定による報告をせず、又は虚偽の報告をしたとき。

三　第三十二項の規定に違反して、帳簿を備え付けず、帳簿に記載せず、若しくは帳簿に虚偽の記載をし、又は帳簿を保存しなかつたとき。

四　第三十四項の規定による立入り若しくは検査を拒み、妨げ、若しくは忌避し、又は同項の規定による質問に対して陳述をせず、若しくは虚偽の陳述をしたとき。

38　総務大臣は、前項の規定により指定を取り消したときは、その旨を公示しなければならない。

39　総務大臣は、電波利用料を納めない者があるときは、督促状によつて、期限を指定して督促しなければならない。

40　総務大臣は、前項の規定による督促を受けた者がその指定の期限までにその督促に係る電波利用料及び次項の規定による延滞金を納めないときは、国税滞納処分の例により、これを処分する。この場合における電波利用料及び延滞金の先取特権の順位は、国税及び地方税に次ぐものとする。

41　総務大臣は、第三十九項の規定により督促をしたときは、その督促に係る電波利用料の額につき年十四・五パーセントの割合で、納期限の翌日からその納付又は財産差押えの日の前日までの日数により計算した延滞金を徴収する。ただし、やむを得ない事情があると認められるときその他総務省令で定めるときは、この限りでない。

42　第十五項から前項までに規定するもののほか、電波利用料の納付の手続その他電波利用料の納付について必要な事項は、総務省令で定める。

【　九十五次改正　】

電波法の一部を改正する法律（平成二十五年六月十二日法律第三十六号）

第百三条の二第四項第十一号を同項第十二号とし、同項第十号を同項第十一号とし、同項第九号中「前号」を「前二号」に改め、同号を同項第十号とし、同項第八号中「電波」を「前号に掲げるもののほか、電波」に改め、同号を同項第九号とし、同項第七号の次に次の一号を加える。
（追加された第四項第八号の規定は、後掲の条文の通り。）

（電波利用料の徴収等）

第百三条の二　免許人等は、電波利用料として、無線局の免許等の日から起算して三十日以内及びその後毎年その免許等の日に応当する日（応当する日がない場合は、その翌日。以下この条において「応当日」という。）から起算して三十日以内に、当該無線局の免許等の日又は応当日（以下この項において「起算日」という。）から始まる各一年の期間（無線局の免許等の日が二月二十九日である場合においてその期間がうるう年の前年の三月一日から始まるときは翌年の二月二十八日までの期間とし、起算日から当該免許等の有効期間の満了の日までの期間が一年に満たない場合はその期間とする。）について、別表第六の上欄に掲げる無線局の区分に従い同表の下欄に掲げる金額（起算日から当該免許等の有効期間の満了の日までの期間が一年に満たない場合は、その額に当該期間の月数を十二で除して得た数を乗じて得た額に相当する金額）を国に納めなければならない。

2　前項の規定によるもののほか、広範囲の地域において同一の者により相当数開設される無線局に専ら使用させることを目的として別表第七の上欄に掲げる区域を単位として総務大臣が指定する周波数（三千メガヘルツ以下のものに限る。）の電波（以下この条において「広域専用電波」という。）を使用する免許人は、電波利用料として、毎年十一月一日までに、その年の十月一日から始まる一年の期間について、当該免許人に係る広域専用電波の周波数の幅のメガヘルツで表した数値に当該区域に応じ同表の下欄に掲げる係数を乗じて得た数値に九千五百十四万八千九百円（別表第六の四の項又は五の項に掲げる無線局に係る広域専用電波にあつては、百七十七万四千九百円）を乗じて得た額に相当する金額を国に納めなければならない。この場合において、広域専用電波を最初に使用する無線局の免許の日（無線局の周波数の指定の変更を受けることにより当該広域専用電波を使用できることとなる場合には、当該指定の変更の日。以下この項において同じ。）が十月一日以外の日である場合における当該免許の日から同日以後の最初の九月末日までの期間についてのこの項前段の規定の適用については、「毎年十一月一日までに、その年の十月一日から始まる一年の期間について」とあるのは「当該広域専用電波を最初に使用する無線局の免許の日（無線局の周波数の指定の変更を受けることにより当該広域専用電波を使用できることとなる場合には、当該指定の変更の日。以下この項において同じ。）の属する月の末日から起算して三十日以内に、当該免許の日から同日以後の最初の九月末日までの期間について」と、「得た額」とあるのは「得た額に当該期間の月数を十二で除して得た数を乗じて得た額」とする。

3　認定計画に係る指定された周波数の電波が広域専用電波である場合において、当該認定計画に係る認定開設者がその認定を受けた日から起算して六月を経過する日（認定計画に係る指定された周波数の電波が当該認定計画に係る認定開設者がその認定を受けた日後に広域専用電波となつた場合にあつては、その認定を受けた日から起算して六月を経過する日又は当該指定された周波数の電波が広域専用電波となつた日のいずれか遅い日。以下この項において「六月経過日」という。）までに当該認定計画に係るいずれの特定基地局の免許も受けなかつたときは、当該認定開設者を当該六月経過日に当該広域専用電波を最初に使用する特定基地局の免許を受けた免許人とみなして、前項の規定を適用する。

4　この条及び次条において「電波利用料」とは、次に掲げる電波の適正な利用の確保に関し総務大臣が無線局全体の受益を直接の目的として行う事務の処理に要する費用（同条において「電波利用共益費用」という。）の財源に充てるために免許人等、第十項の特定免許等不要局を開設した者又は第十一項の表示者が納付すべき金銭をいう。

一　電波の監視及び規正並びに不法に開設された無線局の探査

二　総合無線局管理ファイル（全無線局について第六条第一項及び第二項、第二十七条の三、第二十七条の十八第二項及び第三項並びに第二十七条の二十九第二項及び第三項の書類及び申請書並びに免許状等に記載しなければならない事項その他の無線局の免許等に関する事項を電子情報処理組織によつて記録するファイルをいう。）の作成及び管理

三　周波数を効率的に利用する技術、周波数の共同利用を促進する技術又は高い周波数への移行を促進する技術としておおむね五年以内に開発すべき技術に関する無線設備の技術基準の策定に向けた研究開発並びに既に開発されている周波数を効率的に利用する技術、周波数の共同利用を促進する技術又は高い周波数への移行を促進する技術を用いた無線設備について無線設備の技術基準を策定するために行う国際機関及び外国の行政機関その他の外国の関係機関との連絡調整並びに試験及びその結果の分析

四　電波の人体等への影響に関する調査

五　標準電波の発射

六　特定周波数変更対策業務（第七十一条の三第九項の規定による指定周波数変更対策機関に対する交付金の交付を含む。）

七　特定周波数終了対策業務（第七十一条の三の二第十一項において準用する第七十一条の三第九項の規定による登録周波数終了対策機関に対する交付金の交付を含む。第十項及び第十一項において同じ。）

八　現に設置されている人命又は財産の保護の用に供する無線設備による無線通信について、当該無線設備が用いる技術の内容、当該無線設備が使用する周

波数の電波の利用状況、当該無線通信の利用に対する需要の動向その他の事情を勘案して電波の能率的な利用に資する技術を用いた無線設備により行われるようにするため必要があると認められる場合における当該技術を用いた人命又は財産の保護の用に供する無線設備（当該無線設備と一体として設置される総務省令で定める附属設備並びに当該無線設備及び当該附属設備を設置するために必要な工作物を含む。）の整備のための補助金の交付

九　前号に掲げるもののほか、電波の能率的な利用に資する技術を用いて行われる無線通信を利用することが困難な地域において必要最小の空中線電力による当該無線通信の利用を可能とするために行われる次に掲げる設備（当該設備と一体として設置される総務省令で定める附属設備並びに当該設備及び当該附属設備を設置するために必要な工作物を含む。）の整備のための補助金の交付その他の必要な援助

イ　当該無線通信の業務の用に供する無線局の無線設備及び当該無線局の開設に必要な伝送路設備

ロ　当該無線通信の受信を可能とする伝送路設備

十　前二号に掲げるもののほか、電波の能率的な利用に資する技術を用いて行われる無線通信を利用することが困難なトンネルその他の環境において当該無線通信の利用を可能とするために行われる設備の整備のための補助金の交付

十一　電波の能率的な利用を確保し、又は電波の人体等への悪影響を防止するために行う周波数の使用又は人体等の防護に関するリテラシーの向上のための活動に対する必要な援助

十二　電波利用料に係る制度の企画又は立案その他前各号に掲げる事務に附帯する事務

5　包括免許人又は包括登録人（以下この条において「包括免許人等」という。）は、第一項の規定にかかわらず、電波利用料として、第一号包括免許人にあつては包括免許の日の属する月の末日及びその後毎年その包括免許の日に応当する日（応当する日がない場合は、その前日）の属する月の末日現在において開設している特定無線局の数（以下この項及び次項において「開設無線局数」という。）をその翌月の十五日までに総務大臣に届け出て、当該届出が受理された日から起算して三十日以内に、第二号包括免許人にあつては包括免許の日の属する月の末日及びその後毎年その包括免許の日に応当する日（応当する日がない場合は、その前日）の属する月の末日から起算して四十五日以内に、包括登録人にあつては第二十七条の二十九第一項の規定による登録の日の属する月の末日及びその後毎年その登録の日に応当する日（応当する日がない場合は、その前日）の属する月の末日から起算して四十五日以内にそれぞれ当該包括免許若しくは同項の規定による登録（以下「包括免許等」という。）の日又はその後毎年その包括免許等の日に応当する日（応当する日がない場合は、その翌日）から始まる各一年の期間（包括免許等の日が二月二十九日である場合においてその期間がうるう年の前年の三月一日から始まるときは翌年の二月二十八日までの期間とし、当該包括免許等の日又はその包括免許等の日に応当する日（応当する日がない場合は、その翌日）から当該包括免許等の有効期間の満了の日までの期間が一年に満たない場合はその期間とする。以下この項及び次項において同じ。）について、第一号包括免許人にあつては四百三十円（広域専用電波を使用する無線局及び当該無線局を通信の相手方とする無線局については、二百円）に、第二号包括免許人にあつては別表第六の上欄に掲げる無線局の区分に従い同表の下欄に掲げる金額に、包括登録人にあつては四百五十円（移動しない無線局については、別表第八の上欄に掲げる無線局の区分に従い同表の下欄に掲げる金額）に、それぞれ当該一年の期間に係る開設無線局数又は開設登録局数（登録の日の属する月の末日及びその後毎年その登録の日に応当する日（応当する日がない場合は、その前日）の属する月の末日現在において開設している登録局の数をいう。次項において同じ。）

を乗じて得た金額（当該包括免許等の日又はその包括免許等の日に応当する日（応当する日がない場合は、その翌日）から当該包括免許等の有効期間の満了の日までの期間が一年に満たない場合は、その額に当該期間の月数を十二で除して得た数を乗じて得た額に相当する金額）を国に納めなければならない。

6　包括免許人等は、前項の規定によるもののほか、包括免許等の日又はその後毎年その包括免許等の日に応当する日（応当する日がない場合は、その翌日）から始まる各一年の期間において、当該包括免許等の日の属する月の翌月以後の月の末日又はその後毎年その包括免許等の日に応当する日（応当する日がない場合は、その前日）の属する月の翌月以後の月の末日現在において開設している特定無線局又は登録局の数がそれぞれ当該一年の期間に係る開設無線局数（特定無線局（第二十七条の二第一号に掲げる無線局に係るものに限る。）にあつては既にこの項の規定による届出があつた場合には、その届出の日以後においては、その届出に係る特定無線局の数、特定無線局（同条第二号に掲げる無線局に係るものに限る。）にあつては既に特定無線局の数が開設無線局数を超えた月があつた場合には、その月の翌月以後においては、その月の末日現在において開設している特定無線局の数）又は開設登録局数（既に登録局の数が開設登録局数を超えた月があつた場合は、その月の翌月以後においては、その月の末日現在において開設している登録局の数）を超えたときは、電波利用料として、第一号包括免許人にあつては当該開設している特定無線局の数を当該超えた月の翌月の十五日までに総務大臣に届け出て、当該届出が受理された日から起算して三十日以内に、第二号包括免許人又は包括登録人にあつては当該超えた月の末日から起算して四十五日以内に、当該超えた月から次の包括免許等の日に応当する日（応当する日がない場合は、その前日）の属する月の前月まで又は当該包括免許等の有効期間の満了の日の翌日の属する月の前月までの期間について、第一号包括免許人にあつては四百三十円（広域専用電波を使用する無線局及び当該無線局を通信の相手方とする無線局については、二百円）に、第二号包括免許人にあつては別表第六の上欄に掲げる無線局の区分に従い同表の下欄に掲げる金額に、包括登録人にあつては四百五十円（移動しない無線局については、別表第八の上欄に掲げる無線局の区分に従い同表の下欄に掲げる金額）に、それぞれその超える特定無線局の数又は登録局の数（当該包括免許人等が他の包括免許等（当該包括免許人等の包括免許等に係る無線局と同等の機能を有するものとして総務省令で定める無線局に係るものに限る。）を受けている場合であつて、当該超えた月の末日現在において当該他の包括免許等に基づき開設している特定無線局の数又は登録局の数が当該超えた月の前月の末日現在において当該他の包括免許等に基づき開設している特定無線局の数又は登録局の数を下回るときは、当該超える特定無線局の数又は登録局の数を限度としてこれらの数からそれぞれその下回る特定無線局の数又は登録局の数を控除した数）を乗じて得た金額に当該期間の月数を十二で除して得た数を乗じて得た額に相当する金額を国に納めなければならない。

7　免許人が既開設局の免許人である場合における当該既開設局に係る第一項の規定の適用については、当該既開設局に係る周波数割当計画等の変更（当該既開設局に係る無線局区分の周波数の使用の期限に係るものに限る。）の公示の日から十年を超えない範囲内で政令で定める期間を経過する日までの間は、同項中「金額）」とあるのは、「金額）に、当該免許人等に係る特定周波数変更対策業務（第七十一条の三第九項の規定による指定周波数変更対策機関に対する交付金の交付を含む。）に要すると見込まれる費用の二分の一に相当する額に当該特定周波数変更対策業務に係る既開設局の各免許人が当該既開設局と特定新規開設局とを併せて開設する期間を平均した期間の当該既開設局に係る周波数割当計画等の変更（当該既開設局に係る無線局区分の周波数の使用の期限に係るものに限る。）の公示の日から当該周波数の使用の期限までの期間に対する割合を乗じた額を勘案し、当該既開設局の周波数及び空中線電力に応じて政令で定める金額を加算した金額」とする。

8　免許人等が特定公示局の免許人等である場合における当該特定公示局に係る第一項、第五項及び第六項の規定の適用については、当該特定公示局に係る旧割当期限の満了の日（以下「満了日」という。）の翌日から起算して十年を超えない範囲内で政令で定める期間を経過する日までの間は、第一項中「金額）」とあるのは「金額）に、当該免許人等に係る特定周波数終了対策業務（第七十一条の三の二第十一項において準用する第七十一条の三第九項の規定による登録周波数終了対策機関に対する交付金の交付を含む。）に要すると見込まれる費用（第七十一条第二項又は第七十六条の三第二項の規定に基づき当該特定周波数終了対策業務に係る旧割当期限を定めた周波数の電波を使用する無線局の免許人等に対して補償する場合における当該補償に要すると見込まれる費用を含む。）の二分の一に相当する額及び第八項の政令で定める期間に開設されると見込まれる当該特定周波数終了対策業務に係る特定公示局の数を勘案し、無線局の種別、周波数及び空中線電力に応じて政令で定める金額を加算した金額」と、第五項及び第六項中「掲げる金額）」とあるのは「掲げる金額）に、それぞれ当該包括免許人等に係る特定周波数終了対策業務（第七十一条の三の二第十一項において準用する第七十一条の三第九項の規定による登録周波数終了対策機関に対する交付金の交付を含む。）に要すると見込まれる費用（第七十一条第二項又は第七十六条の三第二項の規定に基づき当該特定周波数終了対策業務に係る旧割当期限を定めた周波数の電波を使用する無線局の免許人等に対して補償する場合における当該補償に要すると見込まれる費用を含む。）の二分の一に相当する額及び第八項の政令で定める期間に開設されると見込まれる当該特定周波数終了対策業務に係る特定公示局の数を勘案し、無線局の種別、周波数及び空中線電力に応じて政令で定める金額を加算した金額」とする。

9　前項の規定にかかわらず、免許人が特定公示局の免許人であつて認定計画に従つて特定基地局を最初に開設する場合における当該最初に開設する特定基地局（当該特定基地局が包括免許に係るものである場合にあつては、当該包括免許に係る他の特定基地局を含む。以下この項において同じ。）に係る第一項又は第五項の規定の適用については、当該特定公示局に係る満了日の翌日から起算して五年を超えない範囲内で政令で定める期間を経過する日までの間は、第一項中「金額）」とあるのは「金額）に、当該免許人等に係る」と、同項及び第五項中「を国に」とあるのは「特定周波数終了対策業務（第七十一条の三の二第十一項において準用する第七十一条の三第九項の規定による登録周波数終了対策機関に対する交付金の交付を含む。）に要すると見込まれる費用（第七十一条第二項又は第七十六条の三第二項の規定に基づき当該特定周波数終了対策業務に係る旧割当期限を定めた周波数の電波を使用する無線局の免許人等に対して補償する場合における当該補償に要すると見込まれる費用を含む。）の二分の一に相当する額を勘案して当該特定基地局に使用させることとする周波数及びその使用区域に応じて政令で定める金額と、当該政令で定める金額未満で当該認定計画に係る認定の有効期間、特定基地局の総数その他の当該認定計画が特定基地局の円滑な開設に寄与する程度を勘案して総務省令で定めるところにより算定した金額とを合算した金額を国に」と、同項中「相当する金額）」とあるのは「相当する金額）に、当該包括免許人等に係る」とする。この場合において、当該認定計画に従つて開設される当該最初に開設する特定基地局以外の特定基地局及び当該認定計画に従つて開設される特定基地局の通信の相手方である移動する無線局については、前項の規定は適用しない。

10　特定周波数終了対策業務に係るすべての特定公示局が第四条第三号の無線局である場合における当該特定公示局（以下「特定免許等不要局」という。）に係る満了日の翌日から起算して十年を超えない範囲内で政令で定める期間を経過する日までの間（以下この条において「対象期間」という。）に当該特定周波数終了対策業務に係る特定免許等不要局（電気通信業務その他これに準ずる業務の用に供する無線局に専ら使用される無線設備であつて総務省令で定めるものを使用するものに限る。）を開設した者は、政令で定める無線局の有する機能ごとに、その者の氏名（法人にあつては、その名称及び代表者の氏名。次項において同じ。）及び住所並びに対象期間における毎年の当該特定免許等不要局に係る満了日に応当する日（応当する日がない場合は、その前日）現在において開設している当該特定免許等不要局の数（以下この項において「開設特定免許等不要局数」という。）をその日の属する月の翌月の十五日までに総務大臣に届け出て、電波利用料として、当該届出が受理された日から起算して三十日以内に、当該応当する日までの一年の期間について、当該特定免許等不要局に係る特定周波数終了対策業務に要すると見込まれる費用（第七十一条第二項又は第七十六条の三第二項の規定に基づき当該特定周波数終了対策業務に係る旧割当期限を定めた周波数の電波を使用する無線局の免許人等に対して補償する場合における当該補償に要する費用を含む。次項において同じ。）の二分の一に相当する額及び対象期間において開設されると見込まれる当該特定周波数終了対策業務に係る特定免許等不要局の数を勘案して当該政令で定める無線局の有する機能に応じて政令で定める金額に当該一年の期間に係る開設特定免許等不要局数を乗じて得た金額を国に納めなければならない。

11　前項に規定する場合において、当該特定周波数終了対策業務に係る特定免許等不要局に使用することができる無線設備（同項の総務省令で定めるものを除く。）に対象期間に表示（第三十八条の七第一項、第三十八条の二十六（外国取扱業者に適用される場合を除く。）又は第三十八条の三十五の規定による表示をいう。第十八項において同じ。）を付した者（以下この条において「表示者」という。）は、政令で定める無線局の有する機能ごとに、その者の氏名及び住所並びに対象期間において毎年の満了日に応当する日（応当する日がない場合は、その前日）前一年間に表示を付した当該無線設備の数その他総務省令で定める事項をその日の属する月の翌月の十五日までに総務大臣に届け出て、電波利用料として、当該届出が受理された日から起算して三十日以内に、当該無線設備を使用する特定免許等不要局に係る特定周波数終了対策業務に要すると見込まれる費用の二分の一に相当する額、対象期間において開設されると見込まれる当該特定周波数終了対策業務に係る特定免許等不要局の数及び当該無線設備が使用されると見込まれる平均的な期間を勘案して当該政令で定める無線局の有する機能に応じて政令で定める金額に、当該一年間に表示を付した無線設備の数（当該無線設備のうち、専ら本邦外において使用されると見込まれるもの及び輸送中又は保管中におけるその機能の障害その他これに類する理由により対象期間において使用されないと見込まれるものがある場合には、総務省令で定めるところにより、これらのものの数を控除した数。第十八項後段において同じ。）を乗じて得た金額を国に納めなければならない。

12　第一項、第二項及び第五項から第十項までの規定は、第二十七条第一項の規定により免許を受けた無線局の免許人又は次の各号に掲げる者が専ら当該各号に定める事務の用に供することを目的として開設する無線局その他これらに類するものとして政令で定める無線局の免許人等（当該無線局が特定免許等不要局であるときは、当該特定免許等不要局を開設した者）には、適用しない。

一　警察庁　警察法（昭和二十九年法律第百六十二号）第二条第一項に規定する責務を遂行するために行う事務

二　消防庁又は地方公共団体　消防組織法（昭和二十二年法律第二百二十六号）第一条に規定する任務を遂行するために行う事務

三　法務省　出入国管理及び難民認定法（昭和二十六年政令第三百十九号）第六十一条の三の二第二項に規定する事務

四　法務省　刑事収容施設及び被収容者等の処遇に関する法律（平成十七年法律

第五十号）第三条に規定する刑事施設、少年院法（昭和二十三年法律第百六十九号）第一条に規定する少年院、同法第十六条に規定する少年鑑別所及び婦人補導院法（昭和三十三年法律第十七号）第一条第一項に規定する婦人補導院の管理運営に関する事務

五　公安調査庁　公安調査庁設置法（昭和二十七年法律第二百四十一号）第四条に規定する事務

六　厚生労働省　麻薬及び向精神薬取締法（昭和二十八年法律第十四号）第五十四条第五項に規定する職務を遂行するために行う事務

七　国土交通省　航空法第九十六条第一項の規定による指示に関する事務

八　気象庁　気象業務法（昭和二十七年法律第百六十五号）第二十三条に規定する警報に関する事務

九　海上保安庁　海上保安庁法（昭和二十三年法律第二十八号）第二条第一項に規定する任務を遂行するために行う事務

十　防衛省　自衛隊法（昭和二十九年法律第百六十五号）第三条に規定する任務を遂行するために行う事務

十一　国の機関、地方公共団体又は水防法（昭和二十四年法律第百九十三号）第二条第一項に規定する水防管理団体　水防事務（第二号に定めるものを除く。）

十二　国の機関　災害対策基本法（昭和三十六年法律第二百二十三号）第三条第一項に規定する責務を遂行するために行う事務（前各号に定めるものを除く。）

13　次の各号に掲げる無線局（前項の政令で定めるものを除く。）の免許人等（当該無線局が特定免許等不要局であるときは、当該特定免許等不要局を開設した者）が納めなければならない電波利用料の金額は、当該各号に定める規定にかかわらず、これらの規定による金額の二分の一に相当する金額とする。

一　前項各号に掲げる者が当該各号に定める事務の用に供することを目的として開設する無線局（専ら当該各号に定める事務の用に供することを目的として開設するものを除く。）　第一項、第二項及び第五項から第十項まで

二　地方公共団体が開設する無線局であつて、災害対策基本法第二条第十号に掲げる地域防災計画の定めるところに従い防災上必要な通信を行うことを目的とするもの（専ら前項第二号及び第十一号に定める事務の用に供することを目的として開設するもの並びに前号に掲げるものを除く。）　第一項及び第五項から第十項まで

三　周波数割当計画において無線局の使用する電波の周波数の全部又は一部について使用の期限が定められている場合（第七十一条の二第一項の規定の適用がある場合を除く。）において当該無線局をその免許等の日又は応当日から起算して二年以内に廃止することについて総務大臣の確認を受けた無線局　第一項

14　第一項、第二項及び第五項の月数は、暦に従つて計算し、一月に満たない端数を生じたときは、これを一月とする。

15　免許人等（包括免許人等を除く。）は、第一項の規定により電波利用料を納めるときには、その翌年の応当日以後の期間に係る電波利用料を前納することができる。

16　前項の規定により前納した電波利用料は、前納した者の請求により、その請求をした日後に最初に到来する応当日以後の期間に係るものに限り、還付する。

17　表示者は、第十一項の規定にかかわらず、総務大臣の承認を受けて、同項の規定により当該表示者が対象期間のうち総務省令で定める期間（以下この条において「予納期間」という。）を通じて納付すべき電波利用料の総額の見込額を予納することができる。この場合において、当該表示者は、予納期間において同項の規定による届出をすることを要しない。

18　前項の規定により予納した表示者は、予納期間において表示を付した第十一項の無線設備の数を予納期間が終了した日（当該表示者が表示に係る業務を休止し、

又は廃止したときその他総務省令で定める事由が生じた場合には、当該事由が生じた日）の属する月の翌月の十五日までに総務大臣に届け出なければならない。この場合において、当該表示者は、予納した電波利用料の金額が同項の政令で定める金額に予納期間において表示を付した無線設備の数を乗じて得た金額（次項において「要納付額」という。）に足りないときは、その不足金額を当該届出が受理された日から起算して三十日以内に国に納めなければならない。

19　第十七項の規定により表示者が予納した電波利用料の金額が要納付額を超える場合には、その超える金額について、当該表示者の請求により還付する。

20　総務大臣は、電波利用料を納付しようとする者から、預金又は貯金の払出しとその払い出した金銭による電波利用料の納付をその預金口座又は貯金口座のある金融機関に委託して行うことを希望する旨の申出があつた場合には、その納付が確実と認められ、かつ、その申出を承認することが電波利用料の徴収上有利と認められるときに限り、その申出を承認することができる。

21　前項の承認に係る電波利用料が同項の金融機関による当該電波利用料の納付の期限として総務省令で定める日までに納付された場合には、その納付の日が納期限後である場合においても、その納付は、納期限までにされたものとみなす。

22　電波利用料を納付しようとする者は、その電波利用料の額が総務省令で定める金額以下である場合は、納付受託者（第二十四項に規定する納付受託者をいう。次項において同じ。）に納付を委託することができる。

23　電波利用料を納付しようとする者が、納付受託者に納付しようとする電波利用料の額に相当する金銭を交付したときは、当該交付した日に当該電波利用料の納付があつたものとみなして、延滞金に関する規定を適用する。

24　電波利用料の納付に関する事務（以下この項及び第三十二項において「納付事務」という。）を適正かつ確実に実施することができると認められる者であり、かつ、政令で定める要件に該当する者として総務大臣が指定するもの（次項から第三十四項までにおいて「納付受託者」という。）は、電波利用料を納付しようとする者の委託を受けて、納付事務を行うことができる。

25　総務大臣は、前項の規定による指定をしたときは、納付受託者の名称、住所又は事務所の所在地その他総務省令で定める事項を公示しなければならない。

26　納付受託者は、その名称、住所又は事務所の所在地を変更しようとするときは、あらかじめ、その旨を総務大臣に届け出なければならない。

27　総務大臣は、前項の規定による届出があつたときは、当該届出に係る事項を公示しなければならない。

28　納付受託者は、第二十二項の規定により電波利用料を納付しようとする者の委託に基づき当該電波利用料の額に相当する金銭の交付を受けたときは、総務省令で定める日までに当該委託を受けた電波利用料を納付しなければならない。

29　納付受託者は、第二十二項の規定により電波利用料を納付しようとする者の委託に基づき当該電波利用料の額に相当する金銭の交付を受けたときは、遅滞なく、総務省令で定めるところにより、その旨及び交付を受けた年月日を総務大臣に報告しなければならない。

30　納付受託者が第二十八項の電波利用料を同項に規定する総務省令で定める日までに完納しないときは、総務大臣は、国税の保証人に関する徴収の例によりその電波利用料を納付受託者から徴収する。

31　総務大臣は、第二十八項の規定により納付受託者が納付すべき電波利用料については、当該納付受託者に対して国税滞納処分の例による処分をしてもなお徴収すべき残余がある場合でなければ、その残余の額について当該電波利用料に係る第二十二項の規定による委託をした者から徴収することができない。

32　納付受託者は、総務省令で定めるところにより、帳簿を備え付け、これに納付事務に関する事項を記載し、及びこれを保存しなければならない。

33　総務大臣は、第二十四項から前項までの規定を施行するため必要があると認めるときは、その必要な限度で、総務省令で定めるところにより、納付受託者に対し、報告をさせることができる。

34 総務大臣は、第二十四項から前項までの規定を施行するため必要があると認めるときは、その必要な限度で、その職員に、納付受託者の事務所に立ち入り、納付受託者の帳簿書類（その作成又は保存に代えて電磁的記録の作成又は保存がされている場合における当該電磁的記録を含む。）その他必要な物件を検査させ、又は関係者に質問させることができる。

35 前項の規定により立入検査を行う職員は、その身分を示す証明書を携帯し、かつ、関係者の請求があるときは、これを提示しなければならない。

36 第三十四項に規定する権限は、犯罪捜査のために認められたものと解してはならない。

37 総務大臣は、第二十四項の規定による指定を受けた者が次の各号のいずれかに該当するときは、その指定を取り消すことができる。

一 第二十四項に規定する指定の要件に該当しなくなつたとき。

二 第二十九項又は第三十三項の規定による報告をせず、又は虚偽の報告をしたとき。

三 第三十二項の規定に違反して、帳簿を備え付けず、帳簿に記載せず、若しくは帳簿に虚偽の記載をし、又は帳簿を保存しなかつたとき。

四 第三十四項の規定による立入り若しくは検査を拒み、妨げ、若しくは忌避し、又は同項の規定による質問に対して陳述をせず、若しくは虚偽の陳述をしたとき。

38 総務大臣は、前項の規定により指定を取り消したときは、その旨を公示しなければならない。

39 総務大臣は、電波利用料を納めない者があるときは、督促状によつて、期限を指定して督促しなければならない。

40 総務大臣は、前項の規定による督促を受けた者がその指定の期限までにその督促に係る電波利用料及び次項の規定による延滞金を納めないときは、国税滞納処分の例により、これを処分する。この場合における電波利用料及び延滞金の先取特権の順位は、国税及び地方税に次ぐものとする。

41 総務大臣は、第三十九項の規定により督促をしたときは、その督促に係る電波利用料の額につき年十四・五パーセントの割合で、納期限の翌日からその納付又は財産差押えの日の前日までの日数により計算した延滞金を徴収する。ただし、やむを得ない事情があると認められるときその他総務省令で定めるときは、この限りでない。

42 第十五項から前項までに規定するもののほか、電波利用料の納付の手続その他電波利用料の納付について必要な事項は、総務省令で定める。

【九十七次改正】

電波法の一部を改正する法律（平成二十六年四月二十三日法律第二十六号）

第百三条の二第二項中「に九千五百十四万八千九百円（別表第六の四の項」を「を九千九百八十五万九千六百円（別表第六の一の項又は二の項に掲げる無線局のうち電気通信業務を行うことを目的とするもの（二、〇二五メガヘルツを超え二、一一〇メガヘルツ以下、二、二〇〇メガヘルツを超え二、二九〇メガヘルツ以下及び二、五四五メガヘルツを超え二、六五五メガヘルツ以下の周波数の電波を使用するものを除く。）に係る広域専用電波にあつては六千二百十六万九千百円、同表の四の項」に、「、百七十七万四千九百円」を「二百十二万九千八百円、同表の六の項に掲げる無線局に係る広域専用電波にあつては二千九百三十三万三千百円」に改め、同条第三項中「前項」の下に「及び第十九項」を加え、同条第四項各号列記以外の部分中「第十項」を「第十二項」に、「第十一項」を「第十三項」に改め、同項第七号中「第十項及び第十一項」を「第十二項及び第十三項」に改め、同条第五項及び第六項中「四百三十円」を「五百十円」に改め、「及び当該無線局」を削り、「四百五十円」を「五百四十円」に改め、同条第四十二項中「第十五項」を「第十七項」に改め、同項を同条第四十五項とし、同条第四十一項中「第三十九項」を「第四十二項」に改め、同項を同条第四十四項とし、同条中第四十項を第四十三項とし、第三十九項を第四十二項とし、第三十八項を第四十一項とし、同条第三十七項中「第二十四項の」を「第二十七項の」に改め、同項第一号中「第二十四項」を「第二十七項」に改め、同項第二号中「第二十九項又は第三十三項」を「第三十二項又は第三十六項」に改め、同項第三号中「第三十二項」を「第三十五項」に改め、同項第四号中「第三十四項」を「第三十七項」に改め、同項を同条第四十項とし、同条第三十六項中「第三十四項」を「第三十七項」に改め、同項を同条第三十九項とし、同条第三十五項を同条第三十八項とし、同条第三十四項中「第二十四項」を「第二十七項」に改め、同項を同条第三十七項とし、同条第三十三項中「第二十四項」を「第二十七項」に改め、同項を同条第三十六項とし、同条第三十二項を同条第三十五項とし、同条第三十一項中「第二十八項」を「第三十一項」に、「第二十二項」を「第二十五項」に改め、同項を同条第三十四項とし、同条第三十項中「第二十八項」を「第三十一項」に改め、同項を同条第三十三項とし、同条第二十九項中「第二十二項」を「第二十五項」に改め、同項を同条第三十二項とし、同条第二十八項中「第二十二項」を「第二十五項」に改め、同項を同条第三十一項とし、同条中第二十七項を第三十項とし、第二十六項を第二十九項とし、第二十五項を第二十八項とし、同条第二十四項中「第三十二項」を「第三十五項」に、「第三十四項」を「第三十七項」に改め、同項を同条第二十七項とし、同条第二十三項を同条第二十六項とし、同条第二十二項中「第二十四項」を「第二十七項」に改め、同項を同条第二十五項とし、同条中第二十一項を第二十四項とし、第二十項を第二十三項とし、同条第十九項中「第十七項」を「第二十項」に改め、同項を同条第二十二項とし、同条第十八項中「第十一項」を「第十三項」に改め、同項を同条第二十一項とし、同条第十七項中「第十一項」を「第十三項」に改め、同項を同条第二十項とし、同条第十六項を同条第十八項とし、同項の次に次の一項を加える。

（追加された第十九項の規定は、後掲の条文の通り。）

第百三条の二第十五項を同条第十七項とし、同条第十四項中「及び第五項」を「、第五項及び第七項」に改め、同項を同条第十六項とし、同条第十三項第一号及び第二号中「第十項」を「第十二項」に改め、同項を同条第十五項とし、同条第十二項中「第十項」を「第十二項」に、「次の各号に掲げる者が専ら当該各号に定める事務の用に供することを目的として」を「前条第二項に規定する無線局（次の各号に掲げる者が専ら当該各号に定める事務の用に供することを目的として開設する無線局（以下この項において「国の機関等が開設する無線局」という。）を除く。）若しくは国の機関等が」に改め、「には、」の下に「当該無線局に関しては」を加え、同項を同条第十四項とし、同条第十一項中「第十八項に」を「以下この項及び第二十一項に」に、「第十八項後段」を「第二十一項後段」に改め、同項を同条第十三項とし、同条第十項中「すべて」を「全て」に改め、同項を同条第十二項とし、同条第九項を同条第十一項とし、同条第八項中「第一項、第五項及び第六項」を「第一項及び第五項から第八項まで」に、「第八項」を「第十項」に、「金額」とする」を「金額」と、第七項中「一局につき二百円」とあるのは「一局につき二百円に、当該第一号包括免許人に係る特定周波数終了対策業務（第七十一条の三の二第十一項において準用する第七十一条の三第九項の規定による登録周波数終了対策機関に対する交付金の交付を含む。）に要すると見込まれる費用（第七十一条第二項又は第七十六条の三第二項の規定に基づき当該特定周波数終了対策業務に係る旧割当期限を定めた周波数の電波を使用する無線局の免許人等に対して補償する場合における当該補償に要すると見込まれる費用を含む。）の二分の一に相当する額及び第十項の政令で定める期間に開設されると見込まれる当該特定周波数終了対策業務に係る特定公示局の数を勘案し、無線局の種別、周波数及び空中線電力に応じて政令で定める金額（以下この項及び次項において「特定周波数終了対策業務に係る金額」という。）を加算した金額」と、「、二百円」とあるのは「、二百円に特定周波数終了対策業務に係る金額を加算した金額」と、「（二百円」とあるのは「（二百円に特定周波数終了対策業務に係る金額を加算した金額」と、第八項中「二百円」とあるのは「二百円に特定周波数終了対策業務に係る金額を加算した金額」とする」に改め、同項を同条第十項とし、同条第七項を同条第九項とし、同条第六項の次に次の二項を加える。
（追加された第七項及び第八項の規定は、後掲の条文の通り。）

（電波利用料の徴収等）

第百三条の二　免許人等は、電波利用料として、無線局の免許等の日から起算して三十日以内及びその後毎年その免許等の日に応当する日（応当する日がない場合は、その翌日。以下この条において「応当日」という。）から起算して三十日以内に、当該無線局の免許等の日又は応当日（以下この項において「起算日」という。）から始まる各一年の期間（無線局の免許等の日が二月二十九日である場合においてその期間がうるう年の前年の三月一日から始まるときは翌年の二月二十八日までの期間とし、起算日から当該免許等の有効期間の満了の日までの期間が一年に満たない場合はその期間とする。）について、別表第六の上欄に掲げる無線局の区分に従い同表の下欄に掲げる金額（起算日から当該免許等の有効期間の満了の日までの期間が一年に満たない場合は、その額に当該期間の月数を十二で除して得た数を乗じて得た額に相当する金額）を国に納めなければならない。

2　前項の規定によるもののほか、広範囲の地域において同一の者により相当数開設される無線局に専ら使用させることを目的として別表第七の上欄に掲げる区域を単位として総務大臣が指定する周波数（三千メガヘルツ以下のものに限る。）の電波（以下この条において「広域専用電波」という。）を使用する免許人は、電波利用料として、毎年十一月一日までに、その年の十月一日から始まる一年の期間について、当該免許人に係る広域専用電波の周波数の幅のメガヘルツで表した数値に当該区域に応じ同表の下欄に掲げる係数を乗じて得た数値を九千九百八十五万九千六百円（別表第六の一の項又は二の項に掲げる無線局のうち電気通信業務を行うことを目的とするもの（二、〇二五メガヘルツを超え二、一一〇メガヘルツ以下、二、二〇〇メガヘルツを超え二、二九〇メガヘルツ以下及び二、五四五メガヘルツを超え二、六五五メガヘルツ以下の周波数の電波を使用するものを除く。）に係る広域専用電波にあつては六千二百十六万九千百円、同表の四の項又は五の項に掲げる無線局に係る広域専用電波にあつては二百十二万九千八百円、同表の六の項に掲げる無線局に係る広域専用電波にあつては二千九百三十三万三千百円）に乗じて得た額に相当する金額を国に納めなければならない。この場合において、広域専用電波を最初に使用する無線局の免許の日（無線局の周波数の指定の変更を受けることにより当該広域専用電波を使用できることとなる場合には、当該指定の変更の日。以下この項において同じ。）が十月一日以外の日である場合における当該免許の日から同日以後の最初の九月末日までの期間についてのこの項前段の規定の適用については、「毎年十一月一日までに、その年の十月一日から始まる一年の期間について」とあるのは「当該広域専用電波を最初に使用する無線局の免許の日（無線局の周波数の指定の変更を受けることにより当該広域専用電波を使用できることとなる場合には、当該指定の変更の日。以下この項において同じ。）の属する月の末日から起算して三十日以内に、当該免許の日から同日以後の最初の九月末日までの期間について」と、「得た額」とあるのは「得た額に当該期間の月数を十二で除して得た数を乗じて得た額」とする。

3　認定計画に係る指定された周波数の電波が広域専用電波である場合において、

当該認定計画に係る認定開設者がその認定を受けた日から起算して六月を経過する日（認定計画に係る指定された周波数の電波が当該認定計画に係る認定開設者がその認定を受けた日後に広域専用電波となつた場合にあつては、その認定を受けた日から起算して六月を経過する日又は当該指定された周波数の電波が広域専用電波となつた日のいずれか遅い日。以下この項において「六月経過日」という。）までに当該認定計画に係るいずれの特定基地局の免許も受けなかつたときは、当該認定開設者を当該六月経過日に当該広域専用電波を最初に使用する特定基地局の免許を受けた免許人とみなして、前項及び第十九項の規定を適用する。

4　この条及び次条において「電波利用料」とは、次に掲げる電波の適正な利用の確保に関し総務大臣が無線局全体の受益を直接の目的として行う事務の処理に要する費用（同条において「電波利用共益費用」という。）の財源に充てるために免許人等、第十二項の特定免許等不要局を開設した者又は第十三項の表示者が納付すべき金銭をいう。

一　電波の監視及び規正並びに不法に開設された無線局の探査

二　総合無線局管理ファイル（全無線局について第六条第一項及び第二項、第二十七条の三、第二十七条の十八第二項及び第三項並びに第二十七条の二十九第二項及び第三項の書類及び申請書並びに免許状等に記載しなければならない事項その他の無線局の免許等に関する事項を電子情報処理組織によつて記録するファイルをいう。）の作成及び管理

三　周波数を効率的に利用する技術、周波数の共同利用を促進する技術又は高い周波数への移行を促進する技術としておおむね五年以内に開発すべき技術に関する無線設備の技術基準の策定に向けた研究開発並びに既に開発されている周波数を効率的に利用する技術、周波数の共同利用を促進する技術又は高い周波数への移行を促進する技術を用いた無線設備について無線設備の技術基準を策定するために行う国際機関及び外国の行政機関その他の外国の関係機関との連絡調整並びに試験及びその結果の分析

四　電波の人体等への影響に関する調査

五　標準電波の発射

六　特定周波数変更対策業務（第七十一条の三第九項の規定による指定周波数変更対策機関に対する交付金の交付を含む。）

七　特定周波数終了対策業務（第七十一条の三の二第十一項において準用する第七十一条の三第九項の規定による登録周波数終了対策機関に対する交付金の交付を含む。第十二項及び第十三項において同じ。）

八　現に設置されている人命又は財産の保護の用に供する無線設備による無線通信について、当該無線設備が用いる技術の内容、当該無線設備が使用する周波数の電波の利用状況、当該無線通信の利用に対する需要の動向その他の事情を勘案して電波の能率的な利用に資する技術を用いた無線設備により行われるようにするため必要があると認められる場合における当該技術を用いた人命又は財産の保護の用に供する無線設備（当該無線設備と一体として設置される総務省令で定める附属設備並びに当該無線設備及び当該附属設備を設置するために必要な工作物を含む。）の整備のための補助金の交付

九　前号に掲げるもののほか、電波の能率的な利用に資する技術を用いて行われる無線通信を利用することが困難な地域において必要最小の空中線電力による当該無線通信の利用を可能とするために行われる次に掲げる設備（当該設備と一体として設置される総務省令で定める附属設備並びに当該設備及び当該附属設備を設置するために必要な工作物を含む。）の整備のための補助金の交付その他の必要な援助

イ　当該無線通信の業務の用に供する無線局の無線設備及び当該無線局の開設に必要な伝送路設備

ロ　当該無線通信の受信を可能とする伝送路設備

十　前二号に掲げるもののほか、電波の能率的な利用に資する技術を用いて行われる無線通信を利用することが困難なトンネルその他の環境において当該無線通信の利用を可能とするために行われる設備の整備のための補助金の交付

十一　電波の能率的な利用を確保し、又は電波の人体等への悪影響を防止するために行う周波数の使用又は人体等の防護に関するリテラシーの向上のための活動に対する必要な援助

十二　電波利用料に係る制度の企画又は立案その他前各号に掲げる事務に附帯する事務

5　包括免許人又は包括登録人（以下この条において「包括免許人等」という。）は、第一項の規定にかかわらず、電波利用料として、第一号包括免許人にあつては包括免許の日の属する月の末日及びその後毎年その包括免許の日に応当する日（応当する日がない場合は、その前日）の属する月の末日現在において開設している特定無線局の数（以下この項及び次項において「開設無線局数」という。）をその翌月の十五日までに総務大臣に届け出て、当該届出が受理された日から起算して三十日以内に、第二号包括免許人にあつては包括免許の日の属する月の末日及びその後毎年その包括免許の日に応当する日（応当する日がない場合は、その前日）の属する月の末日から起算して四十五日以内に、包括登録人にあつては第二十七条の二十九第一項の規定による登録の日の属する月の末日及びその後毎年その登録の日に応当する日（応当する日がない場合は、その前日）の属する月の末日から起算して四十五日以内にそれぞれ当該包括免許若しくは同項の規定による登録（以下「包括免許等」という。）の日又はその後毎年その包括免許等の日に応当する日（応当する日がない場合は、その翌日）から始まる各一年の期間（包括免許等の日が二月二十九日である場合においてその期間がうるう年の前年の三月一日から始まるときは翌年の二月二十八日までの期間とし、当該包括免許等の日又はその包括免許等の日に応当する日（応当する日がない場合は、その翌日）から当該包括免許等の有効期間の満了の日までの期間が一年に満たない場合はその期間とする。以下この項及び次項において同じ。）について、第一号包括免許人にあつては五百十円（広域専用電波を使用する無線局を通信の相手方とする無線局については、二百円）に、第二号包括免許人にあつては別表第六の上欄に掲げる無線局の区分に従い同表の下欄に掲げる金額に、包括登録人にあつては五百四十円（移動しない無線局については、別表第八の上欄に掲げる無線局の区分に従い同表の下欄に掲げる金額）に、それぞれ当該一年の期間に係る開設無線局数又は開設登録局数（登録の日の属する月の末日及びその後毎年その登録の日に応当する日（応当する日がない場合は、その前日）の属する月の末日現在において開設している登録局の数をいう。次項において同じ。）を乗じて得た金額（当該包括免許等の日又はその包括免許等の日に応当する日（応当する日がない場合は、その翌日）から当該包括免許等の有効期間の満了の日までの期間が一年に満たない場合は、その額に当該期間の月数を十二で除して得た数を乗じて得た額に相当する金額）を国に納めなければならない。

6　包括免許人等は、前項の規定によるもののほか、包括免許等の日又はその後毎年その包括免許等の日に応当する日（応当する日がない場合は、その翌日）から始まる各一年の期間において、当該包括免許等の日の属する月の翌月以後の月の末日又はその後毎年その包括免許等の日に応当する日（応当する日がない場合は、その前日）の属する月の翌月以後の月の末日現在において開設している特定無線局又は登録局の数がそれぞれ当該一年の期間に係る開設無線局数（特定無線局（第二十七条の二第一号に掲げる無線局に係るものに限る。）にあつては既にこの項の規定による届出があつた場合には、その届出の日以後においては、その届出に係る特定無線局の数、特定無線局（同条第二号に掲げる無線局に係るものに限る。）にあつては既に特定無線局の数が開設無線局数を超えた月があつた場合には、その月の翌月以後においては、その月の末日現在において開設している特

定無線局の数）又は開設登録局数（既に登録局の数が開設登録局数を超えた月があつた場合は、その月の翌月以後においては、その月の末日現在において開設している登録局の数）を超えたときは、電波利用料として、第一号包括免許人にあつては当該開設している特定無線局の数を当該超えた月の翌月の十五日までに総務大臣に届け出て、当該届出が受理された日から起算して三十日以内に、第二号包括免許人又は包括登録人にあつては当該超えた月の末日から起算して四十五日以内に、当該超えた月から次の包括免許等の日に応当する日（応当する日がない場合は、その前日）の属する月の前月まで又は当該包括免許等の有効期間の満了の日の翌日の属する月の前月までの期間について、第一号包括免許人にあつては五百十円（広域専用電波を使用する無線局を通信の相手方とする無線局については、二百円）に、第二号包括免許人にあつては別表第六の上欄に掲げる無線局の区分に従い同表の下欄に掲げる金額に、包括登録人にあつては五百四十円（移動しない無線局については、別表第八の上欄に掲げる無線局の区分に従い同表の下欄に掲げる金額）に、それぞれその超える特定無線局の数又は登録局の数（当該包括免許人等が他の包括免許等（当該包括免許人等の包括免許等に係る無線局と同等の機能を有するものとして総務省令で定める無線局に係るものに限る。）を受けている場合であつて、当該超えた月の末日現在において当該他の包括免許等に基づき開設している特定無線局の数又は登録局の数が当該超えた月の前月の末日現在において当該他の包括免許等に基づき開設している特定無線局の数又は登録局の数を下回るときは、当該超える特定無線局の数又は登録局の数を限度としてこれらの数からそれぞれその下回る特定無線局の数又は登録局の数を控除した数）を乗じて得た金額に当該期間の月数を十二で除して得た数を乗じて得た額に相当する金額を国に納めなければならない。

7　広域専用電波を使用する第一号包括免許人は、第一項及び前二項の規定にかかわらず、電波利用料として、同等の機能を有する特定無線局（第二十七条の二第一号に掲げる無線局に係るものであつて、広域専用電波を使用するものに限る。以下この項及び次項において同じ。）の区分として総務省令で定める区分（以下この項及び次項において「同等特定無線局区分」という。）ごとに、当該第一号包括免許人が受けている包括免許に基づき毎年十月末日現在において開設している特定無線局の数（次項において「開設特定無線局数」という。）をその年の十一月十五日までに総務大臣に届け出て、当該届出が受理された日から起算して三十日以内に、その年の十月一日から始まる一年の期間（その年の十月一日からその包括免許の有効期間の満了の日までの期間が一年に満たない特定無線局にあつては、その期間）について、一局につき二百円（その年の十月一日からその包括免許の有効期間の満了の日までの期間が一年に満たない特定無線局にあつては、二百円に当該期間の月数を十二で除して得た数を乗じて得た額に相当する金額）を国に納めなければならない。ただし、この項本文の規定により各同等特定無線局区分について算出された額が当該同等特定無線局区分に係る上限額（二百円に、同等特定無線局区分周波数幅（当該同等特定無線局区分に係る当該開設している特定無線局が使用する広域専用電波の周波数の幅のメガヘルツで表した数値に当該広域専用電波に係る別表第七の上欄に掲げる区域に応じ同表の下欄に掲げる係数を乗じて得た数値をいう。）及び基準無線局数（電波の有効利用の程度を勘案して総務省令で定める一メガヘルツ当たりの特定無線局の数をいう。）を乗じて得た額をいう。以下この項及び次項において同じ。）を超えるときは、当該第一号包括免許人がこの項の規定により当該同等特定無線局区分について国に納めなければならない電波利用料の額は、当該同等特定無線局区分に係る上限額とする。

8　広域専用電波を使用する第一号包括免許人は、前項の規定によるもののほか、同等特定無線局区分ごとに、毎年十月一日から始まる各一年の期間において、その年の十一月以後の月の末日現在において開設している特定無線局（その年の十一月一日以後の日を包括免許の日とする包括免許に基づき開設している特定無線局に限る。以下この項において「新規免許開設局」という。）の数がこの項の規定による届出に係る新規免許開設局の数（この項の規定により新規免許開設局の数についての届出がされていない場合には、零）を超えたとき又は当該末日現在において開設している特定無線局（新規免許開設局を除く。以下この項において「既存免許開設局」という。）の数が当該一年の期間に係る開設特定無線局数（既にこの項の規定により既存免許開設局の数についての届出があつた場合には、その届出の日以後においては、その届出に係る既存免許開設局の数）を超えたときは、電波利用料として、新規免許開設局についてはその超えた月の末日現在における新規免許開設局の数を、既存免許開設局についてはその超えた月の末日現在における既存免許開設局の数をその翌月の十五日までに総務大臣に届け出て、当該届出が受理された日から起算して三十日以内に、当該届出に係る月からその年の翌年の九月（その年の翌年の九月末日より前にその包括免許の有効期間が満了する特定無線局にあつては、当該包括免許の有効期間の満了の日の翌日の属する月の前月）までの期間について、二百円に、新規免許開設局についてはその超える新規免許開設局の数を、既存免許開設局についてはその超える既存免許開設局の数を乗じて得た金額に、当該期間の月数を十二で除して得た数を乗じて得た額に相当する金額の合計額を国に納めなければならない。ただし、この項本文の規定により当該第一号包括免許人が開設している特定無線局に係る各同等特定無線局区分について算出された額に当該同等特定無線局区分に係る既納付額（当該第一号包括免許人が前項及びこの項の規定により既に当該一年の期間又は当該一年の期間に含まれる一年未満の期間について国に納めた当該同等特定無線局区分に係る電波利用料の額の合計額をいう。以下この項において同じ。）を加えて得た額が当該同等特定無線局区分に係る上限額を超えるときは、当該第一号包括免許人がこの項の規定により当該同等特定無線局区分について国に納めなければならない電波利用料の額は、当該同等特定無線局区分に係る上限額から当該同等特定無線局区分に係る既納付額を控除して得た額に相当する金額とする。

9　免許人が既開設局の免許人である場合における当該既開設局に係る第一項の規定の適用については、当該既開設局に係る周波数割当計画等の変更（当該既開設局に係る無線局区分の周波数の使用の期限に係るものに限る。）の公示の日から十年を超えない範囲内で政令で定める期間を経過する日までの間は、同項中「金額）」とあるのは、「金額）に、当該免許人等に係る特定周波数変更対策業務（第七十一条の三第九項の規定による指定周波数変更対策機関に対する交付金の交付を含む。）に要すると見込まれる費用の二分の一に相当する額に当該特定周波数変更対策業務に係る既開設局の各免許人が当該既開設局と特定新規開設局とを併せて開設する期間を平均した期間の当該既開設局に係る周波数割当計画等の変更（当該既開設局に係る無線局区分の周波数の使用の期限に係るものに限る。）の公示の日から当該周波数の使用の期限までの期間に対する割合を乗じた額を勘案し、当該既開設局の周波数及び空中線電力に応じて政令で定める金額を加算した金額」とする。

10　免許人等が特定公示局の免許人等である場合における当該特定公示局に係る第一項及び第五項から第八項までの規定の適用については、当該特定公示局に係る旧割当期限の満了の日（以下「満了日」という。）の翌日から起算して十年を超えない範囲内で政令で定める期間を経過する日までの間は、第一項中「金額）」とあるのは「金額）に、当該免許人等に係る特定周波数終了対策業務（第七十一条の三の二第十一項において準用する第七十一条の三第九項の規定による登録周波数終了対策機関に対する交付金の交付を含む。）に要すると見込まれる費用（第七十一条第二項又は第七十六条の三第二項の規定に基づき当該特定周波数終了対策業務に係る旧割当期限を定めた周波数の電波を使用する無線局の免許人等に対して補償する場合における当該補償に要すると見込まれる費用を含む。）の二分の一に相当する額及び第十項の政令で定める期間に開設されると見込まれる当該特定周波数終了対策業務に係る特定公示局の数を勘案し、無線局の種別、周波数及び空中線電力に応じて政令で定める金額を加算した金額」と、第五項及び第六項中「掲げる金額）」とあるのは「掲げる金額）に、それぞれ当該包括免許人等に係る特定周波数終了対策業務（第七十一条の三の二第十一項において準用する第七十一条の三第九項の規定による登録周波数終了対策機関に対する交付金の交付を含む。）に要すると見込まれる費用（第七十一条第二項又は第七十六条の三第二項の規定に基づき当該特定周波数終了対策業務に係る旧割当期限を定めた周波数の電波を使用する無線局の免許人等に対して補償する場合における当該補償に要すると見込まれる費用を含む。）の二分の一に相当する額及び第十項の政令で定める期間に開設されると見込まれる当該特定周波数終了対策業務に係る特定公示局の数を勘案し、無線局の種別、周波数及び空中線電力に応じて政令で定める金額を加算した金額」と、第七項中「一局につき二百円」とあるのは「一局につき二百円に、当該第一号包括免許人に係る特定周波数終了対策業務（第七十一条の三の二第十一項において準用する第七十一条の三第九項の規定による登録周波数終了対策機関に対する交付金の交付を含む。）に要すると見込まれる費用（第七十一条第二項又は第七十六条の三第二項の規定に基づき当該特定周波数終了対策業務に係る旧割当期限を定めた周波数の電波を使用する無線局の免許人等に対して補償する場合における当該補償に要すると見込まれる費用を含む。）の二分の一に相当する額及び第十項の政令で定める期間に開設されると見込まれる当該特定周波数終了対策業務に係る特定公示局の数を勘案し、無線局の種別、周波数及び空中線電力に応じて政令で定める金額（以下この項及び次項において「特定周波数終了対策業務に係る金額」という。）を加算した金額」と、「、二百円」とあるのは「、二百円に特定周波数終了対策業務に係る金額を加算した金額」と、「（二百円」とあるのは「（二百円に特定周波数終了対策業務に係る金額を加算した金額」と、第八項中「二百円」とあるのは「二百円に特定周波数終了対策業務に係る金額を加算した金額」とする。

11　前項の規定にかかわらず、免許人が特定公示局の免許人であつて認定計画に従つて特定基地局を最初に開設する場合における当該最初に開設する特定基地局（当該特定基地局が包括免許に係るものである場合にあつては、当該包括免許に係る他の特定基地局を含む。以下この項において同じ。）に係る第一項又は第五項の規定の適用については、当該特定公示局に係る満了日の翌日から起算して五年を超えない範囲内で政令で定める期間を経過する日までの間は、第一項中「金額）」とあるのは「金額）に、当該免許人等に係る」と、同項及び第五項中「を国に」とあるのは「特定周波数終了対策業務（第七十一条の三の二第十一項において準用する第七十一条の三第九項の規定による登録周波数終了対策機関に対する交付金の交付を含む。）に要すると見込まれる費用（第七十一条第二項又は第七十六条の三第二項の規定に基づき当該特定周波数終了対策業務に係る旧割当期限を定めた周波数の電波を使用する無線局の免許人等に対して補償する場合における当該補償に要すると見込まれる費用を含む。）の二分の一に相当する額を勘案して当該特定基地局に使用させることとする周波数及びその使用区域に応じて政令で定める金額と、当該政令で定める金額未満で当該認定計画に係る認定の有効期間、特定基地局の総数その他の当該認定計画が特定基地局の円滑な開設に寄与する程度を勘案して総務省令で定めるところにより算定した金額とを合算した金額を加算した金額を国に」と、同項中「相当する金額）」とあるのは「相当する金額）に、当該包括免許人等に係る」とする。この場合において、当該認定計画に従つて開設される当該最初に開設する特定基地局以外の特定基地局及び当該認定計画に従つて開設される特定基地局の通信の相手方である移動する無線局については、前項の規定は適用しない。

12　特定周波数終了対策業務に係る全ての特定公示局が第四条第三号の無線局である場合における当該特定公示局（以下「特定免許等不要局」という。）に係る満了日の翌日から起算して十年を超えない範囲内で政令で定める期間を経過する日までの間（以下この条において「対象期間」という。）に当該特定周波数終了対策業務に係る特定免許等不要局（電気通信業務その他これに準ずる業務の用に供する無線局に専ら使用される無線設備であつて総務省令で定めるものを使用するものに限る。）を開設した者は、政令で定める無線局の有する機能ごとに、その者の氏名（法人にあつては、その名称及び代表者の氏名。次項において同じ。）及び住所並びに対象期間における毎年の当該特定免許等不要局に係る満了日に応当する日（応当する日がない場合は、その前日）現在において開設している当該特定免許等不要局の数（以下この項において「開設特定免許等不要局数」という。）をその日の属する月の翌月の十五日までに総務大臣に届け出て、電波利用料として、当該届出が受理された日から起算して三十日以内に、当該応当する日までの一年の期間について、当該特定免許等不要局に係る特定周波数終了対策業務に要すると見込まれる費用（第七十一条第二項又は第七十六条の三第二項の規定に基づき当該特定周波数終了対策業務に係る旧割当期限を定めた周波数の電波を使用する無線局の免許人等に対して補償する場合における当該補償に要する費用を含む。次項において同じ。）の二分の一に相当する額及び対象期間において開設されると見込まれる当該特定周波数終了対策業務に係る特定免許等不要局の数を勘案して当該政令で定める無線局の有する機能に応じて政令で定める金額に当該一年の期間に係る開設特定免許等不要局数を乗じて得た金額を国に納めなければならない。

13　前項に規定する場合において、当該特定周波数終了対策業務に係る特定免許等不要局に使用することができる無線設備（同項の総務省令で定めるものを除く。）に対象期間に表示（第三十八条の七第一項、第三十八条の二十六（外国取扱業者に適用される場合を除く。）又は第三十八条の三十五の規定による表示をいう。以下この項及び第二十一項において同じ。）を付した者（以下この条において「表示者」という。）は、政令で定める無線局の有する機能ごとに、その者の氏名及び住所並びに対象期間において毎年の満了日に応当する日（応当する日がない場合は、その前日）前一年間に表示を付した当該無線設備の数その他総務省令で定める事項をその日の属する月の翌月の十五日までに総務大臣に届け出て、電波利用料として、当該届出が受理された日から起算して三十日以内に、当該無線設備を使用する特定免許等不要局に係る特定周波数終了対策業務に要すると見込まれる費用の二分の一に相当する額、対象期間において開設されると見込まれる当該特定周波数終了対策業務に係る特定免許等不要局の数及び当該無線設備が使用されると見込まれる平均的な期間を勘案して当該政令で定める無線局の有する機能に応じて政令で定める金額に、当該一年間に表示を付した無線設備の数（当該無線設備のうち、専ら本邦外において使用されると見込まれるもの及び輸送中又は保管中におけるその機能の障害その他これに類する理由により対象期間において使用されないと見込まれるものがある場合には、総務省令で定めるところにより、これらのものの数を控除した数。第二十一項後段において同じ。）を乗じて得た金額を国に納めなければならない。

14　第一項、第二項及び第五項から第十二項までの規定は、第二十七条第一項の規定により免許を受けた無線局の免許人又は前条第二項に規定する無線局（次の各号に掲げる者が専ら当該各号に定める事務の用に供することを目的として開設する無線局（以下この項において「国の機関等が開設する無線局」という。）を除く。）若しくは国の機関等が開設する無線局その他これらに類するものとして政令で定める無線局の免許人等（当該無線局が特定免許等不要局であるときは、当該特定免許等不要局を開設した者）には、当該無線局に関しては適用しない。

一　警察庁　警察法（昭和二十九年法律第百六十二号）第二条第一項に規定する

責務を遂行するために行う事務

二　消防庁又は地方公共団体　消防組織法（昭和二十二年法律第二百二十六号）第一条に規定する任務を遂行するために行う事務

三　法務省　出入国管理及び難民認定法（昭和二十六年政令第三百十九号）第六十一条の三の二第二項に規定する事務

四　法務省　刑事収容施設及び被収容者等の処遇に関する法律（平成十七年法律第五十号）第三条に規定する刑事施設、少年院法（昭和二十三年法律第百六十九号）第一条に規定する少年院、同法第十六条に規定する少年鑑別所及び婦人補導院法（昭和三十三年法律第十七号）第一条第一項に規定する婦人補導院の管理運営に関する事務

五　公安調査庁　公安調査庁設置法（昭和二十七年法律第二百四十一号）第四条に規定する事務

六　厚生労働省　麻薬及び向精神薬取締法（昭和二十八年法律第十四号）第五十四条第五項に規定する職務を遂行するために行う事務

七　国土交通省　航空法第九十六条第一項の規定による指示に関する事務

八　気象庁　気象業務法（昭和二十七年法律第百六十五号）第二十三条に規定する警報に関する事務

九　海上保安庁　海上保安庁法（昭和二十三年法律第二十八号）第二条第一項に規定する任務を遂行するために行う事務

十　防衛省　自衛隊法（昭和二十九年法律第百六十五号）第三条に規定する任務を遂行するために行う事務

十一　国の機関、地方公共団体又は水防法（昭和二十四年法律第百九十三号）第二条第一項に規定する水防管理団体　水防事務（第二号に定めるものを除く。）

十二　国の機関　災害対策基本法（昭和三十六年法律第二百二十三号）第三条第一項に規定する責務を遂行するために行う事務（前各号に定めるものを除く。）

15　次の各号に掲げる無線局（前項の政令で定めるものを除く。）の免許人等（当該無線局が特定免許等不要局であるときは、当該特定免許等不要局を開設した者）が納めなければならない電波利用料の金額は、当該各号に定める規定にかかわらず、これらの規定による金額の二分の一に相当する金額とする。

一　前項各号に掲げる者が当該各号に定める事務の用に供することを目的として開設する無線局（専ら当該各号に定める事務の用に供することを目的として開設するものを除く。）　第一項、第二項及び第五項から第十二項まで

二　地方公共団体が開設する無線局であつて、災害対策基本法第二条第十号に掲げる地域防災計画の定めるところに従い防災上必要な通信を行うことを目的とするもの（専ら前項第二号及び第十一号に定める事務の用に供することを目的として開設するもの並びに前号に掲げるものを除く。）　第一項及び第五項から第十二項まで

三　周波数割当計画において無線局の使用する電波の周波数の全部又は一部について使用の期限が定められている場合（第七十一条の二第一項の規定の適用がある場合を除く。）において当該無線局をその免許等の日又は応当日から起算して二年以内に廃止することについて総務大臣の確認を受けた無線局　第一項

16　第一項、第二項、第五項及び第七項の月数は、暦に従つて計算し、一月に満たない端数を生じたときは、これを一月とする。

17　免許人等（包括免許人等を除く。）は、第一項の規定により電波利用料を納めるときには、その翌年の応当日以後の期間に係る電波利用料を前納することができる。

18　前項の規定により前納した電波利用料は、前納した者の請求により、その請求をした日後に最初に到来する応当日以後の期間に係るものに限り、還付する。

19　総務大臣は、総務省令で定めるところにより、免許人の申請に基づき、当該免

許人が第二項前段の規定により納付すべき電波利用料を延納させることができる。

20　表示者は、第十三項の規定にかかわらず、総務大臣の承認を受けて、同項の規定により当該表示者が対象期間のうち総務省令で定める期間（以下この条において「予納期間」という。）を通じて納付すべき電波利用料の総額の見込額を予納することができる。この場合において、当該表示者は、予納期間において同項の規定による届出をすることを要しない。

21　前項の規定により予納した表示者は、予納期間において表示を付した第十三項の無線設備の数を予納期間が終了した日（当該表示者が表示に係る業務を休止し、又は廃止したときその他総務省令で定める事由が生じた場合には、当該事由が生じた日）の属する月の翌月の十五日までに総務大臣に届け出なければならない。この場合において、当該表示者は、予納した電波利用料の金額が同項の政令で定める金額に予納期間において表示を付した無線設備の数を乗じて得た金額（次項において「要納付額」という。）に足りないときは、その不足金額を当該届出が受理された日から起算して三十日以内に国に納めなければならない。

22　第二十項の規定により表示者が予納した電波利用料の金額が要納付額を超える場合には、その超える金額について、当該表示者の請求により還付する。

23　総務大臣は、電波利用料を納付しようとする者から、預金又は貯金の払出しとその払い出した金銭による電波利用料の納付をその預金口座又は貯金口座のある金融機関に委託して行うことを希望する旨の申出があつた場合には、その納付が確実と認められ、かつ、その申出を承認することが電波利用料の徴収上有利と認められるときに限り、その申出を承認することができる。

24　前項の承認に係る電波利用料が同項の金融機関による当該電波利用料の納付の期限として総務省令で定める日までに納付された場合には、その納付の日が納期限後である場合においても、その納付は、納期限までにされたものとみなす。

25　電波利用料を納付しようとする者は、その電波利用料の額が総務省令で定める金額以下である場合は、納付受託者（第二十七項に規定する納付受託者をいう。次項において同じ。）に納付を委託することができる。

26　電波利用料を納付しようとする者が、納付受託者に納付しようとする電波利用料の額に相当する金銭を交付したときは、当該交付した日に当該電波利用料の納付があつたものとみなして、延滞金に関する規定を適用する。

27　電波利用料の納付に関する事務（以下この項及び第三十五項において「納付事務」という。）を適正かつ確実に実施することができると認められる者であり、かつ、政令で定める要件に該当する者として総務大臣が指定するもの（次項から第三十七項までにおいて「納付受託者」という。）は、電波利用料を納付しようとする者の委託を受けて、納付事務を行うことができる。

28　総務大臣は、前項の規定による指定をしたときは、納付受託者の名称、住所又は事務所の所在地その他総務省令で定める事項を公示しなければならない。

29　納付受託者は、その名称、住所又は事務所の所在地を変更しようとするときは、あらかじめ、その旨を総務大臣に届け出なければならない。

30　総務大臣は、前項の規定による届出があつたときは、当該届出に係る事項を公示しなければならない。

31　納付受託者は、第二十五項の規定により電波利用料を納付しようとする者の委託に基づき当該電波利用料の額に相当する金銭の交付を受けたときは、総務省令で定める日までに当該委託を受けた電波利用料を納付しなければならない。

32　納付受託者は、第二十五項の規定により電波利用料を納付しようとする者の委託に基づき当該電波利用料の額に相当する金銭の交付を受けたときは、遅滞なく、総務省令で定めるところにより、その旨及び交付を受けた年月日を総務大臣に報告しなければならない。

33　納付受託者が第三十一項の電波利用料を同項に規定する総務省令で定める日

までに完納しないときは、総務大臣は、国税の保証人に関する徴収の例によりその電波利用料を納付受託者から徴収する。

34　総務大臣は、第三十一項の規定により納付受託者が納付すべき電波利用料については、当該納付受託者に対して国税滞納処分の例による処分をしてもなお徴収すべき残余がある場合でなければ、その残余の額について当該電波利用料に係る第二十五項の規定による委託をした者から徴収することができない。

35　納付受託者は、総務省令で定めるところにより、帳簿を備え付け、これに納付事務に関する事項を記載し、及びこれを保存しなければならない。

36　総務大臣は、第二十七項から前項までの規定を施行するため必要があると認めるときは、その必要な限度で、総務省令で定めるところにより、納付受託者に対し、報告をさせることができる。

37　総務大臣は、第二十七項から前項までの規定を施行するため必要があると認めるときは、その必要な限度で、その職員に、納付受託者の事務所に立ち入り、納付受託者の帳簿書類（その作成又は保存に代えて電磁的記録の作成又は保存がされている場合における当該電磁的記録を含む。）その他必要な物件を検査させ、又は関係者に質問させることができる。

38　前項の規定により立入検査を行う職員は、その身分を示す証明書を携帯し、かつ、関係者の請求があるときは、これを提示しなければならない。

39　第三十七項に規定する権限は、犯罪捜査のために認められたものと解してはならない。

40　総務大臣は、第二十七項の規定による指定を受けた者が次の各号のいずれかに該当するときは、その指定を取り消すことができる。

一　第二十七項に規定する指定の要件に該当しなくなつたとき。

二　第三十二項又は第三十六項の規定による報告をせず、又は虚偽の報告をしたとき。

三　第三十五項の規定に違反して、帳簿を備え付けず、帳簿に記載せず、若しくは帳簿に虚偽の記載をし、又は帳簿を保存しなかつたとき。

四　第三十七項の規定による立入り若しくは検査を拒み、妨げ、若しくは忌避し、又は同項の規定による質問に対して陳述をせず、若しくは虚偽の陳述をしたとき。

41　総務大臣は、前項の規定により指定を取り消したときは、その旨を公示しなければならない。

42　総務大臣は、電波利用料を納めない者があるときは、督促状によつて、期限を指定して督促しなければならない。

43　総務大臣は、前項の規定による督促を受けた者がその指定の期限までにその督促に係る電波利用料及び次項の規定による延滞金を納めないときは、国税滞納処分の例により、これを処分する。この場合における電波利用料及び延滞金の先取特権の順位は、国税及び地方税に次ぐものとする。

44　総務大臣は、第四十二項の規定により督促をしたときは、その督促に係る電波利用料の額につき年十四・五パーセントの割合で、納期限の翌日からその納付又は財産差押えの日の前日までの日数により計算した延滞金を徴収する。ただし、やむを得ない事情があると認められるときその他総務省令で定めるときは、この限りでない。

45　第十七項から前項までに規定するもののほか、電波利用料の納付の手続その他電波利用料の納付について必要な事項は、総務省令で定める。

[注釈]前掲の改正規定の第十二項に係る部分中の傍線部分は平成二十六年九月一日から施行され、それ以外の本条の改正は同年十月一日から施行された。したがって、同年九月一日時点における第十二項の規定は、左記のとおりである（改正箇所に傍線を引く。）。

12　第一項、第二項及び第五項から第十項までの規定は、第二十七条第一項の規定により免許を受けた無線局の免許人又は前条第二項に規定する無線局（次の各号に掲げる者が専ら当該各号に定める事務の用に供することを目的として開設する無線局（以下この項において「国の機関等が開設する無線局」という。）を除く。）若しくは国の機関等が開設する無線局その他これらに類するものとして政令で定める無線局の免許人等（当該無線局が特定免許等不要局であるときは、当該特定免許等不要局を開設した者）には、当該無線局に関しては適用しない。

【百次改正】

少年院法及び少年鑑別所法の施行に伴う関係法律の整備等に関する法律（平成二十六年六月十一日法律第六十号）第八条

第百三条の二第十四項第四号中「少年院法（昭和二十三年法律第百六十九号）第一条」を「少年院法（平成二十六年法律第五十八号）第三条」に、「同法第十六条」を「少年鑑別所法（平成二十六年法律第五十九号）第三条」に改める。

（電波利用料の徴収等）

第百三条の二　免許人等は、電波利用料として、無線局の免許等の日から起算して三十日以内及びその後毎年その免許等の日に応当する日（応当する日がない場合は、その翌日。以下この条において「応当日」という。）から起算して三十日以内に、当該無線局の免許等の日又は応当日（以下この項において「起算日」という。）から始まる各一年の期間（無線局の免許等の日が二月二十九日である場合においてその期間がうるう年の前年の三月一日から始まるときは翌年の二月二十八日までの期間とし、起算日から当該免許等の有効期間の満了の日までの期間が一年に満たない場合はその期間とする。）について、別表第六の上欄に掲げる無線局の区分に従い同表の下欄に掲げる金額（起算日から当該免許等の有効期間の満了の日までの期間が一年に満たない場合は、その額に当該期間の月数を十二で除して得た数を乗じて得た額に相当する金額）を国に納めなければならない。

2　前項の規定によるもののほか、広範囲の地域において同一の者により相当数開設される無線局に専ら使用させることを目的として別表第七の上欄に掲げる区域を単位として総務大臣が指定する周波数（三千メガヘルツ以下のものに限る。）の電波（以下この条において「広域専用電波」という。）を使用する免許人は、電波利用料として、毎年十一月一日までに、その年の十月一日から始まる一年の期間について、当該免許人に係る広域専用電波の周波数の幅のメガヘルツで表した数値に当該区域に応じ同表の下欄に掲げる係数を乗じて得た数値を九千九百八十五万九千六百円（別表第六の一の項又は二の項に掲げる無線局のうち電気通信業務を行うことを目的とするもの（二、〇二五メガヘルツを超え二、一一〇メガヘルツ以下、二、二〇〇メガヘルツを超え二、二九〇メガヘルツ以下及び二、五四五メガヘルツを超え二、六五五メガヘルツ以下の周波数の電波を使用するものを除く。）に係る広域専用電波にあつては六千二百十六万九千百円、同表の四の項又は五の項に掲げる無線局に係る広域専用電波にあつては二百十二万九千八百円、同表の六の項に掲げる無線局に係る広域専用電波にあつては二千九百三十三万三千百円）に乗じて得た額に相当する金額を国に納めなければならない。この場合において、広域専用電波を最初に使用する無線局の免許の日（無線局の周波数の指定の変更を受けることにより当該広域専用電波を使用できることとなる場合には、当該指定の変更の日。以下この項において同じ。）が十月一日以外の日である場合における当該免許の日から同日以後の最初の九月末日までの期間についてのこの項前段の規定の適用については、「毎年十一月一日までに、その年の十月一日から始まる一年の期間について」とあるのは「当該広域専用電波を最初に使用する無線局の免許の日（無線局の周波数の指定の変更を受けることにより当該広域専用電波を使用できることとなる場合には、当該指定の変更の日。以下この項において同じ。）の属する月の末日から起算して三十日以内に、当該免許の日から同日以後の最初の九月末日までの期間について」と、「得た額」とあるのは「得た額に当該期間の月数を十二で除して得た数を乗じて得た額」とする。

3　認定計画に係る指定された周波数の電波が広域専用電波である場合において、当該認定計画に係る認定開設者がその認定を受けた日から起算して六月を経過する日（認定計画に係る指定された周波数の電波が当該認定計画に係る認定開設者がその認定を受けた日後に広域専用電波となつた場合にあつては、その認定を受けた日から起算して六月を経過する日又は当該指定された周波数の電波が広域専用電波となつた日のいずれか遅い日。以下この項において「六月経過日」という。）までに当該認定計画に係るいずれの特定基地局の免許も受けなかつたときは、当該認定開設者を当該六月経過日に当該広域専用電波を最初に使用する特定基地局の免許を受けた免許人とみなして、前項及び第十九項の規定を適用する。

4　この条及び次条において「電波利用料」とは、次に掲げる電波の適正な利用の確保に関し総務大臣が無線局全体の受益を直接の目的として行う事務の処理に要する費用（同条において「電波利用共益費用」という。）の財源に充てるために免許人等、第十二項の特定免許等不要局を開設した者又は第十三項の表示者が納付すべき金銭をいう。

一　電波の監視及び規正並びに不法に開設された無線局の探査

二　総合無線局管理ファイル（全無線局について第六条第一項及び第二項、第二十七条の三、第二十七条の十八第二項及び第三項並びに第二十七条の二十九第二項及び第三項の書類及び申請書並びに免許状等に記載しなければならない事項その他の無線局の免許等に関する事項を電子情報処理組織によつて記録するファイルをいう。）の作成及び管理

三　周波数を効率的に利用する技術、周波数の共同利用を促進する技術又は高い周波数への移行を促進する技術としておおむね五年以内に開発すべき技術に関する無線設備の技術基準の策定に向けた研究開発並びに既に開発されている周波数を効率的に利用する技術、周波数の共同利用を促進する技術又は高い周波数への移行を促進する技術を用いた無線設備について無線設備の技術基準を策定するために行う国際機関及び外国の行政機関その他の外国の関係機関との連絡調整並びに試験及びその結果の分析

四　電波の人体等への影響に関する調査

五　標準電波の発射

六　特定周波数変更対策業務（第七十一条の三第九項の規定による指定周波数変更対策機関に対する交付金の交付を含む。）

七　特定周波数終了対策業務（第七十一条の三の二第十一項において準用する第七十一条の三第九項の規定による登録周波数終了対策機関に対する交付金の交付を含む。第十二項及び第十三項において同じ。）

八　現に設置されている人命又は財産の保護の用に供する無線設備による無線通信について、当該無線設備が用いる技術の内容、当該無線設備が使用する周波数の電波の利用状況、当該無線通信の利用に対する需要の動向その他の事情を勘案して電波の能率的な利用に資する技術を用いた無線設備により行われるようにするため必要があると認められる場合における当該技術を用いた人命又は財産の保護の用に供する無線設備（当該無線設備と一体として設置される総務省令で定める附属設備並びに当該無線設備及び当該附属設備を設置するために必要な工作物を含む。）の整備のための補助金の交付

九　前号に掲げるもののほか、電波の能率的な利用に資する技術を用いて行われる無線通信を利用することが困難な地域において必要最小の空中線電力による当該無線通信の利用を可能とするために行われる次に掲げる設備（当該設備と一体として設置される総務省令で定める附属設備並びに当該設備及び当該

附属設備を設置するために必要な工作物を含む。）の整備のための補助金の交付その他の必要な援助

イ　当該無線通信の業務の用に供する無線局の無線設備及び当該無線局の開設に必要な伝送路設備

ロ　当該無線通信の受信を可能とする伝送路設備

十　前二号に掲げるもののほか、電波の能率的な利用に資する技術を用いて行われる無線通信を利用することが困難なトンネルその他の環境において当該無線通信の利用を可能とするために行われる設備の整備のための補助金の交付

十一　電波の能率的な利用を確保し、又は電波の人体等への悪影響を防止するために行う周波数の使用又は人体等の防護に関するリテラシーの向上のための活動に対する必要な援助

十二　電波利用料に係る制度の企画又は立案その他前各号に掲げる事務に附帯する事務

5　包括免許人又は包括登録人（以下この条において「包括免許人等」という。）は、第一項の規定にかかわらず、電波利用料として、第一号包括免許人にあつては包括免許の日の属する月の末日及びその後毎年その包括免許の日に応当する日（応当する日がない場合は、その前日）の属する月の末日現在において開設している特定無線局の数（以下この項及び次項において「開設無線局数」という。）をその翌月の十五日までに総務大臣に届け出て、当該届出が受理された日から起算して三十日以内に、第二号包括免許人にあつては包括免許の日の属する月の末日及びその後毎年その包括免許の日に応当する日（応当する日がない場合は、その前日）の属する月の末日から起算して四十五日以内に、包括登録人にあつては第二十七条の二十九第一項の規定による登録の日の属する月の末日及びその後毎年その登録の日に応当する日（応当する日がない場合は、その前日）の属する月の末日から起算して四十五日以内にそれぞれ当該包括免許若しくは同項の規定による登録（以下「包括免許等」という。）の日又はその後毎年その包括免許等の日に応当する日（応当する日がない場合は、その翌日）から始まる各一年の期間（包括免許等の日が二月二十九日である場合においてその期間がうるう年の前年の三月一日から始まるときは翌年の二月二十八日までの期間とし、当該包括免許等の日又はその包括免許等の日に応当する日（応当する日がない場合は、その翌日）から当該包括免許等の有効期間の満了の日までの期間が一年に満たない場合はその期間とする。以下この項及び次項において同じ。）について、第一号包括免許人にあつては五百十円（広域専用電波を使用する無線局を通信の相手方とする無線局については、二百円）に、第二号包括免許人にあつては別表第六の上欄に掲げる無線局の区分に従い同表の下欄に掲げる金額に、包括登録人にあつては五百四十円（移動しない無線局については、別表第八の上欄に掲げる無線局の区分に従い同表の下欄に掲げる金額）に、それぞれ当該一年の期間に係る開設無線局数又は開設登録局数（登録の日の属する月の末日及びその後毎年その登録の日に応当する日（応当する日がない場合は、その前日）の属する月の末日現在において開設している登録局の数をいう。次項において同じ。）を乗じて得た金額（当該包括免許等の日又はその包括免許等の日に応当する日（応当する日がない場合は、その翌日）から当該包括免許等の有効期間の満了の日までの期間が一年に満たない場合は、その額に当該期間の月数を十二で除して得た数を乗じて得た額に相当する金額）を国に納めなければならない。

6　包括免許人等は、前項の規定によるもののほか、包括免許等の日又はその後毎年その包括免許等の日に応当する日（応当する日がない場合は、その翌日）から始まる各一年の期間において、当該包括免許等の日の属する月の翌月以後の月の末日又はその後毎年その包括免許等の日に応当する日（応当する日がない場合は、その前日）の属する月の翌月以後の月の末日現在において開設している特定無線局又は登録局の数がそれぞれ当該一年の期間に係る開設無線局数（特定無線局

（第二十七条の二第一号に掲げる無線局に係るものに限る。）にあつては既にこの項の規定による届出があつた場合には、その届出の日以後においては、その届出に係る特定無線局の数、特定無線局（同条第二号に掲げる無線局に係るものに限る。）にあつては既に特定無線局の数が開設無線局数を超えた月があつた場合には、その月の翌月以後においては、その月の末日現在において開設している特定無線局の数）又は開設登録局数（既に登録局の数が開設登録局数を超えた月があつた場合は、その月の翌月以後においては、その月の末日現在において開設している登録局の数）を超えたときは、電波利用料として、第一号包括免許人にあつては当該開設している特定無線局の数を当該超えた月の翌月の十五日までに総務大臣に届け出て、当該届出が受理された日から起算して三十日以内に、第二号包括免許人又は包括登録人にあつては当該超えた月の末日から起算して四十五日以内に、当該超えた月から次の包括免許等の日に応当する日（応当する日がない場合は、その前日）の属する月の前月まで又は当該包括免許等の有効期間の満了の日の翌日の属する月の前月までの期間について、第一号包括免許人にあつては五百十円（広域専用電波を使用する無線局を通信の相手方とする無線局については、二百円）に、第二号包括免許人にあつては別表第六の上欄に掲げる無線局の区分に従い同表の下欄に掲げる金額に、包括登録人にあつては五百四十円（移動しない無線局については、別表第八の上欄に掲げる無線局の区分に従い同表の下欄に掲げる金額）に、それぞれその超える特定無線局の数又は登録局の数（当該包括免許人等が他の包括免許等（当該包括免許人等の包括免許等に係る無線局と同等の機能を有するものとして総務省令で定める無線局に係るものに限る。）を受けている場合であつて、当該超えた月の末日現在において当該他の包括免許等に基づき開設している特定無線局の数又は登録局の数が当該超えた月の前月の末日現在において当該他の包括免許等に基づき開設している特定無線局の数又は登録局の数を下回るときは、当該超える特定無線局の数又は登録局の数を限度としてこれらの数からそれぞれその下回る特定無線局の数又は登録局の数を控除した数）を乗じて得た金額に当該期間の月数を十二で除して得た数を乗じて得た額に相当する金額を国に納めなければならない。

7　広域専用電波を使用する第一号包括免許人は、第一項及び前二項の規定にかかわらず、電波利用料として、同等の機能を有する特定無線局（第二十七条の二第一号に掲げる無線局に係るものであつて、広域専用電波を使用するものに限る。以下この項及び次項において同じ。）の区分として総務省令で定める区分（以下この項及び次項において「同等特定無線局区分」という。）ごとに、当該第一号包括免許人が受けている包括免許に基づき毎年十月末日現在において開設している特定無線局の数（次項において「開設特定無線局数」という。）をその年の十一月十五日までに総務大臣に届け出て、当該届出が受理された日から起算して三十日以内に、その年の十月一日から始まる一年の期間（その年の十月一日からその包括免許の有効期間の満了の日までの期間が一年に満たない特定無線局にあつては、その期間）について、一局につき二百円（その年の十月一日からその包括免許の有効期間の満了の日までの期間が一年に満たない特定無線局にあつては、二百円に当該期間の月数を十二で除して得た数を乗じて得た額に相当する金額）を国に納めなければならない。ただし、この項本文の規定により各同等特定無線局区分について算出された額が当該同等特定無線局区分に係る上限額（二百円に、同等特定無線局区分に係る当該開設している特定無線局が使用する広域専用電波の周波数の幅のメガヘルツで表した数値に当該広域専用電波に係る別表第七の上欄に掲げる区域に応じ同表の下欄に掲げる係数を乗じて得た数値をいう。）及び基準無線局数（電波の有効利用の程度を勘案して総務省令で定める一メガヘルツ当たりの特定無線局の数をいう。）を乗じて得た額をいう。以下この項及び次項において同じ。）を超えるときは、当該第一号包括免許人がこの項の規定により当該同等特定無線局区分について国に納めなければならない電波利用料の額は、当該同等特定無線局区分に係る上限額とする。

8　広域専用電波を使用する第一号包括免許人は、前項の規定によるもののほか、同等特定無線局区分ごとに、毎年十月一日から始まる各一年の期間において、その年の十一月以後の月の末日現在において開設している特定無線局（その年の十一月一日以後の日を包括免許の日とする包括免許に基づき開設している特定無線局に限る。以下この項において「新規免許開設局」という。）の数がこの項の規定による届出に係る新規免許開設局の数（この項の規定により新規免許開設局の数についての届出がされていない場合には、零）を超えたとき又は当該末日現在において開設している特定無線局（新規免許開設局を除く。以下この項において「既存免許開設局」という。）の数が当該一年の期間に係る開設特定無線局数（既にこの項の規定により既存免許開設局の数についての届出があつた場合には、その届出の日以後においては、その届出に係る既存免許開設局の数）を超えたときは、電波利用料として、新規免許開設局についてはその超えた月の末日現在における新規免許開設局の数を、既存免許開設局についてはその超えた月の末日現在における既存免許開設局の数をその翌月の十五日までに総務大臣に届け出て、当該届出が受理された日から起算して三十日以内に、当該届出に係る月からその年の翌年の九月（その年の翌年の九月末日より前にその包括免許の有効期間が満了する特定無線局にあつては、当該包括免許の有効期間の満了の日の翌日の属する月の前月）までの期間について、二百円に、新規免許開設局についてはその超える新規免許開設局の数を、既存免許開設局についてはその超える既存免許開設局の数を乗じて得た金額に、当該期間の月数を十二で除して得た数を乗じて得た額に相当する金額の合計額を国に納めなければならない。ただし、この項本文の規定により当該第一号包括免許人が開設している特定無線局に係る各同等特定無線局区分について算出された額に当該同等特定無線局区分に係る既納付額（当該第一号包括免許人が前項及びこの項の規定により既に当該一年の期間又は当該一年の期間に含まれる一年未満の期間について国に納めた当該同等特定無線局区分に係る電波利用料の額の合計額をいう。以下この項において同じ。）を加えて得た額が当該同等特定無線局区分に係る上限額を超えるときは、当該第一号包括免許人がこの項の規定により当該同等特定無線局区分について国に納めなければならない電波利用料の額は、当該同等特定無線局区分に係る上限額から当該同等特定無線局区分に係る既納付額を控除して得た額に相当する金額とする。

9　免許人が既開設局の免許人である場合における当該既開設局に係る第一項の規定の適用については、当該既開設局に係る周波数割当計画等の変更（当該既開設局に係る無線局区分の周波数の使用の期限に係るものに限る。）の公示の日から十年を超えない範囲内で政令で定める期間を経過する日までの間は、同項中「金額」」とあるのは、「金額」に、当該免許人等に係る特定周波数変更対策業務（第七十一条の三第九項の規定による指定周波数変更対策機関に対する交付金の交付を含む。）に要すると見込まれる費用の二分の一に相当する額に当該特定周波数変更対策業務に係る既開設局の各免許人が当該既開設局と特定新規開設局とを併せて開設する期間を平均した期間の当該既開設局に係る周波数割当計画等の変更（当該既開設局に係る無線局区分の周波数の使用の期限に係るものに限る。）の公示の日から当該周波数の使用の期限までの期間に対する割合を乗じた額を勘案し、当該既開設局の周波数及び空中線電力に応じて政令で定める金額を加算した金額」とする。

10　免許人等が特定公示局の免許人等である場合における当該特定公示局に係る第一項及び第五項から第八項までの規定の適用については、当該特定公示局に係る旧割当期限の満了の日（以下「満了日」という。）の翌日から起算して十年を超えない範囲内で政令で定める期間を経過する日までの間は、第一項中「金額）」

とあるのは「金額）に、当該免許人等に係る特定周波数終了対策業務（第七十一条の三の二第十一項において準用する第七十一条の三第九項の規定による登録周波数終了対策機関に対する交付金の交付を含む。）に要すると見込まれる費用（第七十一条第二項又は第七十六条の三第二項の規定に基づき当該特定周波数終了対策業務に係る旧割当期限を定めた周波数の電波を使用する無線局の免許人等に対して補償する場合における当該補償に要すると見込まれる費用を含む。）の二分の一に相当する額及び第十項の政令で定める期間に開設されると見込まれる当該特定周波数終了対策業務に係る特定公示局の数を勘案し、無線局の種別、周波数及び空中線電力に応じて政令で定める金額を加算した金額」と、第五項及び第六項中「掲げる金額）」とあるのは「掲げる金額）に、それぞれ当該包括免許人等に係る特定周波数終了対策業務（第七十一条の三の二第十一項において準用する第七十一条の三第九項の規定による登録周波数終了対策機関に対する交付金の交付を含む。）に要すると見込まれる費用（第七十一条第二項又は第七十六条の三第二項の規定に基づき当該特定周波数終了対策業務に係る旧割当期限を定めた周波数の電波を使用する無線局の免許人等に対して補償する場合における当該補償に要すると見込まれる費用を含む。）の二分の一に相当する額及び第十項の政令で定める期間に開設されると見込まれる当該特定周波数終了対策業務に係る特定公示局の数を勘案し、無線局の種別、周波数及び空中線電力に応じて政令で定める金額を加算した金額」と、第七項中「一局につき二百円」とあるのは「一局につき二百円に、当該第一号包括免許人に係る特定周波数終了対策業務（第七十一条の三の二第十一項において準用する第七十一条の三第九項の規定による登録周波数終了対策機関に対する交付金の交付を含む。）に要すると見込まれる費用（第七十一条第二項又は第七十六条の三第二項の規定に基づき当該特定周波数終了対策業務に係る旧割当期限を定めた周波数の電波を使用する無線局の免許人等に対して補償する場合における当該補償に要すると見込まれる費用を含む。）の二分の一に相当する額及び第十項の政令で定める期間に開設されると見込まれる当該特定周波数終了対策業務に係る特定公示局の数を勘案し、無線局の種別、周波数及び空中線電力に応じて政令で定める金額（以下この項及び次項において「特定周波数終了対策業務に係る金額」という。）を加算した金額」と、「、二百円」とあるのは「、二百円に特定周波数終了対策業務に係る金額を加算した金額」と、「（二百円」とあるのは「（二百円に特定周波数終了対策業務に係る金額を加算した金額」と、第八項中「二百円」とあるのは「二百円に特定周波数終了対策業務に係る金額を加算した金額」とする。

11　前項の規定にかかわらず、免許人が特定公示局の免許人であつて認定計画に従つて特定基地局を最初に開設する場合における当該最初に開設する特定基地局（当該特定基地局が包括免許に係るものである場合にあつては、当該包括免許に係る他の特定基地局を含む。以下この項において同じ。）に係る第一項又は第五項の規定の適用については、当該特定公示局に係る満了日の翌日から起算して五年を超えない範囲内で政令で定める期間を経過する日までの間は、第一項中「金額）」とあるのは「金額）に、当該免許人等に係る」と、同項及び第五項中「を国に」とあるのは「特定周波数終了対策業務（第七十一条の三の二第十一項において準用する第七十一条の三第九項の規定による登録周波数終了対策機関に対する交付金の交付を含む。）に要すると見込まれる費用（第七十一条第二項又は第七十六条の三第二項の規定に基づき当該特定周波数終了対策業務に係る旧割当期限を定めた周波数の電波を使用する無線局の免許人等に対して補償する場合における当該補償に要すると見込まれる費用を含む。）の二分の一に相当する額を勘案して当該特定基地局に使用させることとする周波数及びその使用区域に応じて政令で定める金額と、当該政令で定める金額未満で当該認定計画に係る認定の有効期間、特定基地局の総数その他の当該認定計画が特定基地局の円滑な開設に寄与する程度を勘案して総務省令で定めるところにより算定した金額とを合算した金額を加算した金額を国に」と、同項中「相当する金額）」とあるのは「相当する金額）に、当該包括免許人等に係る」とする。この場合において、当該認定計画に従つて開設される当該最初に開設する特定基地局以外の特定基地局及び当該認定計画に従つて開設される特定基地局の通信の相手方である移動する無線局については、前項の規定は適用しない。

12　特定周波数終了対策業務に係る全ての特定公示局が第四条第三号の無線局である場合における当該特定公示局（以下「特定免許等不要局」という。）に係る満了日の翌日から起算して十年を超えない範囲内で政令で定める期間を経過する日までの間（以下この条において「対象期間」という。）に当該特定周波数終了対策業務に係る特定免許等不要局（電気通信業務その他これに準ずる業務の用に供する無線局に専ら使用される無線設備であつて総務省令で定めるものを使用するものに限る。）を開設した者は、政令で定める無線局の有する機能ごとに、その者の氏名（法人にあつては、その名称及び代表者の氏名。次項において同じ。）及び住所並びに対象期間における毎年の当該特定免許等不要局に係る満了日に応当する日（応当する日がない場合は、その前日）現在において開設している当該特定免許等不要局の数（以下この項において「開設特定免許等不要局数」という。）をその日の属する月の翌月の十五日までに総務大臣に届け出て、電波利用料として、当該届出が受理された日から起算して三十日以内に、当該応当する日までの一年の期間について、当該特定免許等不要局に係る特定周波数終了対策業務に要すると見込まれる費用（第七十一条第二項又は第七十六条の三第二項の規定に基づき当該特定周波数終了対策業務に係る旧割当期限を定めた周波数の電波を使用する無線局の免許人等に対して補償する場合における当該補償に要する費用を含む。次項において同じ。）の二分の一に相当する額及び対象期間において開設されると見込まれる当該特定周波数終了対策業務に係る特定免許等不要局の数を勘案して当該政令で定める無線局の有する機能に応じて政令で定める金額に当該一年の期間に係る開設特定免許等不要局数を乗じて得た金額を国に納めなければならない。

13　前項に規定する場合において、当該特定周波数終了対策業務に係る特定免許等不要局に使用することができる無線設備（同項の総務省令で定めるものを除く。）に対象期間に表示（第三十八条の七第一項、第三十八条の二十六（外国取扱業者に適用される場合を除く。）又は第三十八条の三十五の規定による表示をいう。以下この項及び第二十一項において同じ。）を付した者（以下この条において「表示者」という。）は、政令で定める無線局の有する機能ごとに、その者の氏名及び住所並びに対象期間において毎年の満了日に応当する日（応当する日がない場合は、その前日）前一年間に表示を付した当該無線設備の数その他総務省令で定める事項をその日の属する月の翌月の十五日までに総務大臣に届け出て、電波利用料として、当該届出が受理された日から起算して三十日以内に、当該無線設備を使用する特定免許等不要局に係る特定周波数終了対策業務に要すると見込まれる費用の二分の一に相当する額、対象期間において開設されると見込まれる当該特定周波数終了対策業務に係る特定免許等不要局の数及び当該無線設備が使用されると見込まれる平均的な期間を勘案して当該政令で定める無線局の有する機能に応じて政令で定める金額に、当該一年間に表示を付した無線設備の数（当該無線設備のうち、専ら本邦外において使用されると見込まれるもの及び輸送中又は保管中におけるその機能の障害その他これに類する理由により対象期間において使用されないと見込まれるものがある場合には、総務省令で定めるところにより、これらのものの数を控除した数。第二十一項後段において同じ。）を乗じて得た金額を国に納めなければならない。

14　第一項、第二項及び第五項から第十二項までの規定は、第二十七条第一項の規定により免許を受けた無線局の免許人又は前条第二項に規定する無線局（次の各号に掲げる者が専ら当該各号に定める事務の用に供することを目的として開設する無線局（以下この項において「国の機関等が開設する無線局」という。）を除く。）若しくは国の機関等が開設する無線局その他これらに類するものとして政令で定める無線局の免許人等（当該無線局が特定免許等不要局であるときは、当該特定免許等不要局を開設した者）には、当該無線局に関しては適用しない。

一　警察庁　警察法（昭和二十九年法律第百六十二号）第二条第一項に規定する責務を遂行するために行う事務

二　消防庁又は地方公共団体　消防組織法（昭和二十二年法律第二百二十六号）第一条に規定する任務を遂行するために行う事務

三　法務省　出入国管理及び難民認定法（昭和二十六年政令第三百十九号）第六十一条の三の二第二項に規定する事務

四　法務省　刑事収容施設及び被収容者等の処遇に関する法律（平成十七年法律第五十号）第三条に規定する刑事施設、少年院法（平成二十六年法律第五十八号）第三条に規定する少年院、少年鑑別所法（平成二十六年法律第五十九号）第三条に規定する少年鑑別所及び婦人補導院法（昭和三十三年法律第十七号）第一条第一項に規定する婦人補導院の管理運営に関する事務

五　公安調査庁　公安調査庁設置法（昭和二十七年法律第二百四十一号）第四条に規定する事務

六　厚生労働省　麻薬及び向精神薬取締法（昭和二十八年法律第十四号）第五十四条第五項に規定する職務を遂行するために行う事務

七　国土交通省　航空法第九十六条第一項の規定による指示に関する事務

八　気象庁　気象業務法（昭和二十七年法律第百六十五号）第二十三条に規定する警報に関する事務

九　海上保安庁　海上保安庁法（昭和二十三年法律第二十八号）第二条第一項に規定する任務を遂行するために行う事務

十　防衛省　自衛隊法（昭和二十九年法律第百六十五号）第三条に規定する任務を遂行するために行う事務

十一　国の機関、地方公共団体又は水防法（昭和二十四年法律第百九十三号）第二条第一項に規定する水防管理団体　水防事務（第二号に定めるものを除く。）

十二　国の機関　災害対策基本法（昭和三十六年法律第二百二十三号）第三条第一項に規定する責務を遂行するために行う事務（前各号に定めるものを除く。）

15　次の各号に掲げる無線局（前項の政令で定めるものを除く。）の免許人等（当該無線局が特定免許等不要局であるときは、当該特定免許等不要局を開設した者）が納めなければならない電波利用料の金額は、当該各号に定める規定にかかわらず、これらの規定による金額の二分の一に相当する金額とする。

一　前項各号に掲げる者が当該各号に定める事務の用に供することを目的として開設する無線局（専ら当該各号に定める事務の用に供することを目的として開設するものを除く。）　第一項、第二項及び第五項から第十二項まで

二　地方公共団体が開設する無線局であつて、災害対策基本法第二条第十号に掲げる地域防災計画の定めるところに従い防災上必要な通信を行うことを目的とするもの（専ら前項第二号及び第十一号に定める事務の用に供することを目的として開設するもの並びに前号に掲げるものを除く。）　第一項及び第五項から第十二項まで

三　周波数割当計画において無線局の使用する電波の周波数の全部又は一部について使用の期限が定められている場合（第七十一条の二第一項の規定の適用がある場合を除く。）において当該無線局をその免許等の日又は応当日から起算して二年以内に廃止することについて総務大臣の確認を受けた無線局　第一項

16　第一項、第二項、第五項及び第七項の月数は、暦に従つて計算し、一月に満たない端数を生じたときは、これを一月とする。

17　免許人等（包括免許人等を除く。）は、第一項の規定により電波利用料を納め

るときには、その翌年の応当日以後の期間に係る電波利用料を前納することができる。

18　前項の規定により前納した電波利用料は、前納した者の請求により、その請求をした日後に最初に到来する応当日以後の期間に係るものに限り、還付する。

19　総務大臣は、総務省令で定めるところにより、免許人の申請に基づき、当該免許人が第二項前段の規定により納付すべき電波利用料を延納させることができる。

20　表示者は、第十三項の規定にかかわらず、総務大臣の承認を受けて、同項の規定により当該表示者が対象期間のうち総務省令で定める期間（以下この条において「予納期間」という。）を通じて納付すべき電波利用料の総額の見込額を予納することができる。この場合において、当該表示者は、予納期間において同項の規定による届出をすることを要しない。

21　前項の規定により予納した表示者は、予納期間において表示を付した第十三項の無線設備の数を予納期間が終了した日（当該表示者が表示に係る業務を休止し、又は廃止したときその他総務省令で定める事由が生じた場合には、当該事由が生じた日）の属する月の翌月の十五日までに総務大臣に届け出なければならない。この場合において、当該表示者は、予納した電波利用料の金額が同項の政令で定める金額に予納期間において表示を付した無線設備の数を乗じて得た金額（次項において「要納付額」という。）に足りないときは、その不足金額を当該届出が受理された日から起算して三十日以内に国に納めなければならない。

22　第二十項の規定により表示者が予納した電波利用料の金額が要納付額を超える場合には、その超える金額について、当該表示者の請求により還付する。

23　総務大臣は、電波利用料を納付しようとする者から、預金又は貯金の払出しとその払い出した金銭による電波利用料の納付をその預金口座又は貯金口座のある金融機関に委託して行うことを希望する旨の申出があつた場合には、その納付が確実と認められ、かつ、その申出を承認することが電波利用料の徴収上有利と認められるときに限り、その申出を承認することができる。

24　前項の承認に係る電波利用料が同項の金融機関による当該電波利用料の納付の期限として総務省令で定める日までに納付された場合には、その納付の日が納期限後である場合においても、その納付は、納期限までにされたものとみなす。

25　電波利用料を納付しようとする者は、その電波利用料の額が総務省令で定める金額以下である場合は、納付受託者（第二十七項に規定する納付受託者をいう。次項において同じ。）に納付を委託することができる。

26　電波利用料を納付しようとする者が、納付受託者に納付しようとする電波利用料の額に相当する金銭を交付したときは、当該交付した日に当該電波利用料の納付があつたものとみなして、延滞金に関する規定を適用する。

27　電波利用料の納付に関する事務（以下この項及び第三十五項において「納付事務」という。）を適正かつ確実に実施することができると認められる者であり、かつ、政令で定める要件に該当する者として総務大臣が指定するもの（次項から第三十七項までにおいて「納付受託者」という。）は、電波利用料を納付しようとする者の委託を受けて、納付事務を行うことができる。

28　総務大臣は、前項の規定による指定をしたときは、納付受託者の名称、住所又は事務所の所在地その他総務省令で定める事項を公示しなければならない。

29　納付受託者は、その名称、住所又は事務所の所在地を変更しようとするときは、あらかじめ、その旨を総務大臣に届け出なければならない。

30　総務大臣は、前項の規定による届出があつたときは、当該届出に係る事項を公示しなければならない。

31　納付受託者は、第二十五項の規定により電波利用料を納付しようとする者の委託に基づき当該電波利用料の額に相当する金銭の交付を受けたときは、総務省令で定める日までに当該委託を受けた電波利用料を納付しなければならない。

32　納付受託者は、第二十五項の規定により電波利用料を納付しようとする者の委託に基づき当該電波利用料の額に相当する金銭の交付を受けたときは、遅滞なく、総務省令で定めるところにより、その旨及び交付を受けた年月日を総務大臣に報告しなければならない。

33　納付受託者が第三十一項の電波利用料を同項に規定する総務省令で定める日までに完納しないときは、総務大臣は、国税の保証人に関する徴収の例によりその電波利用料を納付受託者から徴収する。

34　総務大臣は、第三十一項の規定により納付受託者が納付すべき電波利用料については、当該納付受託者に対して国税滞納処分の例による処分をしてもなお徴収すべき残余がある場合でなければ、その残余の額について当該電波利用料に係る第二十五項の規定による委託をした者から徴収することができない。

35　納付受託者は、総務省令で定めるところにより、帳簿を備え付け、これに納付事務に関する事項を記載し、及びこれを保存しなければならない。

36　総務大臣は、第二十七項から前項までの規定を施行するため必要があると認めるときは、その必要な限度で、総務省令で定めるところにより、納付受託者に対し、報告をさせることができる。

37　総務大臣は、第二十七項から前項までの規定を施行するため必要があると認めるときは、その必要な限度で、その職員に、納付受託者の事務所に立ち入り、納付受託者の帳簿書類（その作成又は保存に代えて電磁的記録の作成又は保存がされている場合における当該電磁的記録を含む。）その他必要な物件を検査させ、又は関係者に質問させることができる。

38　前項の規定により立入検査を行う職員は、その身分を示す証明書を携帯し、かつ、関係者の請求があるときは、これを提示しなければならない。

39　第三十七項に規定する権限は、犯罪捜査のために認められたものと解してはならない。

40　総務大臣は、第二十七項の規定による指定を受けた者が次の各号のいずれかに該当するときは、その指定を取り消すことができる。

一　第二十七項に規定する指定の要件に該当しなくなつたとき。

二　第三十二項又は第三十六項の規定による報告をせず、又は虚偽の報告をしたとき。

三　第三十五項の規定に違反して、帳簿を備え付けず、帳簿に記載せず、若しくは帳簿に虚偽の記載をし、又は帳簿を保存しなかつたとき。

四　第三十七項の規定による立入り若しくは検査を拒み、妨げ、若しくは忌避し、又は同項の規定による質問に対して陳述をせず、若しくは虚偽の陳述をしたとき。

41　総務大臣は、前項の規定により指定を取り消したときは、その旨を公示しなければならない。

42　総務大臣は、電波利用料を納めない者があるときは、督促状によつて、期限を指定して督促しなければならない。

43　総務大臣は、前項の規定による督促を受けた者がその指定の期限までにその督促に係る電波利用料及び次項の規定による延滞金を納めないときは、国税滞納処分の例により、これを処分する。この場合における電波利用料及び延滞金の先取特権の順位は、国税及び地方税に次ぐものとする。

44　総務大臣は、第四十二項の規定により督促をしたときは、その督促に係る電波利用料の額につき年十四・五パーセントの割合で、納期限の翌日からその納付又は財産差押えの日の前日までの日数により計算した延滞金を徴収する。ただし、やむを得ない事情があると認められるときその他総務省令で定めるときは、この限りでない。

45　第十七項から前項までに規定するもののほか、電波利用料の納付の手続その他電波利用料の納付について必要な事項は、総務省令で定める。

【百一次改正】

水防法等の一部を改正する法律（平成二十七年五月二十日法律第二十二号）附則第八条

第百三条の二第十四項第十一号中「第二条第一項」を「第二条第二項」に改める。

（電波利用料の徴収等）

第百三条の二　免許人等は、電波利用料として、無線局の免許等の日から起算して三十日以内及びその後毎年その免許等の日に応当する日（応当する日がない場合は、その翌日。以下この条において「応当日」という。）から起算して三十日以内に、当該無線局の免許等の日又は応当日（以下この項において「起算日」という。）から始まる各一年の期間（無線局の免許等の日が二月二十九日である場合においてその期間がうるう年の前年の三月一日から始まるときは翌年の二月二十八日までの期間とし、起算日から当該免許等の有効期間の満了の日までの期間が一年に満たない場合はその期間とする。）について、別表第六の上欄に掲げる無線局の区分に従い同表の下欄に掲げる金額（起算日から当該免許等の有効期間の満了の日までの期間が一年に満たない場合は、その額に当該期間の月数を十二で除して得た数を乗じて得た額に相当する金額）を国に納めなければならない。

2　前項の規定によるもののほか、広範囲の地域において同一の者により相当数開設される無線局に専ら使用させることを目的として別表第七の上欄に掲げる区域を単位として総務大臣が指定する周波数（三千メガヘルツ以下のものに限る。）の電波（以下この条において「広域専用電波」という。）を使用する免許人は、電波利用料として、毎年十一月一日までに、その年の十月一日から始まる一年の期間について、当該免許人に係る広域専用電波の周波数の幅のメガヘルツで表した数値に当該区域に応じ同表の下欄に掲げる係数を乗じて得た数値を九千九百八十五万九千六百円（別表第六の一の項又は二の項に掲げる無線局のうち電気通信業務を行うことを目的とするもの（二、〇二五メガヘルツを超え二、一一〇メガヘルツ以下、二、二〇〇メガヘルツを超え二、二九〇メガヘルツ以下及び二、五四五メガヘルツを超え二、六五五メガヘルツ以下の周波数の電波を使用するものを除く。）に係る広域専用電波にあつては六千二百十六万九千百円、同表の四の項又は五の項に掲げる無線局に係る広域専用電波にあつては二百十二万九千八百円、同表の六の項に掲げる無線局に係る広域専用電波にあつては二千九百三十三万三千百円）に乗じて得た額に相当する金額を国に納めなければならない。この場合において、広域専用電波を最初に使用する無線局の免許の日（無線局の周波数の指定の変更を受けることにより当該広域専用電波を使用できることとなる場合には、当該指定の変更の日。以下この項において同じ。）が十月一日以外の日である場合における当該免許の日から同日以後の最初の九月末日までの期間についてのこの項前段の規定の適用については、「毎年十一月一日までに、その年の十月一日から始まる一年の期間について」とあるのは「当該広域専用電波を最初に使用する無線局の免許の日（無線局の周波数の指定の変更を受けることにより当該広域専用電波を使用できることとなる場合には、当該指定の変更の日。以下この項において同じ。）の属する月の末日から起算して三十日以内に、当該免許の日から同日以後の最初の九月末日までの期間について」と、「得た額」とあるのは「得た額に当該期間の月数を十二で除して得た数を乗じて得た額」とする。

3　認定計画に係る指定された周波数の電波が広域専用電波である場合において、当該認定計画に係る認定開設者がその認定を受けた日から起算して六月を経過する日（認定計画に係る指定された周波数の電波が当該認定計画に係る認定開設者がその認定を受けた日後に広域専用電波となつた場合にあつては、その認定を受けた日から起算して六月を経過する日又は当該指定された周波数の電波が広域専用電波となつた日のいずれか遅い日。以下この項において「六月経過日」という。）までに当該認定計画に係るいずれの特定基地局の免許も受けなかつたときは、当該認定開設者を当該六月経過日に当該広域専用電波を最初に使用する特定基地局の免許を受けた免許人とみなして、前項及び第十九項の規定を適用する。

4　この条及び次条において「電波利用料」とは、次に掲げる電波の適正な利用の確保に関し総務大臣が無線局全体の受益を直接の目的として行う事務の処理に要する費用（同条において「電波利用共益費用」という。）の財源に充てるために免許人等、第十二項の特定免許等不要局を開設した者又は第十三項の表示者が納付すべき金銭をいう。

一　電波の監視及び規正並びに不法に開設された無線局の探査

二　総合無線局管理ファイル（全無線局について第六条第一項及び第二項、第二十七条の三、第二十七条の十八第二項及び第三項並びに第二十七条の二十九第二項及び第三項の書類及び申請書並びに免許状等に記載しなければならない事項その他の無線局の免許等に関する事項を電子情報処理組織によつて記録するファイルをいう。）の作成及び管理

三　周波数を効率的に利用する技術、周波数の共同利用を促進する技術又は高い周波数への移行を促進する技術としておおむね五年以内に開発すべき技術に関する無線設備の技術基準の策定に向けた研究開発並びに既に開発されている周波数を効率的に利用する技術、周波数の共同利用を促進する技術又は高い周波数への移行を促進する技術を用いた無線設備について無線設備の技術基準を策定するために行う国際機関及び外国の行政機関その他の外国の関係機関との連絡調整並びに試験及びその結果の分析

四　電波の人体等への影響に関する調査

五　標準電波の発射

六　特定周波数変更対策業務（第七十一条の三第九項の規定による指定周波数変更対策機関に対する交付金の交付を含む。）

七　特定周波数終了対策業務（第七十一条の三の二第十一項において準用する第七十一条の三第九項の規定による登録周波数終了対策機関に対する交付金の交付を含む。第十二項及び第十三項において同じ。）

八　現に設置されている人命又は財産の保護の用に供する無線設備による無線通信について、当該無線設備が用いる技術の内容、当該無線設備が使用する周波数の電波の利用状況、当該無線通信の利用に対する需要の動向その他の事情を勘案して電波の能率的な利用に資する技術を用いた無線設備により行われるようにするため必要があると認められる場合における当該技術を用いた人命又は財産の保護の用に供する無線設備（当該無線設備と一体として設置される総務省令で定める附属設備並びに当該無線設備及び当該附属設備を設置するために必要な工作物を含む。）の整備のための補助金の交付

九　前号に掲げるもののほか、電波の能率的な利用に資する技術を用いて行われる無線通信を利用することが困難な地域において必要最小の空中線電力による当該無線通信の利用を可能とするために行われる次に掲げる設備（当該設備と一体として設置される総務省令で定める附属設備並びに当該設備及び当該附属設備を設置するために必要な工作物を含む。）の整備のための補助金の交付その他の必要な援助

イ　当該無線通信の業務の用に供する無線局の無線設備及び当該無線局の開設に必要な伝送路設備

ロ　当該無線通信の受信を可能とする伝送路設備

十　前二号に掲げるもののほか、電波の能率的な利用に資する技術を用いて行われる無線通信を利用することが困難なトンネルその他の環境において当該無線通信の利用を可能とするために行われる設備の整備のための補助金の交付

十一　電波の能率的な利用を確保し、又は電波の人体等への悪影響を防止するために行う周波数の使用又は人体等の防護に関するリテラシーの向上のための活動に対する必要な援助

十二　電波利用料に係る制度の企画又は立案その他前各号に掲げる事務に附帯する事務

5　包括免許人又は包括登録人（以下この条において「包括免許人等」という。）は、第一項の規定にかかわらず、電波利用料として、第一号包括免許人にあつては包括免許の日の属する月の末日及びその後毎年その包括免許の日に応当する日（応当する日がない場合は、その前日）の属する月の末日現在において開設している特定無線局の数（以下この項及び次項において「開設無線局数」という。）をその翌月の十五日までに総務大臣に届け出て、当該届出が受理された日から起算して三十日以内に、第二号包括免許人にあつては包括免許の日の属する月の末日及びその後毎年その包括免許の日に応当する日（応当する日がない場合は、その前日）の属する月の末日から起算して四十五日以内に、包括登録人にあつては第二十七条の二十九第一項の規定による登録の日の属する月の末日及びその後毎年その登録の日に応当する日（応当する日がない場合は、その前日）の属する月の末日から起算して四十五日以内にそれぞれ当該包括免許若しくは同項の規定による登録（以下「包括免許等」という。）の日又はその後毎年その包括免許等の日に応当する日（応当する日がない場合は、その翌日）から始まる各一年の期間（包括免許等の日が二月二十九日である場合においてその期間がうるう年の前年の三月一日から始まるときは翌年の二月二十八日までの期間とし、当該包括免許等の日又はその包括免許等の日に応当する日（応当する日がない場合は、その翌日）から当該包括免許等の有効期間の満了の日までの期間が一年に満たない場合はその期間とする。以下この項及び次項において同じ。）について、第一号包括免許人にあつては五百十円（広域専用電波を使用する無線局を通信の相手方とする無線局については、二百円）に、第二号包括免許人にあつては別表第六の上欄に掲げる無線局の区分に従い同表の下欄に掲げる金額に、包括登録人にあつては五百四十円（移動しない無線局については、別表第八の上欄に掲げる無線局の区分に従い同表の下欄に掲げる金額）に、それぞれ当該一年の期間に係る開設無線局数又は開設登録局数（登録の日の属する月の末日及びその後毎年その登録の日に応当する日（応当する日がない場合は、その前日）の属する月の末日現在において開設している登録局の数をいう。次項において同じ。）を乗じて得た金額（当該包括免許等の日又はその包括免許等の日に応当する日（応当する日がない場合は、その翌日）から当該包括免許等の有効期間の満了の日までの期間が一年に満たない場合は、その額に当該期間の月数を十二で除して得た数を乗じて得た額に相当する金額）を国に納めなければならない。

6　包括免許人等は、前項の規定によるもののほか、包括免許等の日又はその後毎年その包括免許等の日に応当する日（応当する日がない場合は、その翌日）から始まる各一年の期間において、当該包括免許等の日の属する月の翌月以後の月の末日又はその後毎年その包括免許等の日に応当する日（応当する日がない場合は、その前日）の属する月の翌月以後の月の末日現在において開設している特定無線局又は登録局の数がそれぞれ当該一年の期間に係る開設無線局数（特定無線局（第二十七条の二第一号に掲げる無線局に係るものに限る。）にあつては既にこの項の規定による届出があつた場合には、その届出の日以後においては、その届出に係る特定無線局の数、特定無線局（同条第二号に掲げる無線局に係るものに限る。）にあつては既に特定無線局の数が開設無線局数を超えた月があつた場合には、その月の翌月以後においては、その月の末日現在において開設している特定無線局の数）又は開設登録局数（既に登録局の数が開設登録局数を超えた月があつた場合は、その月の翌月以後においては、その月の末日現在において開設している登録局の数）を超えたときは、電波利用料として、第一号包括免許人にあ

つては当該開設している特定無線局の数を当該超えた月の翌月の十五日までに総務大臣に届け出て、当該届出が受理された日から起算して三十日以内に、第二号包括免許人又は包括登録人にあつては当該超えた月の末日から起算して四十五日以内に、当該超えた月から次の包括免許等の日に応当する日（応当する日がない場合は、その前日）の属する月の前月まで又は当該包括免許等の有効期間の満了の日の翌日の属する月の前月までの期間について、第一号包括免許人にあつては五百十円（広域専用電波を使用する無線局を通信の相手方とする無線局については、二百円）に、第二号包括免許人にあつては別表第六の上欄に掲げる無線局の区分に従い同表の下欄に掲げる金額に、包括登録人にあつては五百四十円（移動しない無線局については、別表第八の上欄に掲げる無線局の区分に従い同表の下欄に掲げる金額）に、それぞれその超える特定無線局の数又は登録局の数（当該包括免許人等が他の包括免許等（当該包括免許人等の包括免許等に係る無線局と同等の機能を有するものとして総務省令で定める無線局に係るものに限る。）を受けている場合であつて、当該超えた月の末日現在において当該他の包括免許等に基づき開設している特定無線局の数又は登録局の数が当該超えた月の前月の末日現在において当該他の包括免許等に基づき開設している特定無線局の数又は登録局の数を下回るときは、当該超える特定無線局の数又は登録局の数を限度としてこれらの数からそれぞれその下回る特定無線局の数又は登録局の数を控除した数）を乗じて得た金額に当該期間の月数を十二で除して得た数を乗じて得た額に相当する金額を国に納めなければならない。

7　広域専用電波を使用する第一号包括免許人は、第一項及び前二項の規定にかかわらず、電波利用料として、同等の機能を有する特定無線局（第二十七条の二第一号に掲げる無線局に係るものであつて、広域専用電波を使用するものに限る。以下この項及び次項において同じ。）の区分として総務省令で定める区分（以下この項及び次項において「同等特定無線局区分」という。）ごとに、当該第一号包括免許人が受けている包括免許に基づき毎年十月末日現在において開設している特定無線局の数（次項において「開設特定無線局数」という。）をその年の十一月十五日までに総務大臣に届け出て、当該届出が受理された日から起算して三十日以内に、その年の十月一日から始まる一年の期間（その年の十月一日からその包括免許の有効期間の満了の日までの期間が一年に満たない特定無線局にあつては、その期間）について、一局につき二百円（その年の十月一日からその包括免許の有効期間の満了の日までの期間が一年に満たない特定無線局にあつては、二百円に当該期間の月数を十二で除して得た数を乗じて得た額に相当する金額）を国に納めなければならない。ただし、この項本文の規定により各同等特定無線局区分について算出された額が当該同等特定無線局区分に係る上限額（二百円に、同等特定無線局区分周波数幅（当該同等特定無線局区分に係る当該開設している特定無線局が使用する広域専用電波の周波数の幅のメガヘルツで表した数値に当該広域専用電波に係る別表第七の上欄に掲げる区域に応じ同表の下欄に掲げる係数を乗じて得た数値をいう。）及び基準無線局数（電波の有効利用の程度を勘案して総務省令で定める一メガヘルツ当たりの特定無線局の数をいう。）を乗じて得た額をいう。以下この項及び次項において同じ。）を超えるときは、当該第一号包括免許人がこの項の規定により当該同等特定無線局区分について国に納めなければならない電波利用料の額は、当該同等特定無線局区分に係る上限額とする。

8　広域専用電波を使用する第一号包括免許人は、前項の規定によるもののほか、同等特定無線局区分ごとに、毎年十月一日から始まる各一年の期間において、その年の十一月以後の月の末日現在において開設している特定無線局（その年の十一月一日以後の日を包括免許の日とする包括免許に基づき開設している特定無線局に限る。以下この項において「新規免許開設局」という。）の数がこの項の規定による届出に係る新規免許開設局の数（この項の規定により新規免許開設局の数についての届出がされていない場合には、零）を超えたとき又は当該末日現在において開設している特定無線局（新規免許開設局を除く。以下この項において「既存免許開設局」という。）の数が当該一年の期間に係る開設特定無線局数（既にこの項の規定により既存免許開設局の数についての届出があつた場合には、その届出の日以後においては、その届出に係る既存免許開設局の数）を超えたときは、電波利用料として、新規免許開設局についてはその超えた月の末日現在における新規免許開設局の数を、既存免許開設局についてはその超えた月の末日現在における既存免許開設局の数をその翌月の十五日までに総務大臣に届け出て、当該届出が受理された日から起算して三十日以内に、当該届出に係る月からその年の翌年の九月（その年の翌年の九月末日より前にその包括免許の有効期間が満了する特定無線局にあつては、当該包括免許の有効期間の満了の日の翌日の属する月の前月）までの期間について、二百円に、新規免許開設局についてはその超える新規免許開設局の数を、既存免許開設局についてはその超える既存免許開設局の数を乗じて得た金額に、当該期間の月数を十二で除して得た数を乗じて得た額に相当する金額の合計額を国に納めなければならない。ただし、この項本文の規定により当該第一号包括免許人が開設している特定無線局に係る各同等特定無線局区分について算出された額に当該同等特定無線局区分に係る既納付額（当該第一号包括免許人が前項及びこの項の規定により既に当該一年の期間又は当該一年の期間に含まれる一年未満の期間について国に納めた当該同等特定無線局区分に係る電波利用料の額の合計額をいう。以下この項において同じ。）を加えて得た額が当該同等特定無線局区分に係る上限額を超えるときは、当該第一号包括免許人がこの項の規定により当該同等特定無線局区分について国に納めなければならない電波利用料の額は、当該同等特定無線局区分に係る上限額から当該同等特定無線局区分に係る既納付額を控除して得た額に相当する金額とする。

9　免許人が既開設局の免許人である場合における当該既開設局に係る第一項の規定の適用については、当該既開設局に係る周波数割当計画等の変更（当該既開設局に係る無線局区分の周波数の使用の期限に係るものに限る。）の公示の日から十年を超えない範囲内で政令で定める期間を経過する日までの間は、同項中「金額）」とあるのは、「金額）に、当該免許人等に係る特定周波数変更対策業務（第七十一条の三第九項の規定による指定周波数変更対策機関に対する交付金の交付を含む。）に要すると見込まれる費用の二分の一に相当する額に当該特定周波数変更対策業務に係る既開設局の各免許人が当該既開設局と特定新規開設局とを併せて開設する期間を平均した期間の当該既開設局に係る周波数割当計画等の変更（当該既開設局に係る無線局区分の周波数の使用の期限に係るものに限る。）の公示の日から当該周波数の使用の期限までの期間に対する割合を乗じた額を勘案し、当該既開設局の周波数及び空中線電力に応じて政令で定める金額を加算した金額」とする。

10　免許人等が特定公示局の免許人等である場合における当該特定公示局に係る第一項及び第五項から第八項までの規定の適用については、当該特定公示局に係る旧割当期限の満了の日（以下「満了日」という。）の翌日から起算して十年を超えない範囲内で政令で定める期間を経過する日までの間は、第一項中「金額）」とあるのは「金額）に、当該免許人等に係る特定周波数終了対策業務（第七十一条の三の二第十一項において準用する第七十一条の三第九項の規定による登録周波数終了対策機関に対する交付金の交付を含む。）に要すると見込まれる費用（第七十一条第二項又は第七十六条の三第二項の規定に基づき当該特定周波数終了対策業務に係る旧割当期限を定めた周波数の電波を使用する無線局の免許人等に対して補償する場合における当該補償に要すると見込まれる費用を含む。）の二分の一に相当する額及び第十項の政令で定める期間に開設されると見込まれる当該特定周波数終了対策業務に係る特定公示局の数を勘案し、無線局の種別、周波数及び空中線電力に応じて政令で定める金額を加算した金額」と、第五項及び第六項中「掲げる金額）」とあるのは「掲げる金額）に、それぞれ当該包括免許人等に係る特定周波数終了対策業務（第七十一条の三の二第十一項において準用する第七十一条の三第九項の規定による登録周波数終了対策機関に対する交付金の交付を含む。）に要すると見込まれる費用（第七十一条第二項又は第七十六条の三第二項の規定に基づき当該特定周波数終了対策業務に係る旧割当期限を定めた周波数の電波を使用する無線局の免許人等に対して補償する場合における当該補償に要すると見込まれる費用を含む。）の二分の一に相当する額及び第十項の政令で定める期間に開設されると見込まれる当該特定周波数終了対策業務に係る特定公示局の数を勘案し、無線局の種別、周波数及び空中線電力に応じて政令で定める金額を加算した金額」と、第七項中「一局につき二百円」とあるのは「一局につき二百円に、当該第一号包括免許人に係る特定周波数終了対策業務（第七十一条の三の二第十一項において準用する第七十一条の三第九項の規定による登録周波数終了対策機関に対する交付金の交付を含む。）に要すると見込まれる費用（第七十一条第二項又は第七十六条の三第二項の規定に基づき当該特定周波数終了対策業務に係る旧割当期限を定めた周波数の電波を使用する無線局の免許人等に対して補償する場合における当該補償に要すると見込まれる費用を含む。）の二分の一に相当する額及び第十項の政令で定める期間に開設されると見込まれる当該特定周波数終了対策業務に係る特定公示局の数を勘案し、無線局の種別、周波数及び空中線電力に応じて政令で定める金額（以下この項及び次項において「特定周波数終了対策業務に係る金額」という。）を加算した金額」と、「、二百円」とあるのは「、二百円に特定周波数終了対策業務に係る金額を加算した金額」と、「（二百円」とあるのは「（二百円に特定周波数終了対策業務に係る金額を加算した金額」と、第八項中「二百円」とあるのは「二百円に特定周波数終了対策業務に係る金額を加算した金額」とする。

11　前項の規定にかかわらず、免許人が特定公示局の免許人であつて認定計画に従つて特定基地局を最初に開設する場合における当該最初に開設する特定基地局（当該特定基地局が包括免許に係るものである場合にあつては、当該包括免許に係る他の特定基地局を含む。以下この項において同じ。）に係る第一項又は第五項の規定の適用については、当該特定公示局に係る満了日の翌日から起算して五年を超えない範囲内で政令で定める期間を経過する日までの間は、第一項中「金額）」とあるのは「金額）に、当該免許人等に係る」と、同項及び第五項中「を国に」とあるのは「特定周波数終了対策業務（第七十一条の三の二第十一項において準用する第七十一条の三第九項の規定による登録周波数終了対策機関に対する交付金の交付を含む。）に要すると見込まれる費用（第七十一条第二項又は第七十六条の三第二項の規定に基づき当該特定周波数終了対策業務に係る旧割当期限を定めた周波数の電波を使用する無線局の免許人等に対して補償する場合における当該補償に要すると見込まれる費用を含む。）の二分の一に相当する額を勘案して当該特定基地局に使用させることとする周波数及びその使用区域に応じて政令で定める金額と、当該政令で定める金額未満で当該認定計画に係る認定の有効期間、特定基地局の総数その他の当該認定計画が特定基地局の円滑な開設に寄与する程度を勘案して総務省令で定めるところにより算定した金額とを合算した金額を加算した金額を国に」と、同項中「相当する金額）」とあるのは「相当する金額）に、当該包括免許人等に係る」とする。この場合において、当該認定計画に従つて開設される当該最初に開設する特定基地局以外の特定基地局及び当該認定計画に従つて開設される特定基地局の通信の相手方である移動する無線局については、前項の規定は適用しない。

12　特定周波数終了対策業務に係る全ての特定公示局が第四条第三号の無線局である場合における当該特定公示局（以下「特定免許等不要局」という。）に係る満了日の翌日から起算して十年を超えない範囲内で政令で定める期間を経過する日までの間（以下この条において「対象期間」という。）に当該特定周波数終了対策業務に係る特定免許等不要局（電気通信業務その他これに準ずる業務の用に供する無線局に専ら使用される無線設備であつて総務省令で定めるものを使用するものに限る。）を開設した者は、政令で定める無線局の有する機能ごとに、その者の氏名（法人にあつては、その名称及び代表者の氏名。次項において同じ。）及び住所並びに対象期間における毎年の当該特定免許等不要局に係る満了日に応当する日（応当する日がない場合は、その前日）現在において開設している当該特定免許等不要局の数（以下この項において「開設特定免許等不要局数」という。）をその日の属する月の翌月の十五日までに総務大臣に届け出て、電波利用料として、当該届出が受理された日から起算して三十日以内に、当該応当する日までの一年の期間について、当該特定免許等不要局に係る特定周波数終了対策業務に要すると見込まれる費用（第七十一条第二項又は第七十六条の三第二項の規定に基づき当該特定周波数終了対策業務に係る旧割当期限を定めた周波数の電波を使用する無線局の免許人等に対して補償する場合における当該補償に要する費用を含む。次項において同じ。）の二分の一に相当する額及び対象期間において開設されると見込まれる当該特定周波数終了対策業務に係る特定免許等不要局の数を勘案して当該政令で定める無線局の有する機能に応じて政令で定める金額に当該一年の期間に係る開設特定免許等不要局数を乗じて得た金額を国に納めなければならない。

13　前項に規定する場合において、当該特定周波数終了対策業務に係る特定免許等不要局に使用することができる無線設備（同項の総務省令で定めるものを除く。）に対象期間に表示（第三十八条の七第一項、第三十八条の二十六（外国取扱業者に適用される場合を除く。）又は第三十八条の三十五の規定による表示をいう。以下この項及び第二十一項において同じ。）を付した者（以下この条において「表示者」という。）は、政令で定める無線局の有する機能ごとに、その者の氏名及び住所並びに対象期間において毎年の満了日に応当する日（応当する日がない場合は、その前日）前一年間に表示を付した当該無線設備の数その他総務省令で定める事項をその日の属する月の翌月の十五日までに総務大臣に届け出て、電波利用料として、当該届出が受理された日から起算して三十日以内に、当該無線設備を使用する特定免許等不要局に係る特定周波数終了対策業務に要すると見込まれる費用の二分の一に相当する額、対象期間において開設されると見込まれる当該特定周波数終了対策業務に係る特定免許等不要局の数及び当該無線設備が使用されると見込まれる平均的な期間を勘案して当該政令で定める無線局の有する機能に応じて政令で定める金額に、当該一年間に表示を付した無線設備の数（当該無線設備のうち、専ら本邦外において使用されると見込まれるもの及び輸送中又は保管中におけるその機能の障害その他これに類する理由により対象期間において使用されないと見込まれるものがある場合には、総務省令で定めるところにより、これらのものの数を控除した数。第二十一項後段において同じ。）を乗じて得た金額を国に納めなければならない。

14　第一項、第二項及び第五項から第十二項までの規定は、第二十七条第一項の規定により免許を受けた無線局の免許人又は前条第二項に規定する無線局（次の各号に掲げる者が専ら当該各号に定める事務の用に供することを目的として開設する無線局（以下この項において「国の機関等が開設する無線局」という。）を除く。）若しくは国の機関等が開設する無線局その他これらに類するものとして政令で定める無線局の免許人等（当該無線局が特定免許等不要局であるときは、当該特定免許等不要局を開設した者）には、当該無線局に関しては適用しない。

一　警察庁　警察法（昭和二十九年法律第百六十二号）第二条第一項に規定する責務を遂行するために行う事務

二　消防庁又は地方公共団体　消防組織法（昭和二十二年法律第二百二十六号）第一条に規定する任務を遂行するために行う事務

三　法務省　出入国管理及び難民認定法（昭和二十六年政令第三百十九号）第六十一条の三の二第二項に規定する事務

四　法務省　刑事収容施設及び被収容者等の処遇に関する法律（平成十七年法律第五十号）第三条に規定する刑事施設、少年院法（平成二十六年法律第五十八号）第三条に規定する少年院、少年鑑別所法（平成二十六年法律第五十九号）第三条に規定する少年鑑別所及び婦人補導院法（昭和三十三年法律第十七号）第一条第一項に規定する婦人補導院の管理運営に関する事務

五　公安調査庁　公安調査庁設置法（昭和二十七年法律第二百四十一号）第四条に規定する事務

六　厚生労働省　麻薬及び向精神薬取締法（昭和二十八年法律第十四号）第五十四条第五項に規定する職務を遂行するために行う事務

七　国土交通省　航空法第九十六条第一項の規定による指示に関する事務

八　気象庁　気象業務法（昭和二十七年法律第百六十五号）第二十三条に規定する警報に関する事務

九　海上保安庁　海上保安庁法（昭和二十三年法律第二十八号）第二条第一項に規定する任務を遂行するために行う事務

十　防衛省　自衛隊法（昭和二十九年法律第百六十五号）第三条に規定する任務を遂行するために行う事務

十一　国の機関、地方公共団体又は水防法（昭和二十四年法律第百九十三号）第二条第二項に規定する水防管理団体　水防事務（第二号に定めるものを除く。）

十二　国の機関　災害対策基本法（昭和三十六年法律第二百二十三号）第三条第一項に規定する責務を遂行するために行う事務（前各号に定めるものを除く。）

15　次の各号に掲げる無線局（前項の政令で定めるものを除く。）の免許人等（当該無線局が特定免許等不要局であるときは、当該特定免許等不要局を開設した者）が納めなければならない電波利用料の金額は、当該各号に定める規定にかかわらず、これらの規定による金額の二分の一に相当する金額とする。

一　前項各号に掲げる者が当該各号に定める事務の用に供することを目的として開設する無線局（専ら当該各号に定める事務の用に供することを目的として開設するものを除く。）　第一項、第二項及び第五項から第十二項まで

二　地方公共団体が開設する無線局であつて、災害対策基本法第二条第十号に掲げる地域防災計画の定めるところに従い防災上必要な通信を行うことを目的とするもの（専ら前項第二号及び第十一号に定める事務の用に供することを目的として開設するもの並びに前号に掲げるものを除く。）　第一項及び第五項から第十二項まで

三　周波数割当計画において無線局の使用する電波の周波数の全部又は一部について使用の期限が定められている場合（第七十一条の二第一項の規定の適用がある場合を除く。）において当該無線局をその免許等の日又は応当日から起算して二年以内に廃止することについて総務大臣の確認を受けた無線局　第一項

16　第一項、第二項、第五項及び第七項の月数は、暦に従つて計算し、一月に満たない端数を生じたときは、これを一月とする。

17　免許人等（包括免許人等を除く。）は、第一項の規定により電波利用料を納めるときには、その翌年の応当日以後の期間に係る電波利用料を前納することができる。

18　前項の規定により前納した電波利用料は、前納した者の請求により、その請求をした日後に最初に到来する応当日以後の期間に係るものに限り、還付する。

19　総務大臣は、総務省令で定めるところにより、免許人の申請に基づき、当該免許人が第二項前段の規定により納付すべき電波利用料を延納させることができる。

20　表示者は、第十三項の規定にかかわらず、総務大臣の承認を受けて、同項の規

定により当該表示者が対象期間のうち総務省令で定める期間（以下この条において「予納期間」という。）を通じて納付すべき電波利用料の総額の見込額を予納することができる。この場合において、当該表示者は、予納期間において同項の規定による届出をすることを要しない。

21　前項の規定により予納した表示者は、予納期間において表示を付した第十三項の無線設備の数を予納期間が終了した日（当該表示者が表示に係る業務を休止し、又は廃止したときその他総務省令で定める事由が生じた場合には、当該事由が生じた日）の属する月の翌月の十五日までに総務大臣に届け出なければならない。この場合において、当該表示者は、予納した電波利用料の金額が同項の政令で定める金額に予納期間において表示を付した無線設備の数を乗じて得た金額（次項において「要納付額」という。）に足りないときは、その不足金額を当該届出が受理された日から起算して三十日以内に国に納めなければならない。

22　第二十項の規定により表示者が予納した電波利用料の金額が要納付額を超える場合には、その超える金額について、当該表示者の請求により還付する。

23　総務大臣は、電波利用料を納付しようとする者から、預金又は貯金の払出しとその払い出した金銭による電波利用料の納付をその預金口座又は貯金口座のある金融機関に委託して行うことを希望する旨の申出があつた場合には、その納付が確実と認められ、かつ、その申出を承認することが電波利用料の徴収上有利と認められるときに限り、その申出を承認することができる。

24　前項の承認に係る電波利用料が同項の金融機関による当該電波利用料の納付の期限として総務省令で定める日までに納付された場合には、その納付の日が納期限後である場合においても、その納付は、納期限までにされたものとみなす。

25　電波利用料を納付しようとする者は、その電波利用料の額が総務省令で定める金額以下である場合は、納付受託者（第二十七項に規定する納付受託者をいう。次項において同じ。）に納付を委託することができる。

26　電波利用料を納付しようとする者が、納付受託者に納付しようとする電波利用料の額に相当する金銭を交付したときは、当該交付した日に当該電波利用料の納付があつたものとみなして、延滞金に関する規定を適用する。

27　電波利用料の納付に関する事務（以下この項及び第三十五項において「納付事務」という。）を適正かつ確実に実施することができると認められる者であり、かつ、政令で定める要件に該当する者として総務大臣が指定するもの（次項から第三十七項までにおいて「納付受託者」という。）は、電波利用料を納付しようとする者の委託を受けて、納付事務を行うことができる。

28　総務大臣は、前項の規定による指定をしたときは、納付受託者の名称、住所又は事務所の所在地その他総務省令で定める事項を公示しなければならない。

29　納付受託者は、その名称、住所又は事務所の所在地を変更しようとするときは、あらかじめ、その旨を総務大臣に届け出なければならない。

30　総務大臣は、前項の規定による届出があつたときは、当該届出に係る事項を公示しなければならない。

31　納付受託者は、第二十五項の規定により電波利用料を納付しようとする者の委託に基づき当該電波利用料の額に相当する金銭の交付を受けたときは、総務省令で定める日までに当該委託を受けた電波利用料を納付しなければならない。

32　納付受託者は、第二十五項の規定により電波利用料を納付しようとする者の委託に基づき当該電波利用料の額に相当する金銭の交付を受けたときは、遅滞なく、総務省令で定めるところにより、その旨及び交付を受けた年月日を総務大臣に報告しなければならない。

33　納付受託者が第三十一項の電波利用料を同項に規定する総務省令で定める日までに完納しないときは、総務大臣は、国税の保証人に関する徴収の例によりその電波利用料を納付受託者から徴収する。

34　総務大臣は、第三十一項の規定により納付受託者が納付すべき電波利用料については、当該納付受託者に対して国税滞納処分の例による処分をしてもなお徴収すべき残余がある場合でなければ、その残余の額について当該電波利用料に係る第二十五項の規定による委託をした者から徴収することができない。

35　納付受託者は、総務省令で定めるところにより、帳簿を備え付け、これに納付事務に関する事項を記載し、及びこれを保存しなければならない。

36　総務大臣は、第二十七項から前項までの規定を施行するため必要があると認めるときは、その必要な限度で、総務省令で定めるところにより、納付受託者に対し、報告をさせることができる。

37　総務大臣は、第二十七項から前項までの規定を施行するため必要があると認めるときは、その必要な限度で、その職員に、納付受託者の事務所に立ち入り、納付受託者の帳簿書類（その作成又は保存に代えて電磁的記録の作成又は保存がされている場合における当該電磁的記録を含む。）その他必要な物件を検査させ、又は関係者に質問させることができる。

38　前項の規定により立入検査を行う職員は、その身分を示す証明書を携帯し、かつ、関係者の請求があるときは、これを提示しなければならない。

39　第三十七項に規定する権限は、犯罪捜査のために認められたものと解してはならない。

40　総務大臣は、第二十七項の規定による指定を受けた者が次の各号のいずれかに該当するときは、その指定を取り消すことができる。

一　第二十七項に規定する指定の要件に該当しなくなつたとき。

二　第三十二項又は第三十六項の規定による報告をせず、又は虚偽の報告をしたとき。

三　第三十五項の規定に違反して、帳簿を備え付けず、帳簿に記載せず、若しくは帳簿に虚偽の記載をし、又は帳簿を保存しなかつたとき。

四　第三十七項の規定による立入り若しくは検査を拒み、妨げ、若しくは忌避し、又は同項の規定による質問に対して陳述をせず、若しくは虚偽の陳述をしたとき。

41　総務大臣は、前項の規定により指定を取り消したときは、その旨を公示しなければならない。

42　総務大臣は、電波利用料を納めない者があるときは、督促状によつて、期限を指定して督促しなければならない。

43　総務大臣は、前項の規定による督促を受けた者がその指定の期限までにその督促に係る電波利用料及び次項の規定による延滞金を納めないときは、国税滞納処分の例により、これを処分する。この場合における電波利用料及び延滞金の先取特権の順位は、国税及び地方税に次ぐものとする。

44　総務大臣は、第四十二項の規定により督促をしたときは、その督促に係る電波利用料の額につき年十四・五パーセントの割合で、納期限の翌日からその納付又は財産差押えの日の前日までの日数により計算した延滞金を徴収する。ただし、やむを得ない事情があると認められるときその他総務省令で定めるときは、この限りでない。

45　第十七項から前項までに規定するもののほか、電波利用料の納付の手続その他電波利用料の納付について必要な事項は、総務省令で定める。

【百三次改正】

電気通信事業法等の一部を改正する法律（平成二十七年五月二十二日法律第二十六号）第二条

第百三条の二第十二項中「第四条第三号」を「第四条第一項第三号」に改める。

（電波利用料の徴収等）

第百三条の二　免許人等は、電波利用料として、無線局の免許等の日から起算して三十日以内及びその後毎年その免許等の日に応当する日（応当する日がない場合は、その翌日。以下この条において「応当日」という。）から起算して三十日以内に、当該無線局の免許等の日又は応当日（以下この項において「起算日」という。）から始まる各一年の期間（無線局の免許等の日が二月二十九日である場合においてその期間がうるう年の前年の三月一日から始まるときは翌年の二月二十八日までの期間とし、起算日から当該免許等の有効期間の満了の日までの期間が一年に満たない場合はその期間とする。）について、別表第六の上欄に掲げる無線局の区分に従い同表の下欄に掲げる金額（起算日から当該免許等の有効期間の満了の日までの期間が一年に満たない場合は、その額に当該期間の月数を十二で除して得た数を乗じて得た額に相当する金額）を国に納めなければならない。

2　前項の規定によるもののほか、広範囲の地域において同一の者により相当数開設される無線局に専ら使用させることを目的として別表第七の上欄に掲げる区域を単位として総務大臣が指定する周波数（三千メガヘルツ以下のものに限る。）の電波（以下この条において「広域専用電波」という。）を使用する免許人は、電波利用料として、毎年十一月一日までに、その年の十月一日から始まる一年の期間について、当該免許人に係る広域専用電波の周波数の幅のメガヘルツで表した数値に当該区域に応じ同表の下欄に掲げる係数を乗じて得た数値を九千九百八十五万九千六百円（別表第六の一の項又は二の項に掲げる無線局のうち電気通信業務を行うことを目的とするもの（二、〇二五メガヘルツを超え二、一一〇メガヘルツ以下、二、二〇〇メガヘルツを超え二、二九〇メガヘルツ以下及び二、五四五メガヘルツを超え二、六五五メガヘルツ以下の周波数の電波を使用するものを除く。）に係る広域専用電波にあつては六千二百十六万九千百円、同表の四の項又は五の項に掲げる無線局に係る広域専用電波にあつては二百十二万九千八百円、同表の六の項に掲げる無線局に係る広域専用電波にあつては二千九百三十三万三千百円）に乗じて得た額に相当する金額を国に納めなければならない。この場合において、広域専用電波を最初に使用する無線局の免許の日（無線局の周波数の指定の変更を受けることにより当該広域専用電波を使用できることとなる場合には、当該指定の変更の日。以下この項において同じ。）が十月一日以外の日である場合における当該免許の日から同日以後の最初の九月末日までの期間についてのこの項前段の規定の適用については、「毎年十一月一日までに、その年の十月一日から始まる一年の期間について」とあるのは「当該広域専用電波を最初に使用する無線局の免許の日（無線局の周波数の指定の変更を受けることにより当該広域専用電波を使用できることとなる場合には、当該指定の変更の日。以下この項において同じ。）の属する月の末日から起算して三十日以内に、当該免許の日から同日以後の最初の九月末日までの期間について」と、「得た額」とあるのは「得た額に当該期間の月数を十二で除して得た数を乗じて得た額」とする。

3　認定計画に係る指定された周波数の電波が広域専用電波である場合において、当該認定計画に係る認定開設者がその認定を受けた日から起算して六月を経過する日（認定計画に係る指定された周波数の電波が当該認定計画に係る認定開設者がその認定を受けた日後に広域専用電波となつた場合にあつては、その認定を受けた日から起算して六月を経過する日又は当該指定された周波数の電波が広域専用電波となつた日のいずれか遅い日。以下この項において「六月経過日」という。）までに当該認定計画に係るいずれの特定基地局の免許も受けなかつたときは、当該認定開設者を当該六月経過日に当該広域専用電波を最初に使用する特定基地局の免許を受けた免許人とみなして、前項及び第十九項の規定を適用する。

4　この条及び次条において「電波利用料」とは、次に掲げる電波の適正な利用の確保に関し総務大臣が無線局全体の受益を直接の目的として行う事務の処理に要する費用（同条において「電波利用共益費用」という。）の財源に充てるために免許人等、第十二項の特定免許等不要局を開設した者又は第十三項の表示者が納付すべき金銭をいう。

一　電波の監視及び規正並びに不法に開設された無線局の探査

二　総合無線局管理ファイル（全無線局について第六条第一項及び第二項、第二十七条の三、第二十七条の十八第二項及び第三項並びに第二十七条の二十九第二項及び第三項の書類及び申請書並びに免許状等に記載しなければならない事項その他の無線局の免許等に関する事項を電子情報処理組織によつて記録するファイルをいう。）の作成及び管理

三　周波数を効率的に利用する技術、周波数の共同利用を促進する技術又は高い周波数への移行を促進する技術としておおむね五年以内に開発すべき技術に関する無線設備の技術基準の策定に向けた研究開発並びに既に開発されている周波数を効率的に利用する技術、周波数の共同利用を促進する技術又は高い周波数への移行を促進する技術を用いた無線設備について無線設備の技術基準を策定するために行う国際機関及び外国の行政機関その他の外国の関係機関との連絡調整並びに試験及びその結果の分析

四　電波の人体等への影響に関する調査

五　標準電波の発射

六　特定周波数変更対策業務（第七十一条の三第九項の規定による指定周波数変更対策機関に対する交付金の交付を含む。）

七　特定周波数終了対策業務（第七十一条の三の二第十一項において準用する第七十一条の三第九項の規定による登録周波数終了対策機関に対する交付金の交付を含む。第十二項及び第十三項において同じ。）

八　現に設置されている人命又は財産の保護の用に供する無線設備による無線通信について、当該無線設備が用いる技術の内容、当該無線設備が使用する周波数の電波の利用状況、当該無線通信の利用に対する需要の動向その他の事情を勘案して電波の能率的な利用に資する技術を用いた無線設備により行われるようにするため必要があると認められる場合における当該技術を用いた人命又は財産の保護の用に供する無線設備（当該無線設備と一体として設置される総務省令で定める附属設備並びに当該無線設備及び当該附属設備を設置するために必要な工作物を含む。）の整備のための補助金の交付

九　前号に掲げるもののほか、電波の能率的な利用に資する技術を用いて行われる無線通信を利用することが困難な地域において必要最小の空中線電力による当該無線通信の利用を可能とするために行われる次に掲げる設備（当該設備と一体として設置される総務省令で定める附属設備並びに当該設備及び当該附属設備を設置するために必要な工作物を含む。）の整備のための補助金の交付その他の必要な援助

イ　当該無線通信の業務の用に供する無線局の無線設備及び当該無線局の開設に必要な伝送路設備

ロ　当該無線通信の受信を可能とする伝送路設備

十　前二号に掲げるもののほか、電波の能率的な利用に資する技術を用いて行われる無線通信を利用することが困難なトンネルその他の環境において当該無線通信の利用を可能とするために行われる設備の整備のための補助金の交付

十一　電波の能率的な利用を確保し、又は電波の人体等への悪影響を防止するために行う周波数の使用又は人体等の防護に関するリテラシーの向上のための活動に対する必要な援助

十二　電波利用料に係る制度の企画又は立案その他前各号に掲げる事務に附帯する事務

5　包括免許人又は包括登録人（以下この条において「包括免許人等」という。）は、第一項の規定にかかわらず、電波利用料として、第一号包括免許人にあつては包括免許の日の属する月の末日及びその後毎年その包括免許の日に応当する日（応当する日がない場合は、その前日）の属する月の末日現在において開設し

ている特定無線局の数（以下この項及び次項において「開設無線局数」という。）をその翌月の十五日までに総務大臣に届け出て、当該届出が受理された日から起算して三十日以内に、第二号包括免許人にあつては包括免許の日の属する月の末日及びその後毎年その包括免許の日に応当する日（応当する日がない場合は、その前日）の属する月の末日から起算して四十五日以内に、包括登録人にあつては第二十七条の二十九第一項の規定による登録の日の属する月の末日及びその後毎年その登録の日に応当する日（応当する日がない場合は、その前日）の属する月の末日から起算して四十五日以内にそれぞれ当該包括免許若しくは同項の規定による登録（以下「包括免許等」という。）の日又はその後毎年その包括免許等の日に応当する日（応当する日がない場合は、その翌日）から始まる各一年の期間（包括免許等の日が二月二十九日である場合においてその期間がうるう年の前年の三月一日から始まるときは翌年の二月二十八日までの期間とし、当該包括免許等の日又はその包括免許等の日に応当する日（応当する日がない場合は、その翌日）から当該包括免許等の有効期間の満了の日までの期間が一年に満たない場合はその期間とする。以下この項及び次項において同じ。）について、第一号包括免許人にあつては五百十円（広域専用電波を使用する無線局を通信の相手方とする無線局については、二百円）に、第二号包括免許人にあつては別表第六の上欄に掲げる無線局の区分に従い同表の下欄に掲げる金額に、包括登録人にあつては五百四十円（移動しない無線局については、別表第八の上欄に掲げる無線局の区分に従い同表の下欄に掲げる金額）に、それぞれ当該一年の期間に係る開設無線局数又は開設登録局数（登録の日の属する月の末日及びその後毎年その登録の日に応当する日（応当する日がない場合は、その前日）の属する月の末日現在において開設している登録局の数をいう。次項において同じ。）を乗じて得た金額（当該包括免許等の日又はその包括免許等の日に応当する日（応当する日がない場合は、その翌日）から当該包括免許等の有効期間の満了の日までの期間が一年に満たない場合は、その額に当該期間の月数を十二で除して得た数を乗じて得た額に相当する金額）を国に納めなければならない。

6　包括免許人等は、前項の規定によるもののほか、包括免許等の日又はその後毎年その包括免許等の日に応当する日（応当する日がない場合は、その翌日）から始まる各一年の期間において、当該包括免許等の日の属する月の翌月以後の月の末日又はその後毎年その包括免許等の日に応当する日（応当する日がない場合は、その前日）の属する月の翌月以後の月の末日現在において開設している特定無線局又は登録局の数がそれぞれ当該一年の期間に係る開設無線局数（特定無線局（第二十七条の二第一号に掲げる無線局に係るものに限る。）にあつては既にこの項の規定による届出があつた場合には、その届出の日以後においては、その届出に係る特定無線局の数、特定無線局（同条第二号に掲げる無線局に係るものに限る。）にあつては既に特定無線局の数が開設無線局数を超えた月があつた場合には、その月の翌月以後においては、その月の末日現在において開設している特定無線局の数）又は開設登録局数（既に登録局の数が開設登録局数を超えた月があつた場合は、その月の翌月以後においては、その月の末日現在において開設している登録局の数）を超えたときは、電波利用料として、第一号包括免許人にあつては当該開設している特定無線局の数を当該超えた月の翌月の十五日までに総務大臣に届け出て、当該届出が受理された日から起算して三十日以内に、第二号包括免許人又は包括登録人にあつては当該超えた月の末日から起算して四十五日以内に、当該超えた月から次の包括免許等の日に応当する日（応当する日がない場合は、その前日）の属する月の前月まで又は当該包括免許等の有効期間の満了の日の翌日の属する月の前月までの期間について、第一号包括免許人にあつては五百十円（広域専用電波を使用する無線局を通信の相手方とする無線局については、二百円）に、第二号包括免許人にあつては別表第六の上欄に掲げる無線局の区分に従い同表の下欄に掲げる金額に、包括登録人にあつては五百四十円

（移動しない無線局については、別表第八の上欄に掲げる無線局の区分に従い同表の下欄に掲げる金額）に、それぞれその超える特定無線局の数又は登録局の数（当該包括免許人等が他の包括免許等（当該包括免許人等の包括免許等に係る無線局と同等の機能を有するものとして総務省令で定める無線局に係るものに限る。）を受けている場合であつて、当該超えた月の末日現在において当該他の包括免許等に基づき開設している特定無線局の数又は登録局の数が当該超えた月の前月の末日現在において当該他の包括免許等に基づき開設している特定無線局の数又は登録局の数を下回るときは、当該超える特定無線局の数又は登録局の数を限度としてこれらの数からそれぞれその下回る特定無線局の数又は登録局の数を控除した数）を乗じて得た金額に当該期間の月数を十二で除して得た数を乗じて得た額に相当する金額を国に納めなければならない。

7　広域専用電波を使用する第一号包括免許人は、第一項及び前二項の規定にかかわらず、電波利用料として、同等の機能を有する特定無線局（第二十七条の二第一号に掲げる無線局に係るものであつて、広域専用電波を使用するものに限る。以下この項及び次項において同じ。）の区分として総務省令で定める区分（以下この項及び次項において「同等特定無線局区分」という。）ごとに、当該第一号包括免許人が受けている包括免許に基づき毎年十月末日現在において開設している特定無線局の数（次項において「開設特定無線局数」という。）をその年の十一月十五日までに総務大臣に届け出て、当該届出が受理された日から起算して三十日以内に、その年の十月一日から始まる一年の期間（その年の十月一日からその包括免許の有効期間の満了の日までの期間が一年に満たない特定無線局にあつては、その期間）について、一局につき二百円（その年の十月一日からその包括免許の有効期間の満了の日までの期間が一年に満たない特定無線局にあつては、二百円に当該期間の月数を十二で除して得た数を乗じて得た額に相当する金額）を国に納めなければならない。ただし、この項本文の規定により各同等特定無線局区分について算出された額が当該同等特定無線局区分に係る上限額（二百円に、同等特定無線局区分周波数幅（当該同等特定無線局区分に係る当該開設している特定無線局が使用する広域専用電波の周波数の幅のメガヘルツで表した数値に当該広域専用電波に係る別表第七の上欄に掲げる区域に応じ同表の下欄に掲げる係数を乗じて得た数値をいう。）及び基準無線局数（電波の有効利用の程度を勘案して総務省令で定める一メガヘルツ当たりの特定無線局の数をいう。）を乗じて得た額をいう。以下この項及び次項において同じ。）を超えるときは、当該第一号包括免許人がこの項の規定により当該同等特定無線局区分について国に納めなければならない電波利用料の額は、当該同等特定無線局区分に係る上限額とする。

8　広域専用電波を使用する第一号包括免許人は、前項の規定によるもののほか、同等特定無線局区分ごとに、毎年十月一日から始まる各一年の期間において、その年の十一月以後の月の末日現在において開設している特定無線局（その年の十一月一日以後の日を包括免許の日とする包括免許に基づき開設している特定無線局に限る。以下この項において「新規免許開設局」という。）の数がこの項の規定による届出に係る新規免許開設局の数（この項の規定により新規免許開設局の数についての届出がされていない場合には、零）を超えたとき又は当該末日現在において開設している特定無線局（新規免許開設局を除く。以下この項において「既存免許開設局」という。）の数が当該一年の期間に係る開設特定無線局数（既にこの項の規定により既存免許開設局の数についての届出があつた場合には、その届出の日以後においては、その届出に係る既存免許開設局の数）を超えたときは、電波利用料として、新規免許開設局についてはその超えた月の末日現在における新規免許開設局の数を、既存免許開設局についてはその超えた月の末日現在における既存免許開設局の数をその翌月の十五日までに総務大臣に届け出て、当該届出が受理された日から起算して三十日以内に、当該届出に係る月からその年の翌年の九月（その年の翌年の九月末日より前にその包括免許の有効期間が満了する特定無線局にあつては、当該包括免許の有効期間の満了の日の翌日の属する月の前月）までの期間について、二百円に、新規免許開設局についてはその超える新規免許開設局の数を、既存免許開設局についてはその超える既存免許開設局の数を乗じて得た金額に、当該期間の月数を十二で除して得た数を乗じて得た額に相当する金額の合計額を国に納めなければならない。ただし、この項本文の規定により当該第一号包括免許人が開設している特定無線局に係る各同等特定無線局区分について算出された額に当該同等特定無線局区分に係る既納付額（当該第一号包括免許人が前項及びこの項の規定により既に当該一年の期間又は当該一年の期間に含まれる一年未満の期間について国に納めた当該同等特定無線局区分に係る電波利用料の額の合計額をいう。以下この項において同じ。）を加えて得た額が当該同等特定無線局区分に係る上限額を超えるときは、当該第一号包括免許人がこの項の規定により当該同等特定無線局区分について国に納めなければならない電波利用料の額は、当該同等特定無線局区分に係る上限額から当該同等特定無線局区分に係る既納付額を控除して得た額に相当する金額とする。

9　免許人が既開設局の免許人である場合における当該既開設局に係る第一項の規定の適用については、当該既開設局に係る周波数割当計画等の変更（当該既開設局に係る無線局区分の周波数の使用の期限に係るものに限る。）の公示の日から十年を超えない範囲内で政令で定める期間を経過する日までの間は、同項中「金額」」とあるのは、「金額」に、当該免許人等に係る特定周波数変更対策業務（第七十一条の三第九項の規定による指定周波数変更対策機関に対する交付金の交付を含む。）に要すると見込まれる費用の二分の一に相当する額に当該特定周波数変更対策業務に係る既開設局の各免許人が当該既開設局と特定新規開設局とを併せて開設する期間を平均した期間の当該既開設局に係る周波数割当計画等の変更（当該既開設局に係る無線局区分の周波数の使用の期限に係るものに限る。）の公示の日から当該周波数の使用の期限までの期間に対する割合を乗じた額を勘案し、当該既開設局の周波数及び空中線電力に応じて政令で定める金額を加算した金額」とする。

10　免許人等が特定公示局の免許人等である場合における当該特定公示局に係る第一項及び第五項から第八項までの規定の適用については、当該特定公示局に係る旧割当期限の満了の日（以下「満了日」という。）の翌日から起算して十年を超えない範囲内で政令で定める期間を経過する日までの間は、第一項中「金額」」とあるのは「金額」に、当該免許人等に係る特定周波数終了対策業務（第七十一条の三の二第十一項において準用する第七十一条の三第九項の規定による登録周波数終了対策機関に対する交付金の交付を含む。）に要すると見込まれる費用（第七十一条第二項又は第七十六条の三第二項の規定に基づき当該特定周波数終了対策業務に係る旧割当期限を定めた周波数の電波を使用する無線局の免許人等に対して補償する場合における当該補償に要すると見込まれる費用を含む。）の二分の一に相当する額及び第十項の政令で定める期間に開設されると見込まれる当該特定周波数終了対策業務に係る特定公示局の数を勘案し、無線局の種別、周波数及び空中線電力に応じて政令で定める金額を加算した金額」と、第五項及び第六項中「掲げる金額」」とあるのは「掲げる金額」に、それぞれ当該包括免許人等に係る特定周波数終了対策業務（第七十一条の三の二第十一項において準用する第七十一条の三第九項の規定による登録周波数終了対策機関に対する交付金の交付を含む。）に要すると見込まれる費用（第七十一条第二項又は第七十六条の三第二項の規定に基づき当該特定周波数終了対策業務に係る旧割当期限を定めた周波数の電波を使用する無線局の免許人等に対して補償する場合における当該補償に要すると見込まれる費用を含む。）の二分の一に相当する額及び第八項の政令で定める期間に開設されると見込まれる当該特定周波数終了対策業務に係る特定公示局の数を勘案し、無線局の種別、周波数及び空中線電力に応じて政令で定める金額を加算した金額」と、第七項中「一局につき二百円」とあるのは「一局につき二百円に、当該第一号包括免許人に係る特定周波数終了対策業務（第七十一条の三の二第十一項において準用する第七十一条の三第九項の規定による登録周波数終了対策機関に対する交付金の交付を含む。）に要すると見込まれる費用（第七十一条第二項又は第七十六条の三第二項の規定に基づき当該特定周波数終了対策業務に係る旧割当期限を定めた周波数の電波を使用する無線局の免許人等に対して補償する場合における当該補償に要すると見込まれる費用を含む。）の二分の一に相当する額及び第十項の政令で定める期間に開設されると見込まれる当該特定周波数終了対策業務に係る特定公示局の数を勘案し、無線局の種別、周波数及び空中線電力に応じて政令で定める金額（以下この項及び次項において「特定周波数終了対策業務に係る金額」という。）を加算した金額」と、「、二百円」とあるのは「、二百円に特定周波数終了対策業務に係る金額を加算した金額」と、「（二百円」とあるのは「（二百円に特定周波数終了対策業務に係る金額を加算した金額」と、第八項中「二百円」とあるのは「二百円に特定周波数終了対策業務に係る金額を加算した金額」とする。

11　前項の規定にかかわらず、免許人が特定公示局の免許人であつて認定計画に従つて特定基地局を最初に開設する場合における当該最初に開設する特定基地局（当該特定基地局が包括免許に係るものである場合にあつては、当該包括免許に係る他の特定基地局を含む。以下この項において同じ。）に係る第一項又は第五項の規定の適用については、当該特定公示局に係る満了日の翌日から起算して五年を超えない範囲内で政令で定める期間を経過する日までの間は、第一項中「金額」とあるのは「金額」に、当該免許人等に係る」と、同項及び第五項中「を国に」とあるのは「特定周波数終了対策業務（第七十一条の三の二第十一項において準用する第七十一条の三第九項の規定による登録周波数終了対策機関に対する交付金の交付を含む。）に要すると見込まれる費用（第七十一条第二項又は第七十六条の三第二項の規定に基づき当該特定周波数終了対策業務に係る旧割当期限を定めた周波数の電波を使用する無線局の免許人等に対して補償する場合における当該補償に要すると見込まれる費用を含む。）の二分の一に相当する額を勘案して当該特定基地局に使用させることとする周波数及びその使用区域に応じて政令で定める金額と、当該政令で定める金額未満で当該認定計画に係る認定の有効期間、特定基地局の総数その他の当該認定計画が特定基地局の円滑な開設に寄与する程度を勘案して総務省令で定めるところにより算定した金額とを合算した金額を加算した金額を国に」と、同項中「相当する金額」とあるのは「相当する金額」に、当該包括免許人等に係る」とする。この場合において、当該認定計画に従つて開設される当該最初に開設する特定基地局以外の特定基地局及び当該認定計画に従つて開設される特定基地局の通信の相手方である移動する無線局については、前項の規定は適用しない。

12　特定周波数終了対策業務に係る全ての特定公示局が第四条第一項第三号の無線局である場合における当該特定公示局（以下「特定免許等不要局」という。）に係る満了日の翌日から起算して十年を超えない範囲内で政令で定める期間を経過する日までの間（以下この条において「対象期間」という。）に当該特定周波数終了対策業務に係る特定免許等不要局（電気通信業務その他これに準ずる業務の用に供する無線局に専ら使用される無線設備であつて総務省令で定めるものを使用するものに限る。）を開設した者は、政令で定める無線局の有する機能ごとに、その者の氏名（法人にあつては、その名称及び代表者の氏名。次項において同じ。）及び住所並びに対象期間における毎年の当該特定免許等不要局に係る満了日に応当する日（応当する日がない場合は、その前日）現在において開設している当該特定免許等不要局の数（以下この項において「開設特定免許等不要局数」という。）をその日の属する月の翌月の十五日までに総務大臣に届け出て、電波利用料として、当該届出が受理された日から起算して三十日以内に、当該応当する日までの一年の期間について、当該特定免許等不要局に係る特定周波数終了対策業務に要すると見込まれる費用（第七十一条第二項又は第七十六条の三第二項の規定に基づき当該特定周波数終了対策業務に係る旧割当期限を定めた周波数の電波を使用する無線局の免許人等に対して補償する場合における当該補償に要する費用を含む。次項において同じ。）の二分の一に相当する額及び対象期間において開設されると見込まれる当該特定周波数終了対策業務に係る特定免許等不要局の数を勘案して当該政令で定める無線局の有する機能に応じて政令で定める金額に当該一年の期間に係る開設特定免許等不要局数を乗じて得た金額を国に納めなければならない。

13　前項に規定する場合において、当該特定周波数終了対策業務に係る特定免許等不要局に使用することができる無線設備（同項の総務省令で定めるものを除く。）に対象期間に表示（第三十八条の七第一項、第三十八条の二十六（外国取扱業者に適用される場合を除く。）又は第三十八条の三十五の規定による表示をいう。以下この項及び第二十一項において同じ。）を付した者（以下この条において「表示者」という。）は、政令で定める無線局の有する機能ごとに、その者の氏名及び住所並びに対象期間において毎年の満了日に応当する日（応当する日がない場合は、その前日）前一年間に表示を付した当該無線設備の数その他総務省令で定める事項をその日の属する月の翌月の十五日までに総務大臣に届け出て、電波利用料として、当該届出が受理された日から起算して三十日以内に、当該無線設備を使用する特定免許等不要局に係る特定周波数終了対策業務に要すると見込まれる費用の二分の一に相当する額、対象期間において開設されると見込まれる当該特定周波数終了対策業務に係る特定免許等不要局の数及び当該無線設備が使用されると見込まれる平均的な期間を勘案して当該政令で定める無線局の有する機能に応じて政令で定める金額に、当該一年間に表示を付した無線設備の数（当該無線設備のうち、専ら本邦外において使用されると見込まれるもの及び輸送中又は保管中におけるその機能の障害その他これに類する理由により対象期間において使用されないと見込まれるものがある場合には、総務省令で定めるところにより、これらのものの数を控除した数。第二十一項後段において同じ。）を乗じて得た金額を国に納めなければならない。

14　第一項、第二項及び第五項から第十二項までの規定は、第二十七条第一項の規定により免許を受けた無線局の免許人又は前条第二項に規定する無線局（次の各号に掲げる者が専ら当該各号に定める事務の用に供することを目的として開設する無線局（以下この項において「国の機関等が開設する無線局」という。）を除く。）若しくは国の機関等が開設する無線局その他これらに類するものとして政令で定める無線局の免許人等（当該無線局が特定免許等不要局であるときは、当該特定免許等不要局を開設した者）には、当該無線局に関しては適用しない。

一　警察庁　警察法（昭和二十九年法律第百六十二号）第二条第一項に規定する責務を遂行するために行う事務

二　消防庁又は地方公共団体　消防組織法（昭和二十二年法律第二百二十六号）第一条に規定する任務を遂行するために行う事務

三　法務省　出入国管理及び難民認定法（昭和二十六年政令第三百十九号）第六十一条の三の二第二項に規定する事務

四　法務省　刑事収容施設及び被収容者等の処遇に関する法律（平成十七年法律第五十号）第三条に規定する刑事施設、少年院法（平成二十六年法律第五十八号）第三条に規定する少年院、少年鑑別所法（平成二十六年法律第五十九号）第三条に規定する少年鑑別所及び婦人補導院法（昭和三十三年法律第十七号）第一条第一項に規定する婦人補導院の管理運営に関する事務

五　公安調査庁　公安調査庁設置法（昭和二十七年法律第二百四十一号）第四条に規定する事務

六　厚生労働省　麻薬及び向精神薬取締法（昭和二十八年法律第十四号）第五十四条第五項に規定する職務を遂行するために行う事務

七　国土交通省　航空法第九十六条第一項の規定による指示に関する事務

八　気象庁　気象業務法（昭和二十七年法律第百六十五号）第二十三条に規定する警報に関する事務

九　海上保安庁　海上保安庁法（昭和二十三年法律第二十八号）第二条第一項に規定する任務を遂行するために行う事務

十　防衛省　自衛隊法（昭和二十九年法律第百六十五号）第三条に規定する任務を遂行するために行う事務

十一　国の機関、地方公共団体又は水防法（昭和二十四年法律第百九十三号）第二条第二項に規定する水防管理団体　水防事務（第二号に定めるものを除く。）

十二　国の機関　災害対策基本法（昭和三十六年法律第二百二十三号）第三条第一項に規定する責務を遂行するために行う事務（前各号に定めるものを除く。）

15　次の各号に掲げる無線局（前項の政令で定めるものを除く。）の免許人等（当該無線局が特定免許等不要局であるときは、当該特定免許等不要局を開設した者）が納めなければならない電波利用料の金額は、当該各号に定める規定にかかわらず、これらの規定による金額の二分の一に相当する金額とする。

一　前項各号に掲げる者が当該各号に定める事務の用に供することを目的として開設する無線局（専ら当該各号に定める事務の用に供することを目的として開設するものを除く。）　第一項、第二項及び第五項から第十二項まで

二　地方公共団体が開設する無線局であつて、災害対策基本法第二条第十号に掲げる地域防災計画の定めるところに従い防災上必要な通信を行うことを目的とするもの（専ら前項第二号及び第十一号に定める事務の用に供することを目的として開設するもの並びに前号に掲げるものを除く。）　第一項及び第五項から第十二項まで

三　周波数割当計画において無線局の使用する電波の周波数の全部又は一部について使用の期限が定められている場合（第七十一条の二第一項の規定の適用がある場合を除く。）において当該無線局をその免許等の日又は応当日から起算して二年以内に廃止することについて総務大臣の確認を受けた無線局　第一項

16　第一項、第二項、第五項及び第七項の月数は、暦に従つて計算し、一月に満たない端数を生じたときは、これを一月とする。

17　免許人等（包括免許人等を除く。）は、第一項の規定により電波利用料を納めるときには、その翌年の応当日以後の期間に係る電波利用料を前納することができる。

18　前項の規定により前納した電波利用料は、前納した者の請求により、その請求をした日後に最初に到来する応当日以後の期間に係るものに限り、還付する。

19　総務大臣は、総務省令で定めるところにより、免許人の申請に基づき、当該免許人が第二項前段の規定により納付すべき電波利用料を延納させることができる。

20　表示者は、第十三項の規定にかかわらず、総務大臣の承認を受けて、同項の規定により当該表示者が対象期間のうち総務省令で定める期間（以下この条において「予納期間」という。）を通じて納付すべき電波利用料の総額の見込額を予納することができる。この場合において、当該表示者は、予納期間において同項の規定による届出をすることを要しない。

21　前項の規定により予納した表示者は、予納期間において表示を付した第十三項の無線設備の数を予納期間が終了した日（当該表示者が表示に係る業務を休止し、又は廃止したときその他総務省令で定める事由が生じた場合には、当該事由が生じた日）の属する月の翌月の十五日までに総務大臣に届け出なければならない。この場合において、当該表示者は、予納した電波利用料の金額が同項の政令で定

める金額に予納期間において表示を付した無線設備の数を乗じて得た金額（次項において「要納付額」という。）に足りないときは、その不足金額を当該届出が受理された日から起算して三十日以内に国に納めなければならない。

22　第二十項の規定により表示者が予納した電波利用料の金額が要納付額を超える場合には、その超える金額について、当該表示者の請求により還付する。

23　総務大臣は、電波利用料を納付しようとする者から、預金又は貯金の払出しとその払い出した金銭による電波利用料の納付をその預金口座又は貯金口座のある金融機関に委託して行うことを希望する旨の申出があつた場合には、その納付が確実と認められ、かつ、その申出を承認することが電波利用料の徴収上有利と認められるときに限り、その申出を承認することができる。

24　前項の承認に係る電波利用料が同項の金融機関による当該電波利用料の納付の期限として総務省令で定める日までに納付された場合には、その納付の日が納期限後である場合においても、その納付は、納期限までにされたものとみなす。

25　電波利用料を納付しようとする者は、その電波利用料の額が総務省令で定める金額以下である場合は、納付受託者（第二十七項に規定する納付受託者をいう。次項において同じ。）に納付を委託することができる。

26　電波利用料を納付しようとする者が、納付受託者に納付しようとする電波利用料の額に相当する金銭を交付したときは、当該交付した日に当該電波利用料の納付があつたものとみなして、延滞金に関する規定を適用する。

27　電波利用料の納付に関する事務（以下この項及び第三十五項において「納付事務」という。）を適正かつ確実に実施することができると認められる者であり、かつ、政令で定める要件に該当する者として総務大臣が指定するもの（次項から第三十七項までにおいて「納付受託者」という。）は、電波利用料を納付しようとする者の委託を受けて、納付事務を行うことができる。

28　総務大臣は、前項の規定による指定をしたときは、納付受託者の名称、住所又は事務所の所在地その他総務省令で定める事項を公示しなければならない。

29　納付受託者は、その名称、住所又は事務所の所在地を変更しようとするときは、あらかじめ、その旨を総務大臣に届け出なければならない。

30　総務大臣は、前項の規定による届出があつたときは、当該届出に係る事項を公示しなければならない。

31　納付受託者は、第二十五項の規定により電波利用料を納付しようとする者の委託に基づき当該電波利用料の額に相当する金銭の交付を受けたときは、総務省令で定める日までに当該委託を受けた電波利用料を納付しなければならない。

32　納付受託者は、第二十五項の規定により電波利用料を納付しようとする者の委託に基づき当該電波利用料の額に相当する金銭の交付を受けたときは、遅滞なく、総務省令で定めるところにより、その旨及び交付を受けた年月日を総務大臣に報告しなければならない。

33　納付受託者が第三十一項の電波利用料を同項に規定する総務省令で定める日までに完納しないときは、総務大臣は、国税の保証人に関する徴収の例によりその電波利用料を納付受託者から徴収する。

34　総務大臣は、第三十一項の規定により納付受託者が納付すべき電波利用料については、当該納付受託者に対して国税滞納処分の例による処分をしてもなお徴収すべき残余がある場合でなければ、その残余の額について当該電波利用料に係る第二十五項の規定による委託をした者から徴収することができない。

35　納付受託者は、総務省令で定めるところにより、帳簿を備え付け、これに納付事務に関する事項を記載し、及びこれを保存しなければならない。

36　総務大臣は、第二十七項から前項までの規定を施行するため必要があると認めるときは、その必要な限度で、総務省令で定めるところにより、納付受託者に対し、報告をさせることができる。

37　総務大臣は、第二十七項から前項までの規定を施行するため必要があると認めるときは、その必要な限度で、その職員に、納付受託者の事務所に立ち入り、納付受託者の帳簿書類（その作成又は保存に代えて電磁的記録の作成又は保存がされている場合における当該電磁的記録を含む。）その他必要な物件を検査させ、又は関係者に質問させることができる。

38　前項の規定により立入検査を行う職員は、その身分を示す証明書を携帯し、かつ、関係者の請求があるときは、これを提示しなければならない。

39　第三十七項に規定する権限は、犯罪捜査のために認められたものと解してはならない。

40　総務大臣は、第二十七項の規定による指定を受けた者が次の各号のいずれかに該当するときは、その指定を取り消すことができる。

一　第二十七項に規定する指定の要件に該当しなくなつたとき。

二　第三十二項又は第三十六項の規定による報告をせず、又は虚偽の報告をしたとき。

三　第三十五項の規定に違反して、帳簿を備え付けず、帳簿に記載せず、若しくは帳簿に虚偽の記載をし、又は帳簿を保存しなかつたとき。

四　第三十七項の規定による立入り若しくは検査を拒み、妨げ、若しくは忌避し、又は同項の規定による質問に対して陳述をせず、若しくは虚偽の陳述をしたとき。

41　総務大臣は、前項の規定により指定を取り消したときは、その旨を公示しなければならない。

42　総務大臣は、電波利用料を納めない者があるときは、督促状によつて、期限を指定して督促しなければならない。

43　総務大臣は、前項の規定による督促を受けた者がその指定の期限までにその督促に係る電波利用料及び次項の規定による延滞金を納めないときは、国税滞納処分の例により、これを処分する。この場合における電波利用料及び延滞金の先取特権の順位は、国税及び地方税に次ぐものとする。

44　総務大臣は、第四十二項の規定により督促をしたときは、その督促に係る電波利用料の額につき年十四・五パーセントの割合で、納期限の翌日からその納付又は財産差押えの日の前日までの日数により計算した延滞金を徴収する。ただし、やむを得ない事情があると認められるときその他総務省令で定めるときは、この限りでない。

45　第十七項から前項までに規定するもののほか、電波利用料の納付の手続その他電波利用料の納付について必要な事項は、総務省令で定める。

【百四次改正】

電波法及び電気通信事業法等の一部を改正する法律（平成二十九年五月十二日法律第二十七号）第一条

第百三条の二第一項中「場合は」を「場合には」に改め、同条第二項中「九千九百八十五万九千六百円」を「八千七百二十四万六千二百円」に、「六千二百十六万九千百円」を「四千七百六十三万三千八百円」に、「二百十二万九千八百円」を「二百十五万四千八百円」に、「二千九百三十三万三千百円」を「二千三百八十二万八千六百円」に改め、同条第三項中「にあつては」を「には」に改め、同条第四項第三号中「並びに試験及び」を「、試験並びに」に改め、同条第五項中「場合は」を「場合には」に、「五百十円」を「四百二十円」に、「二百円」を「百四十円」に、「五百四十円」を「四百五十円」に改め、同条第六項中「場合は」を「場合には」に、「五百十円」を「四百二十円」に、「二百円」を「百四十円」に、「五百四十円」を「四百五十円」に、「であつて」を「において」に改め、同条第七項中「二百円」を「百四十円」に改め、同条第八項中「とき又は」を「とき、又は」に、「二百円」を「百四十円」に改め、同条第十項中「二百円」を「百四十円」に改め、同条第十一項中「にあつては」を「には」に、「規定は」

を「規定は、」に改め、同条第十二項及び第十三項中「場合は」を「場合には」に改め、同条第二十一項中「ときその他」を「場合その他」に改め、同条第三十三項中「同項に規定する」を「同項の」に改め、同条第四十四項ただし書中「その他」を「、その他」に改める。

（電波利用料の徴収等）

第百三条の二　免許人等は、電波利用料として、無線局の免許等の日から起算して三十日以内及びその後毎年その免許等の日に応当する日（応当する日がない場合には、その翌日。以下この条において「応当日」という。）から起算して三十日以内に、当該無線局の免許等の日又は応当日（以下この項において「起算日」という。）から始まる各一年の期間（無線局の免許等の日が二月二十九日である場合においてその期間がうるう年の前年の三月一日から始まるときは翌年の二月二十八日までの期間とし、起算日から当該免許等の有効期間の満了の日までの期間が一年に満たない場合にはその期間とする。）について、別表第六の上欄に掲げる無線局の区分に従い同表の下欄に掲げる金額（起算日から当該免許等の有効期間の満了の日までの期間が一年に満たない場合には、その額に当該期間の月数を十二で除して得た数を乗じて得た額に相当する金額）を国に納めなければならない。

2　前項の規定によるもののほか、広範囲の地域において同一の者により相当数開設される無線局に専ら使用させることを目的として別表第七の上欄に掲げる区域を単位として総務大臣が指定する周波数（三千メガヘルツ以下のものに限る。）の電波（以下この条において「広域専用電波」という。）を使用する免許人は、電波利用料として、毎年十一月一日までに、その年の十月一日から始まる一年の期間について、当該免許人に係る広域専用電波の周波数の幅のメガヘルツで表した数値に当該区域に応じ同表の下欄に掲げる係数を乗じて得た数値を八千七百二十四万六千二百円（別表第六の一の項又は二の項に掲げる無線局のうち電気通信業務を行うことを目的とするもの（二、〇二五メガヘルツを超え二、一一〇メガヘルツ以下、二、二〇〇メガヘルツを超え二、二九〇メガヘルツ以下及び二、五四五メガヘルツを超え二、六五五メガヘルツ以下の周波数の電波を使用するものを除く。）に係る広域専用電波にあつては四千七百六十三万三千八百円、同表の四の項又は五の項に掲げる無線局に係る広域専用電波にあつては二百十五万四千八百円、同表の六の項に掲げる無線局に係る広域専用電波にあつては二千三百八十二万八千六百円）に乗じて得た額に相当する金額を国に納めなければならない。この場合において、広域専用電波を最初に使用する無線局の免許の日（無線局の周波数の指定の変更を受けることにより当該広域専用電波を使用できることとなる場合には、当該指定の変更の日。以下この項において同じ。）が十月一日以外の日である場合における当該免許の日から同日以後の最初の九月末日までの期間についてのこの項前段の規定の適用については、「毎年十一月一日までに、その年の十月一日から始まる一年の期間について」とあるのは「当該広域専用電波を最初に使用する無線局の免許の日（無線局の周波数の指定の変更を受けることにより当該広域専用電波を使用できることとなる場合には、当該指定の変更の日。以下この項において同じ。）の属する月の末日から起算して三十日以内に、当該免許の日から同日以後の最初の九月末日までの期間について」と、「得た額」とあるのは「得た額に当該期間の月数を十二で除して得た数を乗じて得た額」とする。

3　認定計画に係る指定された周波数の電波が広域専用電波である場合において、当該認定計画に係る認定開設者がその認定を受けた日から起算して六月を経過する日（認定計画に係る指定された周波数の電波が当該認定計画に係る認定開設者がその認定を受けた日後に広域専用電波となつた場合には、その認定を受けた日から起算して六月を経過する日又は当該指定された周波数の電波が広域専用電波となつた日のいずれか遅い日。以下この項において「六月経過日」という。）までに当該認定計画に係るいずれの特定基地局の免許も受けなかつたときは、当該認定開設者を当該六月経過日に当該広域専用電波を最初に使用する特定基地局の免許を受けた免許人とみなして、前項及び第十九項の規定を適用する。

4　この条及び次条において「電波利用料」とは、次に掲げる電波の適正な利用の確保に関し総務大臣が無線局全体の受益を直接の目的として行う事務の処理に要する費用（同条において「電波利用共益費用」という。）の財源に充てるために免許人等、第十二項の特定免許等不要局を開設した者又は第十三項の表示者が納付すべき金銭をいう。

一　電波の監視及び規正並びに不法に開設された無線局の探査

二　総合無線局管理ファイル（全無線局について第六条第一項及び第二項、第二十七条の三、第二十七条の十八第二項及び第三項並びに第二十七条の二十九第二項及び第三項の書類及び申請書並びに免許状等に記載しなければならない事項その他の無線局の免許等に関する事項を電子情報処理組織によつて記録するファイルをいう。）の作成及び管理

三　周波数を効率的に利用する技術、周波数の共同利用を促進する技術又は高い周波数への移行を促進する技術としておおむね五年以内に開発すべき技術に関する無線設備の技術基準の策定に向けた研究開発並びに既に開発されている周波数を効率的に利用する技術、周波数の共同利用を促進する技術又は高い周波数への移行を促進する技術を用いた無線設備について無線設備の技術基準を策定するために行う国際機関及び外国の行政機関その他の外国の関係機関との連絡調整、試験並びにその結果の分析

四　電波の人体等への影響に関する調査

五　標準電波の発射

六　特定周波数変更対策業務（第七十一条の三第九項の規定による指定周波数変更対策機関に対する交付金の交付を含む。）

七　特定周波数終了対策業務（第七十一条の三の二第十一項において準用する第七十一条の三第九項の規定による登録周波数終了対策機関に対する交付金の交付を含む。第十二項及び第十三項において同じ。）

八　現に設置されている人命又は財産の保護の用に供する無線設備による無線通信について、当該無線設備が用いる技術の内容、当該無線設備が使用する周波数の電波の利用状況、当該無線通信の利用に対する需要の動向その他の事情を勘案して電波の能率的な利用に資する技術を用いた無線設備により行われるようにするため必要があると認められる場合における当該技術を用いた人命又は財産の保護の用に供する無線設備（当該無線設備と一体として設置される総務省令で定める附属設備並びに当該無線設備及び当該附属設備を設置するために必要な工作物を含む。）の整備のための補助金の交付

九　前号に掲げるもののほか、電波の能率的な利用に資する技術を用いて行われる無線通信を利用することが困難な地域において必要最小の空中線電力による当該無線通信の利用を可能とするために行われる次に掲げる設備（当該設備と一体として設置される総務省令で定める附属設備並びに当該設備及び当該附属設備を設置するために必要な工作物を含む。）の整備のための補助金の交付その他の必要な援助

イ　当該無線通信の業務の用に供する無線局の無線設備及び当該無線局の開設に必要な伝送路設備

ロ　当該無線通信の受信を可能とする伝送路設備

十　前二号に掲げるもののほか、電波の能率的な利用に資する技術を用いて行われる無線通信を利用することが困難なトンネルその他の環境において当該無線通信の利用を可能とするために行われる設備の整備のための補助金の交付

十一　電波の能率的な利用を確保し、又は電波の人体等への悪影響を防止するために行う周波数の使用又は人体等の防護に関するリテラシーの向上のための活動に対する必要な援助

十二　電波利用料に係る制度の企画又は立案その他前各号に掲げる事務に附帯する事務

5　包括免許人又は包括登録人（以下この条において「包括免許人等」という。）は、第一項の規定にかかわらず、電波利用料として、第一号包括免許人にあっては包括免許の日の属する月の末日及びその後毎年その包括免許の日に応当する日（応当する日がない場合には、その前日）の属する月の末日現在において開設している特定無線局の数（以下この項及び次項において「開設無線局数」という。）をその翌月の十五日までに総務大臣に届け出て、当該届出が受理された日から起算して三十日以内に、第二号包括免許人にあっては包括免許の日の属する月の末日及びその後毎年その包括免許の日に応当する日（応当する日がない場合には、その前日）の属する月の末日から起算して四十五日以内に、包括登録人にあっては第二十七条の二十九第一項の規定による登録の日の属する月の末日及びその後毎年その登録の日に応当する日（応当する日がない場合には、その前日）の属する月の末日から起算して四十五日以内にそれぞれ当該包括免許若しくは同項の規定による登録（以下「包括免許等」という。）の日又はその後毎年その包括免許等の日に応当する日（応当する日がない場合には、その翌日）から始まる各一年の期間（包括免許等の日が二月二十九日である場合においてその期間がうるう年の前年の三月一日から始まるときは翌年の二月二十八日までの期間とし、当該包括免許等の日又はその包括免許等の日に応当する日（応当する日がない場合には、その翌日）から当該包括免許等の有効期間の満了の日までの期間が一年に満たない場合にはその期間とする。以下この項及び次項において同じ。）について、第一号包括免許人にあっては四百二十円（広域専用電波を使用する無線局を通信の相手方とする無線局については、百四十円）に、第二号包括免許人にあっては別表第六の上欄に掲げる無線局の区分に従い同表の下欄に掲げる金額に、包括登録人にあっては四百五十円（移動しない無線局については、別表第八の上欄に掲げる無線局の区分に従い同表の下欄に掲げる金額）に、それぞれ当該一年の期間に係る開設無線局数又は開設登録局数（登録の日の属する月の末日及びその後毎年その登録の日に応当する日（応当する日がない場合には、その前日）の属する月の末日現在において開設している登録局の数をいう。次項において同じ。）を乗じて得た金額（当該包括免許等の日又はその包括免許等の日に応当する日（応当する日がない場合には、その翌日）から当該包括免許等の有効期間の満了の日までの期間が一年に満たない場合には、その額に当該期間の月数を十二で除して得た数を乗じて得た額に相当する金額）を国に納めなければならない。

6　包括免許人等は、前項の規定によるもののほか、包括免許等の日又はその後毎年その包括免許等の日に応当する日（応当する日がない場合には、その翌日）から始まる各一年の期間において、当該包括免許等の日の属する月の翌月以後の月の末日又はその後毎年その包括免許等の日に応当する日（応当する日がない場合には、その前日）の属する月の翌月以後の月の末日現在において開設している特定無線局又は登録局の数がそれぞれ当該一年の期間に係る開設無線局数（特定無線局（第二十七条の二第一号に掲げる無線局に係るものに限る。）にあっては既にこの項の規定による届出があった場合には、その届出の日以後においては、その届出に係る特定無線局の数、特定無線局（同条第二号に掲げる無線局に係るものに限る。）にあっては既に特定無線局の数が開設無線局数を超えた月があった場合には、その月の翌月以後においては、その月の末日現在において開設している特定無線局の数）又は開設登録局数（既に登録局の数が開設登録局数を超えた月があった場合には、その月の翌月以後においては、その月の末日現在において開設している登録局の数）を超えたときは、電波利用料として、第一号包括免許

人にあつては当該開設している特定無線局の数を当該超えた月の翌月の十五日までに総務大臣に届け出て、当該届出が受理された日から起算して三十日以内に、第二号包括免許人又は包括登録人にあつては当該超えた月の末日から起算して四十五日以内に、当該超えた月から次の包括免許等の日に応当する日（応当する日がない場合には、その前日）の属する月の前月まで又は当該包括免許等の有効期間の満了の日の翌日の属する月の前月までの期間について、第一号包括免許人にあつては四百二十円（広域専用電波を使用する無線局を通信の相手方とする無線局については、百四十円）に、第二号包括免許人にあつては別表第六の上欄に掲げる無線局の区分に従い同表の下欄に掲げる金額に、包括登録人にあつては四百五十円（移動しない無線局については、別表第八の上欄に掲げる無線局の区分に従い同表の下欄に掲げる金額）に、それぞれその超える特定無線局の数又は登録局の数（当該包括免許人等が他の包括免許等（当該包括免許人等の包括免許等に係る無線局と同等の機能を有するものとして総務省令で定める無線局に係るものに限る。）を受けている場合において、当該超えた月の末日現在において当該他の包括免許等に基づき開設している特定無線局の数又は登録局の数が当該超えた月の前月の末日現在において当該他の包括免許等に基づき開設している特定無線局の数又は登録局の数を下回るときは、当該超える特定無線局の数又は登録局の数を限度としてこれらの数からそれぞれその下回る特定無線局の数又は登録局の数を控除した数）を乗じて得た金額に当該期間の月数を十二で除して得た数を乗じて得た額に相当する金額を国に納めなければならない。

7　広域専用電波を使用する第一号包括免許人は、第一項及び前二項の規定にかかわらず、電波利用料として、同等の機能を有する特定無線局（第二十七条の二第一号に掲げる無線局に係るものであつて、広域専用電波を使用するものに限る。以下この項及び次項において同じ。）の区分として総務省令で定める区分（以下この項及び次項において「同等特定無線局区分」という。）ごとに、当該第一号包括免許人が受けている包括免許に基づき毎年十月末日現在において開設している特定無線局の数（次項において「開設特定無線局数」という。）をその年の十一月十五日までに総務大臣に届け出て、当該届出が受理された日から起算して三十日以内に、その年の十月一日から始まる一年の期間（その年の十月一日からその包括免許の有効期間の満了の日までの期間が一年に満たない特定無線局にあつては、その期間）について、一局につき百四十円（その年の十月一日からその包括免許の有効期間の満了の日までの期間が一年に満たない特定無線局にあつては、百四十円に当該期間の月数を十二で除して得た数を乗じて得た額に相当する金額）を国に納めなければならない。ただし、この項本文の規定により各同等特定無線局区分について算出された額が当該同等特定無線局区分に係る上限額（百四十円に、同等特定無線局区分周波数幅（当該同等特定無線局区分に係る当該開設している特定無線局が使用する広域専用電波の周波数の幅のメガヘルツで表した数値に当該広域専用電波に係る別表第七の上欄に掲げる区域に応じ同表の下欄に掲げる係数を乗じて得た数値をいう。）及び基準無線局数（電波の有効利用の程度を勘案して総務省令で定める一メガヘルツ当たりの特定無線局の数をいう。）を乗じて得た額をいう。以下この項及び次項において同じ。）を超えるときは、当該第一号包括免許人がこの項の規定により当該同等特定無線局区分について国に納めなければならない電波利用料の額は、当該同等特定無線局区分に係る上限額とする。

8　広域専用電波を使用する第一号包括免許人は、前項の規定によるもののほか、同等特定無線局区分ごとに、毎年十月一日から始まる各一年の期間において、その年の十一月以後の月の末日現在において開設している特定無線局（その年の十一月一日以後の日を包括免許の日とする包括免許に基づき開設している特定無線局に限る。以下この項において「新規免許開設局」という。）の数がこの項の規定による届出に係る新規免許開設局の数（この項の規定により新規免許開設局の数についての届出がされていない場合には、零）を超えたとき、又は当該末日現在において開設している特定無線局（新規免許開設局を除く。以下この項において「既存免許開設局」という。）の数が当該一年の期間に係る開設特定無線局数（既にこの項の規定により既存免許開設局の数についての届出があつた場合には、その届出の日以後においては、その届出に係る既存免許開設局の数）を超えたときは、電波利用料として、新規免許開設局についてはその超えた月の末日現在における新規免許開設局の数を、既存免許開設局についてはその超えた月の末日現在における既存免許開設局の数をその翌月の十五日までに総務大臣に届け出て、当該届出が受理された日から起算して三十日以内に、当該届出に係る月からその年の翌年の九月（その年の翌年の九月末日より前にその包括免許の有効期間が満了する特定無線局にあつては、当該包括免許の有効期間の満了の日の翌日の属する月の前月）までの期間について、百四十円に、新規免許開設局についてはその超える新規免許開設局の数を、既存免許開設局についてはその超える既存免許開設局の数を乗じて得た金額に、当該期間の月数を十二で除して得た数を乗じて得た額に相当する金額の合計額を国に納めなければならない。ただし、この項本文の規定により当該第一号包括免許人が開設している特定無線局に係る各同等特定無線局区分について算出された額に当該同等特定無線局区分に係る既納付額（当該第一号包括免許人が前項及びこの項の規定により既に当該一年の期間又は当該一年の期間に含まれる一年未満の期間について国に納めた当該同等特定無線局区分に係る電波利用料の額の合計額をいう。以下この項において同じ。）を加えて得た額が当該同等特定無線局区分に係る上限額を超えるときは、当該第一号包括免許人がこの項の規定により当該同等特定無線局区分について国に納めなければならない電波利用料の額は、当該同等特定無線局区分に係る上限額から当該同等特定無線局区分に係る既納付額を控除して得た額に相当する金額とする。

9　免許人が既開設局の免許人である場合における当該既開設局に係る第一項の規定の適用については、当該既開設局に係る周波数割当計画等の変更（当該既開設局に係る無線局区分の周波数の使用の期限に係るものに限る。）の公示の日から十年を超えない範囲内で政令で定める期間を経過する日までの間は、同項中「金額）」とあるのは、「金額）に、当該免許人等に係る特定周波数変更対策業務（第七十一条の三第九項の規定による指定周波数変更対策機関に対する交付金の交付を含む。）に要すると見込まれる費用の二分の一に相当する額に当該特定周波数変更対策業務に係る既開設局の各免許人が当該既開設局と特定新規開設局とを併せて開設する期間を平均した期間の当該既開設局に係る周波数割当計画等の変更（当該既開設局に係る無線局区分の周波数の使用の期限に係るものに限る。）の公示の日から当該周波数の使用の期限までの期間に対する割合を乗じた額を勘案し、当該既開設局の周波数及び空中線電力に応じて政令で定める金額を加算した金額」とする。

10　免許人等が特定公示局の免許人等である場合における当該特定公示局に係る第一項及び第五項から第八項までの規定の適用については、当該特定公示局に係る旧割当期限の満了の日（以下「満了日」という。）の翌日から起算して十年を超えない範囲内で政令で定める期間を経過する日までの間は、第一項中「金額）」とあるのは「金額）に、当該免許人等に係る特定周波数終了対策業務（第七十一条の三の二第十一項において準用する第七十一条の三第九項の規定による登録周波数終了対策機関に対する交付金の交付を含む。）に要すると見込まれる費用（第七十一条第二項又は第七十六条の三第二項の規定に基づき当該特定周波数終了対策業務に係る旧割当期限を定めた周波数の電波を使用する無線局の免許人等に対して補償する場合における当該補償に要すると見込まれる費用を含む。）の二分の一に相当する額及び第十項の政令で定める期間に開設されると見込まれる当該特定公示局の数を勘案し、無線局の種別、周波数及び空中線電力に応じて政令で定める金額を加算した金額」と、第五項及び第六項中「掲げる金額）」とあるのは「掲げる金額）に、それぞれ当該包括免許人等に係る特定周波数終了対策業務（第七十一条の三の二第十一項において準用する第七十一条の三第九項の規定による登録周波数終了対策機関に対する交付金の交付を含む。）に要すると見込まれる費用（第七十一条第二項又は第七十六条の三第二項の規定に基づき当該特定周波数終了対策業務に係る旧割当期限を定めた周波数の電波を使用する無線局の免許人等に対して補償する場合における当該補償に要すると見込まれる費用を含む。）の二分の一に相当する額及び第八項の政令で定める期間に開設されると見込まれる当該特定周波数終了対策業務に係る特定公示局の数を勘案し、無線局の種別、周波数及び空中線電力に応じて政令で定める金額を加算した金額」と、第七項中「一局につき百四十円」とあるのは「一局につき百四十円に、当該第一号包括免許人に係る特定周波数終了対策業務（第七十一条の三の二第十一項において準用する第七十一条の三第九項の規定による登録周波数終了対策機関に対する交付金の交付を含む。）に要すると見込まれる費用（第七十一条第二項又は第七十六条の三第二項の規定に基づき当該特定周波数終了対策業務に係る旧割当期限を定めた周波数の電波を使用する無線局の免許人等に対して補償する場合における当該補償に要すると見込まれる費用を含む。）の二分の一に相当する額及び第十項の政令で定める期間に開設されると見込まれる当該特定周波数終了対策業務に係る特定公示局の数を勘案し、無線局の種別、周波数及び空中線電力に応じて政令で定める金額（以下この項及び次項において「特定周波数終了対策業務に係る金額」という。）を加算した金額」と、「、百四十円」とあるのは「、百四十円に特定周波数終了対策業務に係る金額を加算した金額」と、「（百四十円」とあるのは「（百四十円に特定周波数終了対策業務に係る金額を加算した金額」と、第八項中「百四十円」とあるのは「百四十円に特定周波数終了対策業務に係る金額を加算した金額」とする。

11　前項の規定にかかわらず、免許人が特定公示局の免許人であつて認定計画に従つて特定基地局を最初に開設する場合における当該最初に開設する特定基地局（当該特定基地局が包括免許に係るものである場合には、当該包括免許に係る他の特定基地局を含む。以下この項において同じ。）に係る第一項又は第五項の規定の適用については、当該特定公示局に係る満了日の翌日から起算して五年を超えない範囲内で政令で定める期間を経過する日までの間は、第一項中「金額）」とあるのは「金額）に、当該免許人等に係る」と、同項及び第五項中「を国に」とあるのは「特定周波数終了対策業務（第七十一条の三の二第十一項において準用する第七十一条の三第九項の規定による登録周波数終了対策機関に対する交付金の交付を含む。）に要すると見込まれる費用（第七十一条第二項又は第七十六条の三第二項の規定に基づき当該特定周波数終了対策業務に係る旧割当期限を定めた周波数の電波を使用する無線局の免許人等に対して補償する場合における当該補償に要すると見込まれる費用を含む。）の二分の一に相当する額を勘案して当該特定基地局に使用させることとする周波数及びその使用区域に応じて政令で定める金額と、当該政令で定める金額未満で当該認定計画に係る認定の有効期間、特定基地局の総数その他の当該認定計画が特定基地局の円滑な開設に寄与する程度を勘案して総務省令で定めるところにより算定した金額とを合算した金額を国に」と、同項中「相当する金額）」とあるのは「相当する金額）に、当該包括免許人等に係る」とする。この場合において、当該認定計画に従つて開設される当該最初に開設する特定基地局以外の特定基地局及び当該認定計画に従つて開設される特定基地局の通信の相手方である移動する無線局については、前項の規定は、適用しない。

12　特定周波数終了対策業務に係る全ての特定公示局が第四条第一項第三号の無線局である場合における当該特定公示局（以下「特定免許等不要局」という。）

に係る満了日の翌日から起算して十年を超えない範囲内で政令で定める期間を経過する日までの間（以下この条において「対象期間」という。）に当該特定周波数終了対策業務に係る特定免許等不要局（電気通信業務その他これに準ずる業務の用に供する無線局に専ら使用される無線設備であつて総務省令で定めるものを使用するものに限る。）を開設した者は、政令で定める無線局の有する機能ごとに、その者の氏名（法人にあつては、その名称及び代表者の氏名。次項において同じ。）及び住所並びに対象期間における毎年の当該特定免許等不要局に係る満了日に応当する日（応当する日がない場合には、その前日）現在において開設している当該特定免許等不要局の数（以下この項において「開設特定免許等不要局数」という。）をその日の属する月の翌月の十五日までに総務大臣に届け出て、電波利用料として、当該届出が受理された日から起算して三十日以内に、当該応当する日までの一年の期間について、当該特定免許等不要局に係る特定周波数終了対策業務に要すると見込まれる費用（第七十一条第二項又は第七十六条の三第二項の規定に基づき当該特定周波数終了対策業務に係る旧割当期限を定めた周波数の電波を使用する無線局の免許人等に対して補償する場合における当該補償に要する費用を含む。次項において同じ。）の二分の一に相当する額及び対象期間において開設されると見込まれる当該特定周波数終了対策業務に係る特定免許等不要局の数を勘案して当該政令で定める無線局の有する機能に応じて政令で定める金額に当該一年の期間に係る開設特定免許等不要局数を乗じて得た金額を国に納めなければならない。

13　前項に規定する場合において、当該特定周波数終了対策業務に係る特定免許等不要局に使用することができる無線設備（同項の総務省令で定めるものを除く。）に対象期間に表示（第三十八条の七第一項、第三十八条の二十六（外国取扱業者に適用される場合を除く。）又は第三十八条の三十五の規定による表示をいう。以下この項及び第二十一項において同じ。）を付した者（以下この条において「表示者」という。）は、政令で定める無線局の有する機能ごとに、その者の氏名及び住所並びに対象期間において毎年の満了日に応当する日（応当する日がない場合には、その前日）前一年間に表示を付した当該無線設備の数その他総務省令で定める事項をその日の属する月の翌月の十五日までに総務大臣に届け出て、電波利用料として、当該届出が受理された日から起算して三十日以内に、当該無線設備を使用する特定免許等不要局に係る特定周波数終了対策業務に要すると見込まれる費用の二分の一に相当する額、対象期間において開設されると見込まれる当該特定周波数終了対策業務に係る特定免許等不要局の数及び当該無線設備が使用されると見込まれる平均的な期間を勘案して当該政令で定める無線局の有する機能に応じて政令で定める金額に、当該一年間に表示を付した無線設備の数（当該無線設備のうち、専ら本邦外において使用されると見込まれるもの及び輸送中又は保管中におけるその機能の障害その他これに類する理由により対象期間において使用されないと見込まれるものがある場合には、総務省令で定めるところにより、これらのものの数を控除した数。第二十一項後段において同じ。）を乗じて得た金額を国に納めなければならない。

14　第一項、第二項及び第五項から第十二項までの規定は、第二十七条第一項の規定により免許を受けた無線局の免許人又は前条第二項に規定する無線局（次の各号に掲げる者が専ら当該各号に定める事務の用に供することを目的として開設する無線局（以下この項において「国の機関等が開設する無線局」という。）を除く。）若しくは国の機関等が開設する無線局その他これらに類するものとして政令で定める無線局の免許人等（当該無線局が特定免許等不要局であるときは、当該特定免許等不要局を開設した者）には、当該無線局に関しては適用しない。

一　警察庁　警察法（昭和二十九年法律第百六十二号）第二条第一項に規定する責務を遂行するために行う事務

二　消防庁又は地方公共団体　消防組織法（昭和二十二年法律第二百二十六号）

第一条に規定する任務を遂行するために行う事務

三　法務省　出入国管理及び難民認定法（昭和二十六年政令第三百十九号）第六十一条の三の二第二項に規定する事務

四　法務省　刑事収容施設及び被収容者等の処遇に関する法律（平成十七年法律第五十号）第三条に規定する刑事施設、少年院法（平成二十六年法律第五十八号）第三条に規定する少年院、少年鑑別所法（平成二十六年法律第五十九号）第三条に規定する少年鑑別所及び婦人補導院法（昭和三十三年法律第十七号）第一条第一項に規定する婦人補導院の管理運営に関する事務

五　公安調査庁　公安調査庁設置法（昭和二十七年法律第二百四十一号）第四条に規定する事務

六　厚生労働省　麻薬及び向精神薬取締法（昭和二十八年法律第十四号）第五十四条第五項に規定する職務を遂行するために行う事務

七　国土交通省　航空法第九十六条第一項の規定による指示に関する事務

八　気象庁　気象業務法（昭和二十七年法律第百六十五号）第二十三条に規定する警報に関する事務

九　海上保安庁　海上保安庁法（昭和二十三年法律第二十八号）第二条第一項に規定する任務を遂行するために行う事務

十　防衛省　自衛隊法（昭和二十九年法律第百六十五号）第三条に規定する任務を遂行するために行う事務

十一　国の機関、地方公共団体又は水防法（昭和二十四年法律第百九十三号）第二条第二項に規定する水防管理団体　水防事務（第二号に定めるものを除く。）

十二　国の機関　災害対策基本法（昭和三十六年法律第二百二十三号）第三条第一項に規定する責務を遂行するために行う事務（前各号に定めるものを除く。）

15　次の各号に掲げる無線局（前項の政令で定めるものを除く。）の免許人等（当該無線局が特定免許等不要局であるときは、当該特定免許等不要局を開設した者）が納めなければならない電波利用料の金額は、当該各号に定める規定にかかわらず、これらの規定による金額の二分の一に相当する金額とする。

一　前項各号に掲げる者が当該各号に定める事務の用に供することを目的として開設する無線局（専ら当該各号に定める事務の用に供することを目的として開設するものを除く。）　第一項、第二項及び第五項から第十二項まで

二　地方公共団体が開設する無線局であつて、災害対策基本法第二条第十号に掲げる地域防災計画の定めるところに従い防災上必要な通信を行うことを目的とするもの（専ら前項第二号及び第十一号に定める事務の用に供することを目的として開設するもの並びに前号に掲げるものを除く。）　第一項及び第五項から第十二項まで

三　周波数割当計画において無線局の使用する電波の周波数の全部又は一部について使用の期限が定められている場合（第七十一条の二第一項の規定の適用がある場合を除く。）において当該無線局をその免許等の日又は応当日から起算して二年以内に廃止することについて総務大臣の確認を受けた無線局　第一項

16　第一項、第二項、第五項及び第七項の月数は、暦に従つて計算し、一月に満たない端数を生じたときは、これを一月とする。

17　免許人等（包括免許人等を除く。）は、第一項の規定により電波利用料を納めるときには、その翌年の応当日以後の期間に係る電波利用料を前納することができる。

18　前項の規定により前納した電波利用料は、前納した者の請求により、その請求をした日後に最初に到来する応当日以後の期間に係るものに限り、還付する。

19　総務大臣は、総務省令で定めるところにより、免許人の申請に基づき、当該免許人が第二項前段の規定により納付すべき電波利用料を延納させることができる。

20　表示者は、第十三項の規定にかかわらず、総務大臣の承認を受けて、同項の規定により当該表示者が対象期間のうち総務省令で定める期間（以下この条において「予納期間」という。）を通じて納付すべき電波利用料の総額の見込額を予納することができる。この場合において、当該表示者は、予納期間において同項の規定による届出をすることを要しない。

21　前項の規定により予納した表示者は、予納期間において表示を付した第十三項の無線設備の数を予納期間が終了した日（当該表示者が表示に係る業務を休止し、又は廃止した場合その他総務省令で定める事由が生じた場合には、当該事由が生じた日）の属する月の翌月の十五日までに総務大臣に届け出なければならない。この場合において、当該表示者は、予納した電波利用料の金額が同項の政令で定める金額に予納期間において表示を付した無線設備の数を乗じて得た金額（次項において「要納付額」という。）に足りないときは、その不足金額を当該届出が受理された日から起算して三十日以内に国に納めなければならない。

22　第二十項の規定により表示者が予納した電波利用料の金額が要納付額を超える場合には、その超える金額について、当該表示者の請求により還付する。

23　総務大臣は、電波利用料を納付しようとする者から、預金又は貯金の払出しとその払い出した金銭による電波利用料の納付をその預金口座又は貯金口座のある金融機関に委託して行うことを希望する旨の申出があつた場合には、その納付が確実と認められ、かつ、その申出を承認することが電波利用料の徴収上有利と認められるときに限り、その申出を承認することができる。

24　前項の承認に係る電波利用料が同項の金融機関による当該電波利用料の納付の期限として総務省令で定める日までに納付された場合には、その納付の日が納期限後である場合においても、その納付は、納期限までにされたものとみなす。

25　電波利用料を納付しようとする者は、その電波利用料の額が総務省令で定める金額以下である場合には、納付受託者（第二十七項に規定する納付受託者をいう。次項において同じ。）に納付を委託することができる。

26　電波利用料を納付しようとする者が、納付受託者に納付しようとする電波利用料の額に相当する金銭を交付したときは、当該交付した日に当該電波利用料の納付があつたものとみなして、延滞金に関する規定を適用する。

27　電波利用料の納付に関する事務（以下この項及び第三十五項において「納付事務」という。）を適正かつ確実に実施することができると認められる者であり、かつ、政令で定める要件に該当する者として総務大臣が指定するもの（次項から第三十七項までにおいて「納付受託者」という。）は、電波利用料を納付しようとする者の委託を受けて、納付事務を行うことができる。

28　総務大臣は、前項の規定による指定をしたときは、納付受託者の名称、住所又は事務所の所在地その他総務省令で定める事項を公示しなければならない。

29　納付受託者は、その名称、住所又は事務所の所在地を変更しようとするときは、あらかじめ、その旨を総務大臣に届け出なければならない。

30　総務大臣は、前項の規定による届出があつたときは、当該届出に係る事項を公示しなければならない。

31　納付受託者は、第二十五項の規定により電波利用料を納付しようとする者の委託に基づき当該電波利用料の額に相当する金銭の交付を受けたときは、総務省令で定める日までに当該委託を受けた電波利用料を納付しなければならない。

32　納付受託者は、第二十五項の規定により電波利用料を納付しようとする者の委託に基づき当該電波利用料の額に相当する金銭の交付を受けたときは、遅滞なく、総務省令で定めるところにより、その旨及び交付を受けた年月日を総務大臣に報告しなければならない。

33　納付受託者が第三十一項の電波利用料を同項の総務省令で定める日までに完納しないときは、総務大臣は、国税の保証人に関する徴収の例によりその電波利用料を納付受託者から徴収する。

34　総務大臣は、第三十一項の規定により納付受託者が納付すべき電波利用料については、当該納付受託者に対して国税滞納処分の例による処分をしてもなお徴収すべき残余がある場合でなければ、その残余の額について当該電波利用料に係る第二十五項の規定による委託をした者から徴収することができない。

35　納付受託者は、総務省令で定めるところにより、帳簿を備え付け、これに納付事務に関する事項を記載し、及びこれを保存しなければならない。

36　総務大臣は、第二十七項から前項までの規定を施行するため必要があると認めるときは、その必要な限度で、総務省令で定めるところにより、納付受託者に対し、報告をさせることができる。

37　総務大臣は、第二十七項から前項までの規定を施行するため必要があると認めるときは、その必要な限度で、その職員に、納付受託者の事務所に立ち入り、納付受託者の帳簿書類（その作成又は保存に代えて電磁的記録の作成又は保存がされている場合における当該電磁的記録を含む。）その他必要な物件を検査させ、又は関係者に質問させることができる。

38　前項の規定により立入検査を行う職員は、その身分を示す証明書を携帯し、かつ、関係者の請求があるときは、これを提示しなければならない。

39　第三十七項に規定する権限は、犯罪捜査のために認められたものと解してはならない。

40　総務大臣は、第二十七項の規定による指定を受けた者が次の各号のいずれかに該当するときは、その指定を取り消すことができる。

一　第二十七項に規定する指定の要件に該当しなくなつたとき。

二　第三十二項又は第三十六項の規定による報告をせず、又は虚偽の報告をしたとき。

三　第三十五項の規定に違反して、帳簿を備え付けず、帳簿に記載せず、若しくは帳簿に虚偽の記載をし、又は帳簿を保存しなかつたとき。

四　第三十七項の規定による立入り若しくは検査を拒み、妨げ、若しくは忌避し、又は同項の規定による質問に対して陳述をせず、若しくは虚偽の陳述をしたとき。

41　総務大臣は、前項の規定により指定を取り消したときは、その旨を公示しなければならない。

42　総務大臣は、電波利用料を納めない者があるときは、督促状によつて、期限を指定して督促しなければならない。

43　総務大臣は、前項の規定による督促を受けた者がその指定の期限までにその督促に係る電波利用料及び次項の規定による延滞金を納めないときは、国税滞納処分の例により、これを処分する。この場合における電波利用料及び延滞金の先取特権の順位は、国税及び地方税に次ぐものとする。

44　総務大臣は、第四十二項の規定により督促をしたときは、その督促に係る電波利用料の額につき年十四・五パーセントの割合で、納期限の翌日からその納付又は財産差押えの日の前日までの日数により計算した延滞金を徴収する。ただし、やむを得ない事情があると認められるとき、その他総務省令で定めるときは、この限りでない。

45　第十七項から前項までに規定するもののほか、電波利用料の納付の手続その他電波利用料の納付について必要な事項は、総務省令で定める。

［注釈］この改正は、本書収録の基準日である平成二十九年六月十八日において未施行である。

第百三条の三

【 四十五次改正 】

電波法の一部を改正する法律（平成四年六月五日法律第七十四号）

第百三条の二を第百三条の四とし、第百三条の次に次の二条を加える。

（追加された第百三条の三の規定は、後掲の条文の通り。）

［電波利用料の徴収等］・・・第百三条の二との共通見出しである。

第百三条の三　政府は、毎会計年度、当該年度の電波利用料の収入額の予算額に相当する金額を、予算で定めるところにより、電波利用共益費用の財源に充てるものとする。ただし、その金額が当該年度の電波利用共益費用の予算額を超えると認められるときは、当該超える金額については、この限りでない。

2　政府は、当該会計年度に要する電波利用共益費用に照らして必要があると認められるときは、当該年度の電波利用料の収入額の予算額のほか、当該年度の前年度以前で平成五年度以降の各年度の電波利用料の収入額の決算額（当該年度の前年度については、予算額）に相当する金額を合算した額から当該年度の前年度以前で平成五年度以降の各年度の電波利用共益費用の決算額（当該年度の前年度については、予算額）を合算した額を控除した額に相当する金額の全部又は一部を、予算で定めるところにより、当該年度の電波利用共益費用の財源に充てるものとする。

【 八十五次改正 】

電波法の一部を改正する法律（平成二十年五月三十日法律第五十号）

第百三条の三に次の一項を加える。

（追加された第三項の規定は、後掲の条文の通り。）

［電波利用料の徴収等］・・・第百三条の二との共通見出しである。

第百三条の三　政府は、毎会計年度、当該年度の電波利用料の収入額の予算額に相当する金額を、予算で定めるところにより、電波利用共益費用の財源に充てるものとする。ただし、その金額が当該年度の電波利用共益費用の予算額を超えると認められるときは、当該超える金額については、この限りでない。

2　政府は、当該会計年度に要する電波利用共益費用に照らして必要があると認められるときは、当該年度の電波利用料の収入額の予算額のほか、当該年度の前年度以前で平成五年度以降の各年度の電波利用料の収入額の決算額（当該年度の前年度については、予算額）に相当する金額を合算した額から当該年度の前年度以前で平成五年度以降の各年度の電波利用共益費用の決算額（当該年度の前年度については、予算額）を合算した額を控除した額に相当する金額の全部又は一部を、予算で定めるところにより、当該年度の電波利用共益費用の財源に充てるものとする。

3　総務大臣は、前条第四項第三号に規定する研究開発の成果その他の同項各号に掲げる事務の実施状況に関する資料を公表するものとする。

第百三条の四

【 四十五次改正 】

電波法の一部を改正する法律（平成四年六月五日法律第七十四号）

第百三条の二を第百三条の四とし、第百三条の次に次の二条を加える。

（追加された第百三条の三の規定は、後掲の条文の通り。）

（船舶又は航空機に開設した外国の無線局）

第百三条の四　第二章及び第四章の規定は、船舶又は航空機に開設した外国の無線局には、適用しない。

2　前項の無線局は、次に掲げる通信を行う場合に限り、運用することができる。

一　第五十二条各号の通信

二　電気通信業務を行うことを目的とする無線局との間の通信

三　航行の安全に関する通信（前号に掲げるものを除く。）

［注釈］この改正により、第百三条の二が第百三条の四となった。改正前のこの規定の改正経緯については、第百三条の二の項を参照されたい。

第百三条の五

【五十二次改正】

電波法の一部を改正する法律（平成九年五月九日法律第四十七号）

第百三条の四の次に次の一条を加える。
（追加された第百三条の五の規定は、後掲の条文の通り。）

（特定無線局と通信の相手方を同じくする外国の無線局）

第百三条の五　包括免許人は、第二章、第三章及び第四章の規定にかかわらず、郵政大臣の許可を受けて、本邦内においてその包括免許に係る特定無線局と通信の相手方を同じくし、当該通信の相手方である無線局からの電波を受けることによって自動的に選択される周波数の電波のみを発射する外国の無線局を運用することができる。

2　前項の許可の申請があったときは、郵政大臣は、当該申請に係る無線局の無線設備が第三章に定める技術基準に相当する技術基準に適合していると認めるときは、これを許可しなければならない。

3　包括免許人の包括免許がその効力を失ったときは、当該包括免許人が受けていた第一項の許可は、その効力を失う。

4　包括免許人が第一項の許可を受けたときは、当該許可に係る無線局を当該包括免許人がその包括免許に基づき開設した特定無線局とみなして、第五章及び第六章の規定を適用する。ただし、第七十一条第二項、第七十六条第三項第一号及び第二号並びに第七十六条の二の規定を除く。

【六十二次改正】

中央省庁等改革関係法施行法（平成十一年十二月二十二日法律第百六十号）第百九十三条

本則（第九十九条の十二第二項を除く。）中「郵政大臣」を「総務大臣」に、「郵政省令」を「総務省令」に、「通商産業大臣」を「経済産業大臣」に、「建設大臣」を「国土交通大臣」に、「地方電気通信監理局長」を「総合通信局長」に、「沖縄郵政管理事務所長」を「沖縄総合通信事務所長」に改める。

（特定無線局と通信の相手方を同じくする外国の無線局）

第百三条の五　包括免許人は、第二章、第三章及び第四章の規定にかかわらず、総務大臣の許可を受けて、本邦内においてその包括免許に係る特定無線局と通信の相手方を同じくし、当該通信の相手方である無線局からの電波を受けることによって自動的に選択される周波数の電波のみを発射する外国の無線局を運用することができる。

2　前項の許可の申請があつたときは、総務大臣は、当該申請に係る無線局の無線設備が第三章に定める技術基準に相当する技術基準に適合していると認めるときは、これを許可しなければならない。

3　包括免許人の包括免許がその効力を失つたときは、当該包括免許人が受けていた第一項の許可は、その効力を失う。

4　包括免許人が第一項の許可を受けたときは、当該許可に係る無線局を当該包括免許人がその包括免許に基づき開設した特定無線局とみなして、第五章及び第六章の規定を適用する。ただし、第七十一条第二項、第七十六条第三項第一号及び第二号並びに第七十六条の二の規定を除く。

【　七十六次改正　】

電波法及び有線電気通信法の一部を改正する法律（平成十六年五月十九日法律第四十七号）第一条

第百三条の五第四項中「並びに第七十六条の二」を「、第七十六条の二並びに第七十六条の三第二項」に改める。

（特定無線局と通信の相手方を同じくする外国の無線局）

第百三条の五　包括免許人は、第二章、第三章及び第四章の規定にかかわらず、総務大臣の許可を受けて、本邦内においてその包括免許に係る特定無線局と通信の相手方を同じくし、当該通信の相手方である無線局からの電波を受けることによつて自動的に選択される周波数の電波のみを発射する外国の無線局を運用することができる。

2　前項の許可の申請があつたときは、総務大臣は、当該申請に係る無線局の無線設備が第三章に定める技術基準に相当する技術基準に適合していると認めるときは、これを許可しなければならない。

3　包括免許人の包括免許がその効力を失つたときは、当該包括免許人が受けていた第一項の許可は、その効力を失う。

4　包括免許人が第一項の許可を受けたときは、当該許可に係る無線局を当該包括免許人がその包括免許に基づき開設した特定無線局とみなして、第五章及び第六章の規定を適用する。ただし、第七十一条第二項、第七十六条第三項第一号及び第二号、第七十六条の二並びに第七十六条の三第二項の規定を除く。

【　八十次改正　】

電波法及び有線電気通信法の一部を改正する法律（平成十六年五月十九日法律第四十七号）第二条

第百三条の五第四項中「第七十六条第三項第一号及び第二号」を「第七十六条第四項第一号及び第二号」に改める。

（特定無線局と通信の相手方を同じくする外国の無線局）

第百三条の五　包括免許人は、第二章、第三章及び第四章の規定にかかわらず、総務大臣の許可を受けて、本邦内においてその包括免許に係る特定無線局と通信の相手方を同じくし、当該通信の相手方である無線局からの電波を受けることによつて自動的に選択される周波数の電波のみを発射する外国の無線局を運用することができる。

2　前項の許可の申請があつたときは、総務大臣は、当該申請に係る無線局の無線設備が第三章に定める技術基準に相当する技術基準に適合していると認めるときは、これを許可しなければならない。

3　包括免許人の包括免許がその効力を失つたときは、当該包括免許人が受けていた第一項の許可は、その効力を失う。

4　包括免許人が第一項の許可を受けたときは、当該許可に係る無線局を当該包括免許人がその包括免許に基づき開設した特定無線局とみなして、第五章及び第六章の規定を適用する。ただし、第七十一条第二項、第七十六条第四項第一号及び第二号、第七十六条の二並びに第七十六条の三第二項の規定を除く。

【 八十九次改正 】

放送法等の一部を改正する法律（平成二十二年十二月三日法律第六十五号）第三条

第百三条の五第一項及び第三項中「包括免許人」を「第一号包括免許人」に改め、同条第四項中「包括免許人」を「第一号包括免許人」に、「第七十六条第四項第一号」を「第七十六条第五項第一号」に改める。

（特定無線局と通信の相手方を同じくする外国の無線局）

第百三条の五　第一号包括免許人は、第二章、第三章及び第四章の規定にかかわらず、総務大臣の許可を受けて、本邦内においてその包括免許に係る特定無線局と通信の相手方を同じくし、当該通信の相手方である無線局からの電波を受けることによつて自動的に選択される周波数の電波のみを発射する外国の無線局を運用することができる。

2　前項の許可の申請があつたときは、総務大臣は、当該申請に係る無線局の無線設備が第三章に定める技術基準に相当する技術基準に適合していると認めるときは、これを許可しなければならない。

3　第一号包括免許人の包括免許がその効力を失つたときは、当該第一号包括免許人が受けていた第一項の許可は、その効力を失う。

4　第一号包括免許人が第一項の許可を受けたときは、当該許可に係る無線局を当該第一号包括免許人がその包括免許に基づき開設した特定無線局とみなして、第五章及び第六章の規定を適用する。ただし、第七十一条第二項、第七十六条第五項第一号及び第二号、第七十六条の二並びに第七十六条の三第二項の規定を除く。

【 百三次改正 】

電気通信事業法等の一部を改正する法律（平成二十七年五月二十二日法律第二十六号）第二条

第百三条の五第一項中「の無線局」の下に「（当該許可に係る外国の無線局の無線設備を使用して開設する無線局を含む。）」を加え、同条第四項中「第六章の規定」の下に「（当該無線局が当該許可に係る外国の無線局の無線設備を使用して開設する無線局である場合にあつては、これらの規定のほか、第二十六条の二、第二十七条の七、第百三条の二及び第百三条の三の規定）」を加える。

（特定無線局と通信の相手方を同じくする外国の無線局）

第百三条の五　第一号包括免許人は、第二章、第三章及び第四章の規定にかかわらず、総務大臣の許可を受けて、本邦内においてその包括免許に係る特定無線局と通信の相手方を同じくし、当該通信の相手方である無線局からの電波を受けることによつて自動的に選択される周波数の電波のみを発射する外国の無線局（当該許可に係る外国の無線局の無線設備を使用して開設する無線局を含む。）を運用することができる。

2　前項の許可の申請があつたときは、総務大臣は、当該申請に係る無線局の無線設備が第三章に定める技術基準に相当する技術基準に適合していると認めるときは、これを許可しなければならない。

3　第一号包括免許人の包括免許がその効力を失つたときは、当該第一号包括免許人が受けていた第一項の許可は、その効力を失う。

4　第一号包括免許人が第一項の許可を受けたときは、当該許可に係る無線局を当該第一号包括免許人がその包括免許に基づき開設した特定無線局とみなして、第五章及び第六章の規定（当該無線局が当該許可に係る外国の無線局の無線設備を使用して開設する無線局である場合にあつては、これらの規定のほか、第二十六条の二、第二十七条の七、第百三条の二及び第百三条の三の規定）を適用する。ただし、第七十一条第二項、第七十六条第五項第一号及び第二号、第七十六条の二並びに第七十六条の三第二項の規定を除く。

第百四条

【 制定 】

電波法（昭和二十五年五月二日法律第百三十一号）

（国に対する適用）

第百四条　この法律の規定は、第七章及び第九章の規定を除き、国に適用があるものとする。この場合において「免許」又は「許可」とあるのは、第四章を除き、「承認」と読み替えるものとする。

【 七次改正 】

電波法の一部を改正する法律（昭和三十三年五月六日法律第百四十号）

第百四条を次のように改める。
（改正後の第百四条の規定は、後掲の条文の通り。）

（国に対する適用除外）

第百四条　第百三条並びに第七章及び第九章の規定は、国に適用しない。但し、他の法律の規定により国とみなされたものについては、第百三条の規定の適用があるものとする。

2　この法律を国に適用する場合において「免許」又は「許可」とあるのは、「承認」と読み替えるものとする。

【 九次改正 】

行政不服審査法の施行に伴う関係法律の整理等に関する法律（昭和三十七年九月十五日法律第百六十一号）第二百二十条

第百四条第一項中「並びに第七章」を削る。

（国に対する適用除外）

第百四条　第百三条及び第九章の規定は、国に適用しない。但し、他の法律の規定により国とみなされたものについては、第百三条の規定の適用があるものとする。

2　この法律を国に適用する場合において「免許」又は「許可」とあるのは、「承認」と読み替えるものとする。

【 四十五次改正 】

電波法の一部を改正する法律（平成四年六月五日法律第七十四号）

第百四条第一項中「第百三条及び」を「第百三条、第百三条の二及び」に改め、同項ただし書中「但し」を「ただし」に改め、「第百三条」の下に「及び第百三条の二」を加える。

（国に対する適用除外）

第百四条　第百三条、第百三条の二及び第九章の規定は、国に適用しない。ただし、他の法律の規定により国とみなされたものについては、第百三条及び第百三条の二の規定の適用があるものとする。

2　この法律を国に適用する場合において「免許」又は「許可」とあるのは、「承認」と読み替えるものとする。

【六十三次改正】

独立行政法人の業務実施の円滑化等のための関係法律の整備等に関する法律（平成十一年十二月二十二日法律第二百二十号）第五条

第百四条の見出しを「（国等に対する適用除外）」に改め、同条第一項中「第百三条、」を「国については第百三条、」に、「規定は、国に」を「規定、独立行政法人通則法（平成十一年法律第百三号）第二条第一項に規定する独立行政法人（当該独立行政法人の業務の内容その他の事情を勘案して政令で定めるものに限る。）については第百三条及び第百三条の二の規定は、」に改める。

（国等に対する適用除外）

第百四条　国については第百三条、第百三条の二及び第九章の規定、独立行政法人通則法（平成十一年法律第百三号）第二条第一項に規定する独立行政法人（当該独立行政法人の業務の内容その他の事情を勘案して政令で定めるものに限る。）については第百三条及び第百三条の二の規定は、適用しない。ただし、他の法律の規定により国とみなされたものについては、第百三条及び第百三条の二の規定の適用があるものとする。

2　この法律を国に適用する場合において「免許」又は「許可」とあるのは、「承認」と読み替えるものとする。

【八十五次改正】

電波法の一部を改正する法律（平成二十年五月三十日法律第五十号）

第百四条第一項中「、第百三条の二及び第九章」を「及び次章」に、「及び第百三条の二の規定は」を「の規定は」に改め、同項ただし書中「第百三条及び第百三条の二」を「同条」に改める。

（国等に対する適用除外）

第百四条　国については第百三条及び次章の規定、独立行政法人通則法（平成十一年法律第百三号）第二条第一項に規定する独立行政法人（当該独立行政法人の業務の内容その他の事情を勘案して政令で定めるものに限る。）については第百三条の規定は、適用しない。ただし、他の法律の規定により国とみなされたものについては、同条の規定の適用があるものとする。

2　この法律を国に適用する場合において「免許」又は「許可」とあるのは、「承認」と読み替えるものとする。

第百四条の二

【七次改正】

電波法の一部を改正する法律（昭和三十三年五月六日法律第百四十号）

第八章中第百四条の次に次の一条を加える。

（追加された第百四条の二の規定は、後掲の条文の通り。）

（予備免許等の条件又は期限）

第百四条の二　予備免許、免許又は許可には、条件又は期限を附することができる。

2　前項の条件又は期限は、公共の利益を増進し、又は予備免許、免許若しくは許可に係る事項の確実な実施を図るため必要最少限度のものに限り、且つ、当該処分を受ける者に不当な義務を課することとならないものでなければならない。

【二十五次改正】

電波法の一部を改正する法律（昭和五十六年五月二十三日法律第四十九号）

第百四条の二の見出しを「（予備免許等の条件等）」に改め、同条第一項中「附する」を「付する」に改め、同条第二項中「且つ」を「かつ」に改め、同条の次に次の一条を加える。

（予備免許等の条件等）

第百四条の二　予備免許、免許又は許可には、条件又は期限を付することができる。

2　前項の条件又は期限は、公共の利益を増進し、又は予備免許、免許若しくは許可に係る事項の確実な実施を図るため必要最少限度のものに限り、かつ、当該処分を受ける者に不当な義務を課することとならないものでなければならない。

【八十次改正】

電波法及び有線電気通信法の一部を改正する法律（平成十六年五月十九日法律第四十七号）第二条

第百四条の二第一項中「又は許可」を「、許可又は第二十七条の十八第一項の登録」に改め、同条第二項中「若しくは許可」を「、許可若しくは第二十七条の十八第一項の登録」に改める。

（予備免許等の条件等）

第百四条の二　予備免許、免許、許可又は第二十七条の十八第一項の登録には、条件又は期限を付することができる。

2　前項の条件又は期限は、公共の利益を増進し、又は予備免許、免許、許可若しくは第二十七条の十八第一項の登録に係る事項の確実な実施を図るため必要最少限度のものに限り、かつ、当該処分を受ける者に不当な義務を課することとならないものでなければならない。

第百四条の三

【十五次改正】

許可、認可等の整理に関する法律（昭和四十六年六月一日法律第九十六号）第二十九条

第八章中第百四条の二の次に次の一条を加える。
（追加された第百四条の三の規定は、後掲の条文の通り。）

（権限の委任）

第百四条の三　この法律に規定する郵政大臣の権限は、郵政省令で定めるところにより、その一部を地方電波監理局長に委任することができる。

2　第八十五条から第九十九条までの規定は、地方電波監理局長が前項の規定による委任に基づいてした処分についての審査請求及び訴訟に準用する。この場合において、第九十六条の二中「郵政大臣」とあるのは「地方電波監理局長」と、「異議申立てに対する決定」とあるのは「審査請求に対する裁決」と読み替えるものとする。

【十六次改正】

沖縄の復帰に伴う関係法令の改廃に関する法律（昭和四十六年十二月三十一日法律

第百三十号）第九十二条

第百四条の三中「地方電波監理局長」の下に「又は沖縄郵政管理事務所長」を加える。

（権限の委任）

第百四条の三　この法律に規定する郵政大臣の権限は、郵政省令で定めるところにより、その一部を地方電波監理局長又は沖縄郵政管理事務所長に委任することができる。

2　第八十五条から第九十九条までの規定は、地方電波監理局長又は沖縄郵政管理事務所長が前項の規定による委任に基づいてした処分についての審査請求及び訴訟に準用する。この場合において、第九十六条の二中「郵政大臣」とあるのは「地方電波監理局長又は沖縄郵政管理事務所長」と、「異議申立てに対する決定」とあるのは「審査請求に対する裁決」と読み替えるものとする。

【　二十五次改正　】

電波法の一部を改正する法律（昭和五十六年五月二十三日法律第四十九号）

第百四条の二の見出しを「（予備免許等の条件等）」に改め、同条第一項中「附する」を「付する」に改め、同条第二項中「且つ」を「かつ」に改め、同条の次に次の一条を加える。

（追加された第百四条の三の規定は、後掲の条文の通り。）

[予備免許等の条件等]・・・第百四条の二との共通見出しである。

第百四条の三　第五条第二項第四号に掲げる無線局については、前条に規定する条件又は期限を付することができるほか、その無線局を開設する者の属する国における日本国民の開設する無線局に対する取扱いとの均衡を考慮して、その予備免許、免許若しくは許可に条件若しくは期限を付し、又はその運用を制限することができる。

[注釈一]二十五次改正前の第百四条の三が一条繰り下げられて第百四条の四となり、新たに第百四条の三が設けられた。

[注釈二]追加された第百四条の三の規定には見出しが付されなかったため、第百四条の二との共通見出しとなった。

【　三十一次改正　】

電波法の一部を改正する法律（昭和五十九年五月二十九日法律第四十八号）

第百四条の三中「第五条第二項第四号」の下に「及び第六号」を、「掲げる無線局」の下に「（同項第六号ロに掲げる者の開設するものを除く。）」を、「日本国民」の下に「又は日本の法人若しくは団体」を加える。

[予備免許等の条件等]・・・第百四条の二との共通見出しである。

第百四条の三　第五条第二項第四号及び第六号に掲げる無線局（同項第六号ロに掲げる者の開設するものを除く。）については、前条に規定する条件又は期限を付することができるほか、その無線局を開設する者の属する国における日本国民又は日本の法人若しくは団体の開設する無線局に対する取扱いとの均衡を考慮して、その予備免許、免許若しくは許可に条件若しくは期限を付し、又はその運用を制限することができる。

【　四十六次改正　】

電波法の一部を改正する法律（平成五年六月十六日法律第七十一号）

第百四条の三を削り、第百四条の四を第百四条の三とし、第百四条の五を第百四条の四とし、第百四条の六を第百四条の五とする。

（権限の委任）

第百四条の三　この法律に規定する郵政大臣の権限は、郵政省令で定めるところにより、その一部を地方電気通信監理局長又は沖縄郵政管理事務所長に委任することができる。

２　第八十五条から第九十九条までの規定は、地方電気通信監理局長又は沖縄郵政管理事務所長が前項の規定による委任に基づいてした処分についての審査請求及び訴訟に準用する。この場合において、第九十六条の二中「郵政大臣」とあるのは「地方電気通信監理局長又は沖縄郵政管理事務所長」と、「異議申立てに対する決定」とあるのは「審査請求に対する裁決」と読み替えるものとする。

［注釈］第百四条の三が削られ、第百四条の四が一条繰り上がって、第百四条の三となった。

【六十二次改正】

中央省庁等改革関係法施行法（平成十一年十二月二十二日法律第百六十号）第百九十三条

本則（第九十九条の十二第二項を除く。）中「郵政大臣」を「総務大臣」に、「郵政省令」を「総務省令」に、「通商産業大臣」を「経済産業大臣」に、「建設大臣」を「国土交通大臣」に、「地方電気通信監理局長」を「総合通信局長」に、「沖縄郵政管理事務所長」を「沖縄総合通信事務所長」に改める。

（権限の委任）

第百四条の三　この法律に規定する総務大臣の権限は、総務省令で定めるところにより、その一部を総合通信局長又は沖縄総合通信事務所長に委任することができる。

２　第八十五条から第九十九条までの規定は、総合通信局長又は沖縄総合通信事務所長が前項の規定による委任に基づいてした処分についての審査請求及び訴訟に準用する。この場合において、第九十六条の二中「総務大臣」とあるのは「総合通信局長又は沖縄総合通信事務所長」と、「異議申立てに対する決定」とあるのは「審査請求に対する裁決」と読み替えるものとする。

【百二次改正】

行政不服審査法の施行に伴う関係法律の整備等に関する法律（平成二十六年六月十三日法律第六十九号）第三十八条

第百四条の三第二項中「第八十五条から第九十九条まで」を「第七章」に、「「総合通信局長」を「、「総合通信局長」に改め、「、「異議申立てに対する決定」とあるのは「審査請求に対する裁決」と」を削る。

（権限の委任）

第百四条の三　この法律に規定する総務大臣の権限は、総務省令で定めるところにより、その一部を総合通信局長又は沖縄総合通信事務所長に委任することができる。

２　第七章の規定は、総合通信局長又は沖縄総合通信事務所長が前項の規定による委任に基づいてした処分についての審査請求及び訴訟に準用する。この場合において、第九十六条の二中「総務大臣」とあるのは、「総合通信局長又は沖縄総合通信事務所長」と読み替えるものとする。

第百四条の四

【二十五次改正】

電波法の一部を改正する法律（昭和五十六年五月二十三日法律第四十九号）

第八章中第百四条の三を第百四条の四とし、同条の次に次の二条を加える。

（権限の委任）

第百四条の四　この法律に規定する郵政大臣の権限は、郵政省令で定めるところにより、その一部を地方電波監理局長又は沖縄郵政管理事務所長に委任することができる。

2　第八十五条から第九十九条までの規定は、地方電波監理局長又は沖縄郵政管理事務所長が前項の規定による委任に基づいてした処分についての審査請求及び訴訟に準用する。この場合において、第九十六条の二中「郵政大臣」とあるのは「地方電波監理局長又は沖縄郵政管理事務所長」と、「異議申立てに対する決定」とあるのは「審査請求に対する裁決」と読み替えるものとする。

[注釈]二十四次改正以前の規定は、第百四条の三の項を参照されたい。

【三十二次改正】

日本電信電話株式会社法及び電気通信事業法の施行に伴う関係法律の整備等に関する法律（昭和五十九年十二月二十五日法律第八十七号）第四十七項

第百四条の四中「地方電波監理局長」を「地方電気通信監理局長」に改める。

（権限の委任）

第百四条の四　この法律に規定する郵政大臣の権限は、郵政省令で定めるところにより、その一部を地方電気通信監理局長又は沖縄郵政管理事務所長に委任することができる。

2　第八十五条から第九十九条までの規定は、地方電気通信監理局長又は沖縄郵政管理事務所長が前項の規定による委任に基づいてした処分についての審査請求及び訴訟に準用する。この場合において、第九十六条の二中「郵政大臣」とあるのは「地方電気通信監理局長又は沖縄郵政管理事務所長」と、「異議申立てに対する決定」とあるのは「審査請求に対する裁決」と読み替えるものとする。

【四十六次改正】

電波法の一部を改正する法律（平成五年六月十六日法律第七十一号）

第百四条の三を削り、第百四条の四を第百四条の三とし、第百四条の五を第百四条の四とし、第百四条の六を第百四条の五とする。

（指定証明機関等の処分に係る審査請求等）

第百四条の四　この法律の規定による指定証明機関、指定試験機関又は指定検査機関の処分に不服がある者は、郵政大臣に対し、審査請求をすることができる。

2　第八十五条から第九十六条までの規定は前項の規定による審査請求に、第九十六条の二から第九十九条までの規定は同項の処分についての訴訟に、それぞれ準用する。この場合において、第九十条第二項及び第九十六条の二中「郵政大臣」とあるのは「指定証明機関、指定試験機関又は指定検査機関」と、第九十条第二項中「所部の職員」とあるのは「役員又は職員」と、第九十六条の二中「異議申立てに対する決定」とあるのは「審査請求に対する裁決」と読み替えるものとする。

［注釈］第百四条の三が削られ、第百四条の五が一条繰り上がって、第百四条の四となった。

【　五十四次改正　】

電波法の一部を改正する法律（平成九年五月九日法律第四十七号）

> 第百四条の四中「、指定試験機関又は指定検査機関」を「又は指定試験機関」に改める。

（指定証明機関等の処分に係る審査請求等）

第百四条の四　この法律の規定による指定証明機関又は指定試験機関の処分に不服がある者は、郵政大臣に対し、審査請求をすることができる。

2　第八十五条から第九十六条までの規定は前項の規定による審査請求に、第九十六条の二から第九十九条までの規定は同項の処分についての訴訟に、それぞれ準用する。この場合において、第九十条第二項及び第九十六条の二中「郵政大臣」とあるのは「指定証明機関又は指定試験機関」と、第九十条第二項中「所部の職員」とあるのは「役員又は職員」と、第九十六条の二中「異議申立てに対する決定」とあるのは「審査請求に対する裁決」と読み替えるものとする。

【　六十二次改正　】

中央省庁等改革関係法施行法（平成十一年十二月二十二日法律第百六十号）第百九十三条

> 本則（第九十九条の十二第二項を除く。）中「郵政大臣」を「総務大臣」に、「郵政省令」を「総務省令」に、「通商産業大臣」を「経済産業大臣」に、「建設大臣」を「国土交通大臣」に、「地方電気通信監理局長」を「総合通信局長」に、「沖縄郵政管理事務所長」を「沖縄総合通信事務所長」に改める。

（指定証明機関等の処分に係る審査請求等）

第百四条の四　この法律の規定による指定証明機関又は指定試験機関の処分に不服がある者は、総務大臣に対し、審査請求をすることができる。

2　第八十五条から第九十六条までの規定は前項の規定による審査請求に、第九十六条の二から第九十九条までの規定は同項の処分についての訴訟に、それぞれ準用する。この場合において、第九十条第二項及び第九十六条の二中「総務大臣」とあるのは「指定証明機関又は指定試験機関」と、第九十条第二項中「所部の職員」とあるのは「役員又は職員」と、第九十六条の二中「異議申立てに対する決定」とあるのは「審査請求に対する裁決」と読み替えるものとする。

【　七十三次改正　】

電波法の一部を改正する法律（平成十五年六月六日法律第六十八号）

> 第百四条の四の見出し中「指定証明機関等」を「指定試験機関」に改め、同条第一項及び第二項中「指定証明機関又は」を削る。

（指定試験機関の処分に係る審査請求等）

第百四条の四　この法律の規定による指定試験機関の処分に不服がある者は、総務大臣に対し、審査請求をすることができる。

2　第八十五条から第九十六条までの規定は前項の規定による審査請求に、第九十六条の二から第九十九条までの規定は同項の処分についての訴訟に、それぞれ準用する。この場合において、第九十条第二項及び第九十六条の二中「総務大臣」とあるのは「指定試験機関」と、第九十条第二項中「所部の職員」とあるのは「役員又は職員」と、第九十六条の二中「異議申立てに対する決定」とあるのは「審査請求に対する裁決」と読み替えるものとする。

【　百二次改正　】

行政不服審査法の施行に伴う関係法律の整備等に関する法律（平成二十六年六月十三日法律第六十九号）第三十八条

第百四条の四第一項に後段として次のように加える。
（追加された第一項後段の規定は、後掲の条文の通り。）
第百四条の四第二項中「第八十五条」を「第八十三条及び第八十五条」に改め、「、第九十六条の二中「異議申立てに対する決定」とあるのは「審査請求に対する裁決」と」を削る。

（指定試験機関の処分に係る審査請求等）
第百四条の四　この法律の規定による指定試験機関の処分に不服がある者は、総務大臣に対し、審査請求をすることができる。この場合において、総務大臣は、行政不服審査法第二十五条第二項及び第三項、第四十六条第一項及び第二項並びに第四十七条の規定の適用については、指定試験機関の上級行政庁とみなす。
2　第八十三条及び第八十五条から第九十六条までの規定は前項の規定による審査請求に、第九十六条の二から第九十九条までの規定は同項の処分についての訴訟に、それぞれ準用する。この場合において、第九十条第二項及び第九十六条の二中「総務大臣」とあるのは「指定試験機関」と、第九十条第二項中「所部の職員」とあるのは「役員又は職員」と読み替えるものとする。

第百四条の五

【　二十五次改正　】

電波法の一部を改正する法律（昭和五十六年五月二十三日法律第四十九号）

第八章中第百四条の三を第百四条の四とし、同条の次に次の二条を加える。
（追加された第百四条の五の規定は、後掲の条文の通り。）

（指定証明機関又は指定試験機関の処分に係る審査請求等）
第百四条の五　この法律の規定による指定証明機関又は指定試験機関の処分に不服がある者は、郵政大臣に対し、審査請求をすることができる。
2　第八十五条から第九十六条までの規定は前項の規定による審査請求に、第九十六条の二から第九十九条までの規定は同項の処分についての訴訟に、それぞれ準用する。この場合において、第九十条第二項及び第九十六条の二中「郵政大臣」とあるのは「指定証明機関又は指定試験機関」と、第九十条第二項中「所部の職員」とあるのは「役員又は職員」と、第九十六条の二中「異議申立てに対する決定」とあるのは「審査請求に対する裁決」と読み替えるものとする。

【　三十五次改正　】

許可、認可等民間活動に係る規制の整理及び合理化に関する法律（昭和六十年十二月二十四日法律第百二号）第二十一条

第百四条の五の見出し中「指定証明機関又は指定試験機関」を「指定証明機関等」に改め、同条中「又は指定試験機関」を「、指定試験機関又は指定検査機関」に改める。

（指定証明機関等の処分に係る審査請求等）
第百四条の五　この法律の規定による指定証明機関、指定試験機関又は指定検査機関の処分に不服がある者は、郵政大臣に対し、審査請求をすることができる。

２　第八十五条から第九十六条までの規定は前項の規定による審査請求に、第九十六条の二から第九十九条までの規定は同項の処分についての訴訟に、それぞれ準用する。この場合において、第九十条第二項及び第九十六条の二中「郵政大臣」とあるのは「指定証明機関、指定試験機関又は指定検査機関」と、第九十条第二項中「所部の職員」とあるのは「役員又は職員」と、第九十六条の二中「異議申立てに対する決定」とあるのは「審査請求に対する裁決」と読み替えるものとする。

【　四十六次改正　】

電波法の一部を改正する法律（平成五年六月十六日法律第七十一号）

第百四条の三を削り、第百四条の四を第百四条の三とし、第百四条の五を第百四条の四とし、第百四条の六を第百四条の五とする。

（経過措置）

第百四条の五　この法律の規定に基づき命令を制定し、又は改廃するときは、その命令で、その制定又は改廃に伴い合理的に必要と判断される範囲内において、所要の経過措置（罰則に関する経過措置を含む。）を定めることができる。

[注釈]第百四条の三が削られ、第百四条の六が一条繰り上がって、第百四条の五となった。

第百四条の六

【　二十五次改正　】

電波法の一部を改正する法律（昭和五十六年五月二十三日法律第四十九号）

第八章中第百四条の三を第百四条の四とし、同条の次に次の二条を加える。
（追加された第百四条の六の規定は、後掲の条文の通り。）

（経過措置）

第百四条の六　この法律の規定に基づき命令を制定し、又は改廃するときは、その命令で、その制定又は改廃に伴い合理的に必要と判断される範囲内において、所要の経過措置（罰則に関する経過措置を含む。）を定めることができる。

【　四十六次改正　】

電波法の一部を改正する法律（平成五年六月十六日法律第七十一号）

第百四条の三を削り、第百四条の四を第百四条の三とし、第百四条の五を第百四条の四とし、第百四条の六を第百四条の五とする。

[注釈]第百四条の三が削られ、第百四条の四から第百四条の六までが一条ずつ繰り上がって、第百四条の六の規定は、無くなった。

第二編　電波法の変遷

第二部　一次改正から百五次改正までの逐条改正経緯

第九章　罰則

第百五条

【制定】

電波法（昭和二十五年五月二日法律第百三十一号）

第百五条　無線通信の業務に従事する者が第六十六条第一項の規定による遭難通信の取扱をしなかつたとき、又はこれを遅延させたときは、一年以上の有期懲役に処する。

2　遭難通信の取扱を妨害した者も、前項と同様とする。

3　前二項の未遂罪は、罰する。

【一次改正】

電波法の一部を改正する法律（昭和二十七年七月三十一日法律第二百四十九号）

第百五条第一項中「第六十六条第一項」の下に「（第七十条の六において準用する場合を含む。）」を加える。

第百五条　無線通信の業務に従事する者が第六十六条第一項（第七十条の六において準用する場合を含む。）の規定による遭難通信の取扱をしなかつたとき、又はこれを遅延させたときは、一年以上の有期懲役に処する。

2　遭難通信の取扱を妨害した者も、前項と同様とする。

3　前二項の未遂罪は、罰する。

第百六条

【制定】

電波法（昭和二十五年五月二日法律第百三十一号）

第百六条　自己若しくは他人に利益を与え、又は他人に損害を加える目的で、無線設備又は第百条第一項第一号の通信設備によつて虚偽の通信を発した者は、三年以下の懲役又は二十万円以下の罰金に処する。

2　船舶遭難の事実がないのに、無線設備によつて遭難通信を発した者は、三月以上十年以下の懲役に処する。

【一次改正】

電波法の一部を改正する法律（昭和二十七年七月三十一日法律第二百四十九号）

第百六条第二項中「船舶遭難」の下に「又は航空機遭難」を加える。

第百六条　自己若しくは他人に利益を与え、又は他人に損害を加える目的で、無線設備又は第百条第一項第一号の通信設備によつて虚偽の通信を発した者は、三年以下の懲役又は二十万円以下の罰金に処する。

2　船舶遭難又は航空機遭難の事実がないのに、無線設備によつて遭難通信を発した者は、三月以上十年以下の懲役に処する。

【二十五次改正】

電波法の一部を改正する法律（昭和五十六年五月二十三日法律第四十九号）

第百六条第一項中「二十万円」を「五十万円」に改める。

第百六条　自己若しくは他人に利益を与え、又は他人に損害を加える目的で、無線設備又は第百条第一項第一号の通信設備によつて虚偽の通信を発した者は、三年以下の懲役又は五十万円以下の罰金に処する。

２　船舶遭難又は航空機遭難の事実がないのに、無線設備によつて遭難通信を発した者は、三月以上十年以下の懲役に処する。

【四十六次改正】

電波法の一部を改正する法律（平成五年六月十六日法律第七十一号）

第百六条第一項中「五十万円」を「百五十万円」に改める。

第百六条　自己若しくは他人に利益を与え、又は他人に損害を加える目的で、無線設備又は第百条第一項第一号の通信設備によつて虚偽の通信を発した者は、三年以下の懲役又は百五十万円以下の罰金に処する。

２　船舶遭難又は航空機遭難の事実がないのに、無線設備によつて遭難通信を発した者は、三月以上十年以下の懲役に処する。

第百七条

【制定】

電波法（昭和二十五年五月二日法律第百三十一号）

第百七条　無線設備又は第百条第一項第一号の通信設備によつて日本国憲法又はその下に成立した政府を暴力で破壊することを主張する通信を発した者は、五年以下の懲役又は禁こに処する。

第百八条

【制定】

電波法（昭和二十五年五月二日法律第百三十一号）

第百八条　無線設備又は第百条第一項第一号の通信設備によつてわいせつな通信を発した者は、二年以下の懲役又は十万円以下の罰金に処する。

［注釈］「わいせつ」の語には、傍点が付されている。

【二十五次改正】

電波法の一部を改正する法律（昭和五十六年五月二十三日法律第四十九号）

第百八条中「わいせつ」を「わいせつ」に、「十万円」を「三十万円」に改める。

第百八条　無線設備又は第百条第一項第一号の通信設備によつてわいせつな通信を発した者は、二年以下の懲役又は三十万円以下の罰金に処する。

［注釈］「わいせつ」の語から傍点が取り除かれた。

【四十六次改正】

電波法の一部を改正する法律（平成五年六月十六日法律第七十一号）

第百八条中「三十万円」を「百万円」に改める。

第百八条　無線設備又は第百条第一項第一号の通信設備によつてわいせつな通信を発した者は、二年以下の懲役又は百万円以下の罰金に処する。

第百八条の二

【六次改正】

有線電気通信法及び公衆電気通信法施行法（昭和二十八年七月三十一日法律第九十八号）第二十八条

第百八条の次に次の一条を加える。

（追加された第百八条の二の規定は、後掲の条文の通り。）

第百八条の二　公衆通信業務又は放送の業務の用に供する無線局の無線設備又は人命若しくは財産の保護、治安の維持若しくは気象業務の用に供する無線設備を損壊し、又はこれに物品を接触し、その他その無線設備の機能に障害を与えて無線通信を妨害した者は、五年以下の懲役又は五十万円以下の罰金に処する。

2　前項の未遂罪は、罰する。

【十一次改正】

電波法の一部を改正する法律（昭和三十九年七月四日法律第百四十九号）

第百八条の二第一項中「若しくは気象業務」を「、気象業務、電気事業に係る電気の供給の業務若しくは日本国有鉄道の列車の運行の業務」に改める。

第百八条の二　公衆通信業務又は放送の業務の用に供する無線局の無線設備又は人命若しくは財産の保護、治安の維持、気象業務、電気事業に係る電気の供給の業務若しくは日本国有鉄道の列車の運行の業務の用に供する無線設備を損壊し、又はこれに物品を接触し、その他その無線設備の機能に障害を与えて無線通信を妨害した者は、五年以下の懲役又は五十万円以下の罰金に処する。

2　前項の未遂罪は、罰する。

【二十五次改正】

電波法の一部を改正する法律（昭和五十六年五月二十三日法律第四十九号）

第百八条の二第一項中「五十万円」を「百万円」に改める。

第百八条の二　公衆通信業務又は放送の業務の用に供する無線局の無線設備又は人命若しくは財産の保護、治安の維持、気象業務、電気事業に係る電気の供給の業務若しくは日本国有鉄道の列車の運行の業務の用に供する無線設備を損壊し、又はこれに物品を接触し、その他その無線設備の機能に障害を与えて無線通信を妨害した者は、五年以下の懲役又は百万円以下の罰金に処する。

2　前項の未遂罪は、罰する。

【三十二次改正】

日本電信電話株式会社法及び電気通信事業法の施行に伴う関係法律の整備等に関する法律（昭和五十九年十二月二十五日法律第八十七号）第四十七項

第百八条の二第一項中「公衆通信業務」を「電気通信業務」に改める。

第百八条の二　電気通信業務又は放送の業務の用に供する無線局の無線設備又は人命若しくは財産の保護、治安の維持、気象業務、電気事業に係る電気の供給の業務若しくは日本国有鉄道の列車の運行の業務の用に供する無線設備を損壊し、又はこれに物品を接触し、その他その無線設備の機能に障害を与えて無線通信を妨害した者は、五年以下の懲役又は百万円以下の罰金に処する。

2　前項の未遂罪は、罰する。

【三十六次改正】

日本国有鉄道改革法等施行法（昭和六十一年十二月四日法律第九十三号）第百四十一項

第百八条の二第一項中「日本国有鉄道の」を「鉄道事業に係る」に改める。

第百八条の二　電気通信業務又は放送の業務の用に供する無線局の無線設備又は人命若しくは財産の保護、治安の維持、気象業務、電気事業に係る電気の供給の業務若しくは鉄道事業に係る列車の運行の業務の用に供する無線設備を損壊し、又はこれに物品を接触し、その他その無線設備の機能に障害を与えて無線通信を妨害した者は、五年以下の懲役又は百万円以下の罰金に処する。

2　前項の未遂罪は、罰する。

【四十六次改正】

電波法の一部を改正する法律（平成五年六月十六日法律第七十一号）

第百八条の二第一項中「百万円」を「二百五十万円」に改める。

第百八条の二　電気通信業務又は放送の業務の用に供する無線局の無線設備又は人命若しくは財産の保護、治安の維持、気象業務、電気事業に係る電気の供給の業務若しくは鉄道事業に係る列車の運行の業務の用に供する無線設備を損壊し、又はこれに物品を接触し、その他その無線設備の機能に障害を与えて無線通信を妨害した者は、五年以下の懲役又は二百五十万円以下の罰金に処する。

2　前項の未遂罪は、罰する。

第百九条

【制定】

電波法（昭和二十五年五月二日法律第百三十一号）

第百九条　無線局の取扱中に係る無線通信の秘密を漏らし、又は窃用した者は、一年以下の懲役又は五万円以下の罰金に処する。

2　無線通信の業務に従事する者がその業務に関し知り得た前項の秘密を漏らし、又は窃用したときは、二年以下の懲役又は十万円以下の罰金に処する。

【二十五次改正】

電波法の一部を改正する法律（昭和五十六年五月二十三日法律第四十九号）

第百九条第一項中「五万円」を「二十万円」に改め、同条第二項中「十万円」を「三十万円」に改め、同条の次に次の一条を加える。

第百九条　無線局の取扱中に係る無線通信の秘密を漏らし、又は窃用した者は、一年以下の懲役又は二十万円以下の罰金に処する。

2　無線通信の業務に従事する者がその業務に関し知り得た前項の秘密を漏らし、

又は窃用したときは、二年以下の懲役又は三十万円以下の罰金に処する。

【四十六次改正】
電波法の一部を改正する法律（平成五年六月十六日法律第七十一号）
第百九条第一項中「二十万円」を「五十万円」に改め、同条第二項中「三十万円」を「百万円」に改める。

第百九条　無線局の取扱中に係る無線通信の秘密を漏らし、又は窃用した者は、一年以下の懲役又は五十万円以下の罰金に処する。
2　無線通信の業務に従事する者がその業務に関し知り得た前項の秘密を漏らし、又は窃用したときは、二年以下の懲役又は百万円以下の罰金に処する。

第百九条の二

【二十五次改正】
電波法の一部を改正する法律（昭和五十六年五月二十三日法律第四十九号）
第百九条第一項中「五万円」を「二十万円」に改め、同条第二項中「十万円」を「三十万円」に改め、同条の次に次の一条を加える。
（追加された第百九条の二の規定は、後掲の条文の通り。）

第百九条の二　第三十八条の七第一項（第四十七条の二において準用する場合を含む。）の規定に違反して、その職務に関して知り得た秘密を漏らした者は、一年以下の懲役又は二十万円以下の罰金に処する。

【三十五次改正】
許可、認可等民間活動に係る規制の整理及び合理化に関する法律（昭和六十年十二月二十四日法律第百二号）第二十一条
第百九条の二中「第四十七条の二」の下に「及び第七十三条の二第五項」を加える。

第百九条の二　第三十八条の七第一項（第四十七条の二及び第七十三条の二第五項において準用する場合を含む。）の規定に違反して、その職務に関して知り得た秘密を漏らした者は、一年以下の懲役又は二十万円以下の罰金に処する。

【三十七次改正】
電波法の一部を改正する法律（昭和六十二年六月二日法律第五十五号）
第百九条の二中「及び第七十三条の二第五項」を「、第七十三条の二第五項及び第百二条の十三第六項」に改める。

第百九条の二　第三十八条の七第一項（第四十七条の二、第七十三条の二第五項及び第百二条の十三第六項において準用する場合を含む。）の規定に違反して、その職務に関して知り得た秘密を漏らした者は、一年以下の懲役又は二十万円以下の罰金に処する。

【四十六次改正】
電波法の一部を改正する法律（平成五年六月十六日法律第七十一号）
第百九条の二中「第百二条の十三第六項」を「第百二条の十七第六項」に、「二十万円」を「五十万円」に改める。

第百九条の二　第三十八条の七第一項（第四十七条の二、第七十三条の二第五項及び第百二条の十七第六項において準用する場合を含む。）の規定に違反して、その職務に関して知り得た秘密を漏らした者は、一年以下の懲役又は五十万円以下の罰金に処する。

【五十四次改正】

電波法の一部を改正する法律（平成九年五月九日法律第四十七号）

第百九条の二中「、第七十三条の二第五項」を削る。

第百九条の二　第三十八条の七第一項（第四十七条の二及び第百二条の十七第六項において準用する場合を含む。）の規定に違反して、その職務に関して知り得た秘密を漏らした者は、一年以下の懲役又は五十万円以下の罰金に処する。

【六十八次改正】

電波法の一部を改正する法律（平成十三年六月十五日法律第四十八号）

第百九条の二中「第四十七条の二及び第百二条の十七第六項」を「第四十七条の四、第七十一条の三第十一項及び第百二条の十七第五項」に改める。

第百九条の二　第三十八条の七第一項（第四十七条の四、第七十一条の三第十一項及び第百二条の十七第五項において準用する場合を含む。）の規定に違反して、その職務に関して知り得た秘密を漏らした者は、一年以下の懲役又は五十万円以下の罰金に処する。

【七十三次改正】

電波法の一部を改正する法律（平成十五年六月六日法律第六十八号）

第百九条の二中「第三十八条の七第一項（第四十七条の四、」を「第四十七条の三第一項（」に改める。

第百九条の二　第四十七条の三第一項（第七十一条の三第十一項及び第百二条の十七第五項において準用する場合を含む。）の規定に違反して、その職務に関して知り得た秘密を漏らした者は、一年以下の懲役又は五十万円以下の罰金に処する。

【七十六次改正】

電波法及び有線電気通信法の一部を改正する法律（平成十六年五月十九日法律第四十七号）第一条

第百九条の二中「第七十一条の三第十一項」の下に「、第七十一条の三の二第十一項」を加え、同条を第百九条の三とし、第百九条の次に次の一条を加える。
（追加された第百九条の二（第五項を除く。）の規定は、後掲の条文の通り。）

第百九条の二　暗号通信を傍受した者又は暗号通信を媒介する者であつて当該暗号通信を受信したものが、当該暗号通信の秘密を漏らし、又は窃用する目的で、その内容を復元したときは、一年以下の懲役又は五十万円以下の罰金に処する。

2　無線通信の業務に従事する者が、前項の罪を犯したとき（その業務に関し暗号通信を傍受し、又は受信した場合に限る。）は、二年以下の懲役又は百万円以下の罰金に処する。

3　前二項において「暗号通信」とは、通信の当事者（当該通信を媒介する者であつて、その内容を復元する権限を有するものを含む。）以外の者がその内容を復元できないようにするための措置が行われた無線通信をいう。

4　第一項及び第二項の未遂罪は、罰する。

[注釈]追加された第百九条の二のうち、第五項は、一部改正法附則第一条第四号の規定に基づき、サイバー犯罪に関する条約が日本国について効力を生ずる日から施行するとされ、平成二十四年十一月一日に同条約が発効したことに伴い、同日から施行された。ついては、同条第五項の追加は、九十四改正として扱った。

【九十四次改正】

電波法及び有線電気通信法の一部を改正する法律（平成十六年五月十九日法律第四十七号）第一条

第百九条の二中「第七十一条の三第十一項」の下に「、第七十一条の三の二第十一項」を加え、同条を第百九条の三とし、第百九条の次に次の一条を加える。（追加された第百九条の二（第五項に限る。）の規定は、後掲の条文の通り。）

第百九条の二　暗号通信を傍受した者又は暗号通信を媒介する者であつて当該暗号通信を受信したものが、当該暗号通信の秘密を漏らし、又は窃用する目的で、その内容を復元したときは、一年以下の懲役又は五十万円以下の罰金に処する。

2　無線通信の業務に従事する者が、前項の罪を犯したとき（その業務に関し暗号通信を傍受し、又は受信した場合に限る。）は、二年以下の懲役又は百万円以下の罰金に処する。

3　前二項において「暗号通信」とは、通信の当事者（当該通信を媒介する者であつて、その内容を復元する権限を有するものを含む。）以外の者がその内容を復元できないようにするための措置が行われた無線通信をいう。

4　第一項及び第二項の未遂罪は、罰する。

5　第一項、第二項及び前項の罪は、刑法第四条の二の例に従う。

第百九条の三

【七十六次改正】

電波法及び有線電気通信法の一部を改正する法律（平成十六年五月十九日法律第四十七号）第一条

第百九条の二中「第七十一条の三第十一項」の下に「、第七十一条の三の二第十一項」を加え、同条を第百九条の三とし、第百九条の次に次の一条を加える。

第百九条の三　第四十七条の三第一項（第七十一条の三第十一項、第七十一条の三の二第十一項及び第百二条の十七第五項において準用する場合を含む。）の規定に違反して、その職務に関して知り得た秘密を漏らした者は、一年以下の懲役又は五十万円以下の罰金に処する。

[注釈]第百九条の二が第百九条の三に繰り下げられた。ついては、改正前の第百九条の二の従前の改正経緯は、同条の項を参照されたい。

第百十条

【制定】

電波法（昭和二十五年五月二日法律第百三十一号）

第百十条　左の各号の一に該当する者は、一年以下の懲役又は五万円以下の罰金に処する。
一　第四条第一項の規定による免許がないのに、無線局を運用した者
二　第百条第一項の規定による許可がないのに、同条同項の設備を運用した者
三　第五十二条、第五十三条又は第五十五条の規定に違反して無線局を運用した者
四　第十八条の規定に違反して無線設備を運用した者
五　第七十二条第一項又は第七十六条第一項（以上の各規定を第百条第三項において準用する場合を含む。）の規定によつて電波の発射又は運用を停止された無線局又は第百条第一項の設備を運用した者
六　第七十四条第一項の規定による処分に違反した者

【三次改正】

郵政省設置法の一部改正に伴う関係法令の整理に関する法律（昭和二十七年七月三十一日法律第二百八十号）第二条

> 第百十条に次の一号を加える。
> （追加された第七号の規定は、後掲の条文の通り。）

第百十条　左の各号の一に該当する者は、一年以下の懲役又は五万円以下の罰金に処する。
一　第四条第一項の規定による免許がないのに、無線局を運用した者
二　第百条第一項の規定による許可がないのに、同条同項の設備を運用した者
三　第五十二条、第五十三条又は第五十五条の規定に違反して無線局を運用した者
四　第十八条の規定に違反して無線設備を運用した者
五　第七十二条第一項又は第七十六条第一項（以上の各規定を第百条第三項において準用する場合を含む。）の規定によつて電波の発射又は運用を停止された無線局又は第百条第一項の設備を運用した者
六　第七十四条第一項の規定による処分に違反した者
七　第九十九条の九の規定に違反した者

【十一次改正】

電波法の一部を改正する法律（昭和三十九年七月四日法律第百四十九号）

> 第百十条に次の二号を加える。
> （追加された第八号及び第九号の規定は、後掲の条文の通り。）

第百十条　左の各号の一に該当する者は、一年以下の懲役又は五万円以下の罰金に処する。
一　第四条第一項の規定による免許がないのに、無線局を運用した者
二　第百条第一項の規定による許可がないのに、同条同項の設備を運用した者
三　第五十二条、第五十三条又は第五十五条の規定に違反して無線局を運用した者
四　第十八条の規定に違反して無線設備を運用した者
五　第七十二条第一項又は第七十六条第一項（以上の各規定を第百条第三項において準用する場合を含む。）の規定によつて電波の発射又は運用を停止された無線局又は第百条第一項の設備を運用した者
六　第七十四条第一項の規定による処分に違反した者
七　第九十九条の九の規定に違反した者
八　第百二条の六の規定に違反して、障害原因部分に係る工事を自ら行ない又はその請負人に行なわせた者

九　第百二条の八第一項の規定に基づく命令に違反して、高層部分に係る工事を停止せず若しくはその請負人に停止させない者又は当該工事を自ら行ない若しくはその請負人に行なわせた者

【十七次改正】

許可、認可等の整理に関する法律（昭和四十七年七月一日法律第百十一号）第十三条

> 第百十条第五号中「第百条第三項」を「第百条第五項」に改める。

第百十条　左の各号の一に該当する者は、一年以下の懲役又は五万円以下の罰金に処する。

一　第四条第一項の規定による免許がないのに、無線局を運用した者

二　第百条第一項の規定による許可がないのに、同条同項の設備を運用した者

三　第五十二条、第五十三条又は第五十五条の規定に違反して無線局を運用した者

四　第十八条の規定に違反して無線設備を運用した者

五　第七十二条第一項又は第七十六条第一項（以上の各規定を第百条第五項において準用する場合を含む。）の規定によつて電波の発射又は運用を停止された無線局又は第百条第一項の設備を運用した者

六　第七十四条第一項の規定による処分に違反した者

七　第九十九条の九の規定に違反した者

八　第百二条の六の規定に違反して、障害原因部分に係る工事を自ら行ない又はその請負人に行なわせた者

九　第百二条の八第一項の規定に基づく命令に違反して、高層部分に係る工事を停止せず若しくはその請負人に停止させない者又は当該工事を自ら行ない若しくはその請負人に行なわせた者

【二十五次改正】

電波法の一部を改正する法律（昭和五十六年五月二十三日法律第四十九号）

> 第百十条中「左の」を「次の」に、「五万円」を「二十万円」に改め、同条第一号中「無線局を」の下に「開設し、又は」を加え、同条第八号中「行ない又は」を「行い、又は」に、「行なわせた」を「行わせた」に改め、同条第九号中「若しくは」を「、若しくは」に、「行ない」を「行い」に、「行なわせた」を「行わせた」に改め、同条の次に次の一条を加える。

第百十条　次の各号の一に該当する者は、一年以下の懲役又は二十万円以下の罰金に処する。

一　第四条第一項の規定による免許がないのに、無線局を開設し、又は運用した者

二　第百条第一項の規定による許可がないのに、同条同項の設備を運用した者

三　第五十二条、第五十三条又は第五十五条の規定に違反して無線局を運用した者

四　第十八条の規定に違反して無線設備を運用した者

五　第七十二条第一項又は第七十六条第一項（以上の各規定を第百条第五項において準用する場合を含む。）の規定によつて電波の発射又は運用を停止された無線局又は第百条第一項の設備を運用した者

六　第七十四条第一項の規定による処分に違反した者

七　第九十九条の九の規定に違反した者

八　第百二条の六の規定に違反して、障害原因部分に係る工事を自ら行い、又はその請負人に行わせた者

九　第百二条の八第一項の規定に基づく命令に違反して、高層部分に係る工事を停止せず、若しくはその請負人に停止させない者又は当該工事を自ら行い、若しくはその請負人に行わせた者

【　三十二次改正　】

日本電信電話株式会社法及び電気通信事業法の施行に伴う関係法律の整備等に関する法律（昭和五十九年十二月二十五日法律第八十七号）第四十七項

第百十条第一号中「第四条第一項」を「第四条」に改める。

第百十条　次の各号の一に該当する者は、一年以下の懲役又は二十万円以下の罰金に処する。

一　第四条の規定による免許がないのに、無線局を開設し、又は運用した者

二　第百条第一項の規定による許可がないのに、同条同項の設備を運用した者

三　第五十二条、第五十三条又は第五十五条の規定に違反して無線局を運用した者

四　第十八条の規定に違反して無線設備を運用した者

五　第七十二条第一項又は第七十六条第一項（以上の各規定を第百条第五項において準用する場合を含む。）の規定によつて電波の発射又は運用を停止された無線局又は第百条第一項の設備を運用した者

六　第七十四条第一項の規定による処分に違反した者

七　第九十九条の九の規定に違反した者

八　第百二条の六の規定に違反して、障害原因部分に係る工事を自ら行い、又はその請負人に行わせた者

九　第百二条の八第一項の規定に基づく命令に違反して、高層部分に係る工事を停止せず、若しくはその請負人に停止させない者又は当該工事を自ら行い、若しくはその請負人に行わせた者

【　三十七次改正　】

電波法の一部を改正する法律（昭和六十二年六月二日法律第五十五号）

第百十条第三号中「第五十三条」の下に「、第五十四条第一号」を加える。

第百十条　次の各号の一に該当する者は、一年以下の懲役又は二十万円以下の罰金に処する。

一　第四条の規定による免許がないのに、無線局を開設し、又は運用した者

二　第百条第一項の規定による許可がないのに、同条同項の設備を運用した者

三　第五十二条、第五十三条、第五十四条第一号又は第五十五条の規定に違反して無線局を運用した者

四　第十八条の規定に違反して無線設備を運用した者

五　第七十二条第一項又は第七十六条第一項（以上の各規定を第百条第五項において準用する場合を含む。）の規定によつて電波の発射又は運用を停止された無線局又は第百条第一項の設備を運用した者

六　第七十四条第一項の規定による処分に違反した者

七　第九十九条の九の規定に違反した者

八　第百二条の六の規定に違反して、障害原因部分に係る工事を自ら行い、又はその請負人に行わせた者

九　第百二条の八第一項の規定に基づく命令に違反して、高層部分に係る工事を停止せず、若しくはその請負人に停止させない者又は当該工事を自ら行い、若しくはその請負人に行わせた者

【　四十六次改正　】

電波法の一部を改正する法律（平成五年六月十六日法律第七十一号）

第百十条中「二十万円」を「五十万円」に改める。

第百十条　次の各号の一に該当する者は、一年以下の懲役又は五十万円以下の罰金に処する。

一　第四条の規定による免許がないのに、無線局を開設し、又は運用した者

二　第百条第一項の規定による許可がないのに、同条同項の設備を運用した者

三　第五十二条、第五十三条、第五十四条第一号又は第五十五条の規定に違反して無線局を運用した者

四　第十八条の規定に違反して無線設備を運用した者

五　第七十二条第一項又は第七十六条第一項（以上の各規定を第百条第五項において準用する場合を含む。）の規定によつて電波の発射又は運用を停止された無線局又は第百条第一項の設備を運用した者

六　第七十四条第一項の規定による処分に違反した者

七　第九十九条の九の規定に違反した者

八　第百二条の六の規定に違反して、障害原因部分に係る工事を自ら行い、又はその請負人に行わせた者

九　第百二条の八第一項の規定に基づく命令に違反して、高層部分に係る工事を停止せず、若しくはその請負人に停止させない者又は当該工事を自ら行い、若しくはその請負人に行わせた者

【　五十二次改正　】

電波法の一部を改正する法律（平成九年五月九日法律第四十七号）

第百十条中第九号を第十号とし、第五号から第八号までを一号ずつ繰り下げ、同条第四号中「第十八条」を「第十八条第一項」に改め、同号を同条第五号とし、同条第三号を同条第四号とし、同条第二号を同条第三号とし、同条第一号の次に次の一号を加える。

（追加された第二号の規定は、後掲の条文の通り。）

第百十条　次の各号の一に該当する者は、一年以下の懲役又は五十万円以下の罰金に処する。

一　第四条の規定による免許がないのに、無線局を開設し、又は運用した者

二　第二十七条の七の規定に違反して特定無線局を開設した者

三　第百条第一項の規定による許可がないのに、同条同項の設備を運用した者

四　第五十二条、第五十三条、第五十四条第一号又は第五十五条の規定に違反して無線局を運用した者

五　第十八条の規定に違反して無線設備を運用した者

六　第七十二条第一項又は第七十六条第一項（以上の各規定を第百条第五項において準用する場合を含む。）の規定によつて電波の発射又は運用を停止された無線局又は第百条第一項の設備を運用した者

七　第七十四条第一項の規定による処分に違反した者

八　第九十九条の九の規定に違反した者

九　第百二条の六の規定に違反して、障害原因部分に係る工事を自ら行い、又はその請負人に行わせた者

十　第百二条の八第一項の規定に基づく命令に違反して、高層部分に係る工事を停止せず、若しくはその請負人に停止させない者又は当該工事を自ら行い、若しくはその請負人に行わせた者

［注釈］改正規定中、第四号中「第十八条」を「第十八条第一項」に改める部分（傍線部分）は、五十二次改正でなく、五十四次改正において施行された。

【五十四次改正】

電波法の一部を改正する法律（平成九年五月九日法律第四十七号）

> 第百十条中第九号を第十号とし、第五号から第八号までを一号ずつ繰り下げ、同条第四号中「第十八条」を「第十八条第一項」に改め、同号を同条第五号とし、同条第三号を同条第四号とし、同条第二号を同条第三号とし、同条第一号の次に次の一号を加える。

第百十条　次の各号の一に該当する者は、一年以下の懲役又は五十万円以下の罰金に処する。

一　第四条の規定による免許がないのに、無線局を開設し、又は運用した者

二　第二十七条の七の規定に違反して特定無線局を開設した者

三　第百条第一項の規定による許可がないのに、同条同項の設備を運用した者

四　第五十二条、第五十三条、第五十四条第一号又は第五十五条の規定に違反して無線局を運用した者

五　第十八条第一項の規定に違反して無線設備を運用した者

六　第七十二条第一項又は第七十六条第一項（以上の各規定を第百条第五項において準用する場合を含む。）の規定によって電波の発射又は運用を停止された無線局又は第百条第一項の設備を運用した者

七　第七十四条第一項の規定による処分に違反した者

八　第九十九条の九の規定に違反した者

九　第百二条の六の規定に違反して、障害原因部分に係る工事を自ら行い、又はその請負人に行わせた者

十　第百二条の八第一項の規定に基づく命令に違反して、高層部分に係る工事を停止せず、若しくはその請負人に停止させない者又は当該工事を自ら行い、若しくはその請負人に行わせた者

［注釈］五十四次改正においては、改正規定中の第四号中「第十八条」を「第十八条第一項」に改める部分（傍線部分）が施行された。その他の部分は、五十二次改正で施行済である。

【七十三次改正】

電波法の一部を改正する法律（平成十五年六月六日法律第六十八号）

> 第百十条中「一に」を「いずれかに」に、「五十万円」を「百万円」に改め、第八号及び第九号を次のように改める。
> （改正後の第八号及び第九号の規定は、後掲の条文の通り。）
> 第百十条第十号を削る。

第百十条　次の各号のいずれかに該当する者は、一年以下の懲役又は百万円以下の罰金に処する。

一　第四条の規定による免許がないのに、無線局を開設し、又は運用した者

二　第二十七条の七の規定に違反して特定無線局を開設した者

三　第百条第一項の規定による許可がないのに、同条同項の設備を運用した者

四　第五十二条、第五十三条、第五十四条第一号又は第五十五条の規定に違反して無線局を運用した者

五　第十八条第一項の規定に違反して無線設備を運用した者

六　第七十二条第一項又は第七十六条第一項（以上の各規定を第百条第五項において準用する場合を含む。）の規定によつて電波の発射又は運用を停止された

無線局又は第百条第一項の設備を運用した者

七　第七十四条第一項の規定による処分に違反した者

八　第三十八条の二十二第一項（第三十八条の二十九及び第三十八条の三十八において準用する場合を含む。）の規定による命令に違反した者

九　第三十八条の二十八第一項（第一号に係る部分に限る。）、第三十八条の三十六第一項（第一号に係る部分に限る。）又は第三十八条の三十七第一項の規定による禁止に違反した者

［注釈］第十号は、削られた。

【八十次改正】

電波法及び有線電気通信法の一部を改正する法律（平成十六年五月十九日法律第四十七号）第二条

> 第百十条第一号中「免許」の下に「又は第二十七条の十八第一項の規定による登録」を加える。

第百十条　次の各号のいずれかに該当する者は、一年以下の懲役又は百万円以下の罰金に処する。

一　第四条の規定による免許又は第二十七条の十八第一項の規定による登録がないのに、無線局を開設し、又は運用した者

二　第二十七条の七の規定に違反して特定無線局を開設した者

三　第百条第一項の規定による許可がないのに、同条同項の設備を運用した者

四　第五十二条、第五十三条、第五十四条第一号又は第五十五条の規定に違反して無線局を運用した者

五　第十八条第一項の規定に違反して無線設備を運用した者

六　第七十二条第一項又は第七十六条第一項（以上の各規定を第百条第五項において準用する場合を含む。）の規定によつて電波の発射又は運用を停止された無線局又は第百条第一項の設備を運用した者

七　第七十四条第一項の規定による処分に違反した者

八　第三十八条の二十二第一項（第三十八条の二十九及び第三十八条の三十八において準用する場合を含む。）の規定による命令に違反した者

九　第三十八条の二十八第一項（第一号に係る部分に限る。）、第三十八条の三十六第一項（第一号に係る部分に限る。）又は第三十八条の三十七第一項の規定による禁止に違反した者

【八十四次改正】

放送法等の一部を改正する法律（平成十九年十二月二十八日法律第百三十六号）第二条

> 第百十条第一号中「、又は運用し」を削り、同条第九号を同条第十号とし、同条第八号を同条第九号とし、同条第七号を同条第八号とし、同条第六号中「第七十二条第一項」の下に「（第百条第五項において準用する場合を含む。）」を加え、「以上の各規定を」を「第七十条の七第四項、第七十条の八第三項及び」に改め、同号を同条第七号とし、同条第五号を同条第六号とし、同条第二号から第四号までを一号ずつ繰り下げ、同条第一号の次に次の一号を加える。
> （追加された第二号の規定は、後掲の条文の通り。）

第百十条　次の各号のいずれかに該当する者は、一年以下の懲役又は百万円以下の罰金に処する。

一　第四条の規定による免許又は第二十七条の十八第一項の規定による登録がないのに、無線局を開設した者

二　第四条の規定による免許又は第二十七条の十八第一項の規定による登録がないのに、かつ、第七十条の七第一項の規定又は第七十条の八第一項の規定によらないで、無線局を運用した者
三　第二十七条の七の規定に違反して特定無線局を開設した者
四　第百条第一項の規定による許可がないのに、同条同項の設備を運用した者
五　第五十二条、第五十三条、第五十四条第一号又は第五十五条の規定に違反して無線局を運用した者
六　第十八条第一項の規定に違反して無線設備を運用した者
七　第七十二条第一項（第百条第五項において準用する場合を含む。）又は第七十六条第一項（第七十条の七第四項、第七十条の八第三項及び第百条第五項において準用する場合を含む。）の規定によつて電波の発射又は運用を停止された無線局又は第百条第一項の設備を運用した者
八　第七十四条第一項の規定による処分に違反した者
九　第三十八条の二十二第一項（第三十八条の二十九及び第三十八条の三十八において準用する場合を含む。）の規定による命令に違反した者
十　第三十八条の二十八第一項（第一号に係る部分に限る。）、第三十八条の三十六第一項（第一号に係る部分に限る。）又は第三十八条の三十七第一項の規定による禁止に違反した者

【八十五次改正】

電波法の一部を改正する法律（平成二十年五月三十日法律第五十号）

第百十条第二号中「の規定又は第七十条の八第一項」を「、第七十条の八第一項又は第七十条の九第一項」に改め、同条第七号中「第七十条の八第三項」の下に「、第七十条の九第三項」を加える。

第百十条　次の各号のいずれかに該当する者は、一年以下の懲役又は百万円以下の罰金に処する。
一　第四条の規定による免許又は第二十七条の十八第一項の規定による登録がないのに、無線局を開設した者
二　第四条の規定による免許又は第二十七条の十八第一項の規定による登録がないのに、かつ、第七十条の七第一項、第七十条の八第一項又は第七十条の九第一項の規定によらないで、無線局を運用した者
三　第二十七条の七の規定に違反して特定無線局を開設した者
四　第百条第一項の規定による許可がないのに、同条同項の設備を運用した者
五　第五十二条、第五十三条、第五十四条第一号又は第五十五条の規定に違反して無線局を運用した者
六　第十八条第一項の規定に違反して無線設備を運用した者
七　第七十二条第一項（第百条第五項において準用する場合を含む。）又は第七十六条第一項（第七十条の七第四項、第七十条の八第三項、第七十条の九第三項及び第百条第五項において準用する場合を含む。）の規定によつて電波の発射又は運用を停止された無線局又は第百条第一項の設備を運用した者
八　第七十四条第一項の規定による処分に違反した者
九　第三十八条の二十二第一項（第三十八条の二十九及び第三十八条の三十八において準用する場合を含む。）の規定による命令に違反した者
十　第三十八条の二十八第一項（第一号に係る部分に限る。）、第三十八条の三十六第一項（第一号に係る部分に限る。）又は第三十八条の三十七第一項の規定による禁止に違反した者

【八十九次改正】

放送法等の一部を改正する法律（平成二十二年十二月三日法律第六十五号）第三条

第百十条中第十号を第十二号とし、第九号を第十一号とし、第八号を第九号とし、同号の次に次の一号を加える。
（追加された第十号の規定は、後掲の条文の通り。）
第百十条中第七号を第八号とし、第六号の次に次の一号を加える。
（追加された第七号の規定は、後掲の条文の通り。）

第百十条　次の各号のいずれかに該当する者は、一年以下の懲役又は百万円以下の罰金に処する。

一　第四条の規定による免許又は第二十七条の十八第一項の規定による登録がないのに、無線局を開設した者
二　第四条の規定による免許又は第二十七条の十八第一項の規定による登録がないのに、かつ、第七十条の七第一項、第七十条の八第一項又は第七十条の九第一項の規定によらないで、無線局を運用した者
三　第二十七条の七の規定に違反して特定無線局を開設した者
四　第百条第一項の規定による許可がないのに、同条同項の設備を運用した者
五　第五十二条、第五十三条、第五十四条第一号又は第五十五条の規定に違反して無線局を運用した者
六　第十八条第一項の規定に違反して無線設備を運用した者
七　第七十一条の五（第百条第五項において準用する場合を含む。）の規定による命令に違反した者
八　第七十二条第一項（第百条第五項において準用する場合を含む。）又は第七十六条第一項（第七十条の七第四項、第七十条の八第三項、第七十条の九第三項及び第百条第五項において準用する場合を含む。）の規定によつて電波の発射又は運用を停止された無線局又は第百条第一項の設備を運用した者
九　第七十四条第一項の規定による処分に違反した者
十　第七十六条第二項の規定による禁止に違反して無線局を開設した者
十一　第三十八条の二十二第一項（第三十八条の二十九及び第三十八条の三十八において準用する場合を含む。）の規定による命令に違反した者
十二　第三十八条の二十八第一項（第一号に係る部分に限る。）、第三十八条の三十六第一項（第一号に係る部分に限る。）又は第三十八条の三十七第一項の規定による禁止に違反した者

【百三次改正】

電気通信事業法等の一部を改正する法律（平成二十七年五月二十二日法律第二十六号）第二条

第百十条第一号及び第二号中「第四条」を「第四条第一項」に改める。

第百十条　次の各号のいずれかに該当する者は、一年以下の懲役又は百万円以下の罰金に処する。

一　第四条第一項の規定による免許又は第二十七条の十八第一項の規定による登録がないのに、無線局を開設した者
二　第四条第一項の規定による免許又は第二十七条の十八第一項の規定による登録がないのに、かつ、第七十条の七第一項、第七十条の八第一項又は第七十条の九第一項の規定によらないで、無線局を運用した者
三　第二十七条の七の規定に違反して特定無線局を開設した者
四　第百条第一項の規定による許可がないのに、同条同項の設備を運用した者
五　第五十二条、第五十三条、第五十四条第一号又は第五十五条の規定に違反して無線局を運用した者
六　第十八条第一項の規定に違反して無線設備を運用した者
七　第七十一条の五（第百条第五項において準用する場合を含む。）の規定によ

る命令に違反した者

八　第七十二条第一項（第百条第五項において準用する場合を含む。）又は第七十六条第一項（第七十条の七第四項、第七十条の八第三項、第七十条の九第三項及び第百条第五項において準用する場合を含む。）の規定によつて電波の発射又は運用を停止された無線局又は第百条第一項の設備を運用した者

九　第七十四条第一項の規定による処分に違反した者

十　第七十六条第二項の規定による禁止に違反して無線局を開設した者

十一　第三十八条の二十二第一項（第三十八条の二十九及び第三十八条の三十八において準用する場合を含む。）の規定による命令に違反した者

十二　第三十八条の二十八第一項（第一号に係る部分に限る。）、第三十八条の三十六第一項（第一号に係る部分に限る。）又は第三十八条の三十七第一項の規定による禁止に違反した者

第百十条の二

【二十五次改正】

電波法の一部を改正する法律（昭和五十六年五月二十三日法律第四十九号）

第百十条中「左の」を「次の」に、「五万円」を「二十万円」に改め、同条第一号中「無線局を」の下に「開設し、又は」を加え、同条第八号中「行ない又は」を「行い、又は」に、「行なわせた」を「行わせた」に改め、同条第九号中「若しくは」を「、若しくは」に、「行ない」を「行い」に、「行なわせた」を「行わせた」に改め、同条の次に次の一条を加える。

（追加された第百十条の二の規定は、後掲の条文の通り。）

第百十条の二　第三十八条の十四第二項（第四十七条の二において準用する場合を含む。）の規定による業務の停止の命令に違反したときは、その違反行為をした指定証明機関又は指定試験機関の役員又は職員は、一年以下の懲役又は二十万円以下の罰金に処する。

【三十五次改正】

許可、認可等民間活動に係る規制の整理及び合理化に関する法律（昭和六十年十二月二十四日法律第百二号）第二十一条

第百十条の二中「第四十七条の二」の下に「及び第七十三条の二第五項」を加え、「又は指定試験機関」を「、指定試験機関又は指定検査機関」に改める。

第百十条の二　第三十八条の十四第二項（第四十七条の二及び第七十三条の二第五項において準用する場合を含む。）の規定による業務の停止の命令に違反したときは、その違反行為をした指定証明機関、指定試験機関又は指定検査機関の役員又は職員は、一年以下の懲役又は二十万円以下の罰金に処する。

【三十七次改正】

電波法の一部を改正する法律（昭和六十二年六月二日法律第五十五号）

第百十条の二中「及び第七十三条の二第五項」を「、第七十三条の二第五項及び第百二条の十三第六項」に、「又は指定検査機関」を「、指定検査機関又はセンター」に改める。

第百十条の二　第三十八条の十四第二項（第四十七条の二、第七十三条の二第五項及び第百二条の十三第六項において準用する場合を含む。）の規定による業務の

停止の命令に違反したときは、その違反行為をした指定証明機関、指定試験機関、指定検査機関又はセンターの役員又は職員は、一年以下の懲役又は二十万円以下の罰金に処する。

【四十一次改正】

電波法の一部を改正する法律（平成元年十一月七日法律第六十七号）

> 第百十条の二中「第四十七条の二」を「第三十九条の二第五項、第四十七条の二」に改め、「指定証明機関」の下に「、指定講習機関」を加える。

第百十条の二　第三十八条の十四第二項（第三十九条の二第五項、第四十七条の二、第七十三条の二第五項及び第百二条の十三第六項において準用する場合を含む。）の規定による業務の停止の命令に違反したときは、その違反行為をした指定証明機関、指定講習機関、指定試験機関、指定検査機関又はセンターの役員又は職員は、一年以下の懲役又は二十万円以下の罰金に処する。

【四十六次改正】

電波法の一部を改正する法律（平成五年六月十六日法律第七十一号）

> 第百十条の二中「第百二条の十三第六項」を「第百二条の十七第六項」に、「二十万円」を「五十万円」に改める。

第百十条の二　第三十八条の十四第二項（第三十九条の二第五項、第四十七条の二、第七十三条の二第五項及び第百二条の十七第六項において準用する場合を含む。）の規定による業務の停止の命令に違反したときは、その違反行為をした指定証明機関、指定講習機関、指定試験機関、指定検査機関又はセンターの役員又は職員は、一年以下の懲役又は五十万円以下の罰金に処する。

【五十二次改正】

電波法の一部を改正する法律（平成九年五月九日法律第四十七号）

> 第百十条の二中「第七十三条の二第五項及び第百二条の十七第六項」を「第百二条の十七第六項及び第百二条の十八第五項」に、「指定検査機関又はセンター」を「センター又は指定較正機関」に改める。

第百十条の二　第三十八条の十四第二項（第三十九条の二第五項、第四十七条の二、第百二条の十七第六項及び第百二条の十八第五項において準用する場合を含む。）の規定による業務の停止の命令に違反したときは、その違反行為をした指定証明機関、指定講習機関、指定試験機関、センター又は指定較正機関の役員又は職員は、一年以下の懲役又は五十万円以下の罰金に処する。

［注釈］本件一部改正法の施行の日（五十二次改正の施行の日）から平成十年三月三十一日（五十四次改正の施行期日の前日）までの間は、同法附則第一条第三項に基づき、第百十条の二は、左記の通り読み替えられる（傍線部分）。

第百十条の二　第三十八条の十四第二項（第三十九条の二第五項、第四十七条の二、第七十三条の二第五項、第百二条の十七第六項及び第百二条の十八第五項において準用する場合を含む。）の規定による業務の停止の命令に違反したときは、その違反行為をした指定証明機関、指定講習機関、指定試験機関、指定検査機関、センター又は指定較正機関の役員又は職員は、一年以下の懲役又は五十万円以下の罰金に処する。

【六十八次改正】

電波法の一部を改正する法律（平成十三年六月十五日法律第四十八号）

第百十条の二中「第三十九条の二第五項、第四十七条の二、第百二条の十七第六項及び第百二条の十八第五項」を「第三十九条の二第六項、第四十七条の四、第七十一条の三第十一項、第百二条の十七第五項及び第百二条の十八第八項」に改め、「指定試験機関」の下に「、指定周波数変更対策機関」を加える。

第百十条の二　第三十八条の十四第二項（第三十九条の二第六項、第四十七条の四、第七十一条の三第十一項、第百二条の十七第五項及び第百二条の十八第八項において準用する場合を含む。）の規定による業務の停止の命令に違反したときは、その違反行為をした指定証明機関、指定講習機関、指定試験機関、指定周波数変更対策機関、センター又は指定較正機関の役員又は職員は、一年以下の懲役又は五十万円以下の罰金に処する。

【　七十三次改正　】

電波法の一部を改正する法律（平成十五年六月六日法律第六十八号）

第百十条の二中「第三十八条の十四第二項（第三十九条の二第六項、第四十七条の四」を「第三十八条の十一第二項（第四十七条の五」に、「第百二条の十八第八項」を「第百二条の十八第十三項」に改め、「指定証明機関、」を削り、同条を第百十条の三とし、第百十条の次に次の一条を加える。

（追加された第百十条の二の規定は、後掲の条文の通り。）

第百十条の二　次の各号のいずれかに該当する者は、一年以下の懲役又は五十万円以下の罰金に処する。

一　第三十八条の十七第二項（第三十八条の二十四第三項において準用する場合を含む。）の規定による命令に違反した者

二　第百二条の六の規定に違反して、障害原因部分に係る工事を自ら行い、又はその請負人に行わせた者

三　第百二条の八第一項の規定に基づく命令に違反して、高層部分に係る工事を停止せず、若しくはその請負人に停止させない者又は当該工事を自ら行い、若しくはその請負人に行わせた者

［注釈］この改正において、第百十条の二が第百十条の三に繰り下げられた後に、前掲の新たな条文が第百十条の二として置かれた。

【　七十六次改正　】

電波法及び有線電気通信法の一部を改正する法律（平成十六年五月十九日法律第四十七号）第一条

第百十条の二第一号中「第三十八条の二十四第三項」の下に「及び第七十一条の三の二第十一項」を加える。

第百十条の二　次の各号のいずれかに該当する者は、一年以下の懲役又は五十万円以下の罰金に処する。

一　第三十八条の十七第二項（第三十八条の二十四第三項及び第七十一条の三の二第十一項において準用する場合を含む。）の規定による命令に違反した者

二　第百二条の六の規定に違反して、障害原因部分に係る工事を自ら行い、又はその請負人に行わせた者

三　第百二条の八第一項の規定に基づく命令に違反して、高層部分に係る工事を停止せず、若しくはその請負人に停止させない者又は当該工事を自ら行い、若しくはその請負人に行わせた者

【　九十一次改正　】

放送法等の一部を改正する法律（平成二十二年十二月三日法律第六十五号）第四条

> 第百十条の二第一号中「第三十八条の十七第二項」を「第二十四条の十又は第三十八条の十七第二項」に改める。

第百十条の二　次の各号のいずれかに該当する者は、一年以下の懲役又は五十万円以下の罰金に処する。

一　第二十四条の十又は第三十八条の十七第二項（第三十八条の二十四第三項及び第七十一条の三の二第十一項において準用する場合を含む。）の規定による命令に違反した者

二　第百二条の六の規定に違反して、障害原因部分に係る工事を自ら行い、又はその請負人に行わせた者

三　第百二条の八第一項の規定に基づく命令に違反して、高層部分に係る工事を停止せず、若しくはその請負人に停止させない者又は当該工事を自ら行い、若しくはその請負人に行わせた者

第百十条の三

【七十三次改正】

電波法の一部を改正する法律（平成十五年六月六日法律第六十八号）

> 第百十条の二中「第三十八条の十四第二項（第三十九条の二第六項、第四十七条の四」を「第三十九条の十一第二項（第四十七条の五」に、「第百二条の十八第八項」を「第百二条の十八第十三項」に改め、「指定証明機関、」を削り、同条を第百十条の三とし、第百十条の次に次の一条を加える。

第百十条の三　第三十九条の十一第二項（第四十七条の五、第七十一条の三第十一項、第百二条の十七第五項及び第百二条の十八第十三項において準用する場合を含む。）の規定による業務の停止の命令に違反したときは、その違反行為をした指定講習機関、指定試験機関、指定周波数変更対策機関、センター又は指定較正機関の役員又は職員は、一年以下の懲役又は五十万円以下の罰金に処する。

［注釈］この改正において、第百十条の二が第百十条の三に繰り下げられた。ついては、改正前の第百十条の二の従前の改正経緯は、同条の項を参照されたい。

第百十条の四

【七十三次改正】

電波法の一部を改正する法律（平成十五年六月六日法律第六十八号）

> 第百十条の三の次に次の一条を加える。
> （追加された第百十条の四の規定は、後掲の条文の通り。）

第百十条の四　第九十九条の九の規定に違反した者は、一年以下の懲役又は五十万円以下の罰金に処する。

第百十一条

【制定】

電波法（昭和二十五年五月二日法律第百三十一号）

第百十一条　第七十三条第一項若しくは第二項（第百条第三項において準用する場合を含む。）又は第八十二条第二項の規定による検査を拒み、妨げ、又は忌避した者は、六月以下の懲役又は三万円以下の罰金に処する。

【十七次改正】

許可、認可等の整理に関する法律（昭和四十七年七月一日法律第百十一号）第十三条

第百十一条中「若しくは第二項（第百条第三項において準用する場合を含む。）」を「、第三項（第百条第五項において準用する場合を含む。）若しくは第四項」に改める。

第百十一条　第七十三条第一項、第三項（第百条第五項において準用する場合を含む。）若しくは第四項又は第八十二条第二項の規定による検査を拒み、妨げ、又は忌避した者は、六月以下の懲役又は三万円以下の罰金に処する。

【二十五次改正】

電波法の一部を改正する法律（昭和五十六年五月二十三日法律第四十九号）

第百十一条中「三万円」を「十万円」に改める。

第百十一条　第七十三条第一項、第三項（第百条第五項において準用する場合を含む。）若しくは第四項又は第八十二条第二項の規定による検査を拒み、妨げ、又は忌避した者は、六月以下の懲役又は十万円以下の罰金に処する。

【四十六次改正】

電波法の一部を改正する法律（平成五年六月十六日法律第七十一号）

第百十一条中「十万円」を「三十万円」に改める。

第百十一条　第七十三条第一項、第三項（第百条第五項において準用する場合を含む。）若しくは第四項又は第八十二条第二項の規定による検査を拒み、妨げ、又は忌避した者は、六月以下の懲役又は三十万円以下の罰金に処する。

【五十四次改正】

電波法の一部を改正する法律（平成九年五月九日法律第四十七号）

第百十一条中「第三項」を「第四項」に、「第四項」を「第五項」に改める。

第百十一条　第七十三条第一項、第四項（第百条第五項において準用する場合を含む。）若しくは第五項又は第八十二条第二項の規定による検査を拒み、妨げ、又は忌避した者は、六月以下の懲役又は三十万円以下の罰金に処する。

【九十一次改正】

放送法等の一部を改正する法律（平成二十二年十二月三日法律第六十五号）第四条

第百十一条中「第七十三条第一項、第四項（第百条第五項において準用する場合を含む。）若しくは第五項又は第八十二条第二項の規定による検査を拒み、妨げ、又は忌避した」を「次の各号のいずれかに該当する」に改め、同条に次の各号を加える。

（追加された各号の規定は、後掲の条文の通り。）

第百十一条　次の各号のいずれかに該当する者は、六月以下の懲役又は三十万円以下の罰金に処する。

一　第七十三条第一項、第五項（第百条第五項において準用する場合を含む。）若しくは第六項又は第八十二条第二項の規定による検査を拒み、妨げ、又は忌避した者

二　第七十三条第三項に規定する証明書に虚偽の記載をした者

【百四次改正】

電波法及び電気通信事業法等の一部を改正する法律（平成二十九年五月十二日法律第二十七号）第一条

> 第百十一条中第二号を第三号とし、第一号を第二号とし、同号の前に次の一号を加える。
> （追加された第一号の規定は、後掲の条文の通り。）

第百十一条　次の各号のいずれかに該当する者は、六月以下の懲役又は三十万円以下の罰金に処する。

一　第七十条の五の二第六項の規定による報告をせず、又は虚偽の報告をした者

二　第七十三条第一項、第五項（第百条第五項において準用する場合を含む。）若しくは第六項又は第八十二条第二項の規定による検査を拒み、妨げ、又は忌避した者

三　第七十三条第三項に規定する証明書に虚偽の記載をした者

［注釈］この改正は、本書収録の基準日である平成二十九年六月十八日において未施行である。

第百十二条

【制定】

電波法（昭和二十五年五月二日法律第百三十一号）

第百十二条　左の各号の一に該当する者は、五万円以下の罰金に処する。

一　第六十二条第一項の規定に違反した者

二　第七十六条第一項（第百条第三項において準用する場合を含む。）の規定による運用の制限に違反した者

【一次改正】

電波法の一部を改正する法律（昭和二十七年七月三十一日法律第二百四十九号）

> 第百十二条中第二号を第三号とし、第一号の次に次の一号を加える。
> （追加された第二号の規定は、後掲の条文の通り。）

第百十二条　左の各号の一に該当する者は、五万円以下の罰金に処する。

一　第六十二条第一項の規定に違反した者

二　第七十条の二第一項の規定に違反した者

三　第七十六条第一項（第百条第三項において準用する場合を含む。）の規定による運用の制限に違反した者

【十一次改正】

電波法の一部を改正する法律（昭和三十九年七月四日法律第百四十九号）

第百十二条に次の一号を加える。
（追加された第四号の規定は、後掲の条文の通り。）

第百十二条　左の各号の一に該当する者は、五万円以下の罰金に処する。
一　第六十二条第一項の規定に違反した者
二　第七十条の二第一項の規定に違反した者
三　第七十六条第一項（第百条第三項において準用する場合を含む。）の規定による運用の制限に違反した者
四　第百二条の四第一項の規定に基づく命令に違反して、届出をせず又は虚偽の届出をした者

【十七次改正】

許可、認可等の整理に関する法律（昭和四十七年七月一日法律第百十一号）第十三条

第百十二条第三号中「第百条第三項」を「第百条第五項」に改める。

第百十二条　左の各号の一に該当する者は、五万円以下の罰金に処する。
一　第六十二条第一項の規定に違反した者
二　第七十条の二第一項の規定に違反した者
三　第七十六条第一項（第百条第五項において準用する場合を含む。）の規定による運用の制限に違反した者
四　第百二条の四第一項の規定に基づく命令に違反して、届出をせず又は虚偽の届出をした者

【二十五次改正】

電波法の一部を改正する法律（昭和五十六年五月二十三日法律第四十九号）

第百十二条中「左の」を「次の」に、「五万円」を「二十万円」に改め、同条第四号中「又は」を「、又は」に改め、同号を同条第五号とし、同条第一号から第三号までを一号ずつ繰り下げ、同条に第一号として次の一号を加える。
（追加された第一号の規定は、後掲の条文の通り。）

第百十二条　次の各号の一に該当する者は、二十万円以下の罰金に処する。
一　第三十八条の二第六項の規定に違反した者
二　第六十二条第一項の規定に違反した者
三　第七十条の二第一項の規定に違反した者
四　第七十六条第一項（第百条第五項において準用する場合を含む。）の規定による運用の制限に違反した者
五　第百二条の四第一項の規定に基づく命令に違反して、届出をせず、又は虚偽の届出をした者

【三十七次改正】

電波法の一部を改正する法律（昭和六十二年六月二日法律第五十五号）

第百十二条中第五号を第六号とし、第一号から第四号までを一号ずつ繰り下げ、同条に第一号として次の一号を加える。
（追加された第一号の規定は、後掲の条文の通り。）

第百十二条　次の各号の一に該当する者は、二十万円以下の罰金に処する。
一　第四条の二第三項の規定に違反した者
二　第三十八条の二第六項の規定に違反した者
三　第六十二条第一項の規定に違反した者

四　第七十条の二第一項の規定に違反した者
五　第七十六条第一項（第百条第五項において準用する場合を含む。）の規定による運用の制限に違反した者
六　第百二条の四第一項の規定に基づく命令に違反して、届出をせず、又は虚偽の届出をした者

【四十六次改正】

電波法の一部を改正する法律（平成五年六月十六日法律第七十一号）

第百十二条中「二十万円」を「五十万円」に改め、同条第二号中「第三十八条の二第六項」の下に「又は第七項」を加える。

第百十二条　次の各号の一に該当する者は、五十万円以下の罰金に処する。
一　第四条の二第三項の規定に違反した者
二　第三十八条の二第六項又は第七項の規定に違反した者
三　第六十二条第一項の規定に違反した者
四　第七十条の二第一項の規定に違反した者
五　第七十六条第一項（第百条第五項において準用する場合を含む。）の規定による運用の制限に違反した者
六　第百二条の四第一項の規定に基づく命令に違反して、届出をせず、又は虚偽の届出をした者

【五十二次改正】

電波法の一部を改正する法律（平成九年五月九日法律第四十七号）

第百十二条に次の一号を加える。
（追加された第七号の規定は、後掲の条文の通り。）

第百十二条　次の各号の一に該当する者は、五十万円以下の罰金に処する。
一　第四条の二第三項の規定に違反した者
二　第三十八条の二第六項又は第七項の規定に違反した者
三　第六十二条第一項の規定に違反した者
四　第七十条の二第一項の規定に違反した者
五　第七十六条第一項（第百条第五項において準用する場合を含む。）の規定による運用の制限に違反した者
六　第百二条の四第一項の規定に基づく命令に違反して、届出をせず、又は虚偽の届出をした者
七　第百二条の十八第四項の規定に違反した者

【五十五次改正】

電気通信分野における規制の合理化のための関係法律の整備等に関する法律（平成十年五月八日法律第五十八号）第三条

第百十二条第一号を削り、同条第二号中「第三十八条の二第六項又は第七項」を「第三十八条の二第七項又は第八項」に改め、同号を同条第一号とし、同条第三号から第七号までを一号ずつ繰り上げる。

第百十二条　次の各号の一に該当する者は、五十万円以下の罰金に処する。
一　第三十八条の二第七項又は第八項の規定に違反した者
二　第六十二条第一項の規定に違反した者
三　第七十条の二第一項の規定に違反した者
四　第七十六条第一項（第百条第五項において準用する場合を含む。）の規定による運用の制限に違反した者

五　第百二条の四第一項の規定に基づく命令に違反して、届出をせず、又は虚偽の届出をした者
六　第百二条の十八第四項の規定に違反した者

［注釈］この改正の施行期日について、第一号を削り、第二号から第七号までを一号ずつ繰り上げる改正規定は、平成十年十一月一日で、「第三十八条の二第六項又は第七項」を「第三十八条の二第七項又は第八項」に改める改正規定は、平成十一年三月六日である。よって、同日に、改正後の第一号（改正前の第二号）の規定の文言を改めることになる。

【七十三次改正】

電波法の一部を改正する法律（平成十五年六月六日法律第六十八号）

第百十二条中「一に」を「いずれかに」に改め、同条第一号中「第三十八条の二第七項又は第八項」を「第三十八条の七第二項又は第三項」に改める。

第百十二条　次の各号のいずれかに該当する者は、五十万円以下の罰金に処する。
一　第三十八条の七第二項又は第三項の規定に違反した者
二　第六十二条第一項の規定に違反した者
三　第七十条の二第一項の規定に違反した者
四　第七十六条第一項（第百条第五項において準用する場合を含む。）の規定による運用の制限に違反した者
五　第百二条の四第一項の規定に基づく命令に違反して、届出をせず、又は虚偽の届出をした者
六　第百二条の十八第四項の規定に違反した者

【八十四次改正】

放送法等の一部を改正する法律（平成十九年十二月二十八日法律第百三十六号）第二条

第百十二条第四号中「第百条第五項」を「第七十条の七第四項、第七十条の八第三項及び第百条第五項」に改める。

第百十二条　次の各号のいずれかに該当する者は、五十万円以下の罰金に処する。
一　第三十八条の七第二項又は第三項の規定に違反した者
二　第六十二条第一項の規定に違反した者
三　第七十条の二第一項の規定に違反した者
四　第七十六条第一項（第七十条の七第四項、第七十条の八第三項及び第百条第五項において準用する場合を含む。）の規定による運用の制限に違反した者
五　第百二条の四第一項の規定に基づく命令に違反して、届出をせず、又は虚偽の届出をした者
六　第百二条の十八第四項の規定に違反した者

【八十五次改正】

電波法の一部を改正する法律（平成二十年五月三十日法律第五十号）

第百十二条第四号中「第七十条の八第三項」の下に「、第七十条の九第三項」を加える。

第百十二条　次の各号のいずれかに該当する者は、五十万円以下の罰金に処する。
一　第三十八条の七第二項又は第三項の規定に違反した者
二　第六十二条第一項の規定に違反した者
三　第七十条の二第一項の規定に違反した者

四　第七十六条第一項（第七十条の七第四項、第七十条の八第三項、第七十条の九第三項及び第百条第五項において準用する場合を含む。）の規定による運用の制限に違反した者

五　第百二条の四第一項の規定に基づく命令に違反して、届出をせず、又は虚偽の届出をした者

六　第百二条の十八第四項の規定に違反した者

【九十七次改正】

電波法の一部を改正する法律（平成二十六年四月二十三日法律第二十六号）

第百十二条第一号中「第三十八条の七第二項又は第三項」を「第三十八条の七第三項又は第四項」に改め、同条中第六号を第七号とし、第二号から第五号までを一号ずつ繰り下げ、第一号の次に次の一号を加える。

（追加された第二号の規定は、後掲の条文の通り。）

第百十二条　次の各号のいずれかに該当する者は、五十万円以下の罰金に処する。

一　第三十八条の七第三項又は第四項の規定に違反した者

二　第三十八条の四十四第二項の規定に違反した者

三　第六十二条第一項の規定に違反した者

四　第七十条の二第一項の規定に違反した者

五　第七十六条第一項（第七十条の七第四項、第七十条の八第三項、第七十条の九第三項及び第百条第五項において準用する場合を含む。）の規定による運用の制限に違反した者

六　第百二条の四第一項の規定に基づく命令に違反して、届出をせず、又は虚偽の届出をした者

七　第百二条の十八第四項の規定に違反した者

［注釈］第一号の改正は平成二十六年九月一日から、それ以外の部分は平成二十七年四月一日から施行された。

第百十三条

【制定】

電波法（昭和二十五年五月二日法律第百三十一号）

第百十三条　左の各号の一に該当する者は、三万円以下の罰金に処する。

一　第三十九条の規定に違反した者

二　第六十四条第一項の規定に違反した者

三　第七十八条の規定に違反した者

四　第七十九条第一項の規定により業務に従事することを停止されたのに、無線設備の操作を行つた者

五　第八十二条第一項（第百一条において準用する場合を含む。）の規定による命令に違反した者

【一次改正】

電波法の一部を改正する法律（昭和二十七年七月三十一日法律第二百四十九号）

第百十三条第二号中「第六十四条第一項」の下に「（第七十条の六において準用する場合を含む。）」を加える。

第百十三条　左の各号の一に該当する者は、三万円以下の罰金に処する。

一　第三十九条の規定に違反した者

二　第六十四条第一項（第七十条の六において準用する場合を含む。）の規定に違反した者

三　第七十八条の規定に違反した者

四　第七十九条第一項の規定により業務に従事することを停止されたのに、無線設備の操作を行つた者

五　第八十二条第一項（第百一条において準用する場合を含む。）の規定による命令に違反した者

【十一次改正】

電波法の一部を改正する法律（昭和三十九年七月四日法律第百四十九号）

第百十三条に次の二号を加える。
（追加された第六号及び第七号の規定は、後掲の条文の通り。）

第百十三条　左の各号の一に該当する者は、三万円以下の罰金に処する。

一　第三十九条の規定に違反した者

二　第六十四条第一項（第七十条の六において準用する場合を含む。）の規定に違反した者

三　第七十八条の規定に違反した者

四　第七十九条第一項の規定により業務に従事することを停止されたのに、無線設備の操作を行つた者

五　第八十二条第一項（第百一条において準用する場合を含む。）の規定による命令に違反した者

六　第百二条の三第一項又は第二項（同条第六項及び第百二条の四第二項において準用する場合を含む。）の規定に違反して、届出をせず又は虚偽の届出をした者

七　第百二条の九の規定により報告を徴された場合において、報告をせず又は虚偽の報告をした者

【二十五次改正】

電波法の一部を改正する法律（昭和五十六年五月二十三日法律第四十九号）

第百十三条中「左の」を「次の」に、「三万円」を「十万円」に改め、同条第六号及び第七号中「又は虚偽」を「、又は虚偽」に改め、同条の次に次の一条を加える。

第百十三条　次の各号の一に該当する者は、十万円以下の罰金に処する。

一　第三十九条の規定に違反した者

二　第六十四条第一項（第七十条の六において準用する場合を含む。）の規定に違反した者

三　第七十八条の規定に違反した者

四　第七十九条第一項の規定により業務に従事することを停止されたのに、無線設備の操作を行つた者

五　第八十二条第一項（第百一条において準用する場合を含む。）の規定による命令に違反した者

六　第百二条の三第一項又は第二項（同条第六項及び第百二条の四第二項において準用する場合を含む。）の規定に違反して、届出をせず、又は虚偽の届出をした者

七　第百二条の九の規定により報告を徴された場合において、報告をせず、又は虚偽の報告をした者

【二十八次改正】

電波法の一部を改正する法律（昭和五十七年六月一日法律第五十九号）

第百十三条中第七号を第八号とし、第六号を第七号とし、第五号を第六号とし、同条第四号中「第七十九条第一項」の下に「（同条第二項において準用する場合を含む。）」を加え、同号の次に次の一号を加える。

（追加された第五号の規定は、後掲の条文の通り。）

第百十三条　次の各号の一に該当する者は、十万円以下の罰金に処する。

一　第三十九条の規定に違反した者

二　第六十四条第一項（第七十条の六において準用する場合を含む。）の規定に違反した者

三　第七十八条の規定に違反した者

四　第七十九条第一項（同条第二項において準用する場合を含む。）の規定により業務に従事することを停止されたのに、無線設備の操作を行つた者

五　第七十九条の二第一項の規定により船舶局無線従事者証明の効力を停止されたのに、第三十九条本文の郵政省令で定める船舶局の無線設備の操作を行つた者

六　第八十二条第一項（第百一条において準用する場合を含む。）の規定による命令に違反した者

七　第百二条の三第一項又は第二項（同条第六項及び第百二条の四第二項において準用する場合を含む。）の規定に違反して、届出をせず、又は虚偽の届出をした者

八　第百二条の九の規定により報告を徴された場合において、報告をせず、又は虚偽の報告をした者

【三十七次改正】

電波法の一部を改正する法律（昭和六十二年六月二日法律第五十五号）

第百十三条に次の一号を加える。

（追加された第九号の規定は、後掲の条文の通り。）

第百十三条　次の各号の一に該当する者は、十万円以下の罰金に処する。

一　第三十九条の規定に違反した者

二　第六十四条第一項（第七十条の六において準用する場合を含む。）の規定に違反した者

三　第七十八条の規定に違反した者

四　第七十九条第一項（同条第二項において準用する場合を含む。）の規定により業務に従事することを停止されたのに、無線設備の操作を行つた者

五　第七十九条の二第一項の規定により船舶局無線従事者証明の効力を停止されたのに、第三十九条本文の郵政省令で定める船舶局の無線設備の操作を行つた者

六　第八十二条第一項（第百一条において準用する場合を含む。）の規定による命令に違反した者

七　第百二条の三第一項又は第二項（同条第六項及び第百二条の四第二項において準用する場合を含む。）の規定に違反して、届出をせず、又は虚偽の届出をした者

八　第百二条の九の規定により報告を徴された場合において、報告をせず、又は虚偽の報告をした者

九　第百二条の十二の規定により報告を徴された場合において、報告をせず、又は虚偽の報告をした者

【四十一次改正】

電波法の一部を改正する法律（平成元年十一月七日法律第六十七号）

第百十三条第一号中「第三十九条」を「第三十九条第一項若しくは第二項又は第三十九条の三」に改め、同条中第九号を第十号とし、第六号から第八号までを一号ずつ繰り下げ、同条第五号中「第三十九条本文」を「第三十九条第一項本文」に改め、同号を同条第六号とし、同条第二号から第四号までを一号ずつ繰り下げ、同条第一号の次に次の一号を加える。
（追加された第二号の規定は後掲の条文の通り。）

第百十三条　次の各号の一に該当する者は、十万円以下の罰金に処する。
一　第三十九条第一項若しくは第二項又は第三十九条の三の規定に違反した者
二　第三十九条第四項の規定に違反して、届出をせず、又は虚偽の届出をした者
三　第六十四条第一項（第七十条の六において準用する場合を含む。）の規定に違反した者
四　第七十八条の規定に違反した者
五　第七十九条第一項（同条第二項において準用する場合を含む。）の規定により業務に従事することを停止されたのに、無線設備の操作を行つた者
六　第七十九条の二第一項の規定により船舶局無線従事者証明の効力を停止されたのに、第三十九条第一項本文の郵政省令で定める船舶局の無線設備の操作を行つた者
七　第八十二条第一項（第百一条において準用する場合を含む。）の規定による命令に違反した者
八　第百二条の三第一項又は第二項（同条第六項及び第百二条の四第二項において準用する場合を含む。）の規定に違反して、届出をせず、又は虚偽の届出をした者
九　第百二条の九の規定により報告を徴された場合において、報告をせず、又は虚偽の報告をした者
十　第百二条の十二の規定により報告を徴された場合において、報告をせず、又は虚偽の報告をした者

【四十六次改正】

電波法の一部を改正する法律（平成五年六月十六日法律第七十一号）

第百十三条中「十万円」を「三十万円」に改め、同条に次の二号を加える。
（追加された第十一号及び第十二号の規定は、後掲の条文の通り。）

第百十三条　次の各号の一に該当する者は、三十万円以下の罰金に処する。
一　第三十九条第一項若しくは第二項又は第三十九条の三の規定に違反した者
二　第三十九条第四項の規定に違反して、届出をせず、又は虚偽の届出をした者
三　第六十四条第一項（第七十条の六において準用する場合を含む。）の規定に違反した者
四　第七十八条の規定に違反した者
五　第七十九条第一項（同条第二項において準用する場合を含む。）の規定により業務に従事することを停止されたのに、無線設備の操作を行つた者
六　第七十九条の二第一項の規定により船舶局無線従事者証明の効力を停止されたのに、第三十九条第一項本文の郵政省令で定める船舶局の無線設備の操作を行つた者
七　第八十二条第一項（第百一条において準用する場合を含む。）の規定による命令に違反した者
八　第百二条の三第一項又は第二項（同条第六項及び第百二条の四第二項におい

て準用する場合を含む。）の規定に違反して、届出をせず、又は虚偽の届出をした者

九　第百二条の九の規定により報告を徴された場合において、報告をせず、又は虚偽の報告をした者

十　第百二条の十二の規定により報告を徴された場合において、報告をせず、又は虚偽の報告をした者

十一　第百二条の十五第一項の規定による指示に違反した者

十二　第百二条の十六第一項の規定による報告をせず、若しくは虚偽の報告をし、又は同項の規定による検査を拒み、妨げ、若しくは忌避した者

【五十四次改正】

電波法の一部を改正する法律（平成九年五月九日法律第四十七号）

第百十三条中第十二号を第十三号とし、第一号から第十一号までを一号ずつ繰り下げ、同条に第一号として次の一号を加える。
（追加された第一号の規定は、後掲の条文の通り。）

第百十三条　次の各号の一に該当する者は、三十万円以下の罰金に処する。

一　第二十四条の八第一項の規定による報告をせず、若しくは虚偽の報告をし、又は同項の規定による検査を拒み、妨げ、若しくは忌避した者

二　第三十九条第一項若しくは第二項又は第三十九条の三の規定に違反した者

三　第三十九条第四項の規定に違反して、届出をせず、又は虚偽の届出をした者

四　第六十四条第一項（第七十条の六において準用する場合を含む。）の規定に違反した者

五　第七十八条の規定に違反した者

六　第七十九条第一項（同条第二項において準用する場合を含む。）の規定により業務に従事することを停止されたのに、無線設備の操作を行つた者

七　第七十九条の二第一項の規定により船舶局無線従事者証明の効力を停止されたのに、第三十九条第一項本文の郵政省令で定める船舶局の無線設備の操作を行つた者

八　第八十二条第一項（第百一条において準用する場合を含む。）の規定による命令に違反した者

九　第百二条の三第一項又は第二項（同条第六項及び第百二条の四第二項において準用する場合を含む。）の規定に違反して、届出をせず、又は虚偽の届出をした者

十　第百二条の九の規定により報告を徴された場合において、報告をせず、又は虚偽の報告をした者

十一　第百二条の十二の規定により報告を徴された場合において、報告をせず、又は虚偽の報告をした者

十二　第百二条の十五第一項の規定による指示に違反した者

十三　第百二条の十六第一項の規定による報告をせず、若しくは虚偽の報告をし、又は同項の規定による検査を拒み、妨げ、若しくは忌避した者

【五十五次改正】

電気通信分野における規制の合理化のための関係法律の整備等に関する法律（平成十年五月八日法律第五十八号）第三条

第百十三条中第十三号を第十四号とし、第二号から第十二号までを一号ずつ繰り下げ、第一号の次に次の一号を加える。
（追加された第二号の規定は、後掲の条文の通り。）

第百十三条　次の各号の一に該当する者は、三十万円以下の罰金に処する。

一　第二十四条の八第一項の規定による報告をせず、若しくは虚偽の報告をし、又は同項の規定による検査を拒み、妨げ、若しくは忌避した者

二　第三十八条の十六第六項の規定による報告をせず、若しくは虚偽の報告をし、又は同項の規定による検査を拒み、妨げ、若しくは忌避した者

三　第三十九条第一項若しくは第二項又は第三十九条の三の規定に違反した者

四　第三十九条第四項の規定に違反して、届出をせず、又は虚偽の届出をした者

五　第六十四条第一項（第七十条の六において準用する場合を含む。）の規定に違反した者

六　第七十八条の規定に違反した者

七　第七十九条第一項（同条第二項において準用する場合を含む。）の規定により業務に従事することを停止されたのに、無線設備の操作を行つた者

八　第七十九条の二第一項の規定により船舶局無線従事者証明の効力を停止されたのに、第三十九条第一項本文の郵政省令で定める船舶局の無線設備の操作を行つた者

九　第八十二条第一項（第百一条において準用する場合を含む。）の規定による命令に違反した者

十　第百二条の三第一項又は第二項（同条第六項及び第百二条の四第二項において準用する場合を含む。）の規定に違反して、届出をせず、又は虚偽の届出をした者

十一　第百二条の九の規定により報告を徴された場合において、報告をせず、又は虚偽の報告をした者

十二　第百二条の十二の規定により報告を徴された場合において、報告をせず、又は虚偽の報告をした者

十三　第百二条の十五第一項の規定による指示に違反した者

十四　第百二条の十六第一項の規定による報告をせず、若しくは虚偽の報告をし、又は同項の規定による検査を拒み、妨げ、若しくは忌避した者

【五十七次改正】

電波法の一部を改正する法律（平成十一年五月二十一日法律第四十七号）

第百十三条中第五号を削り、第六号を第五号とし、第七号から第十四号までを一号ずつ繰り上げる。

第百十三条　次の各号の一に該当する者は、三十万円以下の罰金に処する。

一　第二十四条の八第一項の規定による報告をせず、若しくは虚偽の報告をし、又は同項の規定による検査を拒み、妨げ、若しくは忌避した者

二　第三十八条の十六第六項の規定による報告をせず、若しくは虚偽の報告をし、又は同項の規定による検査を拒み、妨げ、若しくは忌避した者

三　第三十九条第一項若しくは第二項又は第三十九条の三の規定に違反した者

四　第三十九条第四項の規定に違反して、届出をせず、又は虚偽の届出をした者

五　第七十八条の規定に違反した者

六　第七十九条第一項（同条第二項において準用する場合を含む。）の規定により業務に従事することを停止されたのに、無線設備の操作を行つた者

七　第七十九条の二第一項の規定により船舶局無線従事者証明の効力を停止されたのに、第三十九条第一項本文の郵政省令で定める船舶局の無線設備の操作を行つた者

八　第八十二条第一項（第百一条において準用する場合を含む。）の規定による命令に違反した者

九　第百二条の三第一項又は第二項（同条第六項及び第百二条の四第二項において準用する場合を含む。）の規定に違反して、届出をせず、又は虚偽の届出をした者

十　第百二条の九の規定により報告を徴された場合において、報告をせず、又は

虚偽の報告をした者
十一　第百二条の十二の規定により報告を徴された場合において、報告をせず、又は虚偽の報告をした者
十二　第百二条の十五第一項の規定による指示に違反した者
十三　第百二条の十六第一項の規定による報告をせず、若しくは虚偽の報告をし、又は同項の規定による検査を拒み、妨げ、若しくは忌避した者

【六十二次改正】

中央省庁等改革関係法施行法（平成十一年十二月二十二日法律第百六十号）第百九十三条

本則（第九十九条の十二第二項を除く。）中「郵政大臣」を「総務大臣」に、「郵政省令」を「総務省令」に、「通商産業大臣」を「経済産業大臣」に、「建設大臣」を「国土交通大臣」に、「地方電気通信監理局長」を「総合通信局長」に、「沖縄郵政管理事務所長」を「沖縄総合通信事務所長」に改める。

第百十三条　次の各号の一に該当する者は、三十万円以下の罰金に処する。
一　第二十四条の八第一項の規定による報告をせず、若しくは虚偽の報告をし、又は同項の規定による検査を拒み、妨げ、若しくは忌避した者
二　第三十八条の十六第六項の規定による報告をせず、若しくは虚偽の報告をし、又は同項の規定による検査を拒み、妨げ、若しくは忌避した者
三　第三十九条第一項若しくは第二項又は第三十九条の三の規定に違反した者
四　第三十九条第四項の規定に違反して、届出をせず、又は虚偽の届出をした者
五　第七十八条の規定に違反した者
六　第七十九条第一項（同条第二項において準用する場合を含む。）の規定により業務に従事することを停止されたのに、無線設備の操作を行つた者
七　第七十九条の二第一項の規定により船舶局無線従事者証明の効力を停止されたのに、第三十九条第一項本文の総務省令で定める船舶局の無線設備の操作を行つた者
八　第八十二条第一項（第百一条において準用する場合を含む。）の規定による命令に違反した者
九　第百二条の三第一項又は第二項（同条第六項及び第百二条の四第二項において準用する場合を含む。）の規定に違反して、届出をせず、又は虚偽の届出をした者
十　第百二条の九の規定により報告を徴された場合において、報告をせず、又は虚偽の報告をした者
十一　第百二条の十二の規定により報告を徴された場合において、報告をせず、又は虚偽の報告をした者
十二　第百二条の十五第一項の規定による指示に違反した者
十三　第百二条の十六第一項の規定による報告をせず、若しくは虚偽の報告をし、又は同項の規定による検査を拒み、妨げ、若しくは忌避した者

【六十八次改正】

電波法の一部を改正する法律（平成十三年六月十五日法律第四十八号）

第百十三条第十三号を同条第十四号とし、同条第十二号を同条第十三号とし、同条第十一号中「により報告を徴された場合において、」を「による」に改め、同号を同条第十二号とし、同条第十号中「により報告を徴された場合において、」を「による」に改め、同号を同条第十一号とし、同条第五号から第九号までを一号ずつ繰り下げ、同条第四号の次に次の一号を加える。
（追加された第五号の規定は、後掲の条文の通り。）

第百十三条　次の各号の一に該当する者は、三十万円以下の罰金に処する。

一　第二十四条の八第一項の規定による報告をせず、若しくは虚偽の報告をし、又は同項の規定による検査を拒み、妨げ、若しくは忌避した者

二　第三十八条の十六第六項の規定による報告をせず、若しくは虚偽の報告をし、又は同項の規定による検査を拒み、妨げ、若しくは忌避した者

三　第三十九条第一項若しくは第二項又は第三十九条の三の規定に違反した者

四　第三十九条第四項の規定に違反して、届出をせず、又は虚偽の届出をした者

五　第七十一条の三第六項の規定による報告をせず、又は虚偽の報告をした者

六　第七十八条の規定に違反した者

七　第七十九条第一項（同条第二項において準用する場合を含む。）の規定により業務に従事することを停止されたのに、無線設備の操作を行つた者

八　第七十九条の二第一項の規定により船舶局無線従事者証明の効力を停止されたのに、第三十九条第一項本文の総務省令で定める船舶局の無線設備の操作を行つた者

九　第八十二条第一項（第百一条において準用する場合を含む。）の規定による命令に違反した者

十　第百二条の三第一項又は第二項（同条第六項及び第百二条の四第二項において準用する場合を含む。）の規定に違反して、届出をせず、又は虚偽の届出をした者

十一　第百二条の九の規定による報告をせず、又は虚偽の報告をした者

十二　第百二条の十二の規定による報告をせず、又は虚偽の報告をした者

十三　第百二条の十五第一項の規定による指示に違反した者

十四　第百二条の十六第一項の規定による報告をせず、若しくは虚偽の報告をし、又は同項の規定による検査を拒み、妨げ、若しくは忌避した者

【　七十二次改正　】

電波法の一部を改正する法律（平成十四年五月十日法律第三十八号）

第百十三条中第十四号を第十五号とし、第二号から第十四号までを一号ずつ繰り下げ、第一号の次に次の一号を加える。
（追加された第二号の規定は、後掲の条文の通り、）

第百十三条　次の各号の一に該当する者は、三十万円以下の罰金に処する。

一　第二十四条の八第一項の規定による報告をせず、若しくは虚偽の報告をし、又は同項の規定による検査を拒み、妨げ、若しくは忌避した者

二　第二十六条の二第六項の規定による報告をせず、又は虚偽の報告をした者

三　第三十八条の十六第六項の規定による報告をせず、若しくは虚偽の報告をし、又は同項の規定による検査を拒み、妨げ、若しくは忌避した者

四　第三十九条第一項若しくは第二項又は第三十九条の三の規定に違反した者

五　第三十九条第四項の規定に違反して、届出をせず、又は虚偽の届出をした者

六　第七十一条の三第六項の規定による報告をせず、又は虚偽の報告をした者

七　第七十八条の規定に違反した者

八　第七十九条第一項（同条第二項において準用する場合を含む。）の規定により業務に従事することを停止されたのに、無線設備の操作を行つた者

九　第七十九条の二第一項の規定により船舶局無線従事者証明の効力を停止されたのに、第三十九条第一項本文の総務省令で定める船舶局の無線設備の操作を行つた者

十　第八十二条第一項（第百一条において準用する場合を含む。）の規定による命令に違反した者

十一　第百二条の三第一項又は第二項（同条第六項及び第百二条の四第二項において準用する場合を含む。）の規定に違反して、届出をせず、又は虚偽の届出

をした者

十二　第百二条の九の規定による報告をせず、又は虚偽の報告をした者

十三　第百二条の十二の規定による報告をせず、又は虚偽の報告をした者

十四　第百二条の十五第一項の規定による指示に違反した者

十五　第百二条の十六第一項の規定による報告をせず、若しくは虚偽の報告をし、又は同項の規定による検査を拒み、妨げ、若しくは忌避した者

【七十三次改正】

電波法の一部を改正する法律（平成十五年六月六日法律第六十八号）

> 第百十三条中「一に」を「いずれかに」に改め、第十五号を第二十二号とし、第五号から第十四号までを七号ずつ繰り下げ、同条第四号中「第三十九条の三」を「第三十九条の十三」に改め、同号を同条第十一号とし、同条第三号中「第三十八条の十六第六項」を「第三十八条の二十第一項（第三十八条の二十九及び第三十八条の三十八において準用する場合を含む。）」に改め、同号を同条第七号とし、同号の次に次の三号を加える。
>
> （追加された第八号から第十号までの規定は、後掲の条文の通り。）
>
> 第百十三条第二号の次に次の四号を加える。
>
> （追加された第三号から第六号までの規定は、後掲の条文の通り。）

第百十三条　次の各号のいずれかに該当する者は、三十万円以下の罰金に処する。

一　第二十四条の八第一項の規定による報告をせず、若しくは虚偽の報告をし、又は同項の規定による検査を拒み、妨げ、若しくは忌避した者

二　第二十六条の二第六項の規定による報告をせず、又は虚偽の報告をした者

三　第三十八条の六第二項（第三十八条の二十四第三項において準用する場合を含む。）の規定による報告をせず、又は虚偽の報告をした者

四　第三十八条の十二（第三十八条の二十四第三項において準用する場合を含む。）の規定に違反して帳簿を備え付けず、帳簿に記載せず、若しくは帳簿に虚偽の記載をし、又は帳簿を保存しなかつた者

五　第三十八条の十五第一項（第三十八条の二十四第三項において準用する場合を含む。以下この号において同じ。）の規定による報告をせず、若しくは虚偽の報告をし、又は第三十八条の十五第一項の規定による検査を拒み、妨げ、若しくは忌避した者

六　第三十八条の十六第一項（第三十八条の二十四第三項において準用する場合を含む。）の規定による届出をしないで業務を廃止し、又は虚偽の届出をした者

七　第三十八条の二十第一項（第三十八条の二十九及び第三十八条の三十八において準用する場合を含む。）の規定による報告をせず、若しくは虚偽の報告をし、又は同項の規定による検査を拒み、妨げ、若しくは忌避した者

八　第三十八条の二十一第一項（第三十八条の二十九及び第三十八条の三十八において準用する場合を含む。）の規定による命令に違反した者

九　第三十八条の三十三第三項の規定による届出をする場合において虚偽の届出をした者

十　第三十八条の三十三第四項の規定に違反して、記録を作成せず、若しくは虚偽の記録を作成し、又は記録を保存しなかつた者

十一　第三十九条第一項若しくは第二項又は第三十九条の十三の規定に違反した者

十二　第三十九条第四項の規定に違反して、届出をせず、又は虚偽の届出をした者

十三　第七十一条の三第六項の規定による報告をせず、又は虚偽の報告をした者

十四　第七十八条の規定に違反した者

十五　第七十九条第一項（同条第二項において準用する場合を含む。）の規定により業務に従事することを停止されたのに、無線設備の操作を行つた者

十六　第七十九条の二第一項の規定により船舶局無線従事者証明の効力を停止されたのに、第三十九条第一項本文の総務省令で定める船舶局の無線設備の操作を行つた者

十七　第八十二条第一項（第百一条において準用する場合を含む。）の規定による命令に違反した者

十八　第百二条の三第一項又は第二項（同条第六項及び第百二条の四第二項において準用する場合を含む。）の規定に違反して、届出をせず、又は虚偽の届出をした者

十九　第百二条の九の規定による報告をせず、又は虚偽の報告をした者

二十　第百二条の十二の規定による報告をせず、又は虚偽の報告をした者

二十一　第百二条の十五第一項の規定による指示に違反した者

二十二　第百二条の十六第一項の規定による報告をせず、若しくは虚偽の報告をし、又は同項の規定による検査を拒み、妨げ、若しくは忌避した者

【七十六次改正】

電波法及び有線電気通信法の一部を改正する法律（平成十六年五月十九日法律第四十七号）第一条

> 第百十三条第四号及び第五号中「第三十八条の二十四第三項」の下に「及び第七十一条の三の二第十一項」を加え、同条第十三号中「第七十一条の三第六項」の下に「（第七十一条の三の二第十一項において準用する場合を含む。）」を加える。

第百十三条　次の各号のいずれかに該当する者は、三十万円以下の罰金に処する。

一　第二十四条の八第一項の規定による報告をせず、若しくは虚偽の報告をし、又は同項の規定による検査を拒み、妨げ、若しくは忌避した者

二　第二十六条の二第六項の規定による報告をせず、又は虚偽の報告をした者

三　第三十八条の六第二項（第三十八条の二十四第三項において準用する場合を含む。）の規定による報告をせず、又は虚偽の報告をした者

四　第三十八条の十二（第三十八条の二十四第三項及び第七十一条の三の二第十一項において準用する場合を含む。）の規定に違反して帳簿を備え付けず、帳簿に記載せず、若しくは帳簿に虚偽の記載をし、又は帳簿を保存しなかつた者

五　第三十八条の十五第一項（第三十八条の二十四第三項において準用する場合を含む。以下この号において同じ。）の規定による報告をせず、若しくは虚偽の報告をし、又は第三十八条の十五第一項の規定による検査を拒み、妨げ、若しくは忌避した者

六　第三十八条の十六第一項（第三十八条の二十四第三項において準用する場合を含む。）の規定による届出をしないで業務を廃止し、又は虚偽の届出をした者

七　第三十八条の二十第一項（第三十八条の二十九及び第三十八条の三十八において準用する場合を含む。）の規定による報告をせず、若しくは虚偽の報告をし、又は同項の規定による検査を拒み、妨げ、若しくは忌避した者

八　第三十八条の二十一第一項（第三十八条の二十九及び第三十八条の三十八において準用する場合を含む。）の規定による命令に違反した者

九　第三十八条の三十三第三項の規定による届出をする場合において虚偽の届出をした者

十　第三十八条の三十三第四項の規定に違反して、記録を作成せず、若しくは虚偽の記録を作成し、又は記録を保存しなかつた者

十一　第三十九条第一項若しくは第二項又は第三十九条の十三の規定に違反し

た者

十二　第三十九条第四項の規定に違反して、届出をせず、又は虚偽の届出をした者

十三　第七十一条の三第六項（第七十一条の三の二第十一項において準用する場合を含む。）の規定による報告をせず、又は虚偽の報告をした者

十四　第七十八条の規定に違反した者

十五　第七十九条第一項（同条第二項において準用する場合を含む。）の規定により業務に従事することを停止されたのに、無線設備の操作を行つた者

十六　第七十九条の二第一項の規定により船舶局無線従事者証明の効力を停止されたのに、第三十九条第一項本文の総務省令で定める船舶局の無線設備の操作を行つた者

十七　第八十二条第一項（第百一条において準用する場合を含む。）の規定による命令に違反した者

十八　第百二条の三第一項又は第二項（同条第六項及び第百二条の四第二項において準用する場合を含む。）の規定に違反して、届出をせず、又は虚偽の届出をした者

十九　第百二条の九の規定による報告をせず、又は虚偽の報告をした者

二十　第百二条の十二の規定による報告をせず、又は虚偽の報告をした者

二十一　第百二条の十五第一項の規定による指示に違反した者

二十二　第百二条の十六第一項の規定による報告をせず、若しくは虚偽の報告をし、又は同項の規定による検査を拒み、妨げ、若しくは忌避した者

【　八十次改正　】

電波法及び有線電気通信法の一部を改正する法律（平成十六年五月十九日法律第四十七号）第二条

第百十三条中第二十二号を第二十六号とし、第三号から第二十一号までを四号ずつ繰り下げ、第二号の次に次の四号を加える。
（追加された第三号から第六号までの規定は、後掲の条文の通り。）

第百十三条　次の各号のいずれかに該当する者は、三十万円以下の罰金に処する。

一　第二十四条の八第一項の規定による報告をせず、若しくは虚偽の報告をし、又は同項の規定による検査を拒み、妨げ、若しくは忌避した者

二　第二十六条の二第六項の規定による報告をせず、又は虚偽の報告をした者

三　第二十七条の二十三第一項の規定に違反して、第二十七条の十八第二項第三号又は第四号に掲げる事項を変更した者

四　第二十七条の三十第一項の規定に違反して、第二十七条の二十九第二項第三号又は第四号に掲げる事項を変更した者

五　第二十七条の三十一の規定に違反して、届出をせず、又は虚偽の届出をした者

六　第二十七条の三十二の規定に違反して、届出をせず、又は虚偽の届出をした者

七　第三十八条の六第二項（第三十八条の二十四第三項において準用する場合を含む。）の規定による報告をせず、又は虚偽の報告をした者

八　第三十八条の十二（第三十八条の二十四第三項及び第七十一条の三の二第十一項において準用する場合を含む。）の規定に違反して帳簿を備え付けず、帳簿に記載せず、若しくは帳簿に虚偽の記載をし、又は帳簿を保存しなかつた者

九　第三十八条の十五第一項（第三十八条の二十四第三項において準用する場合を含む。以下この号において同じ。）の規定による報告をせず、若しくは虚偽の報告をし、又は第三十八条の十五第一項の規定による検査を拒み、妨げ、若しくは忌避した者

十　第三十八条の十六第一項（第三十八条の二十四第三項において準用する場合を含む。）の規定による届出をしないで業務を廃止し、又は虚偽の届出をした者

十一　第三十八条の二十第一項（第三十八条の二十九及び第三十八条の三十八において準用する場合を含む。）の規定による報告をせず、若しくは虚偽の報告をし、又は同項の規定による検査を拒み、妨げ、若しくは忌避した者

十二　第三十八条の二十一第一項（第三十八条の二十九及び第三十八条の三十八において準用する場合を含む。）の規定による命令に違反した者

十三　第三十八条の三十三第三項の規定による届出をする場合において虚偽の届出をした者

十四　第三十八条の三十三第四項の規定に違反して、記録を作成せず、若しくは虚偽の記録を作成し、又は記録を保存しなかつた者

十五　第三十九条第一項若しくは第二項又は第三十九条の十三の規定に違反した者

十六　第三十九条第四項の規定に違反して、届出をせず、又は虚偽の届出をした者

十七　第七十一条の三第六項（第七十一条の三の二第十一項において準用する場合を含む。）の規定による報告をせず、又は虚偽の報告をした者

十八　第七十八条の規定に違反した者

十九　第七十九条第一項（同条第二項において準用する場合を含む。）の規定により業務に従事することを停止されたのに、無線設備の操作を行つた者

二十　第七十九条の二第一項の規定により船舶局無線従事者証明の効力を停止されたのに、第三十九条第一項本文の総務省令で定める船舶局の無線設備の操作を行つた者

二十一　第八十二条第一項（第百一条において準用する場合を含む。）の規定による命令に違反した者

二十二　第百二条の三第一項又は第二項（同条第六項及び第百二条の四第二項において準用する場合を含む。）の規定に違反して、届出をせず、又は虚偽の届出をした者

二十三　第百二条の九の規定による報告をせず、又は虚偽の報告をした者

二十四　第百二条の十二の規定による報告をせず、又は虚偽の報告をした者

二十五　第百二条の十五第一項の規定による指示に違反した者

二十六　第百二条の十六第一項の規定による報告をせず、若しくは虚偽の報告をし、又は同項の規定による検査を拒み、妨げ、若しくは忌避した者

【八十四次改正】

放送法等の一部を改正する法律（平成十九年十二月二十八日法律第百三十六号）第二条

第百十三条第十六号中「第三十九条第四項」の下に「（第七十条の八第三項において準用する場合を含む。）」を加える。

第百十三条　次の各号のいずれかに該当する者は、三十万円以下の罰金に処する。

一　第二十四条の八第一項の規定による報告をせず、若しくは虚偽の報告をし、又は同項の規定による検査を拒み、妨げ、若しくは忌避した者

二　第二十六条の二第六項の規定による報告をせず、又は虚偽の報告をした者

三　第二十七条の二十三第一項の規定に違反して、第二十七条の十八第二項第三号又は第四号に掲げる事項を変更した者

四　第二十七条の三十第一項の規定に違反して、第二十七条の二十九第二項第三号又は第四号に掲げる事項を変更した者

五　第二十七条の三十一の規定に違反して、届出をせず、又は虚偽の届出をした

者

六　第二十七条の三十二の規定に違反して、届出をせず、又は虚偽の届出をした者

七　第三十八条の六第二項（第三十八条の二十四第三項において準用する場合を含む。）の規定による報告をせず、又は虚偽の報告をした者

八　第三十八条の十二（第三十八条の二十四第三項及び第七十一条の三の二第十一項において準用する場合を含む。）の規定に違反して帳簿を備え付けず、帳簿に記載せず、若しくは帳簿に虚偽の記載をし、又は帳簿を保存しなかつた者

九　第三十八条の十五第一項（第三十八条の二十四第三項において準用する場合を含む。以下この号において同じ。）の規定による報告をせず、若しくは虚偽の報告をし、又は第三十八条の十五第一項の規定による検査を拒み、妨げ、若しくは忌避した者

十　第三十八条の十六第一項（第三十八条の二十四第三項において準用する場合を含む。）の規定による届出をしないで業務を廃止し、又は虚偽の届出をした者

十一　第三十八条の二十第一項（第三十八条の二十九及び第三十八条の三十八において準用する場合を含む。）の規定による報告をせず、若しくは虚偽の報告をし、又は同項の規定による検査を拒み、妨げ、若しくは忌避した者

十二　第三十八条の二十一第一項（第三十八条の二十九及び第三十八条の三十八において準用する場合を含む。）の規定による命令に違反した者

十三　第三十八条の三十三第三項の規定による届出をする場合において虚偽の届出をした者

十四　第三十八条の三十三第四項の規定に違反して、記録を作成せず、若しくは虚偽の記録を作成し、又は記録を保存しなかつた者

十五　第三十九条第一項若しくは第二項又は第三十九条の十三の規定に違反した者

十六　第三十九条第四項（第七十条の八第三項において準用する場合を含む。）の規定に違反して、届出をせず、又は虚偽の届出をした者

十七　第七十一条の三第六項（第七十一条の三の二第十一項において準用する場合を含む。）の規定による報告をせず、又は虚偽の報告をした者

十八　第七十八条の規定に違反した者

十九　第七十九条第一項（同条第二項において準用する場合を含む。）の規定により業務に従事することを停止されたのに、無線設備の操作を行つた者

二十　第七十九条の二第一項の規定により船舶局無線従事者証明の効力を停止されたのに、第三十九条第一項本文の総務省令で定める船舶局の無線設備の操作を行つた者

二十一　第八十二条第一項（第百一条において準用する場合を含む。）の規定による命令に違反した者

二十二　第百二条の三第一項又は第二項（同条第六項及び第百二条の四第二項において準用する場合を含む。）の規定に違反して、届出をせず、又は虚偽の届出をした者

二十三　第百二条の九の規定による報告をせず、又は虚偽の報告をした者

二十四　第百二条の十二の規定による報告をせず、又は虚偽の報告をした者

二十五　第百二条の十五第一項の規定による指示に違反した者

二十六　第百二条の十六第一項の規定による報告をせず、若しくは虚偽の報告をし、又は同項の規定による検査を拒み、妨げ、若しくは忌避した者

【八十五次改正】

電波法の一部を改正する法律（平成二十年五月三十日法律第五十号）

第百十三条第十六号中「第七十条の八第三項」を「第七十条の九第三項」に改

める。

第百十三条　次の各号のいずれかに該当する者は、三十万円以下の罰金に処する。
一　第二十四条の八第一項の規定による報告をせず、若しくは虚偽の報告をし、又は同項の規定による検査を拒み、妨げ、若しくは忌避した者
二　第二十六条の二第六項の規定による報告をせず、又は虚偽の報告をした者
三　第二十七条の二十三第一項の規定に違反して、第二十七条の十八第二項第三号又は第四号に掲げる事項を変更した者
四　第二十七条の三十第一項の規定に違反して、第二十七条の二十九第二項第三号又は第四号に掲げる事項を変更した者
五　第二十七条の三十一の規定に違反して、届出をせず、又は虚偽の届出をした者
六　第二十七条の三十二の規定に違反して、届出をせず、又は虚偽の届出をした者
七　第二十八条の六第二項（第三十八条の二十四第三項において準用する場合を含む。）の規定による報告をせず、又は虚偽の報告をした者
八　第三十八条の十二（第三十八条の二十四第三項及び第七十一条の三の二第十一項において準用する場合を含む。）の規定に違反して帳簿を備え付けず、帳簿に記載せず、若しくは帳簿に虚偽の記載をし、又は帳簿を保存しなかつた者
九　第三十八条の十五第一項（第三十八条の二十四第三項において準用する場合を含む。以下この号において同じ。）の規定による報告をせず、若しくは虚偽の報告をし、又は第三十八条の十五第一項の規定による検査を拒み、妨げ、若しくは忌避した者
十　第三十八条の十六第一項（第三十八条の二十四第三項において準用する場合を含む。）の規定による届出をしないで業務を廃止し、又は虚偽の届出をした者
十一　第三十八条の二十第一項（第三十八条の二十九及び第三十八条の三十八において準用する場合を含む。）の規定による報告をせず、若しくは虚偽の報告をし、又は同項の規定による検査を拒み、妨げ、若しくは忌避した者
十二　第三十八条の二十一第一項（第三十八条の二十九及び第三十八条の三十八において準用する場合を含む。）の規定による命令に違反した者
十三　第三十八条の三十三第三項の規定による届出をする場合において虚偽の届出をした者
十四　第三十八条の三十三第四項の規定に違反して、記録を作成せず、若しくは虚偽の記録を作成し、又は記録を保存しなかつた者
十五　第三十九条第一項若しくは第二項又は第三十九条の十三の規定に違反した者
十六　第三十九条第四項（第七十条の九第三項において準用する場合を含む。）の規定に違反して、届出をせず、又は虚偽の届出をした者
十七　第七十一条の三第六項（第七十一条の三の二第十一項において準用する場合を含む。）の規定による報告をせず、又は虚偽の報告をした者
十八　第七十八条の規定に違反した者
十九　第七十九条第一項（同条第二項において準用する場合を含む。）の規定により業務に従事することを停止されたのに、無線設備の操作を行つた者
二十　第七十九条の二第一項の規定により船舶局無線従事者証明の効力を停止されたのに、第三十九条第一項本文の総務省令で定める船舶局の無線設備の操作を行つた者
二十一　第八十二条第一項（第百一条において準用する場合を含む。）の規定による命令に違反した者
二十二　第百二条の三第一項又は第二項（同条第六項及び第百二条の四第二項に

おいて準用する場合を含む。）の規定に違反して、届出をせず、又は虚偽の届出をした者

二十三　第百二条の九の規定による報告をせず、又は虚偽の報告をした者

二十四　第百二条の十二の規定による報告をせず、又は虚偽の報告をした者

二十五　第百二条の十五第一項の規定による指示に違反した者

二十六　第百二条の十六第一項の規定による報告をせず、若しくは虚偽の報告をし、又は同項の規定による検査を拒み、妨げ、若しくは忌避した者

【八十九次改正】

放送法等の一部を改正する法律（平成二十二年十二月三日法律第六十五号）第三条

> 第百十三条中第二十六号を第二十七号とし、第三号から第二十五号までを一号ずつ繰り下げ、第二号の次に次の一号を加える。
> （追加された第三号の規定は、後掲の条文の通り。）

第百十三条　次の各号のいずれかに該当する者は、三十万円以下の罰金に処する。

一　第二十四条の八第一項の規定による報告をせず、若しくは虚偽の報告をし、又は同項の規定による検査を拒み、妨げ、若しくは忌避した者

二　第二十六条の二第六項の規定による報告をせず、又は虚偽の報告をした者

三　第二十七条の六第三項（特定無線局の開設の届出及び変更の届出に係る部分に限る。）の規定に違反して、届出をせず、又は虚偽の届出をした者

四　第二十七条の二十三第一項の規定に違反して、第二十七条の十八第二項第三号又は第四号に掲げる事項を変更した者

五　第二十七条の三十第一項の規定に違反して、第二十七条の二十九第二項第三号又は第四号に掲げる事項を変更した者

六　第二十七条の三十一の規定に違反して、届出をせず、又は虚偽の届出をした者

七　第二十七条の三十二の規定に違反して、届出をせず、又は虚偽の届出をした者

八　第三十八条の六第二項（第三十八条の二十四第三項において準用する場合を含む。）の規定による報告をせず、又は虚偽の報告をした者

九　第三十八条の十二（第三十八条の二十四第三項及び第七十一条の三の二第十一項において準用する場合を含む。）の規定に違反して帳簿を備え付けず、帳簿に記載せず、若しくは帳簿に虚偽の記載をし、又は帳簿を保存しなかつた者

十　第三十八条の十五第一項（第三十八条の二十四第三項において準用する場合を含む。以下この号において同じ。）の規定による報告をせず、若しくは虚偽の報告をし、又は第三十八条の十五第一項の規定による検査を拒み、妨げ、若しくは忌避した者

十一　第三十八条の十六第一項（第三十八条の二十四第三項において準用する場合を含む。）の規定による届出をしないで業務を廃止し、又は虚偽の届出をした者

十二　第三十八条の二十第一項（第三十八条の二十九及び第三十八条の三十八において準用する場合を含む。）の規定による報告をせず、若しくは虚偽の報告をし、又は同項の規定による検査を拒み、妨げ、若しくは忌避した者

十三　第三十八条の二十一第一項（第三十八条の二十九及び第三十八条の三十八において準用する場合を含む。）の規定による命令に違反した者

十四　第三十八条の三十三第三項の規定による届出をする場合において虚偽の届出をした者

十五　第三十八条の三十三第四項の規定に違反して、記録を作成せず、若しくは虚偽の記録を作成し、又は記録を保存しなかつた者

十六　第三十九条第一項若しくは第二項又は第三十九条の十三の規定に違反し

た者

十七　第三十九条第四項（第七十条の九第三項において準用する場合を含む。）の規定に違反して、届出をせず、又は虚偽の届出をした者

十八　第七十一条の三第六項（第七十一条の三の二第十一項において準用する場合を含む。）の規定による報告をせず、又は虚偽の報告をした者

十九　第七十八条の規定に違反した者

二十　第七十九条第一項（同条第二項において準用する場合を含む。）の規定により業務に従事することを停止されたのに、無線設備の操作を行つた者

二十一　第七十九条の二第一項の規定により船舶局無線従事者証明の効力を停止されたのに、第三十九条第一項本文の総務省令で定める船舶局の無線設備の操作を行つた者

二十二　第八十二条第一項（第百一条において準用する場合を含む。）の規定による命令に違反した者

二十三　第百二条の三第一項又は第二項（同条第六項及び第百二条の四第二項において準用する場合を含む。）の規定に違反して、届出をせず、又は虚偽の届出をした者

二十四　第百二条の九の規定による報告をせず、又は虚偽の報告をした者

二十五　第百二条の十二の規定による報告をせず、又は虚偽の報告をした者

二十六　第百二条の十五第一項の規定による指示に違反した者

二十七　第百二条の十六第一項の規定による報告をせず、若しくは虚偽の報告をし、又は同項の規定による検査を拒み、妨げ、若しくは忌避した者

【　九十七次改正　】

電波法の一部を改正する法律（平成二十六年四月二十三日法律第二十六号）

第百十三条第十二号及び第十三号中「及び第三十八条の三十八」を「、第三十八条の三十八及び第三十八条の四十八」に改める。

第百十三条　次の各号のいずれかに該当する者は、三十万円以下の罰金に処する。

一　第二十四条の八第一項の規定による報告をせず、若しくは虚偽の報告をし、又は同項の規定による検査を拒み、妨げ、若しくは忌避した者

二　第二十六条の二第六項の規定による報告をせず、又は虚偽の報告をした者

三　第二十七条の六第三項（特定無線局の開設の届出及び変更の届出に係る部分に限る。）の規定に違反して、届出をせず、又は虚偽の届出をした者

四　第二十七条の二十三第一項の規定に違反して、第二十七条の十八第二項第三号又は第四号に掲げる事項を変更した者

五　第二十七条の三十第一項の規定に違反して、第二十七条の二十九第二項第三号又は第四号に掲げる事項を変更した者

六　第二十七条の三十一の規定に違反して、届出をせず、又は虚偽の届出をした者

七　第二十七条の三十二の規定に違反して、届出をせず、又は虚偽の届出をした者

八　第三十八条の六第二項（第三十八条の二十四第三項において準用する場合を含む。）の規定による報告をせず、又は虚偽の報告をした者

九　第三十八条の十二（第三十八条の二十四第三項及び第七十一条の三の二第十一項において準用する場合を含む。）の規定に違反して帳簿を備え付けず、帳簿に記載せず、若しくは帳簿に虚偽の記載をし、又は帳簿を保存しなかつた者

十　第三十八条の十五第一項（第三十八条の二十四第三項において準用する場合を含む。以下この号において同じ。）の規定による報告をせず、若しくは虚偽の報告をし、又は第三十八条の十五第一項の規定による検査を拒み、妨げ、若しくは忌避した者

十一　第三十八条の十六第一項（第三十八条の二十四第三項において準用する場合を含む。）の規定による届出をしないで業務を廃止し、又は虚偽の届出をした者

十二　第三十八条の二十第一項（第三十八条の二十九、第三十八条の三十八及び第三十八条の四十八において準用する場合を含む。）の規定による報告をせず、若しくは虚偽の報告をし、又は同項の規定による検査を拒み、妨げ、若しくは忌避した者

十三　第三十八条の二十一第一項（第三十八条の二十九、第三十八条の三十八及び第三十八条の四十八において準用する場合を含む。）の規定による命令に違反した者

十四　第三十八条の三十三第三項の規定による届出をする場合において虚偽の届出をした者

十五　第三十八条の三十三第四項の規定に違反して、記録を作成せず、若しくは虚偽の記録を作成し、又は記録を保存しなかつた者

十六　第三十九条第一項若しくは第二項又は第三十九条の十三の規定に違反した者

十七　第三十九条第四項（第七十条の九第三項において準用する場合を含む。）の規定に違反して、届出をせず、又は虚偽の届出をした者

十八　第七十一条の三第六項（第七十一条の三の二第十一項において準用する場合を含む。）の規定による報告をせず、又は虚偽の報告をした者

十九　第七十八条の規定に違反した者

二十　第七十九条第一項（同条第二項において準用する場合を含む。）の規定により業務に従事することを停止されたのに、無線設備の操作を行つた者

二十一　第七十九条の二第一項の規定により船舶局無線従事者証明の効力を停止されたのに、第三十九条第一項本文の総務省令で定める船舶局の無線設備の操作を行つた者

二十二　第八十二条第一項（第百一条において準用する場合を含む。）の規定による命令に違反した者

二十三　第百二条の三第一項又は第二項（同条第六項及び第百二条の四第二項において準用する場合を含む。）の規定に違反して、届出をせず、又は虚偽の届出をした者

二十四　第百二条の九の規定による報告をせず、又は虚偽の報告をした者

二十五　第百二条の十二の規定による報告をせず、又は虚偽の報告をした者

二十六　第百二条の十五第一項の規定による指示に違反した者

二十七　第百二条の十六第一項の規定による報告をせず、若しくは虚偽の報告をし、又は同項の規定による検査を拒み、妨げ、若しくは忌避した者

【百三次改正】

電気通信事業法等の一部を改正する法律（平成二十七年五月二十二日法律第二十六号）第二条

第百十三条中第二十七号を第二十八号とし、第二十六号を第二十七号とし、第二十五号を第二十六号とし、第二十四号の次に次の一号を加える。

（追加された第二十五号の規定は、後掲の条文の通り。）

第百十三条　次の各号のいずれかに該当する者は、三十万円以下の罰金に処する。

一　第二十四条の八第一項の規定による報告をせず、若しくは虚偽の報告をし、又は同項の規定による検査を拒み、妨げ、若しくは忌避した者

二　第二十六条の二第六項の規定による報告をせず、又は虚偽の報告をした者

三　第二十七条の六第三項（特定無線局の開設の届出及び変更の届出に係る部分に限る。）の規定に違反して、届出をせず、又は虚偽の届出をした者

四　第二十七条の二十三第一項の規定に違反して、第二十七条の十八第二項第三号又は第四号に掲げる事項を変更した者
五　第二十七条の三十第一項の規定に違反して、第二十七条の二十九第二項第三号又は第四号に掲げる事項を変更した者
六　第二十七条の三十一の規定に違反して、届出をせず、又は虚偽の届出をした者
七　第二十七条の三十二の規定に違反して、届出をせず、又は虚偽の届出をした者
八　第三十八条の六第二項（第三十八条の二十四第三項において準用する場合を含む。）の規定による報告をせず、又は虚偽の報告をした者
九　第三十八条の十二（第三十八条の二十四第三項及び第七十一条の三の二第十一項において準用する場合を含む。）の規定に違反して帳簿を備え付けず、帳簿に記載せず、若しくは帳簿に虚偽の記載をし、又は帳簿を保存しなかつた者
十　第三十八条の十五第一項（第三十八条の二十四第三項において準用する場合を含む。以下この号において同じ。）の規定による報告をせず、若しくは虚偽の報告をし、又は第三十八条の十五第一項の規定による検査を拒み、妨げ、若しくは忌避した者
十一　第三十八条の十六第一項（第三十八条の二十四第三項において準用する場合を含む。）の規定による届出をしないで業務を廃止し、又は虚偽の届出をした者
十二　第三十八条の二十第一項（第三十八条の二十九、第三十八条の三十八及び第三十八条の四十八において準用する場合を含む。）の規定による報告をせず、若しくは虚偽の報告をし、又は同項の規定による検査を拒み、妨げ、若しくは忌避した者
十三　第三十八条の二十一第一項（第三十八条の二十九、第三十八条の三十八及び第三十八条の四十八において準用する場合を含む。）の規定による命令に違反した者
十四　第三十八条の三十三第三項の規定による届出をする場合において虚偽の届出をした者
十五　第三十八条の三十三第四項の規定に違反して、記録を作成せず、若しくは虚偽の記録を作成し、又は記録を保存しなかつた者
十六　第三十九条第一項若しくは第二項又は第三十九条の十三の規定に違反した者
十七　第三十九条第四項（第七十条の九第三項において準用する場合を含む。）の規定に違反して、届出をせず、又は虚偽の届出をした者
十八　第七十一条の三第六項（第七十一条の三の二第十一項において準用する場合を含む。）の規定による報告をせず、又は虚偽の報告をした者
十九　第七十八条の規定に違反した者
二十　第七十九条第一項（同条第二項において準用する場合を含む。）の規定により業務に従事することを停止されたのに、無線設備の操作を行つた者
二十一　第七十九条の二第一項の規定により船舶局無線従事者証明の効力を停止されたのに、第三十九条第一項本文の総務省令で定める船舶局の無線設備の操作を行つた者
二十二　第八十二条第一項（第百一条において準用する場合を含む。）の規定による命令に違反した者
二十三　第百二条の三第一項又は第二項（同条第六項及び第百二条の四第二項において準用する場合を含む。）の規定に違反して、届出をせず、又は虚偽の届出をした者
二十四　第百二条の九の規定による報告をせず、又は虚偽の報告をした者
二十五　第百二条の十一第四項の規定による命令に違反した者

二十六　第百二条の十二の規定による報告をせず、又は虚偽の報告をした者
二十七　第百二条の十五の規定による指示に違反した者
二十八　第百二条の十六第一項の規定による報告をせず、若しくは虚偽の報告をし、又は同項の規定による検査を拒み、妨げ、若しくは忌避した者

【百四次改正】

電波法及び電気通信事業法等の一部を改正する法律（平成二十九年五月十二日法律第二十七号）第一条

第百十三条第二号中「第二十六条の二第六項」を「第二十六条の二第五項」に改める。

第百十三条　次の各号のいずれかに該当する者は、三十万円以下の罰金に処する。
一　第二十四条の八第一項の規定による報告をせず、若しくは虚偽の報告をし、又は同項の規定による検査を拒み、妨げ、若しくは忌避した者
二　第二十六条の二第五項の規定による報告をせず、又は虚偽の報告をした者
三　第二十七条の六第三項（特定無線局の開設の届出及び変更の届出に係る部分に限る。）の規定に違反して、届出をせず、又は虚偽の届出をした者
四　第二十七条の二十三第一項の規定に違反して、第二十七条の十八第二項第三号又は第四号に掲げる事項を変更した者
五　第二十七条の三十第一項の規定に違反して、第二十七条の二十九第二項第三号又は第四号に掲げる事項を変更した者
六　第二十七条の三十一の規定に違反して、届出をせず、又は虚偽の届出をした者
七　第二十七条の三十二の規定に違反して、届出をせず、又は虚偽の届出をした者
八　第三十八条の六第二項（第三十八条の二十四第三項において準用する場合を含む。）の規定による報告をせず、又は虚偽の報告をした者
九　第三十八条の十二（第三十八条の二十四第三項及び第七十一条の三の二第十一項において準用する場合を含む。）の規定に違反して帳簿を備え付けず、帳簿に記載せず、若しくは帳簿に虚偽の記載をし、又は帳簿を保存しなかつた者
十　第三十八条の十五第一項（第三十八条の二十四第三項において準用する場合を含む。以下この号において同じ。）の規定による報告をせず、若しくは虚偽の報告をし、又は第三十八条の十五第一項の規定による検査を拒み、妨げ、若しくは忌避した者
十一　第三十八条の十六第一項（第三十八条の二十四第三項において準用する場合を含む。）の規定による届出をしないで業務を廃止し、又は虚偽の届出をした者
十二　第三十八条の二十第一項（第三十八条の二十九、第三十八条の三十八及び第三十八条の四十八において準用する場合を含む。）の規定による報告をせず、若しくは虚偽の報告をし、又は同項の規定による検査を拒み、妨げ、若しくは忌避した者
十三　第三十八条の二十一第一項（第三十八条の二十九、第三十八条の三十八及び第三十八条の四十八において準用する場合を含む。）の規定による命令に違反した者
十四　第三十八条の三十三第三項の規定による届出をする場合において虚偽の届出をした者
十五　第三十八条の三十三第四項の規定に違反して、記録を作成せず、若しくは虚偽の記録を作成し、又は記録を保存しなかつた者
十六　第三十九条第一項若しくは第二項又は第三十九条の十三の規定に違反した者

十七　第三十九条第四項（第七十条の九第三項において準用する場合を含む。）の規定に違反して、届出をせず、又は虚偽の届出をした者
十八　第七十一条の三第六項（第七十一条の三の二第十一項において準用する場合を含む。）の規定による報告をせず、又は虚偽の報告をした者
十九　第七十八条の規定に違反した者
二十　第七十九条第一項（同条第二項において準用する場合を含む。）の規定により業務に従事することを停止されたのに、無線設備の操作を行つた者
二十一　第七十九条の二第一項の規定により船舶局無線従事者証明の効力を停止されたのに、第三十九条第一項本文の総務省令で定める船舶局の無線設備の操作を行つた者
二十二　第八十二条第一項（第百一条において準用する場合を含む。）の規定による命令に違反した者
二十三　第百二条の三第一項又は第二項（同条第六項及び第百二条の四第二項において準用する場合を含む。）の規定に違反して、届出をせず、又は虚偽の届出をした者
二十四　第百二条の九の規定による報告をせず、又は虚偽の報告をした者
二十五　第百二条の十一第四項の規定による命令に違反した者
二十六　第百二条の十二の規定による報告をせず、又は虚偽の報告をした者
二十七　第百二条の十五第一項の規定による指示に違反した者
二十八　第百二条の十六第一項の規定による報告をせず、若しくは虚偽の報告をし、又は同項の規定による検査を拒み、妨げ、若しくは忌避した者

［注釈］この改正は、本書収録の基準日である平成二十九年六月十八日において未施行である。

第百十三条の二

【二十五次改正】

電波法の一部を改正する法律（昭和五十六年五月二十三日法律第四十九号）

第百十三条中「左の」を「次の」に、「三万円」を「十万円」に改め、同条第六号及び第七号中「又は虚偽」を「、又は虚偽」に改め、同条の次に次の一条を加える。
（追加された第百十三条の二の規定は、後掲の条文の通り。）

第百十三条の二　次の各号の一に該当するときは、その違反行為をした指定証明機関又は指定試験機関の役員又は職員は、十万円以下の罰金に処する。
一　第三十八条の十（第四十七条の二において準用する場合を含む。）の規定に違反して帳簿を備え付けず、帳簿に記載せず、若しくは帳簿に虚偽の記載をし、又は帳簿を保存しなかつたとき。
二　第三十八条の十二第一項（第四十七条の二において準用する場合を含む。以下同じ。）の規定による報告をせず、若しくは虚偽の報告をし、又は第三十八条の十二第一項の規定による検査を拒み、妨げ、若しくは忌避したとき。
三　第三十八条の十三第一項（第四十七条の二において準用する場合を含む。）の許可を受けないで、技術基準適合証明の業務の全部又は特定試験事務の全部を廃止したとき。

【三十五次改正】

許可、認可等民間活動に係る規制の整理及び合理化に関する法律（昭和六十年十二

月二十四日法律第百二号）第二十一条

> 第百十三条の二中「又は指定試験機関」を「、指定試験機関又は指定検査機関」に改め、同条第一号及び第二号中「第四十七条の二」の下に「及び第七十三条の二第五項」を加え、同条第三号中「第四十七条の二」の下に「及び第七十三条の二第五項」を加え、「又は特定試験事務の全部」を「、特定試験事務の全部又は定期検査の業務の全部」に改める。

第百十三条の二　次の各号の一に該当するときは、その違反行為をした指定証明機関、指定試験機関又は指定検査機関の役員又は職員は、十万円以下の罰金に処する。

一　第三十八条の十（第四十七条の二及び第七十三条の二第五項において準用する場合を含む。）の規定に違反して帳簿を備え付けず、帳簿に記載せず、若しくは帳簿に虚偽の記載をし、又は帳簿を保存しなかつたとき。

二　第三十八条の十二第一項（第四十七条の二及び第七十三条の二第五項において準用する場合を含む。以下同じ。）の規定による報告をせず、若しくは虚偽の報告をし、又は第三十八条の十二第一項の規定による検査を拒み、妨げ、若しくは忌避したとき。

三　第三十八条の十三第一項（第四十七条の二及び第七十三条の二第五項において準用する場合を含む。）の許可を受けないで、技術基準適合証明の業務の全部、特定試験事務の全部又は定期検査の業務の全部を廃止したとき。

【三十七次改正】

電波法の一部を改正する法律（昭和六十二年六月二日法律第五十五号）

> 第百十三条の二中「又は指定検査機関」を「、指定検査機関又はセンター」に改め、同条第二号中「及び第七十三条の二第五項」を「、第七十三条の二第五項及び第百二条の十三第六項」に改める。

第百十三条の二　次の各号の一に該当するときは、その違反行為をした指定証明機関、指定試験機関、指定検査機関又はセンターの役員又は職員は、十万円以下の罰金に処する。

一　第三十八条の十（第四十七条の二及び第七十三条の二第五項において準用する場合を含む。）の規定に違反して帳簿を備え付けず、帳簿に記載せず、若しくは帳簿に虚偽の記載をし、又は帳簿を保存しなかつたとき。

二　第三十八条の十二第一項（第四十七条の二、第七十三条の二第五項及び第百二条の十三第六項において準用する場合を含む。以下同じ。）の規定による報告をせず、若しくは虚偽の報告をし、又は第三十八条の十二第一項の規定による検査を拒み、妨げ、若しくは忌避したとき。

三　第三十八条の十三第一項（第四十七条の二及び第七十三条の二第五項において準用する場合を含む。）の許可を受けないで、技術基準適合証明の業務の全部、特定試験事務の全部又は定期検査の業務の全部を廃止したとき。

【四十一次改正】

電波法の一部を改正する法律（平成元年十一月七日法律第六十七号）

> 第百十三条の二中「指定証明機関」の下に「、指定講習機関」を加え、同条第一号及び第二号中「第四十七条の二」を「第三十九条の二第五項、第四十七条の二」に改め、同条第三号中「第四十七条の二」を「第三十九条の二第五項、第四十七条の二」に、「特定試験事務」を「講習の業務の全部、試験事務」に改める。

第百十三条の二　次の各号の一に該当するときは、その違反行為をした指定証明機関、指定講習機関、指定試験機関、指定検査機関又はセンターの役員又は職員は、十万円以下の罰金に処する。

一　第三十八条の十（第三十九条の二第五項、第四十七条の二及び第七十三条の二第五項において準用する場合を含む。）の規定に違反して帳簿を備え付けず、帳簿に記載せず、若しくは帳簿に虚偽の記載をし、又は帳簿を保存しなかったとき。

二　第三十八条の十二第一項（第三十九条の二第五項、第四十七条の二、第七十三条の二第五項及び第百二条の十三第六項において準用する場合を含む。以下同じ。）の規定による報告をせず、若しくは虚偽の報告をし、又は第三十八条の十二第一項の規定による検査を拒み、妨げ、若しくは忌避したとき。

三　第三十八条の十三第一項（第三十九条の二第五項、第四十七条の二及び第七十三条の二第五項において準用する場合を含む。）の許可を受けないで、技術基準適合証明の業務の全部、講習の業務の全部、試験事務の全部又は定期検査の業務の全部を廃止したとき。

【四十六次改正】

電波法の一部を改正する法律（平成五年六月十六日法律第七十一号）

第百十三条の二中「十万円」を「三十万円」に改め、同条第二号中「第百二条の十三第六項」を「第百二条の十七第六項」に改める。

第百十三条の二　次の各号の一に該当するときは、その違反行為をした指定証明機関、指定講習機関、指定試験機関、指定検査機関又はセンターの役員又は職員は、三十万円以下の罰金に処する。

一　第三十八条の十（第三十九条の二第五項、第四十七条の二及び第七十三条の二第五項において準用する場合を含む。）の規定に違反して帳簿を備え付けず、帳簿に記載せず、若しくは帳簿に虚偽の記載をし、又は帳簿を保存しなかったとき。

二　第三十八条の十二第一項（第三十九条の二第五項、第四十七条の二、第七十三条の二第五項及び第百二条の十七第六項において準用する場合を含む。以下同じ。）の規定による報告をせず、若しくは虚偽の報告をし、又は第三十八条の十二第一項の規定による検査を拒み、妨げ、若しくは忌避したとき。

三　第三十八条の十三第一項（第三十九条の二第五項、第四十七条の二及び第七十三条の二第五項において準用する場合を含む。）の許可を受けないで、技術基準適合証明の業務の全部、講習の業務の全部、試験事務の全部又は定期検査の業務の全部を廃止したとき。

【五十二次改正】

電波法の一部を改正する法律（平成九年五月九日法律第四十七号）

第百十三条の二中「指定検査機関又はセンター」を「センター又は指定較正機関」に改め、同条第一号中「第七十三条の二第五項」を「第百二条の十八第五項」を改め、同条第二号中「第七十三条の二第五項及び第百二条の十七第六項」を「第百二条の十七第六項及び第百二条の十八第五項」に改め、同条第三号中「第七十三条の二第五項」を「第百二条の十八第五項」に、「定期検査」を「較正」に改める。

第百十三条の二　次の各号の一に該当するときは、その違反行為をした指定証明機関、指定講習機関、指定試験機関、センター又は指定較正機関の役員又は職員は、三十万円以下の罰金に処する。

一　第三十八条の十（第三十九条の二第五項、第四十七条の二及び第百二条の十八第五項において準用する場合を含む。）の規定に違反して帳簿を備え付けず、帳簿に記載せず、若しくは帳簿に虚偽の記載をし、又は帳簿を保存しなかったとき。

二　第三十八条の十二第一項（第三十九条の二第五項、第四十七条の二、第百二条の十七第六項及び第百二条の十八第五項において準用する場合を含む。以下同じ。）の規定による報告をせず、若しくは虚偽の報告をし、又は第三十八条の十二第一項の規定による検査を拒み、妨げ、若しくは忌避したとき。

三　第三十八条の十三第一項（第三十九条の二第五項、第四十七条の二及び第百二条の十八第五項において準用する場合を含む。）の許可を受けないで、技術基準適合証明の業務の全部、講習の業務の全部、試験事務の全部又は較正の業務の全部を廃止したとき。

［注釈］本件一部改正法の施行の日（五十二次改正の施行の日）から平成十年三月三十一日（五十四次改正の施行期日の前日）までの間は、同法附則第三項に基づき、第百十三条の二は、左記の通り読み替えられる（傍線部分）。

第百十三条の二　次の各号の一に該当するときは、その違反行為をした指定証明機関、指定講習機関、指定試験機関、指定検査機関、センター又は指定較正機関の役員又は職員は、三十万円以下の罰金に処する。

一　第三十八条の十（第三十九条の二第五項、第四十七条の二、第七十三条の二第五項及び第百二条の十八第五項において準用する場合を含む。）の規定に違反して帳簿を備え付けず、帳簿に記載せず、若しくは帳簿に虚偽の記載をし、又は帳簿を保存しなかつたとき。

二　第三十八条の十二第一項（第三十九条の二第五項、第四十七条の二、第七十三条の二第五項、第百二条の十七第六項及び第百二条の十八第五項において準用する場合を含む。以下同じ。）の規定による報告をせず、若しくは虚偽の報告をし、又は第三十八条の十二第一項の規定による検査を拒み、妨げ、若しくは忌避したとき。

三　第三十八条の十三第一項（第三十九条の二第五項、第四十七条の二、第七十三条の二第五項及び第百二条の十八第五項において準用する場合を含む。）の許可を受けないで、技術基準適合証明の業務の全部、講習の業務の全部、試験事務の全部、定期検査の業務の全部又は較正の業務の全部を廃止したとき。

【六十八次改正】

電波法の一部を改正する法律（平成十三年六月十五日法律第四十八号）

第百十三条の二中「指定試験機関」の下に「、指定周波数変更対策機関」を加え、同条第一号中「第三十九条の二第五項、第四十七条の二及び第百二条の十八第五項」を「第三十九条の二第六項、第四十七条の四、第七十一条の三第十一項及び第百二条の十八第八項」に改め、同条第二号中「第三十九条の二第五項、第四十七条の二、第百二条の十七第六項及び第百二条の十八第五項」を「第三十九条の二第六項、第四十七条の四、第七十一条の三第十一項、第百二条の十七第五項及び第百二条の十八第八項」に改め、同条第三号中「第三十九条の二第五項、第四十七条の二及び第百二条の十八第五項」を「第三十九条の二第六項、第四十七条の四及び第七十一条の三第十一項」に、「較正の業務」を「特定周波数変更対策業務」に改め、同条に次の一号を加える。

（追加された第四号の規定は、後掲の条文の通り。）

第百十三条の二　次の各号の一に該当するときは、その違反行為をした指定証明機関、指定講習機関、指定試験機関、指定周波数変更対策機関、センター又は指定較正機関の役員又は職員は、三十万円以下の罰金に処する。

一　第三十八条の十（第三十九条の二第六項、第四十七条の四、第七十一条の三第十一項及び第百二条の十八第八項において準用する場合を含む。）の規定に違反して帳簿を備え付けず、帳簿に記載せず、若しくは帳簿に虚偽の記載をし、又は帳簿を保存しなかつたとき。

二　第三十八条の十二第一項（第三十九条の二第六項、第四十七条の四、第七十一条の三第十一項、第百二条の十七第五項及び第百二条の十八第八項において準用する場合を含む。以下同じ。）の規定による報告をせず、若しくは虚偽の報告をし、又は第三十八条の十二第一項の規定による検査を拒み、妨げ、若しくは忌避したとき。

三　第三十八条の十三第一項（第三十九条の二第六項、第四十七条の四及び第七十一条の三第十一項において準用する場合を含む。）の許可を受けないで、技術基準適合証明の業務の全部、講習の業務の全部、試験事務の全部又は特定周波数変更対策業務の全部を廃止したとき。

四　第百二条の十八第六項の規定による届出をしないで業務の全部を廃止し、又は虚偽の届出をしたとき。

【七十三次改正】

電波法の一部を改正する法律（平成十五年六月六日法律第六十八号）

第百十三条の二中「一に」を「いずれかに」に改め、「指定証明機関、」を削り、同条第一号中「第三十八条の十（第三十九条の二第六項、第四十七条の四）」に、「第百二条の十八第八項」を「第百二条の十八第十三項」に改め、同条第二号中「第三十八条の十二第一項（第三十九条の二第六項、第四十七条の四」を「第三十九条の九第一項（第四十七条の五」に、「第百二条の十八第八項」を「第百二条の十八第十三項」に、「以下」を「以下この号において」に、「第三十八条の十二第一項」を「第三十九条の九第一項」に改め、同条第三号中「第三十八条の十三第一項（第三十九条の二第六項、第四十七条の四」を「第三十九条の十第一項（第四十七条の五」に改め、「、技術基準適合証明の業務の全部」を削り、同条第四号中「第百二条の十八第六項」を「第百二条の十八第十一項」に改める。

第百十三条の二　次の各号のいずれかに該当するときは、その違反行為をした指定講習機関、指定試験機関、指定周波数変更対策機関、センター又は指定較正機関の役員又は職員は、三十万円以下の罰金に処する。

一　第三十九条の七（第四十七条の五、第七十一条の三第十一項及び第百二条の十八第十三項において準用する場合を含む。）の規定に違反して帳簿を備え付けず、帳簿に記載せず、若しくは帳簿に虚偽の記載をし、又は帳簿を保存しなかつたとき。

二　第三十九条の九第一項（第四十七条の五、第七十一条の三第十一項、第百二条の十七第五項及び第百二条の十八第十三項において準用する場合を含む。以下この号において同じ。）の規定による報告をせず、若しくは虚偽の報告をし、又は第三十九条の九第一項の規定による検査を拒み、妨げ、若しくは忌避したとき。

三　第三十九条の十第一項（第四十七条の五及び第七十一条の三第十一項において準用する場合を含む。）の許可を受けないで、講習の業務の全部、試験事務の全部又は特定周波数変更対策業務の全部を廃止したとき。

四　第百二条の十八第十一項の規定による届出をしないで業務の全部を廃止し、又は虚偽の届出をしたとき。

【七十六次改正】

電波法及び有線電気通信法の一部を改正する法律（平成十六年五月十九日法律第四十七号）第一条

第百十三条の二中「指定周波数変更対策機関」の下に「、登録周波数終了対策機関」を加え、同条第三号中「及び第七十一条の三第十一項」を「、第七十一条の三第十一項及び第七十一条の三の二第十一項」に、「又は特定周波数変更対策業務」を「、特定周波数変更対策業務の全部又は特定周波数終了対策業務」に改める。

第百十三条の二　次の各号のいずれかに該当するときは、その違反行為をした指定講習機関、指定試験機関、指定周波数変更対策機関、登録周波数終了対策機関、センター又は指定較正機関の役員又は職員は、三十万円以下の罰金に処する。

一　第三十九条の七（第四十七条の五、第七十一条の三第十一項及び第百二条の十八第十三項において準用する場合を含む。）の規定に違反して帳簿を備え付けず、帳簿に記載せず、若しくは帳簿に虚偽の記載をし、又は帳簿を保存しなかつたとき。

二　第三十九条の九第一項（第四十七条の五、第七十一条の三第十一項、第百二条の十七第五項及び第百二条の十八第十三項において準用する場合を含む。以下この号において同じ。）の規定による報告をせず、若しくは虚偽の報告をし、又は第三十九条の九第一項の規定による検査を拒み、妨げ、若しくは忌避したとき。

三　第三十九条の十第一項（第四十七条の五、第七十一条の三第十一項及び第七十一条の三の二第十一項において準用する場合を含む。）の許可を受けないで、講習の業務の全部、試験事務の全部、特定周波数変更対策業務の全部又は特定周波数終了対策業務の全部を廃止したとき。

四　第百二条の十八第十一項の規定による届出をしないで業務の全部を廃止し、又は虚偽の届出をしたとき。

第百十四条

【　制定　】

電波法（昭和二十五年五月二日法律第百三十一号）

第百十四条　法人の代表者又は法人若しくは人の代理人、使用人その他の従事者が、その法人又は人の業務に関し、第百十条から前条までの違反行為をしたときは、行為者を罰する外、その法人又は人に対しても各本条の罰金刑を科する。

【　二十五次改正　】

電波法の一部を改正する法律（昭和五十六年五月二十三日法律第四十九号）

第百十四条中「第百十条から前条まで」を「第百十条及び第百十一条から第百十三条まで」に、「外」を「ほか」に改める。

第百十四条　法人の代表者又は法人若しくは人の代理人、使用人その他の従事者が、その法人又は人の業務に関し、第百十条及び第百十一条から第百十三条までの違反行為をしたときは、行為者を罰するほか、その法人又は人に対しても各本条の罰金刑を科する。

【　七十三次改正　】

電波法の一部を改正する法律（平成十五年六月六日法律第六十八号）

第百十四条中「第百十条及び第百十一条から第百十三条まで」を「次の各号に掲げる規定」に、「又は人に対しても」を「に対して当該各号に定める罰金刑を、その人に対して」に改め、同条に次の各号を加える。

第百十四条　法人の代表者又は法人若しくは人の代理人、使用人その他の従事者が、その法人又は人の業務に関し、次の各号に掲げる規定の違反行為をしたときは、行為者を罰するほか、その法人に対して当該各号に定める罰金刑を、その人に対して各本条の罰金刑を科する。

一　第百十条（第八号及び第九号に係る部分に限る。）　一億円以下の罰金刑

二　第百十条（第八号及び第九号に係る部分を除く。）、第百十条の二又は第百十一条から第百十三条まで　各本条の罰金刑

【八十四次改正】

放送法等の一部を改正する法律（平成十九年十二月二十八日法律第百三十六号）第二条

> 第百十四条中「第八号及び第九号」を「第九号及び第十号」に改める。

第百十四条　法人の代表者又は法人若しくは人の代理人、使用人その他の従事者が、その法人又は人の業務に関し、次の各号に掲げる規定の違反行為をしたときは、行為者を罰するほか、その法人に対して当該各号に定める罰金刑を、その人に対して各本条の罰金刑を科する。

一　第百十条（第九号及び第十号に係る部分に限る。）　一億円以下の罰金刑

二　第百十条（第九号及び第十号に係る部分を除く。）、第百十条の二又は第百十一条から第百十三条まで　各本条の罰金刑

【八十九次改正】

放送法等の一部を改正する法律（平成二十二年十二月三日法律第六十五号）第三条

> 第百十四条各号中「第九号及び第十号」を「第十一号及び第十二号」に改める。

第百十四条　法人の代表者又は法人若しくは人の代理人、使用人その他の従事者が、その法人又は人の業務に関し、次の各号に掲げる規定の違反行為をしたときは、行為者を罰するほか、その法人に対して当該各号に定める罰金刑を、その人に対して各本条の罰金刑を科する。

一　第百十条（第十一号及び第十二号に係る部分に限る。）　一億円以下の罰金刑

二　第百十条（第十一号及び第十二号に係る部分を除く。）、第百十条の二又は第百十一条から第百十三条まで　各本条の罰金刑

第百十五条

【制定】

電波法（昭和二十五年五月二日法律第百三十一号）

第百十五条　第九十一条の規定による審理官の処分に違反して、出頭せず、陳述をせず、若しくは虚偽の陳述をし、又は報告をせず、若しくは虚偽の報告をした者は、三千円以下の過料に処する。

【九次改正】

行政不服審査法の施行に伴う関係法律の整理等に関する法律（昭和三十七年九月十五日法律第百六十一号）第二百二十条

> 第百十五条中「第九十一条」を「第九十二条の二」に、「報告をせず、若しくは

虚偽の報告をし」を「鑑定をせず、若しくは虚偽の鑑定をし」に改める。

第百十五条　第九十二条の二の規定による審理官の処分に違反して、出頭せず、陳述をせず、若しくは虚偽の陳述をし、又は鑑定をせず、若しくは虚偽の鑑定をした者は、三千円以下の過料に処する。

【二十五次改正】

電波法の一部を改正する法律（昭和五十六年五月二十三日法律第四十九号）

第百十五条中「三千円」を「十万円」に改める。

第百十五条　第九十二条の二の規定による審理官の処分に違反して、出頭せず、陳述をせず、若しくは虚偽の陳述をし、又は鑑定をせず、若しくは虚偽の鑑定をした者は、十万円以下の過料に処する。

【四十六次改正】

電波法の一部を改正する法律（平成五年六月十六日法律第七十一号）

第百十五条及び第百十六条中「十万円」を「三十万円」に改める。

第百十五条　第九十二条の二の規定による審理官の処分に違反して、出頭せず、陳述をせず、若しくは虚偽の陳述をし、又は鑑定をせず、若しくは虚偽の鑑定をした者は、三十万円以下の過料に処する。

第百十六条

【制定】

電波法（昭和二十五年五月二日法律第百三十一号）

第百十六条　左の各号の一に該当する者は、三千円以下の過料に処する。

一　第二十条第三項の規定に違反して、届出をしない者

二　第二十二条（第百条第三項において準用する場合を含む。）の規定に違反して届出をしない者

三　第二十四条（第百条第三項において準用する場合を含む。）の規定に違反して、免許状を返納しない者

【十一次改正】

電波法の一部を改正する法律（昭和三十九年七月四日法律第百四十九号）

第百十六条に次の一号を加える。

（追加された第四号の規定は、後掲の条文の通り。）

第百十六条　左の各号の一に該当する者は、三千円以下の過料に処する。

一　第二十条第三項の規定に違反して、届出をしない者

二　第二十二条（第百条第三項において準用する場合を含む。）の規定に違反して届出をしない者

三　第二十四条（第百条第三項において準用する場合を含む。）の規定に違反して、免許状を返納しない者

四　第百二条の三第五項の規定に違反して、届出をしない者

【十七次改正】

許可、認可等の整理に関する法律（昭和四十七年七月一日法律第百十一号）第十三条

第百十六条第一号中「第二十条第三項」を「第二十条第六項（同条第七項において準用する場合を含む。）」に改め、同条第二号及び第三号中「第百条第三項」を「第百条第五項」に改め、同条第四号を同条第五号とし、同条第三号の次に次の一号を加える。
（追加された第四号の規定は、後掲の条文の通り。）

第百十六条　左の各号の一に該当する者は、三千円以下の過料に処する。
一　第二十条第六項（同条第七項において準用する場合を含む。）の規定に違反して、届出をしない者
二　第二十二条（第百条第五項において準用する場合を含む。）の規定に違反して届出をしない者
三　第二十四条（第百条第五項において準用する場合を含む。）の規定に違反して、免許状を返納しない者
四　第百条第四項の規定に違反して、届出をしない者
五　第百二条の三第五項の規定に違反して、届出をしない者

【二十五次改正】
電波法の一部を改正する法律（昭和五十六年五月二十三日法律第四十九号）

第百十六条中「左の」を「次の」に、「三千円」を「十万円」に改める。

第百十六条　次の各号の一に該当する者は、十万円以下の過料に処する。
一　第二十条第六項（同条第七項において準用する場合を含む。）の規定に違反して、届出をしない者
二　第二十二条（第百条第五項において準用する場合を含む。）の規定に違反して届出をしない者
三　第二十四条（第百条第五項において準用する場合を含む。）の規定に違反して、免許状を返納しない者
四　第百条第四項の規定に違反して、届出をしない者
五　第百二条の三第五項の規定に違反して、届出をしない者

【四十六次改正】
電波法の一部を改正する法律（平成五年六月十六日法律第七十一号）

第百十五条及び第百十六条中「十万円」を「三十万円」に改める。

第百十六条　次の各号の一に該当する者は、三十万円以下の過料に処する。
一　第二十条第六項（同条第七項において準用する場合を含む。）の規定に違反して、届出をしない者
二　第二十二条（第百条第五項において準用する場合を含む。）の規定に違反して届出をしない者
三　第二十四条（第百条第五項において準用する場合を含む。）の規定に違反して、免許状を返納しない者
四　第百条第四項の規定に違反して、届出をしない者
五　第百二条の三第五項の規定に違反して、届出をしない者

【五十二次改正】
電波法の一部を改正する法律（平成九年五月九日法律第四十七号）

第百十六条中第五号を第九号とし、第四号を第八号とし、第三号の次に次の四号を加える。

（追加された第七号の規定は、後掲の条文の通り。）

第百十六条に次の一号を加える。

（追加された第十号の規定は、後掲の条文の通り。）

第百十六条　次の各号の一に該当する者は、三十万円以下の過料に処する。

一　第二十条第六項（同条第七項において準用する場合を含む。）の規定に違反して、届出をしない者

二　第二十二条（第百条第五項において準用する場合を含む。）の規定に違反して届出をしない者

三　第二十四条（第百条第五項において準用する場合を含む。）の規定に違反して、免許状を返納しない者

（四～六：未施行）

七　第二十七条の十第一項の規定に違反して、届出をしない者

八　第百条第四項の規定に違反して、届出をしない者

九　第百二条の三第五項の規定に違反して、届出をしない者

十　第百三条の二第二項又は第三項の規定に違反して、届出をせず、又は虚偽の届出をした者

［注釈］一部改正法附則第一条（施行期日等）本文により、同法は公布の日から起算して六月を超えない範囲内において政令で定める日（平成九年十月一日）から施行されたが、同条ただし書において「第百十六条の改正規定中第五号を第九号とし、第四号を第八号とし、第三号の次に四号を加える改正規定（第四号から第六号までに係る部分に限る。）」は、平成十年四月一日から施行するとされている。つまり、平成九年十月一日を施行期日とする五十二次改正においては第七号のみが追加され、第四号から第六号までの規定は、平成十年四月一日を施行期日とする五十四次改正において追加されることとなる。したがって、両改正の間の第四号から第六号は、「公布されたが未施行の状態」となるため、前掲の条文では、空白とした。

【五十四次改正】

電波法の一部を改正する法律（平成九年五月九日法律第四十七号）

第百十六条中第五号を第九号とし、第四号を第八号とし、第三号の次に次の四号を加える。

（追加された第四号から第六号までの規定は、後掲の条文の通り。）

第百十六条　次の各号の一に該当する者は、三十万円以下の過料に処する。

一　第二十条第六項（同条第七項において準用する場合を含む。）の規定に違反して、届出をしない者

二　第二十二条（第百条第五項において準用する場合を含む。）の規定に違反して届出をしない者

三　第二十四条（第百条第五項において準用する場合を含む。）の規定に違反して、免許状を返納しない者

四　第二十四条の五第二項の規定に違反して、届出をしない者

五　第二十四条の六第一項の規定に違反して、届出をしない者

六　第二十四条の七の規定に違反して、認定証を返納しない者

七　第二十七条の十第一項の規定に違反して、届出をしない者

八　第百条第四項の規定に違反して、届出をしない者

九　第百二条の三第五項の規定に違反して、届出をしない者

十　第百三条の二第二項又は第三項の規定に違反して、届出をせず、又は虚偽の届出をした者

［注釈］五十四次改正においては、第四号から第六号までの規定の追加が施行された。その他の部分は、五十二次改正において施行済である。

【六十次改正】

電波法の一部を改正する法律（平成十二年六月二日法律第百九号）

> 第百十六条第一号中「第二十条第六項（同条第七項」を「第二十条第七項（同条第八項及び第二十七条の十六」に改める。

第百十六条　次の各号の一に該当する者は、三十万円以下の過料に処する。

一　第二十条第七項（同条第八項及び第二十七条の十六において準用する場合を含む。）の規定に違反して、届出をしない者

二　第二十二条（第百条第五項において準用する場合を含む。）の規定に違反して届出をしない者

三　第二十四条（第百条第五項において準用する場合を含む。）の規定に違反して、免許状を返納しない者

四　第二十四条の五第二項の規定に違反して、届出をしない者

五　第二十四条の六第一項の規定に違反して、届出をしない者

六　第二十四条の七の規定に違反して、認定証を返納しない者

七　第二十七条の十第一項の規定に違反して、届出をしない者

八　第百条第四項の規定に違反して、届出をしない者

九　第百二条の三第五項の規定に違反して、届出をしない者

十　第百三条の二第二項又は第三項の規定に違反して、届出をせず、又は虚偽の届出をした者

【六十八次改正】

電波法の一部を改正する法律（平成十三年六月十五日法律第四十八号）

> 第百十六条第十号中「第百三条の二第二項又は第三項」を「第百三条の二第三項又は第四項」に改める。

第百十六条　次の各号の一に該当する者は、三十万円以下の過料に処する。

一　第二十条第七項（同条第八項及び第二十七条の十六において準用する場合を含む。）の規定に違反して、届出をしない者

二　第二十二条（第百条第五項において準用する場合を含む。）の規定に違反して届出をしない者

三　第二十四条（第百条第五項において準用する場合を含む。）の規定に違反して、免許状を返納しない者

四　第二十四条の五第二項の規定に違反して、届出をしない者

五　第二十四条の六第一項の規定に違反して、届出をしない者

六　第二十四条の七の規定に違反して、認定証を返納しない者

七　第二十七条の十第一項の規定に違反して、届出をしない者

八　第百条第四項の規定に違反して、届出をしない者

九　第百二条の三第五項の規定に違反して、届出をしない者

十　第百三条の二第三項又は第四項の規定に違反して、届出をせず、又は虚偽の届出をした者

【七十二次改正】

電波法の一部を改正する法律（平成十四年五月十日法律第三十八号）

> 第百十六条中第十号を第十一号とし、第七号から第九号までを一号ずつ繰り下げ、第六号の次に次の一号を加える。
> （追加された第七号の規定は、後掲の条文の通り、）

第百十六条　次の各号の一に該当する者は、三十万円以下の過料に処する。

一　第二十条第七項（同条第八項及び第二十七条の十六において準用する場合を含む。）の規定に違反して、届出をしない者

二　第二十二条（第百条第五項において準用する場合を含む。）の規定に違反して届出をしない者

三　第二十四条（第百条第五項において準用する場合を含む。）の規定に違反して、免許状を返納しない者

四　第二十四条の五第二項の規定に違反して、届出をしない者

五　第二十四条の六第一項の規定に違反して、届出をしない者

六　第二十四条の七の規定に違反して、認定証を返納しない者

七　第二十五条第三項の規定に違反して、情報を同条第二項の調査の用に供する目的以外の目的のために利用し、又は提供した者

八　第二十七条の十第一項の規定に違反して、届出をしない者

九　第百条第四項の規定に違反して、届出をしない者

十　第百二条の三第五項の規定に違反して、届出をしない者

十一　第百三条の二第三項又は第四項の規定に違反して、届出をせず、又は虚偽の届出をした者

【七十三次改正】

電波法の一部を改正する法律（平成十五年六月六日法律第六十八号）

第百十六条中「一に」を「いずれかに」に改め、同条第十一号中「第百三条の二第三項又は第四項」を「第百三条の二第四項又は第五項」に改め、同号を同条第十五号とし、同条中第十号を第十四号とし、第九号を第十三号とし、第八号を第九号とし、同号の次に次の三号を加える。

（追加された第十号から第十二号までの規定は、後掲の条文の通り。）

第百十六条第七号を同条第八号とし、同条第六号中「第二十四条の七」を「第二十四条の十二」に、「認定証」を「登録証」に改め、同号を同条第七号とし、同条第五号中「第二十四条の六第一項」を「第二十四条の九第一項」に、「届出をしない」を「届出をせず、又は虚偽の届出をした」に改め、同号を同条第六号とし、同条第四号中「第二十四条の五第二項」を「第二十四条の六第二項」に、「届出をしない」を「届出をせず、又は虚偽の届出をした」に改め、同号を同条第五号とし、同条第三号の次に次の一号を加える。

（追加された第四号の規定は、後掲の条文の通り。）

第百十六条　次の各号のいずれかに該当する者は、三十万円以下の過料に処する。

一　第二十条第七項（同条第八項及び第二十七条の十六において準用する場合を含む。）の規定に違反して、届出をしない者

二　第二十二条（第百条第五項において準用する場合を含む。）の規定に違反して届出をしない者

三　第二十四条（第百条第五項において準用する場合を含む。）の規定に違反して、免許状を返納しない者

四　第二十四条の五第一項の規定に違反して、届出をせず、又は虚偽の届出をした者

五　第二十四条の六第二項の規定に違反して、届出をせず、又は虚偽の届出をした者

六　第二十四条の九第一項の規定に違反して、届出をせず、又は虚偽の届出をした者

七　第二十四条の十二の規定に違反して、登録証を返納しない者

八　第二十五条第三項の規定に違反して、情報を同条第二項の調査の用に供する

目的以外の目的のために利用し、又は提供した者

九　第二十七条の十第一項の規定に違反して、届出をしない者

十　第三十八条の五第二項の規定に違反して、届出をせず、又は虚偽の届出をした者

十一　第三十八条の十一第一項の規定に違反して財務諸表等を備えて置かず、財務諸表等に記載すべき事項を記載せず、若しくは虚偽の記載をし、又は正当な理由がないのに同条第二項の規定による請求を拒んだ者

十二　第三十八条の三十三第五項の規定に違反して、届出をせず、又は虚偽の届出をした者

十三　第百条第四項の規定に違反して、届出をしない者

十四　第百二条の三第五項の規定に違反して、届出をしない者

十五　第百三条の二第四項又は第五項の規定に違反して、届出をせず、又は虚偽の届出をした者

【　七十六次改正　】

電波法及び有線電気通信法の一部を改正する法律（平成十六年五月十九日法律第四十七号）第一条

第百十六条第十号中「第三十八条の五第二項」の下に「（第七十一条の三の二第十一項において準用する場合を含む。）」を加え、同条第十一号中「第三十八条の十一第一項」の下に「（第七十一条の三の二第十一項において準用する場合を含む。）」を加え、「同条第二項」を「第三十八条の十一第二項（第七十一条の三の二第十一項において準用する場合を含む。）」に改め、同条第十五号中「第百三条の二第四項又は第五項」を「第百三条の二第三項、第四項、第八項、第九項又は第十六項」に改める。

第百十六条　次の各号のいずれかに該当する者は、三十万円以下の過料に処する。

一　第二十条第七項（同条第八項及び第二十七条の十六において準用する場合を含む。）の規定に違反して、届出をしない者

二　第二十二条（第百条第五項において準用する場合を含む。）の規定に違反して届出をしない者

三　第二十四条（第百条第五項において準用する場合を含む。）の規定に違反して、免許状を返納しない者

四　第二十四条の五第一項の規定に違反して、届出をせず、又は虚偽の届出をした者

五　第二十四条の六第二項の規定に違反して、届出をせず、又は虚偽の届出をした者

六　第二十四条の九第一項の規定に違反して、届出をせず、又は虚偽の届出をした者

七　第二十四条の十二の規定に違反して、登録証を返納しない者

八　第二十五条第三項の規定に違反して、情報を同条第二項の調査の用に供する目的以外の目的のために利用し、又は提供した者

九　第二十七条の十第一項の規定に違反して、届出をしない者

十　第三十八条の五第二項（第七十一条の三の二第十一項において準用する場合を含む。）の規定に違反して、届出をせず、又は虚偽の届出をした者

十一　第三十八条の十一第一項（第七十一条の三の二第十一項において準用する場合を含む。）の規定に違反して財務諸表等を備えて置かず、財務諸表等に記載すべき事項を記載せず、若しくは虚偽の記載をし、又は正当な理由がないのに第三十八条の十一第二項（第七十一条の三の二第十一項において準用する場合を含む。）の規定による請求を拒んだ者

十二　第三十八条の三十三第五項の規定に違反して、届出をせず、又は虚偽の届

出をした者

十三　第百条第四項の規定に違反して、届出をしない者

十四　第百二条の三第五項の規定に違反して、届出をしない者

十五　第百三条の二第三項、第四項、第八項、第九項又は第十六項の規定に違反して、届出をせず、又は虚偽の届出をした者

【八十次改正】

電波法及び有線電気通信法の一部を改正する法律（平成十六年五月十九日法律第四十七号）第二条

第百十六条中第十五号を第二十号とし、第十号から第十四号までを五号ずつ繰り下げ、第九号の次に次の五号を加える。

（追加された第十号から第十四号までの規定は、後掲の条文の通り。）

第百十六条　次の各号のいずれかに該当する者は、三十万円以下の過料に処する。

一　第二十条第七項（同条第八項及び第二十七条の十六において準用する場合を含む。）の規定に違反して、届出をしない者

二　第二十二条（第百条第五項において準用する場合を含む。）の規定に違反して届出をしない者

三　第二十四条（第百条第五項において準用する場合を含む。）の規定に違反して、免許状を返納しない者

四　第二十四条の五第一項の規定に違反して、届出をせず、又は虚偽の届出をした者

五　第二十四条の六第二項の規定に違反して、届出をせず、又は虚偽の届出をした者

六　第二十四条の九第一項の規定に違反して、届出をせず、又は虚偽の届出をした者

七　第二十四条の十二の規定に違反して、登録証を返納しない者

八　第二十五条第三項の規定に違反して、情報を同条第二項の調査の用に供する目的以外の目的のために利用し、又は提供した者

九　第二十七条の十第一項の規定に違反して、届出をしない者

十　第二十七条の二十三第四項の規定に違反して、届出をせず、又は虚偽の届出をした者

十一　第二十七条の二十四第二項（第二十七条の三十四第二項において読み替えて適用する場合を含む。）の規定に違反して、届出をしない者

十二　第二十七条の二十六第一項の規定に違反して、届出をしない者

十三　第二十七条の二十八（第二十七条の三十四第二項において読み替えて適用する場合を含む。）の規定に違反して、登録状を返納しない者

十四　第二十七条の三十第四項の規定に違反して、届出をせず、又は虚偽の届出をした者

十五　第三十八条の五第二項（第七十一条の三の二第十一項において準用する場合を含む。）の規定に違反して、届出をせず、又は虚偽の届出をした者

十六　第三十八条の十一第一項（第七十一条の三の二第十一項において準用する場合を含む。）の規定に違反して財務諸表等を備えて置かず、財務諸表等に記載すべき事項を記載せず、若しくは虚偽の記載をし、又は正当な理由がないのに第三十八条の十一第二項（第七十一条の三の二第十一項において準用する場合を含む。）の規定による請求を拒んだ者

十七　第三十八条の三十三第五項の規定に違反して、届出をせず、又は虚偽の届出をした者

十八　第百条第四項の規定に違反して、届出をしない者

十九　第百二条の三第五項の規定に違反して、届出をしない者

二十　第百三条の二第三項、第四項、第八項、第九項又は第十六項の規定に違反して、届出をせず、又は虚偽の届出をした者

【八十一次改正】

電波法及び放送法の一部を改正する法律（平成十七年十一月二日法律第百七号）第一条

第百十六条第二十号中「第百三条の二第三項、第四項、第八項、第九項又は第十六項」を「第百三条の二第五項、第六項、第十項、第十一項又は第十八項」に改める。

第百十六条　次の各号のいずれかに該当する者は、三十万円以下の過料に処する。

一　第二十条第七項（同条第八項及び第二十七条の十六において準用する場合を含む。）の規定に違反して、届出をしない者

二　第二十二条（第百条第五項において準用する場合を含む。）の規定に違反して届出をしない者

三　第二十四条（第百条第五項において準用する場合を含む。）の規定に違反して、免許状を返納しない者

四　第二十四条の五第一項の規定に違反して、届出をせず、又は虚偽の届出をした者

五　第二十四条の六第二項の規定に違反して、届出をせず、又は虚偽の届出をした者

六　第二十四条の九第一項の規定に違反して、届出をせず、又は虚偽の届出をした者

七　第二十四条の十二の規定に違反して、登録証を返納しない者

八　第二十五条第三項の規定に違反して、情報を同条第二項の調査の用に供する目的以外の目的のために利用し、又は提供した者

九　第二十七条の十第一項の規定に違反して、届出をしない者

十　第二十七条の二十三第四項の規定に違反して、届出をせず、又は虚偽の届出をした者

十一　第二十七条の二十四第二項（第二十七条の三十四第二項において読み替えて適用する場合を含む。）の規定に違反して、届出をしない者

十二　第二十七条の二十六第一項の規定に違反して、届出をしない者

十三　第二十七条の二十八（第二十七条の三十四第二項において読み替えて適用する場合を含む。）の規定に違反して、登録状を返納しない者

十四　第二十七条の三十第四項の規定に違反して、届出をせず、又は虚偽の届出をした者

十五　第三十八条の五第二項（第七十一条の三の二第十一項において準用する場合を含む。）の規定に違反して、届出をせず、又は虚偽の届出をした者

十六　第三十八条の十一第一項（第七十一条の三の二第十一項において準用する場合を含む。）の規定に違反して財務諸表等を備えて置かず、財務諸表等に記載すべき事項を記載せず、若しくは虚偽の記載をし、又は正当な理由がないのに第三十八条の十一第二項（第七十一条の三の二第十一項において準用する場合を含む。）の規定による請求を拒んだ者

十七　第三十八条の三十三第五項の規定に違反して、届出をせず、又は虚偽の届出をした者

十八　第百条第四項の規定に違反して、届出をしない者

十九　第百二条の三第五項の規定に違反して、届出をしない者

二十　第百三条の二第五項、第六項、第十項、第十一項又は第十八項の規定に違反して、届出をせず、又は虚偽の届出をした者

【八十四次改正】

放送法等の一部を改正する法律（平成十九年十二月二十八日法律第百三十六号）第二条

> 第百十六条中第二十号を第二十一号とし、第十九号を第二十号とし、第十八号を第十九号とし、第十七号の次に次の一号を加える。
> （追加された第十八号の規定は、後掲の条文の通り。）

第百十六条　次の各号のいずれかに該当する者は、三十万円以下の過料に処する。

一　第二十条第七項（同条第八項及び第二十七条の十六において準用する場合を含む。）の規定に違反して、届出をしない者

二　第二十二条（第百条第五項において準用する場合を含む。）の規定に違反して届出をしない者

三　第二十四条（第百条第五項において準用する場合を含む。）の規定に違反して、免許状を返納しない者

四　第二十四条の五第一項の規定に違反して、届出をせず、又は虚偽の届出をした者

五　第二十四条の六第二項の規定に違反して、届出をせず、又は虚偽の届出をした者

六　第二十四条の九第一項の規定に違反して、届出をせず、又は虚偽の届出をした者

七　第二十四条の十二の規定に違反して、登録証を返納しない者

八　第二十五条第三項の規定に違反して、情報を同条第二項の調査の用に供する目的以外の目的のために利用し、又は提供した者

九　第二十七条の十第一項の規定に違反して、届出をしない者

十　第二十七条の二十三第四項の規定に違反して、届出をせず、又は虚偽の届出をした者

十一　第二十七条の二十四第二項（第二十七条の三十四第二項において読み替えて適用する場合を含む。）の規定に違反して、届出をしない者

十二　第二十七条の二十六第一項の規定に違反して、届出をしない者

十三　第二十七条の二十八（第二十七条の三十四第二項において読み替えて適用する場合を含む。）の規定に違反して、登録状を返納しない者

十四　第二十七条の三十第四項の規定に違反して、届出をせず、又は虚偽の届出をした者

十五　第三十八条の五第二項（第七十一条の三の二第十一項において準用する場合を含む。）の規定に違反して、届出をせず、又は虚偽の届出をした者

十六　第三十八条の十一第一項（第七十一条の三の二第十一項において準用する場合を含む。）の規定に違反して財務諸表等を備えて置かず、財務諸表等に記載すべき事項を記載せず、若しくは虚偽の記載をし、又は正当な理由がないのに第三十八条の十一第二項（第七十一条の三の二第十一項において準用する場合を含む。）の規定による請求を拒んだ者

十七　第三十八条の三十三第五項の規定に違反して、届出をせず、又は虚偽の届出をした者

十八　第七十条の七第二項（第七十条の八第二項において準用する場合を含む。）の規定に違反して、届出をせず、又は虚偽の届出をした者

十九　第百条第四項の規定に違反して、届出をしない者

二十　第百二条の三第五項の規定に違反して、届出をしない者

二十一　第百三条の二第五項、第六項、第十項、第十一項又は第十八項の規定に違反して、届出をせず、又は虚偽の届出をした者

【八十五次改正】

電波法の一部を改正する法律（平成二十年五月三十日法律第五十号）

第百十六条第十八号中「第七十条の八第二項」の下に「及び第七十条の九第二項」を加える。

第百十六条　次の各号のいずれかに該当する者は、三十万円以下の過料に処する。

一　第二十条第七項（同条第八項及び第二十七条の十六において準用する場合を含む。）の規定に違反して、届出をしない者

二　第二十二条（第百条第五項において準用する場合を含む。）の規定に違反して届出をしない者

三　第二十四条（第百条第五項において準用する場合を含む。）の規定に違反して、免許状を返納しない者

四　第二十四条の五第一項の規定に違反して、届出をせず、又は虚偽の届出をした者

五　第二十四条の六第二項の規定に違反して、届出をせず、又は虚偽の届出をした者

六　第二十四条の九第一項の規定に違反して、届出をせず、又は虚偽の届出をした者

七　第二十四条の十二の規定に違反して、登録証を返納しない者

八　第二十五条第三項の規定に違反して、情報を同条第二項の調査の用に供する目的以外の目的のために利用し、又は提供した者

九　第二十七条の十第一項の規定に違反して、届出をしない者

十　第二十七条の二十三第四項の規定に違反して、届出をせず、又は虚偽の届出をした者

十一　第二十七条の二十四第二項（第二十七条の三十四第二項において読み替えて適用する場合を含む。）の規定に違反して、届出をしない者

十二　第二十七条の二十六第一項の規定に違反して、届出をしない者

十三　第二十七条の二十八（第二十七条の三十四第二項において読み替えて適用する場合を含む。）の規定に違反して、登録状を返納しない者

十四　第二十七条の三十第四項の規定に違反して、届出をせず、又は虚偽の届出をした者

十五　第三十八条の五第二項（第七十一条の三の二第十一項において準用する場合を含む。）の規定に違反して、届出をせず、又は虚偽の届出をした者

十六　第三十八条の十一第一項（第七十一条の三の二第十一項において準用する場合を含む。）の規定に違反して財務諸表等を備えて置かず、財務諸表等に記載すべき事項を記載せず、若しくは虚偽の記載をし、又は正当な理由がないのに第三十八条の十一第二項（第七十一条の三の二第十一項において準用する場合を含む。）の規定による請求を拒んだ者

十七　第三十八条の三十三第五項の規定に違反して、届出をせず、又は虚偽の届出をした者

十八　第七十条の七第二項（第七十条の八第二項及び第七十条の九第二項において準用する場合を含む。）の規定に違反して、届出をせず、又は虚偽の届出をした者

十九　第百条第四項の規定に違反して、届出をしない者

二十　第百二条の三第五項の規定に違反して、届出をしない者

二十一　第百三条の二第五項、第六項、第十項、第十一項又は第十八項の規定に違反して、届出をせず、又は虚偽の届出をした者

【八十九次改正】

放送法等の一部を改正する法律（平成二十二年十二月三日法律第六十五号）第三条

第百十六条中第二十一号を第二十三号とし、第十六号から第二十号までを二号

ずつ繰り下げ、第十五号を第十六号とし、同号の次に次の一号を加える。
（追加された第十七号の規定は、後掲の条文の通り。）

第百十六条中第十四号を第十五号とし、第九号から第十三号までを一号ずつ繰り下げ、第八号の次に次の一号を加える。
（追加された第九号の規定は、後掲の条文の通り。）

第百十六条　次の各号のいずれかに該当する者は、三十万円以下の過料に処する。

一　第二十条第七項（同条第八項及び第二十七条の十六において準用する場合を含む。）の規定に違反して、届出をしない者

二　第二十二条（第百条第五項において準用する場合を含む。）の規定に違反して届出をしない者

三　第二十四条（第百条第五項において準用する場合を含む。）の規定に違反して、免許状を返納しない者

四　第二十四条の五第一項の規定に違反して、届出をせず、又は虚偽の届出をした者

五　第二十四条の六第二項の規定に違反して、届出をせず、又は虚偽の届出をした者

六　第二十四条の九第一項の規定に違反して、届出をせず、又は虚偽の届出をした者

七　第二十四条の十二の規定に違反して、登録証を返納しない者

八　第二十五条第三項の規定に違反して、情報を同条第二項の調査の用に供する目的以外の目的のために利用し、又は提供した者

九　第二十七条の六第三項（特定無線局の廃止の届出に係る部分に限る。）の規定に違反して、届出をしない者

十　第二十七条の十第一項の規定に違反して、届出をしない者

十一　第二十七条の二十三第四項の規定に違反して、届出をせず、又は虚偽の届出をした者

十二　第二十七条の二十四第二項（第二十七条の三十四第二項において読み替えて適用する場合を含む。）の規定に違反して、届出をしない者

十三　第二十七条の二十六第一項の規定に違反して、届出をしない者

十四　第二十七条の二十八（第二十七条の三十四第二項において読み替えて適用する場合を含む。）の規定に違反して、登録状を返納しない者

十五　第二十七条の三十第四項の規定に違反して、届出をせず、又は虚偽の届出をした者

十六　第三十八条の五第二項（第七十一条の三の二第十一項において準用する場合を含む。）の規定に違反して、届出をせず、又は虚偽の届出をした者

十七　第三十八条の六第三項（第三十八条の二十九において準用する場合を含む。）の規定に違反して、届出をせず、又は虚偽の届出をした者

十八　第三十八条の十一第一項（第七十一条の三の二第十一項において準用する場合を含む。）の規定に違反して財務諸表等を備えて置かず、財務諸表等に記載すべき事項を記載せず、若しくは虚偽の記載をし、又は正当な理由がないのに第三十八条の十一第二項（第七十一条の三の二第十一項において準用する場合を含む。）の規定による請求を拒んだ者

十九　第三十八条の三十三第五項の規定に違反して、届出をせず、又は虚偽の届出をした者

二十　第七十条の七第二項（第七十条の八第二項及び第七十条の九第二項において準用する場合を含む。）の規定に違反して、届出をせず、又は虚偽の届出をした者

二十一　第百条第四項の規定に違反して、届出をしない者

二十二　第百二条の三第五項の規定に違反して、届出をしない者

二十三　第百三条の二第五項、第六項、第十項、第十一項又は第十八項の規定に違反して、届出をせず、又は虚偽の届出をした者

【　九十一次改正　】

放送法等の一部を改正する法律（平成二十二年十二月三日法律第六十五号）第四条

第百十六条第一号中「第二十条第七項」を「第二十条第九項」に、「同条第八項」を「同条第十項」に改める。

第百十六条　次の各号のいずれかに該当する者は、三十万円以下の過料に処する。

一　第二十条第九項（同条第十項及び第二十七条の十六において準用する場合を含む。）の規定に違反して、届出をしない者

二　第二十二条（第百条第五項において準用する場合を含む。）の規定に違反して届出をしない者

三　第二十四条（第百条第五項において準用する場合を含む。）の規定に違反して、免許状を返納しない者

四　第二十四条の五第一項の規定に違反して、届出をせず、又は虚偽の届出をした者

五　第二十四条の六第二項の規定に違反して、届出をせず、又は虚偽の届出をした者

六　第二十四条の九第一項の規定に違反して、届出をせず、又は虚偽の届出をした者

七　第二十四条の十二の規定に違反して、登録証を返納しない者

八　第二十五条第三項の規定に違反して、情報を同条第二項の調査の用に供する目的以外の目的のために利用し、又は提供した者

九　第二十七条の六第三項（特定無線局の廃止の届出に係る部分に限る。）の規定に違反して、届出をしない者

十　第二十七条の十第一項の規定に違反して、届出をしない者

十一　第二十七条の二十三第四項の規定に違反して、届出をせず、又は虚偽の届出をした者

十二　第二十七条の二十四第二項（第二十七条の三十四第二項において読み替えて適用する場合を含む。）の規定に違反して、届出をしない者

十三　第二十七条の二十六第一項の規定に違反して、届出をしない者

十四　第二十七条の二十八（第二十七条の三十四第二項において読み替えて適用する場合を含む。）の規定に違反して、登録状を返納しない者

十五　第二十七条の三十第四項の規定に違反して、届出をせず、又は虚偽の届出をした者

十六　第三十八条の五第二項（第七十一条の三の二第十一項において準用する場合を含む。）の規定に違反して、届出をせず、又は虚偽の届出をした者

十七　第三十八条の六第三項（第三十八条の二十九において準用する場合を含む。）の規定に違反して、届出をせず、又は虚偽の届出をした者

十八　第三十八条の十一第一項（第七十一条の三の二第十一項において準用する場合を含む。）の規定に違反して財務諸表等を備えて置かず、財務諸表等に記載すべき事項を記載せず、若しくは虚偽の記載をし、又は正当な理由がないのに第三十八条の十一第二項（第七十一条の三の二第十一項において準用する場合を含む。）の規定による請求を拒んだ者

十九　第三十八条の三十三第五項の規定に違反して、届出をせず、又は虚偽の届出をした者

二十　第七十条の七第二項（第七十条の八第二項及び第七十条の九第二項において準用する場合を含む。）の規定に違反して、届出をせず、又は虚偽の届出をした者

二十一　第百条第四項の規定に違反して、届出をしない者
二十二　第百二条の三第五項の規定に違反して、届出をしない者
二十三　第百三条の二第五項、第六項、第十項、第十一項又は第十八項の規定に違反して、届出をせず、又は虚偽の届出をした者

【九十二次改正】

電波法の一部を改正する法律（平成二十三年六月一日法律第六十号）第一条

第百十六条第八号中「調査」の下に「又は終了促進措置」を加える。

第百十六条　次の各号のいずれかに該当する者は、三十万円以下の過料に処する。
一　第二十条第九項（同条第十項及び第二十七条の十六において準用する場合を含む。）の規定に違反して、届出をしない者
二　第二十二条（第百条第五項において準用する場合を含む。）の規定に違反して届出をしない者
三　第二十四条（第百条第五項において準用する場合を含む。）の規定に違反して、免許状を返納しない者
四　第二十四条の五第一項の規定に違反して、届出をせず、又は虚偽の届出をした者
五　第二十四条の六第二項の規定に違反して、届出をせず、又は虚偽の届出をした者
六　第二十四条の九第一項の規定に違反して、届出をせず、又は虚偽の届出をした者
七　第二十四条の十二の規定に違反して、登録証を返納しない者
八　第二十五条第三項の規定に違反して、情報を同条第二項の調査又は終了促進措置の用に供する目的以外の目的のために利用し、又は提供した者
九　第二十七条の六第三項（特定無線局の廃止の届出に係る部分に限る。）の規定に違反して、届出をしない者
十　第二十七条の十第一項の規定に違反して、届出をしない者
十一　第二十七条の二十三第四項の規定に違反して、届出をせず、又は虚偽の届出をした者
十二　第二十七条の二十四第二項（第二十七条の三十四第二項において読み替えて適用する場合を含む。）の規定に違反して、届出をしない者
十三　第二十七条の二十六第一項の規定に違反して、届出をしない者
十四　第二十七条の二十八（第二十七条の三十四第二項において読み替えて適用する場合を含む。）の規定に違反して、登録状を返納しない者
十五　第二十七条の三十第四項の規定に違反して、届出をせず、又は虚偽の届出をした者
十六　第三十八条の五第二項（第七十一条の三の二第十一項において準用する場合を含む。）の規定に違反して、届出をせず、又は虚偽の届出をした者
十七　第三十八条の六第三項（第三十八条の二十九において準用する場合を含む。）の規定に違反して、届出をせず、又は虚偽の届出をした者
十八　第三十八条の十一第一項（第七十一条の三の二第十一項において準用する場合を含む。）の規定に違反して財務諸表等を備えて置かず、財務諸表等に記載すべき事項を記載せず、若しくは虚偽の記載をし、又は正当な理由がないのに第三十八条の十一第二項（第七十一条の三の二第十一項において準用する場合を含む。）の規定による請求を拒んだ者
十九　第三十八条の三十三第五項の規定に違反して、届出をせず、又は虚偽の届出をした者
二十　第七十条の七第二項（第七十条の八第二項及び第七十条の九第二項において準用する場合を含む。）の規定に違反して、届出をせず、又は虚偽の届出を

した者

二十一　第百条第四項の規定に違反して、届出をしない者

二十二　第百二条の三第五項の規定に違反して、届出をしない者

二十三　第百三条の二第五項、第六項、第十項、第十一項又は第十八項の規定に違反して、届出をせず、又は虚偽の届出をした者

【九十七次改正】

電波法の一部を改正する法律（平成二十六年四月二十三日法律第二十六号）

第百十六条第二十三号中「、第六項、第十項、第十一項又は第十八項」を「から第八項まで、第十二項、第十三項又は第二十一項」に改め、同号を同条第二十五号とし、同条中第二十二号を第二十四号とし、第二十一号を第二十三号とし、第二十号を第二十二号とし、第十九号の次に次の二号を加える。

（追加された第二十号及び第二十一号の規定は、後掲の条文の通り。）

第百十六条　次の各号のいずれかに該当する者は、三十万円以下の過料に処する。

一　第二十条第九項（同条第十項及び第二十七条の十六において準用する場合を含む。）の規定に違反して、届出をしない者

二　第二十二条（第百条第五項において準用する場合を含む。）の規定に違反して届出をしない者

三　第二十四条（第百条第五項において準用する場合を含む。）の規定に違反して、免許状を返納しない者

四　第二十四条の五第一項の規定に違反して、届出をせず、又は虚偽の届出をした者

五　第二十四条の六第二項の規定に違反して、届出をせず、又は虚偽の届出をした者

六　第二十四条の九第一項の規定に違反して、届出をせず、又は虚偽の届出をした者

七　第二十四条の十二の規定に違反して、登録証を返納しない者

八　第二十五条第三項の規定に違反して、情報を同条第二項の調査又は終了促進措置の用に供する目的以外の目的のために利用し、又は提供した者

九　第二十七条の六第三項（特定無線局の廃止の届出に係る部分に限る。）の規定に違反して、届出をしない者

十　第二十七条の十第一項の規定に違反して、届出をしない者

十一　第二十七条の二十三第四項の規定に違反して、届出をせず、又は虚偽の届出をした者

十二　第二十七条の二十四第二項（第二十七条の三十四第二項において読み替えて適用する場合を含む。）の規定に違反して、届出をしない者

十三　第二十七条の二十六第一項の規定に違反して、届出をしない者

十四　第二十七条の二十八（第二十七条の三十四第二項において読み替えて適用する場合を含む。）の規定に違反して、登録状を返納しない者

十五　第二十七条の三十第四項の規定に違反して、届出をせず、又は虚偽の届出をした者

十六　第三十八条の五第二項（第七十一条の三の二第十一項において準用する場合を含む。）の規定に違反して、届出をせず、又は虚偽の届出をした者

十七　第三十八条の六第三項（第三十八条の二十九において準用する場合を含む。）の規定に違反して、届出をせず、又は虚偽の届出をした者

十八　第三十八条の十一第一項（第七十一条の三の二第十一項において準用する場合を含む。）の規定に違反して財務諸表等を備えて置かず、財務諸表等に記載すべき事項を記載せず、若しくは虚偽の記載をし、又は正当な理由がないのに第三十八条の十一第二項（第七十一条の三の二第十一項において準用する場

合を含む。）の規定による請求を拒んだ者

十九　第三十八条の三十三第五項の規定に違反して、届出をせず、又は虚偽の届出をした者

二十　第三十八条の四十二第四項の規定に違反して、届出をせず、又は虚偽の届出をした者

二十一　第三十八条の四十六第一項の規定に違反して、届出をせず、又は虚偽の届出をした者

二十二　第七十条の七第二項（第七十条の八第二項及び第七十条の九第二項において準用する場合を含む。）の規定に違反して、届出をせず、又は虚偽の届出をした者

二十三　第百条第四項の規定に違反して、届出をしない者

二十四　第百二条の三第五項の規定に違反して、届出をしない者

二十五　第百三条の二第五項から第八項まで、第十二項、第十三項又は第二十一項の規定に違反して、届出をせず、又は虚偽の届出をした者

［注釈］第二十三号（改正後の第二十五号）の改正（文言の改正に限る。）は平成二十六年十月一日から、それ以外の部分は平成二十七年四月一日から施行された。

【百四次改正】

電波法及び電気通信事業法等の一部を改正する法律（平成二十九年五月十二日法律第二十七号）第一条

第百十六条第一号中「及び第二十七条の十六」を「、第二十七条の十六及び第七十条の五の二第九項」に改め、同条中第二十五号を第二十六号とし、第二十二号から第二十四号までを一号ずつ繰り下げ、第二十一号の次に次の一号を加える。

（追加された第二十二号の規定は、後掲の条文の通り。）

第百十六条　次の各号のいずれかに該当する者は、三十万円以下の過料に処する。

一　第二十条第九項（同条第十項、第二十七条の十六及び第七十条の五の二第九項において準用する場合を含む。）の規定に違反して、届出をしない者

二　第二十二条（第百条第五項において準用する場合を含む。）の規定に違反して届出をしない者

三　第二十四条（第百条第五項において準用する場合を含む。）の規定に違反して、免許状を返納しない者

四　第二十四条の五第一項の規定に違反して、届出をせず、又は虚偽の届出をした者

五　第二十四条の六第二項の規定に違反して、届出をせず、又は虚偽の届出をした者

六　第二十四条の九第一項の規定に違反して、届出をせず、又は虚偽の届出をした者

七　第二十四条の十二の規定に違反して、登録証を返納しない者

八　第二十五条第三項の規定に違反して、情報を同条第二項の調査又は終了促進措置の用に供する目的以外の目的のために利用し、又は提供した者

九　第二十七条の六第三項（特定無線局の廃止の届出に係る部分に限る。）の規定に違反して、届出をしない者

十　第二十七条の十第一項の規定に違反して、届出をしない者

十一　第二十七条の二十三第四項の規定に違反して、届出をせず、又は虚偽の届出をした者

十二　第二十七条の二十四第二項（第二十七条の三十四第二項において読み替えて適用する場合を含む。）の規定に違反して、届出をしない者

十三　第二十七条の二十六第一項の規定に違反して、届出をしない者

十四　第二十七条の二十八（第二十七条の三十四第二項において読み替えて適用する場合を含む。）の規定に違反して、登録状を返納しない者

十五　第二十七条の三十第四項の規定に違反して、届出をせず、又は虚偽の届出をした者

十六　第三十八条の五第二項（第七十一条の三の二第十一項において準用する場合を含む。）の規定に違反して、届出をせず、又は虚偽の届出をした者

十七　第三十八条の六第三項（第三十八条の二十九において準用する場合を含む。）の規定に違反して、届出をせず、又は虚偽の届出をした者

十八　第三十八条の十一第一項（第七十一条の三の二第十一項において準用する場合を含む。）の規定に違反して財務諸表等を備えて置かず、財務諸表等に記載すべき事項を記載せず、若しくは虚偽の記載をし、又は正当な理由がないのに第三十八条の十一第二項（第七十一条の三の二第十一項において準用する場合を含む。）の規定による請求を拒んだ者

十九　第三十八条の三十三第五項の規定に違反して、届出をせず、又は虚偽の届出をした者

二十　第三十八条の四十二第四項の規定に違反して、届出をせず、又は虚偽の届出をした者

二十一　第三十八条の四十六第一項の規定に違反して、届出をせず、又は虚偽の届出をした者

二十二　第七十条の五の二第五項の規定に違反して、届出をせず、又は虚偽の届出をした者

二十三　第七十条の七第二項（第七十条の八第二項及び第七十条の九第二項において準用する場合を含む。）の規定に違反して、届出をせず、又は虚偽の届出をした者

二十四　第百条第四項の規定に違反して、届出をしない者

二十五　第百二条の三第五項の規定に違反して、届出をしない者

二十六　第百三条の二第五項から第八項まで、第十二項、第十三項又は第二十一項の規定に違反して、届出をせず、又は虚偽の届出をした者

［注釈］この改正は、本書収録の基準日である平成二十九年六月十八日において未施行である。

第二編　電波法の変遷

第二部　一次改正から百五次改正までの逐条改正経緯

附則

附則第一項～第八項

【制定】

電波法（昭和二十五年五月二日法律第百三十一号）

（施行期日）

1　この法律は、公布の日から起算して三十日を経過した日から施行する。

（無線電信法の廃止）

2　無線電信法（大正四年法律第二十六号。以下「旧法」という。）は、廃止する。

3　旧法第六条、第十五条、第十九条、第二十一条、第二十三条、第二十四条第一項、第二十五条、第二十六条及び第二十八条の規定は、公衆通信業務に関する法律が制定施行されるまでは、この法律施行後も、なおその効力を有する。

（旧法の罰則の適用）

4　この法律の施行前にした行為に対する罰則の適用については、旧法は、この法律施行後も、なおその効力を有する。

（無線従事者に関する経過規定）

5　この法律施行の際、現に無線通信士資格検定規則（昭和六年逓信省令第八号）の規定によつて第一級、第二級、第三級、電話級又は聴守員級の無線通信士の資格を有する者は、この法律施行の日に、それぞれこの法律の規定による第一級無線通信士、第二級無線通信士、第三級無線通信士、電話級無線通信士又は聴守員級無線通信士の免許を受けたものとみなす。

6　旧電気通信技術者資格検定規則（昭和十五年逓信省令第十三号）廃止の際（昭和二十四年六月一日）、現に同規則の規定によつて第一級若しくは第二級の電気通信技術者の資格又は第三級（無線）の電気通信技術者の資格を有していた者は、この法律施行の日に、それぞれこの法律の規定による第一級。無線技術士又は第二級無線技術士の免許を受けたものとみなす。

7　前二項の規定により免許を受けたものとみなされた者は、この法律施行の日から一年以内に、この法律の規定による無線従事者免許証の交付を申請しなければ、不可抗力による場合を除く外、同期間の満了によつて、その免許は、効力を失う。

8　この法律施行の際、現に無線設備の技術操作に従事している者は、この法律施行後一年間は、第三十九条の規定にかかわらず、無線技術士の資格がなくても、無線設備の技術操作に従事することができる。

附則第九項

【制定】

電波法（昭和二十五年五月二日法律第百三十一号）

［無線従事者に関する経過規定］…附則第五項から第九項までの共通見出しである。

9　この法律施行後三年間は、第二級無線通信士は、第四十条の規定にかかわらず、東は東経百七十五度、西は東経百十三度、南は北緯二十一度、北は北緯六十三度の線によつて囲まれた区域内において、国際通信を行うため、船舶に施設する無線設備の通信操作を行うことができる。

【一次改正】

電波法の一部を改正する法律（昭和二十七年七月三十一日法律第二百四十九号）

> 附則第九項を削り、附則第十項を附則第九項とし、以下一項ずつ繰り上げる。

（この法律の施行前になした処分等）

9　第五項又は第六項に規定するものの外、旧法又はこれに基く命令の規定に基く処分、手続その他の行為は、この法律中これに相当する規定があるときは、この法律によつてしたものとみなす。この場合において、無線局（船舶安全法第四条の船舶及び漁船の操業区域の制限に関する政令第五条の漁船の船舶無線電信局を除く。）の免許の有効期間は、第十三条第一項の規定にかかわらず、この法律施行の日から起算して一年以上三年以内において無線局の種別ごとに電波監理委員会規則で定める期間とする。

[注釈] 附則第九項が削られ、附則第十項が第九項となった。

【三次改正】

郵政省設置法の一部改正に伴う関係法令の整理に関する法律（昭和二十七年七月三十一日法律第二百八十号）第二条

> 「電波監理委員会規則」を「郵政省令」に改める。

（この法律の施行前になした処分等）

9　第五項又は第六項に規定するものの外、旧法又はこれに基く命令の規定に基く処分、手続その他の行為は、この法律中これに相当する規定があるときは、この法律によつてしたものとみなす。この場合において、無線局（船舶安全法第四条の船舶及び漁船の操業区域の制限に関する政令第五条の漁船の船舶無線電信局を除く。）の免許の有効期間は、第十三条第一項の規定にかかわらず、この法律施行の日から起算して一年以上三年以内において無線局の種別ごとに郵政省令で定める期間とする。

附則第十項

【制定】

電波法（昭和二十五年五月二日法律第百三十一号）

（この法律の施行前になした処分等）

10　第五項又は第六項に規定するものの外、旧法又はこれに基く命令の規定に基く処分、手続その他の行為は、この法律中これに相当する規定があるときは、この法律によつてしたものとみなす。この場合において、無線局（船舶安全法第四条の船舶及び漁船の操業区域の制限に関する政令第五条の漁船の船舶無線電信局を除く。）の免許の有効期間は、第十三条第一項の規定にかかわらず、この法律施行の日から起算して一年以上三年以内において無線局の種別ごとに電波監理委員会規則で定める期間とする。

【一次改正】

電波法の一部を改正する法律（昭和二十七年七月三十一日法律第二百四十九号）

> 附則第九項を削り、附則第十項を附則第九項とし、以下一項ずつ繰り上げる。

（既設の高周波利用設備の許可の申請）

10　この法律の施行の際、現に第百条第一項第二号の設備を設置している者は、この法律施行の日から一年以内に当該設備につき同条同項の許可を受けなければならない。

[注釈]附則第九項が削られ、附則第十一項以下が一項ずつ繰り上げられ、附則第十一項が第十項となった。

附則第十一項

【制定】

電波法（昭和二十五年五月二日法律第百三十一号）

（既設の高周波利用設備の許可の申請）

11　この法律の施行の際、現に第百条第一項第二号の設備を設置している者は、この法律施行の日から一年以内に当該設備につき同条同項の許可を受けなければならない。

【一次改正】

電波法の一部を改正する法律（昭和二十七年七月三十一日法律第二百四十九号）

附則第九項を削り、附則第十項を附則第九項とし、以下一項ずつ繰り上げる。

[既設の高周波利用設備の許可の申請]・・・附則第十項との共通見出しである。

11　この法律施行の日から一箇月以内は、電波監理委員会は、第八十三条第一項第一号の規定にかかわらず、聴聞を行わないで同条同項同号の電波監理委員会規則を制定することができる。

[注釈一]附則第九項が削られ、附則第十一項以下が一項ずつ繰り上げられ、附則第十二項が第十一項となった。

[注釈二]本条の共通見出しについて、附則第十二項の制定時の条文の注釈を参照されたい。左記の三次改正の条文についても同様である。

【三次改正】

郵政省設置法の一部改正に伴う関係法令の整理に関する法律（昭和二十七年七月三十一日法律第二百八十号）第二条

第七章を除き、「電波監理委員会」を「郵政大臣」に改める。 「電波監理委員会規則」を「郵政省令」に改める。

[既設の高周波利用設備の許可の申請]・・・附則第十項との共通見出しである。

11　この法律施行の日から一箇月以内は、電波監理委員会は、第八十三条第一項第一号の規定にかかわらず、聴聞を行わないで同条同項同号の電波監理委員会規則を制定することができる。

[注釈]改正規定が施行された時点において、この項は既に時間的に意味を喪失しているため、改正が行われなかったと解した。

附則第十二項

【制定】

電波法（昭和二十五年五月二日法律第百三十一号）

［既設の高周波利用設備の許可の申請］・・・附則第十一項との共通見出しである。

12　この法律施行の日から一箇月以内は、電波監理委員会は、第八十三条第一項第一号の規定にかかわらず、聴聞を行わないで同条同項同号の電波監理委員会規則を制定することができる。

［注釈］本条の共通見出しについて、附則第十三項とともに、附則第十一項との共通見出しとすることは、不適当である。官報正誤の手続がとられる可能性がある。左記の一次改正及び三次改正の条文についても同様である。

【一次改正】

電波法の一部を改正する法律（昭和二十七年七月三十一日法律第二百四十九号）

附則第九項を削り、附則第十項を附則第九項とし、以下一項ずつ繰り上げる。

［既設の高周波利用設備の許可の申請］・・・附則第十項との共通見出しである。

12│前項の規定により制定された電波監理委員会規則は、この法律施行の日から六箇月を経過した日に、その効力を失う。

［注釈］附則第九項が削られ、附則第十一項以下が一項ずつ繰り上げられ、附則第十三項が第十二項となった。

【三次改正】

郵政省設置法の一部改正に伴う関係法令の整理に関する法律（昭和二十七年七月三十一日法律第二百八十号）第二条

「電波監理委員会規則」を「郵政省令」に改める。

［既設の高周波利用設備の許可の申請］・・・附則第十項との共通見出しである。

12│前項の規定により制定された電波監理委員会規則は、この法律施行の日から六箇月を経過した日に、その効力を失う。

［注釈］改正規定が施行された時点において、この項は既に時間的に意味を喪失しているため、改正が行われなかったと解した。

附則第十三項

【制定】

電波法（昭和二十五年五月二日法律第百三十一号）

［既設の高周波利用設備の許可の申請］・・・附則第十一項との共通見出しである。

13　前項の規定により制定された電波監理委員会規則は、この法律施行の日から六箇月を経過した日に、その効力を失う。

［注釈］本条の共通見出しについて、附則第十二項とともに、附則第十一項との共通見出しとすることは、不適当である。官報正誤の手続がとられる可能性がある。

【一次改正】

電波法の一部を改正する法律（昭和二十七年七月三十一日法律第二百四十九号）

> 附則第九項を削り、附則第十項を附則第九項とし、以下一項ずつ繰り上げる。

（船舶安全法等の改正）

13 船舶安全法の一部を次のように改正する。

第四条第一項中「無線電信法」を「電波法」に改める。

［注釈］附則第九項が削られ、附則第十一項以下が一項ずつ繰り上げられ、附則第十四項が第十三項となった。

【三十二次改正】

日本電信電話株式会社法及び電気通信事業法の施行に伴う関係法律の整備等に関する法律（昭和五十九年十二月二十五日法律第八十七号）第四十七項

> 附則第十三項の前の見出しを削り、同項を次のように改め、附則第十四項を削る。
> （改正後の附則第十三項の規定は、後掲の条文の通り。）

（電報の事業に関する経過措置）

13 電気通信事業法附則第五条第一項の規定により電報の事業が第一種電気通信事業とみなされる間は、第五条第二項第六号、第十六条の二、第五十条第一項、第六十三条第一項、第百二条の二第一項第一号、第百三条の二第二項第二号及び第百八条の二第一項に規定する電気通信業務には、当該電報の事業に係る業務が含まれるものとする。

【四十四次改正】

電波法の一部を改正する法律（平成三年五月二日法律第六十七号）

> 附則第十三項中「、第五十条第一項、第六十三条第一項」を削る。

（電報の事業に関する経過措置）

13 電気通信事業法附則第五条第一項の規定により電報の事業が第一種電気通信事業とみなされる間は、第五条第二項第六号、第十六条の二、第百二条の二第一項第一号、第百三条の二第二項第二号及び第百八条の二第一項に規定する電気通信業務には、当該電報の事業に係る業務が含まれるものとする。

【四十五次改正】

電波法の一部を改正する法律（平成四年六月五日法律第七十四号）

> 附則第十三項中「第百三条の二第二項第二号」を「第百三条の四第二項第二号」に改める。

（電報の事業に関する経過措置）

13 電気通信事業法附則第五条第一項の規定により電報の事業が第一種電気通信事業とみなされる間は、第五条第二項第六号、第十六条の二、第百二条の二第一項第一号、第百三条の四第二項第二号及び第百八条の二第一項に規定する電気通信業務には、当該電報の事業に係る業務が含まれるものとする。

【七十五次改正】

電気通信事業法及び日本電信電話株式会社等に関する法律の一部を改正する法律（平成十五年七月二十四日法律第百二十五号）附則第二十二条

> 附則第十三項中「第一種電気通信事業」を「電気通信事業」に改める。

（電報の事業に関する経過措置）

13　電気通信事業法附則第五条第一項の規定により電報の事業が電気通信事業とみなされる間は、第五条第二項第六号、第十六条の二、第百二条の二第一項第一号、第百三条の四第二項第二号及び第百八条の二第一項に規定する電気通信業務には、当該電報の事業に係る業務が含まれるものとする。

【八十九次改正】

放送法等の一部を改正する法律（平成二十二年十二月三日法律第六十五号）第三条

> 附則第十三項中「、第五条第二項第六号」を削り、「第十六条の二」の下に「、第二十七条の三十五第一項」を加え、「、第百三条の四第二項第二号」を削る。

（電報の事業に関する経過措置）

13　電気通信事業法附則第五条第一項の規定により電報の事業が電気通信事業とみなされる間は、第十六条の二、第二十七条の三十五第一項、第百二条の二第一項第一号及び第百八条の二第一項に規定する電気通信業務には、当該電報の事業に係る業務が含まれるものとする。

【九十一次改正】

放送法等の一部を改正する法律（平成二十二年十二月三日法律第六十五号）第四条

> 附則第十三項中「、第十六条の二」を削る。

（電報の事業に関する経過措置）

13　電気通信事業法附則第五条第一項の規定により電報の事業が電気通信事業とみなされる間は、第二十七条の三十五第一項、第百二条の二第一項第一号及び第百八条の二第一項に規定する電気通信業務には、当該電報の事業に係る業務が含まれるものとする。

附則第十四項

【制定】

電波法（昭和二十五年五月二日法律第百三十一号）

（船舶安全法等の改正）

14　船舶安全法の一部を次のように改正する。

第四条第一項中「無線電信法」を「電波法」に改める。

【一次改正】

電波法の一部を改正する法律（昭和二十七年七月三十一日法律第二百四十九号）

> 附則第九項を削り、附則第十項を附則第九項とし、以下一項ずつ繰り上げる。

14　著作権法（明治三十二年法律第三十九号）の一部を次のように改正する。

第二十二条ノ五第二項中「無線電信法及之ニ基キ発スル命令ニ依リ主務大臣ノ許可ヲ受ケタル放送無線電話施設者」を「放送事業者」に改める。

［注釈］附則第九項が削られ、附則第十一項以下が一項ずつ繰り上げられ、附則第十五項が第十四項となった。

【三十二次改正】

日本電信電話株式会社法及び電気通信事業法の施行に伴う関係法律の整備等に関する法律（昭和五十九年十二月二十五日法律第八十七号）第四十七項

附則第十三項の前の見出しを削り、同項を次のように改め、附則第十四項を削る。
（改正後の規定は、後掲の条文の通り。）

［注釈］第十三項が末項となった。

【八十五次改正】

電波法の一部を改正する法律（平成二十年五月三十日法律第五十号）

附則に次の一項を加える。
（追加された附則第十四項の規定は、後掲の条文の通り。）

（検討）

14　政府は、少なくとも三年ごとに、第百三条の二の規定の施行状況について電波利用料の適正性の確保の観点から検討を加え、必要があると認めるときは、その結果に基づいて所要の措置を講ずるものとする。

［注釈］第十四項が末項となった。

附則第十五項

【制定】

電波法（昭和二十五年五月二日法律第百三十一号）

15　著作権法（明治三十二年法律第三十九号）の一部を次のように改正する。

第二十二条ノ五第二項中「無線電信法及之ニ基キ発スル命令ニ依リ主務大臣ノ許可ヲ受ケタル放送無線電話施設者」を「放送事業者」に改める。

【一次改正】

電波法の一部を改正する法律（昭和二十七年七月三十一日法律第二百四十九号）

附則第九項を削り、附則第十項を附則第九項とし、以下一項ずつ繰り上げる。

［注釈］第十四項が末項となった。

【八十八次改正】

電波法及び放送法の一部を改正する法律（平成二十一年四月二十四日法律第二十二号）第一条

附則に次の一項を加える。
（追加された附則第十五項の規定は、後掲の条文の通り。）

（電波利用料の特例）

15　第百三条の二第四項の規定の適用については、当分の間、同項中「十　電波の能率的な利用を確保し、又は電波の人体等への悪影響を防止するために行う周波数の使用又は人体等の防護に関するリテラシーの向上のための活動に対する必要な援助」とあるのは、「十　電波の能率的な利用を確保し、又は電波の人体等への悪影響を防止するために行う周波数の使用又は人体等の防護に関するリテラシーの向上のための活動に対する必要な援助

十の二　テレビジョン放送（人工衛星局により行われるものを除く。以下この号において同じ。）を受信することのできる受信設備を設置している者（デジタル信号によるテレビジョン放送のうち、静止し、又は移動する事物の瞬間的影像及びこれに伴う音声その他の音響を送る放送（以下この号において「地上デジタル放送」という。）を受信することのできる受信設備を設置している者を除く。）のうち、経済的困難その他の事由により地上デジタル放送の受信が困難な者に対して地上デジタル放送の受信に必要な設備の整備のために行う補助金の交付その他の援助　」

とする。

[注釈一]第十五項が末項となった。

[注釈二]当分の間、電波利用料の使途として、第十号の二に規定する事項が加えられた。

【　九十五次改正　】

電波法の一部を改正する法律（平成二十五年六月十二日法律第三十六号）

附則第十五項を次のように改める。
（改正後の附則第十五項の規定は、後掲の条文の通り。）

（電波利用料の特例）

15　第百三条の二第四項の規定の適用については、当分の間、同項中「十一　電波の能率的な利用を確保し、又は電波の人体等への悪影響を防止するために行う周波数の使用又は人体等の防護に関するリテラシーの向上のための活動に対する必要な援助」とあるのは、

「十一　電波の能率的な利用を確保し、又は電波の人体等への悪影響を防止するために行う周波数の使用又は人体等の防護に関するリテラシーの向上のための活動に対する必要な援助

十一の二　テレビジョン放送（人工衛星局により行われるものを除く。以下この号において同じ。）を受信することのできる受信設備を設置している者（デジタル信号によるテレビジョン放送のうち、静止し、又は移動する事物の瞬間的影像及びこれに伴う音声その他の音響を送る放送（以下この号において「地上デジタル放送」という。）を受信することのできる受信設備を設置している者を除く。）のうち、経済的困難その他の事由により地上デジタル放送の受信が困難な者に対して地上デジタル放送の受信に必要な設備の整備のために行う補助金の交付その他の援助　」

とする。

[注釈]当分の間、電波利用料の使途として、第十一号の二に規定する事項が加えられた。

【　九十七次改正　】

電波法の一部を改正する法律（平成二十六年四月二十三日法律第二十六号）

附則第十五項を次のように改める。
（改正後の附則第十五項の規定は、後掲の条文の通り。）

（電波利用料の特例）

15　第百三条の二第四項の規定の適用については、当分の間、同項中「十一　電波の能率的な利用を確保し、又は電波の人体等への悪影響を防止するために行う周波数の使用又は人体等の防護に関するリテラシーの向上のための活動に対する必要な援助」とあるのは、

「十一　電波の能率的な利用を確保し、又は電波の人体等への悪影響を防止するために行う周波数の使用又は人体等の防護に関するリテラシーの向上のための活動に対する必要な援助

十一の二　テレビジョン放送（人工衛星局により行われるものを除く。以下この号において同じ。）を受信することのできる受信設備を設置している者（デジタル信号によるテレビジョン放送のうち、静止し、又は移動する事物の瞬間的影像及びこれに伴う音声その他の音響を送る放送（以下この号において「地上デジタル放送」という。）を受信することのできる受信設備を設置している者を除く。）のうち、経済的困難その他の事由により地上デジタル放送の受信が困難な者に対して地上デジタル放送の受信に必要な設備の整備のために行う補助金の交付その他の援助

十一の三　地上基幹放送（音声その他の音響のみを送信するものに限る。）を直接受信することが困難な地域において必要最小の空中線電力による当該地上基幹放送の受信を可能とするために行われる中継局その他の設備（当該設備と一体として設置される総務省令で定める附属設備並びに当該設備及び当該附属設備を設置するために必要な工作物を含む。）の整備のための補助金の交付　」

とする。

［注釈］当分の間、電波利用料の使途として、さらに第十一号の三に規定する事項が加えられた。

【百四次改正】

電波法及び電気通信事業法等の一部を改正する法律（平成二十九年五月十二日法律第二十七号）第一条

附則第十五項の見出しを削り、同項の前に見出しとして「（電波利用料の特例）」を付し、同項の次に次の一項を加える。

（電波利用料の特例）

15　第百三条の二第四項の規定の適用については、当分の間、同項中「十一　電波の能率的な利用を確保し、又は電波の人体等への悪影響を防止するために行う周波数の使用又は人体等の防護に関するリテラシーの向上のための活動に対する必要な援助」とあるのは、

「十一　電波の能率的な利用を確保し、又は電波の人体等への悪影響を防止するために行う周波数の使用又は人体等の防護に関するリテラシーの向上のための活動に対する必要な援助

十一の二　テレビジョン放送（人工衛星局により行われるものを除く。以下この号において同じ。）を受信することのできる受信設備を設置している者（デジタル信号によるテレビジョン放送のうち、静止し、又は移動する事物の瞬間的影像及びこれに伴う音声その他の音響を送る放送（以下この号において「地上デジタル放送」という。）を受信することのできる受信設備を設置している者を除く。）のうち、経済的困難その他の事由により地上デジタル放送の受信が困難な者に対して地上デジタル放送の受信に必要な設備の整備のために行う補助金の交付その他の援助

十一の三　地上基幹放送（音声その他の音響のみを送信するものに限る。）を直接受信することが困難な地域において必要最小の空中線電力による当該地上基幹放送の受信を可能とするために行われる中継局その他の設備（当該設備と一体として設置される総務省令で定める附属設備並びに当該設備及び当該附属設備を設置するために必要な工作物を含む。）の整備のための補助金の交付　」

とする。

［注釈］この改正前の附則第十五項の見出しについて、これを新設される附則第十六項との共通見出しとするため、いったん当該見出しを削り、同じ文言の見出しを新たに付したものである。

附則第十六項

【百四次改正】

電波法及び電気通信事業法等の一部を改正する法律（平成二十九年五月十二日法律第二十七号）第一条

附則第十五項の見出しを削り、同項の前に見出しとして「（電波利用料の特例）」を付し、同項の次に次の一項を加える。

（追加された附則第十六項の規定は、後掲の条文の通り。）

［電波利用料の特例］・・・附則第十五項との共通見出しである。

16　平成三十二年三月三十一日までの間における前項の規定により読み替えて適用する第百三条の二第四項の規定の適用については、同項中「十一の三　地上基幹放送（音声その他の音響のみを送信するものに限る。）を直接受信することが困難な地域において必要最小の空中線電力による当該地上基幹放送の受信を可能とするために行われる中継局その他の設備（当該設備と一体として設置される総務省令で定める附属設備並びに当該設備及び当該附属設備を設置するために必要な工作物を含む。）の整備のための補助金の交付」とあるのは、「十一の三　地上基幹放送（音声その他の音響のみを送信するものに限る。）を直接受信することが困難な地域において必要最小の空中線電力による当該地上基幹放送の受信を可能とするために行われる中継局その他の設備（当該設備と一体として設置される総務省令で定める附属設備並びに当該設備及び当該附属設備を設置するために必要な工作物を含む。）の整備のための補助金の交付

十一の四　電波法及び電気通信事業法の一部を改正する法律（平成二十九年法律第二十七号）附則第一条第一号に掲げる規定の施行の日の前日（以下この号において「基準日」という。）において設置されているイに掲げる衛星基幹放送（放送法第二条第十三号の衛星基幹放送をいう。以下この号において同じ。）の受信を目的とする受信設備（基準日において第三章に定める技術基準に適合していないものを除き、増幅器及び配線並びに分配器、接続子その他の配線のために必要な器具に限る。）であつて、ロに掲げる衛星基幹放送の電波を受けるための空中線を接続した場合に当該技術基準に適合しないこととなるものについて、当該技術基準に適合させるために行われる改修のための補助金の交付その他の必要な援助

イ　基準日において行われている衛星基幹放送であつて、基準日の翌日以後引き続き行われるもの（実験等無線局を用いて行われるものを除く。）

ロ　基準日の翌日以後にイに掲げる衛星基幹放送と同時に行われる衛星基幹放送であつて、イに掲げる衛星基幹放送に使用される電波と周波数が同一で、かつ、電界の回転の方向が反対である電波を使用して行われるもの　」

とする。

［注釈一］第十六項が末項となった。

［注釈二］当分の間、電波利用料の使途として、第十号の四に規定する事項が加えられた。

第二編　電波法の変遷

第二部　一次改正から百五次改正までの逐条改正経緯

別表

別表第一

【七十三次改正】

電波法の一部を改正する法律（平成十五年六月六日法律第六十八号）

附則の次に別表として次の四表を加える。
（追加された別表第一は、後掲の通り。）

別表第一（第二十四条の二関係）

一　第一級総合無線通信士、第二級総合無線通信士、第三級総合無線通信士、第一級海上無線通信士、第二級海上無線通信士、第四級海上無線通信士、航空無線通信士、第一級陸上無線技術士、第二級陸上無線技術士、陸上特殊無線技士又は第一級アマチュア無線技士の資格を有すること

二　外国の政府機関が発行する前号に掲げる資格に相当する資格を有する者であることの証明書を有すること

三　学校教育法による大学、高等専門学校、高等学校又は中等教育学校において無線通信に関する科目を修めて卒業した者であつて、無線設備の機器の試験、調整又は保守の業務に二年以上従事した経験を有すること

四　学校教育法による大学、高等専門学校、高等学校又は中等教育学校に相当する外国の学校において無線通信に関する科目を修めて卒業した者であつて、無線設備の機器の試験、調整又は保守の業務に二年以上従事した経験を有すること

【七十六次改正】

電波法及び有線電気通信法の一部を改正する法律（平成十六年五月十九日法律第四十七号）第一条

別表第一及び別表第四中「有すること」を「有すること。」に改め、同表の次に次の一表を加える。

別表第一（第二十四条の二関係）

一　第一級総合無線通信士、第二級総合無線通信士、第三級総合無線通信士、第一級海上無線通信士、第二級海上無線通信士、第四級海上無線通信士、航空無線通信士、第一級陸上無線技術士、第二級陸上無線技術士、陸上特殊無線技士又は第一級アマチュア無線技士の資格を有すること。

二　外国の政府機関が発行する前号に掲げる資格に相当する資格を有する者であることの証明書を有すること。

三　学校教育法による大学、高等専門学校、高等学校又は中等教育学校において無線通信に関する科目を修めて卒業した者であつて、無線設備の機器の試験、調整又は保守の業務に二年以上従事した経験を有すること。

四　学校教育法による大学、高等専門学校、高等学校又は中等教育学校に相当する外国の学校において無線通信に関する科目を修めて卒業した者であつて、無線設備の機器の試験、調整又は保守の業務に二年以上従事した経験を有すること。

【百五次改正】

学校教育法の一部を改正する法律（平成二十九年五月三十一日法律第四十一号）附則第十五条

別表第一第三号中「卒業した者」の下に「（当該科目を修めて同法による専門職大学の前期課程を修了した者を含む。）」を加える。

別表第一（第二十四条の二関係）

一　第一級総合無線通信士、第二級総合無線通信士、第三級総合無線通信士、第一級海上無線通信士、第二級海上無線通信士、第四級海上無線通信士、航空無線通信士、第一級陸上無線技術士、第二級陸上無線技術士、陸上特殊無線技士又は第一級アマチュア無線技士の資格を有すること。

二　外国の政府機関が発行する前号に掲げる資格に相当する資格を有する者であることの証明書を有すること。

三　学校教育法による大学、高等専門学校、高等学校又は中等教育学校において無線通信に関する科目を修めて卒業した者（当該科目を修めて同法による専門職大学の前期課程を修了した者を含む。）であつて、無線設備の機器の試験、調整又は保守の業務に二年以上従事した経験を有すること。

四　学校教育法による大学、高等専門学校、高等学校又は中等教育学校に相当する外国の学校において無線通信に関する科目を修めて卒業した者であつて、無線設備の機器の試験、調整又は保守の業務に二年以上従事した経験を有すること。

［注釈］この改正は、本書収録の基準日である平成二十九年六月十八日において未施行である。

別表第二

【七十三次改正】

電波法の一部を改正する法律（平成十五年六月六日法律第六十八号）

附則の次に別表として次の四表を加える。
（追加された別表第二は、後掲の通り。）

別表第二（第二十四条の二関係）

一　周波数計
二　スペクトル分析器
三　電界強度測定器
四　高周波電力計
五　電圧電流計
六　標準信号発生器

別表第三

【七十三次改正】

電波法の一部を改正する法律（平成十五年六月六日法律第六十八号）

附則の次に別表として次の四表を加える。
（追加された別表第三は、後掲の通り。）

別表第三（第二十四条の二、第三十八条の三、第三十八条の八関係）

事業の区分	測定器その他の設備
一　第三十八条の二第一項第一号の事業	一　周波数計 二　スペクトル分析器

	三　バンドメーター 四　電界強度測定器 五　オシロスコープ 六　高周波電力計 七　電力測定用受信機 八　スプリアス電力計 九　電圧電流計 十　低周波発振器 十一　擬似音声発生器 十二　擬似信号発生器
二　第三十八条の二第一項第二号の事業	一　一の項の下欄に掲げるもの 二　変調度計 三　比吸収率測定装置 四　直線検波器 五　ひずみ率雑音計
三　第三十八条の二第一項第三号の事業	一　二の項の下欄に掲げるもの 二　レベル計 三　標準信号発生器

【八十九次改正】

放送法等の一部を改正する法律（平成二十二年十二月三日法律第六十五号）第三条

別表第三の一の項中「第三十八条の二第一項第一号」を「第三十八条の二の二第一項第一号」に改め、同表の二の項中「第三十八条の二第一項第二号」を「第三十八条の二の二第一項第二号」に改め、同表の三の項中「第三十八条の二第一項第三号」を「第三十八条の二の二第一項第三号」に改める。

別表第三（第二十四条の二、第三十八条の三、第三十八条の八関係）

別表第四

事業の区分	測定器その他の設備
一 第三十八条の二の二第一項第一号の事業	一 周波数計 二 スペクトル分析器 三 バンドメーター 四 電界強度測定器 五 オシロスコープ 六 高周波電力計 七 電力測定用受信機 八 スプリアス電力計 九 電圧電流計 十 低周波発振器 十一 擬似音声発生器 十二 擬似信号発生器
二 第三十八条の二の二第一項第二号の事業	一 一の項の下欄に掲げるもの 二 変調度計 三 比吸収率測定装置 四 直線検波器 五 ひずみ率雑音計
三 第三十八条の二の二第一項第三号の事業	一 二の項の下欄に掲げるもの 二 レベル計 三 標準信号発生器

【 七十三次改正 】

電波法の一部を改正する法律（平成十五年六月六日法律第六十八号）

附則の次に別表として次の四表を加える。
（追加された別表第四は、後掲の通り。）

別表第四（第三十八条の三、第三十八条の八関係）

一　学校教育法による大学（短期大学を除く。第四号において同じ。）若しくは旧大学令（大正七年勅令第三百八十八号）による大学において無線通信に関する科目を修めて卒業した者又は第一級陸上無線技術士の資格を有する者であつて、無線設備の機器の試験、調整又は保守の業務に三年以上従事した経験を有すること

二　学校教育法による短期大学若しくは高等専門学校若しくは旧専門学校令（明治三十六年勅令第六十一号）による専門学校において無線通信に関する科目を修めて卒業した者又は第一級総合無線通信士、第一級海上無線通信士若しくは第二級陸上無線技術士の資格を有する者であつて、無線設備の機器の試験、調整又は保守の業務に五年以上従事した経験を有すること

三　外国の政府機関が発行する前号に掲げる資格に相当する資格を有する者であることの証明書を有する者であつて、無線設備の機器の試験、調整又は保守の業務に五年以上従事した経験を有すること

四　学校教育法による大学に相当する外国の学校の無線通信に関する科目を修めて卒業した者であつて、無線設備の機器の試験、調整又は保守の業務に三年以上従事した経験を有すること

五　学校教育法による短期大学又は高等専門学校に相当する外国の学校の無線通信に関する科目を修めて卒業した者であつて、無線設備の機器の試験、調整又は保守の業務に五年以上従事した経験を有すること

【 七十六次改正 】

電波法及び有線電気通信法の一部を改正する法律（平成十六年五月十九日法律第四十七号）第一条

別表第一及び別表第四中「有すること」を「有すること。」に改め、同表の次に次の一表を加える。

別表第四（第三十八条の三、第三十八条の八関係）

一　学校教育法による大学（短期大学を除く。第四号において同じ。）若しくは旧大学令（大正七年勅令第三百八十八号）による大学において無線通信に関する科目を修めて卒業した者又は第一級陸上無線技術士の資格を有する者であつて、無線設備の機器の試験、調整又は保守の業務に三年以上従事した経験を有すること。

二　学校教育法による短期大学若しくは高等専門学校若しくは旧専門学校令（明治三十六年勅令第六十一号）による専門学校において無線通信に関する科目を修めて卒業した者又は第一級総合無線通信士、第一級海上無線通信士若しくは第二級陸上無線技術士の資格を有する者であつて、無線設備の機器の試験、調整又は保守の業務に五年以上従事した経験を有すること。

三　外国の政府機関が発行する前号に掲げる資格に相当する資格を有する者であることの証明書を有する者であつて、無線設備の機器の試験、調整又は保守の業務に五年以上従事した経験を有すること。

四　学校教育法による大学に相当する外国の学校の無線通信に関する科目を修めて卒業した者であつて、無線設備の機器の試験、調整又は保守の業務に三年以上従事した経験を有すること。

五　学校教育法による短期大学又は高等専門学校に相当する外国の学校の無線通信に関する科目を修めて卒業した者であつて、無線設備の機器の試験、調整又は保守の業務に五年以上従事した経験を有すること。

【九十一次改正】

放送法等の一部を改正する法律（平成二十二年十二月三日法律第六十五号）第四条

別表第四中「第三十八条の三」を「第二十四条の二、第三十八条の三」に改める。

別表第四（第二十四条の二、第三十八条の三、第三十八条の八関係）

一　学校教育法による大学（短期大学を除く。第四号において同じ。）若しくは旧大学令（大正七年勅令第三百八十八号）による大学において無線通信に関する科目を修めて卒業した者又は第一級陸上無線技術士の資格を有する者であつて、無線設備の機器の試験、調整又は保守の業務に三年以上従事した経験を有すること。

二　学校教育法による短期大学若しくは高等専門学校若しくは旧専門学校令（明治三十六年勅令第六十一号）による専門学校において無線通信に関する科目を修めて卒業した者又は第一級総合無線通信士、第一級海上無線通信士若しくは第二級陸上無線技術士の資格を有する者であつて、無線設備の機器の試験、調整又は保守の業務に五年以上従事した経験を有すること。

三　外国の政府機関が発行する前号に掲げる資格に相当する資格を有する者であることの証明書を有する者であつて、無線設備の機器の試験、調整又は保守の業務に五年以上従事した経験を有すること。

四　学校教育法による大学に相当する外国の学校の無線通信に関する科目を修めて卒業した者であつて、無線設備の機器の試験、調整又は保守の業務に三年以上従事した経験を有すること。

五　学校教育法による短期大学又は高等専門学校に相当する外国の学校の無線通信に関する科目を修めて卒業した者であつて、無線設備の機器の試験、調整又は保守の業務に五年以上従事した経験を有すること。

【九十七次改正】

電波法の一部を改正する法律（平成二十六年四月二十三日法律第二十六号）

別表第四第一号中「第四号」を「第五号」に、「調整又は」を「調整若しくは」に改め、「経験」の下に「又は第二十四条の二第四項第一号に規定する知識経験を有する者として無線設備等の点検の業務に一年以上従事した経験」を加え、同表第二号中「調整又は」を「調整若しくは」に改め、「経験」の下に「又は第二十四条の二第四項第一号に規定する知識経験を有する者として無線設備等の点検の業務に二年以上従事した経験」を加え、同表中第五号を第六号とし、第四号を第五号とし、同表第三号中「前号」を「第二号」に改め、同号を同表第四号とし、同表第二号の次に次の一号を加える。

（追加された第三号の規定は、後掲の条文の通り。）

別表第四（第二十四条の二、第三十八条の三、第三十八条の八関係）

一　学校教育法による大学（短期大学を除く。第五号において同じ。）若しくは旧大学令（大正七年勅令第三百八十八号）による大学において無線通信に関する科目を修めて卒業した者又は第一級陸上無線技術士の資格を有する者であつて、無線設備の機器の試験、調整若しくは保守の業務に三年以上従事した経験又は第二十四条の二第四項第一号に規定する知識経験を有する者として無線設備等の点検の業務に一年以上従事した経験を有すること。

二　学校教育法による短期大学若しくは高等専門学校若しくは旧専門学校令（明治三十六年勅令第六十一号）による専門学校において無線通信に関する科目を修めて卒業した者又は第一級総合無線通信士、第一級海上無線通信士若しくは第二級陸上無線技術士の資格を有する者であつて、無線設備の機器の試験、調整若しくは保守の業務に五年以上従事した経験又は第二十四条の二第四項第一号に規定する知識経験を有する者として無線設備等の点検の業務に二年以上従事した経験を有すること。

三　第二級総合無線通信士、第二級海上無線通信士又は陸上特殊無線技士（総務省令で定めるものに限る。）の資格を有する者であつて、無線設備の機器の試験、調整若しくは保守の業務に七年以上従事した経験又は第二十四条の二第四項第一号に規定する知識経験を有する者として無線設備等の点検の業務に三年以上従事した経験を有すること。

四　外国の政府機関が発行する第二号に掲げる資格に相当する資格を有する者であることの証明書を有する者であつて、無線設備の機器の試験、調整又は保守の業務に五年以上従事した経験を有すること。

五　学校教育法による大学に相当する外国の学校の無線通信に関する科目を修めて卒業した者であつて、無線設備の機器の試験、調整又は保守の業務に三年以上従事した経験を有すること。

六　学校教育法による短期大学又は高等専門学校に相当する外国の学校の無線通信に関する科目を修めて卒業した者であつて、無線設備の機器の試験、調整又は保守の業務に五年以上従事した経験を有すること。

【百五次改正】

学校教育法の一部を改正する法律（平成二十九年五月三十一日法律第四十一号）附則第十五条

別表第四第二号中「短期大学」の下に「（同法による専門職大学の前期課程を含む。）」を、「卒業した者」の下に「（同法による専門職大学の前期課程にあつては、修了した者）」を加え、同表第五号及び第六号中「学校の」を「学校において」に改める。

別表第四（第二十四条の二、第三十八条の三、第三十八条の八関係）

一　学校教育法による大学（短期大学を除く。第五号において同じ。）若しくは旧大学令（大正七年勅令第三百八十八号）による大学において無線通信に関する科目を修めて卒業した者又は第一級陸上無線技術士の資格を有する者であつて、無線設備の機器の試験、調整若しくは保守の業務に三年以上従事した経験又は第二十四条の二第四項第一号に規定する知識経験を有する者として無線設備等の点検の業務に一年以上従事した経験を有すること。

二　学校教育法による短期大学（同法による専門職大学の前期課程を含む。）若しくは高等専門学校若しくは旧専門学校令（明治三十六年勅令第六十一号）による専門学校において無線通信に関する科目を修めて卒業した者（同法による専門職大学の前期課程にあつては、修了した者）又は第一級総合無線通信士、第一級海上無線通信士若しくは第二級陸上無線技術士の資格を有する者であつて、無線設備の機器の試験、調整若しくは保守の業務に五年以上従事した経験又は第二十四条の二第四項第一号に規定する知識経験を有する者として無線設備等の点検の業務に二年以上従事した経験を有すること。

三　第二級総合無線通信士、第二級海上無線通信士又は陸上特殊無線技士（総務省令で定めるものに限る。）の資格を有する者であつて、無線設備の機器の試験、調整若しくは保守の業務に七年以上従事した経験又は第二十四条の二第四項第一号に規定する知識経験を有する者として無線設備等の点検の業務に三年以上従事した経験を有すること。

四　外国の政府機関が発行する第二号に掲げる資格に相当する資格を有する者であることの証明書を有する者であつて、無線設備の機器の試験、調整又は保守の業務に五年以上従事した経験を有すること。

五　学校教育法による大学に相当する外国の学校において無線通信に関する科目を修めて卒業した者であつて、無線設備の機器の試験、調整又は保守の業務に三年以上従事した経験を有すること。

六　学校教育法による短期大学又は高等専門学校に相当する外国の学校において無線通信に関する科目を修めて卒業した者であつて、無線設備の機器の試験、調整又は保守の業務に五年以上従事した経験を有すること。

［注釈］この改正は、本書収録の基準日である平成二十九年六月十八日において未施行である。

別表第五

【七十六次改正】

電波法及び有線電気通信法の一部を改正する法律（平成十六年五月十九日法律第四十七号）第一条

別表第一及び別表第四中「有すること」を「有すること。」に改め、同表の次に次の一表を加える。

（追加された別表第五は、後掲の通り。）

別表第五（第七十一条の三の二関係）

一　学校教育法による大学（短期大学を除く。第四号において同じ。）若しくは旧大学令による大学において無線通信に関する科目を修めて卒業した者又は第一級陸上無線技術士の資格を有する者であつて、無線設備の機器の試験、調整又は保守の業務に一年以上従事した経験を有すること。

二　学校教育法による短期大学若しくは高等専門学校若しくは旧専門学校令による専門学校において無線通信に関する科目を修めて卒業した者又は第一級総合無線通信士、第一級海上無線通信士若しくは第二級陸上無線技術士の資格を有する者であつて、無線設備の機器の試験、調整又は保守の業務に三年以上従事した経験を有すること。

三　外国の政府機関が発行する前号に掲げる資格に相当する資格を有する者であることの証明書を有する者であつて、無線設備の機器の試験、調整又は保守の業務に三年以上従事した経験を有すること。

四　学校教育法による大学に相当する外国の学校の無線通信に関する科目を修めて卒業した者であつて、無線設備の機器の試験、調整又は保守の業務に一年以上従事した経験を有すること。

五　学校教育法による短期大学又は高等専門学校に相当する外国の学校の無線通信に関する科目を修めて卒業した者であつて、無線設備の機器の試験、調整又は保守の業務に三年以上従事した経験を有すること。

【百五次改正】

学校教育法の一部を改正する法律（平成二十九年五月三十一日法律第四十一号）附則第十五条

別表第五第二号中「短期大学」の下に「（同法による専門職大学の前期課程を含む。）」を、「卒業した者」の下に「（同法による専門職大学の前期課程にあつては、修了した者）」を加え、同表第四号及び第五号中「学校の」を「学校において」に改める。

別表第五（第七十一条の三の二関係）

一　学校教育法による大学（短期大学を除く。第四号において同じ。）若しくは旧大学令による大学において無線通信に関する科目を修めて卒業した者又は第一級陸上無線技術士の資格を有する者であつて、無線設備の機器の試験、調整又は保守の業務に一年以上従事した経験を有すること。

二　学校教育法による短期大学（同法による専門職大学の前期課程を含む。）若しくは高等専門学校若しくは旧専門学校令による専門学校において無線通信に関する科目を修めて卒業した者（同法による専門職大学の前期課程にあつては、修了した者）又は第一級総合無線通信士、第一級海上無線通信士若しくは第二級陸上無線技術士の資格を有する者であつて、無線設備の機器の試験、調整又は保守の業務に三年以上従事した経験を有すること。

三　外国の政府機関が発行する前号に掲げる資格に相当する資格を有する者であることの証明書を有する者であつて、無線設備の機器の試験、調整又は保守の業務に三年以上従事した経験を有すること。

四　学校教育法による大学に相当する外国の学校において無線通信に関する科目を修めて卒業した者であつて、無線設備の機器の試験、調整又は保守の業務に一年以上従事した経験を有すること。

五　学校教育法による短期大学又は高等専門学校に相当する外国の学校において無線通信に関する科目を修めて卒業した者であつて、無線設備の機器の試験、調整又は保守の業務に三年以上従事した経験を有すること。

[注釈]この改正は、本書収録の基準日である平成二十九年六月十八日において未施行である。

別表第六

【八十一次改正】

電波法及び放送法の一部を改正する法律（平成十七年十一月二日法律第百七号）第一条

別表第五の次に次の三表を加える。

（追加された別表第六は、後掲の通り。）

別表第六（第百三条の二関係）

無線局の区分				金額
一　移動する無線局（三の項から五の項まで及び八の項に掲げる無線局を除く。二の項において同じ。）	三千メガヘルツ以下の周波数の電波を使用するもの	航空機局又は船舶局		六百円
		航空機局又は船舶局以外のもの	使用する電波の周波数の幅が六メガヘルツ以下のもの	六百円
			使用する電波の周波数の幅が六メガヘルツを超え十五メガヘルツ以下のもの　空中線電力が〇・〇一ワット以下のもの	七百円
			使用する電波の周波数の幅が六メガヘルツを超え十五メガヘルツ以下のもの　空中線電力が〇・〇一ワットを超えるもの	三十八万八百円
			使用する電波の周波数の幅が十五メガヘルツを超え三十メガヘルツ以下のもの　空中線電力が〇・〇一ワット以下のもの	千四百円
			使用する電波の周波数の幅が十五メガヘルツを超え三十メガヘルツ以下のもの　空中線電力が〇・〇一ワットを超えるもの	七十六万八千円
			使用する電波の周波数の幅が三十メガヘルツを超えるもの　空中線電力が〇・〇一ワット以下のもの	千四百円
			使用する電波の周波数の幅が三十メガヘルツを超えるもの　空中線電力が〇・〇一ワットを超えるもの	百四十九万七千五百円
	三千メガヘルツを超え六千メガヘルツ以下の周波数の電波を使用するもの	使用する電波の周波数の幅が百メガヘルツ以下のもの		六百円
		使用する電波の周波数の幅が百メガヘルツを超えるもの		五万四千三百円

	使用するもの		
	六千メガヘルツを超える周波数の電波を使用するもの		六百円
二　移動しない無線局であつて、移動する無線局又は携帯して使用するための受信設備と通信を行うために陸上に開設するもの（八の項に掲げる無線局を除く。）	三千メガヘルツ以下の周波数の電波を使用するもの	使用する電波の周波数の幅が六メガヘルツを超えるものであつて、電波を発射しようとする場合において当該電波と周波数を同じくする電波を受信することにより一定の時間当該周波数の電波を発射しないことを確保する機能を有するもの　設置場所が第一地域の区域内にあるもの	一万二千四百円
		設置場所が第二地域の区域内にあるもの	八千三百円
		設置場所が第三地域の区域内にあるもの	四千九百円
		設置場所が第四地域の区域内にあるもの	四千五百円
		その他のもの　空中線電力が〇・〇一ワット以下のもの	五千三百円
		空中線電力が〇・〇一ワットを超えるもの	七千九百円
	三千メガヘルツを超え六千メガヘルツ以下の周波数の電波を使用するもの	空中線電力が〇・〇一ワット以下のもの	五千三百円
		空中線電力が〇・〇一ワットを超えるもの	七千九百円
	六千メガヘルツを超える周波数の電波を使用するもの		七千九百円
三　人工衛星局（八の項に掲げる無線局を除く。）	三千メガヘルツ以下の周波数の電波を使用するもの	使用する電波の周波数の幅が三メガヘルツ以下のもの	二百四十五万千四百円
		使用する電波の周波数の幅が三メガヘルツを超えるもの	八千九百四十六万七千五百円
	三千メガヘルツを超え六千メガヘルツ以下の周波数の電波を使用するもの	使用する電波の周波数の幅が三メガヘルツ以下のもの	十八万六千八百円
		使用する電波の周波数の幅が三メガヘルツを超え二百メガヘルツ以下のもの	千百八十八万七千五百円
		使用する電波の周波数の幅が二百メガヘルツを超え五百メガヘルツ以下のもの	六千百四十二万

				九千六百円
		使用する電波の周波数の幅が五百メガヘルツを超えるもの		一億七千七百六十万千八百円
	六千メガヘルツを超える周波数の電波を使用するもの			十八万六千八百円
四　人工衛星局の中継により無線通信を行う無線局（五の項及び八の項に掲げる無線局を除く。）	六千メガヘルツ以下の周波数の電波を使用するもの	使用する電波の周波数の幅が三メガヘルツ以下のもの	設置場所が第一地域の区域内にあるもの	九十五万千七百円
			設置場所が第二地域の区域内にあるもの	四十七万七千二百円
			設置場所が第三地域の区域内にあるもの	九万七千六百円
			設置場所が第四地域の区域内にあるもの	五万二百円
		使用する電波の周波数の幅が三メガヘルツを超え五十メガヘルツ以下のもの	設置場所が第一地域の区域内にあるもの	千二十八万三千九百円
			設置場所が第二地域の区域内にあるもの	五百十四万三千三百円
			設置場所が第三地域の区域内にあるもの	百三万八百円
			設置場所が第四地域の区域内にあるもの	五十一万六千八百円
		使用する電波の周波数の幅が五十メガヘルツを超え百メガヘルツ以下のもの	設置場所が第一地域の区域内にあるもの	二千二百七十一万六千二百円
			設置場所が第二地域の区域内にあるもの	千百三十五万九千五百円
			設置場所が第三地域の区域内にあるもの	二百二十七万四千百円

				設置場所が第四地域の区域内にあるもの	百十三万八千四百円
		使用する電波の周波数の幅が百メガヘルツを超えるもの		設置場所が第一地域の区域内にあるもの	四千二百七万六千五百円
				設置場所が第二地域の区域内にあるもの	二千百三万九千六百円
				設置場所が第三地域の区域内にあるもの	四百二十一万百円
				設置場所が第四地域の区域内にあるもの	二百十万六千四百円
	六千メガヘルツを超える周波数の電波を使用するもの				五万二百円
五　自動車、船舶その他の移動するものに開設し、又は携帯して使用するために開設する無線局であつて、人工衛星局の中継により無線通信を行うもの（八の項に掲げる無線局を除く。）					三千三百円
六　放送をする無線局（三の項及び七の項に掲げる無線局並びに電気通信業務を行うことを目的とする無線局を除く。）	六千メガヘルツ以下の周波数の電波を使用するもの	テレビジョン放送をするもの	特定新規開設局であるもの		七千四百円
			その他のもの		二万五千七百円
		その他のもの	使用する電波の周波数の幅が百キロヘルツ以下のもの	空中線電力が二百ワット以下のもの	三万六千五百円
				空中線電力が二百ワットを超え五十キロワット以下のもの	十一万四千二百円
				空中線電力が五十キロワットを超えるもの	二百十四万三千四百円
			使用する電波の周波数の幅が百キロヘルツを超えるもの	空中線電力が二十ワット以下のもの	三万六千五百円
				空中線電力が二十ワットを超え五キロワット以下のもの	十一万四千二百円
				空中線電力が五キロワットを超えるもの	二百十四万三千

					四百円
	六千メガヘルツを超える周波数の電波を使用するもの				二万五千七百円
七　多重放送をする無線局（三の項に掲げる無線局を除く。）					九百円
八　実験無線局及びアマチュア無線局					五百円
九　その他の無線局	三千メガヘルツ以下の周波数の電波を使用するもの	使用する電波の周波数の幅が三メガヘルツ以下のもの			一万八千三百円
		使用する電波の周波数の幅が三メガヘルツを超えるもの		設置場所が第一地域の区域内にあるもの	九十六万四千四百円
				設置場所が第二地域の区域内にあるもの	四十八万七千八百円
				設置場所が第三地域の区域内にあるもの	十万六千四百円
				設置場所が第四地域の区域内にあるもの	五万八千七百円
	三千メガヘルツを超え六千メガヘルツ以下の周波数の電波を使用するもの	放送の業務の用に供するもの（多重放送の業務の用に供するものを除く。）	使用する電波の周波数の幅が四百キロヘルツ以下のもの	設置場所が第一地域の区域内にあるもの	二十一万六千三百円
				設置場所が第二地域の区域内にあるもの	十一万三千七百円
				設置場所が第三地域の区域内にあるもの	三万千六百円
				設置場所が第四地域の区域内にあるもの	二万千三百円
			使用する電波の周波数の幅が四百キロヘルツを超え三メガヘルツ以下のもの	設置場所が第一地域の区域内にあるもの	四十七万二千八百円
				設置場所が第二地域の区域内にあるもの	三十一万八千九百円
				設置場所が第三地域の区域内にあるもの	七万二千六百円
				設置場所が第四地域の区域内にあるもの	四万千九百円
			使用する電波の周波数の幅	設置場所が第一地域の区域内にあるもの	九百二十四万六

			千五百円
	が三メガヘルツを超えるもの	設置場所が第二地域の区域内にあるもの	四百六十二万八千八百円
		設置場所が第三地域の区域内にあるもの	九十三万四千六百円
		設置場所が第四地域の区域内にあるもの	四十七万二千八百円
多重放送の業務の用に供するもの			一万八千三百円
放送の業務の用に供するもの以外のもの	使用する電波の周波数の幅が三メガヘルツ以下のもの		一万八千三百円
	使用する電波の周波数の幅が三メガヘルツを超え三十メガヘルツ以下のもの	設置場所が第一地域の区域内にあるもの	九十六万四千四百円
		設置場所が第二地域の区域内にあるもの	四十八万七千八百円
		設置場所が第三地域の区域内にあるもの	十万六千四百円
		設置場所が第四地域の区域内にあるもの	五万八千七百円
	使用する電波の周波数の幅が三十メガヘルツを超え三百メガヘルツ以下のもの	設置場所が第一地域の区域内にあるもの	三千百九万五百円
		設置場所が第二地域の区域内にあるもの	千五百五十五万八百円
		設置場所が第三地域の区域内にあるもの	三百十万九千五百円
		設置場所が第四地域の区域内にあるもの	百五十八万四千百円
	使用する電波の周波数の幅	設置場所が第一地域の区域内にあるもの	七千六百八十五

		万千七百円
が三百メガヘルツを超えるもの	設置場所が第二地域の区域内にあるもの	三千八百四十三万千四百円
	設置場所が第三地域の区域内にあるもの	七百六十八万五千六百円
	設置場所が第四地域の区域内にあるもの	三百八十七万二千二百円
六千メガヘルツを超える周波数の電波を使用するもの		一万八千三百円

備考

一　この表において「設置場所」とは、無線局の無線設備の設置場所をいう。

二　この表において「第一地域」とは、東京都の区域（第四地域を除く。）をいう。

三　この表において「第二地域」とは、大阪府及び神奈川県の区域（第四地域を除く。）をいう。

四　この表において「第三地域」とは、北海道及び京都府並びに神奈川県以外の県の区域（第四地域を除く。）をいう。

五　この表において「第四地域」とは、離島振興法（昭和二十八年法律第七十二号）第二条第一項の規定に基づき指定された離島振興対策実施地域、奄美群島振興開発特別措置法（昭和二十九年法律第百八十九号）第一条に規定する奄美群島、小笠原諸島振興開発特別措置法（昭和四十四年法律第七十九号）第二条第一項に規定する小笠原諸島、過疎地域自立促進特別措置法（平成十二年法律第十五号）第二条第一項に規定する過疎地域及び沖縄振興特別措置法（平成十四年法律第十四号）第三条第三号に規定する離島を含む市町村の区域として総務大臣が公示するものをいう。

六　六千メガヘルツ以下の周波数及び六千メガヘルツを超える周波数のいずれの電波も使用する無線局については、当該無線局が使用する電波のうち六千メガヘルツ以下の周波数の電波のみを使用する無線局とみなして、この表を適用する。

七　三千メガヘルツ以下の周波数及び三千メガヘルツを超え六千メガヘルツ以下の周波数のいずれの電波も使用する無線局については、当該無線局が使用する電波のうち三千メガヘルツ以下の周波数の電波のみを使用する無線局とみなして、この表を適用する。この場合において、次のイからニまでに掲げる無線局に係る同表の下欄に掲げる金額は、同欄に掲げる金額にかかわらず、当該金額と当該無線局が使用する電波のうち三千メガヘルツを超え六千メガヘルツ以下の周波数の電波のみを使用する無線局とみなして同表を適用した場合における同表の下欄の金額とを合算した金額から、当該イからニまでに定める金額を控除した金額とする。

イ　一の項に掲げる無線局　六百円

ロ　三の項に掲げる無線局　一万千七百円
ハ　四の項に掲げる無線局　二千七百円
ニ　九の項に掲げる無線局　一万千百円

八　次のイからニまでに掲げる無線局のうち第百三条の二第二項に規定する広域専用電波を使用するものに係るこの表の下欄に掲げる金額は、同欄に掲げる金額にかかわらず、当該イからニまでに定める金額とする。

イ　一の項に掲げる無線局　五百円
ロ　二の項に掲げる無線局　四千百円
ハ　四の項に掲げる無線局　二千七百円
ニ　五の項に掲げる無線局　千八百円

九　特定の無線局区分の無線局又は高周波利用設備からの混信その他の妨害について許容することが免許の条件又は周波数割当計画における周波数の使用に関する条件とされている無線局その他のこの表をそのまま適用することにより同等の機能を有する他の無線局との均衡を著しく失することとなると認められる無線局として総務省令で定めるものについては、その使用する電波の周波数の幅をこれの二分の一に相当する幅とみなして、同表を適用する。

［注釈］表の新規追加であるが、見易さを優先して、傍線を付していない。

【八十四次改正】

放送法等の一部を改正する法律（平成十九年十二月二十八日法律第百三十六号）第二条

別表第六の六の項中「及び七の項」を「、七の項及び八の項」に改め、同表の七の項中「三の項」の下に「及び八の項」を加え、同表の八の項中「実験無線局」を「実験等無線局」に改める。

別表第六（第百三条の二関係）

無線局の区分				金額
一　移動する無線局（三の項から五の項	三千メガヘルツ以下の周波数の電波を使	航空機局又は船舶局		六百円
		航空機局又は船舶局	使用する電波の周波数の幅が六メガヘルツ以下のもの	六百円

まで及び八の項に掲げる無線局を除く。二の項において同じ。	用するもの	以外のもの		
		使用する電波の周波数の幅が六メガヘルツを超え十五メガヘルツ以下のもの	空中線電力が〇・〇一ワット以下のもの	七百円
			空中線電力が〇・〇一ワットを超えるもの	三十八万八百円
		使用する電波の周波数の幅が十五メガヘルツを超え三十メガヘルツ以下のもの	空中線電力が〇・〇一ワット以下のもの	千四百円
			空中線電力が〇・〇一ワットを超えるもの	七十六万八千円
		使用する電波の周波数の幅が三十メガヘルツを超えるもの	空中線電力が〇・〇一ワット以下のもの	千四百円
			空中線電力が〇・〇一ワットを超えるもの	百四十九万七千五百円
	三千メガヘルツを超え六千メガヘルツ以下の周波数の電波を使用するもの	使用する電波の周波数の幅が百メガヘルツ以下のもの		六百円
		使用する電波の周波数の幅が百メガヘルツを超えるもの		五万四千三百円
	六千メガヘルツを超える周波数の電波を使用するもの			六百円
二 移動しない無線局であって、移動する無線局又は携帯して使用するための受信設備と通信を行うために陸上に開設するもの（八の項に掲げる無線局を除く。）	三千メガヘルツ以下の周波数の電波を使用するもの	使用する電波の周波数の幅が六メガヘルツを超えるものであって、電波を発射しようとする場合において当該電波と周波数を同じくする電波を受信することにより一定の時間当該周波数の電波を発射しないことを確保する機能を有するもの	設置場所が第一地域の区域内にあるもの	一万二千四百円
			設置場所が第二地域の区域内にあるもの	八千三百円
			設置場所が第三地域の区域内にあるもの	四千九百円
			設置場所が第四地域の区域内にあるもの	四千五百円
		その他のもの	空中線電力が〇・〇一ワット以下のもの	五千三百円
			空中線電力が〇・〇一ワットを超えるもの	七千九百円
	三千メガヘルツを超	空中線電力が〇・〇一ワット以下のもの		五千三百円

	え六千メガヘルツ以下の周波数の電波を使用するもの	空中線電力が〇・〇一ワットを超えるもの		七千九百円
	六千メガヘルツを超える周波数の電波を使用するもの			七千九百円
三　人工衛星局（八の項に掲げる無線局を除く。）	三千メガヘルツ以下の周波数の電波を使用するもの	使用する電波の周波数の幅が三メガヘルツ以下のもの		二百四十五万千四百円
		使用する電波の周波数の幅が三メガヘルツを超えるもの		八千九百四十六万七千五百円
	三千メガヘルツを超え六千メガヘルツ以下の周波数の電波を使用するもの	使用する電波の周波数の幅が三メガヘルツ以下のもの		十八万六千八百円
		使用する電波の周波数の幅が三メガヘルツを超え二百メガヘルツ以下のもの		千百八十八万七千五百円
		使用する電波の周波数の幅が二百メガヘルツを超え五百メガヘルツ以下のもの		六千百四十二万九千六百円
		使用する電波の周波数の幅が五百メガヘルツを超えるもの		一億七千七百六十万千八百円
	六千メガヘルツを超える周波数の電波を使用するもの			十八万六千八百円
四　人工衛星局の中継により無線通信を行う無線局（五の項及び八の項に掲げる無線局を除く。）	六千メガヘルツ以下の周波数の電波を使用するもの	使用する電波の周波数の幅が三メガヘルツ以下のもの	設置場所が第一地域の区域内にあるもの	九十五万千七百円
			設置場所が第二地域の区域内にあるもの	四十七万七千二百円
			設置場所が第三地域の区域内にあるもの	九万七千六百円
			設置場所が第四地域の区域内にあるもの	五万二百円

	使用する電波の周波数の幅が三メガヘルツを超え五十メガヘルツ以下のもの	設置場所が第一地域の区域内にあるもの	千二十八万三千九百円
		設置場所が第二地域の区域内にあるもの	五百十四万三千三百円
		設置場所が第三地域の区域内にあるもの	百三万八百円
		設置場所が第四地域の区域内にあるもの	五十一万六千八百円
	使用する電波の周波数の幅が五十メガヘルツを超え百メガヘルツ以下のもの	設置場所が第一地域の区域内にあるもの	二千二百七十一万六千二百円
		設置場所が第二地域の区域内にあるもの	千百三十五万九千五百円
		設置場所が第三地域の区域内にあるもの	二百二十七万四千百円
		設置場所が第四地域の区域内にあるもの	百十三万八千四百円
	使用する電波の周波数の幅が百メガヘルツを超えるもの	設置場所が第一地域の区域内にあるもの	四千二百七万六千五百円
		設置場所が第二地域の区域内にあるもの	二千百三万九千六百円
		設置場所が第三地域の区域内にあるもの	四百二十一万百円
		設置場所が第四地域の区域内にあるもの	二百十万六千四百円
六千メガヘルツを超える周波数の電波を使用するもの			五万二百円

五　自動車、船舶その他の移動するものに開設し、又は携帯して使用するために開設する無線局であって、人工衛星局の中継により無線通信を行うもの（八の項に掲げる無線局を除く。）					三千三百円
六　放送をする無線局（三の項、七の項及び八の項に掲げる無線局並びに電気通信業務を行うことを目的とする無線局を除く。）	六千メガヘルツ以下の周波数の電波を使用するもの	テレビジョン放送をするもの	特定新規開設局であるもの		七千四百円
			その他のもの		二万五千七百円
		その他のもの	使用する電波の周波数の幅が百キロヘルツ以下のもの	空中線電力が二百ワット以下のもの	三万六千五百円
				空中線電力が二百ワットを超え五十キロワット以下のもの	十一万四千二百円
				空中線電力が五十キロワットを超えるもの	二百十四万三千四百円
			使用する電波の周波数の幅が百キロヘルツを超えるもの	空中線電力が二十ワット以下のもの	三万六千五百円
				空中線電力が二十ワットを超え五キロワット以下のもの	十一万四千二百円
				空中線電力が五キロワットを超えるもの	二百十四万三千四百円
	六千メガヘルツを超える周波数の電波を使用するもの				二万五千七百円
七　多重放送をする無線局（三の項及び八の項に掲げる無線局を除く。）					九百円
八　実験等無線局及びアマチュア無線局					五百円
九　その他の無線局	三千メガヘルツ以下の周波数の電波を使用するもの	使用する電波の周波数の幅が三メガヘルツ以下のもの			一万八千三百円
		使用する電波の周波数の幅が三メガヘルツを超えるもの	設置場所が第一地域の区域内にあるもの		九十六万四千四百円
			設置場所が第二地域の区域内にあるもの		四十八万七千八百円
			設置場所が第三地域の区域内にあるもの		十万六千四百円
			設置場所が第四地域の区域内にあるもの		五万八千七百円

三千メガヘルツを超え六千メガヘルツ以下の周波数の電波を使用するもの	放送の業務の用に供するもの（多重放送の業務の用に供するものを除く。）	使用する電波の周波数の幅が四百キロヘルツ以下のもの	設置場所が第一地域の区域内にあるもの	二十一万六千三百円
			設置場所が第二地域の区域内にあるもの	十一万三千七百円
			設置場所が第三地域の区域内にあるもの	三万千六百円
			設置場所が第四地域の区域内にあるもの	二万千三百円
		使用する電波の周波数の幅が四百キロヘルツを超え三メガヘルツ以下のもの	設置場所が第一地域の区域内にあるもの	四十七万二千八百円
			設置場所が第二地域の区域内にあるもの	三十一万八千九百円
			設置場所が第三地域の区域内にあるもの	七万二千六百円
			設置場所が第四地域の区域内にあるもの	四万千九百円
		使用する電波の周波数の幅が三メガヘルツを超えるもの	設置場所が第一地域の区域内にあるもの	九百二十四万六千五百円
			設置場所が第二地域の区域内にあるもの	四百六十二万八千八百円
			設置場所が第三地域の区域内にあるもの	九十三万四千六百円
			設置場所が第四地域の区域内にあるもの	四十七万二千八百円
	多重放送の業務の用に供するもの			一万八千三百円
	放送の業務の用に供するもの以外のもの	使用する電波の周波数の幅が三メガヘルツ以下のもの		一万八千三百円
		使用する電波の周波数の幅が三メガヘルツを超えるもの	設置場所が第一地域の区域内にあるもの	九十六万四千四百円

		三十メガヘルツ以下のもの	設置場所が第二地域の区域内にあるもの	四十八万七千八百円
			設置場所が第三地域の区域内にあるもの	十万六千四百円
			設置場所が第四地域の区域内にあるもの	五万八千七百円
		使用する電波の周波数の幅が三十メガヘルツを超え三百メガヘルツ以下のもの	設置場所が第一地域の区域内にあるもの	三千百九万五百円
			設置場所が第二地域の区域内にあるもの	千五百五十五万八百円
			設置場所が第三地域の区域内にあるもの	三百十万九千五百円
			設置場所が第四地域の区域内にあるもの	百五十八万四千百円
		使用する電波の周波数の幅が三百メガヘルツを超えるもの	設置場所が第一地域の区域内にあるもの	七千六百八十五万千七百円
			設置場所が第二地域の区域内にあるもの	三千八百四十三万千四百円
			設置場所が第三地域の区域内にあるもの	七百六十八万五千六百円
			設置場所が第四地域の区域内にあるもの	三百八十七万二千二百円
	六千メガヘルツを超える周波数の電波を使用するもの			一万八千三百円

備考

一　この表において「設置場所」とは、無線局の無線設備の設置場所をいう。

二　この表において「第一地域」とは、東京都の区域（第四地域を除く。）をいう。

三　この表において「第二地域」とは、大阪府及び神奈川県の区域（第四地域を除く。）をいう。
四　この表において「第三地域」とは、北海道及び京都府並びに神奈川県以外の県の区域（第四地域を除く。）をいう。
五　この表において「第四地域」とは、離島振興法（昭和二十八年法律第七十二号）第二条第一項の規定に基づき指定された離島振興対策実施地域、奄美群島振興開発特別措置法（昭和二十九年法律第百八十九号）第一条に規定する奄美群島、小笠原諸島振興開発特別措置法（昭和四十四年法律第七十九号）第二条第一項に規定する小笠原諸島、過疎地域自立促進特別措置法（平成十二年法律第十五号）第二条第一項に規定する過。地域及び沖縄振興特別措置法（平成十四年法律第十四号）第三条第三号に規定する離島を含む市町村の区域として総務大臣が公示するものをいう。
六　六千メガヘルツ以下の周波数及び六千メガヘルツを超える周波数のいずれの電波も使用する無線局については、当該無線局が使用する電波のうち六千メガヘルツ以下の周波数の電波のみを使用する無線局とみなして、この表を適用する。
七　三千メガヘルツ以下の周波数及び三千メガヘルツを超え六千メガヘルツ以下の周波数のいずれの電波も使用する無線局については、当該無線局が使用する電波のうち三千メガヘルツ以下の周波数の電波のみを使用する無線局とみなして、この表を適用する。この場合において、次のイからニまでに掲げる無線局に係る同表の下欄に掲げる金額は、同欄に掲げる金額にかかわらず、当該金額と当該無線局が使用する電波のうち三千メガヘルツを超え六千メガヘルツ以下の周波数の電波のみを使用する無線局とみなして同表を適用した場合における同表の下欄の金額とを合算した金額から、当該イからニまでに定める金額を控除した金額とする。
イ　一の項に掲げる無線局　六百円
ロ　三の項に掲げる無線局　一万千七百円
ハ　四の項に掲げる無線局　二千七百円
ニ　九の項に掲げる無線局　一万千百円
八　次のイからニまでに掲げる無線局のうち第百三条の二第二項に規定する広域専用電波を使用するものに係るこの表の下欄に掲げる金額は、同欄に掲げる金額にかかわらず、当該イからニまでに定める金額とする。
イ　一の項に掲げる無線局　五百円
ロ　二の項に掲げる無線局　四千百円
ハ　四の項に掲げる無線局　二千七百円
ニ　五の項に掲げる無線局　千八百円
九　特定の無線局区分の無線局又は高周波利用設備からの混信その他の妨害について許容することが免許の条件又は周波数割当計画における周波数の使用に関する条件とされている無線局その他のこの表をそのまま適用することにより同等の機能を有する他の無線局との均衡を著しく失することとなると認められる無線

局として総務省令で定めるものについては、その使用する電波の周波数の幅をこれの二分の一に相当する幅とみなして、同表を適用する。

【八十五次改正】

電波法の一部を改正する法律（平成二十年五月三十日法律第五十号）

別表第六を次のように改める。

（改正後の別表第六は、後掲の通り。）

別表第六（第百三条の二関係）

無線局の区分					金額
一　移動する無線局（三の項から五の項まで及び八の項に掲げる無線局を除く。二の項において同じ。）	三千メガヘルツ以下の周波数の電波を使用するもの	航空機局又は船舶局			四百円
		航空機局又は船舶局以外のもの	使用する電波の周波数の幅が六メガヘルツ以下のもの		四百円
			使用する電波の周波数の幅が六メガヘルツを超え十五メガヘルツ以下のもの	空中線電力が〇・〇一ワット以下のもの	六百円
				空中線電力が〇・〇一ワットを超えるもの	八十万五千七百円
			使用する電波の周波数の幅が十五メガヘルツを超え三十メガヘルツ以下のもの	空中線電力が〇・〇一ワット以下のもの	千三百円
				空中線電力が〇・〇一ワットを超えるもの	二百三十三万六千円
			使用する電波の周波数の幅が三十メガヘルツを超えるもの	空中線電力が〇・〇一ワット以下のもの	二千七百円
				空中線電力が〇・〇一ワットを超えるもの	三百十万七千六百円
	三千メガヘルツを超え六千メガヘルツ以下の周波数の電波を使用するもの	使用する電波の周波数の幅が百メガヘルツ以下のもの			四百円
		使用する電波の周波数の幅が百メガヘルツを超えるもの			六万五千円

	六千メガヘルツを超える周波数の電波を使用するもの		四百円
二　移動しない無線局であつて、移動する無線局又は携帯して使用するための受信設備と通信を行うために陸上に開設するもの（八の項に掲げる無線局を除く。）	三千メガヘルツ以下の周波数の電波を使用するもの	使用する電波の周波数の幅が六メガヘルツを超えるものであつて、電波を発射しようとする場合において当該電波と周波数を同じくする電波を受信することにより一定の時間当該周波数の電波を発射しないことを確保する機能を有するもの　設置場所が第一地域の区域内にあるもの	三万千五百円
		設置場所が第二地域の区域内にあるもの	一万七千二百円
		設置場所が第三地域の区域内にあるもの	五千八百円
		設置場所が第四地域の区域内にあるもの	三千九百円
		その他のもの　空中線電力が〇・〇一ワット以下のもの	六千百円
		空中線電力が〇・〇一ワットを超えるもの	九千四百円
	三千メガヘルツを超え六千メガヘルツ以下の周波数の電波を使用するもの	空中線電力が〇・〇一ワット以下のもの	六千百円
		空中線電力が〇・〇一ワットを超えるもの	九千四百円
	六千メガヘルツを超える周波数の電波を使用するもの		三千九百円
三　人工衛星局（八の項に掲げる無線局を除く。）	三千メガヘルツ以下の周波数の電波を使用するもの	使用する電波の周波数の幅が三メガヘルツ以下のもの	二百七十八万九千三百円
		使用する電波の周波数の幅が三メガヘルツを超えるもの	一億二千四百三十五万二千六百円
	三千メガヘルツを超え六千メガヘルツ以下の周波数の電波を使用するもの	使用する電波の周波数の幅が三メガヘルツ以下のもの	十一万二百円
		使用する電波の周波数の幅が三メガヘルツを超え二百メガヘルツ以下のもの	二千六百八十九万九千円
		使用する電波の周波数の幅が二百メガヘルツを超え五百メガヘルツ以下のもの	八千百十八万八千三百円
		使用する電波の周波数の幅が五百メガヘルツを超えるもの	一億八千二百三

			十六万六千五百円
	六千メガヘルツを超える周波数の電波を使用するもの		十一万二百円
四　人工衛星局の中継により無線通信を行う無線局（五の項及び八の項に掲げる無線局を除く。）	六千メガヘルツ以下の周波数の電波を使用するもの	使用する電波の周波数の幅が三メガヘルツ以下のもの	
		設置場所が第一地域の区域内にあるもの	百四十八万九千九百円
		設置場所が第二地域の区域内にあるもの	七十四万五千九百円
		設置場所が第三地域の区域内にあるもの	十五万七百円
		設置場所が第四地域の区域内にあるもの	五万千五百円
		使用する電波の周波数の幅が三メガヘルツを超え五十メガヘルツ以下のもの	
		設置場所が第一地域の区域内にあるもの	千十八万三千百円
		設置場所が第二地域の区域内にあるもの	五百九万二千五百円
		設置場所が第三地域の区域内にあるもの	百二万円
		設置場所が第四地域の区域内にあるもの	三十四万千三百円
		使用する電波の周波数の幅が五十メガヘルツを超え百メガヘルツ以下のもの	
		設置場所が第一地域の区域内にあるもの	一億三千九百一万三千五百円
		設置場所が第二地域の区域内にあるもの	六千九百五十万七千七百円
		設置場所が第三地域の区域内にあるもの	千三百九十万三千百円
		設置場所が第四地域の区域内にあるもの	四百六十三万五千六百円

		使用する電波の周波数の幅が百メガヘルツを超えるもの	設置場所が第一地域の区域内にあるもの	二億七千九百七十八万七千二百円
			設置場所が第二地域の区域内にあるもの	一億三千九百八十九万四千五百円
			設置場所が第三地域の区域内にあるもの	二千七百九十八万五百円
			設置場所が第四地域の区域内にあるもの	九百三十二万八千百円
	六千メガヘルツを超える周波数の電波を使用するもの			五万千五百円
五　自動車、船舶その他の移動するものに開設し、又は携帯して使用するために開設する無線局であつて、人工衛星局の中継により無線通信を行うもの（八の項に掲げる無線局を除く。）				二千二百円
六　放送をする無線局（三の項、七の項及び八の項に掲げる無線局並びに電気通信業務を行うことを目的とする無線局を除く。）	六千メガヘルツ以下の周波数の電波を使用するもの	テレビジョン放送をするもの	デジタル信号による送信をするもの	
			空中線電力が〇・〇二ワット未満のもの	六千百円
			空中線電力が〇・〇二ワット以上二キロワット未満のもの	二十万二千三百円
			空中線電力が二キロワット以上十キロワット未満のもの　設置場所が特定地域以外の区域内にあるもの又は放送大学学園法（平成十四年法律第百五十六号）第二条第一項に規定する放送大学における教育に必要な放送の用に供するもの	二十万二千三百円
			空中線電力が二キロワット以上十キロワット未満のもの　その他のもの	七千二百九十四万千四百円
			空中線電力が十キロワット以上のもの	三億六千四百六

					十八万五千六百円
			その他のもの		六千百円
		その他のもの	使用する電波の周波数の幅が百キロヘルツ以下のもの	空中線電力が二百ワット以下のもの	四万千円
				空中線電力が二百ワットを超え五十キロワット以下のもの	十四万二千三百円
				空中線電力が五十キロワットを超えるもの	二百四十六万九千六百円
			使用する電波の周波数の幅が百キロヘルツを超えるもの	空中線電力が二十ワット以下のもの	四万千円
				空中線電力が二十ワットを超え五キロワット以下のもの	十四万二千三百円
				空中線電力が五キロワットを超えるもの	二百四十六万九千六百円
	六千メガヘルツを超える周波数の電波を使用するもの				六千百円
七　多重放送をする無線局（三の項及び八の項に掲げる無線局を除く。）					六百円
八　実験等無線局及びアマチュア無線局					三百円
九　その他の無線局	三千メガヘルツ以下の周波数の電波を使用するもの	使用する電波の周波数の幅が三メガヘルツ以下のもの			二万六千五百円
		使用する電波の周波数の幅が三メガヘルツを超えるもの		設置場所が第一地域の区域内にあるもの	二百十七万四千六百円
				設置場所が第二地域の区域内にあるもの	百九万千四百円
				設置場所が第三地域の区域内にあるもの	二十二万四千七百円
				設置場所が第四地域の区域内にあるもの	八万三百円
	三千メガヘルツを超	放送の業務の用	使用する電波の周波数の幅が四	設置場所が第一地域の区域内にあるもの	二十万五千五百

え六千メガヘルツ以下の周波数の電波を使用するもの	に供するもの（多重放送の業務の用に供するものを除く。）	百キロヘルツ以下のもの		円
			設置場所が第二地域の区域内にあるもの	十万六千八百円
			設置場所が第三地域の区域内にあるもの	二万七千八百円
			設置場所が第四地域の区域内にあるもの	一万四千六百円
		使用する電波の周波数の幅が四百キロヘルツを超え三メガヘルツ以下のもの	設置場所が第一地域の区域内にあるもの	六十万三百円
			設置場所が第二地域の区域内にあるもの	三十万四千二百円
			設置場所が第三地域の区域内にあるもの	六万七千三百円
			設置場所が第四地域の区域内にあるもの	二万七千八百円
		使用する電波の周波数の幅が三メガヘルツを超えるもの	設置場所が第一地域の区域内にあるもの	八百八十九万千八百円
			設置場所が第二地域の区域内にあるもの	四百四十四万九千九百円
			設置場所が第三地域の区域内にあるもの	八十九万六千四百円
			設置場所が第四地域の区域内にあるもの	三十万四千二百円
	多重放送の業務の用に供するもの			二万六千五百円
	放送の業務の用に供するもの以外のもの	使用する電波の周波数の幅が三メガヘルツ以下のもの		二万六千五百円
		使用する電波の周波数の幅が三メガヘルツを超え三十メガヘルツ以下のもの	設置場所が第一地域の区域内にあるもの	二百十七万四千六百円
			設置場所が第二地域の区域内にあるもの	百九万千四百円
			設置場所が第三地域の区域内にあるもの	二十二万四千七百円

		設置場所が第四地域の区域内にあるもの	八万三百円
	使用する電波の周波数の幅が三十メガヘルツを超え三百メガヘルツ以下のもの	設置場所が第一地域の区域内にあるもの	七千六十三万八千四百円
		設置場所が第二地域の区域内にあるもの	三千五百三十二万三千二百円
		設置場所が第三地域の区域内にあるもの	七百八万五千五百円
		設置場所が第四地域の区域内にあるもの	二百三十九万千三百円
	使用する電波の周波数の幅が三百メガヘルツを超えるもの	設置場所が第一地域の区域内にあるもの	一億七千四百六十三万四千百円
		設置場所が第二地域の区域内にあるもの	八千七百三十二万千百円
		設置場所が第三地域の区域内にあるもの	千七百四十八万五千百円
		設置場所が第四地域の区域内にあるもの	五百八十五万七千八百円
六千メガヘルツを超える周波数の電波を使用するもの			一万四千六百円

備考

一　この表において「設置場所」とは、無線局の無線設備の設置場所をいう。

二　この表において「第一地域」とは、東京都の区域（第四地域を除く。）をいう。

三　この表において「第二地域」とは、大阪府及び神奈川県の区域（第四地域を除く。）をいう。

四　この表において「第三地域」とは、北海道及び京都府並びに神奈川県以外の県の区域（第四地域を除く。）をいう。

五　この表において「第四地域」とは、離島振興法（昭和二十八年法律第七十二号）第二条第一項の規定に基づき指定された離島振興対策実施地域、過疎地域自立促進特別措置法（平成十二年法律第十五号）第二条第一項に規定する過疎地域並びに奄美群島振興開発特別措置法（昭和二十九年法律第百八十九号）第一条に規定する奄美群島、小笠原諸島振興開発特別措置法（昭和四十四年法律第七十九号）第二条第一項に規定する小笠原諸島及び沖縄振興特別措置法（平成十四年法律第十四号）第三条第三号に規定する離島の区域をいう。

六　この表において「特定地域」とは、茨城県、栃木県、群馬県、埼玉県、千葉県、東京都、神奈川県、岐阜県、愛知県、三重県、滋賀県、京都府、大阪府、兵庫県、奈良県及び和歌山県の区域をいう。

七　六千メガヘルツ以下の周波数及び六千メガヘルツを超える周波数のいずれの電波も使用する無線局については、当該無線局が使用する電波のうち六千メガヘルツ以下の周波数の電波のみを使用する無線局とみなして、この表を適用する。

八　三千メガヘルツ以下の周波数及び三千メガヘルツを超え六千メガヘルツ以下の周波数のいずれの電波も使用する無線局については、当該無線局が使用する電波のうち三千メガヘルツ以下の周波数の電波のみを使用する無線局とみなして、この表を適用する。この場合において、次のイからニまでに掲げる無線局に係る同表の下欄に掲げる金額は、同欄に掲げる金額にかかわらず、当該金額と当該無線局が使用する電波のうち三千メガヘルツを超え六千メガヘルツ以下の周波数の電波のみを使用する無線局とみなして同表を適用した場合における同表の下欄の金額とを合算した金額から、当該イからニまでに定める金額を控除した金額とする。

イ　一の項に掲げる無線局　四百円

ロ　三の項に掲げる無線局　八千五百円

ハ　四の項に掲げる無線局　千九百円

ニ　九の項に掲げる無線局　八千百円

九　次のイからニまでに掲げる無線局のうち第百三条の二第二項に規定する広域専用電波を使用するものに係るこの表の下欄に掲げる金額は、同欄に掲げる金額にかかわらず、当該イからニまでに定める金額とする。

イ　一の項に掲げる無線局　三百円

ロ　二の項に掲げる無線局　三千円

ハ　四の項に掲げる無線局　千九百円

ニ　五の項に掲げる無線局　千三百円

十　特定の無線局区分の無線局又は高周波利用設備からの混信その他の妨害について許容することが免許の条件又は周波数割当計画における周波数の使用に関する条件とされている無線局その他のこの表をそのまま適用することにより同等の機能を有する他の無線局との均衡を著しく失することとなると認められる無線局として総務省令で定めるものについては、その使用する電波の周波数の幅をこれの二分の一に相当する幅とみなして、同表を適用する。

［注釈］表の全部改正であるが、見易さを優先して、傍線を付していない。

【 九十次改正 】

電波法の一部を改正する法律（平成二十三年六月一日法律第六十号）第一条

別表第六備考第九号中「ニまで」を「ホまで」に改め、同号に次のように加える。
（追加された備考第九号ホは、後掲の通り。）

別表第六（第百三条の二関係）

無線局の区分				金額
一　移動する無線局（三の項から五の項までに掲げる無線局を除く。二の項において同じ。）	三千メガヘルツ以下の周波数の電波を使用するもの	航空機局又は船舶局		四百円
		航空機局又は船舶局以外のもの	使用する電波の周波数の幅が六メガヘルツ以下のもの	四百円
			使用する電波の周波数の幅が六メガヘルツを超え十五メガヘルツ以下のもの　空中線電力が〇・〇一ワット以下のもの	六百円
			空中線電力が〇・〇一ワットを超えるもの	八十万五千七百円
			使用する電波の周波数の幅が十五メガヘルツを超え三十メガヘルツ以下のもの　空中線電力が〇・〇一ワット以下のもの	千三百円
			空中線電力が〇・〇一ワットを超えるもの	二百三十三万六千円
			使用する電波の周波数の幅が三十メガヘルツを超えるもの　空中線電力が〇・〇一ワット以下のもの	二千七百円
			空中線電力が〇・〇一ワットを超えるもの	三百十万七千六百円
	三千メガヘルツを超え六千メガヘルツ以下の周波数の電波を	使用する電波の周波数の幅が百メガヘルツ以下のもの		四百円
		使用する電波の周波数の幅が百メガヘルツを超えるもの		六万五千円

	使用するもの			
	六千メガヘルツを超える周波数の電波を使用するもの			四百円
二　移動しない無線局であつて、移動する無線局又は携帯して使用するための受信設備と通信を行うために陸上に開設するもの（八の項に掲げる無線局を除く。）	三千メガヘルツ以下の周波数の電波を使用するもの	使用する電波の周波数の幅が六メガヘルツを超えるものであつて、電波を発射しようとする場合において当該電波と周波数を同じくする電波を受信することにより一定の時間当該周波数の電波を発射しないことを確保する機能を有するもの	設置場所が第一地域の区域内にあるもの	三万千五百円
			設置場所が第二地域の区域内にあるもの	一万七千二百円
			設置場所が第三地域の区域内にあるもの	五千八百円
			設置場所が第四地域の区域内にあるもの	三千九百円
		その他のもの	空中線電力が〇・〇一ワット以下のもの	六千百円
			空中線電力が〇・〇一ワットを超えるもの	九千四百円
	三千メガヘルツを超え六千メガヘルツ以下の周波数の電波を使用するもの	空中線電力が〇・〇一ワット以下のもの		六千百円
		空中線電力が〇・〇一ワットを超えるもの		九千四百円
	六千メガヘルツを超える周波数の電波を使用するもの			三千九百円
三　人工衛星局（八の項に掲げる無線局を除く。）	三千メガヘルツ以下の周波数の電波を使用するもの	使用する電波の周波数の幅が三メガヘルツ以下のもの		二百七十八万九千三百円
		使用する電波の周波数の幅が三メガヘルツを超えるもの		一億二千四百三十五万二千六百円
	三千メガヘルツを超え六千メガヘルツ以下の周波数の電波を使用するもの	使用する電波の周波数の幅が三メガヘルツ以下のもの		十一万二百円
		使用する電波の周波数の幅が三メガヘルツを超え二百メガヘルツ以下のもの		二千六百八十九万九千円
		使用する電波の周波数の幅が二百メガヘルツを超え五百メガヘルツ以下のもの		八千百十八万八

区分	周波数	周波数の幅	設置場所	金額
				千三百円
	六千メガヘルツを超える周波数の電波を使用するもの	使用する電波の周波数の幅が五百メガヘルツを超えるもの		一億八千二百三十六万六千五百円
				十一万二百円
四　人工衛星局の中継により無線通信を行う無線局（五の項及び八の項に掲げる無線局を除く。）	六千メガヘルツ以下の周波数の電波を使用するもの	使用する電波の周波数の幅が三メガヘルツ以下のもの	設置場所が第一地域の区域内にあるもの	百四十八万九千九百円
			設置場所が第二地域の区域内にあるもの	七十四万五千九百円
			設置場所が第三地域の区域内にあるもの	十五万七百円
			設置場所が第四地域の区域内にあるもの	五万千五百円
		使用する電波の周波数の幅が三メガヘルツを超え五十メガヘルツ以下のもの	設置場所が第一地域の区域内にあるもの	千十八万三千百円
			設置場所が第二地域の区域内にあるもの	五百九万二千五百円
			設置場所が第三地域の区域内にあるもの	百二万円
			設置場所が第四地域の区域内にあるもの	三十四万千三百円
		使用する電波の周波数の幅が五十メガヘルツを超え百メガヘルツ以下のもの	設置場所が第一地域の区域内にあるもの	一億三千九百一万三千五百円
			設置場所が第二地域の区域内にあるもの	六千九百五十万七千七百円
			設置場所が第三地域の区域内にあるもの	千三百九十万三千百円

					設置場所が第四地域の区域内にあるもの	四百六十三万五千六百円
	六千メガヘルツを超える周波数の電波を使用するもの	使用する電波の周波数の幅が百メガヘルツを超えるもの			設置場所が第一地域の区域内にあるもの	二億七千九百七十八万七千二百円
					設置場所が第二地域の区域内にあるもの	一億三千九百八十九万四千五百円
					設置場所が第三地域の区域内にあるもの	二千七百九十八万五百円
					設置場所が第四地域の区域内にあるもの	九百三十二万八千百円
						五万千五百円
五　自動車、船舶その他の移動するものに開設し、又は携帯して使用するために開設する無線局であつて、人工衛星局の中継により無線通信を行うもの（八の項に掲げる無線局を除く。）						二千二百円
六　放送をする無線局（三の項、七の項及び八の項に掲げる無線局並びに電気通信業務を行うことを目的とする無線局を除く。）	六千メガヘルツ以下の周波数の電波を使用するもの	テレビジョン放送をするもの	デジタル信号による送信をするもの	空中線電力が〇・〇二ワット未満のもの		六千百円
				空中線電力が〇・〇二ワット以上二キロワット未満のもの		二十万二千三百円
				空中線電力が二キロワット以上十キロワット未満のもの	設置場所が特定地域以外の区域内にあるもの又は放送大学学園法（平成十四年法律第百五十六号）第二条第一項に規定する放送大学における教育に必要な放送の用に供するもの	二十万二千三百円
					その他のもの	七千二百九十四

				万千四百円
			空中線電力が十キロワット以上のもの	三億六千四百六十八万五千六百円
		その他のもの		六千百円
	その他のもの	使用する電波の周波数の幅が百キロヘルツ以下のもの	空中線電力が二百ワット以下のもの	四万千円
			空中線電力が二百ワットを超え五十キロワット以下のもの	十四万二千三百円
			空中線電力が五十キロワットを超えるもの	二百四十六万九千六百円
		使用する電波の周波数の幅が百キロヘルツを超えるもの	空中線電力が二十ワット以下のもの	四万千円
			空中線電力が二十ワットを超え五キロワット以下のもの	十四万二千三百円
			空中線電力が五キロワットを超えるもの	二百四十六万九千六百円
	六千メガヘルツを超える周波数の電波を使用するもの			六千百円
七　多重放送をする無線局（三の項及び八の項に掲げる無線局を除く。）				六百円
八　実験等無線局及びアマチュア無線局				三百円
九　その他の無線局	三千メガヘルツ以下の周波数の電波を使用するもの	使用する電波の周波数の幅が三メガヘルツ以下のもの		二万六千五百円
		使用する電波の周波数の幅が三メガヘルツを超えるもの	設置場所が第一地域の区域内にあるもの	二百十七万四千六百円
			設置場所が第二地域の区域内にあるもの	百九万千四百円
			設置場所が第三地域の区域内にあるもの	二十二万四千七百円

			設置場所が第四地域の区域内にあるもの	八万三百円
三千メガヘルツを超え六千メガヘルツ以下の周波数の電波を使用するもの	放送の業務の用に供するもの（多重放送の業務の用に供するものを除く。）	使用する電波の周波数の幅が四百キロヘルツ以下のもの	設置場所が第一地域の区域内にあるもの	二十万五千五百円
			設置場所が第二地域の区域内にあるもの	十万六千八百円
			設置場所が第三地域の区域内にあるもの	二万七千八百円
			設置場所が第四地域の区域内にあるもの	一万四千六百円
		使用する電波の周波数の幅が四百キロヘルツを超え三メガヘルツ以下のもの	設置場所が第一地域の区域内にあるもの	六十万三百円
			設置場所が第二地域の区域内にあるもの	三十万四千二百円
			設置場所が第三地域の区域内にあるもの	六万七千三百円
			設置場所が第四地域の区域内にあるもの	二万七千八百円
		使用する電波の周波数の幅が三メガヘルツを超えるもの	設置場所が第一地域の区域内にあるもの	八百八十九万千八百円
			設置場所が第二地域の区域内にあるもの	四百四十四万九千九百円
			設置場所が第三地域の区域内にあるもの	八十九万六千四百円
			設置場所が第四地域の区域内にあるもの	三十万四千二百円
	多重放送の業務の用に供するもの			二万六千五百円
	放送の業務の用に供するもの以外のもの	使用する電波の周波数の幅が三メガヘルツ以下のもの		二万六千五百円
		使用する電波の周波数の幅が三メガヘルツを超え三十メガヘルツ以下のもの	設置場所が第一地域の区域内にあるもの	二百十七万四千六百円
			設置場所が第二地域の区域内にあるもの	百九万千四百円

		設置場所が第三地域の区域内にあるもの	二十二万四千七百円
		設置場所が第四地域の区域内にあるもの	八万三百円
	使用する電波の周波数の幅が三十メガヘルツを超え三百メガヘルツ以下のもの	設置場所が第一地域の区域内にあるもの	七千六十三万八千四百円
		設置場所が第二地域の区域内にあるもの	三千五百三十二万三千二百円
		設置場所が第三地域の区域内にあるもの	七百八万五千五百円
		設置場所が第四地域の区域内にあるもの	二百三十九万千三百円
	使用する電波の周波数の幅が三百メガヘルツを超えるもの	設置場所が第一地域の区域内にあるもの	一億七千四百六十三万四千百円
		設置場所が第二地域の区域内にあるもの	八千七百三十二万千百円
		設置場所が第三地域の区域内にあるもの	千七百四十八万五千百円
		設置場所が第四地域の区域内にあるもの	五百八十五万七千八百円
六千メガヘルツを超える周波数の電波を使用するもの			一万四千六百円

備考

一　この表において「設置場所」とは、無線局の無線設備の設置場所をいう。

二　この表において「第一地域」とは、東京都の区域（第四地域を除く。）をいう。

三　この表において「第二地域」とは、大阪府及び神奈川県の区域（第四地域を除く。）をいう。

四　この表において「第三地域」とは、北海道及び京都府並びに神奈川県以外の県の区域（第四地域を除く。）をいう。

五　この表において「第四地域」とは、離島振興法（昭和二十八年法律第七十二号）第二条第一項の規定に基づき指定された離島振興対策実施地域、過疎地域自立促進特別措置法（平成十二年法律第十五号）第二条第一項に規定する過疎地域並びに奄美群島振興開発特別措置法（昭和二十九年法律第百八十九号）第一条に規定する奄美群島、小笠原諸島振興開発特別措置法（昭和四十四年法律第七十九号）第二条第一項に規定する小笠原諸島及び沖縄振興特別措置法（平成十四年法律第十四号）第三条第三号に規定する離島の区域をいう。

六　この表において「特定地域」とは、茨城県、栃木県、群馬県、埼玉県、千葉県、東京都、神奈川県、岐阜県、愛知県、三重県、滋賀県、京都府、大阪府、兵庫県、奈良県及び和歌山県の区域をいう。

七　六千メガヘルツ以下の周波数及び六千メガヘルツを超える周波数のいずれの電波も使用する無線局については、当該無線局が使用する電波のうち六千メガヘルツ以下の周波数の電波のみを使用する無線局とみなして、この表を適用する。

八　三千メガヘルツ以下の周波数及び三千メガヘルツを超え六千メガヘルツ以下の周波数のいずれの電波も使用する無線局については、当該無線局が使用する電波のうち三千メガヘルツ以下の周波数の電波のみを使用する無線局とみなして、この表を適用する。この場合において、次のイからニまでに掲げる無線局に係る同表の下欄に掲げる金額は、同欄に掲げる金額にかかわらず、当該金額と当該無線局が使用する電波のうち三千メガヘルツを超え六千メガヘルツ以下の周波数の電波のみを使用する無線局とみなして同表を適用した場合における同表の下欄の金額とを合算した金額から、当該イからニまでに定める金額を控除した金額とする。

イ　一の項に掲げる無線局　四百円

ロ　三の項に掲げる無線局　八千五百円

ハ　四の項に掲げる無線局　千九百円

ニ　九の項に掲げる無線局　八千百円

九　次のイからホまでに掲げる無線局のうち第百三条の二第二項に規定する広域専用電波を使用するものに係るこの表の下欄に掲げる金額は、同欄に掲げる金額にかかわらず、当該イからホまでに定める金額とする。

イ　一の項に掲げる無線局　三百円

ロ　二の項に掲げる無線局　三千円

ハ　四の項に掲げる無線局　千九百円

ニ　五の項に掲げる無線局　千三百円

ホ　六の項に掲げる無線局　五千四百円

十　特定の無線局区分の無線局又は高周波利用設備からの混信その他の妨害について許容することが免許の条件又は周波数割当計画における周波数の使用に関する条件とされている無線局その他のこの表をそのまま適用することにより同等の機能を有する他の無線局との均衡を著しく失することとなると認められる無線局として総務省令で定めるものについては、その使用する電波の周波数の幅をこれの二分の一に相当する幅とみなして、同表を適用する。

【九十一次改正】

放送法等の一部を改正する法律（平成二十二年十二月三日法律第六十五号）第四条

別表第六の二の項中「八の項」を「六の項及び八の項」に改め、同表の六の項中「放送をする無線局（三の項、七の項及び八の項に掲げる無線局並びに電気通信業務を行うことを目的とする」を「基幹放送局（三の項、七の項及び八の項に掲げる」に改める。

別表第六（第百三条の二関係）

無線局の区分				金額
一　移動する無線局（三の項から五の項まで及び八の項に掲げる無線局を除く。二の項において同じ。）	三千メガヘルツ以下の周波数の電波を使用するもの	航空機局又は船舶局		四百円
		航空機局又は船舶局以外のもの	使用する電波の周波数の幅が六メガヘルツ以下のもの	四百円
			使用する電波の周波数の幅が六メガヘルツを超え十五メガヘルツ以下のもの　空中線電力が〇・〇一ワット以下のもの	六百円
			空中線電力が〇・〇一ワットを超えるもの	八十万五千七百円
			使用する電波の周波数の幅が十五メガヘルツを超え三十メガヘルツ以下のもの　空中線電力が〇・〇一ワット以下のもの	千三百円
			空中線電力が〇・〇一ワットを超えるもの	二百三十三万六千円
			使用する電波の周波数の幅が三十メガヘルツを超えるもの　空中線電力が〇・〇一ワット以下のもの	二千七百円
			空中線電力が〇・〇一ワットを超えるもの	三百十万七千六百円
	三千メガヘルツを超え六千メガヘルツ以下の	使用する電波の周波数の幅が百メガヘルツ以下のもの		四百円
		使用する電波の周波数の幅が百メガヘルツを超えるもの		六万五千円

	周波数の電波を使用するもの			
	六千メガヘルツを超える周波数の電波を使用するもの			四百円
二　移動しない無線局であつて、移動する無線局又は携帯して使用するための受信設備と通信を行うために陸上に開設するもの（六の項及び八の項に掲げる無線局を除く。）	三千メガヘルツ以下の周波数の電波を使用するもの	使用する電波の周波数の幅が六メガヘルツを超えるものであつて、電波を発射しようとする場合において当該電波と周波数を同じくする電波を受信することにより一定の時間当該周波数の電波を発射しないことを確保する機能を有するもの	設置場所が第一地域の区域内にあるもの	三万千五百円
			設置場所が第二地域の区域内にあるもの	一万七千二百円
			設置場所が第三地域の区域内にあるもの	五千八百円
			設置場所が第四地域の区域内にあるもの	三千九百円
		その他のもの	空中線電力が〇・〇一ワット以下のもの	六千百円
			空中線電力が〇・〇一ワットを超えるもの	九千四百円
	三千メガヘルツを超え六千メガヘルツ以下の周波数の電波を使用するもの	空中線電力が〇・〇一ワット以下のもの		六千百円
		空中線電力が〇・〇一ワットを超えるもの		九千四百円
	六千メガヘルツを超える周波数の電波を使用するもの			三千九百円
三　人工衛星局（八の項に掲げる無線局を除く。）	三千メガヘルツ以下の周波数の電波を使用するもの	使用する電波の周波数の幅が三メガヘルツ以下のもの		二百七十八万九千三百円
		使用する電波の周波数の幅が三メガヘルツを超えるもの		一億二千四百三十五万二千六百円
	三千メガヘルツを超え六千メガヘルツ以下の周波数の電波を使用す	使用する電波の周波数の幅が三メガヘルツ以下のもの		十一万二百円
		使用する電波の周波数の幅が三メガヘルツを超え二百メガヘルツ以下のもの		二千六百八十九万九千円

	るもの	使用する電波の周波数の幅が二百メガヘルツを超え五百メガヘルツ以下のもの		八千百十八万八千三百円
		使用する電波の周波数の幅が五百メガヘルツを超えるもの		一億八千二百三十六万六千五百円
	六千メガヘルツを超える周波数の電波を使用するもの			十一万二百円
四　人工衛星局の中継により無線通信を行う無線局（五の項及び八の項に掲げる無線局を除く。）	六千メガヘルツ以下の周波数の電波を使用するもの	使用する電波の周波数の幅が三メガヘルツ以下のもの	設置場所が第一地域の区域内にあるもの	百四十八万九千九百円
			設置場所が第二地域の区域内にあるもの	七十四万五千九百円
			設置場所が第三地域の区域内にあるもの	十五万七百円
			設置場所が第四地域の区域内にあるもの	五万千五百円
		使用する電波の周波数の幅が三メガヘルツを超え五十メガヘルツ以下のもの	設置場所が第一地域の区域内にあるもの	千十八万三千百円
			設置場所が第二地域の区域内にあるもの	五百九万二千五百円
			設置場所が第三地域の区域内にあるもの	百二万円
			設置場所が第四地域の区域内にあるもの	三十四万千三百円
		使用する電波の周波数の幅が五十メガヘルツを超え百メガヘルツ以下のもの	設置場所が第一地域の区域内にあるもの	一億三千九百一万三千五百円
			設置場所が第二地域の区域内にあるもの	六千九百五十万七千七百円
			設置場所が第三地域の区域内にあるもの	千三百九十万三

						千百円
					設置場所が第四地域の区域内にあるもの	四百六十三万五千六百円
		使用する電波の周波数の幅が百メガヘルツを超えるもの			設置場所が第一地域の区域内にあるもの	二億七千九百七十八万七千二百円
					設置場所が第二地域の区域内にあるもの	一億三千九百八十九万四千五百円
					設置場所が第三地域の区域内にあるもの	二千七百九十八万五百円
					設置場所が第四地域の区域内にあるもの	九百三十二万八千百円
	六千メガヘルツを超える周波数の電波を使用するもの					五万千五百円
五　自動車、船舶その他の移動するものに開設し、又は携帯して使用するために開設する無線局であつて、人工衛星局の中継により無線通信を行うもの（八の項に掲げる無線局を除く。）						二千二百円
六　基幹放送局（三の項、七の項及び八の項に掲げる無線局を除く。）	六千メガヘルツ以下の周波数の電波を使用するもの	テレビジョン放送をするもの	デジタル信号による送信をするもの	空中線電力が〇・〇二ワット未満のもの		六千百円
				空中線電力が〇・〇二ワット以上二キロワット未満のもの		二十万二千三百円
				空中線電力が二キロワット以上十キロワット未満のもの	設置場所が特定地域以外の区域内にあるもの又は放送大学学園法（平成十四年法律第百五十六号）第二条第一項に規定する放送大学における教育に必要な放送の用に供するもの	二十万二千三百円

				その他のもの	七千二百九十四万千四百円
			空中線電力が十キロワット以上のもの		三億六千四百六十八万五千六百円
	その他のもの	その他のもの			六千百円
		使用する電波の周波数の幅が百キロヘルツ以下のもの	空中線電力が二百ワット以下のもの		四万千円
			空中線電力が二百ワットを超え五十キロワット以下のもの		十四万二千三百円
			空中線電力が五十キロワットを超えるもの		二百四十六万九千六百円
		使用する電波の周波数の幅が百キロヘルツを超えるもの	空中線電力が二十ワット以下のもの		四万千円
			空中線電力が二十ワットを超え五キロワット以下のもの		十四万二千三百円
			空中線電力が五キロワットを超えるもの		二百四十六万九千六百円
	六千メガヘルツを超える周波数の電波を使用するもの				六千百円
七　多重放送をする無線局（三の項及び八の項に掲げる無線局を除く。）					六百円
八　実験等無線局及びアマチュア無線局					三百円
九　その他の無線局	三千メガヘルツ以下の周波数の電波を使用するもの	使用する電波の周波数の幅が三メガヘルツ以下のもの			二万六千五百円
		使用する電波の周波数の幅が三メガヘルツを超えるもの	設置場所が第一地域の区域内にあるもの		二百十七万四千六百円
			設置場所が第二地域の区域内にあるもの		百九万千四百円
			設置場所が第三地域の区域内にあるもの		二十二万四千七

				百円
			設置場所が第四地域の区域内にあるもの	八万三百円
三千メガヘルツを超え六千メガヘルツ以下の周波数の電波を使用するもの	放送の業務の用に供するもの（多重放送の業務の用に供するものを除く。）	使用する電波の周波数の幅が四百キロヘルツ以下のもの	設置場所が第一地域の区域内にあるもの	二十万五千五百円
			設置場所が第二地域の区域内にあるもの	十万六千八百円
			設置場所が第三地域の区域内にあるもの	二万七千八百円
			設置場所が第四地域の区域内にあるもの	一万四千六百円
		使用する電波の周波数の幅が四百キロヘルツを超え三メガヘルツ以下のもの	設置場所が第一地域の区域内にあるもの	六十万三百円
			設置場所が第二地域の区域内にあるもの	三十万四千二百円
			設置場所が第三地域の区域内にあるもの	六万七千三百円
			設置場所が第四地域の区域内にあるもの	二万七千八百円
		使用する電波の周波数の幅が三メガヘルツを超えるもの	設置場所が第一地域の区域内にあるもの	八百八十九万千八百円
			設置場所が第二地域の区域内にあるもの	四百四十四万九千九百円
			設置場所が第三地域の区域内にあるもの	八十九万六千四百円
			設置場所が第四地域の区域内にあるもの	三十万四千二百円
	多重放送の業務の用に供するもの			二万六千五百円
	放送の業務の用に供するもの以外のもの	使用する電波の周波数の幅が三メガヘルツ以下のもの		二万六千五百円
		使用する電波の周波数の幅が三メガヘルツを超え三十メガヘル	設置場所が第一地域の区域内にあるもの	二百十七万四千六百円

	ツ以下のもの	設置場所が第二地域の区域内にあるもの	百九万千四百円
		設置場所が第三地域の区域内にあるもの	二十二万四千七百円
		設置場所が第四地域の区域内にあるもの	八万三百円
	使用する電波の周波数の幅が三十メガヘルツを超え三百メガヘルツ以下のもの	設置場所が第一地域の区域内にあるもの	七千六十三万八千四百円
		設置場所が第二地域の区域内にあるもの	三千五百三十二万三千二百円
		設置場所が第三地域の区域内にあるもの	七百八万五千五百円
		設置場所が第四地域の区域内にあるもの	二百三十九万千三百円
	使用する電波の周波数の幅が三百メガヘルツを超えるもの	設置場所が第一地域の区域内にあるもの	一億七千四百六十三万四千百円
		設置場所が第二地域の区域内にあるもの	八千七百三十二万千百円
		設置場所が第三地域の区域内にあるもの	千七百四十八万五千百円
		設置場所が第四地域の区域内にあるもの	五百八十五万七千八百円
六千メガヘルツを超える周波数の電波を使用するもの			一万四千六百円

備考

一　この表において「設置場所」とは、無線局の無線設備の設置場所をいう。

二　この表において「第一地域」とは、東京都の区域（第四地域を除く。）をいう。

三　この表において「第二地域」とは、大阪府及び神奈川県の区域（第四地域を除く。）をいう。

四　この表において「第三地域」とは、北海道及び京都府並びに神奈川県以外の県の区域（第四地域を除く。）をいう。

五　この表において「第四地域」とは、離島振興法（昭和二十八年法律第七十二号）第二条第一項の規定に基づき指定された離島振興対策実施地域、過疎地域自立促進特別措置法（平成十二年法律第十五号）第二条第一項に規定する過疎地域並びに奄美群島振興開発特別措置法（昭和二十九年法律第百八十九号）第一条に規定する奄美群島、小笠原諸島振興開発特別措置法（昭和四十四年法律第七十九号）第二条第一項に規定する小笠原諸島及び沖縄振興特別措置法（平成十四年法律第十四号）第三条第三号に規定する離島の区域をいう。

六　この表において「特定地域」とは、茨城県、栃木県、群馬県、埼玉県、千葉県、東京都、神奈川県、岐阜県、愛知県、三重県、滋賀県、京都府、大阪府、兵庫県、奈良県及び和歌山県の区域をいう。

七　六千メガヘルツ以下の周波数及び六千メガヘルツを超える周波数のいずれの電波も使用する無線局については、当該無線局が使用する電波のうち六千メガヘルツ以下の周波数の電波のみを使用する無線局とみなして、この表を適用する。八　三千メガヘルツ以下の周波数及び三千メガヘルツを超え六千メガヘルツ以下の周波数のいずれの電波も使用する無線局については、当該無線局が使用する電波のうち三千メガヘルツ以下の周波数の電波のみを使用する無線局とみなして、この表を適用する。この場合において、次のイからニまでに掲げる無線局に係る同表の下欄に掲げる金額は、同欄に掲げる金額にかかわらず、当該金額と当該無線局が使用する電波のうち三千メガヘルツを超え六千メガヘルツ以下の周波数の電波のみを使用する無線局とみなして同表を適用した場合における同表の下欄の金額とを合算した金額から、当該イからニまでに定める金額を控除した金額とする。

イ　一の項に掲げる無線局　四百円

ロ　三の項に掲げる無線局　八千五百円

ハ　四の項に掲げる無線局　千九百円

ニ　九の項に掲げる無線局　八千百円

八　三千メガヘルツ以下の周波数及び三千メガヘルツを超え六千メガヘルツ以下の周波数のいずれの電波も使用する無線局については、当該無線局が使用する電波のうち三千メガヘルツ以下の周波数の電波のみを使用する無線局とみなして、この表を適用する。この場合において、次のイからニまでに掲げる無線局に係る同表の下欄に掲げる金額は、同欄に掲げる金額にかかわらず、当該金額と当該無線局が使用する電波のうち三千メガヘルツを超え六千メガヘルツ以下の周波数の電波のみを使用する無線局とみなして同表を適用した場合における同表の下欄の金額とを合算した金額から、当該イからニまでに定める金額を控除した金額とする。

イ　一の項に掲げる無線局　四百円

ロ　三の項に掲げる無線局　八千五百円

ハ　四の項に掲げる無線局　千九百円
ニ　九の項に掲げる無線局　八千百円

九　次のイからホまでに掲げる無線局のうち第百三条の二第二項に規定する広域専用電波を使用するものに係るこの表の下欄に掲げる金額は、同欄に掲げる金額にかかわらず、当該イからホまでに定める金額とする。

イ　一の項に掲げる無線局　三百円
ロ　二の項に掲げる無線局　三千円
ハ　四の項に掲げる無線局　千九百円
ニ　五の項に掲げる無線局　千三百円
ホ　六の項に掲げる無線局　五千四百円

十　特定の無線局区分の無線局又は高周波利用設備からの混信その他の妨害について許容することが免許の条件又は周波数割当計画における周波数の使用に関する条件とされている無線局その他のこの表をそのまま適用することにより同等の機能を有する他の無線局との均衡を著しく失することとなると認められる無線局として総務省令で定めるものについては、その使用する電波の周波数の幅をこれの二分の一に相当する幅とみなして、同表を適用する。

【九十三次改正】

電波法の一部を改正する法律（平成二十三年六月一日法律第六十号）第二条

別表第六を次のように改める。
（改正後の別表第六は、後掲の通り。）

別表第六（第百三条の二関係）

無線局の区分				金額
一　移動する無線局（三の項から五の項まで及び八の項に掲げる無線局を除く。）	三千メガヘルツ以下の周波数の電波を使用するもの	航空機局若しくは船舶局又はこれらの無線局が使用する電波の周波数と同一の周波数の電波のみを使用するもの		五百円
		その他のもの	使用する電波の周波数の幅が六メガヘルツ以下のもの	五百円
			使用する電波の周波数の幅が六　空中線電力が〇・〇五ワット以下のもの	七百円

二の項において同じ。）		メガヘルツを超え十五メガヘルツ以下のもの	空中線電力が〇・〇五ワットを超え〇・五ワット以下のもの	八千九百円
			空中線電力が〇・五ワットを超えるもの	九十六万六千八百円
		使用する電波の周波数の幅が十五メガヘルツを超え三十メガヘルツ以下のもの	空中線電力が〇・〇五ワット以下のもの	千五百円
			空中線電力が〇・〇五ワットを超え〇・五ワット以下のもの	八千九百円
			空中線電力が〇・五ワットを超えるもの	二百八十万三千二百円
		使用する電波の周波数の幅が三十メガヘルツを超えるもの	空中線電力が〇・〇五ワット以下のもの	三千二百円
			空中線電力が〇・〇五ワットを超え〇・五ワット以下のもの	八千九百円
			空中線電力が〇・五ワットを超えるもの	三百七十二万九千百円
	三千メガヘルツを超え六千メガヘルツ以下の周波数の電波を使用するもの	使用する電波の周波数の幅が百メガヘルツ以下のもの		五百円
		使用する電波の周波数の幅が百メガヘルツを超えるもの		七万八千円
	六千メガヘルツを超える周波数の電波を使用するもの			五百円
二　移動しない無線局であつて、移動する無線局又は携帯して使用するための受信設備と通信を行うた	三千メガヘルツ以下の周波数の電波を使用するもの	使用する電波の周波数の幅が六メガヘルツを超えるものであつて、電波を発射しようとする場合において当該電波と周波数を同じくする電波を受信することにより一定の時間当該周波数の電波を発射しないことを確保する機能を有するもの	設置場所が第一地域の区域内にあるもの	三万七千八百円
			設置場所が第二地域の区域内にあるもの	二万六百円
			設置場所が第三地域の区域内にあるもの	六千九百円
			設置場所が第四地域の区域内にあるもの	三千五百円

めに陸上に開設するもの（六の項及び八の項に掲げる無線局を除く。）		その他のもの	空中線電力が〇・〇一ワット以下のもの	七千三百円
			空中線電力が〇・〇一ワットを超えるもの	八千九百円
	三千メガヘルツを超え六千メガヘルツ以下の周波数の電波を使用するもの	空中線電力が〇・〇一ワット以下のもの		七千三百円
		空中線電力が〇・〇一ワットを超えるもの		八千九百円
	六千メガヘルツを超える周波数の電波を使用するもの			三千五百円
三　人工衛星局（八の項に掲げる無線局を除く。）	三千メガヘルツ以下の周波数の電波を使用するもの	使用する電波の周波数の幅が三メガヘルツ以下のもの		二百九十一万千三百円
		使用する電波の周波数の幅が三メガヘルツを超えるもの		一億三千十六万七千七百円
	三千メガヘルツを超え六千メガヘルツ以下の周波数の電波を使用するもの	使用する電波の周波数の幅が三メガヘルツ以下のもの		十三万二千二百円
		使用する電波の周波数の幅が三メガヘルツを超え二百メガヘルツ以下のもの		三千二百二十七万八千八百円
		使用する電波の周波数の幅が二百メガヘルツを超え五百メガヘルツ以下のもの		九千七百四十二万五千九百円
		使用する電波の周波数の幅が五百メガヘルツを超えるもの		二億千八百八十三万九千八百円
	六千メガヘルツを超える周波数の電波を使用するもの			十三万二千二百円
四　人工衛星局の中継により無線通信を行	六千メガヘルツ以下の周波数の電波を使用す	使用する電波の周波数の幅が三メガヘルツ以下のもの	設置場所が第一地域の区域内にあるもの	百七十八万七千八百円

う無線局（五の項及び八の項に掲げる無線局を除く。）	るもの		
		設置場所が第二地域の区域内にあるもの	八十九万五千円
		設置場所が第三地域の区域内にあるもの	十八万八百円
		設置場所が第四地域の区域内にあるもの	六万千八百円
	使用する電波の周波数の幅が三メガヘルツを超え五十メガヘルツ以下のもの	設置場所が第一地域の区域内にあるもの	千二百二十一万九千七百円
		設置場所が第二地域の区域内にあるもの	六百十一万千円
		設置場所が第三地域の区域内にあるもの	百二十二万四千円
		設置場所が第四地域の区域内にあるもの	四十万九千五百円
	使用する電波の周波数の幅が五十メガヘルツを超え百メガヘルツ以下のもの	設置場所が第一地域の区域内にあるもの	一億六千六百八十一万六千二百円
		設置場所が第二地域の区域内にあるもの	八千三百四十万九千二百円
		設置場所が第三地域の区域内にあるもの	千六百六十八万三千七百円
		設置場所が第四地域の区域内にあるもの	五百五十六万二千七百円
	使用する電波の周波数の幅が百メガヘルツを超えるもの	設置場所が第一地域の区域内にあるもの	三億三千五百七十四万四千六百円
		設置場所が第二地域の区域内にあるもの	一億六千七百八十七万三千四百

					円
				設置場所が第三地域の区域内にあるもの	三千三百五十七万六千六百円
				設置場所が第四地域の区域内にあるもの	千百十九万三千七百円
	六千メガヘルツを超える周波数の電波を使用するもの				六万千八百円
五　自動車、船舶その他の移動するものに開設し、又は携帯して使用するために開設する無線局であつて、人工衛星局の中継により無線通信を行うもの（八の項に掲げる無線局を除く。）					千五百円
六　基幹放送局（三の項、七の項及び八の項に掲げる無線局を除く。）	六千メガヘルツ以下の周波数の電波を使用するもの	テレビジョン放送をするもの	空中線電力が〇・〇二ワット未満のもの		九百円
			空中線電力が〇・〇二ワット以上二キロワット未満のもの		十六万三百円
			空中線電力が二キロワット以上十キロワット未満のもの	設置場所が特定地域以外の区域内にあるもの	十六万三百円
				その他のもの	六千九百九十三万六千三百円
			空中線電力が十キロワット以上のもの		三億四千九百六十八万八百円
		その他のもの	使用する電波の周波数の幅が百キロヘルツ以下のもの	空中線電力が二百ワット以下のもの	四万九千二百円
				空中線電力が二百ワットを超え五十キロワット以下のもの	十七万七百円
				空中線電力が五十キロワットを超えるもの	二百九十六万三千五百円
			使用する電波の周波数の幅が百キロヘルツを超えるもの	空中線電力が二十ワット以下のもの	四万九千二百円
				空中線電力が二十ワットを超え五キロワット以下のもの	十七万七百円

				空中線電力が五キロワットを超えるもの	二百九十六万三千五百円
	六千メガヘルツを超える周波数の電波を使用するもの				九百円
七　第五条第五項に規定する受信障害対策中継放送をする無線局及び多重放送をする無線局（三の項及び八の項に掲げる無線局を除く。）					二百円
八　実験等無線局及びアマチュア無線局					三百円
九　その他の無線局	三千メガヘルツ以下の周波数の電波を使用するもの	使用する電波の周波数の幅が三メガヘルツ以下のもの			三万千八百円
		使用する電波の周波数の幅が三メガヘルツを超えるもの		設置場所が第一地域の区域内にあるもの	二百六十万九千五百円
				設置場所が第二地域の区域内にあるもの	百三十万九千六百円
				設置場所が第三地域の区域内にあるもの	二十六万九千六百円
				設置場所が第四地域の区域内にあるもの	九万六千三百円
	三千メガヘルツを超え六千メガヘルツ以下の周波数の電波を使用するもの	放送の業務の用に供するもの（多重放送の業務の用に供するものを除く。）	使用する電波の周波数の幅が四百キロヘルツ以下のもの	設置場所が第一地域の区域内にあるもの	二十四万六千六百円
				設置場所が第二地域の区域内にあるもの	十二万八千百円
				設置場所が第三地域の区域内にあるもの	三万三千三百円
				設置場所が第四地域の区域内にあるもの	一万七千五百円
			使用する電波の周波数の幅が四百キロヘルツを超え三メガヘルツ以下のもの	設置場所が第一地域の区域内にあるもの	七十二万三百円
				設置場所が第二地域の区域内にあるもの	三十六万五千円
				設置場所が第三地域の区域内にあるもの	八万七百円
				設置場所が第四地域の区域内にあるもの	三万三千三百円
			使用する電波の周波数の幅が三メガヘルツを超えるもの	設置場所が第一地域の区域内にあるもの	千六十七万百円
				設置場所が第二地域の区域内にあるもの	五百三十三万九

			千八百円
		設置場所が第三地域の区域内にあるもの	百七万五千六百円
		設置場所が第四地域の区域内にあるもの	三十六万五千円
多重放送の業務の用に供するもの			三万千八百円
放送の業務の用に供するもの以外のもの	使用する電波の周波数の幅が三メガヘルツ以下のもの		三万千八百円
	使用する電波の周波数の幅が三メガヘルツを超え三十メガヘルツ以下のもの	設置場所が第一地域の区域内にあるもの	二百六十万九千五百円
		設置場所が第二地域の区域内にあるもの	百三十万九千六百円
		設置場所が第三地域の区域内にあるもの	二十六万九千六百円
		設置場所が第四地域の区域内にあるもの	九万六千三百円
	使用する電波の周波数の幅が三十メガヘルツを超え三百メガヘルツ以下のもの	設置場所が第一地域の区域内にあるもの	八千四百七十六万六千円
		設置場所が第二地域の区域内にあるもの	四千二百三十八万七千八百円
		設置場所が第三地域の区域内にあるもの	八百五十万二千六百円
		設置場所が第四地域の区域内にあるもの	二百八十六万九千五百円
	使用する電波の周波数の幅が三百メガヘルツを超えるもの	設置場所が第一地域の区域内にあるもの	二億九百五十六万九百円
		設置場所が第二地域の区域内にあるもの	一億四百七十八

		万五千三百円
	設置場所が第三地域の区域内にあるもの	二千九十八万二千百円
	設置場所が第四地域の区域内にあるもの	七百二万九千三百円
六千メガヘルツを超える周波数の電波を使用するもの		一万七千五百円

備考

一　この表において「設置場所」とは、無線局の無線設備の設置場所をいう。

二　この表において「第一地域」とは、東京都の区域（第四地域を除く。）をいう。

三　この表において「第二地域」とは、大阪府及び神奈川県の区域（第四地域を除く。）をいう。

四　この表において「第三地域」とは、北海道及び京都府並びに神奈川県以外の県の区域（第四地域を除く。）をいう。

五　この表において「第四地域」とは、離島振興法（昭和二十八年法律第七十二号）第二条第一項の規定に基づき指定された離島振興対策実施地域、過疎地域自立促進特別措置法（平成十二年法律第十五号）第二条第一項に規定する過疎地域並びに奄美群島振興開発特別措置法（昭和二十九年法律第百八十九号）第一条に規定する奄美群島、小笠原諸島振興開発特別措置法（昭和四十四年法律第七十九号）第二条第一項に規定する小笠原諸島及び沖縄振興特別措置法（平成十四年法律第十四号）第三条第三号に規定する離島の区域をいう。

六　この表において「特定地域」とは、岐阜県、愛知県、三重県、滋賀県、京都府、大阪府、兵庫県、奈良県及び和歌山県の区域をいう。

七　六千メガヘルツ以下の周波数及び六千メガヘルツを超える周波数のいずれの電波も使用する無線局については、当該無線局が使用する電波のうち六千メガヘルツ以下の周波数の電波のみを使用する無線局とみなして、この表を適用する。

八　三千メガヘルツ以下の周波数及び三千メガヘルツを超え六千メガヘルツ以下の周波数のいずれの電波も使用する無線局については、当該無線局が使用する電波のうち三千メガヘルツ以下の周波数の電波のみを使用する無線局とみなして、この表を適用する。この場合において、一の項、三の項、四の項及び九の項に掲げる無線局に係る同表の下欄に掲げる金額は、同欄に掲げる金額にかかわらず、当該金額と当該無線局が使用する電波のうち三千メガヘルツを超え六千メガヘルツ以下の周波数の電波のみを使用する無線局とみなして同表を適用した場合における同表の下欄に掲げる金額とを合算した金額から、二百円を控除した金額とする。

九　一の項、二の項及び四の項から六の項までに掲げる無線局のうち第百三条の二第二項に規定する広域専用電波を使用するものに係るこの表の下欄に掲げる金額は、同欄に掲げる金額にかかわらず、二百円とする。

十　特定の無線局区分の無線局又は高周波利用設備からの混信その他の妨害について許容することが免許の条件又は周波数割当計画における周波数の使用に関する条件とされている無線局その他のこの表をそのまま適用することにより同等の機能を有する他の無線局との均衡を著しく失することとなると認められる無線局として総務省令で定めるものについては、その使用する電波の周波数の幅をこれの二分の一に相当する幅とみなして、同表を適用する。

［注釈］表の全部改正であるが、見易さを優先して、傍線を付していない。

【九十六次改正】

奄美群島振興開発特別措置法及び小笠原諸島振興開発特別措置法の一部を改正する法律（平成二十六年三月三十一日法律第六号）第六条

別表第六備考第五号中「第二条第一項に規定する小笠原諸島」を「第四条第一項に規定する小笠原諸島」に改める。

別表第六（第百三条の二関係）

無線局の区分					金額
一　移動する無線局（三の項から五の項まで及び八の項に掲げる無線局を除く。二の項において同じ。）	三千メガヘルツ以下の周波数の電波を使用するもの	航空機局若しくは船舶局又はこれらの無線局が使用する電波の周波数と同一の周波数の電波のみを使用するもの			五百円
		その他のもの	使用する電波の周波数の幅が六メガヘルツ以下のもの		五百円
			使用する電波の周波数の幅が六メガヘルツを超え十五メガヘルツ以下のもの	空中線電力が〇・〇五ワット以下のもの	七百円
				空中線電力が〇・〇五ワットを超え〇・五ワット以下のもの	八千九百円
				空中線電力が〇・五ワットを超えるもの	九十六万六千八百円
			使用する電波の周波数の幅が十五メガヘルツを超え三十メガヘルツ以下のもの	空中線電力が〇・〇五ワット以下のもの	千五百円
				空中線電力が〇・〇五ワットを超え〇・五ワット以下のもの	八千九百円
				空中線電力が〇・五ワットを超えるもの	二百八十万三千

				二百円
		使用する電波の周波数の幅が三十メガヘルツを超えるもの	空中線電力が〇・〇五ワット以下のもの	三千二百円
			空中線電力が〇・〇五ワットを超え〇・五ワット以下のもの	八千九百円
			空中線電力が〇・五ワットを超えるもの	三百七十二万九千百円
	三千メガヘルツを超え六千メガヘルツ以下の周波数の電波を使用するもの	使用する電波の周波数の幅が百メガヘルツ以下のもの		五百円
		使用する電波の周波数の幅が百メガヘルツを超えるもの		七万八千円
	六千メガヘルツを超える周波数の電波を使用するもの			五百円
二　移動しない無線局であつて、移動する無線局又は携帯して使用するための受信設備と通信を行うために陸上に開設するもの（六の項及び八の項に掲げる無線局を除く。）	三千メガヘルツ以下の周波数の電波を使用するもの	使用する電波の周波数の幅が六メガヘルツを超えるものであつて、電波を発射しようとする場合において当該電波と周波数を同じくする電波を受信することにより一定の時間当該周波数の電波を発射しないことを確保する機能を有するもの	設置場所が第一地域の区域内にあるもの	三万七千八百円
			設置場所が第二地域の区域内にあるもの	二万六百円
			設置場所が第三地域の区域内にあるもの	六千九百円
			設置場所が第四地域の区域内にあるもの	三千五百円
		その他のもの	空中線電力が〇・〇一ワット以下のもの	七千三百円
			空中線電力が〇・〇一ワットを超えるもの	八千九百円
	三千メガヘルツを超え六千メガヘルツ以下の周波数の電波を使用するもの	空中線電力が〇・〇一ワット以下のもの		七千三百円
		空中線電力が〇・〇一ワットを超えるもの		八千九百円
	六千メガヘルツを超える周波数の電波を使用するもの			三千五百円

三　人工衛星局（八の項に掲げる無線局を除く。）	三千メガヘルツ以下の周波数の電波を使用するもの	使用する電波の周波数の幅が三メガヘルツ以下のもの		二百九十一万千三百円
		使用する電波の周波数の幅が三メガヘルツを超えるもの		一億三千十六万七千七百円
	三千メガヘルツを超え六千メガヘルツ以下の周波数の電波を使用するもの	使用する電波の周波数の幅が三メガヘルツ以下のもの		十三万二千二百円
		使用する電波の周波数の幅が三メガヘルツを超え二百メガヘルツ以下のもの		三千二百二十七万八千八百円
		使用する電波の周波数の幅が二百メガヘルツを超え五百メガヘルツ以下のもの		九千七百四十二万五千九百円
		使用する電波の周波数の幅が五百メガヘルツを超えるもの		二億千八百八十三万九千八百円
	六千メガヘルツを超える周波数の電波を使用するもの			十三万二千二百円
四　人工衛星局の中継により無線通信を行う無線局（五の項及び八の項に掲げる無線局を除く。）	六千メガヘルツ以下の周波数の電波を使用するもの	使用する電波の周波数の幅が三メガヘルツ以下のもの	設置場所が第一地域の区域内にあるもの	百七十八万七千八百円
			設置場所が第二地域の区域内にあるもの	八十九万五千円
			設置場所が第三地域の区域内にあるもの	十八万八百円
			設置場所が第四地域の区域内にあるもの	六万千八百円
		使用する電波の周波数の幅が三メガヘルツを超え五十メガヘルツ以下のもの	設置場所が第一地域の区域内にあるもの	千二百二十一万九千七百円
			設置場所が第二地域の区域内にあるもの	六百十一万千円
			設置場所が第三地域の区域内にあるもの	百二十二万四千円

		設置場所が第四地域の区域内にあるもの	四十万九千五百円
	使用する電波の周波数の幅が五十メガヘルツを超え百メガヘルツ以下のもの	設置場所が第一地域の区域内にあるもの	一億六千六百八十一万六千二百円
		設置場所が第二地域の区域内にあるもの	八千三百四十万九千二百円
		設置場所が第三地域の区域内にあるもの	千六百六十八万三千七百円
		設置場所が第四地域の区域内にあるもの	五百五十六万二千七百円
	使用する電波の周波数の幅が百メガヘルツを超えるもの	設置場所が第一地域の区域内にあるもの	三億三千五百七十四万四千六百円
		設置場所が第二地域の区域内にあるもの	一億六千七百八十七万三千四百円
		設置場所が第三地域の区域内にあるもの	三千三百五十七万六千六百円
		設置場所が第四地域の区域内にあるもの	千百十九万三千七百円
六千メガヘルツを超える周波数の電波を使用するもの			六万千八百円
五　自動車、船舶その他の移動するものに開設し、又は携帯して使用するために開設する無線局であつて、人工衛星局の中継により無線通信を行うもの（八の項に掲げる無線局を除く。）			千五百円

六　基幹放送局（三の項、七の項及び八の項に掲げる無線局を除く。）	六千メガヘルツ以下の周波数の電波を使用するもの	テレビジョン放送をするもの	空中線電力が〇・〇二ワット未満のもの		九百円
			空中線電力が〇・〇二ワット以上二キロワット未満のもの		十六万三百円
			空中線電力が二キロワット以上十キロワット未満のもの	設置場所が特定地域以外の区域内にあるもの	十六万三百円
				その他のもの	六千九百九十三万六千三百円
			空中線電力が十キロワット以上のもの		三億四千九百六十八万八百円
		その他のもの	使用する電波の周波数の幅が百キロヘルツ以下のもの	空中線電力が二百ワット以下のもの	四万九千二百円
				空中線電力が二百ワットを超え五十キロワット以下のもの	十七万七百円
				空中線電力が五十キロワットを超えるもの	二百九十六万三千五百円
			使用する電波の周波数の幅が百キロヘルツを超えるもの	空中線電力が二十ワット以下のもの	四万九千二百円
				空中線電力が二十ワットを超え五キロワット以下のもの	十七万七百円
				空中線電力が五キロワットを超えるもの	二百九十六万三千五百円
	六千メガヘルツを超える周波数の電波を使用するもの				九百円
七　第五条第五項に規定する受信障害対策中継放送をする無線局及び多重放送をする無線局（三の項及び八の項に掲げる無線局を除く。）					二百円
八　実験等無線局及びアマチュア無線局					三百円
九　その他の無線局	三千メガヘルツ以下の周波数の電波を使用するもの	使用する電波の周波数の幅が三メガヘルツ以下のもの			三万千八百円
		使用する電波の周波数の幅が三メガヘルツを超えるもの	設置場所が第一地域の区域内にあるもの		二百六十万九千五百円

			設置場所が第二地域の区域内にあるもの	百三十万九千六百円
			設置場所が第三地域の区域内にあるもの	二十六万九千六百円
			設置場所が第四地域の区域内にあるもの	九万六千三百円
三千メガヘルツを超え六千メガヘルツ以下の周波数の電波を使用するもの	放送の業務の用に供するもの（多重放送の業務の用に供するものを除く。）	使用する電波の周波数の幅が四百キロヘルツ以下のもの	設置場所が第一地域の区域内にあるもの	二十四万六千六百円
			設置場所が第二地域の区域内にあるもの	十二万八千百円
			設置場所が第三地域の区域内にあるもの	三万三千三百円
			設置場所が第四地域の区域内にあるもの	一万七千五百円
		使用する電波の周波数の幅が四百キロヘルツを超え三メガヘルツ以下のもの	設置場所が第一地域の区域内にあるもの	七十二万三百円
			設置場所が第二地域の区域内にあるもの	三十六万五千円
			設置場所が第三地域の区域内にあるもの	八万七百円
			設置場所が第四地域の区域内にあるもの	三万三千三百円
		使用する電波の周波数の幅が三メガヘルツを超えるもの	設置場所が第一地域の区域内にあるもの	千六十七万百円
			設置場所が第二地域の区域内にあるもの	五百三十三万九千八百円
			設置場所が第三地域の区域内にあるもの	百七万五千六百円
			設置場所が第四地域の区域内にあるもの	三十六万五千円
	多重放送の業務の用に供するもの			三万千八百円
	放送の業務の用に供するもの以外のもの	使用する電波の周波数の幅が三メガヘルツ以下のもの		三万千八百円
		使用する電波の周波数の幅が三メガヘルツを超え三十メガヘル	設置場所が第一地域の区域内にあるもの	二百六十万九千五百円

	ツ以下のもの	設置場所が第二地域の区域内にあるもの	百三十万九千六百円
		設置場所が第三地域の区域内にあるもの	二十六万九千六百円
		設置場所が第四地域の区域内にあるもの	九万六千三百円
	使用する電波の周波数の幅が三十メガヘルツを超え三百メガヘルツ以下のもの	設置場所が第一地域の区域内にあるもの	八千四百七十六万六千円
		設置場所が第二地域の区域内にあるもの	四千二百三十八万七千八百円
		設置場所が第三地域の区域内にあるもの	八百五十万二千六百円
		設置場所が第四地域の区域内にあるもの	二百八十六万九千五百円
	使用する電波の周波数の幅が三百メガヘルツを超えるもの	設置場所が第一地域の区域内にあるもの	二億九百五十六万九百円
		設置場所が第二地域の区域内にあるもの	一億四百七十八万五千三百円
		設置場所が第三地域の区域内にあるもの	二千九十八万二千百円
		設置場所が第四地域の区域内にあるもの	七百二万九千三百円
六千メガヘルツを超える周波数の電波を使用するもの			一万七千五百円

備考

一　この表において「設置場所」とは、無線局の無線設備の設置場所をいう。

二　この表において「第一地域」とは、東京都の区域（第四地域を除く。）をいう。

三　この表において「第二地域」とは、大阪府及び神奈川県の区域（第四地域を除く。）をいう。

四　この表において「第三地域」とは、北海道及び京都府並びに神奈川県以外の県の区域（第四地域を除く。）をいう。

五　この表において「第四地域」とは、離島振興法（昭和二十八年法律第七十二号）第二条第一項の規定に基づき指定された離島振興対策実施地域、過疎地域自立促進特別措置法（平成十二年法律第十五号）第二条第一項に規定する過疎地域並びに奄美群島振興開発特別措置法（昭和二十九年法律第百八十九号）第一条に規定する奄美群島、小笠原諸島振興開発特別措置法（昭和四十四年法律第七十九号）第四条第一項に規定する小笠原諸島及び沖縄振興特別措置法（平成十四年法律第十四号）第三条第三号に規定する離島の区域をいう。

六　この表において「特定地域」とは、岐阜県、愛知県、三重県、滋賀県、京都府、大阪府、兵庫県、奈良県及び和歌山県の区域をいう。

七　六千メガヘルツ以下の周波数及び六千メガヘルツを超える周波数のいずれの電波も使用する無線局については、当該無線局が使用する電波のうち六千メガヘルツ以下の周波数の電波のみを使用する無線局とみなして、この表を適用する。

八　三千メガヘルツ以下の周波数及び三千メガヘルツを超え六千メガヘルツ以下の周波数のいずれの電波も使用する無線局については、当該無線局が使用する電波のうち三千メガヘルツ以下の周波数の電波のみを使用する無線局とみなして、この表を適用する。この場合において、一の項、三の項、四の項及び九の項に掲げる無線局に係る同表の下欄に掲げる金額は、同欄に掲げる金額にかかわらず、当該金額と当該無線局が使用する電波のうち三千メガヘルツを超え六千メガヘルツ以下の周波数の電波のみを使用する無線局とみなして同表を適用した場合における同表の下欄に掲げる金額とを合算した金額から、二百円を控除した金額とする。

九　一の項、二の項及び四の項から六の項までに掲げる無線局のうち第百三条の二第二項に規定する広域専用電波を使用するものに係るこの表の下欄に掲げる金額は、同欄に掲げる金額にかかわらず、二百円とする。

十　特定の無線局区分の無線局又は高周波利用設備からの混信その他の妨害について許容することが免許の条件又は周波数割当計画における周波数の使用に関する条件とされている無線局その他のこの表をそのまま適用することにより同等の機能を有する他の無線局との均衡を著しく失することとなると認められる無線局として総務省令で定めるものについては、その使用する電波の周波数の幅をこれの二分の一に相当する幅とみなして、同表を適用する。

【九十七次改正】

電波法の一部を改正する法律（平成二十六年四月二十三日法律第二十六号）

別表第六を次のように改める。

（改正後の別表第六は、後掲の通り。）

別表第六（第百三条の二関係）

無線局の区分				金額
一　移動する無線局（三の項から五の項まで及び八の項に掲げる無線局を除く。二の項において同じ。）	三千メガヘルツ以下の周波数の電波を使用するもの	航空機局若しくは船舶局又はこれらの無線局が使用する電波の周波数と同一の周波数の電波のみを使用するもの		六百円
		その他のもの	使用する電波の周波数の幅が六メガヘルツ以下のもの	六百円
			使用する電波の周波数の幅が六メガヘルツを超え十五メガヘルツ以下のもの　空中線電力が〇・〇五ワット以下のもの	八百円
			空中線電力が〇・〇五ワットを超え〇・五ワット以下のもの	一万六百円
			空中線電力が〇・五ワットを超えるもの	百十六万百円
			使用する電波の周波数の幅が十五メガヘルツを超え三十メガヘルツ以下のもの　空中線電力が〇・〇五ワット以下のもの	千八百円
			空中線電力が〇・〇五ワットを超え〇・五ワット以下のもの	一万六百円
			空中線電力が〇・五ワットを超えるもの	三百三十六万三千八百円
			使用する電波の周波数の幅が三十メガヘルツを超えるもの　空中線電力が〇・〇五ワット以下のもの	三千八百円
			空中線電力が〇・〇五ワットを超え〇・五ワット以下のもの	一万六百円
			空中線電力が〇・五ワットを超えるもの	四百四十七万四千九百円
	三千メガヘルツを超え六千メガヘルツ以下の周波数の電波を使用す	使用する電波の周波数の幅が百メガヘルツ以下のもの		六百円
		使用する電波の周波数の幅が百メガヘルツを超えるもの		九万三千六百円

	るもの			
	六千メガヘルツを超える周波数の電波を使用するもの			六百円
二　移動しない無線局であつて、移動する無線局又は携帯して使用するための受信設備と通信を行うために陸上に開設するもの（六の項及び八の項に掲げる無線局を除く。）	三千メガヘルツ以下の周波数の電波を使用するもの	使用する電波の周波数の幅が六メガヘルツを超えるものであつて、電波を発射しようとする場合において当該電波と周波数を同じくする電波を受信することにより一定の時間当該周波数の電波を発射しないことを確保する機能を有するもの	設置場所が第一地域の区域内にあるもの	四万五千三百円
			設置場所が第二地域の区域内にあるもの	二万四千七百円
			設置場所が第三地域の区域内にあるもの	八千二百円
			設置場所が第四地域の区域内にあるもの	四千二百円
		その他のもの	空中線電力が〇・〇一ワット以下のもの	八千七百円
			空中線電力が〇・〇一ワットを超えるもの	一万六百円
	三千メガヘルツを超え六千メガヘルツ以下の周波数の電波を使用するもの	電気通信業務の用に供するもの（電波を発射しようとする場合において当該電波と周波数を同じくする電波を受信することにより一定の時間当該周波数の電波を発射しないことを確保する機能を有するものを除く。）		六万四千三百円

		その他のもの	空中線電力が〇・〇一ワット以下のもの	八千七百円
			空中線電力が〇・〇一ワットを超えるもの	一万六百円
	六千メガヘルツを超える周波数の電波を使用するもの			四千二百円
三　人工衛星局（八の項に掲げる無線局を除く。）	三千メガヘルツ以下の周波数の電波を使用するもの	使用する電波の周波数の幅が三メガヘルツ以下のもの		三百四十九万三千五百円
		使用する電波の周波数の幅が三メガヘルツを超えるもの		一億五千六百二十万千二百円
	三千メガヘルツを超え六千メガヘルツ以下の周波数の電波を使用するもの	使用する電波の周波数の幅が三メガヘルツ以下のもの		十五万八千六百円
		使用する電波の周波数の幅が三メガヘルツを超え二百メガヘルツ以下のもの		三千八百七十三万四千五百円
		使用する電波の周波数の幅が二百メガヘルツを超え五百メガヘルツ以下のもの		一億千六百九十一万千円
		使用する電波の周波数の幅が五百メガヘルツを超えるもの		二億六千二百六十万七千七百円
	六千メガヘルツを超える周波数の電波を使用するもの			十五万八千六百円
四　人工衛星局の中継により無線通信を行う無線局（五の項及び八の項に掲げる無線局を除く。）	六千メガヘルツ以下の周波数の電波を使用するもの	使用する電波の周波数の幅が三メガヘルツ以下のもの	設置場所が第一地域の区域内にあるもの	二百十四万五千三百円
			設置場所が第二地域の区域内にあるもの	百七万四千円
			設置場所が第三地域の区域内にあるもの	二十一万六千九百円
			設置場所が第四地域の区域内にあるもの	七万四千百円
		使用する電波の	設置場所が第一地域の区域内にあるもの	千四百六十六万

			三千六百円
	周波数の幅が三メガヘルツを超え五十メガヘルツ以下のもの	設置場所が第二地域の区域内にあるもの	七百三十三万三千二百円
		設置場所が第三地域の区域内にあるもの	百四十六万八千八百円
		設置場所が第四地域の区域内にあるもの	四十九万千四百円
	使用する電波の周波数の幅が五十メガヘルツを超え百メガヘルツ以下のもの	設置場所が第一地域の区域内にあるもの	二億十七万九千四百円
		設置場所が第二地域の区域内にあるもの	一億九万千円
		設置場所が第三地域の区域内にあるもの	二千二万四百円
		設置場所が第四地域の区域内にあるもの	六百六十七万五千二百円
	使用する電波の周波数の幅が百メガヘルツを超えるもの	設置場所が第一地域の区域内にあるもの	四億二百八十九万三千五百円
		設置場所が第二地域の区域内にあるもの	二億百四十四万八千円
		設置場所が第三地域の区域内にあるもの	四千二十九万千九百円
		設置場所が第四地域の区域内にあるもの	千三百四十三万二千四百円
六千メガヘルツを超える周波数の電波を使用するもの			七万四千百円
五　自動車、船舶その他の移動するものに開設し、又は携帯して使用するために開設する無線局であつて、人工衛星局の中継により無線通信を行うもの（八の項に掲げる無線局を除く。）			千八百円

六　基幹放送局（三の項、七の項及び八の項に掲げる無線局を除く。）	六千メガヘルツ以下の周波数の電波を使用するもの	テレビジョン放送をするもの	空中線電力が〇・〇二ワット未満のもの		千円
			空中線電力が〇・〇二ワット以上二キロワット未満のもの		十九万二千三百円
			空中線電力が二キロワット以上十キロワット未満のもの	設置場所が特定地域以外の区域内にあるもの	十九万二千三百円
				その他のもの	八千三百九十二万三千五百円
			空中線電力が十キロワット以上のもの		四億千九百六十一万六千九百円
		その他のもの	使用する電波の周波数の幅が百キロヘルツ以下のもの	空中線電力が二百ワット以下のもの	五万九千円
				空中線電力が二百ワットを超え五十キロワット以下のもの	二十万四千八百円
				空中線電力が五十キロワットを超えるもの	三百五十五万六千二百円
			使用する電波の周波数の幅が百キロヘルツを超えるもの	空中線電力が二十ワット以下のもの	五万九千円
				空中線電力が二十ワットを超え五キロワット以下のもの	二十万四千八百円
				空中線電力が五キロワットを超えるもの	三百五十五万六千二百円
	六千メガヘルツを超える周波数の電波を使用するもの				千円
七　第五条第五項に規定する受信障害対策中継放送をする無線	第五条第五項に規定する受信障害対策中継放送をするもの及び多重放送をするもの				二百円
	その他のもの				千円

局、多重放送をする無線局及び基幹放送以外の放送をする無線局（三の項及び八の項に掲げる無線局を除く。）				
八　実験等無線局及びアマチュア無線局				三百円
九　その他の無線局	三千メガヘルツ以下の周波数の電波を使用するもの	第百三条の二第十五項第二号に規定するものであつて、五十四メガヘルツを超え七十メガヘルツ以下の周波数の電波を使用するもの（当該無線局の免許人が市町村（特別区を含む。）であるものに限る。）	住民に対して災害情報等を直接伝達するために無線通信を行うものであつて、専ら一の特定の無線局（第百三条の二第十五項第二号に規定するものであつて、五十四メガヘルツを超え七十メガヘルツ以下の周波数の電波を使用するものに限る。）のみを通信の相手方とするもの	千百円
			その他のもの	三万八千百円
		その他のもの	使用する電波の周波数の幅が三メガヘルツ以下のもの	三万八千百円
			使用する電波の周波数の幅が三メガヘルツを超えるもの　設置場所が第一地域の区域内にあるもの	三百十三万千四百円
			設置場所が第二地域の区域内にあるもの	百五十七万千五

				百円
			設置場所が第三地域の区域内にあるもの	三十二万三千五百円
			設置場所が第四地域の区域内にあるもの	十一万五千五百円
三千メガヘルツを超え六千メガヘルツ以下の周波数の電波を使用するもの	放送の業務の用に供するもの（多重放送の業務の用に供するものを除く。）	使用する電波の周波数の幅が四百キロヘルツ以下のもの	設置場所が第一地域の区域内にあるもの	二十九万五千九百円
			設置場所が第二地域の区域内にあるもの	十五万三千七百円
			設置場所が第三地域の区域内にあるもの	三万九千九百円
			設置場所が第四地域の区域内にあるもの	二万千円
		使用する電波の周波数の幅が四百キロヘルツを超え三メガヘルツ以下のもの	設置場所が第一地域の区域内にあるもの	八十六万四千三百円
			設置場所が第二地域の区域内にあるもの	四十三万八千円
			設置場所が第三地域の区域内にあるもの	九万六千八百円
			設置場所が第四地域の区域内にあるもの	三万九千九百円
		使用する電波の周波数の幅が三メガヘルツを超えるもの	設置場所が第一地域の区域内にあるもの	千二百八十万四千百円
			設置場所が第二地域の区域内にあるもの	六百四十万七千七百円
			設置場所が第三地域の区域内にあるもの	百二十九万七百円
			設置場所が第四地域の区域内にあるもの	四十三万八千円
	多重放送の業務の用に供するもの			三万八千百円

放送の業務の用に供するもの以外のもの	使用する電波の周波数の幅が三メガヘルツ以下のもの		三万八千百円
	使用する電波の周波数の幅が三メガヘルツを超え三十メガヘルツ以下のもの	設置場所が第一地域の区域内にあるもの	三百十三万千四百円
		設置場所が第二地域の区域内にあるもの	百五十七万千五百円
		設置場所が第三地域の区域内にあるもの	三十二万三千五百円
		設置場所が第四地域の区域内にあるもの	十一万五千五百円
	使用する電波の周波数の幅が三十メガヘルツを超え三百メガヘルツ以下のもの	設置場所が第一地域の区域内にあるもの	一億百七十一万九千二百円
		設置場所が第二地域の区域内にあるもの	五千八十六万五千三百円
		設置場所が第三地域の区域内にあるもの	千二十万三千百円
		設置場所が第四地域の区域内にあるもの	三百四十四万三千四百円
	使用する電波の周波数の幅が三百メガヘルツを超えるもの	設置場所が第一地域の区域内にあるもの	二億五千百四十七万三千円
		設置場所が第二地域の区域内にあるもの	一億二千五百七十四万二千三百円
		設置場所が第三地域の区域内にあるもの	二千五百十七万八千五百円

設置場所が第四地域の区域内にあるもの	八百四十三万五千百円
六千メガヘルツを超える周波数の電波を使用するもの	二万千円

備考

一　この表において「設置場所」とは、無線局の無線設備の設置場所をいう。

二　この表において「第一地域」とは、東京都の区域（第四地域を除く。）をいう。

三　この表において「第二地域」とは、大阪府及び神奈川県の区域（第四地域を除く。）をいう。

四　この表において「第三地域」とは、北海道及び京都府並びに神奈川県以外の県の区域（第四地域を除く。）をいう。

五　この表において「第四地域」とは、離島振興法（昭和二十八年法律第七十二号）第二条第一項の規定に基づき指定された離島振興対策実施地域、過疎地域自立促進特別措置法（平成十二年法律第十五号）第二条第一項に規定する過疎地域並びに奄美群島振興開発特別措置法（昭和二十九年法律第百八十九号）第一条に規定する奄美群島、小笠原諸島振興開発特別措置法（昭和四十四年法律第七十九号）第四条第一項に規定する小笠原諸島及び沖縄振興特別措置法（平成十四年法律第十四号）第三条第三号に規定する離島の区域をいう。

六　この表において「特定地域」とは、岐阜県、愛知県、三重県、滋賀県、京都府、大阪府、兵庫県、奈良県及び和歌山県の区域をいう。

七　六千メガヘルツ以下の周波数及び六千メガヘルツを超える周波数のいずれの電波も使用する無線局については、当該無線局が使用する電波のうち六千メガヘルツ以下の周波数の電波のみを使用する無線局とみなして、この表を適用する。

八　三千メガヘルツ以下の周波数及び三千メガヘルツを超え六千メガヘルツ以下の周波数のいずれの電波も使用する無線局については、当該無線局が使用する電波のうち三千メガヘルツ以下の周波数の電波のみを使用する無線局とみなして、この表を適用する。この場合において、次のイからホまでに掲げる無線局に係る同表の下欄に掲げる金額は、同欄に掲げる金額にかかわらず、当該金額と当該無線局が使用する電波のうち三千メガヘルツを超え六千メガヘルツ以下の周波数の電波のみを使用する無線局とみなして同表を適用した場合における同表の下欄に掲げる金額とを合算した金額から、当該イからホまでに定める金額を控除した金額とする。

イ　一の項に掲げる無線局　六百円

ロ　二の項に掲げる無線局　五百円

ハ　三の項に掲げる無線局　二万四百円

ニ　四の項に掲げる無線局　三千九百円

ホ　九の項に掲げる無線局　千百円

九　一の項、二の項及び四の項から六の項までに掲げる無線局のうち第百三条の二第二項に規定する広域専用電波を使用するものに係るこの表の下欄に掲げる金額は、同欄に掲げる金額にかかわらず、二百円とする。

十　特定の無線局区分の無線局又は高周波利用設備からの混信その他の妨害について許容することが免許の条件又は周波数割当計画における周波数の使用に関する条件とされている無線局その他のこの表をそのまま適用することにより同等の機能を有する他の無線局との均衡を著しく失することとなると認められる無線局として総務省令で定めるものについては、その使用する電波の周波数の幅をこれの二分の一に相当する幅とみなして、同表を適用する。

［注釈］表の全部改正であるが、見易さを優先して、傍線を付していない。

【百四次改正】

電波法及び電気通信事業法等の一部を改正する法律（平成二十九年五月十二日法律第二十七号）第一条

別表第六の一の項中「一万六百円」を「一万二千七百円」に、「百十六万百円」を「百三十九万二千百円」に、

「

空中線電力が〇・〇五ワット以下のもの	千八百円

」を「

空中線電力が〇・〇五ワット以下のもの	千六百円

」に、

「三百三十六万三千八百円」を「四百三万六千五百円」に、

「

空中線電力が〇・〇五ワット以下のもの	三千八百円

」を「

空中線電力が〇・〇五ワット以下のもの	三千六百円

」に、

「四百四十七万四千九百円」を「五百三十六万九千八百円」に、「九万三千六百円」を「十一万二千三百円」に改め、同表の二の項中「四万五千三百円」を「五万四千三百円」に、「二万四千七百円」を「二万九千六百円」に、「八千二百円」を「九千八百円」に、「四千二百円」を「五千円」に、「八千七百円」を「一万四百円」に、「一万六百円」を「一万二千七百円」に、「六万四千三百円」を「六万六千五百円」に改め、同表の三の項中「三百四十九万三千五百円」を「四百十九万二千二百円」に、「一億五千六百二十万千二百円」を「一億八千七百四十四万千四百円」に、「十五万八千六百円」を「十九万三百円」に、「三千八百七十三万四千五百円」を「四千六百四十八万千四百円」に、「一億千六百九十一万千円」を「一億四千二十九万三千二百円」に、「二億六千二百六十万七千七百円」を「三億千五百十二万九千二百円」に改め、同表の四の項中「二百十四万五千三百円」を「二百五十七万四千三百円」に、「百七万四千円」を「百二十八万八千八百円」に、「二十一万六千九百円」を「二十六万二百円」に、「七万四千百円」を「八万八千九百円」に、「千四百六十六万三千六百円」を「千

七百五十九万六千三百円」に、「七百三十三万三千二百円」を「八百七十九万九千八百円」に、「百四十六万八千八百円」を「百七十六万二千五百円」に、「四十九万千四百円」を「三十万六千円」に、「二億十七万九千四百円」を「二億四千二十一万五千二百円」に、「一億九万千円」を「一億二千十万九千二百円」に、「二千二万四百円」を「二千四百二万四千四百円」に、「六百六十七万五千二百円」を「五百七万八千百円」に、「四億二百八十九万三千五百円」を「四億八千三百四十七万二千二百円」に、「二億百四十四万八千円」を「二億四千百七十三万七千六百円」に、「四千二十九万千九百円」を「四千八百三十五万二百円」に、「千三百四十三万二千四百円」を「千十五万四千八百円」に改め、同表の五の項中「千八百円」を「二千百円」に改め、同表の六の項中

「

空中線電力が〇・〇二ワット未満のもの	千円

」を「

空中線電力が〇・〇二ワット未満のもの	千二百円

」に、

「十九万二千三百円」を「十六万九千四百円」に、「八千三百九十二万三千五百円」を「七千五百八十九万五千四百円」に、「四億千九百六十一万六千九百円」を「三億七千九百四十七万二千二百円」に、「五万九千円」を「一万六千七百円」に、「二十万四千八百円」を「二十二万七千七百円」に、「三百五十五万六千二百円」を「三百八十五万八千二百円」に、

「

六千メガヘルツを超える周波数の電波を使用するもの	千円

」を「

六千メガヘルツを超える周波数の電波を使用するもの	千二百円

」に、

同表の七の項中「二百円」を「三百円」に、「千円」を「千二百円」に改め、同表の九の項中

「

住民に対して災害情報等を直接伝達するために無線通信を行うものであつて、専ら一の特定の無線局（第百三条の二第十五項第二号に規定するものであつて、五十四メガヘルツを超え七十メガヘルツ以下の周波数の電波を使用するものに限る。）のみを通信の相手方とするもの	千百円

」を「

住民に対して災害情報等を直接伝達するために無線通信を行うものであつて、専ら一の特定の無線局（第百三条の二第十五項第二号に規定するものであつて、五十四メガヘルツを超え七十メガヘルツ以下の周波数の電波を使用するものに限る。）のみを通信の相手方とするもの	五百円

」に、

「三万八千百円」を「四万五千七百円」に、「三百十三万千四百円」を「三百七十五万七千六百円」に、「百五十七万千五百円」を「百八十八万五千八百円」

に、「三十二万三千五百円」を「三十八万八千二百円」に、「十一万五千五百円」を「十三万八千六百円」に、「二十九万五千九百円」を「三十五万五千円」に、「十五万三千七百円」を「十八万四千四百円」に、「三万九千九百円」を「四万七千八百円」に、「二万千円」を「二万五千二百円」に、「八十六万四千三百円」を「百三万七千百円」に、「四十三万八千円」を「五十二万五千六百円」に、「九万六千八百円」を「十一万六千百円」に、「千二百八十万四千百円」を「千五百三十六万四千九百円」に、「六百四十万七千七百円」を「七百六十八万九千二百円」に、「百二十九万七千百円」を「百五十四万八千八百円」に、「一億百七十一万九千二百円」を「一億二千二百六万三千円」に、「五千八十六万五千三百円」を「六千百三万八千三百円」に、「千二十万三千百円」を「千二百二十四万三千七百円」に、「三百四十四万三千四百円」を「四百十三万二千円」に、「二億五千百四十七万三千円」を「三億百七十六万七千六百円」に、「一億二千五百七十四万二千三百円」を「一億五千八十九万七千百円」に、「二千五百十七万八千五百円」を「三千二十一万四千二百円」に、「八百四十三万五千百円」を「千十二万二千百円」に改め、同表備考第八号中「六百円」を「三百円」に、「五百円」を「二百円」に、「二万四百円」を「七千四百円」に、「三千九百円」を「千四百円」に、「千百円」を「五百円」に改め、同表備考第九号中「かかわらず、」の下に「一の項及び四の項から六の項までに掲げる無線局にあつては三百円、二の項に掲げる無線局にあつては」を加える。

別表第六（第百三条の二関係）

無線局の区分					金額
一　移動する無線局（三の項から五の項まで及び八の項に掲げる無線局を除く。二の項において同じ。）	三千メガヘルツ以下の周波数の電波を使用するもの	航空機局若しくは船舶局又はこれらの無線局が使用する電波の周波数と同一の周波数の電波のみを使用するもの			六百円
		その他のもの	使用する電波の周波数の幅が六メガヘルツ以下のもの		六百円
			使用する電波の周波数の幅が六メガヘルツを超え十五メガヘルツ以下のもの	空中線電力が〇・〇五ワット以下のもの	八百円
				空中線電力が〇・〇五ワットを超え〇・五ワット以下のもの	一万二千七百円
				空中線電力が〇・五ワットを超えるもの	百三十九万二千百円
			使用する電波の周波数の幅が十五メガヘルツを超え三十メガヘルツ以下のもの	空中線電力が〇・〇五ワット以下のもの	千六百円

				空中線電力が〇・〇五ワットを超え〇・五ワット以下のもの	一万二千七百円
				空中線電力が〇・五ワットを超えるもの	四百三万六千五百円
			使用する電波の周波数の幅が三十メガヘルツを超えるもの	空中線電力が〇・〇五ワット以下のもの	三千六百円
				空中線電力が〇・〇五ワットを超え〇・五ワット以下のもの	一万二千七百円
				空中線電力が〇・五ワットを超えるもの	五百三十六万九千八百円
	三千メガヘルツを超え六千メガヘルツ以下の周波数の電波を使用するもの	使用する電波の周波数の幅が百メガヘルツ以下のもの			六百円
		使用する電波の周波数の幅が百メガヘルツを超えるもの			十一万二千三百円
	六千メガヘルツを超える周波数の電波を使用するもの				六百円
二　移動しない無線局であつて、移動する無線局又は携帯して使用するための受信設備と通信を行うために陸上に開設するもの（六の項及び八の項に掲げる無線局を除く。）	三千メガヘルツ以下の周波数の電波を使用するもの	使用する電波の周波数の幅が六メガヘルツを超えるものであつて、電波を発射しようとする場合において当該電波と周波数を同じくする電波を受信することに	設置場所が第一地域の区域内にあるもの		五万四千三百円
			設置場所が第二地域の区域内にあるもの		二万九千六百円
			設置場所が第三地域の区域内にあるもの		九千八百円
			設置場所が第四地域の区域内にあるもの		五千円

		より一定の時間当該周波数の電波を発射しないことを確保する機能を有するもの		
		その他のもの	空中線電力が〇・〇一ワット以下のもの	一万四百円
			空中線電力が〇・〇一ワットを超えるもの	一万二千七百円
	三千メガヘルツを超え六千メガヘルツ以下の周波数の電波を使用するもの	電気通信業務の用に供するもの（電波を発射しようとする場合において当該電波と周波数を同じくする電波を受信することにより一定の時間当該周波数の電波を発射しないことを確保する機能を有するものを除く。）		六万六千五百円
		その他のもの	空中線電力が〇・〇一ワット以下のもの	一万四百円
			空中線電力が〇・〇一ワットを超えるもの	一万二千七百円
	六千メガヘルツを超える周波数の電波を使用するもの			五千円
三　人工衛星局（八の項に掲げる無線局を除く。）	三千メガヘルツ以下の周波数の電波を使用するもの	使用する電波の周波数の幅が三メガヘルツ以下のもの		四百十九万二千二百円
		使用する電波の周波数の幅が三メガヘルツを超えるもの		一億八千七百四十四万千四百円
	三千メガヘルツを超え六千メガヘルツ以下の周波数の電波を使用するもの	使用する電波の周波数の幅が三メガヘルツ以下のもの		十九万三百円
		使用する電波の周波数の幅が三メガヘルツを超え二百メガヘルツ以下のもの		四千六百四十八万千四百円
		使用する電波の周波数の幅が二百メガヘルツを超え五百メガヘルツ以下のもの		一億四千二十九万三千二百円
		使用する電波の周波数の幅が五百メガヘルツを超えるもの		三億千五百十二

			万九千二百円
	六千メガヘルツを超える周波数の電波を使用するもの		十九万三百円
四　人工衛星局の中継により無線通信を行う無線局（五の項及び八の項に掲げる無線局を除く。）	六千メガヘルツ以下の周波数の電波を使用するもの	使用する電波の周波数の幅が三メガヘルツ以下のもの　設置場所が第一地域の区域内にあるもの	二百五十七万四千三百円
		設置場所が第二地域の区域内にあるもの	百二十八万八千八百円
		設置場所が第三地域の区域内にあるもの	二十六万二百円
		設置場所が第四地域の区域内にあるもの	八万八千九百円
		使用する電波の周波数の幅が三メガヘルツを超え五十メガヘルツ以下のもの　設置場所が第一地域の区域内にあるもの	千七百五十九万六千三百円
		設置場所が第二地域の区域内にあるもの	八百七十九万九千八百円
		設置場所が第三地域の区域内にあるもの	百七十六万二千五百円
		設置場所が第四地域の区域内にあるもの	三十万六千円
		使用する電波の周波数の幅が五十メガヘルツを超え百メガヘルツ以下のもの　設置場所が第一地域の区域内にあるもの	二億四千二十一万五千二百円
		設置場所が第二地域の区域内にあるもの	一億二千十万九千二百円
		設置場所が第三地域の区域内にあるもの	二千四百二万四千四百円
		設置場所が第四地域の区域内にあるもの	五百七万八千百円

		使用する電波の周波数の幅が百メガヘルツを超えるもの	設置場所が第一地域の区域内にあるもの		四億八千三百四十七万二千二百円
			設置場所が第二地域の区域内にあるもの		二億四千百七十三万七千六百円
			設置場所が第三地域の区域内にあるもの		四千八百三十五万二百円
			設置場所が第四地域の区域内にあるもの		千十五万四千八百円
	六千メガヘルツを超える周波数の電波を使用するもの				八万八千九百円
五　自動車、船舶その他の移動するものに開設し、又は携帯して使用するために開設する無線局であつて、人工衛星局の中継により無線通信を行うもの（八の項に掲げる無線局を除く。）					二千百円
六　基幹放送局（三の項、七の項及び八の項に掲げる無線局を除く。）	六千メガヘルツ以下の周波数の電波を使用するもの	テレビジョン放送をするもの	空中線電力が〇・〇二ワット未満のもの		千二百円
			空中線電力が〇・〇二ワット以上二キロワット未満のもの		十六万九千四百円
			空中線電力が二キロワット以上十キロワット未満のもの	設置場所が特定地域以外の区域内にあるもの	十六万九千四百円
				その他のもの	七千五百八十九万五千四百円
			空中線電力が十キロワット以上のもの		三億七千九百四十七万二千二百円

				円
	その他のもの	使用する電波の周波数の幅が百キロヘルツ以下のもの	空中線電力が二百ワット以下のもの	一万六千七百円
			空中線電力が二百ワットを超え五十キロワット以下のもの	二十二万七千七百円
			空中線電力が五十キロワットを超えるもの	三百八十五万八千二百円
		使用する電波の周波数の幅が百キロヘルツを超えるもの	空中線電力が二十ワット以下のもの	一万六千七百円
			空中線電力が二十ワットを超え五キロワット以下のもの	二十二万七千七百円
			空中線電力が五キロワットを超えるもの	三百八十五万八千二百円
	六千メガヘルツを超える周波数の電波を使用するもの			千二百円
七　第五条第五項に規定する受信障害対策中継放送をする無線局、多重放送をする無線局及び基幹放送以外の放送をする無線局（三の項及び八の項に掲げる無線局を除く。）	第五条第五項に規定する受信障害対策中継放送をするもの及び多重放送をするもの			三百円
	その他のもの			千二百円
八　実験等無線局及びアマチュア無線局				三百円
九　その他の無線局	三千メガヘルツ以下の周波数の電波を使用す	第百三条の二第十五項第二号に	住民に対して災害情報等を直接伝達するために無線通信を行うものであつて、専ら一の特定の無線局（第百三条の二第十五項第二号に規定するもので	五百円

るもの	規定するものであつて、五十四メガヘルツを超え七十メガヘルツ以下の周波数の電波を使用するもの（当該無線局の免許人が市町村（特別区を含む。）であるものに限る。）	あつて、五十四メガヘルツを超え七十メガヘルツ以下の周波数の電波を使用するものに限る。）のみを通信の相手方とするもの		
		その他のもの		四万五千七百円
	その他のもの	使用する電波の周波数の幅が三メガヘルツ以下のもの		四万五千七百円
		使用する電波の周波数の幅が三メガヘルツを超えるもの	設置場所が第一地域の区域内にあるもの	三百七十五万七千六百円
			設置場所が第二地域の区域内にあるもの	百八十八万五千八百円
			設置場所が第三地域の区域内にあるもの	三十八万八千二百円
			設置場所が第四地域の区域内にあるもの	十三万八千六百円
三千メガヘルツを超え六千メガヘルツ以下の周波数の電波を使用するもの	放送の業務の用に供するもの（多重放送の業務の用に供するもの	使用する電波の周波数の幅が四百キロヘルツ以下のもの	設置場所が第一地域の区域内にあるもの	三十五万五千円
			設置場所が第二地域の区域内にあるもの	十八万四千四百円

を除く。）		設置場所が第三地域の区域内にあるもの	四万七千八百円
		設置場所が第四地域の区域内にあるもの	二万五千二百円
	使用する電波の周波数の幅が四百キロヘルツを超え三メガヘルツ以下のもの	設置場所が第一地域の区域内にあるもの	百三万七千百円
		設置場所が第二地域の区域内にあるもの	五十二万五千六百円
		設置場所が第三地域の区域内にあるもの	十一万六千百円
		設置場所が第四地域の区域内にあるもの	四万七千八百円
	使用する電波の周波数の幅が三メガヘルツを超えるもの	設置場所が第一地域の区域内にあるもの	千五百三十六万四千九百円
		設置場所が第二地域の区域内にあるもの	七百六十八万九千二百円
		設置場所が第三地域の区域内にあるもの	百五十四万八千八百円
		設置場所が第四地域の区域内にあるもの	五十二万五千六百円
多重放送の業務の用に供するもの			四万五千七百円
放送の業務の用に供するもの以外のもの	使用する電波の周波数の幅が三メガヘルツ以下のもの		四万五千七百円
	使用する電波の周波数の幅が三メガヘルツを超え三十メガヘルツ以下のもの	設置場所が第一地域の区域内にあるもの	三百七十五万七千六百円
		設置場所が第二地域の区域内にあるもの	百八十八万五千八百円
		設置場所が第三地域の区域内にあるもの	三十八万八千二百円
		設置場所が第四地域の区域内にあるもの	十三万八千六百

			円
	使用する電波の周波数の幅が三十メガヘルツを超え三百メガヘルツ以下のもの	設置場所が第一地域の区域内にあるもの	一億二千二百六万三千円
		設置場所が第二地域の区域内にあるもの	六千百三万八千三百円
		設置場所が第三地域の区域内にあるもの	千二百二十四万三千七百円
		設置場所が第四地域の区域内にあるもの	四百十三万二千円
	使用する電波の周波数の幅が三百メガヘルツを超えるもの	設置場所が第一地域の区域内にあるもの	三億百七十六万七千六百円
		設置場所が第二地域の区域内にあるもの	一億五千八十九万七百円
		設置場所が第三地域の区域内にあるもの	三千二十一万四千二百円
		設置場所が第四地域の区域内にあるもの	千十二万二千百円
六千メガヘルツを超える周波数の電波を使用するもの			二万五千二百円

備考

一　この表において「設置場所」とは、無線局の無線設備の設置場所をいう。

二　この表において「第一地域」とは、東京都の区域（第四地域を除く。）をいう。

三　この表において「第二地域」とは、大阪府及び神奈川県の区域（第四地域を除く。）をいう。

四　この表において「第三地域」とは、北海道及び京都府並びに神奈川県以外の県の区域（第四地域を除く。）をいう。

五　この表において「第四地域」とは、離島振興法（昭和二十八年法律第七十二号）第二条第一項の規定に基づき指定された離島振興対策実施地域、過疎地域自立促進特別措置法（平成十二年法律第十五号）第二条第一項に規定する過疎地域並びに奄美群島振興開発特別措置法（昭和二十九年法律第百八十九号）第一条に規定する奄美群島、小笠原諸島振興開発特別措置法（昭和四十四年法律第七十九号）第四条第一項に規定する小笠原諸島及び沖縄振興特別措置法（平成十四年法律第十四号）第三条第三号に規定する離島の区域をいう。

六　この表において「特定地域」とは、岐阜県、愛知県、三重県、滋賀県、京都府、大阪府、兵庫県、奈良県及び和歌山県の区域をいう。

七　六千メガヘルツ以下の周波数及び六千メガヘルツを超える周波数のいずれの電波も使用する無線局については、当該無線局が使用する電波のうち六千メガヘルツ以下の周波数の電波のみを使用する無線局とみなして、この表を適用する。

八　三千メガヘルツ以下の周波数及び三千メガヘルツを超え六千メガヘルツ以下の周波数のいずれの電波も使用する無線局については、当該無線局が使用する電波のうち三千メガヘルツ以下の周波数の電波のみを使用する無線局とみなして、この表を適用する。この場合において、次のイからホまでに掲げる無線局に係る同表の下欄に掲げる金額は、同欄に掲げる金額にかかわらず、当該金額と当該無線局が使用する電波のうち三千メガヘルツを超え六千メガヘルツ以下の周波数の電波のみを使用する無線局とみなして同表を適用した場合における同表の下欄に掲げる金額とを合算した金額から、当該イからホまでに定める金額を控除した金額とする。

イ　一の項に掲げる無線局　三百円

ロ　二の項に掲げる無線局　二百円

ハ　三の項に掲げる無線局　七千四百円

ニ　四の項に掲げる無線局　千四百円

ホ　九の項に掲げる無線局　五百円

九　一の項、二の項及び四の項から六の項までに掲げる無線局のうち第百三条の二第二項に規定する広域専用電波を使用するものに係るこの表の下欄に掲げる金額は、同欄に掲げる金額にかかわらず、一の項及び四の項から六の項までに掲げる無線局にあつては三百円、二の項に掲げる無線局にあつては二百円とする。

十　特定の無線局区分の無線局又は高周波利用設備からの混信その他の妨害について許容することが免許の条件又は周波数割当計画における周波数の使用に関する条件とされている無線局その他のこの表をそのまま適用することにより同等の機能を有する他の無線局との均衡を著しく失することとなると認められる無線局として総務省令で定めるものについては、その使用する電波の周波数の幅をこれの二分の一に相当する幅とみなして、同表を適用する。

【八十一次改正】

電波法及び放送法の一部を改正する法律（平成十七年十一月二日法律第百七号）第一条

別表第五の次に次の三表を加える。

（追加された別表第七は、後掲の通り。）

別表第七（第百三条の二関係）

区域	係数
一　北海道の区域	〇・〇三〇五
二　青森県、岩手県、宮城県、秋田県、山形県及び福島県の区域	〇・〇五二七
三　茨城県、栃木県、群馬県、埼玉県、千葉県、東京都、神奈川県及び山梨県の区域	〇・四四五五
四　新潟県及び長野県の区域	〇・〇二五一
五　富山県、石川県及び福井県の区域	〇・〇一六八
六　岐阜県、静岡県、愛知県及び三重県の区域	〇・一一九〇
七　滋賀県、京都府、大阪府、兵庫県、奈良県及び和歌山県の区域	〇・一六六七
八　鳥取県、島根県、岡山県、広島県及び山口県の区域	〇・〇四一六
九　徳島県、香川県、愛媛県及び高知県の区域	〇・〇二二五
十　福岡県、佐賀県、長崎県、熊本県、大分県、宮崎県及び鹿児島県の区域	〇・〇七二四
十一　沖縄県の区域	〇・〇〇七三
十二　一の項から四の項までに掲げる区域を合わせた区域	〇・五五三八
十三　五の項から十一の項までに掲げる区域を合わせた区域	〇・四四六三
十四　一の項から十一の項までに掲げる区域を合わせた区域	一・〇〇〇〇
十五　自然的経済的諸条件を考慮して三の項に掲げる区域を総務省令で定める二の区域に分割した場合におけるそれぞれの区域	〇・二二二八
十六　自然的経済的諸条件を考慮して七の項に掲げる区域を総務省令で定める二の区域に分割した場合におけるそれぞれの区域	〇・〇八三四

備考　別表第六備考第五号に規定する第四地域及び電波の利用の程度が同号に規定する第四地域と同等であると認められる区域として総務省令で定めるものに開設される無線局のみに使用させる第百三条の二第二項に規定する広域専用電波に係るこの表の下欄に掲げる係数は、同欄に掲げる数値の十分の一に相当する数値とする。

[注釈]表の新規追加であるが、見易さを優先して、傍線を付していない。

【八十五次改正】

電波法の一部を改正する法律（平成二十年五月三十日法律第五十号）

別表第七の一の項中「〇・〇三〇五」を「〇・〇三〇〇」に改め、同表の二の項中「〇・〇五二七」を「〇・〇五一四」に改め、同表の三の項中「〇・四四五五」を「〇・四五〇四」に改め、同表の四の項中「〇・〇二五一」を「〇・〇二四七」に改め、同表の五の項中「〇・〇一六八」を「〇・〇一六六」に改め、同表の六の項中「〇・一一九〇」を「〇・一一九四」に改め、同表の七の項中「〇・一六六七」を「〇・一六五八」に改め、同表の八の項中「〇・〇四一六」を「〇・〇四〇九」に改め、同表の九の項中「〇・〇二二五」を「〇・〇二二〇」に改め、同表の十の項中「〇・〇七二四」を「〇・〇七一五」に改め、同表の十一の項中「〇・〇〇七三」を「〇・〇〇七四」に改め、同表の十二の項中「〇・五五三八」を「〇・五五六三」に改め、同表の十三の項中「〇・四四六三」を「〇・四四三七」に改め、同表の十五の項中「〇・二二二八」を「〇・二二五二」に改め、同表の十六の項中「〇・〇八三四」を「〇・〇八二九」に改める。

別表第七（第百三条の二関係）

区域	係数
一　北海道の区域	〇・〇三〇〇
二　青森県、岩手県、宮城県、秋田県、山形県及び福島県の区域	〇・〇五一四
三　茨城県、栃木県、群馬県、埼玉県、千葉県、東京都、神奈川県及び山梨県の区域	〇・四五〇四
四　新潟県及び長野県の区域	〇・〇二四七
五　富山県、石川県及び福井県の区域	〇・〇一六六
六　岐阜県、静岡県、愛知県及び三重県の区域	〇・一一九四
七　滋賀県、京都府、大阪府、兵庫県、奈良県及び和歌山県の区域	〇・一六五八

区域	係数
八　鳥取県、島根県、岡山県、広島県及び山口県の区域	〇・〇四〇九
九　徳島県、香川県、愛媛県及び高知県の区域	〇・〇二二〇
十　福岡県、佐賀県、長崎県、熊本県、大分県、宮崎県及び鹿児島県の区域	〇・〇七一五
十一　沖縄県の区域	〇・〇〇七四
十二　一の項から四の項までに掲げる区域を合わせた区域	〇・五五六三
十三　五の項から十一の項までに掲げる区域を合わせた区域	〇・四四三七
十四　一の項から十一の項までに掲げる区域を合わせた区域	一・〇〇〇〇
十五　自然的経済的諸条件を考慮して三の項に掲げる区域を総務省令で定める二の区域に分割した場合におけるそれぞれの区域	〇・二二五二
十六　自然的経済的諸条件を考慮して七の項に掲げる区域を総務省令で定める二の区域に分割した場合におけるそれぞれの区域	〇・〇八二九

備考　別表第六備考第五号に規定する第四地域及び電波の利用の程度が同号に規定する第四地域と同等であると認められる区域として総務省令で定めるものに開設される無線局のみに使用させる第百三条の二第二項に規定する広域専用電波に係るこの表の下欄に掲げる係数は、同欄に掲げる数値の十分の一に相当する数値とする。

【九十三次改正】

電波法の一部を改正する法律（平成二十三年六月一日法律第六十号）第二条

別表第七の一の項中「〇・〇三〇〇」を「〇・〇二九五」に改め、同表の二の項中「〇・〇五一四」を「〇・〇五〇二」に改め、同表の三の項中「〇・四五〇四」を「〇・四五四六」に改め、同表の四の項中「〇・〇二四七」を「〇・〇二四三」に改め、同表の五の項中「〇・〇一六六」を「〇・〇一六四」に改め、同表の六の項中「〇・一一九四」を「〇・一一九五」に改め、同表の七の項中「〇・一六五八」を「〇・一六五二」に改め、同表の八の項中「〇・〇四〇九」を「〇・〇四〇四」に改め、同表の九の項中「〇・〇二二〇」を「〇・〇二一六」に改め、同表の十の項中「〇・〇七一五」を「〇・〇七〇八」に改め、同表の十一の項中「〇・〇〇七四」を「〇・〇〇七五」に改め、同表の十二の項中「〇・五五六三」を「〇・五五八六」に改め、同表の十三の項中「〇・四四三七」を「〇・四四一四」に改め、同表の十五の項中「〇・二二五二」を「〇・二二七三」に改め、同表の十六の項中「〇・〇八二九」を「〇・〇八二六」に改める。

別表第七（第百三条の二関係）

区域	係数

一	北海道の区域	○・○二九五
二	青森県、岩手県、宮城県、秋田県、山形県及び福島県の区域	○・○五○二
三	茨城県、栃木県、群馬県、埼玉県、千葉県、東京都、神奈川県及び山梨県の区域	○・四五四六
四	新潟県及び長野県の区域	○・○二四三
五	富山県、石川県及び福井県の区域	○・○一六四
六	岐阜県、静岡県、愛知県及び三重県の区域	○・一一九五
七	滋賀県、京都府、大阪府、兵庫県、奈良県及び和歌山県の区域	○・一六五二
八	鳥取県、島根県、岡山県、広島県及び山口県の区域	○・○四○四
九	徳島県、香川県、愛媛県及び高知県の区域	○・○二一六
十	福岡県、佐賀県、長崎県、熊本県、大分県、宮崎県及び鹿児島県の区域	○・○七○八
十一	沖縄県の区域	○・○○七五
十二	一の項から四の項までに掲げる区域を合わせた区域	○・五五八六
十三	五の項から十一の項までに掲げる区域を合わせた区域	○・四四一四
十四	一の項から十一の項までに掲げる区域を合わせた区域	一・○○○○
十五	自然的経済的諸条件を考慮して三の項に掲げる区域を総務省令で定める二の区域に分割した場合におけるそれぞれの区域	○・二二七三
十六	自然的経済的諸条件を考慮して七の項に掲げる区域を総務省令で定める二の区域に分割した場合におけるそれぞれの区域	○・○八二六
備考	別表第六備考第五号に規定する第四地域及び電波の利用の程度が同号に規定する第四地域と同等であると認められる区域として総務省令で定めるものに開設される無線局のみに使用させる第百三条の二第二項に規定する広域専用電波に係るこの表の下欄に掲げる係数は、同欄に掲げる数値の十分の一に相当する数値とする。	

【九十七次改正】

電波法の一部を改正する法律（平成二十六年四月二十三日法律第二十六号）

別表第七の一の項中「○・○二九五」を「○・○二八八」に改め、同表の二の項中「○・○五○二」を「○・○四八五」に改め、同表の三の項中「○・四五四六」を「○・四五九○」に改め、同表の四の項中「○・○二四三」を「○・○二三八」に改め、同表の五の項中「○・○一六四」を「○・○一六一」に改め、同表の六の項中「〇・一一九五」を「〇・一二〇三」に改め、同表の七の項中「〇・一六五二」を「〇・一六五四」に改め、同表の八の項中「〇・〇四〇四」を「〇・〇三九八」に改め、同表の九の項中「〇・〇二一六」を「〇・〇二一〇」に改め、同表の十の項中「〇・〇七〇八」を「〇・〇六九七」に改め、同表の十一の項中「〇・〇〇七五」を「〇・〇〇七六」に改め、同表の十二の項中「〇・五五八六」を「〇・五六〇一」に改め、同表の十三の項中「〇・四四一四」を「〇・四三九九」に改め、同表の十五の項中「〇・二二七三」を「〇・二二九五」に改め、同表の十六の項中「〇・〇八二六」を「〇・〇八二七」に改める。

別表第七（第百三条の二関係）

区域	係数
一　北海道の区域	〇・〇二八八
二　青森県、岩手県、宮城県、秋田県、山形県及び福島県の区域	〇・〇四八五
三　茨城県、栃木県、群馬県、埼玉県、千葉県、東京都、神奈川県及び山梨県の区域	〇・四五九〇
四　新潟県及び長野県の区域	〇・〇二三八
五　富山県、石川県及び福井県の区域	〇・〇一六一
六　岐阜県、静岡県、愛知県及び三重県の区域	〇・一二〇三
七　滋賀県、京都府、大阪府、兵庫県、奈良県及び和歌山県の区域	〇・一六五四
八　鳥取県、島根県、岡山県、広島県及び山口県の区域	〇・〇三九八
九　徳島県、香川県、愛媛県及び高知県の区域	〇・〇二一〇
十　福岡県、佐賀県、長崎県、熊本県、大分県、宮崎県及び鹿児島県の区域	〇・〇六九七
十一　沖縄県の区域	〇・〇〇七六
十二　一の項から四の項までに掲げる区域を合わせた区域	〇・五六〇一
十三　五の項から十一の項までに掲げる区域を合わせた区域	〇・四三九九
十四　一の項から十一の項までに掲げる区域を合わせた区域	一・〇〇〇〇
十五　自然的経済的諸条件を考慮して三の項に掲げる区域を総務省令で定める二の区域に分割した場合におけるそれぞれの区域	〇・二二九五
十六　自然的経済的諸条件を考慮して七の項に掲げる区域を総務省令で定める二の区域に分割した場合におけるそれぞれの区域	〇・〇八二七

備考　別表第六備考第五号に規定する第四地域及び電波の利用の程度が同号に規定する第四地域と同等であると認められる区域として総務省令で定めるものに開設される無線局のみに使用させる第百三条の二第二項に規定する広域専用電波に係るこの表の下欄に掲げる係数は、同欄に掲げる数値の十分の一に相当する数値とする。

【百四次改正】

電波法及び電気通信事業法等の一部を改正する法律（平成二十九年五月十二日法律第二十七号）第一条

別表第七の一の項中「〇・〇二八八」を「〇・〇二八四」に改め、同表の二の項中「〇・〇四八五」を「〇・〇四七八」に改め、同表の三の項中「〇・四五九〇」を「〇・四六二六」に改め、同表の四の項中「〇・〇二三八」を「〇・〇二三五」に改め、同表の五の項中「〇・〇一六一」を「〇・〇一六〇」に改め、同表の六の項中「〇・一二〇三」を「〇・一二〇〇」に改め、同表の七の項中「〇・一六五四」を「〇・一六四六」に改め、同表の八の項中「〇・〇三九八」を「〇・〇三九四」に改め、同表の九の項中「〇・〇二一〇」を「〇・〇二〇七」に改め、同表の十の項中「〇・〇六九七」を「〇・〇六九三」に改め、同表の十一の項中「〇・〇〇七六」を「〇・〇〇七七」に改め、同表の十二の項中「〇・五六〇一」を「〇・五六二三」に改め、同表の十三の項中「〇・四三九九」を「〇・四三七七」に改め、同表の十五の項中「〇・二二九五」を「〇・二三一三」に改め、同表の十六の項中「〇・〇八二七」を「〇・〇八二三」に改める。

別表第七（第百三条の二関係）

区域	係数
一　北海道の区域	〇・〇二八四
二　青森県、岩手県、宮城県、秋田県、山形県及び福島県の区域	〇・〇四七
三　茨城県、栃木県、群馬県、埼玉県、千葉県、東京都、神奈川県及び山梨県の区域	〇・四六二六
四　新潟県及び長野県の区域	〇・〇二三五
五　富山県、石川県及び福井県の区域	〇・〇一六〇一
六　岐阜県、静岡県、愛知県及び三重県の区域	〇・一二〇〇
七　滋賀県、京都府、大阪府、兵庫県、奈良県及び和歌山県の区域	〇・一六四六
八　鳥取県、島根県、岡山県、広島県及び山口県の区域	〇・〇三九四
九　徳島県、香川県、愛媛県及び高知県の区域	〇・〇二〇七

十　福岡県、佐賀県、長崎県、熊本県、大分県、宮崎県及び鹿児島県の区域	〇・〇六九三七
十一　沖縄県の区域	〇・〇〇七七
十二　一の項から四の項までに掲げる区域を合わせた区域	〇・五六二三
十三　五の項から十一の項までに掲げる区域を合わせた区域	〇・四三七七
十四　一の項から十一の項までに掲げる区域を合わせた区域	一・〇〇〇〇
十五　自然的経済的諸条件を考慮して三の項に掲げる区域を総務省令で定める二の区域に分割した場合におけるそれぞれの区域	〇・二三一三
十六　自然的経済的諸条件を考慮して七の項に掲げる区域を総務省令で定める二の区域に分割した場合におけるそれぞれの区域	〇・〇八二七

備考　別表第六備考第五号に規定する第四地域及び電波の利用の程度が同号に規定する第四地域と同等であると認められる区域として総務省令で定めるものに開設される無線局のみに使用させる第百三条の二第二項に規定する広域専用電波に係るこの表の下欄に掲げる係数は、同欄に掲げる数値の十分の一に相当する数値とする。

別表第八

【八十一次改正】

電波法及び放送法の一部を改正する法律（平成十七年十一月二日法律第百七号）第一条

別表第五の次に次の三表を加える。

（追加された別表第八は、後掲の通り。）

別表第八（第百三条の二関係）

無線局の区分		金額
一　三千メガヘルツ以下の周波数の電波を使用する無線局のうち使用する電波の周波数の幅が六メガヘルツを超えるもの	設置場所が第一地域の区域内にあるもの	二千七百二十円
	設置場所が第二地域の区域内にあるもの	二千五百円

無線局の区分		金額
	設置場所が第三地域の区域内にあるもの	二千三百二十円
	設置場所が第四地域の区域内にあるもの	二千三百円
二　一の項に掲げる無線局以外の無線局		二千五百円

備考

一　この表において「設置場所」、「第一地域」、「第二地域」、「第三地域」又は「第四地域」とは、それぞれ別表第六備考第一号から第五号までに規定する設置場所、第一地域、第二地域、第三地域又は第四地域をいう。

二　人工衛星局の免許人が当該人工衛星局が使用する電波の周波数と同一の周波数の電波のみを使用する無線局であつて、陸上に開設するものに係るこの表の下欄に掲げる金額は、二千二百八十円とする。

[注釈]表の新規追加であるが、見易さを優先して、傍線を付していない。

【八十五次改正】

電波法の一部を改正する法律（平成二十年五月三十日法律第五十号）

別表第八の一の項中「二千七百二十円」を「二千七百五十円」に、「二千五百円」を「二千百八十円」に、「二千三百二十円」を「千七百二十円」に、「二千三百円」を「千六百五十円」に改め、同表の二の項中「二千五百円」を「二千百八十円」に改め、同表備考第二号中「二千二百八十円」を「千六百十円」に改める。

別表第八（第百三条の二関係）

無線局の区分		金額
一　三千メガヘルツ以下の周波数の電波を使用する無線局のうち使用する電波の周波数の幅が六メガヘルツを超えるもの	設置場所が第一地域の区域内にあるもの	二千七百五十円
	設置場所が第二地域の区域内にあるもの	二千百八十円
	設置場所が第三地域の区域内にあるもの	千七百二十円
	設置場所が第四地域の区域内にあるもの	千六百五十円
二　一の項に掲げる無線局以外の無線局		二千百八十円

備考

一　この表において「設置場所」、「第一地域」、「第二地域」、「第三地域」又は「第四地域」とは、それぞれ別表第六備考第一号から第五号までに規定する設置場所、第一地域、第二地域、第三地域又は第四地域をいう。

二　人工衛星局の免許人が当該人工衛星局が使用する電波の周波数と同一の周波数の電波のみを使用する無線局であつて、陸上に開設するものに係るこの表の下欄に掲げる金額は、千六百十円とする。

【九十三次改正】

電波法の一部を改正する法律（平成二十三年六月一日法律第六十号）第二条

別表第八の一の項中「二千七百五十円」を「二千三百二十円」に、「二千百八十円」を「千三百八十円」に、「千七百二十円」を「四百四十円」に、「千六百五十円」を「二百六十円」に改め、同表の二の項中「二千百八十円」を「千三百八十円」に改め、同表備考を次のように改める。

（改正後の備考は、後掲の通り。）

別表第八（第百三条の二関係）

無線局の区分		金額
一　三千メガヘルツ以下の周波数の電波を使用する無線局のうち使用する電波の周波数の幅が六メガヘルツを超えるもの	設置場所が第一地域の区域内にあるもの	二千三百二十円
	設置場所が第二地域の区域内にあるもの	千三百八十円
	設置場所が第三地域の区域内にあるもの	四百四十円
	設置場所が第四地域の区域内にあるもの	二百六十円」
二　一の項に掲げる無線局以外の無線局		千三百八十円

備考　この表において「設置場所」、「第一地域」、「第二地域」、「第三地域」又は「第四地域」とは、それぞれ別表第六備考第一号から第五号までに規定する設置場所、第一地域、第二地域、第三地域又は第四地域をいう。

【九十七次改正】

電波法の一部を改正する法律（平成二十六年四月二十三日法律第二十六号）

別表第八を次のように改める。
（改正後の別表第八は、後掲の通り。）

別表第八（第百三条の二関係）

無線局の区分			金額
一　三千メガヘルツ以下の周波数の電波を使用する無線局のうち使用する電波の周波数の幅が六メガヘルツを超えるもの	空中線電力が十ミリワット以下のもの	置場所が第一地域の区域内にあるもの	二千七百八十円
		設置場所が第二地域の区域内にあるもの	千六百五十円
		設置場所が第三地域の区域内にあるもの	五百二十円
		設置場所が第四地域の区域内にあるもの	三百十円
	空中線電力が十ミリワットを超えるもの	設置場所が第一地域の区域内にあるもの	四万五千三百円
		設置場所が第二地域の区域内にあるもの	二万四千七百円
		設置場所が第三地域の区域内にあるもの	八千二百円
		設置場所が第四地域の区域内にあるもの	四千二百円
二　一の項に掲げる無線局以外の無線局			千六百五十円
備考　この表において「設置場所」、「第一地域」、「第二地域」、「第三地域」又は「第四地域」とは、それぞれ別表第六備考第一号から第五号までに規定する設置場所、第一地域、第二地域、第三地域又は第四地域をいう。			

[注釈]表の全部改正であるが、見易さを優先して、傍線を付していない。

【百四次改正】

電波法及び電気通信事業法等の一部を改正する法律（平成二十九年五月十二日法律第二十七号）第一条

別表第八の一の項中「二千七百八十円」を「三千三百三十円」に、「千六百五十円」を「千九百八十円」に、「五百二十円」を「六百二十円」に、「三百十円」を「三百七十円」に、「四万五千三百円」を「五万四千三百円」に、「二万四千七百円」を「二万九千六百円」に、「八千二百円」を「九千八百円」に、「四千二百円」を「五千円」に改め、同表の二の項中「千六百五十円」を「千九百八十円」に改める。

別表第八（第百三条の二関係）

無線局の区分			金額
一　三千メガヘルツ以下の周波数の電波を使用する無線局のうち使用する電波の周波数の幅が六メガヘルツを超えるもの	空中線電力が十ミリワット以下のもの	設置場所が第一地域の区域内にあるもの	三千三百三十円
		設置場所が第二地域の区域内にあるもの	千九百八十円
		設置場所が第三地域の区域内にあるもの	六百二十円
		設置場所が第四地域の区域内にあるもの	三百七十円
	空中線電力が十ミリワットを超えるもの	設置場所が第一地域の区域内にあるもの	五万四千三百円
		設置場所が第二地域の区域内にあるもの	二万九千六百円
		設置場所が第三地域の区域内にあるもの	九千八百円円
		設置場所が第四地域の区域内にあるもの	五千円
二　一の項に掲げる無線局以外の無線局			千九百八十円

備考　この表において「設置場所」、「第一地域」、「第二地域」、「第三地域」又は「第四地域」とは、それぞれ別表第六備考第一号から第五号までに規定する設置場所、第一地域、第二地域、第三地域又は第四地域をいう。

第二編　電波法の変遷

第三部　現行の電波法

（平成二十九年六月十八日現在）

注：未施行の百四次改正及び百五次改正後の条文も当該条項の後に付記した。

電波法

目次

第一章　総則

（目的）

第一条　この法律は、電波の公平且つ能率的な利用を確保することによつて、公共の福祉を増進することを目的とする。

（定義）

第二条　この法律及びこの法律に基づく命令の規定の解釈に関しては、次の定義に従うものとする。

一　「電波」とは、三百万メガヘルツ以下の周波数の電磁波をいう。

二　「無線電信」とは、電波を利用して、符号を送り、又は受けるための通信設備をいう。

三　「無線電話」とは、電波を利用して、音声その他の音響を送り、又は受けるための通信設備をいう。

四　「無線設備」とは、無線電信、無線電話その他電波を送り、又は受けるための電気的設備をいう。

五　「無線局」とは、無線設備及び無線設備の操作を行う者の総体をいう。但し、受信のみを目的とするものを含まない。

六　「無線従事者」とは、無線設備の操作又はその監督を行う者であつて、総務大臣の免許を受けたものをいう。

（電波に関する条約）

第三条　電波に関し条約に別段の定があるときは、その規定による。

第二章　無線局の免許

（無線局の開設）

第四条　無線局を開設しようとする者は、総務大臣の免許を受けなければならない。ただし、次の各号に掲げる無線局については、この限りでない。

一　発射する電波が著しく微弱な無線局で総務省令で定めるもの

二　二十六・九メガヘルツから二十七・二メガヘルツまでの周波数の電波を使用し、かつ、空中線電力が〇・五ワット以下である無線局のうち総務省令で定めるものであつて、第三十八条の七第一項（第三十八条の三十一第四項において準用する場合を含む。）、第三十八条の二十六（第三十八条の三十一第六項において準用する場合を含む。）若しくは第三十八条の三十五又は第三十八条の四十四第三項の規定により表示が付されている無線設備（第三十八条の二十三第一項（第三十八条の二十九、第三十八条の三十一第四項及び第六項並びに第三十八条の三十八において準用する場合を含む。）の規定により表示が付されていないものとみなされたものを除く。以下「適合表示無線設備」という。）のみを使用するもの

三　空中線電力が一ワット以下である無線局のうち総務省令で定めるものであつて、次条の規定により指定された呼出符号又は呼出名称を自動的に送信し、又は受信する機能その他総務省令で定める機能を有することにより他の無線局にその運用を阻害するような混信その他の妨害を与えないように運用することができるもので、かつ、適合表示無線設備のみを使用するもの

四　第二十七条の十八第一項の登録を受けて開設する無線局（以下「登録局」という。）

2　本邦に入国する者が、自ら持ち込む無線設備（次章に定める技術基準に相当する技術基準として総務大臣が指定する技術基準に適合しているものに限る。）を使用して無線局（前項第三号の総務省令で定める無線局のうち、用途及び周波数を勘案して総務省令で定めるものに限る。）を開設しようとするときは、当該無線設備は、適合表示無線設備でない場合であつても、同号の規定の適用については、当該者の入国の日から同日以後九十日を超えない範囲内で総務省令で定める期間を経過する日までの間に限り、適合表示無線設備とみなす。この場合において、当該無線設備については、同章の規定は、適用しない。

3　前項の規定による技術基準の指定は、告示をもつて行わなければならない。

（呼出符号又は呼出名称の指定）

第四条の二　総務大臣は、前条第一項第三号又は第四号に掲げる無線局に使用するための無線設備について、当該無線設備を使用する無線局の呼出符号又は呼出名称の指定を受けようとする者から申請があつたときは、総務省令で定めるところにより、呼出符号又は呼出名称の指定を行う。

（欠格事由）

第五条　次の各号のいずれかに該当する者には、無線局の免許を与えない。

一　日本の国籍を有しない人

二　外国政府又はその代表者

三　外国の法人又は団体

四　法人又は団体であつて、前三号に掲げる者がその代表者であるもの又はこれらの者がその役員の三分の一以上若しくは議決権の三分の一以上を占めるもの。

2　前項の規定は、次に掲げる無線局については、適用しない。
一　実験等無線局（科学若しくは技術の発達のための実験、電波の利用の効率性に関する試験又は電波の利用の需要に関する調査に専用する無線局をいう。以下同じ。）
二　アマチュア無線局（個人的な興味によつて無線通信を行うために開設する無線局をいう。以下同じ。）
三　船舶の無線局（船舶に開設する無線局のうち、電気通信業務（電気通信事業法（昭和五十九年法律第八十六号）第二条第六号の電気通信業務をいう。以下同じ。）を行うことを目的とするもの以外のもの（実験等無線局及びアマチュア無線局を除く。）をいう。以下同じ。）であつて、船舶安全法（昭和八年法律第十一号）第二十九条ノ七に規定する船舶に開設するもの
四　航空機の無線局（航空機に開設する無線局のうち、電気通信業務を行うことを目的とするもの以外のもの（実験等無線局及びアマチュア無線局を除く。）をいう。以下同じ。）であつて、航空法（昭和二十七年法律第二百三十一号）第百二十七条ただし書の許可を受けて本邦内の各地間の航空の用に供される航空機に開設するもの
五　特定の固定地点間の無線通信を行う無線局（実験等無線局、アマチュア無線局、大使館、公使館又は領事館の公用に供するもの及び電気通信業務を行うことを目的とするものを除く。）
六　大使館、公使館又は領事館の公用に供する無線局（特定の固定地点間の無線通信を行うものに限る。）であつて、その国内において日本国政府又はその代表者が同種の無線局を開設することを認める国の政府又はその代表者の開設するもの
七　自動車その他の陸上を移動するものに開設し、若しくは携帯して使用するために開設する無線局又はこれらの無線局若しくは携帯して使用するための受信設備と通信を行うために陸上に開設する移動しない無線局（電気通信業務を行うことを目的とするものを除く。）
八　電気通信業務を行うことを目的として開設する無線局
九　電気通信業務を行うことを目的とする無線局の無線設備を搭載する人工衛星の位置、姿勢等を制御することを目的として陸上に開設する無線局
3　次の各号のいずれかに該当する者には、無線局の免許を与えないことができる。
一　この法律又は放送法（昭和二十五年法律第百三十二号）に規定する罪を犯し罰金以上の刑に処せられ、その執行を終わり、又はその執行を受けることがなくなつた日から二年を経過しない者
二　第七十五条第一項又は第七十六条第四項（第四号を除く。）若しくは第五項（第五号を除く。）の規定により無線局の免許の取消しを受け、その取消しの日から二年を経過しない者
三　第二十七条の十五第一項（第一号を除く。）又は第二項（第三号及び第四号を除く。）の規定により認定の取消しを受け、その取消しの日から二年を経過しない者
四　第七十六条第六項（第三号を除く。）の規定により第二十七条の十八第一項の登録の取消しを受け、その取消しの日から二年を経過しない者
4　公衆によつて直接受信されることを目的とする無線通信の送信（第九十九条の二を除き、以下「放送」という。）であつて、第二十六条第二項第五号イに掲げる周波数（第七条第三項及び第四項において「基幹放送用割当可能周波数」という。）の電波を使用するもの（以下「基幹放送」という。）をする無線局（受信障害対策中継放送、衛星基幹放送（放送法第二条第十三号の衛星基幹放送をいう。）及び移動受信用地上基幹放送（同条第十四号の移動受信用地上基幹放送をいう。以下同じ。）をする無線局を除く。）については、第一項及び前項の規

定にかかわらず、次の各号のいずれかに該当する者には、無線局の免許を与えない。

一　第一項第一号から第三号まで若しくは前項各号に掲げる者又は放送法第百三条第一項若しくは第百四条（第五号を除く。）の規定による認定の取消し若しくは同法第百三十一条の規定により登録の取消しを受け、その取消しの日から二年を経過しない者

二　法人又は団体であつて、第一項第一号から第三号までに掲げる者が放送法第二条第三十一号の特定役員であるもの又はこれらの者がその議決権の五分の一以上を占めるもの

三　法人又は団体であつて、イに掲げる者により直接に占められる議決権の割合とこれらの者によりロに掲げる者を通じて間接に占められる議決権の割合として総務省令で定める割合とを合計した割合がその議決権の五分の一以上を占めるもの（前号に該当する場合を除く。）

イ　第一項第一号から第三号までに掲げる者

ロ　イに掲げる者により直接に占められる議決権の割合が総務省令で定める割合以上である法人又は団体

四　法人又は団体であつて、その役員が前項各号のいずれかに該当する者であるもの

5　前項に規定する受信障害対策中継放送とは、相当範囲にわたる受信の障害が発生している地上基幹放送（放送法第二条第十五号の地上基幹放送をいう。以下同じ。）及び当該地上基幹放送の電波に重畳して行う多重放送（同条第十九号の多重放送をいう。以下同じ。）を受信し、そのすべての放送番組に変更を加えないで当該受信の障害が発生している区域において受信されることを目的として同時にその再放送をする基幹放送のうち、当該障害に係る地上基幹放送又は当該地上基幹放送の電波に重畳して行う多重放送をする無線局の免許を受けた者が行うもの以外のものをいう。

（免許の申請）

第六条　無線局の免許を受けようとする者は、申請書に、次に掲げる事項を記載した書類を添えて、総務大臣に提出しなければならない。

一　目的（二以上の目的を有する無線局であつて、その目的に主たるものと従たるものの区別がある場合にあつては、その主従の区別を含む。）

二　開設を必要とする理由

三　通信の相手方及び通信事項

四　無線設備の設置場所（移動する無線局のうち、人工衛星の無線局（以下「人工衛星局」という。）についてはその人工衛星の軌道又は位置、人工衛星局、船舶の無線局、船舶地球局（電気通信業務を行うことを目的として船舶に開設する無線局であつて、人工衛星局の中継により無線通信を行うものをいう。以下同じ。）、航空機の無線局（人工衛星局の中継によつてのみ無線通信を行うものを除く。第四項において同じ。）及び航空機地球局（航空機に開設する無線局であつて、人工衛星局の中継によつてのみ無線通信を行うもの（実験等無線局及びアマチュア無線局を除く。）をいう。以下同じ。）以外のものについては移動範囲。第十八条を除き、以下同じ。）

五　電波の型式並びに希望する周波数の範囲及び空中線電力

六　希望する運用許容時間（運用することができる時間をいう。以下同じ。）

七　無線設備（第三十条及び第三十二条の規定により備え付けなければならない設備を含む。次項第三号、第十条第一項、第十二条、第十七条、第十八条、第二十四条の二第四項、第二十七条の十三第二項第八号、第三十八条の二第一項、第七十一条の五、第七十三条第一項ただし書、第三項及び第六項並びに第百二条の十八第一項において同じ。）の工事設計及び工事落成の予定期

日

八　運用開始の予定期日

九　他の無線局の第十四条第二項第二号の免許人又は第二十七条の二十三第一項の登録人（以下「免許人等」という。）との間で混信その他の妨害を防止するために必要な措置に関する契約を締結しているときは、その契約の内容

2　基幹放送局（基幹放送をする無線局をいい、当該基幹放送に加えて基幹放送以外の無線通信の送信をするものを含む。以下同じ。）の免許を受けようとする者は、前項の規定にかかわらず、申請書に、次に掲げる事項（自己の地上基幹放送の業務に用いる無線局（以下「特定地上基幹放送局」という。）の免許を受けようとする者にあつては次に掲げる事項及び放送事項、地上基幹放送の業務を行うことについて放送法第九十三条第一項の規定により認定を受けようとする者の当該業務に用いられる無線局の免許を受けようとする者にあつては次に掲げる事項及び当該認定を受けようとする者の氏名又は名称）を記載した書類を添えて、総務大臣に提出しなければならない。

一　目的

二　前項第二号から第九号まで（基幹放送のみをする無線局にあつては、第三号を除く。）に掲げる事項

三　無線設備の工事費及び無線局の運用費の支弁方法

四　事業計画及び事業収支見積

五　放送区域

六　基幹放送の業務に用いられる電気通信設備（電気通信事業法第二条第二号の電気通信設備をいう。以下同じ。）の概要

3　船舶局（船舶の無線局のうち、無線設備が遭難自動通報設備又はレーダーのみのもの以外のものをいう。以下同じ。）の免許を受けようとする者は、第一項の書類に、同項に掲げる事項のほか、次に掲げる事項を併せて記載しなければならない。

一　その船舶に関する次の事項

イ　所有者

ロ　用途

ハ　総トン数

ニ　航行区域

ホ　主たる停泊港

ヘ　信号符字

ト　旅客船であるときは、旅客定員

チ　国際航海に従事する船舶であるときは、その旨

リ　船舶安全法第四条第一項ただし書の規定により無線電信又は無線電話の施設を免除された船舶であるときは、その旨

二　第三十五条の規定による措置をとらなければならない船舶局であるときは、そのとることとした措置

4　航空機局（航空機の無線局のうち、無線設備がレーダーのみのもの以外のものをいう。以下同じ。）の免許を受けようとする者は、第一項の書類に、同項に掲げる事項のほか、その航空機に関する次に掲げる事項を併せて記載しなければならない。

一　所有者

二　用途

三　型式

四　航行区域

五　定置場

六　登録記号

七　航空法第六十条の規定により無線設備を設置しなければならない航空機で

あるときは、その旨

5　航空機地球局（電気通信業務を行うことを目的とするものを除く。）の免許を受けようとする者は、第一項の書類に、同項に掲げる事項のほか、その航空機に関する前項第一号から第六号までに掲げる事項を併せて記載しなければならない。

6　人工衛星局の免許を受けようとする者は、第一項又は第二項の書類にそれらの規定に掲げる事項のほか、その人工衛星の打上げ予定時期及び使用可能期間並びにその人工衛星局の目的を遂行できる人工衛星の位置の範囲を併せて記載しなければならない。

7　次に掲げる無線局（総務省令で定める期間を除く。）であつて総務大臣が公示する周波数を使用するものの免許の申請は、総務大臣が公示する期間内に行わなければならない。

一　電気通信業務を行うことを目的として陸上に開設する移動する無線局（一又は二以上の都道府県の区域の全部を含む区域をその移動範囲とするものに限る。）

二　電気通信業務を行うことを目的として陸上に開設する移動しない無線局であつて、前号に掲げる無線局を通信の相手方とするもの

三　電気通信業務を行うことを目的として開設する人工衛星局

四　基幹放送局

8　前項の期間は、一月を下らない範囲内で周波数ごとに定めるものとし、同項の規定による期間の公示は、免許を受ける無線局の無線設備の設置場所とすることができる区域の範囲その他免許の申請に資する事項を併せ行うものとする。

〈　未施行の百四次改正後の条文：傍線が改正部分　〉

（免許の申請）

第六条　無線局の免許を受けようとする者は、申請書に、次に掲げる事項を記載した書類を添えて、総務大臣に提出しなければならない。

一　目的（二以上の目的を有する無線局であつて、その目的に主たるものと従たるものの区別がある場合にあつては、その主従の区別を含む。）

二　開設を必要とする理由

三　通信の相手方及び通信事項

四　無線設備の設置場所（移動する無線局のうち、次のイ又はロに掲げるものについては、それぞれイ又はロに定める事項。第十八条第一項を除き、以下同じ。）

イ　人工衛星の無線局（以下「人工衛星局」という。）　その人工衛星の軌道又は位置

ロ　人工衛星局、船舶の無線局（人工衛星局の中継によつてのみ無線通信を行うものを除く。第三項において同じ。）、船舶地球局（船舶に開設する無線局であつて、人工衛星局の中継によつてのみ無線通信を行うもの（実験等無線局及びアマチュア無線局を除く。）をいう。以下同じ。）、航空機の無線局（人工衛星局の中継によつてのみ無線通信を行うものを除く。第五項において同じ。）及び航空機地球局（航空機に開設する無線局であつて、人工衛星局の中継によつてのみ無線通信を行うもの（実験等無線局及びアマチュア無線局を除く。）をいう。以下同じ。）以外の無線局　移動範囲

五　電波の型式並びに希望する周波数の範囲及び空中線電力

六　希望する運用許容時間（運用することができる時間をいう。以下同じ。）

七　無線設備（第三十条及び第三十二条の規定により備え付けなければならない設備を含む。次項第三号、第十条第一項、第十二条、第十七条、第十八条、第二十四条の二第四項、第二十七条の十三第二項第八号、第三十八条の二第

一項、第七十条の五の二第一項、第七十一条の五、第七十三条第一項ただし書、第三項及び第六項並びに第百二条の十八第一項において同じ。）の工事設計及び工事落成の予定期日

八　運用開始の予定期日

九　他の無線局の第十四条第二項第二号の免許人又は第二十七条の二十三第一項の登録人（以下「免許人等」という。）との間で混信その他の妨害を防止するために必要な措置に関する契約を締結しているときは、その契約の内容

2　基幹放送局（基幹放送をする無線局をいい、当該基幹放送に加えて基幹放送以外の無線通信の送信をするものを含む。以下同じ。）の免許を受けようとする者は、前項の規定にかかわらず、申請書に、次に掲げる事項（自己の地上基幹放送の業務に用いる無線局（以下「特定地上基幹放送局」という。）の免許を受けようとする者にあつては次に掲げる事項及び放送事項、地上基幹放送の業務を行うことについて放送法第九十三条第一項の規定により認定を受けようとする者の当該業務に用いられる無線局の免許を受けようとする者にあつては次に掲げる事項及び当該認定を受けようとする者の氏名又は名称）を記載した書類を添えて、総務大臣に提出しなければならない。

一　目的

二　前項第二号から第九号まで（基幹放送のみをする無線局にあつては、第三号を除く。）に掲げる事項

三　無線設備の工事費及び無線局の運用費の支弁方法

四　事業計画及び事業収支見積

五　放送区域

六　基幹放送の業務に用いられる電気通信設備（電気通信事業法第二条第二号の電気通信設備をいう。以下同じ。）の概要

3　船舶局（船舶の無線局のうち、無線設備が遭難自動通報設備又はレーダーのみのもの以外のものをいう。以下同じ。）の免許を受けようとする者は、第一項の書類に、同項に掲げる事項のほか、次に掲げる事項を併せて記載しなければならない。

一　その船舶に関する次に掲げる事項

イ　所有者

ロ　用途

ハ　総トン数

ニ　航行区域

ホ　主たる停泊港

ヘ　信号符字

ト　旅客船であるときは、旅客定員

チ　国際航海に従事する船舶であるときは、その旨

リ　船舶安全法第四条第一項ただし書の規定により無線電信又は無線電話の施設を免除された船舶であるときは、その旨

二　第三十五条の規定による措置をとらなければならない船舶局であるときは、そのとることとした措置

4　船舶地球局（電気通信業務を行うことを目的とするものを除く。）の免許を受けようとする者は、第一項の書類に、同項に掲げる事項のほか、その船舶に関する前項第一号イからチまでに掲げる事項を併せて記載しなければならない。

5　航空機局（航空機の無線局のうち、無線設備がレーダーのみのもの以外のものをいう。以下同じ。）の免許を受けようとする者は、第一項の書類に、同項に掲げる事項のほか、その航空機に関する次に掲げる事項を併せて記載しなければならない。

一　所有者

二　用途

三　型式
四　航行区域
五　定置場
六　登録記号
七　航空法第六十条の規定により無線設備を設置しなければならない航空機であるときは、その旨

6　航空機地球局（電気通信業務を行うことを目的とするものを除く。）の免許を受けようとする者は、第一項の書類に、同項に掲げる事項のほか、その航空機に関する前項第一号から第六号までに掲げる事項を併せて記載しなければならない。

7　人工衛星局の免許を受けようとする者は、第一項又は第二項の書類に、これらの規定に掲げる事項のほか、その人工衛星の打上げ予定時期及び使用可能期間並びにその人工衛星局の目的を遂行できる人工衛星の位置の範囲を併せて記載しなければならない。

8　次に掲げる無線局（総務省令で定める期間を除く。）であつて総務大臣が公示する周波数を使用するものの免許の申請は、総務大臣が公示する期間内に行わなければならない。
一　電気通信業務を行うことを目的として陸上に開設する移動する無線局（一又は二以上の都道府県の区域の全部を含む区域をその移動範囲とするものに限る。）
二　電気通信業務を行うことを目的として陸上に開設する移動しない無線局であつて、前号に掲げる無線局を通信の相手方とするもの
三　電気通信業務を行うことを目的として開設する人工衛星局
四　基幹放送局

9　前項の期間は、一月を下らない範囲内で周波数ごとに定めるものとし、同項の規定による期間の公示は、免許を受ける無線局の無線設備の設置場所とすることができる区域の範囲その他免許の申請に資する事項を併せ行うものとする。

（申請の審査）
第七条　総務大臣は、前条第一項の申請書を受理したときは、遅滞なくその申請が次の各号のいずれにも適合しているかどうかを審査しなければならない。
一　工事設計が第三章に定める技術基準に適合すること。
二　周波数の割当てが可能であること。
三　主たる目的及び従たる目的を有する無線局にあつては、その従たる目的の遂行がその主たる目的の遂行に支障を及ぼすおそれがないこと。
四　前三号に掲げるもののほか、総務省令で定める無線局（基幹放送局を除く。）の開設の根本的基準に合致すること。

2　総務大臣は、前条第二項の申請書を受理したときは、遅滞なくその申請が次の各号に適合しているかどうかを審査しなければならない。
一　工事設計が第三章に定める技術基準に適合すること及び基幹放送の業務に用いられる電気通信設備が放送法第百二十一条第一項の総務省令で定める技術基準に適合すること。
二　総務大臣が定める基幹放送用周波数使用計画（基幹放送局に使用させることのできる周波数及びその周波数の使用に関し必要な事項を定める計画をいう。以下同じ。）に基づき、周波数の割当てが可能であること。
三　当該業務を維持するに足りる経理的基礎及び技術的能力があること。
四　特定地上基幹放送局にあつては、次のいずれにも適合すること。
イ　基幹放送の業務に用いられる電気通信設備が放送法第百十一条第一項の総務省令で定める技術基準に適合すること。
ロ　免許を受けようとする者が放送法第九十三条第一項第四号に掲げる要件

に該当すること。

ハ　その免許を与えることが放送法第九十一条第一項の基幹放送普及計画に適合することその他放送の普及及び健全な発達のために適切であること。

五　地上基幹放送の業務を行うことについて放送法第九十三条第一項の規定により認定を受けようとする者の当該業務に用いられる無線局にあつては、当該認定を受けようとする者が同項各号に掲げる要件のいずれにも該当すること。

六　基幹放送に加えて基幹放送以外の無線通信の送信をする無線局にあつては、次のいずれにも適合すること。

イ　基幹放送以外の無線通信の送信について、周波数の割当てが可能であること。

ロ　基幹放送以外の無線通信の送信について、前項第四号の総務省令で定める無線局（基幹放送局を除く。）の開設の根本的基準に合致すること。

ハ　基幹放送以外の無線通信の送信をすることが適正かつ確実に基幹放送をすることに支障を及ぼすおそれがないものとして総務省令で定める基準に合致すること。

七　前各号に掲げるもののほか、総務省令で定める基幹放送局の開設の根本的基準に合致すること。

3　基幹放送用周波数使用計画は、放送法第九十一条第一項の基幹放送普及計画に定める同条第二項第三号の放送系の数の目標（次項において「放送系の数の目標」という。）の達成に資することとなるように、基幹放送用割当可能周波数の範囲内で、混信の防止その他電波の公平かつ能率的な利用を確保するために必要な事項を勘案して定めるものとする。

4　総務大臣は、放送系の数の目標、基幹放送用割当可能周波数及び前項に規定する混信の防止その他電波の公平かつ能率的な利用を確保するために必要な事項の変更により必要があると認めるときは、基幹放送用周波数使用計画を変更することができる。

5　総務大臣は、基幹放送用周波数使用計画を定め、又は変更したときは、遅滞なく、これを公示しなければならない。

6　総務大臣は、申請の審査に際し、必要があると認めるときは、申請者に出頭又は資料の提出を求めることができる。

（予備免許）

第八条　総務大臣は、前条の規定により審査した結果、その申請が同条第一項各号又は第二項各号に適合していると認めるときは、申請者に対し、次に掲げる事項を指定して、無線局の予備免許を与える。

一　工事落成の期限

二　電波の型式及び周波数

三　呼出符号（標識符号を含む。）、呼出名称その他の総務省令で定める識別信号（以下「識別信号」という。）

四　空中線電力

五　運用許容時間

2　総務大臣は、予備免許を受けた者から申請があつた場合において、相当と認めるときは、前項第一号の期限を延長することができる。

（工事設計等の変更）

第九条　前条の予備免許を受けた者は、工事設計を変更しようとするときは、あらかじめ総務大臣の許可を受けなければならない。但し、総務省令で定める軽微な事項については、この限りでない。

2　前項但書の事項について工事設計を変更したときは、遅滞なくその旨を総務大臣に届け出なければならない。

3　第一項の変更は、周波数、電波の型式又は空中線電力に変更を来すものであつてはならず、かつ、第七条第一項第一号又は第二項第一号の技術基準（第三章に定めるものに限る。）に合致するものでなければならない。

4　前条の予備免許を受けた者は、無線局の目的、通信の相手方、通信事項、放送事項、放送区域、無線設備の設置場所又は基幹放送の業務に用いられる電気通信設備を変更しようとするときは、あらかじめ総務大臣の許可を受けなければならない。ただし、次に掲げる事項を内容とする無線局の目的の変更は、これを行うことができない。

一　基幹放送局以外の無線局が基幹放送をすることとすること。

二　基幹放送局が基幹放送をしないこととすること。

5　前項本文の規定にかかわらず、基幹放送の業務に用いられる電気通信設備の変更が総務省令で定める軽微な変更に該当するときは、その変更をした後遅滞なく、その旨を総務大臣に届け出ることをもつて足りる。

6　第五条第一項から第三項までの規定は、無線局の目的の変更に係る第四項の許可に準用する。

（落成後の検査）

第十条　第八条の予備免許を受けた者は、工事が落成したときは、その旨を総務大臣に届け出て、その無線設備、無線従事者の資格（第三十九条第三項に規定する主任無線従事者の要件、第四十八条の二第一項の船舶局無線従事者証明及び第五十条第一項に規定する遭難通信責任者の要件に係るものを含む。第十二条及び第七十三条第三項において同じ。）及び員数並びに時計及び書類（以下「無線設備等」という。）について検査を受けなければならない。

2　前項の検査は、同項の検査を受けようとする者が、当該検査を受けようとする無線設備等について第二十四条の二第一項又は第二十四条の十三第一項の登録を受けた者が総務省令で定めるところにより行つた当該登録に係る点検の結果を記載した書類を添えて前項の届出をした場合においては、その一部を省略することができる。

（免許の拒否）

第十一条　第八条第一項第一号の期限（同条第二項の規定による期限の延長があつたときは、その期限）経過後二週間以内に前条の規定による届出がないときは、総務大臣は、その無線局の免許を拒否しなければならない。

（免許の付与）

第十二条　総務大臣は、第十条の規定による検査を行つた結果、その無線設備が第六条第一項第七号又は同条第二項第二号の工事設計（第九条第一項の規定による変更があつたときは、変更があつたもの）に合致し、かつ、その無線従事者の資格及び員数が第三十九条又は第三十九条の十三、第四十条及び第五十条の規定に、その時計及び書類が第六十条の規定にそれぞれ違反しないと認めるときは、遅滞なく申請者に対し免許を与えなければならない。

（免許の有効期間）

第十三条　免許の有効期間は、免許の日から起算して五年を超えない範囲内において総務省令で定める。ただし、再免許を妨げない。

2　船舶安全法第四条（同法第二十九条ノ七の規定に基づく政令において準用する場合を含む。以下同じ。）の船舶の船舶局（以下「義務船舶局」という。）及び航空法第六十条の規定により無線設備を設置しなければならない航空機の航空機局（以下「義務航空機局」という。）の免許の有効期間は、前項の規定にかかわらず、無期限とする。

（多重放送をする無線局の免許の効力）

第十三条の二　超短波放送（放送法第二条第十七号の超短波放送をいう。）又はテレビジョン放送（同条第十八号のテレビジョン放送をいう。以下同じ。）をする無線局の免許がその効力を失つたときは、その放送の電波に重畳して多重放送をする無線局の免許は、その効力を失う。

（免許状）

第十四条　総務大臣は、免許を与えたときは、免許状を交付する。

2　免許状には、次に掲げる事項を記載しなければならない。

一　免許の年月日及び免許の番号

二　免許人（無線局の免許を受けた者をいう。以下同じ。）の氏名又は名称及び住所

三　無線局の種別

四　無線局の目的（主たる目的及び従たる目的を有する無線局にあつては、その主従の区別を含む。）

五　通信の相手方及び通信事項

六　無線設備の設置場所

七　免許の有効期間

八　識別信号

九　電波の型式及び周波数

十　空中線電力

十一　運用許容時間

3　基幹放送局の免許状には、前項の規定にかかわらず、次に掲げる事項を記載しなければならない。

一　前項各号（基幹放送のみをする無線局の免許状にあつては、第五号を除く。）に掲げる事項

二　放送区域

三　特定地上基幹放送局の免許状にあつては放送事項、認定基幹放送事業者（放送法第二条第二十一号の認定基幹放送事業者をいう。以下同じ。）の地上基幹放送の業務の用に供する無線局にあつてはその無線局に係る認定基幹放送事業者の氏名又は名称

（簡易な免許手続）

第十五条　第十三条第一項ただし書の再免許及び適合表示無線設備のみを使用する無線局その他総務省令で定める無線局の免許については、第六条及び第八条から第十二条までの規定にかかわらず、総務省令で定める簡易な手続によることができる。

（運用開始及び休止の届出）

第十六条　免許人は、免許を受けたときは、遅滞なくその無線局の運用開始の期日を総務大臣に届け出なければならない。ただし、総務省令で定める無線局については、この限りでない。

2　前項の規定により届け出た無線局の運用を一箇月以上休止するときは、免許人は、その休止期間を総務大臣に届け出なければならない。休止期間を変更するときも、同様とする。

（変更等の許可）

第十七条　免許人は、無線局の目的、通信の相手方、通信事項、放送事項、放送

区域、無線設備の設置場所若しくは基幹放送の業務に用いられる電気通信設備を変更し、又は無線設備の変更の工事をしようとするときは、あらかじめ総務大臣の許可を受けなければならない。ただし、次に掲げる事項を内容とする無線局の目的の変更は、これを行うことができない。

一　基幹放送局以外の無線局が基幹放送をすることとすること。

二　基幹放送局が基幹放送をしないこととすること。

2　前項本文の規定にかかわらず、基幹放送の業務に用いられる電気通信設備の変更が総務省令で定める軽微な変更に該当するときは、その変更をした後遅滞なく、その旨を総務大臣に届け出ることをもつて足りる。

3　第五条第一項から第三項までの規定は無線局の目的の変更に係る第一項の許可について、第九条第一項ただし書、第二項及び第三項の規定は第一項の規定により無線設備の変更の工事をする場合について、それぞれ準用する。

（変更検査）

第十八条　前条第一項の規定により無線設備の設置場所の変更又は無線設備の変更の工事の許可を受けた免許人は、総務大臣の検査を受け、当該変更又は工事の結果が同条同項の許可の内容に適合していると認められた後でなければ、許可に係る無線設備を運用してはならない。ただし、総務省令で定める場合は、この限りでない。

2　前項の検査は、同項の検査を受けようとする者が、当該検査を受けようとする無線設備について第二十四条の二第一項又は第二十四条の十三第一項の登録を受けた者が総務省令で定めるところにより行つた当該登録に係る点検の結果を記載した書類を総務大臣に提出した場合においては、その一部を省略することができる。

（申請による周波数等の変更）

第十九条　総務大臣は、免許人又は第八条の予備免許を受けた者が識別信号、電波の型式、周波数、空中線電力又は運用許容時間の指定の変更を申請した場合において、混信の除去その他特に必要があると認めるときは、その指定を変更することができる。

（免許の承継等）

第二十条　免許人について相続があつたときは、その相続人は、免許人の地位を承継する。

2　免許人（第七項及び第八項に規定する無線局の免許人を除く。以下この項及び次項において同じ。）たる法人が合併又は分割（無線局をその用に供する事業の全部を承継させるものに限る。）をしたときは、合併後存続する法人若しくは合併により設立された法人又は分割により当該事業の全部を承継した法人は、総務大臣の許可を受けて免許人の地位を承継することができる。

3　免許人が無線局をその用に供する事業の全部の譲渡しをしたときは、譲受人は、総務大臣の許可を受けて免許人の地位を承継することができる。

4　特定地上基幹放送局の免許人たる法人が分割をした場合において、分割により当該基幹放送局を承継し、これを分割により地上基幹放送の業務を承継した他の法人の業務の用に供する業務を行おうとする法人が総務大臣の許可を受けたときは、当該法人が当該特定地上基幹放送局の免許人から当該業務に係る基幹放送局の免許人の地位を承継したものとみなす。特定地上基幹放送局の免許人が当該基幹放送局を譲渡し、譲受人が当該基幹放送局を譲渡人の地上基幹放送の業務の用に供する業務を行おうとする場合において、当該譲受人が総務大臣の許可を受けたとき又は特定地上基幹放送局の免許人が地上基幹放送の業務を譲渡し、その譲渡人が当該基幹放送局を譲受人の地上基幹放送の業務の用に供する業務を行おうとする場合において、当該譲渡人が総務大臣の許可を受けたときも、同様とする。

5　他の地上基幹放送の業務の用に供する基幹放送局の免許人が当該地上基幹放送の業務を行う認定基幹放送事業者と合併をし、又は当該地上基幹放送の業務を行う事業を譲り受けた場合において、合併後存続する法人若しくは合併により設立された法人又は譲受人が総務大臣の許可を受けたときは、当該法人又は譲受人が当該基幹放送局の免許人から特定地上基幹放送局の免許人の地位を承継したものとみなす。地上基幹放送の業務を行う認定基幹放送事業者が当該地上基幹放送の業務の用に供する基幹放送局を譲り受けた場合において、総務大臣の許可を受けたときも、同様とする。

6　第五条及び第七条の規定は、第二項から前項までの許可に準用する。

7　船舶局のある船舶又は無線設備が遭難自動通報設備若しくはレーダーのみの無線局のある船舶について、船舶の所有権の移転その他の理由により船舶を運行する者に変更があつたときは、変更後船舶を運行する者は、免許人の地位を承継する。

8　前項の規定は、航空機局若しくは航空機地球局（電気通信業務を行うことを目的とするものを除く。）のある航空機又は無線設備がレーダーのみの無線局のある航空機に準用する。

9　第一項及び前二項の規定により免許人の地位を承継した者は、遅滞なく、その事実を証する書面を添えてその旨を総務大臣に届け出なければならない。

10　前各項の規定は、第八条の予備免許を受けた者に準用する。

〈未施行の百四次改正後の条文：傍線が改正部分〉

（免許の承継等）

第二十条　免許人について相続があつたときは、その相続人は、免許人の地位を承継する。

2　免許人（第七項及び第八項に規定する無線局の免許人を除く。以下この項及び次項において同じ。）たる法人が合併又は分割（無線局をその用に供する事業の全部を承継させるものに限る。）をしたときは、合併後存続する法人若しくは合併により設立された法人又は分割により当該事業の全部を承継した法人は、総務大臣の許可を受けて免許人の地位を承継することができる。

3　免許人が無線局をその用に供する事業の全部の譲渡しをしたときは、譲受人は、総務大臣の許可を受けて免許人の地位を承継することができる。

4　特定地上基幹放送局の免許人たる法人が分割をした場合において、分割により当該基幹放送局を承継し、これを分割により地上基幹放送の業務を承継した他の法人の業務の用に供する業務を行おうとする法人が総務大臣の許可を受けたときは、当該法人が当該特定地上基幹放送局の免許人から当該業務に係る基幹放送局の免許人の地位を承継したものとみなす。特定地上基幹放送局の免許人が当該基幹放送局を譲渡し、譲受人が当該基幹放送局を譲渡人の地上基幹放送の業務の用に供する業務を行おうとする場合において、当該譲受人が総務大臣の許可を受けたとき、又は特定地上基幹放送局の免許人が地上基幹放送の業務を譲渡し、その譲渡人が当該基幹放送局を譲受人の地上基幹放送の業務の用に供する業務を行おうとする場合において、当該譲渡人が総務大臣の許可を受けたときも、同様とする。

5　他の地上基幹放送の業務の用に供する基幹放送局の免許人が当該地上基幹放送の業務を行う認定基幹放送事業者と合併をし、又は当該地上基幹放送の業務を行う事業を譲り受けた場合において、合併後存続する法人若しくは合併により設立された法人又は譲受人が総務大臣の許可を受けたときは、当該法人又は譲受人が当該基幹放送局の免許人から特定地上基幹放送局の免許人の地位を承継したものとみなす。地上基幹放送の業務を行う認定基幹放送事業者が当該地上基幹放送の業務の用に供する基幹放送局を譲り受けた場合において、総務大臣の許可を受けたときも、同様とする。

6　第五条及び第七条の規定は、第二項から前項までの許可について準用する。

7　船舶局若しくは船舶地球局（電気通信業務を行うことを目的とするものを除く。）のある船舶又は無線設備が遭難自動通報設備若しくはレーダーのみの無線局のある船舶について、船舶の所有権の移転その他の理由により船舶を運行する者に変更があつたときは、変更後船舶を運行する者は、免許人の地位を承継する。

8　前項の規定は、航空機局若しくは航空機地球局（電気通信業務を行うことを目的とするものを除く。）のある航空機又は無線設備がレーダーのみの無線局のある航空機について準用する。

9　第一項及び前二項の規定により免許人の地位を承継した者は、遅滞なく、その事実を証する書面を添えてその旨を総務大臣に届け出なければならない。

10　前各項の規定は、第八条の予備免許を受けた者について準用する。

（免許状の訂正）

第二十一条　免許人は、免許状に記載した事項に変更を生じたときは、その免許状を総務大臣に提出し、訂正を受けなければならない。

（無線局の廃止）

第二十二条　免許人は、その無線局を廃止するときは、その旨を総務大臣に届け出なければならない。

第二十三条　免許人が無線局を廃止したときは、免許は、その効力を失う。

（免許状の返納）

第二十四条　免許がその効力を失つたときは、免許人であつた者は、一箇月以内にその免許状を返納しなければならない。

（検査等事業者の登録）

第二十四条の二　無線設備等の検査又は点検の事業を行う者は、総務大臣の登録を受けることができる。

2　前項の登録を受けようとする者は、総務省令で定めるところにより、次に掲げる事項を記載した申請書を総務大臣に提出しなければならない。

一　氏名又は名称及び住所並びに法人にあつては、その代表者の氏名

二　事務所の名称及び所在地

三　点検に用いる測定器その他の設備の概要

四　無線設備等の点検の事業のみを行う者にあつては、その旨

3　前項の申請書には、業務の実施の方法を定める書類その他総務省令で定める書類を添付しなければならない。

4　総務大臣は、第一項の登録を申請した者が次の各号（無線設備等の点検の事業のみを行う者にあつては、第一号、第二号及び第四号）のいずれにも適合しているときは、その登録をしなければならない。

一　別表第一に掲げる条件のいずれかに適合する知識経験を有する者が無線設備等の点検を行うものであること。

二　別表第二に掲げる測定器その他の設備であつて、次のいずれかに掲げる較正又は校正（以下この号、第三十八条の三第一項第二号及び第三十八条の八第二項において「較正等」という。）を受けたもの（その較正等を受けた日の属する月の翌月の一日から起算して一年以内のものに限る。）を使用して無線設備の点検を行うものであること。

イ　国立研究開発法人情報通信研究機構（以下「機構」という。）又は第百二条の十八第一項の指定較正機関が行う較正

ロ　計量法（平成四年法律第五十一号）第百三十五条又は第百四十四条の規定に基づく校正

ハ　外国において行う較正であつて、機構又は第百二条の十八第一項の指定較正機関が行う較正に相当するもの

ニ　別表第三の下欄に掲げる測定器その他の設備であつて、イからハまでのいずれかに掲げる較正等を受けたものを用いて行う較正等

三　別表第四に掲げる条件のいずれかに適合する知識経験を有する者が無線設備等の検査（点検である部分を除く。）を行うものであること。

四　無線設備等の検査又は点検を適正に行うのに必要な業務の実施の方法（無線設備等の点検の事業のみを行う者にあつては、無線設備等の点検を適正に行うのに必要な業務の実施の方法に限る。）が定められているものであること。

5　次の各号のいずれかに該当する者は、第一項の登録を受けることができない。

一　この法律に規定する罪を犯して刑に処せられ、その執行を終わり、又はその執行を受けることがなくなつた日から二年を経過しない者であること。

二　第二十四条の十又は第二十四条の十三第三項の規定により登録を取り消され、その取消しの日から二年を経過しない者であること。

三　法人であつて、その役員のうちに前二号のいずれかに該当する者があること。

6　前各項に規定するもののほか、第一項の登録に関し必要な事項は、総務省令で定める。

〈　未施行の百四次改正後の条文：傍線が改正部分　〉

（検査等事業者の登録）

第二十四条の二　無線設備等の検査又は点検の事業を行う者は、総務大臣の登録を受けることができる。

2　前項の登録を受けようとする者は、総務省令で定めるところにより、次に掲げる事項を記載した申請書を総務大臣に提出しなければならない。

一　氏名又は名称及び住所並びに法人にあつては、その代表者の氏名

二　事務所の名称及び所在地

三　点検に用いる測定器その他の設備の概要

四　無線設備等の点検の事業のみを行う者にあつては、その旨

3　前項の申請書には、業務の実施の方法を定める書類その他総務省令で定める書類を添付しなければならない。

4　総務大臣は、第一項の登録を申請した者が次の各号（無線設備等の点検の事業のみを行う者にあつては、第一号、第二号及び第四号）のいずれにも適合しているときは、その登録をしなければならない。

一　別表第一に掲げる条件のいずれかに適合する知識経験を有する者が無線設備等の点検を行うものであること。

二　別表第二に掲げる測定器その他の設備であつて、次のいずれかに掲げる較正又は校正（以下この号、第三十八条の三第一項第二号及び第三十八条の八第二項において「較正等」という。）を受けたもの（その較正等を受けた日の属する月の翌月の一日から起算して一年（無線設備の点検を行うのに優れた性能を有する測定器その他の設備として総務省令で定める測定器その他の設備に該当するものにあつては、当該測定器その他の設備の区分に応じ、一年を超え三年を超えない範囲内で総務省令で定める期間）以内のものに限る。）を使用して無線設備の点検を行うものであること。

イ　国立研究開発法人情報通信研究機構（以下「機構」という。）又は第百二条の十八第一項の指定較正機関が行う較正

ロ　計量法（平成四年法律第五十一号）第百三十五条又は第百四十四条の規定に基づく校正
ハ　外国において行う較正であつて、機構又は第百二条の十八第一項の指定較正機関が行う較正に相当するもの
ニ　別表第三の下欄に掲げる測定器その他の設備であつて、イからハまでのいずれかに掲げる較正等を受けたものを用いて行う較正等
三　別表第四に掲げる条件のいずれかに適合する知識経験を有する者が無線設備等の検査（点検である部分を除く。）を行うものであること。
四　無線設備等の検査又は点検を適正に行うのに必要な業務の実施の方法（無線設備等の点検の事業のみを行う者にあつては、無線設備等の点検を適正に行うのに必要な業務の実施の方法に限る。）が定められているものであること。

5　次の各号のいずれかに該当する者は、第一項の登録を受けることができない。
一　この法律に規定する罪を犯して刑に処せられ、その執行を終わり、又はその執行を受けることがなくなつた日から二年を経過しない者であること。
二　第二十四条の十又は第二十四条の十三第三項の規定により登録を取り消され、その取消しの日から二年を経過しない者であること。
三　法人であつて、その役員のうちに前二号のいずれかに該当する者があること。

6　前各項に規定するもののほか、第一項の登録に関し必要な事項は、総務省令で定める。

（登録の更新）

第二十四条の二の二　前条第一項の登録（無線設備等の点検の事業のみを行う者についてのものを除く。）は、五年以上十年以内において政令で定める期間ごとにその更新を受けなければ、その期間の経過によつて、その効力を失う。

2　前条第二項から第六項までの規定は、前項の登録の更新に準用する。

（登録簿）

第二十四条の三　総務大臣は、第二十四条の二第一項の登録を受けた者（以下「登録検査等事業者」という。）について、登録検査等事業者登録簿を備え、次に掲げる事項を登録しなければならない。
一　登録及びその更新の年月日並びに登録番号
二　第二十四条の二第二項第一号、第二号及び第四号に掲げる事項

（登録証）

第二十四条の四　総務大臣は、第二十四条の二第一項の登録又はその更新をしたときは、登録証を交付する。

2　前項の登録証には、次に掲げる事項を記載しなければならない。
一　登録又はその更新の年月日及び登録番号
二　氏名又は名称及び住所
三　無線設備等の点検の事業のみを行う者にあつては、その旨

3　登録検査等事業者は、登録証をその事業所の見やすい場所に掲示しておかなければならない。

（変更の届出）

第二十四条の五　登録検査等事業者は、第二十四条の二第二項第一号又は第二号に掲げる事項に変更があつたときは、遅滞なく、その旨を総務大臣に届け出なければならない。

2　前項の場合において、登録証に記載された事項に変更があつた登録検査等事業者は、同項の規定による届出にその登録証を添えて提出し、その訂正を受け

なければならない。

（承継）

第二十四条の六　登録検査等事業者がその登録に係る事業の全部を譲渡し、又は登録検査等事業者について相続、合併若しくは分割（登録に係る事業の全部を承継させるものに限る。）があつたときは、登録に係る事業の全部を譲り受けた者又は相続人、合併後存続する法人若しくは合併により設立した法人若しくは分割により登録に係る事業の全部を承継した法人は、その登録検査等事業者の地位を承継する。

2　前項の規定により登録検査等事業者の地位を承継した者は、遅滞なく、その事実を証する書面を添えてその旨を総務大臣に届け出なければならない。

（適合命令等）

第二十四条の七　総務大臣は、登録検査等事業者が第二十四条の二第四項各号（無線設備等の点検の事業のみを行う者にあつては、第一号、第二号又は第四号）のいずれかに適合しなくなつたと認めるときは、当該登録検査等事業者に対し、これらの規定に適合するために必要な措置をとるべきことを命ずることができる。

2　総務大臣は、登録検査等事業者がその登録に係る業務の実施の方法によらないでその登録に係る検査又は点検の業務を行つていると認めるときは、当該登録検査等事業者に対し、無線設備等の検査又は点検の実施の方法その他の業務の方法の改善に関し必要な措置をとるべきことを命ずることができる。

（報告及び立入検査）

第二十四条の八　総務大臣は、この法律を施行するため必要があると認めるときは、登録検査等事業者に対し、その登録に係る業務の状況に関し報告させ、又はその職員に、登録検査等事業者の事業所に立ち入り、その登録に係る業務の状況若しくは設備、帳簿、書類その他の物件を検査させることができる。

2　前項の規定により立入検査をする職員は、その身分を示す証明書を携帯し、かつ、関係者の請求があるときは、これを提示しなければならない。

3　第一項の規定による立入検査の権限は、犯罪捜査のために認められたものと解釈してはならない。

（廃止の届出）

第二十四条の九　登録検査等事業者は、その登録に係る事業を廃止したときは、遅滞なく、その旨を総務大臣に届け出なければならない。

2　前項の規定による届出があつたときは、第二十四条の二第一項の登録は、その効力を失う。

（登録の取消し等）

第二十四条の十　総務大臣は、登録検査等事業者が次の各号のいずれかに該当するときは、その登録を取り消し、又は期間を定めてその登録に係る検査又は点検の業務の全部若しくは一部の停止を命ずることができる。

一　第二十四条の二第五項各号（第二号を除く。）のいずれかに該当するに至つたとき。

二　第二十四条の五第一項又は第二十四条の六第二項の規定に違反したとき。

三　第二十四条の七第一項又は第二項の規定による命令に違反したとき。

四　第十条第一項、第十八条第一項若しくは第七十三条第一項の検査を受けた者に対し、その登録に係る点検の結果を偽つて通知したこと又は同条第三項に規定する証明書に虚偽の記載をしたことが判明したとき。

五　その登録に係る業務の実施の方法によらないでその登録に係る検査又は点検の業務を行つたとき。

六　不正な手段により第二十四条の二第一項の登録又はその更新を受けたとき。

（登録の抹消）

第二十四条の十一　総務大臣は、第二十四条の二の二第一項若しくは第二十四条の九第二項の規定により登録がその効力を失つたとき、又は前条の規定により登録を取り消したときは、当該登録検査等事業者の登録を抹消しなければならない。

（登録証の返納）

第二十四条の十二　第二十四条の二の二第一項若しくは第二十四条の九第二項の規定により登録がその効力を失つたとき、又は第二十四条の十の規定により登録を取り消されたときは、登録検査等事業者であつた者は、一箇月以内にその登録証を返納しなければならない。

（外国点検事業者の登録等）

第二十四条の十三　外国において無線設備等の点検の事業を行う者は、総務大臣の登録を受けることができる。

2　第二十四条の二第二項（第四号を除く。）、第三項、第四項（第三号を除く。）及び第五項、第二十四条の三、第二十四条の四第一項及び第二項（第三号を除く。）、第二十四条の九第二項並びに第二十四条の十一の規定は前項の登録について、第二十四条の四第三項、第二十四条の五から第二十四条の八まで、第二十四条の九第一項及び前条の規定は前項の登録を受けた者（以下「登録外国点検事業者」という。）について準用する。この場合において、第二十四条の二第四項中「次の各号（無線設備等の点検の事業のみを行う者にあつては、第一号、第二号及び第四号）」とあるのは「第一号、第二号及び第四号」と、「検査又は点検」とあるのは「点検」と、「方法（無線設備等の点検の事業のみを行う者にあつては、無線設備等の点検を適正に行うのに必要な業務の実施の方法に限る。）」とあるのは「方法」と、第二十四条の三中「受けた者（以下「登録検査等事業者」という。）」とあるのは「受けた者」と、「登録検査等事業者登録簿」とあるのは「登録外国点検事業者登録簿」と、「及びその更新の年月日並びに」とあるのは「の年月日及び」と、「第二十四条の二第二項第一号、第二号及び第四号」とあるのは「第二十四条の二第二項第一号及び第二号」と、第二十四条の四第一項中「又はその更新をしたとき」とあるのは「をしたとき」と、同条第二項第一号中「又はその更新の年月日」とあるのは「の年月日」と、第二十四条の七中「命ずる」とあるのは「請求する」と、同条第一項中「第二十四条の二第四項各号（無線設備等の点検の事業のみを行う者にあつては、第一号、第二号又は第四号）」とあるのは「第二十四条の二第四項第一号、第二号又は第四号」と、同条第二項中「検査又は点検」とあるのは「点検」と、第二十四条の十一中「第二十四条の二の二第一項若しくは第二十四条の九第二項」とあるのは「第二十四条の九第二項」と、「前条」とあるのは「第二十四条の十三第三項」と、前条中「第二十四条の二の二第一項若しくは第二十四条の九第二項」とあるのは「第二十四条の九第二項」と、「第二十四条の十」とあるのは「次条第三項」と読み替えるものとする。

3　総務大臣は、登録外国点検事業者が次の各号のいずれかに該当するときは、その登録を取り消すことができる。

一　前項において準用する第二十四条の二第五項各号（第二号を除く。）のいずれかに該当するに至つたとき。

二　前項において準用する第二十四条の五第一項又は第二十四条の六第二項の

規定に違反したとき。
三　前項において準用する第二十四条の七第一項又は第二項の規定による請求に応じなかつたとき。
四　第十条第一項、第十八条第一項又は第七十三条第一項の検査を受けた者に対し、その登録に係る点検の結果を偽つて通知したことが判明したとき。
五　その登録に係る業務の実施の方法によらないでその登録に係る点検の業務を行つたとき。
六　不正な手段により第一項の登録を受けたとき。
七　総務大臣が前項において準用する第二十四条の八第一項の規定により登録外国点検事業者に対し報告をさせようとした場合において、その報告がされず、又は虚偽の報告がされたとき。
八　総務大臣が前項において準用する第二十四条の八第一項の規定によりその職員に登録外国点検事業者の事業所において検査をさせようとした場合において、その検査が拒まれ、妨げられ、又は忌避されたとき。

4　前三項に規定するもののほか、第一項の登録に関し必要な事項は、総務省令で定める。

（無線局に関する情報の公表等）

第二十五条　総務大臣は、無線局の免許又は第二十七条の十八第一項の登録（以下「免許等」という。）をしたときは、総務省令で定める無線局を除き、その無線局の免許状に記載された事項若しくは第二十七条の六第三項の規定により届け出られた事項（第十四条第二項各号に掲げる事項に相当する事項に限る。）又は第二十七条の二十二第一項の登録状に記載された事項若しくは第二十七条の三十一の規定により届け出られた事項（第二十七条の二十二第二項に規定する事項に相当する事項に限る。）のうち総務省令で定めるものをインターネットの利用その他の方法により公表する。

2　前項の規定により公表する事項のほか、総務大臣は、自己の無線局の開設又は周波数の変更をする場合その他総務省令で定める場合に必要とされる混信若しくはふくそうに関する調査又は第二十七条の十二第二項第五号に規定する終了促進措置を行おうとする者の求めに応じ、当該調査又は当該終了促進措置を行うために必要な限度において、当該者に対し、無線局の無線設備の工事設計その他の無線局に関する事項に係る情報であつて総務省令で定めるものを提供することができる。

3　前項の規定に基づき情報の提供を受けた者は、当該情報を同項の調査又は終了促進措置の用に供する目的以外の目的のために利用し、又は提供してはならない。

（周波数割当計画）

第二十六条　総務大臣は、免許の申請等に資するため、割り当てることが可能である周波数の表（以下「周波数割当計画」という。）を作成し、これを公衆の閲覧に供するとともに、公示しなければならない。これを変更したときも、同様とする。

2　周波数割当計画には、割当てを受けることができる無線局の範囲を明らかにするため、割り当てることが可能である周波数ごとに、次に掲げる事項を記載するものとする。
一　無線局の行う無線通信の態様
二　無線局の目的
三　周波数の使用の期限その他の周波数の使用に関する条件
四　第二十七条の十三第四項の規定により指定された周波数であるときは、その旨

五　放送をする無線局に係る周波数にあつては、次に掲げる周波数の区分の別

イ　放送をする無線局に専ら又は優先的に割り当てる周波数

ロ　イに掲げる周波数以外のもの

（電波の利用状況の調査等）

第二十六条の二　総務大臣は、周波数割当計画の作成又は変更その他電波の有効利用に資する施策を総合的かつ計画的に推進するため、おおむね三年ごとに、総務省令で定めるところにより、無線局の数、無線局の行う無線通信の通信量、無線局の無線設備の使用の態様その他の電波の利用状況を把握するために必要な事項として総務省令で定める事項の調査（以下この条において「利用状況調査」という。）を行うものとする。

2　総務大臣は、必要があると認めるときは、前項の期間の中間において、対象を限定して臨時の利用状況調査を行うことができる。

3　総務大臣は、利用状況調査の結果に基づき、電波に関する技術の発達及び需要の動向、周波数割当てに関する国際的動向その他の事情を勘案して、電波の有効利用の程度を評価するものとする。

4　総務大臣は、利用状況調査を行つたとき及び前項の規定により評価したときは、総務省令で定めるところにより、その結果の概要を公表するものとする。

5　総務大臣は、第三項の評価の結果に基づき、周波数割当計画を作成し、又は変更しようとする場合において必要があると認めるときは、総務省令で定めるところにより、当該周波数割当計画の作成又は変更が免許人等に及ぼす技術的及び経済的な影響を調査することができる。

6　総務大臣は、利用状況調査及び前項に規定する調査を行うため必要な限度において、免許人等に対し、必要な事項について報告を求めることができる。

〈 未施行の百四次改正後の条文：傍線が改正部分 〉

（電波の利用状況の調査等）

第二十六条の二　総務大臣は、周波数割当計画の作成又は変更その他電波の有効利用に資する施策を総合的かつ計画的に推進するため、総務省令で定めるところにより、無線局の数、無線局の行う無線通信の通信量、無線局の無線設備の使用の態様その他の電波の利用状況を把握するために必要な事項として総務省令で定める事項の調査（以下この条において「利用状況調査」という。）を行うものとする。

2　総務大臣は、利用状況調査の結果に基づき、電波に関する技術の発達及び需要の動向、周波数割当てに関する国際的動向その他の事情を勘案して、電波の有効利用の程度を評価するものとする。

3　総務大臣は、利用状況調査を行つたとき、及び前項の規定により評価したときは、総務省令で定めるところにより、その結果の概要を公表するものとする。

4　総務大臣は、第二項の評価の結果に基づき、周波数割当計画を作成し、又は変更しようとする場合において、必要があると認めるときは、総務省令で定めるところにより、当該周波数割当計画の作成又は変更が免許人等に及ぼす技術的及び経済的な影響を調査することができる。

5　総務大臣は、利用状況調査及び前項に規定する調査を行うため必要な限度において、免許人等に対し、必要な事項について報告を求めることができる。

（外国において取得した船舶又は航空機の無線局の免許の特例）

第二十七条　船舶の無線局又は航空機の無線局であつて、外国において取得した船舶又は航空機に開設するものについては、総務大臣は、第六条から第十四条までの規定によらないで免許を与えることができる。

2　前項の規定による免許は、その船舶又は航空機が日本国内の目的地に到着し

た時に、その効力を失う。

（特定無線局の免許の特例）

第二十七条の二　次の各号のいずれかに掲げる無線局であつて、適合表示無線設備のみを使用するもの（以下「特定無線局」という。）を二以上開設しようとする者は、その特定無線局が目的、通信の相手方、電波の型式及び周波数並びに無線設備の規格（総務省令で定めるものに限る。）を同じくするものである限りにおいて、次条から第二十七条の十一までに規定するところにより、これらの特定無線局を包括して対象とする免許を申請することができる。

一　移動する無線局であつて、通信の相手方である無線局からの電波を受けることによつて自動的に選択される周波数の電波のみを発射するもののうち、総務省令で定める無線局

二　電気通信業務を行うことを目的として陸上に開設する移動しない無線局であつて、移動する無線局を通信の相手方とするもののうち、無線設備の設置場所、空中線電力等を勘案して総務省令で定める無線局

（特定無線局の免許の申請）

第二十七条の三　前条の免許を受けようとする者は、申請書に、次に掲げる事項（特定無線局（同条第二号に掲げる無線局に係るものに限る。）を包括して対象とする免許の申請にあつては、次に掲げる事項（第六号に掲げる事項を除く。）及び無線設備を設置しようとする区域）を記載した書類を添えて、総務大臣に提出しなければならない。

一　目的（二以上の目的を有する特定無線局であつて、その目的に主たるものと従たるものの区別がある場合にあつては、その主従の区別を含む。）

二　開設を必要とする理由

三　通信の相手方

四　電波の型式並びに希望する周波数の範囲及び空中線電力

五　無線設備の工事設計

六　最大運用数（免許の有効期間中において同時に開設されていることとなる特定無線局の数の最大のものをいう。）

七　運用開始の予定期日（それぞれの特定無線局の運用が開始される日のうち最も早い日の予定期日をいう。）

八　他の無線局の免許人等との間で混信その他の妨害を防止するために必要な措置に関する 契約を締結しているときは、その契約の内容

2　前条の免許を受けようとする者は、通信の相手方が外国の人工衛星局である場合にあつては、前項の書類に、同項に掲げる事項のほか、その人工衛星の軌道又は位置及び当該人工衛星の位置、姿勢等を制御することを目的として陸上に開設する無線局に関する事項その他総務省令で定める事項を併せて記載しなければならない。

（申請の審査）

第二十七条の四　総務大臣は、前条第一項の申請書を受理したときは、遅滞なくその申請が次の各号に適合しているかどうかを審査しなければならない。

一　周波数の割当てが可能であること。

二　主たる目的及び従たる目的を有する特定無線局にあつては、その従たる目的の遂行がその主たる目的の遂行に支障を及ぼすおそれがないこと。

三　前二号に掲げるもののほか、総務省令で定める特定無線局の開設の根本的基準に合致すること。

（包括免許の付与）

第二十七条の五　総務大臣は、前条の規定により審査した結果、その申請が同条各号に適合していると認めるときは、申請者に対し、次に掲げる事項（特定無線局（第二十七条の二第二号に掲げる無線局に係るものに限る。）を包括して対象とする免許にあつては、次に掲げる事項（第三号に掲げる事項を除く。）及び無線設備の設置場所とすることができる区域）を指定して、免許を与えなければならない。

一　電波の型式及び周波数

二　空中線電力

三　指定無線局数（同時に開設されている特定無線局の数の上限をいう。以下同じ。）

四　運用開始の期限（一以上の特定無線局の運用を最初に開始する期限をいう。）

2　総務大臣は、前項の免許（以下「包括免許」という。）を与えたときは、次に掲げる事項及び同項の規定により指定した事項を記載した免許状を交付する。

一　包括免許の年月日及び包括免許の番号

二　包括免許人（包括免許を受けた者をいう。以下同じ。）の氏名又は名称及び住所

三　特定無線局の種別

四　特定無線局の目的（主たる目的及び従たる目的を有する特定無線局にあつては、その主従の区別を含む。）

五　通信の相手方

六　包括免許の有効期間

3　包括免許の有効期間は、包括免許の日から起算して五年を超えない範囲内において総務省令で定める。ただし、再免許を妨げない。

（特定無線局の運用の開始等）

第二十七条の六　総務大臣は、包括免許人から申請があつた場合において、相当と認めるときは、前条第一項第四号の期限を延長することができる。

2　特定無線局（第二十七条の二第一号に掲げる無線局に係るものに限る。）の包括免許人（以下「第一号包括免許人」という。）は、当該包括免許に係る一以上の特定無線局の運用を最初に開始したときは、遅滞なく、その旨を総務大臣に届け出なければならない。ただし、総務省令で定める場合は、この限りでない。

3　特定無線局（第二十七条の二第二号に掲げる無線局に係るものに限る。）の包括免許人（以下「第二号包括免許人」という。）は、当該包括免許に係る特定無線局を開設したとき（再免許を受けて当該特定無線局を引き続き開設するときを除く。）は、当該特定無線局ごとに、十五日以内で総務省令で定める期間内に、当該特定無線局に係る運用開始の期日及び無線設備の設置場所その他の総務省令で定める事項を総務大臣に届け出なければならない。これらの事項を変更したとき又は当該特定無線局を廃止したときも、同様とする。

（指定無線局数を超える数の特定無線局の開設の禁止）

第二十七条の七　第一号包括免許人は、免許状に記載された指定無線局数を超えて特定無線局を開設してはならない。

（変更等の許可）

第二十七条の八　包括免許人は、特定無線局の目的若しくは通信の相手方を変更しようとするとき又は第二十七条の三第一項の規定により提出した無線設備の工事設計と異なる無線設備の工事設計に基づく無線設備を無線通信の用に供しようとするときは、あらかじめ総務大臣の許可を受けなければならない。ただし、特定無線局の目的の変更のうち、基幹放送をすることとすることを内容と

するものは、これを行うことができない。

２　第五条第一項から第三項までの規定は、特定無線局の目的の変更に係る前項の許可に準用する。

（申請による周波数、指定無線局数等の変更）

第二十七条の九　総務大臣は、包括免許人が電波の型式、周波数、空中線電力、指定無線局数又は無線設備の設置場所とすることができる区域の指定の変更を申請した場合において、電波の能率的な利用の確保、混信の除去その他特に必要があると認めるときは、その指定を変更することができる。

（特定無線局の廃止）

第二十七条の十　第一号包括免許人は、その包括免許に係るすべての特定無線局を廃止するときは、その旨を総務大臣に届け出なければならない。

２　包括免許人がその包括免許に係るすべての特定無線局を廃止したときは、包括免許は、その効力を失う。

（特定無線局及び包括免許人に関する適用除外等）

第二十七条の十一　第二十七条の五第一項の規定による免許を受けた特定無線局については第十五条の規定、包括免許人については第十六条、第十七条、第十九条、第二十二条及び第二十三条の規定は、適用しない。

２　包括免許人の地位の承継に関する第二十条第六項の規定の適用については、同項中「第七条」とあるのは、「第二十七条の四」とする。

（特定基地局の開設指針）

第二十七条の十二　総務大臣は、陸上に開設する移動しない無線局であつて、次の各号のいずれかに掲げる事項を確保するために、同一の者により相当数開設されることが必要であるもののうち、電波の公平かつ能率的な利用を確保するためその円滑な開設を図ることが必要であると認められるもの（以下「特定基地局」という。）について、特定基地局の開設に関する指針（以下「開設指針」という。）を定めることができる。

一　電気通信業務を行うことを目的として陸上に開設する移動する無線局（一又は二以上の都道府県の区域の全部を含む区域をその移動範囲とするものに限る。）の移動範囲における当該電気通信業務のための無線通信

二　移動受信用地上基幹放送に係る放送対象地域（放送法第九十一条第二項第二号に規定する放送対象地域をいう。次条第二項第三号において同じ。）における当該移動受信用地上基幹放送の受信

２　開設指針には、次に掲げる事項を定めるものとする。

一　開設指針の対象とする特定基地局の範囲に関する事項

二　周波数割当計画に示される割り当てることが可能である周波数のうち当該特定基地局に使用させることとする周波数及びその周波数の使用に関する事項（現にその周波数の全部又は一部を当該特定基地局以外の無線局が使用している場合であつて、その周波数について周波数割当計画において使用の期限が定められているときは、その周波数及びその期限の満了の日を含む。）

三　当該特定基地局の配置及び開設時期に関する事項

四　当該特定基地局の無線設備に係る電波の能率的な利用を確保するための技術の導入に関する事項

五　第二号括弧書に規定する場合において、同号括弧書に規定する日以前に当該特定基地局の開設を図ることが電波の有効利用に資すると認められるときは、当該周波数を現に使用している無線局による当該周波数の使用を同日前に終了させるために当該特定基地局を開設しようとする者が行う費用の負担

その他の措置（次条第二項第十号及び第百十六条第八号において「終了促進措置」という。）に関する事項

六　前各号に掲げるもののほか、当該特定基地局の円滑な開設の推進に関する事項その他必要な事項

3　総務大臣は、開設指針を定め、又はこれを変更したときは、遅滞なく、これを公示しなければならない。

（開設計画の認定）

第二十七条の十三　特定基地局を開設しようとする者は、通信系（通信の相手方を同じくする同一の者によつて開設される特定基地局の総体をいう。次項第五号及び第四項第三号において同じ。）又は放送系（放送法第九十一条第二項第三号に規定する放送系をいう。次項第五号及び第八号並びに第四項第三号において同じ。）ごとに、特定基地局の開設に関する計画（以下「開設計画」という。）を作成し、これを総務大臣に提出して、その開設計画が適当である旨の認定を受けることができる。

2　開設計画には、次に掲げる事項（電気通信業務を行うことを目的とする特定基地局以外の特定基地局に係る開設計画にあつては第七号に掲げる事項、移動受信用地上基幹放送をする特定基地局以外の特定基地局に係る開設計画にあつては第八号及び第九号に掲げる事項を除く。）を記載しなければならない。

一　特定基地局が前条第一項第一号又は第二号に掲げる事項のいずれを確保するためのものであるかの別

二　特定基地局の開設を必要とする理由

三　特定基地局の通信の相手方である移動する無線局の移動範囲又は特定基地局により行われる移動受信用地上基幹放送に係る放送対象地域

四　希望する周波数の範囲

五　当該通信系又は当該放送系に含まれる特定基地局の総数並びにそれぞれの特定基地局の無線設備の設置場所及び開設時期

六　電波の能率的な利用を確保するための技術であつて、特定基地局の無線設備に用いる予定のもの

七　特定基地局を開設しようとする者が、電気通信事業法第九条の登録を受けている場合にあつては当該登録の年月日及び登録番号（同法第十二条の二第一項の登録の更新を受けている場合にあつては、当該登録及びその更新の年月日並びに登録番号）、同法第九条の登録を受けていない場合にあつては同条の登録の申請に関する事項

八　当該放送系に含まれる全ての特定基地局に係る無線設備の工事費及び無線局の運用費の支弁方法

九　事業計画及び事業収支見積

十　終了促進措置を行う場合にあつては、当該終了促進措置の内容及び当該終了促進措置に要する費用の支弁方法

十一　その他総務省令で定める事項

3　第一項の認定の申請は、総務大臣が公示する一月を下らない期間内に行わなければならない。

4　総務大臣は、第一項の認定の申請があつた場合において、その申請が次の各号（電気通信業務を行うことを目的とする特定基地局以外の特定基地局に係る開設計画にあつては、第四号を除く。）のいずれにも適合していると認めるときは、周波数を指定して、同項の認定をするものとする。

一　その開設計画が開設指針に照らし適切なものであること。

二　その開設計画が確実に実施される見込みがあること。

三　開設計画に係る通信系又は放送系に含まれる全ての特定基地局について、周波数の割当てが現に可能であり、又は早期に可能となることが確実である

と認められること。

四　その開設計画に係る特定基地局を開設しようとする者が電気通信事業法第九条の登録を受けていること又は受ける見込みが十分であること。

5　総務大臣は、前項の規定にかかわらず、第一項の認定を受けようとする者が第五条第三項各号（移動受信用地上基幹放送をする特定基地局に係る開設計画の認定を受けようとする者にあつては、同条第一項各号又は第三項各号）のいずれかに該当するときは、第一項の認定をしてはならない。

6　第一項の認定の有効期間は、当該認定の日から起算して五年（前条第二項第二号括弧書に規定する周波数を使用する特定基地局の開設計画の認定にあつては、十年）を超えない範囲内において総務省令で定める。

7　総務大臣は、第一項の認定をしたときは、当該認定をした日及び認定の有効期間、第四項の規定により指定した周波数その他総務省令で定める事項を公示するものとする。

（開設計画の変更等）

第二十七条の十四　前条第一項の認定を受けた者は、当該認定に係る開設計画（同条第二項第一号及び第四号に掲げる事項を除く。）を変更しようとするときは、総務大臣の認定を受けなければならない。

2　前条第四項の規定は、前項の認定に準用する。この場合において、同条第四項中「ときは、周波数を指定して」とあるのは、「ときは」と読み替えるものとする。

3　総務大臣は、前条第一項の認定を受けた開設計画（第一項の規定による変更の認定があつたときは、その変更後のもの。以下「認定計画」という。）に係る特定基地局を開設する者（以下「認定開設者」という。）が周波数の指定の変更を申請した場合において、混信の除去その他特に必要があると認めるときは、その指定を変更することができる。

4　総務大臣は、認定開設者が認定の有効期間の延長を申請した場合において、特に必要があると認めるときは、一年を超えない範囲内において、その期間を延長することができる。

5　総務大臣は、第一項の認定（前条第七項の総務省令で定める事項についての変更に係るものに限る。）をしたとき、第三項の規定により周波数の指定を変更したとき又は前項の規定により認定の有効期間を延長したときは、その旨を公示するものとする。

（認定の取消し等）

第二十七条の十五　総務大臣は、移動受信用地上基幹放送をする特定基地局に係る認定開設者が第五条第一項各号のいずれかに該当するに至つたときは、その認定を取り消さなければならない。

2　総務大臣は、認定開設者が次の各号のいずれかに該当するときは、その認定を取り消すことができる。

一　正当な理由がないのに、認定計画に係る特定基地局を当該認定計画に従つて開設していないと認めるとき。

二　不正な手段により第二十七条の十三第一項若しくは前条第一項の認定を受け、又は同条第三項の規定による指定の変更を行わせたとき。

三　認定開設者が第五条第三項第一号に該当するに至つたとき。

3　総務大臣は、前項（第三号を除く。）の規定により認定の取消しをしたときは、当該認定開設者であつた者が受けている他の開設計画の第二十七条の十三第一項の認定又は無線局の免許等を取り消すことができる。

4　総務大臣は、前三項の規定による処分をしたときは、理由を記載した文書をその認定開設者に送付しなければならない。

（合併等に関する規定の準用）

第二十七条の十六　第二十条第一項から第三項まで、第六項及び第九項の規定は、認定開設者について準用する。この場合において、同条第六項中「第五条及び第七条」とあるのは「第二十七条の十三第四項及び第五項」と、「第二項から前項まで」とあるのは「第二項及び第三項」と、同条第九項中「第一項及び前二項」とあるのは「第二十七条の十六において準用する第一項」と読み替えるものとする。

（認定計画に係る特定基地局の免許申請期間の特例）

第二十七条の十七　認定開設者が認定計画に従って開設する特定基地局の免許の申請については、第六条第七項の規定は、適用しない。

〈　未施行の百四次改正後の条文：傍線が改正部分　〉

（認定計画に係る特定基地局の免許申請期間の特例）

第二十七条の十七　認定開設者が認定計画に従って開設する特定基地局の免許の申請については、第六条第八項の規定は、適用しない。

第二節　無線局の登録

（登録）

第二十七条の十八　電波を発射しようとする場合において当該電波と周波数を同じくする電波を受信することにより一定の時間自己の電波を発射しないことを確保する機能を有する無線局その他無線設備の規格（総務省令で定めるものに限る。以下同じ。）を同じくする他の無線局の運用を阻害するような混信その他の妨害を与えないように運用することのできる無線局のうち総務省令で定めるものであつて、適合表示無線設備のみを使用するものを総務省令で定める区域内に開設しようとする者は、総務大臣の登録を受けなければならない。

2　前項の登録を受けようとする者は、総務省令で定めるところにより、次に掲げる事項を記載した申請書を総務大臣に提出しなければならない。

一　氏名又は名称及び住所並びに法人にあつては、その代表者の氏名

二　開設しようとする無線局の無線設備の規格

三　無線設備の設置場所

四　周波数及び空中線電力

3　前項の申請書には、開設の目的その他総務省令で定める事項（他の無線局の免許人等との間で混信その他の妨害を防止するために必要な措置に関する契約を締結しているときは、その契約の内容を含む。第二十七条の二十九第三項において同じ。）を記載した書類を添付しなければならない。

（登録の実施）

第二十七条の十九　総務大臣は、前条第一項の登録の申請があつたときは、次条の規定により登録を拒否する場合を除き、次に掲げる事項を第百三条の二第四項第二号に規定する総合無線局管理ファイルに登録しなければならない。

一　前条第二項各号に掲げる事項

二　登録の年月日及び登録の番号

（登録の拒否）

第二十七条の二十　総務大臣は、第二十七条の十八第一項の登録の申請が次の各号のいずれかに該当する場合には、その登録を拒否しなければならない。

一　申請に係る無線設備の設置場所が第二十七条の十八第一項の総務省令で定

める区域以外であるとき。

二　申請書又はその添付書類のうちに重要な事項について虚偽の記載があり、又は重要な事実の記載が欠けているとき。

2　総務大臣は、第二十七条の十八第一項の登録の申請が次の各号のいずれかに該当する場合には、その登録を拒否することができる。

一　申請者が第五条第三項各号のいずれかに該当するとき。

二　申請に係る無線局と使用する周波数を同じくするものについて第七十六条の二の二の規定により登録に係る無線局を開設することが禁止され、又は登録局の運用が制限されているとき。

三　前二号に掲げるもののほか、申請に係る無線局の開設が周波数割当計画に適合しないときその他電波の適正な利用を阻害するおそれがあると認められるとき。

（登録の有効期間）

第二十七条の二十一　第二十七条の十八第一項の登録の有効期間は、登録の日から起算して五年を超えない範囲内において総務省令で定める。ただし、再登録を妨げない。

（登録状）

第二十七条の二十二　総務大臣は、第二十七条の十八第一項の登録をしたときは、登録状を交付する。

2　前項の登録状には、第二十七条の十九各号に掲げる事項を記載しなければならない。

（変更登録等）

第二十七条の二十三　登録人（第二十七条の十八第一項の登録を受けた者をいう。以下同じ。）は、同条第二項第三号又は第四号に掲げる事項を変更しようとするときは、総務大臣の変更登録を受けなければならない。ただし、総務省令で定める軽微な変更については、この限りでない。

2　前項の変更登録を受けようとする者は、総務省令で定めるところにより、変更に係る事項を記載した申請書を総務大臣に提出しなければならない。

3　第二十七条の十九及び第二十七条の二十第一項の規定は、第一項の変更登録について準用する。この場合において、第二十七条の十九中「次条」とあるのは「次条第一項」と、「次に掲げる事項」とあるのは「変更に係る事項」と、第二十七条の二十第一項中「申請書又はその添付書類」とあるのは「申請書」と読み替えるものとする。

4　登録人は、第二十七条の十八第二項第一号に掲げる事項に変更があつたとき、又は第一項ただし書の総務省令で定める軽微な変更をしたときは、遅滞なく、その旨を総務大臣に届け出なければならない。その届出があつた場合には、総務大臣は、遅滞なく、当該登録を変更するものとする。

（承継）

第二十七条の二十四　登録人が登録局をその用に供する事業の全部を譲渡し、又は登録人について相続、合併若しくは分割（登録局をその用に供する事業の全部を承継させるものに限る。）があつたときは、登録局をその用に供する事業の全部を譲り受けた者又は相続人、合併後存続する法人若しくは合併により設立した法人若しくは分割により登録局をその用に供する事業の全部を承継した法人は、その登録人の地位を承継する。ただし、当該事業の全部を譲り受けた者又は相続人、合併後存続する法人若しくは合併により設立した法人若しくは分割により当該事業の全部を承継した法人が第二十七条の二十第二項各号（第二号を除く。）のいずれかに該当するときは、この限りでない。

２　前項の規定により登録人の地位を承継した者は、遅滞なく、その事実を証する書面を添えてその旨を総務大臣に届け出なければならない。

（登録状の訂正）

第二十七条の二十五　登録人は、登録状に記載した事項に変更を生じたときは、その登録状を総務大臣に提出し、訂正を受けなければならない。

（廃止の届出）

第二十七条の二十六　登録人は、登録局を廃止したときは、遅滞なく、その旨を総務大臣に届け出なければならない。

２　前項の規定による届出があつたときは、第二十七条の十八第一項の登録は、その効力を失う。

（登録の抹消）

第二十七条の二十七　総務大臣は、第二十七条の十五第三項、第七十六条第六項から第八項まで若しくは第七十六条の三第一項の規定により登録を取り消したとき、第二十七条の十八第一項の登録の有効期間が満了したとき、又は前条第二項の規定により第二十七条の十八第一項の登録がその効力を失つたときは、当該登録を抹消しなければならない。

（登録状の返納）

第二十七条の二十八　第二十七条の十五第三項、第七十六条第六項から第八項まで若しくは第七十六条の三第一項の規定により登録を取り消されたとき、第二十七条の十八第一項の登録の有効期間が満了したとき、又は第二十七条の二十六第二項の規定により第二十七条の十八第一項の登録がその効力を失つたときは、登録人であつた者は、一箇月以内にその登録状を返納しなければならない。

（登録の特例）

第二十七条の二十九　第二十七条の十八第一項の登録を受けなければならない無線局を同項の総務省令で定める区域内に二以上開設しようとする者は、その無線局が周波数及び無線設備の規格を同じくするものである限りにおいて、この条から第二十七条の三十四までに規定するところにより、これらの無線局を包括して対象とする同項の登録を受けることができる。

２　前項の規定による登録を受けようとする者は、総務省令で定めるところにより、次に掲げる事項を記載した申請書を総務大臣に提出しなければならない。

一　氏名又は名称及び住所並びに法人にあつては、その代表者の氏名

二　開設しようとする無線局の無線設備の規格

三　無線設備を設置しようとする区域（移動する無線局にあつては、移動範囲）

四　周波数及び空中線電力

３　前項の申請書には、開設の目的その他総務省令で定める事項を記載した書類を添付しなければならない。

（包括登録人に関する変更登録等）

第二十七条の三十　前条第一項の規定による登録を受けた者（以下「包括登録人」という。）は、同条第二項第三号又は第四号に掲げる事項を変更しようとするときは、総務大臣の変更登録を受けなければならない。ただし、総務省令で定める軽微な変更については、この限りでない。

２　前項の変更登録を受けようとする者は、総務省令で定めるところにより、変更に係る事項を記載した申請書を総務大臣に提出しなければならない。

3　第二十七条の十九及び第二十七条の二十第一項の規定は、第一項の変更登録について準用する。この場合において、第二十七条の十九中「次条」とあるのは「次条第一項」と、「次に掲げる事項」とあるのは「変更に係る事項」と、第二十七条の二十第一項中「の設置場所」とあるのは「を設置しようとする区域（移動する無線局にあつては、移動範囲）」と、「申請書又はその添付書類」とあるのは「申請書」と読み替えるものとする。

4　包括登録人は、前条第二項第一号に掲げる事項に変更があつたとき、又は第一項ただし書の総務省令で定める軽微な変更をしたときは、遅滞なく、その旨を総務大臣に届け出なければならない。その届出があつた場合には、総務大臣は、遅滞なく、当該登録を変更するものとする。

（無線局の開設の届出）

第二十七条の三十一　包括登録人は、その登録に係る無線局を開設したとき（再登録を受けて当該無線局を引き続き開設するときを除く。）は、当該無線局ごとに、十五日以内で総務省令で定める期間内に、当該無線局に係る運用開始の期日及び無線設備の設置場所その他の総務省令で定める事項を総務大臣に届け出なければならない。

（変更の届出）

第二十七条の三十二　包括登録人は、前条の規定により届け出た事項に変更があつたときは、遅滞なく、その旨を総務大臣に届け出なければならない。

（登録の失効）

第二十七条の三十三　包括登録人がその登録に係るすべての無線局を廃止したときは、当該登録は、その効力を失う。

（包括登録人に関する適用除外等）

第二十七条の三十四　包括登録人については、第二十七条の二十三及び第二十七条の二十六第二項の規定は、適用しない。

2　第二十七条の二十九第一項の規定による登録に関する第二十七条の十九、第二十七条の二十、第二十七条の二十二第二項、第二十七条の二十四、第二十七条の二十七及び第二十七条の二十八の規定の適用については、第二十七条の十九中「前条第一項の」とあるのは「第二十七条の二十九第一項の規定による」と、「次条」とあるのは「第二十七条の三十四第二項において読み替えて適用する次条」と、「前条第二項各号」とあるのは「第二十七条の二十九第二項各号」と、第二十七条の二十中「第二十七条の十八第一項の登録」とあるのは「第二十七条の二十九第一項の規定による登録」と、同条第一項第一号中「の設置場所」とあるのは「を設置しようとする区域（移動する無線局にあつては、移動範囲）」と、「である」とあるのは「の区域を含む」と、第二十七条の二十二第二項中「第二十七条の十九各号」とあるのは「第二十七条の三十四第二項において読み替えて適用する第二十七条の十九各号」と、第二十七条の二十四第一項中「第二十七条の二十第二項各号」とあるのは「第二十七条の三十四第二項において読み替えて適用する第二十七条の二十第二項各号」と、同条第二項中「前項」とあるのは「第二十七条の三十四第二項において読み替えて適用する前項」と、第二十七条の二十七中「前条第二項」とあり、及び第二十七条の二十八中「第二十七条の二十六第二項」とあるのは「第二十七条の三十三」とする。

第三節　無線局の開設に関するあつせん等

（電気通信紛争処理委員会によるあっせん及び仲裁）

第二十七条の三十五　免許等を受けて無線局（電気通信業務その他の総務省令で定める業務を行うことを目的とするものに限る。以下この条において同じ。）を開設し、又は免許等を受けた無線局に関する周波数その他の総務省令で定める事項を変更しようとする者が、当該無線局の開設又は無線局に関する事項の変更により混信その他の妨害を与えるおそれがある他の無線局の免許人等に対し、妨害を防止するために必要な措置に関する契約の締結について協議を申し入れたにもかかわらず、当該他の無線局の免許人等が協議に応じず、又は協議が調わないときは、当事者は、電気通信紛争処理委員会（第三項及び第五項において「委員会」という。）に対し、あっせんを申請することができる。ただし、当事者が第三項の規定による仲裁の申請をした後は、この限りでない。

2　電気通信事業法第百五十四条第二項から第六項までの規定は、前項のあっせんについて準用する。この場合において、同条第六項中「第三十五条第一項若しくは第二項の申立て、同条第三項の規定による裁定の申請又は次条第一項」とあるのは、「電波法第二十七条の三十五第三項」と読み替えるものとする。

3　第一項の規定による協議が調わないときは、当事者の双方は、委員会に対し、仲裁を申請することができる。

4　電気通信事業法第百五十五条第二項から第四項までの規定は、前項の仲裁について準用する。

5　第一項又は第三項の規定により委員会に対してするあっせん又は仲裁の申請は、総務大臣を経由してしなければならない。

（政令への委任）

第二十七条の三十六　前条に規定するもののほか、あっせん及び仲裁の手続に関し必要な事項は、政令で定める。

第三章　無線設備

（電波の質）

第二十八条　送信設備に使用する電波の周波数の偏差及び幅、高調波の強度等電波の質は、総務省令で定めるところに適合するものでなければならない。

（受信設備の条件）

第二十九条　受信設備は、その副次的に発する電波又は高周波電流が、総務省令で定める限度をこえて他の無線設備の機能に支障を与えるものであつてはならない。

（安全施設）

第三十条　無線設備には、人体に危害を及ぼし、又は物件に損傷を与えることがないように、総務省令で定める施設をしなければならない。

（周波数測定装置の備えつけ）

第三十一条　総務省令で定める送信設備には、その誤差が使用周波数の許容偏差の二分の一以下である周波数測定装置を備えつけなければならない。

（計器及び予備品の備えつけ）

第三十二条　船舶局の無線設備には、その操作のために必要な計器及び予備品であつて、総務省令で定めるものを備えつけなければならない。

（義務船舶局の無線設備の機器）

第三十三条　義務船舶局の無線設備には、総務省令で定める船舶及び航行区域の区分に応じて、送信設備及び受信設備の機器、遭難自動通報設備の機器、船舶の航行の安全に関する情報を受信するための機器その他の総務省令で定める機器を備えなければならない。

（義務船舶局等の無線設備の条件）

第三十四条　義務船舶局及び義務船舶局のある船舶に開設する総務省令で定める船舶地球局（以下「義務船舶局等」という。）の無線設備は、次の各号に掲げる要件に適合する場所に設けなければならない。ただし、総務省令で定める無線設備については、この限りでない。

一　当該無線設備の操作に際し、機械的原因、電気的原因その他の原因による妨害を受けることがない場所であること。

二　当該無線設備につきできるだけ安全を確保することができるように、その場所が当該船舶において可能な範囲で高い位置にあること。

三　当該無線設備の機能に障害を及ぼすおそれのある水、温度その他の環境の影響を受けない場所であること。

第三十五条　義務船舶局等の無線設備については、総務省令で定めるところにより、次に掲げる措置のうち一又は二の措置をとらなければならない。ただし、総務省令で定める無線設備については、この限りでない。

一　予備設備を備えること。

二　その船舶の入港中に定期に点検を行い、並びに停泊港に整備のために必要な計器及び予備品を備えること。

三　その船舶の航行中に行う整備のために必要な計器及び予備品を備え付けること。

（義務航空機局の条件）

第三十六条　義務航空機局の送信設備は、総務省令で定める有効通達距離をもつものでなければならない。

（人工衛星局の条件）

第三十六条の二　人工衛星局の無線設備は、遠隔操作により電波の発射を直ちに停止することのできるものでなければならない。

2　人工衛星局は、その無線設備の設置場所を遠隔操作により変更することができるものでなければならない。ただし、総務省令で定める人工衛星局については、この限りでない。

（無線設備の機器の検定）

第三十七条　次に掲げる無線設備の機器は、その型式について、総務大臣の行う検定に合格したものでなければ、施設してはならない。ただし、総務大臣が行う検定に相当する型式検定に合格している機器その他の機器であつて総務省令で定めるものを施設する場合は、この限りでない。

一　第三十一条の規定により備え付けなければならない周波数測定装置

二　船舶安全法第二条（同法第二十九条ノ七の規定に基づく政令において準用する場合を含む。）の規定に基づく命令により船舶に備えなければならないレーダー

三　船舶に施設する救命用の無線設備の機器であつて総務省令で定めるもの

四　第三十三条の規定により備えなければならない無線設備の機器（前号に掲げるものを除く。）

五　第三十四条本文に規定する船舶地球局の無線設備の機器

六　航空機に施設する無線設備の機器であつて総務省令で定めるもの

（その他の技術基準）

第三十八条　無線設備（放送の受信のみを目的とするものを除く。）は、この章に定めるものの外、総務省令で定める技術基準に適合するものでなければならない。

（無線設備の技術基準の策定等の申出）

第三十八条の二　利害関係人は、総務省令で定めるところにより、第二十八条から第三十二条まで又は前条の規定により総務省令で定めるべき無線設備の技術基準について、原案を示して、これを策定し、又は変更すべきことを総務大臣に申し出ることができる。

2　総務大臣は、前項の規定による申出を受けた場合において、その申出に係る技術基準を策定し、又は変更する必要がないと認めるときは、理由を付してその旨を申出人に通知しなければならない。

第三章の二　特定無線設備の技術基準適合証明等

第一節　特定無線設備の技術基準適合証明及び工事設計認証

（登録証明機関の登録）

第三十八条の二の二　小規模な無線局に使用するための無線設備であつて総務省令で定めるもの（以下「特定無線設備」という。）について、前章に定める技術基準に適合していることの証明（以下「技術基準適合証明」という。）の事業を行う者は、次に掲げる事業の区分（次項、第三十八条の五第一項、第三十八条の十、第三十八条の三十一第一項及び別表第三において単に「事業の区分」という。）ごとに、総務大臣の登録を受けることができる。

一　第四条第二号又は第三号に規定する無線局に係る特定無線設備について技術基準適合証明を行う事業

二　特定無線局（第二十七条の二第一号に掲げる無線局に係るものに限る。）に係る特定無線設備について技術基準適合証明を行う事業

三　前二号に掲げる特定無線設備以外の特定無線設備について技術基準適合証明を行う事業

2　前項の登録を受けようとする者は、総務省令で定めるところにより、次に掲げる事項を記載した申請書を総務大臣に提出しなければならない。

一　氏名又は名称及び住所並びに法人にあつては、その代表者の氏名

二　事業の区分

三　事務所の名称及び所在地

四　技術基準適合証明の審査に用いる測定器その他の設備の概要

五　第三十八条の八第二項の証明員の選任に関する事項

六　業務開始の予定期日

3　前項の申請書には、技術基準適合証明の業務の実施に関する計画を記載した書類その他総務省令で定める書類を添付しなければならない。

4　総務大臣は、第一項の総務省令を制定し、又は改廃しようとするときは、通商産業大臣の意見を聴かなければならない。

（登録の基準）

第三十八条の三　総務大臣は、前条第一項の登録を申請した者（以下この項において「登録申請者」という。）が次の各号のいずれにも適合しているときは、その登録をしなければならない。

一　別表第四に掲げる条件のいずれかに適合する知識経験を有する者が技術基

準適合証明を行うものであること。

二　別表第三の上欄に掲げる事業の区分に応じ、それぞれ同表の下欄に掲げる測定器その他の設備であつて、第二十四条の二第四項第二号イからニまでのいずれかに掲げる較正等を受けたもの（その較正等を受けた日の属する月の翌月の一日から起算して一年以内のものに限る。）を使用して技術基準適合証明を行うものであること。

三　登録申請者が、特定無線設備の製造業者、輸入業者又は販売業者（以下この号において「特定製造業者等」という。）に支配されているものとして次のいずれかに該当するものでないこと。

イ　登録申請者が株式会社である場合にあつては、特定製造業者等がその親法人（会社法（平成十七年法律第八十六号）第八百七十九条第一項に規定する親法人をいう。第七十一条の三の二第四項第四号イにおいて同じ。）であること。

ロ　登録申請者の役員（持分会社（会社法第五百七十五条第一項に規定する持分会社をいう。第七十一条の三の二第四項第四号ロにおいて同じ。）にあつては、業務を執行する社員）に占める特定製造業者等の役員又は職員（過去二年間に当該特定製造業者等の役員又は職員であつた者を含む。）の割合が二分の一を超えていること。

ハ　登録申請者（法人にあつては、その代表権を有する役員）が、特定製造業者等の役員又は職員（過去二年間に当該特定製造業者等の役員又は職員であつた者を含む。）であること。

2　第二十四条の二第五項及び第六項の規定は、前条第一項の登録について準用する。この場合において、第二十四条の二第五項第二号中「第二十四条の十又は第二十四条の十三第三項」とあるのは「第三十八条の十七第一項又は第二項（第三十八条の二十四第三項において準用する場合を含む。）」と、同条第六項中「前各項」とあるのは「前項、第三十八条の二の二第一項から第三項まで及び第三十八条の三第一項」と読み替えるものとする。

〈　未施行の百四次改正後の条文：傍線が改正部分　〉

（登録の基準）

第三十八条の三　総務大臣は、前条第一項の登録を申請した者（以下この項において「登録申請者」という。）が次の各号のいずれにも適合しているときは、その登録をしなければならない。

一　別表第四に掲げる条件のいずれかに適合する知識経験を有する者が技術基準適合証明を行うものであること。

二　別表第三の上欄に掲げる事業の区分に応じ、それぞれ同表の下欄に掲げる測定器その他の設備であつて、第二十四条の二第四項第二号イからニまでのいずれかに掲げる較正等を受けたもの（その較正等を受けた日の属する月の翌月の一日から起算して一年（技術基準適合証明を行うのに優れた性能を有する測定器その他の設備として総務省令で定める測定器その他の設備に該当するものにあつては、当該測定器その他の設備の区分に応じ、一年を超え三年を超えない範囲内で総務省令で定める期間）以内のものに限る。）を使用して技術基準適合証明を行うものであること。

三　登録申請者が、特定無線設備の製造業者、輸入業者又は販売業者（以下この号において「特定製造業者等」という。）に支配されているものとして次のいずれかに該当するものでないこと。

イ　登録申請者が株式会社である場合には、特定製造業者等がその親法人（会社法（平成十七年法律第八十六号）第八百七十九条第一項に規定する親法人をいう。第七十一条の三の二第四項第四号イにおいて同じ。）であること。

ロ　登録申請者の役員（持分会社（会社法第五百七十五条第一項に規定する持分会社をいう。第七十一条の三の二第四項第四号ロにおいて同じ。）にあつては、業務を執行する社員）に占める特定製造業者等の役員又は職員（過去二年間に当該特定製造業者等の役員又は職員であつた者を含む。）の割合が二分の一を超えていること。

ハ　登録申請者（法人にあつては、その代表権を有する役員）が、特定製造業者等の役員又は職員（過去二年間に当該特定製造業者等の役員又は職員であつた者を含む。）であること。

2　第二十四条の二第五項及び第六項の規定は、前条第一項の登録について準用する。この場合において、第二十四条の二第五項第二号中「第二十四条の十又は第二十四条の十三第三項」とあるのは「第三十八条の十七第一項又は第二項（第三十八条の二十四第三項において準用する場合を含む。）」と、同条第六項中「前各項」とあるのは「前項、第三十八条の二の二第一項から第三項まで及び第三十八条の三第一項」と読み替えるものとする。

（登録の更新）

第三十八条の四　第三十八条の二の二第一項の登録は、五年以上十年以内において政令で定める期間ごとにその更新を受けなければ、その期間の経過によつて、その効力を失う。

2　第二十四条の二第五項及び第六項、第三十八条の二の二第二項及び第三項並びに前条第一項の規定は、前項の登録の更新について準用する。この場合において、第二十四条の二第五項第二号中「第二十四条の十又は第二十四条の十三第三項」とあるのは「第三十八条の十七第一項又は第二項（第三十八条の二十四第三項において準用する場合を含む。）」と、同条第六項中「前各項」とあるのは「前項、第三十八条の二の二第一項から第三項まで及び第三十八条の三第一項」と読み替えるものとする。

（登録の公示等）

第三十八条の五　総務大臣は、第三十八条の二の二第一項の登録をしたときは、同項の登録を受けた者（以下「登録証明機関」という。）の氏名又は名称及び住所並びに登録に係る事業の区分、技術基準適合証明の業務を行う事務所の所在地及び技術基準適合証明の業務の開始の日を公示しなければならない。

2　登録証明機関は、第三十八条の二の二第二項第一号又は第三号に掲げる事項を変更しようとするときは、変更しようとする日の二週間前までに、その旨を総務大臣に届け出なければならない。

3　総務大臣は、前項の規定による届出（登録を受けた者の氏名若しくは名称若しくは住所又は技術基準適合証明の業務を行う事務所の所在地の変更に係るものに限る。）があつたときは、その旨を公示しなければならない。

（技術基準適合証明等）

第三十八条の六　登録証明機関は、その登録に係る技術基準適合証明を受けようとする者から求めがあつた場合には、総務省令で定めるところにより審査を行い、当該求めに係る特定無線設備が前章に定める技術基準に適合していると認めるときに限り、技術基準適合証明を行うものとする。

2　登録証明機関は、その登録に係る技術基準適合証明をしたときは、総務省令で定めるところにより、次に掲げる事項を総務大臣に報告しなければならない。

一　技術基準適合証明を受けた者の氏名又は名称及び住所並びに法人にあつては、その代表者の氏名

二　技術基準適合証明を受けた特定無線設備の種別

三　その他総務省令で定める事項

3　技術基準適合証明を受けた者は、前項第一号に掲げる事項に変更があつたときは、総務省令で定めるところにより、遅滞なく、その旨を総務大臣に届け出なければならない。

4　総務大臣は、第二項の規定による報告を受けたときは、総務省令で定めるところにより、その旨を公示しなければならない。前項の規定による届出があつた場合において、その公示した事項に変更があつたときも、同様とする。

5　総務大臣は、第一項の総務省令を制定し、又は改廃しようとするときは、経済産業大臣に協議しなければならない。

（表示）

第三十八条の七　登録証明機関は、その登録に係る技術基準適合証明をしたときは、総務省令で定めるところにより、その特定無線設備に技術基準適合証明をした旨の表示を付さなければならない。

2　適合表示無線設備を組み込んだ製品を取り扱うことを業とする者は、総務省令で定めるところにより、製品に組み込まれた適合表示無線設備に付されている表示と同一の表示を当該製品に付することができる。

3　何人も、第一項（第三十八条の三十一第四項において準用する場合を含む。）、前項、第三十八条の二十六（第三十八条の三十一第六項において準用する場合を含む。）、第三十八条の三十五又は第三十八条の四十四第三項の規定により表示を付する場合を除くほか、国内において無線設備又は無線設備を組み込んだ製品にこれらの表示又はこれらと紛らわしい表示を付してはならない。

4　第一項（第三十八条の三十一第四項において準用する場合を含む。）、第三十八条の二十六（第三十八条の三十一第六項において準用する場合を含む。）、第三十八条の三十五又は第三十八条の四十四第三項の規定により表示が付されている特定無線設備の変更の工事をした者は、総務省令で定める方法により、その表示（第二項の規定により適合表示無線設備を組み込んだ製品に付された表示を含む。）を除去しなければならない。

（技術基準適合証明の義務等）

第三十八条の八　登録証明機関は、その登録に係る技術基準適合証明を行うべきことを求められたときは、正当な理由がある場合を除き、遅滞なく技術基準適合証明のための審査を行わなければならない。

2　登録証明機関は、前項の審査を行うときは、別表第三の下欄に掲げる測定器その他の設備であつて、第二十四条の二第四項第二号イからニまでのいずれかに掲げる較正等を受けたもの（その較正等を受けた日の属する月の翌月の一日から起算して一年以内のものに限る。）を使用し、かつ、別表第四に掲げる条件に適合する知識経験を有する者（以下「証明員」という。）に行わせなければならない。

〈　未施行の百四次改正後の条文：傍線が改正部分　〉

（技術基準適合証明の義務等）

第三十八条の八　登録証明機関は、その登録に係る技術基準適合証明を行うべきことを求められたときは、正当な理由がある場合を除き、遅滞なく技術基準適合証明のための審査を行わなければならない。

2　登録証明機関は、前項の審査を行うときは、別表第三の下欄に掲げる測定器その他の設備であつて、第二十四条の二第四項第二号イからニまでのいずれかに掲げる較正等を受けたもの（その較正等を受けた日の属する月の翌月の一日から起算して一年（第三十八条の三第一項第二号の総務省令で定める測定器その他の設備に該当するものにあつては、同号の総務省令で定める期間）以内のものに限る。）を使用し、かつ、別表第四に掲げる条件に適合する知識経験を有する者（以下「証明員」という。）に行わせなければならない。

（役員等の選任及び解任）

第三十八条の九　登録証明機関は、役員又は証明員を選任し、又は解任したときは、遅滞なくその旨を総務大臣に届け出なければならない。

（業務規程）

第三十八条の十　登録証明機関は、その登録に係る事業の区分、技術基準適合証明の業務の実施の方法その他の総務省令で定める事項について業務規程を定め、当該業務の開始前に、総務大臣に届け出なければならない。これを変更しようとするときも、同様とする。

（財務諸表等の備付け及び閲覧等）

第三十八条の十一　登録証明機関は、毎事業年度経過後三月以内に、その事業年度の財産目録、貸借対照表及び損益計算書又は収支計算書並びに事業報告書（その作成に代えて電磁的記録（電子的方式、磁気的方式その他の人の知覚によつては認識することができない方式で作られる記録であつて、電子計算機による情報処理の用に供されるものをいう。以下この条及び第百三条の二第三十七項において同じ。）の作成がされている場合における当該電磁的記録を含む。次項及び第百十六条第十八号において「財務諸表等」という。）を作成し、五年間事務所に備えて置かなければならない。

2　特定無線設備を取り扱うことを業とする者その他の利害関係人は、登録証明機関の営業時間内は、いつでも、次に掲げる請求をすることができる。ただし、第二号又は第四号の請求をするには、登録証明機関の定めた費用を支払わなければならない。

一　財務諸表等が書面をもつて作成されているときは、当該書面の閲覧又は謄写の請求

二　前号の書面の謄本又は抄本の請求

三　財務諸表等が電磁的記録をもつて作成されているときは、当該電磁的記録に記録された事項を総務省令で定める方法により表示したものの閲覧又は謄写の請求

四　前号の電磁的記録に記録された事項を電磁的方法であつて総務省令で定めるものにより提供することの請求又は当該事項を記載した書面の交付の請求

（帳簿の備付け等）

第三十八条の十二　登録証明機関は、総務省令で定めるところにより、技術基準適合証明に関する事項で総務省令で定めるものを記載した帳簿を備え付け、これを保存しなければならない。

（登録証明機関に対する改善命令等）

第三十八条の十三　総務大臣は、登録証明機関が第三十八条の三第一項各号のいずれかに適合しなくなつたと認めるときは、当該登録証明機関に対し、これらの規定に適合するため必要な措置をとるべきことを命ずることができる。

2　総務大臣は、登録証明機関が第三十八条の六第一項又は第三十八条の八の規定に違反していると認めるときは、当該登録証明機関に対し、技術基準適合証明のための審査を行うべきこと又は技術基準適合証明のための審査の方法その他の業務の方法の改善に関し必要な措置をとるべきことを命ずることができる。

（技術基準適合証明についての申請及び総務大臣の命令）

第三十八条の十四　第三十八条の六第一項の規定により技術基準適合証明を求め

た者は、その求めに係る特定無線設備について、登録証明機関が技術基準適合証明のための審査を行わない場合又は登録証明機関の技術基準適合証明の結果に異議のある場合は、総務大臣に対し、登録証明機関が技術基準適合証明のための審査を行うこと又は改めて技術基準適合証明のための審査を行うことを命ずべきことを申請することができる。

2　総務大臣は、前項の申請があつた場合において、当該申請に係る登録証明機関が第三十八条の六第一項又は第三十八条の八の規定に違反していると認めるときは、当該申請に係る登録証明機関に対し、前条第二項の規定による命令をしなければならない。

3　総務大臣は、前項の場合において、前条第二項の規定による命令をし、又は命令をしないことの決定をしたときは、遅滞なく、当該申請をした者に通知しなければならない。

（登録証明機関に対する立入検査等）

第三十八条の十五　総務大臣は、この法律を施行するため必要があると認めるときは、登録証明機関に対し、その登録に係る技術基準適合証明の業務の状況に関し報告させ、又はその職員に、登録証明機関の事業所に立ち入り、その登録に係る技術基準適合証明の業務の状況若しくは設備、帳簿、書類その他の物件を検査させることができる。

2　第二十四条の八第二項及び第三項の規定は、前項の規定による立入検査について準用する。

（業務の休廃止）

第三十八条の十六　登録証明機関は、その登録に係る技術基準適合証明の業務を休止し、又は廃止しようとするときは、総務省令で定めるところにより、あらかじめ、その旨を総務大臣に届け出なければならない。

2　登録証明機関が技術基準適合証明の業務の全部を廃止したときは、当該登録証明機関の登録は、その効力を失う。

3　総務大臣は、第一項の規定による届出があつたときは、その旨を公示しなければならない。

（登録の取消し等）

第三十八条の十七　総務大臣は、登録証明機関が第三十八条の三第二項において準用する第二十四条の二第五項各号（第二号を除く。）のいずれかに該当するに至つたときは、その登録を取り消さなければならない。

2　総務大臣は、登録証明機関が次の各号のいずれかに該当するときは、その登録を取り消し、又は期間を定めてその登録に係る技術基準適合証明の業務の全部若しくは一部の停止を命ずることができる。

一　この節の規定に違反したとき。

二　第三十八条の十三第一項又は第二項の規定による命令に違反したとき。

三　不正な手段により第三十八条の二の二第一項の登録又はその更新を受けたとき。

3　総務大臣は、第一項若しくは前項の規定により登録を取り消し、又は同項の規定により技術基準適合証明の業務の全部若しくは一部の停止を命じたときは、その旨を公示しなければならない。

（総務大臣による技術基準適合証明の実施）

第三十八条の十八　総務大臣は、第三十八条の二の二第一項の登録を受ける者がいないとき、又は登録証明機関が第三十八条の十六第一項の規定により技術基準適合証明の業務を休止し、若しくは廃止した場合、前条第一項若しくは第二項の規定により登録を取り消した場合、同項の規定により登録証明機関に対し技術基準適合証明の業務の全部若しくは一部の停止を命じた場合若しくは登録証明機関が天災その他の事由によりその登録に係る技術基準適合証明の業務の全部若しくは一部を実施することが困難となつた場合において必要があると認めるときは、技術基準適合証明の業務の全部又は一部を自ら行うものとする。

2　総務大臣は、前項の規定により技術基準適合証明の業務を行うこととし、又は同項の規定により行つている技術基準適合証明の業務を行わないこととするときは、あらかじめその旨を公示しなければならない。

3　総務大臣が、第一項の規定により技術基準適合証明の業務を行うこととした場合における技術基準適合証明の業務の引継ぎその他の必要な事項は、総務省令で定める。

（準用）

第三十八条の十九　第二十四条の三及び第二十四条の十一の規定は、登録証明機関の登録について準用する。この場合において、第二十四条の三中「受けた者（以下「登録検査等事業者」という。）」とあるのは「受けた者」と、「登録検査等事業者登録簿」とあるのは「登録証明機関登録簿」と、「第二十四条の二第二項第一号、第二号及び第四号」とあるのは「第三十八条の二の二第二項第一号から第三号まで」と、第二十四条の十一中「第二十四条の二の二第一項若しくは第二十四条の九第二項」とあるのは「第三十八条の四第一項若しくは第三十八条の十六第二項」と、「前条」とあるのは「第三十八条の十七第一項若しくは第二項」と読み替えるものとする。

（技術基準適合証明を受けた者に対する立入検査等）

第三十八条の二十　総務大臣は、この法律を施行するため必要があると認めるときは、登録証明機関による技術基準適合証明を受けた者に対し、当該技術基準適合証明に係る特定無線設備に関し報告させ、又はその職員に、当該技術基準適合証明を受けた者の事業所に立ち入り、当該特定無線設備その他の物件を検査させることができる。

2　第二十四条の八第二項及び第三項の規定は、前項の規定による立入検査について準用する。

（特定無線設備等の提出）

第三十八条の二十一　総務大臣は、前条第一項の規定によりその職員に立入検査をさせた場合において、その所在の場所において検査をさせることが著しく困難であると認められる特定無線設備又は当該特定無線設備の検査を行うために特に必要な物件があつたときは、登録証明機関による技術基準適合証明を受けた者に対し、期限を定めて、当該特定無線設備又は当該物件を提出すべきことを命ずることができる。

2　国は、前項の規定による命令によつて生じた損失を当該技術基準適合証明を受けた者に対し補償しなければならない。

3　前項の規定により補償すべき損失は、第一項の命令により通常生ずべき損失とする。

（妨害等防止命令）

第三十八条の二十二　総務大臣は、登録証明機関による技術基準適合証明を受けた特定無線設備であつて第三十八条の七第一項又は第三十八条の四十四第三項の表示が付されているものが、前章に定める技術基準に適合しておらず、かつ、当該特定無線設備の使用により他の無線局の運用を阻害するような混信その他の妨害又は人体への危害を与えるおそれがあると認める場合において、当該妨害又は危害の拡大を防止するために特に必要があると認めるときは、当該技術基準適合証明を受けた者に対し、当該特定無線設備による妨害又は危害の拡大を防止するために必要な措置を講ずべきことを命ずることができる。

2　総務大臣は、前項の規定による命令をしようとするときは、経済産業大臣に協議しなければならない。

（表示が付されていないものとみなす場合）

第三十八条の二十三　登録証明機関による技術基準適合証明を受けた特定無線設備であつて第三十八条の七第一項又は第三十八条の四十四第三項の規定により表示が付されているものが前章に定める技術基準に適合していない場合において、総務大臣が他の無線局の運用を阻害するような混信その他の妨害又は人体への危害の発生を防止するため特に必要があると認めるときは、当該特定無線設備は、第三十八条の七第一項又は第三十八条の四十四第三項の規定による表示が付されていないものとみなす。

2　総務大臣は、前項の規定により特定無線設備について表示が付されていないものとみなされたときは、その旨を公示しなければならない。

（特定無線設備の工事設計についての認証）

第三十八条の二十四　登録証明機関は、特定無線設備を取り扱うことを業とする者から求めがあつた場合には、その特定無線設備を、前章に定める技術基準に適合するものとして、その工事設計（当該工事設計に合致することの確認の方法を含む。）について認証（以下「工事設計認証」という。）する。

2　登録証明機関は、その登録に係る工事設計認証の求めがあつた場合には、総務省令で定めるところにより審査を行い、当該求めに係る工事設計が前章に定める技術基準に適合するものであり、かつ、当該工事設計に基づく特定無線設備のいずれもが当該工事設計に合致するものとなることを確保することができると認めるときに限り、工事設計認証を行うものとする。

3　第三十八条の六第二項及び第四項、第三十八条の八、第三十八条の九、第三十八条の十二、第三十八条の十三第二項並びに第三十八条の十四の規定は登録証明機関が工事設計認証を行う場合について、第三十八条の十、第三十八条の十五、第三十八条の十六、第三十八条の十七第二項及び第三項並びに第三十八条の十八の規定は登録証明機関が技術基準適合証明の業務及び工事設計認証の業務を行う場合について準用する。この場合において、第三十八条の六第二項第二号中「を受けた」とあるのは「に係る工事設計に基づく」と、同条第四項中「前項」とあるのは「第三十八条の二十九において準用する前項」と、第三十八条の十中「当該業務」とあるのは「これらの業務」と、第三十八条の十三第二項中「第三十八条の六第一項又は第三十八条の八」とあるのは「第三十八条の八又は第三十八条の二十四第二項」と、第三十八条の十四第一項中「第三十八条の六第一項」とあるのは「第三十八条の二十四第二項」と、「特定無線設備」とあるのは「工事設計（当該工事設計に合致することの確認の方法を含む。）」と、同条第二項中「第三十八条の六第一項又は第三十八条の八」とあるのは「第三十八条の八又は第三十八条の二十四第二項」と読み替えるものとする。

（工事設計合致義務等）

第三十八条の二十五　登録証明機関による工事設計認証を受けた者（以下「認証取扱業者」という。）は、当該工事設計認証に係る工事設計（以下「認証工事設計」という。）に基づく特定無線設備を取り扱う場合においては、当該特定無線設備を当該認証工事設計に合致するようにしなければならない。

2　認証取扱業者は、工事設計認証に係る確認の方法に従い、その取扱いに係る前項の特定無線設備について検査を行い、総務省令で定めるところにより、その検査記録を作成し、これを保存しなければならない。

（認証工事設計に基づく特定無線設備の表示）

第三十八条の二十六　認証取扱業者は、認証工事設計に基づく特定無線設備について、前条第二項の規定による義務を履行したときは、当該特定無線設備に総務省令で定める表示を付することができる。

（認証取扱業者に対する措置命令）

第三十八条の二十七　総務大臣は、認証取扱業者が第三十八条の二十五第一項の規定に違反していると認める場合には、当該認証取扱業者に対し、工事設計認証に係る確認の方法を改善するために必要な措置をとるべきことを命ずることができる。

（表示の禁止）

第三十八条の二十八　総務大臣は、次の各号に掲げる場合には、認証取扱業者に対し、二年以内の期間を定めて、当該各号に定める認証工事設計又は工事設計に基づく特定無線設備に第三十八条の二十六の表示を付することを禁止することができる。

一　認証工事設計に基づく特定無線設備が前章に定める技術基準に適合していない場合において、他の無線局の運用を阻害するような混信その他の妨害又は人体への危害の発生を防止するため特に必要があると認めるとき（第六号に掲げる場合を除く。）。　当該特定無線設備の認証工事設計

二　認証取扱業者が第三十八条の二十五第二項の規定に違反したとき。　当該違反に係る特定無線設備の認証工事設計

三　認証取扱業者が前条の規定による命令に違反したとき。　当該違反に係る特定無線設備の認証工事設計

四　認証取扱業者が不正な手段により登録証明機関による工事設計認証を受けたとき。　当該工事設計認証に係る工事設計

五　登録証明機関が第三十八条の二十四第二項の規定又は同条第三項において準用する第三十八条の八第二項の規定に違反して工事設計認証をしたとき。　当該工事設計認証に係る工事設計

六　前章に定める技術基準が変更された場合において、当該変更前に工事設計認証を受けた工事設計が当該変更後の技術基準に適合しないと認めるとき。　当該工事設計

2　総務大臣は、前項の規定により表示を付することを禁止したときは、その旨を公示しなければならない。

（準用）

第三十八条の二十九　第三十八条の六第三項及び第三十八条の二十から第三十八条の二十二までの規定は認証取扱業者について、第三十八条の二十三の規定は認証工事設計に基づく特定無線設備について準用する。この場合において、第三十八条の六第三項中「前項第一号」とあるのは「第三十八条の二十四第三項において準用する前項第一号又は第三号」と、第三十八条の二十第一項中「技術基準適合証明に」とあるのは「認証取扱業者が受けた工事設計認証に」と、第三十八条の二十二第一項中「登録証明機関による技術基準適合証明を受けた」とあるのは「認証工事設計に基づく」と、同項及び第三十八条の二十三第一項中「第三十八条の七第一項」とあるのは「第三十八条の二十六」と、第三十八条の二十二第一項中「は、当該」とあるのは「は、当該認証工事設計に係る」と読み替えるものとする。

（外国取扱業者）

第三十八条の三十　登録証明機関による技術基準適合証明を受けた者が外国取扱業者（外国において本邦内で使用されることとなる特定無線設備を取り扱うことを業とする者をいう。以下同じ。）である場合における当該外国取扱業者に対する第三十八条の二十一及び第三十八条の二十二の規定の適用については、第三十八条の二十一第一項及び第三十八条の二十二第一項中「命ずる」とあるのは「請求する」と、第三十八条の二十一第二項及び第三項並びに第三十八条の二十二第二項中「命令」とあるのは「請求」とする。

2　認証取扱業者が外国取扱業者である場合における当該外国取扱業者に対する第三十八条の二十七及び第三十八条の二十八第一項第三号の規定並びに前条において準用する第三十八条の二十一及び第三十八条の二十二の規定の適用については、第三十八条の二十七並びに前条において準用する第三十八条の二十一第一項及び第三十八条の二十二第一項中「命ずる」とあるのは「請求する」と、第三十八条の二十八第一項第三号中「命令に違反した」とあるのは「請求に応じなかった」と、「当該違反」とあるのは「当該請求」と、前条において準用する第三十八条の二十一第二項及び第三項並びに第三十八条の二十二第二項中「命令」とあるのは「請求」とする。

3　第三十八条の二十八第一項の規定によるほか、総務大臣は、次の各号に掲げる場合には、登録証明機関による工事設計認証を受けた外国取扱業者に対し、二年以内の期間を定めて、当該各号に定める認証工事設計に基づく特定無線設備に第三十八条の二十六の表示を付することを禁止することができる。

一　当該外国取扱業者が前条において準用する第三十八条の六第三項の規定に違反して、届出をせず、又は虚偽の届出をしたとき　当該届出に係る特定無線設備の認証工事設計

二　総務大臣が前条において準用する第三十八条の二十第一項の規定により当該外国取扱業者に対し報告をさせようとした場合において、その報告がされず、又は虚偽の報告がされたとき　当該報告に係る特定無線設備の認証工事設計

三　総務大臣が前条において準用する第三十八条の二十第一項の規定によりその職員に当該外国取扱業者の事業所において検査をさせようとした場合において、その検査が拒まれ、妨げられ、又は忌避されたとき　当該検査に係る特定無線設備の認証工事設計

四　当該外国取扱業者が前項において読み替えて適用する前条において準用する第三十八条の二十一第一項の規定による請求に応じなかつたとき　当該請求に係る特定無線設備の認証工事設計

4　総務大臣は、前項の規定により表示を付することを禁止したときは、その旨を公示しなければならない。

（承認証明機関）

第三十八条の三十一　総務大臣は、外国の法令に基づく無線局の検査に関する制度で技術基準適合証明の制度に類するものに基づいて無線設備の検査、試験等を行う者であつて、当該外国において、外国取扱業者が取り扱う本邦内で使用されることとなる特定無線設備について技術基準適合証明を行おうとするものから申請があつたときは、事業の区分ごとに、これを承認することができる。

2　前項の規定による承認を受けた者（以下「承認証明機関」という。）は、その承認に係る技術基準適合証明の業務を休止し、又は廃止したときは、遅滞なく、その旨を総務大臣に届け出なければならない。

3　総務大臣は、前項の規定による届出があつたときは、その旨を公示しなければならない。

4　第二十四条の二第五項及び第六項、第三十八条の二の二第二項及び第三項、第三十八条の三第一項並びに第三十八条の五第一項の規定は総務大臣が行う第一項の規定による承認について、同条第二項及び第三項、第三十八条の六第一項、第二項及び第四項前段、第三十八条の七第一項、第三十八条の八、第三十八条の十、第三十八条の十二から第三十八条の十五まで並びに第三十八条の二十三の規定は承認証明機関について、第三十八条の六第三項及び第四項後段並びに第三十八条の二十から第三十八条の二十二までの規定は承認証明機関による技術基準適合証明を受けた者について準用する。この場合において、第二十四条の二第五項第二号中「第二十四条の十又は第二十四条の十三第三項」とあるのは「第三十八条の三十二第一項又は第二項」と、同条第六項中「前各項」とあるのは「前項、第三十八条の二の二第二項及び第三項、第三十八条の三第一項並びに第三十八条の三十一第一項」と、第三十八条の三第一項中「登録申請者」とあるのは「承認申請者」と、「適合しているときは」とあるのは「適合しているときでなければ」と、「しなければならない」とあるのは「してはならない」と、同項第三号イ中「会社法」とあるのは「外国における会社法」と、「親法人を」とあるのは「親法人に相当するものを」と、第三十八条の五第一項中「同項の登録を受けた者（以下「登録証明機関」という。）」とあり、及び第三十八条の二十二第一項中「登録証明機関」とあるのは「承認証明機関」と、第三十八条の六第一項及び第二項、第三十八条の七第一項、第三十八条の八第一項、第三十八条の十並びに第三十八条の十五第一項中「登録」とあるのは「承認」と、第三十八条の十三、第三十八条の二十一第一項及び第三十八条の二十二第一項中「命ずる」とあるのは「請求する」と、第三十八条の十四第一項中「命ずべき」とあるのは「請求すべき」と、同条第二項及び第三項、第三十八条の二十一第二項及び第三項並びに第三十八条の二十二第二項中「命令」とあるのは「請求」と読み替えるものとする。

5　承認証明機関は、外国取扱業者の求めにより、本邦内で使用されることとなる特定無線設備について、工事設計認証を行うことができる。

6　第三十八条の六第二項及び第四項、第三十八条の八、第三十八条の十二、第三十八条の十三第二項、第三十八条の十四、第三十八条の二十三並びに第三十八条の二十四第二項の規定は承認証明機関が工事設計認証を行う場合について、第三十八条の十、第三十八条の十五並びに第二項及び第三項の規定は承認証明機関が技術基準適合証明の業務及び工事設計認証の業務を行う場合について、第三十八条の六第三項、第三十八条の二十から第三十八条の二十二まで、第三十八条の二十五から第三十八条の二十八まで並びに前条第三項及び第四項の規定は承認証明機関による工事設計認証を受けた者について準用する。この場合において、第三十八条の六第二項、第三十八条の八第一項、第三十八条の十、第三十八条の十五第一項及び第三十八条の二十四第二項中「登録」とあるのは「承認」と、第三十八条の六第二項第二号及び第三十八条の二十三第一項中「を受けた」とあるのは「に係る工事設計に基づく」と、第三十八条の六第三項中「前項第一号」とあるのは「前項第一号又は第三号」と、第三十八条の十中「当該業務」とあるのは「これらの業務」と、第三十八条の十三第二項及び第三十八条の十四第二項中「第三十八条の六第一項又は第三十八条の八」とあるのは「第三十八条の八又は第三十八条の二十四第二項」と、第三十八条の十三第二項、第三十八条の二十一第一項、第三十八条の二十二第一項及び第三十八条の二十七中「命ずる」とあるのは「請求する」と、第三十八条の十四第一項中「第三十八条の六第一項」とあるのは「第三十八条の二十四第二項」と、「特定無線設備」とあるのは「工事設計（当該工事設計に合致することの確認の方法を含む。）」と、「命ずべき」とあるのは「請求すべき」と、同条第二項及び第三項、第三十八条の二十一第二項及び第三項並びに第三十八条の二十二第二項中「命令」とあるのは「請求」と、第三十八条の二十第一項中「技術基準適合証明に」とあるのは「工事設計認証に」と、第三十八条の二十二第一項中「登録証明機関による技術基準適合証明を受けた」とあるのは「認証工事設計に基づく」と、同条及び第三十八条の二十三第一項中「第三十八条の七第一項」とあるのは「第三十八条の二十六」と、第三十八条の二十二第一項中「は、当該」とあるのは「は、当該認証工事設計に係る」と、第三十八条の二十八第一項第三号中「命令に違反した」とあるのは「請求に応じなかつた」と、「違反に」とあるのは「請求に」と、同項第四号中「登録証明機関」とあるのは「承認証明機関」と、同項第五号中「登録証明機関が第三十八条の二十四第二項の規定又は同条第三項において準用する第三十八条の八第二項」とあるのは「承認証明機関が第三十八条の八第二項又は第三十八条の二十四第二項」と、前条第三項第一号から第三号までの規定中「前条」とあり、及び同項第四号中「前項において読み替えて適用する前条」とあるのは「次条第六項」と読み替えるものとする。

（承認の取消し）

第三十八条の三十二　総務大臣は、承認証明機関が前条第一項に規定する外国における資格を失つたとき又は同条第四項において準用する第二十四条の二第五項各号（第二号を除く。）のいずれかに該当するに至つたときは、その承認を取り消さなければならない。

2　総務大臣は、承認証明機関が次の各号のいずれかに該当するときは、その承認を取り消すことができる。

一　前条第二項（同条第六項において準用する場合を含む。）の規定、同条第四項において準用する第三十八条の五第二項、第三十八条の六第二項、第三十八条の八、第三十八条の十若しくは第三十八条の十二の規定又は前条第六項において準用する第三十八条の六第二項、第三十八条の八、第三十八条の十若しくは第三十八条の十二の規定に違反したとき。

二　前条第四項において準用する第三十八条の十三第一項若しくは第二項の規定又は前条第六項において準用する第三十八条の十三第二項の規定による請求に応じなかつたとき。

三　不正な手段により承認を受けたとき。

四　総務大臣が前条第四項又は第六項において準用する第三十八条の十五第一項の規定により承認証明機関に対し報告をさせようとした場合において、その報告がされず、又は虚偽の報告がされたとき。

五　総務大臣が前条第四項又は第六項において準用する第三十八条の十五第一項の規定によりその職員に承認証明機関の事業所において検査をさせようとした場合において、その検査が拒まれ、妨げられ、又は忌避されたとき。

3　総務大臣は、前二項の規定により承認を取り消したときは、その旨を公示しなければならない。

第二節　特別特定無線設備の技術基準適合自己確認

（技術基準適合自己確認等）

第三十八条の三十三　特定無線設備のうち、無線設備の技術基準、使用の態様等を勘案して、他の無線局の運用を著しく阻害するような混信その他の妨害を与えるおそれが少ないものとして総務省令で定めるもの（以下「特別特定無線設備」という。）の製造業者又は輸入業者は、その特別特定無線設備を、前章に定める技術基準に適合するものとして、その工事設計（当該工事設計に合致することの確認の方法を含む。）について自ら確認することができる。

2　製造業者又は輸入業者は、総務省令で定めるところにより検証を行い、その特別特定無線設備の工事設計が前章に定める技術基準に適合するものであり、かつ、当該工事設計に基づく特別特定無線設備のいずれもが当該工事設計に合致するものとなることを確保することができると認めるときに限り、前項の規定による確認（次項において「技術基準適合自己確認」という。）を行うものとする。

3　製造業者又は輸入業者は、技術基準適合自己確認をしたときは、総務省令で定めるところにより、次に掲げる事項を総務大臣に届け出ることができる。

一　氏名又は名称及び住所並びに法人にあつては、その代表者の氏名

二　技術基準適合自己確認を行つた特別特定無線設備の種別及び工事設計

三　前項の検証の結果の概要

四　第二号の工事設計に基づく特別特定無線設備のいずれもが当該工事設計に合致することの確認の方法

五　その他技術基準適合自己確認の方法等に関する事項で総務省令で定めるもの

4　前項の規定による届出をした者（以下「届出業者」という。）は、総務省令で定めるところにより、第二項の検証に係る記録を作成し、これを保存しなければならない。

5　届出業者は、第三項各号（第二号及び第三号を除く。）に掲げる事項に変更があつたときは、総務省令で定めるところにより、遅滞なく、その旨を総務大臣に届け出なければならない。

6　総務大臣は、第三項の規定による届出があつたときは、総務省令で定めるところにより、その旨を公示しなければならない。前項の規定による届出があつた場合において、その公示した事項に変更があつたときも、同様とする。

7　総務大臣は、第一項の総務省令を制定し、又は改廃しようとするときは、経済産業大臣の意見を聴かなければならない。

（工事設計合致義務等）

第三十八条の三十四　届出業者は、前条第三項の規定による届出に係る工事設計（以下単に「届出工事設計」という。）に基づく特別特定無線設備を製造し、又は輸入する場合においては、当該特別特定無線設備を当該届出工事設計に合致するようにしなければならない。

2　届出業者は、前条第三項の規定による届出に係る確認の方法に従い、その製造又は輸入に係る前項の特別特定無線設備について検査を行い、総務省令で定めるところにより、その検査記録を作成し、これを保存しなければならない。

（表示）

第三十八条の三十五　届出業者は、届出工事設計に基づく特別特定無線設備について、前条第二項の規定による義務を履行したときは、当該特別特定無線設備に総務省令で定める表示を付することができる。

（表示の禁止）

第三十八条の三十六　総務大臣は、次の各号に掲げる場合には、届出業者に対し、二年以内の期間を定めて、当該各号に定める届出工事設計又は工事設計に基づく特別特定無線設備に前条の表示を付することを禁止することができる。

一　届出工事設計に基づく特別特定無線設備が前章に定める技術基準に適合していない場合において、他の無線局の運用を阻害するような混信その他の妨害又は人体への危害の発生を防止するため特に必要があると認めるとき（第五号に掲げる場合を除く。）。　当該特別特定無線設備の届出工事設計

二　届出業者が第三十八条の三十三第三項の規定による届出をする場合において虚偽の届出をしたとき。　当該虚偽の届出に係る工事設計

三　届出業者が第三十八条の三十三第四項又は第三十八条の三十四第二項の規

定に違反したとき。　当該違反に係る特別特定無線設備の届出工事設計

四　届出業者が第三十八条の三十八において準用する第三十八条の二十七の規定による命令に違反したとき。　当該違反に係る特別特定無線設備の届出工事設計

五　前章に定める技術基準が変更された場合において、当該変更前に第三十八条の三十三第三項の規定により届け出た工事設計が当該変更後の技術基準に適合しないと認めるとき。　当該工事設計

2　総務大臣は、前項の規定により表示を付することを禁止したときは、その旨を公示しなければならない。

第三十八条の三十七　総務大臣は、届出業者が前条第一項第二号から第四号までのいずれかに該当した場合において、再び同項第二号から第四号までのいずれかに該当するおそれがあると認めるときは、当該届出業者に対し、二年以内の期間を定めて、特別特定無線設備に第三十八条の三十五の表示を付することを禁止することができる。

2　総務大臣は、前項の規定により表示を付することを禁止したときは、その旨を公示しなければならない。

（準用）

第三十八条の三十八　第三十八条の二十から第三十八条の二十二まで及び第三十八条の二十七の規定は届出業者及び特別特定無線設備について、第三十八条の二十三の規定は届出工事設計に基づく特別特定無線設備について準用する。この場合において、第三十八条の二十第一項中「当該技術基準適合証明に」とあるのは「その届出に」と、第三十八条の二十二第一項中「登録証明機関による技術基準適合証明を受けた」とあるのは「届出工事設計に基づく」と、同条及び第三十八条の二十三第一項中「第三十八条の七第一項」とあるのは「第三十八条の三十五」と、第三十八条の二十二第一項中「は、当該」とあるのは「は、当該届出工事設計に係る」と、第三十八条の二十七中「第三十八条の二十五第一項」とあるのは「第三十八条の三十四第一項」と、「工事設計認証」とあるのは「第三十八条の三十三第三項の規定による届出」と読み替えるものとする。

第三節　登録修理業者

（修理業者の登録）

第三十八条の三十九　特別特定無線設備（適合表示無線設備に限る。以下この節において同じ。）の修理の事業を行う者は、総務大臣の登録を受けることができる。

2　前項の登録を受けようとする者は、総務省令で定めるところにより、次に掲げる事項を記載した申請書を総務大臣に提出しなければならない。

一　氏名又は名称及び住所並びに法人にあつては、その代表者の氏名

二　事務所の名称及び所在地

三　修理する特別特定無線設備の範囲

四　特別特定無線設備の修理の方法の概要

五　修理された特別特定無線設備が前章に定める技術基準に適合することの確認（以下この節において「修理の確認」という。）の方法の概要

3　前項の申請書には、総務省令で定めるところにより、特別特定無線設備の修理の方法及び修理の確認の方法を記載した修理方法書その他総務省令で定める書類を添付しなければならない。

（登録の基準）

第三十八条の四十　総務大臣は、前条第一項の登録を申請した者が次の各号のいずれにも適合しているときは、その登録をしなければならない。

一　特別特定無線設備の修理の方法が、修理された特別特定無線設備の使用により他の無線局の運用を著しく阻害するような混信その他の妨害を与えるおそれが少ないものとして総務省令で定める基準に適合するものであること。

二　修理の確認の方法が、修理された特別特定無線設備が前章に定める技術基準に適合することを確認できるものであること。

2　第二十四条の二第五項（第一号を除く。）及び第六項の規定は、前条第一項の登録について準用する。この場合において、第二十四条の二第五項第二号中「第二十四条の十又は第二十四条の十三第三項」とあるのは「第三十八条の四十七」と、同項第三号中「前二号のいずれか」とあるのは「前号」と、同条第六項中「前各項」とあるのは「前項、第三十八条の三十九及び第三十八条の四十第一項」と読み替えるものとする。

（登録簿）

第三十八条の四十一　総務大臣は、第三十八条の三十九第一項の登録を受けた者（以下「登録修理業者」という。）について、登録修理業者登録簿を備え、次に掲げる事項を登録しなければならない。

一　登録の年月日及び登録番号

二　第三十八条の三十九第二項各号に掲げる事項

（変更登録等）

第三十八条の四十二　登録修理業者は、第三十八条の三十九第二項第三号から第五号までに掲げる事項を変更しようとするときは、総務大臣の変更登録を受けなければならない。ただし、総務省令で定める軽微な変更については、この限りでない。

2　前項の変更登録を受けようとする者は、総務省令で定めるところにより、変更に係る事項を記載した申請書を総務大臣に提出しなければならない。

3　第二十四条の二第五項（第一号を除く。）及び第六項、第三十八条の三十九第三項並びに第三十八条の四十第一項の規定は、第一項の変更登録について準用する。この場合において、第二十四条の二第五項第二号中「第二十四条の十又は第二十四条の十三第三項」とあるのは「第三十八条の四十七」と、同項第三号中「前二号のいずれか」とあるのは「前号」と、同条第六項中「前各項」とあるのは「前項、第三十八条の三十九及び第三十八条の四十第一項」と読み替えるものとする。

4　登録修理業者は、第三十八条の三十九第二項第一号若しくは第二号に掲げる事項に変更があつたとき、修理方法書を変更したとき（第一項の変更登録を受けたときを除く。）又は第一項ただし書の総務省令で定める軽微な変更をしたときは、遅滞なく、その旨を総務大臣に届け出なければならない。

（登録修理業者の義務）

第三十八条の四十三　登録修理業者は、その登録に係る特別特定無線設備を修理する場合には、修理方法書に従い、修理及び修理の確認をしなければならない。

2　登録修理業者は、その登録に係る特別特定無線設備を修理する場合には、総務省令で定めるところにより、修理及び修理の確認の記録を作成し、これを保存しなければならない。

（表示）

第三十八条の四十四　登録修理業者は、その登録に係る特別特定無線設備を修理したときは、総務省令で定めるところにより、当該特別特定無線設備に修理をした旨の表示を付さなければならない。

2　何人も、前項の規定により表示を付する場合を除くほか、国内において無線設備に同項の表示又はこれと紛らわしい表示を付してはならない。

3　登録修理業者は、修理方法書に従い、その登録に係る特別特定無線設備の修理及び修理の確認をしたときは、総務省令で定めるところにより、当該特別特定無線設備に、第三十八条の七第一項（第三十八条の三十一第四項において準用する場合を含む。）、第三十八条の二十六（第三十八条の三十一第六項において準用する場合を含む。）、第三十八条の三十五又はこの項の規定により当該特別特定無線設備に付されている表示と同一の表示を付することができる。

（登録修理業者に対する改善命令等）

第三十八条の四十五　総務大臣は、登録修理業者が第三十八条の四十第一項各号のいずれかに適合しなくなつたと認めるときは、当該登録修理業者に対し、これらの規定に適合するために必要な措置をとるべきことを命ずることができる。

2　総務大臣は、登録修理業者が第三十八条の四十三の規定に違反していると認めるときは、当該登録修理業者に対し、修理の方法又は修理の確認の方法の改善その他の措置をとるべきことを命ずることができる。

3　総務大臣は、登録修理業者が修理したその登録に係る特別特定無線設備が、前章に定める技術基準に適合しておらず、かつ、当該特別特定無線設備の使用により他の無線局の運用を阻害するような混信その他の妨害又は人体への危害を与えるおそれがあると認める場合において、当該妨害又は危害の拡大を防止するために特に必要があると認めるときは、当該登録修理業者に対し、当該特別特定無線設備による妨害又は危害の拡大を防止するために必要な措置を講ずべきことを命ずることができる。

（廃止の届出）

第三十八条の四十六　登録修理業者は、その登録に係る事業を廃止したときは、遅滞なく、その旨を総務大臣に届け出なければならない。

2　前項の規定による届出があつたときは、第三十八条の三十九第一項の登録は、その効力を失う。

（登録の取消し）

第三十八条の四十七　総務大臣は、登録修理業者が第三十八条の四十第二項において準用する第二十四条の二第五項第三号に該当するに至つたときは、その登録を取り消さなければならない。

2　総務大臣は、登録修理業者が次の各号のいずれかに該当するときは、その登録を取り消すことができる。

一　この節の規定に違反したとき。

二　第三十八条の四十五第一項から第三項までの規定による命令に違反したとき。

三　不正な手段により第三十八条の三十九第一項の登録又は第三十八条の四十二第一項の変更登録を受けたとき。

（準用）

第三十八条の四十八　第二十四条の十一の規定は登録修理業者の登録について、第三十八条の二十及び第三十八条の二十一の規定は登録修理業者及び特別特定無線設備について準用する。この場合において、第二十四条の十一中「第二十四条の二の二第一項若しくは第二十四条の九第二項」とあるのは「第三十八条の四十六第二項」と、「前条」とあるのは「第三十八条の四十七」と、第三十八条の二十第一項中「当該技術基準適合証明に」とあるのは「当該登録修理業者が修理したその登録に」と読み替えるものとする。

第四章　無線従事者

（無線設備の操作）

第三十九条　第四十条の定めるところにより無線設備の操作を行うことができる無線従事者（義務船舶局等の無線設備であつて総務省令で定めるものの操作については、第四十八条の二第一項の船舶局無線従事者証明を受けている無線従事者。以下この条において同じ。）以外の者は、無線局（アマチュア無線局を除く。以下この条において同じ。）の無線設備の操作の監督を行う者（以下「主任無線従事者」という。）として選任された者であつて第四項の規定によりその選任の届出がされたものにより監督を受けなければ、無線局の無線設備の操作（簡易な操作であつて総務省令で定めるものを除く。）を行つてはならない。ただし、船舶又は航空機が航行中であるため無線従事者を補充することができないとき、その他総務省令で定める場合は、この限りでない。

2　モールス符号を送り、又は受ける無線電信の操作その他総務省令で定める無線設備の操作は、前項本文の規定にかかわらず、第四十条の定めるところにより、無線従事者でなければ行つてはならない。

3　主任無線従事者は、第四十条の定めるところにより無線設備の操作の監督を行うことができる無線従事者であつて、総務省令で定める事由に該当しないものでなければならない。

4　無線局の免許人等は、主任無線従事者を選任したときは、遅滞なく、その旨を総務大臣に届け出なければならない。これを解任したときも、同様とする。

5　前項の規定によりその選任の届出がされた主任無線従事者は、無線設備の操作の監督に関し総務省令で定める職務を誠実に行わなければならない。

6　第四項の規定によりその選任の届出がされた主任無線従事者の監督の下に無線設備の操作に従事する者は、当該主任無線従事者が前項の職務を行うため必要であると認めてする指示に従わなければならない。

7　無線局（総務省令で定めるものを除く。）の免許人等は、第四項の規定によりその選任の届出をした主任無線従事者に、総務省令で定める期間ごとに、無線設備の操作の監督に関し総務大臣の行う講習を受けさせなければならない。

（指定講習機関の指定）

第三十九条の二　総務大臣は、その指定する者（以下「指定講習機関」という。）に、前条第七項の講習（以下単に「講習」という。）を行わせることができる。

2　指定講習機関の指定は、総務省令で定める区分ごとに、講習を行おうとする者の申請により行う。

3　総務大臣は、指定講習機関の指定をしたときは、当該指定に係る区分の講習を行わないものとする。

4　総務大臣は、第二項の申請が次の各号のいずれにも適合していると認めるときでなければ、指定講習機関の指定をしてはならない。

一　職員、設備、講習の業務の実施の方法その他の事項についての講習の業務の実施に関する計画が講習の業務の適正かつ確実な実施に適合したものであること。

二　前号の講習の業務の実施に関する計画を適正かつ確実に実施するに足りる財政的基礎を有するものであること。

三　講習の業務以外の業務を行つている場合には、その業務を行うことによつて講習が不公正になるおそれがないこと。

四　その指定をすることによつて申請に係る区分の講習の業務の適正かつ確実な実施を阻害することとならないこと。

５　総務大臣は、第二項の申請をした者が、次の各号のいずれかに該当するときは、指定講習機関の指定をしてはならない。

一　一般社団法人又は一般財団法人以外の者であること。

二　この法律に規定する罪を犯して刑に処せられ、その執行を終わり、又はその執行を受けることがなくなつた日から二年を経過しない者であること。

三　第三十九条の十一第一項又は第二項の規定により指定を取り消され、その取消しの日から二年を経過しない者であること。

四　その役員のうちに、第二号に該当する者があること。

（指定の公示等）

第三十九条の三　総務大臣は、指定講習機関の指定をしたときは、指定講習機関の名称及び住所、指定に係る区分、講習の業務を行う事務所の所在地並びに講習の業務の開始の日を公示しなければならない。

２　指定講習機関は、その名称若しくは住所又は講習の業務を行う事務所の所在地を変更しようとするときは、変更しようとする日の二週間前までに、その旨を総務大臣に届け出なければならない。

３　総務大臣は、前項の規定による届出があつたときは、その旨を公示しなければならない。

（役員及び職員の公務員たる性質）

第三十九条の四　講習の業務に従事する指定講習機関の役員及び職員は、刑法（明治四十年法律第四十五号）その他の罰則の適用については、法令により公務に従事する職員とみなす。

（業務規程）

第三十九条の五　指定講習機関は、総務省令で定める講習の業務の実施に関する事項について業務規程を定め、総務大臣の認可を受けなければならない。これを変更しようとするときも、同様とする。

２　総務大臣は、前項の認可をした業務規程が講習の業務の適正かつ確実な実施をする上で不適当なものとなつたと認めるときは、指定講習機関に対し、これを変更すべきことを命ずることができる。

（指定講習機関の事業計画等）

第三十九条の六　指定講習機関は、毎事業年度、事業計画及び収支予算を作成し、当該事業年度の開始前に（指定を受けた日の属する事業年度にあつては、その指定を受けた後遅滞なく）、総務大臣に提出しなければならない。これを変更しようとするときも、同様とする。

２　指定講習機関は、毎事業年度、事業報告書及び収支決算書を作成し、当該事業年度の終了後三月以内に総務大臣に提出しなければならない。

（帳簿の備付け等）

第三十九条の七　指定講習機関は、総務省令で定めるところにより、講習に関する事項で総務省令で定めるものを記載した帳簿を備え付け、これを保存しなければならない。

（監督命令）

第三十九条の八　総務大臣は、この法律を施行するため必要があると認めるときは、指定講習機関に対し、講習の業務に関し監督上必要な命令をすることができる。

（報告及び立入検査）

第三十九条の九　総務大臣は、この法律を施行するため必要があると認めるときは、指定講習機関に対し、講習の業務の状況に関し報告させ、又はその職員に、指定講習機関の事業所に立ち入り、講習の業務の状況若しくは設備、帳簿、書類その他の物件を検査させることができる。

2　前項の規定により立入検査をする職員は、その身分を示す証明書を携帯し、かつ、関係者の請求があるときは、これを提示しなければならない。

3　第一項の規定による立入検査の権限は、犯罪捜査のために認められたものと解釈してはならない。

（業務の休廃止）

第三十九条の十　指定講習機関は、総務大臣の許可を受けなければ、講習の業務の全部又は一部を休止し、又は廃止してはならない。

2　総務大臣は、前項の許可をしたときは、その旨を公示しなければならない。

（指定の取消し等）

第三十九条の十一　総務大臣は、指定講習機関が第三十九条の二第五項各号（第三号を除く。）のいずれかに該当するに至つたときは、その指定を取り消さなければならない。

2　総務大臣は、指定講習機関が次の各号のいずれかに該当するときは、その指定を取り消し、又は期間を定めて講習の業務の全部若しくは一部の停止を命ずることができる。

一　第三十九条の三第二項、第三十九条の五第一項、第三十九条の六、第三十九条の七又は前条第一項の規定に違反したとき。

二　第三十九条の二第四項各号（第四号を除く。）のいずれかに適合しなくなつたと認められるとき。

三　第三十九条の五第二項又は第三十九条の八の規定による命令に違反したとき。

四　第三十九条の五第一項の規定により認可を受けた業務規程によらないで講習の業務を行つたとき。

五　不正な手段により指定を受けたとき。

3　総務大臣は、第一項若しくは前項の規定により指定を取り消し、又は同項の規定により講習の業務の全部若しくは一部の停止を命じたときは、その旨を公示しなければならない。

（総務大臣による講習の実施）

第三十九条の十二　総務大臣は、指定講習機関が第三十九条の十第一項の規定により講習の業務の全部若しくは一部を休止したとき、前条第二項の規定により指定講習機関に対し講習の業務の全部若しくは一部の停止を命じたとき、又は指定講習機関が天災その他の事由により講習の業務の全部若しくは一部を実施することが困難となつた場合において必要があると認めるときは、第三十九条の二第三項の規定にかかわらず、講習の業務の全部又は一部を自ら行うものとする。

2　総務大臣は、前項の規定により講習の業務を行うこととし、又は同項の規定により行つている講習の業務を行わないこととするときは、あらかじめその旨を公示しなければならない。

3　総務大臣が、第一項の規定により講習の業務を行うこととし、第三十九条の十第一項の規定により講習の業務の廃止を許可し、又は前条第一項若しくは第二項の規定により指定を取り消した場合における講習の業務の引継ぎその他の必要な事項は、総務省令で定める。

（アマチュア無線局の無線設備の操作）

第三十九条の十三　アマチュア無線局の無線設備の操作は、次条の定めるところにより、無線従事者でなければ行つてはならない。ただし、外国において同条第一項第五号に掲げる資格に相当する資格として総務省令で定めるものを有する者が総務省令で定めるところによりアマチュア無線局の無線設備の操作を行うとき、その他総務省令で定める場合は、この限りでない。

（無線従事者の資格）

第四十条　無線従事者の資格は、次の各号に掲げる区分に応じ、それぞれ当該各号に掲げる資格とする。

一　無線従事者（総合）　次の資格

イ　第一級総合無線通信士

ロ　第二級総合無線通信士

ハ　第三級総合無線通信士

二　無線従事者（海上）　次の資格

イ　第一級海上無線通信士

ロ　第二級海上無線通信士

ハ　第三級海上無線通信士

ニ　第四級海上無線通信士

ホ　政令で定める海上特殊無線技士

三　無線従事者（航空）　次の資格

イ　航空無線通信士

ロ　政令で定める航空特殊無線技士

四　無線従事者（陸上）　次の資格

イ　第一級陸上無線技術士

ロ　第二級陸上無線技術士

ハ　政令で定める陸上特殊無線技士

五　無線従事者（アマチュア）　次の資格

イ　第一級アマチュア無線技士

ロ　第二級アマチュア無線技士

ハ　第三級アマチュア無線技士

ニ　第四級アマチュア無線技士

2　前項第一号から第四号までに掲げる資格を有する者の行い、又はその監督を行うことができる無線設備の操作の範囲及び同項第五号に掲げる資格を有する者の行うことができる無線設備の操作の範囲は、資格別に政令で定める。

（免許）

第四十一条　無線従事者になろうとする者は、総務大臣の免許を受けなければならない。

2　無線従事者の免許は、次の各号のいずれかに該当する者（第二号から第四号までに該当する者にあつては、第四十八条第一項後段の規定により期間を定めて試験を受けさせないこととした者で、当該期間を経過しないものを除く。）でなければ、受けることができない。

一　前条第一項の資格別に行う無線従事者国家試験に合格した者

二　前条第一項の資格（総務省令で定めるものに限る。）の無線従事者の養成課程で、総務大臣が総務省令で定める基準に適合するものであることの認定をしたものを修了した者

三　前条第一項の資格（総務省令で定めるものに限る。）ごとに次に掲げる学校教育法（昭和二十二年法律第二十六号）に基づく学校の区分に応じ総務省令

で定める無線通信に関する科目を修めて卒業した者

イ　大学（短期大学を除く。）

ロ　短期大学又は高等専門学校

ハ　高等学校又は中等教育学校

四　前条第一項の資格（総務省令で定めるものに限る。）ごとに前三号に掲げる者と同等以上の知識及び技能を有する者として総務省令で定める同項の資格及び業務経歴その他の要件を備える者

〈未施行の百五次改正後の条文：傍線が改正部分〉

（免許）

第四十一条　無線従事者になろうとする者は、総務大臣の免許を受けなければならない。

2　無線従事者の免許は、次の各号のいずれかに該当する者（第二号から第四号までに該当する者にあつては、第四十八条第一項後段の規定により期間を定めて試験を受けさせないこととした者で、当該期間を経過しないものを除く。）でなければ、受けることができない。

一　前条第一項の資格別に行う無線従事者国家試験に合格した者

二　前条第一項の資格（総務省令で定めるものに限る。）の無線従事者の養成課程で、総務大臣が総務省令で定める基準に適合するものであることの認定をしたものを修了した者

三　次に掲げる学校教育法（昭和二十二年法律第二十六号）による学校において次に掲げる当該学校の区分に応じ前条第一項の資格（総務省令で定めるものに限る。）ごとに総務省令で定める無線通信に関する科目を修めて卒業した者（同法による専門職大学の前期課程にあつては、修了した者）

イ　大学（短期大学を除く。）

ロ　短期大学（学校教育法による専門職大学の前期課程を含む。）又は高等専門学校

ハ　高等学校又は中等教育学校

四　前条第一項の資格（総務省令で定めるものに限る。）ごとに前三号に掲げる者と同等以上の知識及び技能を有する者として総務省令で定める同項の資格及び業務経歴その他の要件を備える者

（免許を与えない場合）

第四十二条　次の各号のいずれかに該当する者に対しては、無線従事者の免許を与えないことができる。

一　第九章の罪を犯し罰金以上の刑に処せられ、その執行を終わり、又はその執行を受けることがなくなつた日から二年を経過しない者

二　第七十九条第一項第一号又は第二号の規定により無線従事者の免許を取り消され、取消しの日から二年を経過しない者

三　著しく心身に欠陥があつて無線従事者たるに適しない者

（無線従事者原簿）

第四十三条　総務大臣は、無線従事者原簿を備えつけ、免許に関する事項を記載する。

（無線従事者国家試験）

第四十四条　無線従事者国家試験は、無線設備の操作に必要な知識及び技能について行う。

第四十五条　無線従事者国家試験は、第四十条の資格別に、毎年少なくとも一回

総務大臣が行う。

（指定試験機関の指定）

第四十六条　総務大臣は、その指定する者（以下「指定試験機関」という。）に、無線従事者国家試験の実施に関する事務（以下「試験事務」という。）の全部又は一部を行わせることができる。

2　指定試験機関の指定は、総務省令で定める区分ごとに一を限り、試験事務を行おうとする者の申請により行う。

3　総務大臣は、指定試験機関の指定をしたときは、当該指定に係る区分の試験事務を行わないものとする。

4　総務大臣は、第二項の申請をした者が、次の各号のいずれかに該当するときは、指定試験機関の指定をしてはならない。

一　一般社団法人又は一般財団法人以外の者であること。

二　この法律に規定する罪を犯して刑に処せられ、その執行を終わり、又はその執行を受けることがなくなつた日から二年を経過しない者であること。

三　第四十七条の五において準用する第三十九条の十一第一項又は第二項の規定により指定を取り消され、その取消しの日から二年を経過しない者であること。

四　その役員のうちに、次のいずれかに該当する者があること。

イ　第二号に該当する者

ロ　第四十七条の二第三項の規定による命令により解任され、その解任の日から二年を経過しない者

（試験事務の実施）

第四十七条　指定試験機関は、試験事務を行う場合において、無線従事者として必要な知識及び技能を有するかどうかの判定に関する事務については、総務省令で定める要件を備える者（以下「試験員」という。）に行わせなければならない。

（役員等の選任及び解任）

第四十七条の二　指定試験機関の役員の選任及び解任は、総務大臣の認可を受けなければ、その効力を生じない。

2　指定試験機関は、試験員を選任し、又は解任したときは、遅滞なくその旨を総務大臣に届け出なければならない。

3　総務大臣は、指定試験機関の役員又は試験員が、この法律、この法律に基づく命令若しくはこれらに基づく処分又は第四十七条の五において準用する第三十九条の五第一項の業務規程に違反したときは、その指定試験機関に対し、その役員又は試験員を解任すべきことを命ずることができる。

（秘密保持義務等）

第四十七条の三　指定試験機関の役員若しくは職員（試験員を含む。次項において同じ。）又はこれらの職にあつた者は、試験事務に関して知り得た秘密を漏らしてはならない。

2　試験事務に従事する指定試験機関の役員及び職員は、刑法その他の罰則の適用については、法令により公務に従事する職員とみなす。

（指定試験機関の事業計画等）

第四十七条の四　指定試験機関は、毎事業年度、事業計画及び収支予算を作成し、当該事業年度の開始前に（指定を受けた日の属する年度にあつては、その指定を受けた後遅滞なく）、総務大臣の認可を受けなければならない。これを変更し

ようとするときも、同様とする。

（準用）

第四十七条の五　第三十九条の二第四項（第四号を除く。）、第三十九条の三、第三十九条の五、第三十九条の六第二項及び第三十九条の七から第三十九条の十二までの規定は、指定試験機関について準用する。この場合において、第三十九条の二第四項中「第二項」とあるのは「第四十六条第二項」と、同項、第三十九条の三第一項及び第二項、第三十九条の五、第三十九条の八、第三十九条の九第一項、第三十九条の十第一項、第三十九条の十一第二項及び第三項並びに第三十九条の十二中「講習の業務」とあり、並びに第三十九条の七中「講習」とあるのは「第四十六条第一項の試験事務」と、第三十九条の二第四項第三号中「講習が」とあるのは「第四十六条第一項の試験事務が」と、第三十九条の十一第一項中「第三十九条の二第五項」とあるのは「第四十六条第四項」と、同条第二項第一号中「第三十九条の六、第三十九条の七又は前条第一項」とあるのは「第三十九条の六第二項、第三十九条の七、前条第一項又は第四十七条から第四十七条の四まで」と、同項第三号中「又は第三十九条の八」とあるのは「、第三十九条の八又は第四十七条の二第三項」と、第三十九条の十二第一項中「第三十九条の二第三項」とあるのは「第四十六条第三項」と読み替えるものとする。

（受験の停止等）

第四十八条　無線従事者国家試験に関して不正の行為があつたときは、総務大臣は、当該不正行為に関係のある者について、その受験を停止し、又はその試験を無効とすることができる。この場合においては、なお、その者について、期間を定めて試験を受けさせないことができる。

2　指定試験機関は、試験事務の実施に関し前項前段に規定する総務大臣の職権を行うことができる。

（船舶局無線従事者証明）

第四十八条の二　第三十九条第一項本文の総務省令で定める義務船舶局等の無線設備の操作又はその監督を行おうとする者は、総務大臣に申請して、船舶局無線従事者証明を受けることができる。

2　総務大臣は、船舶局無線従事者証明を申請した者が、総務省令で定める無線従事者の資格を有し、かつ、次の各号の一に該当するときは、船舶局無線従事者証明を行わなければならない。

一　総務大臣が当該申請者に対して行う義務船舶局等の無線設備の操作又はその監督に関する訓練の課程を修了したとき。

二　総務大臣が前号の訓練の課程と同等の内容を有するものであると認定した訓練の課程を修了しており、その修了した日から五年を経過していないとき。

3　第四十二条（第三号を除く。）の規定は、船舶局無線従事者証明に準用する。この場合において、同条第二号中「第七十九条第一項第一号」とあるのは、「第七十九条第二項において準用する同条第一項第一号」と読み替えるものとする。

（船舶局無線従事者証明の失効）

第四十八条の三　船舶局無線従事者証明は、当該船舶局無線従事者証明を受けた者がこれを受けた日以降において次の各号の一に該当するときは、その効力を失う。

一　当該船舶局無線従事者証明に係る訓練の課程を修了した日から起算して五年を経過する日までの間第三十九条第一項本文の総務省令で定める義務船舶局等の無線設備その他総務省令で定める無線局の無線設備の操作又はその監

督の業務に従事せず、かつ、当該期間内に総務大臣が義務船舶局等の無線設備の操作又はその監督に関して行う船舶局無線従事者証明を受けている者に対する訓練の課程又は総務大臣がこれと同等の内容を有するものであると認定した訓練の課程を修了しなかつたとき。

二　引き続き五年間前号の業務に従事せず、かつ、当該期間内に同号の訓練の課程を修了しなかつたとき。

三　前条第二項の無線従事者の資格を有する者でなくなつたとき。

四　第七十九条の二第一項の規定により船舶局無線従事者証明の効力を停止され、その停止の期間が五年を超えたとき。

（総務省令への委任）

第四十九条　第三十九条及び第四十一条から前条までに規定するもののほか、講習の科目その他講習の実施に関する事項、免許の申請、免許証の交付、再交付及び返納その他無線従事者の免許に関する手続的事項、第四十一条第二項第二号の認定に関する事項並びに試験科目、受験手続その他無線従事者国家試験の実施細目並びに船舶局無線従事者証明の申請、船舶局無線従事者証明書の交付、再交付及び返納、第四十八条の二第二項第一号及び前条第一号の総務大臣が行う訓練の課程、第四十八条の二第二項第二号及び前条第一号の認定その他船舶局無線従事者証明の実施に関する事項は、総務省令で定める。

（遭難通信責任者の配置等）

第五十条　旅客船又は総トン数三百トン以上の船舶であつて、国際航海に従事するものの義務船舶局には、遭難通信責任者（その船舶における第五十二条第一号から第三号までに掲げる通信に関する事項を統括管理する者をいう。）として、総務省令で定める無線従事者であつて、船舶局無線従事者証明を受けているものを配置しなければならない。

2　総務大臣は、前項に規定するもののほか、必要があると認めるときは、総務省令により、無線局に配置すべき無線従事者の資格（主任無線従事者及び船舶局無線従事者証明に係るものを含む。）ごとの員数を定めることができる。

（選解任届）

第五十一条　第三十九条第四項の規定は、主任無線従事者以外の無線従事者の選任又は解任に準用する。

第五章　運用

第一節　通則

（目的外使用の禁止等）

第五十二条　無線局は、免許状に記載された目的又は通信の相手方若しくは通信事項（特定地上基幹放送局については放送事項）の範囲を超えて運用してはならない。ただし、次に掲げる通信については、この限りでない。

一　遭難通信（船舶又は航空機が重大かつ急迫の危険に陥つた場合に遭難信号を前置する方法その他総務省令で定める方法により行う無線通信をいう。以下同じ。）

二　緊急通信（船舶又は航空機が重大かつ急迫の危険に陥るおそれがある場合その他緊急の事態が発生した場合に緊急信号を前置する方法その他総務省令で定める方法により行う無線通信をいう。以下同じ。）

三　安全通信（船舶又は航空機の航行に対する重大な危険を予防するために安全信号を前置する方法その他総務省令で定める方法により行う無線通信をいう。以下同じ。）

四　非常通信（地震、台風、洪水、津波、雪害、火災、暴動その他非常の事態が発生し、又は発生するおそれがある場合において、有線通信を利用することができないか又はこれを利用することが著しく困難であるときに人命の救助、災害の救援、交通通信の確保又は秩序の維持のために行われる無線通信をいう。以下同じ。）

五　放送の受信

六　その他総務省令で定める通信

第五十三条　無線局を運用する場合においては、無線設備の設置場所、識別信号、電波の型式及び周波数は、その無線局の免許状又は第二十七条の二十二第一項の登録状（次条第一号及び第百三条の二第四項第二号において「免許状等」という。）に記載されたところによらなければならない。ただし、遭難通信については、この限りでない。

第五十四条　無線局を運用する場合においては、空中線電力は、次の各号の定めるところによらなければならない。ただし、遭難通信については、この限りでない。

一　免許状等に記載されたものの範囲内であること。

二　通信を行うため必要最小のものであること。

第五十五条　無線局は、免許状に記載された運用許容時間内でなければ、運用してはならない。ただし、第五十二条各号に掲げる通信を行う場合及び総務省令で定める場合は、この限りでない。

（混信等の防止）

第五十六条　無線局は、他の無線局又は電波天文業務（宇宙から発する電波の受信を基礎とする天文学のための当該電波の受信の業務をいう。）の用に供する受信設備その他の総務省令で定める受信設備（無線局のものを除く。）で総務大臣が指定するものにその運用を阻害するような混信その他の妨害を与えないように運用しなければならない。但し、第五十二条第一号から第四号までに掲げる通信については、この限りでない。

2　前項に規定する指定は、当該指定に係る受信設備を設置している者の申請により行なう。

3　総務大臣は、第一項に規定する指定をしたときは、当該指定に係る受信設備について、総務省令で定める事項を公示しなければならない。

4　前二項に規定するもののほか、指定の申請の手続、指定の基準、指定の取消しその他の第一項に規定する指定に関し必要な事項は、総務省令で定める。

（擬似空中線回路の使用）

第五十七条　無線局は、次に掲げる場合には、なるべく擬似空中線回路を使用しなければならない。

一　無線設備の機器の試験又は調整を行うために運用するとき。

二　実験等無線局を運用するとき。

（実験等無線局等の通信）

第五十八条　実験等無線局及びアマチュア無線局の行う通信には、暗語を使用してはならない。

（秘密の保護）

第五十九条　何人も法律に別段の定めがある場合を除くほか、特定の相手方に対して行われる無線通信（電気通信事業法第四条第一項又は第百六十四条第二項の通信であるものを除く。第百九条並びに第百九条の二第二項及び第三項において同じ。）を傍受してその存在若しくは内容を漏らし、又はこれを窃用してはならない。

（時計、業務書類等の備付け）
第六十条　無線局には、正確な時計及び無線業務日誌その他総務省令で定める書類を備え付けておかなければならない。ただし、総務省令で定める無線局については、これらの全部又は一部の備付けを省略することができる。

（通信方法等）
第六十一条　無線局の呼出し又は応答の方法その他の通信方法、時刻の照合並びに救命艇の無線設備及び方位測定装置の調整その他無線設備の機能を維持するために必要な事項の細目は、総務省令で定める。

第二節　海岸局等の運用

（船舶局の運用）
第六十二条　船舶局の運用は、その船舶の航行中に限る。但し、受信装置のみを運用するとき、第五十二条各号に掲げる通信を行うとき、その他総務省令で定める場合は、この限りでない。
2　海岸局（船舶局と通信を行うため陸上に開設する無線局をいう。以下同じ。）は、船舶局から自局の運用に妨害を受けたときは、妨害している船舶局に対して、その妨害を除去するために必要な措置をとることを求めることができる。
3　船舶局は、海岸局と通信を行う場合において、通信の順序若しくは時刻又は使用電波の型式若しくは周波数について、海岸局から指示を受けたときは、その指示に従わなければならない。

（海岸局等の運用）
第六十三条　海岸局及び海岸地球局（電気通信業務を行うことを目的として陸上に開設する無線局であつて、人工衛星局の中継により船舶地球局と無線通信を行うものをいう。以下同じ。）は、常時運用しなければならない。ただし、総務省令で定める海岸局及び海岸地球局については、この限りでない。

〈　未施行の百四次改正後の条文：傍線が改正部分　〉

（海岸局等の運用）
第六十三条　海岸局及び海岸地球局（陸上に開設する無線局であつて、人工衛星局の中継により船舶地球局と無線通信を行うものをいう。以下同じ。）は、常時運用しなければならない。ただし、総務省令で定める海岸局及び海岸地球局については、この限りでない。

第六十四条　削除

（聴守義務）
第六十五条　次の表の上欄に掲げる無線局で総務省令で定めるものは、同表の一の項及び二の項に掲げる無線局にあつては常時、同表の三の項に掲げる無線局にあつては総務省令で定める時間中、同表の四の項に掲げる無線局にあつては、その運用義務時間（無線局を運用しなければならない時間をいう。以下同じ。）中、その無線局に係る同表の下欄に掲げる周波数で聴守をしなければならない。ただし、総務省令で定める場合は、この限りでない。

無線局	周波数
一　デジタル選択呼出装置を施設している船舶局及び海岸局	総務省令で定める周波数
二　船舶地球局及び海岸地球局	総務省令で定める周波数
三　船舶局	百五十六・六五メガヘルツ、百五十六・八メガヘルツ及び総務省令で定める周波数
四　海岸局	総務省令で定める周波数

（遭難通信）

第六十六条　海岸局、海岸地球局、船舶局及び船舶地球局（次条及び第六十八条において「海岸局等」という。）は、遭難通信を受信したときは、他の一切の無線通信に優先して、直ちにこれに応答し、かつ、遭難している船舶又は航空機を救助するため最も便宜な位置にある無線局に対して通報する等総務省令で定めるところにより救助の通信に関し最善の措置をとらなければならない。

2　無線局は、遭難信号又は第五十二条第一号の総務省令で定める方法により行われる無線通信を受信したときは、遭難通信を妨害するおそれのある電波の発射を直ちに中止しなければならない。

（緊急通信）

第六十七条　海岸局等は、遭難通信に次ぐ優先順位をもつて、緊急通信を取り扱わなければならない。

2　海岸局等は、緊急信号又は第五十二条第二号の総務省令で定める方法により行われる無線通信を受信したときは、遭難通信を行う場合を除き、その通信が自局に関係のないことを確認するまでの間（総務省令で定める場合には、少なくとも三分間）継続してその緊急通信を受信しなければならない。

（安全通信）

第六十八条　海岸局等は、速やかに、かつ、確実に安全通信を取り扱わなければならない。

2　海岸局等は、安全信号又は第五十二条第三号の総務省令で定める方法により行われる無線通信を受信したときは、その通信が自局に関係のないことを確認するまでその安全通信を受信しなければならない。

（船舶局の機器の調整のための通信）

第六十九条　海岸局又は船舶局は、他の船舶局から無線設備の機器の調整のための通信を求められたときは、支障のない限り、これに応じなければならない。

第七十条　削除

第三節　航空局等の運用

（航空機局の運用）

第七十条の二　航空機局の運用は、その航空機の航行中及び航行の準備中に限る。但し、受信装置のみを運用するとき、第五十二条各号に掲げる通信を行うとき、その他総務省令で定める場合は、この限りでない。

2　航空局（航空機局と通信を行うため陸上に開設する無線局をいう。以下同じ。）又は海岸局は、航空機局から自局の運用に妨害を受けたときは、妨害している航空機局に対して、その妨害を除去するために必要な措置をとることを求めることができる。

3　航空機局は、航空局と通信を行う場合において、通信の順序若しくは時刻又は使用電波の型式若しくは周波数について、航空局から指示を受けたときは、その指示に従わなければならない。

（運用義務時間）

第七十条の三　義務航空機局及び航空機地球局は、総務省令で定める時間運用しなければならない。

2　航空局及び航空地球局（陸上に開設する無線局であつて、人工衛星局の中継により航空機地球局と無線通信を行うものをいう。次条において同じ。）は、常時運用しなければならない。ただし、総務省令で定める場合は、この限りでない。

（聴守義務）

第七十条の四　航空局、航空地球局、航空機局及び航空機地球局（第七十条の六第二項において「航空局等」という。）は、その運用義務時間中は、総務省令で定める周波数で聴守しなければならない。ただし、総務省令で定める場合は、この限りでない。

（航空機局の通信連絡）

第七十条の五　航空機局は、その航空機の航行中は、総務省令で定める方法により、総務省令で定める航空局と連絡しなければならない。

〈未施行の百四次改正後の条文：傍線が改正部分（新設条文である。）〉

（無線設備等保守規程の認定等）

第七十条の五の二　航空機局等（航空機局又は航空機地球局（電気通信業務を行うことを目的とするものを除く。）をいう。以下この条において同じ。）の免許人は、総務省令で定めるところにより、当該航空機局等に係る無線局の基準適合性（無線局の無線設備がその工事設計に合致しており、かつ、その無線従事者の資格（第三十九条第三項に規定する主任無線従事者の要件に係るものを含む。）及び員数が第三十九条及び第四十条の規定に、その時計及び書類が第六十条の規定にそれぞれ違反していないことをいう。次項において同じ。）を確保するための無線設備等の点検その他の保守に関する規程（以下「無線設備等保守規程」という。）を作成し、これを総務大臣に提出して、その認定を受けることができる。

2　総務大臣は、前項の認定の申請があつた場合において、その申請に係る無線設備等保守規程が次の各号のいずれにも適合していると認めるときは、同項の認定をするものとする。

一　第七十三条第一項の総務省令で定める時期を勘案して総務省令で定める時期ごとに、その申請に係る航空機局等に係る無線局の基準適合性を確認するものであること。

二　その申請に係る航空機局等に係る無線局の基準適合性を確保するために十分なものであること。

3　第一項の認定を受けた免許人（以下この条において「認定免許人」という。）は、当該認定を受けた無線設備等保守規程を変更しようとするときは、総務省令で定めるところにより、総務大臣の認定を受けなければならない。ただし、総務省令で定める軽微な変更については、この限りでない。

4　第二項の規定は、前項の変更の認定について準用する。

5　認定免許人は、第三項ただし書の総務省令で定める軽微な変更をしたときは、遅滞なく、その旨を総務大臣に届け出なければならない。

6　認定免許人は、毎年、総務省令で定めるところにより、第一項の認定を受けた無線設備等保守規程（第三項の変更の認定又は前項の変更の届出があつたときは、その変更後のもの。次項において同じ。）に従つて行う当該認定に係る航空機局等の無線設備等の点検その他の保守の実施状況について総務大臣に報告しなければならない。

7　総務大臣は、次の各号のいずれかに該当するときは、第一項の認定を取り消すことができる。

一　第一項の認定を受けた無線設備等保守規程が第二項各号のいずれかに適合しなくなつたと認めるとき。

二　認定免許人が第一項の認定を受けた無線設備等保守規程に従つて当該認定に係る航空機局等の無線設備等の点検その他の保守を行つていないと認めるとき。

三　認定免許人が不正な手段により第一項の認定又は第三項の変更の認定を受けたとき。

8　総務大臣は、前項（第一号を除く。）の規定により第一項の認定の取消しをしたときは、当該認定免許人であつた者が受けている他の無線設備等保守規程の同項の認定を取り消すことができる。

9　第二十条第一項、第七項及び第九項の規定は、認定免許人について準用する。この場合において、同条第七項中「船舶局若しくは船舶地球局（電気通信業務を行うことを目的とするものを除く。）のある船舶又は無線設備が遭難自動通報設備若しくはレーダーのみの無線局のある船舶」とあるのは「第七十条の五の二第一項の認定に係る同項に規定する航空機局等のある航空機」と、「船舶の」とあるのは「航空機の」と、「船舶を」とあるのは「航空機を」と、同条第九項中「前二項」とあるのは「第七項」と読み替えるものとする。

10　認定免許人が開設している第一項の認定に係る航空機局等については、第七十三条第一項の規定は、適用しない。

（準用）

第七十条の六　第六十九条（船舶局の機器の調整のための通信）の規定は、航空局及び航空機局の運用について準用する。

2　第六十六条（遭難通信）及び第六十七条（緊急通信）の規定は、航空局等の運用について準用する。

第四節　無線局の運用の特例

（非常時運用人による無線局の運用）

第七十条の七　無線局（その運用が、専ら第三十九条第一項本文の総務省令で定める簡易な操作（次条第一項において単に「簡易な操作」という。）によるものに限る。）の免許人等は、地震、台風、洪水、津波、雪害、火災、暴動その他非常の事態が発生し、又は発生するおそれがある場合において、人命の救助、災害の救援、交通通信の確保又は秩序の維持のために必要な通信を行うときは、当該無線局の免許等が効力を有する間、当該無線局を自己以外の者に運用させることができる。

2　前項の規定により無線局を自己以外の者に運用させた免許人等は、遅滞なく、当該無線局を運用する自己以外の者（以下この条において「非常時運用人」という。）の氏名又は名称、非常時運用人による運用の期間その他の総務省令で定める事項を総務大臣に届け出なければならない。

3　前項に規定する免許人等は、当該無線局の運用が適正に行われるよう、総務省令で定めるところにより、非常時運用人に対し、必要かつ適切な監督を行わなければならない。

4　第七十四条の二第二項、第七十六条第一項及び第三項、第七十六条の二の二並びに第八十一条の規定は、非常時運用人について準用する。この場合において、必要な技術的読替えは、政令で定める。

（免許人以外の者による特定の無線局の簡易な操作による運用）

第七十条の八　電気通信業務を行うことを目的として開設する無線局（無線設備の設置場所、空中線電力等を勘案して、簡易な操作で運用することにより他の無線局の運用を阻害するような混信その他の妨害を与えないように運用することができるものとして総務省令で定めるものに限る。）の免許人は、当該無線局の免許人以外の者による運用（簡易な操作によるものに限る。以下この条において同じ。）が電波の能率的な利用に資するものである場合には、当該無線局の免許が効力を有する間、自己以外の者に当該無線局の運用を行わせることができる。ただし、免許人以外の者が第五条第三項各号のいずれかに該当するときは、この限りでない。

2　前条第二項及び第三項の規定は、前項の規定により自己以外の者に無線局の運用を行わせた免許人について準用する。

3　第七十四条の二第二項、第七十六条第一項及び第八十一条の規定は、第一項の規定により無線局の運用を行う当該無線局の免許人以外の者について準用する。

4　前二項の場合において、必要な技術的読替えは、政令で定める。

（登録人以外の者による登録局の運用）

第七十条の九　登録局の登録人は、当該登録局の登録人以外の者による運用が電波の能率的な利用に資するものであり、かつ、他の無線局の運用に混信その他の妨害を与えるおそれがないと認める場合には、当該登録局の登録が効力を有する間、当該登録局を自己以外の者に運用させることができる。ただし、登録人以外の者が第二十七条の二十第二項各号（第二号を除く。）のいずれかに該当するときは、この限りでない。

2　第七十条の七第二項及び第三項の規定は、前項の規定により自己以外の者に登録局を運用させた登録人について準用する。

3　第三十九条第四項及び第七項、第五十一条、第七十四条の二第二項、第七十六条第一項、第七十六条の二の二並びに第八十一条の規定は、第一項の規定により登録局を運用する当該登録局の登録人以外の者について準用する。

4　前二項の場合において、必要な技術的読替えは、政令で定める。

第六章　監督

（周波数等の変更）

第七十一条　総務大臣は、電波の規整その他公益上必要があるときは、無線局の目的の遂行に支障を及ぼさない範囲内に限り、当該無線局（登録局を除く。）の周波数若しくは空中線電力の指定を変更し、又は登録局の周波数若しくは空中線電力若しくは人工衛星局の無線設備の設置場所の変更を命ずることができる。

2　国は、前項の規定による無線局の周波数若しくは空中線電力の指定の変更又は登録局の周波数若しくは空中線電力若しくは人工衛星局の無線設備の設置場所の変更を命じたことによつて生じた損失を当該無線局の免許人等に対して補償しなければならない。

3　前項の規定により補償すべき損失は、同項の処分によつて通常生ずべき損失とする。

4　第二項の補償金額に不服がある者は、補償金額決定の通知を受けた日から六箇月以内に、訴えをもつて、その増額を請求することができる。

5　前項の訴においては、国を被告とする。

6　第一項の規定により人工衛星局の無線設備の設置場所の変更の命令を受けた免許人は、その命令に係る措置を講じたときは、速やかに、その旨を総務大臣に報告しなければならない。

（特定周波数変更対策業務及び特定周波数終了対策業務）

第七十一条の二　総務大臣は、次に掲げる要件に該当する周波数割当計画又は基幹放送用周波数使用計画（以下「周波数割当計画等」という。）の変更を行う場合において、電波の適正な利用の確保を図るため必要があると認めるときは、予算の範囲内で、第三号に規定する周波数又は空中線電力の変更に係る無線設備の変更の工事をしようとする免許人その他の無線設備の設置者に対して、当該工事に要する費用に充てるための給付金の支給その他の必要な援助（以下「特定周波数変更対策業務」という。）を行うことができる。

一　特定の無線局区分（無線通信の態様、無線局の目的及び無線設備についての第三章に定める技術基準を基準として総務省令で定める無線局の区分をいう。以下同じ。）の周波数の使用に関する条件として周波数割当計画等の変更の公示の日から起算して十年を超えない範囲内で周波数の使用の期限を定めるとともに、当該無線局区分（以下この条において「旧割当区分」という。）に割り当てることが可能である周波数（以下この条において「割当変更周波数」という。）を旧割当区分以外の無線局区分にも割り当てることとするものであること。

二　割当変更周波数の割当てを受けることができる無線局区分のうち旧割当区分以外のもの（次号において「新割当区分」という。）に旧割当区分と無線通信の態様及び無線局の目的が同一である無線局区分（以下この号において「同一目的区分」という。）があるときは、割当変更周波数に占める同一目的区分に割り当てることが可能である周波数の割合が、四分の三以下であること。

三　新割当区分の無線局のうち周波数割当計画等の変更の公示と併せて総務大臣が公示するもの（以下「特定新規開設局」という。）の免許の申請に対して、当該周波数割当計画等の変更の公示の日から起算して五年以内に割当変更周波数を割り当てることを可能とするものであること。この場合において、当該周波数割当計画等の変更の公示の際現に割当変更周波数の割当てを受けている旧割当区分の無線局（以下「既開設局」という。）が特定新規開設局にその運用を阻害するような混信その他の妨害を与えないようにするため、あらかじめ、既開設局の周波数又は空中線電力の変更（既開設局の目的の遂行に支障を及ぼさない範囲内の変更に限り、周波数の変更にあつては割当変更周波数の範囲内の変更に限る。）をすることが可能なものであること。

2　総務大臣は、その公示する無線局（以下「特定公示局」という。）の円滑な開設を図るため、第二十六条の二第三項の評価の結果に基づき周波数割当計画の変更をして、当該周波数割当計画の変更の公示の日から起算して五年（当該周波数割当計画の変更が免許人等に及ぼす経済的な影響を勘案して特に必要があると認める場合にあつては、十年。以下この項において「基準期間」という。）に満たない範囲内で当該特定公示局に係る無線局区分以外の無線局区分に割り当てることが可能である周波数の一部又は全部について周波数の使用の期限（以下「旧割当期限」という。）を定める場合（前項各号列記以外の部分に規定する場合に該当する場合を除く。）において、予算の範囲内で、旧割当期限が定められたことにより当該旧割当期限の満了の日までに無線局の周波数の指定の変更（登録局にあつては、周波数の変更登録）を申請し又は無線局を廃止しようとする免許人等に対して、基準期間に満たない期間内で旧割当期限が定められたことにより当該免許人等に通常生ずる費用として総務省令で定めるものに充てるための給付金の支給その他の必要な援助（以下「特定周波数終了対策業務」という。）を行うことができる。

〈 未施行の百四次改正後の条文：傍線が改正部分 〉

（特定周波数変更対策業務及び特定周波数終了対策業務）

第七十一条の二　総務大臣は、次に掲げる要件に該当する周波数割当計画又は基幹放送用周波数使用計画（以下「周波数割当計画等」という。）の変更を行う場合において、電波の適正な利用の確保を図るため必要があると認めるときは、予算の範囲内で、第三号に規定する周波数又は空中線電力の変更に係る無線設備の変更の工事をしようとする免許人その他の無線設備の設置者に対して、当該工事に要する費用に充てるための給付金の支給その他の必要な援助（以下「特定周波数変更対策業務」という。）を行うことができる。

一　特定の無線局区分（無線通信の態様、無線局の目的及び無線設備について の第三章に定める技術基準を基準として総務省令で定める無線局の区分をいう。以下同じ。）の周波数の使用に関する条件として周波数割当計画等の変更の公示の日から起算して十年を超えない範囲内で周波数の使用の期限を定めるとともに、当該無線局区分（以下この条において「旧割当区分」という。）に割り当てることが可能である周波数（以下この条において「割当変更周波数」という。）を旧割当区分以外の無線局区分にも割り当てることとするものであること。

二　割当変更周波数の割当てを受けることができる無線局区分のうち旧割当区分以外のもの（次号において「新割当区分」という。）に旧割当区分と無線通信の態様及び無線局の目的が同一である無線局区分（以下この号において「同一目的区分」という。）があるときは、割当変更周波数に占める同一目的区分に割り当てることが可能である周波数の割合が、四分の三以下であること。

三　新割当区分の無線局のうち周波数割当計画等の変更の公示と併せて総務大臣が公示するもの（以下「特定新規開設局」という。）の免許の申請に対して、当該周波数割当計画等の変更の公示の日から起算して五年以内に割当変更周波数を割り当てることを可能とするものであること。この場合において、当該周波数割当計画等の変更の公示の際現に割当変更周波数の割当てを受けている旧割当区分の無線局（以下「既開設局」という。）が特定新規開設局にその運用を阻害するような混信その他の妨害を与えないようにするため、あらかじめ、既開設局の周波数又は空中線電力の変更（既開設局の目的の遂行に支障を及ぼさない範囲内の変更に限り、周波数の変更にあつては割当変更周波数の範囲内の変更に限る。）をすることが可能なものであること。

2　総務大臣は、その公示する無線局（以下「特定公示局」という。）の円滑な開設を図るため、第二十六条の二第二項の評価の結果に基づき周波数割当計画の変更をして、当該周波数割当計画の変更の公示の日から起算して五年（当該周波数割当計画の変更が免許人等に及ぼす経済的な影響を勘案して特に必要があると認める場合には、十年。以下この項において「基準期間」という。）に満たない範囲内で当該特定公示局に係る無線局区分以外の無線局区分に割り当てることが可能である周波数の一部又は全部について周波数の使用の期限（以下「旧割当期限」という。）を定める場合（前項各号列記以外の部分に規定する場合に該当する場合を除く。）において、予算の範囲内で、旧割当期限が定められたことにより当該旧割当期限の満了の日までに無線局の周波数の指定の変更（登録局にあつては、周波数の変更登録）を申請し又は無線局を廃止しようとする免許人等に対して、基準期間に満たない期間内で旧割当期限が定められたことにより当該免許人等に通常生ずる費用として総務省令で定めるものに充てるための給付金の支給その他の必要な援助（以下「特定周波数終了対策業務」という。）を行うことができる。

（指定周波数変更対策機関）

第七十一条の三　総務大臣は、その指定する者（以下「指定周波数変更対策機関」という。）に、特定周波数変更対策業務を行わせることができる。

2　指定周波数変更対策機関の指定は、特定周波数変更対策業務を行う周波数割当計画等の変更ごとに一を限り、特定周波数変更対策業務を行おうとする者の申請により行う。

3　総務大臣は、指定周波数変更対策機関の指定をしたときは、当該指定に係る特定周波数変更対策業務を行わないものとする。

4　第一項の規定により指定周波数変更対策機関が行う特定周波数変更対策業務に係る給付金の支給に関する基準は、総務省令で定める。

5　指定周波数変更対策機関は、総務省令で定めるところにより、総務大臣の認可を受けて、特定周波数変更対策業務（給付金の交付の決定を除く。）の一部を他の者に委託することができる。

6　指定周波数変更対策機関は、特定周波数変更対策業務に関し必要があると認めるときは、給付金の交付の決定を受けた者から、必要な事項に関し報告を徴することができる。

7　指定周波数変更対策機関は、毎事業年度、事業報告書、貸借対照表、収支決算書及び財産目録を作成し、当該事業年度の終了後三月以内に総務大臣に提出し、その承認を受けなければならない。

8　指定周波数変更対策機関は、特定周波数変更対策業務以外の業務を行つている場合には、当該業務に係る経理と特定周波数変更対策業務に係る経理とを区分して整理しなければならない。

9　総務大臣は、予算の範囲内で、指定周波数変更対策機関に対し、特定周波数変更対策業務に要する費用の全部又は一部に相当する金額を交付することができる。

10　この条に定めるもののほか、指定周波数変更対策機関の財務及び会計に関し必要な事項は、総務省令で定める。

11　第三十九条の二第四項（第四号を除く。）、第三十九条の三、第三十九条の五、第三十九条の七から第三十九条の十二まで、第四十六条第四項、第四十七条の二第一項及び第三項、第四十七条の三並びに第四十七条の四の規定は、指定周波数変更対策機関について準用する。この場合において、第三十九条の二第四項及び第四十六条第四項中「第二項の申請」とあるのは「第七十一条の三第二項の申請」と、第三十九条の二第四項、第三十九条の三第二項、第三十九条の五、第三十九条の八、第三十九条の九第一項、第三十九条の十第一項、第三十九条の十一第二項及び第三項並びに第三十九条の十二中「講習の業務」とあり、第三十九条の七中「講習」とあり、並びに第四十七条の三中「試験事務」とあるのは「特定周波数変更対策業務」と、第三十九条の二第四項第三号中「講習が」とあるのは「特定周波数変更対策業務が」と、第三十九条の三中「指定に係る区分、講習の業務を行う事務所の所在地並びに講習の業務」とあるのは「特定周波数変更対策業務を行う事務所の所在地並びに特定周波数変更対策業務」と、第三十九条の十一第一項中「第三十九条の二第五項」とあるのは「第四十六条第四項」と、同条第二項第一号中「第三十九条の六、第三十九条の七又は前条第一項」とあるのは「第三十九条の七、前条第一項、第四十七条の四又は第七十一条の三第五項、第七項若しくは第八項」と、同項第三号中「又は第三十九条の八」とあるのは「、第三十九条の八又は第四十七条の二第三項」と、第三十九条の十二第一項中「第三十九条の二第三項」とあるのは「第七十一条の三第三項」と、第四十六条第四項第三号及び第四十七条の二第三項中「第四十七条の五」とあるのは「第七十一条の三第十一項」と、同項中「役員又は試験員」とあるのは「役員」と、第四十七条の三中「職員（試験員を含む。次項において同じ。）」とあるのは「職員」と読み替えるものとする。

（登録周波数終了対策機関）

第七十一条の三の二　総務大臣は、その登録を受けた者（以下「登録周波数終了対策機関」という。）に、特定周波数終了対策業務の全部又は一部を行わせることができる。

2　総務大臣は、前項の規定により登録周波数終了対策機関に特定周波数終了対策業務を行わせることとしたときは、当該特定周波数終了対策業務を行わないものとする。

3　第一項の登録は、総務省令で定めるところにより、特定周波数終了対策業務を行おうとする者の申請により行う。

4　総務大臣は、前項の規定により登録の申請をした者（以下この項において「申請者」という。）が次の各号のいずれにも適合しているときは、その登録をしなければならない。

一　別表第五に掲げる条件のいずれかに適合する知識経験を有する者が特定周波数終了対策業務に係る給付金の交付の決定に係る事務を行うものであること。

二　債務超過の状態にないこと。

三　旧割当期限に係る周波数の電波を使用する無線局を開設している者でないこと。

四　申請者が、特定の者に支配されているものとして次のいずれかに該当するものでないこと。

イ　申請者が株式会社である場合にあつては、他の株式会社がその親法人であること。

ロ　申請者の役員（持分会社にあつては、業務を執行する社員）に占める同一の者の役員又は職員（過去二年間にその同一の者の役員又は職員であつた者を含む。）の割合が二分の一を超えていること。

5　第二十四条の二第五項及び第六項の規定は、第一項の登録について準用する。この場合において、同条第五項第二号中「第二十四条の十又は第二十四条の十三第三項」とあるのは「第七十一条の三の二第十一項において準用する第三十八条の十七第一項又は第二項」と、同条第六項中「前各項」とあるのは「前項並びに第七十一条の三の二第一項から第四項まで及び第六項」と読み替えるものとする。

6　第一項の登録は、登録周波数終了対策機関登録簿に次に掲げる事項を記載してするものとする。

一　登録の年月日及び登録の番号

二　登録を受けた者の氏名又は名称及び住所並びに法人にあつては、その代表者の氏名

三　登録を受けた者が特定周波数終了対策業務を行う事務所の名称及び所在地

7　第一項の登録は、三年を下らない政令で定める期間ごとにその更新を受けなければ、その期間の経過によつて、その効力を失う。

8　第三項から第六項までの規定は、前項の登録の更新について準用する。

9　登録周波数終了対策機関は、総務大臣から特定周波数終了対策業務を行うべきことを求められたときは、正当な理由がある場合を除き、遅滞なく、その特定周波数終了対策業務を行わなければならない。

10　総務大臣は、登録周波数終了対策機関が前項の規定に違反していると認めるとき、その他特定周波数終了対策業務の適正な実施を確保するため必要があると認めるときは、その登録周波数終了対策機関に対し、特定周波数終了対策業務を行うべきこと又は特定周波数終了対策業務の実施の方法その他の業務の方法の改善に関し必要な措置をとるべきことを命ずることができる。

11　第二十四条の七第一項、第二十四条の十一、第三十八条の五、第三十八条の

九、第三十八条の十一、第三十八条の十二、第三十八条の十五、第三十八条の十七、第三十八条の十八、第三十九条の五、第三十九条の十、第四十七条の三並びに前条第四項から第六項まで、第八項及び第九項の規定は、登録周波数終了対策機関について準用する。この場合において、次の表の上欄に掲げる規定中同表の中欄に掲げる字句は、同表の下欄に掲げる字句にそれぞれ読み替えるものとする。

第二十四条の七第一項	第二十四条の二第四項各号（無線設備等の点検の事業のみを行う者にあつては、第一号、第二号又は第四号）	第七十一条の三の二第四項各号
第二十四条の十一	第二十四条の二の二第一項若しくは第二十四条の九第二項	第七十一条の三の二第七項
	失つたとき	失つたとき、同条第十一項において準用する第三十九条の十第一項の規定により登録周波数終了対策機関が特定周波数終了対策業務の全部を廃止したとき
	前条	第七十一条の三の二第十一項において準用する第三十八条の十七第一項若しくは第二項
第三十八条の五第一項	第三十八条の二の二第一項	第七十一条の三の二第一項
	受けた者（以下「登録証明機関」という。）	受けた者
	事業の区分、技術基準適合証明の業務	特定周波数終了対策業務
	技術基準適合証明の業務	特定周波数終了対策業務
第三十八条の五第二項	第三十八条の二の二第二項第一号又は第三号	第七十一条の三の二第六項第二号又は第三号
第三十八条の五第三項、第三十八条の十五第一項、第三十八条の十七第二項各号列記以外の部分及び第三項並びに第三十八条の十八第二項及び第三項	技術基準適合証明の業務	特定周波数終了対策業務
第三十八条の九	役員又は証明員	役員又は別表第五に掲げる条件に適合する知識経験を有する者
第三十八条の十一第二項	特定無線設備を取り扱うことを業とする者	特定周波数終了対策業務に係る給付金の支給の申請をした免許人
第三十八条の十二	技術基準適合証明	特定周波数終了対策業務
第三十八条の十七第一項	第三十八条の三第二項	第七十一条の三の二第五項
第三十八条の十七第二項第一号	この節	第七十一条の三の二第十一項において準用する第

		三十八条の五第二項、第三十八条の九、第三十八条の十一第一項、第三十八条の十二、第三十九条の五第一項、第三十九条の十第一項又は第七十一条の三第五項若しくは第八項
第三十八条の十七第二項第二号	第三十八条の十三第一項又は第二項	第七十一条の三の二第十項又は同条第十一項において準用する第二十四条の七第一項若しくは第三十九条の五第二項
第三十八条の十七第二項第三号	第三十八条の二の二第一項	第七十一条の三の二第一項
第三十八条の十八第一項	総務大臣は、第三十八条の二の二第一項の登録を受ける者がいないとき、又は	総務大臣は、
	第三十八条の十六第一項	第七十一条の三の二第十一項において準用する第三十九条の十第一項
	技術基準適合証明の業務	特定周波数終了対策業務
第三十九条の五及び第三十九条の十第一項	講習の業務	特定周波数終了対策業務

第四十七条の三第一項	職員（試験員を含む。次項において同じ。）	職員
	試験事務	特定周波数終了対策業務
第四十七条の三第二項	試験事務	特定周波数終了対策業務
前条第四項	第一項	次条第一項
	特定周波数変更対策業務	特定周波数終了対策業務
前条第五項、第六項、第八項及び第九項	特定周波数変更対策業務	特定周波数終了対策業務

（給付金の交付の決定を受けた免許人等の義務等）

第七十一条の四　特定周波数変更対策業務に係る給付金の交付の決定を受けた免許人は、遅滞なく、周波数又は空中線電力の指定の変更を申請しなければならない。

2　特定周波数終了対策業務に係る給付金の交付の決定を受けた免許人等は、遅滞なく、周波数の指定の変更（登録人にあつては、周波数の変更登録）を申請し、又は無線局を廃止しなければならない。

3　前三条の規定は、総務大臣が、第七十一条第一項の規定に基づき既開設局の周波数若しくは空中線電力の指定を変更すること、又は第七十六条の三第一項の規定に基づき第七十一条の二第二項の旧割当期限に係る周波数の電波を使用している無線局の周波数の指定を変更し、当該周波数の電波を使用している登録局の周波数の変更を命じ、若しくは当該周波数の電波を使用している無線局の免許等を取り消すことを妨げるものではない。

（技術基準適合命令）

第七十一条の五　総務大臣は、無線設備が第三章に定める技術基準に適合していないと認めるときは、当該無線設備を使用する無線局の免許人等に対し、その技術基準に適合するように当該無線設備の修理その他の必要な措置をとるべきことを命ずることができる。

（電波の発射の停止）

第七十二条　総務大臣は、無線局の発射する電波の質が第二十八条の総務省令で定めるものに適合していないと認めるときは、当該無線局に対して臨時に電波の発射の停止を命ずることができる。

2　総務大臣は、前項の命令を受けた無線局からその発射する電波の質が第二十八条の総務省令の定めるものに適合するに至つた旨の申出を受けたときは、その無線局に電波を試験的に発射させなければならない。

3　総務大臣は、前項の規定により発射する電波の質が第二十八条の総務省令で定めるものに適合しているときは、直ちに第一項の停止を解除しなければならない。

（検査）

第七十三条　総務大臣は、総務省令で定める時期ごとに、あらかじめ通知する期日に、その職員を無線局（総務省令で定めるものを除く。）に派遣し、その無線設備等を検査させる。ただし、当該無線局の発射する電波の質又は空中線電力に係る無線設備の事項以外の事項の検査を行う必要がないと認める無線局については、その無線局に電波の発射を命じて、その発射する電波の質又は空中線電力の検査を行う。

2　前項の検査は、当該無線局についてその検査を同項の総務省令で定める時期に行う必要がないと認める場合及び当該無線局のある船舶又は航空機が当該時期に外国地間を航行中の場合においては、同項の規定にかかわらず、その時期を延期し、又は省略することができる。

3　第一項の検査は、当該無線局（人の生命又は身体の安全の確保のためその適正な運用の確保が必要な無線局として総務省令で定めるものを除く。以下この項において同じ。）の免許人から、第一項の規定により総務大臣が通知した期日の一月前までに、当該無線局の無線設備等について第二十四条の二第一項の登録を受けた者（無線設備等の点検の事業のみを行う者を除く。）が、総務省令で定めるところにより、当該登録に係る検査を行い、当該無線局の無線設備がその工事設計に合致しており、かつ、その無線従事者の資格及び員数が第三十九条又は第三十九条の十三、第四十条及び第五十条の規定に、その時計及び書類が第六十条の規定にそれぞれ違反していない旨を記載した証明書の提出があつたときは、第一項の規定にかかわらず、省略することができる。

4　第一項の検査は、当該無線局の免許人から、同項の規定により総務大臣が通知した期日の一箇月前までに、当該無線局の無線設備等について第二十四条の二第一項又は第二十四条の十三第一項の登録を受けた者が総務省令で定めるところにより行つた当該登録に係る点検の結果を記載した書類の提出があつたときは、第一項の規定にかかわらず、その一部を省略することができる。

5　総務大臣は、第七十一条の五の無線設備の修理その他の必要な措置をとるべきことを命じたとき、前条第一項の電波の発射の停止を命じたとき、同条第二項の申出があつたとき、無線局のある船舶又は航空機が外国へ出港しようとするとき、その他この法律の施行を確保するため特に必要があるときは、その職員を無線局に派遣し、その無線設備等を検査させることができる。

6　総務大臣は、無線局のある船舶又は航空機が外国へ出港しようとする場合その他この法律の施行を確保するため特に必要がある場合において、当該無線局の発射する電波の質又は空中線電力に係る無線設備の事項のみについて検査を行なう必要があると認めるときは、その無線局に電波の発射を命じて、その発射する電波の質又は空中線電力の検査を行なうことができる。

7　第三十九条の九第二項及び第三項の規定は、第一項本文又は第五項の規定による検査について準用する。

（非常の場合の無線通信）

第七十四条　総務大臣は、地震、台風、洪水、津波、雪害、火災、暴動その他非常の事態が発生し、又は発生するおそれがある場合においては、人命の救助、災害の救援、交通通信の確保又は秩序の維持のために必要な通信を無線局に行わせることができる。

2　総務大臣が前項の規定により無線局に通信を行わせたときは、国は、その通信に要した実費を弁償しなければならない。

（非常の場合の通信体制の整備）

第七十四条の二　総務大臣は、前条第一項に規定する通信の円滑な実施を確保するため必要な体制を整備するため、非常の場合における通信計画の作成、通信訓練の実施その他の必要な措置を講じておかなければならない。

2　総務大臣は、前項に規定する措置を講じようとするときは、免許人等の協力を求めることができる。

（無線局の免許の取消し等）

第七十五条　総務大臣は、免許人が第五条第一項、第二項及び第四項の規定により免許を受けることができない者となつたとき、又は地上基幹放送の業務を行う認定基幹放送事業者の認定がその効力を失つたときは、当該免許を受けることができない者となつた免許人の免許又は当該地上基幹放送の業務に用いられる無線局の免許を取り消さなければならない。

2　前項の規定にかかわらず、総務大臣は、免許人が第五条第四項（第三号に該当する場合に限る。）の規定により免許を受けることができない者となつた場合において、同項第三号に該当することとなつた状況その他の事情を勘案して必要があると認めるときは、当該免許人の免許の有効期間の残存期間内に限り、期間を定めてその免許を取り消さないことができる。

第七十六条　総務大臣は、免許人等がこの法律、放送法若しくはこれらの法律に基づく命令又はこれらに基づく処分に違反したときは、三箇月以内の期間を定めて無線局の運用の停止を命じ、又は期間を定めて運用許容時間、周波数若しくは空中線電力を制限することができる。

2　総務大臣は、包括免許人又は包括登録人がこの法律、放送法若しくはこれらの法律に基づく命令又はこれらに基づく処分に違反したときは、三月以内の期間を定めて、包括免許又は第二十七条の二十九第一項の規定による登録に係る無線局の新たな開設を禁止することができる。

3　総務大臣は、前二項の規定によるほか、登録人が第三章に定める技術基準に適合しない無線設備を使用することにより他の登録局の運用に悪影響を及ぼすおそれがあるときその他登録局の運用が適正を欠くため電波の能率的な利用を阻害するおそれが著しいときは、三箇月以内の期間を定めて、その登録に係る無線局の運用の停止を命じ、運用許容時間、周波数若しくは空中線電力を制限し、又は新たな開設を禁止することができる。

4　総務大臣は、免許人（包括免許人を除く。）が次の各号のいずれかに該当するときは、その免許を取り消すことができる。

一　正当な理由がないのに、無線局の運用を引き続き六箇月以上休止したとき。

二　不正な手段により無線局の免許若しくは第十七条の許可を受け、又は第十九条の規定による指定の変更を行わせたとき。

三　第一項の規定による命令又は制限に従わないとき。
四　免許人が第五条第三項第一号に該当するに至つたとき。
五　特定地上基幹放送局の免許人が第七条第二項第四号ロに適合しなくなつたとき。

5　総務大臣は、包括免許人が次の各号のいずれかに該当するときは、その包括免許を取り消すことができる。
一　第二十七条の五第一項第四号の期限（第二十七条の六第一項の規定による期限の延長があつたときは、その期限）までに特定無線局の運用を全く開始しないとき。
二　正当な理由がないのに、その包括免許に係るすべての特定無線局の運用を引き続き六箇月以上休止したとき。
三　不正な手段により包括免許若しくは第二十七条の八第一項の許可を受け、又は第二十七条の九の規定による指定の変更を行わせたとき。
四　第一項の規定による命令若しくは制限又は第二項の規定による禁止に従わないとき。
五　包括免許人が第五条第三項第一号に該当するに至つたとき。

6　総務大臣は、登録人が次の各号のいずれかに該当するときは、その登録を取り消すことができる。
一　不正な手段により第二十七条の十八第一項の登録又は第二十七条の二十三第一項若しくは第二十七条の三十第一項の変更登録を受けたとき。
二　第一項の規定による命令若しくは制限、第二項の規定による禁止又は第三項の規定による命令、制限若しくは禁止に従わないとき。
三　登録人が第五条第三項第一号に該当するに至つたとき。

7　総務大臣は、第四項（第四号を除く。）及び第五項（第五号を除く。）の規定により免許の取消しをしたとき並びに前項（第三号を除く。）の規定により登録の取消しをしたときは、当該免許人等であつた者が受けている他の無線局の免許等又は第二十七条の十三第一項の開設計画の認定を取り消すことができる。

〈 未施行の百四次改正後の条文：傍線が改正部分 〉

第七十六条　総務大臣は、免許人等がこの法律、放送法若しくはこれらの法律に基づく命令又はこれらに基づく処分に違反したときは、三月以内の期間を定めて無線局の運用の停止を命じ、又は期間を定めて運用許容時間、周波数若しくは空中線電力を制限することができる。

2　総務大臣は、包括免許人又は包括登録人がこの法律、放送法若しくはこれらの法律に基づく命令又はこれらに基づく処分に違反したときは、三月以内の期間を定めて、包括免許又は第二十七条の二十九第一項の規定による登録に係る無線局の新たな開設を禁止することができる。

3　総務大臣は、前二項の規定によるほか、登録人が第三章に定める技術基準に適合しない無線設備を使用することにより他の登録局の運用に悪影響を及ぼすおそれがあるとき、その他登録局の運用が適正を欠くため電波の能率的な利用を阻害するおそれが著しいときは、三月以内の期間を定めて、その登録に係る無線局の運用の停止を命じ、運用許容時間、周波数若しくは空中線電力を制限し、又は新たな開設を禁止することができる。

4　総務大臣は、免許人（包括免許人を除く。）が次の各号のいずれかに該当するときは、その免許を取り消すことができる。
一　正当な理由がないのに、無線局の運用を引き続き六月以上休止したとき。
二　不正な手段により無線局の免許若しくは第十七条の許可を受け、又は第十九条の規定による指定の変更を行わせたとき。
三　第一項の規定による命令又は制限に従わないとき。

四　免許人が第五条第三項第一号に該当するに至つたとき。

五　特定地上基幹放送局の免許人が第七条第二項第四号ロに適合しなくなつたとき。

5　総務大臣は、包括免許人が次の各号のいずれかに該当するときは、その包括免許を取り消すことができる。

一　第二十七条の五第一項第四号の期限（第二十七条の六第一項の規定による期限の延長があつたときは、その期限）までに特定無線局の運用を全く開始しないとき。

二　正当な理由がないのに、その包括免許に係る全ての特定無線局の運用を引き続き六月以上休止したとき。

三　不正な手段により包括免許若しくは第二十七条の八第一項の許可を受け、又は第二十七条の九の規定による指定の変更を行わせたとき。

四　第一項の規定による命令若しくは制限又は第二項の規定による禁止に従わないとき。

五　包括免許人が第五条第三項第一号に該当するに至つたとき。

6　総務大臣は、登録人が次の各号のいずれかに該当するときは、その登録を取り消すことができる。

一　不正な手段により第二十七条の十八第一項の登録又は第二十七条の二十三第一項若しくは第二十七条の三十第一項の変更登録を受けたとき。

二　第一項の規定による命令若しくは制限、第二項の規定による禁止又は第三項の規定による命令、制限若しくは禁止に従わないとき。

三　登録人が第五条第三項第一号に該当するに至つたとき。

7　総務大臣は、前三項の規定によるほか、電気通信業務を行うことを目的とする無線局の免許人等が次の各号のいずれかに該当するときは、その免許等を取り消すことができる。

一　電気通信事業法第十二条第一項の規定により同法第九条の登録を拒否されたとき。

二　電気通信事業法第十三条第三項において準用する同法第十二条第一項の規定により同法第十三条第一項の変更登録を拒否されたとき（当該変更登録が無線局に関する事項の変更に係るものである場合に限る。）。

三　電気通信事業法第十五条の規定により同法第九条の登録を抹消されたとき。

8　総務大臣は、第四項（第四号を除く。）及び第五項（第五号を除く。）の規定により免許の取消しをしたとき、並びに第六項（第三号を除く。）の規定により登録の取消しをしたときは、当該免許人等であつた者が受けている他の無線局の免許等又は開設計画若しくは無線設備等保守規程の認定を取り消すことができる。

第七十六条の二　総務大臣は、特定無線局（第二十七条の二第一号に掲げる無線局に係るものに限る。）について、その包括免許の有効期間中において同時に開設されていることとなる特定無線局の数の最大のものが当該包括免許に係る指定無線局数を著しく下回ることが確実であると認めるに足りる相当な理由があるときは、その指定無線局数を削減することができる。この場合において、総務大臣は、併せて包括免許の周波数の指定を変更するものとする。

第七十六条の二の二　総務大臣は、登録局のうち特定の周波数の電波を使用するものが著しく多数であり、かつ、当該特定の周波数の電波を使用する登録局が更に増加することにより他の無線局の運用に重大な影響を与えるおそれがある場合として総務省令で定める場合において必要があると認めるときは、当該特定の周波数の電波を使用している登録局の登録人に対し、その影響を防止するため必要な限度において、登録に係る無線局を新たに開設することを禁止し、又は当該登録人が開設している登録局の運用を制限することができる。

第七十六条の三　総務大臣は、第七十一条第一項の規定により周波数の指定を変更し、又は周波数の変更を命ずる場合のほか、第二十六条の二第三項の評価の結果に基づき周波数割当計画を変更して特定の無線局区分に割り当てることが可能な周波数の一部又は全部について周波数の使用の期限を定めたときは、当該期限の到来後に、当該期限に係る周波数の電波を使用している無線局（登録局を除く。）の周波数の指定を変更し、当該周波数の電波を使用している登録局の周波数の変更を命じ、又は当該周波数の電波を使用している無線局の免許等を取り消すことができる。

2　国は、前項の規定による無線局の周波数の指定の変更、登録局の周波数の変更の命令又は無線局の免許等の取消しによつて生じた損失を当該無線局の免許人等に対して補償しなければならない。

3　第七十一条第三項から第五項までの規定は、前項の規定による損失の補償について準用する。

〈　未施行の百四次改正後の条文：傍線が改正部分　〉

第七十六条の三　総務大臣は、第七十一条第一項の規定により周波数の指定を変更し、又は周波数の変更を命ずる場合のほか、第二十六条の二第二項の評価の結果に基づき周波数割当計画を変更して特定の無線局区分に割り当てることが可能な周波数の一部又は全部について周波数の使用の期限を定めたときは、当該期限の到来後に、当該期限に係る周波数の電波を使用している無線局（登録局を除く。）の周波数の指定を変更し、当該周波数の電波を使用している登録局の周波数の変更を命じ、又は当該周波数の電波を使用している無線局の免許等を取り消すことができる。

2　国は、前項の規定による無線局の周波数の指定の変更、登録局の周波数の変更の命令又は無線局の免許等の取消しによつて生じた損失を当該無線局の免許人等に対して補償しなければならない。

3　第七十一条第三項から第五項までの規定は、前項の規定による損失の補償について準用する。

第七十七条　総務大臣は、第七十五条から前条までの規定による処分をしたときは、理由を記載した文書を免許人等に送付しなければならない。

（電波の発射の防止）

第七十八条　無線局の免許等がその効力を失つたときは、免許人等であつた者は、遅滞なく空中線の撤去その他の総務省令で定める電波の発射を防止するために必要な措置を講じなければならない。

（無線従事者の免許の取消し等）

第七十九条　総務大臣は、無線従事者が左の各号の一に該当するときは、その免許を取り消し、又は三箇月以内の期間を定めてその業務に従事することを停止することができる。

一　この法律若しくはこの法律に基く命令又はこれらに基く処分に違反したとき。

二　不正な手段により免許を受けたとき。

三　第四十二条第三号に該当するに至つたとき。

2　前項（第三号を除く。）の規定は、船舶局無線従事者証明を受けている者に準用する。この場合において、同項中「免許」とあるのは、「船舶局無線従事者証明」と読み替えるものとする。

3　第七十七条の規定は、第一項（前項において準用する場合を含む。）の規定による取消し又は停止に準用する。

（船舶局無線従事者証明の効力の停止）

第七十九条の二　総務大臣は、第八十一条の二第二項の規定により書類の提出を求められた者が当該書類を提出しないときは、その船舶局無線従事者証明の効力を停止することができる。

2　総務大臣は、前項の規定により船舶局無線従事者証明の効力を停止した場合において、同項の書類の提出があつたときは、速やかにその停止を解除するものとする。

3　第七十七条の規定は、第一項の規定による停止に準用する。

（報告等）

第八十条　無線局の免許人等は、次に掲げる場合は、総務省令で定める手続により、総務大臣に報告しなければならない。

一　遭難通信、緊急通信、安全通信又は非常通信を行つたとき（第七十条の七第一項、第七十条の八第一項又は第七十条の九第一項の規定により無線局を運用させた免許人等以外の者が行つたときを含む。）。

二　この法律又はこの法律に基づく命令の規定に違反して運用した無線局を認めたとき。

三　無線局が外国において、あらかじめ総務大臣が告示した以外の運用の制限をされたとき。

第八十一条　総務大臣は、無線通信の秩序の維持その他無線局の適正な運用を確保するため必要があると認めるときは、免許人等に対し、無線局に関し報告を求めることができる。

第八十一条の二　総務大臣は、この法律を施行するため必要があると認めるときは、船舶局無線従事者証明を受けている者に対し、船舶局無線従事者証明に関し報告を求めることができる。

2　総務大臣は、船舶局無線従事者証明を受けた者が第四十八条の三第一号又は第二号に該当する疑いのあるときは、その者に対し、総務省令で定めるところにより、当該船舶局無線従事者証明の効力を確認するための書類であつて総務省令で定めるものの提出を求めることができる。

（免許等を要しない無線局及び受信設備に対する監督）

第八十二条　総務大臣は、第四条第一号から第三号までに掲げる無線局（以下「免許等を要しない無線局」という。）の無線設備の発する電波又は受信設備が副次的に発する電波若しくは高周波電流が他の無線設備の機能に継続的かつ重大な障害を与えるときは、その設備の所有者又は占有者に対し、その障害を除去するために必要な措置をとるべきことを命ずることができる。

2　総務大臣は、免許等を要しない無線局の無線設備について又は放送の受信を目的とする受信設備以外の受信設備について前項の措置をとるべきことを命じた場合において特に必要があると認めるときは、その職員を当該設備のある場所に派遣し、その設備を検査させることができる。

3　第三十九条の九第二項及び第三項の規定は、前項の規定による検査について準用する。

第七章　審査請求及び訴訟

（審査請求の方式）
第八十三条　この法律又はこの法律に基づく命令の規定による総務大臣の処分についての審査請求は、審査請求書正副二通を提出してしなければならない。
2　前項の規定にかかわらず、行政手続等における情報通信の技術の利用に関する法律（平成十四年法律第百五十一号）第三条第一項の規定により同項に規定する電子情報処理組織を使用して審査請求がされた場合には、審査請求書正副二通が提出されたものとみなす。

第八十四条　削除

（電波監理審議会への付議）
第八十五条　第八十三条の審査請求があつたときは、総務大臣は、その審査請求を却下する場合を除き、遅滞なく、これを電波監理審議会の議に付さなければならない。

（審理の開始）
第八十六条　電波監理審議会は、前条の規定により議に付された事案につき、審査請求が受理された日から三十日以内に審理を開始しなければならない。

第八十七条　審理は、電波監理審議会が事案を指定して指名する審理官が主宰する。ただし、事案が特に重要である場合において電波監理審議会が審理を主宰すべき委員を指名したときは、この限りでない。

第八十八条　審理の開始は、審査請求人に対し、審理官（前条ただし書の場合はその委員。以下同じ。）の名をもつて、事案の要旨、審理の期日及び場所並びに出頭を求める旨を記載した審理開始通知書を送付して行う。
2　前項の審理開始通知書を発送したときは、事案の要旨並びに審理の期日及び場所を公告するとともに、その旨を知れている利害関係者に通知しなければならない。

（参加人）
第八十九条　利害関係者は、審理官の許可を得て、参加人として当該審理に関する手続に参加することができる。
2　審理官は、必要があると認めるときは、利害関係者に対し、参加人として当該審理に関する手続に参加することを求めることができる。

（代理人及び指定職員）
第九十条　利害関係者は、弁護士その他適当と認める者を代理人に選任することができる。
2　総務大臣は、所部の職員でその指定するもの（以下「指定職員」という。）をして審理に関する手続に参加させることができる。
3　第一項の代理人は、審理に関し、審査請求人、参加人又は指定職員に代わつて一切の行為をすることができる。

（意見の陳述）
第九十一条　審査請求人、参加人又は指定職員は、審理の期日に出頭して、意見を述べることができる。
2　前項の場合において、審査請求人又は参加人は、審理官の許可を得て補佐人とともに出頭することができる。
3　審理官は、審理に際し必要があると認めるときは、審査請求人、参加人又は指定職員に対して、意見の陳述を求めることができる。

（証拠書類等の提出）

第九十二条　審査請求人、参加人又は指定職員は、審理に際し、証拠書類又は証拠物を提出することができる。ただし、審理官が証拠書類又は証拠物を提出すべき相当の期間を定めたときは、その期間内にこれを提出しなければならない。

（参考人の陳述及び鑑定の要求）

第九十二条の二　審理官は、審査請求人、参加人若しくは指定職員の申立てにより又は職権で、適当と認める者に、参考人として出頭を求めてその知つている事実を陳述させ、又は鑑定をさせることができる。この場合においては、審査請求人、参加人又は指定職員も、その参考人に陳述を求めることができる。

（物件の提出要求）

第九十二条の三　審理官は、審査請求人、参加人若しくは指定職員の申立てにより又は職権で、書類その他の物件の所持人に対し、その物件の提出を求め、かつ、その提出された物件を留め置くことができる。

（検証）

第九十二条の四　審理官は、審査請求人、参加人若しくは指定職員の申立てにより又は職権で、必要な場所につき、検証をすることができる。

2　審理官は、審査請求人、参加人又は指定職員の申立てにより前項の検証をしようとするときは、あらかじめ、その日時及び場所を申立人に通知し、これに立ち会う機会を与えなければならない。

（審査請求人又は参加人の審問）

第九十二条の五　審理官は、審査請求人、参加人若しくは指定職員の申立てにより又は職権で、審査請求人又は参加人を審問することができる。この場合においては、第九十二条の二後段の規定を準用する。

（調書及び意見書）

第九十三条　審理官は、審理に際しては、調書を作成しなければならない。

2　審理官は、前項の調書に基き意見書を作成し、同項の調書とともに、電波監理審議会に提出しなければならない。

3　電波監理審議会は、第一項の調書及び前項の意見書の謄本を公衆の閲覧に供しなければならない。

（証拠書類等の返還）

第九十三条の二　審理官は、前条第二項の規定により意見書を提出したときは、すみやかに、第九十二条の規定により提出された証拠書類又は証拠物及び第九十二条の三の規定による提出要求に応じて提出された書類その他の物件をその提出人に返還しなければならない。

（審査請求の制限）

第九十三条の三　審理官が審理に関する手続においてする処分又はその不作為については、審査請求をすることができない。

（議決）

第九十三条の四　電波監理審議会は、第九十三条の調書及び意見書に基づき、事案についての裁決案を議決しなければならない。

（処分の執行停止）

第九十三条の五　総務大臣は、第八十五条の規定により電波監理審議会の議に付した事案に係る処分につき、行政不服審査法（平成二十六年法律第六十八号）第二十五条第二項の規定による申立てがあつたときは、電波監理審議会の意見を聴かなければならない。

（裁決）

第九十四条　総務大臣は、第九十三条の四の議決があつたときは、その議決の日から七日以内に、その議決により審査請求についての裁決をする。

2　裁決書には、審理を経て電波監理審議会が認定した事実を示さなければならない。

3　総務大臣は、裁決をしたときは、行政不服審査法第五十一条の規定によるほか、裁決書の謄本を第八十九条の規定による参加人に送付しなければならない。

（参考人の旅費等）

第九十五条　第九十二条の二の規定により出頭を求められた参考人は、政令で定める額の旅費、日当及び宿泊料を受ける。

（総務省令への委任）

第九十六条　この章に定めるもののほか、審理に関する手続は、総務省令で定める。

（訴えの提起）

第九十六条の二　この法律又はこの法律に基づく命令の規定による総務大臣の処分に不服がある者は、当該処分についての審査請求に対する裁決に対してのみ、取消しの訴えを提起することができる。

（専属管轄）

第九十七条　前条の訴え（審査請求を却下する裁決に対する訴えを除く。）は、東京高等裁判所の専属管轄とする。

（記録の送付）

第九十八条　前条の訴の提起があつたときは、裁判所は、遅滞なく総務大臣に対し当該事件の記録の送付を求めなければならない。

（事実認定の拘束力）

第九十九条　第九十七条の訴については、電波監理審議会が適法に認定した事実は、これを立証する実質的な証拠があるときは、裁判所を拘束する。

2　前項に規定する実質的な証拠の有無は、裁判所が判断するものとする。

第七章の二　電波監理審議会

（設置）

第九十九条の二　電波及び放送法第二条第一号に規定する放送に関する事務の公平かつ能率的な運営を図り、この法律及び放送法の規定によりその権限に属させられた事項を処理するため、総務省に電波監理審議会を置く。

（組織）

第九十九条の二の二　電波監理審議会は、委員五人をもつて組織する。

2　審議会に会長を置き、委員の互選により選任する。
3　会長は、会務を総理する。
4　電波監理審議会は、あらかじめ、委員のうちから、会長に事故がある場合に会長の職務を代行する者を定めて置かなければならない。

（委員の任命）

第九十九条の三　委員は、公共の福祉に関し公正な判断をすることができ、広い経験と知識を有する者のうちから、両議院の同意を得て、総務大臣が任命する。

2　委員の任期が満了し、又は欠員を生じた場合において、国会の閉会又は衆議院の解散のため両議院の同意を得ることができないときは、総務大臣は、前項の規定にかかわらず、両議院の同意を得ないで委員を任命することができる。この場合においては、任命後最初の国会において、両議院の同意を得なければならない。

3　次の各号のいずれかに該当する者は、委員となることができない。

一　禁錮以上の刑に処せられた者

二　国家公務員として懲戒免職の処分を受け、当該処分の日から二年を経過しない者

三　放送法第二条第二十六号に規定する放送事業者、同条第二十七号に規定する認定放送持株会社、同法第百五十二条第二項に規定する有料放送管理事業者、電気通信事業法第二条第五号に規定する電気通信事業者（電気通信回線設備（送信の場所と受信の場所との間を接続する伝送路設備及びこれと一体として設置される交換設備並びにこれらの附属設備をいう。）を設置する者に限る。）、無線設備の機器の製造業者若しくは販売業者又はこれらの者が法人であるときはその役員（いかなる名称によるかを問わずこれと同等以上の職権又は支配力を有する者を含む。以下この条において同じ。）若しくはその法人の議決権の十分の一以上を有する者（任命の日以前一年間においてこれらに該当した者を含む。）

四　前号に掲げる事業者の団体の役員（任命の日以前一年間においてこれに該当した者を含む。）

（服務）

第九十九条の四　国家公務員法（昭和二十二年法律第百二十号）第九十六条、第九十八条から第百二条まで及び第百五条の規定は、委員に準用する。

（任期）

第九十九条の五　委員の任期は、三年とする。但し、補欠の委員は、前任者の残任期間在任する。

2　委員は、再任されることができる。

（退職）

第九十九条の六　委員は、第九十九条の三第二項後段の規定による両議院の同意が得られなかつたときは、当然退職するものとする。

（罷免）

第九十九条の七　総務大臣は、委員が第九十九条の三第三項各号の一に該当するに至つたときは、これを罷免しなければならない。

第九十九条の八　総務大臣は、委員が心身の故障のため職務の執行ができないと認めるとき、又は委員に職務上の義務違反その他委員たるに適しない非行があると認めるときは、両議院の同意を得て、これを罷免することができる。

（退職後の就職の制限）

第九十九条の九　委員であつた者は、その退職後一年間は、第九十九条の三第三項第三号及び第四号に掲げる職についてはならない。

（会議及び手続）

第九十九条の十　電波監理審議会は、会長を含む三人以上の委員の出席がなければ、会議を開き、議決をすることができない。

２　電波監理審議会の議事は、出席者の過半数をもつて決する。可否同数のときは、会長の決するところによる。

３　前二項に定めるもののほか、電波監理審議会の会議の議事に関する手続は、総務省令で定める。

（必要的諮問事項）

第九十九条の十一　総務大臣は、次に掲げる事項については、電波監理審議会に諮問しなければならない。

一　第四条第一号、第二号及び第三号（免許等を要しない無線局）、第四条の二（呼出符号又は呼出名称の指定）、第六条第七項（無線局の免許申請期間）、第七条第一項第四号（基幹放送局以外の無線局の開設の根本的基準）、同条第二項第六号ハ（基幹放送に加えて基幹放送以外の無線通信の送信をする無線局の基準）、同項第七号（基幹放送局の開設の根本的基準）、第八条第一項第三号（識別信号）、第九条第一項ただし書（許可を要しない工事設計変更）、同条第五項及び第十七条第二項（基幹放送の業務に用いられる電気通信設備の変更）、第十三条第一項（無線局の免許の有効期間）、第十五条（簡易な免許手続）、第二十六条の二第一項（電波の利用状況の調査等）、第二十七条の二（特定無線局）、第二十七条の四第三号（特定無線局の開設の根本的基準）、第二十七条の五第三項（包括免許の有効期間）、第二十七条の六第三項（特定無線局の開設等の届出）、第二十七条の十三第六項（開設計画の認定の有効期間）、第二十七条の十八第一項（登録）、第二十七条の二十一（登録の有効期間）、第二十七条の二十三第一項（変更登録を要しない軽微な変更）、第二十七条の三十第一項（包括登録人に関する変更登録を要しない軽微な変更）、第二十七条の三十一（無線局の開設の届出）、第二十七条の三十五第一項（電気通信紛争処理委員会によるあつせん及び仲裁）、第二十八条（第百条第五項において準用する場合を含む。）（電波の質）、第二十九条（受信設備の条件）、第三十条（第百条第五項において準用する場合を含む。）（安全施設）、第三十一条（周波数測定装置の備付け）、第三十二条（計器及び予備品の備付け）、第三十三条（義務船舶局の無線設備の機器）、第三十五条（義務船舶局等の無線設備の条件）、第三十六条（義務航空機局の条件）、第三十七条（無線設備の機器の検定）、第三十八条（第百条第五項において準用する場合を含む。）（技術基準）、第三十八条の二の二第一項（特定無線設備）、第三十八条の三十三第一項（特別特定無線設備）、第三十九条第一項、第二項、第三項、第五項及び第七項（無線設備の操作）、第三十九条の十三ただし書（アマチュア無線局の無線設備の操作）、第四十一条第二項第二号、第三号及び第四号（無線従事者の養成課程に関する認定の基準等）、第四十七条（試験事務の実施）、第四十八条の三第一号（船舶局無線従事者証明の失効）、第四十九条（国家試験の細目等）、第五十条（遭難通信責任者の配置等）、第五十二条第一号、第二号、第三号及び第六号（目的外使用）、第五十五条（運用許容時間外運用）、第六十一条（通信方法等）、第六十五条（聴守義務）、第六十六条第一項（遭難通信）、第六十七条第二項（緊急通信）、第七十条の四（聴守義務）、第七十条の五（航空機局の通信連絡）、第七十条の八第一項（免許人以外の者に簡易な操作による運用を行わせることができる無線局）、第七十一条の三第四項（第七十一条の三の二第十一項において準用する場合を含む。）（給付金の支給基準）、第七十三条第一項（検査）、同条第三項（人の生命又は身体の安全の確保のためその適正な運用の確保が必要な無線局の定めに係るものに限る。）（国の定期検査を必要とする無線局）、第七十八条（電波の発射を防止するための措置）、第百条第一項第二号（高周波利用設備）、第百二条の十三第一項（特定の周波数を使用する無線設備の指定）、第百二条の十四第一項（指定無線設備の販売における告知等）、第百二条の十四の二（情報通信の技術を利用する方法）、第百二条の十八第一項（測定器等）、同条第九項（較正の業務の実施）並びに第百三条の二第七項ただし書及び第十一項（電波利用料の徴収等）の規定による総務省令の制定又は改廃

二　第七条第三項又は第四項の規定による基幹放送用周波数使用計画の制定又は変更、第二十六条第一項の周波数割当計画（同条第二項第四号に係る部分を除く。）の作成又は変更、第二十六条の二第三項の規定による電波の有効利用の程度の評価、第二十七条の十二第一項の開設指針の制定又は変更及び第七十一条の二第二項の特定公示局の決定又は変更

三　第二十七条の十五第二項若しくは第三項の規定による開設計画の認定の取消し、同項の規定による無線局の免許等の取消し若しくは第三十九条の十一第二項（第四十七条の五、第七十一条の三第十一項、第百二条の十七第五項及び第百二条の十八第十三項において準用する場合を含む。）の規定による指定講習機関、指定試験機関、指定周波数変更対策機関、センター若しくは指定較正機関の指定の取消し、第四十七条の二第三項（第七十一条の三第十一項及び第百二条の十八第十三項において準用する場合を含む。）の規定による指定試験機関若しくは指定周波数変更対策機関の役員、指定試験機関の試験員若しくは指定較正機関の較正員の解任の命令又は第七十六条第四項、第五項若しくは第七項の規定による無線局の免許の取消し、同項の規定による第二十七条の十八第一項の登録の取消し、同条第六項若しくは第七項の規定による第二十七条の十八第一項の登録の取消し、第七十六条の二の規定による指定無線局数の削減及び周波数の指定の変更、第七十六条の二の二の規定による登録に係る無線局の開設の禁止若しくは登録局の運用の制限、第七十六条の三第一項の規定による無線局の周波数の指定の変更、登録局の周波数の変更の命令若しくは無線局の免許等の取消し若しくは第七十九条第一項（同条第二項において準用する場合を含む。）の規定による無線従事者の免許若しくは船舶局無線従事者証明の取消し

四　第四条の規定による免許（地上基幹放送をする無線局の再免許であるものに限る。）、第八条の規定による無線局の予備免許、第九条第一項の規定による工事設計変更の許可、同条第四項若しくは第十七条第一項の規定による無線局の目的、放送事項若しくは基幹放送の業務に用いられる電気通信設備の変更の許可、第二十七条の五第一項の規定による包括免許、第二十七条の八第一項の規定による特定無線局の目的の変更の許可、第二十七条の十三第一項の規定による開設計画の認定、第三十九条の二第一項の規定による指定講習機関の指定、第四十六条第一項の規定による指定試験機関の指定、第七十一条第一項の規定による無線局の周波数等の指定の変更若しくは登録局の周波数等若しくは人工衛星局の無線設備の設置場所の変更の命令、第七十一条の三第一項の規定による指定周波数変更対策機関の指定、第百二条の二第一項の規定による伝搬障害防止区域の指定、第百二条の十七第一項の規定によるセンターの指定又は第百二条の十八第一項の規定による指定較正機関の指定

五　第三十八条の二第二項の規定による通知（第百条第五項において準用する場合を含む。）

2　前項各号（第三号を除く。）に掲げる事項のうち、電波監理審議会が軽微なものと認めるものについては、総務大臣は、電波監理審議会に諮問しないで措置をすることができる。

〈　未施行の百四次改正後の条文：傍線が改正部分　〉

（必要的諮問事項）

第九十九条の十一　総務大臣は、次に掲げる事項については、電波監理審議会に諮問しなければならない。

一　第四条第一項第一号、第二号及び第三号（免許等を要しない無線局）、同条第二項（適合表示無線設備とみなす条件）、第四条の二（呼出符号又は呼出名称の指定）、第六条第八項（無線局の免許申請期間）、第七条第一項第四号（基幹放送局以外の無線局の開設の根本的基準）、同条第二項第六号ハ（基幹放送に加えて基幹放送以外の無線通信の送信をする無線局の基準）、同項第七号（基幹放送局の開設の根本的基準）、第八条第一項第三号（識別信号）、第九条第一項ただし書（許可を要しない工事設計変更）、同条第五項及び第十七条第二項（基幹放送の業務に用いられる電気通信設備の変更）、第十三条第一項（無線局の免許の有効期間）、第十五条（簡易な免許手続）、第二十四条の二第四項第二号（検査等事業者の登録）、第二十六条の二第一項（電波の利用状況の調査等）、第二十七条の二（特定無線局）、第二十七条の四第三号（特定無線局の開設の根本的基準）、第二十七条の五第三項（包括免許の有効期間）、第二十七条の六第三項（特定無線局の開設等の届出）、第二十七条の十三第六項（開設計画の認定の有効期間）、第二十七条の十八第一項（登録）、第二十七条の二十一（登録の有効期間）、第二十七条の二十三第一項（変更登録を要しない軽微な変更）、第二十七条の三十第一項（包括登録人に関する変更登録を要しない軽微な変更）、第二十七条の三十一（無線局の開設の届出）、第二十七条の三十五第一項（電気通信紛争処理委員会によるあつせん及び仲裁）、第二十八条（第百条第五項において準用する場合を含む。）（電波の質）、第二十九条（受信設備の条件）、第三十条（第百条第五項において準用する場合を含む。）（安全施設）、第三十一条（周波数測定装置の備付け）、第三十二条（計器及び予備品の備付け）、第三十三条（義務船舶局の無線設備の機器）、第三十五条（義務船舶局等の無線設備の条件）、第三十六条（義務航空機局の条件）、第三十七条（無線設備の機器の検定）、第三十八条（第百条第五項において準用する場合を含む。）（技術基準）、第三十八条の二の二第一項（特定無線設備）、第三十八条の三第一項第二号（登録の基準）、第三十八条の三十三第一項（特別特定無線設備）、第三十九条第一項、第二項、第三項、第五項及び第七項（無線設備の操作）、第三十九条の十三ただし書（アマチュア無線局の無線設備の操作）、第四十一条第二項第二号、第三号及び第四号（無線従事者の養成課程に関する認定の基準等）、第四十七条（試験事務の実施）、第四十八条の三第一号（船舶局無線従事者証明の失効）、第四十九条（国家試験の細目等）、第五十条（遭難通信責任者の配置等）、第五十二条第一号、第二号、第三号及び第六号（目的外使用）、第五十五条（運用許容時間外運用）、第六十一条（通信方法等）、第六十五条（聴守義務）、第六十六条第一項（遭難通信）、第六十七条第二項（緊急通信）、第七十条の四（聴守義務）、第七十条の五（航空機局の通信連絡）、第七十条の五の二第二項第一号及び第三項ただし書（無線設備等保守規程の認定等）、第七十条の八第一項（免許人以外の者に簡易な操作による運用を行わせることができる無線局）、第七十一条の三第四項（第七十一条の三の二第十一項において準用する場合を含む。）（給付金の支給基準）、第七十三条第一項（検査）、同条第三項（人の生命又は身体の安全の確保のためその適正な運用の確保が必要な無線局の定めに係るものに限る。）（国の定期検査を必要とする無線局）、第七十八条（電波の発射を防止するための措置）、第百条第一項第二号（高周波利用設備）、第百二条の十三第一項（特定の周波数を使用する無線設備の指定）、第百二条の十四第一項（指定無線設備の販売における告知等）、第百二条の十四の二（情報通信の技術を利用する方法）、第百二条の十八第一項（測定器等）、同条第九項（較正の業務の実施）並びに第百三条の二第七項ただし書及び第十一項（電波利用料の徴収等）の規定による総務省令の制定又は改廃

二　第七条第三項又は第四項の規定による基幹放送用周波数使用計画の制定又は変更、第二十六条第一項の周波数割当計画（同条第二項第四号に係る部分を除く。）の作成又は変更、第二十六条の二第二項の規定による電波の有効利用の程度の評価、第二十七条の十二第一項の開設指針の制定又は変更及び第七十一条の二第二項の特定公示局の決定又は変更

三　第二十七条の十五第二項若しくは第三項の規定による開設計画の認定の取消し、同項の規定による無線局の免許等の取消し、第三十九条の十一第二項（第四十七条の五、第七十一条の三第十一項、第百二条の十七第五項及び第百二条の十八第十三項において準用する場合を含む。）の規定による指定講習機関、指定試験機関、指定周波数変更対策機関、センター若しくは指定較正機関の指定の取消し、第四十七条の二第三項（第七十一条の三第十一項及び第百二条の十八第十三項において準用する場合を含む。）の規定による指定試験機関若しくは指定周波数変更対策機関の役員、指定試験機関の試験員若しくは指定較正機関の較正員の解任の命令、第七十条の五の二第七項若しくは第八項の規定による無線設備等保守規程の認定の取消し、第七十六条第四項、第五項、第七項若しくは第八項の規定による無線局の免許の取消し、同項の規定による開設計画若しくは無線設備等保守規程の認定の取消し、同条第六項、第七項若しくは第八項の規定による第二十七条の十八第一項の登録の取消し、第七十六条の二の規定による指定無線局数の削減及び周波数の指定の変更、第七十六条の二の二の規定による登録に係る無線局の開設の禁止若しくは登録局の運用の制限、第七十六条の三第一項の規定による無線局の周波数の指定の変更、登録局の周波数の変更の命令若しくは無線局の免許等の取消し又は第七十九条第一項（同条第二項において準用する場合を含む。）の規定による無線従事者の免許若しくは船舶局無線従事者証明の取消し

四　第四条第一項の規定による免許（地上基幹放送をする無線局の再免許であるものに限る。）、第八条の規定による無線局の予備免許、第九条第一項の規定による工事設計変更の許可、同条第四項若しくは第十七条第一項の規定による無線局の目的、放送事項若しくは基幹放送の業務に用いられる電気通信設備の変更の許可、第二十七条の五第一項の規定による包括免許、第二十七条の八第一項の規定による特定無線局の目的の変更の許可、第二十七条の十三第一項の規定による開設計画の認定、第三十九条の二第一項の規定による指定講習機関の指定、第四十六条第一項の規定による指定試験機関の指定、第七十条の五の二第一項の規定による無線設備等保守規程の認定、第七十一条第一項の規定による無線局の周波数等の指定の変更若しくは登録局の周波数等若しくは人工衛星局の無線設備の設置場所の変更の命令、第七十一条の三第一項の規定による指定周波数変更対策機関の指定、第百二条の二第一項の規定による伝搬障害防止区域の指定、第百二条の十七第一項の規定によるセンターの指定又は第百二条の十八第一項の規定による指定較正機関の指定

五　第三十八条の二第二項の規定による通知（第百条第五項において準用する場合を含む。）

2　前項各号（第三号を除く。）に掲げる事項のうち、電波監理審議会が軽微なものと認めるものについては、総務大臣は、電波監理審議会に諮問しないで措置をすることができる。

（意見の聴取）

第九十九条の十二　電波監理審議会は、前条第一項第三号の規定により諮問を受けた場合には、意見の聴取を行わなければならない。

2　電波監理審議会は、前項の場合のほか、前条第一項各号（第三号を除く。）の規定により諮問を受けた場合において必要があると認めるときは、意見の聴取を行うことができる。

3　前二項の意見の聴取の開始は、審理官（第六項において準用する第八十七条ただし書の場合はその委員。以下同じ。）の名をもつて、事案の要旨並びに意見の聴取の期日及び場所を公告して行う。ただし、当該事案が特定の者に対して処分をしようとするものであるときは、当該特定の者に対し、事案の要旨、意見の聴取の期日及び場所並びに出頭を求める旨を記載した意見聴取開始通知書を送付して行うものとする。

4　前項ただし書の場合には、事案の要旨並びに意見の聴取の期日及び場所を公告しなければならない。

5　第一項及び第二項の意見の聴取（行政手続法（平成五年法律第八十八号）第二条第四号に規定する不利益処分（次項及び第八項において単に「不利益処分」という。）に係るものを除く。）においては、当該事案に利害関係を有する者は、審理官の許可を得て、意見の聴取の期日に出頭し、意見を述べることができる。

6　第八十七条、第九十条から第九十三条の三まで及び第九十六条の規定は、第一項及び第二項の意見の聴取に、第八十九条及び行政手続法第十八条の規定は不利益処分に係る第一項及び第二項の意見の聴取について準用する。この場合において、第九十条第三項中「審査請求人」とあるのは「第九十九条の十二第三項ただし書の意見聴取開始通知書の送付を受けた者（第四十七条の二第三項（第七十一条の三第十一項及び第百二条の十八第十三項において準用する場合を含む。）の規定による指定試験機関に対するその役員若しくは試験員の解任の命令、指定周波数変更対策機関に対するその役員の解任の命令又は指定較正機関に対するその較正員の解任の命令の処分に係る意見の聴取においては、第九十九条の十二第三項ただし書の意見聴取開始通知書の送付を受けた者及び当該役員、当該試験員又は当該較正員。以下第九十三条の五までにおいて「当事者」という。）」と、第九十一条から第九十三条の五までの規定中「審査請求人」とあるのは「当事者」と、第九十六条中「この章」とあるのは「第九十九条の十二」と、行政手続法第十八条第一項中「当事者」とあるのは「電波法第九十九条の十二第六項において読み替えて準用する同法第九十条第三項の当事者」と、「参加人」とあるのは「同法第九十九条の十二第六項において準用する同法第八十九条第一項又は第二項の参加人」と、「聴聞の通知」とあるのは「同法第九十九条の十二第三項ただし書に規定する意見聴取開始通知書の送付」と読み替えるものとする。

7　第一項又は第二項の規定により意見の聴取を行つた事案については、電波監理審議会は、前項において準用する第九十三条の調書及び意見書に基づき答申を議決しなければならない。

8　第一項又は第二項の規定による意見の聴取を経てされる処分であつて、不利益処分に該当するものについては、行政手続法第三章（第十二条及び第十四条を除く。）の規定は、適用しない。

（勧告）

第九十九条の十三　電波監理審議会は、第九十九条の十一に掲げる事項に関し、総務大臣に対して必要な勧告をすることができる。

2　総務大臣は、前項の勧告を受けたときは、その内容を公表しなければならない。

（審理官）

第九十九条の十四　電波監理審議会に、審理官五人以内を置く。

２　審理官は、前章（放送法第百八十条において準用する場合を含む。）に規定する審理又は第九十九条の十二若しくは同法第百七十八条に規定する意見の聴取の手続を主宰する。

３　審理官は、電波監理審議会の議決を経て、総務大臣が任命する。

第八章　雑則

（高周波利用設備）

第百条　左に掲げる設備を設置しようとする者は、当該設備につき、総務大臣の許可を受けなければならない。

一　電線路に十キロヘルツ以上の高周波電流を通ずる電信、電話その他の通信設備（ケーブル搬送設備、平衡二線式裸線搬送設備その他総務省令で定める通信設備を除く。）

二　無線設備及び前号の設備以外の設備であつて十キロヘルツ以上の高周波電流を利用するもののうち、総務省令で定めるもの

２　前項の許可の申請があつたときは、総務大臣は、当該申請が第五項において準用する第二十八条、第三十条又は第三十八条の技術基準に適合し、且つ、当該申請に係る周波数の使用が他の通信（総務大臣がその公示する場所において行なう電波の監視を含む。）に妨害を与えないと認めるときは、これを許可しなければならない。

３　第一項の許可を受けた者が当該設備を譲り渡したとき、又は同項の許可を受けた者について相続、合併若しくは分割（当該設備を承継させるものに限る。）があつたときは、当該設備を譲り受けた者又は相続人、合併後存続する法人若しくは合併により設立された法人若しくは分割により当該設備を承継した法人は、同項の許可を受けた者の地位を承継する。

４　前項の規定により第一項の許可を受けた者の地位を承継した者は、遅滞なく、その事実を証する書面を添えてその旨を総務大臣に届け出なければならない。

５　第十四条第一項及び第二項（免許状）、第十七条（変更等の許可）、第二十一条（免許状の訂正）、第二十二条、第二十三条（無線局の廃止）、第二十四条（免許状の返納）、第二十八条（電波の質）、第三十条（安全施設）、第三十八条（技術基準）、第三十八条の二（無線設備の技術基準の策定等の申出）、第七十一条の五（技術基準適合命令）、第七十二条（電波の発射の停止）、第七十三条第五項及び第七項（検査）、第七十六条、第七十七条（無線局の免許の取消し等）並びに第八十一条（報告）の規定は、第一項の規定により許可を受けた設備に準用する。

（無線設備の機能の保護）

第百一条　第八十二条第一項の規定は、無線設備以外の設備（前条の設備を除く。）が副次的に発する電波又は高周波電流が無線設備の機能に継続的且つ重大な障害を与えるときに準用する。

第百二条　総務大臣の施設した無線方位測定装置の設置場所から一キロメートル以内の地域に、電波を乱すおそれのある建造物又は工作物であつて総務省令で定めるものを建設しようとする者は、あらかじめ総務大臣にその旨を届け出なければならない。

２　前項の無線方位測定装置の設置場所は、総務大臣が公示する。

（伝搬障害防止区域の指定）

第百二条の二　総務大臣は、八百九十メガヘルツ以上の周波数の電波による特定の固定地点間の無線通信で次の各号の一に該当するもの（以下「重要無線通信」という。）の電波伝搬路における当該電波の伝搬障害を防止して、重要無線通信の確保を図るため必要があるときは、その必要の範囲内において、当該電波伝搬路の地上投影面に沿い、その中心線と認められる線の両側それぞれ百メートル以内の区域を伝搬障害防止区域として指定することができる。

一　電気通信業務の用に供する無線局の無線設備による無線通信

二　放送の業務の用に供する無線局の無線設備による無線通信

三　人命若しくは財産の保護又は治安の維持の用に供する無線設備による無線通信

四　気象業務の用に供する無線設備による無線通信

五　電気事業に係る電気の供給の業務の用に供する無線設備による無線通信

六　鉄道事業に係る列車の運行の業務の用に供する無線設備による無線通信

2　前項の規定による伝搬障害防止区域の指定は、政令で定めるところにより告示をもつて行わなければならない。

3　総務大臣は、政令で定めるところにより、前項の告示に係る伝搬障害防止区域を表示した図面を総務省及び関係地方公共団体の事務所に備え付け、一般の縦覧に供しなければならない。

4　総務大臣は、第二項の告示に係る伝搬障害防止区域について、第一項の規定による指定の理由が消滅したときは、遅滞なく、その指定を解除しなければならない。

（伝搬障害防止区域における高層建築物等に係る届出）

第百二条の三　前条第二項の告示に係る伝搬障害防止区域内（その区域とその他の区域とにわたる場合を含む。）においてする次の各号の一に該当する行為（以下「指定行為」という。）に係る工事の請負契約の注文者又はその工事を請負契約によらないで自ら行なう者（以下単に「建築主」という。）は、総務省令で定めるところにより、当該指定行為に係る工事に自ら着手し又はその工事の請負人（請負工事の下請人を含む。以下同じ。）に着手させる前に、当該指定行為に係る工作物につき、敷地の位置、高さ、高層部分（工作物の全部又は一部で地表からの高さが三十一メートルをこえる部分をいう。以下同じ。）の形状、構造及び主要材料、その者が当該指定行為に係る工事の請負契約の注文者である場合にはその工事の請負人の氏名又は名称及び住所その他必要な事項を書面により総務大臣に届け出なければならない。

一　その最高部の地表からの高さが三十一メートルをこえる建築物その他の工作物（土地に定着する工作物の上部に建築される一又は二以上の工作物の最上部にある工作物の最高部の地表からの高さが三十一メートルをこえる場合における当該各工作物のうち、それぞれその最高部の地表からの高さが三十一メートルをこえるものを含む。以下「高層建築物等」という。）の新築

二　高層建築物等以外の工作物の増築又は移築で、その増築又は移築後において当該工作物が高層建築物等となるもの

三　高層建築物等の増築、移築、改築、修繕又は模様替え（改築、修繕及び模様替えについては、総務省令で定める程度のものに限る。）

2　前項の規定による届出をした建築主は、届出をした事項を変更しようとするときは、総務省令で定めるところにより、その変更に係る事項を書面により総務大臣に届け出なければならない。

3　前二項の規定による届出があつた場合において、その届出に係る文書の記載をもつてしては、当該高層部分が当該伝搬障害防止区域に係る重要無線通信の電波伝搬路における当該電波の伝搬障害を生ずる原因（以下「重要無線通信障

害原因」という。）となるかどうかを判定することができないときは、総務大臣は、その判定に必要な範囲内において、その届出をした建築主に対し、期限を定めて、さらに必要と認められる事項の報告を求めることができる。

4　前条第一項の規定による伝搬障害防止区域の指定があつた際現に当該伝搬障害防止区域内（その区域とその他の区域とにわたる場合を含む。）において施工中の指定行為（総務省令で定める程度にその施工の準備が完了したものを含む。）については、第一項の規定は、適用しない。

5　前項に規定する指定行為に係る建築主は、当該伝搬障害防止区域の指定後遅滞なく、総務省令で定めるところにより、当該指定行為に係る工事の計画を総務大臣に届け出なければならない。

6　第四項に規定する指定行為に係る建築主が、当該伝搬障害防止区域の指定の際におけるその指定行為に係る工事の計画（従前この項の規定による届出に係る計画の変更があつた場合には、その変更後の計画）のうち総務省令で定める事項に係るものを変更しようとする場合には、第二項及び第三項の規定を準用する。

第百二条の四　総務大臣は、建築主が、前条第一項又は第二項（同条第六項及び次項において準用する場合を含む。）の規定による届出をしなければならない場合において、その届出をしないで、指定行為に係る工事又は当該変更に係る事項に係る部分の工事（総務省令で定めるものを除く。）に自ら着手し又はその工事の請負人に着手させたことを知つたときは、直ちに、当該建築主に対し、期限を定めて、同条第一項又は第二項（同条第六項及び次項において準用する場合を含む。）の規定により届け出るべきものとされている事項を書面により総務大臣に届け出るべき旨を命じなければならない。

2　前項の規定に基づき前条第一項の規定により届け出るべきものとされている事項の届出を命ぜられてその届出をした者については、同条第二項の規定を準用する。

3　第一項の規定に基づく命令による届出又は前項において準用する前条第二項の規定による届出があつた場合には、同条第三項の規定を準用する。

（伝搬障害の有無等の通知）

第百二条の五　総務大臣は、第百二条の三第一項若しくは第二項（同条第六項及び前条第二項において準用する場合を含む。）の規定による届出又は前条第一項の規定に基づく命令による届出があつた場合において、その届出に係る事項を検討し、その届出に係る高層部分（変更の届出に係る場合にあつては、その変更後の高層部分。以下同じ。）が当該伝搬障害防止区域に係る重要無線通信障害原因となると認められるときは、その高層部分のうち当該重要無線通信障害原因となる部分（以下「障害原因部分」という。）を明示し、理由を付した文書により、当該高層部分が当該伝搬障害防止区域に係る重要無線通信障害原因とならないと認められるときは、その検討の結果を記載した文書により、その旨を当該届出をした建築主に通知しなければならない。

2　前項の規定による通知は、当該届出があつた日（第百二条の三第三項（同条第六項及び前条第三項において準用する場合を含む。）の規定による報告を求めた場合には、その報告があつた日）から三週間以内にしなければならない。

3　第一項の場合において、前二項の規定により、届出に係る高層部分が当該伝搬障害防止区域に係る重要無線通信障害原因となると認められる旨の通知を発したときは、総務大臣は、その後直ちに、当該高層建築物等につき、建築主の氏名又は名称及び住所、敷地の位置、高さ、高層部分の形状、構造及び主要材料、障害原因部分その他必要な事項を書面により当該伝搬障害防止区域に係る重要無線通信を行なう無線局の免許人に通知するとともに、建築主からの届出に係る当該工事の請負人に対しても、当該障害原因部分その他必要な事項を書面により通知しなければならない。

（重要無線通信障害原因となる高層部分の工事の制限）

第百二条の六　前条第一項及び第二項の規定により、届出に係る高層部分が当該伝搬障害防止区域に係る重要無線通信障害原因となると認められる旨の通知を受けた建築主は、次の各号のいずれかに該当する場合を除くほか、その通知を受けた日から二年間は、当該指定行為に係る工事のうち当該通知に係る障害原因部分に係るものを自ら行い又はその請負人に行わせてはならない。

一　当該指定行為に係る工事の計画を変更してその変更につき第百二条の三第二項（同条第六項及び第百二条の四第二項において準用する場合を含む。）の規定による届出をし、これにつき、前条第一項及び第二項の規定により当該高層部分が当該伝搬障害防止区域に係る重要無線通信障害原因とならない旨の通知を受けたとき。

二　当該伝搬障害防止区域に係る重要無線通信を行う無線局の免許人との間に次条第一項の規定による協議が調つたとき。

三　その他総務省令で定める場合

（重要無線通信の障害防止のための協議）

第百二条の七　前条に規定する建築主及び当該伝搬障害防止区域に係る重要無線通信を行なう無線局の免許人は、相互に、相手方に対し、当該重要無線通信の電波伝搬路の変更、当該高層部分に係る工事の計画の変更その他当該重要無線通信の確保と当該高層建築物等に係る財産権の行使との調整を図るため必要な措置に関し協議すべき旨を求めることができる。

2　総務大臣は、前項の規定による協議に関し、当事者の双方又は一方からの申出があつた場合には、必要なあつせんを行なうものとする。

（違反の場合の措置）

第百二条の八　次の各号の一に該当する場合において、必要があると認められるときは、総務大臣は、その必要の範囲内において、当該各号の建築主に対し、当該建築主が現に自ら行ない若しくはその請負人に行なわせている当該各号の工事を停止し若しくはその請負人に停止させるべき旨又は相当の期間を定めて、その期間内は当該各号の工事を自ら行ない若しくはその請負人に行なわせてはならない旨を命ずることができる。

一　第百二条の三第一項又は第二項（同条第六項及び第百二条の四第二項において準用する場合を含む。）の規定に違反して建築主からこれらの規定による届出がなかつた場合（第百二条の四第一項の規定に基づく命令による届出があり、これにつき第百二条の五第一項及び第二項の規定による通知をした場合を除く。）において、当該建築主が、現に当該指定行為に係る工事のうち高層部分に係るものを自ら行ない若しくはその請負人に行なわせていると き、又は近く当該工事を自ら行ない若しくはその請負人に行なわせる見込みが確実であるとき。

二　総務大臣が第百二条の三第三項（同条第六項及び第百二条の四第三項において準用する場合を含む。）の規定により報告を求めたが当該建築主から期限までにその報告がない場合において、当該建築主が、現に当該指定行為に係る工事のうち高層部分に係るものを自ら行ない若しくはその請負人に行なわせているとき、又は近く当該工事を自ら行ない若しくはその請負人に行なわせる見込みが確実であるとき。

2　前項の相当の期間は、第百二条の六に規定する期間を基準とし、当該高層部分が当該伝搬障害防止区域に係る重要無線通信障害原因となる程度、当該重要無線通信の電波伝搬路を変更するとすればその変更に通常要すべき期間その他の事情を勘案して定めるものとする。

３　総務大臣は、第一項の規定により建築主に対し期間を定めて高層部分に係る工事を自ら行ない又はその請負人に行なわせてはならない旨を命じた場合において、その期間中に、当該建築主と当該伝搬障害防止区域に係る重要無線通信を行なう無線局の免許人との間に協議がととのつたとき、第百二条の六第一号又は第三号に該当するに至つたときその他その必要が消滅するに至つたときは、遅滞なく、当該命令を撤回しなければならない。

（報告の徴収）

第百二条の九　総務大臣は、前七条の規定を施行するため特に必要があるときは、その必要の範囲内において、建築主から指定行為に係る工事の計画又は実施に関する事項で必要と認められるものの報告を徴することができる。

（総務大臣及び国土交通大臣の協力）

第百二条の十　総務大臣及び国土交通大臣は、第百二条の二から第百二条の八までの規定の施行に関し相互に協力するものとする。

（基準不適合設備に関する勧告等）

第百二条の十一　総務大臣は、無線局が他の無線局の運用を著しく阻害するような混信その他の妨害を与えた場合において、その妨害が第三章に定める技術基準に適合しない設計に基づき製造され、又は改造された無線設備を使用したことにより生じたと認められ、かつ、当該設計と同一の設計に基づき製造され、又は改造された無線設備（以下この項及び次条において「基準不適合設備」という。）が広く販売されており、これを放置しては、当該基準不適合設備を使用する無線局が他の無線局の運用に重大な悪影響を与えるおそれがあると認めるときは、無線通信の秩序の維持を図るために必要な限度において、当該基準不適合設備の製造業者又は販売業者に対し、その事態を除去するために必要な措置を講ずべきことを勧告することができる。

２　総務大臣は、前項の規定による勧告をした場合において、その勧告を受けた者がその勧告に従わないときは、その旨を公表することができる。

３　総務大臣は、第一項の規定による勧告をしようとするときは、経済産業大臣の同意を得なければならない。

（報告の徴収）

第百二条の十二　総務大臣は、前条の規定の施行に必要な限度において、基準不適合設備の製造業者又は販売業者から、その業務に関し報告を徴することができる。

（特定の周波数を使用する無線設備の指定）

第百二条の十三　総務大臣は、第四条の規定に違反して開設される無線局のうち特定の範囲の周波数の電波を使用するもの（以下「特定不法開設局」という。）が著しく多数であると認められる場合において、その特定の範囲の周波数の電波を使用する無線設備（免許等を要しない無線局に使用するためのもの及び当該特定不法開設局に使用されるおそれが少ないと認められるものを除く。以下「特定周波数無線設備」という。）が広く販売されているため特定不法開設局の数を減少させることが容易でないと認めるときは、総務省令で、その特定周波数無線設備を特定不法開設局に使用されることを防止すべき無線設備として指定することができる。

２　総務大臣は、前項の規定による指定の必要がなくなつたと認めるときは、当該指定を解除しなければならない。
3　総務大臣は、第一項の総務省令を制定し、又は改廃しようとするときは、経済産業大臣に協議しなければならない。

（指定無線設備の販売における告知等）
第百二条の十四　前条第一項の規定により指定された特定周波数無線設備（以下「指定無線設備」という。）の小売を業とする者（以下「指定無線設備小売業者」という。）は、指定無線設備を販売するときは、当該指定無線設備を販売する契約を締結するまでの間に、その相手方に対して、当該指定無線設備を使用して無線局を開設しようとするときは無線局の免許等を受けなければならない旨を、告げ、又は総務省令で定める方法により示さなければならない。
2　指定無線設備小売業者は、指定無線設備を販売する契約を締結したときは、遅滞なく、次に掲げる事項を総務省令で定めるところにより記載した書面を購入者に交付しなければならない。
一　前項の規定により告げ、又は示さなければならない事項
二　無線局の免許等がないのに、指定無線設備を使用して無線局を開設した者は、この法律に定める刑に処せられること。
三　指定無線設備を使用する無線局の免許等の申請書を提出すべき官署の名称及び所在地

（情報通信の技術を利用する方法）
第百二条の十四の二　指定無線設備小売業者は、前条第二項の規定による書面の交付に代えて、政令で定めるところにより、当該購入者の承諾を得て、当該書面に記載すべき事項を電子情報処理組織を使用する方法その他の情報通信の技術を利用する方法であつて総務省令で定めるものにより提供することができる。この場合において、当該指定無線設備小売業者は、当該書面を交付したものとみなす。

（指示）
第百二条の十五　総務大臣は、指定無線設備小売業者が第百二条の十四の規定に違反した場合において、特定不法開設局の開設を助長して無線通信の秩序の維持を妨げることとなると認めるときは、その指定無線設備小売業者に対し、必要な措置を講ずべきことを指示することができる。
2　総務大臣は、前項の規定による指示をしようとするときは、経済産業大臣の同意を得なければならない。

（報告及び立入検査）
第百二条の十六　総務大臣は、前条の規定の施行に必要な限度において、指定無線設備小売業者から、その業務に関し報告を徴し、又はその職員に、指定無線設備小売業者の事業所に立ち入り、指定無線設備、帳簿、書類その他の物件を検査させることができる。
2　第三十九条の九第二項及び第三項の規定は、前項の規定による立入検査について準用する。

（電波有効利用促進センター）
第百二条の十七　総務大臣は、電波の有効かつ適正な利用に寄与することを目的とする一般社団法人又は一般財団法人であつて、次項に規定する業務を適正かつ確実に行うことができると認められるものを、その申請により、電波有効利用促進センター（以下「センター」という。）として指定することができる。
2　センターは、次に掲げる業務を行うものとする。

一　混信に関する調査その他の無線局の開設、周波数の指定の変更等に際して必要とされる事項について、照会及び相談に応ずること。
二　電波に関する条約を適切に実施するために行う無線局の周波数の指定の変更に関する事項、電波の能率的な利用に著しく資する設備に関する事項その他の電波の有効かつ適正な利用に寄与する事項について、情報の収集及び提供を行うこと。
三　電波の利用に関する調査及び研究を行うこと。
四　電波の有効かつ適正な利用について啓発活動を行うこと。
五　前各号に掲げる業務に附帯する業務を行うこと。

3　総務大臣は、センターの役員が、この法律、この法律に基づく命令若しくはこれらに基づく処分又は第五項において準用する第三十九条の五第一項の業務規程に違反したときは、そのセンターに対し、その役員の解任を勧告することができる。

4　総務大臣は、センターに対し、第二項第一号に掲げる業務の実施に必要な無線局に関する情報の提供又は指導及び助言を行うことができる。

5　第三十九条の二第五項（第一号を除く。）、第三十九条の三、第三十九条の五、第三十九条の六、第三十九条の八、第三十九条の九、第三十九条の十一及び第四十七条の三の規定は、センターについて準用する。この場合において、第三十九条の二第五項中「第二項の申請」とあるのは「第百二条の十七第一項の申請」と、第三十九条の三第一項中「指定に係る区分、講習の業務を行う事務所の所在地並びに講習の」とあるのは「第百二条の十七第二項に規定する業務を行う事務所の所在地並びに同項に規定する」と、同条第二項、第三十九条の八並びに第三十九条の十一第二項（第四号を除く。）及び第三項中「講習の」とあるのは「第百二条の十七第二項に規定する」と、第三十九条の五中「講習の」とあるのは「第百二条の十七第二項第一号及び第二号に掲げる」と、第三十九条の九第一項中「対し、講習の」とあるのは「対し、第百二条の十七第二項に規定する」と、「立ち入り、講習の」とあるのは「立ち入り、同項に規定する」と、第三十九条の十一第二項第一号中「、第三十九条の六、第三十九条の七又は前条第一項」とあるのは「又は第三十九条の六」と、同項第二号中「第三十九条の二第四項各号（第四号を除く。）のいずれかに適合しなくなつた」とあるのは「第百二条の十七第二項に規定する業務を適正かつ確実に実施することができない」と、同項第四号中「講習の」とあるのは「第百二条の十七第二項第一号又は第二号に掲げる」と、第四十七条の三中「試験事務」とあるのは「第百二条の十七第二項第一号に掲げる業務」と、同条第一項中「職員（試験員を含む。次項において同じ。）」とあるのは「職員」と読み替えるものとする。

（測定器等の較正）

第百二条の十八　無線設備の点検に用いる測定器その他の設備であつて総務省令で定めるもの（以下この条において「測定器等」という。）の較正は、機構がこれを行うほか、総務大臣は、その指定する者（以下「指定較正機関」という。）にこれを行わせることができる。

2　指定較正機関の指定は、前項の較正を行おうとする者の申請により行う。

3　機構又は指定較正機関は、第一項の較正を行つたときは、総務省令で定めるところにより、その測定器等に較正をした旨の表示を付するものとする。

4　機構又は指定較正機関による較正を受けた測定器等以外の測定器等には、前項の表示又はこれと紛らわしい表示を付してはならない。

5　総務大臣は、第二項の申請が次の各号のいずれにも適合していると認めるときでなければ、指定較正機関の指定をしてはならない。
一　職員、設備、較正の業務の実施の方法その他の事項についての較正の業務の実施に関する計画が較正の業務の適正かつ確実な実施に適合したものであること。
二　前号の較正の業務の実施に関する計画を適正かつ確実に実施するに足りる財政的基礎を有するものであること。
三　法人にあつては、その役員又は法人の種類に応じて総務省令で定める構成員の構成が較正の公正な実施に支障を及ぼすおそれがないものであること。
四　前号に定めるもののほか、較正が不公正になるおそれがないものとして、総務省令で定める基準に適合するものであること。
五　その指定をすることによつて較正の業務の適正かつ確実な実施を阻害することとならないこと。

6　総務大臣は、第二項の申請をした者が、次の各号のいずれかに該当するときは、指定較正機関の指定をしてはならない。
一　この法律に規定する罪を犯して刑に処せられ、その執行を終わり、又はその執行を受けることがなくなつた日から二年を経過しない者であること。
二　第十三項において準用する第三十九条の十一第一項又は第二項の規定により指定を取り消され、その取消しの日から二年を経過しない者であること。
三　法人であつて、その役員のうちに前二号のいずれかに該当する者があること。

7　指定較正機関の指定は、五年以上十年以内において政令で定める期間ごとにその更新を受けなければ、その期間の経過によつて、その効力を失う。

8　第二項、第五項及び第六項の規定は、前項の指定の更新について準用する。

9　指定較正機関は、較正を行うときは、総務省令で定める測定器その他の設備を使用し、かつ、総務省令で定める要件を備える者（以下「較正員」という。）にその較正を行わせなければならない。

10　較正の業務に従事する指定較正機関の役員（法人でない指定較正機関にあつては、指定較正機関の指定を受けた者。第百十条の二及び第百十三条の二において同じ。）及び職員（較正員を含む。）は、刑法その他の罰則の適用については、法令により公務に従事する職員とみなす。

11　指定較正機関は、較正の業務の全部又は一部を休止し、又は廃止しようとするときは、総務省令で定めるところにより、あらかじめ、その旨を総務大臣に届け出なければならない。

12　総務大臣は、前項の規定による届出があつたときは、その旨を公示しなければならない。

13　第三十九条の三、第三十九条の五から第三十九条の九まで、第三十九条の十一並びに第四十七条の二第二項及び第三項の規定は、指定較正機関について準用する。この場合において、第三十九条の三第一項中「指定に係る区分、講習の業務を行う事務所の所在地並びに講習」とあるのは「較正の業務を行う事務所の所在地並びに較正」と、同条第二項、第三十九条の五、第三十九条の七、第三十九条の八、第三十九条の九第一項並びに第三十九条の十一第二項及び第三項中「講習」とあるのは「較正」と、第三十九条の十一第一項中「第三十九条の二第五項各号（第三号）」とあるのは「第百二条の十八第六項各号（第二号）」と、同条第二項第一号中「又は前条第一項」とあるのは「、第四十七条の二第二項又は第百二条の十八第九項若しくは第十一項」と、同項第二号中「第三十九条の二第四項各号（第四号）」とあるのは「第百二条の十八第五項各号（第五号」と、同項第三号中「又は第三十九条の八」とあるのは「、第三十九条の八又は第四十七条の二第三項」と、第四十七条の二第二項中「試験員」とあるのは「役員又は較正員」と、同条第三項中「役員又は試験員」とあるのは「較正員」と、「第四十七条の五」とあるのは「第百二条の十八第十三項」と読み替えるものとする。

（手数料の徴収）

第百三条　次の各号に掲げる者は、政令の定めるところにより、実費を勘案して政令で定める額の手数料を国（指定講習機関が行う講習を受ける者にあつては当該指定講習機関、指定試験機関がその実施に関する事務を行う無線従事者国家試験を受ける者にあつては当該指定試験機関、機構が行う較正を受ける者にあつては機構）に納めなければならない。

一　第六条の規定による免許を申請する者

二　第十条の規定による検査を受ける者

三　第十八条の規定による検査を受ける者（第七十一条第一項又は第七十六条の三第一項の規定に基づく指定の変更を受けたため第十七条第一項の許可を受けた者を除く。）

四　第二十四条の二の二第一項の規定による登録の更新を申請する者

五　第二十五条第二項の規定による情報の提供を受ける者

六　第二十七条の三の規定による免許を申請する者

七　第二十七条の十三第一項の規定による認定を申請する者

八　第二十七条の十八第一項の規定による登録を申請する者

九　第二十七条の二十九第一項の規定による登録を申請する者

十　第三十七条の規定による検定を受ける者

十一　第三十八条の四第一項の規定による登録の更新を申請する者

十二　第三十八条の十八第一項の規定による技術基準適合証明を求める者

十三　第三十八条の二十四第三項において準用する第三十八条の十八第一項の規定による工事設計認証を求める者

十四　第三十八条の三十九第一項の規定による登録を申請する者

十五　第三十八条の四十二第一項の規定による変更登録を申請する者

十六　第三十九条第七項の規定による講習を受ける者

十七　第四十一条の規定による無線従事者国家試験を受ける者

十八　第四十一条の規定による免許を申請する者

十九　第四十八条の二第一項の規定による船舶局無線従事者証明を申請する者

二十　第四十八条の二第二項第一号の総務大臣が行う訓練を受ける者

二十一　第四十八条の三第一号の総務大臣が行う訓練を受ける者

二十二　免許状、登録状、登録証、免許証又は船舶局無線従事者証明書の再交付を申請する者

二十三　第七十三条第一項の規定による検査を受ける者

二十四　第百二条の十八第一項の規定による較正（指定較正機関が行うものを除く。）を受ける者

2　地震、台風、洪水、津波、雪害、火災、暴動その他非常の事態（以下この項において「地震等」という。）が発生し、又は発生するおそれがある場合において専ら人命の救助、災害の救援、交通通信の確保若しくは秩序の維持のために必要な通信又は第百二条の二第一項各号に掲げる無線通信（当該必要な通信に該当するものを除く。）を行う無線局のうち、当該地震等による被害の発生を防止し、又は軽減するために必要な通信を行う無線局として総務大臣が認めるものであつて、臨時に開設するものについては、前項第一号、第二号、第六号、第八号又は第九号に掲げる者は、同項の規定にかかわらず、手数料を納めることを要しない。

3　第一項の規定により指定講習機関、指定試験機関又は機構に納められた手数料は、当該指定講習機関、当該指定試験機関又は機構の収入とする。

〈 **未施行の百四次改正後の条文：傍線が改正部分** 〉

（手数料の徴収）

第百三条　次の各号に掲げる者は、政令の定めるところにより、実費を勘案して

政令で定める額の手数料を国（指定講習機関が行う講習を受ける者にあつては当該指定講習機関、指定試験機関がその実施に関する事務を行う無線従事者国家試験を受ける者にあつては当該指定試験機関、機構が行う較正を受ける者にあつては機構）に納めなければならない。

一　第六条の規定による免許を申請する者
二　第十条の規定による検査を受ける者
三　第十八条の規定による検査を受ける者（第七十一条第一項又は第七十六条の三第一項の規定に基づく指定の変更を受けたため第十七条第一項の許可を受けた者を除く。）
四　第二十四条の二の二第一項の規定による登録の更新を申請する者
五　第二十五条第二項の規定による情報の提供を受ける者
六　第二十七条の三の規定による免許を申請する者
七　第二十七条の十三第一項の規定による認定を申請する者
八　第二十七条の十八第一項の規定による登録を申請する者
九　第二十七条の二十九第一項の規定による登録を申請する者
十　第三十七条の規定による検定を受ける者
十一　第三十八条の四第一項の規定による登録の更新を申請する者
十二　第三十八条の十八第一項の規定による技術基準適合証明を求める者
十三　第三十八条の二十四第三項において準用する第三十八条の十八第一項の規定による工事設計認証を求める者
十四　第三十八条の三十九第一項の規定による登録を申請する者
十五　第三十八条の四十二第一項の規定による変更登録を申請する者
十六　第三十九条第七項の規定による講習を受ける者
十七　第四十一条の規定による無線従事者国家試験を受ける者
十八　第四十一条の規定による免許を申請する者
十九　第四十八条の二第一項の規定による船舶局無線従事者証明を申請する者
二十　第四十八条の二第二項第一号の総務大臣が行う訓練を受ける者
二十一　第四十八条の三第一号の総務大臣が行う訓練を受ける者
二十二　免許状、登録状、登録証、免許証又は船舶局無線従事者証明書の再交付を申請する者
二十三　第七十条の五の二第一項の規定による認定を申請する者
二十四　第七十三条第一項の規定による検査を受ける者
二十五　前条第一項の規定による較正（指定較正機関が行うものを除く。）を受ける者

2　地震、台風、洪水、津波、雪害、火災、暴動その他非常の事態（以下この項において「地震等」という。）が発生し、又は発生するおそれがある場合において専ら人命の救助、災害の救援、交通通信の確保若しくは秩序の維持のために必要な通信又は第百二条の二第一項各号に掲げる無線通信（当該必要な通信に該当するものを除く。）を行う無線局のうち、当該地震等による被害の発生を防止し、又は軽減するために必要な通信を行う無線局として総務大臣が認めるものであつて、臨時に開設するものについては、前項第一号、第二号、第六号、第八号又は第九号に掲げる者は、同項の規定にかかわらず、手数料を納めることを要しない。

3　第一項の規定により指定講習機関、指定試験機関又は機構に納められた手数料は、当該指定講習機関、当該指定試験機関又は機構の収入とする。

（電波利用料の徴収等）
第百三条の二　免許人等は、電波利用料として、無線局の免許等の日から起算して三十日以内及びその後毎年その免許等の日に応当する日（応当する日がない場合は、その翌日。以下この条において「応当日」という。）から起算して三

十日以内に、当該無線局の免許等の日又は応当日（以下この項において「起算日」という。）から始まる各一年の期間（無線局の免許等の日が二月二十九日である場合においてその期間がうるう年の前年の三月一日から始まるときは翌年の二月二十八日までの期間とし、起算日から当該免許等の有効期間の満了の日までの期間が一年に満たない場合はその期間とする。）について、別表第六の上欄に掲げる無線局の区分に従い同表の下欄に掲げる金額（起算日から当該免許等の有効期間の満了の日までの期間が一年に満たない場合は、その額に当該期間の月数を十二で除して得た数を乗じて得た額に相当する金額）を国に納めなければならない。

2　前項の規定によるもののほか、広範囲の地域において同一の者により相当数開設される無線局に専ら使用させることを目的として別表第七の上欄に掲げる区域を単位として総務大臣が指定する周波数（三千メガヘルツ以下のものに限る。）の電波（以下この条において「広域専用電波」という。）を使用する免許人は、電波利用料として、毎年十一月一日までに、その年の十月一日から始まる一年の期間について、当該免許人に係る広域専用電波の周波数の幅のメガヘルツで表した数値に当該区域に応じ同表の下欄に掲げる係数を乗じて得た数値を九千九百八十五万九千六百円（別表第六の一の項又は二の項に掲げる無線局のうち電気通信業務を行うことを目的とするもの（二、〇二五メガヘルツを超え二、一一〇メガヘルツ以下、二、二〇〇メガヘルツを超え二、二九〇メガヘルツ以下及び二、五四五メガヘルツを超え二、六五五メガヘルツ以下の周波数の電波を使用するものを除く。）に係る広域専用電波にあつては六千二百十六万九千百円、同表の四の項又は五の項に掲げる無線局に係る広域専用電波にあつては二百十二万九千八百円、同表の六の項に掲げる無線局に係る広域専用電波にあつては二千九百三十三万三千百円）に乗じて得た額に相当する金額を国に納めなければならない。この場合において、広域専用電波を最初に使用する無線局の免許の日（無線局の周波数の指定の変更を受けることにより当該広域専用電波を使用できることとなる場合には、当該指定の変更の日。以下この項において同じ。）が十月一日以外の日である場合における当該免許の日から同日以後の最初の九月末日までの期間についてのこの項前段の規定の適用については、「毎年十一月一日までに、その年の十月一日から始まる一年の期間について」とあるのは「当該広域専用電波を最初に使用する無線局の免許の日（無線局の周波数の指定の変更を受けることにより当該広域専用電波を使用できることとなる場合には、当該指定の変更の日。以下この項において同じ。）の属する月の末日から起算して三十日以内に、当該免許の日から同日以後の最初の九月末日までの期間について」と、「得た額」とあるのは「得た額に当該期間の月数を十二で除して得た数を乗じて得た額」とする。

3　認定計画に係る指定された周波数の電波が広域専用電波である場合において、当該認定計画に係る認定開設者がその認定を受けた日から起算して六月を経過する日（認定計画に係る指定された周波数の電波が当該認定計画に係る認定開設者がその認定を受けた日後に広域専用電波となつた場合にあつては、その認定を受けた日から起算して六月を経過する日又は当該指定された周波数の電波が広域専用電波となつた日のいずれか遅い日。以下この項において「六月経過日」という。）までに当該認定計画に係るいずれの特定基地局の免許も受けなかつたときは、当該認定開設者を当該六月経過日に当該広域専用電波を最初に使用する特定基地局の免許を受けた免許人とみなして、前項及び第十九項の規定を適用する。

4　この条及び次条において「電波利用料」とは、次に掲げる電波の適正な利用の確保に関し総務大臣が無線局全体の受益を直接の目的として行う事務の処理に要する費用（同条において「電波利用共益費用」という。）の財源に充てるために免許人等、第十二項の特定免許等不要局を開設した者又は第十三項の表示者が納付すべき金銭をいう。
一　電波の監視及び規正並びに不法に開設された無線局の探査
二　総合無線局管理ファイル（全無線局について第六条第一項及び第二項、第二十七条の三、第二十七条の十八第二項及び第三項並びに第二十七条の二十九第二項及び第三項の書類及び申請書並びに免許状等に記載しなければならない事項その他の無線局の免許等に関する事項を電子情報処理組織によって記録するファイルをいう。）の作成及び管理
三　周波数を効率的に利用する技術、周波数の共同利用を促進する技術又は高い周波数への移行を促進する技術としておおむね五年以内に開発すべき技術に関する無線設備の技術基準の策定に向けた研究開発並びに既に開発されている周波数を効率的に利用する技術、周波数の共同利用を促進する技術又は高い周波数への移行を促進する技術を用いた無線設備について無線設備の技術基準を策定するために行う国際機関及び外国の行政機関その他の外国の関係機関との連絡調整並びに試験及びその結果の分析
四　電波の人体等への影響に関する調査
五　標準電波の発射
六　特定周波数変更対策業務（第七十一条の三第九項の規定による指定周波数変更対策機関に対する交付金の交付を含む。）
七　特定周波数終了対策業務（第七十一条の三の二第十一項において準用する第七十一条の三第九項の規定による登録周波数終了対策機関に対する交付金の交付を含む。第十二項及び第十三項において同じ。）
八　現に設置されている人命又は財産の保護の用に供する無線設備による無線通信について、当該無線設備が用いる技術の内容、当該無線設備が使用する周波数の電波の利用状況、当該無線通信の利用に対する需要の動向その他の事情を勘案して電波の能率的な利用に資する技術を用いた無線設備により行われるようにするため必要があると認められる場合における当該技術を用いた人命又は財産の保護の用に供する無線設備（当該無線設備と一体として設置される総務省令で定める附属設備並びに当該無線設備及び当該附属設備を設置するために必要な工作物を含む。）の整備のための補助金の交付
九　前号に掲げるもののほか、電波の能率的な利用に資する技術を用いて行われる無線通信を利用することが困難な地域において必要最小の空中線電力による当該無線通信の利用を可能とするために行われる次に掲げる設備（当該設備と一体として設置される総務省令で定める附属設備並びに当該設備及び当該附属設備を設置するために必要な工作物を含む。）の整備のための補助金の交付その他の必要な援助
イ　当該無線通信の業務の用に供する無線局の無線設備及び当該無線局の開設に必要な伝送路設備
ロ　当該無線通信の受信を可能とする伝送路設備
十　前二号に掲げるもののほか、電波の能率的な利用に資する技術を用いて行われる無線通信を利用することが困難なトンネルその他の環境において当該無線通信の利用を可能とするために行われる設備の整備のための補助金の交付
十一　電波の能率的な利用を確保し、又は電波の人体等への悪影響を防止するために行う周波数の使用又は人体等の防護に関するリテラシーの向上のための活動に対する必要な援助
十二　電波利用料に係る制度の企画又は立案その他前各号に掲げる事務に附帯する事務
5　包括免許人又は包括登録人（以下この条において「包括免許人等」という。）は、第一項の規定にかかわらず、電波利用料として、第一号包括免許人にあっては包括免許の日の属する月の末日及びその後毎年その包括免許の日に応当す

る日（応当する日がない場合は、その前日）の属する月の末日現在において開設している特定無線局の数（以下この項及び次項において「開設無線局数」という。）をその翌月の十五日までに総務大臣に届け出て、当該届出が受理された日から起算して三十日以内に、第二号包括免許人にあつては包括免許の日の属する月の末日及びその後毎年その包括免許の日に応当する日（応当する日がない場合は、その前日）の属する月の末日から起算して四十五日以内に、包括登録人にあつては第二十七条の二十九第一項の規定による登録の日の属する月の末日及びその後毎年その登録の日に応当する日（応当する日がない場合は、その前日）の属する月の末日から起算して四十五日以内にそれぞれ当該包括免許若しくは同項の規定による登録（以下「包括免許等」という。）の日又はその後毎年その包括免許等の日に応当する日（応当する日がない場合は、その翌日）から始まる各一年の期間（包括免許等の日が二月二十九日である場合においてその期間がうるう年の前年の三月一日から始まるときは翌年の二月二十八日までの期間とし、当該包括免許等の日又はその包括免許等の日に応当する日（応当する日がない場合は、その翌日）から当該包括免許等の有効期間の満了の日までの期間が一年に満たない場合はその期間とする。以下この項及び次項において同じ。）について、第一号包括免許人にあつては五百十円（広域専用電波を使用する無線局を通信の相手方とする無線局については、二百円）に、第二号包括免許人にあつては別表第六の上欄に掲げる無線局の区分に従い同表の下欄に掲げる金額に、包括登録人にあつては五百四十円（移動しない無線局については、別表第八の上欄に掲げる無線局の区分に従い同表の下欄に掲げる金額）に、それぞれ当該一年の期間に係る開設無線局数又は開設登録局数（登録の日の属する月の末日及びその後毎年その登録の日に応当する日（応当する日がない場合は、その前日）の属する月の末日現在において開設している登録局の数をいう。次項において同じ。）を乗じて得た金額（当該包括免許等の日又はその包括免許等の日に応当する日（応当する日がない場合は、その翌日）から当該包括免許等の有効期間の満了の日までの期間が一年に満たない場合は、その額に当該期間の月数を十二で除して得た数を乗じて得た額に相当する金額）を国に納めなければならない。

6　包括免許人等は、前項の規定によるもののほか、包括免許等の日又はその後毎年その包括免許等の日に応当する日（応当する日がない場合は、その翌日）から始まる各一年の期間において、当該包括免許等の日の属する月の翌月以後の月の末日又はその後毎年その包括免許等の日に応当する日（応当する日がない場合は、その前日）の属する月の翌月以後の月の末日現在において開設している特定無線局又は登録局の数がそれぞれ当該一年の期間に係る開設無線局数（特定無線局（第二十七条の二第一号に掲げる無線局に係るものに限る。）にあつては既にこの項の規定による届出があつた場合には、その届出の日以後においては、その届出に係る特定無線局の数、特定無線局（同条第二号に掲げる無線局に係るものに限る。）にあつては既に特定無線局の数が開設無線局数を超えた月があつた場合には、その月の翌月以後においては、その月の末日現在において開設している特定無線局の数）又は開設登録局数（既に登録局の数が開設登録局数を超えた月があつた場合は、その月の翌月以後においては、その月の末日現在において開設している登録局の数）を超えたときは、電波利用料として、第一号包括免許人にあつては当該開設している特定無線局の数を当該超えた月の翌月の十五日までに総務大臣に届け出て、当該届出が受理された日から起算して三十日以内に、第二号包括免許人又は包括登録人にあつては当該超えた月の末日から起算して四十五日以内に、当該超えた月から次の包括免許等の日に応当する日（応当する日がない場合は、その前日）の属する月の前月まで又は当該包括免許等の有効期間の満了の日の翌日の属する月の前月までの期間について、第一号包括免許人にあつては五百十円（広域専用電波を使用する無線局を通信の相手方とする無線局については、二百円）に、第二号包括免許人にあつては別表第六の上欄に掲げる無線局の区分に従い同表の下欄に掲げる金額に、包括登録人にあつては五百四十円（移動しない無線局については、別表第八の上欄に掲げる無線局の区分に従い同表の下欄に掲げる金額）に、それぞれその超える特定無線局の数又は登録局の数（当該包括免許人等が他の包括免許等（当該包括免許人等の包括免許等に係る無線局と同等の機能を有するものとして総務省令で定める無線局に係るものに限る。）を受けている場合であつて、当該超えた月の末日現在において当該他の包括免許等に基づき開設している特定無線局の数又は登録局の数が当該超えた月の前月の末日現在において当該他の包括免許等に基づき開設している特定無線局の数又は登録局の数を下回るときは、当該超える特定無線局の数又は登録局の数を限度としてこれらの数からそれぞれその下回る特定無線局の数又は登録局の数を控除した数）を乗じて得た金額に当該期間の月数を十二で除して得た数を乗じて得た額に相当する金額を国に納めなければならない。

7　広域専用電波を使用する第一号包括免許人は、第一項及び前二項の規定にかかわらず、電波利用料として、同等の機能を有する特定無線局（第二十七条の二第一号に掲げる無線局に係るものであつて、広域専用電波を使用するものに限る。以下この項及び次項において同じ。）の区分として総務省令で定める区分（以下この項及び次項において「同等特定無線局区分」という。）ごとに、当該第一号包括免許人が受けている包括免許に基づき毎年十月末日現在において開設している特定無線局の数（次項において「開設特定無線局数」という。）をその年の十一月十五日までに総務大臣に届け出て、当該届出が受理された日から起算して三十日以内に、その年の十月一日から始まる一年の期間（その年の十月一日からその包括免許の有効期間の満了の日までの期間が一年に満たない特定無線局にあつては、その期間）について、一局につき二百円（その年の十月一日からその包括免許の有効期間の満了の日までの期間が一年に満たない特定無線局にあつては、二百円に当該期間の月数を十二で除して得た数を乗じて得た額に相当する金額）を国に納めなければならない。ただし、この項本文の規定により各同等特定無線局区分について算出された額が当該同等特定無線局区分に係る上限額（二百円に、同等特定無線局区分周波数幅（当該同等特定無線局区分に係る当該開設している特定無線局が使用する広域専用電波の周波数の幅のメガヘルツで表した数値に当該広域専用電波に係る別表第七の上欄に掲げる区域に応じ同表の下欄に掲げる係数を乗じて得た数値をいう。）及び基準無線局数（電波の有効利用の程度を勘案して総務省令で定める一メガヘルツ当たりの特定無線局の数をいう。）を乗じて得た額をいう。以下この項及び次項において同じ。）を超えるときは、当該第一号包括免許人がこの項の規定により当該同等特定無線局区分について国に納めなければならない電波利用料の額は、当該同等特定無線局区分に係る上限額とする。

8　広域専用電波を使用する第一号包括免許人は、前項の規定によるもののほか、同等特定無線局区分ごとに、毎年十月一日から始まる各一年の期間において、その年の十一月以後の月の末日現在において開設している特定無線局（その年の十一月一日以後の日を包括免許の日とする包括免許に基づき開設している特定無線局に限る。以下この項において「新規免許開設局」という。）の数がこの項の規定による届出に係る新規免許開設局の数（この項の規定により新規免許開設局の数についての届出がされていない場合には、零）を超えたとき又は当該末日現在において開設している特定無線局（新規免許開設局を除く。以下この項において「既存免許開設局」という。）の数が当該一年の期間に係る開設特定無線局数（既にこの項の規定により既存免許開設局の数についての届出があつた場合には、その届出の日以後においては、その届出に係る既存免許開設局の数）を超えたときは、電波利用料として、新規免許開設局についてはその超えた月の末日現在における新規免許開設局の数を、既存免許開設局についてはその超えた月の末日現在における既存免許開設局の数をその翌月の十五日までに総務大臣に届け出て、当該届出が受理された日から起算して三十日以内に、当該届出に係る月からその年の翌年の九月（その年の翌年の九月末日より前にその包括免許の有効期間が満了する特定無線局にあつては、当該包括免許の有効期間の満了の日の翌日の属する月の前月）までの期間について、二百円に、新規免許開設局についてはその超える新規免許開設局の数を、既存免許開設局についてはその超える既存免許開設局の数を乗じて得た金額に、当該期間の月数を十二で除して得た数を乗じて得た額に相当する金額の合計額を国に納めなければならない。ただし、この項本文の規定により当該第一号包括免許人が開設している特定無線局に係る各同等特定無線局区分について算出された額に当該同等特定無線局区分に係る既納付額（当該第一号包括免許人が前項及びこの項の規定により既に当該一年の期間又は当該一年の期間に含まれる一年未満の期間について国に納めた当該同等特定無線局区分に係る電波利用料の額の合計額をいう。以下この項において同じ。）を加えて得た額が当該同等特定無線局区分に係る上限額を超えるときは、当該第一号包括免許人がこの項の規定により当該同等特定無線局区分について国に納めなければならない電波利用料の額は、当該同等特定無線局区分に係る上限額から当該同等特定無線局区分に係る既納付額を控除して得た額に相当する金額とする。

9　免許人が既開設局の免許人である場合における当該既開設局に係る第一項の規定の適用については、当該既開設局に係る周波数割当計画等の変更（当該既開設局に係る無線局区分の周波数の使用の期限に係るものに限る。）の公示の日から十年を超えない範囲内で政令で定める期間を経過する日までの間は、同項中「金額）」とあるのは、「金額）に、当該免許人等に係る特定周波数変更対策業務（第七十一条の三第九項の規定による指定周波数変更対策機関に対する交付金の交付を含む。）に要すると見込まれる費用の二分の一に相当する額に当該特定周波数変更対策業務に係る既開設局の各免許人が当該既開設局と特定新規開設局とを併せて開設する期間を平均した期間の当該既開設局に係る周波数割当計画等の変更（当該既開設局に係る無線局区分の周波数の使用の期限に係るものに限る。）の公示の日から当該周波数の使用の期限までの期間に対する割合を乗じた額を勘案し、当該既開設局の周波数及び空中線電力に応じて政令で定める金額を加算した金額」とする。

10　免許人等が特定公示局の免許人等である場合における当該特定公示局に係る第一項及び第五項から第八項までの規定の適用については、当該特定公示局に係る旧割当期限の満了の日（以下「満了日」という。）の翌日から起算して十年を超えない範囲内で政令で定める期間を経過する日までの間は、第一項中「金額）」とあるのは「金額）に、当該免許人等に係る特定周波数終了対策業務（第七十一条の三の二第十一項において準用する第七十一条の三第九項の規定による登録周波数終了対策機関に対する交付金の交付を含む。）に要すると見込まれる費用（第七十一条第二項又は第七十六条の三第二項の規定に基づき当該特定周波数終了対策業務に係る旧割当期限を定めた周波数の電波を使用する無線局の免許人等に対して補償する場合における当該補償に要すると見込まれる費用を含む。）の二分の一に相当する額及び第十項の政令で定める期間に開設されると見込まれる当該特定周波数終了対策業務に係る特定公示局の数を勘案し、無線局の種別、周波数及び空中線電力に応じて政令で定める金額を加算した金額」と、第五項及び第六項中「掲げる金額）」とあるのは「掲げる金額）に、それぞれ当該包括免許人等に係る特定周波数終了対策業務（第七十一条の三の二第十一項において準用する第七十一条の三第九項の規定による登録周波数終了対策機関に対する交付金の交付を含む。）に要すると見込まれる費用（第七十一条第二項又は第七十六条の三第二項の規定に基づき当該特定周波数終了対策業務に係る旧割当期限を定めた周波数の電波を使用する無線局の免許人等に対して補償する場合における当該補償に要すると見込まれる費用を含む。）の二分の一に相当する額及び第十項の政令で定める期間に開設されると見込まれる当該特定周波数終了対策業務に係る特定公示局の数を勘案し、無線局の種別、周波数及び空中線電力に応じて政令で定める金額を加算した金額」と、第七項中「一局につき二百円」とあるのは「一局につき二百円に、当該第一号包括免許人に係る特定周波数終了対策業務（第七十一条の三の二第十一項において準用する第七十一条の三第九項の規定による登録周波数終了対策機関に対する交付金の交付を含む。）に要すると見込まれる費用（第七十一条第二項又は第七十六条の三第二項の規定に基づき当該特定周波数終了対策業務に係る旧割当期限を定めた周波数の電波を使用する無線局の免許人等に対して補償する場合における当該補償に要すると見込まれる費用を含む。）の二分の一に相当する額及び第十項の政令で定める期間に開設されると見込まれる当該特定周波数終了対策業務に係る特定公示局の数を勘案し、無線局の種別、周波数及び空中線電力に応じて政令で定める金額（以下この項及び次項において「特定周波数終了対策業務に係る金額」という。）を加算した金額」と、「、二百円」とあるのは「、二百円に特定周波数終了対策業務に係る金額を加算した金額」と、「（二百円」とあるのは「（二百円に特定周波数終了対策業務に係る金額を加算した金額」と、第八項中「二百円」とあるのは「二百円に特定周波数終了対策業務に係る金額を加算した金額」とする。

11　前項の規定にかかわらず、免許人が特定公示局の免許人であつて認定計画に従つて特定基地局を最初に開設する場合における当該最初に開設する特定基地局（当該特定基地局が包括免許に係るものである場合にあつては、当該包括免許に係る他の特定基地局を含む。以下この項において同じ。）に係る第一項又は第五項の規定の適用については、当該特定公示局に係る満了日の翌日から起算して五年を超えない範囲内で政令で定める期間を経過する日までの間は、第一項中「金額）」とあるのは「金額）に、当該免許人等に係る」と、同項及び第五項中「を国に」とあるのは「特定周波数終了対策業務（第七十一条の三の二第十一項において準用する第七十一条の三第九項の規定による登録周波数終了対策機関に対する交付金の交付を含む。）に要すると見込まれる費用（第七十一条第二項又は第七十六条の三第二項の規定に基づき当該特定周波数終了対策業務に係る旧割当期限を定めた周波数の電波を使用する無線局の免許人等に対して補償する場合における当該補償に要すると見込まれる費用を含む。）の二分の一に相当する額を勘案して当該特定基地局に使用させることとする周波数及びその使用区域に応じて政令で定める金額と、当該政令で定める金額未満で当該認定計画に係る認定の有効期間、特定基地局の総数その他の当該認定計画が特定基地局の円滑な開設に寄与する程度を勘案して総務省令で定めるところにより算定した金額とを合算した金額を加算した金額を国に」と、同項中「相当する金額）」とあるのは「相当する金額）に、当該包括免許人等に係る」とする。この場合において、当該認定計画に従つて開設される当該最初に開設する特定基地局以外の特定基地局及び当該認定計画に従つて開設される特定基地局の通信の相手方である移動する無線局については、前項の規定は適用しない。

12　特定周波数終了対策業務に係る全ての特定公示局が第四条第三号の無線局である場合における当該特定公示局（以下「特定免許等不要局」という。）に係る満了日の翌日から起算して十年を超えない範囲内で政令で定める期間を経過する日までの間（以下この条において「対象期間」という。）に当該特定周波数終了対策業務に係る特定免許等不要局（電気通信業務その他これに準ずる業務の用に供する無線局に専ら使用される無線設備であつて総務省令で定めるものを使用するものに限る。）を開設した者は、政令で定める無線局の有する機能ごとに、その者の氏名（法人にあつては、その名称及び代表者の氏名。次項において同じ。）及び住所並びに対象期間における毎年の当該特定免許等不要局に係る満了日に応当する日（応当する日がない場合は、その前日）現在において開設している当該特定免許等不要局の数（以下この項において「開設特定免許等不要局数」という。）をその日の属する月の翌月の十五日までに総務大臣に届け出て、電波利用料として、当該届出が受理された日から起算して三十日以内に、当該応当する日までの一年の期間について、当該特定免許等不要局に係る特定周波数終了対策業務に要すると見込まれる費用（第七十一条第二項又は第七十六条の三第二項の規定に基づき当該特定周波数終了対策業務に係る旧割当期限を定めた周波数の電波を使用する無線局の免許人等に対して補償する場合における当該補償に要する費用を含む。次項において同じ。）の二分の一に相当する額及び対象期間において開設されると見込まれる当該特定周波数終了対策業務に係る特定免許等不要局の数を勘案して当該政令で定める無線局の有する機能に応じて政令で定める金額に当該一年の期間に係る開設特定免許等不要局数を乗じて得た金額を国に納めなければならない。

13 前項に規定する場合において、当該特定周波数終了対策業務に係る特定免許等不要局に使用することができる無線設備（同項の総務省令で定めるものを除く。）に対象期間に表示（第三十八条の七第一項、第三十八条の二十六（外国取扱業者に適用される場合を除く。）又は第三十八条の三十五の規定による表示をいう。以下この項及び第二十一項において同じ。）を付した者（以下この条において「表示者」という。）は、政令で定める無線局の有する機能ごとに、その者の氏名及び住所並びに対象期間において毎年の満了日に応当する日（応当する日がない場合は、その前日）前一年間に表示を付した当該無線設備の数その他総務省令で定める事項をその日の属する月の翌月の十五日までに総務大臣に届け出て、電波利用料として、当該届出が受理された日から起算して三十日以内に、当該無線設備を使用する特定免許等不要局に係る特定周波数終了対策業務に要すると見込まれる費用の二分の一に相当する額、対象期間において開設されると見込まれる当該特定周波数終了対策業務に係る特定免許等不要局の数及び当該無線設備が使用されると見込まれる平均的な期間を勘案して当該政令で定める無線局の有する機能に応じて政令で定める金額に、当該一年間に表示を付した無線設備の数（当該無線設備のうち、専ら本邦外において使用されると見込まれるもの及び輸送中又は保管中におけるその機能の障害その他これに類する理由により対象期間において使用されないと見込まれるものがある場合には、総務省令で定めるところにより、これらのものの数を控除した数。第二十一項後段において同じ。）を乗じて得た金額を国に納めなければならない。

14 第一項、第二項及び第五項から第十二項までの規定は、第二十七条第一項の規定により免許を受けた無線局の免許人又は前条第二項に規定する無線局（次の各号に掲げる者が専ら当該各号に定める事務の用に供することを目的として開設する無線局（以下この項において「国の機関等が開設する無線局」という。）を除く。）若しくは国の機関等が開設する無線局その他これらに類するものとして政令で定める無線局の免許人等（当該無線局が特定免許等不要局であるときは、当該特定免許等不要局を開設した者）には、当該無線局に関しては適用しない。

一　警察庁　警察法（昭和二十九年法律第百六十二号）第二条第一項に規定する責務を遂行するために行う事務

二　消防庁又は地方公共団体　消防組織法（昭和二十二年法律第二百二十六号）第一条に規定する任務を遂行するために行う事務

三　法務省　出入国管理及び難民認定法（昭和二十六年政令第三百十九号）第六十一条の三の二第二項に規定する事務

四　法務省　刑事収容施設及び被収容者等の処遇に関する法律（平成十七年法

律第五十号）第三条に規定する刑事施設、少年院法（平成二十六年法律第五十八号）第三条に規定する少年院、少年鑑別所法（平成二十六年法律第五十九号）第三条に規定する少年鑑別所及び婦人補導院法（昭和三十三年法律第十七号）第一条第一項に規定する婦人補導院の管理運営に関する事務

五　公安調査庁　公安調査庁設置法（昭和二十七年法律第二百四十一号）第四条に規定する事務

六　厚生労働省　麻薬及び向精神薬取締法（昭和二十八年法律第十四号）第五十四条第五項に規定する職務を遂行するために行う事務

七　国土交通省　航空法第九十六条第一項の規定による指示に関する事務

八　気象庁　気象業務法（昭和二十七年法律第百六十五号）第二十三条に規定する警報に関する事務

九　海上保安庁　海上保安庁法（昭和二十三年法律第二十八号）第二条第一項に規定する任務を遂行するために行う事務

十　防衛省　自衛隊法（昭和二十九年法律第百六十五号）第三条に規定する任務を遂行するために行う事務

十一　国の機関、地方公共団体又は水防法（昭和二十四年法律第百九十三号）第二条第二項に規定する水防管理団体　水防事務（第二号に定めるものを除く。）

十二　国の機関　災害対策基本法（昭和三十六年法律第二百二十三号）第三条第一項に規定する責務を遂行するために行う事務（前各号に定めるものを除く。）

15　次の各号に掲げる無線局（前項の政令で定めるものを除く。）の免許人等（当該無線局が特定免許等不要局であるときは、当該特定免許等不要局を開設した者）が納めなければならない電波利用料の金額は、当該各号に定める規定にかかわらず、これらの規定による金額の二分の一に相当する金額とする。

一　前項各号に掲げる者が当該各号に定める事務の用に供することを目的として開設する無線局（専ら当該各号に定める事務の用に供するものを除く。）　第一項、第二項及び第五項から第十二項まで

二　地方公共団体が開設する無線局であつて、災害対策基本法第二条第十号に掲げる地域防災計画の定めるところに従い防災上必要な通信を行うことを目的とするもの（専ら前項第二号及び第十一号に定める事務の用に供することを目的として開設するもの並びに前号に掲げるものを除く。）　第一項及び第五項から第十二項まで

三　周波数割当計画において無線局の使用する電波の周波数の全部又は一部について使用の期限が定められている場合（第七十一条の二第一項の規定の適用がある場合を除く。）において当該無線局をその免許等の日又は応当日から起算して二年以内に廃止することについて総務大臣の確認を受けた無線局　第一項

16　第一項、第二項、第五項及び第七項の月数は、暦に従つて計算し、一月に満たない端数を生じたときは、これを一月とする。

17　免許人等（包括免許人等を除く。）は、第一項の規定により電波利用料を納めるときには、その翌年の応当日以後の期間に係る電波利用料を前納することができる。

18　前項の規定により前納した電波利用料は、前納した者の請求により、その請求をした日後に最初に到来する応当日以後の期間に係るものに限り、還付する。

19　総務大臣は、総務省令で定めるところにより、免許人の申請に基づき、当該免許人が第二項前段の規定により納付すべき電波利用料を延納させることができる。

20　表示者は、第十三項の規定にかかわらず、総務大臣の承認を受けて、同項の規定により当該表示者が対象期間のうち総務省令で定める期間（以下この条に

おいて「予納期間」という。）を通じて納付すべき電波利用料の総額の見込額を予納することができる。この場合において、当該表示者は、予納期間において同項の規定による届出をすることを要しない。

21　前項の規定により予納した表示者は、予納期間において表示を付した第十三項の無線設備の数を予納期間が終了した日（当該表示者が表示に係る業務を休止し、又は廃止したときその他総務省令で定める事由が生じた場合には、当該事由が生じた日）の属する月の翌月の十五日までに総務大臣に届け出なければならない。この場合において、当該表示者は、予納した電波利用料の金額が同項の政令で定める金額に予納期間において表示を付した無線設備の数を乗じて得た金額（次項において「要納付額」という。）に足りないときは、その不足金額を当該届出が受理された日から起算して三十日以内に国に納めなければならない。

22　第二十項の規定により表示者が予納した電波利用料の金額が要納付額を超える場合には、その超える金額について、当該表示者の請求により還付する。

23　総務大臣は、電波利用料を納付しようとする者から、預金又は貯金の払出しとその払い出した金銭による電波利用料の納付をその預金口座又は貯金口座のある金融機関に委託して行うことを希望する旨の申出があつた場合には、その納付が確実と認められ、かつ、その申出を承認することが電波利用料の徴収上有利と認められるときに限り、その申出を承認することができる。

24　前項の承認に係る電波利用料が同項の金融機関による当該電波利用料の納付の期限として総務省令で定める日までに納付された場合には、その納付の日が納期限後である場合においても、その納付は、納期限までにされたものとみなす。

25　電波利用料を納付しようとする者は、その電波利用料の額が総務省令で定める金額以下である場合は、納付受託者（第二十七項に規定する納付受託者をいう。次項において同じ。）に納付を委託することができる。

26　電波利用料を納付しようとする者が、納付受託者に納付しようとする電波利用料の額に相当する金銭を交付したときは、当該交付した日に当該電波利用料の納付があつたものとみなして、延滞金に関する規定を適用する。

27　電波利用料の納付に関する事務（以下この項及び第三十五項において「納付事務」という。）を適正かつ確実に実施することができると認められる者であり、かつ、政令で定める要件に該当する者として総務大臣が指定するもの（次項から第三十七項までにおいて「納付受託者」という。）は、電波利用料を納付しようとする者の委託を受けて、納付事務を行うことができる。

28　総務大臣は、前項の規定による指定をしたときは、納付受託者の名称、住所又は事務所の所在地その他総務省令で定める事項を公示しなければならない。

29　納付受託者は、その名称、住所又は事務所の所在地を変更しようとするときは、あらかじめ、その旨を総務大臣に届け出なければならない。

30　総務大臣は、前項の規定による届出があつたときは、当該届出に係る事項を公示しなければならない。

31　納付受託者は、第二十五項の規定により電波利用料を納付しようとする者の委託に基づき当該電波利用料の額に相当する金銭の交付を受けたときは、総務省令で定める日までに当該委託を受けた電波利用料を納付しなければならない。

32　納付受託者は、第二十五項の規定により電波利用料を納付しようとする者の委託に基づき当該電波利用料の額に相当する金銭の交付を受けたときは、遅滞なく、総務省令で定めるところにより、その旨及び交付を受けた年月日を総務大臣に報告しなければならない。

33　納付受託者が第三十一項の電波利用料を同項に規定する総務省令で定める日までに完納しないときは、総務大臣は、国税の保証人に関する徴収の例によりその電波利用料を納付受託者から徴収する。

34 総務大臣は、第三十一項の規定により納付受託者が納付すべき電波利用料については、当該納付受託者に対して国税滞納処分の例による処分をしてもなお徴収すべき残余がある場合でなければ、その残余の額について当該電波利用料に係る第二十五項の規定による委託をした者から徴収することができない。

35 納付受託者は、総務省令で定めるところにより、帳簿を備え付け、これに納付事務に関する事項を記載し、及びこれを保存しなければならない。

36 総務大臣は、第二十七項から前項までの規定を施行するため必要があると認めるときは、その必要な限度で、総務省令で定めるところにより、納付受託者に対し、報告をさせることができる。

37 総務大臣は、第二十七項から前項までの規定を施行するため必要があると認めるときは、その必要な限度で、その職員に、納付受託者の事務所に立ち入り、納付受託者の帳簿書類（その作成又は保存に代えて電磁的記録の作成又は保存がされている場合における当該電磁的記録を含む。）その他必要な物件を検査させ、又は関係者に質問させることができる。

38 前項の規定により立入検査を行う職員は、その身分を示す証明書を携帯し、かつ、関係者の請求があるときは、これを提示しなければならない。

39 第三十七項に規定する権限は、犯罪捜査のために認められたものと解してはならない。

40 総務大臣は、第二十七項の規定による指定を受けた者が次の各号のいずれかに該当するときは、その指定を取り消すことができる。

一 第二十七項に規定する指定の要件に該当しなくなつたとき。

二 第三十二項又は第三十六項の規定による報告をせず、又は虚偽の報告をしたとき。

三 第三十五項の規定に違反して、帳簿を備え付けず、帳簿に記載せず、若しくは帳簿に虚偽の記載をし、又は帳簿を保存しなかつたとき。

四 第三十七項の規定による立入り若しくは検査を拒み、妨げ、若しくは忌避し、又は同項の規定による質問に対して陳述をせず、若しくは虚偽の陳述をしたとき。

41 総務大臣は、前項の規定により指定を取り消したときは、その旨を公示しなければならない。

42 総務大臣は、電波利用料を納めない者があるときは、督促状によつて、期限を指定して督促しなければならない。

43 総務大臣は、前項の規定による督促を受けた者がその指定の期限までにその督促に係る電波利用料及び次項の規定による延滞金を納めないときは、国税滞納処分の例により、これを処分する。この場合における電波利用料及び延滞金の先取特権の順位は、国税及び地方税に次ぐものとする。

44 総務大臣は、第四十二項の規定により督促をしたときは、その督促に係る電波利用料の額につき年十四・五パーセントの割合で、納期限の翌日からその納付又は財産差押えの日の前日までの日数により計算した延滞金を徴収する。ただし、やむを得ない事情があると認められるときその他総務省令で定めるときは、この限りでない。

45 第十七項から前項までに規定するもののほか、電波利用料の納付の手続その他電波利用料の納付について必要な事項は、総務省令で定める。

〈 未施行の百四次改正後の条文：傍線が改正部分 〉

（電波利用料の徴収等）

第百三条の二 免許人等は、電波利用料として、無線局の免許等の日から起算して三十日以内及びその後毎年その免許等の日に応当する日（応当する日がない場合には、その翌日。以下この条において「応当日」という。）から起算して三十日以内に、当該無線局の免許等の日又は応当日（以下この項において「起算日」という。）から始まる各一年の期間（無線局の免許等の日が二月二十九日である場合においてその期間がうるう年の前年の三月一日から始まるときは翌年の二月二十八日までの期間とし、起算日から当該免許等の有効期間の満了の日までの期間が一年に満たない場合にはその期間とする。）について、別表第六の上欄に掲げる無線局の区分に従い同表の下欄に掲げる金額（起算日から当該免許等の有効期間の満了の日までの期間が一年に満たない場合には、その額に当該期間の月数を十二で除して得た数を乗じて得た額に相当する金額）を国に納めなければならない。

2　前項の規定によるもののほか、広範囲の地域において同一の者により相当数開設される無線局に専ら使用させることを目的として別表第七の上欄に掲げる区域を単位として総務大臣が指定する周波数（三千メガヘルツ以下のものに限る。）の電波（以下この条において「広域専用電波」という。）を使用する免許人は、電波利用料として、毎年十一月一日までに、その年の十月一日から始まる一年の期間について、当該免許人に係る広域専用電波の周波数の幅のメガヘルツで表した数値に当該区域に応じ同表の下欄に掲げる係数を乗じて得た数値を八千七百二十四万六千二百円（別表第六の一の項又は二の項に掲げる無線局のうち電気通信業務を行うことを目的とするもの（二、〇二五メガヘルツを超え二、一一〇メガヘルツ以下、二、二〇〇メガヘルツを超え二、二九〇メガヘルツ以下及び二、五四五メガヘルツを超え二、六五五メガヘルツ以下の周波数の電波を使用するものを除く。）に係る広域専用電波にあつては四千七百六十三万三千八百円、同表の四の項又は五の項に掲げる無線局に係る広域専用電波にあつては二百十五万四千八百円、同表の六の項に掲げる無線局に係る広域専用電波にあつては二千三百八十二万八千六百円）に乗じて得た額に相当する金額を国に納めなければならない。この場合において、広域専用電波を最初に使用する無線局の免許の日（無線局の周波数の指定の変更を受けることにより当該広域専用電波を使用できることとなる場合には、当該指定の変更の日。以下この項において同じ。）が十月一日以外の日である場合における当該免許の日から同日以後の最初の九月末日までの期間についてのこの項前段の規定の適用については、「毎年十一月一日までに、その年の十月一日から始まる一年の期間について」とあるのは「当該広域専用電波を最初に使用する無線局の免許の日（無線局の周波数の指定の変更を受けることにより当該広域専用電波を使用できることとなる場合には、当該指定の変更の日。以下この項において同じ。）の属する月の末日から起算して三十日以内に、当該免許の日から同日以後の最初の九月末日までの期間について」と、「得た額」とあるのは「得た額に当該期間の月数を十二で除して得た数を乗じて得た額」とする。

3　認定計画に係る指定された周波数の電波が広域専用電波である場合において、当該認定計画に係る認定開設者がその認定を受けた日から起算して六月を経過する日（認定計画に係る指定された周波数の電波が当該認定計画に係る認定開設者がその認定を受けた日後に広域専用電波となつた場合には、その認定を受けた日から起算して六月を経過する日又は当該指定された周波数の電波が広域専用電波となつた日のいずれか遅い日。以下この項において「六月経過日」という。）までに当該認定計画に係るいずれの特定基地局の免許も受けなかつたときは、当該認定開設者を当該六月経過日に当該広域専用電波を最初に使用する特定基地局の免許を受けた免許人とみなして、前項及び第十九項の規定を適用する。

4　この条及び次条において「電波利用料」とは、次に掲げる電波の適正な利用の確保に関し総務大臣が無線局全体の受益を直接の目的として行う事務の処理に要する費用（同条において「電波利用共益費用」という。）の財源に充てるために免許人等、第十二項の特定免許等不要局を開設した者又は第十三項の表示者が納付すべき金銭をいう。

一　電波の監視及び規正並びに不法に開設された無線局の探査
二　総合無線局管理ファイル（全無線局について第六条第一項及び第二項、第二十七条の三、第二十七条の十八第二項及び第三項並びに第二十七条の二十九第二項及び第三項の書類及び申請書並びに免許状等に記載しなければならない事項その他の無線局の免許等に関する事項を電子情報処理組織によつて記録するファイルをいう。）の作成及び管理
三　周波数を効率的に利用する技術、周波数の共同利用を促進する技術又は高い周波数への移行を促進する技術としておおむね五年以内に開発すべき技術に関する無線設備の技術基準の策定に向けた研究開発並びに既に開発されている周波数を効率的に利用する技術、周波数の共同利用を促進する技術又は高い周波数への移行を促進する技術を用いた無線設備について無線設備の技術基準を策定するために行う国際機関及び外国の行政機関その他の外国の関係機関との連絡調整、試験並びにその結果の分析
四　電波の人体等への影響に関する調査
五　標準電波の発射
六　特定周波数変更対策業務（第七十一条の三第九項の規定による指定周波数変更対策機関に対する交付金の交付を含む。）
七　特定周波数終了対策業務（第七十一条の三の二第十一項において準用する第七十一条の三第九項の規定による登録周波数終了対策機関に対する交付金の交付を含む。第十二項及び第十三項において同じ。）
八　現に設置されている人命又は財産の保護の用に供する無線設備による無線通信について、当該無線設備が用いる技術の内容、当該無線設備が使用する周波数の電波の利用状況、当該無線通信の利用に対する需要の動向その他の事情を勘案して電波の能率的な利用に資する技術を用いた無線設備により行われるようにするため必要があると認められる場合における当該技術を用いた人命又は財産の保護の用に供する無線設備（当該無線設備と一体として設置される総務省令で定める附属設備並びに当該無線設備及び当該附属設備を設置するために必要な工作物を含む。）の整備のための補助金の交付
九　前号に掲げるもののほか、電波の能率的な利用に資する技術を用いて行われる無線通信を利用することが困難な地域において必要最小の空中線電力による当該無線通信の利用を可能とするために行われる次に掲げる設備（当該設備と一体として設置される総務省令で定める附属設備並びに当該設備及び当該附属設備を設置するために必要な工作物を含む。）の整備のための補助金の交付その他の必要な援助
イ　当該無線通信の業務の用に供する無線局の無線設備及び当該無線局の開設に必要な伝送路設備
ロ　当該無線通信の受信を可能とする伝送路設備
十　前二号に掲げるもののほか、電波の能率的な利用に資する技術を用いて行われる無線通信を利用することが困難なトンネルその他の環境において当該無線通信の利用を可能とするために行われる設備の整備のための補助金の交付
十一　電波の能率的な利用を確保し、又は電波の人体等への悪影響を防止するために行う周波数の使用又は人体等の防護に関するリテラシーの向上のための活動に対する必要な援助
十二　電波利用料に係る制度の企画又は立案その他前各号に掲げる事務に附帯する事務

5　包括免許人又は包括登録人（以下この条において「包括免許人等」という。）は、第一項の規定にかかわらず、電波利用料として、第一号包括免許人にあつては包括免許の日の属する月の末日及びその後毎年その包括免許の日に応当する日（応当する日がない場合には、その前日）の属する月の末日現在において

開設している特定無線局の数（以下この項及び次項において「開設無線局数」という。）をその翌月の十五日までに総務大臣に届け出て、当該届出が受理された日から起算して三十日以内に、第二号包括免許人にあつては包括免許の日の属する月の末日及びその後毎年その包括免許の日に応当する日（応当する日がない場合には、その前日）の属する月の末日から起算して四十五日以内に、包括登録人にあつては第二十七条の二十九第一項の規定による登録の日の属する月の末日及びその後毎年その登録の日に応当する日（応当する日がない場合には、その前日）の属する月の末日から起算して四十五日以内にそれぞれ当該包括免許若しくは同項の規定による登録（以下「包括免許等」という。）の日又はその後毎年その包括免許等の日に応当する日（応当する日がない場合には、その翌日）から始まる各一年の期間（包括免許等の日が二月二十九日である場合においてその期間がうるう年の前年の三月一日から始まるときは翌年の二月二十八日までの期間とし、当該包括免許等の日又はその包括免許等の日に応当する日（応当する日がない場合には、その翌日）から当該包括免許等の有効期間の満了の日までの期間が一年に満たない場合にはその期間とする。以下この項及び次項において同じ。）について、第一号包括免許人にあつては四百二十円（広域専用電波を使用する無線局を通信の相手方とする無線局については、百四十円）に、第二号包括免許人にあつては別表第六の上欄に掲げる無線局の区分に従い同表の下欄に掲げる金額に、包括登録人にあつては四百五十円（移動しない無線局については、別表第八の上欄に掲げる無線局の区分に従い同表の下欄に掲げる金額）に、それぞれ当該一年の期間に係る開設無線局数又は開設登録局数（登録の日の属する月の末日及びその後毎年その登録の日に応当する日（応当する日がない場合には、その前日）の属する月の末日現在において開設している登録局の数をいう。次項において同じ。）を乗じて得た金額（当該包括免許等の日又はその包括免許等の日に応当する日（応当する日がない場合には、その翌日）から当該包括免許等の有効期間の満了の日までの期間が一年に満たない場合には、その額に当該期間の月数を十二で除して得た数を乗じて得た額に相当する金額）を国に納めなければならない。

6　包括免許人等は、前項の規定によるもののほか、包括免許等の日又はその後毎年その包括免許等の日に応当する日（応当する日がない場合には、その翌日）から始まる各一年の期間において、当該包括免許等の日の属する月の翌月以後の月の末日又はその後毎年その包括免許等の日に応当する日（応当する日がない場合には、その前日）の属する月の翌月以後の月の末日現在において開設している特定無線局又は登録局の数がそれぞれ当該一年の期間に係る開設無線局数（特定無線局（第二十七条の二第一号に掲げる無線局に係るものに限る。）にあつては既にこの項の規定による届出があつた場合には、その届出の日以後においては、その届出に係る特定無線局の数、特定無線局（同条第二号に掲げる無線局に係るものに限る。）にあつては既に特定無線局の数が開設無線局数を超えた月があつた場合には、その月の翌月以後においては、その月の末日現在において開設している特定無線局の数）又は開設登録局数（既に登録局の数が開設登録局数を超えた月があつた場合には、その月の翌月以後においては、その月の末日現在において開設している登録局の数）を超えたときは、電波利用料として、第一号包括免許人にあつては当該開設している特定無線局の数を当該超えた月の翌月の十五日までに総務大臣に届け出て、当該届出が受理された日から起算して三十日以内に、第二号包括免許人又は包括登録人にあつては当該超えた月の末日から起算して四十五日以内に、当該超えた月から次の包括免許等の日に応当する日（応当する日がない場合には、その前日）の属する月の前月まで又は当該包括免許等の有効期間の満了の日の翌日の属する月の前月までの期間について、第一号包括免許人にあつては四百二十円（広域専用電波を使用する無線局を通信の相手方とする無線局については、百四十円）に、第二号包括免許人にあつては別表第六の上欄に掲げる無線局の区分に従い同表の下欄に掲げる金額に、包括登録人にあつては四百五十円（移動しない無線局については、別表第八の上欄に掲げる無線局の区分に従い同表の下欄に掲げる金額）に、それぞれその超える特定無線局の数又は登録局の数（当該包括免許人等が他の包括免許等（当該包括免許人等の包括免許等に係る無線局と同等の機能を有するものとして総務省令で定める無線局に係るものに限る。）を受けている場合において、当該超えた月の末日現在において当該他の包括免許等に基づき開設している特定無線局の数又は登録局の数が当該超えた月の前月の末日現在において当該他の包括免許等に基づき開設している特定無線局の数又は登録局の数を下回るときは、当該超える特定無線局の数又は登録局の数を限度としてこれらの数からそれぞれその下回る特定無線局の数又は登録局の数を控除した数）を乗じて得た金額に当該期間の月数を十二で除して得た数を乗じて得た額に相当する金額を国に納めなければならない。

7　広域専用電波を使用する第一号包括免許人は、第一項及び前二項の規定にかかわらず、電波利用料として、同等の機能を有する特定無線局（第二十七条の二第一号に掲げる無線局に係るものであつて、広域専用電波を使用するものに限る。以下この項及び次項において同じ。）の区分として総務省令で定める区分（以下この項及び次項において「同等特定無線局区分」という。）ごとに、当該第一号包括免許人が受けている包括免許に基づき毎年十月末日現在において開設している特定無線局の数（次項において「開設特定無線局数」という。）をその年の十一月十五日までに総務大臣に届け出て、当該届出が受理された日から起算して三十日以内に、その年の十月一日から始まる一年の期間（その年の十月一日からその包括免許の有効期間の満了の日までの期間が一年に満たない特定無線局にあつては、その期間）について、一局につき百四十円（その年の十月一日からその包括免許の有効期間の満了の日までの期間が一年に満たない特定無線局にあつては、百四十円に当該期間の月数を十二で除して得た数を乗じて得た額に相当する金額）を国に納めなければならない。ただし、この項本文の規定により各同等特定無線局区分について算出された額が当該同等特定無線局区分に係る上限額（百四十円に、同等特定無線局区分周波数幅（当該同等特定無線局区分に係る当該開設している特定無線局が使用する広域専用電波の周波数の幅のメガヘルツで表した数値に当該広域専用電波に係る別表第七の上欄に掲げる区域に応じ同表の下欄に掲げる係数を乗じて得た数値をいう。）及び基準無線局数（電波の有効利用の程度を勘案して総務省令で定める一メガヘルツ当たりの特定無線局の数をいう。）を乗じて得た額をいう。以下この項及び次項において同じ。）を超えるときは、当該第一号包括免許人がこの項の規定により当該同等特定無線局区分について国に納めなければならない電波利用料の額は、当該同等特定無線局区分に係る上限額とする。

8　広域専用電波を使用する第一号包括免許人は、前項の規定によるもののほか、同等特定無線局区分ごとに、毎年十月一日から始まる各一年の期間において、その年の十一月以後の月の末日現在において開設している特定無線局（その年の十一月一日以後の日を包括免許の日とする包括免許に基づき開設している特定無線局に限る。以下この項において「新規免許開設局」という。）の数がこの項の規定による届出に係る新規免許開設局の数（この項の規定により新規免許開設局の数についての届出がされていない場合には、零）を超えたとき、又は当該末日現在において開設している特定無線局（新規免許開設局を除く。以下この項において「既存免許開設局」という。）の数が当該一年の期間に係る開設特定無線局数（既にこの項の規定により既存免許開設局の数についての届出があつた場合には、その届出の日以後においては、その届出に係る既存免許開設局の数）を超えたときは、電波利用料として、新規免許開設局についてはその超えた月の末日現在における新規免許開設局の数を、既存免許開設局についてはその超えた月の末日現在における既存免許開設局の数をその翌月の十五日までに総務大臣に届け出て、当該届出が受理された日から起算して三十日以内に、当該届出に係る月からその年の翌年の九月（その年の翌年の九月末日より前にその包括免許の有効期間が満了する特定無線局にあつては、当該包括免許の有効期間の満了の日の翌日の属する月の前月）までの期間について、百四十円に、新規免許開設局についてはその超える新規免許開設局の数を、既存免許開設局についてはその超える既存免許開設局の数を乗じて得た金額に、当該期間の月数を十二で除して得た数を乗じて得た額に相当する金額の合計額を国に納めなければならない。ただし、この項本文の規定により当該第一号包括免許人が開設している特定無線局に係る各同等特定無線局区分について算出された額に当該同等特定無線局区分に係る既納付額（当該第一号包括免許人が前項及びこの項の規定により既に当該一年の期間又は当該一年の期間に含まれる一年未満の期間について国に納めた当該同等特定無線局区分に係る電波利用料の額の合計額をいう。以下この項において同じ。）を加えて得た額が当該同等特定無線局区分に係る上限額を超えるときは、当該第一号包括免許人がこの項の規定により当該同等特定無線局区分について国に納めなければならない電波利用料の額は、当該同等特定無線局区分に係る上限額から当該同等特定無線局区分に係る既納付額を控除して得た額に相当する金額とする。

9　免許人が既開設局の免許人である場合における当該既開設局に係る第一項の規定の適用については、当該既開設局に係る周波数割当計画等の変更（当該既開設局に係る無線局区分の周波数の使用の期限に係るものに限る。）の公示の日から十年を超えない範囲内で政令で定める期間を経過する日までの間は、同項中「金額）」とあるのは、「金額）に、当該免許人等に係る特定周波数変更対策業務（第七十一条の三第九項の規定による指定周波数変更対策機関に対する交付金の交付を含む。）に要すると見込まれる費用の二分の一に相当する額に当該特定周波数変更対策業務に係る既開設局の各免許人が当該既開設局と特定新規開設局とを併せて開設する期間を平均した期間の当該既開設局に係る周波数割当計画等の変更（当該既開設局に係る無線局区分の周波数の使用の期限に係るものに限る。）の公示の日から当該周波数の使用の期限までの期間に対する割合を乗じた額を勘案し、当該既開設局の周波数及び空中線電力に応じて政令で定める金額を加算した金額」とする。

10　免許人等が特定公示局の免許人等である場合における当該特定公示局に係る第一項及び第五項から第八項までの規定の適用については、当該特定公示局に係る旧割当期限の満了の日（以下「満了日」という。）の翌日から起算して十年を超えない範囲内で政令で定める期間を経過する日までの間は、第一項中「金額）」とあるのは「金額）に、当該免許人等に係る特定周波数終了対策業務（第七十一条の三の二第十一項において準用する第七十一条の三第九項の規定による登録周波数終了対策機関に対する交付金の交付を含む。）に要すると見込まれる費用（第七十一条第二項又は第七十六条の三第二項の規定に基づき当該特定周波数終了対策業務に係る旧割当期限を定めた周波数の電波を使用する無線局の免許人等に対して補償する場合における当該補償に要すると見込まれる費用を含む。）の二分の一に相当する額及び第十項の政令で定める期間に開設されると見込まれる当該特定周波数終了対策業務に係る特定公示局の数を勘案し、無線局の種別、周波数及び空中線電力に応じて政令で定める金額を加算した金額」と、第五項及び第六項中「掲げる金額）」とあるのは「掲げる金額）に、それぞれ当該包括免許人等に係る特定周波数終了対策業務（第七十一条の三の二第十一項において準用する第七十一条の三第九項の規定による登録周波数終了対策機関に対する交付金の交付を含む。）に要すると見込まれる費用（第七十一条第二項又は第七十六条の三第二項の規定に基づき当該特定周波数終了対策業務に係る旧割当期限を定めた周波数の電波を使用する無線局の免許人等に対して補償する場合における当該補償に要すると見込まれる費用を含む。）の二分の一に相当する額及び第八項の政令で定める期間に開設されると見込まれる当該特定周波数終了対策業務に係る特定公示局の数を勘案し、無線局の種別、周波数及び空中線電力に応じて政令で定める金額を加算した金額」と、第七項中「一局につき百四十円」とあるのは「一局につき百四十円に、当該第一号包括免許人に係る特定周波数終了対策業務（第七十一条の三の二第十一項において準用する第七十一条の三第九項の規定による登録周波数終了対策機関に対する交付金の交付を含む。）に要すると見込まれる費用（第七十一条第二項又は第七十六条の三第二項の規定に基づき当該特定周波数終了対策業務に係る旧割当期限を定めた周波数の電波を使用する無線局の免許人等に対して補償する場合における当該補償に要すると見込まれる費用を含む。）の二分の一に相当する額及び第十項の政令で定める期間に開設されると見込まれる当該特定周波数終了対策業務に係る特定公示局の数を勘案し、無線局の種別、周波数及び空中線電力に応じて政令で定める金額（以下この項及び次項において「特定周波数終了対策業務に係る金額」という。）を加算した金額」と、「、百四十円」とあるのは「、百四十円に特定周波数終了対策業務に係る金額を加算した金額」と、「（百四十円」とあるのは「（百四十円に特定周波数終了対策業務に係る金額を加算した金額」と、第八項中「百四十円」とあるのは「百四十円に特定周波数終了対策業務に係る金額を加算した金額」とする。

11　前項の規定にかかわらず、免許人が特定公示局の免許人であつて認定計画に従つて特定基地局を最初に開設する場合における当該最初に開設する特定基地局（当該特定基地局が包括免許に係るものである場合には、当該包括免許に係る他の特定基地局を含む。以下この項において同じ。）に係る第一項又は第五項の規定の適用については、当該特定公示局に係る満了日の翌日から起算して五年を超えない範囲内で政令で定める期間を経過する日までの間は、第一項中「金額）」とあるのは「金額）に、当該免許人等に係る」と、同項及び第五項中「を国に」とあるのは「特定周波数終了対策業務（第七十一条の三の二第十一項において準用する第七十一条の三第九項の規定による登録周波数終了対策機関に対する交付金の交付を含む。）に要すると見込まれる費用（第七十一条第二項又は第七十六条の三第二項の規定に基づき当該特定周波数終了対策業務に係る旧割当期限を定めた周波数の電波を使用する無線局の免許人等に対して補償する場合における当該補償に要すると見込まれる費用を含む。）の二分の一に相当する額を勘案して当該特定基地局に使用させることとする周波数及びその使用区域に応じて政令で定める金額と、当該政令で定める金額未満で当該認定計画に係る認定の有効期間、特定基地局の総数その他の当該認定計画が特定基地局の円滑な開設に寄与する程度を勘案して総務省令で定めるところにより算定した金額とを合算した金額を加算した金額を国に」と、同項中「相当する金額）」とあるのは「相当する金額）に、当該包括免許人等に係る」とする。この場合において、当該認定計画に従つて開設される当該最初に開設する特定基地局以外の特定基地局及び当該認定計画に従つて開設される特定基地局の通信の相手方である移動する無線局については、前項の規定は、適用しない。

12　特定周波数終了対策業務に係る全ての特定公示局が第四条第一項第三号の無線局である場合における当該特定公示局（以下「特定免許等不要局」という。）に係る満了日の翌日から起算して十年を超えない範囲内で政令で定める期間を経過する日までの間（以下この条において「対象期間」という。）に当該特定周波数終了対策業務に係る特定免許等不要局（電気通信業務その他これに準ずる業務の用に供する無線局に専ら使用される無線設備であつて総務省令で定めるものを使用するものに限る。）を開設した者は、政令で定める無線局の有する機能ごとに、その者の氏名（法人にあつては、その名称及び代表者の氏名。次項において同じ。）及び住所並びに対象期間における毎年の当該特定免許等不要局に係る満了日に応当する日（応当する日がない場合には、その前日）現在において開設している当該特定免許等不要局の数（以下この項において「開設特定免許等不要局数」という。）をその日の属する月の翌月の十五日までに総務大臣に届け出て、電波利用料として、当該届出が受理された日から起算して三十日以内に、当該応当する日までの一年の期間について、当該特定免許等不要局に係る特定周波数終了対策業務に要すると見込まれる費用（第七十一条第二項又は第七十六条の三第二項の規定に基づき当該特定周波数終了対策業務に係る旧割当期限を定めた周波数の電波を使用する無線局の免許人等に対して補償する場合における当該補償に要する費用を含む。次項において同じ。）の二分の一に相当する額及び対象期間において開設されると見込まれる当該特定周波数終了対策業務に係る特定免許等不要局の数を勘案して当該政令で定める無線局の有する機能に応じて政令で定める金額に当該一年の期間に係る開設特定免許等不要局数を乗じて得た金額を国に納めなければならない。

13 前項に規定する場合において、当該特定周波数終了対策業務に係る特定免許等不要局に使用することができる無線設備（同項の総務省令で定めるものを除く。）に対象期間に表示（第三十八条の七第一項、第三十八条の二十六（外国取扱業者に適用される場合を除く。）又は第三十八条の三十五の規定による表示をいう。以下この項及び第二十一項において同じ。）を付した者（以下この条において「表示者」という。）は、政令で定める無線局の有する機能ごとに、その者の氏名及び住所並びに対象期間において毎年の満了日に応当する日（応当する日がない場合には、その前日）前一年間に表示を付した当該無線設備の数その他総務省令で定める事項をその日の属する月の翌月の十五日までに総務大臣に届け出て、電波利用料として、当該届出が受理された日から起算して三十日以内に、当該無線設備を使用する特定免許等不要局に係る特定周波数終了対策業務に要すると見込まれる費用の二分の一に相当する額、対象期間において開設されると見込まれる当該特定周波数終了対策業務に係る特定免許等不要局の数及び当該無線設備が使用されると見込まれる平均的な期間を勘案して当該政令で定める無線局の有する機能に応じて政令で定める金額に、当該一年間に表示を付した無線設備の数（当該無線設備のうち、専ら本邦外において使用されると見込まれるもの及び輸送中又は保管中におけるその機能の障害その他これに類する理由により対象期間において使用されないと見込まれるものがある場合には、総務省令で定めるところにより、これらのものの数を控除した数。第二十一項後段において同じ。）を乗じて得た金額を国に納めなければならない。

14 第一項、第二項及び第五項から第十二項までの規定は、第二十七条第一項の規定により免許を受けた無線局の免許人又は前条第二項に規定する無線局（次の各号に掲げる者が専ら当該各号に定める事務の用に供することを目的として開設する無線局（以下この項において「国の機関等が開設する無線局」という。）を除く。）若しくは国の機関等が開設する無線局その他これらに類するものとして政令で定める無線局の免許人等（当該無線局が特定免許等不要局であるときは、当該特定免許等不要局を開設した者）には、当該無線局に関しては適用しない。

一 警察庁　警察法（昭和二十九年法律第百六十二号）第二条第一項に規定する責務を遂行するために行う事務

二 消防庁又は地方公共団体　消防組織法（昭和二十二年法律第二百二十六号）第一条に規定する任務を遂行するために行う事務

三 法務省　出入国管理及び難民認定法（昭和二十六年政令第三百十九号）第六十一条の三の二第二項に規定する事務

四 法務省　刑事収容施設及び被収容者等の処遇に関する法律（平成十七年法律第五十号）第三条に規定する刑事施設、少年院法（平成二十六年法律第五十八号）第三条に規定する少年院、少年鑑別所法（平成二十六年法律第五十九号）第三条に規定する少年鑑別所及び婦人補導院法（昭和三十三年法律第十七号）第一条第一項に規定する婦人補導院の管理運営に関する事務

五　公安調査庁　公安調査庁設置法（昭和二十七年法律第二百四十一号）第四条に規定する事務

六　厚生労働省　麻薬及び向精神薬取締法（昭和二十八年法律第十四号）第五十四条第五項に規定する職務を遂行するために行う事務

七　国土交通省　航空法第九十六条第一項の規定による指示に関する事務

八　気象庁　気象業務法（昭和二十七年法律第百六十五号）第二十三条に規定する警報に関する事務

九　海上保安庁　海上保安庁法（昭和二十三年法律第二十八号）第二条第一項に規定する任務を遂行するために行う事務

十　防衛省　自衛隊法（昭和二十九年法律第百六十五号）第三条に規定する任務を遂行するために行う事務

十一　国の機関、地方公共団体又は水防法（昭和二十四年法律第百九十三号）第二条第二項に規定する水防管理団体　水防事務（第二号に定めるものを除く。）

十二　国の機関　災害対策基本法（昭和三十六年法律第二百二十三号）第三条第一項に規定する責務を遂行するために行う事務（前各号に定めるものを除く。）

15　次の各号に掲げる無線局（前項の政令で定めるものを除く。）の免許人等（当該無線局が特定免許等不要局であるときは、当該特定免許等不要局を開設した者）が納めなければならない電波利用料の金額は、当該各号に定める規定にかかわらず、これらの規定による金額の二分の一に相当する金額とする。

一　前項各号に掲げる者が当該各号に定める事務の用に供することを目的として開設する無線局（専ら当該各号に定める事務の用に供することを目的として開設するものを除く。）　第一項、第二項及び第五項から第十二項まで

二　地方公共団体が開設する無線局であつて、災害対策基本法第二条第十号に掲げる地域防災計画の定めるところに従い防災上必要な通信を行うことを目的とするもの（専ら前項第二号及び第十一号に定める事務の用に供することを目的として開設するもの並びに前号に掲げるものを除く。）　第一項及び第五項から第十二項まで

三　周波数割当計画において無線局の使用する電波の周波数の全部又は一部について使用の期限が定められている場合（第七十一条の二第一項の規定の適用がある場合を除く。）において当該無線局をその免許等の日又は応当日から起算して二年以内に廃止することについて総務大臣の確認を受けた無線局　第一項

16　第一項、第二項、第五項及び第七項の月数は、暦に従つて計算し、一月に満たない端数を生じたときは、これを一月とする。

17　免許人等（包括免許人等を除く。）は、第一項の規定により電波利用料を納めるときには、その翌年の応当日以後の期間に係る電波利用料を前納することができる。

18　前項の規定により前納した電波利用料は、前納した者の請求により、その請求をした日後に最初に到来する応当日以後の期間に係るものに限り、還付する。

19　総務大臣は、総務省令で定めるところにより、免許人の申請に基づき、当該免許人が第二項前段の規定により納付すべき電波利用料を延納させることができる。

20　表示者は、第十三項の規定にかかわらず、総務大臣の承認を受けて、同項の規定により当該表示者が対象期間のうち総務省令で定める期間（以下この条において「予納期間」という。）を通じて納付すべき電波利用料の総額の見込額

を予納することができる。この場合において、当該表示者は、予納期間において同項の規定による届出をすることを要しない。

21　前項の規定により予納した表示者は、予納期間において表示を付した第十三項の無線設備の数を予納期間が終了した日（当該表示者が表示に係る業務を休止し、又は廃止した場合その他総務省令で定める事由が生じた場合には、当該事由が生じた日）の属する月の翌月の十五日までに総務大臣に届け出なければならない。この場合において、当該表示者は、予納した電波利用料の金額が同項の政令で定める金額に予納期間において表示を付した無線設備の数を乗じて得た金額（次項において「要納付額」という。）に足りないときは、その不足金額を当該届出が受理された日から起算して三十日以内に国に納めなければならない。

22　第二十項の規定により表示者が予納した電波利用料の金額が要納付額を超える場合には、その超える金額について、当該表示者の請求により還付する。

23　総務大臣は、電波利用料を納付しようとする者から、預金又は貯金の払出しとその払い出した金銭による電波利用料の納付をその預金口座又は貯金口座のある金融機関に委託して行うことを希望する旨の申出があつた場合には、その納付が確実と認められ、かつ、その申出を承認することが電波利用料の徴収上有利と認められるときに限り、その申出を承認することができる。

24　前項の承認に係る電波利用料が同項の金融機関による当該電波利用料の納付の期限として総務省令で定める日までに納付された場合には、その納付の日が納期限後である場合においても、その納付は、納期限までにされたものとみなす。

25　電波利用料を納付しようとする者は、その電波利用料の額が総務省令で定める金額以下である場合には、納付受託者（第二十七項に規定する納付受託者をいう。次項において同じ。）に納付を委託することができる。

26　電波利用料を納付しようとする者が、納付受託者に納付しようとする電波利用料の額に相当する金銭を交付したときは、当該交付した日に当該電波利用料の納付があつたものとみなして、延滞金に関する規定を適用する。

27　電波利用料の納付に関する事務（以下この項及び第三十五項において「納付事務」という。）を適正かつ確実に実施することができると認められる者であり、かつ、政令で定める要件に該当する者として総務大臣が指定するもの（次項から第三十七項までにおいて「納付受託者」という。）は、電波利用料を納付しようとする者の委託を受けて、納付事務を行うことができる。

28　総務大臣は、前項の規定による指定をしたときは、納付受託者の名称、住所又は事務所の所在地その他総務省令で定める事項を公示しなければならない。

29　納付受託者は、その名称、住所又は事務所の所在地を変更しようとするときは、あらかじめ、その旨を総務大臣に届け出なければならない。

30　総務大臣は、前項の規定による届出があつたときは、当該届出に係る事項を公示しなければならない。

31　納付受託者は、第二十五項の規定により電波利用料を納付しようとする者の委託に基づき当該電波利用料の額に相当する金銭の交付を受けたときは、総務省令で定める日までに当該委託を受けた電波利用料を納付しなければならない。

32　納付受託者は、第二十五項の規定により電波利用料を納付しようとする者の委託に基づき当該電波利用料の額に相当する金銭の交付を受けたときは、遅滞なく、総務省令で定めるところにより、その旨及び交付を受けた年月日を総務大臣に報告しなければならない。

33　納付受託者が第三十一項の電波利用料を同項の総務省令で定める日までに完納しないときは、総務大臣は、国税の保証人に関する徴収の例によりその電波利用料を納付受託者から徴収する。

34　総務大臣は、第三十一項の規定により納付受託者が納付すべき電波利用料については、当該納付受託者に対して国税滞納処分の例による処分をしてもなお徴収すべき残余がある場合でなければ、その残余の額について当該電波利用料に係る第二十五項の規定による委託をした者から徴収することができない。

35　納付受託者は、総務省令で定めるところにより、帳簿を備え付け、これに納付事務に関する事項を記載し、及びこれを保存しなければならない。

36　総務大臣は、第二十七項から前項までの規定を施行するため必要があると認めるときは、その必要な限度で、総務省令で定めるところにより、納付受託者に対し、報告をさせることができる。

37　総務大臣は、第二十七項から前項までの規定を施行するため必要があると認めるときは、その必要な限度で、その職員に、納付受託者の事務所に立ち入り、納付受託者の帳簿書類（その作成又は保存に代えて電磁的記録の作成又は保存がされている場合における当該電磁的記録を含む。）その他必要な物件を検査させ、又は関係者に質問させることができる。

38　前項の規定により立入検査を行う職員は、その身分を示す証明書を携帯し、かつ、関係者の請求があるときは、これを提示しなければならない。

39　第三十七項に規定する権限は、犯罪捜査のために認められたものと解してはならない。

40　総務大臣は、第二十七項の規定による指定を受けた者が次の各号のいずれかに該当するときは、その指定を取り消すことができる。

一　第二十七項に規定する指定の要件に該当しなくなつたとき。

二　第三十二項又は第三十六項の規定による報告をせず、又は虚偽の報告をしたとき。

三　第三十五項の規定に違反して、帳簿を備え付けず、帳簿に記載せず、若しくは帳簿に虚偽の記載をし、又は帳簿を保存しなかつたとき。

四　第三十七項の規定による立入り若しくは検査を拒み、妨げ、若しくは忌避し、又は同項の規定による質問に対して陳述をせず、若しくは虚偽の陳述をしたとき。

41　総務大臣は、前項の規定により指定を取り消したときは、その旨を公示しなければならない。

42　総務大臣は、電波利用料を納めない者があるときは、督促状によつて、期限を指定して督促しなければならない。

43　総務大臣は、前項の規定による督促を受けた者がその指定の期限までにその督促に係る電波利用料及び次項の規定による延滞金を納めないときは、国税滞納処分の例により、これを処分する。この場合における電波利用料及び延滞金の先取特権の順位は、国税及び地方税に次ぐものとする。

44　総務大臣は、第四十二項の規定により督促をしたときは、その督促に係る電波利用料の額につき年十四・五パーセントの割合で、納期限の翌日からその納付又は財産差押えの日の前日までの日数により計算した延滞金を徴収する。ただし、やむを得ない事情があると認められるとき、その他総務省令で定めるときは、この限りでない。

45　第十七項から前項までに規定するもののほか、電波利用料の納付の手続その他電波利用料の納付について必要な事項は、総務省令で定める。

第百三条の三　政府は、毎会計年度、当該年度の電波利用料の収入額の予算額に相当する金額を、予算で定めるところにより、電波利用共益費用の財源に充てるものとする。ただし、その金額が当該年度の電波利用共益費用の予算額を超えると認められるときは、当該超える金額については、この限りでない。

2　政府は、当該会計年度に要する電波利用共益費用に照らして必要があると認められるときは、当該年度の電波利用料の収入額の予算額のほか、当該年度の前年度以前で平成五年度以降の各年度の電波利用料の収入額の決算額（当該年度の前年度については、予算額）に相当する金額を合算した額から当該年度の前年度以前で平成五年度以降の各年度の電波利用共益費用の決算額（当該年度の前年度については、予算額）を合算した額を控除した額に相当する金額の全部又は一部を、予算で定めるところにより、当該年度の電波利用共益費用の財源に充てるものとする。

3　総務大臣は、前条第四項第三号に規定する研究開発の成果その他の同項各号に掲げる事務の実施状況に関する資料を公表するものとする。

（船舶又は航空機に開設した外国の無線局）

第百三条の四　第二章及び第四章の規定は、船舶又は航空機に開設した外国の無線局には、適用しない。

2　前項の無線局は、次に掲げる通信を行う場合に限り、運用することができる。

一　第五十二条各号の通信

二　電気通信業務を行うことを目的とする無線局との間の通信

三　航行の安全に関する通信（前号に掲げるものを除く。）

（特定無線局と通信の相手方を同じくする外国の無線局）

第百三条の五　第一号包括免許人は、第二章、第三章及び第四章の規定にかかわらず、総務大臣の許可を受けて、本邦内においてその包括免許に係る特定無線局と通信の相手方を同じくし、当該通信の相手方である無線局からの電波を受けることによって自動的に選択される周波数の電波のみを発射する外国の無線局を運用することができる。

2　前項の許可の申請があったときは、総務大臣は、当該申請に係る無線局の無線設備が第三章に定める技術基準に相当する技術基準に適合していると認めるときは、これを許可しなければならない。

3　第一号包括免許人の包括免許がその効力を失ったときは、当該第一号包括免許人が受けていた第一項の許可は、その効力を失う。

4　第一号包括免許人が第一項の許可を受けたときは、当該許可に係る無線局を当該第一号包括免許人がその包括免許に基づき開設した特定無線局とみなして、第五章及び第六章の規定を適用する。ただし、第七十一条第二項、第七十六条第五項第一号及び第二号、第七十六条の二並びに第七十六条の三第二項の規定を除く。

（国等に対する適用除外）

第百四条　国については第百三条及び次章の規定、独立行政法人通則法（平成十一年法律第百三号）第二条第一項に規定する独立行政法人（当該独立行政法人の業務の内容その他の事情を勘案して政令で定めるものに限る。）については第百三条の規定は、適用しない。ただし、他の法律の規定により国とみなされたものについては、同条の規定の適用があるものとする。

2　この法律を国に適用する場合において「免許」又は「許可」とあるのは、「承認」と読み替えるものとする。

（予備免許等の条件等）

第百四条の二　予備免許、免許、許可又は第二十七条の十八第一項の登録には、条件又は期限を付することができる。

2　前項の条件又は期限は、公共の利益を増進し、又は予備免許、免許、許可若しくは第二十七条の十八第一項の登録に係る事項の確実な実施を図るため必要最少限度のものに限り、かつ、当該処分を受ける者に不当な義務を課することとならないものでなければならない。

（権限の委任）

第百四条の三　この法律に規定する総務大臣の権限は、総務省令で定めるところにより、その一部を総合通信局長又は沖縄総合通信事務所長に委任することができる。

２　第七章の規定は、総合通信局長又は沖縄総合通信事務所長が前項の規定による委任に基づいてした処分についての審査請求及び訴訟に準用する。この場合において、第九十六条の二中「総務大臣」とあるのは、「総合通信局長又は沖縄総合通信事務所長」と読み替えるものとする。

（指定試験機関の処分に係る審査請求等）

第百四条の四　この法律の規定による指定試験機関の処分に不服がある者は、総務大臣に対し、審査請求をすることができる。この場合において、総務大臣は、行政不服審査法第二十五条第二項及び第三項、第四十六条第一項及び第二項並びに第四十七条の規定の適用については、指定試験機関の上級行政庁とみなす。

２　第八十三条及び第八十五条から第九十六条までの規定は前項の規定による審査請求に、第九十六条の二から第九十九条までの規定は同項の処分についての訴訟に、それぞれ準用する。この場合において、第九十条第二項及び第九十六条の二中「総務大臣」とあるのは「指定試験機関」と、第九十条第二項中「所部の職員」とあるのは「役員又は職員」と読み替えるものとする。

（経過措置）

第百四条の五　この法律の規定に基づき命令を制定し、又は改廃するときは、その命令で、その制定又は改廃に伴い合理的に必要と判断される範囲内において、所要の経過措置（罰則に関する経過措置を含む。）を定めることができる。

第九章　罰則

第百五条　無線通信の業務に従事する者が第六十六条第一項（第七十条の六において準用する場合を含む。）の規定による遭難通信の取扱をしなかつたとき、又はこれを遅延させたときは、一年以上の有期懲役に処する。

２　遭難通信の取扱を妨害した者も、前項と同様とする。

３　前二項の未遂罪は、罰する。

第百六条　自己若しくは他人に利益を与え、又は他人に損害を加える目的で、無線設備又は第百条第一項第一号の通信設備によつて虚偽の通信を発した者は、三年以下の懲役又は百五十万円以下の罰金に処する。

２　船舶遭難又は航空機遭難の事実がないのに、無線設備によつて遭難通信を発した者は、三月以上十年以下の懲役に処する。

第百七条　無線設備又は第百条第一項第一号の通信設備によつて日本国憲法又はその下に成立した政府を暴力で破壊することを主張する通信を発した者は、五年以下の懲役又は禁こに処する。

第百八条　無線設備又は第百条第一項第一号の通信設備によつてわいせつな通信を発した者は、二年以下の懲役又は百万円以下の罰金に処する。

第百八条の二　電気通信業務又は放送の業務の用に供する無線局の無線設備又は人命若しくは財産の保護、治安の維持、気象業務、電気事業に係る電気の供給の業務若しくは鉄道事業に係る列車の運行の業務の用に供する無線設備を損壊し、又はこれに物品を接触し、その他その無線設備の機能に障害を与えて無線通信を妨害した者は、五年以下の懲役又は二百五十万円以下の罰金に処する。

2　前項の未遂罪は、罰する。

第百九条　無線局の取扱中に係る無線通信の秘密を漏らし、又は窃用した者は、一年以下の懲役又は五十万円以下の罰金に処する。

2　無線通信の業務に従事する者がその業務に関し知り得た前項の秘密を漏らし、又は窃用したときは、二年以下の懲役又は百万円以下の罰金に処する。

第百九条の二　暗号通信を傍受した者又は暗号通信を媒介する者であつて当該暗号通信を受信したものが、当該暗号通信の秘密を漏らし、又は窃用する目的で、その内容を復元したときは、一年以下の懲役又は五十万円以下の罰金に処する。

2　無線通信の業務に従事する者が、前項の罪を犯したとき（その業務に関し暗号通信を傍受し、又は受信した場合に限る。）は、二年以下の懲役又は百万円以下の罰金に処する。

3　前二項において「暗号通信」とは、通信の当事者（当該通信を媒介する者であつて、その内容を復元する権限を有するものを含む。）以外の者がその内容を復元できないようにするための措置が行われた無線通信をいう。

4　第一項及び第二項の未遂罪は、罰する。

5　第一項、第二項及び前項の罪は、刑法第四条の二の例に従う。

第百九条の三　第四十七条の三第一項（第七十一条の三第十一項、第七十一条の三の二第十一項及び第百二条の十七第五項において準用する場合を含む。）の規定に違反して、その職務に関して知り得た秘密を漏らした者は、一年以下の懲役又は五十万円以下の罰金に処する。

第百十条　次の各号のいずれかに該当する者は、一年以下の懲役又は百万円以下の罰金に処する。

一　第四条第一項の規定による免許又は第二十七条の十八第一項の規定による登録がないのに、無線局を開設した者

二　第四条第一項の規定による免許又は第二十七条の十八第一項の規定による登録がないのに、かつ、第七十条の七第一項、第七十条の八第一項又は第七十条の九第一項の規定によらないで、無線局を運用した者

三　第二十七条の七の規定に違反して特定無線局を開設した者

四　第百条第一項の規定による許可がないのに、同条同項の設備を運用した者

五　第五十二条、第五十三条、第五十四条第一号又は第五十五条の規定に違反して無線局を運用した者

六　第十八条第一項の規定に違反して無線設備を運用した者

七　第七十一条の五（第百条第五項において準用する場合を含む。）の規定による命令に違反した者

八　第七十二条第一項（第百条第五項において準用する場合を含む。）又は第七十六条第一項（第七十条の七第四項、第七十条の八第三項、第七十条の九第三項及び第百条第五項において準用する場合を含む。）の規定によつて電波の発射又は運用を停止された無線局又は第百条第一項の設備を運用した者

九　第七十四条第一項の規定による処分に違反した者

十　第七十六条第二項の規定による禁止に違反して無線局を開設した者

十一　第三十八条の二十二第一項（第三十八条の二十九及び第三十八条の三十八において準用する場合を含む。）の規定による命令に違反した者

十二　第三十八条の二十八第一項（第一号に係る部分に限る。）、第三十八条の三十六第一項（第一号に係る部分に限る。）又は第三十八条の三十七第一項の規定による禁止に違反した者

第百十条の二　次の各号のいずれかに該当する者は、一年以下の懲役又は五十万円以下の罰金に処する。

一　第二十四条の十又は第三十八条の十七第二項（第三十八条の二十四第三項及び第七十一条の三の二第十一項において準用する場合を含む。）の規定による命令に違反した者

二　第百二条の六の規定に違反して、障害原因部分に係る工事を自ら行い、又はその請負人に行わせた者

三　第百二条の八第一項の規定に基づく命令に違反して、高層部分に係る工事を停止せず、若しくはその請負人に停止させない者又は当該工事を自ら行い、若しくはその請負人に行わせた者

第百十条の三　第三十九条の十一第二項（第四十七条の五、第七十一条の三第十一項、第百二条の十七第五項及び第百二条の十八第十三項において準用する場合を含む。）の規定による業務の停止の命令に違反したときは、その違反行為をした指定講習機関、指定試験機関、指定周波数変更対策機関、センター又は指定較正機関の役員又は職員は、一年以下の懲役又は五十万円以下の罰金に処する。

第百十条の四　第九十九条の九の規定に違反した者は、一年以下の懲役又は五十万円以下の罰金に処する。

第百十一条　次の各号のいずれかに該当する者は、六月以下の懲役又は三十万円以下の罰金に処する。

一　第七十三条第一項、第五項（第百条第五項において準用する場合を含む。）若しくは第六項又は第八十二条第二項の規定による検査を拒み、妨げ、又は忌避した者

二　第七十三条第三項に規定する証明書に虚偽の記載をした者

〈 未施行の百四次改正後の条文：傍線が改正部分 〉

第百十一条　次の各号のいずれかに該当する者は、六月以下の懲役又は三十万円以下の罰金に処する。

一　第七十条の五の二第六項の規定による報告をせず、又は虚偽の報告をした者

二　第七十三条第一項、第五項（第百条第五項において準用する場合を含む。）若しくは第六項又は第八十二条第二項の規定による検査を拒み、妨げ、又は忌避した者

三　第七十三条第三項に規定する証明書に虚偽の記載をした者

第百十二条　次の各号のいずれかに該当する者は、五十万円以下の罰金に処する。

一　第三十八条の七第三項又は第四項の規定に違反した者

二　第三十八条の四十四第二項の規定に違反した者

三　第六十二条第一項の規定に違反した者

四　第七十条の二第一項の規定に違反した者

五　第七十六条第一項（第七十条の七第四項、第七十条の八第三項、第七十条の九第三項及び第百条第五項において準用する場合を含む。）の規定による運用の制限に違反した者

六　第百二条の四第一項の規定に基づく命令に違反して、届出をせず、又は虚偽の届出をした者

七　第百二条の十八第四項の規定に違反した者

第百十三条　次の各号のいずれかに該当する者は、三十万円以下の罰金に処する。
一　第二十四条の八第一項の規定による報告をせず、若しくは虚偽の報告をし、又は同項の規定による検査を拒み、妨げ、若しくは忌避した者
二　第二十六条の二第六項の規定による報告をせず、又は虚偽の報告をした者
三　第二十七条の六第三項（特定無線局の開設の届出及び変更の届出に係る部分に限る。）の規定に違反して、届出をせず、又は虚偽の届出をした者
四　第二十七条の二十三第一項の規定に違反して、第二十七条の十八第二項第三号又は第四号に掲げる事項を変更した者
五　第二十七条の三十第一項の規定に違反して、第二十七条の二十九第二項第三号又は第四号に掲げる事項を変更した者
六　第二十七条の三十一の規定に違反して、届出をせず、又は虚偽の届出をした者
七　第二十七条の三十二の規定に違反して、届出をせず、又は虚偽の届出をした者
八　第三十八条の六第二項（第三十八条の二十四第三項において準用する場合を含む。）の規定による報告をせず、又は虚偽の報告をした者
九　第三十八条の十二（第三十八条の二十四第三項及び第七十一条の三の二第十一項において準用する場合を含む。）の規定に違反して帳簿を備え付けず、帳簿に記載せず、若しくは帳簿に虚偽の記載をし、又は帳簿を保存しなかつた者
十　第三十八条の十五第一項（第三十八条の二十四第三項において準用する場合を含む。以下この号において同じ。）の規定による報告をせず、若しくは虚偽の報告をし、又は第三十八条の十五第一項の規定による検査を拒み、妨げ、若しくは忌避した者
十一　第三十八条の十六第一項（第三十八条の二十四第三項において準用する場合を含む。）の規定による届出をしないで業務を廃止し、又は虚偽の届出をした者
十二　第三十八条の二十第一項（第三十八条の二十九、第三十八条の三十八及び第三十八条の四十八において準用する場合を含む。）の規定による報告をせず、若しくは虚偽の報告をし、又は同項の規定による検査を拒み、妨げ、若しくは忌避した者
十三　第三十八条の二十一第一項（第三十八条の二十九、第三十八条の三十八及び第三十八条の四十八において準用する場合を含む。）の規定による命令に違反した者
十四　第三十八条の三十三第三項の規定による届出をする場合において虚偽の届出をした者
十五　第三十八条の三十三第四項の規定に違反して、記録を作成せず、若しくは虚偽の記録を作成し、又は記録を保存しなかつた者
十六　第三十九条第一項若しくは第二項又は第三十九条の十三の規定に違反した者
十七　第三十九条第四項（第七十条の九第三項において準用する場合を含む。）の規定に違反して、届出をせず、又は虚偽の届出をした者
十八　第七十一条の三第六項（第七十一条の三の二第十一項において準用する場合を含む。）の規定による報告をせず、又は虚偽の報告をした者
十九　第七十八条の規定に違反した者
二十　第七十九条第一項（同条第二項において準用する場合を含む。）の規定により業務に従事することを停止されたのに、無線設備の操作を行つた者
二十一　第七十九条の二第一項の規定により船舶局無線従事者証明の効力を停止されたのに、第三十九条第一項本文の総務省令で定める船舶局の無線設備

の操作を行つた者

二十二　第八十二条第一項（第百一条において準用する場合を含む。）の規定による命令に違反した者

二十三　第百二条の三第一項又は第二項（同条第六項及び第百二条の四第二項において準用する場合を含む。）の規定に違反して、届出をせず、又は虚偽の届出をした者

二十四　第百二条の九の規定による報告をせず、又は虚偽の報告をした者

二十五　第百二条の十一第四項の規定による命令に違反した者

二十六　第百二条の十二の規定による報告をせず、又は虚偽の報告をした者

二十七　第百二条の十五第一項の規定による指示に違反した者

二十八　第百二条の十六第一項の規定による報告をせず、若しくは虚偽の報告をし、又は同項の規定による検査を拒み、妨げ、若しくは忌避した者

〈 未施行の百四次改正後の条文：傍線が改正部分 〉

第百十三条　次の各号のいずれかに該当する者は、三十万円以下の罰金に処する。

一　第二十四条の八第一項の規定による報告をせず、若しくは虚偽の報告をし、又は同項の規定による検査を拒み、妨げ、若しくは忌避した者

二　第二十六条の二第五項の規定による報告をせず、又は虚偽の報告をした者

三　第二十七条の六第三項（特定無線局の開設の届出及び変更の届出に係る部分に限る。）の規定に違反して、届出をせず、又は虚偽の届出をした者

四　第二十七条の二十三第一項の規定に違反して、第二十七条の十八第二項第三号又は第四号に掲げる事項を変更した者

五　第二十七条の三十第一項の規定に違反して、第二十七条の二十九第二項第三号又は第四号に掲げる事項を変更した者

六　第二十七条の三十一の規定に違反して、届出をせず、又は虚偽の届出をした者

七　第二十七条の三十二の規定に違反して、届出をせず、又は虚偽の届出をした者

八　第三十八条の六第二項（第三十八条の二十四第三項において準用する場合を含む。）の規定による報告をせず、又は虚偽の報告をした者

九　第三十八条の十二（第三十八条の二十四第三項及び第七十一条の三の二第十一項において準用する場合を含む。）の規定に違反して帳簿を備え付けず、帳簿に記載せず、若しくは帳簿に虚偽の記載をし、又は帳簿を保存しなかつた者

十　第三十八条の十五第一項（第三十八条の二十四第三項において準用する場合を含む。以下この号において同じ。）の規定による報告をせず、若しくは虚偽の報告をし、又は第三十八条の十五第一項の規定による検査を拒み、妨げ、若しくは忌避した者

十一　第三十八条の十六第一項（第三十八条の二十四第三項において準用する場合を含む。）の規定による届出をしないで業務を廃止し、又は虚偽の届出をした者

十二　第三十八条の二十第一項（第三十八条の二十九、第三十八条の三十八及び第三十八条の四十八において準用する場合を含む。）の規定による報告をせず、若しくは虚偽の報告をし、又は同項の規定による検査を拒み、妨げ、若しくは忌避した者

十三　第三十八条の二十一第一項（第三十八条の二十九、第三十八条の三十八及び第三十八条の四十八において準用する場合を含む。）の規定による命令に違反した者

十四　第三十八条の三十三第三項の規定による届出をする場合において虚偽の届出をした者

十五　第三十八条の三十三第四項の規定に違反して、記録を作成せず、若しくは虚偽の記録を作成し、又は記録を保存しなかつた者
十六　第三十九条第一項若しくは第二項又は第三十九条の十三の規定に違反した者
十七　第三十九条第四項（第七十条の九第三項において準用する場合を含む。）の規定に違反して、届出をせず、又は虚偽の届出をした者
十八　第七十一条の三第六項（第七十一条の三の二第十一項において準用する場合を含む。）の規定による報告をせず、又は虚偽の報告をした者
十九　第七十八条の規定に違反した者
二十　第七十九条第一項（同条第二項において準用する場合を含む。）の規定により業務に従事することを停止されたのに、無線設備の操作を行つた者
二十一　第七十九条の二第一項の規定により船舶局無線従事者証明の効力を停止されたのに、第三十九条第一項本文の総務省令で定める船舶局の無線設備の操作を行つた者
二十二　第八十二条第一項（第百一条において準用する場合を含む。）の規定による命令に違反した者
二十三　第百二条の三第一項又は第二項（同条第六項及び第百二条の四第二項において準用する場合を含む。）の規定に違反して、届出をせず、又は虚偽の届出をした者
二十四　第百二条の九の規定による報告をせず、又は虚偽の報告をした者
二十五　第百二条の十一第四項の規定による命令に違反した者
二十六　第百二条の十二の規定による報告をせず、又は虚偽の報告をした者
二十七　第百二条の十五第一項の規定による指示に違反した者
二十八　第百二条の十六第一項の規定による報告をせず、若しくは虚偽の報告をし、又は同項の規定による検査を拒み、妨げ、若しくは忌避した者

第百十三条の二　次の各号のいずれかに該当するときは、その違反行為をした指定講習機関、指定試験機関、指定周波数変更対策機関、登録周波数終了対策機関、センター又は指定較正機関の役員又は職員は、三十万円以下の罰金に処する。
一　第三十九条の七（第四十七条の五、第七十一条の三第十一項及び第百二条の十八第十三項において準用する場合を含む。）の規定に違反して帳簿を備え付けず、帳簿に記載せず、若しくは帳簿に虚偽の記載をし、又は帳簿を保存しなかつたとき。
二　第三十九条の九第一項（第四十七条の五、第七十一条の三第十一項、第百二条の十七第五項及び第百二条の十八第十三項において準用する場合を含む。以下この号において同じ。）の規定による報告をせず、若しくは虚偽の報告をし、又は第三十九条の九第一項の規定による検査を拒み、妨げ、若しくは忌避したとき。
三　第三十九条の十第一項（第四十七条の五、第七十一条の三第十一項及び第七十一条の三の二第十一項において準用する場合を含む。）の許可を受けないで、講習の業務の全部、試験事務の全部、特定周波数変更対策業務の全部又は特定周波数終了対策業務の全部を廃止したとき。
四　第百二条の十八第十一項の規定による届出をしないで業務の全部を廃止し、又は虚偽の届出をしたとき。

第百十四条　法人の代表者又は法人若しくは人の代理人、使用人その他の従事者が、その法人又は人の業務に関し、次の各号に掲げる規定の違反行為をしたときは、行為者を罰するほか、その法人に対して当該各号に定める罰金刑を、その人に対して各本条の罰金刑を科する。

一　第百十条（第十一号及び第十二号に係る部分に限る。）　一億円以下の罰金刑

二　第百十条（第十一号及び第十二号に係る部分を除く。）、第百十条の二又は第百十一条から第百十三条まで　各本条の罰金刑

第百十五条　第九十二条の二の規定による審理官の処分に違反して、出頭せず、陳述をせず、若しくは虚偽の陳述をし、又は鑑定をせず、若しくは虚偽の鑑定をした者は、三十万円以下の過料に処する。

第百十六条　次の各号のいずれかに該当する者は、三十万円以下の過料に処する。

一　第二十条第九項（同条第十項及び第二十七条の十六において準用する場合を含む。）の規定に違反して、届出をしない者

二　第二十二条（第百条第五項において準用する場合を含む。）の規定に違反して届出をしない者

三　第二十四条（第百条第五項において準用する場合を含む。）の規定に違反して、免許状を返納しない者

四　第二十四条の五第一項の規定に違反して、届出をせず、又は虚偽の届出をした者

五　第二十四条の六第二項の規定に違反して、届出をせず、又は虚偽の届出をした者

六　第二十四条の九第一項の規定に違反して、届出をせず、又は虚偽の届出をした者

七　第二十四条の十二の規定に違反して、登録証を返納しない者

八　第二十五条第三項の規定に違反して、情報を同条第二項の調査又は終了促進措置の用に供する目的以外の目的のために利用し、又は提供した者

九　第二十七条の六第三項（特定無線局の廃止の届出に係る部分に限る。）の規定に違反して、届出をしない者

十　第二十七条の十第一項の規定に違反して、届出をしない者

十一　第二十七条の二十三第四項の規定に違反して、届出をせず、又は虚偽の届出をした者

十二　第二十七条の二十四第二項（第二十七条の三十四第二項において読み替えて適用する場合を含む。）の規定に違反して、届出をしない者

十三　第二十七条の二十六第一項の規定に違反して、届出をしない者

十四　第二十七条の二十八（第二十七条の三十四第二項において読み替えて適用する場合を含む。）の規定に違反して、登録状を返納しない者

十五　第二十七条の三十第四項の規定に違反して、届出をせず、又は虚偽の届出をした者

十六　第三十八条の五第二項（第七十一条の三の二第十一項において準用する場合を含む。）の規定に違反して、届出をせず、又は虚偽の届出をした者

十七　第三十八条の六第三項（第三十八条の二十九において準用する場合を含む。）の規定に違反して、届出をせず、又は虚偽の届出をした者

十八　第三十八条の十一第一項（第七十一条の三の二第十一項において準用する場合を含む。）の規定に違反して財務諸表等を備えて置かず、財務諸表等に記載すべき事項を記載せず、若しくは虚偽の記載をし、又は正当な理由がないのに第三十八条の十一第二項（第七十一条の三の二第十一項において準用する場合を含む。）の規定による請求を拒んだ者

十九　第三十八条の三十三第五項の規定に違反して、届出をせず、又は虚偽の届出をした者

二十　第三十八条の四十二第四項の規定に違反して、届出をせず、又は虚偽の届出をした者

二十一　第三十八条の四十六第一項の規定に違反して、届出をせず、又は虚偽の届出をした者

二十二　第七十条の七第二項（第七十条の八第二項及び第七十条の九第二項において準用する場合を含む。）の規定に 違反して、届出をせず、又は虚偽の届出をした者

二十三　第百条第四項の規定に違反して、届出をしない者

二十四　第百二条の三第五項の規定に違反して、届出をしない者

二十五　第百三条の二第五項から第八項まで、第十二項、第十三項又は第二十一項の規定に違反して、届出をせず、又は虚偽の届出をした者

〈未施行の百四次改正後の条文：傍線が改正部分〉

第百十六条　次の各号のいずれかに該当する者は、三十万円以下の過料に処する。

一　第二十条第九項（同条第十項、第二十七条の十六及び第七十条の五の二第九項において準用する場合を含む。）の規定に違反して、届出をしない者

二　第二十二条（第百条第五項において準用する場合を含む。）の規定に違反して届出をしない者

三　第二十四条（第百条第五項において準用する場合を含む。）の規定に違反して、免許状を返納しない者

四　第二十四条の五第一項の規定に違反して、届出をせず、又は虚偽の届出をした者

五　第二十四条の六第二項の規定に違反して、届出をせず、又は虚偽の届出をした者

六　第二十四条の九第一項の規定に違反して、届出をせず、又は虚偽の届出をした者

七　第二十四条の十二の規定に違反して、登録証を返納しない者

八　第二十五条第三項の規定に違反して、情報を同条第二項の調査又は終了促進措置の用に供する目的以外の目的のために利用し、又は提供した者

九　第二十七条の六第三項（特定無線局の廃止の届出に係る部分に限る。）の規定に違反して、届出をしない者

十　第二十七条の十第一項の規定に違反して、届出をせず、又は虚偽の届出をした者

十一　第二十七条の二十三第四項の規定に違反して、届出をしない者

十二　第二十七条の二十四第二項（第二十七条の三十四第二項において読み替えて適用する場合を含む。）の規定に違反して、届出をしない者

十三　第二十七条の二十六第一項の規定に違反して、届出をしない者

十四　第二十七条の二十八（第二十七条の三十四第二項において読み替えて適用する場合を含む。）の規定に違反して、登録状を返納しない者

十五　第二十七条の三十第四項の規定に違反して、届出をせず、又は虚偽の届出をした者

十六　第三十八条の五第二項（第七十一条の三の二第十一項において準用する場合を含む。）の規定に違反して、届出をせず、又は虚偽の届出をした者

十七　第三十八条の六第三項（第三十八条の二十九において準用する場合を含む。）の規定に違反して、届出をせず、又は虚偽の届出をした者

十八　第三十八条の十一第一項（第七十一条の三の二第十一項において準用する場合を含む。）の規定に違反して財務諸表等を備えて置かず、財務諸表等に記載すべき事項を記載せず、若しくは虚偽の記載をし、又は正当な理由がないのに第三十八条の十一第二項（第七十一条の三の二第十一項において準用する場合を含む。）の規定による請求を拒んだ者

十九　第三十八条の三十三第五項の規定に違反して、届出をせず、又は虚偽の届出をした者

二十　第三十八条の四十二第四項の規定に違反して、届出をせず、又は虚偽の届出をした者

二十一　第三十八条の四十六第一項の規定に違反して、届出をせず、又は虚偽の届出をした者

二十二　第七十条の五の二第五項の規定に違反して、届出をせず、又は虚偽の届出をした者

二十三　第七十条の七第二項（第七十条の八第二項及び第七十条の九第二項において準用する場合を含む。）の規定に 違反して、届出をせず、又は虚偽の届出をした者

二十四　第百条第四項の規定に違反して、届出をしない者

二十五　第百二条の三第五項の規定に違反して、届出をしない者

二十六　第百三条の二第五項から第八項まで、第十二項、第十三項又は第二十一項の規定に違反して、届出をせず、又は虚偽の届出をした者

附　則

（施行期日）

1　この法律は、公布の日から起算して三十日を経過した日から施行する。

（無線電信法の廃止）

2　無線電信法（大正四年法律第二十六号。以下「旧法」という。）は、廃止する。

3　旧法第六条、第十五条、第十九条、第二十一条、第二十三条、第二十四条第一項、第二十五条、第二十六条及び第二十八条の規定は、公衆通信業務に関する法律が制定施行されるまでは、この法律施行後も、なおその効力を有する。

（旧法の罰則の適用）

4　この法律の施行前にした行為に対する罰則の適用については、旧法は、この法律施行後も、なおその効力を有する。

（無線従事者に関する経過規定）

5　この法律施行の際、現に無線通信士資格検定規則（昭和六年逓信省令第八号）の規定によつて第一級、第二級、第三級、電話級又は聴守員級の無線通信士の資格を有する者は、この法律施行の日に、それぞれこの法律の規定による第一級無線通信士、第二級無線通信士、第三級無線通信士、電話級無線通信士又は聴守員級無線通信士の免許を受けたものとみなす。

6　旧電気通信技術者資格検定規則（昭和十五年逓信省令第十三号）廃止の際（昭和二十四年六月一日）、現に同規則の規定によつて第一級若しくは第二級の電気通信技術者の資格又は第三級（無線）の電気通信技術者の資格を有していた者は、この法律施行の日に、それぞれこの法律の規定による第一級。無線技術士又は第二級無線技術士の免許を受けたものとみなす。

7　前二項の規定により免許を受けたものとみなされた者は、この法律施行の日から一年以内に、この法律の規定による無線従事者免許証の交付を申請しなければ、不可抗力による場合を除く外、同期間の満了によつて、その免許は、効力を失う。

8　この法律施行の際、現に無線設備の技術操作に従事している者は、この法律施行後一年間は、第三十九条の規定にかかわらず、無線技術士の資格がなくても、無線設備の技術操作に従事することができる。

（この法律の施行前になした処分等）

9　第五項又は第六項に規定するものの外、旧法又はこれに基く命令の規定に基く処分、手続その他の行為は、この法律中これに相当する規定があるときは、この法律によつてしたものとみなす。この場合において、無線局（船舶安全法第四条の船舶及び漁船の操業区域の制限に関する政令第五条の漁船の船舶無線電信局を除く。）の免許の有効期間は、第十三条第一項の規定にかかわらず、この法律施行の日から起算して一年以上三年以内において無線局の種別ごとに郵政省令で定める期間とする。

（既設の高周波利用設備の許可の申請）

10　この法律の施行の際、現に第百条第一項第二号の設備を設置している者は、この法律施行の日から一年以内に当該設備につき同条同項の許可を受けなければならない。

11　この法律施行の日から一箇月以内は、電波監理委員会は、第八十三条第一項第一号の規定にかかわらず、聴聞を行わないで同条同項同号の電波監理委員会規則を制定することができる。

12　前項の規定により制定された電波監理委員会規則は、この法律施行の日から六箇月を経過した日に、その効力を失う。

（電報の事業に関する経過措置）

13　電気通信事業法附則第五条第一項の規定により電報の事業が電気通信事業とみなされる間は、第二十七条の三十五第一項、第百二条の二第一項第一号及び第百八条の二第一項に規定する電気通信業務には、当該電報の事業に係る業務が含まれるものとする。

（検討）

14　政府は、少なくとも三年ごとに、第百三条の二の規定の施行状況について電波利用料の適正性の確保の観点から検討を加え、必要があると認めるときは、その結果に基づいて所要の措置を講ずるものとする。

（電波利用料の特例）

15　第百三条の二第四項の規定の適用については、当分の間、同項中「十一　電波の能率的な利用を確保し、又は電波の人体等への悪影響を防止するために行う周波数の使用又は人体等の防護に関するリテラシーの向上のための活動に対する必要な援助」とあるのは、

「十一　電波の能率的な利用を確保し、又は電波の人体等への悪影響を防止するために行う周波数の使用又は人体等の防護に関するリテラシーの向上のための活動に対する必要な援助

十一の二　テレビジョン放送（人工衛星局により行われるものを除く。以下この号において同じ。）を受信することのできる受信設備を設置している者（デジタル信号によるテレビジョン放送のうち、静止し、又は移動する事物の瞬間的影像及びこれに伴う音声その他の音響を送る放送（以下この号において「地上デジタル放送」という。）を受信することのできる受信設備を設置している者を除く。）のうち、経済的困難その他の事由により地上デジタル放送の受信が困難な者に対して地上デジタル放送の受信に必要な設備の整備のために行う補助金の交付その他の援助

十一の三　地上基幹放送（音声その他の音響のみを送信するものに限る。）を直接受信することが困難な地域において必要最小の空中線電力による当該地上基幹放送の受信を可能とするために行われる中継局その他の設備（当該設備と一体として設置される総務省令で定める附属設備並びに当該設備及び当該附属設備を設置するために必要な工作物を含む。）の整備の

ための補助金の交付　　　　」

とする。

16　平成三十二年三月三十一日までの間における前項の規定により読み替えて適用する第百三条の二第四項の規定の適用については、同項中「十一の三　地上基幹放送（音声その他の音響のみを送信するものに限る。）を直接受信することが困難な地域において必要最小の空中線電力による当該地上基幹放送の受信を可能とするために行われる中継局その他の設備（当該設備と一体として設置される総務省令で定める附属設備並びに当該設備及び当該附属設備を設置するために必要な工作物を含む。）の整備のための補助金の交付」とあるのは、「十一の三　地上基幹放送（音声その他の音響のみを送信するものに限る。）を直接受信することが困難な地域において必要最小の空中線電力による当該地上基幹放送の受信を可能とするために行われる中継局その他の設備（当該設備と一体として設置される総務省令で定める附属設備並びに当該設備及び当該附属設備を設置するために必要な工作物を含む。）の整備のための補助金の交付

十一の四　電波法及び電気通信事業法の一部を改正する法律（平成二十九年法律第二十七号）附則第一条第一号に掲げる規定の施行の日の前日（以下この号において「基準日」という。）において設置されているイに掲げる衛星基幹放送（放送法第二条第十三号の衛星基幹放送をいう。以下この号において同じ。）の受信を目的とする受信設備（基準日において第三章に定める技術基準に適合していないものを除き、増幅器及び配線並びに分配器、接続子その他の配線のために必要な器具に限る。）であつて、ロに掲げる衛星基幹放送の電波を受けるための空中線を接続した場合に当該技術基準に適合しないこととなるものについて、当該技術基準に適合させるために行われる改修のための補助金の交付その他の必要な援助

イ　基準日において行われている衛星基幹放送であつて、基準日の翌日以後引き続き行われるもの（実験等無線局を用いて行われるものを除く。）

ロ　基準日の翌日以後にイに掲げる衛星基幹放送と同時に行われる衛星基幹放送であつて、イに掲げる衛星基幹放送に使用される電波と周波数が同一で、かつ、電界の回転の方向が反対である電波を使用して行われるもの　」

とする。

別表第一（第二十四条の二関係）

一　第一級総合無線通信士、第二級総合無線通信士、第三級総合無線通信士、第一級海上無線通信士、第二級海上無線通信士、第四級海上無線通信士、航空無線通信士、第一級陸上無線技術士、第二級陸上無線技術士、陸上特殊無線技士又は第一級アマチュア無線技士の資格を有すること。

二　外国の政府機関が発行する前号に掲げる資格に相当する資格を有する者であることの証明書を有すること。

三　学校教育法による大学、高等専門学校、高等学校又は中等教育学校において無線通信に関する科目を修めて卒業した者であつて、無線設備の機器の試験、調整又は保守の業務に二年以上従事した経験を有すること。

四　学校教育法による大学、高等専門学校、高等学校又は中等教育学校に相当する外国の学校において無線通信に関する科目を修めて卒業した者であつて、無線設備の機器の試験、調整又は保守の業務に二年以上従事した経験を有すること。

〈未施行の百五次改正後の条文：傍線が改正部分〉

別表第一（第二十四条の二関係）

一　第一級総合無線通信士、第二級総合無線通信士、第三級総合無線通信士、

第一級海上無線通信士、第二級海上無線通信士、第四級海上無線通信士、航空無線通信士、第一級陸上無線技術士、第二級陸上無線技術士、陸上特殊無線技士又は第一級アマチュア無線技士の資格を有すること。

二　外国の政府機関が発行する前号に掲げる資格に相当する資格を有する者であることの証明書を有すること。

三　学校教育法による大学、高等専門学校、高等学校又は中等教育学校において無線通信に関する科目を修めて卒業した者（当該科目を修めて同法による専門職大学の前期課程を修了した者を含む。）であつて、無線設備の機器の試験、調整又は保守の業務に二年以上従事した経験を有すること。

四　学校教育法による大学、高等専門学校、高等学校又は中等教育学校に相当する外国の学校において無線通信に関する科目を修めて卒業した者であつて、無線設備の機器の試験、調整又は保守の業務に二年以上従事した経験を有すること。

別表第二（第二十四条の二関係）

一　周波数計
二　スペクトル分析器
三　電界強度測定器
四　高周波電力計
五　電圧電流計
六　標準信号発生器

別表第三（第二十四条の二、第三十八条の三、第三十八条の八関係）

事業の区分	測定器その他の設備
一　第三十八条の二の二第一項第一の事業	一　周波数計 二　スペクトル分析器 三　バンドメーター 四　電界強度測定器 五　オシロスコープ 六　高周波電力計 七　電力測定用受信機 八　スプリアス電力計 九　電圧電流計 十　低周波発振器 十一　擬似音声発生器 十二　擬似信号発生器
二　第三十八条の二の二第一項第二号の事業	一　一の項の下欄に掲げるもの 二　変調度計 三　比吸収率測定装置 四　直線検波器 五　ひずみ率雑音計
三　第三十八条の二の二第一項第三号の事業	一　二の項の下欄に掲げるもの 二　レベル計 三　標準信号発生器

別表第四（第二十四条の二、第三十八条の三、第三十八条の八関係）

一　学校教育法による大学（短期大学を除く。第五号において同じ。）若しくは旧大学令（大正七年勅令第三百八十八号）による大学において無線通信に関する科目を修めて卒業した者又は第一級陸上無線技術士の資格を有する者であつて、無線設備の機器の試験、調整若しくは保守の業務に三年以上従事した経験又は第二十四条の二第四項第一号に規定する知識経験を有する者として無線設備等の点検の業務に一年以上従事した経験を有すること。

二　学校教育法による短期大学若しくは高等専門学校若しくは旧専門学校令（明治三十六年勅令第六十一号）による専門学校において無線通信に関する科目を修めて卒業した者又は第一級総合無線通信士、第一級海上無線通信士若しくは第二級陸上無線技術士の資格を有する者であつて、無線設備の機器の試験、調整若しくは保守の業務に五年以上従事した経験又は第二十四条の二第四項第一号に規定する知識経験を有する者として無線設備等の点検の業務に二年以上従事した経験を有すること。

三　第二級総合無線通信士、第二級海上無線通信士又は陸上特殊無線技士（総務省令で定めるものに限る。）の資格を有する者であつて、無線設備の機器の試験、調整若しくは保守の業務に七年以上従事した経験又は第二十四条の二第四項第一号に規定する知識経験を有する者として無線設備等の点検の業務に三年以上従事した経験を有すること。

四　外国の政府機関が発行する第二号に掲げる資格に相当する資格を有する者であることの証明書を有する者であつて、無線設備の機器の試験、調整又は保守の業務に五年以上従事した経験を有すること。

五　学校教育法による大学に相当する外国の学校の無線通信に関する科目を修めて卒業した者であつて、無線設備の機器の試験、調整又は保守の業務に三年以上従事した経験を有すること。

六　学校教育法による短期大学又は高等専門学校に相当する外国の学校の無線通信に関する科目を修めて卒業した者であつて、無線設備の機器の試験、調整又は保守の業務に五年以上従事した経験を有すること。

〈未施行の百五次改正後の条文：傍線が改正部分〉

別表第四（第二十四条の二、第三十八条の三、第三十八条の八関係）

一　学校教育法による大学（短期大学を除く。第五号において同じ。）若しくは旧大学令（大正七年勅令第三百八十八号）による大学において無線通信に関する科目を修めて卒業した者又は第一級陸上無線技術士の資格を有する者であつて、無線設備の機器の試験、調整若しくは保守の業務に三年以上従事した経験又は第二十四条の二第四項第一号に規定する知識経験を有する者として無線設備等の点検の業務に一年以上従事した経験を有すること。

二　学校教育法による短期大学（同法による専門職大学の前期課程を含む。）若しくは高等専門学校若しくは旧専門学校令（明治三十六年勅令第六十一号）による専門学校において無線通信に関する科目を修めて卒業した者（同法による専門職大学の前期課程にあつては、修了した者）又は第一級総合無線通信士、第一級海上無線通信士若しくは第二級陸上無線技術士の資格を有する者であつて、無線設備の機器の試験、調整若しくは保守の業務に五年以上従事した経験又は第二十四条の二第四項第一号に規定する知識経験を有する者として無線設備等の点検の業務に二年以上従事した経験を有すること。

三　第二級総合無線通信士、第二級海上無線通信士又は陸上特殊無線技士（総務省令で定めるものに限る。）の資格を有する者であつて、無線設備の機器の試験、調整若しくは保守の業務に七年以上従事した経験又は第二十四条の二第四項第一号に規定する知識経験を有する者として無線設備等の点検の業務に三年以上従事した経験を有すること。

四　外国の政府機関が発行する第二号に掲げる資格に相当する資格を有する者であることの証明書を有する者であつて、無線設備の機器の試験、調整又は保守の業務に五年以上従事した経験を有すること。

五　学校教育法による大学に相当する外国の学校において無線通信に関する科目を修めて卒業した者であつて、無線設備の機器の試験、調整又は保守の業務に三年以上従事した経験を有すること。

六　学校教育法による短期大学又は高等専門学校に相当する外国の学校において無線通信に関する科目を修めて卒業した者であつて、無線設備の機器の試験、調整又は保守の業務に五年以上従事した経験を有すること。

別表第五（第七十一条の三の二関係）

一　学校教育法による大学（短期大学を除く。第四号において同じ。）若しくは旧大学令による大学において無線通信に関する科目を修めて卒業した者又は第一級陸上無線技術士の資格を有する者であつて、無線設備の機器の試験、調整又は保守の業務に一年以上従事した経験を有すること。

二　学校教育法による短期大学若しくは高等専門学校若しくは旧専門学校令による専門学校において無線通信に関する科目を修めて卒業した者又は第一級総合無線通信士、第一級海上無線通信士若しくは第二級陸上無線技術士の資格を有する者であつて、無線設備の機器の試験、調整又は保守の業務に三年以上従事した経験を有すること。

三　外国の政府機関が発行する前号に掲げる資格に相当する資格を有する者であることの証明書を有する者であつて、無線設備の機器の試験、調整又は保守の業務に三年以上従事した経験を有すること。

四　学校教育法による大学に相当する外国の学校の無線通信に関する科目を修めて卒業した者であつて、無線設備の機器の試験、調整又は保守の業務に一年以上従事した経験を有すること。

五　学校教育法による短期大学又は高等専門学校に相当する外国の学校の無線通信に関する科目を修めて卒業した者であつて、無線設備の機器の試験、調整又は保守の業務に三年以上従事した経験を有すること。

〈未施行の百五次改正後の条文：傍線が改正部分〉

別表第五（第七十一条の三の二関係）

一　学校教育法による大学（短期大学を除く。第四号において同じ。）若しくは旧大学令による大学において無線通信に関する科目を修めて卒業した者又は第一級陸上無線技術士の資格を有する者であつて、無線設備の機器の試験、調整又は保守の業務に一年以上従事した経験を有すること。

二　学校教育法による短期大学（同法による専門職大学の前期課程を含む。）若しくは高等専門学校若しくは旧専門学校令による専門学校において無線通信に関する科目を修めて卒業した者（同法による専門職大学の前期課程にあつては、修了した者）又は第一級総合無線通信士、第一級海上無線通信士若しくは第二級陸上無線技術士の資格を有する者であつて、無線設備の機器の試験、調整又は保守の業務に三年以上従事した経験を有すること。

三　外国の政府機関が発行する前号に掲げる資格に相当する資格を有する者であることの証明書を有する者であつて、無線設備の機器の試験、調整又は保守の業務に三年以上従事した経験を有すること。

四　学校教育法による大学に相当する外国の学校において無線通信に関する科目を修めて卒業した者であつて、無線設備の機器の試験、調整又は保守の業務に一年以上従事した経験を有すること。

五　学校教育法による短期大学又は高等専門学校に相当する外国の学校において無線通信に関する科目を修めて卒業した者であつて、無線設備の機器の試験、調整又は保守の業務に三年以上従事した経験を有すること。

別表第六（第百三条の二関係）

無線局の区分				金額
一 移動する無線局（三の項から五の項まで及び八の項に掲げる無線局を除く。二の項において同じ。）	三千メガヘルツ以下の周波数の電波を使用するの	航空機局若しくは船舶局又はこれらの無線局が使用する電波の周波数と同一の周波数の電波のみを使用するもの		六百円
		その他のもの	使用する電波の周波数の幅が六メガヘルツ以下のもの	六百円
			使用する電波の周波数の幅が六メガヘルツを超え十五メガヘルツ以下のもの　空中線電力が〇・〇五ワット以下のもの	八百円
			空中線電力が〇・〇五ワットを超え〇・五ワット以下のもの	一万六百円
			空中線電力が〇・五ワットを超えるもの	百十六万百円
			使用する電波の周波数の幅が十五メガヘルツを超え三十メガヘルツ以下のもの　空中線電力が〇・〇五ワット以下のもの	千八百円
			空中線電力が〇・〇五ワットを超え〇・五ワット以下のもの	一万六百円
			空中線電力が〇・五ワットを超えるもの	三百三十六万三千八百円
			使用する電波の周波数の幅が三十メガヘルツを超えるもの　空中線電力が〇・〇五ワット以下のもの	三千八百円
			空中線電力が〇・〇五ワットを超え〇・五ワット以下のもの	一万六百円
			空中線電力が〇・五ワットを超えるもの	四百四十七万四千九百円
	三千メガヘルツを超え六千メガヘルツ以下の周波数の電波を使用するもの	使用する電波の周波数の幅が百メガヘルツ以下のもの		六百円
		使用する電波の周波数の幅が百メガヘルツを超えるもの		九万三千六百円
	六千メガヘルツを超える周波数の電波を使用するもの			六百円
二 移動しない無線局	三千メガヘルツ以下	使用する電波の周波数の幅が六メガヘルツを超	設置場所が第一地域の区域内にあるもの	四万五千三百円

であつて、移動する無線局又は携帯して使用するための受信設備と通信を行うために陸上に開設するもの（六の項及び八の項に掲げる無線局を除く。）	の周波数の電波を使用するもの	えるものであつて、電波を発射しようとする場合において当該電波と周波数を同じくする電波を受信することにより一定の時間当該周波数の電波を発射しないことを確保する機能を有するもの	設置場所が第二地域の区域内にあるもの	二万四千七百円
			設置場所が第三地域の区域内にあるもの	八千二百円
			設置場所が第四地域の区域内にあるもの	四千二百円
		その他のもの	空中線電力が〇・〇一ワット以下のもの	八千七百円
			空中線電力が〇・〇一ワットを超えるもの	一万六百円
	三千メガヘルツを超え六千メガヘルツ以下の周波数の電波を使用するもの	電気通信業務の用に供するもの（電波を発射しようとする場合において当該電波と周波数を同じくする電波を受信することにより一定の時間当該周波数の電波を発射しないことを確保する機能を有するものを除く。）		六万四千三百円
		その他のもの	空中線電力が〇・〇一ワット以下のもの	八千七百円
			空中線電力が〇・〇一ワットを超えるもの	一万六百円
	六千メガヘルツを超える周波数の電波を使用するもの			四千二百円
三　人工衛星局（八の項に掲げる無線局を除く。）	三千メガヘルツ以下の周波数の電波を使用するもの	使用する電波の周波数の幅が三メガヘルツ以下のもの		三百四十九万三千五百円
		使用する電波の周波数の幅が三メガヘルツを超えるもの		一億五千六百二十万千二百円
	三千メガヘルツを超え六千メガヘルツ以下の周波数の電波を使用するもの	使用する電波の周波数の幅が三メガヘルツ以下のもの		十五万八千六百円
		使用する電波の周波数の幅が三メガヘルツを超え二百メガヘルツ以下のもの		三千八百七十三万四千五百円
		使用する電波の周波数の幅が二百メガヘルツを超え五百メガヘルツ以下のもの		一億千六百九十一万千円
		使用する電波の周波数の幅が五百メガヘルツを超えるもの		二億六千二百六十万七千七百円
	六千メガヘルツを超える周波数の電波を使用するもの			十五万八千六百円
四　人工衛星局の中継	六千メガヘルツ以下	使用する電波の周	設置場所が第一地域の区域内にあるもの	二百十四万五千三百円

区分	周波数	周波数の幅	設置場所等	金額
により無線通信を行う無線局（五の項及び八の項に掲げる無線局を除く。）	の周波数の電波を使用するもの	波数の幅が三メガヘルツ以下のもの	設置場所が第二地域の区域内にあるもの	百七万四千円
			設置場所が第三地域の区域内にあるもの	二十一万六千九百円
			設置場所が第四地域の区域内にあるもの	七万四千百円
		使用する電波の周波数の幅が三メガヘルツを超え五十メガヘルツ以下のもの	設置場所が第一地域の区域内にあるもの	千四百六十六万三千六百円
			設置場所が第二地域の区域内にあるもの	七百三十三万三千二百円
			設置場所が第三地域の区域内にあるもの	百四十六万八千八百円
			設置場所が第四地域の区域内にあるもの	四十九万千四百円
		使用する電波の周波数の幅が五十メガヘルツを超え百メガヘルツ以下のもの	設置場所が第一地域の区域内にあるもの	二億十七万九千四百円
			設置場所が第二地域の区域内にあるもの	一億九万千円
			設置場所が第三地域の区域内にあるもの	二千二万四百円
			設置場所が第四地域の区域内にあるもの	六百六十七万五千二百円
		使用する電波の周波数の幅が百メガヘルツを超えるもの	設置場所が第一地域の区域内にあるもの	四億二百八十九万三千五百円
			設置場所が第二地域の区域内にあるもの	二億百四十四万八千円
			設置場所が第三地域の区域内にあるもの	四千二十九万千九百円
			設置場所が第四地域の区域内にあるもの	千三百四十三万二千四百円
	六千メガヘルツを超える周波数の電波を使用するもの			七万四千百円
五　自動車、船舶その他の移動するものに開設し、又は携帯して使用するために開設する無線局であつて、人工衛星局の中継により無線通信を行うもの（八の項に掲げる無線局を除く。）				千八百円
六　基幹放送局（三の項、七の項及び八の	六千メガヘルツ以下の周波数の電波を使用するもの	テレビジョン放送をするもの	空中線電力が〇・〇二ワット未満のもの	千円
			空中線電力が〇・〇二ワット以上二キロワット未満のもの	十九万二千三百円

項に掲げる無線局を除く。）	用するもの		空中線電力が二キロワット以上十キロワット未満のもの	設置場所が特定地域以外の区域内にあるもの	十九万二千三百円
				その他のもの	八千三百九十二万三千五百円
			空中線電力が十キロワット以上のもの		四億千九百六十一万六千九百円
		その他のもの	使用する電波の周波数の幅が百キロヘルツ以下のもの	空中線電力が二百ワット以下のもの	五万九千円
				空中線電力が二百ワットを超え五十キロワット以下のもの	二十万四千八百円
				空中線電力が五十キロワットを超えるもの	三百五十五万六千二百円
			使用する電波の周波数の幅が百キロヘルツを超えるもの	空中線電力が二十ワット以下のもの	五万九千円
				空中線電力が二十ワットを超え五キロワット以下のもの	二十万四千八百円
				空中線電力が五キロワットを超えるもの	三百五十五万六千二百円
	六千メガヘルツを超える周波数の電波を使用するもの				千円
七　第五条第五項に規定する受信障害対策中継放送をする無線局、多重放送をする無線局及び基幹放送以外の放送をする無線局（三の	第五条第五項に規定する受信障害対策中継放送をするもの及び多重放送をするもの				二百円
	その他のもの				千円

項及び八の項に掲げる無線局を除く。）					
八　実験等無線局及びアマチュア無線局					三百円
九　その他の無線局	三千メガヘルツ以下の周波数の電波を使用するもの	第百三条の二第十五項第二号に規定するものであつて、五十四メガヘルツを超え七十メガヘルツ以下の周波数の電波を使用するもの（当該無線局の免許人が市町村（特別区を含む。）であるものに限る。）	住民に対して災害情報等を直接伝達するために無線通信を行うものであつて、専ら一の特定の無線局（第百三条の二第十五項第二号に規定するものであつて、五十四メガヘルツを超え七十メガヘルツ以下の周波数の電波を使用するものに限る。）のみを通信の相手方とするもの		千百円
			その他のもの		三万八千百円
		その他のもの	使用する電波の周波数の幅が三メガヘルツ以下のもの		三万八千百円
			使用する電波の周波数の幅が三メガヘルツを超えるもの	設置場所が第一地域の区域内にあるもの	三百十三万千四百円
				設置場所が第二地域の区域内にあるもの	百五十七万千五百円
				設置場所が第三地域の区域内にあるもの	三十二万三千五百円
				設置場所が第四地域の区域内にあるもの	十一万五千五百円
	三千メガヘルツを超	放送の業務の用に	使用する電波の周波数の	設置場所が第一地域の区域内にあるもの	二十九万五千九百円

え六千メガヘルツ以下の周波数の電波を使用するもの	供するもの（多重放送の業務の用に供するものを除く。）	幅が四百キロヘルツ以下のもの	設置場所が第二地域の区域内にあるもの	十五万三千七百円
			設置場所が第三地域の区域内にあるもの	三万九千九百円
			設置場所が第四地域の区域内にあるもの	二万千円
		使用する電波の周波数の幅が四百キロヘルツを超え三メガヘルツ以下のもの	設置場所が第一地域の区域内にあるもの	八十六万四千三百円
			設置場所が第二地域の区域内にあるもの	四十三万八千円
			設置場所が第三地域の区域内にあるもの	九万六千八百円
			設置場所が第四地域の区域内にあるもの	三万九千九百円
		使用する電波の周波数の幅が三メガヘルツを超えるもの	設置場所が第一地域の区域内にあるもの	千二百八十万四千百円
			設置場所が第二地域の区域内にあるもの	六百四十万七千七百円
			設置場所が第三地域の区域内にあるもの	百二十九万七千百円
			設置場所が第四地域の区域内にあるもの	四十三万八千円
	多重放送の業務の用に供するもの			三万八千百円
	放送の業務の用に供するもの以外のもの	使用する電波の周波数の幅が三メガヘルツ以下のもの		三万八千百円
		使用する電波の周波数の幅が三メガヘルツを超え三十メガヘルツ以下のもの	設置場所が第一地域の区域内にあるもの	三百十三万千四百円
			設置場所が第二地域の区域内にあるもの	百五十七万千五百円
			設置場所が第三地域の区域内にあるもの	三十二万三千五百円
			設置場所が第四地域の区域内にあるもの	十一万五千五百円
		使用する電波の周波数の幅が三十メガヘルツを超え三百メガヘルツ以下のもの	設置場所が第一地域の区域内にあるもの	一億百七十一万九千二百円
			設置場所が第二地域の区域内にあるもの	五千八百八十六万五千三百円
			設置場所が第三地域の区域内にあるもの	千二十万三千百円
			設置場所が第四地域の区域内にあるもの	三百四十四万三千四百円
		使用する電波の周波数の	設置場所が第一地域の区域内にあるもの	二億五千百四十七万三千

		円
幅が三百メガヘルツを超えるもの	設置場所が第二地域の区域内にあるもの	一億二千五百七十四万二千三百円
	設置場所が第三地域の区域内にあるもの	二千五百十七万八千五百円
	設置場所が第四地域の区域内にあるもの	八百四十三万五千百円
六千メガヘルツを超える周波数の電波を使用するもの		二万千円

備考

一　この表において「設置場所」とは、無線局の無線設備の設置場所をいう。

二　この表において「第一地域」とは、東京都の区域（第四地域を除く。）をいう。

三　この表において「第二地域」とは、大阪府及び神奈川県の区域（第四地域を除く。）をいう。

四　この表において「第三地域」とは、北海道及び京都府並びに神奈川県以外の県の区域（第四地域を除く。）をいう。

五　この表において「第四地域」とは、離島振興法（昭和二十八年法律第七十二号）第二条第一項の規定に基づき指定された離島振興対策実施地域、過疎地域自立促進特別措置法（平成十二年法律第十五号）第二条第一項に規定する過疎地域並びに奄美群島振興開発特別措置法（昭和二十九年法律第百八十九号）第一条に規定する奄美群島、小笠原諸島振興開発特別措置法（昭和四十四年法律第七十九号）第四条第一項に規定する小笠原諸島及び沖縄振興特別措置法（平成十四年法律第十四号）第三条第三号に規定する離島の区域をいう。

六　この表において「特定地域」とは、岐阜県、愛知県、三重県、滋賀県、京都府、大阪府、兵庫県、奈良県及び和歌山県の区域をいう。

七　六千メガヘルツ以下の周波数及び六千メガヘルツを超える周波数のいずれの電波も使用する無線局については、当該無線局が使用する電波のうち六千メガヘルツ以下の周波数の電波のみを使用する無線局とみなして、この表を適用する。

八　三千メガヘルツ以下の周波数及び三千メガヘルツを超え六千メガヘルツ以下の周波数のいずれの電波も使用する無線局については、当該無線局が使用する電波のうち三千メガヘルツ以下の周波数の電波のみを使用する無線局とみなして、この表を適用する。この場合において、次のイからホまでに掲げる無線局に係る同表の下欄に掲げる金額は、同欄に掲げる金額にかかわらず、当該金額と当該無線局が使用する電波のうち三千メガヘルツを超え六千メガヘルツ以下の周波数の電波のみを使用する無線局とみなして同表を適用した場合における同表の下欄に掲げる金額とを合算した金額から、当該イからホまでに定める金額を控除した金額とする。

イ　一の項に掲げる無線局　六百円

ロ　二の項に掲げる無線局　五百円
ハ　三の項に掲げる無線局　二万四百円
ニ　四の項に掲げる無線局　三千九百円
ホ　九の項に掲げる無線局　千百円

九　一の項、二の項及び四の項から六の項までに掲げる無線局のうち第百三条の二第二項に規定する広域専用電波を使用するものに係るこの表の下欄に掲げる金額は、同欄に掲げる金額にかかわらず、二百円とする。

十　特定の無線局区分の無線局又は高周波利用設備からの混信その他の妨害について許容することが免許の条件又は周波数割当計画における周波数の使用に関する条件とされている無線局その他のこの表をそのまま適用することにより同等の機能を有する他の無線局との均衡を著しく失することとなると認められる無線局として総務省令で定めるものについては、その使用する電波の周波数の幅をこれの二分の一に相当する幅とみなして、同表を適用する。

〈未施行の百四次改正後の条文：傍線が改正部分〉

別表第六（第百三条の二関係）

無線局の区分					金額
一　移動する無線局（三の項から五の項まで及び八の項に掲げる無線局を除く。二の項において同じ。）	三千メガヘルツ以下の周波数の電波を使用するもの	航空機局若しくは船舶局又はこれらの無線局が使用する電波の周波数と同一の周波数の電波のみを使用するもの			六百円
		その他のもの	使用する電波の周波数の幅が六メガヘルツ以下のもの		六百円
			使用する電波の周波数の幅が六メガヘルツを超え十五メガヘルツ以下のもの	空中線電力が〇・〇五ワット以下のもの	八百円
				空中線電力が〇・〇五ワットを超え〇・五ワット以下のもの	一万二千七百円
				空中線電力が〇・五ワットを超えるもの	百三十九万二千百円
			使用する電波の周波数の幅が十五メガヘルツを超え三十メガヘルツ以下のもの	空中線電力が〇・〇五ワット以下のもの	千六百円
				空中線電力が〇・〇五ワットを超え〇・五ワット以下のもの	一万二千七百円
				空中線電力が〇・五ワットを超えるもの	四百三万六千五百円

無線局	周波数	区分	細目	金額
		使用する電波の周波数の幅が三十メガヘルツを超えるもの	空中線電力が〇・〇五ワット以下のもの	三千六百円
			空中線電力が〇・〇五ワットを超え〇・五ワット以下のもの	一万二千七百円
			空中線電力が〇・五ワットを超えるもの	五百三十六万九千八百円
	三千メガヘルツを超え六千メガヘルツ以下の周波数の電波を使用するもの	使用する電波の周波数の幅が百メガヘルツ以下のもの		六百円
		使用する電波の周波数の幅が百メガヘルツを超えるもの		十一万二千三百円
	六千メガヘルツを超える周波数の電波を使用するもの			六百円
二 移動しない無線局であつて、移動する無線局又は携帯して使用するための受信設備と通信を行うために陸上に開設するもの（六の項及び八の項に掲げる無線局を除く。）	三千メガヘルツ以下の周波数の電波を使用するもの	使用する電波の周波数の幅が六メガヘルツを超えるものであつて、電波を発射しようとする場合において当該電波と周波数を同じくする電波を受信することにより一定の時間当該周波数の電波を発射しないことを確保する機能を有するもの	設置場所が第一地域の区域内にあるもの	五万四千三百円
			設置場所が第二地域の区域内にあるもの	二万九千六百円
			設置場所が第三地域の区域内にあるもの	九千八百円
			設置場所が第四地域の区域内にあるもの	五千円
		その他のもの	空中線電力が〇・〇一ワット以下のもの	一万四百円

			空中線電力が〇・〇一ワットを超えるもの	一万二千七百円
	三千メガヘルツを超え六千メガヘルツ以下の周波数の電波を使用するもの	電気通信業務の用に供するもの（電波を発射しようとする場合において当該電波と周波数を同じくする電波を受信することにより一定の時間当該周波数の電波を発射しないことを確保する機能を有するものを除く。）		六万六千五百円
		その他のもの	空中線電力が〇・〇一ワット以下のもの	一万四百円
			空中線電力が〇・〇一ワットを超えるもの	一万二千七百円
	六千メガヘルツを超える周波数の電波を使用するもの			五千円
三　人工衛星局（八の項に掲げる無線局を除く。）	三千メガヘルツ以下の周波数の電波を使用するもの	使用する電波の周波数の幅が三メガヘルツ以下のもの		四百十九万二千二百円
		使用する電波の周波数の幅が三メガヘルツを超えるもの		一億八千七百四十四万千四百円
	三千メガヘルツを超え六千メガヘルツ以下の周波数の電波を使用するもの	使用する電波の周波数の幅が三メガヘルツ以下のもの		十九万三百円
		使用する電波の周波数の幅が三メガヘルツを超え二百メガヘルツ以下のもの		四千六百四十八万千四百円
		使用する電波の周波数の幅が二百メガヘルツを超え五百メガヘルツ以下のもの		一億四千二十九万三千二百円
		使用する電波の周波数の幅が五百メガヘルツを超えるもの		三億千五百十二万九千二百円
	六千メガヘルツを超える周波数の電波を使用するもの			十九万三百円
四　人工衛星局の中継により無線通信を行う無線局（五の項及び八の項に掲げる無線局を除く。）	六千メガヘルツ以下の周波数の電波を使用するもの	使用する電波の周波数の幅が三メガヘルツ以下のもの	設置場所が第一地域の区域内にあるもの	二百五十七万四千三百円
			設置場所が第二地域の区域内にあるもの	百二十八万八千八百円
			設置場所が第三地域の区域内にあるもの	二十六万二百円
			設置場所が第四地域の区域内にあるもの	八万八千九百円
		使用する電波の周波数の幅が三メガ	設置場所が第一地域の区域内にあるもの	千七百五十九万六千三百円

		ヘルツを超え五十メガヘルツ以下のもの	設置場所が第二地域の区域内にあるもの		八百七十九万九千八百円
			設置場所が第三地域の区域内にあるもの		百七十六万二千五百円
			設置場所が第四地域の区域内にあるもの		三十万六千円
		使用する電波の周波数の幅が五十メガヘルツを超え百メガヘルツ以下のもの	設置場所が第一地域の区域内にあるもの		二億四千二十一万五千二百円
			設置場所が第二地域の区域内にあるもの		一億二千十万九千二百円
			設置場所が第三地域の区域内にあるもの		二千四百二万四千四百円
			設置場所が第四地域の区域内にあるもの		五百七万八千百円
		使用する電波の周波数の幅が百メガヘルツを超えるもの	設置場所が第一地域の区域内にあるもの		四億八千三百四十七万二千二百円
			設置場所が第二地域の区域内にあるもの		二億四千百七十三万七千六百円
			設置場所が第三地域の区域内にあるもの		四千八百三十五万二百円
			設置場所が第四地域の区域内にあるもの		千十五万四千八百円
	六千メガヘルツを超える周波数の電波を使用するもの				八万八千九百円
五 自動車、船舶その他の移動するものに開設し、又は携帯して使用するために開設する無線局であつて、人工衛星局の中継により無線通信を行うもの（八の項に掲げる無線局を除く。）					二千百円
六 基幹放送局（三の項、七の項及び八の項に掲げる無線局を除く。）	六千メガヘルツ以下の周波数の電波を使用するもの	テレビジョン放送をするもの	空中線電力が〇・〇二ワット未満のもの		千二百円
			空中線電力が〇・〇二ワット以上二キロワット未満のもの		十六万九千四百円
			空中線電力が二キロワット以上十キロワット未満のもの	設置場所が特定地域以外の区域内にあるもの	十六万九千四百円
				その他のもの	七千五百八十九万五千四百円
			空中線電力が十キロワット以上のもの		三億七千九百四十七万二

					千二百円
		その他のもの	使用する電波の周波数の幅が百キロヘルツ以下のもの	空中線電力が二百ワット以下のもの	一万六千七百円
				空中線電力が二百ワットを超え五十キロワット以下のもの	二十二万七千七百円
				空中線電力が五十キロワットを超えるもの	三百八十五万八千二百円
			使用する電波の周波数の幅が百キロヘルツを超えるもの	空中線電力が二十ワット以下のもの	一万六千七百円
				空中線電力が二十ワットを超え五キロワット以下のもの	二十二万七千七百円
				空中線電力が五キロワットを超えるもの	三百八十五万八千二百円
	六千メガヘルツを超える周波数の電波を使用するもの				千二百円
七　第五条第五項に規定する受信障害対策中継放送をする無線局、多重放送をする無線局及び基幹放送以外の放送をする無線局（三の項及び八の項に掲げる無線局を除く。）	第五条第五項に規定する受信障害対策中継放送をするもの及び多重放送をするもの				三百円
	その他のもの				千二百円
八　実験等無線局及びアマチュア無線局					三百円
九　その他の無線局	三千メガヘルツ以下の周波数の電波を使	第百三条の二第十五項第二号に規定	住民に対して災害情報等を直接伝達するために無線通信を行うものであつて、専ら一の特定の無線局（第百三条の二第十五項第二号に規定す		五百円

用するもの	するものであって、五十四メガヘルツを超え七十メガヘルツ以下の周波数の電波を使用するもの（当該無線局の免許人が市町村（特別区を含む。）であるものに限る。）	るものであって、五十四メガヘルツを超え七十メガヘルツ以下の周波数の電波を使用するものに限る。）のみを通信の相手方とするもの		
		その他のもの		四万五千七百円
	その他のもの	使用する電波の周波数の幅が三メガヘルツ以下のもの		四万五千七百円
		使用する電波の周波数の幅が三メガヘルツを超えるもの	設置場所が第一地域の区域内にあるもの	三百七十五万七千六百円
			設置場所が第二地域の区域内にあるもの	百八十八万五千八百円
			設置場所が第三地域の区域内にあるもの	三十八万八千二百円
			設置場所が第四地域の区域内にあるもの	十三万八千六百円
三千メガヘルツを超え六千メガヘルツ以下の周波数の電波を使用するもの	放送の業務の用に供するもの（多重放送の業務の用に供するものを除く。）	使用する電波の周波数の幅が四百キロヘルツ以下のもの	設置場所が第一地域の区域内にあるもの	三十五万五千円
			設置場所が第二地域の区域内にあるもの	十八万四千四百円
			設置場所が第三地域の区域内にあるもの	四万七千八百円
			設置場所が第四地域の区域内にあるもの	二万五千二百円
		使用する電波の周波数の幅が四百キロヘルツを超え三メガヘルツ以下のもの	設置場所が第一地域の区域内にあるもの	百三万七千百円
			設置場所が第二地域の区域内にあるもの	五十二万五千六百円
			設置場所が第三地域の区域内にあるもの	十一万六千百円
			設置場所が第四地域の区域内にあるもの	四万七千八百円

		使用する電波の周波数の幅が三メガヘルツを超えるもの	設置場所が第一地域の区域内にあるもの	千五百三十六万四千九百円
			設置場所が第二地域の区域内にあるもの	七百六十八万九千二百円
			設置場所が第三地域の区域内にあるもの	百五十四万八千八百円
			設置場所が第四地域の区域内にあるもの	五十二万五千六百円
	多重放送の業務の用に供するもの			四万五千七百円
	放送の業務の用に供するもの以外のもの	使用する電波の周波数の幅が三メガヘルツ以下のもの		四万五千七百円
		使用する電波の周波数の幅が三メガヘルツを超え三十メガヘルツ以下のもの	設置場所が第一地域の区域内にあるもの	三百七十五万七千六百円
			設置場所が第二地域の区域内にあるもの	百八十八万五千八百円
			設置場所が第三地域の区域内にあるもの	三十八万八千二百円
			設置場所が第四地域の区域内にあるもの	十三万八千六百円
		使用する電波の周波数の幅が三十メガヘルツを超え三百メガヘルツ以下のもの	設置場所が第一地域の区域内にあるもの	一億二千二百六万三千円
			設置場所が第二地域の区域内にあるもの	六千百三万八千三百円
			設置場所が第三地域の区域内にあるもの	千二百二十四万三千七百円
			設置場所が第四地域の区域内にあるもの	四百十三万二千円
		使用する電波の周波数の幅が三百メガヘルツを超えるもの	設置場所が第一地域の区域内にあるもの	三億百七十六万七千六百円
			設置場所が第二地域の区域内にあるもの	一億五千八十九万七百円
			設置場所が第三地域の区域内にあるもの	三千二十一万四千二百円
			設置場所が第四地域の区域内にあるもの	千十二万二千百円
六千メガヘルツを超える周波数の電波を使用するもの				二万五千二百円

備考

一　この表において「設置場所」とは、無線局の無線設備の設置場所をいう。

二　この表において「第一地域」とは、東京都の区域（第四地域を除く。）をいう。
三　この表において「第二地域」とは、大阪府及び神奈川県の区域（第四地域を除く。）をいう。
四　この表において「第三地域」とは、北海道及び京都府並びに神奈川県以外の県の区域（第四地域を除く。）をいう。
五　この表において「第四地域」とは、離島振興法（昭和二十八年法律第七十二号）第二条第一項の規定に基づき指定された離島振興対策実施地域、過疎地域自立促進特別措置法（平成十二年法律第十五号）第二条第一項に規定する過疎地域並びに奄美群島振興開発特別措置法（昭和二十九年法律第百八十九号）第一条に規定する奄美群島、小笠原諸島振興開発特別措置法（昭和四十四年法律第七十九号）第四条第一項に規定する小笠原諸島及び沖縄振興特別措置法（平成十四年法律第十四号）第三条第三号に規定する離島の区域をいう。
六　この表において「特定地域」とは、岐阜県、愛知県、三重県、滋賀県、京都府、大阪府、兵庫県、奈良県及び和歌山県の区域をいう。
七　六千メガヘルツ以下の周波数及び六千メガヘルツを超える周波数のいずれの電波も使用する無線局については、当該無線局が使用する電波のうち六千メガヘルツ以下の周波数の電波のみを使用する無線局とみなして、この表を適用する。
八　三千メガヘルツ以下の周波数及び三千メガヘルツを超え六千メガヘルツ以下の周波数のいずれの電波も使用する無線局については、当該無線局が使用する電波のうち三千メガヘルツ以下の周波数の電波のみを使用する無線局とみなして、この表を適用する。この場合において、次のイからホまでに掲げる無線局に係る同表の下欄に掲げる金額は、同欄に掲げる金額にかかわらず、当該金額と当該無線局が使用する電波のうち三千メガヘルツを超え六千メガヘルツ以下の周波数の電波のみを使用する無線局とみなして同表を適用した場合における同表の下欄に掲げる金額とを合算した金額から、当該イからホまでに定める金額を控除した金額とする。

イ　一の項に掲げる無線局　三百円
ロ　二の項に掲げる無線局　二百円
ハ　三の項に掲げる無線局　七千四百円
ニ　四の項に掲げる無線局　千四百円
ホ　九の項に掲げる無線局　五百円

九　一の項、二の項及び四の項から六の項までに掲げる無線局のうち第百三条の二第二項に規定する広域専用電波を使用するものに係るこの表の下欄に掲げる金額は、同欄に掲げる金額にかかわらず、一の項及び四の項から六の項までに掲げる無線局にあつては三百円、二の項に掲げる無線局にあつては二百円とする。
十　特定の無線局区分の無線局又は高周波利用設備からの混信その他の妨害について許容することが免許の条件又は周波数割当計画における周波数の使用に関する条件とされている無線局その他のこの表をそのまま適用することにより同等の機能を有する他の無線局との均衡を著しく失することとなると認められる無線局として総務省令で定めるものについては、その使用する電波の周波数の幅をこれの二分の一に相当する幅とみなして、同表を適用する。

別表第七（第百三条の二関係）

	区域	係数
一	北海道の区域	〇・〇二八八
二	青森県、岩手県、宮城県、秋田県、山形県及び福島県の区域	〇・〇四八五
三	茨城県、栃木県、群馬県、埼玉県、千葉県、東京都、神奈川県及び山梨県の区域	〇・四五九〇
四	新潟県及び長野県の区域	〇・〇二三八
五	富山県、石川県及び福井県の区域	〇・〇一六一
六	岐阜県、静岡県、愛知県及び三重県の区域	〇・一二〇三
七	滋賀県、京都府、大阪府、兵庫県、奈良県及び和歌山県の区域	〇・一六五四
八	鳥取県、島根県、岡山県、広島県及び山口県の区域	〇・〇三九八
九	徳島県、香川県、愛媛県及び高知県の区域	〇・〇二一〇
十	福岡県、佐賀県、長崎県、熊本県、大分県、宮崎県及び鹿児島県の区域	〇・〇六九七
十一	沖縄県の区域	〇・〇〇七六
十二	一の項から四の項までに掲げる区域を合わせた区域	〇・五六〇一
十三	五の項から十一の項までに掲げる区域を合わせた区域	〇・四三九九
十四	一の項から十一の項までに掲げる区域を合わせた区域	一・〇〇〇〇
十五	自然的経済的諸条件を考慮して三の項に掲げる区域を総務省令で定める二の区域に分割した場合におけるそれぞれの区域	〇・二二九五
十六	自然的経済的諸条件を考慮して七の項に掲げる区域を総務省令で定める二の区域に分割した場合におけるそれぞれの区域	〇・〇八二七

備考　別表第六備考第五号に規定する第四地域及び電波の利用の程度が同号に規定する第四地域と同等であると認められる区域として総務省令で定めるものに開設される無線局のみに使用させる第百三条の二第二項に規定する広域専用電波に係るこの表の下欄に掲げる係数は、同欄に掲げる数値の十分の一に相当する数値とする。

別表第七（第百三条の二関係）

	区域	係数
一	北海道の区域	〇・〇二八四
二	青森県、岩手県、宮城県、秋田県、山形県及び福島県の区域	〇・〇四七
三	茨城県、栃木県、群馬県、埼玉県、千葉県、東京都、神奈川県及び山梨県の区域	〇・四六二六
四	新潟県及び長野県の区域	〇・〇二三五
五	富山県、石川県及び福井県の区域	〇・〇一六〇一
六	岐阜県、静岡県、愛知県及び三重県の区域	〇・一二〇〇
七	滋賀県、京都府、大阪府、兵庫県、奈良県及び和歌山県の区域	〇・一六四六
八	鳥取県、島根県、岡山県、広島県及び山口県の区域	〇・〇三九四
九	徳島県、香川県、愛媛県及び高知県の区域	〇・〇二〇七
十	福岡県、佐賀県、長崎県、熊本県、大分県、宮崎県及び鹿児島県の区域	〇・〇六九三七
十一	沖縄県の区域	〇・〇〇七七
十二	一の項から四の項までに掲げる区域を合わせた区域	〇・五六二三
十三	五の項から十一の項までに掲げる区域を合わせた区域	〇・四三七七
十四	一の項から十一の項までに掲げる区域を合わせた区域	一・〇〇〇〇
十五	自然的経済的諸条件を考慮して三の項に掲げる区域を総務省令で定める二の区域に分割した場合におけるそれぞれの区域	〇・二三一三
十六	自然的経済的諸条件を考慮して七の項に掲げる区域を総務省令で定める二の区域に分割した場合におけるそれぞれの区域	〇・〇八二七

備考　別表第六備考第五号に規定する第四地域及び電波の利用の程度が同号に規定する第四地域と同等であると認められる区域として総務省令で定めるものに開設される無線局のみに使用させる第百三条の二第二項に規定する広域専用電波に係るこの表の下欄に掲げる係数は、同欄に掲げる数値の十分の一に相当する数値とする。

別表第八（第百三条の二関係）

無線局の区分			金額
一　三千メガヘルツ以下の周波数	空中線電力が十ミリワット以下のもの	置場所が第一地域の区域内にあるもの	二千七百八十円

の電波を使用する無線局のうち使用する電波の周波数の幅が六メガヘルツを超えるもの		設置場所が第二地域の区域内にあるもの	千六百五十円
		設置場所が第三地域の区域内にあるもの	五百二十円
		設置場所が第四地域の区域内にあるもの	三百十円
	空中線電力が十ミリワットを超えるもの	設置場所が第一地域の区域内にあるもの	四万五千三百円
		設置場所が第二地域の区域内にあるもの	二万四千七百円
		設置場所が第三地域の区域内にあるもの	八千二百円
		設置場所が第四地域の区域内にあるもの	四千二百円
二　一の項に掲げる無線局以外の無線局			千六百五十円

備考　この表において「設置場所」、「第一地域」、「第二地域」、「第三地域」又は「第四地域」とは、それぞれ別表第六備考第一号から第五号までに規定する設置場所、第一地域、第二地域、第三地域又は第四地域をいう。

〈　未施行の百四次改正後の条文：傍線が改正部分　〉

別表第八（第百三条の二関係）

無線局の区分			金額
一　三千メガヘルツ以下の周波数の電波を使用する無線局のうち使用する電波の周波数の幅が六メガヘルツを超えるもの	空中線電力が十ミリワット以下のもの	設置場所が第一地域の区域内にあるもの	三千三百三十円
		設置場所が第二地域の区域内にあるもの	千九百八十円
		設置場所が第三地域の区域内にあるもの	六百二十円
		設置場所が第四地域の区域内にあるもの	三百七十円
	空中線電力が十ミリワットを超えるもの	設置場所が第一地域の区域内にあるもの	五万四千三百円
		設置場所が第二地域の区域内にあるもの	二万九千六百円
		設置場所が第三地域の区域内にあるもの	九千八百円
		設置場所が第四地域の区域内にあるもの	五千円
二　一の項に掲げる無線局以外の無線局			千九百八十円

備考　この表において「設置場所」、「第一地域」、「第二地域」、「第三地域」又は「第四地域」とは、それぞれ別表第六備考第一号から第五号までに規定する設置場所、第一地域、第二地域、第三地域又は第四地域をいう。

平成30年1月22日　初版発行

電波法の歴史
—全改正逐条通史—
下巻
（上・下巻1セット）

定　価　（本体10,000円＋税）

編著者　武智健二

発行者　一般財団法人情報通信振興会
郵便番号　170-8480
東京都豊島区駒込2-3-10
電話　03-3940-3951
FAX　03-3940-4055
URL　https://dsk.or.jp
印刷　株式会社エム.ティ.ディ

C武智健二2017 Printed in Japan

ISBN978-4-8076-0853-9 C3065¥10000E